STANISLAS MEUNIER

Professeur de Géologie au Muséum national d'Histoire naturelle
et à l'École nationale d'Agriculture de Grignon.

GÉOLOGIE

OUVRAGE DESTINÉ

AUX ÉLÈVES DES ÉCOLES D'AGRICULTURE
ET DE L'INSTITUT AGRONOMIQUE
AUX CANDIDATS A CES ÉTABLISSEMENTS
AUX ASPIRANTS AUX GRADES UNIVERSITAIRES
AUX AGRONOMES, AUX INGÉNIEURS, AUX INDUSTRIELS
AUX COLONIAUX
ET AUX AMATEURS DE SCIENCES NATURELLES

DEUXIÈME ÉDITION

PARIS

LIBRAIRIE VUIBERT

63, BOULEVARD SAINT-GERMAIN, 63

1922

GÉOLOGIE

DU MÊME AUTEUR

Histoire géologique de la pluie. — Vol. in-8° de 324 pages et 40 fig. (1921, Vuibert.)

La Géologie générale. — Vol. in-8° de 336 p. et 42 fig. (1903, Alcan.)

Les Causes actuelles en géologie ; cours professé au Muséum. — Volume in-8° de 495 pages et 58 fig. (1879, Dunod.)

Lithologie pratique ; étude générale et particulière des roches. — Vol. in-8° de 459 p. et 58 fig. (1872, Dunod.)

Combustibles minéraux. — Vol. in-8° de 500 p. et 83 fig. (1885. Encyclopédie Frémy, Dunod.)

Géologie régionale de la France ; cours professé au Muséum. — Vol. in-8° de 780 p. avec 111 fig. (1889, Dunod.)

Description géologique des environs de Paris ; cours professé au Muséum. — Vol. in-8° de 510 p. et 112 fig. (1875, J.-B. Baillière.)

Excursions géologiques à travers la France. — Vol. in-8° de 300 p. avec gravures et planches hors texte. (1882. Bibliothèque de la Nature, G. Masson.)

Traité pratique de Paléontologie française. — Vol. in-18 de 495 p. avec fig. (1884, J. Rothschild.)

Nos Terrains. — Vol. in-4° de 192 p. avec 24 planches en couleur et 320 fig. dans le texte. (1898, A. Colin.)

La Géologie expérimentale. — Vol. in-8° de 322 p. et 55 fig., 2ᵉ édition. (1904, Alcan.)

Catalogue illustré de la collection de Géologie expérimentale du Muséum d'Histoire naturelle. — Vol. in-8° de 176 p. avec 167 fig. (1907, Deyrolle.)

Les Méthodes de synthèse en minéralogie ; cours professé au Muséum. — Vol. in-8° de 360 p. (1891, Baudry.)

Le Ciel géologique ; prodrome de géologie comparée. — Vol. in-8° de 247 p. (1871, Didot.)

Cours de Géologie comparée professé au Muséum. — Vol. in-8° de 323 p. (1874, Didot.)

La Géologie comparée. — Vol. in-8° de 296 p. et 32 fig. (1895, Alcan.)

Météorites. — Vol. in-8° de 532 p. (1884, Encyclopédie Frémy, Dunod.)

Guide dans la collection des météorites du Muséum et catalogue des chutes exposées. — Vol. in-8° de 110 p. (1898, Imprimerie Nationale.)

Revision des Météorites du Muséum. — Vol. in-8° de 248 p. et 98 fig. dans le texte. (1896. Dejussieu, à Autun.)

STANISLAS MEUNIER

Professeur de Géologie au Muséum national d'Histoire naturelle
et à l'École nationale d'Agriculture de Grignon.

GÉOLOGIE

OUVRAGE DESTINÉ

AUX ÉLÈVES DES ÉCOLES D'AGRICULTURE
ET DE L'INSTITUT AGRONOMIQUE
AUX CANDIDATS A CES ÉTABLISSEMENTS
AUX ASPIRANTS AUX GRADES UNIVERSITAIRES
AUX AGRONOMES, AUX INGÉNIEURS, AUX INDUSTRIELS
AUX COLONIAUX
ET AUX AMATEURS DE SCIENCES NATURELLES

DEUXIÈME ÉDITION

PARIS
LIBRAIRIE VUIBERT
63, Boulevard Saint-Germain, 63
—
1922

TABLE SYSTÉMATIQUE DES MATIÈRES

LIVRE II

L'ACTIVITÉ DE LA TERRE

Première partie : Les fonctions autonomes.

LIVRE III

L'HISTOIRE DE LA TERRE

Première partie : Le système primitif.

Deuxième partie : Le système primaire.

Troisième partie : Le système secondaire.

Quatrième partie : Le système tertiaire.

Cinquième partie : Le système quaternaire.

AVERTISSEMENT
DES ÉDITEURS

—

L'ouvrage que nous offrons aujourd'hui au public a été écrit avant tout dans l'esprit qui a présidé à l'établissement des programmes les plus modernes : son objectif, c'est la pratique ; mais, pour y parvenir, il fait une large place aux vues générales qui, seules, provoquent les grandes découvertes et en fécondent les résultats.

Le lecteur y trouvera, avec des développements suffisants, mais auxquels l'auteur s'est bien gardé de laisser prendre des dimensions exagérées, toutes les notions nécessaires pour avoir de la géologie une idée complète et même pour être tout préparé à apprécier ses progrès ultérieurs. Car c'est un trait notable de cet ouvrage qu'il se suffit à lui-même et contient toutes les notions minéralogiques, lithologiques et paléontologiques indispensables pour acquérir les éléments de la géologie. Par exemple un fossile, ou un minéral, ou un type de roche sont-ils nommés, le livre donne à son égard tous les renseignements nécessaires qui, d'habitude, sont répartis entre des traités spéciaux : avant tout il fait connaître sa place dans la classification.

L'histoire de la science, l'énumération des théories successivement essayées ont été soigneusement mises de côté pour laisser la place à l'exposé purement didactique des notions actuellement acquises.

Le classement des sujets est simple et un coup d'œil sur la table systématique suffira pour s'en rendre compte ; mais il est complété et rendu propre à tous les genres d'information par le répertoire alphabétique, à la rédaction duquel on a apporté des soins tout particuliers. Celui-ci constitue au propre un véritable dictionnaire des sciences géologiques. A chaque mot on est renvoyé à la page où la définition en est donnée et qui parfois même se trouve alors complétée en quelque détail. Quand (et cela est très fréquent) un même mot est revenu plusieurs fois dans le texte, des indications précisent le sens de chacun des renvois. Il n'y a rien, en effet, de plus décevant que ces tables qui vous donnent, à la suite d'un mot, une dizaine ou une vingtaine de numéros de pages sans vous guider dans le choix à faire parmi ceux-ci pour le but que vous poursuivez ; dans certaines de ces tables c'est comme une sorte de plaisanterie regrettable qui vous oblige à feuilleter tout l'ouvrage. Et le parti que nous avons pris a encore un autre avantage qui nous a paru compenser la peine que nous avons eue à classer notre répertoire : c'est que la série des indications qui suivent un mot en fait pour ainsi dire toute l'histoire en abrégé. Par exemple, pour une roche telle que le *granit,* on verra quelle page en donne la composition, mais les renvois suivants montreront à quels grands phénomènes il est associé (métamorphisme, gîtes métallifères, etc.) et aussi dans quelles régions principales on le rencontre. De sorte que le petit paragraphe du répertoire relatif au granit sera comme une histoire très résumée de cette roche et suffisante par elle-même, mais qu'il sera loisible de développer en se reportant aux pages indiquées. La même observation s'applique aux fossiles, dont on aura aisément la caractéristique zoologique ou botanique et la distribution stratigraphique ; aux phénomènes, dont on pourra étudier les causes l'allure et les effets, et retrouver les traces dans les terrains de tous les âges ; aux terrains enfin, dont on aura la caractéristique, la synonymie, l'extension géographique, les ressources économiques, etc.

Nous appellerons enfin l'attention sur les illustrations, que nous n'avons pas voulu trop multiplier pour ne pas donner au volume de trop fortes dimensions et que nous avons réduites aux choses essentielles. Pour la partie stratigraphique, il nous a paru utile de symboliser pour ainsi dire chaque terrain par un seul fossile, qu'on peut regarder comme étant le type des formes organiques contemporaines de son dépôt. Le choix de cette forme type est nécessairement un peu arbitraire, mais, une fois fait, il rend de grands services mnémotechniques. Nos dessins de cette catégorie ont tous été faits d'après des échantillons conservés au Muséum national d'Histoire naturelle. Ils sont dus au crayon habile et apprécié de M. Bideault.

V. et N.

PRÉFACE

Il s'est accompli durant ces dernières années une révolution
pédagogique des plus intéressantes et qui s'est traduite par une
place beaucoup plus large que par le passé, attribuée à la géologie dans les programmes universitaires. La cause essentielle en
est, sans aucun doute, dans l'utilité pratique, désormais reconnue, des notions géologiques, qui ont des applications dans les
directions les plus variées. De toutes parts on a reconnu la sûreté
des résultats obtenus par le secours de la connaissance du sol
et l'on ne compte plus les insuccès d'entreprises faites à la hâte
et sans une préparation scientifique suffisante.

A cet égard, l'un des exemples les plus frappants pourrait peut-
être se trouver dans l'histoire des chemins de fer, où l'installation
des travaux d'art — établissement des viaducs, ouverture des tranchées, percement des tunnels — ne saurait échapper aux aléas les
plus graves en dehors d'une solide préparation géologique. On
sait les déboires consécutifs à la construction du grand viaduc
du Val-Fleury sur la ligne de Paris à Versailles, où le poids de
l'édifice a déterminé un refoulement de l'argile plastique sous-
jacente. Celle-ci, chassée de toutes parts, s'est soulevée en bourrelets autour des piles du pont et une série de constructions ont
été renversées comme par un tremblement de terre. Il a fallu
procéder à l'établissement de fondations allant jusqu'à la craie,
pour jouir enfin de la stabilité nécessaire, que, mieux renseigné, on eût obtenue du premier coup.

Pour les tranchées dont la situation eût pu être modifiée à la suite d'études géologiques préparatoires, on mentionnera celle des environs de Huy, en Belgique, où des schistes du terrain dévonien supérieur, se trouvant au contact de l'atmosphère, ont subi des altérations très rapides qui ont déterminé chez eux une si notable augmentation de volume que les parois se sont gonflées et ont renversé les muraillements et déformé la voie.

Quant aux tunnels, nous rappellerons les mécomptes procurés par les travaux exécutés il y a peu d'années non loin de Paris, et qui eussent été évités si on fût passé quelques mètres au-dessous du tracé adopté. Celui-ci, en effet, est venu intéresser, sur un dépôt de marnes délayées par les infiltrations, des sables superposés et rendus eux-mêmes mobiles par leur mélange avec l'eau. L'écoulement de ces roches dans le tunnel a non seulement retardé considérablement les travaux, qui ont duré plusieurs fois le temps prévu, mais augmenté le prix de revient du kilomètre dans des proportions énormes.

On conçoit que ces observations, relatives aux chemins de fer, s'étendent à toutes les catégories de travaux supposant des fondations préparatoires, et il n'y a pas lieu d'y insister.

Ce qu'il importe plutôt de souligner ici, c'est que la recherche des matériaux propres aux constructions est singulièrement facilitée et rendue plus profitable par la connaissance de certaines données géologiques. La cause en est dans l'ordre qui préside à la situation relative des masses rocheuses : au lieu d'être livrée au hasard, l'ordonnance de ces masses se présente comme soumise à des lois parfaitement définies. Ce fut d'ailleurs un motif de surprise et d'admiration pour les plus anciens naturalistes que la découverte de ce grand fait auquel nous sommes maintenant si accoutumés. Et c'est par hasard que les gisements de roches utiles furent d'abord découverts.

Un des premiers observateurs auxquels sont dues les remarques sur ce sujet n'est autre que notre illustre Lavoisier, le fondateur de la chimie, lequel, avant de s'adonner à la science qu'il a faite sienne, avait été séduit par la géologie, grâce à l'influence de Guettard, qui fut dans cette voie son premier initiateur et son guide. Guettard avait nourri le projet d'établir une carte de France où serait marquée la distribution des principales substances dont le sol est composé, et la première remarque qu'il fit en poursuivant ce grand travail fut que les diverses natures de pierres constituent par leurs affleurements comme des bandes concentriques autour de Paris. « Je me suis proposé, dit-il, de faire voir par cette carte qu'il y a une certaine régularité dans la distribution qui a été faite des pierres, des métaux et de la plupart des autres fossiles. » Le premier fait qu'on y remarque, c'est l'extension, sur tous les environs immédiats de la capitale, d'une « Bande sableuse » qui coïncide d'une manière frappante avec la zone des terrains qualifiés maintenant de *tertiaires* et qui comprennent, en effet, de nombreux horizons arénacés, depuis les couches de Bracheux et de Cuise-La-Motte jusqu'à celles de Beauchamps, de Fontainebleau et des environs de Tours. Cette espèce d'ombilic de la carte est encadré par une ceinture continue que Guettard qualifie de « Bande marneuse » et qui correspond avec précision à l'ensemble des affleurements *secondaires,* crétacés et jurassiques. Enfin le tout est entouré par une « Bande schisteuse » dont la largeur excède les limites de la carte et qui comprend toutes les assises anciennes.

Depuis ces débuts, la notion fondamentale qu'ils consacrent s'est étendue à toute la Terre et on sait maintenant qu'une admirable régularité préside à l'ordonnance des matériaux dont la masse terrestre est composée. Elle s'est complétée par la découverte des relations mutuelles très fréquentes de certaines substances, qui forment des groupes naturels dont les autres sont exclues. Il en résulte des conséquences pratiques incalculables et comme un fil conducteur qui permet de rechercher presque à coup sûr un minéral désiré, parce qu'on a rencontré dans la localité certaines masses rocheuses toutes différentes, mais caractéristiques. Celles-ci sont d'ailleurs définies, suivant les cas, par des traits de composition ou bien par certains détails de structure

dont les plus fréquemment utilisés sont des débris organisés.
généralement qualifiés de *fossiles*.

On sait maintenant, avant toutes recherches, que tels terrains
seront favorables à la recherche des filons métallifères ou à celle
des mines de houille, ou à la rencontre d'autres matériaux, par
exemple du sel gemme ou du gypse.

D'un côté, on a reconnu que diverses substances minérales
sont volontiers associées à d'autres plus difficiles à voir parce
qu'elles sont plus rares et plus précieuses à exploiter : elles doivent
donc être considérées comme des indicatrices de la présence de
ces dernières. Ainsi le gypse permet souvent de prévoir le sel ;
de même certains sables verts sont comme une annonce de nodules phosphatés de grande valeur industrielle, etc. A certaines
allures générales du sol, le prospecteur devine la proximité de
l'étain, celle de l'or ou du diamant.

D'un autre côté, les fossiles, en datant les couches du sol, dans
la chronologie stratigraphique, permettent de décider souvent si
la recherche d'une substance dont on sait l'âge de production est
légitime ou vouée au contraire à un insuccès inévitable.

C'est ainsi que bien des couches reproduisent à s'y méprendre
les apparences des dépôts houillers. On y voit des assises de
charbon associées à des lits de schistes noirs remplis d'empreintes végétales, à des grès, à des minerais de fer. Au Tonkin, par
exemple, les premiers explorateurs n'ont pas douté qu'ils
n'eussent affaire à d'épaisses formations houillères dont les produits donneraient à la colonie un intérêt industriel qu'on n'avait
pas prévu. Mais il a suffi d'étudier les empreintes de plantes contenues dans les schistes pour voir que la flore d'où résulte le
combustible est incomparablement plus récente que l'époque
houillère. Elle date, comme les botanistes s'en assurent aisément,
d'une période trop peu éloignée de nous pour que les transformations souterraines aient pu, dès maintenant, y élaborer de la
vraie houille ; malgré son premier aspect, le combustible n'est
qu'une variété, très belle d'ailleurs, de lignite. Aussi s'explique-
t-on la déception des premiers exploitants, forcés de reconnaître

que le produit qu'ils avaient tiré du sol n'avait pas, à beaucoup
près, le pouvoir calorifique des houilles. En particulier, les bri-
quettes qu'on en fabrique ne sauraient satisfaire aux exigences de
la navigation à vapeur et on n'a pu se tirer d'affaire qu'en mélangeant le lignite tonkinois à une proportion convenable de véritable houille japonaise.

Ces considérations se répéteraient mot pour mot dans toutes
les directions où les productions géologiques sont d'application
pratique.

Rien n'est mieux fait que ce résultat, maintes fois vérifié, pour
réhabiliter la science pure dans l'esprit de bien des personnes
tentées de croire *a priori* que le savant, occupé dans son laboratoire à étudier les caractères les plus minutieux des minéraux ou
des fossiles, satisfait plutôt au penchant d'une innocente manie
qu'il ne fait œuvre sérieusement utile.

Nous pouvons tout d'abord mentionner l'hydrologie, c'est-à-
dire la découverte et l'aménagement des venues d'eau, sève de
toutes les industries et, dans certains cas spéciaux, matière première d'une exploitation fructueuse par elle-même. On verra plus
loin que l'eau se distribue à la surface du sol et circule dans sa
masse en conséquence d'une série de circonstances strictement
régies par des lois que l'étude géologique apprend à connaître.
C'est par l'application de quelques-unes d'entre elles que des
hommes, spécialement doués à cet égard, se sont donné des
allures presque surnaturelles en indiquant la place et la profondeur où l'on trouverait une source dont ils évaluaient en
même temps le volume. L'abbé Paramelle est resté fameux par
ses nombreux succès dans cet art de « sourcier ».

L'efficacité de l'intervention des notions géologiques est peut-
être plus évidente encore quand il s'agit de choisir l'emplacement
d'un puits artésien et d'évaluer à l'avance le prix de revient du
travail. Elle se manifeste avec son maximum d'intensité à l'égard
des sources minérales et surtout des sources thermales, dont le
captage doit être réalisé avec tant de délicatesse sous peine de com-
promettre, au lieu de l'augmenter, le débit qu'on veut utiliser.

L'exploitation des mines de tous genres, métalliques et autres
suppose également — et à un plus haut degré à cause de la longue
durée des opérations — un appel constant à la géologie. A chaque
instant des incidents se présentent, comme la variation du minéral
exploité, des changements dans les masses qui lui sont associées,
la cessation brusque du gîte exploitable. Il faut alors savoir étudier le problème et pouvoir utiliser à sa solution des notions précédemment acquises. A cet égard, la cause la plus fréquente de disparition subite d'une formation jusque-là poursuivie régulièrement
est l'existence d'une de ces grandes cassures du sol connues sous
les noms de *géoclases* ou de *failles*. L'expérience a permis d'établir une règle de recherche qui dirige les travaux et sans laquelle
on verrait s'accroître le nombre des insuccès.

A côté de l'exploitation des métaux, de la houille et des
matériaux de construction, il conviendrait de montrer que
les « arts », comme disaient nos pères, sont alimentés avec
une profusion remarquable par le règne minéral. Les marbres
statuaires, depuis le Paros et le Carrare jusqu'aux variétés
moins précieuses, fournissent la substance sculpturale par
excellence. A côté d'elle, la terre cuite, avec des attributs plus
modestes, rend les finesses du modèle avec une délicatesse presque égale. Le kaolin, parmi les terres, se signale par la pureté
des produits de sa cuisson : les belles porcelaines ne sont surpas-
sées par rien pour le charme de leur aspect. Il ne faut pas oublier
que l'emploi de la pierre lithographique a joué un rôle dans l'évolution des arts graphiques et dans la diffusion des œuvres les
plus diverses. Quant à la peinture, elle utilise plus d'un produit
minéral comme matières colorantes, remarquables souvent par
leur solidité et par leur éclat : l'outremer, la terre d'ombre, le
vermillon, les blancs minéraux, les ocres sont du nombre avec
bien d'autres.

Inutile de redire ici que la légion des pierres précieuses, depuis
les diamants jusqu'aux grenats et aux péridots, en passant par
toute la série des rubis, des saphirs, des émeraudes, des topazes,
fournit des ressources indéfinies à l'art véritable de la parure

et ont suscité des imitations qui, elles-mêmes, constituent des industries très actives.

Les minéraux propres au polissage, au repassage et au broyage sont nombreux et activement recherchés : pierres à moudre, pierres à rasoirs, émeri, pierres ponces, tripoli, gaizes, etc.

Enfin il n'y a pas jusqu'à la pharmacie qui n'exploite certains gisements pour ses besoins spéciaux, depuis ceux qui, fournissant la lithine, jouissent d'une réputation universelle d'efficacité contre l'arthritisme, jusqu'aux minéraux renfermant du radium auquel on demande le soulagement des maux les plus variés. Partout le succès, c'est-à-dire la découverte des gisements productifs, est le prix de la somme des connaissances géologiques acquises.

Mais dans cette série, que nous sommes loin de vouloir épuiser, une place exceptionnelle appartient à l'agriculture, dont les pratiques doivent varier constamment en conséquence des variations du sol dans les différentes contrées. Il y a longtemps qu'on s'est aperçu que les mêmes méthodes sont bien éloignées d'avoir les mêmes effets dans des localités diverses ; il y a longtemps qu'on a reconnu que tel sol est favorable à certaines cultures impossibles dans le sol voisin, que tel engrais agit sur un sol donné et reste inerte sur un autre, etc. Mais c'est récemment qu'on s'est proposé de rattacher ensemble les qualités du sol et la nature des produits qu'il procure ; et c'est le développement de ces études qui nous promet l'installation prochaine d'une vraie *géologie agricole*.

Toutefois celle-ci ne saurait être acceptée comme une science distincte. Il n'y a qu'une géologie, susceptible seulement de conséquences variées suivant les différents buts à atteindre, et il paraît indiqué de résumer les applications principales de la géologie proprement dite à la science agricole à cause de leur éloquence toute particulière.

Ces applications sont d'ailleurs de deux grandes catégories différentes et bien que l'une soit, en apparence au moins, du domaine théorique et l'autre du domaine technique, il se trouve

que les unes comme les autres se traduisent invariablement par
une augmentation de rendement.

Dans la première série, nous rangerons les secours procurés
par la géologie dans l'interprétation des causes qui ont amené
les conditions avec lesquelles l'agriculture a à compter : la distribution, par exemple, des diverses espèces de sol ; les réactions
chimiques déterminant la production des matériaux utilisables, comme les amendements et les engrais minéraux ; les circonstances d'où résulte le sol arable lui-même et qui sont profondément différentes d'un cas à l'autre.

Dans la seconde série se placeront les notions résultant de
l'observation directe et qui révèlent des lois présidant à la distribution des substances utiles à L'agriculture : avant tout, celles
qui règlent le régime des eaux dans la terre et qui donneront
les moyens d'en utiliser le concours, soit en provoquant leur
sortie du sol, en augmentant le débit des sources, soit en permettant leur évacuation partielle ou totale, par absorption souterraine ou par dérivation.

A côté se rangeront les faits relatifs au gisement des engrais
et des amendements : les liaisons géologiques, par exemple,
entre des fossiles et des catégories de roches d'où l'on tirera des
indications pour les recherches, même minutieuses. A ce titre un
exemple incomparablement éloquent nous est fourni par la série
des explorations entreprises naguère sur le sol de France par de
Molon, qui, la carte géologique à la main, a trouvé, presque à
coup sûr, dans un très grand nombre de nos départements, les
dépôts de nodules phosphatés subordonnés aux couches albiennes.

On a publié un certain nombre d'ouvrages qui traitent d'une
manière spéciale de la géologie agricole. En France, M. Rissler a
traité ce grand sujet d'une manière remarquable. En Angleterre,
on peut citer le volume publié en 1902 par M. Mac Connell sous
le titre de *The elements of agricultural Geology* ; on trouverait
des ouvrages analogues en Allemagne, en Amérique et dans
les autres pays. D'un autre côté, les descriptions géologiques

locales sont ordinairement pourvues d'une partie relative aux applications agricoles. Aussi nous a-t-il paru qu'il importe beaucoup, dans un traité de géologie proprement dit, de montrer comment la série des phénomènes successivement étudiés ramène constamment et par la force même des choses le point de vue agronomique.

Les faits intéressants se présenteront ainsi tout naturellement au fur et à mesure des progrès de nos études et on nous permettra de signaler l'avantage de cette circonstance sur les conditions réalisées d'ordinaire, même dans les traités spéciaux de géologie agricole. Il est bien nécessaire, en effet, que l'agronome ait le sentiment profond des liens intimes qui rattachent les uns aux autres tous les chapitres dans lesquels nous sommes obligés de répartir, très artificiellement d'ailleurs, l'ensemble des faits géologiques. Il est utile qu'il constate que chacun de ces chapitres peut l'éclairer sur les problèmes de la culture et que, le plus souvent, chacun d'eux fournit un élément d'enseignement qui s'associera avec tous les autres, à mesure que les points de vue successifs se multiplieront.

En résumé, le but que nous poursuivons est, non seulement de fournir aux candidats de tous ordres les éléments du succès dans leurs examens, mais encore de procurer un véritable moyen d'action, dans leurs entreprises vis-à-vis de la nature, à toutes les personnes qui demandent au sol la jouissance des richesses de tout genre qu'il se laisse arracher.

Dans tous les cas, ce rapide coup d'œil sur les principales applications de la géologie montre combien est légitime la mesure pédagogique prise récemment à son égard, même en laissant de côté, pour y revenir en son temps, le véritable bénéfice d'un ordre différent qu'apporte avec elle la notion des généralités de la science, en dévoilant à nos yeux le spectacle majestueux des harmonies de la Nature.

GÉOLOGIE

INTRODUCTION

LE DOMAINE DE LA GÉOLOGIE

Il n'y a qu'une science : c'est la connaissance de ce qui existe. La posséder un jour est l'ambition la plus haute et la plus incoercible de l'homme : disposition merveilleuse, inexplicable de notre esprit, car il se trouve que nous sommes radicalement désarmés pour parvenir jamais au but que nous poursuivons.

En effet, il n'est pas d'objet si humble, de phénomène si accessoire, qui ne propose immédiatement à nos efforts des problèmes insolubles. Nous sommes troublés par la diversité des formes, par la complexité des compositions, par l'enchevêtrement des choses et nous n'arrivons jamais qu'à des aperçus seulement approchés de la réalité.

Et comme si cette incompatibilité vraiment contradictoire entre notre besoin instinctif de savoir et notre impuissance à comprendre les faits les plus simples ne suffisait pas, il se présente par surcroît cette autre merveille que nous sommes capables de substituer à la nature réelle un ensemble de conceptions qui lui font comme un pendant — extraordinairement simplifié sans doute — mais qui constitue à lui seul comme un univers à notre taille, à côté de l'Univers véritable.

Cette création de l'homme obéit comme l'autre à des lois strictes, mais plus simples, qu'il y a lieu de découvrir et de formuler et dont l'étude vient constituer à proprement parler des sciences particulières, dont la réunion ne sera jamais la Science, mais qui paraît être tout ce à quoi nous pouvons légitimement prétendre.

C'est ainsi qu'à la place des formes et des nombres de la Nature, nous avons créé la Géométrie et l'Algèbre; c'est ainsi qu'à la place de la structure et de la composition de la Nature, nous avons créé la Physique et la Chimie. Les produits de cette dernière science, tout matériels qu'ils soient, ne sont pas moins des abstractions que les conceptions des mathématiciens. Les composés exprimables par une formule chimique précise ne sont pas plus voisins des corps de la Nature, dont le mieux défini contient de tout, que les solides géométriques ne représentent les formes naturelles des choses, même les plus régulières.

Le réseau des sciences artificielles constitue, dans l'ensemble des problèmes naturels, un tissu de coordonnées, une trame de longitudes et de latitudes auxquels les choses qui existent peuvent être rapportées, et jamais nous ne savons pousser un peu loin l'étude de l'une d'elles sans être contraints de faire des emprunts incessants à toutes les autres qui n'en peuvent être absolument séparées.

Aussi s'est-on heurté à d'insurmontables difficultés toutes les fois qu'on a cherché à faire une classification naturelle des sciences; et il est d'autant plus nécessaire de signaler cette circonstance en abordant l'étude de la Géologie que celle-ci, malgré le caractère défini qu'on est porté à lui attribuer à première vue, doit compter parmi celles qui sont le plus inextricablement liées à toutes les autres.

On la classe parmi les *Sciences naturelles,* ainsi qualifiées pour les séparer des Sciences physiques (φύσις signifie cependant *Na-ture*) et des Sciences mathématiques (μάθησις, c'est la Science par excellence). On la distingue par définition des autres sciences naturelles, qui sont la Zoologie et la Botanique. Cette trilogie correspond à la notion admise, dès l'antiquité la plus haute, des trois règnes de la Nature: l'étude des *animaux,* c'est la Zoologie; l'étude des *plantes,* c'est la Botanique; l'étude des *pierres,* c'est la Géologie.

Mais nous ne saurions nous dispenser de constater dès nos premiers mots que la Géologie ne saurait être définie la Science des pierres qu'en lui retirant son caractère le plus essentiel, qui est d'être la plus encyclopédique, la moins délimitée de toutes les sciences. Aucune définition succincte ne saurait en donner une idée complèté, et ce que nous pouvons en dire de plus approché et de moins vague c'est que, par le mot Géologie, nous comprendrons l'ensemble de notions qui concernent l'histoire du globe terrestre depuis son origine. Mais pour avoir une idée même approchée de tout ce que contient implicitement cette formule il faut un supplément de remarques qui ont un très direct intérêt.

Tout d'abord on verra de suite que l'histoire du globe terrestre comprend, comme une de ses parties nécessaires, l'histoire des êtres vivants qui se sont succédé à sa surface et qui ont laissé dans son sein des preuves innombrables de leur existence. Cela suffit pour indiquer qu'on ne saurait faire de géologie féconde sans faire intervenir largement les notions qui constituent le domaine des autres sciences dites naturelles : la zoologie et la botanique. C'est par l'intermédiaire de la géologie que le faisceau des connaissances humaines s'est enrichi d'un de ses rameaux les plus importants : l'Anatomie comparée.

En second lieu, l'étude des roches considérées en elles-mêmes, c'est-à-dire dans leur substance constitutive, suppose l'emploi des procédés de la physique et de la chimie. On ne saurait faire de la géologie sans admettre pour une forte part l'intervention des sciences physiques : les phénomènes qui constituent le domaine de ces sciences ayant pris une part considérable dans la production même des objets géologiques. Nous nous trouvons donc ici en présence de circonstances qui forment le pendant exact de celles qui concernaient les sciences biologiques. Même nous constaterons que la physique et la chimie se font sentir d'une manière active et continue dans l'épaisseur de toute la masse terrestre, laquelle est en voie de modifications ininterrompues.

Il faut même à cet égard faire un pas de plus et constater que les minéraux, c'est-à-dire les éléments constitutifs des roches, ne sauraient être bien connus sans l'intervention des mathématiques. Une de leurs propriétés les plus essentielles est de se présenter en *cristaux*, et ceux-ci se résolvent en polyèdres dont l'étude est tout entière du domaine de la Géométrie. Les lois mathématiques sont intervenues à chaque instant dans l'acquisition par la Terre de ses caractères les plus généraux, comme dans l'acquisition par les minéraux de leurs traits les plus intimes de structure.

Enfin, la Terre considérée dans son ensemble se révèle comme

faisant partie, avec les autres planètes, d'un ensemble nettement
défini et qui, sous le nom de système solaire, apparaît comme un
des éléments de l'Univers tout entier. Le géologue ne saurait s'in-
terdire la comparaison du globe accessible à ses études directes
avec les autres corps qui gravitent avec lui autour du Soleil : les
résultats obtenus jusqu'ici ont été réunis sous le titre général de
Géologie comparée ; ils sont de nature à éveiller le plus vif intérêt
chez tous les naturalistes.

La conclusion de ces diverses remarques, qu'il n'y aurait ici aucune utilité à développer davantage, c'est que la Géologie se présente comme une science extraordinairement compliquée. C'est
vraiment un carrefour, où des sciences très diverses viennent con-
verger et mettre en relief les liens qui les unissent réciproquement
et qui effacent toute limite précise des unes aux autres.

Dès maintenant, l'ensemble des notions acquises à l'égard de la
Terre est véritablement imposant ; et il est d'autant plus légitime
de le constater avec orgueil que la conquête n'en a pas été facile,
bien loin de là.

Il importe même de remarquer que, par une disposition générale
dont le sens nous échappe, les apparences premières des choses
sont ordinairement tout à fait trompeuses. Quoi de plus évident
que la forme aplatie et circulaire de la Terre ? que la forme en
cloche du Ciel ? que la solidité de celui-ci, comparé dans les vieux
écrits à une cloche d'acier poli et qui porte encore le nom si
expressif de *Firmament* (la charpente de l'Univers) ? que la situation de la Terre au centre exact du Ciel ? que l'immobilité de
la Terre et que le mouvement du Soleil qui se lève tous les matins
d'un côté de l'horizon pour se coucher tous les soirs du côté opposé ?
que la petite dimension du monde justifiant certainement, pour les
esprits impartiaux, la tentative de construction de la Tour de
Babel ?

Tout le monde sait bien que chacune de ces évidences — que
l'on regarderait encore comme des évidences si l'on n'était maintenant prévenu — sont autant d'erreurs absolues : c'est comme une
loi de nature, qu'à l'égard de nos sens, l'apparence est normalement
le contraire du réel.

Nous devons croire, si une supposition est permise dans un
sujet de cette nature, que cette constante aptitude à nous tromper

dans l'observation des grands traits de la Nature a eu pour objet de nous rassurer sur l'immensité des choses au sein de laquelle les hommes primitifs se fussent sentis bien plus perdus, en présence de laquelle ils eussent été bien plus accessibles au découragement, bien moins enclins à faire l'effort en vue duquel ils ont été créés, à assurer en particulier la continuité de leur espèce.

Il se trouve en effet que les illusions premières ont pour résultat commun de nous donner de nous-mêmes l'illusion d'une importance très grande dans le monde. L'Univers tout entier est établi pour le service exclusif de la Terre, c'est-à-dire de l'homme. C'est d'une façon courante que nous mettons en un parallèle exact, *la Terre et le Ciel*. Les Chinois, qui se prétendent dans l'*Empire du Milieu*, ne font que consacrer l'opinion instinctive de chacun pour la région qu'il habite.

Aussi n'est-ce que très lentement que l'homme apprit à voir : Copernic, en 1530, dans son *De revolutionibus orbium cælestium*, avait proclamé l'immobilité du Soleil, centre du monde, et la rotation autour de lui de la Terre et des planètes. Ses enseignements restèrent lettre morte jusqu'au moment où Galilée (1564-1642), par l'invention de sa lunette, donna la démonstration tangible de ces grandes vérités [1]. Le Soleil, à son tour, fut reconnu pour une étoile pareille aux myriades de celles qui brillent dans le Ciel. L'analyse spectrale prouva qu'il a la même composition et que même il n'a aucun caractère distinctif qui l'eût fait distinguer si sa proximité relative ne lui donnait un volume apparent tout à fait exceptionnel. Une merveille bien imprévue des premiers observateurs, c'est qu'on ait pu mesurer la distance qui nous sépare de lui, et qui correspond à 148 millions de kilomètres.

La plupart des étoiles sont bien trop éloignées pour qu'on ait le moyen d'évaluer leur distance. Pour quelques-unes qui sont vraiment nos voisines (tout étant relatif) on a des résultats précis : *Sirius* est à 132 000 *milliards de kilomètres;* l'étoile *polaire* est à 288 000 *milliards de kilomètres;* la *Chèvre* est à 680 000 *milliards*

---

1. On sait que, dès 1444, le cardinal Nicolas de Cusa chercha à remettre en faveur la doctrine du Soleil fixe, conformément aux idées de Pythagore et d'Aristarque de Samos, cité par Archimède. Mais ce n'étaient que des vues intuitives et Aristote les a toujours repoussées pour enseigner la rotation du ciel autour de la Terre.

de kilomètres, etc. Car le *milliard de kilomètres* n'est pas trop grand pour servir d'unité de mesure dans cette circonstance où des unités plus petites ne donneraient aucun chiffre compréhensible : le plus petit, représentant la distance de Sirius, exprimé en kilomètres, donnant 132 suivi de 13 zéros et représentant 1 quintillion et 320 quadrillions de kilomètres !

Quelque insaisissables que soient ces résultats, ils ne concernent que les parties du ciel tout à fait proches de la région où nous sommes et non seulement la grande majorité des étoiles échappent à nos tentatives de mensuration, mais il faut reconnaître qu'elles ne représentent toutes ensemble qu'une portion tout à fait insignifiante de la masse universelle. En effet, en dehors d'elles, l'espace est peuplé d'innombrables objets d'apparence toute différente et qu'on a désignés sous le nom de *nébuleuses,* qui exprime bien l'aspect nuageux et parfois indécis sous lequel ils se présentent à l'observation.

Le type des nébuleuses nous est procuré par une très faible lueur qu'on peut apercevoir à l'œil nu, quand les circonstances sont favorables, au travers de la constellation d'Andromède. Le rayon visuel dirigé au voisinage de l'étoile représentée par la lettre v dans cette constellation, va rencontrer dans le fond du ciel une faible lueur comparée par les premiers astronomes à une « flamme de chandelle vue au travers d'une lame de corne ». Observée au télescope, elle se résout en myriades d'étoiles où l'analyse spectrale trouve les mêmes éléments constitutifs que dans les membres de nos constellations et que, seul, le prodigieux éloignement où nous en sommes, rapproche les uns des autres et confond ensemble.

Cette nébuleuse est un « individu » dans une série d'objets analogues et dont le ciel est tout peuplé : c'est la seule que nous puissions apercevoir à l'œil nu ; mais les lunettes en ont distingué plus de 6 000 dans la seule portion du ciel observable à Paris : Herschel à lui tout seul, par l'emploi de son télescope, en avait trouvé 2 500. L'observatoire de Marseille a plusieurs fois publié des listes de 100 nébuleuses nouvelles.

Et la signification des nébuleuses résulte de l'observation à l'œil nu du ciel dans nos régions, où nous avons le spectacle, non seulement des constellations, mais de cette bande de matière opaline qui barre toute la voûte du firmament et que les anciens désignaient sous l'appellation poétique de *voie lactée*. Cette voie lactée c'est une nébuleuse, mais une nébuleuse vue de l'intérieur et non pas de l'extérieur comme dans les cas précédents. Nous ne savons rien de la totalité de sa forme, mais nous savons qu'autour de nous elle représente assez bien un disque très mince par rapport à sa largeur et c'est pour cela qu'elle nous procure des apparences essentiellement différentes suivant que nous l'observons dans le sens transversal ou parallèlement à son grand développement. Nous sommes dans la situation de promeneurs au milieu d'une longue route rectiligne bordée de chaque côté de plusieurs rangées de gros arbres. S'ils regardent à droite et à gauche, ils voient la campagne entre les arbres et peuvent voir même d'autres grandes routes pareilles à celle qu'ils foulent aux pieds. Mais s'ils tournent les yeux dans le sens de la route, les arbres projetés les uns sur les autres leur masquent complètement l'horizon. Il en est de même dans notre ciel : la plaque d'étoiles dans laquelle nous sommes perdus nous laisse voir les nébuleuses si nous les observons à droite et à gauche entre les étoiles disséminées des constellations, mais elle prend l'aspect d'une masse continue si nous la regardons dans le sens de sa largeur.

Et la conclusion, bien différente de l'opinion primitive que les hommes s'en étaient faite, c'est que l'Univers, au moins dans la région que nous habitons, consiste en gros paquets d'étoiles jetés dans l'espace à des distances relatives telles qu'il serait insensé d'entrevoir une époque où nos moyens d'étude pourraient nous en procurer la moindre idée. Ces paquets d'étoiles ou nébuleuses sont innombrables ; chacun d'eux est composé d'astres dont le recensement est aussi impossible, pour exprimer une antique et éloquente comparaison, que le dénombrement des grains dans le sable des mers.

L'une quelconque de ces nébuleuses est la voie lactée. Des milliards de milliards de globes brillants dont cette nébuleuse est constituée, l'un quelconque est le Soleil ; il n'est signalé par rien de spécial, ni par le volume, ni par la composition, ni par le stade où il est parvenu de l'évolution des étoiles.

Autour de cette étoile quelconque d'une nébuleuse quelconque, gravitent des planètes dont Laplace et Kant ont esquissé l'histoire que nous aurons à rappeler. L'une quelconque de ces planètes c'est

la Terre : ce n'est ni la plus grosse ni la plus petite du système ;
ce n'est ni la plus rapprochée, ni la plus éloignée du Soleil ; et
elle n'occupe pas davantage la région médiane dans l'ensemble.
Les observations sur ses compagnes les plus voisines, Vénus et
Mars, montrent qu'elle leur ressemble de la manière la plus intime
et que leur histoire est commune.

Nous voilà loin, comme on voit, des conceptions premières : le
Monde n'a pas été fait pour le service exclusif de la Terre. Au
contraire celle-ci est véritablement perdue dans un coin quelconque
de l'Univers. Conclusion dont la certitude n'entraîne d'ailleurs pour
l'homme aucune déchéance par rapport au rôle qu'il s'attribuait
tout d'abord. Il voyait trop petit et en grandissant les choses de la
Création il se grandit lui-même et peut éprouver un légitime orgueil
de la sûreté et de l'ampleur des découvertes que son esprit lui
permet de réaliser.

LIVRE PREMIER

LA COMPOSITION DE LA TERRE

L'ARCHITECTURE DE LA TERRE

CHAPITRE PREMIER

DISPOSITION CONCENTRIQUE DES ÉLÉMENTS TERRESTRES

Le premier fait qui nous frappe, même dans un examen rapide de la Terre, c'est sa forme sphéroïdale. On sait cependant les résistances nombreuses qu'il a fallu vaincre pour arriver à une notion qui nous semble aujourd'hui si évidente.

On a pu soumettre notre « globe », comme on dit couramment, à un grand nombre de mesures qu'on doit regarder, à la suite de vérifications répétées, comme définitivement acquises.

Son diamètre est égal à 12 000 kilomètres et son volume, par conséquent, à 396 trillions de kilomètres cubes. Sa surface est de 510 millions de kilomètres carrés.

D'un autre côté Cavendish, par une méthode très ingénieuse, est parvenu à mesurer directement le poids de la Terre et il le trouve égal à 198 quintillions de kilogrammes.

En appliquant une formule élémentaire de physique on peut, de cette connaissance du volume et du poids, tirer la valeur de la densité de la Terre qui est sensiblement égale à 5,5, la densité de l'eau à 4 degrés étant prise pour unité.

Nous verrons plus tard les conséquences que comporte cette notion.

Quoi qu'il en soit, cet ensemble de résultats se complète comme de lui-même par un coup d'œil sur l'allure générale des matériaux dont le globe terrestre est constitué.

Sans aucune étude préalable et sans l'application d'aucun instrument, on reconnaît que la portion la plus extérieure de la planète est formée par la masse de l'atmosphère.

On ignore l'épaisseur précise de l'atmosphère, on sait seulement son poids qui, par centimètre carré de la surface du sol, équilibre une colonne de mercure pesant $1^{kg},034$, ainsi que le démontre l'observation du baromètre. Il en résulte que sur la surface entière de la Terre qui est de 510 millions de kilomètres carrés, l'atmosphère représente un poids de 5 quadrillions 273 trillions 400 milliards de tonnes.

La densité de l'air est égale à 0,0013 par rapport à celle de l'eau, pourvu que la pression soit égale à 76 centimètres de mercure et la température égale à zéro ; mais si, la température restant la même, on répète l'expérience à des altitudes diverses, par exemple dans les montagnes ou en ballon, on voit la densité diminuer très rapidement. C'est même sur ce fait qu'est basée la mesure des altitudes à l'aide du baromètre et l'on constate qu'une diminution de pression de 8 millimètres environ correspond à une ascension de 100 mètres. De là on pourrait conclure qu'il suffirait de s'élever à 9500 mètres pour rencontrer des zones à pression nulle et qui pourraient être considérées comme représentant la limite de l'atmosphère. Toutefois l'atmosphère est certainement beaucoup plus épaisse et la durée du crépuscule dans les régions tropicales conduit à lui attribuer une soixantaine de kilomètres de puissance.

Si l'atmosphère peut être regardée comme constituant la tunique la plus extérieure du globe, l'océan se présente comme en formant une autre, concentrique à la première.

Il est vrai que la surface de la mer est interrompue par l'émergence des continents et des îles ; mais les « terres fermes » ne représentent qu'un quart de la surface totale de la planète et nous verrons qu'il fut certainement un temps où l'océan s'étendait partout.

On peut donc voir dans l'hydrosphère un pendant de l'atmosphère, dont elle diffère avant tout par son état liquide et non plus gazeux.

La densité de l'eau de mer est égale à 1,03 par rapport à celle de l'eau distillée pure à 4° au-dessus de zéro.

La profondeur des mers, très variable d'un point à l'autre, atteint son maximum dans l'océan Pacifique. A l'est du Japon, il est une région connue sous le nom de *fosse du Tuscarora* — en l'honneur du bâtiment américain qui en fit les sondages — où le fond est à 10 000 mètres.

Enfin à l'intérieur de ces deux coques fluides, la première gazeuse — c'est l'atmosphère — et la seconde liquide — c'est la mer — se présente à nous la surface rocheuse qui constitue le sol des continents et des îles et qui se poursuit sous les eaux pour constituer le fond des mers.

La surface de cette portion solide de la planète est très accidentée si nous rapportons ses inégalités à notre propre dimension : le Mont-Blanc se dresse à 4851 mètres au-dessus de la mer et bien des sommets de l'Himalaya mesurent 8500 mètres et plus.

Dé même les abîmes sous-marins déjà mentionnés tout à l'heure lui procurent des altitudes négatives de 10 kilomètres.

Cependant ces accidents de forme, avec leurs 15 à 18 kilomètres d'amplitude, né représentent guère que le $\frac{1}{800}$ du diamètre terrestre et c'est à bon droit qu'on a dit que, toute proportion gardée, l'écorce d'une orange est bien plus rugueuse que la surface de la Terre.

Il ne faudra pas perdre de vue cette remarque quand nous aurons à apprécier l'énergie des causes auxquelles il sera légitime de rapporter les inégalités du sol.

En somme, ce que la structure générale de la Terre nous présente surtout à constater c'est l'existence de zones sphéroïdales concentriques de matériaux très divers dont l'état physique va régulièrement, en se rapprochant du centre, du gazeux au liquide puis au solide.

Parvenu à ce point, il semble tout d'abord que nous soyons dépourvus de tout moyen de pénétrer plus avant dans cette anatomie générale du globe.

Toutefois tout un ensemble considérable d'observations maintes fois contrôlées va nous permettre d'aller plus loin et de jeter réellement les bases fondamentales de l'économie planétaire.

CHAPITRE II

LA CROUTE TERRESTRE

Les séries nombreuses d'observations auxquelles nous faisions allusion à la fin du chapitre précédent ont trait à la haute température des régions souterraines. Quelques-unes d'entre elles sont connues de tout le monde et il n'y a sans doute personne qui n'ait été amené, d'une façon ou d'une autre, à en faire pour son propre compte. Mais il est nécessaire de montrer la conclusion d'importance incomparable à laquelle elles vont nous conduire.

Tout le monde sait que la température des caves un peu profondes paraît contraster nettement avec la température extérieure : fraîches en été, les caves semblent chaudes en hiver. Un thermomètre qu'on y abandonne toute l'année montre cependant que les saisons s'y font sentir, mais comme atténuées de telle façon que l'été est moins chaud et que l'hiver est moins froid qu'à l'air libre.

L'explication de cette circonstance vulgaire s'impose comme d'elle-même. On ne peut contester que la situation souterraine des caves ne soit un obstacle à la propagation des changements thermométriques de la surface. C'est la couche de terre superposée aux cavités qui diminue la quantité de chaleur qui y parvient ou qui s'en dégage.

Le sujet a été scientifiquement étudié par A.-C. Becquerel au Muséum d'histoire naturelle à Paris et son travail l'a conduit à des conclusions très importantes.

Ayant creusé dans le sol un trou étroit, d'une quinzaine de

mètres de profondeur, il y disposa à des distances diverses de la surface une série de thermomètres très sensibles. Ceux-ci, par une construction dont il n'y a pas lieu de décrire les détails, inscrivaient électriquement et d'une façon continue leurs variations sur des feuilles de papier étalées dans le laboratoire, sous formes de lignes dont le tracé était exactement chronométré.

La comparaison des courbes ainsi obtenues démontre ce fait, que les caves ne pouvaient indiquer, que l'atténuation des vicissitudes extérieures va en s'accentuant à mesure que le thermomètre est enfoncé plus profondément dans le sol. Cela veut dire que la courbe des températures qui donne, à l'air, un fort maximum en été et un fort minimum en hiver ne montre sous terre qu'un maximum et qu'un minimum moins marqués, et de moins en moins marqués à mesure qu'on étudie une zone plus éloignée de la surface.

En même temps on reconnaît que le moment de l'année où se font sentir pour un thermomètre souterrain, le maximum et le minimum, ne coïncide pas avec le moment où ces points remarquables de la courbe se manifestent à l'extérieur. Il y a retard, comme si la propagation des vicissitudes saisonnières à travers le sol demandait un certain temps. On constate en outre que le retard augmente avec la profondeur, de façon que pour une valeur convenable de celle-ci c'est en hiver que s'observe le maximum thermométrique et, inversement, en été que le minimum se produit.

Enfin, on trouve une profondeur, relativement très faible, où les inflexions de la courbe disparaissent, où l'instrument dessine imperturbablement une ligne droite, ce qui signifie qu'alors la température est constante d'un moment à l'autre.

Au-dessous de cette zone, on ne trouvera plus que des zones de même genre, c'est-à-dire sans saisons ; la température de chacune d'elles sera d'autant plus haute que sa profondeur sera plus grande.

En présence d'une semblable constatation il est indiqué de rechercher si la chaleur souterraine, indépendante du Soleil, et qu'il faut en conséquence regarder comme dérivant d'un centre d'énergie situé dans les entrailles du globe, est distribuée dans le sol suivant une loi déterminée.

C'est un travail considérable auquel on s'est livré avec une grande ardeur et qui consiste à étudier des thermomètres placés à poste fixe dans des puits et dans des galeries de mines. En rapprochant les divers résultats trouvés pour des profondeurs allant jusqu'à plus de 1 kilomètre, on pourra dégager la notion désirée.

Mais l'entreprise est en réalité beaucoup plus difficile à mener qu'il ne semblait à première vue : le mode d'observation auquel on est contraint à recourir entraînant avec lui de très nombreuses causes d'erreur.

Tout d'abord, on peut remarquer que les indications de thermomètres placés dans des puits de mines ou dans des galeries d'extraction sont soumises à des causes de refroidissement. La principale, peut-être, résulte des suintements aqueux : les cavités ouvertes dans le sol se comportent à la manière de drains : l'eau de la surface et celle de tous les niveaux superposés au point où le thermomètre est établi sont appelées par la pesanteur et viennent refroidir le niveau étudié. Parfois le volume de ces eaux est très considérable et il n'est pas rare que dans les mines il y ait une pluie continuelle. Dans beaucoup de localités, des pompes énergiques mues à la vapeur sont employées nuit et jour à lutter contre l'inondation des travaux.

A côté de l'eau, il faut aussi mentionner l'air comme un agent très efficace de refroidissement des mines. Il faut nécessairement aérer les galeries et pour cela on y lance de l'air à l'aide de puissantes souffleries à moins que la disposition des lieux ne se prête à l'établissement d'un tirage, déterminé par l'altitude relative de puits convenablement situés. Dans tous les cas, le refroidissement dû à cette cause est très sensible. Fréquemment le vent dans les mines est si violent qu'il faut interrompre les passages de distance en distance par des portes convenablement placées.

D'un autre côté il y a dans les exploitations souterraines des causes de réchauffement avec lesquelles il faut compter. En premier lieu, la respiration des ouvriers et celle des chevaux qui collaborent fréquemment aux transports, de même que la combustion des lampes ou autres appareils d'éclairage déterminent une élévation de température qui peut être très sensible.

En outre il est un autre phénomène qui, pour être généralement occulte, n'en est pas moins bien souvent la cause d'un échauffement considérable. C'est l'oxydation spontanée des roches souterraines par le seul fait du contact de l'air qui pénètre dans les travaux. On croirait cette cause insignifiante et cependant elle peut aller — et fréquemment — jusqu'à déterminer l'inflammation des couches de charbon de terre ou d'autres matières combustibles. On verra plus loin que les roches contiennent très ordinairement des éléments peu riches en oxygène ou même entièrement privés de ce corps ; ce sont tantôt des substances organiques charbonneuses, comme des bitumes ou d'autres composés analogues, et tantôt des sulfures métalliques, comme la pyrite, ou encore des sels d'oxydes inférieurs, comme des carbonates ou des silicates de protoxyde de fer, etc. Toutes ces matières sont essentiellement avides d'oxygène qui s'insinue dans leurs pores sous une pression que déterminent l'attraction capillaire et la production soit de l'acide carbonique, soit de l'acide sulfurique, soit des oxydes supérieurs de fer, etc. dégageant une quantité considérable de chaleur.

Ainsi, voilà une entreprise qui semble bien aléatoire : mesurer les températures souterraines dans les mines : car, si d'un côté certaines influences en exagèrent la valeur pendant que d'autres l'atténuent, il n'y a pas à espérer qu'il s'établisse une compensation exacte entre les deux ordres de perturbations.

Pourtant on ne s'est pas découragé et on a continué à enregistrer, pour un nombre de plus en plus grand de localités, les températures des diverses profondeurs, telles que l'observation du thermomètre les indiquait. Et voilà qu'on s'est aperçu qu'un ordre s'établissait dans les résultats à mesure qu'on les multipliait, c'est-à-dire que la moyenne des chiffres recueillis tendait de plus en plus vers une certaine limite, qui se révélait ainsi comme étant la solution cherchée.

Bien entendu, et cela va sans dire, il fallait éliminer des relevés un certain nombre de localités dont les conditions n'étaient évidemment pas normales, celles dont la température souterraine était influencée par des circonstances particulières. Tels étaient les points situés au voisinage immédiat des volcans actifs dont les éruptions avaient certainement réchauffé le sous-sol ; comme.la région, par exemple, des mines d'argent de Comstock, aux États-Unis, où la chaleur est si forte que le travail n'y est possible qu'à la condition de placer, tout auprès des mineurs, de gros blocs de glace constamment renouvelés.

STAN. MEUNIER. — Géol.   2

· Ces restrictions faites, on constate que, d'une manière générale et quelle que soit la latitude du lieu d'observation, la température souterraine constante s'accroît de 1 degré centigrade pour chaque approfondissement de 30 mètres environ. Cela veut dire qu'à 1 mètre au-dessous de la première zone à température constante, on trouve cette température augmentée de 0°o33 ; elle serait en conséquence de 0°33 à 10 mètres, de 3° à 100 mètres et 33° à 1 kilomètre, distance qui n'est pas très éloignée du maximum qu'on ait pu atteindre jusqu'ici pour les puits de mines[1].

Il n'est pas inutile de constater que dans un certain nombre de cas on a pu contrôler la parfaite rigueur de cette progression. On s'est servi pour cela des puits artésiens. Ce sont des trous de sonde qui vont rechercher, dans la profondeur, des nappes d'eau jaillissantes, atteignant souvent la surface du sol et même s'élançant parfois au-dessus d'elle. Après une certaine durée de fonctionnement, nécessaire à l'équilibre des diverses parties du puits, on s'assure que la température de l'eau qui jaillit est absolument constante et, si on la rapproche de la profondeur du trou foré, on retrouve encore presque exactement la relation de 1° pour 30 mètres à laquelle nous venons de parvenir. C'est en particulier ce qui s'est produit pour le célèbre puits artésien de Grenelle, à Paris, dont la profondeur est de 540 mètres et qui fournit de l'eau à 28°8; ce qui fait 18° de plus que la première zone à température fixe, gisant vers 15 mètres de profondeur.

En présence de cet ensemble de faits, on a voulu voir à quel résultat conduirait, par extrapolation, la prolongation en profondeur de la loi trouvée expérimentalement jusqu'à 1000 mètres. Le résultat présente un grand intérêt car, ainsi que nous le verrons bientôt, il explique de la manière la plus naturelle des séries de phénomènes pour lesquels, sans lui, il faut imaginer des causes compliquées et n'offrant entre elles aucun lien nécessaire.

Dire que la température souterraine s'accroît de 1° chaque fois

---

1. Des forages sont allés beaucoup plus bas, par exemple celui de Schladebach près Merseburg, qui a atteint 1 748ᵐ,40. Un trou de sonde pratiqué à Paruschowitz, dans la Haute-Silésie, est parvenu à 2 003ᵐ,34, mais on n'y a pas fait de mesures thermométriques. (Voyez une conférence de M. Francis Laur, dans le *Journal du Pétrole* du 10 octobre 1902.)

qu'on pénètre plus profondément de 3o mètres, cela peut s'exprimer en disant, comme nous venons de le faire, qu'à chaque approfondissement de 1 mètre correspond un accroissement thermométrique de $\frac{1}{30}$ de degré ou de 0°o33.

C'est répéter qu'on aura 33° pour 1 kilomètre, ce qui a été vérifié : en ajoutant, d'un autre côté, aux 18° d'origine profonde de
l'eau de Grenelle les 15° correspondant aux 460 mètres d'approfondissement, on retombe sur les 33° en question.

Mais si on a 33° au bout du premier kilomètre, il est légitime
de supposer qu'on aura 33o° au dixième kilomètre et, en triplant,
990° ou approximativement 1 000° au trentième ; par conséquent
2 000° à 6o kilomètres de la surface.

Or, 6o kilomètres c'est une profondeur bien faible, représentant
seulement le $\frac{1}{100}$ du rayon du globe ; et, à la température de 2 000°,
aucune roche, aucun minéral ne conserve son état solide.

La conclusion, c'est que la portion solide du globe est réduite à
une véritable pellicule, faisant sur la planète la figure de la coquille sur un œuf de poule, et à l'intérieur de laquelle toute la
substance terrestre est fluidifiée, liquide et peut-être même gazeuse.

Et c'est ainsi que des études de pure thermométrie souterraine
nous amènent à la conception de la *croûte terrestre*. Cette croûte
une fois admise, une foule de phénomènes deviennent faciles à
comprendre, dont la théorie, sans elle, était impossible à établir.
Nous y reviendrons tout à l'heure.

CHAPITRE III

STRUCTURE DE LA CROUTE TERRESTRE

Nous venons d'acquérir la notion d'une croûte solide, de 60 kilomètres environ d'épaisseur, constituant une paroi séparative entre les fluides extérieurs (océan et atmosphère) et les fluides internes (substances constitutives du noyau planétaire).

Il est nécessaire d'aller tout de suite un peu plus loin à ce sujet et de remarquer que la structure de la croûte peut être étudiée dans beaucoup de points, grâce aux écorchures, aux cavités, aux inégalités qu'elle présente.

Les carrières, les mines, les tranchées et les tunnels, les simples fondations des maisons nous fournissent de nombreuses informations qui viennent s'ajouter aux enseignements procurés par les falaises de la mer ou des fleuves et par les escarpements des montagnes.

Les matériaux qui composent la croûte terrestre entrent dans la catégorie des roches, et les roches mériteront tout à l'heure un examen spécial.

Remarquons seulement ici que ces roches ne sont pas jetées au hasard les unes sur les autres, mais qu'elles affectent au contraire un ordre, une régularité tout à fait frappante. La manière d'être dont il s'agit varie d'ailleurs avec les régions et reste la même sur des surfaces plus ou moins larges et qui peuvent être gigantesques.

Sans sortir de France nous pouvons rencontrer des exemples très variés de cette structure du sol ; assez variés même pour représenter tous les cas principaux qui ont été signalés.

Par exemple, si l'on explore les environs de Limoges, ceux de Clermont-Ferrand, ceux de Cherbourg ou de Brest, on trouve des quantités de points où le sol entr'ouvert montre partout et d'une manière uniforme une même matière constitutive. C'est une pierre compacte, dure, difficile à casser, grisâtre, jaunâtre ou rosâtre, et que tout le monde connaît sous le nom de granite. Parfois elle est à grain uniforme et peut se casser en tous sens avec les mêmes difficultés ; parfois aussi, elle montre sur ses fractures des apparences rubanées et les coups de marteau la défont naturellement en plaques plus ou moins minces.

Ce genre de roche se montre sur des escarpements qui peuvent avoir des centaines de mètres de hauteur sans qu'on y voie de modification bien nette depuis la base jusqu'au sommet, soit pour la dureté, soit pour le grain de la cassure, soit même pour la nuance. Ce sont des roches massives et qui seraient tout d'une venue s'il ne se montrait toujours, au travers de leur épaisseur et dans des directions très variées, des cassures, fines d'ordinaire, et qui empêchent d'extraire des blocs d'une grosseur quelconque.

Une dernière remarque à faire au sujet des roches granitiques c'est que tout nous autorise à penser que si on ne les aperçoit qu'en certains pays, c'est que dans les autres elles sont recouvertes par des roches différentes et qui sont étendues sur elles comme un manteau. Les sondages les retrouvent fréquemment à toutes sortes de profondeurs et quand on ne les atteint pas, c'est seulement parce qu'elles sont trop éloignées de la surface.

De sorte que nous devons conclure des observations dont cette question a été l'objet, que la croûte terrestre admet dans sa structure une zone continue de roches granitiques, reposant sans doute sur des matières variées, et n'atteignant la surface, n'affleurant, comme on dit, que là où des revêtements ne la masquent point à la vue.

Mais si, au lieu de visiter les pays énumérés ci-dessus, nous parcourons les environs de Paris, et presque tout le nord de la France, la Franche-Comté, le Jura, spécialement propre à ces remarques, la Provence, les Charentes et bien d'autres lieux, nous voyons des faits totalement différents.

Le sol est alors formé de roches disposées en lits ou couches, en *strates* suivant l'expression latine (*strata*), simplement francisée, qui est consacrée par l'usage.

Il y a des localités où ce sol *stratifié* vient reposer directement sur le sol granitique et on est frappé alors des contrastes de l'un à l'autre, justifiant la considération de deux catégories de matériaux dans la construction de l'écorce : les roches massives ou fondamentales et, par-dessus, les roches stratifiées.

La forme des couches est toujours celle de plaques minces par rapport à leur dimension en largeur et en longueur. Dans beaucoup de cas elles sont sensiblement horizontales et peuvent faire des empilements très épais. Mais il arrive aussi qu'elles soient plus ou moins inclinées tout en restant parfaitement parallèles entre elles et, dans ce cas, il est utile, au point de vue des descriptions et des comparaisons, de préciser le sens de l'inclinaison.

Pour cela on distinguera dans la description de la couche, sa direction et son plongement. La direction c'est l'orientation, par rapport aux points cardinaux, de la ligne horizontale IIII', menée dans le plan de la couche (fig. 1). Et le plongement ou inclinaison, c'est l'angle que fait, avec le fil à plomb, la perpendiculaire PP', menée également dans le plan de la couche, à la ligne HH'.

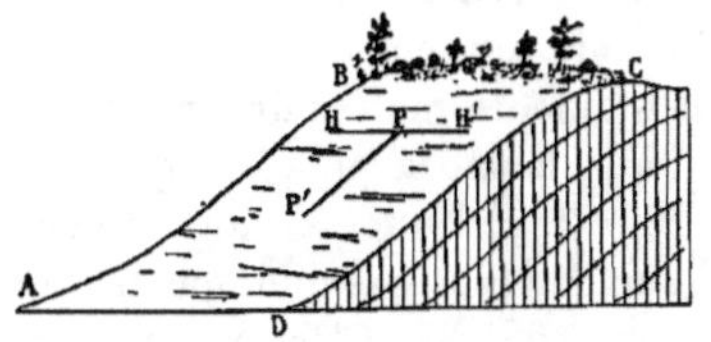

Fig. 1.— Direction et inclinaison (ou plongement) des couches du sol.

HH', horizontale menée dans le plan de la couche ABCD, indique par son angle avec la ligne nord-sud, la direction de cette couche. La ligne PP', menée perpendiculairement à HH' dans le plan de la couche, donne par son angle avec la verticale l'inclinaison de la couche.

Dans certains cas, les strates ne se bornent pas à plonger sous un angle uniforme et qui peut atteindre 90°. On les voit très souvent s'onduler de façon à dessiner des plis plus ou moins brusques. À cet égard on ne peut citer de meilleur exemple que la région du Jura, où des falaises, rencontrées à chaque pas dans toute la largeur de la chaîne, montrent des détails très variés de cette condition des couches du sol.

Tout de suite on éprouve le besoin de distinguer deux types principaux de plis. Tantôt ils sont formés par le redressement de la couche ployée, à droite et à gauche d'une ligne de dépression, et on dit alors qu'on a affaire à un pli *synclinal* (fig. 2, S). Tantôt ils se présentent d'une manière inverse, et résultent du plongement de la couche ployée dans deux sens opposés de part et d'autre d'une ligne de crête : c'est alors un pli *anticlinal* (fig. 2, A). Dans le Jura les plis des deux catégories alternent un grand nombre de fois au cours de la traversée de la chaine.

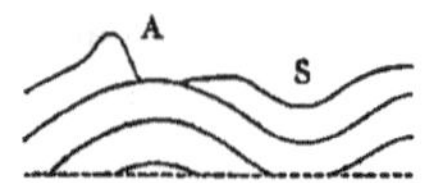

Fıc. 2. — Plissement des couches du sol.

Les plis convexes, comme en A, sont dits anticlinaux ; les plis concaves, comme en S, sont appelés synclinaux. Souvent ces plis alternent un nombre plus ou moins grand de fois, par exemple dans la traversée de la chaine du Jura.

Dans tous ces exemples, les strates visibles sur les coupes ne cessent pas de rester parallèles les unes aux autres ; et c'est ce qu'on exprime en disant qu'il y a stratification concordante. Mais il peut se présenter des cas différents, et ils sont même très fréquents, très riches aussi en enseignements précieux.

Par exemple, les perforations ouvertes dans le sol aux environs d'Anzin, pour y rechercher le charbon de terre, ont démontré que les strates horizontales qui constituent la surface et qui se continuent jusqu'à une centaine de mètres de profondeur reposent sur des strates plissées de la façon la plus brusque et la plus compliquée et qui se poursuivent plus bas que tous les travaux (fig. 3). C'est un exemple tout à fait typique de stratification discordante.

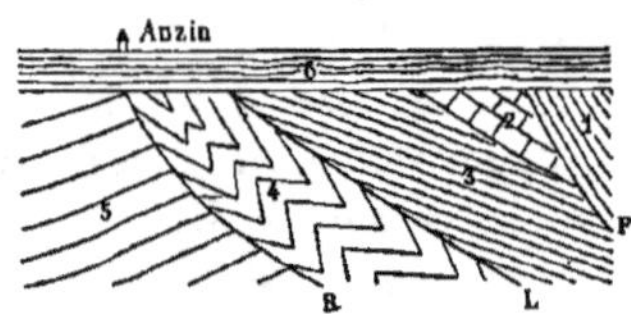

Fıc. 3. — Discordances de stratification (Coupe prise dans le sous-sol d'Anzin).

Le terrain superficiel n° 6, épais de 100 mètres, est en discordance avec les terrains sous-jacents, en conséquence d'un intervalle entre l'époque des dépôts pendant lequel des déplacements se sont opérés. De leur côté les terrains 1, 2, 3, 4 et 5 sont discordants les uns avec les autres en conséquence de la production des failles R, L, F.

On peut citer encore, comme spécialement visible, la coupe du mont Olympe auprès de Charleville (Ardennes) où l'on voit des couches presque horizontales couronner une énorme épaisseur de strates qui sont presque verticales ; mais des dispositions du même genre se découvrent de tous les côtés et nous en rencontrerons plus d'une fois dans nos descriptions ultérieures.

A côté des discordances dans le sens vertical dont font partie celles d'Anzin et de Charleville, il y a lieu de noter l'existence de discordances dans le sens horizontal, dont la considération sera également féconde.

Il s'agit cette fois d'un arrêt brusque, selon un plan plus ou moins vertical, d'une formation géologique qui est remplacée, de l'autre côté du plan, par une formation toute différente. La figure 3 nous en donne de très remarquables exemples : les terrains 1, 2, 3, 4 et 5 sont discordants les uns par rapport aux autres des deux côtés de plans plus ou moins verticaux sur lesquels nous reviendrons sous le nom de *failles* ou mieux, de *géoclases*. De même, quand, dans la chaîne des Vosges, on s'éloigne d'Épinal pour aller vers Gérardmer, on voit le sol, formé jusque-là de couches gréseuses, devenir subitement granitique. De même en Saône-et-Loire, le long d'une interminable ligne qui passe par le Creusot, Toulon-sur-Arroux et La Chapelle-au-Mans, le sol est formé à l'ouest par le granite et à l'est par des grès rouges et des schistes noirs.

L'ensemble des terrains stratifiés représente une épaisseur de quinze ou vingt kilomètres au moins.

Dans cette épaisseur, il est logique de considérer que toutes les parties ne se sont pas faites en même temps et de penser que chaque strate s'est déposée sur la strate qui lui est sous-jacente; que par conséquent elle est plus récente que celle-ci.

Nous verrons par la suite qu'on a été bien plus loin dans cette voie et qu'on a précisé, avec beaucoup de détails, l'âge relatif des strates; pour le moment il suffit de constater qu'on a divisé tout l'édifice stratifié en gros paquets superposés, comparables aux étages dans une maison et qu'on les a numérotés à partir d'en bas, c'est-à-dire à partir du plus ancien. C'est ainsi que sans rien préjuger des résultats d'une étude plus attentive on peut distinguer le terrain primaire, le terrain secondaire, le terrain tertiaire et le terrain quaternaire. Nous ne tarderons pas à apprécier l'utilité pratique de cette notion.

A côté des deux grandes catégories de terrains, massif et stratifié, qui viennent d'être décrites, et intimement associée avec elles, la croûte terrestre nous présente une autre sorte de formation qu'on ne peut passer sous silence. Il s'agit de matériaux qui, sous des formes d'ailleurs très variées, traversent les formations précédentes et méritent ainsi le nom de *terrains intercalés*.

Dans bien des points des pays granitiques, et par exemple dans cette belle région de la France centrale qu'on appelle le Morvan, il est extrêmement fréquent de voir le terrain massif montrer, sur ses escarpements, des bandes plus ou moins larges et plus ou moins verticales de roches que signalent à la fois leur structure et leur couleur. Depuis un temps immémorial on a donné à ces intercalations le nom de filons ; mais nous verrons que c'est une expression assez vague et qui mérite d'être définie.

De semblables filons se trouvent aussi en dehors des terrains massifs et au travers de toutes sortes de terrains stratifiés : c'est ainsi, pour borner nos exemples, que bien des strates du département de l'Ardèche sont recoupées de bandes d'une roche noire et pesante que nous apprendrons à connaître sous le nom de basalte.

Dans ces exemples, le terrain intercalé se présente sous la forme d'une espèce de plaque s'élevant des profondeurs et parvenant plus ou moins près de la surface du sol qu'elle peut même dépasser : c'est comme une muraille souterraine. Parfois on rencontre des plaques qui se sont associées aux strates proprement dites et qui constituent des nappes. Certaines nappes recouvrent le sol au contact même de l'atmosphère et bien des collines de l'Auvergne sont ainsi couronnées de tables de basalte. Ailleurs on voit le terrain intercalé former, à des profondeurs variées, des nappes plus ou moins volumineuses et à contours très variables ou faire saillie sur le sol en gros monticules ou même en vraies montagnes du genre du Puy-de-Dôme.

C'est aussi, comme on le verra, à la catégorie des terrains intercalés qu'appartiennent beaucoup de ces productions minérales sur lesquelles on établit des mines pour en retirer des métaux et qu'on appelle de ce même nom de filons, employé tout à l'heure dans un sens un peu différent.

Considérée dans son ensemble, et abstraction faite de la nature intime des matériaux qui la composent, la croûte terrestre se divise d'elle-même en deux zones superposées ; la plus extérieure, en contact avec les eaux de pluie ou les eaux de la mer, est nécessairement plus ou moins humide. Même dans les pays très secs, on sait qu'on trouverait de l'eau en creusant plus ou moins profondément dans le sol. Une partie du Sahara est superposée à une nappe d'eau.

Toutes les roches, au moment où on les extrait de leur gisement naturel, renferment une proportion d'eau d'imprégnation qui a été naguère déterminée par Durocher[1] et qui nous étonne par son importance. En effet, les chiffres publiés montrent que la roche la moins hydratée contient encore cent fois plus d'eau que ne contiendrait chaque parcelle terrestre si l'eau de la surface était également ment distribuée dans toute la masse du globe.

Mais il est évident qu'entre les assises superficielles où sont ouvertes nos mines et les régions à 2 000°, où la condition solide de

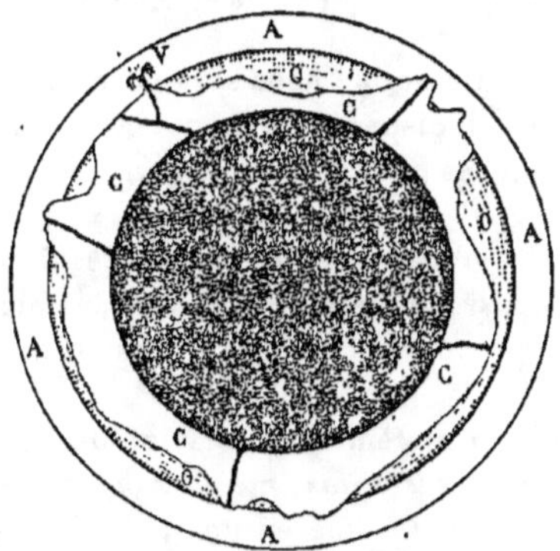

Fig. 4. — Coupe théorique du globe terrestre suivant l'un de ses grands cercles pour montrer les grandes lignes de l'architecture planétaire.

On n'a pas essayé de représenter les épaisseurs d'une manière proportionnelle, et le noyau N est prodigieusement rapetissé. AA, atmosphère ou zone gazeuse; OO, océan ou zone aqueuse; CC, croûte solide émergeant dans les régions continentales et insulaires. Les lignes plus ou moins radiales qui la traversent représentent les diverses catégories de terrains intercalés. V, volcan.

la croûte va faire place à la fluidité des matières nucléaires, il y a une profondeur où la haute température du milieu s'oppose à la pénétration de l'eau. Aussi, au-dessous de la zone à roches

---

1. *Bulletin de la Société géologique de France* (2ᵉ série), t. X, p. 431.

pourvues de l'eau d'imprégnation signalée et dosée par Durocher, nous sommes conduits à considérer une zone concentrique de roches très chaudes où l'eau ne saurait pénétrer d'elle-même et d'où elle tendrait à s'échapper violemment si, en conséquence de circonstances quelconques, elle y avait été introduite.

Ces notions très sommaires, mais suffisantes pour le moment, de la structure de la croûte terrestre, peuvent se résumer dans un petit schéma où seront réunies les principales relations entre les catégories de formations que nous avons énumérées (fig. 4).

Nous allons avoir à décrire avec le détail nécessaire les principales portions de tout cet ensemble. Sans déflorer ce sujet, il est nécessaire de répéter ici que l'épaisseur des terrains stratifiés a été subdivisée en paquets superposés, auxquels on a donné des numéros d'ordre.

On va voir que cette notion nous sera nécessaire à chaque instant et c'est ce qui rend indispensable de noter ici les qualifications les plus adoptées pour les principales des divisions et des subdivisions stratigraphiques.

Les divisions les plus larges sont qualifiées de *systèmes;* on leur a simplement imposé des numéros d'ordre, le plus inférieur étant naturellement le premier, parce que c'est sans aucun doute le premier formé.

Les divisions des systèmes s'appellent des *groupes* ou *séries ;* celles des groupes, des *terrains;* et celles des terrains, des *niveaux.* Pour le moment voilà, résumé en un tableau synoptique, ce qu'il nous importe de savoir à ce sujet :

TABLEAU SYNOPTIQUE DES FORMATIONS STRATIFIÉES

nécessaire pour la compréhension des faits exposés dans la 2ᵉ partie du premier Livre de cet ouvrage :

SYSTÈMES	GROUPES (SÉRIES)	TERRAINS	
Quaternaire.	»	Néolithique. Paléolithique.	
Tertiaire.	Pliocène.	Sicilien. Astien. Plaisancien. Pontien.	
	Miocène.	Tortonien. Helvétien. Burdigalien.	
	Oligocène. . . .	Aquitanien. Stampien.	
	Éocène.	Tongrien. Bartonien. Lutétien. Suessonien. Thanétien.	
Secondaire.	Crétacé.	Danien. Sénonien. Turonien. Cénomanien.	Crayeux.
		Albien. Aptien. Néocomien. .	Infra-crayeux.
	Oolithique	Portlandien. Kiméridgien. Séquanien. Oxfordien. Callovien. Bathonien. Bajocien.	
	Liasique.	Toarcien. Charmouthien. Sinémurien.	Lias prop. dit.
		Hettangien. Rhétien.	Infra-lias.
	Triasique.	Saliférien. Conchylien.	

SYSTÈMES	GROUPES (SÉRIES)	TERRAINS	
Primaire.	*Permien.*	Thuringien. Lodèvien. Artinskien.	
	Carbonifère. . . .	Stéphanien. Moscovien.	Houiller.
		Viséen. Tournaisien.	Culm.
	Dévonien.	Condrusien. Eifelien. Rhénan.	
	Silurien..	Lludlovien. Wenlockien. Llandoveryen.	Gothlandien.
		Caradocien. Llandeilien. Arénigien.	Ordovicien.
	Cambrien.	Postdamien. Dolgellyen.	Olénidien.
		Ménévien. Solvien.	Paradoxydien.
		Géorgien.	Olénellien.
Primitif.	*Archéen.*	Pébidien. Arvonien.	Huronien.
		Labradorien.	Laurentien.

Il est tout à fait indispensable d'ajouter ici que ce tableau n'a pas d'autre but, pour le moment, que de nous procurer un guide dans les descriptions qu'on trouvera dans les pages suivantes et qui, sans lui, perdraient une grande partie de leur signification. Il faut l'accepter provisoirement comme une simple énumération de divisions, indispensables dans l'énorme superposition des terrains. Quand nous dirons qu'un objet intéressant à connaitre se trouve dans le terrain tournaisien ou dans le groupe oolithique, cela permettra de concevoir sa situation dans l'ensemble de l'architecture du globe — à peu près comme les degrés de longitude et de latitude permettent d'apprécier la situation sur la Terre d'une localité géographique. Du reste il faut bien se pénétrer du caractère essen-

tiellement artificiel et arbitraire de ces divisions et des dénominations qui leur sont attribuées — ce qui est une ressemblance de plus
avec les coordonnées cartographiques dont il serait bien oiseux
de rechercher le moindre vestige dans la nature. C'est un sujet
qui devra nous arrêter de nouveau un peu plus loin.

DEUXIÈME PARTIE
L'ÉTOFFE DE LA TERRE

CHAPITRE PREMIER

GÉNÉRALITÉS

Il importe maintenant de pénétrer plus avant dans l'étude des matériaux dont la croûte terrestre est constituée. Ce sera le moyen de préciser bien des faits déjà présentés d'une manière générale et de nous procurer des éléments de détermination pour nos travaux ultérieurs.

Avant tout, nous devons arrêter notre attention sur la diversité de substance des divers terrains massifs, stratifiés et intercalés. On y découvre des pierres de qualités et d'apparences changeant d'un cas à l'autre et qui ont amené les naturalistes, à la suite d'ailleurs de tous les hommes vivant en contact avec la nature, à distinguer des espèces de *roches*.

Ce nom de roches est d'ailleurs pris dans le langage vulgaire dans un sens évidemment trop restreint et qu'il faut nécessairement étendre. Il convient en effet de qualifier de roches, non seulement — comme on le fait communément — les pierres dures et difficiles à briser, mais encore les substances minérales incohérentes, comme les sables et les graviers, et les substances molles et plastiques comme les argiles. De proche en proche, on arrive à

définir roches toutes les substances minérales qui se présentent sous
un volume assez grand pour jouer un rôle efficace dans la structure
du globe terrestre. Et alors, il faut admettre parmi les roches,
non seulement des substances liquides et avant tout l'eau qui
remplit bien certainement toutes les conditions imposées par
la définition, mais même des substances gazeuses et avant tout
l'air qui est en effet de nature minérale (n'étant ni animal ni végétal) et dont le volume est un des plus considérables que les
roches puissent atteindre.

Ces généralités une fois acceptées, il devient facile de se faire
une idée de l'ensemble des roches qu'il nous importe tant de connaître à tous égards. Et tout de suite le besoin se fait sentir de
recenser, si possible, le nombre des types qu'on y pourra distinguer ; ce qui suppose de toute nécessité qu'on les saura définir.

De tous les points de vue auxquels on peut se placer pour comparer entre elles les diverses roches, celui qui a paru sans hésitation devoir être adopté est celui de leur composition. Les méthodes de l'analyse chimique se sont appliquées sans difficulté à
leur examen et on a fait dans ce sens des travaux extrêmement
nombreux.

Seulement il suffit de comparer les résultats fournis par des
types convenablement choisis pour arriver à reconnaître que l'analyse chimique est tout à fait insuffisante pour procurer de chaque
espèce une définition complète.

Un exemple nous fera bien comprendre. Supposons qu'on mette
à côté l'un de l'autre, un fragment de granit à trottoir et un fragment d'argile comme on en emploie à la fabrication des tuiles et
des briques. Il n'y a rien de plus différent que ces deux substances
au point de vue de l'aspect et des propriétés. Le granit est une
pierre grenue, très dure, difficile à rompre, dont on peut faire des
pavés, des bordures de trottoir et des matériaux de construction.
L'argile est très friable quand elle est sèche, et si on la mouille
elle fait une boue, une pâte qui peut se mouler et ne devient cohérente qu'à la suite d'une cuisson.

Eh bien ! si l'on fait l'analyse chimique de ces deux matières,
on trouve à peu près la même chose : le granit comme l'argile

renferme de 62 à 65 °/₀ de silice, de 25 à 33 °/₀ d'alumine, de la
potasse, de la chaux, de l'oxyde de fer, à peu près en même
proportion. La principale différence, c'est que l'argile renferme de
l'eau qu'on ne trouve pas dans le granit, mais les schistes sont
comme des argiles à peu près privées d'eau et dont la composition
chimique diffère à peine de celle du granit.

Le fait dont il s'agit peut se répéter pour un grand nombre de cas
où des roches, évidemment différentes, ne sauraient se distinguer
les unes des autres par la nature de leurs principes élémentaires.

Il a donc fallu chercher autre chose et on n'a pas tardé à s'apercevoir que les roches sont, pour l'ordinaire, des mélanges de matériaux, le plus souvent très fins, mais parfois très aisément visibles
et qui peuvent être rigoureusement définis. Ces matériaux sont
qualifiés de *minéraux*, et il faut apporter un très grand soin à ne
pas employer indistinctement, et l'une pour l'autre, ces deux
dénominations de roches et de minéraux.

A l'inverse des roches, qui sont des mélanges en toutes proportions, les minéraux sont des combinaisons chimiques parfaitement
définies : on peut représenter leur composition par une formule
chimique et nous verrons tout à l'heure qu'on les distingue aussi à
leur structure intime.

Si on reprenait l'échantillon de granit que nous analysions tout à
l'heure et si on l'examinait de très près, on s'apercevrait qu'il n'est
pas homogène : il résulte du mélange de trois sortes de grains
très intimement unis ensemble, mais qui contrastent les uns avec
les autres et qu'on peut très aisément définir. Les plus immédiatement visibles sont noirs, extrêmement brillants et forment de petites paillettes qui scintillent au soleil ; d'autres, qu'on voit encore
bien facilement, sont opaques et ternes, grisâtres ou rosâtres, suivant les variétés de granit et, avec une loupe, on reconnaît qu'ils
sont limités d'ordinaire, au moins de quelques côtés, par des faces
tout à fait planes. Enfin, on voit çà et là, mais au prix d'un peu
plus d'attention, des grains transparents généralement incolores
et qui présentent des cassures tout à fait pareilles à celles que
présente le verre grossièrement pilé.

Ces trois catégories de grains appartiennent à trois minéraux
différents et autant on définissait mal le granit en disant que c'est

une roche contenant 62 % de silice, 25 % d'alumine, etc., etc.,
autant on le définira bien en disant qu'il résulte du mélange intime des trois minéraux qui viennent d'être décrits.

On conçoit donc comment on a été porté à substituer l'*analyse
minéralogique* à l'analyse chimique et comment on a réalisé ainsi
dans la connaissance des roches une révolution aussi profonde que
profitable.

Cette analyse minéralogique peut être effectuée de deux manières
principales.

Quelquefois, et c'est ainsi que l'on a commencé à faire, on concasse la roche à l'étude, par exemple le granit pris comme type,
et une fois la poussière obtenue, on se livre à un *triage* de ses
grains, de manière à distribuer mécaniquement les différents
minéraux en petits lots qu'on pourra étudier séparément.

Ces petits lots devront être soumis à l'analyse chimique qui fera
connaître la composition de chacun des minéraux entrant dans le
mélange. On trouvera ainsi que le minéral brillant est un silicate
d'alumine, de fer, de magnésie ; que le minéral opaque est aussi
un silicate, mais d'alumine et de potasse ; et enfin que le minéral
à aspect de verre concassé est formé exclusivement de silice.

La séparation mutuelle des minéraux mélangés dans une roche
est ordinairement plus difficile qu'on ne supposerait tout d'abord
et on a inventé, pour y parvenir, des méthodes qui doivent nécessairement varier suivant les cas. Souvent, on suspend la poussière
de roche dans de l'eau, et par l'agitation alternant avec des décan-
tations, on peut isoler telle ou telle espèce minérale. Comme la
densité des divers minéraux n'est pas la même, on fait usage quelquefois de liquides plus pesants que l'eau et sur lesquels certains
minéraux peuvent flotter pendant que les autres s'enfoncent.
Parfois aussi, à cause de la forme variée des minéraux dont les uns
sont en grains plus ou moins cuboïdes ou sphéroïdaux pendant que
les autres sont en paillettes minces, on arrive à les séparer les uns des
autres rien qu'en les laissant tomber à travers une colonne d'eau de
hauteur suffisante. Les paillettes arrêtées dans leur chute se séparent peu à peu des grains proprement dits qui tombent plus vite,
même quand il n'y a pas de différence notable dans les densités.

Parmi les procédés de séparation des minéraux mélangés, il faut faire allusion à l'emploi du barreau aimanté. Il suffit de le promener dans la poussière de la roche à l'étude pour en retirer les particules magnétiques qu'elle peut renfermer. Ces particules appartiennent à des minéraux d'ordinaire riches en fer, et en fer à certains états chimiques en dehors desquels le métal a perdu son pouvoir de s'attacher à l'aimant.

On arrive enfin à réaliser des séparations en détruisant certains minéraux avec des réactifs appropriés pour en laisser subsister un autre comme résidu insoluble et propre à une étude spéciale.

Au cours de cette opération, on reconnaît souvent le minéral qui se dissout à quelque incident de l'expérience. Tantôt, c'est le liquide qui se colore ou qui se trouble d'une façon spéciale; tantôt, ce sont des bulles d'un gaz caractéristique et reconnaissable qui se dégagent.

Certaines roches doivent être attaquées à chaud par des acides très énergiques. Dans des cas spéciaux on prendra la potasse ou d'autres agents qui réaliseront des séparations entre les minéraux constituants.

Mais on a singulièrement perfectionné l'analyse minéralogique des roches quand on a imaginé de les réduire en lames si minces qu'elles sont parfaitement transparentes (au point qu'on peut sans difficulté lire à leur travers des caractères imprimés sur lesquels on les a déposées), puis de les examiner au microscope.

On a pu ainsi, non seulement reconnaître les matériaux définis dont le mélange constitue les roches, mais constater le mode d'agencement des minéraux associés, c'est-à-dire réaliser une sorte d'anatomie histologique des roches. Cette merveilleuse méthode, qui suppose l'emploi d'appareils de polarisation adjoints au microscope, a véritablement révolutionné et renouvelé la lithologie ou science des roches. On peut ajouter que c'est seulement depuis son emploi qu'on a su édifier la classification rationnelle de celles-ci.

L'emploi du microscope à l'étude des roches a permis de pénétrer dans l'histoire de leur formation avec un détail qu'on n'aurait

jamais osé prévoir. C'est ainsi qu'on s'est aperçu que dans une
roche donnée, dans le granit par exemple, les différents minéraux
constituants ne se sont pas produits en même temps. On découvre,
au contraire, que certains d'entre eux existaient déjà quand les
autres ont pris naissance dans les intervalles des premiers, qui se
sont trouvés ainsi cimentés en une masse commune.

Dès lors, on a appliqué la notion de l'ordre de consolidation des
minéraux à la caractéristique des roches et, d'un autre côté, on a
précisé leurs caractères de structure qui, eux-mêmes, ont été rattachés à des circonstances d'origine et de mode de formation. Les
principales structures ont été qualifiées de *normales* et de *clastiques*,
selon que la roche est partout semblable à elle-même ou qu'elle
résulte de la réunion de fragments empruntés à des roches plus
ou moins différentes les unes des autres.

Pour les roches normales, on les distingue en vitreuses, saccharoïdes, grenues, schistoïdes, etc. On aura à séparer la structure
granitoïde des structures porphyroïde, ophitique, perlitique, etc.

De nombreuses roches admettent dans leur composition des
débris provenant de corps organisés: ossements, coquilles, feuilles,
fruits, graines, etc. Il arrive que ces vestiges soient microscopiques et c'est ce qui a lieu, par exemple, pour les tests de Foraminifères et de Radiolaires, les spicules d'Éponges parmi les animaux, de même que pour les carapaces de Diatomées parmi les
plantes.

. Ce ne sont là que des aperçus qu'il est de première importance
de préciser.

Les chapitres suivants y sont destinés et concernent successivement l'examen des minéraux, l'étude des roches et la caractéristique
des fossiles.

CHAPITRE II

NOTIONS SUCCINCTES DE MINÉRALOGIE

D'après ce qu'on vient de voir, la base principale de l'étude des roches, c'est la connaissance des minéraux. Celle-ci doit donc nous arrêter maintenant.

Cette connaissance suppose divers genres d'études également importants et que l'on doit combiner ensemble pour parvenir au résultat.

Ils concernent les caractères géométriques (forme cristalline), les caractères physiques et enfin la composition chimique des minéraux.

Caractères géométriques des minéraux.

Pour se faire une première idée de ce qu'on entend par forme cristalline, il convient de faire appel à des notions universellement répandues relatives à des objets qui, même dans le langage vulgaire, sont qualifiés de cristaux. Par exemple le carbonate de soude qui, dans le catalogue même des droguistes, est qualifié précisément de *cristaux;* par exemple le gros sel gris, ou sel de cuisine, dont chaque grain, pour peu qu'on y fasse la moindre attention, se présente comme un petit cube ; par exemple le sucre candi, qui est si remarquable par la netteté de ses formes limitées par de larges surfaces planes et brillantes.

Et dans une autre série, qui ne connaît le cristal de roche qui, à l'état de nature, se présente si fréquemment sous les contours d'un prisme à six pans, terminé, au moins à l'une de ses extrémités et quelquefois aux deux, en forme de pyramide à six faces ?

Ce sont là des exemples vulgaires de cristaux ; ils nous préparent à apprendre que presque tous les minéraux sont aptes à se montrer en cristaux, au moins dans certains cas. Comme on le devinerait, il existe des minéraux incapables de cristallisation : ce sont avant tout les corps fluides, c'est-à-dire gazeux ou liquides ; ce sont aussi des corps solides qui ont la structure dite *vitreuse* et que nous définirons. Pour eux, les déterminations seront moins précises et moins complètes que pour les autres. Ces corps sont d'ailleurs en minorité quoique parmi eux existent des espèces de la première importance.

Une chose utile pour se faire une idée de l'intérêt des cristaux serait d'aller jeter un coup d'œil sur quelque grande collection minéralogique. On serait alors émerveillé de la variété des formes naturelles dont les minéraux sont capables et la première impression, en présence de cette multitude, serait que ces formes, plus ou moins capricieuses en apparence, ne sont rattachées les unes aux autres par aucune loi.

Cependant, avec un peu plus de soin, on arrive à une conclusion inverse et l'on reconnaît que certains minéraux ont des formes qui leur sont propres. Déjà nous avons mentionné le cristal de roche ; on peut répéter la remarque pour bien d'autres corps : ainsi le grenat se présente fréquemment en cristaux sphéroïdaux dont toutes les faces sont des losanges ; la pyrite se montre de même en magnifiques cristaux d'un jaune d'or dont les faces sont des pentagones, c'est-à-dire des polygones à cinq côtés, etc.

Cette remarque suffirait pour nous inviter à persévérer dans notre examen : elle nous prépare à accepter la conclusion des naturalistes, que chaque minéral, caractérisé avant tout par sa composition, possède une forme cristalline qui lui est propre.

Mais pour que nous puissions apprécier toute la valeur des observations précédentes, il faut faire encore remarquer qu'on peut établir une classification parmi les formes que nous présentent les minéraux, de façon à y faire des groupes dont chacun sera nettement défini et se prêtera à des comparaisons avec les autres.

Ces groupes ont reçu le nom de *systèmes cristallins*, et on s'est aperçu que, malgré la prodigieuse variété des formes des cristaux, les systèmes sont au contraire réduits au nombre très restreint de six.

Chacun d'eux peut être symbolisé pour ainsi dire par un solide facilement définissable, dont la symétrie est aisément réduite à une formule très concise (car c'est là le point essentiel), et rattaché ainsi à la description d'un solide géométrique. Nous pourrons donc rattacher chacun des systèmes à son solide caractéristique. Les six solides dont il s'agit sont des prismes.

Il importe de bien se pénétrer du caractère essentiel de la *symétrie cristalline* et le mieux, à cet effet, est de s'arrêter à un exemple convenablement choisi.

Considérons un cube (fig. 5), qui va être précisément un de ces six solides à chacun desquels se rapportera, comme on vient de le dire, un système cristallin.

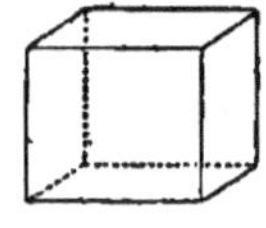

Fig. 5. — Le cube.

Nous sommes frappés de la simplicité de sa forme. Nous y distinguerons trois sortes de *membres*, c'est-à-dire trois sortes de parties constituantes capables d'une définition spéciale. Ce sont les faces, les arêtes (ou sommets d'angles dièdres) et les angles solides (ou angles trièdres).

Il y a 6 *faces* ; elles sont identiques entre elles et sont des carrés parfaitement égaux dans le même cube.

Il y a 12 *arêtes* ou sommets d'angles dièdres ; ce sont des lignes droites ayant exactement la même longueur dans le même cube.

Il y a enfin 8 angles trièdres ou *sommets* ; leurs trois angles plans sont des angles droits ; ils sont donc identiques entre eux.

Disons tout de suite que, pour rendre les descriptions plus claires et les comparaisons plus faciles, on s'est mis d'accord pour représenter les membres des cristaux par des signes conventionnels.

Pour désigner les faces, Haüy, qui est un des créateurs de la Cristallographie, ou science des cristaux, a choisi les trois consonnes caractéristiques P, M, T du mot *primitive*, qui est la qualification donnée à la forme simple et définissable de chaque système.

Pour les arêtes, on a décidé de les marquer des premières consonnes de l'alphabet : B, C, D, F, G, H.

Enfin pour les sommets ou angles solides, on a choisi les voyelles A, E, I, O.

En appliquant cette notation au cube, nous constaterons qu'il faut se contenter d'un seul signe, qui sera P, pour représenter les 6 faces, puisqu'elles sont identiques. De même les 12 arêtes se contenteront du seul signe B, qu'elles sont toutes également aptes à porter. Enfin le seul symbole A suffira pour désigner les 8 angles trièdres.

On remarquera que nous aurons complètement défini le cube quand nous aurons dit que c'est un solide possédant 6 faces P, 12 arêtes B et 8 angles A. Il ne peut y avoir aucune autre forme qui réponde à cette description et on sent tout de suite l'avantage d'un pareil procédé de représentation.

Mais nous pouvons aller plus loin et revenir à ce point de vue de la symétrie auquel nous faisions allusion tout à l'heure.

Remarquons qu'un cube étant donné, nous pouvons indifféremment le poser sur l'une ou sur l'autre de ses faces sans amener aucune modification dans son allure : jamais on ne peut dire, ou qu'il est debout, ou qu'il est couché, et nous allons voir que c'est le contraire qui a lieu pour les autres formes qu'il nous reste à distinguer. Les choses se passent en définitive comme si les membres du cube étaient reportés symétriquement autour du *centre de figure* de ce solide.

Toutefois, on aura avantage à donner à ce résultat une autre forme : marquons, sur chacune des six faces, le point d'entre-croisement de leurs deux diagonales : nous aurons alors six points qui seront les centres de ces faces. Joignons-les deux à deux par des droites passant par le centre de figure *o* du cube et nous aurons trois lignes droites qui se couperont réciproquement en deux moitiés, dont chacune sera perpendiculaire à la fois aux deux autres et qui auront la même longueur, égale à celle des arêtes (fig. 6). On construit avec 6 carrés de verre des cubes transparents dans lesquels on tend trois fils qui représentent les trois lignes dont nous venons de parler.

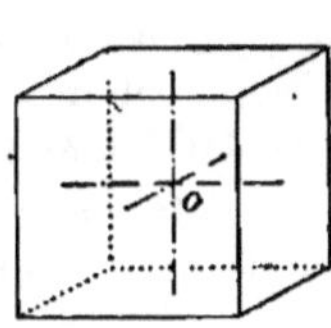

Fig. 6. — Les trois axes du cube.

On donne le nom d'*axes de symétrie* à ces trois lignes remarquables et, en les considérant, on pourra dire que *le cube est un solide possédant trois axes égaux et mutuellement rectangulaires*.

Voilà une définition évidemment fort simple; mais il est facile de voir qu'elle ne s'applique pas exclusivement au cube. Au contraire, il suffira de chercher un peu pour trouver que d'autres polyèdres y satisfont tout aussi bien. Ce sont, avant tout, les polyèdres, dits *réguliers,* de la géométrie.

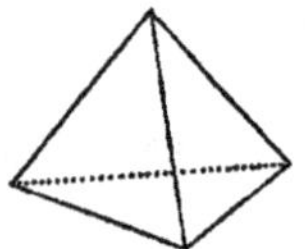

FIG. 7. — Le tétraèdre régulier.

Par exemple, le plus simple de tous, le tétraèdre ou pyramide triangulaire (fig. 7) est dans ce cas. Chacun de ses axes est la droite qui joint les milieux de deux arêtes opposées. Les trois lignes ainsi obtenues sont évidemment égales et, d'un autre côté, chacune d'elles est perpendiculaire à la fois aux deux autres.

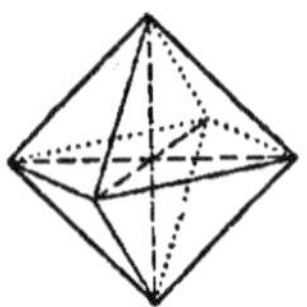

FIG. 8. — L'octaèdre régulier avec ses trois axes.

C'est le cas aussi de l'octaèdre (fig. 8), où il suffira de joindre deux à deux les six sommets à quatre faces par trois lignes passant par le centre de figure du solide, pour reconnaître les trois axes caractéristiques de tout à l'heure. De même ce serait le cas pour le dodécaèdre rhomboïdal, pour le dodécaèdre pentagonal, etc.

En présence de ces constatations, il est bien naturel de réunir toutes ces formes et celles qui posséderaient comme elles, trois axes égaux et rectangulaires et d'en faire un *système.* C'est justement ce qu'ont fait les minéralogistes et nous serons tout à fait édifiés sur la légitimité de cette institution par un coup d'œil complémentaire sur le groupe que nous venons de voir se former sous nos yeux pour ainsi dire de lui-même.

I. Système cubique. — D'après ce qui vient d'être dit, le système cubique est l'ensemble de toutes les formes qu'on peut définir en disant qu'elles possèdent, comme le cube, *trois axes de symétrie égaux entre eux et mutuellement rectangulaires.* Il convient de montrer que ces formes sont nombreuses et qu'elles sont intime-

ment liées les unes aux autres, au point qu'elles peuvent se transformer les unes dans les autres par des modifications symétriques.

Reprenons le cube d'où nous étions partis et, pour la commodité
de la suite, matérialisons-le ; c'est-à-dire qu'au lieu de le dessiner
sur le tableau comme les géomètres ont l'habitude de s'y prendre,
construisons-le avec une substance favorable. Souvent on emploie
une grosse pomme de terre crue à cet usage et on y taille au couteau
un cube aussi régulier que possible ; une betterave vaut encore
mieux parce qu'on peut y faire un cube plus volumineux et sur
lequel, par conséquent, les opérations sont plus faciles.

Le cube étant taillé, marquons de points bien visibles (à
l'encre par exemple) le quart de chacune de trois arêtes qui
concourent vers un même sommet ; puis, par ces trois points, faisons passer la lame du couteau : nous enlèverons une pyramide
triangulaire et à la place du sommet primitif nous verrons appa-

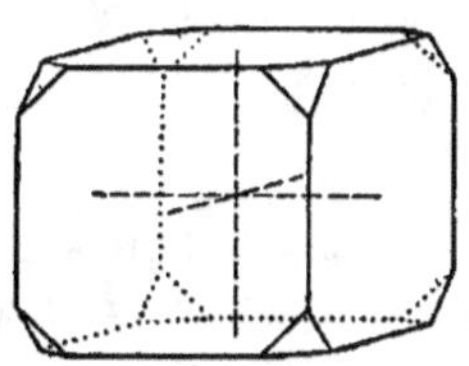

Fig. 9. — Passage du cube
à l'octaèdre.

raître une face triangulaire. Si nous répétons l'opération sur les sept autres angles,
nous obtiendrons un solide parfaitement
symétrique (fig. 9) et qui possédera 14
faces au lieu des 6 faces qui suffisaient au
cube. De ces nouvelles faces, 6 seront des
octogones et représenteront les restes des
faces du cube et les 8 autres seront des
triangles équilatéraux et remplaceront les
8 sommets du cube. Si nous avions fait
passer nos troncatures par le milieu de la longueur des arêtes du
cube, nous aurions eu, au lieu d'octogones, des carrés et le solide
serait appelé un cubo-octaèdre, pour indiquer qu'il est intermédiaire entre le cube et l'octaèdre et qu'il pourrait résulter d'une
transformation symétrique de ce dernier comme nous l'avons vu
provenir du premier.

Une fois ce cubo-octaèdre produit, il nous est tout à fait loisible
d'élargir progressivement la surface des faces triangulaires aux
dépens des faces carrées par des sections bien parallèles aux faces
que nous venons de produire. Il arrivera ainsi un moment où les
faces carrées se réduiront au seul point géométrique où se seraient
mutuellement recoupées les diagonales des faces du cube et alors

notre solide n'aura plus que les 8 faces triangulaires, c'est-à-dire qu'il sera devenu un octaèdre.

L'opération que nous venons de réaliser représentera pour nous la *dérivation des formes par modification symétrique*, selon l'expression même employée par Haüy.

Il faut bien insister sur le caractère absolument symétrique de la modification que nous avons produite. Les arêtes du cube étant identiques entre elles, à telle enseigne que nous les avons représentées indistinctement par le même symbole B, ne sauraient être raccourcies de quantités inégales sans altérer la symétrie de l'ensemble dont elles font partie. Pour chacun des 8 sommets A du cube on peut dire que le trièdre primitif est remplacé par une *troncature* (c'est le nom adopté) qui intéresse également les trois arêtes concourantes et c'est ce qu'on exprimera en désignant cette face triangulaire par le symbole A_1.

Tout à l'heure, nous désignions le cube par le symbole de ses faces P ; nous voyons que le cubo-octaèdre devra s'appeler PA_1 et que l'octaèdre sera A_1.

Remarquons d'ailleurs que rien ne nous empêche de faire subir aux angles A une modification plus compliquée, tout en restant exactement fidèles à la symétrie cubique.

Au lieu de remplacer cet angle par une seule troncature également ment inclinée sur ses trois arêtes concourantes, nous pouvons pratiquer trois troncatures dont l'inclinaison sera forcément différente, mais qui neutraliseront mutuellement leurs effets (fig. 10). Pour comprendre ce point, qui a une grande importance quant à la conception des systèmes cristallins, il convient de numéroter sur la figure 10 les trois arêtes B que nous considérons. Appelons-les (1), (2) et (3) (fig. 11).

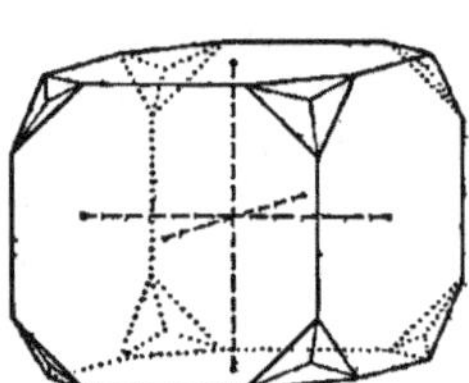

Fig. 10. — Cube dont chaque sommet est remplacé par trois facettes.

Prenons sur (1) et sur (2) une longueur égale à *a* et sur (3) une longueur égale à $2a$ et faisons passer une troncature par les trois points ainsi fixés : cette troncature ne sera point symétri que. Mais opérons pour l'arête (2) comme nous avons fait pour l'arête (3) ; c'est-à-dire portons *a* sur (1) et sur (3) et 2*a* sur (2) et faisons passer une seconde troncature par ces trois points ; enfin

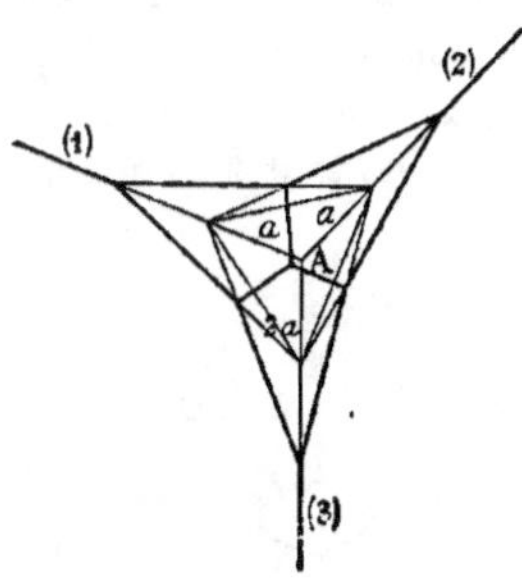

opérons de même à l'égard de (1) en portant la longueur 2*a* sur elle et en joignant le point ainsi obtenu à deux points situés à la distance *a* prise sur (1) et sur (3) et nous aurons en définitive trois facettes qui viendront se recouper au-dessous de A pour donner un nouveau trièdre plus obtus que lui. Les facettes que nous venons de décrire, étant reproduites sur les 7 autres sommets et poussées par sections successives jusqu'à faire disparaître les faces du cube primitif, donneront lieu à un solide à 24 faces, répondant exactement à la symétrie du cube comme faisait l'octaèdre de tout à l'heure. C'est l'octaèdre pyramidé, appelé aussi octa-trièdre.

Fig. 11. — Modification d'un sommet de cube par trois facettes symétriquement disposées sur les arêtes concourantes.

Nous pourrions obtenir des résultats encore plus compliqués, mais il est inutile d'y insister ici.

Bornons-nous maintenant à remarquer que le cube se prête tout aussi bien à des modifications réalisées, non plus aux dépens de ses sommets, mais à ceux de ses arêtes.

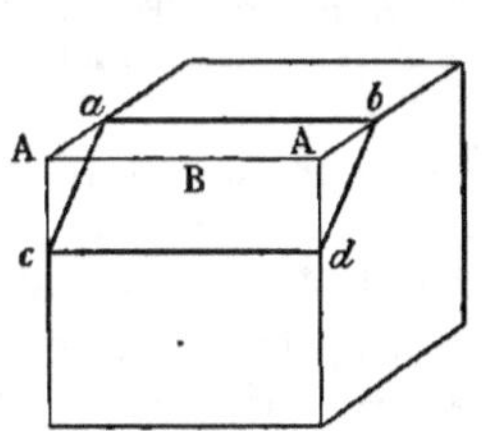

Supposons encore un cube bien régulier taillé dans la pomme de terre ou dans la betterave et, choisissant arbitrairement une des arêtes B, traçons deux lignes parallèles à cette arête sur les deux carrés auxquels elle est commune et de façon que les quatre distances A*a*, A*b*, A*c* et A*d* (fig. 12) soient égales. Faisons passer une troncature par les deux lignes *ab* et *cd* et nous aurons remplacé l'arête B par une facette *abcd* également inclinée sur les deux faces du cube qui ont été diminuées.

Fig. 12. — Troncature d'une arête de cube.

Si nous répétons cette opération sur les 11 autres arêtes B, nous aurons changé le cube en un solide à 18 faces, dont 6, qui seront carrées, seront les restes des faces primitives, et dont les 12 autres auront 6 côtés, 4 courts et 2 longs, ceux-ci étant parallèles aux arêtes B supprimées. Le solide obtenu sera le *cubo-dodécaèdre* (fig. 13), correspondant au cubo-octaèdre de tout à l'heure, et

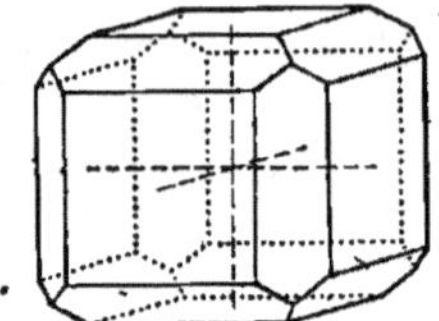

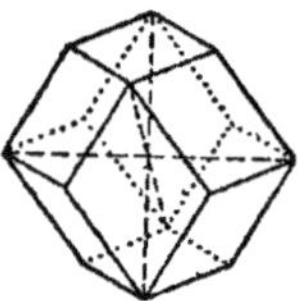

Fig. 13. — Le cubo-dodécaèdre.   Fig. 14. — Le dodécaèdre rhomboïdal.

il passera au *dodécaèdre rhomboïdal* (fig. 14) si nous continuons les sections symétriques jusqu'au moment précis de la disparition des faces carrées. A ce moment aussi, la forme des faces de troncature se sera également transformée : elle sera losangique, c'est-à-dire à 4 côtés égaux se recoupant sous des angles de deux dimensions différentes.

Comme pour le cas de l'octaèdre, nous noterons facilement le solide produit et nous l'appellerons B_1, pour rappeler qu'il provient de la suppression de l'arête B par une facette *également inclinée* sur les deux faces P qui s'y recoupaient.

Il sera facile de procéder vis-à-vis de l'arête B comme nous avons fait vis-à-vis de l'angle A, c'est-à-dire de la remplacer, non plus par une facette unique, mais par l'ensemble de deux facettes dont les inclinaisons sur les faces P se compenseront (fig. 15).

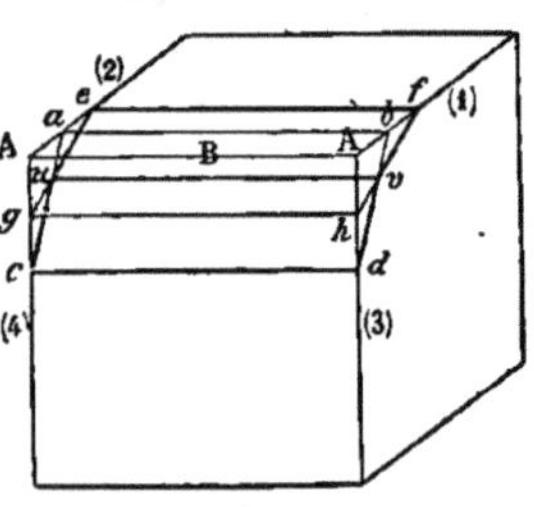

Fig. 15. — Modification d'un cube par deux facettes convenablement placées sur les arêtes.

Numérotons encore les arêtes afin de ne laisser aucune ambiguïté. Prenons sur l'arête (1) et sur l'arête (2) des longueurs Aa et Ab égales à m et sur les arêtes (3) et (4) des longueurs A*c* et A*d* égales à 2*m*. Traçons les lignes *ab* et *cd*; puis, par ces deux lignes, menons notre troncature : l'arête B sera remplacée par la facette *abcd*. Ceci fait, marquons sur (3) et (4) des longueurs A*g* et A*h* égales à *m* et sur (1) et (2) des longueurs A*e* et A*f* égales à 2*m* ; traçons les lignes *ef* et *gh* et, par ces lignes, faisons passer une troncature. Nous aurons cette fois remplacé l'arête B par la facette *efgh*. Celle-ci recoupera la facette *abcd* et il apparaîtra ainsi une nouvelle arête *uv* plus obtuse que B.

En répétant l'opération sur les 11 autres arêtes nous aurons ajouté 24 facettes aux 6 carrés représentant les restes des faces du cube primitif et, en faisant grandir symétriquement ces faces jusqu'à ce que le cube disparaisse tout à fait, nous aurons un solide à 24 faces,

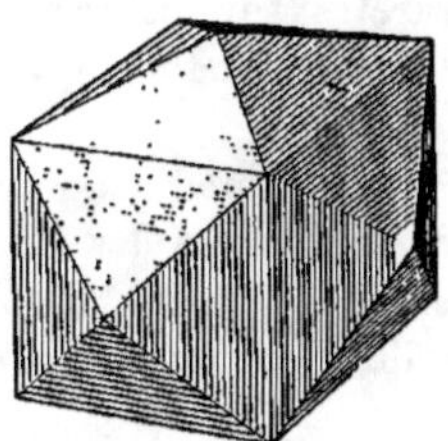

Fig. 16. — Le cube
pyramidé.

mais qui, cette fois, seront des triangles ; le solide est désigné sous le nom d'*hexatétraèdre* ou de *cube pyramidé* (fig. 16).

Sans aller plus loin dans cette énumération, on conçoit que le système cubique doit être très riche en formes diverses, et d'autant plus que les formes dérivées par modifications symétriques peuvent s'associer ensemble 2 à 2, 3 à 3, etc., de façon à donner des solides dont les faces, de formes diverses, peuvent être en très grand nombre. On remarquera, par exemple, qu'on peut faire varier l'inclinaison des faces multiples de modification, de sorte qu'il peut y avoir (au moins théoriquement) des infinités de cubes pyramidés ou de cubo-octaèdres.

Mais il est temps de nous rappeler que nous ne faisons pas ici de la géométrie toute pure et, en étudiant ces formes de cristaux, il ne faut pas oublier que les minéraux ne sont pas des abstractions. Ce sont en effet des substances matérielles, douées d'une structure intime particulière qui nous ménage une trouvaille des plus intéressantes.

Il existe en effet des cristaux, se présentant en cubes pratiquement parfaits et dont cependant tous les sommets ou toutes les arêtes n'ont pas les mêmes propriétés à l'égard des modifications.

Tout à l'heure le cube nous offrait 8 sommets qui devaient nécessairement être modifiés tous les 8 en même temps et avec une intensité égale; — il arrive que des cubes, parfaits aussi, soient bâtis de telle sorte que 4 de leurs sommets se modifient sans que les 4 autres soient altérés.

De même on rencontre des cubes dont 6 arêtes (sur les 12) se modifieront par des troncatures, pendant que les 6 autres resteront intactes.

Ces particularités sont désignées sous le nom de modifications *hémiédriques* pour les distinguer des modifications ordinaires qu'on qualifie d'*holoédriques*. Il est facile d'en donner une idée précise.

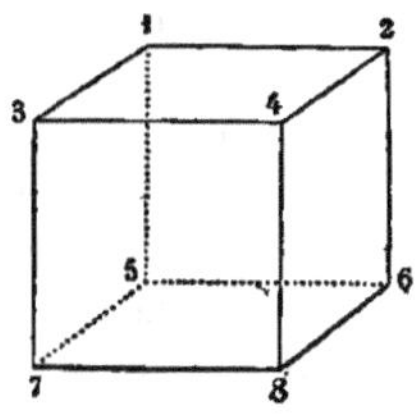

Fig. 17. — Cube avec ses sommets numérotés pour la théorie de l'hémiédrie.

Refaisons un cube de betterave et numérotons-en les sommets A (fig. 17). Remplaçons les sommets 1, 4, 6 et 7 par des troncatures pratiquées avec les précautions indiquées plus haut et augmentons-les progressivement jusqu'à ce qu'il ne reste plus rien des faces du cube primitif. A ce moment nous aurons obtenu un *tétraèdre*, c'est-à-dire la pyramide triangulaire régulière, le plus simple de tous les polyèdres et dont nous disions qu'elle possède les trois axes égaux et rectangulaires caractéristiques du système cubique. La figure 18 fait bien comprendre la relation de la pyramide triangulaire avec le cube d'où elle dérive : elle montre que le tétraèdre ne conserve, du cube, que les 6 diagonales des faces de celui-ci. Comme c'est au milieu de ces diagonales que tombent les pieds des 3 axes du cube, on voit que ces 3 axes ont persisté, sans changement, dans le tétraèdre.

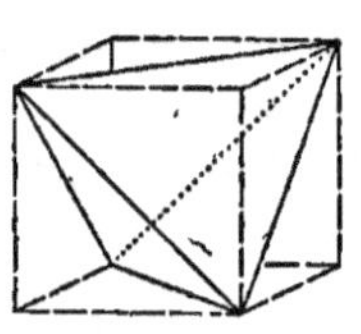

Fig. 18. — Relation de la pyramide triangulaire avec le cube.

Cette transformation est évidemment digne d'une très grande attention. Elle tient à ce que les sommets du cube cristallographique, tout en étant *géométriquement* identiques, peuvent être *physiquement* dissemblables et appartenir dès lors à deux catégories distinctes d'objets naturels. C'est une conséquence qui se vérifiera amplement quand nous étudierons plus loin les propriétés physiques des minéraux.

Ce que nous venons de faire, quant aux modifications sur les angles du cube, on peut le répéter à l'égard des modifications sur les arêtes, et ici encore nous parvenons à un résultat intéressant. Reprenons un cube de betterave et rappelons-nous ce que nous faisions pour le transformer en *hexatétraèdre*, c'est-à-dire en un solide à 24 faces triangulaires. Seulement, au lieu d'intéresser chaque arête B par deux faces de troncatures symétriquement inclinées, comme dans la figure 14, ne pratiquons qu'une seule de ces faces en nous arrangeant de façon à en faire alterner régulièrement l'inclinaison en passant d'une arête B à la suivante (fig. 19).

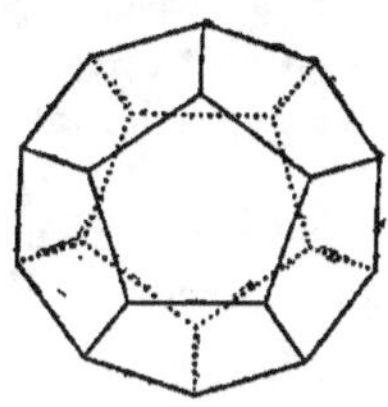

FIG. 19. — Le dodécaèdre pentagonal régulier.

Nous obtiendrons, par la disparition réalisée de tout vestige des faces P, un solide à 12 faces dont chacune a la forme d'un pentagone. C'est la forme hémiédrique de l'*hexatétraèdre*, comme le tétraèdre était la forme hémiédrique de l'octaèdre ; on peut l'appeler l'*hexadièdre*.

Ici encore les propriétés physiques des cristaux confirmeront l'opinion d'une structure spéciale, venant modifier les propriétés purement géométriques des solides considérés.

Le système cubique dont nous venons de reconnaître les traits essentiels d'une façon très sommaire, mais cependant suffisante, va maintenant nous permettre de nous faire sans peine une idée des autres systèmes cristallins qu'on a rangés à sa suite. La comparaison de ces cinq autres groupes de formes sera très efficace pour nous donner le sentiment des lois de la symétrie à ses divers degrés et pour nous permettre de sentir la portée de certaines vues émises sur la constitution de la matière des cristaux.

II. Système quadratique. — Le système quadratique vient comme de lui-même se placer à côté du système cubique. Sa forme fondamentale sera le prisme droit à base carrée, dont la comparaison avec le cube est tout à fait facile. C'est encore un hexaèdre, c'est-à-dire un solide à 6 faces et, de ces faces, 2 sont encore des carrés ; mais les 4 autres sont des parallélogrammes rectangles (fig. 20). Pour le décrire, nous le placerons debout sur une de ses faces carrées, et tout de suite nous constaterons la présence de 8 angles trièdres, absolument identiques. Il faudra donc les désigner indistinctement par le signe A, qui leur convient parfaitement d'après ce que nous avons vu pour le premier système.

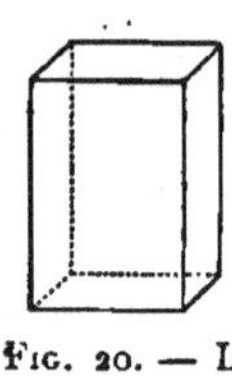

Fig. 20. — Le prisme quadratique.

Pour les arêtes, il n'en va pas de même et nous voyons que si les 8 qui bordent les bases sont d'une même espèce, les 4 qui sont verticales ont une autre longueur ; les premières s'appelleront B et les autres G.

Avec cette complication[1] va celle des faces : nous avons deux faces P et quatre faces M. De même que le cube avait pour notation P, le prisme quadratique aura pour notation PM.

Il va de soi qu'on retrouve chez le prisme carré les trois axes déjà rencontrés ; ils sont encore respectivement rectangulaires ; seulement ceux qui sont parallèles aux bases sont égaux entre eux, tandis que l'autre est seul de son espèce. On lui donne le nom d'*axe principal* et la définition du système quadratique, c'est qu'*il possède un axe principal perpendiculaire au plan de deux autres axes égaux entre eux et respectivement rectangulaires.*

Les modifications dont ce prisme est susceptible et les formes qui en dérivent sont comparables à celles qui concernent le système cubique, à cela près d'une symétrie toujours un peu plus compliquée.

Par exemple, on peut encore substituer une troncature triangulaire à chacun des angles A et parvenir ainsi à un octaèdre ; mais il est facile de prévoir qu'au lieu d'être réduit à un seul

---

1. On pourrait s'étonner de nous voir attribuer à l'arête verticale le symbole G au lieu de la lettre C qui vient après B dans l'ordre des consonnes. On va voir que c'est en conséquence des règles de la notation cristallographique appliquée aux cas plus complexes, c'est-à-dire à la description des formes des 4e, 5e et 6e systèmes (ou systèmes orthorhombique, klinorhombique et surtout klinoédrique). On est conduit alors à réserver la lettre G pour des arêtes parallèles à l'axe principal.

octaèdre A, on pourra, au moins théoriquement, en obtenir une infinité. En effet (fig. 21) si, à cause de leur identité, les deux arêtes B,B doivent être intéressées d'une même quantité $Aa = Ab$, au contraire l'arête G peut être retranchée sur une longueur toute différente Ac, Ac', Ac'', Ac''', etc., et dès lors l'inclinaison des faces de l'octaèdre sur l'axe principal pourra varier énormément d'un cas à l'autre. On doit pourtant reconnaître que le nombre possible de ces inclinaisons n'est pas indéfini. Haüy, le fondateur de la cristallographie, a formulé à cet égard une loi, dite de *rationalité des axes,* que nous ne pouvons que mentionner sans nous y arrêter et qui limite considérablement le nombre des formes réalisées.

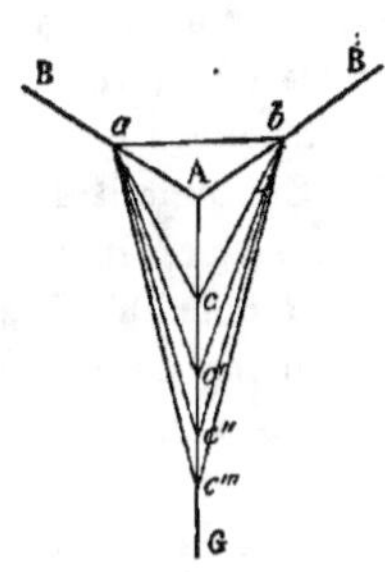

Fig. 21. — Multiplicité des octaèdres quadratiques.

Ce qui vient d'être dit comme conséquence de la différence des arêtes B et G aura son correspondant dans la série des troncatures sur les arêtes en ce qui concerne la différence des faces P et M.

Tout d'abord on concevra aussi que les arêtes latérales G pourront être modifiées sans que les arêtes B le soient de leur côté. Dans ce cas, comme les deux faces M qui concourent à une même arête G sont identiques, elles devront être intéressées également et nous retrouverions à leur égard — mais seulement à leur égard — tout ce qui concernait les troncatures sur les arêtes du cube.

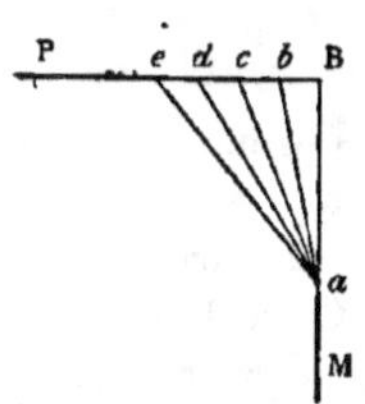

Fig. 22. — Modification du prisme quadratique sur les arêtes de base.

En second lieu, regardons le prisme de profil, de façon à avoir devant les yeux le dièdre limité par l'arête B (fig. 22). Si nous voulons, sur un prisme de betterave, répéter l'opération qui, avec le cube, nous donnait le dodécaèdre rhomboïdal, nous verrons que rien ici ne nous oblige à intéresser également les deux faces P et M concourantes. Choisissant une certaine longueur Ba sur la face M, nous pourrons faire passer la facette qui en partira par les points quelconques b, c, d, e, etc. Il y aura donc encore, à côté des octaèdres dérivant des sommets, d'autres octaèdres dérivant de la troncature des arêtes et qui seront tout aussi nombreux.

Sans insister davantage sur l'ensemble des formes quadratiques — qu'il est facile de conclure des remarques précédentes — on se bornera à ajouter que l'hémiédrie s'exerce ici comme dans le système précédent ; mais aussi avec des circonstances particulières.

Si cette hémiédrie concerne les formes dérivées de la troncature des sommets, on voit qu'elle donnera des tétraèdres correspondant aux octaèdres précédemment signalés. Seulement l'inclinaison de leurs faces sur l'axe principal étant susceptible de grandes variations, le nombre de ces solides sera considérable. Comme ils sont généralement très allongés et en forme de coins, on les désigne souvent sous le nom de *sphénoèdres,* que nous aurons à répéter pour d'autres systèmes.

Remarquons que les octaèdres dérivés de la troncature des arêtes de base peuvent avoir leurs correspondants par voie d'hémiédrie dans des tétraèdres de même origine et qui ne répondent à rien dans le système cubique.

Pour les arêtes, l'hémiédrie n'est d'ailleurs pas bornée aux dièdres limites des bases : elle peut se traduire par la simple troncature de deux des arêtes G, ou par la troncature, inégale en valeur, des deux groupes diagonaux de ces arêtes.

La combinaison de ces diverses formes donne des solides parfois très compliqués.

III. Système hexagonal. — Le système hexagonal prendra le troisième rang dans notre énumération. Sa forme fondamentale est celle d'un prisme droit à base d'hexagone régulier (fig. 23). Cette fois, et en profitant, pour aller plus vite, des notions qui viennent d'être acquises, nous voyons que ce système peut être défini en constatant qu'il présente *un axe principal perpendiculaire au plan de trois autres axes égaux entre eux et faisant respectivement des angles de 60 degrés.*

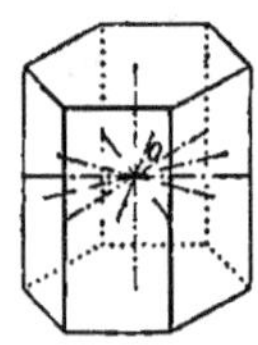

Fig. 23. — Le prisme hexagonal.

Ici, il y a encore deux genres de faces : 2 faces P, qui sont les bases, et 6 faces M, qui sont parallèles à l'axe principal ; il y a deux genres d'arêtes : 12 arêtes B, qui bordent les bases, et 6 arêtes G, parallèles à l'axe principal. Il n'y a du reste qu'un seul genre d'angles solides A, qui sont au nombre de 12.

On sent quel sera le caractère des modifications symétriques. La substitution aux arêtes B de troncatures convenablement inclinées se fera comme dans le système quadratique, c'est-à-dire avec la possibilité d'inclinaisons très diverses, suivant les cas, sur les faces verticales ; et elle conduira à une pyramide à 6 faces à chacune des extrémités du prisme (fig. 24). En élargissant ces troncatures jusqu'à disparition totale des faces du prisme, on transformera le solide en une double pyramide à 6 faces, désignée sous le nom de *dihexaèdre*. La modification pourra se faire sur les angles A soit par une seule facette, soit par deux facettes également inclinées sur G. Dans ce cas, le solide résultant aura 24 faces triangulaires : ce sera le *didodécaèdre*.

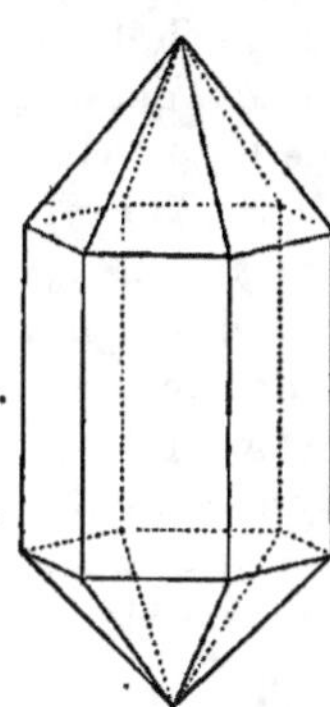

Fig. 24. — Prisme hexagonal bi-pyramidé.

D'un autre côté les arêtes G pourront être remplacées par une facette également inclinée sur les deux faces M concourantes, ou par deux facettes symétriquement inclinées sur ces faces et il en résultera des prismes dont le nombre des pans pourra être considérable par combinaison, de façon à donner au solide résultant une apparence presque cylindrique. On remarquera que la troncature simple des arêtes verticales G, par une seule face, conduira à un prisme hexagonal semblable à celui d'où l'on est parti, mais orienté tout différemment par rapport aux angles A et, par conséquent, par rapport aux pyramides dérivant de ceux-ci par modification symétrique. Les formes qui en résulteront seront dites *inverses* par rapport aux précédentes.

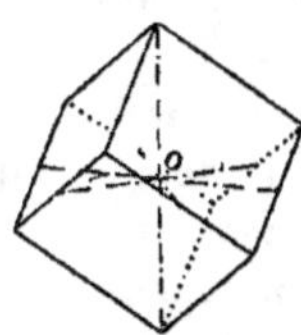

Fig. 25. — Le rhomboèdre.

Tout naturellement il y a à considérer, ici comme ailleurs, les formes hémiédriques ; elles concernent : les unes, les troncatures sur les arêtes latérales G et peuvent conduire à des prismes plus ou moins triangulaires ; les autres, les troncatures sur les arêtes B ou sur

les angles A, cas où elles donnent naissance à un solide très
remarquable, connu sous le nom de *rhomboèdre* (fig. 25). Conformément à ce que nous venons de voir, il faudra distinguer le *rhomboèdre inverse* du *rhomboèdre direct,* etc.

IV. Système orthorhombique. — Le quatrième système cristallin a
pour forme fondamentale un prisme droit à base de losange ou de
rhombe : on l'appelle le système orthorhombique. Il est facile de voir
tout de suite que la symétrie y a un caractère plus compliqué que dans
le système quadratique auquel il est tout naturel de le comparer.

La caractéristique du système est de posséder : *un axe principal perpendiculaire au plan de deux autres axes rectangulaires l'un sur l'autre, mais de longueur
inégale* [ce sont les diagonales des losanges constituant les bases (fig. 26)].

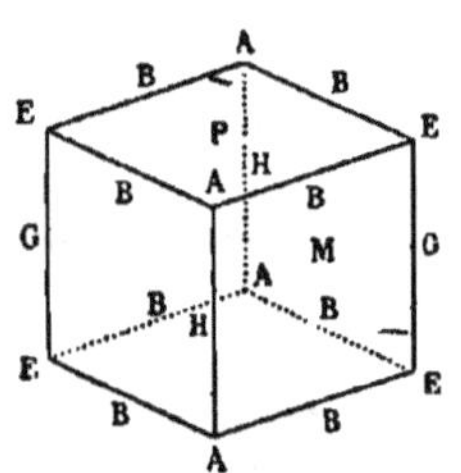

Fig. 26. — Le prisme orthorhombique et sa notation.

Cela posé, nous voyons que nous avons
encore deux catégories de faces : 2 faces
P, qui sont les bases, et 4 faces M, qui
sont parallèles à l'axe principal.

Les 8 angles solides se répartissent en
deux groupes ; 4 angles A sont aux extrémités des diagonales obtuses des bases
et 4 angles E, aux extrémités des diagonales aiguës.

Pour les arêtes, on distingue d'abord les 8 arêtes de base, qui
sont des sommets de dièdres droits et qui ont la même longueur :
nous les appellerons B selon l'usage. Mais les arêtes latérales sont
de deux espèces ; les unes sont les sommets de dièdres aigus et
les autres les sommets de dièdres obtus ; les premières seront représentées par G et les autres par H.

D'après cette description, il est facile de se faire une idée de
l'allure générale des formes dérivées. Les 8 arêtes B devront être
toutes modifiées en même temps et de la même manière et on
arrivera, par elles, à des octaèdres à base rhombe qui pourront être
très variés. Pour les arêtes latérales il y aura indépendance des
deux groupes G et H et il se fera, par modification, des prismes où
les arêtes de base ainsi produites (et qu'on notera en conséquence),
s'associeront d'ordinaire à des restes des arêtes B.

Pour ce qui est des formes hémiédriques, on peut résumer en peu de mots les généralités qui les concernent. La troncature de 4 arêtes B, prises en alternant, 2 à la base inférieure et 2 à la base supérieure, conduit à un sphénoèdre ou plutôt à des séries de sphénoèdres à faces de triangles scalènes et qu'on qualifie de *sphénoïdes*.

Relativement aux arêtes latérales, les modifications hémiédriques peuvent amener la production d'une seule facette, soit sur G, soit sur H.

Enfin, pour les angles, il y aura deux membres de même espèce : soit 2 angles A, soit 2 angles E, opposés diagonalement par rapport au centre de figure du solide, qui, seuls, seront modifiés.

V. Système klinorhombique. — Passons au cinquième système : sa forme fondamentale est celle d'un prisme à base encore rhombique comme précédemment, mais dont le plan est oblique à l'axe principal. On peut le définir en constatant qu'*il présente un axe principal oblique au plan de deux autres axes perpendiculaires entre eux, mais inégaux :* on l'appelle klinorhombique.

La symétrie est, de ce fait, beaucoup plus complexe que dans le quatrième système (fig. 27).

Les faces sont encore de deux espèces : P pour les bases qui sont des losanges et M pour les faces latérales qui sont des parallélogrammes égaux entre eux.

Les arêtes sont de quatre espèces différentes : il y a 4 arêtes B, correspondant aux dièdres aigus des bases et 4 arêtes D, correspondant aux 4 dièdres obtus ; il y a en outre 2 arêtes latérales G, correspondant aux dièdres aigus du prisme, et 2 arêtes H, correspondant aux dièdres obtus.

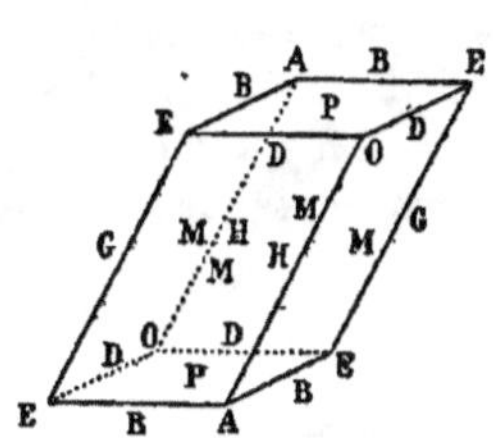

Fig. 27. — Le prisme klinorhombique et sa notation.

Enfin, on distinguera trois espèces d'angles solides : 4 angles E, situés aux extrémités de la diagonale aiguë de chacune des bases ; 2 angles O, formés de trois angles plans qui sont, ou bien tous les trois obtus, ou bien deux obtus et un aigu ; enfin 2 angles A qui, inversement, sont formés par trois angles plans qui sont tous les

trois aigus, ou bien dont un est obtus pendant que les deux autres.
sont aigus.

Il serait oiseux de revenir sur le nombre des modifications entraînées par une semblable complexité. On conçoit, par exemple,
comment la substitution d'une troncature à chacun des angles E
conduira à la production d'un solide à quatre faces, et comment
d'autres solides dériveront de troncatures soit sur les 4 arêtes B,
soit sur les 4 arêtes D, etc. Comme forme hémiédrique, on connaît des sphénoïdes klinorhombiques.

VI. Système klinoédrique. — Enfin le sixième système, qualifié
de klinoédrique, a pour forme fondamentale un prisme oblique
dont la base est un parallélogramme. On doit en conséquence le

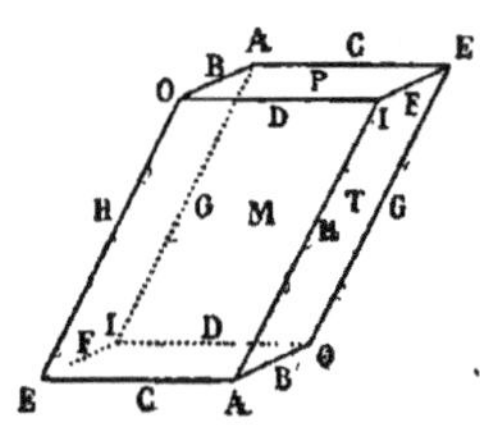

Fig. 28. — Le prisme klinoédrique et sa notation.

définir en disant qu'*il possède un axe
principal oblique au plan de deux autres
axes non rectangulaires l'un sur l'autre
et de longueur inégale.*

La notation (fig. 28) offre le maximum
possible de complications et la symétrie
y est portée au minimum de membres
de même espèce.

On y voit trois groupes de faces : P, M,
T, et les 12 arêtes y sont de six espèces
distinctes : B, C, D, F, G, H. Les 8
angles enfin sont de quatre sortes : A, E, I, O. Il n'y a donc jamais
que deux membres du même nom et qui, par conséquent, soient
nécessairement modifiés en même temps.

Détermination géométrique des cristaux.

La détermination des minéraux cristallisés supposant qu'on sait
reconnaître à quels systèmes ils appartiennent, il faut constater
qu'on a inventé des méthodes d'étude qui, même décrites très
superficiellement, ont un très grand intérêt.

L'une des plus anciennement mises en œuvre, et à laquelle on
a toujours recours, consiste à mesurer les angles que font entre
elles les faces des cristaux et à en conclure les caractères de la

symétrie de ceux-ci. C'est dans ce but qu'on a imaginé les *gonio-mètres*.

Il y a des goniomètres de différents systèmes ; il suffira ici d'en mentionner deux.

Le plus simple est connu sous le nom de goniomètre d'application-tion (fig. 29). Il nous paraît bien rudimentaire à présent ; mais il ne faut pas oublier qu'entre les mains de Romé de Lisle, de Haüy et des élèves de ces grands hommes, il a procuré ses fondements les plus solides à la cristallographie tout en-tière.

Il consiste en deux petites réglettes ou alidades qui peu-vent tourner autour d'un centre commun, de façon à pouvoir faire entre elles tous les angles possibles. On peut d'ailleurs

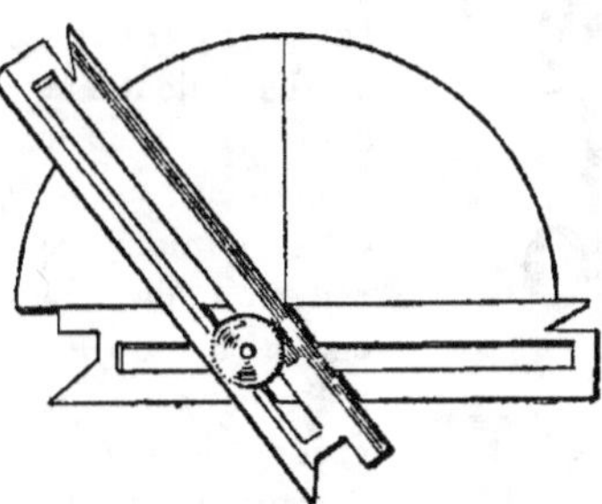

Fig. 29. — Goniomètre d'application.

les fixer dans la situation qu'on choisit et les porter ensuite sur un rapporteur qui donne leur écartement.

Pour l'usage, on porte les alidades sur le cristal qu'on veut me-surer de façon qu'elles occupent un plan perpendiculaire à l'arête de l'angle dièdre à déterminer et on s'arrange pour que chacune d'elles soit bien exactement tangente à la surface d'une des faces concourantes. On fixe les deux alidades l'une sur l'autre et on lit l'angle sur le rapporteur.

C'est avec cet appareil que Romé de Lisle a découvert *la loi fondamentale de la constance des angles dans une même espèce,* qui sert de fondement à la science. Par exemple l'angle que fait la face de la pyramide sur la face du prisme est chez tous les cristaux de quartz du monde entier de 141°47'. De même, tous les rhomboèdres de calcite présentent un angle de 105° 5' ; etc.

Toutefois, le goniomètre d'application n'est pas sans défauts et le plus grave est de ne pouvoir être employé qu'à l'examen de cristaux relativement volumineux. Or la plupart des cristaux sont petits et on a constaté d'ailleurs qu'il y a avantage à choisir pour les mesures les spécimens de faible dimension parce que plus ils

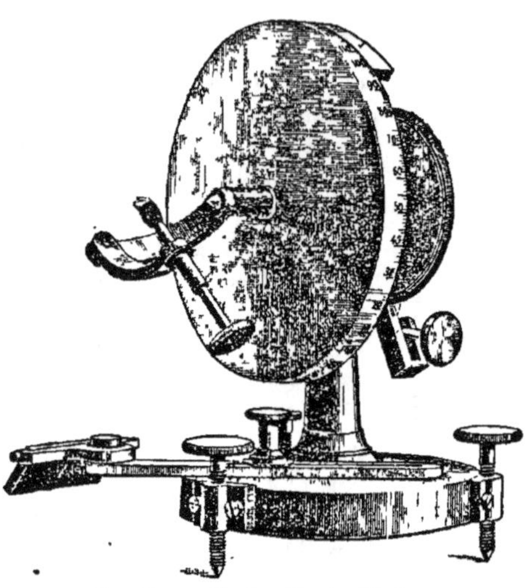

Fig. 3o. — Goniomètre à réflexion.

sont petits et moins ils ont d'imperfections de forme.

Aussi a-t-on d'ordinaire recours à des instruments tout à fait différents de celui qui vient d'être décrit. Le plus fréquemment employé est le goniomètre à réflexion de Wollaston (fig. 3o).

Pour en comprendre le principe, il faut avant tout remarquer que les faces des cristaux sont en général extrêmement polies et brillantes et qu'elles se comportent comme des miroirs vis-à-vis de la lumière qui tombe sur elles. Cela posé, on place le cristal dans une position déterminée par laquelle on voit dans l'une de ses faces l'image réfléchie d'une mire convenablement placée. Puis on mesure l'angle dont il faut tourner le cristal autour de l'arête prise comme axe de rotation, limitant le dièdre qu'on veut mesurer, pour revoir la même image réfléchie dans la seconde face. Il suffira de retrancher le chiffre obtenu de 180 degrés pour avoir le résultat cherché.

Pratiquement, on place le cristal au milieu d'un cercle vertical mobile autour de son centre de façon que l'arête à mesurer coïncide avec l'axe de rotation. On dispose les choses de façon que l'image d'une mire bien placée soit nettement visible dans l'une des deux faces concourantes et on l'amène sur le prolongement de l'image de cette même mire, fournie par un petit miroir accessoire et fixe. Une graduation avec vernier tracée sur le bord du cercle

permet de noter ce point de départ ; et on fait tourner le cercle ·
jusqu'à ce que la deuxième face s'étant exactement substituée à la
première, l'image réfléchie y apparaisse dans la situation précise
qu'elle avait d'abord.

D'après les descriptions précédemment données, la détermination des systèmes cristallins peut toujours se ramener à des mesures d'angles. Pour prendre un exemple remarquablement simple,
on distinguerait, même sur un fragment, un cristal cubique d'un
cristal quadratique, pourvu que certaines arêtes fussent modifiées
par des troncatures. En effet, pour le cube, chaque troncature prise
à part fera toujours des angles égaux avec les deux faces P qu'elle
intéressera ; tandis que, dans le prisme droit à base carrée, une
troncature placée sur une arête B ne fera pas le même angle avec
la face P et avec la face M. Dans la pratique on trouvera toujours
des cristaux de la substance étudiée qui se prêteront à des observations de ce genre.

Caractères physiques des minéraux.

Toutefois, il est un tout autre ordre de procédés, dont la description complète nous entraînerait beaucoup trop loin, qui
permet des déterminations très précises en partant de considérations tout à fait différentes.

Ces procédés ont pour résultat de mettre en évidence les
propriétés physiques des minéraux qui deviennent pour chacun
de ceux-ci des constantes caractéristiques de connaissance très
profitable.

Sans épuiser le sujet, nous examinerons très rapidement ce qui
concerne, parmi ces propriétés, la *dureté*, la *pesanteur spécifique*,
l'*électricité*, le *magnétisme* et enfin la *lumière*.

Ce dernier sujet a pris en minéralogie une importance si considérable que nous le traiterons à part sous le titre de *caractères
optiques des minéraux.*

I. Dureté des minéraux. — Comme propriété physique qui
peut servir à caractériser les minéraux et, par conséquent, à les

distinguer les uns des autres, il y a à mentionner la *dureté*. Cette propriété n'est d'ailleurs pas susceptible d'une évaluation numérique absolue ; mais on peut comparer les corps entre eux et les ranger de façon que chacun soit *rayable* par ceux qui précèdent et qu'il puisse rayer ceux qui suivent.

Pratiquement, on a trouvé commode de construire une échelle de duretés à laquelle tous les corps pourront être rapportés. Elle se compose de dix termes soigneusement définis et à chacun desquels on attribue un *degré* depuis 1, affecté au corps le plus tendre, jusqu' à 10, concernant le plus dur.

Les corps choisis et qui seront décrits plus loin, sont :

le *talc* qui porte le nº. . . . . . 1 ;	le *feldspath orthose* qui porte le nº		6 ;
le *gypse* — . . . . . 2 ;	le *quartz*	—	7 ;
la *calcite* — . . . . . 3 ;	la *topaze*	—	8 ;
la *fluorine* — . . . . . 4 ;	le *rubis* (ou le *saphir*)	—	9 ;
l'*apatite* — . . . . . 5 ;	le *diamant*	—	10.

Un minéral étant à déterminer, on le frotte successivement avec les termes de comparaison pris à partir du talc et on s'arrête quand il est rayé. Le numéro d'ordre du corps qui l'attaque ainsi indique la valeur cherchée. Très souvent cette valeur est intermé-

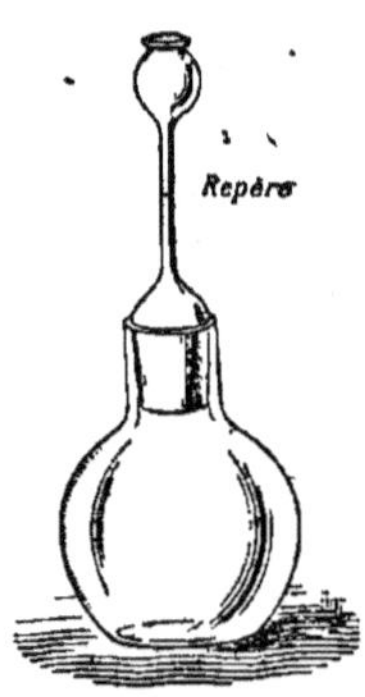

Fig. 31. — Flacon à densité de Klaproth.

diaire entre deux degrés de l'échelle ; alors on l'exprime par le plus inférieur de ces degrés, augmenté d'une demi-unité. Ainsi on dira que la dureté de l'émeraude est égale à 7,5, parce que l'émeraude est rayée par la topaze, tandis qu'elle peut rayer le quartz.

II. Densité des minéraux. — Parmi les caractères physiques qu'il peut être le plus intéressant de constater chez les minéraux, il convient de mentionner la *densité*. Celle-ci est une constante de première importance pour caractériser les diverses substances. On sait que la densité d'un corps, c'est le rapport existant entre le poids de ce corps et le poids d'un égal volume d'eau distillée à 4°, pris comme terme de comparaison. Il y a différents procédés pour prendre la densité des minéraux ; celui qu'on utilise le plus dans les laboratoires consiste dans l'emploi du *flacon de Klaproth* (fig. 31).

Un poids connu du minéral à l'étude étant placé sur le plateau d'une balance de précision, on met à côté de lui le flacon exactement rempli d'eau et on pèse le tout. Cela fait, on introduit le corps dans le flacon d'où il chasse un certain volume d'eau qui est précisément égal à son propre volume : on pèse de nouveau et la différence des deux pesées donne le poids d'eau qui a été chassée. En divisant le poids du minéral par le poids de l'eau déplacée on a la densité cherchée. C'est entre 0,9 (bitume élastique) et 23,6 (iridium) que sont comprises les densités de tous les minéraux solides.

III. Électricité des minéraux. — Différents minéraux s'électrisent sous l'influence du frottement : l'ambre ou succin (l'*électron* des anciens) est célèbre à cet égard. Une fois frotté, ils attirent des corps légers comme des débris de papier fin. Le pendule électrique permet de reconnaître le signe ╋ ou — de l'électricité dont un minéral est chargé par frottement.

D'autres minéraux deviennent électriques sous l'influence de la chaleur et possèdent des propriétés spéciales qu'on qualifie de *pyro-électriques*. La tourmaline est dans ce cas : il suffit d'en chauffer un cristal allongé et de le déposer ensuite horizontalement sur un pivot convenablement construit, pour constater qu'un pôle électrique s'est constitué à chacune de ses extrémités. Chose remarquable, les substances capables de semblables effets sont hémiédriques, ce qui fortifie l'opinion que la structure intime de leur tissu cristallin intervient d'une façon décisive dans le phéno-mène.

IV. Magnétisme des minéraux. — Quelques minéraux sont magné-tiques, c'est-à-dire sensibles à l'action de l'aimant ; on reconnaît qu'ils sont toujours pourvus d'une certaine quantité de fer et par-fois de nickel, de manganèse et de chrome, etc., ce qui ne signifie pas à beaucoup près que toutes les substances ferrugineuses ou manganésifères soient attirables.

Il est quelques substances qui ne sont pas seulement attirables, mais dont les fragments se comportent comme de véritables aimants, de sorte que si on les plonge dans de la limaille de fer, celle-ci s'y attache et signale des points spéciaux qui sont des pôles. C'est avant tout ce qui a lieu pour une variété d'oxyde de fer connue depuis l'antiquité sous le nom de *pierre d'aimant* et qui appartient à l'espèce que les minéralogistes appellent la *magnétite*. C'est ce qui a lieu pour certains globules de minerai de fer dit *en grains;* c'est encore ce que présentent certaines grenailles de platine ferrifère qu'on exploite dans l'Oural ; mais les exemples sont très rares.

On a émis l'opinion que la rencontre de la magnétite a mis les anciens sur la voie de l'invention de la boussole ; il se pourrait aussi que des barres de fer ayant été aimantées par la foudre, le magnétisme ait ainsi été révélé à l'humanité.

Caractères optiques des minéraux.

Il s'agit cette fois de la manière dont se comportent les minéraux transparents (et ce sont de beaucoup les plus nombreux) à l'égard de la lumière qui vient à les traverser.

Indice de réfraction. — Un premier fait bien établi c'est que, dans la généralité des cas, quand un rayon de lumière pénètre de l'air dans un cristal transparent, il change brusquement de direction, il se brise, ou, comme on dit, il se *réfracte*.

La mesure de cette déviation se fait avec le *cercle de Descartes,* au centre duquel est placée horizontalement la surface de séparation des deux milieux, c'est-à-dire la face du cristal. On mesure *l'angle d'incidence* de la lumière qui arrive au cristal, puis l'angle de réfraction de la lumière qui le traverse ; en comparant les sinus de ces deux angles, on trouve que leur rapport est constant pour les mêmes substances ; c'est ce qu'on exprime en écrivant

$$\frac{\sin i}{\sin r} = n.$$

La valeur de cette constante n varie d'un minéral à l'autre et on a pu dès lors la considérer comme caractéristique de chaque substance ; on la désigne sous le nom d'*indice de réfraction.* Pour

ne citer que des minéraux connus de tout le monde, on peut
noter ici quelques chiffres comme exemples :

                Diamant.   2,470
                Rubis spinelle.   1,812
                Grenat pyrope.   1,792
                Sel gemme.   1,557
                Cristal de roche.   1,450

Comme application pratique qui dispense d'en citer d'autres, on
voit comment on distinguera à l'instant un diamant vrai de son
imitation en cristal de roche, par la mesure de l'indice de réfraction.

Double réfraction. — Mais il est des cas très fréquents où le
passage d'un rayon de lumière au travers d'un cristal détermine
des phénomènes plus compliqués et dont l'étude est encore bien
plus riche en conséquences. En effet, si le corps transparent
cristallise dans une autre symétrie que celle du premier système,
il arrive d'ordinaire que le rayon lumineux, originairement unique,
se divise en deux rayons réfractés. C'est là un phénomène qu'on a
appelé la double réfraction, et on dit que les minéraux qui le déterminent sont *biréfringents*.

Chose curieuse, il est facile de démontrer que la lumière qui
compose les deux rayons réfractés n'est pas de la lumière ordinaire et même qu'elle n'a pas la même allure dans l'un et dans
l'autre des deux rayons réfractés. On l'appelle dans tous les deux
lumière polarisée, et on peut montrer qu'elle n'est pas polarisée de
la même manière dans l'un et dans l'autre.

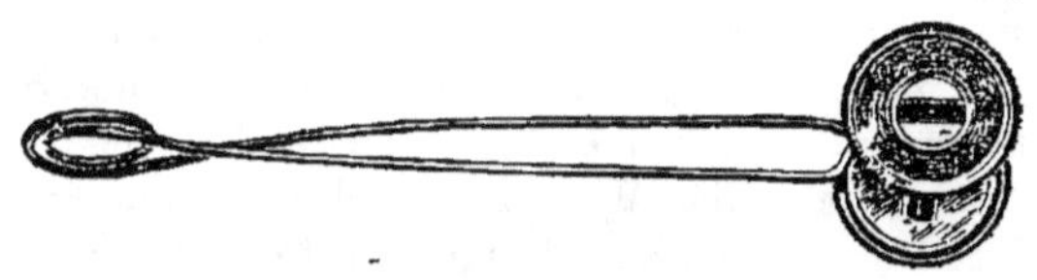

Fig. 32. — Pince aux tourmalines.

Il suffit pour cela de recourir à un petit appareil d'un usage très
commode pour la détermination des minéraux et qu'on appelle
la *pince aux tourmalines* (fig. 32).

C'est en effet une espèce de pince constituée par un gros fil de métal convenablement tordu, dont chaque extrémité est disposée de manière à servir de bague où peut tourner une lame taillée parallèlement à l'axe principal dans le cristal allongé d'un minéral vert foncé ou brunâtre qu'on appelle la *tourmaline*. Quand on regarde à travers chacune de ces lames, qui ont la forme d'un rectangle, on reçoit dans l'œil une lumière assez colorée, et si on superpose les deux lames de façon que la grande longueur de l'une soit placée sur la grande longueur de l'autre, on voit encore la lumière seulement un peu affaiblie par la plus grande épaisseur de la matière pierreuse.

Mais si l'on tourne l'une des deux lames dans sa bague de façon que sa grande longueur devienne perpendiculaire à la grande longueur de l'autre lame, alors, à la grande surprise de l'observateur non préparé, l'appareil s'éteint et on n'y voit plus rien.

L'explication de cette extinction est que la lumière entrant dans la première tourmaline se dédouble en deux rayons polarisés qui jouissent d'une façon très inégale du pouvoir de traverser le milieu cristallisé. On a choisi l'épaisseur de celui-ci de façon que l'un des deux rayons s'épuise à le traverser ; c'est seulement l'autre qui arrive à l'œil même si on ajoute la seconde tourmaline à la première. Si cette seconde lame est tournée de 90 degrés, à cause de sa structure, elle oppose à l'autre rayon polarisé une résistance qui est exactement pareille à celle que la première lame avait opposée au rayon qui s'est éteint. Dès lors le deuxième rayon doit s'éteindre aussi et la nuit remplit l'instrument.

Une fois la pince disposée avec ses deux pierres ainsi croisées, elle est en position favorable pour servir aux déterminations cristallographiques. Si, en effet, on glisse entre les deux tourmalines une lame taillée dans le cristal à l'étude suivant une direction convenable, on voit la lumière réapparaître et même, dans certains cas, se dessiner de très brillantes images consistant en cercles ou en courbes diverses fortement colorés et traversés ou non par des lignes sombres ou lumineuses.

La théorie de tous ces effets nous entraînerait en dehors des limites que nous devons nous imposer ; il est pourtant indispensable d'indiquer en quelques lignes la cause de ces effets et le parti pratique qu'on a su en tirer.

Tout d'abord, le fait de la réapparition de la lumière dans la pince rendue obscure tient à l'*activité* du cristal interposé, sur la lumière polarisée qui le traverse. Cette lumière est décomposée en deux rayons encore polarisés, mais qui sont l'un à l'autre à peu près comme étaient les deux rayons séparés par la première tourmaline. Dès lors une partie de cette lumière sera remise vis-à-vis de la deuxième tourmaline dans la condition où elle était avant le croisement des deux pierres. Il en résulte qu'elle pourra de nouveau traverser cette seconde lame, comme elle la traversait avant son déplacement.

Il suffira d'ailleurs d'assister à la réapparition de la lumière pour être autorisé à conclure que le cristal interposé entre les deux tourmalines n'appartient pas au système cubique. Toutes les substances cubiques sont privées de la biréfringence et restent, par conséquent, incapables de polariser la lumière.

Quant aux cristaux qui rallument la pince, si on veut leur faire dire le nom de leur système cristallin, il faut les tailler en lames dans des directions déterminées, par rapport à leurs axes de symétrie. On s'aperçoit alors qu'on peut trouver des directions dans lesquelles ils se comportent comme des substances cubiques, c'est-à-dire ne donnent pas lieu à la double réfraction. Ces directions, suivant les cas, sont uniques ou doubles : on exprime le fait en disant que certains cristaux ont un seul *axe optique*, tandis que d'autres possèdent deux axes.

Les cristaux biréfringents n'ayant qu'un seul axe optique appartiennent au système quadratique ou au système hexagonal, et ceux qui ont deux axes appartiennent à l'un des trois systèmes que nous avons qualifiés d'orthorhombique, de klinorhombique et de klino-édrique.

Sans pousser plus loin cette étude, dont il nous suffira de connaître le caractère général et la portée, on voit, par ce qui précède, le secours procuré par les caractères optiques pour déterminer le mode de cristallisation de toutes les espèces minérales transparentes.

Un *axe optique* étant une ligne suivant laquelle la double réfrac-

tion est nulle, et en supposant qu'on ait affaire à un cristal ne possédant qu'un axe, c'est-à-dire appartenant au système quadratique
ou au système hexagonal, on observe, en lumière convergente, une
plaque à face parallèle taillée perpendiculairement à l'axe optique.
Alors on voit, concentriquement au centre de la plaque, une série
d'anneaux circulaires et généralement traversés par une croix
noire dont les branches perpendiculaires l'une à l'autre s'épa-
nouissent comme des éventails.

Si, au contraire, le cristal étudié appartient aux systèmes orthorhombique, klinorhombique ou klinoédrique, c'est-à-dire s'il possède deux axes optiques, alors les anneaux qui apparaissent sont
plus ou moins obliques, comme ils le seraient dans le premier cas
si la plaque n'avait pas été perpendiculaire à l'axe. Seulement
ils sont cette fois traversés soit par une bande noire ou fran-
gée des couleurs du spectre, quand le plan qui contient les deux
axes optiques est parallèle ou perpendiculaire au plan de polarisation du microscope, soit par une branche d'hyperbole à courbure
variable et à extrémités plus ou moins épanouies, quand le plan
des axes est à 45 degrés du plan de polarisation. L'obliquité de la
plaque sur l'axe rend les anneaux plus ovales, mais sans changer
le caractère de la barre qui les traverse ; si les deux axes optiques
ne sont pas trop écartés, cette obliquité peut devenir telle qu'on
voie à la fois les deux systèmes d'anneaux concentriques correspondant aux deux axes.

Au point de vue optique on peut classer tous les cristaux en cinq
groupes nettement définis :

1° Cristaux du système cubique. La lumière se propage dans tous
les sens avec la même vitesse. La réfraction est simple ;

2° Cristaux du système quadratique et cristaux du système hexagonal. La lumière se propage avec la même vitesse suivant toutes
les directions normales à l'axe principal cristallographique et avec
une vitesse différente suivant cet axe. La double réfraction est à
un seul axe optique qui coïncide avec l'axe principal cristallographique ;

3° Cristaux du système orthorhombique. Le plan qui renferme
les deux axes optiques coïncide avec le plan de la base rhombe
ou avec l'un des plans du parallélépipède, pris comme forme primitive ; leurs bissectrices *aiguë* et *obtuse* coïncident donc, soit

avec les diagonales de la base, soit avec l'une de ces diagonales et l'arête verticale ;

4° Cristaux du système klinorhombique. Le plan des axes optiques est parallèle ou perpendiculaire au plan de symétrie. Dans le premier cas, les bissectrices *aiguë* et *obtuse* n'ont, avec la diagonale inclinée de la base rhombe et avec l'arête verticale, aucune relation de position qu'on puisse prévoir. Dans le second cas, l'une des bissectrices, normale au plan de symétrie, est parallèle à la diagonale horizontale de la base, mais l'autre occupe une position quelconque par rapport à l'arête verticale et à la diagonale inclinée ;

5° Cristaux du système klinoédrique. Le plan des axes optiques et leurs bissectrices n'ont aucune relation nécessaire avec les plans diagonaux ni avec les axes cristallographiques de la forme primitive, quelle que soit la direction qu'on assigne à ceux-ci.

On remarquera que cette détermination peut se faire même sur des fragments de cristaux et sans qu'il soit besoin d'observer les formes cristallines. Le plus souvent même, on opère sur des lames minces taillées au travers des cristaux dans des directions déterminées et l'étude peut se continuer à l'aide du microscope jusque sur des parcelles minérales invisibles à l'œil nu.

C'est pour la réalisation de ces déterminations qu'on a remplacé la pince aux tourmalines par des microscopes dits *polarisants*, où les deux lames cristallines décrites précédemment sont remplacées par deux *prismes de Nichols* qui ont l'avantage d'être absolument incolores et de ne pas absorber des quantités sensibles de lumière.

Pratiquement, les épreuves optiques les plus décisives auxquelles on doit soumettre les minéraux à déterminer consistent à rechercher :

1° Si la substance cristallisée jouit ou ne jouit pas de la double réfraction ;

2° Dans le cas où elle est biréfringente, si elle possède un seul axe ou deux axes optiques ;

3° Si elle a deux axes optiques, quelle est l'orientation du plan où ces axes sont situés et surtout quelle position occupent par rapport aux axes cristallographiques les bissectrices des angles formés par l'intersection de ces axes à l'intérieur du cristal.

Le microscope polarisant s'applique à l'étude de lames minces de quelques centièmes de millimètre d'épaisseur, taillées au travers des roches les plus diverses et dont on peut ainsi reconnaître la composition minéralogique avec la plus grande précision. On verra un peu plus loin les services rendus par ces procédés d'étude à l'examen et à la classification des roches.

Polychroïsme. — C'est la variation de couleur que présentent les corps cristallisés non isotropes dans la direction suivie par la lumière qui les traverse. Ainsi une lame à faces parallèles taillée dans un cristal de glaucophane se teint, suivant les directions, en bleu, en violet ou en jaune.

On reconnaît le polychroïsme dans les lames parallèles en les observant au microscope polarisant dont on a supprimé l'analyseur. En faisant successivement les deux sections principales parallèles à la section principale du polariseur, on apprécie la teinte propre de chacune d'elles. On reconnaît que les plus grandes différences de teintes se produisent pour les rayons se propageant selon les axes d'élasticité optique, et on caractérise le polychroïsme d'un minéral par la teinte même de ces rayons.

Signe optique des cristaux.

On a dit plus haut que la plupart des cristaux jouissent de la propriété de donner deux rayons réfractés pour un seul rayon incident.

C'est pour cela qu'on les qualifie de *biréfringents* et on appelle rayon *ordinaire* celui des deux faisceaux déviés qui suit la loi des sinus ou qui s'en écarte fort peu, pour réserver le nom d'*extraordinaire* à celui qui s'en écarte davantage. L'indice ordinaire sera désigné plus loin par le signe ω et l'indice extraordinaire par ε.

Or, pour certains cristaux, ω est plus grand que ε, tandis que le contraire s'observe pour les autres. Dans le premier cas, si le rayon extraordinaire s'éloigne moins de la normale au point d'incidence que le rayon ordinaire, on dit qu'on a affaire à des cristaux positifs ou attractifs ; les expressions de cristaux négatifs ou répulsifs s'appliquent à la condition opposée. Il importe beaucoup de savoir si un minéral donné appartient à l'une ou l'autre catégorie et pour le décider on fait usage du microscope polarisant.

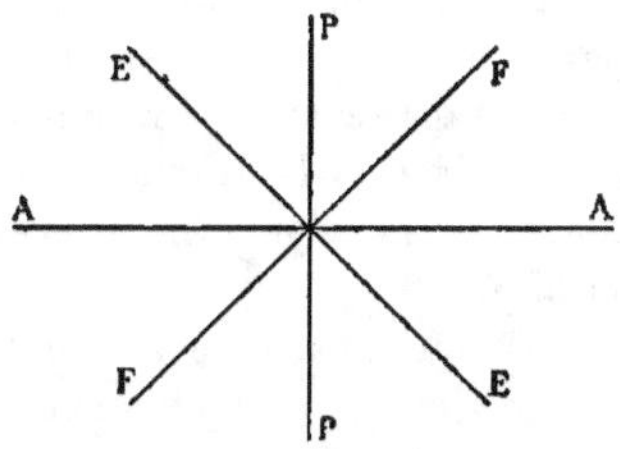

Une disposition spéciale permettant d'opérer dans la lumière convergente, on met les deux nichols en croix de façon que les lignes PP et AA représentent la situation relative des sections principales du polariseur et de l'analyseur (fig. 33).

FIG. 33. — Détermination du signe des cristaux.

PP, section principale du polariseur ; AA, section principale de l'analyseur. EE, FF, directions d'extinction de la lame cristalline à l'étude.

Les sections principales PP et AA du nichol polariseur et du nichol analyseur étant en croix, on tourne la lame à l'étude de façon que ses directions d'extinction soient à 45° des lignes précédentes. Dans ces conditions, on observe des franges d'interférences colorées et tout à fait analogues aux anneaux de Newton.

Si alors on superpose au minéral une seconde lame taillée dans un minéral actif dont le signe est connu, en ayant soin que son axe cristallographique soit parallèle à celui de la substance étudiée, on constate que l'effet primitif est tantôt augmenté et tantôt diminué. Il est augmenté quand les deux lames superposées ajoutent leurs effets, c'est-à-dire quand elles ont le même signe et il est diminué dans le cas opposé.

Pratiquement on se sert pour faire l'expérience d'une lame de cristal de roche taillée en rectangle sous une épaisseur régulièrement croissante d'un de ses bouts jusqu'à l'autre. On dispose cette lame, dont le signe optique est positif (+), d'abord suivant EE, puis suivant FF, c'est-à-dire selon les deux directions d'extinction du minéral. En comparant les deux effets ainsi produits, on reconnaît tantôt que la biréfringence diminue quand on déplace les longs côtés du quartz de EE à FF et tantôt qu'elle augmente. Dans le premier cas il faut conclure que la direction EE du minéral est *négative* et dans l'autre cas qu'elle est positive.

Le dispositif adopté permet d'ailleurs d'ajouter à cette constatation du phénomène une mesure de son intensité. En effet la forme en coin du quartz permet de le faire agir sous des épaisseurs variables et, en le poussant plus ou moins loin, on peut rencontrer une situation où la compensation se fait exactement entre les influences inverses des deux lames superposées. A ce moment l'ensemble des deux substances inverses se comporte exactement comme une substance inactive sur la lumière polarisée et la nuit apparaît entre les nichols croisés, comme elle apparaîtrait avec un morceau de verre ou un minéral du système cubique.

Le plus souvent on ne détermine pas une obscurité complète et l'on se contente de produire une nuance violacée tout à fait caractéristique et qui, par le plus petit déplacement, passe sans *transition* soit au bleu soit au rouge. On l'appelle la *teinte sensible*.

Dans les descriptions d'espèces minéralogiques qu'on trouvera un peu plus loin, on mentionnera toujours les indices ω et ε en citant le premier celui qui possédera la valeur numérique maxima.

A la suite des caractères optiques qui, comme nous venons de le voir, ont une importance pratique tout à fait exceptionnelle, on fait usage, pour la détermination des minéraux, de plusieurs autres genres de propriétés également relatives à la lumière et dont il convient de mentionner les principales.

Tout d'abord il est naturel de citer ce qui concerne la *couleur* qui permet dans bien des cas des distinctions très nettes. Il existe, en effet, beaucoup de minéraux doués d'une couleur caractéristique : tels, par exemple, le soufre, l'or métallique, le cinabre ou sulfure de mercure, connu sous le nom de vermillon, l'émeraude, etc.

En examinant la question on distingue très rapidement des minéraux dont la couleur est essentielle et tient à leur nature propre, et d'autres minéraux qui sont vraiment teints par un pigment qui leur est étranger. Ainsi le soufre a une couleur propre que rien ne peut lui faire perdre ; au contraire l'améthyste est du cristal de roche coloré par de l'oxyde de manganèse ; le rubis est de l'alumine teinte par de l'oxyde de chrome, etc.

Certains corps, comme ceux que nous venons de citer, conservent leur couleur dans toutes les conditions et même si on les met en poudre ; d'autres la doivent à leur structure. C'est ce qui a lieu par exemple pour la pyrite de fer qui, en gros fragments, est d'un jaune métallique voisin de celui de l'or et qui, en poussière fine, est d'un gris terne qui ne la signalerait pas à l'attention.

On a donné le nom de *phosphorescence* à la propriété que possèdent certains minéraux de luire dans l'obscurité, après qu'ils ont subi une influence convenable, avec une intensité et pendant une durée très variables selon les cas, par exemple, après qu'ils ont été chauffés, fort au-dessous du rouge bien entendu, ou même simplement après qu'ils ont été exposés à la lumière du soleil. C'est le cas, entre beaucoup d'autres, des cristaux de diamant. Et le fait pourrait servir à distinguer ce minéral de substances minérales ayant le même aspect. C'est aussi le cas de la fluorine et c'est à cause d'elle que le phénomène est souvent désigné sous le nom de *fluorescence*.

Caractères chimiques des minéraux.

Il est temps d'arriver à l'examen des caractères chimiques des minéraux, caractères dont nous avons déjà fait sentir l'importance.

On reconnaît bientôt que chaque espèce de cristaux possède une composition chimique constante et qui peut s'exprimer par une formule chimique. Il a été indispensable d'établir cette formule pour toutes les espèces recueillies, car c'est ainsi qu'on a pu réunir les éléments les plus décisifs de la classification minéralogique. Nous n'avons d'ailleurs pas à nous arrêter aux procédés employés, puisqu'ils sont les procédés ordinaires de l'analyse chimique.

Mais une fois acquise la caractéristique chimique de toutes les espèces et une fois établie leur classification, la question se présente chaque jour de savoir à laquelle des espèces reconnues appartient un échantillon nouveau qu'on a le plus grand intérêt à identifier. Il s'agit, non plus de découvrir la composition des substances naturelles, mais de la reconnaître dans des spécimens déterminés afin de pouvoir leur donner les applications auxquelles ils sont aptes.

Dans cette direction, nous avons à signaler des procédés tout à fait pratiques et dont l'emploi peut rendre les plus grands services à tout le monde, et spécialement aux agriculteurs et aux industriels qui, à chaque instant, ont besoin de se rendre compte de la nature des substances minérales qu'ils rencontrent ou qu'ils ont à employer.

Attaque à l'eau. — Dans cette recherche de la nature des minéraux, on peut faire une catégorie à part pour ceux d'entre eux qui sont solubles dans l'eau. Le sel gemme, le natron, le nitre sont dans ce cas et souvent on peut les reconnaître simplement en appliquant à leur surface le bout de la langue, car ils sont *sapides*. Souvent quand on les a fait passer à l'état de dissolution aqueuse une simple évaporation suffit pour les faire cristalliser, et c'est un moyen dont on a fait usage pour les séparer de mélanges dans lesquels ils étaient engagés et où, parfois, ils sont complètement masqués par des substances diverses.

Fréquemment, l'eau de lavage des terres végétales décèlera ainsi la présence de minéraux qu'il est bon de connaître.

Rappelons que l'eau à l'ébullition est plus efficace comme dissolvant que l'eau froide.

Attaque aux acides. — Pour les minéraux insolubles dans l'eau on aura recours à l'emploi de certains réactifs, de maniement très commode, par exemple de l'acide chlorhydrique. Il existe certains minéraux qui se dissolvent dans ce réactif, comme le sel marin se dissolvait tout à l'heure dans l'eau. C'est, par exemple, le cas du sulfate de chaux ou gypse, dont la présence est si utile à déceler. Si on fait chauffer cette substance dans un tube de verre avec de l'acide chlorhydrique et si on décante le liquide surnageant dans un vase froid, on voit bientôt se produire des quantités d'aiguilles incolores et soyeuses qui sont formées de gypse pur.

Toutefois ce cas est exceptionnel et, le plus souvent, l'acide ne détermine pas une simple dissolution, mais réalise une décomposition dont les produits peuvent être éminemment instructifs. A cet égard un des cas les plus frappants est celui où le minéral, placé au contact de l'acide, donne lieu à une *effervescence*, c'est-à-dire dégage, avec bouillonnement, une quantité plus ou moins grande d'anhydride carbonique. A ce signe on reconnaît les carbonates et, avant tout, les carbonates calcaires dont la détermination est si couramment utile.

L'expérience est même si fréquente qu'on a construit pour la rendre plus commode un petit appareil, dit *flacon à toucher* (fig. 34) qui consiste en une petite bouteille contenant l'acide et dont le bouchon à l'émeri se prolonge inférieurement en un cône qui plonge dans le liquide. Quand on retire le bouchon il emporte avec lui une goutte du réactif et on peut, par simple contact, la déposer sur le minéral qu'on veut reconnaître. Il faut d'ailleurs s'assurer que l'effervescence, quand elle se produit, n'est pas due à des impuretés associées à la matière principale et pour cela il suffit,

Fig. 34. — Flacon à toucher.

quand le phénomène s'est calmé, de déposer une seconde goutte d'acide à la place même où avait été déposée la première. Si le bouillonnement se renouvelle, c'est que le minéral est vraiment un carbonate.

D'un autre côté, il ne faut pas s'empresser de conclure de l'absence d'effervescence qu'on n'a pas affaire à un carbonate ; il existe, en effet, des carbonates qui, comme la dolomie, ne se laissent attaquer qu'à chaud. Les anciens minéralogistes l'avaient même pour cette raison qualifiée de *spath lent,* par rapport au spath calcaire qui s'attaque rapidement. Il faut alors mettre un fragment du minéral avec l'acide au fond d'un tube à essai et le chauffer progressivement jusqu'à l'ébullition sur un bec de gaz ou sur une lampe à alcool.

La solution dans l'acide, à froid ou à chaud, constitue une liqueur toute prête pour les opérations ordinaires de l'analyse et nous n'avons pas à nous y arrêter. Disons seulement que, dans certains cas, d'ailleurs fréquents, l'examen du résidu insoluble qu'elle renferme est riche en enseignements. Ainsi, on reconnaîtra des silicates à la suspension dans le dissolvant de flocons qui s'aggloméreront en une espèce de gelée. C'est ce qui arrive quand on abandonne dans l'acide tiède la poussière du péridot (olivine) ou d'autres composés analogues, et l'apparition de la *silice gélatineuse,* selon l'expression reçue, est un renseignement des plus précieux.

On sait du reste que les silicates insolubles par l'action directe de l'acide chlorhydrique, même bouillant, deviennent attaquables quand on les a soumis à l'action de la chaleur rouge dans un petit creuset de platine, après avoir mélangé leur poussière à des carbonates alcalins. Cette expérience nous fait une transition vers les procédés *pyrognostiques* de détermination des minéraux, c'est-à-dire vers l'indication des réactions qui les font reconnaître sous l'influence d'une température élevée.

Attaque au chalumeau. — Dans cette direction, on a su vraiment associer l'élégance à l'énergie, et bien des personnes se sont laissées véritablement séduire par la pratique du chalumeau de Berzélius.

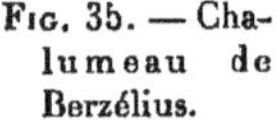

C'est un petit instrument (fig. 35) avec lequel on peut envoyer un violent et très menu courant d'air dans la flamme d'une bougie, de façon à produire un *dard* qui, porté à la température du blanc, permet de distinguer les minéraux fusibles. Il faut un peu d'exercice pour arriver à souffler de la bonne manière dans le tube du chalumeau ; mais, quand on y est parvenu, on n'éprouve plus aucune fatigue à poursuivre les essais pendant très longtemps.

Fig. 35. — Chalumeau de Berzélius.

Sans décrire toutes les expériences que cet instrument permet de réaliser, il est utile, par un petit nombre d'exemples, de faire séntir le caractère pratique des indications qu'il peut fournir.

Tout d'abord le chalumeau permet de déterminer dans un très grand nombre de cas la nature du métal combiné dans les minéraux les plus divers, et pour cela il procure le moyen de décomposer ces minéraux avec production, au moyen du métal comme base, d'un sel dont la coloration sera caractéristique.

Supposons qu'on ait à reconnaître un minéral comme la pyrolusite, qui est un composé de manganèse. On commence par chauffer au chalumeau un fil de platine contourné en boucle à l'une de ses extrémités : quand le fil est rouge on le plonge dans de la poussière de borax et on chauffe de nouveau pour produire dans la boucle une *perle* incolore et transparente de borax fondu. Cela fait, et la perle étant toute chaude, on y fait adhérer par contact

quelques très fines particules du minéral et on chauffe de nouveau.
Bientôt on voit, dans la perle liquéfiée, se déplacer les petits débris qui se dissolvent peu à peu en colorant progressivement la
substance d'une belle nuance violet-améthyste qui devient très
intense au bout de quelques minutes. Or cette nuance ne peut
être communiquée au borax que par le manganèse ; si le minéral
avait été à base de cuivre, il aurait donné une perle bleue ; avec
du chrome elle eût été vert-foncé et avec du nickel vert-tendre ; le
fer aurait donné un vert-bouteille, etc. ·

Les expériences peuvent d'ailleurs varier beaucoup. Il y a
diverses manières de souffler et on produit, suivant les besoins, une
flamme oxydante ou une *flamme réductrice*, dont les effets sont très
différents. On peut aussi remplacer le borax par d'autres réactifs
comme le carbonate de soude ou le sel de phosphore (phosphate
double de soude et d'ammoniaque) et on arrive ainsi à des résultats très précis.

On peut encore employer le chalumeau d'une tout autre manière
dont il convient de dire un mot aussi. Avec lui, on installe
comme une miniature de fourneau métallurgique où pourront être
isolés les métaux renfermés dans leur minerai. Un exemple suffira :
supposons qu'on ait affaire à la galène (sulfure de plomb), d'où
l'industrie retire la plus grande partie de ce métal qui est si utilisé.

On choisira un gros et beau morceau de charbon de bois sans fissure, et après y avoir ménagé une surface plane (fig. 36), on creusera
au milieu de celle-ci
une petite cupule qui
sera comme un micro-
scopique creuset de
réduction. Ce petit ré-
cipient étant rempli
de galène finement
pulvérisée, on le

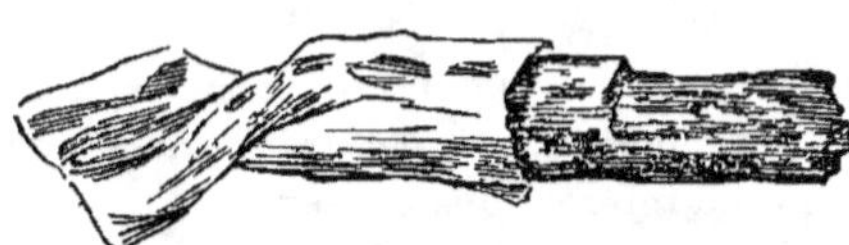

Fig. 36. — Charbon de bois préparé pour les essais
au chalumeau

chauffera au chalumeau, d'abord tout doucement, puis progressivement, avec une intensité de plus en plus considérable. On verra
des fumées se produire et l'odeur de l'acide sulfureux, à laquelle
personne ne peut se tromper, suffira pour montrer la nature sul-
furée du minéral à l'étude. En même temps, la galène fondra en

un petit globule très brillant qui se livrera dans la cupule à un mouvement de giration. Après un certain temps on s'apercevra que ce globule a complètement changé de nature : il sera maintenant constitué par du plomb métallique et c'est ce dont il sera tout à fait facile de s'assurer en le jetant sur un tas de fer pour le frapper avec un marteau : il s'aplatira en feuille et cette ductilité suffira à le distinguer de la galène d'où l'on est parti et qui est au contraire extrêmement fragile et friable.

Cette réduction n'est qu'un type dans la très longue série des expériences possibles : nous nous en contenterons cependant, faute de place.

Analyse chimique. — Pour montrer l'activité et l'ingéniosité avec lesquelles on a cultivé les méthodes de détermination des minéraux, il est utile de signaler les procédés d'*analyse chimique au microscope,* préconisés d'abord par Behrens et par Boricky, et qui ont été adoptés par beaucoup de minéralogistes, au moins en certaines occasions. Le principe sur lequel ces auteurs se sont établis consiste à attaquer le minéral à l'étude par des acides et à étudier au microscope la cristallisation des composés produits : ils affectent des formes et des caractères physiques distinctifs selon le métal qu'ils renferment. Il suffit d'un demi-milligramme de substance pour parvenir à certaines déterminations.

CLASSIFICATION DES MINÉRAUX

Une fois les diverses espèces minérales déterminées, c'est-à-dire analysées chimiquement et physiquement, et mesurées cristallographiquement, il y a le plus grand intérêt à les classer.

En rapprochant celles qui se ressemblent, en écartant celles qui diffèrent, on arrive à une idée exacte du règne minéral et l'on est dans les meilleures conditions pour tirer parti des matières utiles contenues dans la série. Nous verrons en effet qu'il existe des lois d'association des minéraux qui tiennent à leur mode de formation et, par conséquent, à certains traits de leur composition.

Beaucoup d'auteurs ont cherché à établir parmi les minéraux la classification la plus satisfaisante possible. Ce qui paraît le plus pratique, c'est de donner le pas, parmi tous les caractères auxquels on doit avoir recours pour comparer les espèces, aux particularités relatives à la composition chimique.

C'est ce que nous allons faire ici en décrivant d'une manière très rapide les minéraux les plus indispensables à connaître.

I. — Corps simples natifs.

Beaucoup d'éléments de la chimie se trouvent dans la nature à l'état de liberté et doivent en conséquence être considérés comme des minéraux. Quelques-uns ne se prêtent pas à toutes les études minéralogiques, car, n'étant point solides, ils échappent à toutes les considérations qui concernent la cristallographie. Ce sont des gaz. Les autres sont ou des métalloïdes ou des métaux ; plusieurs ont une grande importance.

Oxygène (de ὀξύς, acide, et γεννάω, j'engendre). — Symbole : O. — C'est le comburant par excellence. — Gazeux, récemment liquéfié, forme cristalline inconnue. — Incolore en faible volume et bleu sous des épaisseurs considérables ou à l'état liquide. — Indice de réfraction égal à 1,000272 ; c'est le plus petit indice que l'on connaisse. — Sa densité, rapportée à celle de l'air, est égale à 1,10563. — C'est l'agent respiratoire par excellence pour les plantes comme pour les animaux. L'utilité du labourage consiste en partie dans l'aération de la terre. — Le principal gisement de l'oxygène est l'atmosphère dont il représente environ le cinquième (exactement 23 %, en poids et 20,93 %, en volume).

Azote (de α, privatif, et ζωή, vie). — Symbole : Az. — Remarquable par son inertie chimique. — Gazeux, récemment liquéfié, forme cristalline inconnue. — Incolore en faible volume et bleu sous une épaisseur considérable ou à l'état liquide. — Indice de réfraction égal à 1,000507. — Densité par rapport à l'air égale à 0,972. — Contrairement à l'opinion première qui lui a valu son nom, il est absorbé par des végétaux inférieurs qui le font entrer dans l'économie des plantes plus élevées. Il donne lieu, par des combinaisons directes, à l'ammoniaque et à des azotates (par le phénomène de la nitrification) dont la valeur agricole est décisive. Les labours le font entrer dans le sol en même temps que l'oxygène. — Son principal gisement est l'atmosphère dont il représente environ les quatre cinquièmes (exactement 77 °/₀ en poids et 79,07 °/₀ en volume). Certaines sources thermales dégagent de l'azote pur. Quelques animaux savent l'isoler, par exemple la carpe qui, selon l'observation de Fourcroy, en remplit sa vessie natatoire.

Hydrogène (de ὕδωρ, eau, et γεννάω, j'engendre). — Symbole : H. — Très combustible et donnant l'eau par son oxydation. — Gazeux, récemment liquéfié et même probablement solidifié. — Incolore, inodore, insipide. — Indice de réfraction : 1,000 601. — Densité par rapport à l'air : 0,0692. — C'est un agent de réduction des plus actifs. — Il est extrêmement rare, justement à cause de sa facilité à passer à l'état d'eau ; cependant on s'assure de sa présence dans les gaz émis par les volcans.

Diamant (de ἀδάμας, indomptable, à cause de son inaltérabilité). — Symbole : C ; c'est une des formes du carbone pur. — Infusible, combustible au rouge dans l'oxygène en donnant du gaz carbonique. — Soluble dans le fer en fusion. — Cristallise dans le système cubique : cube avec ou sans modifications, octaèdre, octaèdre pyramidé, scalénoèdre, dodécaèdre, etc. — Transparent ou translucide. Éclat adamantin. Incolore, jaune de miel, brun, jaune, bleu. — Indice de réfraction : 2,439. — S'électrise positivement par frottement. — Densité : 3,53. — Dureté : 10. Le diamant est fragile, contrairement à l'opinion des anciens. — Le diamant est avant tout une pierre d'ornement ; c'est la plus précieuse des gemmes. Son incomparable dureté le désigne aussi pour couper le verre et polir les corps durs. Une variété noire et opaque, dite *carbonado*, est recherchée pour armer les machines perforatrices avec lesquelles on ouvre des tunnels, des puits et des galeries de mines. — On le trouve dans les sables et graviers quaternaires, et jusqu'ici on n'a pas rencontré sa roche-mère, c'est-à-dire la roche dans laquelle il a pris naissance. Les mines anciennement les plus célèbres sont dans les Indes, le Brésil, l'Australie. Au Cap de Bonne-Espérance, on a découvert le diamant dans des alluvions verticales remplissant

des canaux d'ascension à section circulaire et de profondeur inconnue.

Graphite (de γράφειν, écrire). — Syn. : *mine de plomb, plombagine*. — Symbole : C ; c'est la seconde forme du carbone pur. —
Infusible, insoluble dans les acides, soluble dans la fonte en fusion,
combustible dans l'oxygène. — Cristallise dans le système hexagonal ; en tables à six pans clivables suivant la base. — Opaque,
d'un gris d'acier ou noir. — Densité variant de 1,8 à 2,4. —
Dureté comprise entre 1 et 2 ; facile à couper au couteau, à
écraser, salissant les doigts et le papier. — Variétés nombreuses
dues à la finesse plus ou moins accentuée du grain et au mélange
de substances étrangères, spécialement d'argile et d'oxyde de fer. —
Le graphite est employé à fabriquer les crayons dits de mine de plomb.
On en fait des briques réfractaires et des creusets réducteurs pour
les opérations métallurgiques. Il sert à enduire les objets de fonte
ou de tôle pour les nettoyer et leur donner bon aspect ; il peut
lubrifier des engrenages et d'autres organes de machines à la manière de l'huile et avec avantage. — On rencontre le graphite
dans les terrains stratifiés les plus anciens.

Soufre (de *sulfur*, même sens). — Symbole : S. — Fond à 111
degrés et se volatilise à 400. Très combustible, brûle avec une
flamme bleue et donne naissance à l'acide sulfureux. Soluble dans
le sulfure de carbone, le chlorure de soufre, le naphte, la benzine, etc. — Cristallise dans le système orthorhombique. Octaèdre
avec de nombreuses modifications. — Transparent ou translucide,
d'un jaune spécial dit *jaune-soufre*, parfois grisâtre ou rougeâtre ;
éclat résineux. — Densité : 2,1. — Dureté : 1,5 à 2,5 ; très fragile.
— Prend par frottement l'électricité négative. — Variétés : cristalline, compacte, terreuse, sélénifère (rouge). — Sert à la fabrication des allumettes, des poudres de guerre, de mine et de chasse,
de l'acide sulfurique, etc. — Se rencontre dans le sol des régions
volcaniques et surtout dans les solfatares (Pouzzolles, Guadeloupe).
Il résulte, dans les terrains stratifiés, de la réduction des sulfates
par les matières organiques [les Tapets (Vaucluse) ; Girgenti (Sicile) ; sous-sol de Paris]. Beaucoup de sources thermales en déposent (Barèges, etc.).

Platine (de l'espagnol *platina,* diminutif de *plata,* argent, parce qu'on l'a regardé d'abord comme moins précieux que l'argent). — Symbole : Pt. — Insoluble dans les acides sauf l'eau régale ; fusible seulement à la flamme du chalumeau à gaz oxhydrique ou dans le four électrique. — Cristallise dans le système cubique, mais rarement en cristaux bien formés. — Éclat métallique d'un gris d'acier. — Densité : 17,5 à 19. — Dureté : 4 à 5. — Parmi les variétés on peut citer le platine iridié et le platine ferrifère qui est magnétique et quelquefois polaire. — Le platine sert comme matière inaltérable et conductrice dans les appareils électriques ; on en fait les appareils de distillation pour les acides ; il sert en photographie. — On le rencontre en pépites et en paillettes dans des alluvions quaternaires. Dans l'Oural on a trouvé du platine dans une roche-mère qui est de la catégorie des roches silicatées magnésiennes (diorite et serpentine), dépendant de l'écorce initiale du globe, de condensation gazeuse.

Fer (de *ferrum,* même sens). — Symbole : Fe. — Fusible au blanc, résiste au chalumeau ; soluble dans les acides hydratés avec dégagement d'hydrogène. — Cristallise dans le système cubique et spécialement en octaèdres. — Couleur grise caractéristique ; éclat métallique. — Densité : 7,7. — Dureté : 4,5. — Variété carbonifère comparable à une fonte naturelle. — Trop rare pour avoir aucun usage ; paraît cependant avoir été martelé par les Esquimaux du Groënland en forme de couteaux. — On a trouvé un peu de fer natif dans certaines roches des houillères embrasées. Le principal gisement est dans des roches éruptives du Groënland (Ovifak, dans l'île de Disko).

Cuivre (de *cuprum,* dérivé lui-même de χύπρος, nom de l'île de Chypre). — Symbole : Cu. — Aisément fusible au chalumeau dont il colore le dard en un vert caractéristique. Soluble dans les acides ; la dissolution devient d'un bleu intense, par l'addition de l'ammoniaque. — Cristallise dans le système cubique : cube, cube-pyramidé, octaèdre, dodécaèdre rhomboïdal. — Couleur rouge caractéristique, éclat métallique, ductilité et malléabilité très accentuées. — Densité : 8,90. — Dureté : 2,5 à 3. — Comme variétés il faut mentionner le cuivre en dendrites cristallines ; en filaments interposés

entre des grains sableux (Coro-Coro) ; compacte en nodules parfois très volumineux. — Le cuivre natif est propre aux mêmes
usages que le cuivre industriel. Il est très pur et souvent il n'y a
qu'à le marteler pour en faire des outils : c'est ce qu'ont fait les
hommes préhistoriques. — Les gisements principaux sont, ou bien
dans des grès permiens, comme à Coro-Coro (Bolivie), ou bien
dans les vacuoles des roches amygdaloïdes, comme sur les bords du
lac Supérieur.

Argent (de *argentum*, dérivé lui-même de ἄργυρος). — Symbole :
Ag. — Fusible. Soluble dans l'acide azotique, d'où les chlorures
et l'acide chlorhydrique le précipitent sous forme de flocons blancs
solubles dans l'ammoniaque. — Cristallise dans le système cubique : cube, octaèdre et combinaisons de ces deux formes. — Éclat
métallique, couleur blanche caractéristique, souvent dissimulée
sous une patine due à l'influence des émanations sulfurées. — Densité : 10,1 à 11,1. — Dureté : 2,5 à 3. — On trouve l'argent natif
en cristaux isolés, en dendrites, en filaments et en masses compactes. — Il est considéré comme minerai d'argent bien qu'il soit
trop rare pour être exploité séparément. — C'est un produit essentiellement filonien.

Mercure (du nom du dieu Mercure). — Symbole : Hg. — Syn. :
vif argent. — Liquide à la température ordinaire, soluble dans les
acides. A — 40° il se solidifie et cristallise dans le système cubique,
en octaèdres. — Couleur d'un blanc d'argent. — Densité : 13,59.
— Employé à l'amalgamation des miroirs et comme dissolvant de
l'or. — En petits amas dans les cavités du cinabre contenu dans
les filons. On l'a mentionné en gouttelettes dans le diluvium de
Montpellier.

Or (du latin *aurum*). — Symbole : Au. — Soluble seulement
dans l'eau régale et dans le mercure métallique. Facilement fusible. — Cristallise dans le système cubique : cube, octaèdre, dodécaèdre rhomboïdal, cube-pyramidé, trapézoèdre. Il a parfois des
formes très compliquées ; cristaux semblant sphéroïdaux. — Couleur jaune spéciale, éclat métallique très caractérisé. — Densité :
15,6 à 19,4. — Dureté : 2,5 à 3. — C'est le principal minerai d'or.

—Il se trouve soit en grains dans certains gneiss recueillis à Madagascar, soit en cristaux disséminés dans divers filons de quartz, soit enfin et surtout dans les alluvions quaternaires de plusieurs régions comme la Californie, l'Australie, le Brésil, la chaine de l'Oural, etc.

II. — Sulfures.

Réalgar (vieux nom alchimique). — Formule : AsS, sulfure rouge d'arsenic. — Fusible et volatil sans décomposition. L'eau régale le dissout en déposant du soufre. Il s'altère à la lumière. — Cristallise dans le système klinorhombique et spécialement en prismes modifiés sur les arêtes g et h ainsi que sur les angles e. — Translucide, rouge-orangé, éclat résineux. — Densité : 3,55. — Dureté : 1,5. — Tantôt cristallisé et tantôt en masses compactes. — On l'emploie comme matière colorante. — En petits cristaux dans la dolomie du Saint-Gothard ; en grands cristaux dans les trachytes de la Hongrie et spécialement en Transylvanie ; les scories du Vésuve en présentent des enduits.

Stibine (de *stibium*, antimoine). — Syn. : *antimonite*. — Formule : Sb^2S^3, sesquisulfure d'antimoine. — Très fusible, très volatile. — L'acide chlorhydrique l'attaque avec dégagement d'hydrogène sulfuré. — Cristallise dans le système orthorhombique : prismes allongés combinés avec un octaèdre et modifiés suivant h_1. — Opaque, gris de plomb ou d'acier ; éclat métallique. — Densité : 4,65. — Dureté : 2. — En cristaux, en aiguilles, en masses fibreuses, en masses compactes ou plus ou moins grenues. — C'est le principal minerai d'antimoine ; on l'emploie à la préparation de l'hydrogène sulfuré. — C'est un minéral de filons.

Blende (de l'allemand *blenden*, tromper, parce qu'on l'a souvent prise pour de la galène). — Formule : ZnS, sulfure de zinc. — Infusible au chalumeau sur le charbon ; avec le carbonate de soude, le minéral se décompose et donne un enduit qui reste jaune à haute température et devient blanc en refroidissant. — Cristallise dans le système cubique, mais avec hémiédrie tétraédrique très accusée : cubes striés et souvent mâcles, tétraèdres, etc. — Transparente, translucide ou opaque suivant les variétés : verte, jaune, rouge, brune ou noire. — Indice de réfraction : 1,830. — Densité : 3,9 à 4,2. — Dureté : 3,5 à 4. — En cristaux ou en masses compactés d'aspects très variables. — C'est un minerai de zinc. Elle donne au sol des qualités spéciales qui se traduisent par l'apparition de plantes spéciales comme *Viola calaminaria*. Le zinc existe dans la cendre de beaucoup de végétaux. — C'est un minéral de filons [Lafrey (Isère) ; Bohême ; Cumberland ; Santander (Espagne)].

Pyrite (de πυρίτης, pierre à feu). — Syn. : *fer sulfuré*. — Formule : FeS^2, bisulfure de fer. — Au chalumeau, sur le charbon dégage une odeur sulfureuse et fond en un globule magnétique. — Cristallise en cubes avec hémiédrie pentagonale : cube strié, pyritoèdre. — Opaque, éclat métallique, jaune d'or. Poussière gris-verdâtre. — Densité : 4,9 à 5,1. — Dureté : 6 à 6,5. — En cristaux, en dendrites, en enduits, en masses compactes. — Ses principaux usages sont la fabrication de l'acide sulfurique et l'extraction du soufre. Au xviii° siècle on en faisait des briquets et des bijoux. — On trouve la pyrite en filons et aussi dans les terrains stratifiés ; beaucoup de fossiles sont pyritisés.

Marcasite (nom employé par Pline). — Syn. : *pyrite blanche*. — Formule : FeS^2, bisulfure de fer. — Mêmes réactions chimiques générales que la pyrite ; mais une très grande altérabilité à l'humidité qui transforme aisément la marcasite en sulfate de fer. — Cristallise dans le système orthorhombique et constitue un état dimorphique de la pyrite. — Opaque, d'un jaune clair ; éclat métallique. — Densité : 4,65 à 4,95. — Dureté : 6 à 6,5. — En cristaux, en dendrites, en enduits, en rognons sphéroïdaux souvent radiés. — Très employée pour la fabrication du sulfate de fer et de l'acide sulfurique. Des usines de produits chimiques se sont installées sur l'affleurement de couches renfermant de la marcasite. — Se trouve à tous les étages des terrains stratifiés ; forme dans la craie blanche des boules ordinairement ocracées à la surface et qu'on 'désigne en beaucoup de pays sous les noms de *pierres de tonnerre* ou de *pierres de foudre*.

Mispickel (nom d'origine inconnue). — Syn. : *fer arsénical, arséniopyrite.* — Formule : $FeS^2 + FeAs^2$, arséniosulfure de fer. — Sur le charbon, au chalumeau, donne une forte odeur d'ail, puis fond sous la forme d'un globule qui, après refroidissement, est attirable à l'aimant. — Cristallise dans le système orthorhombique, spécialement en prisme modifié sur les angles *e* et présentant un dôme à chaque extrémité. — Opaque, éclat métallique. Couleur d'un blanc d'argent tirant sur le jaunâtre. — Densité : 5,8 à 6,2. — Dureté : 5,5 à 6. — En cristaux, en masses compactes ou cristallines. — C'est un minerai d'arsenic. — On le rencontre tantôt dans des filons et dans les gîtes stannifères (Saxe, Bohême, Cornwall), tantôt à l'état de dissémination dans les roches granitiques, schisteuses et serpentineuses ainsi que dans les filons pierreux qui les traversent.

Galène (de *galena*, minerai de plomb). — Syn. : *plomb sulfuré.* — Formule : PbS, sulfure de plomb. — Le dard du chalumeau la fait crépiter. Sur le charbon fond facilement, dégage de l'acide sulfureux et se réduit en un granule de plomb métallique. — Cristallise dans le système cubique : cube, octaèdre et formes de passage. Clivage cubique très facile. — Opaque, éclat métallique, gris de plomb. — Densité : 7,4 à 7,6. — Dureté : 2,5, très friable. — En cristaux parfois très volumineux et disposés en géodes ; en masses laminaires ou grenues parfois compactes. — C'est le principal minerai de plomb et on la traite souvent pour en retirer l'argent qui y est parfois à raison de 1 %. Sous le nom d'*alquifoux* la galène sert à vernir les poteries grossières. — C'est un minéral de filons : Harz, Saxe, Plateau Central, Espagne, etc.

Argyrose (de ἄργυρος, argent). — Syn. : *argent sulfuré, argentite.* — Formule : AgS, sulfure d'argent. — Fusible au chalumeau avec boursouflement et dégagement de vapeurs sulfureuses ; réductible sur le charbon en un granule d'argent. Attaquable par l'acide azotique ; la solution donne par l'acide chlorhydrique un précipité caillebotté soluble dans l'ammoniaque. — Cristallise dans le système cubique et présente avec la galène l'isomorphisme le plus complet : cube, octaèdre, cubo-octaèdre, dodécaèdre rhomboïdal, trapézoèdre, etc. — Opaque, aspect métallique, couleur

gris-noirâtre. — Densité : 6,9 à 7,4. — Dureté : 2 ; substance
tendre et sectile. — Souvent cristallisé ; en dendrites, en masses
compactes plus ou moins pulvérulentes, parfois pénétrées d'argent
métallique provenant vraisemblablement d'une réduction spontanée. — C'est un très riche minerai d'argent. — En filons : Saxe,
Bohême, Hongrie, Norvège, Mexique, États-Unis (Comstock).

Chalkosine (de χαλκός, cuivre). — Syn. : *cuivre sulfuré*. — Formule : Cu^2S, sulfure de cuivre. — Chauffée sur le charbon, elle fond
rapidement ; avec la soude elle se réduit en un globule de cuivre.
— Cristallise dans le système orthorhombique ; les cristaux, aplatis,
souvent pourvus de facettes g_1, ressemblent à des prismes hexago-
naux. — Opaque, éclat métallique, couleur gris de plomb, noirâtre. — Densité : 5,5 à 5,8. — Dureté : 2,5 à 3. — Parfois
cristallisée, mais ordinairement en masses compactes. — C'est un
minerai de cuivre très recherché à cause de sa richesse. — Se
trouve en filons, par exemple à Redruth (en Cornwall) et en Hongrie.

Cinabre (de κιννάβαρι, nom antique de ce minéral). — Syn. : *vermillon naturel*. — Formule : HgS, sulfure de mercure. — Soluble
dans l'eau régale. Chauffé avec de la chaux dans un tube à essais,
donne une sublimation de mercure. — Cristallise dans le système
hexagonal et spécialement en rhomboèdres. — Minéral translucide d'un rouge vif, à poussière rouge, quelquefois gris de plomb.
Éclat adamantin. — Densité : 8 à 8,2. — Dureté : 2,5. — Les
cristaux sont rares ; la structure ordinaire est terreuse ou grenue.
— C'est le principal minerai de mercure. — Il est en filons quelquefois fort puissants comme à Almaden (Espagne), à New Almaden (Californie), etc.

Chalkopyrite (de χαλκός, cuivre, et pyrite). — Syn. : *pyrite de
cuivre, cuivre pyriteux*. — Formule : $CuS + FeS$, sulfure double
de fer et de cuivre. — Fond en un globule magnétique en même
temps qu'elle dégage de l'acide sulfureux ; soluble dans l'acide
azotique. — Cristallise dans le système quadratique avec hémiédrie tétraédrique ; mâcles fréquentes. — Opaque, jaune-laiton
avec éclat métallique. Les surfaces de cassure présentent sou-

vent des irisations. — Densité : 4,1 à 4,3. — Dureté : 3,5 à 4.
— Ordinairement en masses compactes ; les cristaux sont rares. —
C'est le minerai de cuivre le plus abondant mais non le plus riche.
— En filons en Cornwall, en Saxe, au Harz.

Panabase (de πᾶν, tout, et βάσις, base, à cause de la complexité
de sa composition). — Syn. : *cuivre gris, tétraédrite*. — Formule :
$4MS + m^2S^3$ dans laquelle M, c'est-à-dire le métal à l'état de protosulfure, est représenté par le cuivre, l'argent, le fer, le zinc et
le mercure, et *m*, c'est-à-dire le métal sesquisulfuré, par l'antimoine
et l'arsenic. En somme c'est un *sulfo-antimonio-arseniure de cuivre,
d'argent, de fer, de zinc et de mercure*. — Sur le charbon il se dégage des fumées d'antimoine et souvent aussi d'arsenic. La solution
dans l'acide azotique précipite par l'acide chlorhydrique, ce qui
indique l'argent, et donne le bleu céleste par l'ammoniaque, ce
qui décèle le cuivre : il se précipite en même temps des flocons
bruns d'oxyde de fer. — Système cubique avec hémiédrie tétraédrique. Tétraèdre simple et tétraèdre pyramidé très fréquents. —
Opaque, gris d'acier ou noir de fer ; éclat métallique. — Densité :
4,5 à 5,2. — Dureté : 3 à 4. — Fréquemment en masses compactes ;
parfois en groupes de cristaux. — Minerai de cuivre et d'argent. —
En filons, par exemple en Saxe, en Hongrie, dans le Harz.

III. — Sels haloïdes.

Salmiac (de *sal ammoniacum*, même sens). — Syn. : *sel ammoniac, sel de caravane, sel de Tartarie, ammoniaque chlorurée,
chlorhydrate d'ammoniaque*. — Formule : ClH^4Az, chlorure
d'ammonium. — Soluble dans l'eau, volatil dans le tube à essais,
dégage de l'ammoniaque sous l'influence de la chaux vive. — Cubique : en cube, en dodécaèdre rhomboïdal, en trapézoèdre ou en
scalénoèdre, etc. — Incolore ou jaunâtre, transparent ou translucide.
— Densité : 1,52. — Dureté : 1,5 à 2. — Masses salines, terreuses,
parfois fibreuses, en stalactites. — A servi quelquefois (au Vésuve
et à Pouzzolles) à la fabrication de l'ammoniaque. Il a une application agricole immédiate. — Sur les laves de certains volcans :
Vésuve (par exemple, éruption de 1906 où il a été remarquable-

ment abondant), Etna, Vulcano ; dans les lapillis des solfatares (on a cherché à l'exploiter industriellement) ; sur les roches des houillères embrasées (Saint-Étienne, Commentry, etc.).

Sel gemme (de *sal,* sel, et *gemma,* pierre précieuse). — Syn : *sel marin, sel rupestre, salmare.* — Formule : NaCl, chlorure de sodium. — Soluble dans l'eau à laquelle il communique la saveur salée ; il fond sur le charbon et se volatilise à haute température. Il dégage de l'acide chlorhydrique par l'action de l'acide sulfurique. — Cubique et surtout en cubes sans modifications, quelquefois avec les modifications sur les angles et plus souvent sur les arêtes. — Incolore, ou blanc, ou gris, ou rouge et rarement bleu. — Densité : 2,25. — Dureté : 2. — En cristaux parfois très volumineux ; en masses grenues, fibreuses ou compactes ; en croûtes, en stalactites, en stalagmites. — Le sel est le condiment par excellence ; les bestiaux en sont très avides et il est néfaste dans la terre végétale. C'est le vrai minerai d'acide chlorhydrique ; on en fabrique la soude. Il a beaucoup d'autres applications à l'industrie et aux arts. — Son gisement le plus important est l'Océan dont il sale les eaux. La mer Morte en est presque saturée. Il forme des amas dans les terrains stratifiés de tous les âges, depuis les plus anciens, et alimente des sources salées. Le terrain triasique supérieur est qualifié souvent de *Saliférien.* Il forme des incrustations sur les roches volcaniques.

Kérargyre (de χέρας, corne, et ἄργυρος, argent). — Syn. : *lune cornée.* — Formule : AgCl, chlorure d'argent. — Sur le charbon il fond et donne un globule d'argent réduit. Insoluble dans les acides ; un peu soluble dans l'eau salée. — Cubique, en cubes. — Gris de perle ou blanc-grisâtre, translucide ou presque opaque ; brunit à la lumière. — Densité : 5,31 à 5,6o. — Dureté : 1. Il se coupe au couteau très aisément. — Rarement cristallisé ; ses cristaux sont fort petits ; le plus souvent en masses compactes, en incrustations ; en particules invisibles disséminées dans des minerais terreux et ferrugineux, connus en Amérique sous les noms de *pacos* et de *colorados.* — C'est un excellent minerai d'argent. — Minéral essentiellement filonien ; très abondant dans le célèbre *Comstock iode* du Nevada. Exploité aussi au Pérou, au Chili, au Mexique, en Saxe, en Norvège, en Sibérie, etc.

Fluorine (de *fluere*, couler, parce que c'est un fondant qui fait couler au feu les minerais soumis aux traitements métallurgiques). — Syn. : *spath fluor, spath fusible, fluorite, chaux fluatée.* — Formule : CaFl, fluorure de calcium. — Au chalumeau elle décrépite, puis fond très facilement en une perle opaque. — L'acide sulfurique en dégage l'acide fluorhydrique qui corrode le verre. — Cubique : cube simple ou légèrement modifié sur les arêtes ou sur les angles. Clivage octaédrique des plus nets. On trouve des octaèdres, des dodécaèdres et des cubes pyramidés. — Minéral transparent à éclat vitreux ; parfois incolore, mais le plus souvent violet, vert, jaune. Certains échantillons présentent des bandes alternatives de deux couleurs. Devient fluorescent par le chauffage. L'indice de réfraction est égal à 1,434. — Densité : 3,18. — Dureté : 4. — Généralement en masses cristallines très clivables. Cristaux souvent volumineux et très nets, par exemple au Cumberland et en Cornwall, en Saxe, en Bohême et aux États-Unis. Parfois en masses terreuses ou plus ou moins grenues ou fibreuses. — Exploitée comme fondant métallurgique et comme source d'acide fluorhydrique. Les belles variétés sont employées pour l'ornement. — Minéral essentiellement filonien ; cependant on en trouve de petits cristaux dans le calcaire grossier de Paris.

§IV. — Oxydes.

Anhydride carbonique (parce qu'il est produit par la combustion du carbone). — Syn. : *air fixe, mofette.* — Formule : CO_2, bioxyde de carbone. — Soluble dans l'eau. Incombustible et empêchant la combustion ; précipite l'eau de chaux et l'eau de baryte. Il a été liquéfié et même solidifié. — Gaz incolore, inodore, à saveur aigrelette. — Densité : 1,524, rapportée à celle de l'air. — Un des principes les plus indispensables à la vie des végétaux qui, sous l'influence du soleil et par l'action de la chlorophylle, le font entrer en combinaison avec la vapeur d'eau, au prix d'une élimination d'oxygène. Dans l'industrie, on l'emploie à la préparation des boissons gazeuses ; il sert, une fois liquéfié ou solidifié, à la production des très basses températures. — Il entre dans la composition de l'atmosphère à la dose uniforme de 3 dix-millièmes. Les volcans en rejettent de grandes quantités. Il est en dissolution dans la mer et dans l'eau de beaucoup de sources minérales qui le dégagent dans l'air.

Quartz (mot allemand *Quarz* devenu français). — Syn. : *cristal de roche, caillou du Rhin.* — Formule : SiO^2, bioxyde de silicium, anhydride silicique. — Infusible au chalumeau, insoluble dans l'eau et dans les acides, sauf l'acide fluorhydrique. Mélangé au carbonate de soude il fond en un verre clair. — Cristallise dans le système hexagonal. Prisme hexagonal pyramidé et souvent bi-pyramidé ; formes extrêmement nombreuses et variées. Il présente très fréquemment des mâcles. Hémiédrie particulière, qualifiée de rotatoire et qui se traduit par la présence de facettes plagièdres. — Transparent, incolore et hyalin, ou blanchâtre, ou brunâtre (quartz enfumé), violet (améthyste), rouge ou rose (rubis de Bohême). Double réfraction positive à un seul axe. Indice du rayon extraordinaire $\varepsilon = 1,553$; du rayon ordinaire $\omega = 1,544$ (pour la raie D du spectre). Il exerce la polarisation rotatoire. — Par frottement il s'électrise positivement. Deux morceaux, surtout de la variété laiteuse, mutuellement frottés dans l'obscurité dégagent une lueur phosphorescente. — Densité : 2,653. — Dureté : 7 ; il est fragile, cassure conchoïde. — Souvent admirablement cristallisé ; cristaux pouvant avoir plus d'un mètre de longueur ; parfois en masses mamelonnées, en stalactites cylindroïdes, en géodes et en druses ; on en trouve de bacillaire, de fibreux ou aciculaire ; il y en a aussi de grenu. — Quand il est pur le quartz est admis au nombre des pierres d'ornement ; en optique il sert à faire des lentilles et des prismes. Avec le sable quartzeux, on fabrique le verre et le cristal ; il entre dans la composition des mortiers et on l'emploie comme matière dure pour le polissage et le sciage des pierres. Les grès servent pour le pavage et aussi comme pierres à filtrer. — Le quartz se trouve dans toutes les catégories de gisements géologiques : c'est un des éléments des roches granitiques ou fondamentales, il est en amandes dans les roches éruptives, il fait partie des filons et de tous les terrains stratifiés, à un état ou à un autre.

Rutile (de *rutilus,* rouge). — Syn. : *schorl rouge.* — Formule : TiO^2, bioxyde de titane, acide titanique (contenant toujours des quantités variables d'oxyde de fer et d'oxyde de manganèse). — Infusible. Inattaquable aux acides. Fondu avec la potasse et traité par l'acide chlorhydrique, il donne une solution qui devient violette quand on la chauffe en présence de l'étain métallique. — Cristallise dans le système quadratique et spécialement en prisme carré surmonté d'un octaèdre a_1 et modifié par des facettes h_1 et h_2 ; mâcles en genoux fréquentes de un ou de plusieurs individus. — Rouge, brun-rouge, jaune, translucide ou opaque. Double réfraction positive à un axe ; indice du rayon extraordinaire $\varepsilon = 2,841$ et du rayon ordinaire $\omega = 2,567$. — Densité : 4,24 à 4,30. — Dureté : 6 à 6,5. — S'emploie à la préparation de certains émaux jaunes. — Dans les roches métamorphiques, en aiguilles au travers des cristaux de quartz (cheveux de Vénus) ; en veines et en petits filons dans les terrains cristallins (Hongrie, Espagne, Brésil).

Cassitérite (de κασσίτερος, étain). — Syn. : *mine d'étain.* — Formule : SnO^2 ; bioxyde d'étain, acide stannique. — Inattaquable aux acides, facilement réduit sur le charbon en présence de la soude, avec production d'un globule d'étain. — Cristallise dans le système quadratique ; forme fréquente : le prisme h_1 terminé par l'octaèdre a_1. Mâcle caractéristique de deux cristaux laissant entre eux un angle rentrant, dit *bec de l'étain* et qui constitue un caractère empirique de détermination. — Translucide ou opaque, éclat adamantin dans la cassure. Couleur brune ou jaunâtre. Double réfraction positive à un axe : indice extraordinaire $\varepsilon = 2,093$; indice ordinaire $\omega = 1,997$. — Densité : 6,96. — Dureté : 6,5. — En cristaux, en masses compactes, grenues, concrétionnées et même fibreuses (étain de bois). — C'est le minerai d'étain. — Se rencontre dans des gisements spéciaux, dits stannifères, et qui résultent de réactions fumarolliennes [Bohême (Zinnwald, Schlaggenwald, etc.), Saxe, Cornouailles (Redruth), la presqu'île de Malacca].

Pyrolusite (de πῦρ, feu, et λύσις, séparation, parce que ce minéral est décomposé par la chaleur). — Syn. : *manganèse, manganèse oxyde, polianite, savon des verriers.* — Formule : MnO^2, bioxyde

de manganèse. — Infusible. Avec le borax, donne une perle violette dans la flamme oxydante et qui se décolore dans la flamme
réductrice. Avec la soude, donne une masse verte. Soluble dans
l'acide chlorhydrique avec dégagement de çhlore. — Cristallise
dans le système orthorhombique. Les cristaux sont petits et fréquemment aciculaires : prisme p, m avec des facettes h_3. — Opaque,
noir de fer avec éclat métallique ; poussière très noire. — Densité : 4,85. — Dureté : 6,5 à 7 (descendant parfois à 2 ou 2,5 dans
les variétés friables). — Deux variétés principales, l'une friable et
tachant les doigts : c'est la pyrolusite proprement dite ; l'autre,
beaucoup plus cohérente et qu'on appelle souvent la polianite. —
C'est une source d'oxygène souvent utilisée ; on l'emploie à la
préparation du chlore par l'acide chlorhydrique ; on s'en sert
dans la· fabrication du verre pour faire disparaître, par contraste, les nuances verdâtres déterminées par le fer : c'est de là que
vient le nom de *savon des verriers*. — En filons dans les terrains
cristallisés (Harz, Erzgebirge, Devonshire) ; en rognons dans des
terrains sédimentaires ; parfois concentré en amas exploitables
[Romanèche (Saône-et-Loire), Saint-Christophe (Cher), Thiviers
(Dordogne)].

Corindon (de l'indien *korund*). — Syn. : *spath adamantin, télé-
sie, saphir, rubis oriental, améthyste orientale, topaze orientale,
émeraude orientale, émeri*. — Formule : Al^2O^3, alumine pure. —
Insoluble dans les acides, devient soluble après l'attaque au bisulfate de potasse; infusible au chalumeau; la poudre, humectée de
nitrate de cobalt, donne un beau bleu. — Double réfraction négative à un; axe indice ordinaire $\omega = 1,769$; indice extraordinaire
$\varepsilon = 1,760$. — Considéré très généralement comme cristallisant
dans le système hexagonal, mais présentant des anomalies optiques
qui conduisent à penser que le corindon est en réalité orthorhombique avec axe de symétrie pseudo-ternaire. En tous cas, il a pour
forme de clivage un rhomboèdre et les formes dominantes de ses
cristaux sont le prisme hexagonal et des di-hexaèdres, ou doubles
pyramides à base hexagonale. Les formes prismatiques ou bi-pyra-
midales sont ordinairement striées horizontalement et forment, en
se superposant, des zones horizontales qui conduisent à des variétés
fusiformes très fréquentes. — Généralement transparent ou trans-

lucide avec éclat vitreux. Incolore quand il est pur, il offre des
teintes plus ou moins vives de bleu, de rouge, de violet, de jaune
ou de vert. Les variétés communes sont opaques, d'un gris obscur
ou d'un brun-noirâtre. — Densité : 4. — Dureté : 9 ; c'est le minéral le plus dur après le diamant. — Ordinairement en cristaux
isolés ; parfois en masses grenues, comme à Mozzo (Piémont), ou
chargé de fer et parfois compacte, comme à Smyrne, à Naxos, et
aux Etats-Unis. — Le corindon constitue la plupart des belles
pierres précieuses : rubis oriental, saphir, etc. ; ses variétés
compactes sont désignées sous le nom d'émeri et sont très recherchées, à cause de leur extrême dureté, pour user et polir les corps
pierreux ou métalliques. — C'est un minéral subordonné aux roches cristallines et spécialement aux pegmatites.

Oligiste (de ὀλίγος, peu, parce qu'il contient moins de fer que
la magnétite). — Syn. : *hématite, fer spéculaire, fer oxydé rouge.*
— Formule : Fe^2O^3 ; c'est le sesquioxyde de fer. — Infusible. Il
devient noir et magnétique à la flamme de réduction. Soluble dans
l'acide chlorhydrique concentré. — Cristallise dans le système
hexagonal ; ses cristaux sont en prismes ou en doubles pyramides
basées, le plus souvent aplaties, avec les faces du rhomboèdre de
86° très fréquentes. — Translucide en lames très minces et tout
à fait opaque en masse. Éclat métallique ; gris d'acier ou noir de
fer ; souvent irisé d'une manière très brillante. Un axe optique
positif (?) Indice : 1,90. — Certaines variétés sont un peu magné-
tiques. — Densité : 5,24 à 5,28. — Dureté : 5,5 à 6,5. — En cristaux parfois volumineux (île d'Elbe, Saint-Gothard, Framont
dans les Vosges), en masses grenues ou écailleuses (oligiste dit
micacé) ; en masse réniformes à structure fibreuse (hématite
rouge), en masses terreuses (colcotar, sanguine, ocre rouge).
— C'est un excellent minerai de fer ; l'hématite fibreuse est
souvent employée comme brunissoir ; sa poussière sert au polissage (rouge d'Angleterre). L'oligiste terreux et plus ou moins
argileux est d'usage fréquent en peinture (ocre). On en fait des
crayons rouges. — L'oligiste spéculaire est un minéral de gîtes de
contact (gîtes stannifères ou fumarolliens) ; les variétés fibreuses
et terreuses se trouvent à différents niveaux de la série sédimentaire.

Cuprite (de *cuprum,* cuivre). — Syn. : *cuivre oxydulé, cuivre rouge, ziguéline.* — Formule : Cu^2O, oxyde cuivreux. — Sur le charbon passe à l'état de cuivre métallique ; soluble dans l'acide chlorhydrique ; la liqueur, d'un vert brunâtre, laisse déposer, par une addition d'eau, un précipité blanc. — Cristallise dans le système cubique et surtout en octaèdres. On trouve aussi des dodécaèdres rhomboïdaux et des cubes plus ou moins modifiés. — Substance d'un rouge de cochenille, mais fréquemment enduite d'une couche superficielle de malachite verte ; éclat semi-métallique ou adamantin. — Densité : 5,5 à 6. — Dureté : 3,5 à 4. — En cristaux isolés ou groupés ; en filaments parfois très fins et comparables à des cheveux (chalkotrichite), en masses compactes, vitreuses, résineuses ou terreuses et ressemblant alors à de la brique pilée (les Allemands l'appellent dans ce cas terre à brique, *Ziegelerz,* et c'est de là qu'on a fait le nom de ziguéline, parfois employé). — Sert surtout de minerai de cuivre quand il se trouve dans des gisements d'autres minerais exploitables. — Forme des veines ou de petits filons dans les roches cristallines ; on le rencontre aussi dans des poches argileuses subordonnées à certains terrains stratifiés, par exemple au grès bigarré, comme à Saint-Bel dans le département du Rhône.

Opale (de ὀπάλλιος, nom donné à cette pierre dans l'antiquité). — Syn. : *hyalite, résinite, ménilite.* — C'est de la silice hydratée, mais la proportion d'eau est variable d'un échantillon à l'autre. Infusible et insoluble. — Substance amorphe, formant parfois des sphérolithes colloïdes qui, étudiés en lames minces au microscope, donnent la croix noire à caractère négatif entre les nichols croisés. — Transparente ou translucide. Éclat vitreux ou résineux ; incolore, blanche, rouge, jaune, verte, brune ; parfois irisée et d'un très bel aspect. — Densité : 1,9 à 2,3. — Dureté : 5,5 à 6,5. — Les belles variétés irisées et brillamment colorées sont dites *opales nobles ;* l'*hyalite* est incolore, souvent mamelonnée ; l'*hydrophane* est opaque quand elle est sèche et devient transparente par son immersion dans l'eau. La *ménilite,* la *résinite* sont des variétés communes. Les *tripolis* et les *farines fossiles* sont des variétés terreuses et souvent biogènes. — Les opales servent de pierres d'ornement quand elles sont de belle couleur et d'agréable translucidité ; les

tripolis sont employés à polir différentes substances et on en fait
aussi le support de la nitroglycérine dans la fabrication de la
dynamite. — Les opales nobles sont subordonnées à des roches
trachytiques (Hongrie, Mexique); l'hyalite se trouve dans des
fissures de basalte traversées par des veines d'eau et de bitume
(Pont-du-Château, Puy-de-la-Poix en Auvergne). Les autres variétés sont dans des terrains stratifiés d'âges variés.

Bauxite (du nom des Baux, localité située non loin de Marseille).
— Alumine hydratée et plus ou moins ferrugineuse. — Substance
amorphe en masses oolithiques ou compactes. — Minerai d'alumine et même d'aluminium. — Densité : 2,7. — Dureté : 2,3. —
En poches dépendant des terrains sidérolithiques.

Limonite (de *limus*, marais). — Syn. : *hématite brune, fer oxydé
hydraté.* — Formule : $Fe^2O^3, 3H^2O$. — Chauffée dans un tube à essais,
la matière dégage de l'eau ; ses autres réactions coïncident avec
celles de l'oligiste. — Amorphe. — Opaque, éclat parfois un peu
résineux. Brune, poussière jaune. — Densité : 3,4 à 4. — Dureté : 5 à 5,5. — En masses concrétionnées, tuberculeuses, stalac-
titiques, pisolithiques ; en masses terreuses ou oolithiques dérivant par épigénie de masses antérieures de calcaire ; en rognons
souvent creux (*œtite*). — C'est le minerai de fer le plus répandu.
Les variétés terreuses constituent l'ocre jaune et sont employées
en peinture. Une calcination modérée les convertit en ocre rouge. —
Dans les situations géologiques les plus variées. Beaucoup de
filons en renferment comme produits de l'épigénie de la pyrite
ou d'autres minéraux ferrugineux ; il y en a à tous les niveaux
des terrains stratifiés : Toarcien, Néocomien, Éocène, etc. Un niveau
a été qualifié de *sidérolithique* à cause de l'abondance du fer.

<h3 style="text-align:center">V. — Azotate.</h3>

Nitratine (à cause de son analogie avec le nitre, en latin *nitrum*).
— Formule : Na^2O, Az^2O^5, azotate de sodium. — Soluble dans l'eau
(saveur amère et fraîche), fond sur le fil de platine en colorant la
flamme en jaune. Fuse sur le charbon. — Cristallise dans le

système hexagonal. Rhomboèdre de 109°30′. — Incolore, blanche, jaune, translucide, éclat vitreux. — Densité : 2,9. — Dureté : 1,5 à 2. — En cristaux et en masses grenues. — Constitue un précieux engrais azoté ; sert aussi à la fabrication de l'acide azotique et du salpêtre. — Forme des amas considérables au Chili et au Pérou à la surface du sol.

VI. — Carbonates.

Calcite (de *calx*, chaux). — Syn. : *calcaire, chaux carbonatée, spath calcaire, albâtre calcaire.* — Formule : CaO,CO^2, carbonate neutre de calcium. — Infusible, colore la flamme en rouge jaunâtre et en même temps lui donne beaucoup d'éclat. Les acides développent à son contact une violente effervescence. — Cristallise dans le système hexagonal et souvent dans les formes hémiédriques du rhomboèdre et de ses dérivés. — Les formes observées sont remarquablement nombreuses et donnent beaucoup d'intérêt cristallographique à la calcite. — Transparente, incolore à l'état de pureté mais souvent nuancée de gris, de bleu, de vert, de jaune, de rouge, de brun ou de noir. — Double réfraction négative à un axe ; indice ordinaire $\omega = 1,658$; indice extraordinaire $\varepsilon = 1,486$. — Densité : 2,723. — Dureté : 3. — Très souvent cristallisée avec des géodes ou des druses ; mais il est bien plus fréquent de la trouver simplement grenue ou fibreuse, lamellaire, concrétionnée ou stalactitique (c'est alors l'albâtre calcaire ou marbre onyx). Il arrive de la rencontrer avec les structures pisolithique et oolithique. Le travertin ou tuf calcaire, les diverses variétés de marbres compactes et bréchiformes, la pierre lithographique, la craie, la pierre à chaux et la pierre à bâtir sont encore des variétés de la calcite, plus ou moins mélangée de substances étrangères. — Les usages en sont très variés ; la calcite proprement dite est employée pour la construction de beaucoup d'appareils d'optique ; bien des marbres sont recherchés pour la décoration des édifices et pour la statuaire, ceux de Paros, de Carrare sont célèbres ; l'onyx atteint un grand prix. La lithographie consomme beaucoup de calcaire compacte et fin provenant surtout de Solenhofen (Bavière). C'est avec le calcaire qu'on fabrique la chaux pour l'agriculture comme pour les constructions. Des pierres d'appareils, des moellons de toutes grosseurs sont fournis par des couches calcaires. — La calcite se trouve dans les gisements les plus variés. Le spath est d'ordinaire subordonné aux roches volcaniques amygdaloïdes, dans les cavités sphéroïdales desquelles il a pris naissance en même temps que les zéolithes et quelques métaux natifs comme le cuivre et l'argent. On trouve des cristallisations de calcite comme accidents dans les formations calcaires de tous les âges. Des niveaux calcaires se rencontrent déjà dans le terrain archéen (ophicalce, cipolins), et elle est de plus en plus abondante à mesure qu'on s'élève dans la série sédimentaire. Beaucoup de sources minérales l'arrachent aux profondeurs pour la ramener à la surface. Elle existe en quantités notables en dissolution dans les eaux de la mer, grâce au gaz carbonique que celles-ci renferment.

Dolomie (en l'honneur du géologue *Dolomieu*). — Syn. : *spath perlé, calcaire lent.* — Formule : $(Mg, Ca)O,CO^2$, carbonate double de calcium et de magnésium. — Infusible. Effervescence souvent nulle à froid, mais très vive à chaud. La solution azotique précipite par l'addition de l'ammoniaque en excès et du phosphate de soude. — Cristallise dans le système hexagonal rhomboédrique et est isomorphe de la calcite. — En cristaux, le plus souvent incolores ; mais parfois aussi rougeâtres, jaunâtres, verdâtres ou bruns (dans ce dernier cas ils sont ferrifères et constituent l'*ankérite*). — Double réfraction négative à un axe ; indice ordinaire $\omega = 1,682$; indice extraordinaire $\varepsilon = 1,503$. — Densité : 2,9. — Dureté : 3,5. — Outre les variétés cristallisées, on mentionnera la dolomie concrétionnée. Souvent aussi elle est lamellaire ou saccharoïde et ressemble à du marbre de Carrare. Quand elle est granulaire elle est connue sous le nom de marbre flexible parce que des plaques peu épaisses peuvent s'infléchir sensiblement sans se rompre. Une variété est compacte, une autre celluleuse (Carnieule), et il y en a aussi de terreuse ou pulvérulente. — La dolomie est employée parfois à l'extraction de la magnésie, mais on lui préfère pour cet usage des composés plus purs, comme la giobertite qui est du carbonate de magnésie sans chaux. Elle peut être employée comme le marbre pour la construction. Une sorte, très serrée de grain,

fait d'excellentes pierres à repasser les rasoirs et est connue sous
les noms de *pierre à l'huile* et de *pierre du Levant*. — Les beaux
cristaux se trouvent dans des filons métallifères. C'est dans les
terrains métamorphiques qu'on rencontre la dolomie saccharoïde,
et c'est dans toutes les parties de la série stratifiée qu'on trouve
les variétés compactes ou terreuses.

Sidérose (de σίδηρος, fer). — Syn. : *fer carbonaté, sidérite, fer
lithoïde.* — Formule chimique : FeO,CO^2, carbonate de fer. —
Chauffée au chalumeau, elle donne une matière brune qui fond en
globule noir attirable à l'aimant. Lentement soluble dans les acides à froid et rapidement à chaud, la solution précipite par le
ferrocyanure de potassium. — Cristallise dans le système hexagonal rhomboédrique et est isomorphe avec la calcite. — Translucide ou opaque ; éclat vitreux passant à l'éclat nacré ; blanc-jaunâtre, jaune ou rouge, passant au brun ou au noir par altération.
— Densité : 3,83 à 3,88. — Dureté : 3,5 à 4,5. — La sidérite est
souvent grenue ou lamellaire ; on la trouve aussi compacte, en
couches ou en rognons. Elle peut être oolithique. — C'est un
excellent minerai de fer. — Elle constitue des filons parfois épais,
par exemple à Baigorry (Basses-Pyrénées), à Vizille, à Allevard,
près d'Autun, etc. On la trouve aussi en couches dans les terrains
stratifiés (*blackband* du terrain houiller) ou en nodules subordonnés aux couches carbonifères (sphérosidérite).

Aragonite (de la province d'*Aragon*, en Espagne). — Formule chimique : CaO,CO^2 (la même que la calcite), carbonate neutre de
calcium. — Au chalumeau éclate et se disperse sans fondre, mais coïncide pour le reste avec la calcite. — Cristallise dans le système
orthorhombique et constitue avec la calcite un cas bien net de dimorphisme. Les cristaux les plus fréquents sont en prisme *p, m, m,*
modifié sur les angles *e.* Mâcles fréquentes dont la plus caractéristique a lieu entre trois cristaux. — Transparente ou translucide ; éclat vitreux. Incolore, jaunâtre, verte ou bleue. — Densité :
2,93. — Dureté : 3,5 à 4. — Parmi les variétés on peut mentionner l'aragonite cylindroïde en cristaux prismatiques allongés.
L'aragonite fibreuse est fréquente en association avec le minerai de
fer. En Styrie et dans les Pyrénées on trouve des concrétions

fibreuses formées d'aiguilles ordonnées autour d'axes qui se groupent de façon à donner des ensembles entrelacés à la manière du corail. Les anciens y voyaient une espèce de végétation des minerais de fer et l'appelaient en conséquence du nom poétique de *flos ferri* (fleur de fer). Souvent l'aragonite se montre en masses compactes comme à Vertaison, dans le Puy-de-Dôme. — On rencontre l'aragonite dans les filons et dans les amas métallifères ; mais elle est plus fréquente dans les roches métamorphiques, en association avec le gypse, dans la serpentine, dans les trapps et dans les basaltes.

Malachite. — Syn. : *cuivre carbonaté vert, vert de montagne, cendre verte.* — Formule : $2CuO,CO^2,H^2O$, hydrocarbonate de cuivre. — Donne de l'eau dans le matras et noircit. Fond au chalumeau et se réduit sur le charbon en un globule de cuivre. Les acides la dissolvent avec effervescence ; la dissolution est verte. — Cristallise dans le système klinorhombique ; la forme simple est un prisme p, m, m, où m , $m = 103° 42'$, et dont la base est à $118° 11'$ de la verticale. — Substance verte à éclat vitreux, opaque en masse, translucide en lames minces. — Densité : 3,6. — Dureté : 3,5 à 4. — On distingue : la malachite concrétionnée et mamelonnée, avec différentes nuances de vert et veinules et dendrites noires (formées de manganèse) ; — la malachite compacte, à grains extrêmement fins ; — la malachite terreuse ou pulvérulente. — Les belles variétés sont recherchées comme pierres fines ; on en fait des bijoux, des boîtes, des meubles qui atteignent un prix élevé. La cathédrale de Saint-Isaac, à Saint-Pétersbourg, est ornée de gigantesques colonnes de malachite. — C'est une substance associée fréquemment aux gisements de minerais de cuivre. Les variétés terreuses sont en petits amas dans les grès et les argiles de certains terrains stratifiés, particulièrement à l'étage permien et à l'étage triasique. Les plus beaux gisements sont dans la chaîne de l'Oural, spécialement à Nischne-Tagilsk.

Natron. — Syn. : *soude carbonatée.* — Formule : $CO^3Na^2, 10H^2O$. — Soluble dans l'eau surtout à chaud ; saveur fortement alcaline ; fond à une faible chaleur dans son eau de cristallisation. Très efflorescent. Colore en jaune la flamme de l'alcool. — Cristallise dans le système klinorhombique et spécialement en prisme p, m, m, où $m \cdot m = 79°4'$, et dont la base fait un angle de $57°40'$ sur la verticale. Presque toujours on voit un klinodome de $76°28'$. — Matière saline en croûtes ou en masses efflorescentes blanches ou jaunâtres. — Densité : 1,93. — Dureté : 3,5. — Matière jadis exploitée avec une très grande activité comme source de soude, mais dont l'importance a beaucoup diminué depuis l'invention des procédés de fabrication de la soude industrielle. — Le natron se trouve en incrustations à la surface du sol dans des pays pauvres en pluie. En Égypte, dans les plaines et lacs qualifiés de Natron, il est très abondant ; on le retrouve en Asie et dans l'Amérique du Sud. Les laves de quelques volcans (comme le Vésuve et l'Etna) se recouvrent parfois de croûtes de natron. Diverses sources minérales, dites carbonatées sodiques, sont plus ou moins chargées de cette substance : c'est le cas des eaux de Vichy, de Vals, de Bussang et de bien d'autres localités.

VII. — Sulfates.

- **Barytine** (du nom de la baryte). — Syn. : *baryte, baryte sulfatée, spath pesant, barosélénite, spath de Bologne.* — Formule : $BaOSO^3$, sulfate de baryte. — Insoluble dans les acides, sauf l'acide sulfurique concentré qui la transforme en bisulfate. Au chalumeau, décrépite et fond difficilement en un émail blanc ; la flamme de réduction la transforme en sulfure de baryum. — Cristallise dans le système orthorhombique. Son prisme p, m, m, à faces presque carrées ($b : h :: 50 : 51$), est de $101°42'$; aplatissement fréquent suivant p. — Substance jaunâtre, limpide, ou translucide, ou opaque, parfois brune, jaune, bleue ou rouge. — Réfraction double et positive à deux axes : indice extraordinaire $\epsilon = 1,647$; indice ordinaire $\omega = 1,636$. — Densité : 4,35 à 4,71. — Dureté : 3 à 3,5. — Se présente en beaux cristaux, en agrégats cristallins ou bacillaires ; en masses fibreuses, lamelleuses, concrétionnées (pierre de tripes), compactes ou terreuses. — C'est une gangue ordinaire des filons plombifères. On la trouve dans les couches métallifères, par exemple dans les arkoses, où elle a souvent épigénisé des coquilles. On la rencontre en veines et en petits amas dans des roches granitiques et dans des roches stratifiées.

Célestine (de *cœlestis,* couleur du ciel, à cause de la nuance
bleue de certains de ses cristaux). — Syn. : *strontiane sulfatée.*
— Formule : SrO, SO³, sulfate de strontiane. — Transparente ou
translucide. Éclat vitreux. Double réfraction positive à deux axes ;
indice moyen : 1,623. — Cristallise comme la barytine, mais les
cristaux sont d'ordinaire plus allongés suivant la petite diagonale.
— En masses cristallines, fibreuses ou lamelleuses, blanches,
bleuâtres ou roussâtres. — Densité : 3,96. — Dureté : 3 à 3,5. —
Ne se trouve que dans les roches basaltiques amygdalaires et surtout dans les terrains stratifiés peu anciens. C'est dans les formations gypseuses qu'elle abonde, associée au soufre et au sel gemme :
les environs de Girgenti, en Sicile, fournissent les plus beaux
échantillons. On la trouve dans les fissures des silex de la craie,
comme à Meudon, et dans les marnes associées à la pierre à plâtre
du bassin de Paris. Sa production à l'époque actuelle a été constatée
dans le sous-sol de la place de la République, à Paris.

Gypse (de γῆ, terre, et ἔψω, je cuis). — Syn. : *chaux sulfatée,
sélénite, pierre à plâtre, pierre à Jésus, miroir d'âne, albâtre gypseux.* — Formule chimique : CaO, SO³, 2H²O, sulfate hydraté de
chaux. — Donne de l'eau par la chaleur en perdant sa transparence. Fusible en émail blanc ayant une réaction alcaline. — La
masse fondue colore la flamme en rouge jaunâtre, si on a eu soin
de l'humecter d'acide chlorhydrique. Peu soluble dans l'eau ; plus
soluble dans l'eau salée ; très soluble dans l'acide chlorhydrique
bouillant qui le dépose par refroidissement sous la forme d'aiguilles
soyeuses. — Cristallise dans le système klinorhombique ; sa forme
fondamentale est un prisme oblique rectangulaire dont la base fait,
avec le pan antérieur, un angle d'environ 114°. On distingue diverses variétés cristallographiques dont une des plus fréquentes
est dite trapézienne. Il arrive souvent que les cristaux soient mâclés. Tantôt des cristaux sont réunis par une hémitropie, dont le
plan est parallèle à g^1 ; tantôt le plan d'hémitropie est parallèle
à h^1. Dans certains cas, le groupement a lieu avec entrecroisement
et pénétration partielle. On distingue 3 clivages dont un suivant g^1
est extrêmement facile ; il procure de larges lames aussi minces
qu'on le veut et qui ont été désignées sous le nom de *miroir
d'âne.* — Le plan des axes optiques est parallèle à g^1 ; polarisation

double positive à deux axes : indice extraordinaire $\epsilon = 1{,}529$; indice ordinaire $\omega = 1{,}520$. — Densité : 2,31. — Dureté : 2. — Outre le gypse cristallisé, on distingue les variétés: fibreuse, d'un éclat nacré, laminaire, saccharoïde ou finement grenue, porphyroïde, cireuse (ou albâtre gypseux), niviforme ou pulvérulente et d'un blanc de neige, etc. — Le principal usage du gypse est de servir à la fabrication du plâtre par sa cuisson ; le plâtre rend d'immenses services dans la construction, comme matière conjonctive des matériaux et aussi comme revêtement capable de se mouler parfaitement. On s'en sert en agriculture (plâtrage des prairies et des champs), on l'ajoute à certains vins. Les variétés cireuses, sous le nom d'albâtre, servent à fabriquer de petits objets d'ornement, trop tendres pour qu'on puisse leur donner des qualités artistiques. Avec les variétés fibreuses, on a fait des plaques et des perles pour colliers ainsi que des pendants d'oreilles. Les poudres de toilette dites *poudres de riz* consistent en plâtre fortement calciné et porphyrisé. — On rencontre le gypse dans tous les terrains stratifiés, depuis le Silurien (États-Unis) jusqu'au Tertiaire (Sicile, environs de Paris).

VIII. — Aluminates, chromates et ferrates
(Spinelles).

Spinelle. — Syn. : *rubis spinelle, rubis balais, ceylanite, pléonaste, candite.* — Formule chimique : MgO, Al^2O^3, aluminate de magnésie. — Infusible au chalumeau et n'éprouvant par là chaleur que des changements de couleur. Avec le borax ou le sel de phosphore, il donne faiblement les réactions du fer ou du chrome. Inattaquable aux acides. — Cristallise dans le système cubique et principalement en octaèdres et en dodécaèdres rhomboïdaux. — Transparent, souvent parfaitement limpide, diversement coloré. Réfraction simple : indice $n = 1{,}714$ à $1{,}812$. — Densité 3,5 à 4,1. — Dureté : 8. — Les variétés tiennent à la couleur : la rouge est dite rubis balais ; il y en a de bleue ; la verte s'appelle chlorospinelle ou picotite ; la noire (plus ou moins opaque) est qualifiée de pléonaste. — Quand ces pierres sont belles elles constituent des gemmes pouvant atteindre une haute valeur. — On trouve le spinelle dans les roches de cristallisation granitoïdes, gneissiques

ou schisteuses, ainsi que dans les cipolins et les dolomies qui leur
sont subordonnés. On rencontre du spinelle vert (*picotite*) dans des
roches éruptives telles que la lherzolithe. Les blocs de la Somma,
au Vésuve, et certains basaltes contiennent parfois du pléonaste et
cela explique que ce minéral se retrouve dans des sables volcaniques, comme en Auvergne.

Chromite (de *chrome*, qui est un de ses éléments). — Syn, : *fer
chromé, fer chromaté, sidérochrome, ferrochromite.* — Formule
chimique : FeO, Cr²O³, chromite de protoxyde de fer. — Fusible
au chalumeau en une matière noire et donnant avec les fondants des
verres qui montrent à chaud la couleur caractéristique du fer et à
froid celle du chrome qui est le vert-émeraude. Insoluble dans les
acides. — Cristallise dans le système cubique ; isomorphe avec le
spinelle (c'est le spinelle du chrome). — Opaque, noir, brunâtre,
éclat submétallique passant à l'éclat gras. Parfois légèrement
magnétique et le devenant toujours par l'action du chalumeau. —
Densité : 4,4. — Dureté : 5,5. — La chromite est parfois en
cristaux isolés ou réunis en veines ; parfois aussi elle est grenue
ou compacte ; fréquemment elle s'est concentrée à l'état de sable.
C'est le principal minerai de chrome et la base de la fabrication
des chromates. — On la trouve en rognons parfois très gros dans
les serpentines, par exemple à Firmy ; elle est, dans les mêmes
roches, en granules de toutes tailles et souvent microscopiques, en
cristaux disséminés dans les roches silicatées magnésiennes. En
Oural, aux États-Unis, à Saint-Domingue.

Magnétite (de *magnes*, aimant). — Syn. : *aimant, pierre d'aimant,
fer oxydulé, ferroferrite.* — Formule chimique : Fe³O⁴ = FeO, Fe²O³,
ferrite de protoxyde de fer, oxyde salin de fer. — Très difficilement fusible au chalumeau. Avec le borax, dans la flamme
oxydante, elle fond en un verre rouge foncé qui devient jaune et
clair par refroidissement. A la flamme réductrice elle prend la teinte
vert-bouteille. Elle se dissout à chaud dans l'acide chlorhydrique,
mais non dans l'acide azotique. — Cristallise dans le système cubique et est parfaitement isomorphe avec le spinelle (c'est le
spinelle du fer). — Aspect métallique, noir. Fortement magnétique et parfois polaire (pierre d'aimant). — Densité : 4,8 à 5. —
Dureté : 5,5 à 6,5. — Souvent en cristaux isolés, parfois volumi-

neux ; on la trouve aussi en nodules, en grains, en masses lamellaires, granulaires, compactes ou terreuses. — C'est un excellent minerai de fer et d'acier. Il forme des filons dans les terrains les plus anciens ; la Scandinavie en est spécialement bien pourvue ; on en trouve à Dielette près de Cherbourg.

IX. — Borate.

Borax. — Syn. : *soude boratée, tinkal.* — Formule chimique : $Na^2O, 2Bo^2O^3 + 10H^2O$, biborate de soude hydraté. — Donne de l'eau dans le matras. Se gonfle au chalumeau et fond en une perle incolore en communiquant à la flamme une couleur jaune. Humecté d'acide sulfurique, colore la flamme en vert. Soluble dans l'eau. — Cristallise dans le système klinorhombique : $m, m = 87°$, $p, m = 78° 40'$. Clivage facile suivant h_1. — Le borax natif est d'un gris verdâtre par suite du mélange d'une petite quantité de matière organique. Les cristaux sont transparents, ordinairement effleuris à la surface. — Densité : 1,71. — Dureté : 2 à 2,5. — Le borax est très employé comme fondant ; il entre dans la fabrication du verre (strass) et des émaux, ainsi que dans la manipulation de certaines variétés de cristal constituées par des borosilica'es de potasse et de zinc. — Il existe en dissolution dans l'eau de certains lacs, au Thibet, où le sol est recouvert d'incrustations cristallines. La Perse, Ceylan, la Chine, la Tartarie, le Chili et la Toscane (environs de Larderello) fournissent beaucoup de borax.

X. — Phosphates.

Apatite (de ἀπάτη, tromperie, parce qu'on l'a souvent prise pour d'autres minéraux). — Syn. : *chaux phosphatée, phosphorite.* — Formule chimique : $3CaO, Ph^2O^5 + (Fl, Cl) Ca$; chloro-fluo-phosphate de chaux. — Soluble sans résidu dans les acides. — Difficilement fusible ; donne, par le sel de phosphore, un verre qui cristallise par le refroidissement et perd sa transparence avec une quantité suffisante du minéral. Chauffé dans une perle d'acide borique en présence d'un fil de fer, donne du phosphure de fer. En présence du sel de phosphore et de l'oxyde de cuivre, colore la flamme en bleu par production de composés volatils de cuivre. Humecté d'acide sulfurique, colore la flamme d'un vert pâle caractéristique du fluor. On obtient l'odeur propre à l'hydrogène phosphoré en chauffant le minéral dans un tube de verre en présence du sodium métallique et en ajoutant un peu d'eau au produit obtenu. — Cristallise dans le système hexagonal. Les cristaux sont souvent simples, en prismes courts à six pans parfois modifiés sur les arêtes h, et portant aussi la pyramide b^1, dont la face est inclinée sur m de 130°13′. — C'est une matière transparente ou translucide, incolore ou verte, moins souvent jaune, bleue, blanche ou rose. Le clivage parallèle à p est facile. Double réfraction négative à un axe: indice extraordinaire $\varepsilon = 1,649$; indice ordinaire $\omega = 1,645$. — La poussière est plus ou moins phosphorescente par l'action de la chaleur. — Densité : 3,2. — Dureté : 5. — Comme variétés principales on citera l'apatite mamelonnée, la stalactitique et la réniforme. En globules concrétionnés, elle abonde dans certaines craies [Beauval (Somme); Ciply (Belgique)]; parfois elle est granulaire et c'est ainsi qu'on la rencontre au Groënland ; ailleurs elle est compacte et terreuse et on la désigne alors sous le nom de *phosphorite*. L'apatite pulvérulente rencontrée en Hongrie a été désignée sous le nom de *terre de Marmarosch*. — L'apatite peut servir à l'extraction du phosphore ; son principal emploi est dans la fabrication d'un des engrais minéraux les plus efficaces. — On la trouve dans des gisements très divers. C'est une des gangues des gîtes stannifères; elle est en amas parfois énormes en association avec les cipolins du terrain archéen du Canada ; les terrains dévoniens du Nassau en ont fourni ; les assises jurassiques en renferment en nodules; les *coquins* sont des concrétions du Crétacé inférieur ; la craie blanche est souvent brunie à cause de la dissémination de ses nodules presque microscopiques; les trachytes tertiaires de Jumilla, en Espagne, sont pétris de cristaux d'apatite; les assises éocènes de l'Algérie et de la Tunisie (Tebessa) sont activement exploitées; on trouve des basaltes riches en apatite à Diokoul, au Sénégal, en association avec des assises tertiaires très phosphatisées.

Turquoise (à cause de son pays d'origine, la Turquie d'Asie). — Syn. : *calaïte*. — Formule chimique : $2Al^2O^3, Ph^2O^5 + 5H^2O,$

phosphate hydraté d'alumine renfermant d'ailleurs 2 à 5°/₀ d'oxyde de cuivre qui joue le rôle de pigment. — Donne de l'eau dans le tube, infusible au chalumeau qui la noircit pendant que la flamme devient verte. Soluble dans les acides. — Amorphe, opaque, légèrement translucide sur les bords minces. — Masses tuberculeuses d'un beau bleu ou d'un bleu verdâtre. — Densité : 2,62 à 3. — Dureté : 6. — On distingue surtout des variétés de nuances d'un bleu plus ou moins foncé ou d'un bleu mêlé de veines blanches. — Les belles turquoises sont recherchées pour la parure. — Cette matière se trouve en veines traversant les schistes siliceux : en Perse, dans le Khorassan, à Merched, à Nichabour, en Silésie, en Saxe et au Nouveau-Mexique.

XI. — Silicates.

Staurotide (de στχυρός, croix). — Syn. : *croisette, pierre de croix, schorl cruciforme*). — Formule chimique : 4(Fe,Mg)O, 8Al²O³, 7SiO², silicate double d'alumine, d'oxyde de fer et de magnésie. — Inattaquable aux acides, sauf à l'acide sulfurique chaud en vase clos ; infusible au chalumeau ; difficilement soluble dans la perle de borax et dans le sel de phosphore où se produisent les réactions de la silice et celles du fer. — Cristallise dans le système orthorhombique et se présente souvent en mâcles de deux prismes, se croisant à angles droits ou à angles de 60 et de 120 degrés. — Translucide ou opaque en masse, rouge-brun, brune. — Double réfraction négative à un axe : indice ordinaire $\omega = 1,746$; indice extraordinaire $\varepsilon = 1,741$. — Densité : 3,4 à 3,8. — Dureté : 7 à 7,5. — Les variétés sont surtout relatives à la grosseur et à l'opacité plus ou moins grandes des cristaux ainsi qu'à leurs groupements. — La staurotide est sans usage. — Elle se trouve dans les schistes très métamorphiques et spécialement à proximité des éruptions granitiques, par exemple auprès de Pontivy.

Calamine (de *lapis calaminaria*, nom antique de ce minéral). — Syn. : *zinc oxydé silicifère*. — Formule chimique : (ZnO)², SiO², H²O, hydrosilicate de zinc. — Substance translucide ou opaque, grenue, soluble en gelée dans les acides, donnant de l'eau dans le tube. Sur le charbon elle se gonfle et fond difficilement sur les bords ; donne une couleur bleue ou verte avec l'azotate de cobalt. — Cristallise dans le système orthorhombique ; les cristaux les plus habituels sont compliqués et riches en facettes ; les faces p et m sont très réduites et des sommets sont produits par la troncature simultanée des arêtes $\left(b\,\frac{1}{3}\right)$ et des angles $\left(a\,\frac{1}{3}\right)$; les arêtes g et h sont de même tronquées. — Masses d'aspect finement grenu, opaques ou seulement translucides. — Densité : 3,5. — Dureté : 5. — C'est un minerai de zinc, exploité le plus souvent en association avec d'autres matières zincifères. — Il se rencontre surtout dans des poches excavées au sein de calcaires, tantôt dans des terrains très anciens (Dévonien) comme à la Vieille-Montagne, tantôt dans des terrains secondaires (Urgonien) comme en Tunisie.

Andalousite (de l'Andalousie où on la rencontre). — Syn. : *feldspath apyre, chiastolithe, mâcle.* — Formule chimique : Al^2O^3, SiO^2 ; silicate d'alumine. — Infusible, insoluble dans les acides, on obtient une couleur bleue au chalumeau en chauffant fortement la poussière fine, après l'avoir humectée de nitrate de cobalt. — Cristallise dans le système orthorhombique et d'habitude en prisme sans modification ou très peu modifié. — Double réfraction négative à un axe : indice ordinaire $\omega = 1,643$; indice extraordinaire $\epsilon = 1,638$. — Substance lithoïde brunâtre ou rougeâtre ou gris perle. — Densité : 3,1 à 3,2. — Dureté : 7,5. — Substance sans application. — Se trouve dans les schistes métamorphiques et constitue parfois une roche spéciale dite *mâcline* [Pyrénées, Vire (Calvados), etc.].

Disthène (de δίς, doublement, et σθένος, force, à cause de la différence de dureté sur les deux faces de clivage). — Syn. : *cyanite, rétinite, sappare.* — Formule chimique: Al^2O^3, SiO^2, silicate d'alumine. — Inattaquable aux acides, infusible et perdant sa couleur bleue par la chaleur, donne la réaction de l'alumine. — Cristallise dans le système klinoédrique ; c'est un cas de dimorphisme par rapport à l'andalousite. — Substance généralement d'un bleu pâle ou blanchâtre, cristalline, transparente ou translucide. Double réfraction négative à deux axes : indice ordinaire $\omega = 1,728$; indice extrordinaire $\varepsilon = 1{,}720$. — Densité : 3,60. — Dureté : 5 sur les faces m et 6 sur les autres faces. — En cristaux dans les micaschistes, les talcschistes, les leptynites et les schistes métamorphiques, par exemple en Tyrol, dans le Morbihan, au Saint-Gothard.

Sillimanite (dédiée au minéralogiste américain Silliman). — Syn. : *fibrolithe, xénolite.* — Formule chimique : Al^2O^3, SiO^2, silicate d'alumine. — Inattaquable aux acides. Infusible au chalumeau. Donne, avec le cobalt, la réaction de l'alumine. — Cristallise dans le système orthorhombique. Se présente en longs prismes aplatis, disséminés dans un quartz compacte. Les ardoises sont souvent faites, en parties, de très fines aiguilles de sillimanite. — Double réfraction positive à un axe : indice extraordinaire $\varepsilon = 1{,}680$; indice ordinaire $\omega = 1{,}661$. — Densité : 3,23. — Dureté : 6 à 7. — Se trouve dans les schistes métamorphiques et dans les quartz qui leur sont subordonnés.

Topaze (du nom de l'île Topazos, dans la mer Rouge). — Syn. : *alumine fluatée siliceuse* (Haüy), *pyrophysalite, chrysolithe* (Pline). — Formule chimique : $5\,(Al^2O^3,\ SiO^2) + Al^2SiFl^{10}$; silicate d'alumine fluoré. — Infusible, insoluble dans les acides ; fondue dans le tube ouvert avec le sel de phosphore donne la réaction de l'acide fluorhydrique. Fondue avec le borax elle finit, après être devenue opaque, par se transformer en un verre incolore. — Cristallise dans le système orthorhombique. Le prisme, toujours prédominant, est combiné à un biseau g^3 dont les faces sont généralement très larges. Les sommets, ou au moins l'un deux, présentent un ou plusieurs octaèdres comme b^1 et $b^{\frac{3}{2}}$, etc ; souvent aussi un dôme e^1. On constate toujours des stries verticales. — Substance transparente ou translucide, éclat vitreux, parfois incolore (*goutte d'eau du Brésil*), le plus souvent jaune, orange, rose, bleue, verdâtre. — Double réfraction positive à deux axes : indice extraordinaire $\varepsilon = 1{,}621$; indice ordinaire $\omega = 1{,}613$. — Densité : 3,5. — Dureté : 8. — La topaze est pyroélectrique ; par le frottement elle prend l'électricité positive. — La topaze, quand elle est belle, est recherchée en joaillerie. Par la chaleur on change sa couleur, et c'est alors la *topaze brûlée* des lapidaires. — C'est un minéral caractéristique des gîtes stannifères.

Tourmaline (de *turmalina*, nom donné par Pline). — Syn. : *schorl commun, schorl électrique, aimant de Ceylan, émeraude du Brésil, sibérite, rubellite, apyrite.* — Formule chimique : $3M^2O, 2Al^2O^3, Bo^2O^3, 4SiO^2$, borosilicate d'alumine et de protoxydes : M représentant, en proportions très variées, suivant les cas, le magnésium, le calcium, le fer, le manganèse, le lithium, le sodium, le potassium, et même l'hydrogène. Il y a en outre une certaine quantité de fluor. En somme, c'est plutôt une famille de composés qu'un minéral parfaitement défini. Rammelsberg y a distingué cinq types. — Inattaquable par les acides ; après fusion elle est décomposable par l'acide sulfurique et par l'acide fluorhydrique. Par la chaleur elle dégage du fluorure de silicium et peut-être de bore ; elle fond difficilement au chalumeau en une scorie ou en un verre bulleux. Avec le bisulfate de potasse et le spath fluor, elle donne la réaction de l'acide borique. — Cristallise dans le système hexagonal avec prédominance de formes hémiédriques, conduisant au prisme trigonal. Double réfraction positive à un axe : indice extraordinaire $\varepsilon = 1{,}643$; indice ordinaire $\omega = 1{,}623$. Électricité polaire en rapport avec l'hémiédrie des cristaux. — Densité : 2,94 à 3,24. — Dureté : 7,5. — Les variétés de couleur sont très nombreuses. La plus abondante est noire ; il y en a de jaune, d'un vert d'herbe, de bleu indigo, de rouge (qualifiée de *rubellite*). — La tourmaline est recherchée comme pierre précieuse ; elle entre aussi dans la composition de la pince aux tourmalines dont on a vu précédemment l'usage. — C'est un minéral très fréquent dans les schistes cristallins, dans les roches métamorphiques, les granulites et les gîtes stannifères.

Épidote (de ἐπίδοσις, accroissement). — Syn. : *thallite, schorl vert, pistazite, arendalite, akanticone, puschkinite.* — Formule chimique : $6SiO^2, 3Al^2O^3, 4CaO, H^2O$ (une partie de l'alumine peut être remplacée par du fer ainsi qu'une partie de la chaux), hydrosilicate d'alumine et de chaux. — Au chalumeau fond en bouillonnant et devient une sorte de scorie noirâtre et parfois attirable à l'aimant. Soluble dans les acides seulement après calcination et donnant alors une gelée de silice. — Cristallise dans le système klinorhombique ; les cristaux sont toujours très allongés suivant la diagonale horizontale : on y voit les faces p et les faces m moins développées que les précédentes à cause du développement des faces h^1, p et o. Ordinairement un biseau $b^{-\frac{1}{2}}$ termine les cristaux. — Minéral d'éclat vitreux, vert plus ou moins foncé, transparent ou translucide. Double réfraction négative à deux axes : indice ordinaire $\omega = 1,768$; indice extraordinaire $\varepsilon = 1,730$. — Densité : 3,25 à 3,5. — Dureté : 6,5. — Se rencontre en cristaux isolés ou en masses cristallines, grenues ou bacillaires dans les roches granitiques et dans les schistes métamorphiques. On en trouve aussi dans les boursouflures des roches amygdaloïdes. Le Dauphiné, le Piémont, la Suisse, le Tyrol, la Norvège, l'Oural en fournissent de beaux échantillons.

Idocrase (de εἶδος, forme, et κρᾶσις, mélange : les formes cristallines étant en général fort complexes). — Syn. : *vésuvienne, hyacinthe volcanique, hétéromérite*. — Formule chimique : $2Al^2O^3$, $8CaO$, $7SiO^2$, H^2O, hydrosilicate d'alumine et de chaux. — Au chalumeau, bouillonne et fond facilement en un verre brun ou vert. Après fusion les acides l'attaquent avec production de gelée siliceuse. — Substance brune, jaunâtre ou verte, en cristaux très nets et très brillants et d'éclat vitreux. — Cristallise dans le système quadratique et spécialement en prismes où les faces m sont très réduites par de larges faces g^1 ; de même la face p est souvent très rapetissée par des modifications octaédriques sur b et sur a. — Double réfraction négative à un axe : indice extraordinaire $\varepsilon = 1,719$; indice ordinaire $\omega = 1,718$. — Densité : 3,35 à 3,45. — Dureté : 6,5. — Variétés de couleur très nombreuses et qui ont reçu souvent des noms particuliers. — Celles qui sont limpides et agréables de couleur servent en joaillerie. — C'est un minéral des terrains schisteux cristallins. On en recueille dans les blocs de la Somma (Vésuve) et dans les calcaires métamorphiques.

Péridots. — Syn. : *olivine*. — Formule chimique : $2MO$, SiO^2, dans laquelle M représente tantôt le magnésium (*olivine*), le fer (*fayalite*) ou le manganèse (*téphroïte*) ; protosilicate de protoxyde. — Facilement attaquables par les acides en faisant une gelée de silice. Difficilement fusibles au chalumeau. — Cristallisent

dans le système orthorhombique ; prisme dont l'angle *m, m* est de
119° 13'. — Minéraux transparents ou translucides, éclat vitreux ;
verts, jaunes, bruns ou noirâtres. — Double réfraction positive
à deux axes : indice extraordinaire $\varepsilon = 1,697$; indice ordinaire
$\omega = 1,661$. — Densité : 3,5. — Dureté : 7. — La variété transparente de l'olivine est appelée *chrysolithe ;* on la trouve en Égypte,
en Dalécarlie, dans l'Oural ; la variété commune est un élément
constitutif des basaltes et d'autres roches analogues telles que les
laves d'un grand nombre de volcans. — La chrysolithe d'Orient
est employée en bijouterie.

Grenats (à cause de la ressemblance de certains échantillons avec
les graines de la grenade). — Formule chimique : $3MO, R^2O^3, 3SiO^2$,
dans laquelle M représente suivant les cas, le calcium, le magnésium, le fer (au minimum), le manganèse, seuls ou réunis à
deux ou à plusieurs et R, l'aluminium, le fer (au maximum) ou le
chrome ; silicates doubles d'un sesquioxyde et d'un protoxyde.
Quand le sesquioxyde est l'alumine et le protoxyde, la chaux, il
s'agit du *grossulaire ;* quand l'alumine et le protoxyde de fer
coexistent c'est l'*almandin ;* le *mélanite* correspond au sesquioxyde
de fer et à la chaux ; le *spessartine,* à l'alumine et au protoxyde de
manganèse ; enfin l'*ouwarowite,* au sesquioxyde de chrome et à la
chaux. — Tous ces minéraux cristallisent dans le système cubique
holoédrique et spécialement en dodécaèdres rhomboïdaux, en trapézoèdres, en scalénoèdres (anomalies), avec combinaisons variées
de ces formes. Ils sont monoréfringents. — Pour les propriétés chimiques, il est indispensable de séparer ce qui concerne chaque
type.

Le *grossulaire* (de *Grossularia,* groseille) est transparent ou
translucide et présente un éclat vitreux ; il est parfois rouge-
hyacinthe, plus souvent brun jaunâtre, quelquefois jaune, vert ou
même incolore. Indice de réfraction : 1,746. — Densité : 3,4 à 3,6.
— Dureté : 6,5 à 7. — Au chalumeau, le grossulaire fond aisément.
L'acide chlorhydrique l'attaque surtout après calcination et sépare
une gelée de silice.

L'*almandin* est un peu plus dense et un peu plus dur que le
précédent ; il est rouge ou brun, transparent ou translucide. La
perle produite au chalumeau est généralement magnétique. Une

variété, dite *pyrope*, contient de la magnésie et de l'oxyde de chrome.

Le *mélanite* a les mêmes caractères physiques ; il est noir ou foncé, parfois brun, jaune ou vert. Ses réactions ressemblent à celles de l'almandin ; la perle est plus magnétique. Il agit fortement sur l'aiguille aimantée.

Le *spessartine* est bien plus fusible ; avec le borax il donne une couleur améthyste, caractéristique du manganèse.

Enfin l'*ouwarowite* se distingue par sa couleur vert-émeraude. Il fond difficilement et donne au chalumeau la réaction caractéristique du chrome. Les acides ne l'attaquent pas.

Les grenats constituent parfois de petits lits grenus ou compactes dans les schistes cristallins. Plus souvent, ils sont disséminés dans les mêmes roches et spécialement dans les granits, les gneiss, les micaschistes, les schistes talqueux, les serpentines, les cipolins et les calcaires très métamorphiques, comme il s'en trouve aux Pyrénées. Quelques variétés, dites pyrope et grenat oriental, sont recherchées en joaillerie, de même que les hyacinthes, qui sont d'un rouge orangé. Beaucoup de grenats communs sont taillés pour la bijouterie à bon marché ; il arrive alors que, pour diminuer l'intensité de leur couleur, on les *chève*, c'est-à-dire qu'on les excave en dessous et qu'on les double d'une feuille métallique.

Micas (de *micare*, briller). — Formule chimique : $2RO$, SiO^2, dans laquelle R représente Mg, K^2, $Al^{\frac{2}{3}}$; silicates doubles d'alumine et de magnésie ou potasse, la moitié de l'oxygène des bases appartenant à l'alumine. — Il faut ajouter que le sesquioxyde de fer peut remplacer une partie de l'alumine, et que la série des protoxydes comprend aussi, à l'occasion, la soude et la lithine. Il résulte de là que les micas constituent un groupe dont les types peuvent être fort nombreux. On peut les répartir en deux séries : 1° les micas ferro-magnésiens, de couleur foncée, dont le type est la *biotite* à laquelle se rattache la *phlogopite* ; 2° les micas alumino-potassiques, de couleur claire, dont le type est la *muscovite* à laquelle se rattache le *lépidolithe*. — Les uns et les autres sont des minéraux qui se signalent par un clivage basal extrêmement facile, permettant de les séparer en feuillets très minces, flexibles et élastiques. — Ils cristallisent tous dans le système orthorhombi-

que, mais les cristaux ont le plus souvent l'apparence hexagoi ale
à cause de la largeur des faces g^1. — Chauffés dans un tube à
essai, ils dégagent généralement de l'eau et donnent parfois les indications du fluor. Au chalumeau, les micas sont peu fusibles, sauf
le lépidolithe qui fond assez aisément. Attaquables par L'acide
chlorhydrique, les micas ferro-magnésiens se transforment, par
ébullition dans ce réactif, en paillettes de silice ; les micas alumino-
potassiques sont complètement inertes. — Au point de vue optique
les micas ferro-magnésiens ont le plan des axes optiques, qui sont
d'ailleurs extrêmement rapprochés l'un de l'autre, parallèle à g^1 ; au
contraire, les micas alumino-potassiques ont ce plan perpendiculaire
à la même direction. Pourtant il y a dans chacune de ces catégories
des exceptions : l'*anomite* parmi les biotites et la *zinnwaldite* parmi
les muscovites. — Dans les deux cas la double réfraction est négative et l'on a, pour la biotite : indice ordinaire $\omega = 1,606$; indice extraordinaire $\varepsilon = 1,562$; pour la muscovite : indice ordinaire
$\omega = 1,613$; indice extraordinaire $\varepsilon = 1,571$. — Densité : 2,78 à
3,1. — Dureté : 2,5. — La *biotite* est noire, noirâtre ou brunâtre ;
c'est le mica ordinaire des granits, des gneiss, des micaschistes, etc.
La *muscovite* est blanche ou grisâtre, ou verdâtre, ou rosâtre. On
la trouve dans les granulites, dans les pegmatites, dans les gisements stannifères. Les lamelles sont parfois très larges. La *séricite*
est une variété de muscovite. — Sous le nom de verre ou de talc
de Moscovie, on recherche les très grandes lames de mica pour
remplacer le verre à vitres, par exemple dans les automobiles. On
fait une poudre à sécher l'écriture avec les fines paillettes que les
eaux ont concentrées en certaines régions : ce sont la *poudre d'argent*
et la *poudre d'or de chat* de nos pères. Le lépidolithe est recherché
comme minerai de lithine, substance très employée en pharmacie.

Magnésite (de *magnésie*, qui en est la base). — Syn. : *écume
de mer* ; *sépiolite*. — Formule chimique : $2MgO, SiO^3 + 2H^2O$, silicate hydraté de magnésie. — Chauffée dans le tube, noircit et dégage
de l'eau. Difficilement fusible sur les bords au chalumeau avec production d'un émail blanc. Chauffée sur le charbon avec la solution
aqueuse de nitrate de cobalt, la substance donne la coloration rose,
caractéristique de la magnésie. L'acide chlorhydrique l'attaque
facilement. — Matière amorphe, ordinairement blanche, compacte,

à cassure terreuse, douce au toucher, happant à la langue. — Densité : 1,2 à 1,6. — Dureté : 2, 1. — La magnésite appartient aux terrains secondaires et tertiaires et son gisement le plus important est en Anatolie près d'Eski-Scher, dans les environs de la ville de Brousse, au milieu d'un calcaire compacte renfermant des rognons de silex. On trouve également des magnésites terreuses dans l'île de Négrepont ; à Vallecas, près de Madrid ; en France, à Salinelle (Gard). On connaît même dans le terrain parisien, au niveau dit des marnes de Saint-Ouen, une roche qui a la même composition. — La magnésite (*écume de mer*) sert surtout à fabriquer des fourneaux de pipes.

Serpentine (de *serpent,* à cause de ses bariolures qui rappellent quelquefois par leurs couleurs vertes, brunes et blanches la cuirasse d'écailles de certains reptiles). — Syn. : *ophite* (ce nom désigne aussi une roche complexe qui sera décrite plus loin). — Formule chimique : $2SiO^2$, $3MgO + 2H^2O$ (ou parfois $3H^2O$). Une partie de la magnésie est d'ordinaire remplacée par de l'oxyde ferreux, aussi est-elle plus ou moins fortement colorée. — Substance compacte ou fibreuse ; fréquemment pseudomorphique du péridot, du pyroxène, de l'enstatite, de l'amphibole ou de diverses autres espèces de silicates magnésiens. — Une variété, dite *bastite,* se présente en cristaux : on lui trouve la double réfraction négative : indice ordinaire $\omega = 1,571$; indice extraordinaire $\varepsilon = 1,560$. — La serpentine donne de l'eau quand on la chauffe dans le tube à essais et devient noire. Elle blanchit au chalumeau et fond à peine sur les bords les plus minces. Sur le charbon, elle donne la réaction rose de la magnésie par le nitrate de cobalt. L'acide chlorhydrique l'attaque, mais la silice isolée n'est point gélatineuse. — Densité : 2,47 à 2,60. — Dureté : 3. — Les variétés sont très nombreuses et dépendent soit de la couleur, soit de la présence de minéraux mélangés. Nous y reviendrons dans la partie lithologique, à propos de la serpentine considérée comme une roche. — La serpentine se trouve en dykes et en amas subordonnés aux roches schisteuses cristallines. — On emploie quelquefois ses variétés les plus pures comme substance de décoration et d'ornement.

Talc (de *talcum,* même sens). — Syn. : *craie de Briançon ; savon des gantiers, stéatite.* — Formule chimique : $3MgO$, $4SiO^2$, H^2O, silicate hydraté de magnésie. — Inattaquable aux acides. Donne de l'eau dans le tube à haute température. Au chalumeau, fond en un émail blanc. Avec l'azotate de cobalt, donne sur le charbon la coloration rose caractéristique de la magnésie. — Se présente en lames minces hexagonales, paraissant dériver d'un prisme orthorhombique voisin de 120 degrés, avec clivage très facile parallèlement à la base. Double réfraction à deux axes négative : indice ordinaire $\omega = 1,58$ indice extraordinaire $\varepsilon = 1,53$. — Densité : 2,6 à 2,8. — Dureté : 1. — Variétés de couleurs : blanc, blanc, verdâtre, vert, brun, gris, rosé, etc. — Se rencontre dans les diorites, les serpentines, les calcaires cristallins, les dolomies, les gneiss, les schistes micacés, a Tyrol, au Saint-Gothard, à Chamonix, en Sibérie, en Chine, etc. — Sous le nom de craie de Briançon, le talc sert aux tailleurs à tracer sur le drap. On l'emploie pour faciliter les frottements, par exemple dans les chaussures et dans les gants étroits. Les Chinois ont de tout temps utilisé le talc pour y tailler des objets d'ornement.

Néphéline (νεφέλη, nuage, à cause de l'aspect opalin que prend ce minéral par le contact des acides). — Syn. : *sommite, beudantite, élæolite, cancrinite.* — Formule chimique : Al^2O^3, SiO^2, M^2O, silicate hydraté d'alumine et d'un protoxyde qui est la soude, accompagnée d'un peu de potasse et de chaux. Attaquable par les acides qui déposent la silice gélatineuse ; fond en un verre un peu bulleux. — Cristallise dans le système hexagonal et surtout en prismes avec les troncatures b_1 et h_1. — Double réfraction négative à un axe : indice ordinaire $\omega = 1,542$; indice extraordinaire $\varepsilon = 1,537$. — Densité : 2,55 à 2,61. — Dureté : 5,5. — La néphéline ordinaire est grisâtre, brune ou verdâtre avec un éclat gras ; c'est elle qu'on nomme plus spécialement *élæolite*. On appelle *cancrinite* une néphéline rosée, jaune, gris-bleuâtre ou blanche qui se présente en masses lamellaires clivables selon les faces du prisme. — Ce minéral se rencontre dans les phonolithes, certaines syénites et quelques porphyres. Elle caractérise même une roche peu importante qu'on appelle *néphélinite.*

Pyroxènes (de πῦρ, feu, et ξένος, étranger, parce qu'Haüy, l'auteur du nom, pensait qu'ils ne dérivent pas d'une action ignée et que les laves, qui les apportent au jour, les ont trouvés tout formés

dans la profondeur ; ce qui est une erreur). — Formule chimique :
MO, SiO^2, bisilicate d'un protoxyde qui consiste en un mélange en
proportion convenable de magnésie, de chaux et d'oxyde ferreux.
D'après la proportion relative de ces trois protoxydes, on distingue
trois types principaux sous le nom de *diopside*, d'*hédenbergite* et
d'*augite*. — Tous les trois sont inattaquables aux acides et fondent
au chalumeau. — Tous les trois cristallisent dans le système klinorhombique.

Le *diopside* est à base de chaux, accompagnée d'une très faible
proportion d'oxyde de fer, aussi est-il incolore ou fort peu coloré
en vert, en gris ou en jaune. On trouve les plus beaux cristaux en
Tyrol dans le Zillerthal, et en Piémont auprès d'Ala. On lui rattache
la *violane*, qui est violette et contient un peu d'alumine, et le *diallage*,
qui est verdâtre ou grisâtre et qui se trouve spécialement dans les
serpentines et les euphotides. La densité du diopside est égale à
3,3, et sa dureté varie de 5 à 6 ; sa double réfraction est négative :
indice ordinaire $\omega = 1,70$; indice extraordinaire $\varepsilon = 1,67$.

L'*hédenbergite* est un diopside ferrifère ; il est presque opaque,
vert foncé ou même noir : il contient jusqu'à 15 °/₀ de fer. Il fond
en un verre magnétique ; sa densité est égale à 3,5.

L'*augite*, qui est le plus abondant et le plus fréquent des pyroxènes, est également d'un vert noirâtre ou d'un noir parfait. Il
se distingue du précédent par une notable proportion d'alumine.
Sa densité varie de 3,3 à 3,4 ; sa dureté est égale à 6. — Il jouit
de la double réfraction positive : indice extraordinaire $\varepsilon = 1,733$;
indice ordinaire $\omega = 1,712$. — Ce pyroxène caractérise les basaltes,
les mélaphyres, les dolérites et une foule d'autres roches ; certains
volcans, comme l'Etna, le rejettent à l'état de gravier dont chaque
grain est un cristal complet. La forme la plus fréquente est le
prisme *m* modifié par des troncatures g^1 et h^1 et terminé par deux
dômes $b^{\frac{1}{2}}$.

L'*enstatite* est un pyroxène magnésien orthorhombique.

Amphiboles (de ἀμφίβολος, douteux, à cause de la ressemblance
d'aspect avec les pyroxènes). — Formule chimique: RO, SiO^2,
c'est-à-dire la même que celle des pyroxènes. A cet égard il y a
encore quelques divergences et certains minéralogistes pensent
que le rapport de l'oxygène de la base à celui de la silice n'est pas

exactement comme 1 est à 2. On fait valoir aussi que les amphiboles qualifiées de hornblende contiennent plus de 10 % d'alumine. — Ce sont des minéraux inattaquables ou presque inattaquables dans les acides et fusibles, avec bouillonnement, au chalumeau, en donnant un verre ou un émail, blanc-gris ou noir verdâtre. — Les amphiboles cristallisent dans le système klinorhombique : $m, m = 124° 11'$; $p, m = 103° 12'$. Il y a fréquemment la troncature g^1 ou bien la troncature h^1 ; la première est souvent associée à la troncature $b^{\frac{1}{2}}$ et alors la face p reste largement représentée ; la seconde se combine avec un dôme e^1 qui peut laisser une étroite facette p. Nous distinguerons trois types chez les amphiboles : la *trémolite*, l'*actinote* et la *hornblende*.

La *trémolite*, dont le nom vient de celui de Tremola, en Suisse, est appelée aussi amphibole blanche ou *grammatite*. Elle est blanche, grise ou verdâtre, translucide avec un éclat vitreux ; sa double réfraction est négative : indice ordinaire $\omega = 1,634$; indice extraordinaire $\varepsilon = 1,606$. — Densité : 2, 9 à 3,2. — Dureté : 5,5. — Elle est à base de magnésie et de chaux et renferme souvent un peu de fer. Il faut lui rattacher comme variétés le *jade* ou *néphrite*, l'*amiante* ou *asbeste* appelé cuir, liège et carton de montagne. La trémolite se trouve dans les dolomies métamorphiques comme au Saint-Gothard, dans le Bannat, aux États-Unis, dans l'Asie centrale. Le jade est recherché comme pierre fine ; l'asbeste a une foule d'applications à cause de la flexibilité de ses longues aiguilles fibreuses : on en fait du papier, des étoffes qui, naturellement, sont incombustibles ; on en prépare une sorte d'étoupe pour les joints des machines, etc.

L'*actinote* (de ἀκτίς, rayon, à cause de la structure rayonnée de sa variété principale) est verte et de plusieurs nuances, transparente ou translucide, fréquemment en groupes de cristaux radiés ou en masses fibreuses. Double réfraction négative : indice ordinaire $\omega = 1,636$; indice extraordinaire $\varepsilon = 1,611$. — Densité : 2,8 à 3,3. — Dureté : 5 à 5,5. — Elle est à base de magnésie, de chaux et de fer et bien plus riche en fer que la trémolite. On doit lui rattacher comme variétés : la *glaucophane*, amphibole violacée abondante dans les schistes de la Nouvelle-Calédonie et qu'on voit aussi à Zermatt et ailleurs, et la *crocidolite*, en fibres flexibles comme l'amiante, mais d'un bleu indigo ou d'un gris bleuâtre qui la font bien reconnaître.

La *hornblende,* ou amphibole noire, est opaque en masse et ne devient translucide qu'en lames minces. Elle est négative : indice ordinaire $\omega = 1,653$; indice extraordinaire $\varepsilon = 1,629$. — Elle contient de la magnésie, de la chaux, de la soude et de la potasse, du protoxyde de fer en notable proportion et jusqu'à 18 % d'alumine. On y trouve, en outre, de l'acide fluorhydrique (1,04 % d'après une analyse de Struve). C'est l'amphibole de beaucoup la plus commune ; elle constitue une partie essentielle des amphibolites, des syénites et des diorites.

Leucite (de λευχός, blanc). — Syn. : *amphigène.* — Formule chimique : K^2O, Al^2O^3, $4SiO^2$, silicate double d'alumine et de potasse (une petite quantité de potasse est souvent remplacée par de la soude). — Infusible au chalumeau. Les acides l'attaquent complètement sans production de gelée siliceuse. — La leucite cristallise dans des formes du système cubique, pourvu que sa température soit portée au moins à 500 degrés, d'après les travaux de MM. Klein Rosenbuch et Penfeld. Aux températures ordinaires elle est pseudocubique, offrant des formes extérieures et spécialement des trapézoèdres a^2 parfaitement réguliers. Mais ces cristaux ont une structure tout à fait spéciale. Ils ne se clivent pas et montrent des stries sur leurs faces. On y reconnaît des inclusions variées disposées en zones périphériques et provenant sans doute de la dévitrification d'inclusions primitivement vitreuses, d'après M. A· Lacroix. Au point de vue optique, on rencontre des groupements ou mâcles tout à fait étrangers au système cubique et qui, selon les conclusions de M. Klein, s'expliquent en supposant que le cristal fondamental est orthorhombique. D'ailleurs la leucite est biréfringente et positive : indice extraordinaire $\varepsilon = 1,509$; indice ordinaire $\omega = 1,508$. — La leucite se trouve en cristaux parfois volumineux dans les laves volcaniques et spécialement dans celles du Vésuve ; elle caractérise une série de roches qu'on a qualifiées de *leucitite,* de *leucotéphrite,* etc.

Béryl. — Syn. : *émeraude, aigue-marine.* — Formule chimique : $3GlO$, Al^2O^3, $6SiO^2$, silicate double d'alumine et de glucine. — Inattaquable aux acides ; difficilement fusible au chalumeau avec production d'un émail bulleux. — Cristallise dans le système hexagonal ; la forme dominante est le prisme primitif *p, m,* avec des modifications assez nombreuses, mais peu étendues, sur les angles *a* et sur les arêtes basales *b*. Quand des troncatures portent sur les arêtes *h,* les cristaux prennent l'aspect cylindroïde. Dans ce cas les prismes sont souvent cannelés. Double réfraction négative à un axe : indice ordinaire $\omega = 1{,}575$; indice extraordinaire $\varepsilon = 1{,}570$. — Minéral transparent, translucide ou opaque. Couleur verte, bleue, jaune, incolore. Certains échantillons sont opaques, gris et ternes. — Densité : 2,67 à 2,74 ; dureté : 7,5 à 8. — Les variétés principales tiennent à la coloration et à la forme ; on trouve les béryls en cristaux dans les granits, les gneiss, les micaschistes ; en Nouvelle-Grenade les émeraudes vertes gisent dans un calcaire bitumineux d'âge crétacé. — Quand elles sont limpides et de nuance agréable, les émeraudes comptent au nombre des pierres les plus précieuses. On trouve auprès de Limoges et dans quelques localités des États-Unis de volumineux cristaux tout à fait opaques qui, à première vue, ressemblent à de l'orthose et qui sont recherchés par les chimistes comme minerai de glucine.

Feldspaths (de l'allemand *feld,* champ, et *spath,* expression appliquée à tous les minéraux pierreux qui se clivent facilement). — Les feldspaths constituent une véritable famille de composés qui ont de grandes analogies générales et qui, cependant, peuvent être nettement caractérisés les uns par rapport aux autres. Il est vrai que pour les définitions on a choisi des types dans une série qu'on peut supposer à peu près continue. Quoi qu'il en soit, il faut dire que les feldspaths sont, avant tout, des silicates doubles d'alumine et de protoxydes qui peuvent être ou la potasse, ou la soude, ou la chaux, et quelquefois la soude et la chaux ensemble. On doit ajouter que, sauf un seul qu'on appelle orthose et qui est klinorhombique, tous les feldspaths cristallisent dans le système klinoédrique. Mais une fois ces généralités exprimées, il faut constater des dissemblances. Dans la série des feldspaths nous distinguerons :

1° L'*orthose* (ὀρθός, droit, à cause de ses clivages *p* et *g*^{1} qui sont orthogonaux). — Formule chimique : K^2O, Al^2O^3, $6SiO^2$, où l'on remarquera que les quantités d'oxygène dans le protoxyde, dans l'alumine et dans la silice sont entre elles comme les trois nombres 1 : 3 : 12. Silicate double d'alumine et de potasse. Inattaquable par les acides, sauf par l'acide fluorhydrique ; fusible au rouge blanc ; incristallisable par fusion purement ignée. — Cristallise dans le système klinorhombique : la forme primitive, p, m, t est ordinairement combinée avec la face a^1 et avec la face g^1 suivant laquelle les cristaux sont souvent aplatis. Mâcles très fréquentes et très variées parmi lesquelles plusieurs types sont intéressants à distinguer : *mâcle dite de Carlsbad*, plan d'assemblage parallèle à g^1 et axe de révolution parallèle à l'arête m : les deux individus mâclés se pénètrent réciproquement avec production d'angles rentrants ; *mâcle dite de Baveno*, plan d'assemblage parallèle à $e^{\frac{1}{2}}$ et axe de révolution perpendiculaire à cette même face. Double réfraction négative : indice ordinaire $\omega = 1{,}526$; indice extraordinaire $\varepsilon = 1{,}519$. — Minéral parfois incolore et limpide (c'est alors l'*adulaire*) plus souvent translucide (*sanidine*) ou opaque, en masse blanchâtre, grisâtre, rosâtre ou verdâtre. — Densité : 2,54 à 2,57. — Dureté : 6. — C'est le feldspath du granit et du gneiss, des trachytes. On le retrouve dans beaucoup de roches éruptives : pétrosilex ou eurite ; dans certains porphyres ; il y a des ponces et des obsidiennes qui semblent dériver de l'orthose.

Comme appendices très intéressants de l'orthose, il nous faut citer deux minéraux remarquables, ayant la même formule chimique que lui, mais cristallisant dans le système klinoédrique. L'un est le *microcline* dont une variété, d'un vert céladon, est connue sous le nom de *pierre des Amazones ;* l'autre est l'*anorthose,* qui admet une certaine quantité de soude en remplacement d'une quantité correspondante de potasse et qui se présente en cristaux volumineux, translucides et chatoyants, d'un aspect très agréable. L'*anorthosite* est une roche qui renferme ce feldspath et qui est extrêmement recherchée comme pierre de décoration des édifices.

2° L'*albite* (de *albus*, blanc, à cause de sa couleur d'un blanc de lait). — Formule chimique ; Na^2O, Al^2O^3, $6SiO^2$, c'est-à-dire la même que celle de l'orthose à cela près que la soude y remplace toute la potasse. Les rapports d'oxygène sont donc encore : $1 : 3 : 12$. — Cristallise dans le système klinoédrique. Les cristaux sont souvent mâclés, le plan d'assemblage est parallèle à g^1 et la rotation est de 180 : il en résulte un angle rentrant, connu sous le nom de *gouttière de l'albite*. Comme les lamelles ainsi mâclées parallèlement les unes aux autres peuvent être nombreuses, la surface prend un aspect strié tout à fait caractéristique. Double réfraction positive : indice extraordinaire $\varepsilon = 1,540$; indice ordinaire $\omega = 1,532$. — Densité : 2,61 à 2,64. — Dureté : 6 à 6,5. — Comme variété il faut citer le *péricline* en cristaux blancs, opaques, laiteux et qui vient du Saint-Gothard. — L'albite est le feldspath de beaucoup de diorites (ophites des Pyrénées), des porphyres verts, des diabases de la Corse et des Pyrénées, du kersanton de la Bretagne ; on le trouve aussi dans des filons métallifères comme à Vicdessos (Ariège) et jusque dans certaines roches métamorphiques, telles que les gypses de Rovigo, en Algérie.

3° L'*oligoklase* (de ὀλίγος, peu, et κλάω, je fends, à cause de la rareté de ses clivages). — Formule chimique : $2(Na^2O,Ca^2O), 2Al^2O^3, 9(SiO^2)$; silicate double d'alumine et de soude avec chaux, où le rapport de l'oxygène dans les trois constituants est le même que celui des nombres 2 : 6 : 18, ou plus simplement : 1 : 3 : 9. — Cristallise dans des formes très voisines de celles de l'albite. — Il fond plus facilement que lui au chalumeau et cristallise assez facilement par voie ignée. — Double réfraction négative : indice extraordinaire $\varepsilon = 1,542$; indice ordinaire $\omega = 1,534$. — Densité : 2,63. — Dureté : 6. — Ce feldspath a un rôle lithologique considérable ; il entre dans la composition de certains granits dits *rappakiwi* en association avec l'orthose : ce sont de magnifiques roches fort développées en Finlande. Il se rencontre comme élément essentiel dans les trachytes des Andes (connus sous le nom d'*andésites*) et on le désigne alors sous le nom d'*andésine* : le Pichincha, le Popocatepetl, l'Orizaba en sont faits. On le retrouve en Auvergne et bien ailleurs. Une de ses variétés, désignée sous le nom de *pierre de soleil,* est aventurinée et recherchée comme pierre fine.

4° Le *labrador* (d'une contrée qui en fournit de très beaux spécimens). — Formule chimique : $(Ca^2O,Na^2O), Al^2O^3, 3SiO^2$, où les rapports d'oxygène sont comme 1 : 3 : 6, silicate double d'alumine et de chaux avec un peu de soude : c'est le renversement des conditions présentées par l'oligoklase. — Le labrador est fusible au chalumeau et l'acide chlorhydrique concentré le décompose sans difficulté. — Il est rarement en cristaux isolés et, plus souvent, en masses laminaires clivables, ordinairement pourvues de très belles irisations bleues, jaunes, vertes, rouges qui en font une substance des plus agréables à voir. C'est un minéral positif : indice extra-

ordinaire $\varepsilon = 1,562$; indice ordinaire $\omega = 1,554$. — Densité : 2,61.
— Dureté : 6. — C'est le feldspath des basaltes, des dolérites,
mélaphyres, des hypersthénites ; en un mot de toutes les roches
basiques. Les laves de l'Etna en sont en partie formées. — Une
variété, qui ressemble au jade, est connue sous le nom de *saus-*
surite.

5° L'*anorthite* (de ἀνορθός, non à angle droit ; par contraste avec
l'orthose). — Formule chimique : Ca^2O, $2Al^2O^3$, $4SiO^2$, où les rapports d'oxygène sont comme les trois nombres 2, 6 et 8 ou en
simplifiant, : : 1 : 3 : 4. C'est le plus basique des feldspaths. Silicate
double d'alumine et de chaux (sans quantité notable de soude). —
Facilement soluble dans les acides ; fusible en émail blanc. — Cristallise comme les feldspaths précédents dans le système klinoédrique. C'est une substance négative. L'indice de réfraction moyen
est égal à 1,566. — Densité : 2,76. — Dureté : 6. — C'est le
feldspath caractéristique des laves du Vésuve, de Santorin, de
Saint-Paul et d'Amersdam, d'Obock. Il est associé à l'amphibole
dans la diorite orbiculaire de la Corse ; on le trouve dans les gabbros, les norites et les diabases.

Nous disions tout à l'heure que la série des feldspaths est en
réalité continue et les faits qui précèdent justifient cette assertion.
C'est pour rendre compte de cette continuité que M. Tschermak
a proposé de considérer les divers feldspaths klinoédriques comme
des associations, en proportion variée, de l'albite et de l'anorthite
qui sont les deux extrêmes de la série et qui, seuls, auraient une
autonomie vraie. Ainsi la formule de l'oligoklase convient à l'association de 10 parties d'albite et de 3 parties d'anorthite et la
constitution du labrador correspond à 2 parties d'albite pour 3 parties d'anorthite.

Wernérites (dédiées à Werner, le chef de l'École géologique dite
des Neptunistes). — Formule chimique un peu flottante. Il faut
se borner à dire que les wernérites sont des silicates doubles d'alumine et de protoxydes (chaux, soude, potasse, magnésie, mélangées
en proportions variables), de façon que les rapports d'oxygène des
protoxydes, de l'alumine et de la silice soient entre eux, comme les
nombres 1, 2 et 3 (*meïonite*) ou 1, 2, 4 (*paranthine* et *couséranite*)

ou 1, 2 et 6 (*dipyre*) et encore différents en d'autres cas. — Malgré cette variabilité, les wernérites cristallisent d'une manière uniforme dans le système quadratique et fréquemment en prisme p, m, modifié par de larges facettes h_1 et par des dômes complets b_1. — Ces minéraux sont négatifs à un axe optique ; la réfringence et la densité croissent avec la teneur en chaux. — On a pour la méïonite : indice ordinaire $\omega = 1{,}597$; indice extraordinaire $\varepsilon = 1{,}558$; pour la paranthine : $\omega = 1{,}566$; $\varepsilon = 1{,}545$, et pour le dipyre : $\omega = 1{,}558$; $\varepsilon = 1{,}543$. — Densité : pour la méïonite 2,73 à 2,74 ; pour la paranthine 2,68 ; pour le dipyre 2,68. — La *méïonite*, appelée parfois *hyacinthe de la Somma*, figure dans la collection si nombreuse des minéraux renfermés dans les blocs de calcaire rejetés anciennement par le Vésuve et profondément transformés. — La *paranthine*, ou wernérite proprement dite, se rencontre surtout dans les régions de contact mutuel des roches calcaires et des apophyses granitiques qui y ont été injectées ; on la trouve aussi au voisinage des gîtes métallifères dits de contact. Le nom de la paranthine (signifiant pierre qui se défleurit) fait allusion à la facilité de son altération ; ses cristaux sont remarquables par leur longueur et c'est ce qu'exprimaient les noms de scapolite (pierre en tige) et de ripidolite (pierre en baguettes) qu'on a donnés à certaines variétés. Les scapolites bleues ou rouges se trouvent à Mœlsjö en Suède, et près de Pargas en Finlande. Il existe à Bolton, dans le Massachussets, une scapolite rose ou couleur fleur de pêcher. — Le *dipyre* (qui doit son nom, choisi par Hauÿ, à ce que la chaleur a sur lui la double action : de le fondre et, à un moindre degré, de le rendre phosphorescent) se rencontre surtout dans les calcaires métamorphiques des Pyrénées où il est accompagné par la *couséranite*. Cette dernière se trouve surtout à Pouzac, près de Bagnères-de-Bigorre et dans une partie du département de l'Ariège qui dépend de l'ancien pays de Couserans. Ces variétés se présentent en cristaux prismatiques de faible volume et très sujets à des altérations analogues à celles de la paranthine. — Il faut rattacher encore au groupe des wernérites la *humboldtite* appelée aussi *mellilite* à cause de sa couleur de miel, et qui se trouve, comme la méïonite, dans les blocs de la Somma:

Sphène (de σφήν, coin, à cause de sa forme en fer de hache). —

Formule chimique : CaO, TiO², SiO² ; silicotitanate de chaux. — Substance cristallisée d'un brun rouge, jaune ou verdâtre, transparente ou translucide. Éclat adamantin. — Au chalumeau, fond sur les bords, avec bouillonnement, en un verre foncé. Complètement attaquable par l'acide sulfurique ou par l'acide fluorhydrique. La solution chlorhydrique est incomplète ; elle donne avec l'étain la coloration violette du sesquichlorure de titane. — Densité : 3,4 à 3,56. — Dureté : 5 à 5,5. — Cristallise dans le système klinorhombique. La forme habituelle des cristaux, en toit, est à rapporter aux faces $d^{\frac{1}{2}}\,d^{\frac{1}{2}}$ associées avec p et h^1. Des mâcles sont très fréquentes ; elles ont d'ordinaire pour plan d'assemblage la face h^1 ; l'allongement a lieu suivant la diagonale horizontale et on voit, entre les cristaux assemblés, un angle rentrant a^2a^2 qui avait fait donner à cette variété mâclée l'ancien nom de *rayonnante en gouttière*. — La double réfraction est positive : indice extraordinaire $\varepsilon = 2,01$; indice ordinaire $\omega = 1,887$; la biréfringence est donc très forte. — Parmi les variétés on peut citer la *greenovite*, qui est rose et renferme une notable proportion de manganèse. — Le sphène appartient aux terrains de cristallisation, massifs, schisteux et volcaniques. La variété rouge, dite *titanique*, se trouve dans les granits de Bavière et dans le gneiss ainsi que dans les zircosyénites de Norvège. Dans le département de l'Ariège il abonde dans les calcaires métamorphiques. Enfin il est fréquent dans les trachytes, les basaltes, les phonolithes, par exemple dans la région de la France centrale, en Eifel, en Bohême et ailleurs.

Zéolithes (de ζέω, je bous, et λίθος, pierre, à cause du bouillonnement auquel ces minéraux donnent lieu au chalumeau). — Formule chimique impossible à donner en général parce qu'elle varie avec les types. Les zéolithes sont des silicates hydratés d'alumine, de calcium, de potassium et de sodium, renfermant plus rarement du baryum et du strontium. On pourrait jusqu'à un certain point les considérer comme constituant une sorte de série de feldspaths hydratés et plusieurs d'entre eux ont une ressemblance avec les anorthites et avec les albites. On remarquera d'ailleurs que ces feldspaths prennent réellement naissance comme produits dérivés, par le simple recuit de zéolithes convenablement choisies. A cette occasion, il convient d'ajouter qu'on peut chasser toute l'eau de ces minéraux sans altérer leur structure et que, cela fait, on peut, ou bien restituer l'eau dégagée, ou bien même la remplacer par des gaz tels que le gaz ammoniac, l'hydrogène sulfuré, le gaz carbonique, l'hydrogène ou l'air. Friedel, à qui on doit ces observations, a pu teindre des zéolithes à l'aide de solutions variées. Ajoutons enfin que ces minéraux singuliers peuvent toujours être considérés comme des produits secondaires ou d'altération de roches formées par la voie aqueuse. Aussi parmi leurs gisements il faut citer : les grandes profondeurs océaniques où il s'élabore actuellement des zéolithes ; les sources thermales où il s'en constitue également sous nos yeux ; les filons métallifères ; les fentes de diverses roches telles que les granits, les gneiss, les micaschistes, les phyllades et les calcaires ; enfin, et c'est une des situations les plus caractéristiques, les vacuoles des roches éruptives, basaltes et labradorites qui deviennent alors des types de roches amygdaloïdes. Une revue rapide des principaux termes de la longue série de zéolithes est ici nécessaire. Ce seront :

1° La *mésotype* (de μέσος, milieu, parce que sa forme est intermédiaire entre celles de l'analcime et de la stilbite). — Syn. : *natrolite* — Formule chimique : Na^2O, Al^2O^3, $3SiO^2 + 2H^2O$, silicate hydraté double d'alumine et de soude. — Donne de l'eau dans le tube ; fond facilement au chalumeau en un verre transparent ; fait gelée avec les acides. — Cristallise dans le système orthorhombique, en cristaux allongés, à premier aspect quadratique et dont les faces prismatiques sont souvent cannelées. Ces cristaux ont une grande tendance à se grouper en masses bacillaires, fibreuses ou sphérolithiques. Double réfraction positive : indice extraordinaire $\varepsilon = 1,488$; indice ordinaire $\omega = 1,478$. — Densité : 2,17 à 2,25. — Dureté : 5 à 5,5. — Les beaux échantillons proviennent des roches amygdaloïdes de Bohême et d'Auvergne. Déjà Faujas Saint-Fond avait signalé la richesse du basalte de Rochemaure en Ardèche.

2° L'*analcime* (de ἄναλκις, faible, parce que ce minéral ne s'électrise que faiblement par le frottement). — Formule chimique : Na^2O, Al^2O^3, $4SiO^2 + 2H^2O$. — Donne de l'eau dans le tube. Fusible en un verre transparent. S'attaque dans l'acide chlorhydrique en faisant gelée. — Cristallise en une sorte de trapézoèdre ou de cube portant les faces du trapézoèdre qu'on a prises tout d'abord pour des formes du système cubique. Mais les études ultérieures et spécialement les propriétés optiques ont montré qu'il s'agit en réalité d'une structure toute différente. D'après Mallard, chaque cristal est constitué par un groupement de six pyramides quadratiques s'appuyant sur les bases p. Chacune de ces pyramides[1] se diviserait en outre, suivant les diagonales de p, en quatre pyramides orthorhombiques ayant pour axe pseudo-quaternaire l'axe quaternaire du cube perpendiculaire à p^1. — Double réfraction négative avec les deux axes très rapprochés : indice moyen $n = 1, 4874$. — Densité : 2, 22 à 2, 26. — Dureté : 5 à 5, 5. — Substance incolore ou blanche, rose, jaune, à éclat vitreux. On trouve l'analcime dans les tufs basaltiques et dans les dolérites, au Vésuve (Somma), dans les îles Cyclopes, sur la côte de Sicile, à Staffa dans les îles Hébrides. On en a cité dans les basaltes de la Réunion et de l'île de Kerguelen. En Auvergne le basalte du Puy de Marmant en a donné de très beaux groupements.

3° La *stilbite* (de στίλβω, je brille). — Syn. : *desmine*. — Formule chimique : $CaO, Al^2O^3, 6SiO^2 + 6H^2O$. — Donne de l'eau dans le tube, au chalumeau se gonfle et fond en émail blanc. Attaquable par l'acide chlorhydrique qui ne produit pas de gelée. — Cristallise dans le système klinorhombique, en prismes qui ont longtemps été considérés comme droits. Double réfraction négative : indice ordinaire $\omega = 1, 500$; indice extraordinaire $\varepsilon = 1, 494$. — Densité : 2, 09 à 2, 20. — Dureté : 3, 5 à 4. Substance blanche et d'aspect laiteux, parfois jaune, brune ou rouge. Éclat vitreux. — Cette zéolithe est très abondante en Islande et aux Feroë. Les fentes de la protogine en présentent dans le massif du Mont-Blanc, comme les fissures des gneiss des Pyrénées. La source thermale de la Cascade, près Olette, dans les Pyrénées-Orientales, dépose de la stilbite à l'époque actuelle.

4° La *chabasie* (de χαβάζιος, nom d'une pierre dont il est parlé dans Orphée). — Syn. : *phacolite*. — Formule chimique : $CaO, Al^2O^3, 4SiO^2 + 6H^2O$. — Cristallise dans le système klinoédrique, mais en groupements qui se présentent sous l'apparence rhom-

---

1. Michel Lévy et Lacroix, *Les minéraux des roches*, p. 299.

boédrique. D'après M. Becke[1], chaque rhomboèdre de chabasie consisterait en six individus klinoédriques : chacun d'eux est clivable suivant trois plans correspondant aux clivages du rhomboèdre résultant. Les rhomboèdres sont d'ailleurs tantôt isolés, tantôt mâclés par deux qui se pénètrent mutuellement. — Substance transparente ou translucide, incolore, blanche, jaune, rose, etc. Donne de l'eau dans le tube, fusible avec bouillonnement en un verre bulleux. Attaquable sans gelée par l'acide chlorhydrique. — Densité : 2, 08 à 2,17. — Dureté : 4 à 4,5. —La chabasie est abondante dans les roches amygdaloïdes. Les plus beaux cristaux viennent d'Aussig (Bohême) ; on en trouve à Oberstein (Palatinat), aux Feroë, au Rio Salto dans l'Uruguay. Le Cantal, l'Ardèche, le Puy-de-Dôme en possèdent. Des bétons étendus par les Romains près des griffons des sources de Plombières, de Bourbonne, de Luxeuil, d'Oran qui les ont baignés depuis 2 000 ans, se sont chargés de cristaux microscopiques de chabasie.

Apophyllite (de ἀποφυλλίζω, j'effeuille, à cause de l'action du chalumeau qui le défait en petites lames très minces). — Formule chimique : $4CaO, 8SiO^2, 8H^2O + KFl$. — C'est comme appendice au groupe des zéolithes que nous citons ce minéral, qui leur est si analogue bien qu'il ne renferme pas d'alumine. — Donne de l'eau dans le tube ; au chalumeau s'exfolie, puis fond en bouillonnant en un émail blanc bulleux. Humecté de chlorure de calcium, le minéral donne avec le verre bleu la réaction de la potasse. — Forme cristalline : l'apophyllite est pseudo-quadratique ; les cristaux, d'après Mallard, sont constitués par le groupement de deux cristaux orthorhombiques accolés suivant une face *m*. Ces cristaux ont le plus souvent l'aspect d'un prisme carré *m* avec un octaèdre *a*. — Double réfraction positive : indice extraordinaire $\varepsilon = 1,533$; indice ordinaire $\omega = 1,531$. — Densité : 2,3 à 2,4. — Dureté : 4,5 à 5. —Minéral incolore ou blanc laiteux, rarement jaune ou rougeâtre. Éclat vitreux. Transparent quand il n'est pas altéré. — C'est une substance essentiellement propre aux roches amygdaloïdes. En Auvergne, on en rencontre au Puy de la Piquette des cristaux qui ont jusqu'à 1 centimètre de longueur. A Poonah, dans les Indes,

---

1. *Technisch. miner. petrogr. Mittheilungen*, II, p. 39, 1879.

ils sont 4 ou 5 fois plus grands. Il en existe en Écosse, aux Feroë, au Groënland.

XIII. — Minéraux organiques.

Ozocérite (de ἔζειν, avoir de l'odeur, et κηρός, cire). — Syn. : *cire fossile, paraffine native, suif de montagne.* — Formule chimique : C^nH^{2n}, et fréquemment CH^2. — Carbure d'hydrogène, ou plus souvent mélange de carbures divers. — Matière ayant la translucidité et la consistance de la cire, exhalant une odeur aromatique assez agréable. Elle est parfois d'un beau jaune à reflets orangés, mais plus souvent brun verdâtre ou noirâtre. Compacte d'habitude, elle est parfois fibreuse, par exemple en Galicie. Fusible à une température peu élevée en une masse visqueuse ; brûlant avec fumée abondante en dégageant une odeur bitumineuse. Soluble dans le sulfure de carbone, dans l'éther. — Se rencontre dans les filons de plomb de Derbyshire, dans les mines de houille de Montrelais (Loire-Inférieure), dans l'Europe centrale, au Connecticut, etc. — On en fait des bougies, de la cire à frotter, etc.

Succin (de *succinum*, nom employé par Pline). — Syn. : *ambre.* — Formule chimique : $C^{10}H^{16}O$. Résine fossile caractérisée par la présence de l'acide succinique. Fusible à 287°, température au-dessus de laquelle la matière émet de l'eau, puis une huile empyreumatique et enfin de l'acide succinique. Brûle en donnant une odeur spéciale et en produisant beaucoup de flamme. — Prend par le frottement l'électricité résineuse. — Densité : 1 à 1,1. — Dureté : 2 à 2,5. — Tantôt jaune, tantôt blanchâtre ou tout à fait blanc ou noir. — Se troùve dans les couches inférieures du terrain tertiaire, en rognons de tailles très diverses associés à des débris végétaux. On en a trouvé à Vaugirard et à Auteuil près de Paris, mais les plus beaux spécimens viennent du littoral de la Baltique du côté de Dantzig. — On emploie le succin pour faire des objets d'ornement, des boîtes et des brûle-cigares.

Bitume (de *bitumen*, nom antique). — Syn. : *asphalte, poix minérale, goudron minéral, baume de momie, karabé de Sodome.* — Composition chimique : mélange de carbures d'hydrogène avec desproduits plus ou moins avancés de leur oxydation. — Matières noires, solides ou visqueuses, fusibles vers 100 degrés, brûlant avec une flamme très fuligineuse, solubles dans le sulfure de carbone, l'alcool, l'éther. — Densité : 1,7. — Se trouve tantôt libre, comme à la Mer Morte, ou lac Asphaltite, ou au Puy de la Poix, en Auvergne, tantôt à l'état de matière d'imprégnation dans des roches diverses : calcaires, grès, sables, comme dans les Landes et dans le Jura (Pyrimont, Travers, etc.). — Très employé comme mastic, sert à faire des trottoirs et des chaussées. Célèbre par l'usage qu'en faisaient les anciens et spécialement les Égyptiens pour la conservation des momies.

CHAPITRE III

NOTIONS SUCCINCTES DE LITHOLOGIE

. La *lithologie*, appelée aussi quelquefois pétrographie, est la
science des roches. Déjà nous avons dit qu'il ne faut pas confondie
les roches avec les minéraux. Les roches ne sont pas des objets
définis comme les minéraux : elles ne peuvent cristalliser et leur
composition ne saurait s'exprimer par des formules chimiques
précises; elles sont normalement des mélanges, en proportions qui
peuvent être quelconques, de minéraux plus ou moins nombreux
et dont chacun rentre dans les types précédemment étudiés.

Il peut arriver, il est vrai, qu'une roche soit formée d'un seul
minéral : le calcaire est l'exemple le plus abondant; le gypse, la
dolomie, le quartz et bien d'autres sont dans le même cas ; mais
même alors ces roches homogènes diffèrent bien profondément des
minéraux par leur volume considérable, par là complexité de leur
structure et par le mélange — qui ne manque jamais — avec la
substance principale, de matériaux moins abondants et souvent
très variés.

En somme, et comme nous l'avons dit précédemment, on doit
définir les roches : des substances minérales dont le volume est
assez considérable pour qu'elles jouent un rôle effectif dans la
structure de la Terre.

Cette définition laisse d'ailleurs de côté la considération de l'état
physique des substances, et dès lors, le mot roche prend en géologie une acception un peu différente de son sens vulgaire. On
sait déjà qu'il ne s'agit plus nécessairement de matériaux durs et
cohérents : le sable, même le plus fin, est une roche de même que
l'argile la plus plastique et, malgré l'imprévu de cette assertion, il

faut comprendre dans la série des roches l'eau des mers et des lacs et même l'air de l'atmosphère : il n'y a pas de substances plus minérales ni plus volumineuses.

Remarquons que les procédés applicables à l'étude des roches devront varier beaucoup d'un cas à l'autre : ainsi, en conséquence de distinctions artificielles, mais indispensables, établies entre les différentes sciences, l'étude de l'air et l'étude de l'eau sont plutôt du domaine de la physique que l'étude des « pierres ». Tout en nous en occupant pourtant d'une façon spéciale un peu plus loin, nous pourrons laisser ces deux masses fluides de côté pour le moment et nous consacrer aux éléments de la croûte solide de la Terre.

A cet égard, nous devrons évidemment faire usage avant tout des notions réunies à propos de l'examen des minéraux.

En effet, d'après les explications qui précèdent, chaque roche doit être définie par la nature des minéraux qui entrent dans sa composition et qui la constituent par leur mélange.

Cela ne suffit cependant pas tout à fait et, à côté de la composition des roches, il convient de mentionner ce qui concerne leur structure.

La structure des roches est très variée, elle change, même avec une composition minéralogique fixe, dans des limites parfois très larges, déterminant tantôt de simples variétés dans un type de roches et tantôt des types parfaitement distincts.

Par exemple on considérera comme simples variétés : le calcaire compacte comme la pierre lithographique, — le calcaire cristallin comme le marbre de Paros, — le calcaire terreux comme la craie. Et d'un autre côté, on fera deux types avec le micaschiste et l'hyalomicte (ou *greisen*), bien qu'ils soient tous les deux formés par le mélange du quartz avec le mica, parce que leur très grande diversité de structure leur donne une apparence très différente et que leur histoire géologique est en effet tout autre.

Il n'y a pas à s'appesantir outre mesure sur les faits de ce genre qui sont des exemples de plus de notre incapacité à exprimer, dans des classifications, toutes les nuances des objets naturels.

Mais au contraire il importe beaucoup à notre sujet de constater les principaux types de structure que les roches peuvent nous présenter.

Nous distinguerons donc les structures :

compacte, lorsque tous les éléments de la roche, réduits à des volumes microscopiques, sont très serrés les uns contre les autres, comme dans le calcaire lithographique ou le silex ;

saccharoïde, quand la texture finement cristalline rappelle celle du sucre, comme dans la pierre à plâtre de Paris ou dans le marbre de Carrare ;

grenue, lorsque la roche résulte de la juxtaposition de grains distincts et plus ou moins volumineux, ainsi que le fait voir le granit qui tire son nom de cette structure même ;

porphyrique, si la roche montre, dans une pâte compacte, des grains cristallins disséminés. Dans le cas où ces cristaux disséminés existant, la pâte est grenue, on dit que la structure est *porphyroïde* : le porphyre est un exemple du premier cas ; certains granits à grands feldspaths sont des exemples du second ;

oolithique, quand la roche est constituée de globules de faible diamètre, réunis par un ciment peu abondant. Quand les globules sont plus gros, on dit la roche *pisolithique*. Les roches dites *globulifères, variolaires, amygdalaires* se rapprochent plus ou moins de ce genre de structure ;

clastique, quand la roche est formée de fragments agglutinés. On dit *bréchoïde* (brèche universelle d'Égypte) quand les fragments sont anguleux, et *poudingiforme* quand ils sont arrondis (poudingue de Nemours) ;

gréseuse ou *arénacée*, dans le cas où la roche est formée de petits grains minéraux agglutinés par un ciment (comme dans le grès) ;

schistoïde, quand la roche se fend dans des directions déterminées. On distinguera la *structure feuilletée* pour le cas où la division donne lieu à des lames plus ou moins minces (micaschistes, ardoises) ; la *structure rhomboïde* quand cette division donne des polyèdres plus ou moins réguliers (houille, mâcline); si les feuillets sont épais on dit que la roche est *tabulaire* (comme les gneiss, les phonolithes).

Ce sont là les principales structures ; on pourra en mentionner quelques autres qui sont plus exceptionnelles.

Beaucoup des expériences faites sur les minéraux peuvent se répéter sur les roches et donnent des résultats qui, pour avoir une précision bien moindre, n'en sont pas pour cela moins utiles pour conduire à une détermination. Tels sont la mesure de la densité ou de la dureté, l'examen de l'action des acides et des autres réactifs, les essais par le chalumeau.

Toutefois, les études précises demandent en général la réalisation de l'*analyse minéralogique* des roches. C'est le nom qu'on donne à l'ensemble des procédés qui ont pour but de séparer les unes des autres les espèces minéralogiques mélangées dans les roches.

La première opération consiste à réduire la roche en une poussière qui ne soit pas trop fine et à en extraire, à l'aide d'une pince, les grains de différente nature pour en faire de petits tas distincts, dont chacun sera étudié par les moyens du minéralogiste. Mais les cas où l'on peut opérer ainsi sont bien rares, car souvent les grains de la poussière produite sont eux-mêmes complexes, et on n'arrive qu'au prix d'un très long travail à avoir, de chaque sorte, des quantités assez importantes pour pouvoir les étudier chimiquement.

Heureusement, on peut souvent faire des triages mécaniques qui sont plus expéditifs. Par exemple, si la roche à l'étude est formée de deux minéraux dont les densités sont suffisamment différentes, on pourra, à l'aide de lavages analogues à ceux qu'opèrent les orpailleurs, concentrer les plus lourds et recueillir à part les plus légers.

Dans cette voie, on a fait de grands progrès quand on a découvert des liquides dont la densité s'est trouvée intermédiaire entre celles des minéraux mélangés: en y jetant la poussière de la roche étudiée on voit certains grains tomber au fond pendant que d'autres surnagent. M. Thoulet emploie dans ce but une solution saturée d'iodure de mercure dans l'iodure de potassium ; il la met en œuvre dans un ingénieux appareil dont il est l'inventeur ; depuis sa publication on a varié le liquide et les résultats ont été fort multipliés.

Il y a d'ailleurs des cas où la séparation désirée peut être obtenue autrement, et c'est ce qui arrive, par exemple, quand un des minéraux mélangés est attirable à l'aimant pendant que les autres sont insensibles à son influence. Ainsi la poussière des basaltes abandonne au barreau aimanté tout son fer oxydulé. En employant de forts électro-aimants, on a vu de nombreux minéraux abandonner le mélange dont ils faisaient partie.

Enfin il arrive qu'on puisse se borner à séparer un seul ou un petit nombre des minéraux d'une roche, en profitant de ce que les acides ont sur les éléments du mélange une action très inégale. Si certains éléments sont solubles, les autres resteront comme résidu et pourront se prêter aux examens minéralogiques.

On a aussi appliqué à la détermination des roches les données procurées par l'étude optique des minéraux qui y coexistent et, par ce moyen, on a fait faire à la lithologie les progrès les plus considérables. Ce résultat n'a pu être obtenu que grâce à l'invention, due à Sorby, de tailler dans les roches, et sans altérer leur structure, des lames assez minces pour qu'elles soient complètement transparentes. On conçoit que, placées sur le porte-objet du microscope polarisant, de semblables lames se prêtent à toutes les observations et que la caractéristique de chacun des grains cristallins de la roche puisse en être conclue.

Pour préparer ces *lames minces,* on commence par séparer une esquille suffisamment large de la roche (1 centimètre carré environ) et, à l'aide du tour à polir dont se servent les lapidaires, on y dresse une surface parfaitement plane. Cette surface est collée sur une épaisse plaque de verre, et la roche est ensuite usée sur le tour jusqu'à ce qu'elle se réduise partout à l'épaisseur désirée, laquelle est de quelques centièmes de millimètre seulement.

Outre que l'aspect de ces lames à divers grossissements microscopiques et dans diverses conditions d'éclairage est un des plus séduisants spectacles qu'on puisse imaginer, le résultat obtenu se distingue par une précision incomparable.

Tout d'abord on arrive ainsi à reconnaître la manière d'être des différents minéraux constitutifs les uns par rapport aux autres, c'est-à-dire à définir des *micro-structures* ou plutôt des *textures* qu'il faut énumérer comme complément des structures, dites macroscopiques, que nous avons indiquées tout à l'heure.

Parmi les roches homogènes on distinguera tout d'abord la texture *vitreuse*, pour les pâtes inertes sur la lumière polarisée et dans lesquelles peuvent se montrer d'intéressantes particularités, comme des filaments (appelés *trichites*) formés de files parfois très contournées de toutes petites particules globuliformes, ou comme des *cristallites* ou embryons cristallisés de très faible dimension fréquemment disposés en dendrites.

Parmi les cristallites il s'en rencontre de dimensions un peu plus fortes et qui, ayant une forme allongée et plus ou moins aciculaire, se sont orientées dans la masse générale en conséquence des déplacements qui s'y sont opérés avant sa solidification définitive (fig. 37).Ces microlithes entourent, dans la pâte des roches, les cristaux plus volumineux et

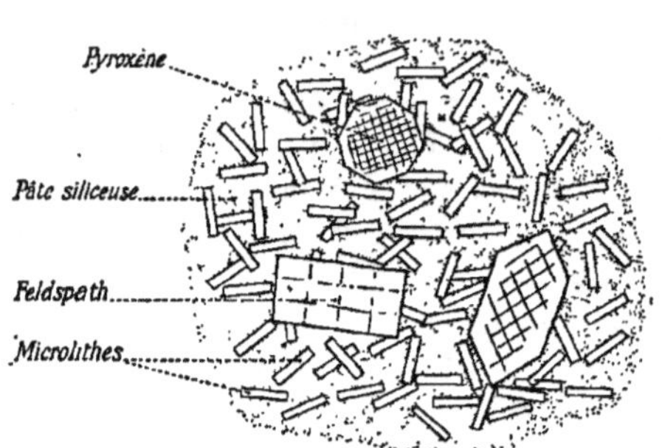

Fɪɢ. 37. — Lame mince de roche cristalline, vue au microscope et montrant ses différents éléments constituants.

donnent à la masse une structure spéciale qui a été qualifiée de *fluidale*.

Dans les roches vitreuses on trouve encore d'autres accidents qui se rencontrent également dans les roches cristallisées. Ce sont principalement des *inclusions* que l'on peut regarder (et ceci en rend l'intérêt incomparable) comme des échantillons du milieu même dans lequel les roches ont pris naissance et dont la notion doit nous renseigner d'une manière décisive sur l'origine de celles-ci. Ces inclusions ont d'ordinaire l'apparence de bulles plus ou moins sphéroïdales noyées au sein de la masse pierreuse. Par des études suffisamment délicates, on arrive à y reconnaître des matières gazeuses, des matières liquides et des matières solides, vitreuses ou cristallines, suivant les cas. Les trois états peuvent se rencontrer dans une même inclusion, et alors on voit, quand on incline ou qu'on renverse la préparation, la partie liquide se déplacer dans sa cellule: on lui donne dans ce cas le nom de *libelle*. Parmi les matériaux des inclusions de roches très variées on peut citer l'eau; l'anhydride carbonique soit gazeux, soit liquide; des carbures d'hydrogène tels que la brewsterline; des cristaux de sel marin et d'autres minéraux.

Quand les roches sont entièrement cristallines, elles peuvent être uniformément *grenues* et à grains parfois si fins qu'à l'œil nu, on croit la matière parfaitement compacte, parfois aussi à grains plus volumineux et même directement sensibles. Parmi les roches homogènes, on peut citer le gypse saccharoïde, la dolomie, le calcaire, les grès et les quartzites, les schistes et les ardoises formés souvent de très petits grains de sillimanite et de staurotide, etc., etc. Parmi les roches complexes, la pâte des porphyres, celle des basaltes et de beaucoup d'autres espèces sont désignées dans les anciens systèmes lithologiques sous la dénomination d'*adélogènes*, qui était assez heureusement trouvée. Il sera utile pour ces roches complexes de pousser les distinctions un peu plus loin et d'énumérer à propos de chaque type bien choisi les variétés de structure qui se présenteront.

La texture *granitoïde* est celle du granit et de beaucoup d'autres roches cristallines. On y voit tous les minéraux constituants, quels que soient leur variété et leur nombre, se présenter comme si tous s'étaient produits en même temps, utilisant pour se développer la place qui leur était laissée par leurs voisins et se moulant par conséquent les uns sur les autres. Parfois cependant on s'aperçoit que certains éléments minéraux ont trouvé plus de facilité que les autres à se produire, et on dit que la structure est proprement *granitique* parce qu'elle reproduit celle de beaucoup de granits, où le feldspath s'est développé en larges plages, parfois plus étendues que le champ du microscope sous lequel on fait les observations. Quand les minéraux sont tous à l'état de petits grains de grosseur uniforme, on dit que la structure est *granulitique* parce que la granulite est construite selon ce modèle. A l'inverse on a la structure *pegmatitique* quand les minéraux constituants se sont très nettement isolés les uns des autres pour cristalliser chacun de son côté, avec une orientation qui reste la même sur des dimensions qui peuvent être très grandes. La pegmatite graphique réalise ce dispositif avec son maximum de netteté.

Dans un deuxième groupe de roches, on se trouve en présence

de la texture *porphyroïde*. Elle se reconnaît tout de suite à l'existence de cristaux, relativement gros, disséminés dans une masse pierreuse à grains très fins ou même à apparence uniforme et homogène. On la qualifiera de texture *porphyrique* quand les cristaux seront disséminés dans une véritable pâte, c'est-à-dire dans une masse semblant homogène et compacte à l'œil nu, et dont la nature complexe ainsi que l'état grenu ne se révéleront que par le moyen de forts grossissements. Dans ce dernier cas il serait facile de faire à l'égard de la pâte les mêmes distinctions indiquées tout à l'heure pour les roches à texture granitoïde et, comme les dimensions des grains cristallins sont cette fois bien plus réduites que précédemment, on dit que la pâte est ou bien *microgranitique* ou bien *microgranulitique* ou bien *micropegmatitique*. Il arrive d'ailleurs que des roches soient réduites à ces pâtes de roches porphyroïdes auxquelles manquent les gros cristaux disséminés : le type en est l'eurite, mais les variétés en sont très nombreuses.

Enfin, il importe de mentionner aussi la texture *ophitique* qui est, pour ainsi dire, intermédiaire entre la texture granitoïde et sa texture porphyroïde. On y voit une pâte, mais celle-ci est constituée par des cristaux bien individualisés et qui ne s'accommodent plus de la qualification de microlithes. Les ophites lui ont donné leur nom parce qu'elles en présentent les caractères avec le plus de netteté.

On verra plus loin que les caractères de la structure et de la texture auront une grande signification pour élucider les circonstances qui ont présidé à la production des roches. Pour le moment contentons-nous de constater que ces notions peuvent avoir des applications directes à la classification des roches. Toutes proportions gardées, elles auront à cet égard une signification comparable à celle dont jouissait la cristallographie dans l'étude des minéraux.

Et non seulement nous aurons, cette fois encore, à faire intervenir ce qui concerne la constitution physique des corps à l'étude, mais il faudra considérer également ce qui concerne la composition des roches, de même que nous nous préoccupions de la composition des minéraux. Seulement nous ferons la même différence à ce second point de vue qu'au premier. Nous laisserons de côté la considération directe de la composition chimique des roches qui varie d'un spécimen à l'autre, et nous ferons appel à la composition minéralogique, c'est-à-dire à la présence et à la proportion des minéraux dont la nature nous est dès maintenant connue.

De même que nous faisions pour les minéraux deux catégories, d'abord pour les substances essentielles qui conduisaient à l'établissement de la formule chimique, puis pour les substances secondaires, considérées comme des impuretés et dont on faisait en général abstraction ; de même nous remarquerons dans les roches, d'abord les minéraux *essentiels* dont le mélange formera la roche pour ainsi dire théorique, puis les minéraux *accidentels* ou *subordonnés* qui pourront caractériser des variétés et seront regardés comme moins nécessaires.

Tout cela posé, il convient de nous arrêter un moment sur la marche à suivre pour classer les roches et, sans entrer à ce sujet dans un historique qui présenterait un grand intérêt mais que la place disponible nous interdit, constatons d'abord que la composition minéralogique devra nous servir de guide principal.

En comparant d'ailleurs les différents types de roches acceptés et décrits, on verra que les diverses formations géologiques en sont très inégalement partagées. Les terrains stratifiés se signalent par le très petit nombre de termes lithologiques qui les constituent; les terrains fondamentaux en offrent beaucoup plus, mais le très grand nombre concerne les terrains intercalés.

Pour les roches des terrains intercalés, on arrive bien vite à cette conclusion qu'elles forment une série continue et on passe des unes aux autres d'une manière tout à fait insensible. Plus loin nous verrons quelle explication on peut hasarder de cette circonstance; mais, tout de suite, on doit constater qu'elle a conduit à un luxe extraordinaire de noms proposés pour désigner les divers types recueillis et qu'elle a déterminé de très longues discussions, qui sont loin d'être terminées, entre les spécialistes.

Le point important tout d'abord, c'est que la constatation des minéraux constituants ne suffit pas et qu'il faut y ajouter celle de leur proportion relative, au moins évaluée en gros. C'est pour cela qu'on a généralement commencé par faire deux portions dans les minéraux de roches intercalées : l'une pour les minéraux blancs ou de couleur très claire et qui sont, avant tout, les feldspaths, et l'autre pour les minéraux colorés, en noir. en brun, en vert foncé, etc.

et qui contiennent du fer et de la magnésie. Les premiers sont des éléments alumineux ou feldspathiques, les autres des éléments ferro-magnésiens. Dans chacune de ces catégories on évalue la proportion des éléments chimiques (silice, alumine et alcalis, pour les premiers ; oxyde de fer et magnésie, pour les autres). M. Michel Lévy a réduit ces données à des figures géométriques dont les côtés ont des longueurs proportionnelles aux nombres fournis par l'analyse et ces paramètres magmatiques ont le grand avantage de rendre souvent très sensibles aux yeux les analogies et les différences mutuelles des types comparés.

Dans ces tout derniers temps plusieurs savants américains, parmi lesquels il faut citer MM. J.-P. Iddings, H.- S. Washington, W. Cross et L.-V. Pirsson, ont publié un système qu'il est impossible de ne pas mentionner et qui paraît de nature à procurer à la lithologie de précieux moyens d'investigation, bien qu'il n'ait pas à la première vue le caractère pratique qu'il faut désirer avant tout dans les méthodes taxonomiques. On peut lui reprocher en outre de s'écarter du point de vue du naturaliste pour faire prévaloir des considérations théoriques non vérifiées, à savoir que les minéraux que contient réellement une roche donnée pourraient être tout autres si cette même roche avait rencontré, lors de sa formation, des conditions de milieu différentes de celles qui ont été réalisées.

Dès lors les auteurs substituent aux minéraux que montre l'examen des lames minces au microscope, d'autres minéraux pouvant résulter du groupement des éléments chimiques révélés par l'analyse chimique et qui, en effet, pour la plupart au moins, se montrent dans les roches acceptées comme typiques.

Ici encore on distingue les éléments blancs et les éléments colorés. Les premiers sont désignés par le signe *sal,* formé par les initiales des mots silice et alumine, mais que les auteurs prononcent *salique* comme s'ils y attribuaient une signification masculine, par opposition au signe *fem,* qui désigne les éléments colorés d'après les initiales des mots fer et magnésie, mais qu'ils prononcent *femique.*

Les auteurs, ayant réalisé l'analyse chimique de la roche à l'étude, combinent toute la potasse trouvée à une proportion convenable de silice et d'alumine pour en faire de l'orthose (K_2O, Al_2O_3, $6SiO_2$). Puis ils associent la soude de la même manière à une albite théorique (Na^{2}O, Al^{4}O^3, 6SiO^2) et ils font de même pour la chaux qui devient de l'anorthite (CaO, Al^{2}O^3, 2SiO^2). Si l'alumine est en excès, on la regarde comme constituant du corindon (Al^{2}O^3) ; la chaux restant après la constitution de l'anorthite est associée à une proportion convenable de magnésie et de protoxyde de fer pour composer un silicate de la famille pyroxénique de l'espèce diopside (CaO, SiO^2 + (Mg,Fe) O,SiO^2). Quant à la silice, il peut arriver que la quantité révélée par l'analyse chimique soit plus que suffisante pour constituer des sels avec toutes les bases, y compris la magnésie et l'oxyde de fer. Alors on commence par admettre un bisilicate de la catégorie de l'hypersthène [(Mg,Fe)O,SiO^2] et le surplus est considéré comme se présentant à l'état de quartz (SiO^4). Si la proportion de silice est moindre, on en calcule une partie sous la forme de ce même hypersthène et une autre sous celle du péridot olivine [2(FeMg)O,SiO^2]. Enfin si la quantité de silice est trop faible pour satisfaire à ces combinaisons, on emprunte la quantité nécessaire à l'albite qu'on avait admise d'abord et, avec la différence, on admet une certaine quantité de néphéline (Na^{2}O, Al^{2}O^3, 2SiO^2).

Il n'y a pas jusqu'aux substances rares qui ne soient interprétées de même, comme entrant dans des minéraux à composition nettement définie. L'oxyde de titane est associé au protoxyde de fer pour faire de l'ilménite (TiO^2,FeO) ; le sesquioxyde de fer, également au protoxyde de fer, pour constituer de la magnétite (Fe^{2}O^3, FeO) ; l'anhydride phosphorique à la chaux pour devenir de l'apatite (Ph^{2}O^5, 3CaO), etc.

Bref on arrive à substituer ainsi à la composition réelle, visible sous le microscope, une *composition virtuelle* où figurent des substances qu'on n'obtient pas directement, comme la néphéline, l'hypersthène, le corindon, le péridot et bien d'autres. A première vue le bénéfice semble bien contestable, mais à la pratique on voit surgir des rapprochements entre des roches diverses et qui promettent des notions très larges sur la qualité des magmas dont les types lithologiques sont comme des accidents.

Allant jusqu'au bout de leur manière de voir, les auteurs américains n'ont pas craint de changer tous les noms des roches actuellement acceptés. Aucun de ceux-ci ne peut subsister en effet puisque chacun d'eux représente des types que la discussion chimique résumée tout à l'heure sépare les uns des autres. Ces nouveaux noms se signalent par l'uniformité de leur construction ; ils sont faits d'un nom de localité avec la désinence *ose*. C'est ainsi qu'on trouve l'auvergnose, l'alaskose, la toscanose, etc. Sous le même nom se rencontrent des roches dont la composition virtuelle est la même, mais qui présentent des compositions actuelles si différentes que, par exemple, l'auvergnose (caractérisée par une proportion de silice égale à 5o °/₀ et à un rapport de l'alcali à la silice égal à o,o6o environ), comprend des spécimens qualifiés de basalte, de diabase, de gabbro, de norite, de dolérite, etc. dans les anciens systèmes.

Quoi qu'il en soit l'auvergnose constituant un sous-rang (*sub-rang*) se place avec d'autres groupes comparables, dans un *rang* qui est appelé *auvergnase*. Les rangs sont tous en *ase*, et on peut citer la liparase, la coloradase, la labradorase, etc. De même les rangs se réunissent dans des ordres dont le nom rime en *are*, comme britannare, canadare, hispanare, etc. Enfin les ordres se répartissent entre des classes, qui sont les divisions les plus larges et dont les noms se terminent par *ane*, et dérivent non plus de considérations géographiques, mais du point de vue chimique.

Il convient, en effet, de distinguer différents cas dans la valeur ou rapport de poids entre les éléments *saliques* et les éléments *fémiques*. Tout d'abord il est naturel de mettre à part les roches où ce rapport est très voisin de l'unité. On a alors la classe des *salfemanes*, dont le nom composé des deux syllabes *sal* et *fem* est très expressif. On conçoit immédiatement deux autres types caractérisés l'un par un grand excès des minéraux blancs ou feldspathiques et l'autre inversement par un grand excès des minéraux foncés ou ferro-magnésiens. Quand le rapport $\dfrac{sal}{fem}$ est égal à $\dfrac{7}{1}$ on est en présence de la classe des *persalanes* ; si ce rapport est égal à $\dfrac{1}{7}$ on a affaire au contraire aux *perfemanes*. Entre ces extrêmes et le terme moyen on peut considérer les cas où il y a seulement *prépondérance* de l'un des groupes de minéraux sur l'autre. Quand $\dfrac{sal}{fem} = \dfrac{5}{3}$, on qualifie la classe correspondante de *dosalanes* ; quand inversement $\dfrac{sal}{fem} = \dfrac{3}{5}$, on a les *dofémanes*. En résumé cinq classes se présentent successivement à mesure que la proportion des minéraux *saliques* va en diminuant. Ce sont: 1° les *persalanes*; 2° les *dosalanes*; 3° les *salfemanes*; 4° les *dofemanes* et 5° les *perfemanes*.

Il était indispensable de tenir nos lecteurs au courant de cette manifestation (qui est actuellement la plus récente) des efforts faits par les lithologistes pour pénétrer le secret de la constitution intime des roches. Mais nous ne saurions aller plus loin dans cette voie. Pour notre part nous allons décrire les principaux types de roches en faisant intervenir des caractères de constatation commode et de comparaison facile.

C'est par la combinaison de tous les moyens d'étude dont on a eu un très rapide aperçu qu'on est parvenu à distinguer les types de roches généralement acceptés. On reconnaît même que ces types sont rattachés les uns aux autres par des variétés intermédiaires et il faut, avec un certain arbitraire, régler des caractéristiques qui serviront de termes de comparaison.

Leur classification est celle que nous avons adoptée pour ranger dans la Galerie publique, les échantillons exposés au Muséum d'Histoire naturelle.

Pour chacun des types de roches énumérées on trouvera :

1° son nom avec étymologie et synonymes ;

2° sa composition minéralogique et l'indication des principales variétés de composition ;

3° sa structure (y compris les produits *détritiques* : brèches, poudingues, grès, sables) ;

4° sa densité ;

5° son gisement géologique et ses localités ;

6° ses applications, et spécialement à l'industrie, aux arts et à l'agriculture.

I. — Roches feldspathiques à orthose.

Granit (on écrit aussi **granite**) (de l'italien *grano*, grain, ou *granito*, grenu) et **gneiss** (vieux mot allemand). — Composition minéralogique : *a) minéraux essentiels :* mélange en proportions sensiblement égales d'orthose, de quartz et de biotite ; *b) minéraux subordonnés les plus fréquents* (et variétés de composition):

Oligoklase. La présence de ce feldspath en quantité notable conduit à la roche désignée en Russie sous le nom de *rappakiwi*. — *Albite.* On a alors le granit dit de Baveno, d'une localité située sur le lac Majeur, et qui se retrouve bien ailleurs. — *Amphibole hornblende.* On a alors la *pseudo-syénite* (ou granit à quatre éléments). — *Cordiérite, tourmaline, grenat,* etc.

Structure essentiellement grenue, les cristaux étant juxtaposés sans matière interposée. On distinguera les granits à *gros grain,* à *grain moyen,* à *grain fin.* Dans le premier cas le feldspath est parfois en cristaux remarquablement volumineux et alors on a la variété *porphyroïde.* Dans les autres cas il peut y avoir alignement du mica dans une direction dominante et on a alors le *granit feuilleté* appelé gneiss. Quand le grain est très fin on a le *microgranit* ou *aplite* et le *microgneiss.*

Densité : 2,65.

Gisement : roche de profondeur dont le début remonte à l'époque hydrothermale, qui a succédé à celle de la constitution de la croûte initiale, mais qui a persisté pendant toute la durée des temps subséquents et se continue encore. Le granit a été poussé, à beaucoup de reprises, au travers des assises qui l'avaient recouvert par le procédé volcanique. Constitue une grande partie des régions accessibles de l'écorce ; en France : le Plateau Central, la presqu'île bretonne, les parties hautes des grandes chaînes montagneuses en sont formés. La presqu'île scandinave, la Laponie russe, une grande partie des plateaux de l'Asie centrale sont granitiques. Le granit abonde en Afrique, spécialement sur la côte occidentale. Il joue un rôle considérable dans l'architecture des Amériques et de l'Australie. — Dans beaucoup de pays, les débris du granit se montrent assez abondants pour faire des assises spéciales ; ces débris (reliés entre eux par un ciment qui peut varier) constituent l'*arkose* ou *granit recomposé* (Côte-d'Or, Saône-et-Loire, etc.), les *grès granitiques,* etc.

Applications : elles sont nombreuses : matériaux de construction ; moellons, et, pour les belles variétés, pierres d'appareil et plaques de décoration. Le rappakiwi forme les parapets des quais de la Néva à Saint-Pétersbourg ; la pseudo-syénite a été fort employée par les anciens (obélisques des Égyptiens ; colonnes des temples antiques). Le gneiss donne des dalles dont on couvre parfois les maisons et qui peuvent servir à recouvrir le sol (son inconvénient est le poids de ses dalles épaisses). Le granit et le gneiss font de bons pavés; ils sont souvent recherchés pour la confection du macadam.

Granulite (diminutif de granit) et **pegmatite** (de πηγμα, *fiché*, à cause de la situation du quartz). — COMPOSITION MINÉRALOGIQUE : *a*) *minéraux essentiels :* feldspath, orthose prédominant et quartz cristallisé ou idiomorphe disséminé ; *b*) *minéraux subordonnés :* muscovite, séricite, grenat.—Dans le premier cas on a la pegmatite proprement dite ; dans le second, la *protogine,* que signale d'habitude la nuance verdâtre de ses paillettes micacées; dans le troisième cas on a les granulites qui sont parfois parsemées de grenats.

STRUCTURE : les granulites présentent certaines variétés de structure qui répondent à celles des granits, et l'on y distingue, par exemple des microgranulites qui sont à grain tout à fait microscopique. Le feldspath est parfois en très grandes lames dans les joints de clivage selon lesquels sont distribués les grains quartzeux. Ceux-ci sont alors remarquables par des vestiges de contours cristallins qui en font comme des squelettes ou des charpentes de cristaux. Il en résulte sur les surfaces planes, et surtout sur les surfaces polies, des ordonnances régulières qui font penser à des caractères d'écriture. Le type est procuré par la *pegmatite graphique,* appelée aussi *granit égyptien,* les signes qu'elle porte ayant été comparés à des hiéroglyphes. Les protogines sont souvent gneissiques, c'est-à-dire feuilletées comme les gneiss.

DENSITÉ : 2,65, c'est-à-dire la même que la densité du granit.

GISEMENT : fort analogue à celui du granit, avec un âge de formation qui paraît en général moins ancien. La grande différence entre les deux groupes réside dans la nature du mica, la muscovite remplaçant la biotite ; mais il ne faut pas y attacher trop d'importance, et dans la plupart des échantillons de granit comme de granulites, on trouve les deux minéraux quoique en proportions fort inégales. Les granulites forment fréquemment des dykes et des apophyses au travers des roches de granit et de gneiss. Ces filons, par exemple dans la Haute-Vienne, ont très fréquemment été kaolinisés par le phénomène stannifère. La *protogine* constitue l'axe de beaucoup de grandes chaînes montagneuses et spéciale-

ment les sommets du mont Blanc, de la Jungfrau et du mont
Rose ; son nom consacre l'erreur où ont été les géologues qui
pensaient que la roche fondamentale des hautes montagnes devait
être la plus ancienne (la *première créée*).

Applications : les applications des granulites coïncident avec
celles des granits.

Porphyre (de πορφύρα, rouge, à cause de la couleur d'une roche
exploitée par les anciens et qui a été pendant un temps le type des
porphyres). — Composition minéralogique : le porphyre type est essentiellement feldspathique ; il consiste en orthose compacte formant
une pâte dans laquelle sont disséminés des cristaux également d'orthose ; c'est alors le *porphyre pétrosiliceux*. Il arrive d'ailleurs que les
cristaux disséminés, et qui sont essentiels, se réduisent de volume
et disparaissent même entièrement. La roche est alors dite *eurite*
(à cause de sa fusibilité) ou *pétrosilex*. Le plus souvent, aux cristaux de feldspath s'ajoutent d'autres minéraux et spécialement le
quartz qui est d'ordinaire très bien formé : la roche devient le *porphyre feldspathique quartzifère*. D'autres variétés résultent du mélange de minéraux subordonnés comme l'amphibole ; mais il y a
dans ce cas passage à d'autres types qu'il conviendra d'étudier plus
loin.

Structure : la description que nous venons de donner du porphyre pétrosiliceux comprend le type de structure que nous avons
qualifié de *porphyrique*. Cependant tous les porphyres ne présentent
pas rigoureusement cette structure, ou, au moins, ne la présentent
pas seule et peuvent l'associer avec d'autres. C'est ainsi qu'on connaît
des porphyres schisteux (*Papierporphyr* des Allemands), en feuillets dont chacun est porphyrique. Les *argilophyres*, les *porphyroïdes*
sont dans ce cas. On appelle *pyromérides* ou *porphyres globulifères*, des roches qui, avec la composition précédente, montrent
dans la pâte feldspathique, non pas des cristaux isolés, mais des
sphéroïdes à structure cristalline, et dont la dimension peut varier
de quelques millimètres à un décimètre et plus. Enfin il y a lieu
de mentionner des brèches de porphyres ou porphyres conglomérés
(*euritine*) qui rappellent intimement les arkoses.

Densité : 2, 64.

Les couleurs varient beaucoup ; les plus fréquentes sont le gris plus ou moins foncé. — Les porphyres lardent le sol dans beaucoup de régions et, en France, il faut citer avant tout le Morvan ; on retrouve des porphyres dans la Sarthe, dans les Vosges, dans le Cornwall en Angleterre, en Saxe, dans le Tyrol ; en Scandinavie et bien ailleurs. Le porphyroïde ou hyalophyre se montre dans les Ardennes.

Applications : on fait avec le porphyre beaucoup de pavés et du macadam. Les belles variétés sont taillées et polies comme pierres de décoration ; des statues et des vases sont faits en porphyre.

Trachyte (de θραχύς, rude, à cause de la rugosité de sa cassure). — Composition minéralogique : roche formée essentiellement de feldspath blanchâtre ou gris-cendré, montrant souvent des cristaux de feldspath vitreux (sanidine). Des variétés résultent de la présence de certains minéraux subordonnés. Ainsi le quartz, parfois abondant, donne lieu aux *rhyolithes* et le mica, aux *domites*.

Structure : dans le trachyte type, la structure est saccharoïde, mais il y a des variétés porphyroïdes où le feldspath, en gros cristaux fendillés (sanidine), est disséminé dans une pâte finement grenue ; ce sont alors les *porphyres- trachytiques* ou *sanidophyres*, qu'on appelle *trachytes molaires* quand le quartz, ou plutôt la tridymite, y est en quantité notable. Certains trachytes sont zonaires et d'autres globulifères à la manière des pyromérides, et d'autres encore sont conglomérés, faisant des brèches de volume parfois considérable.

Densité : 2, 57 à 2, 68.

Les trachytes sont des roches volcaniques et ils se présentent d'ordinaire à l'état de masses, poussées pâteuses des laboratoires souterrains et qui ne se sont pas épanchées en coulées de lave : le Puy de Dôme en est un exemple remarquable à côté duquel on peut citer le Puy de Sancy et plusieurs autres montagnes d'Auvergne dépourvues de cratère. Le Drachenfels fournit aussi beaucoup de trachytes, comme la Hongrie, l'Islande, le Mexique, etc.

Applications : les trachytes font parfois de bons matériaux de construction et la cathédrale de Cologne en est bâtie. On désigne souvent en langage technique, sous le nom de pierre de Kœnigswinter, une variété terreuse de trachyte bréchiforme appelée aussi *trass* et très activement exploitée comme ciment, surtout autour d'Andernach en Prusse rhénane. Dans le Var, on emploie comme moellons des trachytes bréchoïdes. Le trachyte molaire de Hongrie est exploité pour la confection de meules à moudre le grain.

Obsidienne (de *Obsidius*, nom d'un ancien qui, le premier, dit-on, signala cette substance). — Syn. : *verre des volcans, miroir des Incas, agate d'Islande.*

COMPOSITION MINÉRALOGIQUE : verre feldspathique généralement noir et qui, aux éléments du feldspath, adjoint des corps vaporisables tels que l'eau, le gaz carbonique et d'autres émanations volcaniques. Des variétés peuvent résulter du mélange de quelques minéraux. Par exemple, certaines obsidiennes, dites *porphyroïdes,* contiennent des cristaux disséminés de feldspath orthose (sanidine) et parfois aussi de rares paillettes de mica, quelques aiguilles d'amphibole ou des petits grains quartzeux (tridymite). On remarque aussi des sphérolithes, dits *lithophyses,* et qui caractérisent l'obsidienne globulifère. Parfois la roche est *zonaire,* par l'alternance de bandes uniformes et de bandes sphérolithiques.

STRUCTURE : la structure, dans le type, est parfaitement uniforme ; mais elle peut être *smalloïde* ou fibreuse, à cause de la présence d'innombrables petites aiguilles qui déterminent l'apparition de reflets chatoyants. On connaît l'obsidienne fragmentaire ou bréchiforme.

DENSITÉ : 2,38 à 2,48.

Nous distinguerons sous le nom de *rétinite* des roches dont la composition est très voisine de celle de l'obsidienne, mais qui contiennent jusqu'à 10 °/₀ d'eau. Tout le monde connaît la *pierre ponce :* ce n'est que de l'obsidienne filée, c'est-à-dire solidifiée pendant qu'elle s'écoulait relativement vite.

GISEMENT : ces diverses roches sont essentiellement volcaniques : le rétinite se rattache à des volcans éteints depuis le plus longtemps et forme des nappes et surtout des dykes dans les couches houillères de la Saxe (Meissen) ; dans les couches crétacées de Planitz, dans le même pays ; dans les couches tertiaires du Vicentin, des monts Euganéens et de la Hongrie. Pour l'obsidienne vraie, elle est surtout en nappes ou en coulées et s'associe aux trachytes du Cantal, des îles Lipari, des îles Ponce, de Santorin, de l'Islande, de Ténériffe, de Quito, du Mexique, etc. Enfin la ponce se présente d'ordinaire en petits fragments de la catégorie des lapillis, formant des lits dans l'architecture des volcans actuels. Les îles Ponce lui donnent leur nom ; on la trouve à Ischia, à Lipari, au Vésuve, au Mont-Dore, sur les bords du Rhin, en Islande, au Mexique.

Applications : l'obsidienne a, depuis l'antiquité, reçu diverses applications dont les deux principales dérivent de son pouvoir réfléchissant pour la lumière et du tranchant de ses éclats. Au premier point de vue, elle a servi à fabriquer des miroirs connus sous le nom de *miroirs des Incas*, et dont le Muséum possède un bel échantillon. Au second point de vue, les Mexicains ont encore conservé l'usage d'employer des esquilles d'obsidienne, à la façon de rasoirs avec lesquels ils se font la barbe ; ils en font aussi des couteaux à dépecer le gibier et des pointes de flèches déjà en usage du temps de Montézuma et sans doute bien avant. La ponce est recherchée pour polir les corps relativement peu durs comme les peaux et surtout les parchemins, le bois, l'ivoire, quelques pierres tendres ainsi que des métaux.

Phonolithe (de φωνή, son, et λίθος, pierre, à cause de la sonorité de certains échantillons). — Composition minéralogique : *a) minéraux essentiels :* mélange de sanidine (orthose vitreux), de néphéline et de zéolithes ; *b) minéraux subordonnés :* pyroxène, amphibole, sphène, mica.

Structure : tantôt homogène, tantôt porphyroïde, tantôt schistoïde ou plutôt tabulaire.

Densité : 2, 5 à 2, 6.

Gisement : en dykes dans les pays à volcans tertiaires. On en connaît en France trois massifs principaux : aux roches Tuillière et Sanadoire, entre Clermont et le Mont-Dore ; au pic de Griounot dans le massif du Plomb du Cantal et au Mézenc.

Applications : les variétés tabulaires servent comme ardoises grossières à la couverture des maisons.

II. — Roches feldspathiques à plagioklases.

Porphyrite (dérivé de porphyre). — Syn. : *porphyre rouge antique.* — Composition minéralogique : *a) minéraux essentiels :* roche composée d'une pâte de feldspaths tricliniques et spécialement d'oligoklase, dans laquelle sont disséminés des cristaux du même minéral ; *b) minéral subordonné :* amphibole hornblende.

DENSITÉ : 2, 6.

Nous ne mentionnons cette roche qu'à cause de sa célébrité comme matière première d'une foule d'œuvres d'art antiques. C'est elle qui est désignée sous le nom de porphyre dans les vieux écrits, et les premiers lithologistes ont groupé autour d'elle d'autres espèces qui, avec les moyens d'étude dont ils disposaient, leur ont paru avoir la même composition. Plus tard, à l'aide des procédés micrographiques, on a défini les divers feldspaths et il a fallu extraire de l'espèce porphyre les masses différentes de l'orthose ; or le porphyre antique est précisément dans ce cas. On rattachera à la porphyrite des roches compactes dont le type est fourni par le *porphyre bleu de l'Esterel,* que certains lithologistes qualifient de *dacite.* Elle est exploitée autour de Boulouris (Var) pour la confection des pavés, des bordures de trottoirs et des bornes.

GISEMENT : le gisement du porphyre rouge antique a été retrouvé en 1823 par les voyageurs Burton et Wilkinson. Les carrières exploitées par les anciens sont encore visibles dans la Haute-Égypte, dans la chaîne du Djebel Dokhan, à 200 kilomètres de la ville de Syout.

Andésite (du nom de la chaîne des Andes). — COMPOSITION MINÉRALOGIQUE : *a) minéral essentiel :* masses d'oligoklase, ayant des analogies extérieures avec les masses d'orthose qui constituent les trachytes. *b) minéral accidentel :* Les mêmes minéraux accidentels s'y rencontrent et il faut citer spécialement le pyroxène augite et l'amphibole hornblende, qui caractérisent deux variétés importantes par le volume gigantesque sous lequel elles se présentent.

STRUCTURE : la structure varie également comme dans les trachytes.

DENSITÉ : 2, 73.

GISEMENT : les andésites sont des roches volcaniques dont la sortie paraît en général dater des temps tertiaires. Les plus hauts pics des Andes, comme le Chimborazzo, le Cotopaxi, le Pichincha et bien d'autres en sont formés.

APPLICATIONS : les usages de ces roches sont semblables à ceux des trachytes.

III. — Roches pyroxéniques.

Dolérite (de δολερός, trompeur ; cette roche a été souvent confondue avec le diorite). — Syn. : *labradorite*. — COMPOSITION MINÉRALOGIQUE : *a*) *minéraux essentiels :* pyroxène augite et feldspaths tricliniques (le plus souvent labrador) ; *b*) *minéraux subordonnés :* fer titané, olivine, néphéline, anorthite, grenat, mélanite, mica, pyrite.

DENSITÉ : 3.

STRUCTURE : ordinairement grenue, parfois porphyroïde.

GISEMENT : roche des massifs volcaniques éteints, par exemple aux environs d'Aix-en-Provence, à l'est du château de Beaulieu ; le plateau de Charade, dans le Puy-de-Dôme ; Holmstrand, en Norvège.

Diabase (de δις, deux, et βασίς, bases). — COMPOSITION MINÉRALOGIQUE : *a*) *minéraux essentiels :* feldspaths tricliniques, pyroxène augite et magnétite ; *b*) *minéraux subordonnés :* terre verte, mica, pyrite.

STRUCTURE : grenue ; roche très tenace.

DENSITÉ : 2, 9.

GISEMENT : c'est une roche d'épanchement, formant des dykes dans les terrains anciens. On en rencontre dans les Vosges, dans le Tyrol, dans le Harz.

APPLICATIONS : la diabase prend très bien le poli ; on en a employé quelquefois à la décoration d'édifices et à la construction de monuments funéraires. L'*ophite* et la *variolite* peuvent être rattachées aux diabases.

Mélaphyre (de μέλας, noir, à cause de sa couleur foncée). — COMPOSITION MINÉRALOGIQUE : *a*) *minéraux essentiels :* feldspaths tricliniques et pyroxène augite avec péridot olivine ; *b*) *minéraux subordonnés :* fer oxydulé, pyrite, calcite.

STRUCTURE : le plus souvent porphyrique (porphyre vert antique), parfois compacte (trapp), ou amygdaloïde (spilite).

Densité : 2, 7 à 3.

Les mélaphyres sont des roches éruptives anciennes ; elles forment des coulées parfois épaisses et superposées en grand nombre, comme on le voit au lac Supérieur (États-Unis). Les variétés amygdaloïdes sont intéressantes par les minéraux de seconde formation qui ont pris naissance dans leurs vacuoles. C'est le gisement des agates, exploitées par les anciens à Oberstein, dans le Palatinat, et par les modernes à Salto, près de Montevideo (Uruguay). Les mélaphyres se présentent à l'état de couches de projections solides et le *toadstone* des Anglais en est le type : c'est la *talourine* des environs de Rive-de-Gier (Loire).

Gabbro (nom italien) et euphotide (de εὖ, beau, et φῶς, lumière, à cause de l'agrément de ses couleurs). — Composition minéralogique : *a) minéraux essentiels :* feldspath compacte (saussurite) et pyroxène augite ou diallage ; *b) minéral subordonné :* olivine ; si le pyroxène est l'augite, la roche est le gabbro ; s'il est du diallage, la roche est l'euphotide.

Structure : toujours grenue et les variétés proviennent de la grosseur du grain.

Densité : 3, environ.

Pour les gabbros, on les distingue d'après la nature de leur feldspath en *andésitique* quand c'est l'oligoklase, *labradorique* et *anorthique.*

Gisement : les euphotides et les gabbros sont des roches éruptives épanchées en couches dans les terrains anciens ; ces roches ont encore fait éruption à la période tertiaire.

Applications : ce sont, dans certaines de leurs variétés, de très belles substances, très recherchées pour la décoration et l'ornementation des édifices.

Basalte (ancienne expression considérablement détournée de son sens primitif et qui désignait d'abord une variété de porphyre syénitique). — Composition minéralogique : *a) minéraux essentiels :* feldspath labrador, pyroxène augite, péridot olivine, magnétite titanifère ; *b) minéraux subordonnés :* corindon, zircon, sidérose, aragonite, zéolithe, soufre.

Structure : généralement très compacte ; parfois porphyroïde

par le développement des cristaux des minéraux constituants et
spécialement du labrador et de l'augite. Un basalte porphyroïde
à fragments de dunite se montre en beaucoup de points de l'Auvergne.

DENSITÉ : 3, en moyenne.

GISEMENT : le vrai basalte est une roche éruptive essentiellement tertiaire : le Plateau de la France centrale en montre de
toutes parts, de même que le nord-est de l'Irlande, les îles du nord
de l'Écosse, la région sud-ouest du Groënland, le sud de l'Afrique, la province du Dekkan dans l'Inde, etc. Il manifeste la plus
grande tendance à constituer des colonnades de prismes juxtaposés, parfois articulés en segments successifs et souvent très longs
(montagne de Bonnevie, Croix de la Paille). Aux basaltes se rattachent des scories volcaniques anciennes, des lapillis (pouzzolanes)
souvent conglomérés en peperino.

IV: — Roches amphiboliques.

Diorite (de διοράω, je vois au travers, je distingue, c'est-à-dire
formé de parties que le contraste de leurs couleurs rend très
distinctes). — COMPOSITION MINÉRALOGIQUE : *a) minéraux essentiels :*
amphibole hornblende et feldspath oligoklase en quantités sensiblement égales ; *b) minéraux subordonnés :* quartz en grains grisâtres, très fréquent dans certaines variétés dont il représente 4 à
5 %, albite, labrador, pyroxène, épidote (parfois 40 % d'après
Durocher); mica (parfois 48 %), pyrite cubique, pyrite magnétique,
fer oxydulé, calcaire, etc. — Il y a des diorites riches en hornblende et qui passent insensiblement à *l'amphibolite* ou amphibole
en roche.

STRUCTURE : généralement grenue ou granitoïde, parfois à grain
très fin et alors volontiers tabulaire ou schistoïde ; exceptionnellement orbiculaire.

DENSITÉ : 2, 9.

GISEMENT : dans les divers étages du sol primitif en lits subordonnés ; en dykes et en amas dans les schistes cristallisés et dans
les terrains stratifiés anciens. Les ophites de Palassou, spéciales
aux Pyrénées, sont tertiaires et constituent une variété de diorite.

Applications : les belles variétés se polissent très bien et font de très remarquables pierres de décoration. On cite spécialement la variété orbiculaire de Corse, qui est incomparable et très recherchée.

Syénite (du nom de la ville de *Syène*, en Égypte ; cette étymologie rappelle celle du porphyre, parce que la roche primitive désignée sous le nom de syénite a cessé d'appartenir au type lithologique une fois défini : c'est un granit amphibolifère et on l'appelle souvent la *pseudo-syénite*). — Composition minéralogique : a) *minéraux essentiels :* mélange d'amphibole hornblende et de feldspath orthose avec oligoklase ; b) *minéraux subordonnés :* néphéline, zircon (on a alors la *syénite zirconienne (zircosyénite)* appelée aussi *syénite éléolithique*), sodalithe (c'est alors la *miascite*).

Structure : granitoïde.

Densité : 2,52.

Gisement : en amas parfois considérables dans les gneiss, les micaschistes et les terrains sédimentaires anciens. Les ballons de Servance et de Giromagny, dans les Vosges, en sont faits.

Applications : les syénites sont de belles roches prenant très bien le poli.

V. — Roches amphigéniques.

Leucitite [de la *leucite* (ou *amphigène*) qu'elle contient]. — Composition minéralogique : a) *minéraux essentiels :* plagioklases, pyroxène, olivine, leucite ; b) *minéraux subordonnés :* hornblende, mica, haüyne.

Structure : ordinairement compacte, souvent porphyroïde, et renfermant des cristaux de leucite d'un blanc de lait, parfois très gros.

Densité : 2,8.

Gisement : dans la lave du Vésuve dont la leucitite constitue la base principale.

Applications : elle sert de matériaux de construction. On la polit aussi et on en fait des objets d'ornement.

VI. — Roches péridotiques.

Dunite (du nom des *Dunn Mountains* en Nouvelle-Zélande). — Composition minéralogique : *a) minéraux essentiels :* mélange grenu de péridot olivine, d'enstatite et de fer oxydulé ; *b) minéraux accidentels :* magnétite, fer chromé.

Structure : finement grenue.

Densité : 3,5.

Gisement : en masses poussées des profondeurs et constituant la chaîne des Dunn Mountains en Nouvelle-Zélande ; en enclaves dans le basalte de la Haute-Loire et de l'île Bourbon. La *péridotite* et la *lherzolithe* s'y rattachent.

Serpentine (à cause de la ressemblance des bigarrures de certaines variétés avec celles de la peau des serpents). — Composition minéralogique : *a) minéral essentiel :* antigorite (chrysotite) ; *b) minéraux subordonnés :* péridot, grenat, diallage, amiante, opale, calcite, magnésite, fer oxydulé, fer chromé, pyrite.

Structure : roche compacte, parfois porphyroïde par la dissémination de minéraux variés. Certaines serpentines sont globulifères ; il y en a beaucoup qui sont veinées et, parmi celles-ci, on peut citer des *ophicalces,* qui passent au calcaire serpentinifère.

Densité : 2,50 à 2,66.

Gisement : en filons et en amas au travers d'assises d'âges très variés. Dans les Alpes, la serpentine est subordonnée aux gneiss, aux micaschistes et aux talcschistes cristallifères. Le mont Cervin est fait de serpentine du haut en bas. En Toscane, on connaît des serpentines tertiaires. Partout c'est une roche qui se présente comme dérivant du péridot en roche, ou de roches analogues, par voie d'hydratation, et c'est pour cela qu'elle contient fréquemment des concrétions siliceuses et spécialement d'opale, et des hydro-silicates de magnésie, comme la magnésite.

Applications : c'est surtout comme pierre de décoration et d'ornementation que la serpentine est appréciée ; les variétés calcarifères sont de couleur fort agréable : la serpentine sombre à grenats rouges de Tœplitz, en Saxe, est d'un très bel effet ; à Servières, près

Briançon, on trouve de la serpentine à grandes lames chatoyantes de diallage et des brèches serpentineuses qui sont estimées. On emploie certaines serpentines, par exemple vers Andermatt dans le massif du Saint-Gothard, comme matériaux réfractaires pour la construction des pôeles et des fourneaux. — En quelques localités, comme aux environs de Favero dans le Piémont septentrional, on fait du macadam avec des serpentines dures.

VII. — Roches talqueuses.

Talcschiste (de *talc*). — Syn. : *talcite*. — COMPOSITION MINÉRALOGIQUE : *a) minéraux essentiels :* talc, quartz, feldspath, chlorite ; *b) minéraux subordonnés :* graphite, corindon, calcite, giobertite, tourmaline, grenat, disthène, mica, asbeste, amphibole, rutile, pyrite, magnétite, etc. Il en résulte plusieurs variétés intéressantes : le *talcschiste grenatifère* du Tyrol contient parfois des cristaux de grenat mesurant jusqu'à 20 ou 3o centimètres dans tous les sens ; la variété *quartzifère*, comme au Simplon, forme des assises puissantes.

STRUCTURE : essentiellement feuilletée et parfois à feuillets très minces (talcite phylladiforme).

DENSITÉ : 2,6 à 2,8.

GISEMENT : le talcschiste constitue l'un des éléments du terrain archéen.

APPLICATIONS : employé parfois comme ardoise pour la couverture des édifices. Une variété moins schistoïde que les autres et ne contenant presque pas de minéraux accidentels est connue sous le nom de *pierre ollaire* parce qu'on y taille des « marmites » rendant de très bons services ; c'est surtout à Chiavenna, en Valteline, que cette roche est exploitée et on pense que son exploitation y remonte à une très haute antiquité.

VIII. — Roches micacées.

Micaschiste (de *mica*). — Syn. : *micacite, schiste micacé.* — COMPOSITION MINÉRALOGIQUE : *a) minéraux essentiels :* mica et quartz ; *b) minéraux subordonnés :* graphite, calcite, tourmaline, disthène, andalousite, grenat, etc. Les variétés de composition comprennent notamment le *micaschiste graphiteux*, comme on en voit dans la vallée d'Aoste ; le *micaschiste calcarifère*, etc.

STRUCTURE : feuilletée et parfois en outre *glandulaire*, par la dispersion de rognons quartzeux plus ou moins volumineux comme en montrent les micaschistes du mont Rose ou ceux de la Tarentaise.

DENSITÉ : 2,5 à 2,9.

GISEMENT : le micaschiste est un des termes principaux de la série des terrains schisteux-cristallins (Archéen). Aussi figure-t-il dans le sol d'innombrables régions, telles que le Plateau Central et la Bretagne, la chaîne des Alpes et celle des Pyrénées, la Saxe, la Norvège, l'Égypte, une large portion des États-Unis, le Brésil.

APPLICATIONS : on construit avec des blocs de micaschiste ; les variétés à feuillets relativement peu épais sont employées à couvrir les toits.

Hyalomicte (de ὑάλινος, vitreux, à cause du *quartz*, et de *mica*). — Syn. : *greisen*, nom allemand devenu cosmopolite. — COMPOSITION MINÉRALOGIQUE : *a) minéraux essentiels :* mica blanc (muscovite) et quartz; *b) minéraux subordonnés :* topaze, tourmaline, apatite, émeraude, fluorine, lépidolithe, cassitérite, wolfram, mispickel, etc.

STRUCTURE essentiellement grenue.

DENSITÉ : 2,7.

GISEMENT : cette roche forme des amas transversaux et des dykes dans les massifs granitiques. Les gîtes stannifères lui sont souvent subordonnés.

IX. — Roches phylladiennes et roches argileuses.

Schiste argileux (de σχίζω, je fends, à cause des *fils* qui dirigent les cassures dans des directions déterminées). — Syn. : *argiloschiste, schiste ardoisier, ardoise, phyllade.* — COMPOSITION MINÉRALOGIQUE : *a) minéraux essentiels :* divers silicates hydratés d'alumine parmi lesquels il faut citer la *sillimanite* et la *séricite*, parfois plus ou moins altérées ; *b) minéraux accidentels :* quartz, pyrite, fer oxydulé, etc.

DENSITÉ : 2,5 à 2,8.

STRUCTURE : compacte, avec des fils (longrain, etc.) qui déterminent par cassure la production de blocs à forme déterminée : rhomboïdes, baguettes, feuillets de dimensions très diverses. Parmi les variétés de structure, le phyllade est spécialement remarquable.

GISEMENT : on trouve des schistes argileux à beaucoup de niveaux de la série sédimentaire ; les caractères sont dans chaque cas en rapport avec l'intensité du métamorphisme éprouvé. Dans le Permien et le Houiller, les schistes, souvent rhomboïdaux, sont facilement ramenés à l'état d'argile ; dans le Dévonien, et surtout dans le Silurien et le Cambrien, on rencontre de vraies ardoises. Celles-ci se représentent d'ailleurs dans le Lias et même dans le Tertiaire inférieur des pays qui ont été soumis aux actions du dynamométamorphisme.

APPLICATIONS : les schistes de diverses variétés peuvent être employés comme matériaux de construction ; les ardoises sont recherchées pour la couverture des édifices (Angers, Fumay, Glaris). Bien des schistes sont facilement décomposés et hydratés sous l'influence de l'atmosphère et peuvent servir à la fabrication de la terre végétale. Des variétés, chargées de charbon et dites *ampélites,* sont employées comme amendement de la vigne ; on s'en sert aussi comme matière graphique sous le nom de *crayon noir des charpentiers.*

Limon (de *limus,* vase). — COMPOSITION MINÉRALOGIQUE : *a) minéraux essentiels :* mélange en proportion sensiblement égale d'argile, de calcaire et de sable quartzeux ; *b) minéraux subordonnés :* marnolithe, calcaire noduleux.

STRUCTURE : terreuse et quelquefois feuilletée.

DENSITÉ : 1,9 à 2,1.

GISEMENT : les limons forment un manteau sur le sol d'une grande partie des continents ; la variété qualifiée de *lœss* représente souvent de très grandes épaisseurs comme à Villejuif et à Mantes, près de Paris, dans la vallée du Rhin et surtout dans une vaste région de la Chine. On retrouve, dans les formations géologiques tertiaires et secondaires, des assises qui ont la même composition, modifiée plus ou moins par les réactions métamorphiques.

APPLICATIONS : le lœss est doué d'une certaine plasticité ; on en fait des poteries grossières dont le type le plus connu est le pot à fleur des jardiniers. Le limon représente un mélange de toutes les espèces minérales abondantes dans les terrains stratifiés et il constitue la base du sol arable : c'est la *terre franche* des agriculteurs. Il ne lui manque que l'élément organique pour être une terre végétale complète.

Argile (d'*argilla,* même sens). — Composition minéralogique : substance non définie chimiquement, mais qui représente un hydro-silicate d'alumine ; *minéraux subordonnés :* limonite, chamoisite, pyrite, matière charbonneuse, gypse, succin, etc.

Structure : compacte.

Densité : 1,7 à 2,7.

Gisement : les argiles sont très abondantes et on les a réparties en diverses variétés de qualités différentes et de valeurs inégales. On en trouve à des niveaux divers dans la série des terrains stratifiés, à partir des niveaux les plus anciens et spécialement houillers, pourvu que le métamorphisme n'en ait pas été trop intense. Le type le plus caractérisé est l'*argile plastique,* mais on distingue aussi la *smectite* et l'*ocre argileux*.

Applications : en agriculture, l'argile est recherchée comme amendement des sols trop calcaires ou trop sableux. Les variétés plastiques sont la base de la céramique : à l'état naturel, elles se mélangent à l'eau de façon à faire une pâte à laquelle on peut donner toutes les formes de briques, de tuiles, de poteries ; une fois cuites elles prennent une solidité de pierre. Certaines argiles sont remarquablement pures (*kaolin*); on en fait de la porcelaine ; d'autres sont connues sous le nom de *terre de pipe*. On distingue des *argiles réfractaires,* propres à la fabrication des fours destinés aux plus hautes températures. Dans un tout autre ordre d'idées, les *smectites* ou *terres à foulon* sont recherchées pour dégraisser les laines, spécialement dans le Surrey en Angleterre. Une variété se vend à Paris sous le nom de *savon de soldat* pour enlever les taches sur les vêtements de drap. Il y a des argiles qui, dans l'Amérique du Sud, sont mélangées à des fécules et consommées comme matière alimentaire. Les populations qui se livrent à cette pratique ont été décrites sous le nom de *géophages,* c'est-à-dire de mangeurs de terre. Enfin les argiles ferrugineuses ou *ocres* sont exploitées comme matières colorantes, jaunes ou rouges.

Marne (de *marna,* même sens). — COMPOSITION MINÉRALOGIQUE : association d'argile et de calcaire. Il·paraît d'ailleurs que ces deux substances ne sont pas toujours simplement mélangées, mais parfois reliées entre elles par une véritable combinaison chimique. En effet, les procédés mécaniques et spécialement les lavages sont impuissants à séparer ces éléments : il faut dissoudre le calcaire dans les acides pour isoler l'argile et alors on est très fréquemment surpris de voir que celle-ci a une apparence très différente de celle qu'on aurait prévue. C'est ainsi que la craie blanche de Meudon, qui est proprement une marne et dont la couleur est parfaitement blanche, donne lieu à la production d'une argile très foncée et presque noire. — *Minéraux accidentels :* sable quartzeux, gypse, limonite, marcasite, acerdèse, etc.

STRUCTURE : compacte.

DENSITÉ : 2,2.

GISEMENT : les marnes sont très abondantes dans l'écorce terrestre et elles passent, par des intermédiaires ménagés, soit à l'argile calcarifère, soit au calcaire argileux.

APPLICATIONS : le *marnage* est une opération agricole qui consiste à amender les terrains trop riches en sable en y incorporant de la marne. Avec des marnes riches en argile, on fait des briques et des poteries qui sont d'ailleurs très inférieures à celles qui résultent des argiles non calcarifères.

X. — Roches quartzeuses.

Quartz en roche. — COMPOSITION MINÉRALOGIQUE : *a*) *minéral essentiel* : quartz ; *b*) *minéraux subordonnés :* tourmaline, topaze, or natif, pyrite, etc.

STRUCTURE : cristallisée et massive ; souvent détritique, donnant alors les *sables,* les *grès* et les *quartzites.*

DENSITÉ : 2,65.

GISEMENT : le quartz en roche est extrêmement abondant : il existe, soit comme matière de remplissage des filons, soit comme substance constitutive des couches sédimentaires. C'est dans les filons qu'il contient la plupart des substances subordonnées énumérées ci-dessus et on peut y distinguer des variétés dites *tour-*

malinite et *topazolite*. Dans les assises sédimentaires récentes on la trouve à l'état de sable, c'est-à-dire sous forme de très petits fragments ; ceux-ci, cimentés par des matières variées (calcaire, silice, oxyde de fer ou de manganèse), deviennent des grès (psammite, macigno, etc.). Par l'influence suffisamment continuée du métamorphisme, la soudure peut se faire par du quartz de nouvelle formation autour des grains sableux, et c'est ainsi que se font les quartzites. Les grains quartzeux peuvent d'ailleurs être d'un volume plus considérable et la roche est dite *brèche quartzeuse,* si les éléments sont anguleux, et *poudingue quartzeux,* s'ils sont arrondis.

APPLICATIONS : les grès et les quartzites font des matériaux de construction ; on les emploie surtout sous la forme de pavés. Le sable entre dans la composition des mortiers.

Silex (de *silex,* pierre à feu). — COMPOSITION MINÉRALOGIQUE : hydrate de silice.

STRUCTURE : compacte ou vacuolaire, terreuse ou pulvérulente, parfois concrétionnée.

DENSITÉ : 1,9 à 2,4.

GISEMENT : on trouve de la silice hydratée dans toutes sortes de gisements et spécialement comme substance de remplacement de matériaux antérieurs (calcaires et autres). Dans les filons, on observe parfois du silex, mais il est généralement chargé d'argile de diverses nuances et on l'appelle *jaspe.* Des assises de silex se trouvent à beaucoup de niveaux. Ainsi, dans les terrains jurassique, crétacé et tertiaire, il y a des lits, souvent tuberculeux, de *silex pyromaque* (pierre à fusil). — On l'appelle *meulière* dans une certaine forme de gisement et la meulière est parfois caverneuse. — Des lits de silex sont à l'état terreux et souvent pulvérulent ; la roche est alors pourvue de la structure organique et le microscope y révèle l'accumulation de carapaces de Diatomées : c'est le *tripoli* appelé aussi *farine fossile.* — Parfois, la proportion d'eau étant plus grande que dans les exemples précédents, la substance affecte la composition de l'*opale* et peut constituer alors de véritables concrétions souvent volumineuses, dont les types sont la *geysérite* et la *mélinite.*

APPLICATIONS : à cause de leur dureté, le silex pyromaque et la silex meulière sont recherchés pour la fabrication du macadam. On en taille aussi des moellons pour les constructions ; les fortifications de Paris sont faites en meulière. Dès les âges préhistoriques les silex ont été employés à la fabrication des armes et des outils. Pendant de longs siècles on a eu recours à la dureté de cette roche pour faire des pierres à briquet et des pierres à fusil. On a fait longtemps des pierres à moudre avec la même roche, et c'est même de là que dérive son nom de meulière. Les *tripolis* servent à polir des substances très variées ; on donne d'ailleurs parfois ce nom à des matières différentes.

XI. — Roches alcalines.

Sel gemme. — Le sel gemme, que nous avons décrit dans le chapitre précédent, se présente parfois en masses assez considérables pour qu'il soit indispensable de l'admettre au nombre des roches. — COMPOSITION MINÉRALOGIQUE : *a) minéral essentiel :* sel gemme ; *b) minéraux subordonnés :* gypse, polyhalite, argile, oligiste, bitume, etc.

STRUCTURE : massive et parfois fibreuse.

DENSITÉ : 2,10 à 2,25.

GISEMENT : les dépôts salifères, en bancs plus ou moins puissants, à la fois argileux et gypseux, se rencontrent dans les terrains stratifiés de toutes les périodes. C'est merveille que le sel ait pu se conserver et échapper aux eaux de dissolution depuis l'époque silurienne : on connaît de grands dépôts de cet âge au Canada et aux États-Unis. Il en existe une couche de 60 mètres d'épaisseur en Virginie. Peut-être est-ce, au moins en partie, du sel de fumerolle et, dans ce cas, il pourrait être beaucoup plus récent que les couches auxquelles il est subordonné. On connaît du sel dans le terrain dévonien de la Lithuanie ; dans le Carbonifère de l'Angleterre et de l'Amérique du Nord ; dans le Permien du Mansfeld et de la Russie ; dans le Muschelkalk du Wurtemberg ; mais c'est surtout dans le Keuper (appelé parfois terrain saliférien) que le sel abonde : tels sont les dépôts des environs de Vic et de Dieuze (Meurthe-et-Moselle), de la Haute-Saône, de Salins et de Lons-le-Saulnier (Jura), de Bex (Valais), d'Angleterre à Norwich, de

Liltz en Wurtemberg, de Hallein en Autriche, etc. Dans le terrain jurassique du Salzbourg, en Tyrol, le sel est exploité depuis longtemps ; il est dans les couches crétacées à Villefranque et à Briscous dans les Basses-Pyrénées, de même que dans la province de Constantine. Le sel abonde dans les couches tertiaires de bien des régions ; par exemple à Wieliczka, en Pologne, où les dépôts sont très épais; à Cardona, en Espagne ; à Lunebourg, en Hanovre; à Volterra, en Toscane, etc.

APPLICATIONS : on sait que le sel est une substance indispensable à la vie des hommes et des animaux ; les bestiaux en sont remarquablement avides. En outre le sel a des usages techniques nombreux ; c'est le minerai de soude et, par conséquent, la base même d'une foule d'industries chimiques. C'est aussi la source ordinaire de l'acide chlorhydrique et du chlore, avec lesquels on fabrique d'innombrables produits.

XII. — Roches calcaires.

Calcaire (de *calx*, chaux). — Syn. : *pierre à chaux*. — COMPOSITION MINÉRALOGIQUE : *a) minéral essentiel :* calcite ; *b) minéraux subordonnés :* un nombre infini d'espèces formant des groupes distincts suivant les variétés de calcaire que l'on considère.

STRUCTURE : extrêmement variée, depuis l'état cristallin à larges lames (marbre de Paros) jusqu'à l'état terreux (craie), par l'intermédiaire des structures compacte (marbre), schisteuse (calcschiste), oolithique, pisolithique, concrétionnée, grossière, etc.

DENSITÉ : 2,5 à 2,7.

GISEMENT : le calcaire jouit d'une véritable ubiquité géologique : on le rencontre dans toutes les catégories de formations et s'il est moins abondant dans les terrains anciens, c'est qu'il a été soustrait peu à peu à beaucoup de niveaux, au cours des temps, par les circulations souterraines de réactifs capables de le dissoudre. Il suffira ici de résumer très succinctement ce qui concerne quelques-unes de ses manières d'être les plus remarquables:

Le *calcaire cristallin* est presque entièrement composé de grains de calcite auxquels s'ajoutent des minéraux cristallins, et souvent admirablement cristallisés. Parmi les plus fréquents, il faut citer le *quartz hyalin* qui, par exemple dans le marbre de Carrare, présente une limpidité parfaite ; le *saphir* et le *rubis* dans des calcaires de Ceylan ; l'*apatite,* au Canada ; la *dolomie,* la *tourmaline,* le *disthène,* l'*albite,* dans les Alpes du Piémont ; le *disthène,* le *talc,* le *mica,* le *dipyre* (*couséranite*), dans les Pyrénées ; le *pyroxène,* le *grenat,* parfois en énormes proportions, etc. Certains de ces minéraux sont assez abondants pour avoir porté des géologues à faire pour les calcaires qui les renferment des espèces particulières. Ainsi Cordier appelait *micalcite* le calcaire cristallin chargé de mica et qui fait des lits subordonnés au gneiss. On a appelé *cipolin* le calcaire cristallin rempli de paillettes de talc et de minéraux analogues (serpentine, etc.), comme on en voit dans les assises archéennes du Canada et d'autres régions ;

Calcschiste ; nous appelons ainsi, avec Brongniart, des calcaires très finement grenus, semblant compactes à l'œil nu, et associés pourtant à de la substance argileuse, devenue phylladienne, qui leur donne une structure rubannée et parfois même feuilletée. C'est une roche prodigieusement abondante dans toutes les régions de montagnes ; certaines variétés sont remplies de vestiges organiques ;

Le *calcaire compacte* a son type soit dans les marbres ordinaires, soit dans la pierre lithographique. C'est une roche très homogène et qui prend très bien le poli ; on en trouve dans presque tous les étages sédimentaires. Il est souvent argileux ; il peut renfermer aussi une certaine proportion de sable ;

Le *calcaire oolithique* représente un type très intéressant, constitué par la juxtaposition de petits globules cristallins, réunis par un ciment plus ou moins abondant. Il forme des assises épaisses à différents niveaux et spécialement dans le terrain jurassique. Quand les globules sont plus gros, le calcaire est dit *pisolithique ;* ce cas est relativement peu fréquent ;

Le *travertin calcaire* est une variété qui forme des massifs plus ou moins considérables autour du griffon de certaines sources incrustantes et dont on retrouve les analogues dans la série sédimentaire. C'est une roche caverneuse ou vermiculée dans laquelle on rencontre parfois des vestiges d'animaux d'eau douce. Le travertin est parfois très friable, comme spongieux et, dans ce cas, on lui donne souvent le nom de *tuf ;*

Calcaire crayeux : la *craie* est une roche blanche, terreuse, tachant les doigts, qui mériterait même peut-être d'être rangée parmi les marnes, consistant dans la combinaison du calcaire avec une petite proportion d'argile ;

Calcaire grossier : il est composé de sable calcaire, rempli ordinairement de débris de fossiles et plus ou moins agglutiné de façon à constituer des pierres plus ou moins résistantes. Il va sans dire que le sable calcaire peut être resté libre et qu'à côté de lui on doit classer des brèches calcaires et des poudingues calcaires.

Applications : Les belles variétés connues sous le nom de *marbres* sont recherchées pour la décoration des édifices ; les marbres blancs fournissent depuis l'antiquité la matière première des plus belles sculptures : Paros en Grèce, Carrare en Italie, sont célèbres parmi les localités qui fournissent de beaux marbres statuaires. Les calcaires compactes donnent tous les marbres usuels : portor, cervelas, Sainte-Anne, petit-granit, brocatelle, etc. Les calcschites fournissent les magnifiques campans des Pyrénées. On sait qu'une variété de calcaire fin et compacte est éminemment propre à la lithographie, qui fut inventée par Senefelder à Solenhofen (Bavière), la localité où l'on rencontre précisément le meilleur produit. Les calcaires compactes, tels que les travertins et les calcaires grossiers, sont très recherchés comme matériaux de construction. On bâtit même en craie blanche et le célèbre chœur de la cathédrale de Beauvais montre qu'on en a fait quelquefois de beaux monuments. Le calcaire fournit d'ailleurs par la cuisson la chaux vive, base des mortiers. La craie est employée aussi sous le nom de blanc de Meudon ou de blanc d'Espagne comme matière convenant au nettoyage et même au polissage des corps tendres. On connaît enfin les applications agronomiques des calcaires ; ils constituent un des éléments essentiels de la terre arable qui doit être remise en possession d'une proportion suffisante de chaux chaque fois que celle-ci fait défaut. On *chaule* donc et cette opération utilise une quantité considérable de calcaire amené à l'état de chaux.

Gypse (de γύψος, plâtre, dérivé de γῆ, terre, ἔψω, je cuis). — Syn : *pierre à plâtre, sélénite.* — Composition minéralogique : *a) minéral essentiel :* gypse ; *b) minéraux subordonnés :* argile, calcite, quartz, opale, soufre, sel gemme, etc.

STRUCTURE : rarement compacte et cireuse, souvent saccharoïde, parfois fibreuse ou lamellaire, quelquefois bréchiforme.

DENSITÉ : 2,3.

GISEMENT : On rencontre le gypse à tous les niveaux de la série sédimentaire. Au Canada, il est dans les terrains siluriens ; dans le Permien, au Mansfeld ; dans le Muschelkalk, en Wurtemberg. C'est un compagnon ordinaire du sel gemme dans tous ses gisements (v. sel gemme). Dans le Trias et dans le terrain jurassique, le gypse est fréquemment fibreux et parfois lamellaire. On retrouve du gypse lamellaire jusque dans les niveaux tertiaires où il est associé à la variété cireuse ou *albâtre* gypseux. C'est dans l'Éocène supérieur que sont les célèbres exploitations de gypse saccharoïde des environs de Paris.

Dolomie (dédiée à Dolomieu, géologue et minéralogiste célèbre). — COMPOSITION MINÉRALOGIQUE : *a*) *minéral essentiel :* dolomie ; *b*) *minéraux subordonnés :* quartz, corindon, apatite, tourmaline, talc, mica, amphibole trémolite, pyrite, magnétite, oligiste, sidérose, etc.

STRUCTURE : saccharoïde, compacte et caverneuse (cornieule), sableuse.

DENSITÉ : 2,85 à 2,87.

GISEMENT : se trouve spécialement dans les assises sédimentaires de différents âges où elle résulte d'opérations métamorphiques intenses. C'est ainsi qu'elle forme des escarpements, remarquables par leur dimension en même temps que par leur aspect pittoresque, dans une région du Tyrol qu'ils ont rendue célèbre. Dans bien d'autres pays, le Trias renferme des dolomies caverneuses à aspect de meulière. Dans le terrain tertiaire des environs de Paris on trouve de la dolomie sableuse dont chaque grain est un petit rhomboèdre admirablement régulier. Il faut rattacher à la dolomie des calcaires plus ou moins riches en magnésie et qu'on dit, pour cette raison, dolomitiques. On en trouve à tous les niveaux géologiques : à Beynes (S.-et-O.), par exemple, la craie blanche est dolomitique ; à Verneuil (Oise), le calcaire grossier est dans le même cas.

APPLICATIONS : la dolomie peut fournir des matériaux de construction au même titre que le calcaire. Les variétés saccharoïdes sont employées, comme les beaux marbres, à la décoration des édifices et même à la statuaire.

Limonite (de *limus*, vase). — Syn : *fer hydroxydé, fer hydraté, hématite brune.* — Composition minéralogique : *a) minéral essentiel :* limonite ; *b) minéraux subordonnés :* argile, quartz, acerdèse.

Structure : compacte ou fibreuse, concrétionnée, oolithique, pisolithique, terreuse.

Densité : 3,25 à 3,94.

Gisement : se rencontre dans un grand nombre de terrains. — La *limonite compacte,* spécialement qualifiée d'hématite brune, se trouve en couches dans le terrain silurien de la Sarthe, dans le Carbonifère des Ardennes, dans le Jurassique du Var, dans le Néocomien de l'Oise, etc. — La *limonite oolithique* forme des couches très étendues et très puissantes dans le Toarcien de Meurthe-et-Moselle, de l'Aveyron, de l'Isère et de l'Ain ; dans le Jurassique proprement dit du Jura, de la Haute-Saône, du Doubs, de la Côte-d'Or ; dans le Néocomien des Bouches-du-Rhône, de la Haute-Marne. Souvent les globules sont plus gros et reliés ensemble par une argile rougeâtre ; c'est alors la *limonite pisolithique* ; elle caractérise les formations sidérolithiques du Cher, de la Dordogne, etc. — La *limonite terreuse* est spongieuse, poreuse et légère ; elle renferme souvent du phosphate de fer (vivianite).

Application : la limonite est un excellent minerai de fer, très recherché et activement exploité.

Hématite (de αἶμα, sang). — Syn. : *oligiste, fer oxydé rouge, sanguine.* — Composition minéralogique : *a) minéral essentiel :* oligiste ; *b) minéraux subordonnés :* argile, quartz, calcite.

Structure : compacte, fibreuse ou globulaire.

Densité : 4 à 5.

Gisement : dans un grand nombre de niveaux sédimentaires qui ont été suffisamment métamorphisés, depuis le Silurien [Saint-Rémy (Calvados)] jusqu'au Lias [Thoste et Beauregard (Côte-d'Or), La Voulte (Ardèche)], et au terrain oolithique. Sa manière d'être correspond à celle de la limonite dont l'hématite paraît dériver par métamorphisme.

Application : c'est un excellent minerai de fer.

XIII. — Roches combustibles.

Houille et roches analogues. — Syn. : *charbon de terre, charbon de pierre*. Composition minéralogique : *a*) *minéraux essentiels* : mélange de divers produits dérivés de la matière végétale ; *b*) *minéraux subordonnés* : argile, calcite, pyrite, sidérose.

Structure : compacte, feuilletée, à délits pseudo-réguliers (structure rhomboïde), fibreuse ou bacillaire.

Densité : 1,20 à 1,46.

Gisement : la houille forme des lits dans presque tous les étages géologiques. Son maximum d'abondance est dans le terrain dit houiller et c'est là aussi qu'elle présente ses caractères les plus typiques ; on la retrouve dans des terrains plus récents de tous les âges s'ils ont été métamorphisés d'une façon suffisamment intense. Dans les terrains plus anciens, elle est remplacée par l'*anthracite*, qui n'en diffère au point de vue chimique que par une moindre proportion de matières volatiles ; dans les terrains plus récents, on voit au lieu d'elle des *lignites* qui sont véritablement de la houille en voie d'élaboration.

Applications : la houille est le combustible minéral par excellence. On peut dire que son emploi a révolutionné le monde industriel. On sait que l'industrie en tire le gaz d'éclairage et des quantités de produits chimiques tels que la benzine, la naphtaline, l'aniline et une série indéfinie de parfums et de matières colorantes. Elle sert à la fabrication du coke. Elle est utilisée en métallurgie comme substance réductrice, etc.

CHAPITRE IV

NOTIONS SUCCINCTES DE PALÉONTOLOGIE

Les fossiles sont un trait constitutif des terrains, tout comme les minéraux et les roches. Si certains d'entre eux sont des raretés intéressantes surtout pour la botanique et la zoologie, il n'en manque pas qui sont représentés en abondance dans les couches du sol et qui déterminent des niveaux géologiques avec une précision incomparable.

Aussi ne peut-on se flatter d'avoir apprécié tous les caractères essentiels des formations avant d'en connaître les fossiles caractéristiques.

C'est pour cela que, de même qu'il a fallu résumer les caractères distinctifs des minéraux et des roches et décrire leurs principaux types, de même il est indispensable de passer en revue, très rapidement d'ailleurs, les formes de vestiges organiques renfermés dans les entrailles du sol et qui peuvent servir à la détermination des étages géologiques.

LES PLANTES FOSSILES

Pour comprendre la signification des fossiles dans l'étude du globe terrestre, il est tout à fait indispensable de rappeler les grandes lignes de la classification botanique la plus généralement adoptée.

Les botanistes reconnaissent que cinq types s'imposent avec une égale force et, autour de chacun d'eux, ils groupent tout un embranchement. En allant du plus simple au plus perfectionné, on

trouve d'abord l'embranchement des *Thallophytes,* dont les représentants les plus communs sont les Algues et les Champignons, auxquels doit être ajouté le produit de leur symbiose, connu sous le
nom de Lichens.

On distingue ensuite l'embranchement des *Mousses* qui admet, à
côté des Mousses proprement dites, quelques plantes comparables
et spécialement les Hépatiques.

Les *Fougères* forment un troisième embranchement et il a été
longtemps d'usage très fréquent de réunir ces trois embranchements en un sous-règne sous le nom collectif de *Cryptogames.* Ce
sont, avant tout, des plantes qui se reproduisent par des spores.

L'autre sous-règne peut s'appeler par contraste les *Phanérogames*
pour rappeler que la reproduction s'y réalise par le concours des
étamines et des ovules qui, en conjuguant leurs protoplasmas,
donnent naissance à des graines.

Ce sous-règne comprend deux embranchements dont le premier
est qualifié de *Gymnospermes,* parce que la graine s'y produit à
découvert, pendant que l'autre est appelé *Angiospermes,* plantes
qui possèdent un *fruit* dans lequel la graine trouve une protection et des matériaux alimentaires.

Nous décrirons d'après cette manière de diviser l'ensemble des
plantes les restes végétaux *fossiles,* en nous bornant d'ailleurs à ceux
qui présentent une importance tout à fait incontestable au point
de vue de l'histoire du globe et de la caractéristique de certaines
de ses parties.

Ier EMBRANCHEMENT

Les Thallophytes.

1. **Algues.** — Les Algues sont des Cryptogames pourvues de chlorophylle, mais dont les tissus sont entièrement cellulaires, c'est-à-
dire privés de fibres ou de vaisseaux. Elles sont extrêmement variées par leur dimension, leur forme, leur coloration et leur habitat.

DIATOMÉES. — Parmi les plus inférieures et en même temps les
plus abondantes, figurent les *Diatomées,* qui se signalent d'abord par

leur allure qui pourrait les faire rapprocher des représentants les plus inférieurs du règne animal. Ce sont des êtres microscopiques, dépourvus ordinairement de toute attache, et qui se meuvent alors dans l'eau à la façon des Infusoires, mais sous l'action tout à fait dominante de la lumière du soleil. Un autre trait remarquable de ces êtres est de posséder une carapace, sorte de squelette siliceux qui persiste après leur mort et qui peut s'accumuler parfois en quantité suffisante pour contribuer à la formation de véritables strates géologiques.

Les Diatomées sont extrêmement nombreuses et se divisent en genres et en espèces d'après divers caractères dont les plus intéressants sont relatifs à la forme et à l'ornementation de leurs coquilles. Elles sont de dimensions microscopiques.

Parmi les genres de Diatomées les plus importants et qui, d'ailleurs, ont laissé des vestiges dans les terrains les plus variés depuis les époques anciennes, nous citerons :

Coscinodiscus. — Orbiculaire, plat ou un peu convexe, avec un réseau hexagonal à la surface.

Surirella. — Cellules libres, de forme allongée et elliptique, avec des côtes transversales.

Cératoneis. — Individus longs et étroits, naviculaires.

Cymbella. — Se distinguant des précédents par un tubercule central sur la ligne longitudinale.

Achnantes. — Cellules isolées ou géminées, étroitement linéaires ou un peu arquées, avec des stries transversales plus ou moins nettes.

Fragillaria. — Individus réunis en bandes ; valves allongées elliptiques, mousses aux extrémités, sans ligne médiane, avec de fines lignes transversales granulées.

Diatoma. — Cellules rectangulaires, réunies en ruban qui se brise en fragments, restant en connexions mutuelles par leurs angles à l'aide d'une matière gélatineuse.

Synedra. — Cellules d'abord réunies en faisceau ou en éventail; libres ensuite, très longues, linéaires, rectangulaires, ou arquées, ou ondulées.

Nitzschia. — Cellules isolées, longues, droites ou en forme d'S, avec une carène excentrique et ponctuée.

Navicula. — Cellule ovale, allongée, pointue aux deux extrémités avec une ligne médiane, un tubercule central et deux tubercules polaires.

Pleurosigma. — Cellules solitaires, longues et étroites, lancéolées, valves convexes avec une ligne longitudinale médiane, avec gros tubercules central et terminaux. Stries transversales souvent formées de très petits tubercules.

Méridion. — Cellules cunéiformes réunies en un ruban disposé en cercle spiralé.

Gaillonella. — Cellules arrondies réunies en long cylindre, valves planes.

Bacillaria. — Cellules arrondies aux deux extrémités, aplaties, déprimées, stries obliques par rapport à une bande médiane.

CHLOROSPORÉES. — Algues calcaires longtemps confondues avec les Polypiers, les Bryozoaires ou les Foraminifères. Les principaux genres sont appelés *Larvaria, Clypeina, Polytripa, Gyroporella, Acicularia, Dactylopora, Uteria.* Leur thalle est simple ou bifurqué, comprenant un axe unicellulaire, autour duquel rayonnent des rameaux qui s'en détachent horizontalement ou un peu obliquement. Souvent il s'y produit une croûte calcaire épaisse qui persiste après la destruction de la matière organique. Aussi ces Algues ont-elles souvent constitué des couches entières du sol aux niveaux qualifiés de triasique, de jurassique, de crétacé et de tertiaire.

Les *Gyroporella*, par exemple, font des roches dans le terrain permien. Les calcaires triasiques des Alpes du Sud, depuis la Suisse jusqu'en Hongrie et, spécialement au Tyrol, une partie des montagnes dolomitiques sont formés de cylindres de ces Cryptogames.

FLORIDÉES (*Nullipores*). — *Lithothamnium.* — Thalle calcaire massif, épais et très ramifié, qui se rencontre en masse dans beaucoup de formations tertiaires, par exemple à Vienne en Autriche, en Algérie. Il en existe aussi dans le Crétacé supérieur, par exemple dans le calcaire pisolithique des environs de Paris. On retrouve des traces très reconnaissables de ces mêmes Algues dans le Muschelkalk et jusque dans les calcaires carbonifères.

CHARACÉES. — *Chara.* — Algues aquatiques fixées au sol sub-

mergé par des racines grêles et rameuses ; leurs tiges sont dres-
sées et pourvues de feuilles verticillées au nombre de 4 à 10. A
l'aisselle des feuilles se produit un sporange sphéroïdal. Très abondantes dans le terrain tertiaire (meulières de Beauce, marnes de
Saint-Ouen, marnes sparnaciennes du mont Bernon). Le Muschelkalk de Moscou en renferme.

APPENDICE : *Algues à affinités botaniques incertaines.* — Des quantités d'empreintes fossiles plus ou moins déterminables ont été
rapportées à des Algues par certains botanistes autorisés ; nous
en mentionnerons quelques-unes parmi lesquelles plusieurs ont
été l'objet d'hypothèses contradictoires.

Phymatoderma. — Végétal branchu, à rameaux cylindriques
recouverts d'écailles imbriquées. Très abondant dans le Lias supérieur.

Nereites. — Tiges contournées trouvées dans le Cambrien et
que plusieurs auteurs regardent comme n'étant que le moulage de
sillons tracés sur la vase par des Annélides.

Crossochorda. — Tiges contournées formées de deux reliefs
contigus, c'est le type des *Bilobites* de bien des terrains comme le
Silurien de Bagnoles-de-l'Orne et le Portlandien d'Équihen, près
Boulogne-sur-Mer. Peut-être sont-ce des traces du passage
de Crustacés sur la vase marine (les *Cruziana* doivent s'y rapporter).

Arthrophicus. — Fronde très longue divisée par un sillon longitudinal et terminée par un éventail de rameaux annelés, serrés les
uns contre les autres (Silurien).

Zoophicus. — C'est le type d'une série d'empreintes dites *Taonu-
ras, Cancellophicus,* etc., où l'on voit une surface comparable à un
thalle marqué de stries contournées en spirales : on en trouve
dans des terrains très divers ; peut-être sont-ce des traces laissées
sur les vases par le charriage d'objets variés.

Oldhamia. — D'abord considérés comme étant des vestiges de
Bryozoaires ou de Cœlentérés. On y voit des éventails de petits
rameaux associés ensemble sur des surfaces parfois très larges des
schistes cambriens.

Chondrites. — Apparence de thalles dichotomes, parfois très
ramifiés depuis les niveaux les plus anciens jusqu'aux plus

récents (*Paleochondrites, Mesochondrites, Neochondrites, Fucoïdes,* etc.

2. Champignons. — Les Champignons ont dû être abondants à toutes les époques, mais ils n'offrent en général que peu de résistance aux agents de destruction et leur fossilisation a plutôt été un fait exceptionnel. Une preuve de leur existence à l'époque tertiaire a été conclue de la découverte d'un très grand nombre d'Insectes coléoptères et de Diptères fongicoles, trouvés à l'état fossile dans plusieurs localités.

Les espèces fossiles ont été rencontrées soit sur des feuilles, soit dans des bois parfois silicifiés.

Nous ne les citons que pour mémoire ; la grande rareté leur retire toute espèce d'intérêt pratique.

Notons que des Lichens, résultant de la symbiose de Champignons et d'Algues, ont été trouvés fossiles dans quelques localités tertiaires.

Il y aurait lieu de mentionner ici la découverte parmi les fossiles de protoorganismes, désignés souvent sous le nom de microbes et dont la place dans la classification paraît voisine des plantes les plus inférieures. La houille a fourni à Bernard Renault des traces certaines de bactéridies et d'autres êtres analogues. Il a reconnu aussi des bactéridies dans les coprolithes (déjections intestinales fossilisées de Poissons, de Batraciens et de Reptiles) qui rappellent les microbes qui habitent l'intestin des animaux actuels.

2° EMBRANCHEMENT

Les Mousses.

On peut à peu près répéter pour les Mousses ce que nous venons de dire pour les Champignons. Ici encore le peu de résistance des plantes les a fait disparaître, et cependant on peut affirmer qu'elles ont été nombreuses et variées à toutes les époques, quoiqu'on n'en ait reconnu que dans les formations tertiaires. Oswald Heer, ayant retrouvé dans les couches inférieures du terrain jurassique des débris de Coléoptères appartenant au genre *Byrrhus,* qui vit à l'époque actuelle exclusivement dans la Mousse, en a conclu que des Mousses existaient certainement alors.

Dans les amas de lignites, on voit parfois des lits de Mousses qui indiquent des tourbes tertiaires ; elles sont trop mal conservées pour être bien déterminables. Le *Sphagnum Ludwigii,* de la limonite miocène du Westerwald, a laissé recueillir ses fructifications fossiles. Dans l'ambre, Göppert a décrit toute une série de Mousses acrocarpes et il a trouvé que les espèces de l'Éocène ont persisté jusqu'à nos jours.

Outre les Mousses propres, on a trouvé les vestiges de quelques Hépatiques tertiaires. Ce sont des *Marchantia,* provenant soit des tufs éocènes de Sézanne (Marne), soit du Miocène de Marseille.

3ᵉ EMBRANCHEMENT

Les Fougères.

Un très grand nombre de Fougères ont été retrouvées fossiles à divers étages géologiques ; elles appartiennent à des formes végétales inégalement perfectionnées. Nous ne pouvons mentionner ici que les plus remarquables ; la plupart ne sont pas classées définitivement parce qu'on ne connaît pas leurs organes de fructification.

1. **Fougères proprement dites.** — *Sphenopteris.* — Feuilles bi ou tripinnatiséquées, souvent plusieurs fois dichotomes avec les dernières divisions cunéiformes (d'où vient le nom), très abondantes dans beaucoup de mines de houille.

Nevropteris. — Feuilles 1, 2 et 3 fois pennées ; folioles ovales ou allongées ; nervures très nombreuses (d'où le nom) se courbant en arc (terrain houiller).

Odontopteris. — Frondes tripennées ; nervures naissant plusieurs ensemble et radiées, d'ordinaire deux fois bifurquées ; folioles arrondies au sommet (terrain houiller).

Pecopteris. — Frondes grandes, ou même très grandes, plusieurs fois pennées. Folioles petites, ovales, de consistance coriace, rarement dentées sur les bords (terrain houiller).

Glossopteris. — Frondes à pétiole court, folioles larges (la forme en est comparée à celle de la langue, d'où le nom) ; nervure médiane forte, les autres fines et formant un réseau de larges mailles hexagonales (Permien et Trias).

On a fait certains genres pour des troncs qu'on a trouvés sans relations avec les feuilles. Citons :

Rhizomopteris des formations houillères de la Saxe. — Tiges rampantes, ramifiées, couvertes d'écailles, provenant vraisemblablement d'une Fougère grimpante, mais que certains auteurs ont cru devoir rattacher à une Lycopodiacée.

Çaulopteris. — Gros troncs dressés sans restes de pétioles et dépourvus d'ordinaire de racines adventives. Cicatrices des feuilles tombées, larges, en fer à cheval, disposées en spirale (Houiller de Saint-Étienne).

Psaronius. — Troncs d'ordinaire épais, atteignant parfois plus d'un mètre de diamètre. Sur les sections transversales les faisceaux vasculaires forment des taches qu'on a comparées à celles du plumage des étourneaux (d'où vient le nom) ; les coupes en long ont une apparence qui rappelle celle de certains vers ; aussi le fossile a-t-il été parfois qualifié d'*Helmintolithe*. La coupe des racines silicifiées montre souvent une étoile rouge si délicate et si agréable à l'œil que, depuis longtemps, les *Psaronius* sont exploités dans le terrain permien des environs de Chemnitz, en Saxe, comme pierre d'ornement. Une tabatière taillée dans cette belle matière a même fourni la première notion qu'on ait eue de la fructification de cette antique Fougère, dont quelques pennules s'étaient exceptionnellement bien conservées. On connaît des Psaronius depuis le Dévonien jusqu'au Houiller.

2. **Équisétacées.** — Ces plantes sont représentées avant tout dans la flore actuelle par les Prêles, parmi lesquelles les botanistes ont reconnu environ 25 espèces. Dans la série des fossiles il faut citer ici :

Equisetum. — Tiges cannelées et formées d'articles successifs signalés par la trace d'insertion des verticilles de bractées formant des gaines cylindriques. On trouve dans le Trias *E. arenaceum*, parfois très abondant comme dans le duché de Bade. Dans le terrain jurassique se présente *E. columnare* et plusieurs autres. Il y en a dans le Crétacé et le Tertiaire des espèces assez variées.

Calamites. — Tiges s'élevant d'un rhizome et offrant des cannelures et des verticilles de rameaux ténus. Elles se terminent à la partie supérieure par un épi ellipsoïdal constituant l'organe de fructification ; plusieurs espèces se rencontrent dans les mines de houille : *C. Suckowii, C. cannœformis,* etc.

Annularia. — Rameaux à branches distiques pourvues de feuilles longues et étroites, disposées en rayons. La fructification est en épis cylindriques allongés. Ces plantes sont caractéristiques des terrains carbonifères.

Asterophyllum. — Rameaux feuillés portant des verticilles de feuilles très longues et très grêles ; plantes très élégantes du terrain houiller.

Bornia. — Tige dressée, divisée en segments comme celle des Calamites, mais dont les cannelures se font suite du haut en bas de la tige, au lieu d'alterner à chaque anneau. Terrain houiller inférieur et terrain dévonien supérieur.

3. **Lycopodiacées.** — *Psilophyton.* — Tige dressée partant d'un rhizome et portant des feuilles sétacées. Jeunes pousses enroulées en frondes. Très répandue dans le Dévonien supérieur de la Moselle, du Nassau, de l'Angleterre et de l'Amérique du Nord.

Lepidodendron. — Arbres parfois de grande taille, à tronc plusieurs fois dichotome et dont les branches sont recouvertes de feuilles allongées reposant sur des coussinets écailleux (d'où le nom). Les fructifications sont en épis volumineux, souvent décrits sous le nom générique, évidemment provisoire, de *Lepidostrobus.* De même les écorces, souvent séparées, sont appelées *Lepidophloïos* (terrains houiller et dévonien).

Sigillaria. — Arbres souvent très élevés, dont le tronc, divisé par une ou deux dichotomies, est marqué de sillons longitudinaux : ce sont les traces dont il s'agit qui ont été comparées à l'empreinte d'un cachet ou sceau (*sigillum*) et qui ont donné lieu au nom. Les feuilles sont très longues (terrain houiller).

Stigmaria. — Souches de volume souvent considérable et dont l'attribution à des troncs découverts séparément n'a pas encore été faite d'une manière complète. C'est donc un genre provisoire. Ces racines sont souvent accumulées dans certains bancs argileux des massifs houillers, auxquels les mineurs anglais ont depuis longtemps donné le nom d'*under clay* (argile de dessous) et qui les dirigent dans leurs recherches souterraines.

4º EMBRANCHEMENT

Les Gymnospermes.

Les Gymnospermes sont des végétaux chez lesquels on observe des fleurs : les unes ont des étamines, les autres des ovules ; les ovules se développent à l'abri d'une bractée qui parfois se gorge de sucs et peut même se disposer en cupule, mais on ne voit ni pistil ni fruit. Le nom de gymnospermes signifie littéralement *graine nue* et fait allusion à cette circonstance tout à fait dominante.

Nous y distinguerons deux groupes principaux : celui des *Cycadées* et celui des *Conifères*.

1. Cycadées. — Ce sont des arbres à tige généralement courte et parfois presque globuleuse, sur laquelle les feuilles forment comme une couronne à la base d'un bourgeon terminal protégé lui-même par de nombreuses écailles. Les fleurs sont dioïques et portées sur des organes spéciaux appelés spadices. Il n'y a pas de fruit à proprement parler : les graines sont volumineuses, ovales ou globuleuses. C'est chez les Cycadées de l'époque houillère, et grâce à la silicification qu'elles ont subie, qu'Adolphe Brongniart a découvert la *chambre pollinique*. Les Cycadées houillères sont d'ailleurs très rares ; ces plantes se multiplient beaucoup pendant les temps secondaires qui ont été leur période d'apogée. Elles sont maintenant en pleine décroissance et sont entièrement cantonnées dans les régions tropicales.

Podozamites. — On n'en connaît ni les tiges ni les fructifications, mais seulement les feuilles qui sont de faible dimension, pennées, à folioles alternes des deux côtés d'un rachis ténu. Leur intérêt provient de leur abondance dans les zones inférieures du terrain de Lias, et du témoignage qu'elles donnent de la température tropicale qui régnait à cette époque dans les régions hyperboréales (Sibérie orientale, Spitzberg, etc.).

Zamites. — Elles ont beaucoup d'analogie avec les Zamia qui sont des Cycadées vivant aujourd'hui. Leurs feuilles ne sont pas grandes et font des palmes, dont le rachis porte une petite callosité à la base de chaque foliole. Commençant au Lias, les Zamites sont très abondantes dans le Jurassique.

Otozamites. — Remarquables par la largeur et la forme très arrondie de leurs folioles qui sont groupées en feuilles elliptiques progressivement rétrécies à leurs deux extrémités. On en distingue beaucoup d'espèces distribuées depuis le terrain rhétien jusqu'au terrain séquanien;

Pterophyllum. — Feuilles pennées, dont les pennules sont disposées à angle droit sur le rachis ; nervures nombreuses, simples et parallèles entre elles. Ces plantes appartiennent au terrain houiller et au terrain permien et atteignent les couches inférieures du terrain crétacé (Wealdien) où elles disparaissent.

On a découvert des fructifications de Cycadées pour lesquelles il a été impossible de formuler une attribution à des genres déterminés par leurs feuilles. Telles sont les *Cycadospadix*, si analogues aux feuilles seminifères des Cycas et les *Zamiostrobus ;* de même des graines sont provisoirement qualifiées de *Cycadospermum* et des souches ou troncs, sans feuilles, ont été nommés *Cycadoïdea, Cylindropodium,* etc.

On aura d'ailleurs une idée de la difficulté que présente l'étude des végétaux fossiles, représentés par des vestiges épars qu'il est incertain de rapprocher les uns des autres, quand on saura qu'un groupe important, désigné sous le nom de *Calamodendrées,* a été très longtemps considéré comme faisant partie des *Équisétacées,* étudiées plus haut. Il est considéré maintenant par beaucoup d'auteurs comme formant parmi les Gymnospermes une sorte de passage entre les Cycadées et les Conifères.

Disons encore que le *Calamodendron,* type de cette catégorie de plantes difficiles à étudier et à classer, est un végétal de grandes dimensions dont l'extrémité inférieure, en forme de cône, est profondément enfoncée dans le sol par de nombreuses racines fort ramifiées. Son apparence est celle des Calamites, mais la structure microscopique de son bois l'éloigne complètement des Cryptogames vasculaires. On y voit une moelle parenchymateuse enveloppée d'une gaine de bois primaire formé de trachéides disposées radialement. Le bois secondaire est divisé par les rayons médullaires primaires en plaques cunéiformes à sommet tourné vers la moelle. L'écorce renferme des canaux résinifères.

. *Cordaïtes*. — Comme appendice aux Cycadées, nous citerons ici les Cordaïtes étudiées surtout par MM. Grand'Eury et Bernard Renault. Ce sont des arbres qui devaient avoir de 20 à 3o mètres de hauteur, dont le tronc élancé était ramifié. Au sommet de l'arbre les feuilles, arrangées en spirales, constituaient des bouquets parmi lesquels surgissaient des épis de fleurs monoïques. Les graines, dont on a trouvé beaucoup de types, ont été décrites sous les noms de *Cordaïspermum, Diplotesta, Rhabdocarpus,* etc. Ces plantes se rencontrent dans le terrain houiller.

2. **Conifères.** — Les Conifères, bien connues par leurs représentants à l'époque actuelle, ont un très grand nombre de genres fossiles. Nous ne pourrons citer que les principaux.

Gincko. — Arbres remarquables dont une espèce est actuelle (arbre aux quarante écus) et qui présente des feuilles en éventail, caduques, et des fructifications sphéroïdales. On voit des Ginckos dès le terrain permien, et ils deviennent très abondants pendant le Jurassique moyen [qui en a fourni de nombreux échantillons, en Angleterre, en Sibérie (depuis l'Amour jusqu'au Japon), au Spitzberg et dans le sud de la Russie].

Walchia. — Arbres ayant le port et l'allure des Araucarias et donnant des cônes ovales très écailleux. Ils sont caractéristiques du terrain permien où le *W. piniformis* est spécialement fréquent. On a reconnu qu'avec l'âge, les rameaux changent tellement d'aspect (comme ils font d'ailleurs chez beaucoup d'arbres actuels) qu'on en a fait des genres différents. Les *Voltzia* sont dans ce cas et continueront à être décrits à part.

Albertia. — Arbres très élégants, caractéristiques du grès bigarré d'Alsace, et qui présentent des rameaux dont les feuilles, très riches en nervures, sont insérées suivant des lignes spirales. On ne connaît pas les fructifications de ces végétaux qui semblent avoir de grandes analogies avec les Araucarias.

Geinitzia. — Arbres qui devaient avoir l'allure générale des Sequoïas actuels. Leurs rameaux, alternants, minces et flexibles, avaient les feuilles insérées suivant des lignes spirales. Ces feuilles, qui recouvraient complètement les branches et qui laissaient une cicatrice losangique sur l'écorce au moment de leur chute, sont pointues, courbées en faux et serrées les unes contre les autres. Le cône est volumineux. On trouve ces végétaux dans le terrain crétacé supérieur et ils figurent parmi les éléments de la flore sénonienne du Groënland.

Abietites. — Beaux arbres qui sont surtout représentés par les cônes fort abondants en certains pays et spécialement dans les couches du Gault (t. albien) des Ardennes. On rencontre aussi des morceaux de leur bois, souvent percés de trous de Tarets, ce qui montre qu'ils ont flotté sur la mer. Ces bois, comme les fructifications, sont abondamment phosphatisés.

Schizolepis. — Arbres ressemblant à certains pins actuels par leurs feuilles aciculaires réunies en petits pinceaux. Les cônes sont cylindriques et recouverts d'écailles profondément fendues selon leur milieu : c'est de là que vient le nom de la plante. Apparues dès le terrain permien de la Hongrie, ces Conifères se sont continuées jusque dans le Jurassique moyen.

Pinus. — Les espèces du genre Pin, représentées par des cônes, ont été rencontrées dans les assises tertiaires. Les environs de Paris, d'Aix, d'Armissan (Bouches-du-Rhône) en ont procuré, de même que beaucoup de tufs de Provence, de lignites de Suisse etc., qui sont d'âge quaternaire. Leur distribution géographique a varié à travers les âges en même temps que la répartition des climats.

5ᵉ EMBRANCHEMENT

Angiospermes.

Ce sont les végétaux à fruits, c'est-à-dire dont l'ovule est logé dans un ovaire. On distingue, d'après la structure de la graine, les Monocotylédonées et les Dicotylédonées.

1. **Monocotylédonées.** — Liliacées. — *Dracœna.* — Le genre Dragonier, si abondant à l'époque actuelle, était représenté aux temps éocènes dans les environs d'Aix-en-Provence. On en a trouvé des feuilles très reconnaissables dans les marnes schisteuses de cette localité. Il est possible que certaines de ces feuilles représentent des *Yucca,* qui sont des végétaux fort voisins.

PALMIERS. — Beaucoup de Palmiers ont été reconnus parmi les végétaux fossiles. Dans le Crétacé supérieur du sud de la France se présentent des *Flabellaria*; la craie de la Sarthe a donné une inflorescence de *Phœnix* (Dattier). Dans le terrain tertiaire, des vestiges analogues sont bien plus nombreux, représentés par des stipes, par des feuilles et par des fructifications. Dans le Tertiaire de la Saxe et de quelques autres pays, on a appelé *Palmacites dœmonorops* des troncs de Palmiers garnis d'épines. De belles feuilles, rappelant celles des Dattiers, sont fréquentes dans l'Éocène du Puy-en-Velay. Aux environs de Paris on trouve des feuilles de *Palmacites* dans le calcaire grossier, qui, dans la même région, fournissent des petites noix rapportées au *Nipadites*.

Pandanus. — Ce genre, localisé actuellement dans les régions tropicales, existait en Autriche à l'époque crétacée inférieure. Des inflorescences viennent de l'Oolithe de l'Angleterre.

TIPHACÉES. — *Tipha*. — Les Tiphas (Massette) existent depuis les temps tertiaires. Elles sont représentées par des feuilles, des tiges, des rhizomes et des inflorescences.

IRIDÉES. — *Acorus*. — Des feuilles et des tiges, avec bourgeon provenant du Miocène du Spitzberg, présentent des caractères qui les font considérer comme appartenant à cette plante.

NAÏADÉES. — *Zostera*. — Ce genre, qui est bien représenté aujourd'hui par le crin végétal, figure dans la flore tertiaire. *Zosterites marinus* est spécialement bien défini. A côté de cette forme se rangeraient *Posidonia,* *Caulinites, Cymodoceites, Potamogeton,* etc., les uns marins et les autres d'eau douce ou saumâtre.

GRAMINÉES. — *Bambusa*. — Les Bambous ont été signalés dans le Pliocène de Meximieux (Ain) et, à côté d'eux, on peut mentionner dans la famille des Graminées le *Bambusium neocomense* du Miocène du canton de Fribourg. La détermination de ces plantes est d'ailleurs très difficile et on a installé le genre *Poacites* pour y mettre, au moins provisoirement, des formes douteuses.

Phragmites. — Beaucoup de roseaux sont reconnaissables dans des couches tertiaires et on peut citer aussi des *Arundo*.

2. **Dicotylédonées**. — Il plane encore plus d'une incertitude sur les déterminations de bien des Dicotylédonées fossiles et ces doutes proviennent avant tout de l'état de dispersion des organes d'un

même végétal dont la coexistence chez la même plante ne peut pas être facilement soupçonnée. Ici on recueille une feuille, plus loin un rameau, ailleurs un fruit, et rien ne dit si le tout est ou n'est pas dérivé de la même source. De plus, on sait par les arbres actuels, que toutes les feuilles d'une même espèce végétale sont loin d'être toujours identiques ; et certainement, plus d'une fois, on a qualifié sous des noms différents des fragments d'un même individu. Il faut compter sur les progrès ultérieurs de la botanique fossile pour préciser les déterminations.

En attendant, il est utile de mentionner quelques formes particulièrement intéressantes à divers égards. Il faudra d'ailleurs être très sobre dans cette énumération qui nous prendrait facilement beaucoup de place sans grand profit pratique.

Ordre des Amentacées. — L'existence des Cupulifères tertiaires a été démontrée par de multiples découvertes. Leur présence aux temps crétacés est moins certaine.

On connaît des BÉTULÉES. Le Bouleau fossile est représenté par des tiges pourvues d'écorce et des écailles fructifères. L'Aulne (*Alnus*) a fourni des inflorescences et des fruits. On a des feuilles qui ont été rapportées à ces plantes, mais sans certitude. C'est dans l'Éocène de Sézanne (Marne) qu'ont été trouvés les restes les plus anciens : Il y en a de l'argile de Londres, de l'Oligocène d'Aix-en-Provence et de Saint-Zacharie, etc. Le Pliocène de Vacquières en a fourni aussi, et les tufs quaternaires de Tlemcen, en Algérie, en abondent.

Les CORYLÉES figurent dans la flore tertiaire par des feuilles et d'autres débris, rapportés aux genres *Ostrya*, *Carpinus* (Charme) et *Corylus* (Noisetier). Ce dernier a fourni des feuilles et des noisettes, avec leur calycule, non seulement à Ménat, en Auvergne, mais jusqu'au Groënland.

FAGINÉES. — Le genre *Fagus* (Hêtre) apparaît dans le Crétacé supérieur du Nebraska, dans l'Amérique du Nord et depuis lors il n'a pas subi d'interruption. Pendant le Tertiaire, on le trouve en Amérique où le Hêtre n'existe plus à l'époque actuelle. Le Groënland septentrional, l'Islande, le Spitzberg en possèdent à ce moment-là et certaines espèces ont alors une énorme surface d'extension, comme le *Fagus Antipofi*, qui se trouve au Groënland, à Sakhaline, au Japon, dans les steppes des Kirghis et jusque dans le sud de la France. D'ailleurs, les déterminations spécifiques ne sont pas toujours très certaines et il est possible qu'on ait fait parfois plusieurs espèces avec les débris venant d'une même plante, car les feuilles de Hêtre sont remarquablement variables sur les différents rameaux d'un même individu. Pour le terrain pliocène, nous avons en France un riche gisement de Hêtre dans les cinérites des environs de Vic-sur-Cère (Cantal).

L'histoire du Châtaignier (*Castanea*) est fort analogue à celle du Hêtre.

Quercinées. — Pour ce qui est du Chêne (*Quercus*), on en a décrit environ deux cents espèces fossiles. C'est dans le Crétacé supérieur qu'on a signalé les formes les plus anciennes ; le nombre des espèces augmente dans les assises tertiaires et des Chênes de ce temps ont été récoltés dans les pays les plus variés. Il semble que l'aire d'extension du Chêne se soit réduite à l'époque actuelle.

Juglandées. — Les *Juglandées*, c'est-à-dire les arbres qui se groupent autour du Noyer, sont représentées par des fossiles très variés ; les plus remarquables sont les noix, qui sont fréquemment très bien conservées. On en a du Crétacé supérieur d'Atane, au Groënland, qui ressemblent extrêmement aux fruits du Noyer noir actuel de l'Amérique. Le Noyer actuel (*Juglans regia*) a laissé des noix dans les tufs quaternaires de Meyragues, en Provence.

Salicinées. — Les Saules (*Salix*) et les arbres qui leur ressemblent, comme les Peupliers (*Populus*), ont apparu à la fin des temps crétacés. Depuis lors ils se sont manifestés par un nombre considérable d'espèces dont nous avons toutes les parties végétatives, même parfois les fleurs avec les étamines et les pistils.

Ordre des Urticacées. — Ulmacées. — Le genre Orme (*Ulmus*) est apparu durant les temps tertiaires et l'on a des feuilles des grès de Belleu (Éocène inférieur) qui paraissent bien en provenir, quoiqu'on n'ait pas encore découvert les fruits, qui, seuls, feraient la certitude. Dans les gypses d'Aix-en-Provence, c'est-à-dire lors de l'Éocène supérieur, on a trouvé un Orme (*Ulmus Marioni*) avec ses fruits. En Amérique, des Ormes ont été signalés aussi dans des dépôts tertiaires.

Beaucoup de fossiles ont été rapportés au Figuier (*Ficus*), et non seulement des feuilles, mais même des figues parfaitement reconnaissables. On a reconnu l'existence du Figuier dans le Crétacé supérieur. Il n'a pas cessé depuis et, dans les tufs quaternaires de Montpellier et même dans ceux du département de Seine-et-Marne, à Moret, on a retrouvé des traces d'une abondance de Figuiers pendant les temps pléistocènes.

Ordre des Polycarpées. — LAURINÉES. — Les *Lauriers* (*Laurus*) et les plantes voisines sont représentées dans les derniers dépôts des temps secondaires, mais seulement par des feuilles. Il y a dans le Nebraska, en Amérique, des gisements très riches de ces végétaux ; peut-être y a-t-on vu un peu plus d'espèces qu'il n'y en eut réellement, parce qu'on peut oublier que les feuilles sont très polymorphes sur un même pied et qu'on n'a pas le moyen de décider, une fois qu'elles ont été séparées du tronc, si elles ont eu ou non une origine commune. Plusieurs Lauriers se sont conservés fossiles dans les dépôts crétacés du Groënland.

MAGNOLIÉES. — Les *Tulipiers* (*Liriodendron*) et les *Magnolias* ont laissé beaucoup de vestiges fossiles et, en particulier, des fructifications très reconnaissables, par exemple dans les couches tertiaires du Groënland et de Radoboj (Bohême). C'est pendant l'époque crétacée que les Tulipiers ont atteint leur apogée. ·

Les RENONCULACÉES, aujourd'hui répandues sur toute la surface de la terre, n'ont fourni que peu de fossiles. Dans le Pliocène du Japon on a trouvé une Clématite. A Œningen, en Suisse, dans des argiles miocènes, on a rencontré des Renoncules. Des Hellébores existaient au Spitzberg vers le milieu des temps tertiaires.

Les NYMPHÉACÉES fossiles ont été très bien étudiées. Cette famille apparaît pendant les temps crétacés et possède, à l'époque tertiaire, un nombre assez considérable d'espèces dont l'habitat est très étendu. Les Nymphéacées se sont ensuite restreintes pour arriver à leur état actuel de distribution. On a trouvé beaucoup de rhizomes ou tiges souterraines de Nénuphar (*Nymphœa*), de *Nuphar*, de *Nelumbium*, etc., venant du Groënland, du midi de la France, de l'Amérique et de bien d'autres régions. Ces rhizomes portent des cicatrices foliaires bien reconnaissables. Des feuilles aussi, et parfois de grande taille, comme à Sommières, dans le Gard, ont été l'objet d'observations nombreuses.

Ordre des Columnifères. — Tiliacées. — La nervation des feuilles de Tilleul (*Tilia*) est bien reconnaissable et elle a permis de déterminer des empreintes qui ont prouvé l'existence de ces arbres dès l'époque tertiaire, au Spitzberg. On a recueilli, en outre, des bractées portant le fruit et rappelant de très près les formes actuelles.

Ordre des Æsculinées. — Acérinées. — Les Érables (*Acer*) ont fourni les matériaux de très importantes recherches paléontologiques. C'est encore pendant l'époque crétacée que ces végétaux ont fait leur apparition. A partir de l'Oligocène inférieur, l'existence des Érables dans le terrain tertiaire est établie, non seulement par des empreintes de feuilles, mais encore par la conservation fréquente des fruits. On trouve des Érables jusqu'à la presqu'île d'Alatska, au Groënland, en Islande, au Spitzberg, c'est-à-dire dans des régions où ces arbres n'existent plus actuellement. On a même trouvé des fleurs qui semblent bien provenir de végétaux du genre *Acer* dans l'ambre du Samland, sur le littoral de la Baltique. MM. Caspary et Conwentz, qui les ont décrites, signalent beaucoup de fleurs soit isolées, soit groupées et les inflorescences ont les caractères généraux de leurs analogues d'aujourd'hui. Pourtant on y voit cinq étamines et ce caractère n'est pas normal chez les Érables.

Ordre des Frangulinées. — Ampélidées. — Dans le Miocène de Bohême, on a cité des feuilles qui appartiennent au genre *Evonymus* (Fusain). D'autres arbres du même genre ont été cités aussi bien en Amérique qu'en diverses régions de l'Europe. Mais il y a encore plus d'intérêt à signaler la haute antiquité de la Vigne (*Vitis*) et des végétaux voisins (*Cissus, Ampelopsis*) et autres « Vignes vierges ». Le type de Vigne probablement le plus ancien vient de la base même du terrain tertiaire et a été conservé dans le travertin de Sézanne, dans la Marne. On a même prétendu y voir, sur certaines feuilles, les traces de *galles* semblables à celles que détermine le phylloxéra (Dr V. Lemoine). En Amérique, les dépôts qui font le passage insensible du Crétacé au Tertiaire et que l'on connait dans la région du Fort Laramie ont aussi fourni des échantillons de

Vigne. Les formes décrites dans un grand nombre de pays constituent dès maintenant une longue série, qui comprend des espèces vivant dans les régions hyperboréennes et aboutissant aux types actuels.

Ordre des Rosiflorées. — Beaucoup de ROSACÉES ont été signalées parmi des fossiles dont les plus anciens sont du Tertiaire inférieur. Cependant, les déterminations sont en général loin d'être certaines. Pour le genre Rose (*Rosa*) en particulier, il daté peut-être de l'Oligocène supérieur de Bonn et on pense qu'il faut lui attribuer des feuilles recueillies en Hongrie et en Amérique. Des Néfliers, des Poiriers, des Pruniers, des Cotoneaster, des Aubépines (*Cratægus*), des Spirées, et beaucoup d'autres Rosacées ont été retrouvés également dans les dépôts tertiaires et dans les formations qui les ont suivis.

Ordre des Légumineuses. — On sait le nombre immense de plantes actuelles qui se rangent dans les trois familles des Papilionacées, des Cœsalpiniées et des Mimosées. Leur liste s'accroît beaucoup si on y joint les fossiles qui ont été jusqu'ici découverts. Toutefois ces plantes, dont il est indispensable de signaler la présence dans des flores de différents âges, n'ont qu'un intérêt stratigraphique restreint, parce que les échantillons en sont rares et ne peuvent, à aucun titre, figurer parmi les fossiles caractéristiques.

On signalera parmi les PAPILIONACÉES les plus nettement définies les *Robinia*, les *Cytises* et les *Colutea* du Miocène d'Œningen, les *Cercis* (bois de Judée) dans les couches tertiaires de bien des régions et spécialement d'Aix-en-Provence et de Sinigaglia, en Italie.

Comme CŒSALPINIÉES fossiles, les *Gledischia* sont abondantes dans le terrain tertiaire supérieur de l'Allemagne : les *Ceratonia*, les *Podogonium* constituent des genres voisins, reconnus dans le Tertiaire d'Amérique.

Enfin, parmi les MIMOSÉES, les *Mimosites*, comme en renferme le Tertiaire de Florissant, aux États-Unis, se signalent par leur ressemblance avec des formes actuelles.

Ordre des Gamopétales — Les fossiles attribués à des plantes gamopétales sont relativement très rares et cela vient de ce que leur détermination est rendue ordinairement très difficile par l'extrême rareté des fleurs. Cependant nous pourrons citer quelques types intéressants.

Dans la famille des Andromédées figure le très beau genre type *Andromeda* qui a donné, à l'époque tertiaire, des formes dont les vestiges se retrouvent dans l'Oligocène de Narbonne et de quelques autres lieux. On peut en voir un splendide échantillon dans la galerie de Géologie du Muséum, et il est intéressant de constater que ce végétal est connu par des rameaux de grandes dimensions où se trouvaient, en connexion anatomique, les feuilles et les fruits à divers degrés de maturité.

Comme Éricacées fossiles, le *Rhododendron ponticum*, du Pliocène des environs d'Inspruck, est remarquable par la conservation de ses feuilles. On a trouvé aussi des Rhododendrons dans le Miocène de Radoboj, de Bohême, et dans celui de Wettéravie. Parfois des fruits sont venus s'ajouter aux feuilles.

La famille des Oléinées existait déjà à l'époque tertiaire et l'on a des Oliviers (*Olea*) du Miocène de Koumi ; des Jasmins (*Jasminum*) de l'Oligocène d'Aix-en-Provence.

Des Frênes (*Fraxinus*) ont été signalés fossiles dans les dépôts tertiaires de toute la région comprise entre le Colorado et le Groënland. Même en ce dernier pays le *Fraxinus prœcox* se rencontre en abondance relative.

Dans la famille des Apocynées, le genre *Nerium*, dont l'espèce actuelle la plus commune est le Laurier-rose, se signale par sa prospérité à l'époque tertiaire. Le plus ancien spécimen a été procuré par les grès de l'Éocène inférieur de la Sarthe et du Maine-et-Loire (c'est le *Nerium Sarthacense*). Le calcaire grossier de Paris et les grès de Beauchamps fournissent fréquemment des feuilles de *Nerium parisiense*.

Enfin, pour terminer cette revue rapide de la Botanique fossile il suffira de noter que parmi les Gamopétales figurent des Composées ou Synanthérées, plantes dont le rôle est si considérable à l'époque actuelle. Leur étude est d'ailleurs très difficile et la détermination de plusieurs d'entre elles est encore douteuse.

LES ANIMAUX FOSSILES

Le règne animal est actuellement divisé en neuf embranchements : Protozoaires, Spongiaires, Cœlentérés, Échinodermes, Vers, Arthropodes, Mollusques, Tuniciers, Vertébrés. Tous, sauf celui des Tuniciers, ont fourni des formes fossiles. Bien qu'elles diffèrent par des caractères spécifiques ou génériques, ou même plus importants encore, des animaux actuels, ces formes disparues sont toutes venues sans exception se ranger dans les embranchements institués pour ces derniers.

1er EMBRANCHEMENT

Protozoaires.

Animaux sarcodiques, unicellulaires. Deux classes : les *Rhizopodes* et les *Infusoires ;* mais ces derniers ne comptent pas en paléontologie.

Classe des Rhizopodes. — Le sarcode sécrète une enveloppe calcaire, siliceuse ou chitineuse.

Trois ordres, dont deux seulement représentés par des fossiles : les *Foraminifères* et les *Radiolaires*.

Ordre des Foraminifères. — Animaux nus ou revêtus d'une coquille, à une ou plusieurs loges, et remplie de sarcode à nombreux pseudopodes. Plus de 2 000 espèces ont été décrites. Deux sous-ordres : Imperforés et Perforés.

Les *Foraminifères Imperforés* sont classés d'après la composition de leur coquille, qui est agglutinante ou porcelainée.

Foraminifères a coquille agglutinante. — *Saccamina.* — Encore vivant, fossile dans le calcaire carbonifère d'Angleterre. Coquille arénacée-siliceuse, libre, formée d'une seule loge sphérique ou fusiforme, ou de plusieurs loges réunies par des prolongements tubulaires.

Trochamina. — Actuellement vivant et datant du calcaire carbonifère. Coquille mince, lisse et brillante, formée de petits grains de sable agglutinés par un ciment calcaire, cylindrique ou hélicoïdale.

Lituola. — Vivant actuellement et datant du Carbonifère. Coquille tantôt libre, tantôt fixée, rugueuse, formée de grains arénacés-siliceux, rarement calcaires, agglutinés dans un ciment siliceux. Loges distinctes.

FORAMINIFÈRES PORCELAINÉS. — *Orbitolites*. — Vivant depuis le Lias, dominant dans l'Éocène. Coquille circulaire, discoïde, un peu concave au centre. Plusieurs rangées d'ouvertures superposées sur le bord externe.

Alveolina. — Forme des couches entières dans le bassin de Paris, dans les calcaires nummulitiques de Carinthie, d'Istrie, de Dalmatie, du Désert lybien. Coquille fusiforme, à tours nombreux en volute spirale autour de l'axe. A l'intérieur, loges traversées de nombreux canaux.

Miliola. — Existe depuis le Trias. Coquille très variable à l'extérieur, mais d'une structure interne constante. Les tours s'enroulent comme dans une pelote de fil.

Les *Foraminifères perforés* ont des coquilles calcaires dont les nombreux pores émettent des pseudopodes.

Lagena. — Vivant depuis le Lias. Coquille sphérique ou ovoïde, à une seule loge.

Nodosaria. — Existe depuis le calcaire carbonifère. Les loges, séparées par des étranglements, sont en ligne droite. La dernière est prolongée en col. Bouche ronde.

Dentalina. — Existe depuis le calcaire carbonifère. Les loges se succèdent sur une ligne arquée. Bouche ronde.

Cristellaria. — Du Trias à l'époque actuelle. Nombreuses espèces dans la craie et les terrains tertiaires. Coquille spirale à tours embrassants. Bouche ronde.

Polymorphina. — Existe depuis le Trias. Espèces très variées. Coquille sphérique, allongée ou cylindrique. Nombreuses loges enroulées en spire ou disposées sur deux rangs.

Textularia. — Dans tous les terrains, depuis le calcaire carbonifère, surtout abondant dans la craie. Petite coquille calcaire à canalicules assez développés. Loges sur deux rangs. Bouche en fente transversale.

Climmacamina. — Abondant dans le calcaire carbonifère. Coquille calcaire à deux couches, l'interne formée de grains de sable et de calcaire. Conique, à 25 ou 30 loges sur deux rangs.

Orbulina. — Très abondant dans les mers profondes à partir du Tertiaire supérieur. Coquille percée de pores, monoloculaire et sphérique.

Globigerina. — Existe depuis le Trias. Coquille sphérique à surface rugueuse, percée de gros canalicules. Nombreuses loges globuleuses.

Rotalia. — Jurassique supérieur et Crétacé. Coquille turbinée, fine, poreuse. Bouche en fente.

Orbitolina. — Commun dans le Crétacé inférieur. *O. lenticularis* et *O. concava* forment des bancs entiers. Coquille élevée ou aplatie, conique, ayant de 1 à 3 centimètres de diamètre. Tours disposés circulairement.

Presque tous les genres de la grande famille des Nummulidés, la plus importante des Perforés, sont fossiles. Ses rares représentants actuels vivent dans les mers tropicales. La coquille, à plusieurs loges, est hyaline, poreuse, traversée de fins canaux.

Amphistegina. — Miocène et Pliocène. Très abondant aux environs de Vienne. Coquille circulaire, lenticulaire ou discoïde, à bords tranchants. Côté supérieur souvent plat, bord inférieur plus renflé. Loge initiale grosse, entourée de 4 à 7 tours en spirale. Bouton saillant au centre des deux faces.

Operculina. — Actuel. Apparaît dans la craie. Abondant dans l'Éocène de l'Europe méridionale. Ronde ou ovoïde, déprimée, la coquille est composée de 6 à 7 tours divisés en loges nombreuses par des cloisons légèrement recourbées en arrière.

Nummulites. — Prodigieusement abondant dans l'Éocène (formation nummulitique des Alpes, des Apennins, du Caucase, de l'Asie-Mineure, de l'Égypte, du Désert lybien). Très rare dans les périodes suivantes. Espèces très nombreuses de tailles très différentes, variant de 2 à 60 millimètres de diamètre. La coquille, à test poreux, est circulaire, lenticulaire, renflée sur les deux faces jusqu'à devenir parfois presque sphérique. Elle est aussi aplatie, discoïde. Surface ordinairement lisse, mais offrant quelquefois des lignes ondulées. Les tours peuvent être nombreux (jusqu'à 40), en spire peu ouverte, et se recouvrant les uns les autres. Cloisons plus ou moins recourbées entre les loges.

Orbitoïdes. — Du Crétacé supérieur à l'Éocène. Extrêmement abondant dans le terrain nummulitique où il forme des bancs entiers. Coquille à test poreux, circulaire ou en forme d'étoile, discoïde ou lenticulaire. Première loge entourée de 3 à 5 loges accessoires, enroulées en spirale dans un même plan et suivies de nombreux tours concentriques divisés en loges par des cloisons transversales.

Eozoon. — On rattache ce fossile problématique aux Foraminifères. On l'a trouvé au Canada (formation gneissique laurentienne), en Irlande, en Bohême, dans les Pyrénées. Sa nature organique est contestée. Si elle était démontrée il serait le plus ancien corps organisé du globe. Il se présente en rognons formés de couches alternantes de calcaire et de serpentine variant de la grosseur de la tête à celle du poing.

Ordre des Radiolaires. — Squelette siliceux radiaire. Sarcode émettant des pseudopodes en tous sens. Animaux microscopiques, beaucoup moins importants au point de vue géologique que les Foraminifères. Pourtant l'accumulation de leurs squelettes forme, par exemple, aux environs de Girgenti, des couches entières où l'on a compté jusqu'à 118 de leurs espèces, constituant, avec des Foraminifères, des Diatomées, des spicules d'Éponges, la roche siliceuse qu'on appelle le tripoli. Le plus grand gisement de Radiolaires dans le Tertiaire moyen est à La Barbade, et dans le Tertiaire supérieur, aux Nicobars. Certains auteurs ont constaté la présence de ces organismes dès le Carbonifère.

2ᵉ EMBRANCHEMENT

Spongiaires.

Protoplasma cellulaire et charpente cornée, calcaire ou siliceuse. Système de canaux à l'intérieur, et, à l'extérieur, nombreuses ouvertures. Taille et forme des plus variables. Trois classes, d'après la composition du squelette. Les Éponges cornées n'existent pas à l'état fossile, sinon peut-être dans quelques moules douteux.

Classe des Calcispongiaires. — Cellules dites scléroblastes qui, dans le mésoderme, sécrètent les spicules calcaires. Seulement quelques genres fossiles :

Eudea. — Trias et Jurassique. Fibres du squelette grosses, en traînées anastomosées. Cylindrique, pyriforme. Cavité centrale tubulaire, percée de trous ; oscule ouvert au sommet. A la surface, couche dermale lisse, avec trous dans de petites dépressions.

Peronella. — Dévonien, Trias des Alpes ; nombreuses espèces dans le Jurassique et le Crétacé/ Fibres du squelette grossières, en réseau lâche, remplies de spicules en aiguilles. Éponges cylindriques à parois épaisses. Sommet à oscule central. Cavité digestive cylindrique.

Classe des Silicospongiaires. — On les divise en *Monactinellidés* dont les spicules sont monoaxes ; *Tétractinellidés* dont les spicules sont à quatre axes, à quatre rayons réguliers ou en ancres ; *Lithistidés*, dont le squelette est formé d'éléments siliceux accrochés ensemble, branchus, dichotomes, souvent à quatre rayons et parfois très irréguliers ; *Hexactinellidés* dont les spicules, à six rayons, sont isolées ou soudées entre elles.

Ordre des Monactinellidés. — *Opetionella*. — Jurassique.
Scoliorhapis. — Beaucoup de spicules isolées existent dans le Jurassique, le Crétacé, le Tertiaire.

Ordre des Tétractinellidés. — Ils existent dès le calcaire carbonifère et on les trouve encore dans les mers actuelles. Principaux genres : *Geodia, Stelleta, Tethya, Dercites*. — Craie supérieure, Éocène.

Ordre des Lithistidés. — *Hyalotragos*. — Abondant dans le calcaire à Spongiaires du Jurassique supérieur (terrain *spongitien* d'Etallon). Spicules habituellement calcifiées, grosses, avec tronc principal irrégulier, portant des branches crochues. Éponge patelliforme ou discoïde, pointue en bas, à courte tige. Sommet concave, où débouchent des tubes verticaux traversant l'individu de part en part. Extérieur du corps criblé de pores, ou avec une enveloppe lisse à rides concentriques.

Chenendopora. — Crétacé supérieur de Touraine et de Normandie. Spicules branchues, épineuses ou verruqueuses. En forme de coupe. Parois épaisses. Surface interne à laquelle aboutissent des canaux par de petits oscules.

Cylindrophyma. — Jurassique supérieur. Spicules siliceuses ramifiées qui, en s'enchevêtrant avec les spicules voisines, donnent au squelette une apparence régulière. Éponge massive, cylindrique, avec large cavité centrale, dont la paroi porte les osties arrondies des canaux radiaires. Osties plus petites sur la surface externe.

Siphonia. — Éponge abondante et souvent silicifiée dans le Crétacé moyen et supérieur. Spicules disposées le long des canaux. Pyriforme. Avec ou sans tige. Sommet creusé d'une vaste cavité centrale avec osties. Canaux larges et arqués.

Jerea. — Crétacé supérieur. Spicules siliceuses dont les quatre rayons ont leurs extrémités ramifiées ou en pelotes fibreuses. Éponge à tige. Forme très variable. Sommet tronqué ou concave, à trous arrondis. Nombreuses petites osties irrégulières.

Ordre des Hexactinellidés. — *Astylospongia*. — Silurien, Dévonien. Spicules soudées entre elles, formant un treillis à mailles irrégulières polyédriques. Éponge libre, épaisse, sphérique ou discoïde. Canaux radiaires allant de la périphérie au centre et canaux verticaux parallèles à la surface externe.

Camerospongia. — Crétacé. Éponge sphérique ou hémisphérique dont la masse est formée de tubes minces contournés en méandres. Spicules disposées régulièrement sur plusieurs couches superposées.

3e EMBRANCHEMENT

Cœlentérés.

Deux classes ont des représentants fossiles : les *Hydroméduses* et les *Coralliaires*.

Classe des Hydroméduses. — Trois ordres, dont deux seulement ont des fossiles : les *Hydroïdes* et les *Acalèphes* ou *Discophores*.

Ordre des Hydroïdes. — Petites Méduses ou colonies de Polypes portant des hydranthes (bourgeons servant à la nutrition) et des gonophores ou bourgeons sexuels ; souvent revêtues d'une cuticule chitineuse partant d'une base parfois calcaire. Les Hydroïdes à corps mou n'ont pas laissé de vestiges fossiles, et les squelettes chitineux n'ont laissé que des empreintes ou de faibles résidus. Cependant on'a pu étudier la famille des GRAPTOLITES dont le corps était revêtu d'un étui chitineux, linéaire, portant sur un côté, ou sur les deux, des cellules saillantes en dents de scie. Cette substance chitineuse est parfois transformée en pyrite ou en silice hydratée. On trouve ordinairement les Graptolites aplaties dans les roches schisteuses, par exemple dans les ampélites. Elles sont propres au Silurien.

Ordre des Acalèphes ou *Discophores*. — Méduses libres dont le corps est facilement décomposable. On en a cependant trouvé des empreintes de genres différents, notamment dans les calcschistes lithographiques du Jurassique supérieur (Solenhofen, Eichstadt, Kelheim, en Bavière). Dans le Silurien de Bagnoles, on peut citer le *Staurophyton bagnolensis*. Il y a de nombreuses traces de Méduses dans le Cambrien des États-Unis et de diverses régions de l'Europe.

Classe des Coralliaires. — Animaux à structure rayonnée dont la bouche est entourée de tentacules et qui ont ordinairement un squelette calcaire. Deux ordres : les *Alcyonnaires* et les *Zoanthaires*.

Ordre des Alcyonnaires ou *Octactinaires*. —Polypes isolés ou en colonies à 8 tentacules et 8 replis mésentéroïdes non calcifiés. Des Alcyonnaires anciens, il ne nous est parvenu que ceux pourvus d'un squelette calcaire continu.

Corallium. — Du Crétacé aux mers actuelles. Polypier branchu, pierreux, de calcaire homogène.

Helispora. — Existe depuis le Crétacé. Polypier massif, arrondi ou branchu. Calice petit, creusé à la surface du polypier.

Ordre des Zoanthaires ou *Hexactinaires*. — Polypes isolés ou en colonies avec tentacules au nombre de 6, 12, 24, ou un multiple de 6 ou de 4, qui forment autour de la bouche des cycles alternant entre eux. Le squelette manque parfois, ou bien il est corné ; il ne persiste à l'état fossile que s'il est calcaire : il donne lieu alors au grand groupe des *Madréporaires*.

Le squelette des Madréporaires présente : 1° un disque basilaire dont l'empreinte sur la partie commune du squelette est le calice ; 2° une muraille circulaire ; 3° un axe issu du disque, dit columelle ; 4 des lames rayonnantes qui convergent vers le centre, sans jamais atteindre la columelle. Parmi les Madrépores, on distingue les coraux de mers profondes et les coraux de récifs. Cette distinction se voit parmi les Madrépores fossiles aussi bien que parmi les Madrépores vivants. Les coraux des mers profondes se produisaient déjà à l'époque du Lias. Les terrains paléozoïques présentent des roches coralliennes ; mais les genres fossiles diffèrent complètement des genres coralliens actuels.

Amplexus. — Silurien, Dévonien, Carbonifère. Polypier à peu près cylindrique, pourvu d'un épithèque. Cloisons courtes, presque égales. Planchers horizontaux très développés.

Cyathophyllum. — Commun dans le Silurien et le Dévonien. Forme simple ou composée, rameuse, avec épithèque. Cloisons nombreuses. Plancher à la partie centrale de la cavité gastrovasculaire.

Calceola. — Dévonien moyen. Polypier en forme de pantoufle. Le calice pénètre jusqu'à l'extrémité pointue. Opercule épais.

Favosites. — Commun dans le Silurien, le Dévonien, le calcaire carbonifère. Polypier massif ou branchu. Polypiérites allongés, prismatiques.

Pleurodictyum. — Dévonien.

Syringopora. — Silurien, Dévonien, Carbonifère.

Actinacis. — Craie, Éocène, Oligocène. Polypier massif ou branchu.

Madrepora. — Tertiaire et Actuel.

Dendropora. — Dévonien. Polypier rameux.

Eupsammia. — Vivant depuis l'Éocène. Polypier libre.

Dendrophyllia. — Actuel, Miocène, Éocène. Polypier rameux.

Cyclolites. — Abondant dans le Crétacé. Polypier simple libre.

Thamnastraea. — Abondant dans le Trias, le Jurassique, le Crétacé, l'Éocène, l'Oligocène. Polypier composé, à calices peu profonds, à columelles couvertes de papilles.

Montlivaultia. — Abondant dans le Jurassique. Trias, craie, Tertiaire. Polypier cylindrique, turbiné ou discoïde, tantôt libre, tantôt fixé. Cloisons et traverses nombreuses.

Cyathophyllia. — Trias, Jurassique, Tertiaire. Polypier fasciculé. Murailles couvertes de côtes. Calice irrégulier. Cloisons nombreuses.

Caryophyllia. — Existe depuis le Crétacé. Polypier turbiné, fixé. Calice circulaire.

Trochocyathus. — Très répandu : Lias, Jurassique, Crétacé. Tantôt libre, tantôt fixé. Calice rond. Columelle formée de bâtonnets prismatiques. Muraille côtelée.

Turbinolia. — Vivant et Tertiaire. Polypier libre, turbiné, à calice circulaire.

Flabellina. — Actuel, Tertiaire.

4ᵉ EMBRANCHEMENT

Échinodermes.

Quatre classes : 1° les *Crinoïdes*, ou Lis de mer ; 2° les *Astéroïdes*, ou Étoiles de mer ; 3° les *Échinoïdes*, ou Oursins, qualifiés aussi de Châtaignes de mer ; 4° les *Holothuries*, dites parfois Cornichons de mer, dont le corps a l'aspect et la consistance de grands Vers et dont le squelette se réduit à des corpuscules calcaires enchâssés dans la peau et n'ayant laissé que de faibles vestiges fossiles.

Classe des Crinoïdes ou Lis de mer. — Plus riche aux temps géologiques que de nos jours. Les quelques genres actuels vivent dans les mers profondes.

Les débris fossiles sont surtout des articles séparés de la tige. La trouvaille de calices avec bras est relativement rare. On trouve aussi, surtout dans les schistes et les grès, des moules et des empreintes.

Trois ordres, établis d'après le développement des bras et la forme du calice : *Eucrinoïdes*, *Cystidés* et *Blastoïdes*. Les Eucrinoïdes forment le seul de ces trois groupes qui contienne des genres actuels.

Ordre des Eucrinoïdes ou Lis à Bras. — Une longue tige, des bras mobiles, sortant du pourtour supérieur du calice, lequel se compose de plaques situées en lignes verticales et en lignes horizontales. Quelques genres sont sessiles.

Les *Eucrinoïdes* fossiles comprennent un grand nombre de familles.

Un premier sous-ordre à mentionner est celui des *Tesselés* ou *Palæocrinidés.* Le calice a des plaquettes minces, immobiles ; l'opercule est solide, formé le plus souvent de plaquettes ou de cinq plaques ovales.

Cupressocrinus. — Caractéristique du Dévonien. Calice en forme de coupe. Les 5 bras fermés forment un cône. Tige quadrangulaire.

Cyathocrinus. — Silurien supérieur, Dévonien, Carbonifère. Calice irrégulier en forme de coupe. Dans l'opercule, 5 sillons ambulacraires recouverts par deux rangées de petites plaques tectrices. Tige ronde. Articles déprimés.

Poteriocrinus. — Silurien supérieur, Dévonien, Carbonifère. Calice irrégulier. Opercule bombé ou allongé. Bras longs, bifurqués. Tige épaisse.

Platycrinus. — Silurien, Dévonien, abondant dans le Carbonifère. Calice en forme de coupe à opercule formé de plaquettes solides. 10 bras plusieurs fois bifurqués. Tige longue.

Le second sous-ordre des Eucrinoïdes, les *Articulés,* comprend les genres vivants et les genres fossiles à partir du Trias. Le calice a des plaquettes ordinairement épaisses. Opercule généralement membraneux et rarement pourvu de plaquettes.

Encrinus. — Abondant dans le Trias où les articles de la tige forment des bancs entiers (calcaire à Encrines et à Trochites). Calice surbaissé. Base dicyclique. 10 bras garnis de pinnules articulées. Tige ronde et longue.

Apiocrinus. — Crétacé supérieur et Jurassique. Très abondant (marbre à Crinoïdes). Calice pyriforme. Tige très longue de plus en plus grosse en montant au calice.

Pentacrinus. — Actuel et riche en fossiles, surtout dans le Lias, le Jurassique inférieur et moyen. Existe depuis le Trias. Les articles des tiges constituent par leur accumulation le calcaire à Crinoïdes. Calice petit. Bras très développés, plusieurs fois bifurqués. Tige pentagonale très longue.

Ordre des Cystidés. — Vestiges peu abondants, ressemblant à des Lis de mer à bras peu développés. Squelette cutané composé de minces plaquettes polygonales unies ensemble. Corps sphérique ou elliptique.

Agelacrinus. — Silurien, Dévonien, Carbonifère. Point de tige. Circulaire, hémisphérique ou discoïde. Plus de 100 plaquettes.

Echinosphœrites. — Calcaire silurien inférieur de Russie et de Scandinavie. Sphérique, sessile, fixé. Plaquettes nombreuses, minces, hexagonales.

Ordre des Blastoïdes. — Apparu dans le Silurien, il eut son apogée et sa fin dans le Carbonifère. Point de bras. Corps sphéroïde ou ovoïde. Court pédoncule. Calice formé de 13 plaquettes calcaires fortement soudées et de petites pièces en nombre indéterminé.

Pentremites. — Silurien supérieur, Dévonien, Carbonifère.

Classe des Astéroïdes ou Étoiles de mer. — Les fossiles s'y distinguent peu de leurs congénères vivants. Il faut remonter aux temps paléozoïques pour trouver (dans la structure des sillons ambulacraires) une notable différence.

Deux ordres : les *Ophiures* et les *Stelléridés.*

Ordre des Ophiures. — Bras longs et minces partant d'un disque central qui contient les viscères, et remplis par une rangée de plaques vertébrales. Débris fossiles peu importants.

Protaster. — Silurien, Carbonifère.

Ophioderma. — Existe depuis le Lias où il est abondant.

Ophiurella. — Calcschistes lithographiques de Bavière.

- *Geocoma.* — Abondant dans le Jurassique.

Ordre des Stelléridés ou *Étoiles de mer.* — Cinq bras larges, aplatis qui sont des dilatations du disque. Il y en a un nombre plus grand chez certains genres. Le squelette cutané se compose de plaques calcaires continues ou d'un réseau de bâtonnets.

Astropecten. — Existe depuis le Lias.

Goniaster. — Existe depuis le Lias. Fossile très important que l'on rencontre souvent dans la craie blanche du nord de la France, du nord de l'Allemagne, du Sussex. Astérie pentagonale à bras courts. Grandes plaques marginales, parfois couvertes de piquants. Plaquettes polygonales sur la face supérieure. Aires ambulacraires bordées de plaques quadrangulaires.

Pentaceros. — Depuis le Jurassique. On ne rencontre guère que des plaques isolées.

Classe des Échinoïdes ou Oursins. — Coquille formée de plaquettes et garnie de radioles, d'épines, de tubercules, et qui contient les parties molles du corps. Ce test est tout ce qui persiste à l'état fossile. Il est divisé en 5 aires ambulacraires alternant avec 5 aires interambulacraires. Les espèces d'Oursins fossiles sont extrêmement nombreuses : plus de 2 000. Les plus anciennes vivaient à l'époque silurienne. Le grand développement de ces animaux commence au Jurassique où l'abondance des individus est telle que certaines couches ont pris le nom des genres qu'elles renferment. Les Oursins vivaient en société.

Deux sous-classes : *Paléchinoïdes* et *Euéchinoïdes*, établies d'après l'ancienneté des genres.

Les **Paléchinoïdes** ont complètement disparu après le Trias. Leur test est composé d'au moins 20 rangées de plaquettes. Ils comprennent trois ordres :

Ordre des Cystocidaridés. — *Cystocidaris*. — Silurien supérieur.

Ordre des Bothriocidaridés. — *Bothriocidaris*. — Silurien inférieur.

Ordre des Perischoéchinidés. — *Melonites*. — Calcaire carbonifère. *Archæocidaris*. — Abondant dans le calcaire carbonifère.

La sous-classe des Euéchinidés comprend trois ordres : les *Cidaridés*, les *Clypeastridés*, les *Spatangidés*.

Ordre des Cidaridés. — Test rond et généralement sphérique. Ambulacres étroits. Espaces interambulacraires très larges.

Cidaris. — Commun dans le Trias. Maximum dans le Jurassique et le Crétacé. Décroissance dans le Tertiaire. Plus de 200 espèces fossiles. Oursins de faibles dimensions, circulaires avec aplatissement au sommet et au côté inférieur. Radioles fortes, de formes variées et élégantes, ornées de pointes et de granules régulièrement disposés.

Rhabdocidaris. — Jurassique et Crétacé. Abondant. Grandes espèces dont on trouve de beaux spécimens silicifiés. Radioles en forme de bâton, hérissées de piquants.

Ordre des Clypeastridés. — Test déprimé, caractérisé par la grande inégalité des aires ambulacraires et interambulacraires. Ambulacres larges et en forme de feuilles.

Echinocyamus. — Abondant dans le terrain tertiaire. Test ovale, déprimé. Ambulacres peu nets.

Clypeaster. — Abondant dans le Miocène, le Pliocène et les mers actuelles. Ce genre comprend les plus grandes espèces connues de cet ordre. Test épais à contour pentagonal. Ambulacres très longs, en pétales. A l'intérieur du test, épaisse couche de calcaire poreux.

Scutella. — Oligocène et Miocène.

Ordre des Spatangidés. — Test en forme de cœur. Symétrie bilatérale.

Toxaster. — Crétacé. Tubercules très petits. Pas de fascioles.

Micraster. — Crétacé moyen et inférieur où il est abondant et bien conservé.

Linthia. — Existe depuis le Crétacé. En forme de cœur ou d'œuf. Les ambulacres pairs sont larges, enfoncés, inégaux. Fascioles. Tubercules petits.

Schizaster. — Existe encore aujourd'hui, mais beaucoup plus abondant dans le Tertiaire. Ambulacres pairs très inégaux.

Macropneustes. — Tertiaire. Oursin de grande taille. Ambulacres impairs effacés.

Spatangus. — Actuel, Tertiaire.

5ᵉ EMBRANCHEMENT

Vers.

Le corps mou des Vers se prête peu à la fossilisation et il est des classes qui ne sont pour ainsi dire pas représentées à l'état fossile. Celles qui ont fourni des documents à la paléontologie sont : les *Brachiopodes,* les *Bryozoaires* et les *Annélides.*

Classe des Brachiopodes. — Vers marins munis d'un lobe palléal antérieur et d'un lobe postérieur portant chacun une valve. Coquille ordinairement fixée, soit à l'aide d'un pédoncule, soit par la substance du test. Deviennent libres parfois en avançant en âge.

Très importants au point de vue paléontologique, c'est comme fossiles que les Brachiopodes ont d'abord été le mieux étudiés, parce que leur habitat actuel étant dans les mers profondes, ils sont assez difficiles à atteindre. On les partage en deux ordres : *Inarticulés* et *Articulés.*

Ordre des Inarticulés. — Valves dépourvues de dents d'articulation.

Lingula. — Actuel. Le plus ancien Brachiopode connu date du Cambrien. Coquille mince, phosphatique, oblongue. Surface lisse ou à stries concentriques. 2 empreintes musculaires peu profondes sur chaque valve.

Crania. — Existe depuis le Silurien. Coquille presque quadrangulaire, à côtes rayonnantes, parfois lisse. 4 empreintes musculaires aux deux valves.

Ordre des Articulés. — *Productus.* — Dévonien, Permien. Coquille libre, parfois très grande, généralement transverse, parfois allongée et munie de deux oreilles cardinales. Valve ventrale très bombée. Surface couverte de côtes rayonnantes arrondies, traversées par des plis concentriques. Épines tubuleuses.

Chonetes. — Du Silurien au Carbonifère. Coquille concavoconvexe, transverse. Arête supérieure de l'aréa ventrale garnie d'épines tubuleuses communiquant avec l'intérieur des valves.

Strophomena. — Du Silurien au Carbonifère. Coquille semicirculaire, concavo-convexe. Surface ornée de petites côtes rayonnantes. Deux fortes dents divergentes à l'intérieur de la valve ventrale.

Leptaena. — Du Silurien au Carbonifère.

Orthis. — Du Cambrien au Carbonifère. Coquille presque quadrangulaire ou semi-circulaire, à valves inégalement bombées. Surface à côtes rayonnantes souvent très fines.

Spirifer. — Du Silurien au Carbonifère. Coquille transverse. Surface généralement ornée de côtes rayonnantes. Pli médian à la valve dorsale, sinus correspondant à la valve opposée. Appareil brachial calcaire formant deux cônes spiraux remplissant une grande partie de la coquille.

Atrypa. — Du Silurien au Dévonien. Coquille subcirculaire, à plis rayonnants. Valve ventrale déprimée en avant. Valve dorsale plus renflée. Cônes spiraux dont les sommets convergents sont dirigés vers le centre de la valve dorsale.

Rhynchonella. — Existe depuis le Silurien. Coquille bombée, triangulaire ou arrondie. Pli médian dorsal et sinus ventral. Crochet petit, recourbé, acuminé. Deux fortes dents cardinales à la valve ventrale.

Terebratula. — Existe depuis le Dévonien. Coquille lisse, ovalaire. Deux plis à la valve dorsale et deux sinus correspondants à la valve ventrale. Crochet de la valve ventrale arrondi et tronqué.

Terebratulina. — Existe depuis le Jurassique. Coquille ovale, allongée. Fines côtes rayonnantes et granuleuses. Crochet court à grand foramen circulaire.

Stringocephalus. — Silurien, Dévonien. Coquille de grande taille, arrondie, lisse. Crochet de la grande valve proéminent et aigu.

Thecidea. — Vivant depuis le Jurassique. Coquille libre à l'état adulte. Surface granulée. Crochet de la valve ventrale anguleux et légèrement recourbé. Intérieur de cette valve concave avec un limbe couvert de fines granulations et formant un méplat marginal. Valve dorsale avec un limbe très large et granulé.

Classe des Bryozoaires. — Petits animaux vivant en colonies rameuses et enfermés dans des cellules membraneuses, chitineuses ou calcaires, d'où peut sortir la partie antérieure de leur corps; la bouche entourée de tentacules ciliés et creux. Les colonies sont fixées sur des pierres, des plantes, des Mollusques, etc. La plupart des Bryozoaires sont marins. Ils existent dans les sédiments peu anciens, nombreux surtout dans le Jurassique, le Crétacé, le Tertiaire.

Les ordres qui intéressent la paléontologie sont : les *Cyclostomes* et les *Cheilostomes*. Les formes y sont très nombreuses.

Ordre des Cyclostomes ou *Bryozoaires centrifuginés*. — Deux divisions : les *Articulés*, dont les pièces sont articulées et dont les colonies sont fixées par des racines cornées, et les *Inarticulés*, dont les cellules sont soudées et la colonie fixée sans racine.

Un genre fossile parmi les *Articulés :*

Crisia. — Abondant dans le Tertiaire. Les segments se composent de nombreuses cellules sur deux rangs.

Dans les *Inarticulés,* les colonies, simples ou rameuses, avec toutes leurs parties soudées, sont fixées soit par une base calcaire, soit par un encroûtement de la face inférieure tout entière. Genres nombreux.

Diastopora. — Abondant dans le Jurassique et le Crétacé, en décroissance dans le Tertiaire. Cellules cylindriques ou prismatiques, soudées dans leur partie inférieure. Les colonies forment de petites souches dendroïdes ou lamelleuses.

Fenestella. — Terrains anciens. Riche en espèces et abondant dans le Carbonifère. Taille quelquefois considérable. On n'en rencontre guère que des fragments du bord supérieur, qui est en forme d'éventail ou de lame ridée. Les rameaux dichotomes forment un réseau à traverses courtes et fines.

Archimedes. — Très abondant dans le Carbonifère de l'Illinois et de l'Iowa. Grande colonie composée d'un axe solide, hélicoïdal d'où se détachent à distances régulières de nombreuses expansions infundibuliformes, dirigées obliquement vers le haut.

Chæteles. — Carbonifère. Constitue en Russie des couches entières. Grandes colonies massives composées de longues cellules prismatiques entièrement réunies par leurs parois.

Ordre des Cheilostomes ou *Bryozoaires cellulinés*. — *Membranipora.* — Très abondant depuis le Crétacé. Colonie encroûtante, en plaques irrégulières.

Eschara. — Du Crétacé à l'époque actuelle. Colonie libre, ramifiée. Cellules urcéolées, couchées et disposées en quinconce.

Cellepora. — Tertiaire. En forme d'éponge. Cellules presque verticales accumulées.

Vincularia. — Du Crétacé à l'époque actuelle. Colonie fixée, bifurquée. Cellules déprimées à rebord élevé.

Lunulites. — Crétacé, Tertiaire, Actuel.

Classe des Annélides. — Épiderme et poils chitineux. Mâchoires calcaires. Certaines d'entre elles, les *Chætopodes,* construisent des tuyaux calcaires conservés en abondance dans les couches du sol.

On distingue deux ordres parmi ces Chætopodes : les *Tubicoles* et les *Néréides* ou *Annélides errantes.*

Ordre des Tubicoles. — La famille des SERPULES est la principale de cet ordre. Ce sont des animaux marins, sans mâchoires, toujours fort répandus actuellement, et abondants à l'état fossile.

Tubes très variés : ronds, anguleux, aplatis, courbés, enroulés, ressemblant parfois à des coquilles de Mollusques. Beaucoup d'espèces recouvrent les Coraux, les Éponges, les Mollusques.

Leurs principaux genres sont :

Spirorbis. — Existe depuis le Silurien. Tubes petits, enroulés en hélice ou en spirale et fixés par le côté plat.

Terebella. — Existe depuis le Lias. Tubes cylindriques faits de petits fragments calcaires agglutinés.

Ditrupa. — Existe depuis le Crétacé. Le tube ressemble à la coquille de *Dentalium.*

Serpulites. — Silurien. Tubes très grands.

Ordre des Néréides ou *Annélides errantes.* — Mâchoires robustes. Poils en faisceaux sur les segments.

Eunicites. — Schistes lithographiques de Bavière qui en ont donné de magnifiques empreintes. Vers très longs et très épineux. Les deux mâchoires calcaires.

Lombriconereites. — Schistes lithographiques d'Eichstädt.

On rattache encore aux Néréides des empreintes assez abondantes dans le Cambrien d'Angleterre : *Néréites, Myrianites, Nemertites.* Des empreintes analogues ont été trouvées dans le Silurien de New-York, dans le Dévonien inférieur d'Allemagne. Enfin on a trouvé des traces de Vers perforants dans le Cambrien et le Silurien en France, en Angleterre, en Scandinavie, dans l'Amérique du Nord.

6e EMBRANCHEMENT

Arthropodes.

Les Arthropodes sont divisés en quatre classes : *Crustacés, Myriapodes, Arachnides, Insectes,* qui, toutes, ont des représentants fossiles.

Classe des Crustacés. — Trois sous-classes : *Entomostracés, Merostomacés, Malacostracés.*

La sous-classe des Entomostracés comprend quatre ordres représentés à l'état fossile : les *Cirripèdes,* les *Ostracodes,* les *Phyllopodes,* les *Trilobites.*

Ordre des Cirripèdes. — Animaux fixés et grossièrement articulés, entourés d'un manteau cutané souvent couvert de plaques calcaires. Les Cirripèdes sont divisés en trois sous-ordres dont celui des *Thoracica* est le seul qui ait des fossiles.

Pollicipes. — Existe depuis le Rhétien. On n'en trouve guère que des plaques isolées.

Scalpellum. — Existe depuis le Gault. Capitulum formé de 12 à 15 valves. Carina étroite et recourbée. Scuta et terga de dimensions considérables.

Lepas. — Existe depuis le Pliocène. Capitulum à 5 pièces.

Balanus. — Test sessile, en forme de cône tronqué, dont les pièces sont solidement soudées latéralement. Les terga et les scuta forment des opercules attachés à l'animal par des muscles abaisseurs. Les valves ont une structure celluleuse. Existe depuis l'Oligocène. Apogée dans le Pliocène et le Miocène. Pièces operculaires presque triangulaires.

Ordre des Ostracodes. — Petits Crustacés dont la coquille bivalve, calcaire ou cornée, entoure complètement le corps. Les valves sont unies par une membrane du côté ventral.

Leperditia. — Du Cambrien au calcaire carbonifère. Grande coquille épaisse, inéquivalve, lisse, convexe.

Beyrichia. — Du Cambrien au Carbonifère. Très abondant. Coquille petite, bombée, allongée, ornée de deux ou trois sillons transversaux entre lesquels se trouvent des bourrelets, des proéminences verruqueuses.

Cythere. — Existe depuis le Silurien. Apogée dans le Tertiaire. Encore répandu dans toutes les mers. Coquille petite, solide, souvent très ornée, inéquivalve, allongée, subquadratique. Dents cardinales de la valve droite puissantes.

Palæocypris. — Terrain houiller de Saint-Étienne. Coquille presque microscopique qu'on a parfois trouvée dans des fruits de *Cardiocarpus*, avec l'animal en parfait état de conservation.

Cypris. — Actuel et dans les terrains tertiaires d'eau douce où il forme parfois des amas considérables. Petite coquille en forme de rognon.

Ordre des Phyllipodes. — Très peu de fossiles. Le genre le plus important est *Estheria,* très abondant dans les dépôts d'origine saumâtre ou marécageuse. Du vieux grès rouge au Tertiaire. Coquille à deux valves minces, plates ou bombées, ovales ou presque circulaires.

Ordre des Trilobites. — Animaux paléozoïques, dont le nom de Trilobites vient de la forme de leur corps divisé, longitudinalement et transversalement en trois sillons. Il y a donc une trilobation longitudinale déterminée par deux sillons, et une tête, un thorax, un pygidium.

On a rencontré des spécimens très bien conservés de Trilobites, avec le test. Plus souvent les échantillons sont à l'état de moule, d'empreinte. Leur anatomie est relativement bien connue. On sait que la plupart avaient la faculté de s'enrouler, l'extrémité de leur pygidium venant toucher la doublure de leur enveloppe céphalique. Les Trilobites comprennent de nombreuses familles dont nous citerons les principaux genres :

Agnostus. — Cambrien et Silurien. Très abondant, par exemple dans les schistes bitumineux à *Olenus* de Scanie. Carapace petite, allongée, arrondie en avant et en arrière.

Trinucleus. — Silurien inférieur. Espèces très nombreuses. Carapace un peu plus longue que large, arrondie en avant et en arrière; enroulable. Tête plus grande que le thorax et le pygidium réunis.

Olenus. — Cambrien. Très abondant. Donne son nom à des schistes bitumineux. Carapace bien trilobée. Tête semi-lunaire. Pygidium petit, triangulaire ou arrondi, à bords entiers ou épineux. L'*Olenellus* constitue un genre très voisin, caractéristique du Cambrien inférieur.

Paradoxydes. — Cambrien. Espèces nombreuses et caractéristiques. Carapace grande, allongée, déprimée, rétrécie en arrière. Tête large, pygidium très petit.

Conocephalites. — Riche en espèces. Cambrien et Silurien inférieur. Carapace nettement trilobée, allongée, ovale, enroulable. Tête semi-circulaire. Thorax à 14 ou 15 segments. Pygidium petit, semi-circulaire.

Ellipsocephalus. — Cambrien.

Calymene. — Silurien. Nombreuses espèces. Carapace allongée, ovale, enroulable. Tête semi-circulaire, courte et large. Thorax à 13 segments larges ; pygidium peu distinct du thorax formé de 6 à 11 segments nets.

Homalonotus. — Silurien et Dévonien inférieur.

Ogygia. — 33 espèces dans le Silurien inférieur. Très grand Trilobite à carapace plane ou faiblement renflée. Tête grande, semi-circulaire. Thorax à 8 segments. Pygidium semi-circulaire, à 10 segments.

Asaphus. — Environ 100 espèces, parmi lesquelles les plus grands Trilobites connus. Silurien inférieur. Carapace ovale, enroulable. Tête semi-circulaire ou semi-ovalaire. Thorax à 8 segments convexes. Pygidium arrondi.

Illænus. — Silurien. Riche en espèces. Carapace allongée, enroulable. Tête et pygidium grands, semi-circulaires. Thorax à 8 ou 10 segments.

Bronteus. — Silurien et Dévonien. Maximum dans le Silurien supérieur. Carapace large, ovale. Tête semi-circulaire, presque aussi longue que le thorax, lequel est à 10 segments. Pygidium très grand, parabolique, plus long que la tête. Lobes latéraux, à plusieurs sillons, rayonnant autour de l'axe.

Phacops. — Du Silurien supérieur au Dévonien supérieur. Carapace nettement trilobée, enroulable, ramassée, ovale. Tête parabolique. Pygidium grand, à segments peu nombreux.

Lichas. — Silurien. Individus complets rares. Carapace large, ovale, non enroulable.

Arethusina. — Silurien, Dévonien. Carapace ovale, nettement trilobée, enroulable. Tête semi-circulaire. Thorax à 22 segments. Pygidium très court, semi-circulaire.

Dans la sous-classe des **Merostomacés**, un seul genre, *Limulus,* existe encore aujourd'hui. Elle se divise en deux ordres : *Xiphosures* et *Gigantostracés*.

Ordre des Xiphosures. — Deux familles : les HÉMIOSPIDÉS, dont les genres, assez rares, ne se rencontrent que dans les sédiments les plus anciens, et les LIMULIDÉS.

Belinurus. — Dévonien supérieur et terrain houiller. Corps arrondi, trilobé dans la longueur. Bouclier céphalique hémisphérique.

Limulus. — Apparaît dans le Trias. Atteint quelquefois, actuellement, la taille d'un demi-mètre de longueur. Corps nettement trilobé. Bouclier céphalique très grand, largement creusé en dessous. Abdomen représenté par un long aiguillon caudal.

Ordre des Gigantostracés. — Comprend les plus grands Crustacés connus, d'une longueur de près d'un mètre et demi. Leur aspect rappelle celui des Scorpions.

Eurypterus. — Une vingtaine d'espèces dont la plupart se rencontrent dans des couches sableuses et argileuses à la limite du Silurien et du Dévonien. Le genre s'éteint dans le Carbonifère. Corps étroit, étiré longitudinalement. Tête petite, trapéziforme. Tronc composé de 6 segments dorsaux. Abdomen à 6 segments mobiles. Aiguillon caudal.

Pterygotus. — Silurien supérieur. On en trouve surtout des anneaux isolés, des pinces, des pattes nageoires. Une certaine espèce, *P. Anglicus,* est appelée le *Séraphin* par les carriers écossais qui voient dans ses pinces des ailes d'ange.

La sous-classe des **Malacostracés** comprend comme ordre le groupe des *Décapodes*.

Ordre des Décapodes. — On le divise d'après le développement de l'abdomen en *Macroures, Anomoures,* et *Brachyures*.

Les *Macroures* fossiles sont assez abondants. Les plus anciens datent du Dévonien.

Eryon. — Lias, Jurassique, Crétacé inférieur. Neuf espèces dans les schistes lithographiques de Bavière. Céphalothorax plus large que long. Bord antérieur échancré au-dessus des yeux. Abdomen égal en longueur au céphalothorax.

Mecochirus. — Du Lias au Kiméridgien. Très commun dans les schistes lithographiques de Bavière. Pattes antérieures très longues. Céphalothorax couvert de granulations.

Palinurus. — Crétacé supérieur. Crustacé voisin de nos Langoustes.

Pemphix. — Trias. Abondant dans le Muschelkalk. Corps cylindrique. Céphalothorax fortement granulé. Rostre étroit. Pattes thoraciques antérieures très fortes et terminées par un grand ongle.

Glyphæa. — Abondant dans le Lias, le Jurassique, le Crétacé.

Palæastacus. — Jurassique, Crétacé.

Homarus. — Existe depuis le Tertiaire, de même que *Astacus* (ou Écrevisse).

Calianassa. — Existe depuis le Jurassique. On n'en retrouve que les pinces ; le corps mou, à peau membraneuse, ne se prêtant pas à la fossilisation.

Dans le sous-ordre des *Anomoures*, les débris fossiles sont des plus rares. On cite des pinces de *Pagurus* dans l'Éocène de Hongrie.

Le sous-ordre des *Brachyures* ou Crabes comprend peu de fossiles paléozoïques. Ces Crustacés sont assez nombreux dans le Tertiaire et le Crétacé.

Dromiopsis. — Craie supérieure. Céphalothorax arrondi ou al'ongé légèrement dans le sens de la largeur, verruqueux. Rostre court et large. Profond sillon cervical.

Neptunus. — Eocène, Miocène. Céphalothorax très large, arqué en avant.

Cancer. — Actuel, Tertiaire.

Xanthopsis. — Eocène.

Telphusa. — Miocène.

Classe des Myriapodes. — Deux ordres principaux : *Chilopodes, Diplopodes*.

Ordre des Chilopodes. — C'est surtout dans l'ambre que l'on trouve les Chilopodes fossiles.

Lithobius en est le genre le plus important.

Ordre des Diplopodes. — Riche en espèces vivantes, cet ordre commence à avoir des représentants dans le Crétacé. C'est dans l'ambre qu'on en trouve le plus d'échantillons.

Iulus. — Calcaire lacustre de Montpellier, marnes gypseuses d'Aix-en-Provence, etc.

Classe des Arachnides. — Plusieurs ordres avec des représentants fossiles. L'ambre a fourni un grand nombre d'échantillons, d'une conservation remarquable.

Ordre des Mites (Acariens). — Genres tertiaires vivant encore actuellement : *Acarus, Oribates, Trombidium, Rhyncholophus, Actineda, Erythæus, Tetranychus, Penthaleus.*

Arythaena est un genre éteint.

Ordre des Anthracomartiens. — Animaux éteints n'ayant pas dépassé les temps carbonifères. On en trouve beaucoup à Mazon Creek, dans l'Illinois.

Arthrolycosa. — Terrain houiller de l'Illinois. Céphalothorax circulaire beaucoup plus grand que l'abdomen.

Eophrynus. — Terrain houiller d'Angleterre. Céphalothorax triangulaire, pointu en avant. Abdomen gros, arrondi, bombé sur la face supérieure.

Ordre des Scorpions. — Apparaît dans le Silurien supérieur. On y a établi un sous-ordre pour les formes paléozoïques.

Palæophonus. — Silurien supérieur d'Écosse et de l'île de Gothland. Céphalothorax largement échancré sur le bord antérieur. Sternum grand, pentagonal. Pinces puissantes.

Cyclophthalmus. — Terrain houiller de Bohême, de l'Illinois et de la Nouvelle-Écosse.

Ordre des Araignées. — *Attoïdes.* — Marnes d'eau douce d'Aix-en-Provence.

Archæa. — Six espèces dans l'ambre. Éminence sphérique sur la tête. Longues mandibules. Palpes maxillaires très petits.

Thomisus. — Ambre tertiaire de Kœnigsberg, Miocène d'Œningen.

Argyroneta. — Lignite oligocène.

Phalangopus. — Ambre.

Classe des Insectes. — Les Insectes paléozoïques et mésozoïques, tous éteints, sont moins différenciés que les genres actuels et on les a répartis en trois divisions : *Orthopteroïdes, Nevropteroïdes, Hemipteroïdes.*

Orthopteroïdes. — *Titanophasma.* — Terrain houiller de Commentry. Ailes grandes.

Nevropteroïdes. — *Lithomantis.* — Carbonifère.

Meganeura. — Carbonifère de Commentry.

Hemipteroïdes. — *Eugereon.* — Rothliegende de Birkenfeld et de Bohême.

Fulgorina. — Terrain houiller du bassin de la Sarre.

Un grand nombre d'Insectes fossiles ont trouvé place dans les ordres actuels :

Ordre des Orthoptères. — *Baseopsis* (de la famille des FORFICULES). Lias inférieur de Schambelen (Argovie).

Les BLATTES apparaissent dans le Trias. On en a décrit plus de 4o espèces, la plupart viennent du Jurassique d'Angleterre.

Blattidium. — Purbeck-beds d'Angleterre.

Mesoblattina. — Lias et Jurassique supérieur.

Locusta. — Une grande espèce dans le schiste lithographique de Bavière. On trouve aussi des Locustes dans le gypse d'eau douce d'Aix. Quelques larves dans l'ambre.

Ordre des Névroptères. — Les plus anciens THYSANOURES se trouvent dans l'ambre.

Planocephalus. — Oligocène de Florissant (Colorado). Tête presque atrophiée, réduite aux pièces buccales et au pharynx.

La famille des Termites apparaît dans le Lias et devient nombreuse dans le Tertiaire.

Clathrotermes. — Lias de Schambelen. Genre éteint. Ailes portant de nombreuses nervures transversales, un peu obliques dans le champ costal.

Les Éphémérides se trouvent dans le Jurassique supérieur de Bavière et dans l'ambre du Samland.

Les Libellules commencent dans le Lias. Plus de 3o espèces dans le Jurassique : *Agrionina, Calopterygina, Heterophlebia, Stenophlebia, Æschna, Petalura, Petalia.* L'ambre de la Baltique est aussi un grand gisement de Libellules.

Les Phryganes fossiles sont célèbres par les étuis tubuleux, destinés à recevoir leurs larves, qu'elles ont laissés en si grande abondance dans certaines couches tertiaires. Ces tubes, formés de petits fragments de roches cimentés ensemble, ont été appelés *Indusia tubulosa.* En Auvergne, le calcaire à Indusies fait des bancs de 2 à 3 mètres d'épaisseur. Les tubes fossiles ont environ 3 centimètres de long et 5 à 6 millimètres d'épaisseur. Ils sont fermés à un bout.

Ordre des Hémiptères. — Les plus anciens *Pucerons* proviennent du Wealdien d'Angleterre. Ces Insectes, si petits et si délicats, ont été admirablement conservés dans l'ambre.

On trouve également des *Cochenilles* dans l'ambre.

Parmi les Fulgorides, abondants surtout dans l'ambre, les genres les plus importants sont : *Cixius, Pseudophana, Asiraca.*

Les Cicadellides abondent particulièrement dans le Tertiaire :

Cercopsis, Aphraphora. — Aix, Œningen, ambre de la Baltique.

Les Cigales fossiles sont peu nombreuses. On cite pourtant le genre *Cicada* à Aix et dans l'ambre.

La famille des Nepides (punaises d'eau) est représentée dans les schistes lithographiques de Bavière, par exemple par le genre *Belostoma.*

Nepa. — Aix et ambre de la Baltique.

La famille des Reduvides est très abondante dans le Tertiaire : *Harpactor, Evagoras, Reduvius.*

Ordre des Coléoptères. —- *Scolrtus, Hyglesinus.* — Aix, ambre de la Baltique.

Platypus. —- Ambre de Prusse et de Sicile.

Les CURCULIONIDES ou *Charançons* ont fait leur apparition dans le Trias. Dans le Tertiaire, il y a plus de 100 espèces appartenant à des genres existant encore. Florissant (Colorado) est une localité extrêmement riche.

Hydronomus, Tanysphyrus, Erirhinus. — Aix.

Larinus. — Œningen, Rott, Aix.

Les TENEBRIONIDES sont abondants dans les couches mésozoïques. Les espèces en sont moins nombreuses dans le Tertiaire.

Les CHRYSOMÉLIDES commencent dans le Trias :

Chrysomela, Cryptocephalus, Cassida se trouvent dans le Jurassique d'Angleterre et le schiste lithographique de Bavière. *Chrysomela* est en outre très abondant dans l'ambre de la Baltique.

Crioceris. — Aix, ambre de la Baltique.

Donacia. — Miocène et Pléistocène. Les formes quaternaires sont identiques à celles d'aujourd'hui.

Les LAMPYRIDES ou *Vers luisants* apparaissent dans le Lias et deviennent abondants dans le Tertiaire :

Lampyris, Lycus, Malthinus. — Ambre de la Baltique.

Les BUPRESTIDÉS commencent dans le Trias et sont très importants dans le Jurassique. Il y en a des genres qui n'existent plus : *Lomatus, Protogenia, Fusslinia, Buprestites, Chrysobothrites.*

Les ELATÉRIDES, ou *Taupins*, sont abondants dans le Lias et le Tertiaire. Il en est à Schambelen qui ont encore les ailes colorées.

Les STAPHYLINS sont très répandus dans le Tertiaire :

Anthophagus. — Rott, ambre de la Baltique.

Staphylinus. — Aix, Œningen, ambre de la Baltique.

Les HYDROPHILIDES sont répandus dans les dépôts mésozoïques :

Hydrophilites, Wollastonites, Hydrobiites. — Rhétien de Suède, Lias de Schambelen. Formes nombreuses dans le Tertiaire.

Les CARABIDÉS, qui apparaissent dans le Rhétien, deviennent extrêmement nombreux dans le Lias. Ils sont parmi les plus abondants des Insectes tertiaires et actuels.

Carabus. — Existe depuis l'Oolithe.

Harpalus. — Nombreuses espèces du Miocène.

Ordre des Diptères. — *Musca.* — Plusieurs espèces dans l'ambre.

Anthomya, Eriphia. — Ambre de la Baltique.

Asilus. — Lias inférieur, Tertiaire : Œningen, Radoboj, Aix, ambre de la Baltique.

Les Tipulides sont très riches en formes dans le Tertiaire. Beaucoup de genres ont disparu : *Rhamphidia, Eriocera, Erisptera, Trichoneura, Haploneura, Tipula, Macrochile, Dixa, Adetus,* etc.

Les Bibionides sont extrêmement abondants, en tant qu'individus, dans les couches tertiaires ; mais ils ne sont pas riches en espèces et la plupart des genres ne se trouvent pas dans l'ambre, Il en est ainsi pour le genre *Bibio,* par exemple, si répandu ailleurs.

Ordre des Lépidoptères. — Les *Papillons* sont des fossiles fort rares et limités au Tertiaire. On en rencontre quelques représentants dans l'ambre. De jolis échantillons proviennent des marnes gypseuses du bassin d'Aix-en-Provence.

Ordre des Hyménoptères. — L'espèce la plus ancienne de ces insectes est une Abeille :

Palæomyrmex. — Lias inférieur de Schambelen (Argovie).

Quelques Hyménoptères ont été signalés dans le schiste lithographique de Bavière. Les espèces sont plus abondantes dans le Tertiaire et en particulier dans l'ambre de la Baltique. Les *Fourmis* atteignent alors un développement considérable : Florissant, l'ambre de la Prusse orientale, Radoboj ont donné un grand nombre d'espèces et d'individus.

7ᵉ EMBRANCHEMENT

Mollusques.

Animaux symétriques, inarticulés, à téguments mous, dépourvus de squelette locomoteur, présentant un pied ventral, en général recouverts par une coquille calcaire sécrétée par un repli cutané (manteau). Cette coquille peut être interne : Seiche, Calmar, Limace, ou externe. Elle est ordinairement univalve ou bivalve. Cependant elle peut avoir des pièces accessoires et présenter un plus grand nombre de valves : le *Chiton* en a huit.

Les Mollusques comprennent les cinq classes des *Pélécypodes, Scaphopodes, Gastropodes, Ptéropodes, Céphalopodes*.

Classe des Pélécypodes ou Lamellibranches. — Coquille composée de deux valves (une droite et une gauche) généralement réunies par un ligament dorsal. Point de tête distincte. La bouche est située entre les deux replis du manteau. D'après le nombre des branchies, 2 ou 4, les Pélécypodes sont partagés en *Dibranches* et *Tétrabranches*. On y fait généralement deux ordres, établis sur l'absence ou la présence du siphon : *Asiphonés* et *Siphonés*.

Ordre des Asiphonés. — *Ostrea.* — Plus de 600 espèces dont une centaine actuellement vivantes. Les fossiles existent depuis le Jurassique. On en compte au moins 264 espèces dans la craie. Coquille irrégulière, fixée par la valve gauche, la plus grande et la plus profonde. Impression musculaire unique. Test lamelleux, avec une partie cellulaire, prismatique, entre les bords des valves. On a dû, vu la multiplicité des espèces, établir plusieurs sous-genres : *Ostrea, Alectryonia, Gryphæa, Amphidonta, Gryphostrea, Exogyra.*

Anomia. — Existe depuis le Jurassique. La coquille prend souvent la forme des surfaces auxquelles elle adhère. A l'état fossile, on ne retrouve guère que la valve gauche, qui est convexe, tandis que la valve droite est concave ou plane.

Plicatula. — Existe depuis le Trias. Fossile abondant dont le maximum est du Lias au Crétacé. Coquille irrégulière, un peu renflée, lisse ou plissée, écailleuse, fixée au voisinage du crochet de la valve droite. Impression musculaire unique, excentrique.

Spondylus. — Existe depuis le Jurassique. Les formes fossiles sont petites et minces. Coquille irrégulière, inéquivalve, fixée par la valve droite, ornée de côtes rayonnantes épineuses ou foliacées. Valve droite plus profonde que la gauche.

Lima. — Existe depuis le Carbonifère. Plus de 300 espèces dans les terrains secondaires et tertiaires, avec maximum dans la craie. Coquille obliquement ovale, médiocrement renflée, à côtes ou stries rayonnantes.

La famille des Pectinidés, très abondante en fossiles, compte encore plus de 200 espèces vivantes. Principaux genres :

Hinnites. — Existe depuis le Trias, a son maximum dans le Jurassique et le Crétacé. Coquille libre, ostréiforme à l'état adulte, épaisse, irrégulière. Sinus du byssus comblé par des dépôts calcaires.

Pecten. — Existe depuis le Dévonien. Plus de 100 espèces vivantes. Plus nombreux encore à l'état fossile. Apogée dans le Tertiaire. Coquille libre, suborbiculaire, inéquivalve. Valve droite convexe, renflée au sommet. Valve gauche aplatie. Surface à côtes ou à stries rayonnantes.

La famille des Aviculidés comprend des genres fossiles nombreux et variés. On en connaît plus de 1 000 espèces de tous les âges.

Avicula. — Du Silurien à l'époque actuelle. Apogée spécifique dans le Crétacé et le Tertiaire. Coquille inéquivalve, inéquilatérale, obliquement ovale, ailée (d'où son nom), nacrée intérieurement, avec une couche externe celluleuse. Sous-genres : *Oxytoma, Pseudoptera, Meleagrina.*

Posidonomya. — Terrains paléozoïques et jurassiques. Plus de 50 espèces fossiles. Coquille très mince, équivalve, oblique, ovale ou arrondie, sillonnée concentriquement, avec parfois de fines stries rayonnantes.

Monotis. — Trias. Coquille obliquement ovale, large, équivalve. Surface ornée de côtes rayonnantes. Aile postérieure tronquée ou légèrement sinueuse.

Daonella. — Remplit des couches entières dans le Trias (Tyrol, Groënland, etc.)

Inoceramus. — Du Trias au Crétacé. Très abondant dans la craie. Coquille de forme variable, circulaire ou transverse, ovale, inéquilatérale, à valves inégales en convexité. Couche interne nacrée. Couche extérieure fibreuse, épaisse, prismatique, qui, chez les espèces les plus anciennes, a disparu.

Perna. — Existe depuis le Trias. Riche en espèces. Coquille foliacée en dehors, nacrée en dedans, presque équivalve, inéquilatérale, auriculée, subquadrangulaire ou en forme de marteau.

Dans la famille des Mytilidés :

Mytilus. — Existe depuis le Trias. Coquille équivalve, inéquilatérale, allongée, triangulaire, arrondie en arrière.

Modiola. — Existe depuis le Dévonien où il est rare. Maximum dans le Jurassique, le Crétacé, le Tertiaire.

Lithophagus. — Existe depuis le Carbonifère. Coquille subcylindrique, arrondie aux deux extrémités, se creusant dans les roches des rivages, les coraux, les pierres, des cavités cylindriques que l'on retrouve à l'état fossile.

Dreissena ou (mieux) *Dreissensia.* — Forme des bancs entiers dans le Miocène et le Pliocène. Coquille mytiliforme, équivalve, non nacrée à l'intérieur, composée à l'extérieur de grandes cellules prismatiques.

Dans la famille des PINNIDÉS :

Pinna.—Existe depuis le Dévonien. Apogée dans le Crétacé. Une espèce actuelle, de grande taille, est vulgairement appelée *Jambonneau.*

Famille des ARCIDÉS :

Arca. — Existe depuis le Trias. Plus de 500 espèces fossiles. Coquille inéquilatérale, équivalve, épaisse, ventrue, subquadrangulaire, ornée de côtes ou stries rayonnantes. Bords des valves lisses ou dentés.

Cucullæa. — Abondant dans le Jurassique et le Crétacé. Rare dans le Tertiaire et à l'époque actuelle.

Cardiola. — Abondant dans le Silurien et le Dévonien. Coquille mince, équivalve, gibbeuse, ovale, oblique, à sillons rayonnant des sommets, croisant des stries concentriques.

Pectunculus. — Existe depuis le Crétacé. Abondant surtout dans le Tertiaire. Coquille suborbiculaire, équivalve, équilatérale, convexe, épaisse, intérieurement porcelainée. Bords crénelés en dedans. Impressions musculaires profondes.

Nucula. — Abondant depuis le Silurien. Coquille équivalve, inéquilatérale, subtriangulaire, ovale.

Dans la famille des TRIGONIDÉS :

Trigonia. — Apparaît dans le Lias. Abondant dans le Jurassique moyen et supérieur et dans le Crétacé. Coquille épaisse, inéquilatérale, subtrigone, ovale. Arêtes inclinées en arrière. Surface lisse, ou tuberculeuse, ou côtelée.

Dans la famille des NAYADIDÉS :

Unio. — Commence dans le Purbeckien. Abondant dans le Tertiaire et à l'époque actuelle. Coquille équivalve, régulière, de forme variable. Sommets généralement tuberculeux et corrodés. Surface lisse, plissée ou tuberculeuse.

Anodonta. — Existe depuis l'Éocène.

A la famille des Cardinidés appartiennent :

Anthracosia. — Abondant dans les couches charbonneuses du terrain houiller et du Permien.

Cardinia. — Trias alpin, Infrà-lias.

Ordre des Siphonés. — Dans la famille des Astartidés :

Astarte. — 3oo espèces fossiles dont les plus anciennes datent du Silurien. Maximum dans le Jurassique et le Crétacé. Coquille épaisse, équivalve, trigone ou subovalaire, ornée de sillons ou de stries concentriques.

Cardita. — Existe depuis le Trias. Coquille ovale-transverse, solide, inéquilatérale, ornée de côtes saillantes et écailleuses.

La famille des Crassatellidés tire son nom de *Crassatella.*

Crassatella. — Existe depuis le Crétacé inférieur. Coquille épaisse, ovale, oblongue. Bords des valves lisses ou denticulés.

Dans les autres familles :

Megalodon. — Dévonien, Trias. Coquille épaisse, convexe, ovale ou triangulaire, inéquilatérale, lisse ou à fines stries concentriques.

Chama. — Du Crétacé à l'époque actuelle, maximum à l'époque tertiaire. Coquille inéquivalve, épaisse, fixée par le crochet de la plus grande valve. Crochets recourbés en avant. Surface parfois épineuse, formée de feuillets concentriques, saillants.

Diceras. — Abondant dans le terrain jurassique supérieur. Coquille épaisse, inéquivalve, fixée par le sommet d'une valve. Crochets très proéminents, enroulés, contournés. Plaques cardinales très épaisses.

Requienia. — Craie (Urgonien).

Caprotina. — Crétacé.

Caprina. — Crétacé.

Ichthyosarcolites. — Abondant dans le Crétacé moyen. Test régulièrement traversé de canaux rayonnants.

Hippurites. — Crétacé moyen et supérieur. Coquille épaisse, très inéquivalve. Valve gauche ou supérieure operculiforme, aplatie. Valve inférieure en cône renversé ou subcylindrique.

Radiolites. — Crétacé moyen et supérieur. Quelques espèces atteignent de grandes dimensions. Coquille épaisse, conique, biconique ou subcylindrique. Valve gauche operculiforme à sommet central. Valve droite plus grande, ornée de lamelles concentriques, foliacées.

Sphærulites. — Crétacé, abondant dans le Cénomanien et surtout dans le Turonien.

Tridacnia. — Miocène, Actuel. Coquille triangulaire, parfois fort grande. Vulgairement connue sous le nom de *Bénitier*.

Lucina. — Existe depuis le Silurien. Plus de 3oo espèces fossiles, environ 100 espèces vivantes. Coquille presque circulaire ou lenticulaire, ornée de stries ou de lames concentriques croisées parfois par des côtes rayonnantes.

Cardium. — Genre très riche en espèces. On en compte jusqu'à 4oo qui sont fossiles. Apogée dans le Tertiaire et les mers actuelles. Abondant aussi dans le Trias, le Jurassique, le Crétacé. Coquille cordiforme, renflée, oblique ou ovale. Côtes ou stries rayonnantes marquant la surface.

Cyrena. — Existe depuis le Lias. Coquille assez épaisse, ovale ou subtrigone, à stries concentriques.

Cyprina. — Abondant dans le Jurassique, le Crétacé, le Tertiaire. Plus rare aujourd'hui. Coquille suborbiculaire ou ovale cordiforme, convexe, inéquilatérale, striée concentriquement.

Isocardia. — Jurassique, Crétacé, Tertiaire. Coquille cordiforme, à crochets recourbés et très renflés.

Petricola. — Existe depuis le Crétacé.

Venerupis. — Éocène, Actuel.

Tapes. — Existe depuis le Crétacé. Abondant dans le Miocène et le Pliocène.

Venus. — Existe depuis le Jurassique moyen. Abondant dans le Tertiaire supérieur et à l'époque actuelle. Coquille épaisse, ovale, arrondie, triangulaire ou cordiforme, à bords finement dentés. Surface lisse ou ornée de côtes, de sillons, de lamelles.

Thetis. — Crétacé.

Cytherea. — Du Jurassique à l'époque actuelle. Très riche en espèces.

Tellina. — Très riche en espèces actuelles. Existe depuis la craie. 48 espèces dans l'Éocène parisien. Coquille ovale-allongée, suborbiculaire ou transverse, presque équivalve.

Pholadomya. — Abondant du Lias inférieur au Tertiaire supérieur. Maximum dans le Jurassique et le Crétacé inférieur. Existe
souvent à l'état de moule. Coquille mince, équivalve, renflée, rhombique ou transverse-ovale.

Mactra. — Abondant à l'époque actuelle et dans le Tertiaire,
rare dans le Crétacé. Coquille triangulaire, ovale.

Corbula. — Existe depuis le Trias. Petite coquille ovale, convexe, très inéquivalve, à crochets saillants.

Fistulana. — Du Crétacé à l'époque actuelle. Coquille libre,
étroite, longue, forant des tubes longs et verticaux.

Pholas. — Crétacé, Jurassique, Tertiaire, Actuel.

Classe des Scaphopodes. — Mollusques sans tête distincte, à coquille univalve, allongée, étroite. Un ordre et une famille unique
dont le genre le plus important est *Dentalium*.

Dentalium. — Existe dans toutes les mers depuis le Dévonien.
Coquille légèrement arquée, conique ou subcylindrique, diminuant
régulièrement de diamètre d'avant en arrière. Surface lisse, ou
striée, ou côtelée en long. Ouverture antérieure non rétrécie, ouverture postérieure petite.

Siphonodentalium. — Existe depuis l'Éocène.

Classe des Gastropodes. — Mollusques très nombreux et très
variés, les uns nus, les autres testacés. Ils ont une tête distincte,
à tentacules. La langue est ordinairement en forme de plaque
pourvue de dents, dite *radula* et qui a une grande importance
pour la classification. Le nom de Gastropode vient du pied charnu
avec lequel rampent ces animaux. La coquille peut être externe
ou interne, univalve ou multivalve. On a divisé les Gastropodes
en deux sous-classes : *Univalves*, qui comprennent les ordres des
Pulmonés, des *Opistobranches*, des *Nucléobranches*, des *Prosobranches* ; et *Multivalves*, qui comprennent les *Polyplacophores*.

Ordre des Pulmonés. — *Helix*. — Très abondant à l'époque actuelle
(2 000 espèces). Apparaît dans l'Éocène inférieur. Coquille discoïde, déprimée, globuleuse ou conique.

Bulimus. — Apparaît dans le Crétacé supérieur.

Zonites. — Actuel. Terrain houiller d'Angleterre. Quelques espèces de grande taille dans le tertiaire. Coquille hyaline, déprimée, presque toujours ombiliquée.

Pupa. — Actuel, formes tertiaires nombreuses. Petite coquille cylindrique, ovoïde, à dernier tour rétréci.

Succinea. — 260 espèces actuelles. Fossile dans l'Éocène parisien.

Auricula. — Existe depuis le Jurassique.

Limnæa. — Existe depuis le Jurassique (Purbeckien). Coquille mince, spirale, à spire aiguë, ouverture ovale.

Planorbis. — Riche en espèces. Existe depuis le Jurassique. Coquille discoïde, à spire déprimée, ou enfoncée et non apparente.

Physa. — Existe depuis le Jurassique.

Ordre des Opistobranches. — Genres fossiles peu nombreux.

Actæon. — Existe depuis l'Éocène. 18 espèces dans le bassin parisien. Coquille ovale, à spire saillante, conique, aiguë. Sommet contourné. Surface à stries en spirale. Ouverture allongée.

Volvaria. — Tertiaire inférieur.

Bulla. — Existe depuis la craie.

Ringisula. — Existe depuis le Crétacé. Coquille petite, ovale, globuleuse, à spire courte. Ouverture longitudinale étroite.

Ordre des Prosobranches. — *Conus.* — Existe depuis le Tertiaire où l'on en compte plus de 150 espèces. Coquille conique, allongée, à spire simple, carénée ou tuberculeuse. Tours serrés et le dernier enveloppant les précédents. Ouverture étroite et droite.

Cancellaria. — Existe depuis la craie. Coquille ovale ou turriculée. Dernier tour ventru. Ouverture ovale.

Oliva. — Existe depuis l'Éocène. Coquille épaisse, oblongue, à spire assez courte. Dernier tour recouvrant les autres en partie.

Harpa. — Existe depuis l'Éocène. Coquille ovale, ventrue. Spire courte, à sommet aigu, à dernier tour très grand.

Marginella. — Existe depuis l'Éocène. Coquille longue, ovoïde, ordinairement lisse, à spire courte, à ouverture longue et étroite.

Voluta. — Existe depuis la craie. Coquille épaisse, oblongue, à dernier tour très grand. Spire courte. Ouverture allongée, ovale.

Mitra. — Existe depuis le Tertiaire. Coquille épaisse, fusiforme, à spire élevée, acuminée. Ouverture étroite, allongée en avant.

Fusus. — Actuel, 5oo espèces fossiles. Existe depuis le Jurassique. Maximum dans l'Éocène et le Miocène. Coquille allongée, à spire longue, acuminée. Bouche canaliculée,

Murex. — Existe depuis le Crétacé supérieur. Les Gastropodes de la famille des *Muricidés* — qui est très riche en espèces (plus de 55o fossiles) — sont carnivores et senourrissent de Mollusques dont ils percent les coquilles avec leur trompe. La coquille de *Murex* est ovale ou allongée, parfois ventrue, épineuse dans certaines espèces. La spire, de hauteur variable, est saillante, aiguë. Ouverture arrondie.

Purpura. — Actuel, date du Tertiaire. Coquille tuberculeuse, lamelleuse ou striée. Spire courte. Ouverture ovale, large.

Triton. — Existe depuis la craie. Coquille allongée, à spire étendue. Tours à bourrelets transverses, distants, discontinus. Ouverture large formant un sinus en arrière.

Cassis. — Actuel, Tertiaire.

Morio. — Existe depuis la craie, abondant dans le Tertiaire.

Dolium. — Existe depuis la craie. Coquille mince, globuleuse, ventrue, à spire courte, à tours sillonnés transversaux, à ouverture large.

Ovula. — Actuel, Tertiaire.

Cypræa. — Existe depuis le Jurassique, très nombreux dans le Tertiaire. Coquille ovoïde ou allongée, ventrue, enroulée, lisse. Spire courte. Bouche étroite, épanchée aux deux bouts. Labre et bord columellaire crénelés.

Strombus. — Existe depuis le Crétacé. Coquille ovale, ventrue, tuberculeuse ou épineuse. Spire régulière à dernier tour grand. Ouverture étroite, obliquement tronquée et échancrée à la base.

Pterocera. — Existe depuis le Jurassique. Coquille généralement grande, épaisse, ovale, allongée, turriculée, à ouverture étroite. Labre épais, ailé, digité.

Terebellum. — Éocène. Coquille allongée, subcylindrique. Spire courte. Ouverture longitudinale, dilatée en avant.

Cerithium. — Existe depuis le Trias. Maximum dans l'Éocène. Coquille turriculée. Tours nombreux, étroits, le dernier plus court que la spire. Bouche ovale, allongée, à canal bien développé.

Potamides. — Du Crétacé à l'époque actuelle. Très développé dans l'Éocène parisien. Coquille turriculée, à sommet souvent rongé ou décollé, à tours nombreux, étroits. Ouverture arrondie ou subquadrangulaire.

Nerinea. — Très abondant dans les terrains secondaires. Maximum dans le Séquanien. Coquille allongée, à tours nombreux. Ouverture quadrangulaire ou ovale.

Vermetus. — Existe depuis le Carbonifère. Coquille vermiculaire, libre quelquefois, le plus souvent fixée, ressemblant aux Serpules, mais s'en distinguant par le sommet spiral, les cloisons internes concaves et lisses.

Turritella. — Existe depuis le Trias. Plus de 400 espèces dans les terrains secondaires et tertiaires. Coquille pyramidale. Tours plans ou peu renflés, à côtes ou stries longitudinales. Spire très longue. Ouverture ovale ou quadrangulaire.

Melania. — Existe depuis le Crétacé. Coquille turriculée multispirée, à sommet aigu. Surface lisse ou tuberculeuse, épineuse, striée.

Melanopsis. — Existe depuis la craie, très abondant dans le Tertiaire. Coquille ovale, allongée. Ouverture oblongue.

Evomphalus. — Terrains paléozoïques. Coquille discoïde, à spire plane ou concave, à face inférieure largement ombiliquée. Tours contigus.

Paludina. — Existe depuis la craie. Coquille mince, conoïdale, à sommet obtus, à tours convexes.

Cyclostoma. — Existe depuis la craie, abondant dans le Tertiaire. Coquille turbinée. Ouverture ovale.

Platyceras. — Terrains paléozoïques. Mollusque parasite, à coquille très variable, arquée ou spirale, à surface ridée ou plissée, épineuse ou tuberculeuse.

Calyptræa. — Existe depuis la craie.

Natica. — Existe depuis le Jurassique. Coquille globuleuse ou ovoïde, luisante, généralement lisse, ombiliquée. Spire courte, dernier tour très grand. Ouverture semi-lunaire ou ovale.

Pyramidella. — Existe depuis la craie. Coquille turriculée, à spire élevée, acuminée. Tours nombreux, lisses. Ouverture ovale ou semi-lunaire.

Nerita. — Existe depuis la craie. Coquille ovoïde, globuleuse, spirale. Spire courte. Ouverture semi-circulaire.

Phasianella. — Tertiaire, Actuel. Coquille solide, polie, ornée de dessins. Ouverture ovale, plus longue que large.

Turbo. — Très abondant depuis le Silurien : plus de 400 espèces fossiles. Coquille conique ou turbinée. Ouverture circulaire.

Trochus. — Genre riche en espèces. Existe depuis le Crétacé. Coquille conique, à spire élevée, à tours nombreux, peu convexes, le dernier tour caréné ou anguleux. Ouverture rhomboïdale.

Murchisonia. — Terrains paléozoïques. Coquille allongée, turriculée. Tours anguleux ou carénés. Ouverture oblongue un peu oblique.

Pleurotomaria. — Existe depuis le Cambrien. Plus de 400 espèces dans les terrains paléozoïques. Coquille de forme très variable, large, conique, à tours hauts ou bas, le dernier entaillé. Ouverture ovale ou subrhomboïdale.

Bellerophon. — Plus de 300 espèces, la plupart paléozoïques. Coquille globuleuse, ombiliquée des deux côtés. Tours de spire enroulés dans un même plan. Ouverture circulaire ou ovale. Fente au milieu du labre.

Fissurella. — Actuel. Dans les terrains secondaires et surtout dans le Tertiaire. Coquille conique non enroulée à l'état adulte. Sommet tronqué, perforé.

Emarginula. — Existe depuis le Carbonifère.

Patella. — Existe depuis le Crétacé. Espèces tertiaires typiques. Coquille symétrique, ronde ou ovale. Sommet plus ou moins élevé, parfois incurvé en avant. Surface striée ou à côtes rayonnantes.

Dans la sous-classe des **Multivalves**, l'ordre des *Polyplacophores* comprend le genre *Chiton.*

Chiton (Oscabrion). — Existe depuis le Silurien. Test composé de 8 plaques calcaires mobiles, renflées ou carénées dans leur milieu.

Classe des Ptéropodes. — *Hyolithes.* — Existe du Cambrien au Permien. Coquille épaisse, droite, pyramidale, à section transversale triangulaire, à surface lisse ou striée.

Conularia. — Riche en espèces du Silurien au Permien. Coquille très mince, pyramidale, dont la section transversale représente un polygone régulier. Surface striée finement et régulièrement. Carène longitudinale sur chaque face du test.

Classe des Céphalopodes. — Cette classe renferme les plus élevés des Mollusques chez lesquels les bras sont groupés circulairement autour de la bouche. Deux ordres : *Tétrabranches* et *Dibranches*.

Ordre des Tétrabranches. — Pas de ventouse. Coquille cloisonnée. *Nautilus* est le seul genre actuellement vivant. Nombre considérable de fossiles dont on connaît jusqu'à 7 000 coquilles différentes pouvant se rapporter aux *Nautilidés* et aux *Ammonitidés*, qui forment deux sous-ordres pour les Tétrabranches fossiles. On envisage les Nautilidés, pour leur classification, au point de vue de la direction des goulots siphonaux des cloisons, lesquels goulots sont dirigés en arrière chez les *Retrosiphonés* et en avant chez les *Prosiphonés*,

Les *Retrosiphonés* comprennent les familles des *Orthoceratidés*, des *Ascoceratidés*, des *Cyrtoceratidés*, des *Nautilidés*, des *Trochoceratidés*.

Les ORTHOCERATIDÉS ont une coquille droite, des cloisons bien développées. Leurs principaux genres sont :

Endoceras. — Silurien. Quelques espèces de grande taillé (1 à 2 mètres de long). Coquille allongée, à coupe transversale, circulaire ou elliptique. Ouverture simple.

Orthoceras. — Du Silurien inférieur au Trias. Près de 1 200 espèces. Maximum dans le Silurien supérieur. Coquille souvent très grande : on en cite un exemplaire qui devait avoir 3 mètres de long et 250 cloisons. Coquille droite, conique. Siphon central. Cloisons simples, concaves. Dernière loge grande. Ouverture simple, circulaire, quelquefois rétrécie. Ornements du test très variés. Chez certaines espèces, il se forme dans le siphon des dépôts calcaires pénétrés de substance organique.

Gomphoceras. — Du Silurien au calcaire carbonifère. Maximum dans le Silurien supérieur. Coquille droite, fusiforme ou globuleuse. Section transversale circulaire, plus rarement ovale. Dernière loge occupant les deux tiers de la coquille. Ouverture rétrécie, contractée, à deux orifices.

La famille des ASCOCERATIDÉS tire son nom du genre *Ascoceras*, cantonné dans le Silurien. Coquille en forme de bouteille ou de courge. Section transversale elliptique. Ouverture simple non rétrécie.

Dans les CYRTOCERATIDÉS, le genre *Cyrtoceras* est extrêmement riche en espèces. Il existe du Cambrien au Carbonifère. La coquille est arquée, pointue en arrière, à section transversale généralement ovale. Siphon petit, subcentral ou submarginal. Ouverture simple.

Phragmoceras. — Silurien. Coquille arquée, comprimée latéralement, augmentant brusquement en grosseur. Section transversale elliptique. Ouverture contractée et formant deux orifices.

Dans la famille des NAUTILIDÉS :

Gyroceras. — Du Silurien au Carbonifère. Coquille à tours enroulés dans un même plan, non contigus. Section transversale elliptique ou ronde. Cloisons nombreuses. Ouverture simple. Chambre d'habitation petite.

Lituites. — Silurien. Coquille d'abord enroulée en spirale dans un plan ; puis dernier tour droit, très allongé. Ouverture contractée, avec profonde échancrure ventrale.

Nautilus. — Existe depuis le Silurien, mais est devenu rare. Coquille enroulée en spirale, avec au moins trois tours. Section transversale des tours elliptique ou anguleuse. Dernière loge grande occupant la moitié du dernier tour. Cloisons concaves, Ouverture simple.

Aturia. — Éocène et Miocène.

Famille des TROCHOCERATIDÉS :

Trochoceras. — Du Silurien inférieur au Dévonien. Coquille enroulée en escargot, déprimée, tordue, tantôt à droite, tantôt à gauche. Surface à rides ou anneaux transversaux. Ouverture simple.

Les *Prosiphonés* comprennent deux genres :

Nothoceras. — Silurien supérieur.

Bathmoceras. — Silurien inférieur.

Les becs calcifiés des Nautilidés fossiles ont été décrits, voilà près d'un siècle, sous le nom de *Rhyncholites* ou *Rhyncheolitus*. Ils manquent dans le Silurien et le Dévonien où les Nautilidés sont si abondants. On les trouve dans le Muschelkalk, le Lias, le Jurassique, le Crétacé, le Tertiaire. Les *Conchorhynques* (Muschelkalk) sont les pointes fortement calcifiées de la mâchoire inférieure.

Le sous-ordre des *Ammonitidés,* qui ne renferme aucun animal actuellement vivant, offre une particularité sur laquelle se sont faites des discussions non encore concluantes. C'est la présence, dans la dernière loge d'habitation, d'un corps corné ou calcaire, formé de deux parties symétriques ayant l'aspect de valves de lamellibranche : on a donné à ces coquilles le nom d'*Aptychus*. Elles sont variées de formes et d'ornements. Elles se rencontrent le plus souvent séparées des Ammonites et leur abondance est parfois considérable, par exemple dans les dépôts schisteux et calcaires du Jurassique supérieur et du Crétacé inférieur des Alpes (schistes à *Aptychus*).

Comme pour les *Nautilidés*, on distingue parmi les *Ammonites* les *Retrosiphonés* et les *Prosiphonés*.

Les **Retrosiphonés** comprennent les familles des *Clyménides* et des *Goniatites*.

CLYMÉNIDÉS. — Tirent leur nom du genre *Clymenia*. Dévonien supérieur. Coquille discoïde à plusieurs tours contigus. Cloisons formant un ou deux labres sur les côtés. Siphon étroit, interne ou dorsal.

GONIATITES. — Du Silurien supérieur au Carbonifère. Maximum dans le Dévonien. Coquille nautiloïde, globuleuse ou discoïde. Sutures lobées. Cloisons concaves. Siphon ventral fin, rarement visible.

Parmi les **Prosiphonés** :

Ceratites. — Du Permien au Trias. Coquille discoïde plus ou moins ornée, à large ombilic. Partie externe large, lisse, convexe ou aplatie.

Trachyceras. — Trias. Coquille à ombilic assez étroit. Loge occupant les 2/3 du dernier tour. Test richement orné de côtes granuleuses.

Phylloceras. — Du Lias inférieur au Crétacé inférieur. Existe en abondance dans la plupart de ces couches. Coquille discoïdale, à ornements peu développés. Ouverture simple. Ligne suturale à lobes très nombreux.

Lytoceras. — Du Lias inférieur au Crétacé moyen. Coquille à large ombilic, à tours arrondis peu embrassants. Dernière loge occupant 1/3 à 2/3 de tour. Bord de l'ouverture simple. Ligne suturale très finement ramifiée.

Hamites. — Craie. 150 espèces. Coquille tubuleuse, augmentant lentement d'épaisseur, à ornementation variable : c'est une Ammonite déroulée. Dernière loge très longue.

Turrilites. — Du Néocomien au Sénonien. Coquille turriculée dont les tours tantôt se touchent, tantôt se déroulent. Ouverture souvent irrégulière. Loge d'habitation occupant presque un tour. Surface ornée de rides et de tubercules.

Baculites. — Craie supérieure. Coquille droite, allongée, conique. Chambre d'habitation grande. Ligne suturale réduite.

Amaltheus. — Lias et Jurassique. Coquille à carène ventrale aiguë. Chambre d'habitation courte. Bord de l'ouverture échancré.

Arietites. — En abondance dans le Lias inférieur et avec de grandes espèces. Coquille plate, discoïde, à large ombilic. Tours nombreux peu embrassants. Flancs ornés de côtes simples, droites, souvent tuberculeuses ou anguleuses. Dernière loge occupant plus d'un tour.

Ægoceras. — Lias inférieur et moyen. Nombre considérable d'espèces. Coquille plate, discoïde, à tours nombreux, découverts, ornée de côtes rayonnantes. Chambre d'habitation occupant environ un tour. Ouverture simple. Ligne suturale bien découpée.

Harpoceras. — Jurassique. Une centaine d'espèces. Coquille plate, carénée ou anguleuse à la périphérie, ornée de côtes arquées. Chambre d'habitation courte. Bord de l'ouverture falciforme avec appendices.

Stephanoceras. — Genre très riche en formes. De l'Oolithe inférieure à l'Oxfordien. Coquille épaisse, discoïde, à partie externe bombée, très large. Chambre d'habitation longue. Flancs couverts de côtes droites qui commencent à l'ombilic, se divisent une ou plusieurs fois dans le milieu des flancs et se continuent sur la partie ventrale.

Perisphinctes. — Du Jurassique au Crétacé. Environ 160 espèces. Coquilles à tours découverts, arrondies à la périphérie, ornées de côtes droites qui se bifurquent au voisinage de la partie externe. Bord de l'ouverture resserré.

Hoplites. — Craie. Coquille à ombilic étroit et à haute ouverture. Côtes fortes, rayonnantes, partant des tubercules placés près de l'ombilic ou naissant vers la moitié de la surface-externe.

Acanthoceras. — Craie. Coquille ombiliquée, à tours épais peu élevés, ornée de côtes qui deviennent plus fortes au voisinage de la périphérie et qui sont marquées de tubercules et de nodosités.

Scaphites. — Crétacé. Coquille spirale enroulée dans le même plan, à premiers tours contigus, le dernier se séparant des autres, s'allongeant et ne se recourbant que dans le voisinage du bord de l'ouverture. Chambre d'habitátion occupant la partie déroulée. Ouverture simple ou quelquefois pourvue d'oreillettes.

Crioceras où *Ancrloceras*. — De l'Oolithe inférieure au Gault. Maximum dans le Néocomien. Coquille enroulée dans un plan et composée de tours ouverts peu nombreux. Surface ornée de grosses côtes et aussi de rangées d'épines. Dernière loge grande. Bord de l'ouverture simple. Ligne suturale assez fortement découpée.

Ordre des Dibranches. — Deux sous-ordres, établis sur le nombre des bras, 10 ou 8 : les *Décapodes* et les *Octopodes*.

Chez tous les **Décapodes,** la coquille est interne. Chez les uns, elle est cartilagineuse ; chez les autres, elle est calcaire et poreuse ; enfin, chez les *Spirula* et de nombreux genres fossiles *phragmophores,* cette coquille est cloisonnée et traversée par un siphon.

La famille des Phragmophores, qui ne se compose que d'animaux fossiles, à l'exception des Spirules, donne lieu à une sous-famille considérable, celle des Belemnites, qui commence dans le Trias et finit dans l'Éocène. Elle a un grand nombre de formes. La coquille est composée d'un étui solide ou *rostre,* calcaire, cylindro-conique ; du *phragmocone* conique, cloisonné, traversé par le siphon ; du *proostracum,* prolongement foliacé du phragmocone.

Les genres principaux sont :

Aulacoceras. — Trias supérieur. Coquille plissée à l'extérieur, avec deux profonds sillons latéraux.

Belemnites. — Jurassique et Crétacé du monde entier. Environ 350 espèces. Les rostres de Bélemnites, qui sont d'une abondance extrême en certaines couches, ont été connus bien avant que l'on se figurât ce que c'est qu'un fossile. On y avait vu des stalactites, des pierres de foudre, des dents, des os de Mammifères, des Holothuries pétrifiées. Aujourd'hui la classification du genre est établie d'après les sillons du rostre.

Belemnitella. — Craie. Rostre cylindrique avec un court piquant pointu en arrière et portant à sa surface des impressions vasculaires. Fissure verticale sur le côté ventral, partant du bord alvéolaire.

La sous-famille des Bélemnoteuthides a le rostre réduit à un mince enduit calcaire déposé sur le phragmocone.

Belemnoteuthis. — Oxfordien. Des empreintes complètes de l'animal et de la coquille dans certaines argiles fines et homogènes (montrant les yeux, le manteau, les nageoires, la poche à encre, les tentacules) donnent une idée parfaite de ce Mollusque.

La deuxième famille du sous-ordre des *Décapodes* compte deux genres peu importants en paléontologie.

Belosepia. — Éocène.

Sepia. — Très abondant à l'époque actuelle. Apparaît dans le Tertiaire.

La famille des Chondrophores n'a ni rostre ni phragmocone et sa coquille interne porte le nom de plume.

Trachyteuthis. — Jurassique supérieur (schistes lithographiques de Bavière, argile kiméridgienne d'Angleterre).

Leptoteuthis. — Schistes lithographiques de Bavière et de Wurtemberg.

Beloteuthis. — Lias supérieur.

Le sous-ordre des *Octopodes* n'existe pour ainsi dire pas en paléontologie, les Mollusques qui le composent n'ayant pas de coquille résistante.

Argonauta date du Pliocène.

Acanthoteuthis a laissé des empreintes dans les schistes lithographiques de Bavière.

9e EMBRANCHEMENT

Vertébrés.

Squelette interne déterminant dans le corps une symétrie bilatérale. Cinq classes : *Poissons, Batraciens, Reptiles, Oiseaux, Mammifères.*

La paléontologie a surtout eu à étudier les os, les dents, les parties durcies de la peau, et elle a su en tirer les données stratigraphiques les plus certaines.

Classe des Poissons. — Animaux à sang froid, respirant par des branchies, pourvus de nageoires et d'écailles.

La paléontologie n'ayant pas à tenir compte des *Leptocardes* (*Amphioxe*) ni des *Cyclostomes* (*Lamproies*), nous grouperons les Poissons fossiles en 4 ordres : *Chondroptérygiens, Ganoïdes, Téléostéens* (qui se subdivisent en deux sous-ordres : *Acanthoptérygiens* et *Malacoptérygiens*), *Dipnoïques*.

Ordre des Chondroptérygiens ou *Sélaciens.* — Squelette cartilagineux. Peau nue ou avec écailles placoïdes. Nageoire caudale hétérocerque. Branchies sans opercule.

Les Squalidés, ou *Requins,* ont laissé dès le Silurien supérieur des dents, des piquants, des nageoires, des écailles. On rencontre, à tous les étages géologiques, des restes plus ou moins importants de Squalides. Plusieurs familles de Squalidés sont complètement éteintes.

Les Hybodontidés n'ont pas laissé de squelette complet. Leurs dents sont à plusieurs pointes, dirigées transversalement, striées ou plissées dans le sens de la longueur.

Hybodus. — Dents petites et pointues, fréquentes dans le Bonebed du Rhétien de France, d'Angleterre, d'Allemagne. Piquants de nageoires, lambeaux de peau, débris du squelette cartilagineux dans le Lias inférieur, le schiste à Posidonomyes, l'Oolithe inférieure, le Lias.

Les Cochliodontidés, éloignés des Sélaciens actuels, ont vécu aux temps paléozoïques. Les dents sont convexes, très arquées, excavées à la base, ponctuées sur la couronne et portant des plis et des dépressions obliques.

La famille des Cestracionidés n'a plus qu'un genre actuellement vivant : *Cestracion.* L'apogée est aux temps paléozoïques. Les dents en pavé sont disposées en rangées transversales. Les deux nageoires dorsales portent chacune un piquant.

Acrodus. — Jurassique, Crétacé du Sussex et de Maëstricht. Dents allongées en forme de haricot.

Ptychodus. — Dents grandes, presque carrées, en abondance dans le Crétacé moyen et supérieur.

La famille des Lamnidés contient les Requins les plus grands.

Grandes dents pointues. Deux nageoires dorsales armées de pointes. Le genre le plus ancien est *Oxyrhina* qui existe depuis le Jurassique.

Odontaspis. — Crétacé et Tertiaire.

Lamna.—Existe depuis le Crétacé. Nombreuses espèces tertiaires.

Otodus. — Dents à racine grande et bilobée, en abondance dans le Crétacé et le Tertiaire des deux continents.

Charcharodon. — Actuel, Tertiaire. L'espèce vivante atteint 10 mètres de long. Les dents sont énormes, triangulaires, denticulées sur les bords. Il y a des dents fossiles de 15 centimètres de long sur 12 de large. On trouve aussi des vertèbres.

Les CARCHARIDÉS sont caractérisés par des dents creuses.

Galeocerdo. — Du Crétacé à l'époque actuelle.

Carcharias. — Du Crétacé supérieur à l'époque actuelle.

Les XENACANTHIDÉS ont vécu aux temps paléozoïques. Ils se rapprochent beaucoup des Requins actuels.

Xenacanthus. — Permien. Assez abondant à Braunau, Ruppersdorf, etc., en Bohême.

Les SQUATINIDÉS tirent leur nom du genre *Squatina,* aujourd'hui très répandu. Fossile bien conservé dans le schiste lithographique de Solenhofen, dans le Jurassique supérieur de Cérin (Ain), de Nuspligen et de Bavière. Dents et vertèbres dans le Crétacé. Corps ressemblant à celui de la Raie.

Les Poissons plats ou RAIES comprennent plusieurs familles. Les *Pristidés* ou *Poissons-scies,* dont le long museau plat porte de chaque côté une rangée de dents enchâssées dans des alvéoles, tirent leur nom du genre *Pristis.*

Pristis. — Crétacé supérieur de Maëstricht, Éocène de France, de Belgique, d'Angleterre. Dents et vertèbres.

Les PSAMMODONTIDÉS sont des Poissons paléozoïques à grandes dents plates ou faiblement courbées.

Psammodus. — Calcaire carbonifère de la Grande-Bretagne et de l'Amérique du Nord.

Les dents des MYLIOBATES forment sur les deux mâchoires un véritable pavé.

Myliobatis. — Actuel, Tertiaire. Nombreuses espèces dont on retrouve en France, en Belgique, en Allemagne, dans la Haute-Italie, aux États-Unis, des vertèbres, des piquants de nageoires, des dents isolées ou des pavés dentaires.

Aëtobatis. — Actuel, Tertiaire.

Les Raies datent du Tertiaire. On trouve leurs plaques dermiques, leurs dents petites et plates, les épines, de la peau.

Une Torpille, *Torpedo,* de 1^m,30 de long et de 0^m,80 de large dans l'Éocène du Monte Bolca.

Dans les Chimères, nous trouvons le genre *Ischyodus*.

Ischyodus. —Nombreuses espèces jurassiques et crétacées, abondant surtout dans le Kiméridgien et le Portlandien de Boulogne-sur-Mer, d'Angleterre, de Hanovre, de Suisse. Du Jurassique supérieur d'Eichstädt, on a un squelette presque complet. Mais on trouve surtout des plaques dentaires, des dents isolées, des épines.

Ichthyodorulithes. — On appelle ainsi des piquants de nageoires fossiles rencontrés isolément dans les divers terrains et attribués à des Sélaciens, pour la plupart. Ils accompagnent souvent des dents de squales dans les dépôts paléozoïques. On a fait toute une classification de ces fossiles.

Ordre des Ganoïdes. — Colonne vertébrale cartilagineuse chez certains, osseuse chez les autres. Les branchies ont un opercule. La peau a des écailles émaillées ou des plaques osseuses. Nageoire caudale diphycerque, hétérocerque (cas le plus fréquent) ou hémi-hétérocerque.

Les Ptéropodes ont la tête et la partie antérieure du tronc couvertes d'un bouclier convexe dorsal et ventral.

Pteraspis. — Silurien supérieur et Dévonien. Bouclier dorsal en pointe de flèche, composé de 7 pièces. Bouclier ventral simple, allongé, arrondi.

Les Cephalaspidés, à squelette cartilagineux, ont sur la tête un grand bouclier osseux. Écailles rhombiques. Nageoire caudale hétérocerque.

Cephalaspis. — Silurien, Dévonien. Abondant dans l'Old red sandstone d'Écosse.

Pterichthys. — Commun dans l'Old red sandstone (Dévonien) de la Grande-Bretagne. Calcaire dévonien de l'Eifel. Poissons petits, à tête arrondie, tout cuirassés de plaques osseuses minces et cornées, sauf à la partie postérieure du tronc, qui est couverte de petites écailles ganoïdes. Nageoires pectorales en forme d'ailes.

Coccosteus.— Silurien. Apogée dans le Dévonien (Old red sandstone d'Écosse et de Livonie). Os dermiques ornés de petits tubercules recouvrant la tête et la partie antérieure du tronc.

Les ACANTHODIDÉS sont des Poissons paléozoïques, cartilagineux, hétérocerques. Petites écailles épaisses et rhombiques.

Acanthodes. — Abondant dans le Dévonien, le terrain houiller d'Écosse, les rognons de sphérosidérite et les schistes bitumineux du rothliegende du bassin de la Sarre, de la Silésie, de la Saxe, de la Bohême.

Les PALÉONISCIDÉS ne renferment que des genres éteints :

Palæoniscus. — Permien d'Allemagne et d'Angleterre. Dans les minerais cuivreux du Mansfeld, les écailles de ce poisson ont souvent pris un revêtement métallique.

Amblypterus. — Permien. Dents très petites, en forme de scies. Nageoire caudale hétérocerque et puissante.

Gyrolepis.— Muschelkalk de Lorraine et d'Allemagne, Bone-bed d'Angleterre.

Très voisins des *Paléoniscidés*, les LÉPIDOSTÉIDES ont eu leur apogée dans le Jurassique. Ils comprennent plusieurs familles.

Parmi les STYLODONTIDÉS :

Dapedius. — Abondant dans le Lias. Poisson de forme rhombique, ovale, haute. Écailles rhomboïdales, épaisses, émaillées. Nageoire caudale peu échancrée, hémi-hétérocerque. Dents en dedans et en dehors des mâchoires, mais peu pointues, et à l'intérieur en forme de brosse.

Parmi les SPHÉRODONTÉS :

Lepidotus. — Espèces nombreuses dans le Trias, le Jurassique, le Crétacé. Beaucoup d'écailles et de dents sphériques. Ce genre se rencontre de tous côtés. On connaît peu de choses du squelette dissimulé sous l'épais revêtement d'écailles, pour la plupart rhombiques.

Saurodontidés. — Écailles émaillées, rhomboïdales. Dents pointues, coniques.

Ptycholepis. — Lias. On en trouve souvent des écailles dans les coprolithes d'Ichthyosaures.

Parmi les Rhynchodontidés, poissons à museau allongé en bec pointu, à dents pointues et coniques :

Aspidorhynchus. — Du Lias supérieur au Crétacé. Magnifiques échantillons provenant des schistes lithographiques de Cérin (Ain) et de Bavière.

Les Amiadés ont de minces écailles cycloïdes ou rhombiques, placées sur le corps comme les tuiles sur un toit.

Megalurus. — Jurassique supérieur de l'Ain et de Bavière, Purbeckien d'Angleterre.

Amia. — Actuel, Tertiaire.

Parmi les Pycnodontes :

Gyrodus. — Très abondant. On en trouve des dents dans l'Oolithe de Caen. Plusieurs espèces dans le Jurassique supérieur et le Crétacé. Le corps ovale, comprimé latéralement, est très haut. La tête, à front bombé, a le museau tronqué. Nageoire caudale homocerque et profondément échancrée. Écailles rhomboïdales épaisses sur tout le corps. Dentition compliquée : certaines dents en forme de couteaux; d'autres, rugueuses, avec un petit tubercule.

Ordre des Téléostéens. — Poissons homocerques. Squelette interne osseux chez la plupart, cartilagineux chez quelques Physostomes du Trias et du Crétacé. Deux sous-ordres : *Malacoptérygiens* et *Acanthoptérygiens.*

Parmi les **Malacoptérygiens,** les *Physostomes* sont assez rapprochés des Ganoïdes par la structure du squelette, la forme et le plan des nageoires et aussi par les écailles.

La famille des Saurocéphales se compose de genres éteints.

Partheus. — Crétacé supérieur de l'Angleterre, du Limbourg et de l'Amérique du Nord.

Parmi les Stratodontidés, poissons éteints à écailles cycloïdes ou écusson osseux :

Cimalichthys. — Crétacé. Dents dans la craie de Meudon.

Enchodus. — Crétacé supérieur de France, d'Angleterre, d'Allemagne, de Maëstricht. Grande défense au bord antérieur des prémaxillaires. Dents grêles espacées sur les maxillaires supérieurs.

Parmi les BROCHETS :

Sphenolepis.—Dans le gypse de Montmartre et d'Aix-en-Provence.

Parmi les CLUPÉIDES ou Harengs :

Leptolepis. — Lias et Jurassique. Très abondant parfois. Point de dents ou des denticules très petits.

Thrissops. — Très répandu dans le Jurassique et le Crétacé inférieur. Écailles cycloïdes, minces, arrondies. Fortes défenses coniques ; denticules en brosse. Côtes fortes et longues.

Clupea. — Se rencontre pour la première fois dans le Néocomien de Voiron. Abondant dans l'Éocène du Monte Bolca.

Dans la famille des CYPRINODONTES, *Lebias* est d'une extrême abondance dans le gypse schisteux d'Aix-en-Provence. Il est très répandu aussi dans le lignite du Fichtelgebirge, le gypse miocène de Gesso, près Sinigaglia.

Parmi les CARPES :

Leuciscus. — Très abondant à l'époque actuelle et dans le Tertiaire.

Les ANGUILLES apparaissent dans le Crétacé.

Les *Acanthoptérygiens* comprennent un certain nombre de genres dont les os pharyngiens inférieurs sont fusionnés.

Phyllodus. — Tertiaire inférieur du bassin de Paris (sable de Cuise) et d'Angleterre.

Labrus. — Actuel, Tertiaire.

Les *Acanthoptérygiens,* dont les os pharyngiens inférieurs sont séparés, sont actuellement riches en espèces.

Parmi les PERCHES :

Lates. — Fréquent dans l'Éocène parisien et du Monte Bolca, de même que le genre éteint *Smerdis.*

Perca. — Si abondant actuellement, est fossile dans l'Oligocène d'Aix et de Céreste, en Provence.

Les SPARIDÉS, ou *Brèmes de mer* ont laissé des fossiles dans le Crétacé et le Tertiaire.

Chrysophrys. — Miocène de l'Hérault.

Sargus. — Tertiaire, Actuel. Dents nombreuses, en ciseaux. Dans les couches nummulitiques de l'Aude, dans le Miocène de Dax et les faluns de Touraine.

La famille des PALÆORHYNQUES, au museau en long bec, aux vertèbres longues et grêles, aux côtes minces, n'existe que dans le Tertiaire.

Hemirhynchus et *Palæorhynchus* sont des genres très voisins. Le dernier est abondant dans les ardoises de l'Éocène supérieur de Glaris. On le trouve aussi en Alsace, en Galicie et aux environs de Paris.

Trichiurides. — Poissons presque rubannés.

Lepidopus. — Schistes de Glaris. Miocène de Toscane et de Sicile.

Les ACRONURIDES, à queue garnie de plaques osseuses ou de piquants, comprennent :

Acanthurus. — Calcaire grossier de Vaugirard, Éocène du Monte Bolca.

Dans les CARANGIDÉS :

Platax. — Existe depuis le Crétacé.

Archæoïdes. — Ardoises de l'Éocène supérieur de Glaris.

Les MAQUEREAUX (*Scomber*) existent depuis le Tertiaire.

Ordre des Dipnoïques ou *Poissons amphibiens*. — Colonne vertébrale cartilagineuse, crâne avec écussons dermiques. Nageoire caudale diphycerque ou hétérocerque.

Dipterus. — Vieux grès rouge d'Écosse et de Russie.

Ctenodus. — Terrain houiller de Tong, Angleterre.

Ceratodus. — Du Trias inférieur (grès bigarré) au Jurassique. La couronne de la dent présente des plis profonds dont chacun est terminé par une corne aiguë.

Classe des Batraciens. — Animaux terrestres ou aquatiques, à sang froid, généralement nus, à vertèbres plus ou moins ossifiées.

Trois ordres : *Stégocéphales, Urodèles* et *Anoures*.

Ordre des Stégocéphales. — Ces Batraciens sont complètement éteints. Ils ont existé du Carbonifère au Trias. La plupart ont quatre membres. De rares espèces sont apodes. Respiration branchiale dans le premier âge, plus tard pulmonaire. Squelette dermique très développé consistant en écailles osseuses, ovales, rhombiques, fusiformes ou en baguettes. On peut distinguer parmi les Stégocéphales les *Lepospondyles* qui ont les vertèbres en étui, les *Temnospondyles* à vertèbres en morceaux et les *Stéréospondyles* à vertèbres pleines.

Dans les *Lepospondyles*, la famille des BRANCHIOSAURIDES comprend :
Branchiosaurus. — Amphibien paléozoïque très abondant, notamment dans le Permien (rothliegende) de Niederhässlich non loin de Dresde, où l'on a trouvé une quantité énorme de squelettes entiers. Ressemble à une Salamandre. Queue courte, large crâne tronqué, cuirasse écailleuse très mobile. Des larves de *Branchiosaurus* ont été trouvées dans le rothliegende d'Autun et décrites sous les noms de *Protriton Petrolei* et *Pleuronoura Pellati*.

Le genre le plus célèbre des *Temnospondyles* est *Archegosaurus*.
Archegosaurus. — Ressemble à un Lézard de grande taille atteignant quelquefois 1^m,50. On l'a pris longtemps pour un Crocodile. On le trouve dans le Permien inférieur et spécialement dans des rognons de sphérosidérite de Sarrebruck, avec de nombreux restes de poissons et des coprolithes. La queue manque ordinairement au squelette. Crâne triangulaire, à museau étroit. Membres antérieurs plus faibles que les postérieurs. Pied à 5 doigts. Dents aiguisées à profonds sillons en dehors jusqu'à mi-hauteur.
Actinodon. — Permien d'Autun.

Parmi les Stégocéphales à vertèbres pleines ou *Stéréospondyles* :
Stereorachis. — Permien d'Autun.
Anthracosaurus. — Terrain houiller de Northumberland.

Dans l'intéressante famille des LABYRINTHODONTES, ainsi nommée à cause de la structure des dents :
Mastodonsaurus. — Trias supérieur. Beaux échantillons provenant des schistes alunifères du Wurtemberg. Labyrinthodonte de forte taille.
Labyrinthodon. — Keuper du comté de Warwick.
Cheirotherium. — Genre connu par les empreintes de ses pas dans le grès bigarré : à Saint-Valbert (Haute-Saône), à Lodève

(Aude), et en Franconie, en Thuringe, etc., dans le terrain houiller des États-Unis.

Ordre des Urodèles. — Animaux à peau nue, allongés, avec une queue et des corps vertébraux composés d'une seule pièce. Il y a peu d'Urodèles fossiles, et on ne les rencontre que dans les dépôts d'eau douce. C'est parmi eux que se place la Salamandre gigantesque de Cuvier.

Andrias. — Prise par un ancien naturaliste (Scheuchzer) pour « l'homme témoin du déluge ». Les plus grands individus n'ont d'ailleurs que $1^m,20$ de long. Miocène d'Œningen.

Megalotriton. — Éocène supérieur. Phosphorites du Quercy.

Ordre des Anoures. — Animaux dépourvus de queue, à corps ramassé, dont la Grenouille est le type.

Rana (Grenouille). — Actuel. Abondant dans les phosphorites du Quercy (Tertiaire), dans le Diluvium et dans les cavernes.

Bufo (Crapaud). — Il y en a de véritables momies dans les phosphorites du Quercy. Marne d'eau douce d'Œningen.

Palæobatrachus. — Abondant dans l'Oligocène et le Miocène de l'Italie septentrionale.

Classe des Reptiles. — Animaux couverts d'écailles ou de plaques osseuses, rarement nus, à sang froid, à respiration pulmonaire. Squelette interne toujours ossifié et présentant des analogies avec celui des Batraciens et celui des Oiseaux. Les Reptiles fossiles ont une organisation plus diversifiée et souvent plus compliquée que celle des Reptiles actuels. Ils apparaissent pendant le Permien et ont leur apogée pendant le Trias et le Jurassique.

Neuf ordres : *Ichthyosauriens, Sauroptérygiens, Chéloniens, Théromorphes, Rhyncocephaliens, Lépidosauriens, Crocodiliens, Dinosauriens, Ptérosauriens.*

Ordre des Ichthyosauriens. — Reptiles à corps de poisson, à peau nue, à vertèbres biconcaves, courtes et nombreuses. Ils habitaient la mer, respiraient par des poumons et étaient vivipares.

Ichthyosaurus. — Plus de 5o espèces dont les plus anciennes dans le Trias. C'est dans le Lias que les restes sont le plus abondants, par exemple à Lyme Regis et dans le Sommerset. Les schistes à *Posidonomya* de Souabe et de Franconie (Lias supérieur) en contiennent des quantités prodigieuses. Il serait trop long d'énumérer même les gisements importants. Citons seulement un crâne gigantesque découvert par Lennier au cap de la Hève et dont l'orbite mesure 22 centimètres de long et 18 centimètres de haut. L'*Ichthyosaurus* était un animal d'une force prodigieuse et d'une taille atteignant 10 mètres. Ses nageoires rappellent celles des Cétacés. Il était carnassier : on trouve fréquemment, surtout dans le Lias supérieur, de ses coprolithes gardant les tours spiraux de l'intestin et montrant des restes de proie. Les dents coniques, pointues, souvent tranchantes, en grand nombre, étaient, non pas enchâssées dans des alvéoles particuliers, mais dans un sillon commun, en sorte qu'après la mort elles restaient rarement fixées dans la mâchoire.

Ordre des Sauroptérygiens. — Reptiles généralement pourvus de nageoires. Cou long, queue courte. Crâne petit. Vertèbres faiblement creusées en avant et en arrière. Dents pointues dans des alvéoles.

Nothosaurus. — Trias : muschelkalk de Bayreuth, de Haute-Silésie, grès bigarré des Vosges, etc. On en connaît de 3 mètres de long dont le crâne grêle et allongé ne mesure que 30 centimètres. Le long cou se compose de 20 vertèbres. 25 à 30 vertèbres dorsales et à peu près le même nombre de vertèbres caudales.

Simosaurus. — Muschelkalk de Lunéville.

Lariosaurus. — Muschelkalk du lac de Côme. Les membres servaient probablement à la marche. L'aspect est celui d'un Lézard.

Plesiosaurus. — Du Rhétien au Lias supérieur : Autun, Lyme-Regis, Street, dans le Sommerset, Luxembourg. Tête très petite de Lézard, cou aussi long, à lui tout seul, que le reste de la colonne vertébrale et comptant parfois 41 vertèbres. Corps vertébraux assez courts, presque plats. Coracoïdes d'une taille considérable. Membres massifs. Extrémités rappelant les nageoires des Cétacés. Taille de 2 à 5 mètres.

Cimoliosaurus. — Jurassique supérieur et Crétacé d'Europe, d'Amérique, d'Australie.

Pliosaurus. — Kiméridgien d'Angleterre, Jurassique supérieur de Bavière, argile oxfordienne de Boulogne. Animal gigantesque, à cou plus court que celui du *Plesiosaurus*, à membres en nageoires. On cite un crâne de près de 2 mètres de long.

Ordre des Chéloniens. — Animaux dont le tronc est renfermé dans une carapace composée d'os dermiques unis à des os de la colonne vertébrale. Trois sous-ordres : *Trionychiens, Cryptodiriens, Pleurodiriens.*

Les *Trionychiens* ou Tortues fluviatiles ont un bouclier dorsal faiblement bombé, incomplètement ossifié.

Trionyx. — En grande quantité dans les dépôts tertiaires de l'Europe et de l'Amérique : lignite de l'Éocène inférieur des environs de Soissons et d'Épernay ; gypse parisien ; marnes gypseuses d'Aix-en-Provence, etc. Ce genre se trouve aussi dans le Crétacé de l'Amérique du Nord.

Parmi les *Cryptodiriens,* et dans la famille des DERMOCHELYDES ou Tortues à cuir, dont le bouclier dorsal, composé de nombreuses plaques osseuses, n'est pas uni à la colonne vertébrale et dont les membres sont conformés en nageoires :

Protosphargis. — Crétacé supérieur de Vénétie.

Psephophorus. — Oligocène de Boom en Belgique, Éocène moyen du Sussex.

Les Tortues de mer comprennent plusieurs familles. Parmi les CHÉLONÉMYDES, il faut citer :

Euclastes. — Trouvé en abondance dans l'Éocène inférieur d'Erquelines, en Belgique.

La famille des THALASSEMYDIDÉS ne renferme que des genres éteints, dont le bouclier dorsal est souvent incomplètement ossifié. Membres conformés à la fois pour la marche et pour la natation.

Eurysternum. — Jurassique supérieur de Cérin (Ain) et de Bavière.

Parmi les CHELYDIDÉS ou Tortues alligators, aux boucliers complètement ossifiés :

Platychelys. — Jurassique supérieur de Bavière. Bouclier dorsal présentant 3 rangées longitudinales de forts tubercules coniques d'où rayonnent des côtes radiales.

Chelvdra. — Actuel dans l'Amérique du Nord. Miocène d'eau douce d'Œningen, de Saint-Gérand-le-Puy. Queue fort longue. Mâchoire tranchante.

Les Émydes ou Tortues de marais n'existent que depuis le Tertiaire.

Émys. — Actuel. Abondant dans les dépôts tertiaires d'eau douce : mollasse lignitifère de Rochette, près Lausanne ; phosphorites du Quercy ; Pliocène du Piémont.

Les Tortues terrestres ou Chersides ont, en Europe, leur plus ancien représentant dans un *Testudo* des marnes à gypse oligocène d'Aix-en-Provence. Assez grand développement dans le Miocène. A la fin de l'époque tertiaire, d'énormes tortues terrestres, à cuirasse dorsale bombée, habitaient l'Europe méridionale, en même temps que les Éléphants et les Hippopotames. Un bouclier dorsal de $1^m,20$ de long a été trouvé dans le Pliocène moyen de Serrat (Pyrénées-Orientales).

Colossochelys. — Miocène supérieur des collines Siwalik (Inde). A en juger d'après les dimensions du crâne et des fragments de la carapace, cette Tortue devait avoir 6 à 7 mètres de long, avec une carapace de 4 mètres de long et près de 3 mètres de haut.

Dans le sous-ordre des *Pleurodiriens*, la cuirasse est ossifiée dès le jeune âge.

Proganochelys. — La plus ancienne tortue connue : grès supérieur du Keuper de Häfner.

Plesiochelys. — Jurassique supérieur : Saint-Claude, Valette (Ain), Boulogne-sur-Mer.

Ordre des Théromorphes. — Reptiles disparus. Vertèbres amphicéliennes. Membres conformés pour la marche. Les sous-ordres présentent de grandes différences entre eux.

Le sous-ordre des *Anomodontes* se compose de grands Reptiles ayant beaucoup d'analogies avec les Lézards.

Dicynodon. — Grès triasique d'Écosse, mais surtout dans le Trias inférieur de l'Afrique méridionale (colonie du Cap, État libre d'Orange, etc.), de même que *Ptrchognathus* et *Pladypodo-saurus*.

Les PLACODONTES, Reptiles marins propres au Trias, avaient sur le palais et le maxillaire inférieur des dents en forme de pavé, d'une dimension parfois considérable. Les longues et épaisses incisives, en forme de couteau, occupaient des alvéoles profonds. Il y avait aussi des dents en forme de fève, d'hémisphère, etc.

Placodus. — Muschelkalk de Lorraine, de Franconie, de Thuringe, de Silésie, dolomie des Alpes bavaroises.

Cyamodus. — Muschelkalk de Bayreuth.

Les PAREÏOSAURIENS, dont les dents se rapprochent de celles des *Iguanodon*, ne sont connus que par des fossiles (*Pareïosaurus*) du Trias de l'Afrique méridionale.

Le sous-ordre des *Thériodontes* est caractérisé par des dents bien différenciées, les incisives étant séparées des molaires par une canine.

Clepsydrops, Dimetrodon, Embolophorus. — Permien du Texas.

Cynodraco, Galeosaurus. — Trias de l'Afrique méridionale.

Ordre des Rhyncocéphales. — Corps analogue à celui des Lézards. Vertèbres amphicéliennes. Peau écailleuse.

La famille des SPHÉNODONTIDÉS a des genres fossiles qui ne se distinguent du genre *Sphenodon*, actuellement vivant à la Nouvelle-Zélande, que par de faibles différences.

Homœosaurus. — Jurassique supérieur de Bavière, Kiméridgien de Hanovre. Plus petit que *Sphenodon*. Queue longue. Vertèbres avec de légères apophyses épineuses.

Pleurosaurus. — Jurassique supérieur de Cérin (Ain) et de Bavière. Corps étiré ayant jusqu'à 1^m,50 de longueur. Longues et fortes apophyses épineuses. Crâne étroit et triangulaire. Museau pointu. Doigts très courts. L'aspect est celui d'un Serpent.

La famille des PROTOSAURIDÉS a pour type le *Protosaurus*. — Kupferschiefer de Thuringe et de Riechlsdorf et magnesian lime-stone du Durham. Le collège des Chirurgiens de Londres possède un exemplaire trouvé en 1706 et pris d'abord pour un Crocodile.

Le corps, à longue queue, mesure environ 1^m,50. Les vertèbres sont complètement ossifiées.

Les CHAMPSOSAURIDÉS ressemblent à de grands Lézards à museau très allongé. Dents coniques et pointues, et sur les palatins et les ptérygoïdiens, denticules fort petits. Vertèbres platycéliennes complètement ossifiées.

Champsosaurus. — Crétacé inférieur de Laramie, Amérique du Nord, Éocène du Texas.

Simædosaurus. — Éocène inférieur de Reims (lignite de Cernay), Éocène inférieur d'Erquelines (Belgique). Squelette de plus de 2 mètres de long.

Ordre des Lépidosauriens. — Trois sous-ordres : les *Lézards*, les *Serpents* et le groupe éteint des *Pythonomorphes*.

Les *Lézards* ont de nombreuses vertèbres procéliennes. Ils sont couverts d'écailles, de piquants, d'écussons. Les fossiles en sont peu nombreux et peu importants.

Les DOLICHOSAURIDÉS ne comprennent que des genres éteints, à corps vermiforme.

Dolichosaurus. — Crétacé supérieur d'Angleterre.

Actæsaurus. — Crétacé inférieur d'Istrie.

Parmi les IGUANIDÉS :

Iguana. — Phosphorites du Quercy.

Les *Ophid:ens* ou Serpents ont le corps écailleux, allongé, sans membres visibles, des vertèbres procéliennes en grand nombre (parfois plus de 400). Les dents, coniques et pointues, sont recourbées en arrière. Fossiles rares ; on trouve surtout des vertèbres.

Palæophis. — Sable de Cuise, argile de Londres. Vertèbres de dimensions considérables indiquant des Serpents géants.

Palæopython. — Phosphorites du Quercy.

Les *Pythonomorphes* étaient de grands animaux marins, à crâne de Lézard et pourvus de nageoires. Le genre le plus célèbre est *Mosasaurus*. — Crétacé supérieur, Maëstricht (montagne de Saint-Pierre), Norfolk (Angleterre) ; Missouri, Alabama, Caroline du Nord. Le crâne le plus ancien, trouvé dans la montagne de Saint-Pierre, a toute une odyssée. Il fut étudié par Cuvier et se trouve au Muséum de Paris. Il a 1^m,20 de long et l'animal devait avoir une longueur de 7^m,50. Environ 100 vertèbres caudales.

Hainosaurus. — Crétacé supérieur de Mesvin-Ciply (Belgique). Squelette au Musée royal de Bruxelles mesurant 13 mètres de long.

Liodon. — Craie sénonienne de France, d'Allemagne, craie de Maëstricht. En abondance dans le Crétacé supérieur du New-Jersey, de l'Alabama, du Kansas, du Nouveau-Mexique.

Ordre des Crocodiliens. — Corps de Lézard. Longue queue. Quatre membres bien articulés. Os du crâne à grossières dépressions.

On a classé les Crocodiliens d'après la place et la forme des narines en *Parasuchiens* et *Eusuchiens* ou *Crocodiles vrais*.

Les **Parasuchiens** ont une taille considérable, un museau allongé, un tronc cuirassé, des narines extérieures séparées et placées très en arrière.

Belodon. — Keuper supérieur de Souabe, de Franconie et de Stuttgart. Dépôts triasiques de l'Amérique du Nord. Ressemblait au Gavial, avait jusqu'à 3 mètres de longueur. Dents différenciées dans de profonds alvéoles.

Ætosaurus. — On voit au musée de Stuttgart un bloc de grès du Keuper supérieur de Heolack, dans lequel se trouve pris un groupe de 24 individus dont les plus grands ont une longueur de 86 centimètres.

Les **Eusuchiens** ont les narines externes réunies à l'extrémité antérieure du museau, et les choannes internes ramenées en arrière. Squelette dermique de plaques ossifiées. Vertèbres amphicéliennes chez les fossiles. Crâne large, déprimé, triangulaire, avec surface rugueuse. Dents nombreuses, coniques, souvent tranchantes, avec longue racine et alvéole.

La famille des TÉLÉOSAURIDES ne comprend que des genres éteints, ressemblant assez au Gavial actuel, mais en différant par leurs vertèbres, leur tête plus petite, une forte cuirasse ventrale.

Mystriosaurus. — Lias supérieur de Boll, localité où l'on trouve des squelettes complets, mais aplatis.

Steneosaurus. — Jurassique moyen et supérieur : Bathonien de Gaen et d'Allemagne, Oxfordien de Honfleur, de Villers, d'Angleterre.

Teleosaurus. — Jurassique moyen et supérieur : Grande oolithe de Normandie, de Stonesfield (Angleterre). Museau aplati, long et grêle, garni de dents nombreuses. Pattes antérieures beaucoup plus courtes que les postérieures. Plaques osseuses sur le dos, sur la queue, sur le ventre.

Les MÉTRIORHYNCHIDÉS n'existent qu'à l'état fossile. On ne leur connaît pas de plaques osseuses.

Metriorhynchus. — Jurassique supérieur : Oxfordien de Dives, des Vaches-noires, de Honfleur. Museau allongé et robuste, dents recourbées et tranchantes.

Les RHYNCHOSUCHIDÉS ont des représentants actuels à Bornéo. Parmi les genres éteints :

Thoracosaurus. — Crétacé supérieur (Danien): calcaire pisolithique du mont Aimé, près d'Épernay.

Les ATOPOSAURIDÉS sont petits, à forme de Lézards et marins :

Alligatorium. — Jurassique supérieur de Cérin et de Bavière.
Atoposaurus. — Jurassique supérieur de Cérin et de Bavière.

La famille des GONIOPHALIDÉS se compose d'animaux assez grands et tous éteints. Squelette dermique de plaques osseuses.

Goniophalis. — Purbeckien et Wealdien de Belgique (Bernissart), d'Angleterre et de l'Allemagne du Nord.

La famille des ALLIGATORIDÉS a pour genre fossile :

Diplocynodon. — Éocène supérieur, Oligocène, Miocène d'Europe: Armissan (Hérault), phosphorites du Quercy, etc. Ressemble beaucoup à l'Alligator. Squelette dermique extrêmement développé, le corps entier couvert de plaques osseuses.

Les Crocodiles proprement dits datent du Crétacé. Ils sont abondants dans le Tertiaire comme à l'époque actuelle. Il y en a de nombreux gîtes en France : sables inférieurs de Cuise, Saint-Gérand-le-Puy, Pliocène de Montpellier.

Ordre des Dinosauriens. — Reptiles éteints, ordinairement gigantesques, ressemblant à des Lézards ou à des Oiseaux. Plusieurs sous-ordres :

Celui des *Sauropodes* comprend les plus grands animaux terrestres que l'on connaisse. Leurs dents spatuliformes sont celles d'herbivores. Les membres à 5 doigts, de longueur à peu près égale, avaient une sorte de sabot. Vertèbres cervicales et vertèbres dorsales opistocéliennes, les autres amphicéliennes ou platycéliennes.

Cetiosaurus. — Grande oolithe d'Oxford. On n'en connaît que des membres, des vertèbres et une seule dent, en forme de feuille. Devait avoir 12 mètres de long et 3 mètres de haut.

Atlantosaurus. — Jurassique supérieur du Wyoming. Fémur de 2^m de long. Marsh évalue la longueur du corps à 115 pieds.

Diplodocus. — 12 mètres de longueur. Un moulage doit être prochainement exposé au Muséum.

Brontosaurus. — Jurassique supérieur du Wyoming. Crâne très petit, ayant un diamètre inférieur à celui de la quatrième vertèbre cervicale. Cou long. Queue aussi longue que la moitié du corps.

Le sous-ordre des *Théropodes* se compose d'animaux terrestres et carnassiers. Os d'une grande légèreté ; vertèbres complètement creuses. Membres antérieurs beaucoup plus courts que les postérieurs : l'animal devait marcher par bonds comme le Kangourou, d'autant plus que la queue, extrêmement forte et longue, devait aussi servir de point d'appui. Dents pointues, un peu recourbées en arrière.

Zanclodon. — Trias supérieur : Keuper de l'Allemagne méridionale.

Dimodosaurus. — Keuper de Poligny (Jura).

Megalosaurus. — Bathonien de Caen, Jurassique moyen d'Angleterre. Fémur de 1 mètre de long, omoplate de 80 centimètres, sacrum de 50 centimètres. Membres postérieurs deux fois plus longs que les antérieurs. Main à 5 doigts, pied à 4 doigts. Phalanges terminales avec griffes.

Compsognathus. — Jurassique supérieur de Bavière. Petit Dinosaurien au squelette léger, au crâne d'oiseau formant un angle droit avec le cou. Queue beaucoup plus longue que le tronc et le cou réunis. Membres postérieurs beaucoup plus grands que les autres.

Le sous-ordre des *Orthopodes* se compose de Dinosauriens présentant entre eux beaucoup de différences et d'ailleurs incomplètement connus. Peu de dents. Narines très grandes, situées bien en avant. Membres postérieurs très longs, assurant seuls la marche.

Scelidosaurus. — Lias inférieur du Dorset. Squelette dermique formé de plaques osseuses massives, cunéiformes, en deux rangées sur le cou et le dos ; plaques semblables en nombreuses rangées longitudinales de chaque côté du tronc ; écussons ovales sous le ventre ; la queue même est cuirassée. Les dents triangulaires et pointues sont grossièrement dentées sur les bords.

Triceratops. — Crétacé supérieur de Laramie, du Wyoming, du Colorado. Petit cerveau et crâne formidable, long de plus de 2 mètres, pointu en avant, très large en arrière et armé sur les frontaux d'une paire de fortes cornes verticales un peu tournées en avant. Os nasaux très épais et allongés, portant une troisième corne.

Iguanodon. — Wealdien de Bernissart (Belgique), et d'Angleterre, Danien de Maëstricht. Un individu mesurait 10 mètres de long et 4ᵐ,36 de hauteur. On a trouvé en Belgique une quantité de squelettes énormes parfaitement conservés. Superbes empreintes de pas dans un grès wealdien. Bassin et membres postérieurs présentant la ressemblance la plus étroite avec les parties analogues de l'oiseau adulte. Herbivore, à en juger d'après les dents. Devait vivre au milieu des marécages. Bras courts, mais puissants, et des mains à 5 doigts, armées de deux énormes éperons vraisemblablement garnis d'une corne tranchante.

Ordre des Ptérosauriens ou *Sauriens ailés*. — Reptiles éteints, dont le corps léger, pneumatique, rappelant celui de l'Oiseau, variait de la taille d'un Passereau à celle des plus grands Rapaces. Les membres antérieurs, quoique dépourvus de plumes étaient conformés pour le vol. Les os du métacarpe sont quelquefois aussi longs que l'avant-bras. Le métacarpien interne, beaucoup plus fort que les autres, porte le doigt de l'aile composé de 4 longs articles. Les dernières phalanges sont en griffes aiguës et recourbées. La membrane du vol, étroite et pointue, portée par le petit doigt, s'attachait au tronc et, vraisemblablement, s'étendait jusqu'aux membres postérieurs qui, d'ailleurs, en étaient dégagés. Cette membrane a été retrouvée sur plusieurs ailes dans les schistes lithographiques. Le cou fort et long faisait un angle droit avec le crâne qui était pourvu d'un bec pointu. Il y avait le plus souvent des dents et des alvéoles.

Pterodactylus. — Jurassique supérieur de Bavière et de Cérin (Ain) ; calcaire en plaquettes de Nusplingen (Wurtemberg). Cuvier en décrivit un squelette actuellement dans le musée de Munich, et, dès 1805, y reconnut un Reptile. C'est le *Pterodactylus longirostris* qui mesurait 30 centimètres de longueur. Crâne petit et délicat. Dents coniques et pointues.

Rhamphorhynchus. — Jurassique supérieur de Bavière et du Wurtemberg. Crâne à museau allongé. Maxillaires pourvus de dents dont les premières sont de véritables défenses. Narines petites. Orbites très grands avec anneau sclérotique. Queue longue, raide, entourée de tendons ossifiés.

Classe des Oiseaux. — Animaux à sang chaud. Cœur à deux oreillettes et deux ventricules. Respiration entièrement pulmonaire. Squelette pneumatique. Plumes. Coracoïdes non soudés aux autres os. Oviparité.

Le nombre des espèces fossiles est insignifiant comparé à l'énorme quantité des espèces actuelles.

Les Oiseaux fossiles se répartissent en trois ordres : *Saururés, Ratités, Carinatés.*

Ordre des Saururés. — Un seul genre :

Archæopteryx. — Jurassique supérieur. Squelette moins léger que celui des autres oiseaux et même de certains reptiles fossiles. Les mâchoires avaient des dents. Véritables pennes à la queue et aux ailes. Plumage étendu sur tout le corps et même sur les jambes, ainsi qu'on peut le constater sur le magnifique exemplaire du musée de Berlin. Pattes griffues. Taille d'une petite poule. Il est aussi légitime de le considérer comme un Reptile portant des plumes que comme un Oiseau à squelette de Reptile.

Ordre des Ratités. — Ailes parfois totalement atrophiées. Pas de pennes. Sternum sans carène.

Hesperornis. — Crétacé du Kansas. Oiseaux très grands, nageurs, à squelette lourd, à mâchoires dentées, à membres postérieurs puissants avec nageoires.

Æpyornis. — Pléistocène de Madagascar. Oiseau gigantesque, coureur, à pattes tridigitées. Les œufs, trois fois plus gros que ceux des Autruches, sont d'une capacité de 8 litres.

Dinornis. — Cavernes, alluvions, tourbières de la Nouvelle-Zélande. Disparu aujourd'hui, mais contemporain de l'homme. Très voisin de l'Aptéryx actuel de la Nouvelle-Zélande. De la grosseur

d'une poule, avec un long bec. Corps recouvert de plumes scapelli-
formes.

Ordre des Carinatés. — Les Carinatés fossiles se distinguent des
Carinatés actuels par les dents et les vertèbres amphicéliennes.
Oiseaux de petite taille, à ailes puissantes, à grand bréchet, à os
pneumatiques (sauf le Gastornis).

Ichthyornis. — Crétacé moyen du Kansas. Crâne de grande taille
et cerveau petit. Dents coniques, pointues, dans des alvéoles, aux
deux maxillaires.

Gastornis. — Argile plastique de Meudon, argile de Londres,
Éocène inférieur (Cernaysien) de Reims et de Belgique. Oiseau de
la taille de l'Autruche, avec des ailes peu développées, des pattes
longues et fortes. Bec à petites plaques cornées.

Argillornis. — Argile de Londres. Grand Oiseau à mâchoire
dentée.

Odontopteryx. — Éocène de Sheppey (argile de Londres). Bec
long aux bords dentés en forme de scie.

Scolopax (Bécasse). — Gypse de Paris.

Rallus. — Phosphorites du Quercy, calcaire d'eau douce miocène
de l'Allier, couches tertiaires de Sansan.

Classe des Mammifères. — Sang chaud. Cœur à deux oreillettes et
deux ventricules. Respiration pulmonaire. Petits nés vivants sauf
peut-être chez les Monotrèmes, nourris par des mamelles. Poils. Peu
de pièces osseuses au crâne. Chaque branche du maxillaire inférieur
composée d'une seule pièce articulée avec l'os temporal.

17 ordres : *Monotrèmes, Allothériens, Marsupiaux, Édentés,
Cétacés, Siréniens, Pinnipèdes, Périssodactyles, Pachydermes, Ruminants, Proboscidiens, Rongeurs, Insectivores, Chéiroptères, Carnivores, Lémuriens, Quadrumanes,* ont laissé des fossiles, sauf les
Monotrèmes.

Ordre des Allothériens. — Petits herbivores éteints dont on a
surtout retrouvé des dents: des molaires à plusieurs tubercules, des
incisives de Rongeurs. Pas de canines. On suppose que le cora-
coïde était séparé.

Tritylodon. — Trias de l'Afrique méridionale.

Microlestes. — Bone-bed rhétien du Wurtemberg, Rhétien du Sommerset.

Plagiaulax. — Purbeckien et Wealdien d'Angleterre (Hastings).

Ordre des Marsupiaux. — Le caractère le plus constant est la présence des os marsupiaux au bassin. On peut partager les Marsupiaux en deux sous-ordres, l'un comprenant des carnivores ou insectivores, l'autre des herbivores.

Les genres carnivores ont une denture complète. Chez les formes fossiles, les molaires sont en grand nombre.

Didelphys. — Une trentaine d'espèces en Europe et dans l'Amérique du Nord, dont on ne connaît guère que les mâchoires inférieures. Cependant Cuvier découvrit dans le gypse de Montmartre un squelette presque complet avec ses os marsupiaux. Phosphorites du Quercy, lignites de La Débruge (près Apt), marne oligocène de Ronzon (près Le Puy), etc.

Les Marsupiaux herbivores sont australiens et la plupart des fossiles ne datent que du Pléistocène.

Diprotodon. — Genre éteint, était de la taille du Rhinocéros. On en connaît des crânes de 1 mètre de long.

Phascolomus. — De la taille d'un Tapir.

Ordre des Édentés. — Les dents manquent souvent totalement. Parfois il y a des molaires prismatiques dépourvues d'émail. Longues griffes acérées aux phalanges terminales des 4 membres. Poils, écailles ou plaques osseuses.

On a distingué parmi les Édentés plusieurs sous-ordres dont deux seulement, qui ne comprennent que des animaux éteints, nous arrêteront : les *Gravigrades* et les *Glyptodontes*.

Les **Gravigrades** étaient des herbivores massifs et gigantesques. Le crâne est allongé, cylindrique, presque aussi large en avant qu'en arrière ; le cerveau petit. Maxillaire supérieur haut et puissant ; maxillaire inférieur avec de larges branches montantes. 5 molaires supérieures, 4 inférieures. Queue longue et épaisse. Membres trapus avec griffes.

Megatherium. — Pléistocène de l'Amérique du Sud. Abondant dans les pampas de la province de Buenos-Ayres. Paresseux géant.

Membre antérieur plus long et plus faible que le membre postérieur, très trapu, à fémur court et d'une largeur énorme. Main à
pouce rudimentaire ; longues griffes aiguës à 3 doigts ; pied à
3 doigts. Queue énorme composée de 17 vertèbres. Se nourrissait
à la façon du Paresseux, mais sans quitter le sol. Les membres
antérieurs servaient à la préhension.

Megalonyx. — Pléistocène de l'Amérique du Nord. Était de la
taille du Bœuf.

Mylodon. — Miocène de l'Argentine, formation des pampas.
Était presque de la taille de l'Éléphant. Cuirasse dermique d'épaisses
plaques osseuses. Les 4 membres de même longueur, lourds et trapus. Les 2 doigts internes des pattes postérieures armés de fortes
griffes. 4 molaires supérieures et 4 inférieures. Queue longue, de
20 à 24 vertèbres.

Scelidotherium. — Miocène de la République Argentine, Pléistocène de presque toute l'Amérique du Sud.

Les **Glyptodontes** sont remarquables par leur épaisse et immobile carapace dorsale, hémisphérique ou ovale, formée de plaques
osseuses, polygonales, ornementées et quelquefois épaisses d'un
pouce. Ces plaques, chez les jeunes, sont juxtaposées dans la peau
et se soudent peu à peu. Le crâne court, tronqué en avant, a un
énorme maxillaire inférieur, 8 molaires de chaque côté aux deux
maxillaires. Ces dents sont hautes et prismatiques, avec de profonds étranglements. Membres postérieurs plus longs et plus lourds
que les antérieurs.

Glyptodon. — Pléistocène de la République Argentine, de l'Uruguay, cavernes du Brésil. Les plus grandes espèces avaient 2 mètres
de long et une hauteur de 1^m,20. Leurs carapaces hémisphériques ont
1 mètre de haut et 1^m,60 de long. Elles ont une ornementation en
rosette. Queue courte et pointue. Griffes aux doigts.

Ordre des Cétacés. — Animaux aquatiques à forme de Poisson, à
membres antérieurs transformés en nageoires, à membres postérieurs atrophiés. Nageoire caudale horizontale. Peau lisse et nue.
Os spongieux imprégnés de graisse.

On a fait un sous-ordre des Cétacés primitifs ou *Archæoceti*,
comprenant le genre *Zeuglodon*. — Eocène de l'Arkansas, de l'Ala-

bama, du Mississipi, de la Louisiane. Taille atteignant une longueur de 20 mètres. Dents puissantes et différenciées.

Le sous-ordre des *Odontocètes* n'a laissé que peu de débris fossiles.

Squalodon est un genre complètement éteint, très répandu dans le Miocène de la France, du sud de l'Allemagne et de l'Italie ; dans le Pliocène d'Anvers et de la Hollande. On le trouve aussi dans les dépôts miocènes de la Caroline. Squelette peu connu. On possède des parties du crâne, des maxillaires, des dents très différenciées : incisives, canines et prémolaires coniques, pointues à une seule racine ; molaires à plusieurs racines.

Les *Dauphins* et les *Physeter* (Cachalots) fossiles se distinguent peu des genres actuels. Ils ne sont ni abondants ni caractéristiques. On les trouve dans le Miocène, le Pliocène et le Pléistocène d'Europe et d'Amérique.

Dans le sous-ordre des *Mystycètes* ou Baleines à fanons, nous trouvons la famille des BALÆNOPTERIDÉS, plus abondante en fossiles qu'en représentants actuels. Ils datent du Miocène et ont leur apogée dans le Pliocène. Les espèces actuelles sont beaucoup plus grandes que les espèces fossiles, dont la taille ne dépasse guère 6 mètres de long.

Balænoptera. — Crag d'Anvers et d'Angleterre, Pliocène de la Haute-Italie.

Balæna. — Crag de Belgique et d'Angleterre, Pliocène d'Italie, Tertiaire de la République Argentine.

Ordre des Siréniens. — Animaux aquatiques, de grande taille, herbivores, avec un corps cylindrique ; des membres antérieurs en nageoires, pas de membres postérieurs. Peau épaisse, rugueuse, avec des poils rares. Os compactes. Dentition compliquée.

Halitherium. — Abondant dans l'Oligocène. On le trouve aussi dans l'Éocène et le Miocène en beaucoup de localités. Sables de Fontainebleau, à Etrechy, Jeurre, Longjumeau, Saint-Cloud ; et autres localités des environs de Paris. On récolte surtout des côtes, des vertèbres, des dents. Squelette long de 3 mètres environ. Crâne à museau court et étroit. Molaires supérieures de plus en plus grandes en allant d'avant en arrière.

Ordre des Pinnipèdes ou *Phoques.* — Animaux marins à corps cylindrique, à pattes antérieures courtes, dont les 5 doigts sont palmés, ce qui en fait de véritables nageoires. Les membres postérieurs manquent. Canines robustes, incisives et molaires coniques, toutes semblables. Les fossiles sont rares et peu anciens.

Trichetus (Morse). — Actuel, Pléistocène et Pliocène, crag d'Anvers et d'Angleterre.

Ordre des Périssodactyles ou *Imparidigités.* — Ongulés herbivores dont la patte postérieure a 3 doigts. Il y en a ordinairement 3 ou 4 à la patte antérieure. Le doigt médian est très développé, et quelquefois il ne reste plus que ce seul doigt. Quand la denture est complète, elle se compose de 3 incisives, 1 canine, 7 molaires. Ces animaux, lourds et trapus, sauf dans le genre *Equus*, ne comptent plus aujourd'hui que trois genres : *Tapirus*, *Rhinoceros*, *Equus* (cheval). Ils ont été beaucoup plus abondants et plus riches en formes aux temps géologiques. On a réparti les Périssodactyles en cinq familles principales.

Les Équidés ont une denture complète, c'est-à-dire, en haut et en bas, de chaque côté : 3 incisives (en forme de ciseau), 1 canine et 6 ou 7 molaires. Les membres, massifs chez les anciennes espèces, sont élancés et longs chez les autres.

Hyracotherium. — Éocène supérieur d'Ay, près de Reims, de l'Angleterre et de l'Amérique du Nord. Molaires très basses à fort bourrelet basal. Patte antérieure à 4 doigts, patte postérieure à 3 doigts.

Pachynolophus. — Éocène de France ; lignites de Sézanne ; Éocène moyen du bassin de Paris ; phosphorites du Quercy ; Éocène de l'Amérique du Nord.

Palæotherium. — Éocène supérieur de France, d'Angleterre, de Suisse, de l'Allemagne méridionale. Le gypse parisien a donné à Cuvier un squelette complet, *P. magnum,* qui était de la taille du Rhinocéros. Les espèces sont nombreuses. Les plus petites ont la taille du Porc. Crâne à grands os nasaux. Les molaires brachyodontes ont plusieurs racines et peu de cément. 3 doigts aux 4 pattes, les doigts latéraux touchant le sol.

Paloplotherium. — Éocène moyen et Éocène supérieur. Très abondant en France et en Angleterre. La Débruge, Castelnaudary,

Le Puy; les phosphorites du Quercy en sont très riches. Plus élancé que le *Palæotherium* et plus petit : de la taille de l'Ane à celle du Chevreuil.

Anchitherium. — Miocène supérieur de France (Sansan, Orléanais, etc.), de l'Allemagne méridionale, de l'Amérique du Nord.

Hipparion. — Miocène le plus supérieur d'Europe, très abondant en France. Semble avoir vécu en troupeaux, à en juger d'après les nombreux débris du mont Léberon, de Cabrières, de Perpignan, de la vallée du Rhône, d'Eppelsheim, près de Worms. Plus petit que le Cheval, a des pattes à 3 doigts. Molaires moitié moins longues que celles du Cheval ; cément très abondant.

Equus. — Apparaît dans le Pliocène supérieur de l'Auvergne, de l'Italie, de l'Algérie. Abondant dans tout le Pléistocène de l'Europe.

Proterotherium. — Tertiaire de Patagonie ; présente quelques caractères des Equidés.

Les TAPIRIDÉS, qui n'ont qu'un genre actuellement vivant (*Tapirus*), ont une denture complète : 3 incisives en forme de ciseaux, 1 canine conique, 7 molaires brachyodontes. Patte antérieure à 4 doigts, patte postérieure à 3 doigts.

Lophiodon. — Éocène : lignites du Soissonnais, mollasse d'Issel, près Castelnaudary, gypse d'Argenton (Indre), calcaire grossier d'eau douce de Jouy et de Sézanne. Taille variant entre celle du Tapir et celle du Rhinocéros.

Tapirus. — Existait en Europe et en Asie aux époques miocène et pliocène et dans le Pléistocène d'Amérique.

Les RHINOCÉRIDÉS sont caractérisés par de fortes cornes sur l'os nasal et parfois sur le frontal. Le crâne, déprimé et allongé, est plus haut en arrière qu'en avant. Il y a sur l'occipital une crête tranchante. Narines ramenées en arrière. Denture complète seulement chez les anciens types. Incisives et canines manquant souvent. Dans les espèces les plus récentes, la patte antérieure n'a que 3 doigts.

Le genre *Rhinocéros*, comprenant un grand nombre de formes, a donné lieu à plusieurs sous-genres dont le plus important est : *Acerotherium*. — Phosphorites du Quercy (dents isolées), Miocène de Sansan, de Simorre, de l'Orléanais, de Günsbourg (Suisse), d'Œningen, d'Eppelsheim, de l'Amérique du Nord. Os nasaux faibles, sans cornes. Incisives petites, canine grande, couchée, triangulaire. Patte antérieure à 4 doigts, patte postérieure à 3 doigts.

Elasmotherium. — Diluvium de la Russie méridionale et de la Sibérie. Plus grand que le Rhinocéros. Le crâne, qui ressemble assez à celui de *R. tichorhinus*, est beaucoup plus haut, avec une protubérance du frontal qui soutenait probablement une forte corne. Ce crâne mesure 1 mètre de long.

La famille des TITANOTHÉRIDÉS, complètement éteinte, se composait d'animaux énormes qui, avec l'aspect du Tapir et du Rhinocéros, avaient parfois la taille de l'Éléphant. Patte antérieure à 4 doigts, patte postérieure à 3 doigts. Ils étaient surtout répandus dans l'Amérique du Nord pendant l'Éocène et le Miocène.

Titanotherium ou *Brontotherium*. — Miocène inférieur du Colorado, du Nebraska et du Dakota, où les débris sont en quantité considérable. Presque aussi grand que l'Éléphant. Crâne long et déprimé, cerveau très petit. Incisives petites, parfois rudimentaires, ou manquant totalement. Cornes au-dessus des orbites, à l'extrémité antérieure des frontaux. On a réuni les différentes espèces sous divers noms de sous-genres : *Disconodon, Brontops*, etc.

Les CHALICORIDÉS sont aussi de grands animaux répandus dans l'Ancien et le Nouveau-Monde pendant l'Éocène supérieur et le Pliocène. Les incisives et les canines sont atrophiées ou absentes. Les os nasaux n'ont pas de chevilles osseuses ; les 4 pattes sont à 3 doigts.

Macrotherium. — Miocène moyen de Sansan (Gers), Saint-Gaudens (Haute-Garonne), Grive-Saint-Alban (Isère); de la Bavière et du Wurtemberg.

Ancylotherium ou *Chalicotherium*. — Miocène supérieur d'Eppelsheim, de Pikermi, de l'île de Samos. Les 4 membres robustes et presque égaux ont 3 doigts.

Ordre des Pachydermes. — Pied à 4 doigts, dont 2 seulement sont fonctionnels, les 2 autres étant trop courts pour toucher le sol. Les deux doigts effectifs ne sont pas soudés l'un à l'autre. Dents à couronne accidentée de tubercules ; incisives parfois fort développées et constituées par un ivoire très dense. On rencontre fréquemment des boutoirs provenant du grand développement des canines qui peuvent se recourber de diverses façons.

Les Anthracoridés sont des animaux éteints ayant beaucoup de ressemblance avec les Suidés. Denture complète.

Anthracotherium. — Apparaît dans l'Éocène, apogée dans l'Oligocène : couches carbonifères de Cadibona, près Savone, de Rochette et de Paudèze, près Lausanne, de Miesbach, en Bavière. Crâne bas très allongé, avec crête pariétale.

Les Suidés ou *Cochons* ont une denture complète, avec des canines très développées. Les pattes ont ordinairement 4 doigts.

Chaeropotamus. — Éocène supérieur d'Angleterre et de France ; en France : La Débruge, région parisienne. De la taille du Cochon domestique. Denture complète ; incisives en forme de ciseaux ; canine puissante, pointue, tranchante.

Sus (Cochon). — Miocène supérieur de la vallée du Rhône, du mont Léberon, de Pikermi, etc., très répandu dans le Pléistocène d'Europe et d'Asie.

Les Hippopotames, qui ne comptent qu'un genre vivant (Hippopotame), apparaissent seulement dans le pliocène et n'y sont pas très répandus.

Macranchenia. — Pampéen de l'Amérique du Sud ; est un Pachyderme à doigts impairs.

Theosodon. — Tertiaire de Patagonie. Ressemble au précédent.

Ordre des Ruminants. — Les quatre membres ont 2 doigts soudés en un canon, sauf à l'extrémité inférieure où l'on voit la trace de la dualité qui s'accentue dans les deux phalangettes terminales, chacune pourvue d'un petit sabot. Replis de l'émail dentaire en form de croissant, d'où le nom de Sélénodontes donné parfois à ces mammifères. Condyles de la mâchoire inférieure transverses, souvent assez allongés et permettant un mouvement transversal très étendu Plusieurs familles :

Les Oréodontidés sont des animaux éteints qu'on n'a trouvés que dans les terrains tertiaires de l'Amérique du Nord. Ils tirent leur nom du genre *Oreodon,* très abondant dans le Colorado, le Nebraska, le Wyoming.

Les Camélidés étaient répandus en Amérique pendant le Tertiaire. On les voit dans l'Inde à l'époque pliocène. Ils manquent en Europe.

Les Anoplothéridés, actuellement éteints, sont limités à l'Éocène.

Les quatre pattes courtes sont à 3 doigts, le second doigt plus court que les deux médians et faisant un angle avec eux.

Anoplotherium. — Éocène supérieur d'Europe : gypse parisien, lignites de La Débruge, marne d'eau douce d'Alais, phosphorites du Quercy. Crâne bas, allongé. Denture complète à 7 molaires. Jambes courtes et massives. Queue longue et forte servant peut-être d'organe de natation dans les marécages que fréquentait cet animal. Il était de la taille d'un Tapir.

Dichobune. — Calcaire grossier et gypse de la région parisienne, des environs de Reims ; lignites de La Débruge, phosphorites du Quercy.

Xiphodon. — Gypse parisien, lignites de La Débruge. Ressemblait à une Antilope sans cornes. Molaires sélénodontes. Pattes grêles, longues, à 2 doigts.

Les Tragulidés ont le crâne des *Cervidés,* mais sans ramure. Pas d'incisives à la mâchoire supérieure ; canines supérieures en forme de sabre, canines inférieures ressemblant aux incisives. Estomac à 3 divisions.

Dorcatherium. — Miocène moyen de Sansan (Gers), de l'Orléanais.

Tragulus. — Vivant dans l'Inde méridionale, apparaît dans le Pliocène de ce pays.

La famille des Cervicornes a le crâne étiré en longueur, formé d'os minces et pourvu fréquemment chez le mâle de ramures ou d'apophyses ossifiées. Pas d'incisives supérieures et souvent pas de canines supérieures. La canine inférieure se comporte comme une incisive. Molaires brachyodontes, à plusieurs racines, à couronne couverte d'un épais émail ridé.

Amphitragulus. — Miocène inférieur de l'Allier et de la Limagne.

Dremotherium. — Miocène inférieur de Saint-Gérand-le-Puy, d'Issoire. Grandes canines supérieures. Taille du Chevreuil.

Dicrocerus. — Miocène moyen de Sansan, Villefranche (Gers) ; Saint-Alban (Isère) ; de l'Orléanais ; de la Suisse ; de la Silésie ; de la Styrie. Crâne portant une ramure semblable à celle du Montjack actuel. Chez le mâle, forte canine supérieure en forme de poignard.

Cervulus (Montjack). — Actuellement vivant dans l'Inde méridionale et les îles de la Sonde. Miocène et Pliocène d'Europe.

Les Cervidés fossiles ne datent que du Miocène le plus supérieur. La détermination rigoureuse des formes fossiles est assez difficile, et presque toutes ces formes rentrent dans le genre *Cervus* (de Linné). — Les Cerfs sont abondants dans le Pléistocène. Le plus remarquable est le gigantesque *Cervus megaceros* dont on trouve des squelettes entiers dans les tourbières d'Irlande. Ses bois énormes ont une envergure qui va jusqu'à 3 m,50.

Helladotherium. — Miocène supérieur de Pikermi (Grèce). Voisin de la Girafe avec cou plus court, squelette plus massif et les quatre membres presque d'égale longueur. On a voulu lui rattacher, mais sans preuve, l'Okapi actuel de l'Afrique.

Camelopardalis (Girafe). — Actuel et dans le Miocène supérieur de Pikermi et des monts Siwalik (Inde).

Sivatherium. — Miocène supérieur des Siwalik. Beaucoup plus grand que l'Élan, a été rapproché de la Girafe. On connait un crâne long et large de plus de 50 centimètres, un membre antérieur long de 1 m, 70.

La famille des Cavicornes apparaît dans le Miocène de l'Europe et de l'Inde méridionale. Elle est actuellement très riche en espèces. Le crâne porte des prolongements osseux à gaines cornées. Pas d'incisives, ni de canines supérieures.

Les Gazelles ont laissé des crânes, des dents, des noyaux de cornes, des fragments de squelette dans le Miocène supérieur du sud de la France, le Pliocène de Perpignan et de l'Auvergne.

Palæoceras. — Abondant dans le Miocène supérieur du mont Léberon, de Pikermi (Grèce), dans le Pliocène de Toscane.

Tragoceras. — Miocène supérieur du Midi de la France, de Pikermi, de Samos.

Les Moutons et les Chèvres apparaissent dans le Pliocène. Ils sont abondants dans le Pléistocène d'Europe. Il en est de même des Bœufs qui ne prennent d'extension que durant le Quaternaire.

Les Amblypodes forment un groupe de grands animaux éteints, à pattes courtes et massives dont les 5 doigts ont de larges phalanges terminales garnies de sabots. Denture complète à molaires brachyodontes et lophodontes.

Coryphodon. — Éocène inférieur de Soissons; argile de Londres et Éocène inférieur du Wyoming, de l'Utah, du Nouveau-

Mexique, où les restes sont considérables. Crâne allongé à museau rétréci et large en arrière. Cerveau très petit. Canines fortes et pointues. Ces animaux, dont les plus grands étaient de la taille du Bœuf, étaient digitigrades en avant, plantigrades par derrière.

Dinoceras. — Éocène du Wyoming. Ce genre, qui comprend sept espèces, a été placé par certains auteurs parmi les Proboscidiens. Cependant il y a entre ces deux groupes des différences radicales dans le crâne, la denture, le carpe et le tarse. Long et étroit, le crâne a 3 paires d'apophyses ossifiées qui devaient être recouvertes à l'extérieur par des cornes. Pas d'incisives supérieures, les incisives et les canines inférieures petites ; mais les canines supérieures énormes et formant défenses.

Astropotherium. — Éocène supérieur de Pantagonie.

Ordre des Proboscidiens. — Grands animaux à trompe, semi-plantigrades, à membres longs et massifs pourvus de 5 doigts. Pas de canines. Sur les intermaxillaires, fortes incisives allongées en défenses. Molaires lophodontes, 3 à chaque moitié de mâchoire. Crâne très développé à cause de ses grandes cellules aérifères.

Dinotherium. — Miocène de l'Europe et de l'Inde méridionale : Languedoc, Roussillon, Ain, mont Lèberon, Sussex, Bavière, couches à Congéries du bassin de Vienne (Autriche), Pikermi et Samos (Grèce). *D. giganteum* était plus grand que l'Éléphant actuel. On en connaît un crâne de 1 mètre de long. Défenses à la mâchoire inférieure.

Mastodon. — Très abondant dans le Pliocène et le Miocène de l'Ancien Continent. En Amérique, dans le Pliocène et le Pléistocène. Incisives supérieures en grandes défenses ordinairement droites et très allongées. Molaires supérieures grandes, en quadrilatères allongés avec 3 ou 4 hautes collines transversales. Sur la couronne, couche très épaisse d'émail. Molaires inférieures un peu moins larges que les molaires supérieures. Ce genre comporte différentes espèces.

Elephas. — Apparaît dans le Miocène supérieur de l'Inde orientale ; en Europe, dans le Pliocène. Apogée dans le Pliocène supérieur et le Pléistocène. Crâne bombé, incisives supérieures en défenses énormes. *E. meridionalis* (voir au Muséum le squelette de Durfort, Gard), l'espèce la plus ancienne, mesure plus de 4 mètres de hauteur au garrot. Ses défenses sont recourbées en dehors et en haut. Très abondant dans le Val d'Arno. On le trouve aussi dans les tufs volcaniques d'Auvergne et dans le sable pliocène de la Côte-d'Or. Très abondant dans les dépôts pléistocènes. *E. antiquus*, encore plus grand qu'*E. meridionalis*, a vécu pendant le Pliocène le plus supérieur, mais n'a pris d'extension que dans le diluvium. On le rencontre alors dans les localités les plus variées. Ses défenses sont longues et relativement grêles. *E. primigenius* ou *Mammouth* vivait à l'époque paléolithique en même temps que l'homme fossile. On le trouve dans les grottes et les sables du diluvium, dans le lœss. On en a rencontré de véritables troupeaux dans le sol glacé de la Sibérie, avec chair, yeux, peau et poil laineux très long, flottant sous le ventre et formant une crinière d'un mètre de long sur la tête. Les défenses, très recourbées en haut et en dehors, sont quelquefois longues de 5^m et pèsent alors 125^{kg}. Aussi exploite-t-on cet ivoire fossile du Mammouth de Sibérie.

On peut rapprocher des Proboscidiens, aussi bien que des Rongeurs, le groupe des Toxodontes, animaux disparus de l'Amérique du Sud.

Toxodon. — Miocène inférieur de Patagonie, formation pampéenne de la République Argentine, du Paraguay et de l'Uruguay. Taille du Rhinocéros. Corps lourd, probablement amphibie. Membres à 3 doigts.

Pyrotherium. — Tertiaire de Patagonie.

Ordre des Rongeurs. — Animaux de petite ou de moyenne taille dont les incisives de chaque mâchoire sont très longues, à pulpe persistante et en forme de ciseaux. Point de canines, une large barre séparant les incisives des molaires qui sont hautes, prismatiques, racinées et jamais toutes développées. Beaucoup sont spéciaux à l'Amérique du Sud. Nous ne citerons que les genres tertiaires de l'Europe.

Sciuroïdes. Sciurodon. — Phosphorites du Quercy.

Theridomys. — Nombreuses espèces dans l'Éocène supérieur de La Débruge (près d'Apt), le gypse de Paris, les phosphorites du Quercy, l'Oligocène de Ronzon (près Le Puy), le Miocène inférieur de Saint-Gérand-le-Puy, etc.

Sciurus (Ecureuil). — Apparaît dans l'Éocène supérieur : phosphorites du Quercy. Très abondant dans le diluvium de l'Europe et de l'Amérique du Nord.

Steneofiber. — Miocène inférieur de Saint-Gérand-le-Puy, Miocène moyen de Sansan, du Doubs, de l'Orléanais, Miocène supérieur de Cucurron et d'Eppelsheim, Pliocène de Montpellier. Beaucoup plus grand que le Castor.

Castor (*Fiber*). — Pliocène de Perpignan et de Toscane. Cavernes à ossements, tourbières de l'Europe et de l'Amérique du Nord.

Hystrix (Porc-épic). — Miocène supérieur d'Eppelsheim, de Pikermi, Pliocène inférieur de Perpignan, Pléistocène.

Lepus (Lièvre). — Pliocène de Perpignan, tuf volcanique d'Auvergne.

Lagomys. — Miocène moyen d'Œningen, Pliocène de Montpellier et d'Italie, cavernes à ossements.

Malgré d'énormes différences, c'est aux Rongeurs qu'il faut rattacher *Nesodon*, *Colpodon* et *Homalodontherium* de Patagonie.

Ordre des Insectivores. — Animaux de petite taille, plantigrades, à dentition complète, mais avec des canines peu distinctes des incisives ; molaires à tubercules tranchants. Peu importants en paléontologie. Cependant, un certain nombre de genres ne rentrent pas dans les familles actuelles.

Les Ictospidés n'existent que dans le Tertiaire de l'Amérique du Nord.

Les Adapisoricidés comprennent les genres *Adapisorex* et *Adapisoriculus*, l'un de l'Éocène inférieur de Cernay (près Reims), l'autre de l'Éocène inférieur d'Ay (près Reims).

Les Dimylidés, famille également éteinte, sont caractérisés par l'atrophie des molaires :

Dimylus. — Miocène inférieur de Weisenau près Mayence, Eckingen (près Ulm) ; Miocène moyen de Grive-Saint-Alban.

Parmi les genres actuellement vivants :

Sorex. — Éocène supérieur : phosphorites du Quercy ; Miocène inférieur de Saint-Gérand-le-Puy, d'Issoire ; Miocène moyen de Sansan.

Ordre des Chéiroptères. — Membres antérieurs très allongés, conformés pour le vol. Dentition complète, à canines fortes et pointues.

Pseudorhinolophus. — Très abondant dans les phosphorites du Quercy.

Rhinolophus. — Miocène inférieur de Hocheim, près Mayence, abondant au mont Ceindre (près Lyon).

Ordre des Carnivores. — La taille des différents genres de Carnivores présente de grands écarts. Dentition complète et caractérisée par de fortes canines et des prémolaires tranchantes. Pattes marcheuses, digitigrades ou plantigrades, munies de griffes.

Les CRÉODONTES sont un groupe de Carnivores éteints, à petit cerveau peu sillonné. 2 ou 3 incisives à chaque demi-mâchoire, 1 canine et 8 molaires au plus. Queue longue. Membres à 5 doigts, quelquefois à 4.

Arctocyon. — Éocène de La Fère et de Cernay (près Reims). Molaires convenant à une alimentation mixte. Membres antérieurs forts; mains et pieds plantigrades, à 5 doigts.

Dissacus. — Éocène inférieur de Puerco (Nouveau-Mexique); de Cernay (près Reims).

Pachyæna. — Éocène inférieur du Wyoming. Une mâchoire trouvée à Vanves (près Paris) appartenait à *P. gigantea* qui avait plus de 2 mètres de long et dont la tête était particulièrement colossale. Canines de très grande taille.

Palæonictis. — Éocène inférieur de Mairancourt (près Soissons). Éocène inférieur de l'Amérique du Nord. De la taille d'un Jaguar.

Pterodon. — Éocène supérieur de Paris, de La Débruge, du Quercy, de l'île de Wight. Incisives coniques et très développées, canines très proéminentes.

Hyænodon. — Éocène supérieur, Oligocène, Miocène inférieur d'Europe; Miocène inférieur de l'Amérique du Nord. Abondant dans les phosphorites du Quercy, les lignites de La Débruge, le gypse de Paris, l'Oligocène de Ronzon. De la taille du Loup ou de celle du Renard. Incisives petites, canine très forte, légèrement recourbée. Membres antérieurs moins forts que chez la plupart des Carnivores.

Les vrais *Carnivores,* qui comprennent tous les genres actuels, ainsi qu'un certain nombre de genres éteints, peuvent être répartis en 6 familles : *Canidés, Ursidés, Mustélidés, Viverridés, Hyænidés, Félidés*.

Parmi les CANIDÉS :

Cynodictis. — Abondant dans l'Éocène supérieur d'Europe. On en décrit 17 espèces dans les phosphorites du Quercy.

Cynodon. — Phosphorites du Quercy, bohnerz de l'Eiselberg (près Ulm), Oligocène de Ronzon (près Le Puy).

Canis (Loup, Chacal, Chien sauvage). — Apparaît dans le Pliocène. Abondant dans le diluvium stratifié et les cavernes à ossements.

Amphicyon. — Très répandu dans le Miocène inférieur et le Miocène moyen d'Europe : Saint-Gérand-le-Puy, Langy, Eppelsheim, environs d'Ulm. Plusieurs espèces avaient une taille variant de celle de l'Ours à celle du Chien. Crâne semblable à celui du Chien. Canine très puissante, tranchante en arrière ; carnassière très épaisse avec des pointes tranchantes.

Parmi les OURS (URSIDÉS) :

Hyaenarctos. — Miocène moyen et supérieur : Montpellier, Toscane, Siwalik-beds. Canine supérieure très épaisse et arrondie au bord postérieur.

Ursus (Ours). — Apparaît en Europe dans le Pliocène. L'Ours des cavernes était beaucoup plus grand qu'aucun des Ours actuels. Il a laissé des ossements en quantité considérable.

MUSTÉLIDÉS :

Mustela (Marte). — Miocène moyen de Grive-Saint-Alban, de Sansan; cavernes à ossements.

Potamotherium. — Miocène inférieur de Saint-Gérand-le-Puy, Eckingen (près Ulm).

Lutra (Loutre). — Miocène moyen de Grive-Saint-Alban, de Sansan; Pliocène de Montpellier.

VIVERRIDÉS :

Amphictis. — Phosphorites du Quercy, Miocène inférieur de Saint-Gérand-le-Puy.

Viverra (Civette). — Date de l'Éocène supérieur : phosphorites du Quercy; Miocène inférieur de Grive-Saint-Alban; Pliocène de Perpignan.

Ictitherium. — Miocène supérieur du mont Léberon, Pikermi, Samos, Baltavar (en Hongrie). Trois espèces dont la taille varie de celle de la Civette à celle du Chacal.

Hyænidés :

Hyæna (Hyène). — En abondance dans les cavernes, surtout dans celles d'Angleterre et dans le diluvium stratifié ancien de l'Europe.

Félidés :

Proælurus. — Miocène inférieur de Saint-Gérand-le-Puy.

Dinictis. — Miocène inférieur du Nebraska, du Colorado, de l'Orégon. Griffes rétractiles, patte postérieure à 5 doigts, probablement plantigrades. Canine longue, tranchante en arrière, finement crénelée.

Machairodus. — Phosphorites du Quercy, Miocène moyen de Sansan, Grive-Saint-Alban, Steinheim, Miocène supérieur du mont Léberon, d'Eppelsheim, de Pikermi, de Samos ; Pliocène d'Auvergne et de Toscane ; se trouve aussi (rarement) dans les cavernes d'Angleterre ; formation pampéenne de l'Argentine ; cavernes à ossements du Brésil. Félin gigantesque, haut sur jambes, avec 5 doigts à la patte antérieure, 4 à la patte postérieure. Canine supérieure énorme, véritable sabre ; carnassière à deux grandes pointes tranchantes.

Felis (Chat). — Apparaît dans le Miocène moyen, à Sansan ; Miocène supérieur d'Eppelsheim, Pikermi ; Pliocène de Montpellier ; cavernes à ossements d'Europe où l'on trouve un Lion identique à celui d'Afrique. Il y avait des Panthères en Belgique et dans le midi de la France.

Ordre des Lémuriens. — Petits animaux grimpeurs, plantigrades, ordinairement à 5 doigts, avec gros orteil opposable. Nous citerons seulement :

Adapis. — Gypse parisien, lignites de La Débruge, phosphorites du Quercy. Ce genre fut établi par Cuvier, sur l'étude du crâne trouvé dans le gypse.

Ordre des Quadrumanes. — Les Singes n'ont laissé que peu de fossiles et mal conservés. Exception faite cependant pour *Mesopithecus*, dont on a des crânes entiers, et même le squelette complet. Le crâne et la dentition sont comme chez le Semnopithèque actuel ; le reste du squelette se rapproche du Macaque. Tertiaire de Pikermi.

Parmi les Singes anthropomorphes :

Pliopithecus. — Miocène moyen de Sansan, de Grive-Saint-Alban. Ce genre, connu par une mâchoire et des dents, semble très proche du Gibbon actuel.

Dryopithecus. — Miocène moyen de Saint-Gaudens (Haute-Garonne). Connu par deux mâchoires inférieures et un humérus qui en fait le Singe fossile le plus grand qu'on ait rencontré jusqu'ici.

L'Homme a vécu en même temps que les animaux disparus des cavernes. Il mérite donc de figurer dans la série des êtres fossiles. On trouve des débris de son squelette dans un grand nombre de formations appartenant à toute l'épaisseur des terrains quaternaires ; cependant ces vestiges ne sont pas encore assez nombreux pour qu'on ait pu décider s'il y a eu successivement plusieurs types humains. Les crânes les plus anciens semblent les moins perfectionnés et présentent un angle facial moins ouvert que celui des races humaines inférieures d'aujourd'hui. Bien des squelettes fossiles présentent des tibias platycnémiques. L'Homme fossile a d'ailleurs laissé de son existence d'autres témoignages que des débris de sa charpente osseuse. On recueille en abondance les produits de son industrie : armes, outils, même des œuvres d'art (sculptures, gravures, dessins, peintures), et jusqu'à des instruments de musique (flûtes et sifflets). On a essayé d'établir dans la préhistoire une chronologie qui n'est sans doute pas définitive. Ajoutons seulement ici que sous le nom de *Pithecanthropus* on a décrit quelques fragments osseux provenant du Quaternaire le plus ancien et peut-être du Pliocène le plus récent de Trinil, dans l'île de Java qui paraissent présenter quelque ressemblance avec des vestiges humains.

LIVRE II

L'ACTIVITÉ DE LA TERRE

GÉNÉRALITÉS

Bien que l'on qualifie les pierres de corps bruts et inertes — pour les distinguer à la fois des plantes et des animaux — tout le monde sait que le globe terrestre, qui résulte de leur réunion, manifeste de diverses façons une activité propre.

Tout d'abord notre planète n'est pas immobile et, au contraire, elle poursuit au travers de l'espace céleste une course dont on peut rappeler quelques éléments : la Terre tourne autour de son axe en 24 heures ; elle tourne autour du Soleil en une année et elle est emportée avec tout le système solaire vers une région du ciel située dans la constellation d'Hercule. La trajectoire d'un point de sa surface est donc certainement d'une très grande complication.

De plus, la Terre nous offre de tous les côtés des exemples du déplacement relatif de certaines de ses parties et le phénomène se produit évidemment en conséquence de dispositions générales et indépendamment de l'intervention des êtres vivants.

Par exemple, l'atmosphère est le siège d'incessantes circulations dont la première raison d'être est dans le mouvement même de rotation du globe autour de son axe. Les diverses zones atmosphériques, considérées des pôles à l'équateur, le long des divers parallèles, sont animées de vitesses angulaires absolues extrêmement différentes, puisque toutes doivent accomplir dans le même temps des trajets prodigieusement différents, depuis zéro au pôle jusqu'à 40 000 000 de kilomètres à l'équateur, en 24 heures. Il en résulte des compositions de mouvements qui donnent nécessairement lieu

à des tourbillons dont nous ressentons les contrecoups à la surface
du sol et des mers, sous la forme de cyclones et de tempêtes.

Les mêmes causes générales ont donné naissance aux courants
réguliers de la mer, mais cette fois distribués en conséquence de
la forme des rivages et de l'étendue de chaque bassin océanique.
Les deux enveloppes fluides superposées réagissent d'ailleurs l'une
sur l'autre, de façon à compliquer indéfiniment les effets résultants.

Ce sont là les faits les plus immédiatement visibles dans ce
domaine; mais combien d'autres peuvent être cités à leur suite,
par exemple, le trajet toujours recommencé de l'eau, dans l'épaisseur de l'atmosphère? Pompée sur le sol par la chaleur du soleil,
la vapeur d'eau se condense en nuages à des hauteurs variables à
l'infini. Les nuages, composés tantôt de fines gouttelettes d'eau que
la capillarité met en un état intermédiaire entre la condition liquide
et la forme solide, tantôt de très petits cristaux de glace, subissent des transformations intestines qui les résolvent en pluie ou en
neige et les ramènent au sol d'où ils sont partis. Les régions
tropicales sont les zones d'évaporation maxima, comme les environs des pôles sont les lieux de condensation les plus actifs, mais
le trajet des vapeurs et celui de leurs produits sont infiniment
variés par d'innombrables causes agissant ensemble.

De son côté la circulation, réalisée par l'eau courante à la surface
des parties exondées de la croûte constitue comme une contre-partie
des réseaux de courants maritimes. Elle se complète par le lacis
inextricable de filets qui pénètrent dans le sol, courent dans ses
fissures et prennent une allure singulièrement ressemblante au
réseau des vaisseaux chez un être vivant. Cette comparaison est
d'autant moins hasardée qu'à la circulation dans des voies définies, s'ajoute une imprégnation générale de toutes les roches, rappelant la condition des cellules composant les tissus ; d'autant
plus aussi que le liquide en mouvement est richement pourvu de
principes variés qu'il charrie d'un point à l'autre pour en tirer
une sorte de nutrition et de dénutrition simultanées qu'on ne peut
considérer sans songer à l'hystogenèse et à l'hystolyse si universellement associées dans le domaine physiologique.

Grâce à la solubilité des éléments des roches dans des masses
suffisantes des liquides très complexes qui les baignent sans relâche, on doit étendre aux roches pierreuses elles-mêmes la faculté

de circulation si évidente à première vue dans les fluides ; et dès lors il est impossible d'échapper à la conception d'une instabilité continue de chacune des parties du globe, d'un renouvellement incessant de tous ses éléments.

Il est vrai qu'à première vue, quand on constate dans l'épaisseur des roches des effets différents de ceux à la production desquels nous assistons dans les régions les plus superficielles, on est porté à admettre que les conditions actuelles diffèrent des conditions anciennes. Mais c'est une illusion dont il est très indispensable de préciser les causes et les dimensions, quelque superflue que la chose puisse paraître à certains lecteurs déjà préparés.

Si, par exemple, les rognons de silex ne semblent plus se produire ou s'augmenter dans la craie blanche, c'est tout simplement que dans les parties accessibles de la craie, nécessairement devenues superficielles à la suite des bossellements généraux, les conditions favorables ne sont plus réalisées. Mais nous sommes très sûrs que dans les portions des assises crayeuses qui, dans des régions très nombreuses, sont recouvertes des épaisseurs tertiaires et quaternaires, l'activité chimique, qui a été interrompue dans les masses soulevées, se continue toujours.

En général, nous ne pouvons assister aux réactions dont il s'agit, justement parce qu'elles exigent des conditions qui s'opposent à notre propre pénétration dans le milieu agissant. Au contraire, là où nous pouvons parvenir, les réactions sont arrêtées ou modifiées.

A cet égard notre certitude est absolue, car il existe un grand nombre de points dont les qualités sont intermédiaires entre les deux extrêmes précédents et où, à un faible degré parce qu'on est à faible température, les réactions sont manifestes. Par exemple les mines de Carmaux nous ont montré, en voie de commencement, la concrétion de silicates de chaux hydratés bien instructifs pour l'origine de beaucoup de roches.

Une conséquence importante des considérations précédentes, c'est que les matériaux de chaque formation nouvelle sont nécessairement fournis par des formations antérieures. On pourrait dire que chaque génération de terrains s'alimente des débris des générations qui l'ont précédée ; c'est une autre forme du fait dominant de l'histoire de la vie et, en effet, on est constamment ramené à l'idée que la masse entière de la Terre est le théâtre d'une espèce de vie spéciale, essentiellement différente de celle des plantes et des animaux, mais qui n'est pas moins réelle et qui se définit comme elle par un état d'équilibre mobile, toujours maintenu et toujours compromis au prix de transformations de toute nature.

Parmi les notions auxquelles conduisent les études relatives à l'origine et au mode de formation des différents terrains, il importe de mentionner ce fait, fécond en applications, que chaque catégorie de produits conserve en elle-même des traits caractéristiques. On peut donc les reconnaître après des périodes indéfiniment prolongées, et, par conséquent, déterminer pour chacun des moments de l'évolution terrestre la réalisation de conditions plus ou moins comparables aux conditions actuelles. — C'est là ce qu'on nomme les *faciès*, et leur étude, en permettant à une échelle très réduite et avec de nombreuses restrictions — un aperçu de la géographie des anciens temps, procure la constatation de ce fait dominateur qu'à tous les moments consécutifs à l'établissement des océans, la surface de la Terre a été fort analogue à ce qu'elle est aujourd'hui. Les mêmes mécanismes réalisent les mêmes fonctions avec, pour chaque âge, un coefficient spécial, résultat du progrès plus ou moins grand du globe dans son évolution.

En mettant à contribution tous les moyens d'étude qui sont à notre disposition, nous arrivons à classer les manifestations de l'activité tellurique et à reconnaître bientôt qu'elles dérivent de deux centres bien distincts d'énergie qui sont comme les symétriques l'un de l'autre et qui disposent chacun d'un domaine bien défini.

Tout d'abord une foule de faits, dont plusieurs ont déjà été décrits et dont les autres seront exposés tout à l'heure, concourent à mettre hors de doute l'existence, dans la masse de la Terre, d'un foyer calorifique très intense et qui détermine des effets en rapport avec sa puissance et sa situation, mais qui sont constants à chaque profondeur. En second lieu, les portions les plus superficielles de la planète échappent en grande partie à l'influence directe de la chaleur interne et reçoivent du Soleil les impulsions dont on y observe les produits.

Ces deux foyers dynamiques sont les causes motrices de toutes les circulations dont quelques exemples viennent d'être mentionnés.

Ils résultent de la disposition naturelle des masses constitutives du globe, où l'on peut voir comme des *organes*, et ils y développent des travaux que, légitimement, on peut assimiler à des *fonctions*. Il va de soi, d'ailleurs, que la limite ne saurait être tracée avec précision entre les diverses fonctions dont il s'agit ; mais c'est encore une ressemblance avec les fonctions de la physiologie où, par exemple, la respiration ne peut être séparée, sans perdre ses éléments essentiels, ni de la circulation, ni de la digestion, ni de l'innervation, etc.

Bien que la caractéristique des fonctions géologiques puisse évidemment être conçue de façons fort diverses, il nous semble avantageux de les réduire au nombre de huit, dont trois, véritablement autonomes, sont sous la dépendance directe de la chaleur propre de la Terre, pendant que les cinq autres dépendent de l'énergie solaire.

Pour la simplification du discours, nous attribuerons à chacune d'elles un nom particulier et nous rangerons dans la première série ou endogéologique les fonctions : *corticale*, *volcanique* et *bathydrique*, et dans la deuxième série ou exogéologique les fonctions : *épipolhydrique*, *océanique*, *glaciaire*, *éolienne* et *biologique*.

Un mot de définition sera utile pour préciser la signification de chacune de ces expressions :

La *fonction corticale* (de *cortex*, écorce) est l'ensemble des phénomènes accomplis par la croûte terrestre, considérée comme écran séparatif entre les masses fluides externe et interne, et comme enveloppe d'un noyau qui change constamment de dimension par suite de son refroidissement spontané.

La *fonction volcanique* (de *Vulcanus*, nom de Vulcain, dieu du feu) se manifeste par les circulations de matières et de forces qui prennent leur point de départ à une grande profondeur dans l'épaisseur de l'écorce terrestre, alimentant ainsi la superficie de la planète et réparant ses pertes incessantes.

La *fonction bathydrique* (de βαθύς, profond, et ὕδωρ, eau) est dévolue à l'eau qui imprègne les régions de la croûte terrestre situées assez profondément pour jouir d'une température qui leur communique une énergie chimique notable. Aussi réalise-t-elle dans l'épaisseur des roches des transformations variées.

La *fonction épipolhydrique* (de ἐπιπολή, surface, et ὕδωρ, eau), symétrique de la précédente, est accomplie par les eaux superficielles, c'est-à-dire non seulement par les eaux qui ruissellent et qui circulent sur les portions exondées de la croûte terrestre, mais par celles qui imprègnent les assises épidermiques du sol et qui, par conséquent, sont soumises aux variations de température de l'extérieur.

La *fonction océanique* (de *Oceanus,* nom antique de la mer) comprend la série des sédimentations et des érosions qui prennent naissance dans le bassin marin. Ce bassin constitue un laboratoire géologique qui, depuis les temps sédimentaires les plus anciens, a accumulé ses produits sur une épaisseur considérable.

La *fonction glaciaire* (de *glacies,* glace) concerne les modifications que l'eau solidifiée par le froid imprime aux portions de la surface terrestre sur laquelle elle s'étend ou se meut : il s'agit d'érosions de caractère très spécial et aussi de sédimentations particulières et parfois fort épaisses.

La *fonction éolienne* (de *Eolus,* nom mythologique du vent) est en quelque sorte le pendant de la fonction océanique ; les deux masses fluides dont la Terre est enveloppée se comportent de façon analogueau point de vue mécanique et il en résulte que les effets géologiques de l'une ont leurs correspondants parmi les productions de l'autre.

Enfin la *fonction biologique* (de βιός, vie) est la partie jouée, à chaque époque, par l'ensemble de la faune et de la flore, dans le grand concert tellurique. La force biologique, qui organise les éléments chimiques et en fait la portion matérielle des êtres vivants, est comparable à bien des égards à la force cristallogénique qui dispose régulièrement les molécules intégrantes des minéraux et en fait des édifices à structure définie. Cette force se dépense dans la réalisation d'une foule de travaux géologiques qui ressemblent d'une façon générale à ceux qui ont pour artisans les fonctions précédemment énumérées.

Remarquons, en terminant, que chacun des modes de formation des terrains reste perceptible dans le produit, par un ensemble de traits caractéristiques qui constituent un de ces faciès mentionnés plus haut. Certains d'entre eux ont acquis une importance tout à fait décisive pour la reconstitution des conditions de la surface du globe durant les temps révolus. On peut citer les faciès orogénique, volcanique, bathydrique ou hydrothermal, fluviaire et pluviaire,

marin et lacustre, glaciaire et éolien, et enfin zoogène et phyto-
gène, correspondant aux diverses fonctions que nous allons maintenant décrire séparément.

Il faut ajouter encore que les distinctions établies entre ces
fonctions étant artificielles, on constate dans la plupart des cas que
les phénomènes observés résultent d'une vraie collaboration de deux
ou de plusieurs d'entre elles. Ainsi, pour ne citer qu'un exemple
qui suffira à bien faire comprendre ces associations, la démolition
des falaises, continuée pendant de longues périodes dans le même
pays, comme on l'observe sur le littoral de la Manche, suppose nécessairement l'action simultanée de la fonction marine et de la fonction corticale.

PREMIÈRE PARTIE

LES FONCTIONS AUTONOMES

CHAPITRE PREMIER

L'ACTIVITÉ GÉOLOGIQUE DE L'ÉCORCE TERRESTRE

On a vu précédemment que l'existence de la croûte terrestre a été démontrée d'une manière directe et précise par l'étude de la distribution souterraine de la chaleur propre du globe. Cette croûte est un organe parfaitement défini de l'anatomie tellurique et son rôle est aussi varié que facile à caractériser.

En premier lieu, la croûte constitue une cloison séparatrice entre les fluides extérieurs du globe, atmosphère et océan, et les fluides internes qui constituent la substance du noyau. Grâce à sa mauvaise conductibilité calorifique, elle s'oppose au refroidissement trop rapide de la masse terrestre et, en même temps, elle en soustrait la surface aux effets d'un échauffement trop intense qui y rendrait impossibles la persistance de l'eau liquide et le développement des phénomènes biologiques.

D'ailleurs la croûte ne constitue pas un détail passif de l'architecture planétaire; elle est, au contraire, le siège d'une activité continue qui se traduit surtout par le déplacement relatif des différents points de sa surface.

Bossellements généraux. — C'est ainsi que sous le nom de *bossellements généraux,* proposé par Élie de Beaumont, on doit considérer le soulèvement ou l'affaissement lents de certaines régions du sol et constater que ces phénomènes conduisent à des conséquences d'une importance considérable.

Le premier exemple en fut nettement observé au xviiie siècle, par Linné et Celsius, sur les bords de la mer Baltique, un peu au nord de Stockholm. Ces deux naturalistes, ayant noté la distance de certains repères fixes à la ligne littorale, s'aperçurent, après un petit nombre d'années, que leurs mesures n'étaient plus exactes. Comme il y avait dans leurs assertions une infraction au principe, admis comme dogme fondamental, de l'immutabilité de la Terre et des cieux, défense leur fut faite, par le parlement d'Upsal, de continuer des recherches aussi peu orthodoxes. Ce fut d'ailleurs une occasion de plus de reconnaître que la vérité est incoercible et renverse toujours les barrières qu'on cherche à lui opposer ; — car la notion, d'abord entrevue seulement, fut complétée longuement et âprement discutée, puis définitivement acquise.

Seulement, et comme il arrive si souvent, on se méprit d'abord sur sa signification et la première opinion qui parut acceptable fut d'attribuer le changement observé à une diminution graduelle de la mer qui s'écoulerait dans quelque cavité souterraine. Il fallut bientôt renoncer à cette supposition, car on s'aperçut que l'éloignement progressif des repères au niveau maritime n'était pas le même dans le même temps en des points différents : ce qui ne saurait s'accommoder de l'horizontalité nécessaire de la surface liquide qui devrait rester constamment parallèle à elle-même. Aussi se rangea-t-on à la conclusion que ce n'est pas la mer qui s'abaisse mais la terre ferme qui se soulève. On expliquait alors les variations locales par un soulèvement inégalement rapide dans les différents points, et la confirmation la plus complète en fut procurée par l'extension des mesures à tout le littoral suédois. Non seulement on vit alors que le soulèvement se montre de plus en plus rapide à mesure qu'on va l'observer plus au nord, mais on découvrit en outre qu'il est remplacé au sud de Stockholm par un mouvement inverse, c'est-à-dire par un affaissement de plus en plus accentué à mesure qu'on le considère plus au sud. En d'autres termes, la Scanie s'affaisse progressivement au-dessous des flots pendant que la Laponie se soulève, et les choses se passent comme si la Scandinavie tout entière basculait, d'une seule pièce, autour du parallèle de Stockholm (ou à peu près) qui jouerait le rôle de charnière.

Avant d'aller plus loin, il est bien utile de remarquer que les bossellements généraux déterminent peu à peu des changements géographiques considérables. L'histoire de la presqu'île scandinave en est un exemple remarquable et on en pourra conclure l'instabilité de la situation relative des océans et des terres exondées au travers des périodes successives. C'est avec exactitude qu'on a pu dire que les océans *émigrent* à la surface du globe, et c'est grâce à ces conditions qu'on a pu poursuivre les études géologiques.

On a la preuve que le soulèvement de la Laponie se continue depuis une très haute antiquité. En effet, quand on traverse la Suède et la Norvège, en partant du fond du golfe de Bothnie et en se dirigeant vers l'ouest, on rencontre des accidents du sol qui permettent d'y voir un véritable fond de mer sorti des flots. Ce sont surtout des lambeaux de sables et d'argiles étalés sur le sol, en relations plus ou moins intimes avec les collines dites *Åsar* et qui renferment des débris de coquilles marines appartenant aux espèces mêmes qui vivent encore dans les mers glaciales. Il résulte de cette observation que les Mollusques dont il s'agit sont morts, par une espèce de noyade à l'envers, parce qu'ils ont été portés au-dessus de la surface des eaux. On doit aussi en conclure qu'à une époque passée, la mer Baltique devait communiquer largement, par le nord, avec l'océan Glacial et que le barrage qui l'en sépare aujourd'hui s'est fait petit à petit. C'est là, comme on voit, une modification géographique aussi marquée qu'on peut en imaginer et qui est, tout entière, à l'actif de la fonction corticale.

En outre, si l'on examine le fond du golfe de Bothnie, on s'aperçoit que, malgré sa situation submergée, il a vu mourir, comme la région maintenant exondée de la Laponie, les Mollusques marins qui y vivaient en abondance. En réfléchissant à ce fait qui, tout d'abord, semble paradoxal, on trouve qu'il résulte de la dessalure progressive de l'eau du golfe. A partir du jour où celui-ci a existé, c'est-à-dire à partir du moment où un barrage s'est trouvé constitué, par soulèvement, entre la Baltique et l'océan Glacial, une masse d'eau douce provenant de la fonte des neiges tombées en Laponie a véritablement lavé l'eau du golfe. Un courant abondant s'est établi par les détroits vers la mer du Nord, auquel n'a répondu qu'un faible courant inverse établi sur le fond et qui ne rapporte pas à beaucoup près une quantité de sel comparable à celle qui disparaît.

On aurait pu croire que l'adoucissement, prodigieusement ménagé, du liquide renfermé dans le golfe aurait amené la variation progressive des Mollusques marins, en aurait fait des Mollusques d'eau saumâtre, en attendant qu'ils soient parvenus à l'état de Mollusques lacustres ; — mais il n'en a pas été ainsi et le jour où la salure a été inférieure à une certaine limite, au lieu de se transformer, les Mollusques ont disparu. C'était là une expérience naturelle disposée d'une manière exceptionnellement heureuse ; il y a lieu de tenir grand compte, dans les théories générales, du résultat négatif qu'elle a donné.

Les oscillations verticales, si nettement constatées en Scandinavie, ont été retrouvées dans des contrées fort diverses et en les portant sur un planisphère, on s'est aperçu qu'il n'existe probablement pas de points littoraux qui soient absolument immobiles. Tous s'affaissent ou se soulèvent, et il en est évidemment de même des points continentaux, où les observations sont seulement plus difficiles, à cause de l'absence du repère que fournit le niveau de la mer.

Sans énumérer tous les faits relatifs à ce grand sujet, nous nous bornerons à une courte mention des mouvements verticaux dont le sol de la France est animé.

En 1875, une commission officielle entreprit de refaire la triangulation de la France et elle s'aperçut que les résultats publiés en 1806 par le géodésiste Bourdaloue étaient tous inexacts. Il n'y avait d'ailleurs pas à suspecter l'habileté de cet opérateur, car les divergences n'étaient pas distribuées au hasard, mais s'accentuaient au contraire ou s'atténuaient systématiquement, à mesure qu'on se déplaçait dans telle ou telle direction. La conclusion c'est que le sol de notre pays a bougé verticalement depuis l'époque de Bourdaloue et, en particulier sur les côtes de la Manche, on constate un affaissement évident. Brest semble avoir persisté dans sa situation, ce qui s'expliquera tout à l'heure, tandis que Cherbourg s'est affaissé à raison de 1 millimètre environ · par an et Le Havre avec une vitesse sensiblement double de celle-là.

Dans le sud de notre pays, sur le littoral des Alpes-Maritimes notamment, le résultat est diamétralement opposé et les témoignages d'un soulèvement progressif se montrent en divers points. C'est ainsi qu'aux environs de Nice, à Beaulieu, à Villefranche, à la presqu'île de Saint-Hospice, on voit bien au-dessus du niveau maintenant atteint par les flots, même au cours des plus violentes tempêtes avec vent du sud, des nappes de sables remplis de coquilles mortes, mais exactement semblables à celles qui vivent dans la mer voisine. C'est un fait comparable à celui qu'on voit dans les régions des alentours, jusque sur les côtes de la Sicile et sur le littoral de l'Algérie et de la Tunisie, où il est décrit sous le nom de *plages soulevées*.

Il résulte de ces constatations que la France entière se comporte comme la Scandinavie et bascule des deux parts d'une ligne de charnière qui passe aux environs de Brest, dont l'immobilité relative est ainsi expliquée. Pendant que le sud se soulève avec le bassin méditerranéen, le nord s'affaisse avec l'Angleterre, les Pays-Bas, le Danemark et la Scanie qui nous occupait tout à l'heure.

On voit, par l'ensemble de ces observations auxquelles il faut nous borner, comment la surface de la Terre se divise en voussoirs juxtaposés dont les uns obéissent au mouvement négatif, c'est-à-dire se soulèvent, tandis que les autres s'affaissent par un mouvement positif du niveau des mers.

Il nous sera du reste bien facile de nous expliquer la cause des bossellements généraux, et il suffira pour cela de nous reporter aux notions données précédemment sur la constitution générale du globe terrestre.

Celle-ci se résume, en effet, en disant que la Terre est une grosse bulle de gaz très chauds, enveloppée d'une écorce solide relativement très mince. La déperdition continue de chaleur que le globe doit entretenir, avec une rapidité d'ailleurs imprécisée, amène nécessairement la diminution de volume de toute la masse. Mais la contraction s'y fait sentir avec une intensité inégale suivant l'état physique de ses différentes parties : les régions fluides internes diminuent de volume bien plus vite que les régions solides superficielles pour une même

perte de chaleur. En conséquence, la matière nucléaire, appelée vers
le centre de gravité de la Terre, tend à abandonner la coque qui
s'était faite antérieurement à son étendue, et comme cette coque, extrêmement mince par rapport à sa surface, est flexible, elle se dé-
forme lentement, s'affaissant en certains points, mais se soulevant
nécessairement en d'autres, par contre-coup, parce qu'elle est trop
large pour suivre simplement la surface extérieure du noyau.

Non seulement ces circonstances expliquent, dans tous ses détails,
le phénomène des bossellements généraux, mais elles eussent suffi
pour le faire prévoir avant toute observation directe, si l'on eût été
plus tôt renseigné sur la structure interne de notre planète.

Soulèvement des îles et des continents. — Une conséquence
immédiate des faits précédents, c'est que la fonction corticale
est la cause des inégalités du sol qui constituent les îles et les
continents. Cette remarque suffirait pour donner à l'ensemble des
notions qui nous occupent une importance tout à fait hors ligne,
puisque, sans la déformation de la croûte terrestre il n'eût pu
se manifester à la surface de la planète que les portions de la flore
et de la faune concernant les êtres aquatiques. D'un autre côté,
on voit que, par leur définition même, les rapports réciproques
des mers et des terres fermes sont essentiellement changeants
et que la géographie est en voie de modification continue. Il
suit de là que nos cartes géographiques doivent être refaites très
fréquemment, et qu'il suffit de quelques siècles pour transformer
complètement certaines régions : c'est ce qui ressort, par exemple,
de la comparaison avec les cartes d'aujourd'hui des anciennes
cartes du littoral de la Hollande et des pays voisins.

Il faut en conclure que c'est une entreprise tout à fait irréfléchie que
vouloir restaurer la géographie d'une période géologique passée.
La durée de chacune des périodes est bien plus longue qu'il ne
faut pour que, pendant son existence, il ne se soit pas fait de tels
changements que le tracé des formes continentales soit rendu absolument impossible. La *paléogéographie,* comme on l'appelle, ne peut
prétendre qu'à des descriptions extrêmement vagues et flottantes.

Origine des plis. — Les bossellements généraux, avec l'allure que
nous leur avons reconnue, constituent comme la première phase

de déplacements relatifs des portions de la croûte terrestre et
ces déplacements peuvent atteindre, en certains cas, une ampleur
considérable. Les portions affaissées, contraintes à occuper une
surface moins large que leur surface première, éprouvent un
refoulement horizontal qui imprime aux couches de leur sol les
torsions que nous avons observées dans les régions montagneuses.
C'est ainsi, par exemple, que la chaîne du Jura dont la largeur
actuelle est de 65 kilomètres environ, occuperait moitié plus de
largeur si on pouvait aplanir les couches contournées qui la constituent et la ramener ainsi à l'horizontalité.

L'origine des plis devant en conséquence être portée à l'actif
de la fonction corticale, il y a lieu d'ajouter que les réactions
horizontales qui les déterminent sont parfois assez puissantes
pour renverser complètement les couches déplacées et pour donner
naissance à des *plis couchés* (fig. 38). Étant donné un paquet de
couches 1, 2, 3, 4, 5, 6, on voit le pli amener les superpositions :
1, 3, 4, 5, 6, 2, 3, 4. Ce type se retrouvera dans beaucoup de pays avec des variantes innombrables.

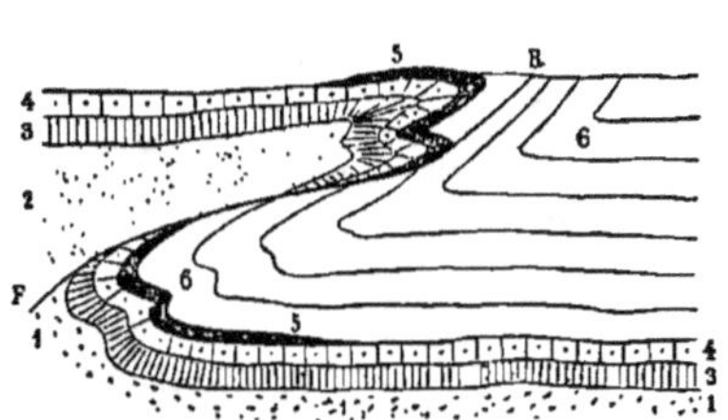

Fig. 38. — Exemple de *pli couché*.
*Emprunté à la géologie du bassin houiller du
Nord* (d'après M. Bertrand).

1. Terrain silurien ; 2. terrain dévonien inférieur ;
3. terrain dévonien supérieur ; 4. terrain de culm ;
5. terrain moscovien ; 6. cuvette houillère. F, géoclase dite *faille du Midi*; R, géoclase dite *cran de retour*.

Géoclases. — L'élasticité de la croûte terrestre n'étant pas
indéfinie, il arrive nécessairement un moment où la torsion qu'elle
a subie par les causes précédentes détermine sa rupture. C'est
l'origine de ces grandes fissures que nous avons mentionnées au
travers de sa masse et que nous avons qualifiées de *géoclases*.
On les appelle souvent *failles* par corruption des expressions
anglaise et allemande *to fall* et *fallen* qui signifient tomber, mais
qui ne doivent être appliquées que dans certains cas particuliers.

Il se trouve en effet que, le plus souvent, ces grandes cassures
sont les résultats d'efforts horizontaux, consécutifs à de gigantesques

refoulements éprouvés par toute l'épaisseur de la croûte terrestre, par suite du mécanisme déjà indiqué et qui se résume dans la contraction du noyau fluide interne en voie de refroidissement ininterrompu. On comprendra mieux tout à l'heure les caractères de ces cassures quand on aura constaté les particularités de leur production et le rôle quelles jouent, en mettant en communication des régions très inégalement profondes.

Tremblements de terre. — L'ouverture des géoclases nous donne le spectacle d'un phénomène brusque succédant tout à coup à un phénomène si progressif et si lent qu'il faut des moyens détournés et très précis pour s'apercevoir de son existence. Il y a lieu d'y attacher beaucoup d'importance parce que l'observation des cataclysmes locaux, violents et destructeurs a masqué, pendant un temps, l'allure universelle des actions géologiques et a fait errer les naturalistes préoccupés de déterminer leur cause.

Il se produit, en effet, au moment de la fracture, un choc souterrain qui se traduit par une violente vibration du sol à laquelle on a appliqué le nom de tremblement de terre. Toutefois, le phénomène est plus compliqué qu'il ne semblerait à première vue et la rupture d'équilibre qui vient d'être indiquée n'est pas la cause unique de toutes les circonstances des séismes (de σεισμός, tremblement de terre).

Ce qui le prouve, c'est qu'on observe fréquemment des séries de secousses, au lieu de la seule vibration que nous venons de considérer ; ces secousses successives peuvent être séparées les unes des autres par des intervalles de temps extrêmement irréguliers ; on a constaté enfin que le tremblement de terre est capable de se déplacer progressivement le long de certaines lignes, dont la direction indique comme la trajectoire de la cause d'où il dérive.

Pour comprendre ces nouvelles circonstances, il importe de faire intervenir ici un détail de la structure et de la composition de la croûte où vient de s'ouvrir une géoclase, par le procédé précédemment décrit.

Comme on l'a vu, cette croûte est loin d'être homogène et déjà nous avons dit que ses différentes portions concentriques sont dans des conditions de température extrêmement variées. De sorte que si les portions les plus inférieures sont portées à

mille degrés thermométriques et davantage, les régions moins profondes sont à température moins excessive, et les zones à 200
ou 300 degrés ont pu laisser pénétrer dans leurs pores de l'eau
infiltrée de la surface et qui, comme nous le verrons bientôt,
étant portée, à cause des pressions souterraines, à une température
supérieure à celle de son ébullition à la surface du sol, y réalise
des travaux extrêmement variés.

Cela posé, il est impossible qu'une géoclase s'ouvre sans que
ses deux parois, violemment séparées par arrachement, ne se désagrègent au moins dans les régions où les roches sont friables. Des
blocs de celles-ci restent donc sans appui et glissent dans l'abîme
qui s'est ouvert au-dessous d'eux. Ceux d'entre ces blocs qui proviennent de zones pourvues d'eau, se précipitant ainsi dans les
parties profondes à température intense, pourront être comparés
à des cartouches chargées de matière fulminante.

Il est, en effet, de connaissance universelle que l'eau brusquement
portée à haute température acquiert des propriétés explosives comparables à celles de la poudre ou de la dynamite. Témoin la ruine
de hauts-fourneaux dans le creuset desquels était tombée par
mégarde une brique imprégnée d'eau; témoin les explosions parfois
désastreuses de moules de fondeur, non suffisamment desséchés
au moment de la coulée du bronze ou de la fonte liquides, etc.

Dès lors, à chaque chute de blocs pourvus d'eau correspondra un
choc souterrain, c'est-à-dire une secousse séismique, et on comprend
comment les secousses successives pourront être inégalement espacées. On sent aussi que l'intensité de la vibration pourra dépendre
soit du volume du bloc précipité, soit de la profondeur à laquelle aura
eu lieu l'explosion. Lors du tremblement de l'île de Zante en 1894,
on a parfaitement entendu, avant les secousses principales, le choc
des blocs tombant dans les régions souterraines.

Enfin rien n'est plus certain que l'ouverture des géoclases
ne puisse être suivie, et cela pendant un temps très long, du *travail*
intime de la région fissurée. Il en résulte que, de même qu'il arrive
dans une faïence fêlée, la cassure produite se prolonge peu à
peu selon sa propre direction. Or, si cela se présente dans les sous-
sols, ainsi que la chose est évidente d'elle-même, il pourra y avoir
déplacement successif du point soumis à l'égrènement et, dès lors,
le foyer des secousses voyagera dans la même direction.

Il convient, pour ne rien omettre d'indispensable dans cette description sommaire des tremblements de terre, de constater qu'on a pu dans certains cas déterminer la situation du point d'où proviennent les impulsions. La comparaison des moments où la secousse est ressentie dans les diverses localités ébranlées conduit à déterminer un point autour duquel l'impulsion mécanique a rayonné et qu'on appelle l'*épicentre* : c'est au nadir de cet épicentre qu'est situé le *centre* d'impulsion, et on tire la notion de sa profondeur de l'inclinaison des crevasses qui se sont ouvertes dans le sol.

Les résultats obtenus ont ce grand intérêt de conduire à des profondeurs où, d'après les faits relatifs à la distribution de la chaleur propre du globe, la température est favorable au développement de la puissance explosive de l'eau. Ces profondeurs sont d'ailleurs fort inférieures à l'épaisseur totale de la croûte terrestre.

Séismographes. — Les tremblements de terre ont une si grande importance au point de vue de l'histoire de la Terre qu'on a imaginé des méthodes spéciales d'observation, dont les progrès successifs ont amené la construction de délicats instruments connus sous le nom de *séismographes*. A l'heure actuelle, un grand nombre de localités possèdent des appareils de ce genre et les notions qu'ils ont procurées sont dignes d'une haute attention. La plus générale, c'est qu'on doit considérer la croûte terrestre comme étant en état de mouvement continu : l'intensité des secousses est d'ailleurs extrêmement variable et les plus nombreuses passeraient inaperçues sans les instruments spéciaux qui les révèlent.

La nature des déplacements peut être déduite de l'étude des *séismogrammes*, c'est-à-dire des courbes dessinées par l'instrument lui-même sous l'influence seule des impulsions souterraines. Il en résulte qu'ils sont essentiellement vibratoires, pouvant en certains cas diviser la surface terrestre en zones contrastant les unes avec les autres comme le font, de leur côté, les segments des plaques vibrantes dont les uns sont des *nœuds,* tandis que les autres sont des *ventres* de vibration. A ces derniers correspondent les bandes fortement agitées et plus tard couvertes de ruines, et qui alternent parfois si régulièrement avec elles, comme en Ligurie, le 23 février 1887, où des relevés topographiques ont été faits avec le plus grand soin.

On s'explique d'ailleurs la gravité des désastres déterminés par les tremblements de terre quand on s'aperçoit que les chocs imprimés à chaque molécule de la surface terrestre se développent dans les trois dimensions. A cet égard, il est indiqué de rappeler le modèle mis sous les yeux du public par le Pr Sekyia, de Tokio, lors de l'Exposition universelle de Paris en 1889. Un. fil de cuivre tordu sur lui-même représentait la trajectoire d'un point de la surface terrestre pendant une fraction de seconde qu'avait duré le phénomène : la complication de ses inflexions était inextricable.

Bien qu'on l'ait nié longtemps, un fait maintenant bien établi, c'est que les tremblements de terre ont fréquemment pour résultats des changements dans l'altitude de points de la surface du sol, voisins les uns des autres, et dont les premiers se soulèvent par rapport aux derniers. Parmi les nombreuses observations précises qui ont procuré cette notion capitale, on peut se borner à citer ici celles qui concernent le grand tremblement de terre de 1906 qui détruisit San-Francisco. Le rapport officiel rédigé à cette occasion constate que le sol, après le séisme, s'était soulevé de plusieurs décimètres au S.-O. d'une ligne à peu près parallèle à la côte pacifique de l'Amérique du Nord et que la surface avait en même temps été comme *charriée de quelques mètres* vers le N.-E. de façon à recouvrir les points voisins. Ce phénomène, malgré sa très faible dimension absolue, doit être considéré comme nous révélant le mécanisme des actions les plus intenses de la géologie dynamique, et, avant tout, le procédé par lequel s'effectue la formation des chaînes de montagnes.

Formation des chaînes de montagnes. — L'examen des masses qui entrent dans la constitution des chaînes de montagnes montre qu'elles ont subi, le long des géoclases, des déplacements relatifs considérables, et il semble évident que ces déplacements sont la conséquence de tremblements de terre répétés en nombre suffisant.

La valeur du travail ainsi réalisé est parfois gigantesque; elle est supérieure, et de beaucoup, à celle qu'on peut mesurer, car une grande épaisseur du sol a été érodée par les divers agents de l'intempérisme toujours à l'œuvre contre lui.

On reconnaît même que des paquets de couches sédimentaires

ont ordinairement été charriés sur des distances très grandes, de façon à produire des récurrences de stratifications parfois fort compliquées.

Longtemps l'histoire des *lames de charriage* a été complètement méconnue ; c'est seulement depuis qu'on l'a fait intervenir dans l'explication des particularités observées et en ayant soin de se préserver de toute exagération, que la théorie des montagnes a pu être édifiée d'une manière satisfaisante pour l'esprit.

Des géologues nombreux, parmi lesquels il suffira ici de citer M. Pierre Termier, sont parvenus à réaliser, selon une expression très heureuse, la *synthèse* des chaînes de montagnes, c'est-à-dire à mettre en valeur les diverses circonstances qui ont collaboré à les produire.

Par exemple, ils ont montré qu'on ne comprend la chaîne des Alpes qu'en reconnaissant, par-dessus une zone de terrain comprimé latéralement et soulevé, le charriage de grandes nappes fournies par une vaste région située au sud, depuis les environs de la Valteline jusqu'à la Styrie, sur plus de 400 kilomètres de longueur, et comprenant ainsi les montagnes du Trentin, de la Vénétie et de l'Illyrie. C'est le pays qualifié de *dinarique,* au milieu duquel s'ouvre, comme un gouffre, le bassin de l'Adriatique.

Les Dinarides, sous l'influence des réactions horizontales dont nous savons maintenant les causes, paraissent s'être avancées tout d'un bloc, sous forme de nappe de charriage, par-dessus la chaîne des Alpes, vers le nord et vers l'ouest.

La surface de charriage qu'on a cru reconnaître met en contact les masses autochtones des Alpes, qui sont en dessous et qui se signalent par leurs plis serrés, et les nappes dinariques, qui sont peu plissées et contrastent en conséquence très nettement avec leur support.

Ces nappes, qu'on ne craint pas de qualifier en langage géologique de *traîneau écraseur,* ont en effet écrasé la montagne sur laquelle elles étaient poussées et, par leur poids formidable, ont modifié l'allure de toutes les masses recouvertes.

L'érosion, d'ailleurs, a fortement entamé les roches de recouvrement et y a ouvert de larges *fenêtres* par lesquelles, et grâce auxquelles, les matériaux sous-jacents peuvent être étudiés.

Parfois cette érosion n'a plus laissé des nappes charriées que des blocs épars, émoussés et plus ou moins altérés : on les confond parfois alors avec des blocs analogues d'aspect, qualifiés d'erratiques, sur lesquels nous aurons à revenir quand nous nous occuperons des glaciers.

On peut citer, entre beaucoup d'autres localités, le bassin ou cirque de Culloz et de Belley, dans l'Ain, comme offrant, sur un sol relativement récent, des blocs parfois énormes de roches houillères ou même plus anciennes encore, et qui ont l'origine que nous venons de signaler. Dans la région des Carpathes les blocs dont il s'agit sont qualifiés du nom local de *Klippes*.

Résumé

Les faits précédents démontrent que la fonction corticale doit être considérée comme l'origine des chaînes de montagnes. Ce rôle orogénique a été, dans ces derniers temps, l'objet d'études très nombreuses où l'expérimentation elle-même a été mise à contribution.

L'un des résultats les plus immédiatement sensibles concerne la distribution générale des reliefs du sol à la surface du globe terrestre.

On peut d'autant plus s'arrêter un moment à ce grand sujet que les faits découverts sont plus éloignés de ce qu'on aurait pu supposer *a priori*. La forme de la Terre étant sphéroïdale, on était autorisé à prévoir que les effets du refoulement de la croûte se disposeraient symétriquement par rapport au centre géométrique du globe, c'est-à-dire de part et d'autre de l'équateur. Or il n'en est rien du tout.

Un premier fait facile à vérifier, c'est que tous les continents sont réunis dans une même moitié de la planète, de sorte qu'en orientant convenablement le grand cercle de section, on distingue un hémisphère continental et un hémisphère océanique.

En outre, les continents constituent, dans l'hémisphère qu'ils occupent, deux blocs allongés, de formes générales assez analogues, et qui sont jetés l'un à côté de l'autre de façon que la grande longueur de l'un soit à peu près perpendiculaire à la grande longueur de l'autre.

L'un de ces blocs se compose du Vieux-Monde, formé de l'Eurasie et de l'Afrique, et dont la grande longueur s'étend du sud-ouest au nord-est ; l'autre, c'est le Nouveau-Monde, formé des Amériques, et dont la longueur va du sud-est au nord-ouest.

Les expériences auxquelles nous faisions allusion tout à l'heure ont montré que les actions de refoulement déterminent ordinairement des accidents conjugués entre eux et épousant volontiers des directions respectivement rectangulaires.

Il semble que la poussée se soit faite, des deux parts, vers un point commun, pas très éloigné du pôle géographique, et qu'on peut d'autant plus désigner sous le nom de *pôle orogénique* que les chaînes de montagnes dont la surface des continents est accidentée sont ordonnées, en grand, comme le sont les masses continentales elles-mêmes.

En effet, on peut rattacher les montagnes à des chaînes qui sont très grossièrement parallèles les unes aux autres et qui, dans chaque bloc continental, se coordonnent selon le grand axe précédemment indiqué. Les géologues se sont attachés à déterminer ces chaînes, et ils leur ont donné des appellations géologiques qu'il est bon de retenir.

Pour le Vieux-Monde, ce sont : le ridement *Archéen,* situé dans l'extrême nord ; puis successivement, de plus en plus au sud : les ridements *Calédonien* (comprenant les monts Grampians et les Alpes scandinaves) ; *Armoricain* où l'on distingue les monts d'Árrée en Bretagne, les Vosges, les Sudètes et l'Oural ; *Alpin* formé par la succession des Pyrénées, des Alpes, des Carpathes, du Caucase, de l'Himalaya ; enfin *Apennin,* qui commence au Grand-Atlas marocain, et se poursuit dans l'Apennin, les îles de la Grèce, les montagnes de l'Asie Mineure et leur prolongement le long des côtes méridionales de l'Asie.

Pour le Nouveau-Monde, on peut distinguer de même un ridement voisin de la côte Atlantique et qui comprend les *monts Appalaches,* puis, grossièrement parallèle à lui, le soulèvement des *Montagnes-Vertes* ; davantage au sud-ouest, la chaîne des *Alleghanys* ; ensuite celle des *Montagnes-Rocheuses,* et enfin le ridement de la *Cordillère* qui longe toute l'Amérique du Sud.

L'intérêt de ces comparaisons se dégage complètement quand on ajoute que les géologues, appliquant des méthodes d'observation qui permettent d'assigner aux divers soulèvements montagneux une antiquité relative, se sont aperçus : que le ridement Archéen est du même âge que la surrection des Appalaches ; que le ridement Calédonien et les Montagnes-Vertes sont synchroniques l'un

avec l'autre, comme le sont entre eux de leur côté et successivement : le ridement Armoricain et les Alleghanys — le ridement
A'pin et les Montagnes-Rocheuses — le ridement Apennin et
la chaîne de la Cordillère.

On voit alors que le phénomène orogénique est continu, qu'il est
dû à la rétraction de l'écorce préalablement distendue par la rotation de la Terre et qui s'opère progressivement vers un pôle spécial, quelque peu différent du pôle géographique. Nous constations
précédemment que les nappes de charriage des Alpes ont été
poussées vers le nord-ouest et nous avons dit qu'à la suite du dernier tremblement de terre de San-Francisco, on a noté que le sol
a été déplacé vers le nord-est : il y a là une convergence bien éloquente vers le point même dont il s'agit.

En somme, on voit que la fonction corticale, en voie constante
et ininterrompue de manifestations, donne lieu à des effets très
variés et très considérables.

Ces effets déterminent en diverses circonstances des conditions
topographiques qui nous sont directement favorables et dont
nous savons profiter : tout ce qui concerne la diversité de niveau des localités habitables ou cultivables au-dessus de la mer
s'y rattache directement. La médecine et l'agronomie ont, à
maintes reprises, à compter avec les mêmes phénomènes puisque,
sous chaque latitude prise à part, l'altitude devient un facteur
local de première valeur.

De grands travaux ont été poursuivis en quelques cas pour lutter contre l'affaissement progressif de sols fertiles, envahis
par la mer. L'histoire de la protection des polders de la Hollande
est, à ce titre, tout à fait remarquable. Ailleurs, ét par exemple
autour d'Aigues-Mortes, le lent soulèvement du pays a livré au
contraire aux travaux des agriculteurs une large zone précédemment submergée.

CHAPITRE II

L'ACTIVITÉ GÉOLOGIQUE DES VOLCANS

La première idée que provoque le spectacle d'une éruption volcanique, c'est celle d'un accident, et même d'une défection des lois de la nature, constituant une sorte de *maladie* de la Terre (le mot a été employé), mettant même en péril l'équilibre de la planète.

Le résultat de l'étude scientifique du phénomène est diamétralement opposé : il révèle dans le volcan un organe normal de l'anatomie tellurique et, dans l'éruption, la manifestation d'une véritable fonction, nécessaire à l'économie de l'ensemble.

Quant aux désastres locaux qui peuvent en résulter, et même l'anéantissement de populations entières, comme à la Martinique en 1902, ce sont, malgré notre sentiment instinctif et si légitime, des détails auxquels la nature, dans son impassibilité suprême, semble être absolument indifférente. Et l'on ne saurait trop signaler l'incompatibilité apparente des progrès continus de l'humanité avec l'habitat auquel elle est condamnée, d'un séjour aussi précaire, aussi incertain, aussi plein de périls de tous genres.

Généralités sur la fonction volcanique. — Le caractère essentiel de la fonction volcanique est de réaliser une active circulation de matières et de forces, fournies par des régions souterraines et qu'elle entraîne dans la zone superficielle. L'intérêt est souligné quand on constate parmi les matières ainsi déplacées une série d'éléments des plus indispensables à maints phénomènes externes tels que la production des argiles, et tels avant tout que le développement de la vie organique. Parmi ces éléments il suffira de citer le carbone (à l'état de gaz hydrocarbonés et d'anhydride carbonique), le phosphore (à l'état de phosphates), la potasse (en gagée dans des combinaisons silicatées comme les feldspaths, plus ou moins facilement attaquables).

Une autre série de faits, de nature à révéler les liens du phénomène volcanique avec l'ordonnance générale de notre globe, et propres par conséquent à accentuer son caractère normal, c'est que les volcans ne sont pas disséminés au hasard dans des pays quelconques, mais qu'ils sont, au contraire, très strictement distribués d'après les grands traits de l'économie terrestre.

Il faut s'empresser d'ajouter que l'observation concerne exclusivement les volcans actuellement actifs et en relation directe avec l'état présent de l'évolutionde la Terre. D'autres volcans, datant de temps antérieurs, se révéleront à nous, mais complètement éteints et à l'état de vestiges plus ou moins défigurés : ils datent

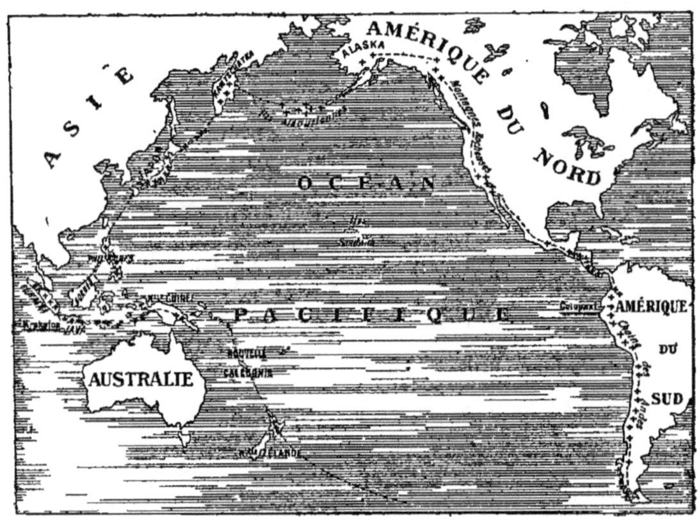

Fig. 39. — La ceinture volcanique du Pacifique.

de moments où chacune des activités de la Terre se manifestait en d'autres lieux qu'aujourd'hui et conformément aux déplacements progressifs déjà indiqués à l'occasion du soulèvement successif des chaînes de montagnes.

Cette dernière remarque nous permet d'ailleurs d'indiquer d'un seul mot la distribution géographique des volcans actifs car il suffit de dire qu'elle coïncide avec la distribution géographique des manifestations orogéniques les plus récentes, c'est-à-dire des géoclases encore mobiles. Ils font, comme elles, une ceinture à l'océan Pacifique (fig. 39), parce que celui-ci est formé par les rives récentes des deux blocs continentaux. Ils sont disséminés sur le fond du même océan qui est le théâtre d'incessants soulèvements. Enfin ils sont orientés, dans chaque bloc, suivant des alignements auxquels les axes de ceux-ci sont parallèles.

Il résulte de la superposition si exacte de la géographie volcanique actuelle à la géographie orogénique la plus récente, que les mouvements internes de la croûte du globe doivent avoir les relations les plus intimes avec le développement de l'action volcanique. C'est en effet ce qui a lieu, et on verra un peu plus loin que la théorie des volcans peut être déduite tout entière de faits précédemment reconnus.

Allure du phénomène volcanique. Phases successives des éruptions. — A la suite de mouvements séismiques, qui peuvent d'ailleurs être très faibles, une crevasse s'ouvre et la détente de vapeur souterraine, soudainement dégagée, détermine la projection de matériaux au-dessus de la surface.

Rien n'est mieux démontré que l'intervention décisive, comme moteur, de la vapeur d'eau dont il sort parfois des quantités fabuleuses par la bouche des volcans. C'est cette vapeur qui entraîne, jusqu'aux plus hautes régions de l'atmosphère, des masses de poussière rocheuse qualifiée de cendres volcaniques — appellation d'ailleurs bien impropre et seulement inspirée par une ressemblance de couleur avec un résidu de combustion qui n'a rien de commun, ni comme mode de formation, ni comme composition, avec la substance qui nous occupe.

Les cendres sont composées de particules dérivant, les unes, de la brusque solidification des portions de roches fondues et alors elles sont vitreuses, c'est-à-dire dépourvues de toute structure cristalline (et il y a des poussées de cendres qui sont extrêmement riches en semblables éléments); les autres, du broyage et du concassement par friction de roches antérieurement solidifiées, et alors elles peuvent être des fragments de cristaux ou des agrégats cristallins.

Dans tous les cas, les matériaux ainsi projetés sont de grosseurs très inégales et il se fait parmi eux, pendant leur ascension dans l'air et pendant leur chute sur le sol, des triages auxquels le vent peut collaborer très activement.

Les plus grosses parties retombent autour du point d'éruption et elles y constituent bientôt un bourrelet annulaire qui grossit peu à peu de façon à acquérir progressivement les dimensions d'une montagne. C'est ce qu'on appelle le *cône volcanique* et il faut remarquer que c'est toujours un cône tronqué, puisque sa partie supérieure est en rapport direct avec la cheminée volcanique et que rien ne peut s'y accumuler. Non seulement le cône est privé de son sommet en pointe, mais celui-ci est remplacé par une dépression en forme de cône creux et renversé, cavité comparée déjà par les anciens à une coupe et qui a reçu en conséquence le nom de *cratère*.

Les matériaux constitutifs du cratère sont souvent désignés sous le nom italien de *lapilli* (*petites pierres*) qui est devenu cosmopolite. On peut les qualifier aussi de graviers volcaniques.

En principe, chaque éruption donne lieu à un cône spécial et il y a beaucoup de volcans qui n'ont eu qu'une seule éruption et qui consistent en un cône de forme très simple et très régulière.

Quand un volcan est le siège de plusieurs éruptions successives, chacune de celles-ci donne son cône particulier et, suivant les cas, il peut se produire deux choses : tantôt les cônes se font tous sensiblement à la même place et chacun d'eux, en se produisant, détériore ou même fait disparaître le cône précédent dont il ne reste que des vestiges très incomplets : c'est ce qui a lieu au Vésuve où l'on voit des traces fort rudimentaires de cônes emboîtés les uns dans les autres d'une façon plus ou moins compliquée ; — tantôt chaque éruption se fait dans une localité spéciale plus ou moins éloignée du point où a eu lieu l'éruption précédente, et alors le massif volcanique, qui peut avoir de très grandes dimensions superficielles, est pourvu de *cônes parasites ;* c'est ce qui a lieu, par exemple, à l'Etna qui est couvert comme de pustules par la légion de ses cônes dont chacun est une montagne de hauteur notable,

mais qui paraît insignifiante en comparaison des 3 000ᵐ d'altitude
du colosse dont elle n'est qu'un détail.

Aux lapillis accumulés ainsi autour de la bouche explosive
se joignent parfois des blocs de roches arrachés aux profondeurs
et qui retombent, après avoir été projetés à des hauteurs plus ou
moins considérables. On peut y reconnaître des matériaux d'origine
très variée, fournis par des assises souterraines que les émissions
venant de plus bas ont traversées. Une région du Vésuve, appelée
la Somma, est célèbre pour l'abondance d'échantillons de ce genre
consistant en fragments de calcaire que leur séjour au contact
des substances volcaniques a fortement modifiés et qui, en conséquence, ont été le siège de formation de toute une collection de
minéraux spéciaux.

Certains autres blocs ont une origine toute différente et résultent
de la solidification, opérée dans l'air, de lambeaux de roches encore
fondues qui ont tourbillonné au-dessus du cratère avant de retomber sur le sol. On les connaît sous le nom de *bombes volcaniques*
ou de *noyaux volcaniques* : ils sont abondants en certaines localités.

Pendant que ces divers matériaux, relativement grossiers, retombent auprès de l'orifice volcanique, les portions fines lancées beaucoup plus haut s'arrêtent dans les parties supérieures de l'atmosphère sous la forme d'un nuage épais et dense. Ce nuage, rattaché
au sol par la colonne ascendante de cendres, prend fréquemment
une apparence que Pline, dès l'année 79 de notre ère, comparait à
celle du pin parasol et que les habitants de la région vésuvienne
qualifient encore couramment d'*el Pino*.

On le voit généralement se constituer au début des grandes éruptions, aussi son apparition est-elle regardée comme un présage
funeste. Le nuage, en s'étendant peu à peu, arrive à envahir toute
la voûte du ciel et la lumière du soleil est alors complètement
interceptée. Une nuit opaque, pouvant durer plusieurs fois 24
heures, n'est interrompue que par l'éblouissement d'éclairs parfois
extrêmement fréquents.

La terreur résultant de cette obscurité est augmentée par la pluie
des cendres brûlantes et celle-ci, en effet, constitue souvent un péril

sans remède. L'air est bientôt tellement échauffé qu'il devient par cela seul irrespirable, brûle les poumons dans lesquels il pénètre, et, par conséquent, détruit en peu de temps des populations entières. L'effroyable hécatombe de Saint-Pierre de la Martinique, en 1902, est due entièrement à cette circonstance, avec cette aggravation sur les cas ordinaires que l'éruption, au lieu de se faire verticalement, a eu lieu vers la ville dans une direction voisine de l'horizontale : la *nuée ardente* qui s'est mue sur le sol a, par sa seule température, déterminé en un petit nombre de secondes la suppression de tous les habitants en même temps que l'incendie de tous les édifices.

Parmi les exemples d'obscurité longtemps persistante à cause de l'abondance des cendres en suspension dans l'air, on peut citer la formidable éruption du Krakatau (détroit de la Sonde), le 20 mai 1883, où les ténèbres volcaniques ont persisté 72 heures.

L'atmosphère s'éclaircit ensuite, parce que, progressivement, la quantité de cendres rejetées va en diminuant.

A un moment donné, la cheminée volcanique est envahie, jusqu'à la surface du sol, par une matière fondue entraînée de bas en haut par une énergie mécanique colossale. La *lave* envahit alors le cratère et s'y élève plus ou moins le long de ses parois. Elle dégage à ce moment d'énormes quantités de vapeurs qui sont loin de consister toujours en eau pure, et qu'on désigne d'une façon générale sous le nom de *fumerolles*. Des observateurs exceptionnellement courageux, comme Soufflot (en 1750), en pénétrant dans le cratère pendant l'éruption, ont vu d'énormes flammes provenant de la combustion de gaz hydrocarboné, plus ou moins analogue au méthane. D'autres gaz encore se dégagent à ce moment-là et, avec eux, des vapeurs dont beaucoup sont très chaudes, entre autres celles du chlorure de sodium ou sel marin.

La lave qui arrive au sommet du volcan témoigne bien par son allure de son association avec les matériaux gazeux qui l'accompagnent dans son ascension. Elle oscille, en effet, montant et redescendant alternativement dans le conduit souterrain par une espèce de palpitation en rapport direct avec la sortie de bulles gazeuses. C'est même à cette circonstance qu'il faut rattacher la curieuse apparence présentée souvent la nuit par les volcans vus à distance et qui a porté à y supposer bien plus de flammes qu'il n'y en a en réalité.

Le nuage de cendres suspendu au-dessus du cratère réfléchit vers le sol la lumière rouge que celui-ci lui envoie ; mais au moment où chaque bulle de vapeur d'eau vient crever à la surface du bain de laves fondues, l'étendue du liquide rayonnant étant momentanément diminuée, l'éclat du miroir est atténué. Il se rallume dès que la bulle a disparu, et les inégalités de cette illumination simulent à s'y méprendre le jeu des flammes dans un foyer.

Tout naturellement, la rapidité de ces jeux de lumière étant le contre-coup de la vitesse d'arrivée des bulles gazeuses émises par la profondeur, on peut prévoir que les variations de la pression atmosphérique auront sur elle l'influence la plus directe. Aussi les pêcheurs qui naviguent sur la Méditerranée au voisinage du Stromboli, petit volcan à l'état d'éruption permanente, savent tirer une indication météorologique de l'activité plus ou moins grande des miroitements de la montagne : s'ils sont plus rapides qu'en temps normal, c'est que la pression baisse et qu'un orage est à craindre.

Comme autre apparence brillante procurée par les volcans, on peut citer la colonne de lumière qui surmonte parfois le Vésuve, après que le gros des cendres est retombé. C'est une région de l'atmosphère où les poussières peu abondantes que contient l'air sont éclairées par le flot lumineux lancé verticalement par la lave. Cette magnifique colonne doit une partie de sa splendeur à ce qu'elle est parfaitement transparente, au point qu'à travers sa substance on distingue nettement les étoiles.

Quand la lave émise des profondeurs est en quantité suffisante dans le cratère, elle se fraye une issue au dehors. Tantôt elle s'épanche par-dessus le bord de la cavité dont quelque point plus bas que les autres est le premier atteint ; tantôt, et c'est de beaucoup le cas le plus fréquent, elle écrase d'un côté la paroi de lapillis, la fait écrouler et l'entraîne avec elle selon la déclivité du terrain.

Alors commence son cours, un flot de roche fondue qui, de nuit, paraît un fleuve de feu. L'allure en est d'ordinaire peu rapide, la matière étant visqueuse ; mais quelquefois le courant se déchaîne comme un torrent d'eau. On l'a même vu quelquefois jaillir en l'air et retomber en parabole comme les jets de nos bassins.

Le courant de lave qui s'avance est recouvert d'un épais nuage de vapeurs se dégageant comme à regret de la lave à laquelle elles étaient associées et ces fumerolles laissent souvent sur les roches des enduits caractéristiques de leur composition, et dont plusieurs ont été cités dans la liste des minéraux.

Le dégagement de cette masse de vapeurs et le contact de l'air atmosphérique amènent le refroidissement rapide de la surface de la lave qui perd bientôt son éclat et se recouvre d'une pellicule de matière solidifiée. Mais la mauvaise conductibilité thermique de la roche maintient longtemps ses parties internes à une haute température. On peut déjà marcher sur la lave qu'un bâton introduit dans ses crevasses s'enflamme encore. Il a fallu souvent des mois entiers pour que toute la masse de certaines coulées soit arrivée à la température de l'atmosphère.

Au fur et à mesure de la sortie de nouvelles quantités de roche fondue, celles qui étaient déjà épanchées sont poussées en avant par un effort qui s'ajoute à l'action de la pesanteur pour continuer l'écoulement sur le sol. Alors la mince coque dont le courant s'était enveloppé se brise et se déverse devant le front de la masse en mouvement. En outre, cette coque se concasse de toutes parts et ses fragments, disjoints, entraînés de côtés divers, finissent par constituer à la masse solidifiée une sorte d'épiderme singulièrement rugueux.

C'est pour cela que les coulées refroidies, dont une coupe verticale montre la section tout entière, se révèlent comme des nappes de roches compactes, comprises entre deux lisérés de roche fragmentaire et désordonnée, dont l'un les surmonte pendant que l'autre les supporte. On a encore, dans de semblables coupes, un nouveau témoignage et spécialement éloquent de la collaboration de l'eau dans le phénomène éruptif ; car beaucoup de bulles de vapeur, ne parvenant pas à se dégager de la roche pâteuse avant son complet durcissement, ont laissé dans sa masse une empreinte exacte de leur dimension et de leur forme par une cavité sphéroïdale ou ellipsoïdale à surface lisse et luisante. C'est l'analogue, malgré la différence de substance, des vides qui rendent la mie de pain légère et assimilable.

Le dégagement des vapeurs volcaniques, sous la forme de fumerolles, peut durer très longtemps, et l'on a reconnu dans leur composition de notables différences d'un cas à l'autre — différences qui sont d'ailleurs en rapport avec les stades successifs du refroidissement.

Parmi les produits les plus abondants figurent, outre l'eau, l'acide chlorhydrique et certains chlorures métalliques dont plusieurs, en s'y condensant, produisent sur les scories des bigarrures souvent très brillamment colorées. Il faut signaler tout spécialement le chlorure de fer à cause de sa nuance jaune-vif facilement reconnaissable, et surtout en raison de l'intérêt exceptionnel des faits auxquels son examen a conduit.

Au voisinage des tachés jaunes de chlorure de fer, on remarque fréquemment des régions des roches volcaniques où se sont réunies des lamelles cristallines d'un aspect métallique et d'un grand éclat. Elles consistent en cet oxyde de fer décrit précédemment sous le nom d'oligiste, et qui est absolument fixe, c'est-à-dire non volatil.

Comme Gay-Lussac s'en est assuré, cet oxyde métallique, qui ne représente qu'un très faible spécimen de réactions développées sans aucun doute en profondeur avec une intensité beaucoup plus grande, résulte d'une double décomposition réalisée entre la vapeur de l'eau et celle du chlorure de fer, se rencontrant dans des circonstances favorables. Le chlore du chlorure s'empare de l'hydrogène de l'eau pour faire cet acide chlorhydrique qui se dégage dans les fumerolles et le fer se combine à l'oxygène, ainsi abandonné, sous la forme d'oligiste. L'illustre auteur a confirmé ces vues par des expériences de laboratoire qui ne laissent aucun doute et il en résulte que le fer oligiste doit être considéré comme le type des minerais métalliques d'origine volcanique ou fumarollienne.

A la suite de l'épanchement des laves et après l'arrêt des dégagements de vapeurs, on reconnaît que le volcan n'est pas encore pour cela rentré dans le repos complet. Le sol, très longtemps chaud, laisse sortir des émanations caractéristiques : par exemple des eaux chaudes ou des eaux fortement chargées de gaz carbonique, quelquefois aussi des dégagements plus ou moins secs de ce même gaz.

A cet égard, il n'existe pas pour nous de localité plus instructive qu'une région située à l'ouest de Naples, et que l'on connaît sous le nom de *Champs phlégréens,* c'est-à-dire de Champs brûlés.

On y voit de toute part des monticules de scories qui ont la forme du cône du Vésuve (l'*Ottajano*), et l'un d'entre eux (*Monte Nuovo*) est un volcan qui s'est produit tout à coup le 28 septembre 1538, avec tous les détails que nous avons énumérés. Cependant, depuis cette époque, on n'y a pas observé d'éruption, et bien qu'on ne puisse pas le regarder comme éteint et qu'il faille s'attendre à le voir se réveiller un jour, on doit reconnaître qu'il est en repos parfait.

Tout d'abord, le sol se montre de toutes parts pourvu d'une température anormale ; les crevasses qui le traversent sont souvent brûlantes et il faut se mouvoir dans le pays avec certaines précautions. Un point a conservé depuis l'antiquité le nom d'*Étuves de Néron* : on y voit une cavité d'une dizaine de mètres où l'on éprouve, quand on y descend, une température de 40 degrés déterminant une violente sudation à laquelle les anciens attachaient l'idée d'une opération bienfaisante pour la santé.

Non loin de là se trouve la *Solfatare* de Pouzzoles qui a la forme d'un très large cratère d'où s'exhalent des vapeurs où l'on reconnaît à l'odeur l'abondance de l'hydrogène sulfuré. Celui-ci, brûlé incomplètement au contact de l'air, dépose de toute part du soufre cristallin qui a été exploité.

C'est à côté que se présente la *Grotte du Chien*, cavité peu profonde qui se remplit constamment de gaz carbonique venant du sous-sol, et constituant une atmosphère où les petits animaux, tels que les chiens, ne peuvent pénétrer sans éprouver des accidents pareils à ceux que procure la submersion dans l'eau : ils meurent asphyxiés si on ne s'empresse de venir à leur secours.

Enfin, de tous côtés, des eaux sortent de terre en bouillonnant à cause du gaz carbonique qu'elles dégagent, et la plupart d'entre elles sont incrustantes.

On retrouve dans beaucoup de régions volcaniques des particularités analogues à celles qui rendent le pays de Naples si instructif et si pittoresque.

L'exercice de la fonction volcanique nous procure, quant à la géologie des grandes profondeurs, de précieux enseignements par les blocs rocheux empâtés dans les laves à l'état d'*enclaves*, et qu'elles apportent, par leur ascension, à la portée de nos études.

C'est ainsi que nous sommes au fait de la composition des portions initiales de la croûte, celles qui, comme on l'a vu, sont les produits de réactions développées entre des matériaux gazeux comparables à ceux d'où résulte actuellement la matière constitutive de la photosphère du Soleil. On comprend très bien, en effet, que la poussée de bas en haut, le long des failles volcaniques ouvertes au travers de grandes épaisseurs de croûte, puisse mettre au-dessus du foyer où s'élabore la lave, des portions de cette coque initiale. Aussi en retrouvons-nous des spécimens dans les lavés volcaniques de certaines localités, spécialement dans des basaltes tertiaires, comme à Ovifak, où se montrent les fontes et les dolérites ferrifères. De même, dans le Plateau Central, les mêmes basaltes contiennent des éclats de péridotite, de dunite et de roches analogues.

Il est indispensable de remarquer maintenant qu'on retrouve la morphologie volcánique dans un certain nombre de localités où le phénomène paraît s'être arrêté complètement. A cet égard, nous ne pouvons rien citer de plus probant que notre région d'Auvergne, où l'on voit plus de 5o cratères réunis sur le plateau granitique qui domine le pays et alignés en deux files à peu près parallèles allant du nord au sud.

La végétation a envahi les cratères, mais elle n'en cache pas les caractères et on s'étonne maintenant d'apprendre que jusqu'au xvIII[e] siècle on n'á pas soupçonné leur véritable nature.

Des cônes de scories partent des coulées de laves dont la substance est fort analogue à celle des coulées modernes ; de divers côtés on retrouve des lits de cendres dans lesquels se sont conservés des vestiges organiques, coquilles terrestres et coquilles d'eau douce; végétaux, comme feuilles de hêtre auprès de Vic-sur-Cère; ossements et dents d'animaux variés, et jusqu'à des squelettes humains comme au Puy-en-Velay et à Gravenoire, où des hommes préhistoriques ont succombé à l'accident qui devait faire périr plus tard les habitants de Pompéi et ceux de Saint-Pierre. Le volume total des déjections dont il s'agit est gigantesque : pour la seule chaîne des Puys, il a été récemment évalué à 8 milliards de mètres cubes.

Les volcans d'Auvergne sont considérés comme éteints ; cependant le sol sur lequel ils se dressent laisse encore exhaler de nombreuses sources dont beaucoup sont très chaudes, comme à Chaudes-

Aigues, et d'autres très carboniquées, comme à Saint-Nectaire ; on
y voit des sorties de gaz carbonique, comme à la grotte du Chien
de Royat. Et il serait peut-être imprudent d'affirmer qu'aucun réveil n'est désormais possible.

L'Auvergne est d'ailleurs bien loin d'être le seul pays qui présente des volcans éteints ; l'Eifel, sur les bords du Rhin, une portion
de la Catalogne, en Espagne, une partie de la Hongrie, pour
ne citer que des exemples européens, et beaucoup d'autres contrées dans toutes les parties du monde sont dans le même cas.

Parfois aussi on retrouve des vestiges moins complets des
mêmes actions, mais qui ne sont pas moins certains : ils se rapportent à des volcans plus anciens encore, et l'on conçoit qu'au bout d'un
temps suffisant toute trace des cratères doit disparaître, ces accumulations de lapillis n'offrant aucune résistance aux causes extérieures de dégradation du sol. Dans bien des cas, les coulées
de lave elles-mêmes sont supprimées de la même façon et il ne
reste de l'appareil volcanique que des portions souterraines consistant dans les poussées de roches éruptives. Ce sont surtout des
filons ou dykes, des nappes plus ou moins stratifiées et des amas
parmi lesquels les plus remarquables ont été étudiés aux États-
Unis et au Caucase sous le nom de *laccolithes*.

On ne les a pas tout de suite reconnus et cela se comprend : en
effet, nous ne pouvons observer les racines des volcans actuels et
il fallait découvrir un trait commun entre les deux catégories de
volcans, dont chacune nous offrait un sujet d'étude qui manquait
dans l'autre. Ce trait d'union a été procuré par les lits de cendres
volcaniques (cinérites), bien reconnaissables malgré leur grand
âge, et dont la détermination permet d'affirmer, malgré les idées
systématiques opposées, émises d'abord, que le phénomène volcanique s'est accompli sans interruption depuis la plus haute antiquité géologique.

Non seulement les anciens volcans présentent des coulées et
des cendres, mais on y a reconnu tous les autres traits des volcans
modernes et, parmi ces traits, il faut mentionner d'une façon particulière ce qui concerne la reconnaissance des anciennes fumerolles.

On a déjà dit, pour les volcans d'aujourd'hui, que les fumerolles

observables ne sont certainement qu'un très faible indice de phénomènes considérables qui se développent en profondeur. Les
volcans anciens le démontrent pleinement.

Par exemple, on a vu qu'à la surface du cône du Vésuve, il se
dépose des traces de fer oligiste dont l'histoire chimique a été
si complètement révélée par Gay-Lussac. Eh bien ! on trouve que
les anciens volcans renfermaient dans leur laboratoire profond
d'énormes accumulations du même minéral. Parmi ces accumulations, l'une des plus célèbres, située à Rio la Marina, dans l'île
d'Elbe, est exploitée depuis l'antiquité sans que sa richesse ait
été diminuée. Des gisements comparables se trouvent à Framont
(Vosges), en Suède, dans le Cornwall, etc.

Au même type se rattachent aussi les mines qui fournissent
l'étain. Ces *gîtes stannifères,* comme on les a appelés, en y comprenant les gîtes d'oligiste et les autres amas constitués de la
même manière, présentent des caractères bien particuliers. Ils
sont subordonnés aux roches anciennes, parce qu'ils n'ont pu se
produire en abondance qu'à une profondeur compatible avec l'abondance des éléments nécessaires à leur production et avec la température suffisante à la réaction. Non seulement ils contiennent
les oxydes de fer et d'étain déjà mentionnés, parfois réunis, —
plus ordinairement développés en des localités distinctes —
mais on y trouve encore le fer magnétique, des métaux natifs
comme le platine et parfois l'or (qui peut dériver aussi d'autres
réactions), des sels métalliques comme le fer chromé et des sulfures comme la pyrrhotine. Les gîtes stannifères sont aussi extrêmement remarquables par la nature spéciale de leurs gangues pierreuses, parmi lesquelles l'on rencontre très fréquemment, comme
échantillons des atmosphères génératrices, des éléments qualifiés
de minéralisateurs par excellence et, avant tout, le chlore, le fluor,
le bore et le phosphore. C'est ainsi que dans la série de ces gangues de l'étain, à part le quartz qui est doué de l'ubiquité géologique, on recueille la topaze, le mica fluoré, la tourmaline qui est
borée, l'apatite qui contient à la fois du chlore, du fluor et du phosphore, la fluorine, la turquoise et des silicates remarquables par la
nature de leur base, comme l'émeraude qui renferme du glucinium.

Les roches au voisinage desquelles se sont développées les réactions stannifères ont d'habitude été profondément altérées et,

de feldspathiques qu'elles étaient d'abord, transformées, ou bien
en kaolin (et c'est ce qui a lieu dans la plupart des pays à étain),
ou bien en sulfates d'alumine (alunite, aluminite, etc.). Cette
transformation vient de son côté confirmer les notions que nous
exposions tout à l'heure.

Résumé

Théorie des phénomènes volcaniques. — Après la description
de l'éruption volcanique type, il paraît facile de préciser les circonstances qui amènent le déchaînement de cet imposant et redou-
table phénomène. Dans ce domaine, l'imagination des théoriciens
s'est donnée libre carrière et il peut être à la première vue difficile
de choisir entre les hypothèses proposées : cependant, en résumant
ce qui vient d'être dit, non seulement dans le présent chapitre,
mais encore dans le chapitre précédent relatif à la fonction corticale,
nous devons constater que quatre séries d'observations dominent
tout le problème et en constituent, pour ainsi dire, les données.

Le premier fait, c'est que le phénomène volcanique n'a aucun
des caractères d'un accident ; il est non seulement normal, mais
essentiel à l'économie de la planète et la géologie nous apprend
que, contrairement à des idées préconçues, reconnues aujourd'hui
comme tout à fait inexactes, les volcans ont apparu dès les premiers temps sédimentaires et n'ont jamais cessé depuis de se
succéder les uns aux autres.

En second lieu, on vient de voir que les volcans actuellement
actifs sont strictement distribués selon les grandes lignes de dislocation récente et toujours en voie de modification. Il est certain
qu'il en était de même durant les époques antérieures et il en résulte que, si l'on savait reconnaître des volcans ayant fonctionné
à un même moment géologique, leur situation relative fournirait
le plus décisif des documents pour reconstituer les grands traits
de la paléogéographie.

Un troisième ensemble d'observations amène à cette conséquence
formelle que le siège des phénomènes explosifs d'où résultent les
volcans réside à une profondeur relativement très faible, notablement inférieure, en tout cas, à celle où la distribution des températures souterraines conduit à fixer la limite inférieure de l'écorce

solide du globe. Cette écorce devant, d'après nos études antérieures, mesurer environ 60 kilomètres d'épaisseur, la profondeur des foyers volcaniques, révélée par le point de départ des secousses séismiques qui sont en relation intime avec eux, a été évaluée suivant les cas au cinquième, au quart, à la moitié de cette épaisseur.

Enfin, il faut faire état de la nature des matériaux rejetés par les volcans et qui, tout en affectant dans tous les cas des caractères communs, présentent cependant d'une région à l'autre des différences caractéristiques : les roches pierreuses (cendres, lapillis et laves) rejetées par le Vésuve ne sont pas identiques à celles que vomit l'Etna ou l'Hekla; les gaz des fumerolles ne sont pas les mêmes au Vésuve et aux volcans d'Hawaï, etc.

En conséquence de ces quatre catégories de données, on voit que le choix se précise beaucoup entre les hypothèses volcaniques avancées. Comme il faut, de toute nécessité, que les quatre conditions soient remplies en même temps, on arrive en outre à esquisser d'une manière pour ainsi dire automatique les traits principaux de la théorie acceptable. Il est indispensable en effet :

1° Que la théorie cadre avec les conditions essentielles de l'évolution générale de la Terre, c'est-à-dire avec le fait dominateur du refroidissement séculaire du globe;

2° Qu'elle fasse intervenir les changements de dimension de la planète et la production des ridements orogéniques à sa surface;

3° Qu'elle ne mette à contribution que des conditions réalisées dans l'épaisseur de la croûte et non pas au-dessous de celle-ci, où sont des régions qui paraissent à l'abri de tous nos moyens d'investigation;

4° Enfin qu'elle admette l'intervention, dans la production d'un phénomène toujours le même de matériaux pouvant varier d'un point à l'autre dans certains traits de leur composition chimique.

Or, il est intéressant de constater que la description de l'éruption typique décrite tout à l'heure fait intervenir précisément les quatre séries de conditions dont il s'agit et qui se manifestent les unes et les autres avec une égale évidence.

Pour la première, le refroidissement spontané du globe a pour conséquence bien connue l'imprégnation superficielle progressive de la croûte par des matériaux venant de l'hydrosphère et de l'atmosphère. Si le plus abondant est l'eau, il ne faut pas oublier que bien d'autres substances peuvent être citées avec elle. Tels sont des

composés d'anhydride carbonique, des matières organiques capables de devenir des sources d'hydrogènes carbonés ou de divers composés azotés, des chlorures, des bromures, pouvant dégager des
acides hydrogénés et toutes sortes d'autres produits qui entrent dans
la composition des roches de tous ordres et en particulier des roches
sédimentaires. Il résulte de là que l'épaisseur de la croûte terrestre,
quelles que soient ses autres conditions, se divise en deux régions superposées, dont la plus profonde est à une température très intense
tandis que la plus externe est à un degré thermométrique moins
élevé. Celle-ci est chargée de principes qui, par un échauffement
ultérieur, prendraient la forme gazeuse et pourraient développer
une force élastique en rapport avec la température qu'ils subiraient.

La figure 40 matérialisera pour ainsi dire les faits dont il s'agit :
on y voit la zone H-H de ro-
ches ayant admis l'association avec les composés énumérés, superposée aux
régions plus profondes A-A,
qui sont encore actuellement
trop chaudes, ou qui sont devenues trop chaudes, pour que
les matières élastiques aient
pu y pénétrer ou pour qu'elles
aient pu y persister. A cet égard
nous avons en vue également
les roches qui reçoivent peu à

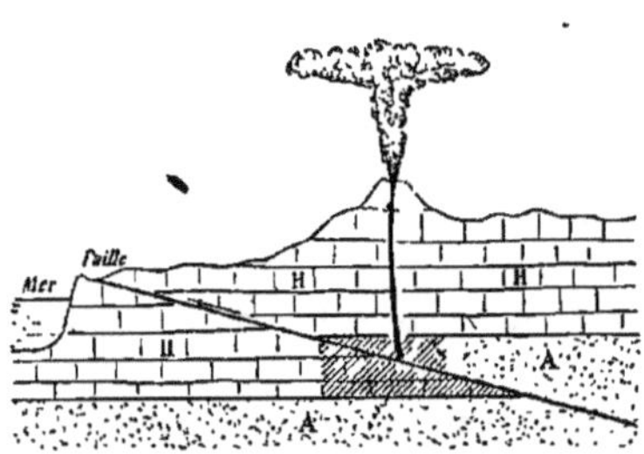

Fig. 4o. — Schéma résumant les traits
essentiels de la théorie des phénomènes volcaniques.

peu des infiltrations centripètes et les roches qui contiennent originairement des matériaux sédimentaires *distillables,* pour les opposer
aux masses d'origine thermique ou à celles d'où le métamorphisme,
suffisamment prolongé, a chassé les substances volatilisables.

Pour la deuxième condition, il est facile de comprendre que la
contraction de la croûte terrestre, par suite de la diminution
progressive et continue du noyau fluide qu'elle enserre, doit nécessairement ouvrir au travers de son épaisseur des géoclases ou
failles telles que celle qu'on a indiquée sur la figure et il n'est
pas moins hors de doute que ces géoclases seront des plans de glissement, dans le sens de la flèche, pour des segments juxtaposés.
Ceux-ci n'arriveront à rétrécir la croûte à la dimension voulue,

qu'en en superposant partiellement des régions d'abord contiguës
au même niveau. Un coup d'œil permet d'apprécier les conséquences
de ce déplacement, directement constaté d'ailleurs dans toutes les
chaînes de montagnes. On y voit que le glissement relatif de deux
segments contigus a pour conséquence de pousser certaine partie de
la zone A (celle de droite dans la figure 4o) par-dessus une certaine
portion de la zone H. Cette portion, qu'on a eu le soin de couvrir
de hachures pour la signaler, est alors insérée, sur toute la longueur
horizontale de la géoclase qui a joué, entre deux bandes (l'une superposée et l'autre sous-jacente) de la zone A-A, trop chaudes pour
permettre la persistance dans les roches enveloppées des principes
vaporisables qu'elles contiennent. En conséquence, la portion considérée de la zone H subit un réchauffement dont les effets sont
faciles à déduire d'observations variées qui nous occuperont dans
le chapitre suivant, et tout spécialement des expériences de Sénarmont et de ses continuateurs sur les propriétés minéralisatrices et
cristallogéniques de l'eau suréchauffée. La masse fond et con-
tracte, à cause de la pression régnant dans le milieu souterrain,
une association spéciale avec les matières gazéifiables qui s'y in-
corporent *par occlusion*, selon l'expression consacrée. A ce moment le produit consiste au propre en une dissolution, dans une
matière pierreuse fondue, de substances volatilisables variées parmi
lesquelles l'eau est la plus fréquente et la plus abondante. Ce produit est donc comparable au point de vue de sa constitution
physique (et malgré la profonde différence des qualités chimiques)
aux dissolutions sous pression des gaz dans les liquides, dont l'eau
de Seltz et le vin de Champagne sont les exemples les plus connus.

Pour la troisième condition, on voit qu'elle est ici pleinement
réalisée, puisque la constitution du composé complexe de roche
fondue et de matériaux volatilisables n'a demandé l'intervention
d'aucune autre substance que celles qui entrent normalement dans
la composition des parties moyennes de l'écorce terrestre, et qu'elle
ne fait intervenir en rien les qualités des matières nucléaires qui
nous sont et qui nous seront sans doute toujours inconnues.

De même pour le quatrième et dernier paragraphe du programme
développé tout à l'heure, la conformité n'est pas moins complète
avec les manifestations de la nature et l'on voit comment le mécanisme qui intervient, quoiqu'il soit toujours le même, est capable

de déterminer des résultats variés en raison des différences de composition des roches constituant la zone H-H. C'est ainsi, par exemple, que les émanations des cratères pourront renfermer tous les corps dont les chimistes ont réalisé le dégagement en exposant les roches, cristallines ou non, à des températures convenables.

Du reste, il peut se faire qu'à la faveur de conditions spéciales, cette matière complexe résultant du réchauffement local de la zone H-H ne donne lieu à aucun effet volcanique : elle peut en effet se refroidir tout doucement comme les masses qui l'encaissent, se modifier et laisser dégager lentement, ou se condenser peu à peu, les principes élastiques qui l'imprégnaient et qui perdent ainsi leur énergie mécanique sans l'avoir utilisée. Beaucoup de portions de la croûte terrestre sont formées de matériaux ayant passé par cette condition provisoire et ayant acquis ainsi une structure cristalline particulière.

Mais il peut arriver aussi que, pendant la période de haute température de la roche complexe ou *magma,* il s'établisse, en conséquence des tremblements de terre par exemple, une cassure qui mette le réservoir de la roche réchauffée (hachée sur la figure) en communication avec l'atmosphère. Dans ce cas, les choses se passent, pour en revenir à notre comparaison de tout à l'heure, comme quand on supprime le bouchon d'une bouteille d'eau de Seltz ou d'une bouteille de vin de Champagne. Le liquide, formé de roche fondue contenant en dissolution des gaz sous pression (eau, carbures d'hydrogène, chlorures alcalins, etc.), mis ainsi en relation avec une atmosphère dont la tension est notablement inférieure à la sienne, devient *foisonnant,* c'est-à-dire se décharge des substances élastiques qui s'y trouvaient à l'état d'occlusion et est alors entraîné par elles vers le jour. Dans le cas du vin de Champagne débouché, on voit de petites bulles gazeuses se produire de toutes parts, grossir en s'élevant et entraîner tumultueusement, explosivement, le liquide auquel elles étaient associées. De même, au moment de l'ouverture de la cassure volcanique, la lave en fusion, tenant en dissolution les corps élastiques, devient le siège d'une *détente* générale. Les bulles qui se forment dans toute sa masse et qui y grossissent, l'entraînent en s'élevant dans la cassure et déterminent toutes les particularités de l'éruption. Sans nous arrêter à les énumérer, notons seulement qu'elles concernent spécialement la projection des cendres, fines particules du dissolvant, qui se soli-

difient en se refroidissant, et des lápillis de toute grosseur ; l'épanchement de la lave hors du cratère ; l'émission des fumerolles de tous
genres, variant de composition avec les progrès du refroidissement.

Ajoutons à l'appui de ces diverses remarques que lors des derniers tremblements de terre des Amériques, depuis San Francisco,
jusqu'au Chili, on a constaté d'une part le réveil du volcan de
Cayualin au Nouveau-Mexique, et de quelques autres au Chili et
ailleurs et, d'autre part, la translation de la surface du sol dans la
direction du nord-est qui est justement, comme on l'a vu, celle de
la contraction du sol dans le nouveau monde, depuis les époques
sédimentaires les plus anciennes[1].

En résumé, la suite des manifestations qui composent l'éruption
volcanique typique se trouve, dans la théorie qui vient de nous
occuper, reliée à l'allure fondamentale de l'activité générale du
globe de la manière la plus intime et qui paraît la plus nécessaire.

Rôle de la fonction volcanique. — La fonction volcanique, —
essentielle dans l'économie du globe, rattachée aux traits généraux
de la morphologie de la planète puisqu'elle dépend du refroidissement spontané du noyau et des refoulements qui en sont la conséquence, — a pour résultat le plus immédiat de ramener à la surface
des matériaux qu'on eût pu croire à tout jamais immobilisés dans
les profondeurs.

A ce titre, il convient d'insister en quelques mots sur la nature
des produits dont l'atmosphère et l'épiderme terrestre sont alimentés par l'intermédiaire des volcans.

La chaux, qui est un des éléments de la charpente squelettique
des Vertébrés, de la coquille des Mollusques, des Polypiers et de

---

1. Le fait a été officiellement constaté par le *Preliminary Report of the State
earthquake investigation Commission*, publié à Washington, le 31 mai 1906, par
MM. Andrew Lawson, président, et O. Leuchner, secrétaire. Le long d'une ligne de
dislocation, connue des populations sous le nom de *Crevasse des tremblements de terre*,
le sol a joué de nouveau le 13 avril 1906 (de la Pointe Arena jusqu'au County de
San Benito). Sur tout cet espace, les deux parois de la cassure ont subi l'une par rapport à l'autre un déplacement horizontal qui a poussé la lèvre occidentale vers le
N.-E. d'une quantité égale en moyenne à 3 mètres et qui s'est élevée par endroit jusqu'à 6 mètres. Dans une partie il y a eu, en outre, un déplacement vertical qui a relevé
la lèvre occidentale d'environ 1 mètre. De sorte que, mieux encore que le tremblement de 1891 au Japon, celui de San Francisco apporte un témoignage décisif en
faveur de la nature tectonique de ces grands ébranlements de l'écorce terrestre.

bien d'autres animaux, est abondante dans beaucoup de laves et
de cendres. La silice, à toutes sortes d'états, s'y rencontre aussi
et spécialement dans des silicates facilement altérables, d'où elle
s'isole en gelée soluble dans l'eau et, par conséquent, prête à toutes
les circulations et à toutes les assimilations. La potasse entre dans
la composition d'un très grand nombre de roches éruptives, et c'est
là que les plantes trouvent la réserve dont elles ont besoin. Il en
est de même du phosphore qui, à l'état d'apatite, entre pour une
proportion notable dans la composition de beaucoup de basaltes et
d'autres roches éruptives. Enfin le carbone, soit à l'état de fer
carburé (ou fonte), soit à celui de carbures d'hydrogène (pétrole
ou gaz inflammables), soit à celui de gaz carbonique, est fourni
par le phénomène éruptif en quantités énormes. Ces divers matériaux sont produits par le recuit de masses rocheuses d'origines
très diverses qui sont transformées en laves.

Qualités agronomiques des formations volcaniques. — En conséquence des faits précédents, il y a intérêt à constater que certaines
régions volcaniques se signalent par leurs propriétés agronomiques
et, tout d'abord, qu'il en est dont la fécondité est tout à fait remarquable.

On pense que la fertilité de la Limagne d'Auvergne est due
avant tout à un heureux mélange, dans son sol arable, des matériaux volcaniques aux calcaires et aux argiles qui y sont stratifiés.

Inversement, il est des pays à sol éruptif qui se signalent par
leur stérilité ; c'est ce qu'on remarque en diverses parties de la Bretagne pour les affleurements des filons de serpentine et de diorite.

En Auvergne, beaucoup de coulées, désignées sous le nom de
cheires, sont impropres à toute culture, ce qui provient de leur
résistance aux causes de décomposition et aussi de leur dureté
qui y rend impossible toute espèce de travail aratoire.

Relation de la fonction volcanique avec la fonction corticale. —
La théorie même du phénomène volcanique a montré la liaison
intime de la fonction qui nous occupe avec le régime général de
la croûte terrestre. Nous n'avons pas à y revenir, mais il importe
de la souligner en vue de nos conclusions générales.

CHAPITRE III

L'ACTIVITÉ GÉOLOGIQUE DE L'EAU PROFONDE

La nappe bathydrique. — On a vu précédemment qu'une portion notable de la croûte terrestre est pourvue d'eau qui y est parvenue de proche en proche sous l'influence de la gravité et en conséquence des progrès du refroidissement interne. Malgré les innombrables particularités locales de ce gisement aquifère, on peut, pour simplifier, ramener la masse des eaux souterraines à une nappe d'épaisseur inconnue et de conditions variables selon les points.

Il importe d'ailleurs, à tous les égards, d'en séparer toute la portion superficielle, baignant des zones dont la température varie avec les saisons et où l'énergie géologique est sous la dépendance directe de l'activité solaire. En conséquence, on peut dire que la nappe dont il s'agit et que nous qualifierons de *bathydrique* est limitée en haut par la dernière zone souterraine à température variable et, en bas, par la première zone, trop peu refroidie encore, pour que l'eau d'infiltration ait pu y pénétrer.

Circulation continue des eaux souterraines. — Des circonstances variées nous ont permis de nous faire une idée des conditions les plus générales de la nappe profonde, et nous savons, par exemple, qu'elle n'est point stagnante, mais au contraire à l'état de circulation continue. Le fait seul des progrès du refroidissement, en augmentant sans cesse l'épaisseur de la zone mouillée, suffirait pour déterminer, de proche en proche, un mouvement de descente dans toute la masse. Mais cette pénétration est prodigieusement lente et complètement masquée par des déplacements beaucoup plus rapides.

La notion de la circulation des eaux souterraines pourrait résulter de la seule observation des puits artésiens, c'est-à-dire des perforations dans lesquelles s'élèvent d'elles-mêmes des eaux empruntées à des nappes souterraines et qui, dans certains cas, peuvent même s'élancer au-dessus du sol. Le jaillissement d'eau auquel ces puits donnent naissance témoigne de la pression hydrostatique dont ils sont le siège et qui doit déterminer un écoulement dès qu'une issue est ménagée vers les régions supérieures. Or nous allons voir que de pareilles issues existent dans une infinité de localités.

De plus, l'examen des produits émis par les puits artésiens nous révèle que ces saignées artificielles sont faites non pas sur des nappes immobiles dont le forage aurait seul déterminé la mise en mouvement, mais sur de véritables courants — plus ou moins gênés dans leur marche par les matières rocheuses qui composent les couches humides — et qui, cependant, se meuvent parfois très vite.

A cet égard, la preuve sans réplique a été fournie par la sortie, avec l'eau, d'objets arrachés à des profondeurs considérables et qui ne pouvaient point y être depuis bien longtemps. Tantôt c'est, comme pour le forage de 200 mètres établi en 1831 non loin de Tours, des semences de végétaux actuels (*Gallium uliginosum*) et des coquilles terrestres modernes (*Helix nemoralis*); tantôt, et l'observation est bien plus probante encore, ce sont des animaux vivants comme en maintes localités de l'Oued Rir (Algérie) et comme à Elbeuf, où le jaillissement amena au jour des anguilles frétillantes. Celles-ci provenaient de 120 mètres de profondeur, car le trou de sonde est toujours tubé dans toute sa hauteur et ne saurait par conséquent livrer à l'eau ascendante des objets empruntés à des couches plus ou moins voisines de la superficie du sol.

Puits artésiens. — Les notions si précises fournies par les puits artésiens sur l'état de mouvement de la nappe bathydrique sont d'accord avec les données géologiques proprement dites pour nous faire admettre que l'imprégnation aqueuse des régions souterraines n'est pas uniforme. Il existe des assises facilement pénétrables à l'eau et qu'on appelle perméables; d'autres sont, au contraire, à peu près étanches et on rencontre tous les degrés intermédiaires entre ces deux extrêmes.

Le mouvement de circulation résulte avant tout de l'inclinaison plus ou moins accentuée des couches aquifères et il est intéressant

de montrer que cette notion, acquise directement, a reçu de l'é-
tude du régime des puits artésiens la vérification la plus éclatante.

En effet, la première conception de ces puits les a fait rapprocher
de petits appareils de physique connus dans les laboratoires sous le
nom de *vases communicants*. Ils servent à démontrer que si des
réservoirs contenant de l'eau sont en communication par leur partie
inférieure, le niveau dans tous s'établit rigoureusement le même,
c'est-à-dire sur un même plan horizontal, quels que soient le volume et la forme de chacun d'eux. Si, sur le canal inférieur réu-
nissant deux de ces réservoirs, on établit une tubulure verticale de
quelque diamètre et de quelque forme qu'elle soit, le liquide s'y
élancera pour s'arrêter encore au niveau commun des récipients.

Cela posé, on a établi d'abord la théorie des puits artésiens en
s'appuyant sur le principe précé-
dent : on a considéré qu'étant donnée une couche souterraine n° 3
(fig. 41) saturée d'eau d'infiltration et comprise entre deux assises
imperméables 2 et 4, infléchies
comme elle (ainsi que l'indique
la figure), l'eau contenue dans
cette couche devait tendre à
prendre le niveau même du point

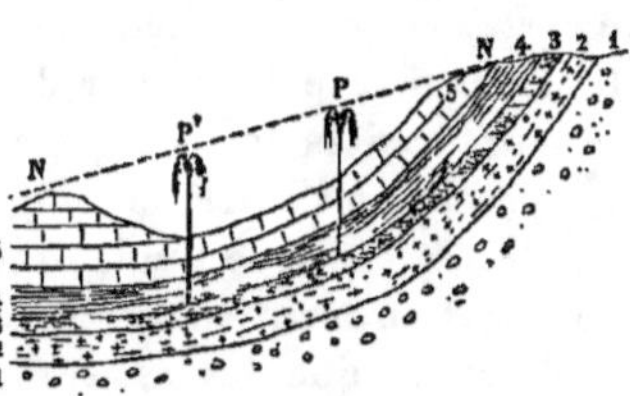

Fig. 41. — Théorie des puits artésiens.

d'alimentation. Dès lors un forage artésien établi en P devait
donner lieu à un jaillissement atteignant ce niveau.

Or, l'expérience n'a jamais confirmé cette vue théorique, et non
seulement le jaillissement n'a jamais atteint le niveau prévu (ce
qu'on expliquait par des résistances de divers genres), mais encore
la hauteur du jaillissement n'est jamais la même pour les divers
forages exécutés dans un même bassin. On reconnaît que cette
hauteur va en diminuant régulièrement dans certaines directions
ordonnées suivant les traits même de la constitution géologique et
que, par exemple, le jaillissement en P' est moins haut que le jaillissement en P.

On a dû en conclure que la divergence vient tout entière de ce
que le phénomène artésien n'est point comparable à celui des vases
communicants, qui est du domaine de l'hydrostatique, et qu'il en
diffère justement parce que les nappes souterraines sont en mou-

vement continu, de telle sorte que leur étude relève de l'hydro-dynamique.

La coupe théorique doit être faite conformément à cette consi-dération. On y distingue les trois niveaux superposés 2, 3 et 4 dont le moyen est perméable et supposé saturé d'eau. La pente générale indique le sens de la circulation de la nappe qui va ici de droite à gauche et on constate que des sondages voisins, P et P', situés à des distances inégales au point d'alimentation, donnent lieu à des jaillissements atteignant un plan NN, non horizontal mais parallèle à la nappe en mouvement.

Aucune démonstration de l'état circulatoire des eaux souterraines ne saurait être plus éloquente. Elle a d'ailleurs été vérifiée expéri-mentalement.

On a déduit de la perméabilité de certaines roches spécialement étudiées la rapidité avec laquelle les eaux peuvent circuler dans leurs pores, dans leurs fissures, dans leurs cavités de tous genres. Les résultats ont été très variables d'une roche à l'autre, et malgré ce qu'ils ont nécessairement de peu précis à cause de l'indétermi-nation des conditions souterraines, on peut en mentionner un cas qui est spécialement frappant. En admettant que les assises de craie dans lesquelles s'alimentent les sondages artésiens de la ville de Lille soient parfaitement homogènes entre cette ville et les plaines belges où elles reçoivent la pluie, certains auteurs ont cal-culé que l'eau qui jaillit aujourd'hui du sol est tombée de l'atmo-sphère vers l'époque de Charles-Quint.

Sources thermales. — Il arrive, par suite d'un grand nombre de dispositions géologiques, que des issues soient naturellement ou-vertes aux eaux profondes et leur permettent de réapparaître à la sur-face du sol dans des localités très variées. Elles alimentent alors des sources dont le caractère essentiel est d'être à température constante et que l'on réunit couramment sous le nom de *sources thermales*.

Ces sources, dont l'étude est importante à des points de vue fort divers, nous procurent d'abord une notion essentielle : c'est que, sous l'influence de la température plus ou moins élevée qu'elle emprunte aux assises qu'elle baigne, l'eau souterraine entre en pos-session d'une énergie chimique qui lui est interdite dans les conditions de la surface du sol. En effet, on reconnaît que les eaux des sources thermales sont très rarement à peu près pures et que, d'ordinaire, elles tiennent en dissolution des quantités de substances salines, des matières réputées peu solubles ou même insolubles dans l'eau froide.

Il faut d'ailleurs remarquer que, dans un grand nombre de cas au moins, l'eau qui sort du sol a dû perdre une fraction de la chaleur qu'elle possédait dans les régions souterraines et, de ce chef, abandonner tout ou partie des matériaux qu'elle dissolvait; en outre, elle a souvent rencontré, pendant son ascension, des agents de précipitation auxquels ont cédé les corps qu'elle transportait. Il résulte de ces circonstances qu'on ne peut avoir, au griffon, qu'une faible idée de l'énergie chimique de l'eau en profondeur. Enfin il y a lieu de noter la très longue durée des circulations et d'en tirer la conclusion que des actions très faibles, en s'ajoutant les unes aux autres, arrivent à déterminer des effets sensibles.

Ces remarques sur l'altération des eaux durant leur voyage ascensionnel vers la surface du sol ne doivent pas être regardées comme contradictoires avec le fait signalé plus haut de la confiance qu'on peut avoir dans la température des jaillissements artésiens, pour nous renseigner sur la distribution souterraine des températures. Il faut noter, en effet, que les puits artésiens ne sont que des piqûres d'épingles, comparés à la dimension des crevasses sur lesquelles se font jour les sources thermales, et, d'un autre côté, que les forages sont doublés de tubulures qui préviennent le mélange avec les infiltrations venant des parois et qui peuvent et doivent être fort abondantes dans la nature.

Il est très utile de résumer dans le moins d'espace possible les faits les plus saillants qui concernent les sources thermales, considérées surtout comme agents d'information relativement aux zones souterraines.

Tout d'abord, les conditions géologiques de leur émergence ont de quoi nous intéresser. Les sources thermales sont localisées et non uniformément répandues, de sorte que si quelqu'une se présente dans des régions dont la surface du sol n'aurait pu en faire deviner la présence, on doit en conclure l'existence de particularités souterraines qui sont ainsi révélées.

D'une façon générale, les sources thermales se rencontrent dans des pays récemment disloqués. Avant tout, elles abondent dans les pays actuellement en proie à l'activité volcanique. La carte des sources chaudes coïncide dans ses grands traits avec la carte des volcans ; elle est pourtant plus large et intéresse, outre les points à éruptions contemporaines, ceux où les émissions plutoniennes ne remontent qu'à une faible antiquité géologique. C'est ainsi que toute la côte occidentale des deux Amériques est jalonnée de sources thermales : depuis la Terre de Feu jusqu'à la presqu'île d'Alaska, les sources chaudes se succèdent, laissant d'ailleurs çà et là des intervalles qui rappellent les lacunes de la guirlande volcanique et coïncident sensiblement avec elles. Dans cette série, indépendamment des eaux bouillantes de l'île Saint-Paul, on est arrêté par la multitude des jaillissements thermaux du Chili, depuis la vallée de Los Baños jusqu'aux alentours de Chillan. En Colombie, des griffons portés à la température de l'ébullition se font jour à 2500^m d'altitude dans le cercle d'influence des volcans d'Ilalo et de Puracé. En Amérique Centrale, la région des Antilles, si volcanique, se signale par la fréquence des eaux thermales : à la Guadeloupe, elles sont spécialement caractérisées. La ville de Puebla, au Mexique, est entourée d'une ceinture de sources en relation évidente avec le Popocatepetl. Des faits semblables se retrouvent à l'ouest des États-Unis et, dans cette série, la Californie se signale même par des geysers rassemblés dans un vallon latéral de la Napa, dit Pluton, ou Canyon du Diable, et qui est compris dans le Coast-Range. Un peu plus au nord, le Parc National est célèbre par des phénomènes du même genre mais plus intenses et plus nombreux : on y a compté plus de 2000 sources chaudes dont beaucoup sont bouillantes et intermittentes, et surgissent d'un sol tout couvert de manifestations volcaniques. Il a la forme d'un rectangle de 88^{km} sur 104 et son altitude est de 2500^m. Les sources sont à des températures de 71 à 93 degrés (cette dernière est le point d'ébullition de l'eau à cette altitude). L'Alatska, les îles Aléoutiennes présentent des griffons qui rattachent l'Amérique à l'Asie.

Au Kamtchatka, des sources chaudes renfermées spécialement dans la vallée de Malka sont recherchées comme salutaires et le Japon est d'une richesse thermale incomparable. Les sources telles que celles d'Hakodaté et de Simoda sont très fréquentées ; elles

sont fort chaudes et caractérisées par des composés sulfurés. Les îles
de la Sonde, si scrupuleusement étudiées dans ces derniers temps
par les géologues hollandais, donnent des sources chaudes à chaque
pas, et les voyageurs qui reviennent de l'Océanie en signalent également dans toutes les îles volcaniques. Sur la côte orientale d'Afrique,
la remarque peut être continuée d'abord pour l'Abyssinie où la
source d'Ailat, à 40ᵏᵐ de Massowa, et celle d'Atzfut, près de Zulla,
donnent 65 et 60 degrés au thermomètre. Tout le royaume de Choa
est hydrothermal, et, non loin de là, l'île de la Réunion se signale
par des caractères analogues. On y connaît trois sources dans
le seul cirque de Salazie, et deux dans celui de Cilaos.

Comme on le voit par cette énumération, la région de la Terre qui
est le plus riche en volcans est en même temps le plus riche en
sources chaudes, et l'on doit en conclure que celles-ci, pour se
manifester, ont besoin des grandes cassures du globe ou géoclases
qui, comme on l'a montré, sont si indispensables aux volcans.

D'ailleurs, à cet égard, on peut faire une autre remarque qui
complètera la démonstration ; elle résulte de la comparaison dans
une région déterminée, la surface de l'Europe par exemple, de
la situation des sources chaudes rapportée à l'antiquité plus ou
moins grande des mouvements orogéniques dans le voisinage. En
faisant abstraction de l'Islande, qui est un district volcanique
actuel, on peut poser en fait qu'il y a de plus en plus de sources
chaudes en Europe, à mesure qu'on s'éloigne des parties septentrionales pour se rapprocher du sud, c'est-à-dire à mesure qu'on
se rapproche des lignes ou zones de soulèvement récent.

La Suède, par exemple, où il y a tant de sources minérales,
n'en possède pas une qui soit chaude ; toutes sont froides, et il en
est de même pour la Russie du Nord et à peu près pour la Grande-
Bretagne, dont les reliefs se rattachent au ridement calédonien.
Le Danemark, la Hollande, l'Allemagne du Nord ne sont guère
mieux favorisés, et la France septentrionale présente une seule
exception, à Bagnoles-de-l'Orne, exception qui se rattache sans
doute à quelque particularité souterraine locale, qui, jusqu'ici, n'a
pas été précisée.

Mais dès qu'on arrive à la France méridionale, c'est-à-dire au
Plateau Central et au ridement alpin, représenté par les Pyrénées,
les Alpes, les Karpathes et le Caucase, on se trouve dans le

domaine d'une hydrologie thermale aussi abondante que variée. C'est bien la preuve, et la preuve décisive, de l'influence, indiquée tout à l'heure, des cassures récentes. Tout le long du ridement alpin les localités célèbres, souvent exploitées déjà par les Romains, se succèdent sans interruption.

Il va sans dire que la zone du ridement apennin est plus riche encore en thermes et que ceux-ci sont encore plus chauds ; ils sont subordonnés à des volcans brûlant actuellement et reproduisent, en plus petit, les particularités mentionnées plus haut pour le vaste cercle de sources chaudes dont le Pacifique est entouré.

En somme, il ressort des faits précédents que les sources chaudes sont des émergences d'eau parvenue à de grandes profondeurs par l'effet de la pesanteur et qui remonte sous l'influence de la pression hydrostatique là où des fissures lui offrent un chemin favorable — quelquefois aussi sous la tension de vapeur ou de gaz souterrains.

Différents types d'eaux thermales. — On peut encore tirer un autre enseignement de l'examen des sources thermales en ce qui concerne le régime normal des eaux de profondeur. En effet, la composition de ces sources est assez variée pour qu'on ait pu distinguer parmi elles des types assez bien définis, quoique reliés les uns aux autres par des intermédiaires, et pour qu'on ait établi la classification des sources chaudes. Il est nécessaire de résumer en quelques mots les notions acquises dans cette voie.

Les substances qui peuvent minéraliser les eaux thermales sont assez peu nombreuses, et on doit se borner à considérer parmi celles-ci cinq classes très facilement caractérisées.

La première classe est celle des *eaux sulfurées,* dont le trait distinctif est de contenir en dissolution des sulfures alcalins ou alcalino-terreux ; elles se répartissent en deux sous-classes : selon qu'elles sont à base de sulfure de sodium, comme à Barèges dans les Pyrénées, et on les dit alors *sulfurées sodiques,* — ou qu'elles sont à base de sulfure de calcium, comme à Aix-les-Bains, et alors on les qualifie de *sulfurées calciques.*

La deuxième classe est réservée aux *eaux chlorurées* : elles sont minéralisées par le sel marin à peu près seul, comme celles de Citara,

dans l'île d'Ischia, dont la température est de 53 degrés ; ou par
le même chlorure accompagné de bicarbonate de soude (comme
à La Bourboule et à Saint-Nectaire, toutes deux en Auvergne), ou
enfin par le même chlorure encore, accompagné d'hydrogène
sulfuré et d'autres composés du soufre ; c'est ce qui a lieu par
exemple à Uriage (Isère) et à Aix-la-Chapelle, en Prusse rhénane.

La troisième classe est pour les *eaux bicarbonatées,* où l'on
trouve des carbonates associés à un excès de gaz carbonique. Souvent le sel dissous est le carbonate ou le bicarbonate de soude,
comme c'est le cas à Vichy (Allier) et on a le groupe des *carbonatées sodiques* ; mais souvent aussi c'est le bicarbonate de
chaux et on a les *carbonatées calciques,* dont le type est pour
nous Pougues (Nièvre); enfin on distingue aussi les *carbonatées
mixtes* contenant à la fois plusieurs carbonates et, le plus souvent,
le carbonate de chaux et le carbonate de magnésie : citons le
Mont-Dore, dans le département du Puy-de-Dôme.

Notre quatrième classe vise les *eaux sulfatées,* et nous devrons
y établir trois divisions. D'abord celle des *sulfatées sodiques* où
prédomine le sulfate de soude : Carlsbad, en Bohême, nous en
fournira le type ; puis les *sulfatées magnésiques* comme Pullna, en
Bohême, ou Birmenstorf, en Suisse, qui sont minéralisées par le
sulfate de magnésie ; enfin les *sulfatées calciques,* chargées de sulfate de chaux, comme l'est Encausse, dans la Haute-Garonne.

Enfin, notre cinquième classe est celle des *eaux ferrugineuses* ;
elle comprend des eaux chargées de bicarbonate de fer, comme
celles d'Orezza, en Corse.

Dépôts minéraux réalisés par les eaux thermales. — Toutefois la
connaissance de l'énergie chimique des eaux profondes ne peut
être complète qu'en ajoutant aux détails précédents la mention des
dépôts auxquels les sources chaudes donnent naissance autour de
leur point d'émergence. La liste en est extrêmement instructive et
nous ne serons pas longtemps à la mettre à profit pour nos études
ultérieures.

Silice. — La silice occupe dans la série une place très importante. Des quantités de sources chaudes en sont chargées et
spécialement nombre de celles qu'on désigne sous le nom de *geysers.* Ce sont des jaillissements essentiellement intermittents d'eau

à une température très voisine de l'ébullition. En Islande, la bouche de sortie des eaux jaillissantes est signalée de loin par un
monticule annulaire accru à chaque éruption et dont la substance.constituante est la silice concrétionnée. Cette silice hydratée, appartenant minéralogiquement à l'opale, a été distinguée
sous le nom expressif de *geysérite*. On l'a bien étudiée en Nouvelle-Zélande, au Parc National des États-Unis et ailleurs ; on a
constaté qu'elle possède au plus haut degré la faculté de se condenser spontanément, en rejetant son excès d'eau, de façon à passer successivement aux états de silex, de calcédoine et même de
quartz cristallisé. On rencontre dans ces transformations des faits
de la plus significative valeur pour éclairer l'origine de beaucoup
d'amas siliceux et quartzeux subordonnés à des terrains de tous
les âges, au voisinage de failles ou de cassures de divers types.

La silice peut être déposée par des sources bien moins énergiques que les geysers et l'analyse de beaucoup d'eaux souterraines y décèle une proportion variable de cette substance. Il en
résulte qu'on doit considérer une notable proportion de la masse
bathydrique comme charriant de la silice au travers des roches
pour l'appliquer à des opérations variées. On sait que cette silice
est, suivant les points, empruntée à des origines fort différentes :
parfois aux minéraux les plus stables dans les régions les plus
profondes et les plus chaudes ; souvent aussi à des amas d'hydrate
siliceux, dont la formation se rattache, comme on le verra, à
l'exercice de la force biologique.

Les causes de précipitation de la silice sont multiples et variées
et souvent difficiles à préciser : une fois un dépôt commencé, il
présente des chances de se continuer par cela même, comme si la
silice déjà concrétionnée agissait à la façon d'un précipitant sur la
silice encore dissoute. C'est ainsi que se font les rognons d'opales,
comme on en voit dans les couches des travertins de Saint-Ouen
(Seine), ou même les rognons de silex avec ou sans géodes de
quartz, comme il y en a dans la craie d'une multitude de pays.

La silice, charriée par les eaux chaudes des profondeurs souterraines, se dépose très fréquemment dans les pores des roches et
spécialement entre les grains des couches de sables quartzeux.
Alors ces sables perdent leur mobilité, ils s'agglutinent en roches
massives dé la catégorie des quartzites et il arrive que la cimenta

tion soit assez intime pour qu'à première vue la roche perde son apparence clastique ou fragmentaire et prenne l'aspect d'une masse homogène et continue. On remarque souvent que la silice qui s'est déposée entre les grains sableux pour les agglutiner s'est cristallisée et même qu'elle a arrangé ses molécules parallèlement aux directions suivant lesquelles sont arrangées les molécules des grains de sable qu'elle enrobe. Il en résulte des particularités qui caractérisent les grès dits *cristallisés*, dans la chaîne des Vosges, par exemple, et qu'on retrouve bien ailleurs.

Le dépôt de la silice n'est pas exclusivement réalisé dans les pores des roches quartzeuses ; il peut se produire dans les vides de roches différentes, par exemple dans les pores des argiles et alors le produit constitue le jaspe (phtanite, lydienne, cornéenne, etc.) ou dans les crevasses des granits, des schistes cristallisés, des schistes argileux, etc. ; sous cette dernière forme le phénomène de silicification bathydrique a pris des dimensions tout particulièrement colossales.

Sous les efforts orogéniques, c'est-à-dire sous l'influence des pressions mises en jeu par l'exercice de la fonction corticale, toutes les roches refoulées, tordues et comprimées, sont concassées et parfois réduites en fragments peu volumineux. Ces débris, maintenus les uns au voisinage des autres, laissent entre eux des réseaux extrêmement compliqués de fissures. Celles-ci offrent aux eaux un système de canaux qui rappellent les vaisseaux des appareils circulatoires chez les plantes et chez les animaux. Dans les conditions favorables, les eaux profondes et chaudes se mouvant dans ces vides y déposent la silice qu'elles charrient et par son moyen ressoudent entre eux les fragments séparés, de façon à restituer aux roches concassées leur solidité antérieure ; c'est de là que viennent les *veines quartzeuses* si fréquentes dans toutes les roches et spécialement dans les schistes et dans les quartzites.

Une des formes les plus fréquentes de la précipitation de la silice est celle qui se développe dans la masse des débris organisés enfouis dans les roches et qui, ainsi, se *pétrifient*, selon une expression vulgaire, mais singulièrement heureuse. Il semble certain que, dans ce cas, le calcaire préexistant dans ces débris ou à leur contact, joue un rôle déterminant dans la précipitation de la silice.

A cet égard, l'épaisseur même du test de certaines coquilles procure un champ d'observation particulièrement commode et il faut· signaler, comme exemple, les débris de gros Inocerames et d'Oursins tels que les *Ananchytes,* dont la craie est si richement pourvue. Quand on immerge dans un acide étendu un fragment de ces objets calcaires, et qu'après un moment d'effervescence on arrête la réaction, on reconnaît dans la substance du test la présence d'innombrables concrétions siliceuses de faible volume, de formes variées et de toutes sortes de degrés d'hydratation depuis l'opale jusqu'à la lutécite fibreuse et au quartz cristallisé parfaitement anhydre. On peut réunir des séries d'échantillons, dont les uns présentent les germes à peine distincts de cette curieuse production tandis que d'autres sont entièrement silicifiés. C'est là un cas particulier de la longue suite de transformations des débris organisés en *fossiles,* et nous allons constater que la fossilisation tout entière est l'œuvre des eaux bathydriques.

La silicification constatée chez les débris animaux se produit aussi, de la même manière, pour les vestiges de plantes. Il faut même signaler ici la perfection avec laquelle tous les détails de structure des végétaux sont conservés au cours de la transformation siliceuse. Adolphe Brongniart, le fondateur de la paléontologie végétale et Bernard Renault, son digne successeur, ainsi que les continuateurs de ces deux grands hommes, ont étudié des quantités de bois, de graines et d'autres portions de plantes que leur nature siliceuse a rendues spécialement favorables à un examen attentif. Ils ont ainsi recueilli des moissons de faits importants et, dans le nombre, il est bon d'en citer un qui s'est traduit par la découverte de particularités anatomiques chez des plantes remarquables dont les spécimens vivants n'avaient rien laissé soupçonner d'analogue. Il s'agit des Cycadées, représentées dans la colline de Saint-Priest, auprès de Saint-Étienne, par des graines volumineuses et parfaitement silicifiées. En examinant au microscope ces graines, réduites en lames de quelques centièmes de millimètre d'épaisseur, on y a reconnu la présence audessous du micropyle, d'une cavité destinée à recevoir les grains de pollen et à leur permettre de mûrir, avant de conjuguer leur protoplasma au protoplasma de l'ovule. Cette cavité, qualifiée de *chambre pollinique,* a été retrouvée chez les Cycadées vivantes, où on n'aurait jamais songé à la rechercher, sans les indications fournies par les individus fossilisés.

Dans certains cas, des arbres entiers ont été silicifiés et tout le monde connaît à cet égard la forêt pétrifiée du Caire. Dans ces derniers temps, on a exploité, au grand profit des arts décoratifs, une forêt bien plus grande encore qui recouvre une notable partie de l'Arizona, aux États-Unis. Il va sans dire que la silicification de ces grands arbres, aujourd'hui gisant à la surface du sol, s'est faite dans l'épaisseur de couches où les végétaux avaient été enfouis et sous l'accumulation de beaucoup de terrains moins anciens. C'est dans les conditions de température relatives à la profondeur atteinte ainsi, que les eaux bathydriques ont concentré la silice dans le tissu végétal. Plus tard les mouvements du sol ont porté la formation considérée à une altitude considérable et des phénomènes superficiels, que nous étudierons bientôt, l'ont dépouillée peu à peu de son recouvrement stratifié.

Ajoutons enfin que la silicification peut atteindre en certains cas une dimension bien plus considérable que précédemment et intéresser finalement de notables portions de couches ou même des couches tout entières. A ce titre, la production des *rognons* mentionnés tout à l'heure peut être regardée comme l'aurore du phénomène.

C'est spécialement au sein des formations calcaires que se montrent ces silicifications de terrains et surtout quand elles contiennent une proportion plus ou moins notable de substance argileuse. On peut considérer l'histoire des meulières siliceuses comme constituant un type à cet égard. Ces meulières, que nous décrivons plus loin, se sont d'abord déposées à l'état de boue calcaire et argileuse enveloppant des débris d'êtres, animaux et végétaux, de la catégorie de ceux qui habitent nos étangs : coquilles de Lymnées et de Planorbes, tiges et fructifications de Charagnes, de Nénuphars, bois charriés des berges voisines, etc. Ce terrain, une fois déposé et recouvert d'assez de sédiments pour parvenir à une profondeur suffisamment échauffée, a été la proie de la silicification. Celle-ci a commencé par certains points, autour desquels se sont constitués des nodules ou rognons parfois sphéroïdaux ou ellipsoïdaux et dont on voit souvent les zones concentriques d'accroissements successifs. Ils se sont ensuite soudés sur des dimensions très variables. Fréquemment on retrouve, dans la masse de ces concrétions, toutes les particularités de structure du terrain préexistant. Peu à peu, la totalité du terrain se serait ainsi transformée sans varier notablement de dimensions ; mais il est arrivé d'ordinaire que les conditions du milieu ont été changées à la suite et comme toujours, de bossellements généraux qui ont amené les strates considérées à des niveaux où l'eau d'imprégnation n'avait plus les facultés de tout à l'heure. Le terrain consistait, à ce moment-là, en couches de calcaire argileux présentant en certaines régions, et spécialement vers les parties profondes qui avaient été les plus énergiquement échauffées, des silicifications plus ou moins étendues. Alors les phénomènes internes changèrent de caractère et les eaux circulantes, au lieu d'apporter de la silice, — et peut-être parce qu'elles étaient plus voisines de la surface, — se montrèrent avides de calcaire. Elles en dérobèrent partout où elles en trouvèrent et réduisirent les portions non silicifiées à l'état d'argile résiduelle par un mécanisme qui sera décrit plus loin. C'est ainsi que, le terrain s'affaissant et ses assises se disloquant lentement, la formation des meulières de Paris prit l'ensemble des traits si singuliers qui la caractérisent aujourd'hui.

Calcaire. — Une autre matière fréquemment déposée par les sources thermales est le calcaire. Beaucoup de geysers, spécialement au Parc National, édifient d'énormes masses de chaux carbonatée. On appelle spécialement *incrustantes* les eaux qui déposent ces amas pierreux et il y en a de diverses catégories. Parmi les plus chaudes se signalent celles de Hammam Meskoutine, dans le département de Constantine, dont la température est toute voisine du degré d'ébullition. Le calcaire déposé est tantôt de l'*albâtre* (calcaire onyx) et tantôt de l'*aragonite* et c'est à tous les niveaux géologiques qu'on retrouve des traces de travaux comparables à ceux qui s'exécutent sous nos yeux.

Le carbonate de chaux étant insoluble dans l'eau pure, l'histoire des migrations souterraines du calcaire paraît à première vue plus difficile à comprendre que celle de la silice. Mais il faut réfléchir que les eaux naturelles ne sont jamais pures, et que si de l'eau pure pouvait se produire en une localité donnée, elle serait presque

instantanément chargée de principes dissous. C'est à la faveur de
ces principes, parmi lesquels le gaz carbonique est le plus abondant, que le carbonate de chaux peut être transporté jusqu'aux
points où des causes déterminantes amènent sa précipitation.

Les variantes de cette précipitation coïncident avec certaines
formes de précipitation de la silice et, par exemple, il se fait des
rognons de calcaire, tout spécialement dans des couches argileuses. En laissant ici de côté les exemples relatifs à la production
de semblables rognons par l'intermédiaire des eaux de surface, il
convient de noter la présence de concrétions à tous les niveaux
géologiques. C'est presque au hasard qu'on citera les masses sphéroïdales, dites *septaria*, dans le terrain jurassique et les nodules
parfois tuberculaires, comme à Castres (Tarn), où ils ont fixé l'attention depuis si longtemps : on y observe des couches concentriques qui en révèlent la production progressive. Ailleurs, on voit
le calcaire s'introduisant entre des grains de sable pour en faire
des grès effervescents, destinés, normalement d'ailleurs, à se sili-
cifier plus tard.

Ce qui vient d'être dit de la concrétion du quartz dans les pores
et dans les crevasses des roches cristallisées et des schistes peut
être presque exactement répété pour la concrétion de la calcite dans
les vides des roches calcaires et des roches argileuses. Les pressions exercées dans la croûte terrestre par les phénomènes précédemment étudiés amènent dans les assises des marbres un concassement tout pareil à celui que nous mentionnions tout à l'heure.
La circulation des eaux bathydriques chargées de carbonate de
chaux détermine, dans les fissures ainsi produites, une cristallisation de calcite qui est, avant tout, l'origine des veines blanches
connues sous le nom caractéristique de marbrures. Grâce à ces
phénomènes, les marbres, comme tout à l'heure les schistes et les
quartzites, se comportent comme si leurs assises étaient flexibles.
Ces roches se montrent en couches tordues parfois de manière très
brusque, elles entrent sous cette forme dans l'anatomie des chaînes
de montagnes. On voit qu'en réalité elles sont très fragiles, mais
qu'à peine concassées elles sont ressoudées et, pour ainsi dire, rac-
commodées grâce aux concrétions réalisées par les eaux chaudes
minéralisées. Malgré de très grandes différences, on verra que
.cette histoire offre des analogies avec celle des déformations de la

glace d'eau qui jouent, avec les apparences fausses d'une plasticité
dont la glace ne jouit pas en réalité, un rôle capital dans l'allure
même des glaciers.

Parmi les preuves les plus nettes de la mobilité souterraine du
calcaire sous l'influence des circulations bathydriques, il faut mentionner la transformation des coquilles en voie de fossilisation.
Nous avons en vue les tests qui persistent à l'état calcaire et dont,
par conséquent, la composition est très voisine de leur composition initiale. Par exemple, un test d'Ananchyte contenu dans la
craie blanche ou une racine de Crinoïde d'un terrain plus ancien ont
conservé à peu près leur composition primitive, mais si on les brise,
on constate que ces objets ont entièrement perdu leur histologie
initiale. Tout en ayant conservé la forme extérieure de l'animal, ils
sont composés maintenant de calcite parfaitement clivable en rhomboèdres ; toute leur masse a donc été profondément transformée.

Sur une échelle incomparablement plus grande, il faut appeler
l'attention sur l'acquisition, par des massifs entiers de calcaire, de
la structure oolithique ou globulaire. On a proposé à cet égard des
suppositions très variées, mais on est de plus en plus obligé de reconnaître que les calcaires oolithiques ont d'abord été des calcaires
vaseux compactes, dont la substance a été le siège de déplacements intestins réalisés sous l'influence déterminante de la circulation bathydrique. C'est un fait de très haute importance et qui
est maintenant bien établi.

Limonite. — A la suite de la silice et du calcaire, l'oxyde hydraté
de fer, ou limonite, mérite d'être mentionné d'une manière spéciale comme substance déposée fréquemment par les sources thermales. Cette matière minérale semble d'ailleurs être d'ordinaire
tenue en dissolution dans l'eau par l'intermédiaire du gaz carbonique, mais d'autres acides peuvent aussi intervenir en certains
cas. Des liqueurs ainsi constituées et circulant à travers les pores
ou les fissures des roches jouissent de la propriété, prépondérante
parmi toutes, de se décomposer à la rencontre des calcaires et de
précipiter l'oxyde de fer qu'elles contiennent, contre une quantité
équivalente de chaux qu'elles entraînent.

Ordinairement, les solutions métalliques sont à un tel état de

dilution qu'il faut beaucoup de soins pour y déceler la présence
du fer ; à la faveur d'un temps suffisamment prolongé, elles peuvent cependant accumuler ainsi des quantités notables et parfois
très grandes de limonite.

C'est même ainsi que se constituent des amas de minerais exploitables avec avantage et, comme exemple, on peut se borner à
mentionner l'origine, suivie pas à pas, de gisements capables de
procurer des résultats industriels considérables.

Il s'agit avant tout de la substance dite minerai de fer oolithique,
extraite du sol sur une vaste échelle aux environs de Nancy, dans
le Jura, dans l'Aveyron et dans un très grand nombre d'autres
localités. L'étude de son mode de formation y a révélé une activité
tout à fait remarquable de l'eau de profondeur et il convient de la
résumer ici en quelques mots.

Ce minerai consiste en hydrate de fer à l'état de petits globules formés de tuniques concentriques et qui sont soudés les uns
aux autres par de la limonite renfermant, comme les globules eux-
mêmes, une proportion sensible de bauxite, c'est-à-dire d'hydrate
d'alumine. Dans la roche sont des fossiles parfois nombreux composés eux-mêmes d'oxyde de fer tout comme la masse qui les empâte.
Dans les cavités des coquilles, remplies d'une boue ferrugineuse,
on trouve fréquemment des oolithes.

Il est très clair qu'au début, la substance composant la couche
aujourd'hui exploitée s'est déposée à l'état de vase calcaire et
qu'il s'y est enseveli des débris organiques, des coquilles par
exemple, ayant tout d'abord la composition chimique de toutes les
coquilles, c'est-à-dire consistant surtout en carbonate de chaux.
Ces vases calcaires et coquillières ayant été, au cours des temps
géologiques, recouvertes par des sédiments plus récents, il est
arrivé un moment où la profondeur de leur enfouissement s'est
traduite par une haute température et conséquemment par l'activité
chimique des eaux d'infiltration qui les imprégnaient. Ces eaux ont
agi sur le sédiment qu'elles baignaient et elles ont communiqué à la
substance calcaire une mobilité qui lui a permis de s'arranger dans
une situation d'équilibre en rapport avec la condition du milieu.
C'est ce qui a déterminé l'apparition de la structure oolithique,
conformément à des remarques présentées un peu plus haut.

Plus tard, la composition des eaux d'infiltration et de circulation souterraine s'est quelque peu modifiée : elle a admis une légère proportion d'un sel soluble de fer et sans doute d'un sel d'alumine. Ces sels, au fur et à mesure qu'ils se présentaient dans la roche, ont été décomposés par le carbonate calcaire : ils lui ont cédé leur oxyde de fer et leur alumine et se sont transformés en un sel soluble de chaux (le sulfate, par exemple). Le terrain qui a subi cette substitution chimique, avec une prodigieuse lenteur du reste, n'a pas modifié sa structure : ce qui était uniforme est resté uniforme, ce qui était oolithique est resté oolithique, ce qui avait la forme d'une coquille a conservé cette même forme, et c'est ainsi que le lit de minerai de fer avec bauxite s'est vraiment substitué à la couche calcaire, nous donnant un exemple entre mille d'une formation géologique qui est bien plus ancienne que la substance qui la constitue.

On remarquera en passant que cette manière d'agir des eaux bathydriques, dont on pourrait citer beaucoup d'exemples, a pour résultat de concentrer en des points déterminés certaines substances spéciales nettement définies et d'élaborer ainsi des gisements dont l'exploitation peut être profitable.

Ce que nous venons de dire du fer peut se répéter mot pour mot à l'égard de l'hydrate de manganèse (ou acerdèse) et c'est ce qui explique la fréquence des grès noirs à ciment de cette substance et le nombre des dendrites manganésifères dans les fissures des roches de tous les âges.

Fossilisation. — C'est à l'actif des eaux de circulation profonde qu'il faut porter l'ensemble des modifications que subissent les débris d'êtres vivants enfouis dans le sol et qui se sont ainsi progressivement transformés en *fossiles*.

On peut dire que la fossilisation est un fait exceptionnel : le destin normal des débris organiques, c'est d'être détruits et d'abandonner leurs éléments constituants aux circulations de tous genres dont la terre est le théâtre, pour subvenir aux besoins des générations successives d'animaux et de végétaux. Celles-ci vivent en somme sur le même fonds et se transmettent les unes aux autres les matériaux de leur corps qui traversent les étapes de transformations chimiques constamment renouvelées.

Cependant il arrive que des spécimens organiques échappent à cette destruction rapide ; ils se transforment dans le sol sans perdre leur forme et en gardant même quelquefois leur structure. Nous avons vu tout à l'heure, à propos des phénomènes de la silicification, des exemples de végétaux pétrifiés. Il convient de montrer maintenant en quelques lignes que les procédés de la fossilisation peuvent varier d'un cas à l'autre et que, toujours, ils se rattachent à l'histoire de la nappe bathydrique.

Dans cette description très rapide, il y a à distinguer deux grands groupes de fossiles : le premier est constitué par des objets organiques ayant subi des modifications plus ou moins intenses dont le type est la *pétrification* de tout à l'heure ; le second groupe est formé par des masses rocheuses sur lesquelles ou dans la pâte desquelles des êtres vivants ont laissé des témoignages de leur présence, mais sans y avoir persisté eux-mêmes : on dit alors qu'on a affaire à des *moulages* ou à des *moules* de fossiles.

Fossiles proprement dits. — Dans le cas des fossiles proprement dits, il y a également deux ordres tout à fait principaux de spécimens à séparer l'un de l'autre. Tantôt le corps organisé a éprouvé dans la terre une décomposition chimique plus ou moins intense, qui l'amène à l'état de résidu de la substance primitive ; tantôt il a été le siège d'une *substitution* qui lui a donné une composition différant de sa condition initiale.

Comme exemple du premier cas, nous pouvons choisir l'histoire de débris végétaux ensevelis dans une vase submergée. Il est tout à fait facile d'en suivre pas à pas toutes les étapes ; pour cela il suffit de comparer des débris végétaux empâtés dans des roches d'âges géologiques de plus en plus anciens pour constater les progrès d'une transformation continue. Si les roches examinées sont d'âge tertiaire, on reconnaît que la matière végétale est passée à l'état de *lignite,* c'est-à-dire qu'elle s'est enrichie en carbone, mais qu'elle contient encore une proportion très considérable d'éléments volatils, eau et gaz hydrogène carboné. Son pouvoir calorifique est relativement faible. Dans toute l'épaisseur des terrains secondaires, on retrouve des lignites, mais de variétés fort diverses et qui sont aptes à dégager de plus en plus de chaleur par leur combustion à mesure qu'on les recueille à des niveaux plus anciens. C'est au point que dans les parties inférieures ou anciennes du terrain secondaire, on exploite en diverses régions des combustibles qu'il est parfois difficile de distinguer de la véritable houille. C'est ce qui a lieu au Tonkin, dans l'Inde, au Chili et ailleurs. Dans les terrains primaires supérieurs, on est dans le domaine de la houille qui représente une étape tout à fait remarquable de la transformation souterraine des substances végétales ; mais dès qu'on arrive au terrain dévonien, on voit que la houille passe à l'anthracite : elle ne donne presque plus rien à la distillation et elle annonce les charbons graphiteux ou même les graphites du terrain archéen.

Or, cette série constitue, malgré des différences de structure, comme le pendant des états successifs que traverse le ligneux quand on le chauffe de plus en plus fortement et pendant un temps de plus en plus prolongé. Les opérations du laboratoire ont montré que, si au lieu de faire l'expérience dans une cornue d'usine à gaz, on la répète dans un tube de verre contenant de l'eau et que l'on chauffe après l'avoir fermé à la lampe, on reproduit les uns après les autres les états de lignite, de houille, d'anthracite et de graphite mentionnés. On doit donc conclure sans hésitation que l'eau de profondeur fait subir à la substance végétale une véritable distillation en vase clos et la fossilisation nous apparaît bien dans ce cas comme le résultat d'une soustraction progressive d'éléments constitutifs des êtres ayant vécu.

Il est très utile d'ajouter que ce même procédé s'applique parfois à des débris animaux qui sont eux-mêmes distillés dans la région souterraine sous l'influence des eaux chaudes. L'analyse des ossements recueillis à différents niveaux donne des résultats comparables, toutes choses égales d'ailleurs, à l'analyse des combustibles végétaux d'antiquité inégale.

Mais, et c'est le second des cas distingués tout à l'heure, il est relativement rare que le phénomène soit aussi simple et, d'habitude, la perte de la matière initiale est accompagnée d'un gain de matière nouvelle apportée par les eaux d'imprégnation des roches. Les phénomènes de silicification, de calcification et de ferruginification peuvent être rappelés ici. Mais il importe de constater que bien des substances minérales sont capables, dans des circonstances favorables, de donner lieu à des productions analogues. C'est ainsi qu'on recueille des fossiles animaux ou

végétaux transformés en pyrite de fer ou en marcasite, en fer
oligiste ou en sidérose, en barytine comme à Alençon, en phosphorite comme à Grandpré, etc.

Moulages. — Quant aux moulages des vestiges organisés dans les
roches, ils sont parfois prodigieusement abondants au sein de certaines formations, et leur production ne fait pas intervenir avec moins
de certitude l'activité de la fonction bathydrique. Par exemple, en
beaucoup de localités, la pierre à bâtir des environs de Paris, qualifiée vulgairement de *calcaire grossier* est toute remplie de cavités
qui ont exactement la forme de coquilles variées. Il suffit de couler
dans ces vides une matière convenable, par exemple de la cire
fondue, pour obtenir par refroidissement des reproductions de
coquilles sur lesquelles on retrouve tous les détails de l'ornementation : les stries, les côtes, les lignes d'accroissement, etc. En outre,
dans l'intérieur de ces cavités qu'on appelle des *moulages externes,*
on rencontre fréquemment des espèces de petits nodules dont
on reproduit exactement les détails si on moule l'intérieur des
coquilles dont on vient de retrouver les caractères extérieurs.
Ce sont les *moulages internes* de ces coquilles. L'origine de ces
accidents est facile à expliquer. Les coquilles, abandonnées sur le
fond de la mer après la mort des animaux qui les habitaient, ont
été ensevelies dans la vase qui s'est insinuée dans toutes leurs
cavités et les a comprises dans une roche capable de devenir très
compacte et très homogène. Seulement, au bout d'un temps suffisant, après lequel le sédiment considéré avait été convenablement
recouvert de dépôts plus récents, et alors que, en conséquence,
la température des eaux qui y circulaient s'était suffisamment élevée, les tests des coquilles ont subi les atteintes d'un liquide convenablement actif et se sont dissous. Il est remarquable que la dissolution ait pu se faire d'une façon intégrale sans que la gangue
voisine, formée de calcaire de composition bien voisine du calcaire
qui constituait leur substance, ait subi la moindre dissolution. Mais
c'est là un fait qu'on ne peut mettre en doute.

Filons métallifères. — Les crevasses de circulation et de remon-
tée des nappes bathydriques constituent très fréquemment de
véritables laboratoires où des réactions chimiques, variées et com-

plexes se réalisent entre diverses dissolutions chaudes qui arrivent à s'y mélanger. C'est ainsi, à n'en pas douter, que les *filons métallifères* ont pris naissance et continuent encore à prendre corps dans les régions souterraines convenablement disposées.

Ces filons ont fixé l'attention depuis l'antiquité la plus haute ; leur exploitation, souvent très profitable, a conduit à la constatation des faits qui ont servi de base à toute la science géologique. Il est donc indispensable de résumer rapidement leurs caractères les plus généraux.

Ils ont avec les gîtes stannifères décrits précédemment un certain nombre de ressemblances, et la principale, c'est qu'on y rencontre en association intime des *minerais* et des *gangues*, expressions que nous n'avons plus à définir. Mais ils en diffèrent profondément par la nature minéralogique de leurs éléments caractéristiques et par les conditions de leur origine et de leur mode de formation. On a vu que les gîtes stannifères sont d'origine fumarollienne et se rattachent par conséquent à la fonction volcanique. Les filons métallifères sont d'origine hydrothermale et dépendent de la fonction bathydrique.

Le nom de filons leur vient de leur forme ordinaire qui est celle de *plaques* qui *filent* au travers de formations de tous âges. On constate d'ailleurs que cette disposition est due avant tout à ce que ces formations ayant été traversées par des géoclases, c'est dans ces cassures que les matières constituantes des filons sont venues s'accumuler. L'une des preuves les plus certaines à l'appui de cette assertion résulte du *rejet* très fréquent que l'une des parois du filon a subi par rapport à l'autre. Les surfaces rocheuses qui bordent le filon sont souvent désignées sous le nom d'*épontes* ; elles sont parfois imprégnées sur une épaisseur variable des substances caractéristiques du filon, gangue et minerai. Quand cette imprégnation est suffisante pour rendre les épontes exploitables, on les désigne sous le nom de *Stockwerks,* mot qui, malgré son origine allemande, est employé dans toutes les langues. Souvent les marges du filon à l'intérieur des épontes sont d'une nature spéciale généralement argileuse et se distinguent nettement des portions médianes ; on les qualifie de *salbandes* et leur étude est souvent très intéressante.

On est frappé, à la vue de la section transversale d'un filon, de l'hétérogénéité que celui-ci peut présenter et qui lui communique une apparence bariolée très particulière. Sur quelques décimètres carrés on pourra distinguer des portions qui seront : les unes, faites de quartz, d'autres, de calcite, de fluorine ou bien de galène, de blende, de pyrite, de sidérose, etc. Et tout de suite on reconnaîtra, à l'inverse de ce que montrent les dykes de roches éruptives (dits parfois aussi *filons*) que la situation relative de ces divers éléments est tout à fait indépendante de la fusibilité plus ou moins facile de chacun d'eux.

Dans beaucoup de circonstances la section transversale des filons se signale par sa structure rubannée et symétrique des deux parts d'un plan médian. Par exemple on verra en contact avec les deux salbandes et présentant même épaisseur et même structure, un lit de galène ; puis, à l'intérieur de celui-ci et aussi bien à droite qu'à gauche, un lit de quartz ; celui-ci sera suivi d'un lit de blende, puis d'un lit de pyrite, puis d'un lit de calcite et enfin la zone médiane consistera en deux lits de quartz juxtaposés mais laissant cependant dans le plan de symétrie du filon des vides ou chambres tapissés de pointements cristallins. Ces successions se reproduisent sur les blocs des roches incluses dans les failles et donnent alors les *filons en cocardes*. La forme générale du filon pourra varier d'un point à l'autre ; elle présente fréquemment des étranglements et parfois même des disparitions là où les deux parois de la géoclase sont en contact mutuel ; ailleurs, au contraire, on verra des dilatations et certains filons sont *en chapelet*. Dans ces cas il paraît y avoir eu d'ordinaire une influence de la roche encaissante dont les changements d'un point à l'autre entraînent les modifications en question.

Dans une même région les filons sont souvent associés entre eux. Ils forment des *systèmes* où ils affectent parfois un parallélisme remarquable et alors on trouve qu'ils sont très analogues les uns aux autres par l'époque de leur production et par la composition de leurs minerais et de leurs gangues. Ailleurs ils se croisent et se rejettent, en formant des systèmes différents, qui se distinguent à la fois par leur âge et par leur nature minéralogique. Parmi les pays à mentionner à cet égard, la Saxe et la presqu'île de Cornwall se signalent par les études approfondies dont elles ont été l'objet.

Une notion maintenant définitivement acquise, c'est que les filons métallifères sont l'œuvre sans partage des circulations bathydriques. A cet égard, l'observation directe des faits a reçu, des expériences de Sénarmont, une explication exceptionnellement précise et l'on est désormais édifié pleinement sur l'efficacité décisive de l'*eau suréchauffée* pour faire cristalliser, avec une égale facilité, les minerais et les gangues décrits précédemment. Sans entrer dans le détail de ces mémorables et fécondes expériences, il suffira d'en citer quelques-unes, pour qu'on sente à quel point elles éclairent le régime auquel ne peut échapper la masse mouvante des eaux profondes. Elles ont pour but de répéter les précipitations de corps insolubles, obtenus par doubles décompositions ou par des réactions analogues, dans des conditions où pourront se faire sentir les influences minéralisatrices de l'eau sous pression, c'est-à-dire portée à une température supérieure à celle de son ébullition.

On sait, par exemple, qu'en mélangeant la solution aqueuse du sulfate de sodium à celle du nitrate de plomb, on détermine la précipitation d'un sulfure de plomb qui a exactement la composition chimique de la galène. Seulement, si la composition coïncide, tous les caractères physiques et chimiques contrastent. Par exemple, au lieu d'être une matière cristallisée d'un gris d'acier, résistante aux actions oxydantes, le précipité est amorphe, d'un noir profond et prompt à passer, au contact de l'air humide, à l'état de sulfate de plomb.

Or il suffit, pour obtenir de la vraie galène, d'opérer sous pression, c'est-à-dire dans la condition évidemment normale dans les régions souterraines. Après avoir mis la solution de nitrate de plomb dans un tube de verre fermé par un bout, Sénarmont y a ajouté une petite ampoule de verre où il avait enfermé par soudure à la lampe la quantité voulue de sulfate alcalin. (Il a eu soin de laisser dans l'ampoule une bulle d'air qui, par dilatation, la brisera au moment convenable et déterminera le mélange des deux réactifs.) Le tube de verre est alors fermé à la lampe pendant l'ébullition du liquide qu'il contient et dont la vapeur a chassé tout l'air originairement présent. L'appareil ainsi constitué est glissé dans un canon de fusil, en acier très résistant, où l'on met un peu d'eau pour prévenir, par la neutralisation des pressions, la rupture du verre, et, le canon étant hermétiquement fermé par un bouchon métallique spécialement construit, on porte le tout à la température choisie, 120, 150, 200, 250 degrés ou davantage. Des dispositifs ingénieux permettent de maintenir la chaleur constante pendant un temps très long : des jours, des semaines si l'on veut.

Après refroidissement lent, l'ouverture de l'appareil montre le tube en verre tapissé, sur sa face interne, d'une croûte continue de cristaux de galène ; rien ne leur manque, ni chimiquement, ni physiquement, ni cristallographiquement.

Tous les minerais des filons dits plombifères peuvent être obtenus par le même procédé, en variant la nature des réactifs concourants, et toutes les gangues aussi : la calcite, la fluorine, la barytine, même le quartz qui cristallise admirablement.

La méthode est si fertile en variantes possibles, qu'on sait dans le même tube produire des dépôts superposés, sans faire intervenir l'ordre des fusibilités relatives, et c'est là une raison spécialement décisive pour affirmer le rôle de la voie hydrothermale dans l'origine et dans le mode de formation des filons. C'est ainsi, pour nous borner à ce cas, qu'il est facile de faire cristalliser le quartz, si réfractaire, sur des fragments de galène et même de stibine cependant si fusible.

La fonction bathydrique, cause et raison déterminante des filons de métaux, se montre dès lors capable de provoquer les plus importants des phénomènes de toute la physiologie de la Terre.

D'ailleurs, on comprend que les mêmes considérations expliquent les détails de la structure des stockwerks mentionnés tout à l'heure, ainsi que la cimentation des grès et des arkoses par des matériaux filoniens, galène ou barytine, comme en Bourgogne, celle des grès à ciment de cuivre et d'argent natifs, comme à Corocoro en Bolivie, ou à ciment de galène comme au Bleiberg, non loin d'Aix-la-Chapelle, etc.

Métamorphisme. — C'est à la fonction bathydrique qu'il convient d'attribuer sans partage l'origine des roches dites *métamorphiques* ; c'est par son intervention seule qu'il faut interpréter toutes les catégories de métamorphisme.

Il s'agit ici d'un chapitre considérable de la géologie et il est indispensable d'en bien préciser les éléments fondamentaux.

Dès les premières études stratigraphiques, les naturalistes furent très frappés du contraste profond que manifestent les roches anciennes comparées aux roches récentes. Ainsi qu'on l'a vu, et pour simplifier, les terrains stratifiés peuvent être considérés comme formés surtout de trois minéraux exceptionnellement abondants : le sable, le calcaire et l'argile. Or, dans les niveaux anciens, les sables sont remplacés par des quartzites, les calcaires par des marbres et les argiles par des schistes.

Pendant longtemps, on a cru pouvoir expliquer ce faciès des terrains anciens, en admettant que la mer dans laquelle ils se sont déposés jouissait de qualités tout autres que celles des mers récentes et de la mer actuelle. On a même abusé de cette hypothèse et on l'a employée parfois à l'explication de formations relativement peu anciennes, celle des sables de Rilly-la-Montagne, selon M. Hébert, par exemple.

Il a fallu renoncer pourtant à cette doctrine et cela pour beaucoup de raisons. L'une des plus décisives, c'est que les roches anciennes renferment des fossiles parmi lesquels on reconnaît des vestiges dérivant de plantes ou d'animaux qui, malgré des différences spécifiques ou même génériques, manifestent cependant une analogie essentielle avec les membres de la flore et de la faune actuelles. Les tissus, par exemple, les téguments sont bâtis de même dans les deux séries ; les squelettes sont, des deux parts, soumis aux mêmes lois de l'anatomie comparée. Or, cette uniformité d'anatomie entraîne nécessairement une intime ressemblance de physiologie et, dès lors, on peut affirmer que les Trilobites fossilisés dans les schistes anciens n'auraient pu se satisfaire d'un milieu par trop différent de celui où prospèrent les Homards et les Crabes actuels.

C'est alors que l'idée du métamorphisme est venue et qu'on a pensé que certaines actions avaient modifié des roches qui, d'abord, étaient analogues aux roches d'aujourd'hui ; seulement on introduisit l'idée d'une *époque métamorphique ;* on admit qu'à un moment précis, et d'ailleurs reculé, la modification s'était faite tout d'un coup et que, depuis lors, les produits transformés étaient restés immuables. Les ouvrages un peu anciens fourmillent de passages qui témoignent de l'unanimité avec laquelle les géologues se rangèrent à cette manière de voir.

Tout autre est le point de vue *activiste,* auquel il faut nécessairement se placer pour comprendre le métamorphisme. On doit admettre que c'est un phénomène essentiellement continu, qui commence à se faire sentir dans un sédiment dès que celui-ci est déposé et dont les effets sont variés d'un point à l'autre, en raison du temps inégal pendant lequel il s'y est fait sentir et d'après la distance variable de chaque localité à son foyer d'origine.

D'après ce qu'on a vu, l'agent essentiel du métamorphisme est l'eau chaude des profondeurs et il ne nous reste, pour en avoir dit assez à cet égard, qu'à rechercher les conditions principales dans lesquelles l'eau peut être échauffée de façon à déterminer les effets que nous étudions.

Les géologues qui ont fixé leur attention sur le métamorphisme sont d'accord pour y reconnaître trois subdivisions principales ; on va voir qu'elles se rapportent seulement à trois modes distincts d'échauffement de l'eau. La première, qualifiée de métamorphisme général, est la conséquence directe et nécessaire du phénomène sédimentaire : une couche donnée étant recouverte d'une épaisseur suffisante de sédiments plus récents, les choses se passent comme si elle avait été enfouie à une profondeur convenable. Dès lors la loi sur la distribution souterraine de la chaleur s'applique à elle ; les eaux qui circulent dans sa masse ont une énergie chimique en relation avec la température ambiante. La deuxième concerne le métamorphisme déterminé par l'échauffement du sous-sol à la suite de l'éruption des roches volcaniques : c'est le métamorphisme de contact. La dernière vise les effets de l'échauffement souterrain comme conséquence de la perte de force vive dans les phénomènes corticaux décrits plus haut : c'est le dynamo-métamorphisme. Disons un mot de chacun.

Métamorphisme général (régional, normal). — Sous le nom de *métamorphisme général* ou *régional,* ou *normal,* on réunit les effets observables dans des pays entiers avec une intensité égale sur une très vaste surface, comme cela se produit en France pour une partie de l'Anjou ou des Ardennes, pour la Basse-Bretagne ou le Plateau Central.

Par exemple aux environs d'Angers, on exploite sous le nom d'*ardoises* des schistes qui sont, à n'en point douter, de très anciennes argiles métamorphisées. On y voit des fossiles qui n'ont pu y être admis qu'avant la solidité et la résistance à l'eau dont les schistes sont pourvus aujourd'hui.

Leur analyse chimique y reconnaît une composition ne différant guère de celle de l'argile, que par une moindre proportion d'eau. Mais l'examen microscopique y révèle une structure entièrement cristalline qui tranche absolument avec l'état amorphe de la boue argileuse.

L'expérience de Sénarmont permet d'ailleurs de donner la composition minéralogique des ardoises à l'argile, — c'est-à-dire de transformer cette roche amorphe en l'agrégat cristallin dont il est question — et, dès lors, le rôle de l'eau dans le phénomène n'est point douteux.

Pour s'imaginer comment ce rôle a pu s'exercer il faut reconstituer dans la roche la succession des phénomènes qui s'y sont produits depuis l'époque lointaine où la matière première de l'ardoise d'à présent se déposait sous forme d'argile au fond de la mer. Cette boue, accumulée sous l'eau où elle enveloppait des débris organiques, fut recouverte de dépôts successifs, dont l'épaisseur au cours des temps atteignit un nombre très notable de kilomètres. La température de la couche considérée, très voisine sans doute de zéro à l'origine, s'éleva peu à peu, exactement comme si elle avait été transportée dans des régions de plus en plus profondes de la croûte terrestre, par suite du recouvrement rocheux qui la surmontait avec une épaisseur croissante. Or, ce que nous savons de la distribution des températures souterraines nous permet d'affirmer qu'aux profondeurs dont il s'agit, la température est suffisante pour donner à l'eau les qualités chimiques réclamées pour le développement des actions métamorphiques.

En outre, et ceci mérite d'être mis en évidence, le poids colossal des masses superposées à la couche considérée a exercé sur elle une pression qui, d'après des principes bien établis, a déterminé un écoulement de substance dans une direction perpendiculaire à la force agissante, c'est-à-dire horizontale. Or, des expériences directes, en tête desquelles il faut mentionner celles dont John Tyndall est l'auteur, ont montré que, pendant cet écoulement d'ailleurs prodigieusement lent, les éléments allongés ou aplatis contenus dans la masse plastique tendent à s'aligner uniformément dans le sens de la moindre résistance. Il en résulte que la roche, en même temps qu'elle change sa composition minéralogique, change aussi sa structure et devient feuilletée. C'est donc l'un des traits les plus caractéristiques des ardoises — celui qui justifie l'exploitation dont elles sont l'objet — qui vient s'expliquer ainsi comme de lui-même. Dans certains cas, au lieu du feuilleté, on constate la production de polyèdres, de rhomboïdes pseudo-réguliers, parfois de prismes très allongés qui peuvent servir comme échalas. Une autre conséquence très intéressante des mêmes phénomènes c'est la déformation des fossiles qui sont entraînés par l'écoulement général de la roche. Il est très fréquent, par exemple, de rencontrer des Trilobites plus ou moins étirés, parfois au point d'être méconnaissables.

Cette origine incontestable du métamorphisme général nous explique tout de suite l'observation dont nous sommes partis, c'est-à-dire l'accentuation de l'effet observé avec la profondeur, en d'autres termes avec le rapprochement du foyer d'émission calorifique. C'est un fait précis qu'il faut retenir à cause des comparaisons qui vont s'imposer à nous.

Métamorphisme volcanique (ou de contact). — Il se présente une seconde forme de métamorphisme, le *métamorphisme de contact*, que nous pouvons qualifier aussi de *métamorphisme volcanique*. Celui-ci se produit dans les terrains traversés par les poussées de roches éruptives et c'est même le premier qui ait fixé l'attention des observateurs : il faut remonter à la fin du xviiie siècle pour rencontrer le commencement des études qui lui furent consacrées. Elles eurent pour auteurs James Hall, le chef de l'École dite plutoniste, ainsi que son illustre élève et continuateur, Hutton. Ces études présentent ce caractère, remarquable pour l'époque où elles furent entreprises, d'avoir invoqué à leur appui le concours de l'expérimentation.

En beaucoup de contrées, et spécialement sur les falaises qui bordent le littoral nord-est de l'Irlande, dans les comtés d'Antrim et de Londonderry, on observe des assises de craie blanche au travers desquelles se sont fait jour des filons (ou *dykes*) de basalte. Celui-ci est souvent aussi épanché en nappes superposées à la roche sédimentaire ou interstratifiées dans son épaisseur. Or, tandis que la craie est restée parfaitement normale à une distance assez grande de la roche silicatée, elle se montre, à son voisinage, transformée en un marbre d'autant plus serré et d'autant plus cristallin que la proximité est plus grande.

James Hall, étudiant les conditions de cette sorte de gisement, conclut de ses observations que la transformation est résultée d'une application de la chaleur et, pour le prouver, il tenta d'en réaliser artificiellement la reproduction. Il enferma hermétiquement, dans un tube de fer analogue à celui que Sénarmont devait employer plus tard, de la craie pulvérisée et il la chauffa pendant fort longtemps à une température supérieure à celle de la décomposition du calcaire. Après refroidissement lent et à l'ouverture du tube d'acier employé à l'opération, on trouva, en effet, une matière calcaire serrée et cristalline contrastant avec la craie, mais ressemblant au marbre d'une manière tout à fait remarquable. Hall crut à une simple reconstitution du carbonate détruit par la chaleur et dont les éléments étaient restés en présence. Il méconnut l'influence minéralisatrice de l'eau interposée dans la craie mise en usage, influence qui est tout à fait déterminante. La craie sèche ne se transforme pas et l'humidité de la craie est nécessaire au succès de l'expérience.

Il y a donc eu, à Antrim, métamorphisme de la craie par l'eau échauffée grâce à l'éruption basaltique, et ce métamorphisme présente, dans les divers points du sédiment, une accentuation en rapport avec la température développée. Bien entendu, et on ne saurait trop le rappeler, le phénomène ne s'est pas produit dans les conditions réalisées aujourd'hui dans la falaise irlandaise. Si la craie y était chauffée, elle produirait de la chaux vive qui se carbonaterait ensuite sous l'influence de l'air. Quand la réaction prit naissance, le terrain maintenant visible était à une profondeur telle qu'il était soumis aux mêmes conditions que l'intérieur du tube fermé employé dans les expériences.

Cette remarque explique la faiblesse du métamorphisme déterminé sous nos yeux par les sorties actuelles de laves volcaniques : celles-ci n'agissent qu'à la pression ordinaire. Mais si nous pouvions pénétrer dans les racines du Vésuve ou de l'Etna, nous rencontrerions les points où la réaction se développe avec toute son ampleur. Là elle détermine des effets qui ne seront étudiables directement qu'à la suite de déplacements amenant les points transformés au-dessus du niveau de la mer, et après les dénudations qui auront dépouillé ces points des assises qui leur sont maintenant superposées. Déjà du reste nous possédons des spécimens de transformations réalisées à l'époque actuelle, dans des

blocs de roche calcaire qui, dans la série des phénomènes souterrains, se sont parfois détachés de leur gisement et ont été
entraînés à la surface avec les matériaux volcaniques. Ainsi que
nous l'avons déjà dit à propos du phénomène volcanique, on les
connaît sous le nom de *blocs de la Somma* et on a vu, dans notre
chapitre minéralogique (pages 76 et suivantes), la longue série
des espèces cristallisées que le métamorphisme y a engendrées.

Naturellement l'intensité des phénomènes du métamorphisme
de contact s'accroît à mesure qu'on va les observer dans les régions
de plus en plus profondes des appareils volcaniques. Comme type
on peut choisir des localités du Morbihan telles que les Salons de
Rohan, auprès de Pontivy ; on est vraiment là en présence des
racines d'un des plus anciens volcans de la Terre. Des laves, c'est-à-
dire des granits, ont traversé des assises évidemment situées alors
à une énorme profondeur, et qui sont constituées par des schistes
siluriens. Le métamorphisme de contact s'est développé avec une
intensité extrême. La substance constitutive de la roche stratifiée a
été, sous l'action bathydrique, remaniée et transformée dans toute
sa masse, et une partie s'est constituée en cristaux d'une netteté
extrême et de dimensions inusitées. C'est ainsi que se sont engendrés, en particulier, les prismes, longs parfois de 30 centimètres,
de la chiastolithe et les groupements connus de la staurotide.

La zone des roches de métamorphisme volcanique constitue dans
le pays de Cornwall, en Angleterre, aussi bien que dans notre
Bretagne, des auréoles autour de toutes les apophyses granitiques :
on a eu bien soin de les marquer d'une teinte spéciale sur la
carte géologique de l'Angleterre.

On revoit des faits du même genre dans une foule de localités :
les environs d'Andlau, en Alsace, ont été spécialement signalés par
le nombre et la variété des minéraux que les phénomènes de contact ont engendrés dans les schistes dévoniens. Dans un très grand
nombre de cas on est autorisé à considérer, en face de l'*exo-méta-
morphisme* — produit sur la roche encaissante, — un *endo-méta-
morphisme* qui résulte des réactions exercées sur la roche injectée
elle-même.

Métamorphisme cortical ou orogénique (dynamo-métamorphisme

ou **métamorphisme dynamique).** — Enfin, comme nous venons de le dire, il nous faut examiner une troisième et dernière condition dans laquelle les phénomènes métamorphiques se développent avec toutes leurs conséquences. Il s'agit, cette fois, de localités où l'échauffement de l'eau souterraine, agent des transformations chimiques, a été déterminé par la destruction des forces vives employées au refoulement du sol dans les phénomènes orogéniques ou corticaux.

C'est naturellement dans les chaînes de montagnes que nous en trouverons les produits les moins anciens, d'autres pouvant persister dans des localités, jadis montagneuses, que des réactions u'térieures ont aplanies et même recouvertes de strates horizontales.

Un coup d'œil suffit à montrer que, dans les chaînes de montagnes, toutes les roches sont métamorphisées; on reconnaît aussi que l'intensité des transformations est en rapport en chaque point avec la distance aux localités d'effort mécanique maximum. On constate en outre que les pressions orogéniques ont déterminé, non seulement la génération de minéraux cristallisés, mais encore des écoulements de roches du genre de ceux que nous présentaient tout à l'heure les massifs soumis au métamorphisme général et d'où sont résultées des structures spéciales et, avant tout, la structure feuilletée. La direction des feuillets est, en chaque lieu, perpendiculaire au sens des pressions et son observation peut jeter beaucoup de jour sur la reconstitution théorique des soulèvements montagneux.

Quant à la composition minéralogique des roches transformées, elle ne se borne pas à répéter ce qui concerne les deux formes précédentes du métamorphisme : à cause de la situation des régions observables, elle s'enrichit de résultats nouveaux.

Tout d'abord, on voit les calcaires devenir marbres et les argiles passer aux schistes comme précédemment, mais on reconnaît que la métamorphose a pu s'accomplir assez vite pour que des terrains très récents aient acquis des caractères de haute vétusté et que tous les niveaux stratifiés soient comme avancés de un ou de plusieurs degrés dans la série des modifications constatées précédemment. Ainsi, le terrain houiller des Alpes ne renferme pas de houille véritable, mais de l'anthracite, c'est-à-dire le combustible caractéristique du Dévonien et du Silurien ordinaires. De même, les argiles du Jurassique inférieur (Lias) sont passées, par exemple dans le massif du mont Lachat (région du mont Blanc), à l'état de véritables ardoises, assez fines pour faire une concurrence complète aux ardoises d'Angers. On y trouve comme dans celles-ci des fossiles étirés, seulement ce ne sont plus des Trilobites, mais des Ammonites et des Bélemnites. Ces derniers Mollusques, dont la forme générale est celle d'un cylindre conique à une extrémité, de façon à ressembler assez à un cigare, sont réduits en tronçons écartés souvent les uns des autres par des intervalles très notables. A Glaris, on voit plus encore, puisque d'excellentes ardoises résultent, par le même procédé, du métamorphisme d'argiles tout à fait récentes ayant l'âge de certaines couches des environs de Paris, appartenant par conséquent au terrain tertiaire.

Ces produits, si caractérisés cependant, se trouvent sur les marges des chaînes. Vers l'axe, les transformations ont été si intenses que les roches initiales sont souvent devenues absolument méconnaissables. C'est ainsi que, non loin de la Grimsel, on a signalé la présence de vestiges fossiles dans de véritables gneiss, c'est-à-dire dans du granit feuilleté ; et c'est ce qui nous faisait dire que le métamorphisme dynamique ajoute des enseignements à ceux des deux autres formes de métamorphisme.

Cette découverte, renouvelée plus d'une fois, a conduit à l'opinion que les roches schisteuses cristallines, les gneiss, les micaschistes, les talcschistes peuvent être des produits de transformation, poussée au maximum, de dépôts argileux ayant possédé à leur origine les caractères des sédiments contemporains.

Si cette conclusion est légitime en quelques cas, elle ne saurait être universellement vraie, car nous avons la preuve, contrairement à une opinion qui a été défendue, que les phénomènes géologiques ont réellement eu un commencement.

Il n'en reste pas moins vrai que l'eau suréchauffée se révèle comme ayant nécessairement présidé à l'élaboration des roches fondamentales (granit, gneiss et schistes cristallins), de telle sorte que ces roches se rattachent ainsi à des réactions bathydriques, quoique datant d'une époque où la pesanteur énorme de l'atmosphère jouait vis-à-vis de toute la croûte le rôle qui est dévolu maintenant au poids des assises superficielles de l'écorce solide. C'est là une conséquence de haute valeur qui justifie les conclusions auxquelles nous parviendrons au terme de nos études, quant à la variatior dans le temps du mode de génération des minéraux et des roches.

Association fréquente des divers ordres de métamorphisme. — Il convient aussi, en terminant cet ordre de considérations, de ne pas perdre de vue que les localités où les effets des trois sortes de métamorphisme sont nettement séparés les uns des autres et où l'une des catégories se présente à l'exclusion des autres, sont tout à fait exceptionnelles, si même il en existe.

Le cas normal, c'est la collaboration entre les différents modes d'échauffement de l'eau souterraine et il suffira, pour être édifié à cet égard, de remarquer que le métamorphisme volcanique ne saurait manquer de s'exercer, au moins dans les parties basses du sol traversé par les éruptions, sur des masses ayant déjà éprouvé le métamorphisme général. Dans l'exemple typique mentionné à Pontivy, l'intrusion du granit a développé la production des chiastolithes et des staurotides dans des roches schisteuses, c'est-à-dire représentant déjà le résultat de transformation de l'argile. Il y a donc eu superposition du métamorphisme de contact (ou volcanique) au métamorphisme normal (ou régional).

On pourrait aller plus loin ; par exemple, aux environs de Fumay, dans les Ardennes, on voit des roches qui, après avoir subi le métamorphisme général qui en a fait des ardoises, ont été injectées de filons éruptifs (constitués par la roche dite *porphyroïde* de Mairûs, paraissant dériver elle-même du métamorphisme d'apophyses granitiques) et, enfin, violemment remaniées par les actions orogéniques qui ont donné son relief à toute la contrée, en soulevant la chaîne des Ardennes.

Il va sans dire que l'analyse détaillée de semblables superpositions pourrait offrir de très grandes difficultés.

RÉSUMÉ

En résumé, le peu de détails auxquels nous avons été contraint de nous borner suffit pour faire sentir les traits essentiels des réactions bathydriques. On voit qu'elles sont absolument incessantes, s'attaquent à tous les points de la zone humide profonde de la Terre et y réalisent des transformations chimiques toujours recommencées. Le caractère continu de ces travaux conduit à reconnaître que, sauf des cas très rares, les assises un peu anciennes n'ont rien conservé de leurs éléments des débuts et rien non plus de leur structure originelle. La vieille opinion, qui en faisait de simples archives où des documents de tous les âges se conserveraient sans altération, est absolument insoutenable et doit être remplacée par le point de vue nouveau, ou activiste, que nous venons de résumer.

Un des résultats les plus immédiatement sensibles de l'activité des eaux profondes, c'est la circulation qu'elles impriment à ceux des éléments rocheux qui cèdent à leur énergie chimique. Par exemple, les formations calcaires tendent à disparaître des anciens terrains pour rendre leur substance à la surface du sol et alimenter ainsi les productions géologiques successives. C'est la raison d'une différence apparente qu'on avait signalée d'abord entre l'époque actuelle et les époques anciennes, d'où dateraient des terrains plus simples dans leur composition, moins variés et par conséquent plus épais. Ce sont là, en réalité, des caractères acquis par le jeu des réactions que nous avons résumées.

Liaison de la fonction bathydrique avec les fonctions précédentes. — On doit remarquer, en terminant, l'intime liaison de la fonction bathydrique avec les deux fonctions autonomes précédemment décrites. L'activité propre de la croûte procure à l'eau d'imprégnation des roches le surcroît d'énergie chimique et cristallogénique sur lequel nous venons d'insister. Elle lui ménage, en outre, par les géoclases dont elle a déterminé la production, un réseau de canaux circulatoires parmi lesquels se signalent des voies d'ascension ou de retour à la surface. Grâce à celles-ci les eaux profondes interviennent dans le grand phénomène du refroidissement spontané du globe : à la perte de chaleur par conduction, elles ajoutent celle qui résulte de la circulation des eaux chaudes et l'ampleur de leurs travaux doit nécessairement mettre en défaut tous les calculs sur la vitesse du refroidissement où on a négligé de les faire intervenir. Relativement à la fonction volcanique, les liens de la nappe bathydrique ne sont pas moins nombreux et immédiats. C'est l'eau profonde que le volcan met en œuvre par le mécanisme précédemment indiqué et, réciproquement, les éruptions des roches apportent à cette même eau une énergie qui, comme on l'a vu, se traduit de façons très diverses.

DEUXIÈME PARTIE

LES FONCTIONS SOLAIRES

CHAPITRE PREMIER

L'ACTIVITÉ DE L'EAU SUPERFICIELLE

L'influence directe du Soleil s'affirme d'une manière tout spécialement frappante en ce qui concerne la circulation de l'eau à la surface de la Terre. On assiste chaque jour à l'évaporation, par la chaleur directe de ses rayons ou par le passage des vents qu'il a mis en mouvement, de nappes d'eau qui tarissent et disparaissent pour aller alimenter la réserve aqueuse de l'atmosphère. Celle-ci, à son tour, devient visible à nos regards par la condensation qui la convertit en nuage et par la précipitation qu'elle subit sous les formes multiples de brume, de pluie, de grêle ou de neige, et nous avons ainsi le spectacle d'une véritable circulation atmosphérique des eaux.

Cette circulation est le pendant exact des circulations souterraines précédemment considérées et, à cet égard, il existe une ressemblance intime entre la profondeur de la roche aérienne et la profondeur de la masse pierreuse sous-jacente. Mais la zone de contact mutuel de ces deux régions, c'est-à-dire la surface du sol, est, au point de vue de la circulation aqueuse, signalée par des particularités toutes spéciales. Il s'y fait une nappe d'eau sub-aérienne, dont les allures sont différentes de celles des nappes souterraines, qui sont d'ordinaire encombrées de particules solides compliquant beaucoup pour elles les conditions normales des liquides. D'un autre côté, la limite inférieure de la zone épipolhydrique est remarquable par ses rapports avec les inégalités du sol et il est clair *a priori* qu'il ne faut pas s'attendre à lui trouver une régularité qui, bien certainement, n'est pas dans la nature des choses. En gros on peut dire que, remontant sous les chaînes de montagnes et s'abîmant sous les océans, elle s'infléchit comme la surface du sol. Cependant on sent bien tout de suite qu'elle ne saurait lui être parallèle. Sous les montagnes géologiquement récentes, des effluves chauds émanant des roches injectées activent considérablement la progression géothermique ; par contre, sous les océans, la circulation de la mer, qui remet toujours en contact avec le fond rocheux du bassin des filets liquides très froids, détermine nécessairement l'effet inverse. Cependant s'il se présente des cas où la limite des domaines superposés de l'eau de surface et de l'eau profonde ne peut être nettement tracée, les caractères distinctifs qui les concernent respectivement ne perdent rien pour cela de leur incontestable signification.

En laissant de côté pour le moment les portions larges et relativement stagnantes de la nappe superficielle, nous devons retenir ici, comme se rattachant immédiatement à la circulation aqueuse atmosphérique, tout ce qui a trait à la chute et au ruissellement de la pluie à la surface du sol continental ou insulaire, ainsi que tout ce qui concerne l'imprégnation des couches terrestres moins profondes que les zones à température invariable.

Eau sauvage. — La chute de la pluie détermine des effets géologiques spéciaux. Chaque goutte, en frappant la terre, y réalise un travail dont les résultats deviennent parfois extrêmement sensibles. A la surface des couches d'argiles molles ou de sable déjà convenablement humidifié, on voit se produire, sous le choc, de petites cupules caractéristiques et qui réprésentent un déplacement de particules solides. D'ordinaire, la pesanteur intervient seule comme cause déterminante de la chute ; parfois aussi le vent ajoute son impulsion à l'action précédente et, en modifiant la trajectoire de la goutte, donne à l'impression produite une forme ovale et déjetée très particulière.

Il n'est pas inutile d'ailleurs de remarquer que si l'énergie solaire a été le moteur de l'eau s'élevant dans l'atmosphère pour s'y condenser sous forme de gouttes de pluie, c'est l'énergie propre de la Terre, sous forme de pesanteur, qui a déterminé la précipitation des gouttes sur le sol. C'est un exemple de l'association indissoluble, et réapparaissant de tous les côtés et sous toutes les formes, des termes les plus variés de l'ensemble naturel.

Le déplacement des particules argileuses ou sableuses déterminant les cupules pluviaires n'est que le premier degré des travaux mécaniques de la pluie. Sur les pentes, la désagrégation du sol peut atteindre des dimensions considérables, grâce à la faculté de l'eau sauvage de ruisseler selon les déclivités et d'entraîner avec elle les particules transportables qu'elle rencontre.

Bien souvent, on est porté à méconnaître l'intensité du travail ainsi réalisé et il n'est pas inutile d'y insister un moment.

C'est ainsi, par exemple, que la persistance de la culture du sol arable dans le même lieu et depuis des dizaines de siècles fut un argument pour défendre cette théorie qu'à l'époque actuelle les phénomènes géologiques ne sont plus qu'une faible atténuation des immenses actions réalisées aux périodes antérieures. En réalité, pendant ce laps, si court en comparaison des durées telluriques, de grands changements de relief et de forme s'étaient réalisés. Mais ils avaient été complètement masqués par le renouvellement ininterrompu de la pellicule de terre végétale à la surface du soussol, constamment corrodé au-dessous d'elle.

Il suffit d'un coup d'œil sur un pays où il ne pleut jamais, comme certaines parties du Chili, pour reconnaître la part prépondérante de la pluie dans le modelé de régions comme les nôtres. En outre, dans celles-ci il s'est souvent réalisé des dispositions naturelles qui mettent en évidence l'efficacité du « petit » phénomène pluviaire pour déterminer de grands effets.

Pour citer d'abord l'un des plus faibles comme dimensions, nous pouvons arrêter notre attention sur les pyramides de terre ou

Cheminées des Fées. On appelle ainsi des obélisques naturels, en terre caillouteuse, couronnés chacun par une dalle de pierre. Ces cheminées sont de dimensions très variées et en certains pays elles sont fort nombreuses.

A Saint-Gervais (Haute-Savoie), il en existe un groupe qui est bien célèbre et qui peut servir de type : sur les flancs d'un profond ravin, creusé dans des éboulis composés d'argiles remplies de pierrailles de toutes grosseurs, elles surgissent avec la forme élancée de fûts de colonnes coniques de 15 mètres de hauteur. Le chapiteau qui les surmonte achève de leur donner une apparence architecturale tout à fait remarquable.

Or, on peut par une observation très précise reconnaître qu'elles sont l'œuvre de la pluie, car, à côté des cheminées complètes, on en voit d'autres en voie de croissance et on rencontre des points où des accidents semblables sont en train de se préparer.

Le terrain étant, comme nous l'avons dit, rempli de pierrailles, la pluie, en tombant, arrive tôt ou tard à mettre à nu des blocs trop lourds pour qu'elle les déplace, et on peut être assuré qu'en général les fragments qui jonchent la surface du sol ont antérieurement été enterrés. Ceci d'ailleurs est un fait reproduit en maintes régions et il a donné naissance à ce préjugé répandu dans certaines campagnes, que les cailloux naissent dans la terre, puisque les champs épierrés avec le plus de soin contiennent de nouvelles pierrailles après un certain temps.

Une fois les pierres, supposées plates et relativement minces, amenées au jour par la soustraction de tous les éléments terreux qui les recouvraient, la continuation ou le retour de la pluie a pour résultat de les percher sur un petit socle ou monticule. En effet, l'eau entraîne la terre tout autour des dalles qui jouent le rôle de parapluie pour la terre située au-dessous et la protègent. Et c'est par la répétition du même mécanisme que, le petit socle du début s'élevant progressivement parce que le terrain s'abaisse sur tous les alentours, les cheminées se dégagent et grandissent peu à peu.

Elles ne croissent d'ailleurs pas indéfiniment et, quand elles sont assez hautes pour que la pluie poussée par le vent puisse venir frapper leur pied, elles perdent leur base, s'écroulent et abandonnent leur couronnement qui se trouve derechef en bonne posture pour déterminer la production d'une nouvelle cheminée.

Parmi les pays où de tels accidents sont spécialement nombreux on citera Ritton, dans les Alpes, et le plateau de Zuni aux États-Unis, où c'est par milliers qu'on peut compter les cheminées pouvant mesurer 100 mètres de hauteur sur une surface relativement restreinte.

Il importe de ne pas quitter ce sujet sans faire bien voir que la pluie est capable, toujours d'une façon pour ainsi dire occulte, de renouveler avec le temps la surface de pays tout entiers et, par exemple, de mettre des collines là précisément où précédemment existaient des vallées ou des gorges. Elle est d'ailleurs aidée d'ordinaire dans cette œuvre par la collaboration d'autres agents météorologiques comme la gelée et le vent : nous désignerons l'action résultante ainsi réalisée sous le nom d'*intempérisme* qui évitera des périphrases.

L'Auvergne est spécialement propre à nous procurer cette démonstration, dont la possession sera extrèmement précieuse pour retrouver le mécanisme d'où résultent les accidents de la surface des pays de plaines, dont la région de Paris peut être considérée comme représentant le type.

En Auvergne, on voit, comme nous l'avons déjà dit, un très g and nombre de manifestations volcaniques : les cônes de lapillis, les coulées de lave sont éparpillés sur le sol dans des points construits d'ailleurs de façons fort diverses et il est facile de constater que les époques des différentes éruptions sont très loin de coïncider les unes avec les autres. Il y a des volcans si vieux que leur cratère a disparu et que les coulées sont réduites à des lambeaux de roches fortement altérées; il y a, à l'inverse, des volcans qui sont si intacts qu'on peut y étudier la morphologie des cratères aussi bien que sur le Vésuve : il en sort des coulées qui se continuent sans interruption sur des longueurs énormes et avec l'allure des laves d'aujourd'hui. Enfin on trouve des exemples de maints états intermédiaires entre ces deux types extrèmes.

Depuis que le phénomène volcanique s'est déclaré en Auvergne, le sol n'a cessé d'être écroûté par chaque pluie comme il l'a été partout ailleurs; seulement les coulées de lave ont, à chaque éruption, protégé la surface du sol sur laquelle elles s'étaient épanchées, et grâce à elles, nous avons — ce qui nous manque dans les pays non volcaniques, — une série de spécimens de la surface de la région à des moments successifs.

La comparaison de ces spécimens met en lumière que le sol s'est constamment abaissé et qu'il a perdu des centaines de mètres de son épaisseur depuis les débuts du régime continental, c'est-à-dire pluviaire, qu'il subit encore aujourd'hui ; elle nous révèle aussi que la perte de cette énorme épaisseur s'est faite par un mécanisme tranquille, identique à celui qui se continue sous nos yeux et qui est si doux qu'on le méconnaît partout où des repères ne se rencontrent pas.

On sait que les coulées de laves des volcans maintenant démantelés se sont étalées sur un pays bien plus élevé que la région où se sont épanchées les laves des volcans bien conservés, et que celles-ci ont ruisselé à leur tour sur un sol bien plus élevé que celui de la plaine actuelle.

Et on peut aller encore plus loin et justifier complètement ce que nous disions il y a un moment : on trouve que les laves des volcans d'Auvergne couronnent des collines ; elles ont même donné à ces collines un profil tout à fait particulier et qui, sans effort, se rattache au profil des Cheminées des Fées : ce sont des monticules, formés de calcaire et de marnes, ou de cendres volcaniques en lits horizontaux, couronnés par une nappe de basalte qui a manifestement joué le rôle de parapluie.

Or, au moment de chaque éruption, la lave vomie par le cratère n'est pas allée se promener sur le sommet des collines du voisinage : elle a fait comme tous les liquides, elle a suivi la déclivité du terrain et a fini par s'arrêter et par se consolider sur le *thalweg* de ravins ou de vallées d'où souvent même elle a chassé un ruisseau ou une rivière qui y serpentaient. Donc, les régions où on trouve ces laves et qui sont en relief aujourd'hui, et souvent en fort relief au-dessus du niveau général du pays, étaient au contraire, au moment de l'éruption, des parties basses comme des fonds de vallées dominés par des localités plus élevées. Par conséquent, la soustraction que la pluie a réalisée aux dépens du sol n'est pas mesurée exactement par la hauteur des collines actuelles ; elle comprend en plus la hauteur, d'ailleurs inconnue, des anciens reliefs qui bordaient les vallées envahies par les laves.

Comme il n'y a aucune raison pour que le phénomène de *dénu-*

dation pluviaire ait eu en Auvergne une allure spéciale, on est forcément conduit à étendre la conclusion qui précède à l'histoire de la
plus grande partie de la surface des continents et à reconnaître que
le sol en a été énergiquement décapé par la pure et simple chute de
la pluie. Celle-ci acquiert de ce fait, et malgré sa première apparence
si modeste, l'importance d'un gigantesque phénomène géologique.

Il est utile de nous demander maintenant quelle forme la pluie
tend à imprimer à la surface du sol sur laquelle elle ruisselle. Théoriquement et partant, pour plus de simplicité, de la supposition d'un
pays parfaitement plat et uniformément incliné, sous un ángle très
faible, dans une direction déterminée, on pourrait croire que, sur
une même bande de terrain considérée perpendiculairement à la
ligne de pente, la soustraction de matière par le ruissellement sera
sensiblement égale dans tous les points et que le sol, en s'abaissant,
restera parallèle à lui-même.

Mais outre qu'il est évident que ces dispositions géométriques ne
se rencontrent jamais, il faut se demander si les conclusions admises
se produiraient alors même que les données du problème seraient
réalisées. On est en droit d'en douter, car il serait improbable que
l'eau tombât sur toute la surface en quantité exactement égale, qu'il
n'y eut pas à un moment ou à un autre une poussée de vent dans
quelques points spéciaux et cela suffirait pour établir des inégalités dont les conséquences sont faciles à préciser.

En réalité, la surface partout identique à elle-même que nous
avons supposée n'existe pas. On en approche beaucoup pratiquement dans certains cas et il est intéressant de voir ce qui en résulte.
Par exemple, on s'attache, lors de la construction des tranchées de
chemin de fer, à faire des talus bien réguliers et bien uniformément
pilonnés : si une pluie vient à tomber avant que le gazonnement n'ait
été fait, le talus, loin de se décaper régulièrement, se ravine, se creuse
de sillons plus ou moins profonds et il faut le réparer. Dans les
jardins et dans les parcs, on fait des allées aussi uniformes que possible et dont la pente cette fois est bien moins accentuée : il faut
plus de temps pour que le résultat se produise ; mais il se fait encore : des réseaux de sillons se dessinent et s'accentuent peu à peu.

On retrouve facilement la cause de ces effets dans de très légères
inégalités de constitution de points tout voisins, et on constate

qu'il suffit de la plus faible différence pour qu'elle-même devienne la cause déterminante de différences de plus en plus marquées.

Or, cet ensemble de détails se reproduit sur le sol naturel et on en reconstitue les phases depuis les premiers débuts en remontant, sur les flancs de la vallée, les plus petits des ravins et des sillons qui convergent vers un thalweg. A chaque pluie l'eau sauvage y réunit ses ruissellements et, augmentée dans sa force par le volume acquis, y soustrait plus de particules terreuses que dans le voisinage, de façon à augmenter la largeur et la profondeur du sil-. lon où elle circule. Et il faut bien reconnaître que ce mécanisme est exactement celui qui a déterminé la production et la croissance des dépressions de plus en plus grandes que l'on rencontre en descendant vers la rivière.

La conclusion est que la production des inégalités de la surface du sol continental se rattache, du moins pour une grande part, au ruissellement des eaux sauvages ; réserve faite, bien entendu, pour tout ce qui concerne l'exercice de l'activité souterraine qui nous a occupés et sur laquelle nous ne revenons pas.

Il faut aussi remarquer qu'il se fait, dans le petit sillon dont nous venons de parler, un changement notable à mesure qu'il se développe, en ce qui concerne l'écoulement de l'eau. Au commencement de son existence il laisse suinter un petit filet, à peine plus épais que la nappe d'eau sauvage du voisinage, et qui se tarit aussi vite qu'elle. Mais quand il est parvenu à s'élargir et par conséquent à s'approfondir un peu, il reste tout mouillé alors que la surface voisine n'est plus qu'humide, et cela parce qu'il reçoit le long de ses bords de l'eau qui s'était infiltrée dans le sol et qui en ressort. La durée de cet écoulement, surajouté au premier écoulement exclusivement superficiel, va en augmentant à mesure que le sillon, grandissant toujours, s'approfondit de plus en plus et on peut facilement imaginer qu'elle arrive à persister jusqu'au moment de la prochaine pluie de sorte que l'écoulement devient alors permanent.

Or, la notion à laquelle nous venons d'être amenés par l'observation des faits à petite échelle s'applique, sans autre changement que l'inégalité des dimensions, à l'histoire du creusement des vallées. La vallée de la Seine, par exemple, s'est faite ainsi. L'usure

du sol par la pluie a produit un sillon d'abord très faible, progressivement de plus en plus large et de plus en plus profond et
un jour est arrivé où les suintements des flancs du sillon ont persisté assez de temps pour qu'il n'y ait plus eu, comme auparavant, de
tarissement entre les pluies consécutives. A partir de ce moment,
la rivière a été créée et ce n'est pas un mince motif d'intérêt que
les rivières soient l'œuvre des vallées dans lesquelles elles
coulent.

Il résulte aussi de ces faits que la véritable source d'une rivière
n'est pas en un point particulier, mais sur toute la surface de
son bassin hydrographique. Tout le monde sait bien que si on
aveuglait à Saint-Germain-la-Feuille la « source » de la Seine, ou
que si on dérivait artificiellement l'eau de cette « source » dans
une autre vallée, le fleuve, à Paris, n'en subirait aucune modification.

Il est vrai que cela n'aurait pas lieu pour toutes les rivières et
que si, à Vaucluse, on détournait la source de la Sorgue, celle-
ci serait parfaitement tarie ; mais c'est que la source de Vaucluse
n'est pas une source, c'est-à-dire une origine : c'est un point du
cours d'une rivière qui, après avoir été souterraine pendant une
grande longueur, devient tout à coup subaérienne. Ce type de
cours d'eau nous occupera un peu plus loin.

La vallée, se creusant sous l'action de la pluie, donnant naissance à la rivière et lui procurant des accroissements successifs,
on doit se mettre en garde contre une cause d'illusion à la vue
des lambeaux de terrain fluviaire existant sur les flancs des vallées
et parfois à une notable altitude de part et d'autre du thalweg,
et qui feraient croire que, dans le passé, le cours d'eau a été plus
large et plus volumineux qu'il n'est à présent.

Un cours d'eau peut varier dans le cours des temps à cause des
changements du régime des pluies dans la région, à cause aussi de
phénomènes de capture dont nous allons parler, mais les variations ne peuvent jamais être très considérables et normalement il
doit croître progressivement, à mesure que son bassin hydrographique s'élargit.

Capture des cours d'eau. — D'après le mode même de pro-

duction des vallées on voit que la limite de chacune d'elles tend
à reculer de toutes parts. Quand cette *régression* des points hauts
des vallons tributaires, y compris celui auquel conventionnelle-
ment on attribue la dénomination de « source » de la rivière, vient
mordre sur la pente inverse du bassin hydrographique voisin, il
arrive que des cours d'eau de ce deuxième bassin peuvent être
sollicités à s'infléchir vers le premier. C'est le phénomène connu
sous le nom de *capture* et qui présente, avant tout, ce grand intérêt de faire du creusement des vallées un agent de modification du
relief du sol, dont l'œuvre n'est jamais terminée et qui ne parvient
jamais à un état d'équilibre.

Cette assertion — exact résumé de tous les faits d'observation — est très différente de l'opinion à laquelle on arriverait si,
renversant absolument les conditions de la nature, on imaginait
un cours d'eau tout formé se mettant à attaquer la surface du sol
pour y creuser une vallée. On serait alors conduit à des conséquences
sur la régularisation des pentes et sur l'acquisition d'un « profil
d'équilibre », après lequel les vallées devraient rester absolument
immuables, ne recevant et ne perdant plus rien. Rien n'est plus
contraire à l'essence même des choses et il suffit de cette remarque pour démontrer qu'on se trouverait alors dans le domaine
d'une spéculation abstraite, ne pouvant offrir qu'un intérêt relatif
au naturaliste.

Il est très important de constater, pour en conclure l'allure générale du phénomène, que beaucoup de nos vallées étaient déjà
creusées aux temps tertiaires et n'ont fait que se modifier progressivement depuis, en conséquence de l'activité des eaux superficielles. C'est ainsi qu'on trouve, dans le Diluvium de certaines
régions, un mélange de fossiles quaternaires et de fossiles pliocènes. Saint-Prest, près de Chartres, est célèbre par le gisement
de Mammifères tertiaires tels que *Elephas meridionalis, Hippopotamus major, Rhinoceros Merckii*, etc. dans un véritable Diluvium
identique à tous égards au Diluvium ordinaire. De même, à Tilloux
(Charente), on recueille dans la même ballastière des molaires du
Mammouth, qui est quaternaire, avec des molaires d'*Elephas
meridionalis*, qui est pliocène[1]. De même encore, des lits de poudin-

---

1. Boule. *L'Anthropologie*, t. VI, p. 497-509 ; 1895.

gues subordonnés au terrain plaisancien de Nyons et de Vuau, dans le Dauphiné, paraissent démontrer que le creusement des vallées avait commencé dans cette région dès le Pliocène inférieur.

Eau courante. — Une fois la vallée creusée et le cours d'eau établi, celui-ci s'emploie à travailler très activement le sol sur lequel il s'écoule. Les remaniements qu'il réalise ainsi donnent au terrain qui en est l'objet des caractères tellement particuliers qu'on peut, à sa structure, reconnaître à coup sûr son origine fluviaire et c'est un document des plus précieux pour reconstituer dans le détail l'économie des périodes géologiques.

La structure dont il s'agit peut être vérifiée dans le sol de toutes les vallées larges, où divague un cours d'eau offrant de capricieux méandres et aussi bien d'ailleurs que ce cours d'eau soit de faible dimension, comme la Juine à Etampes, par exemple, ou qu'il ait un débit considérable comme la Loire à Tours, ou la Seine à Paris.

Sur le front de taille des ballastières situées à une distance suffisante du thalweg actuel (car plus près de lui la masse graveleuse n'a pas acquis encore tous ses caractères), on reconnaît que le Diluvium se présente comme une triple formation, dont les trois termes superposés peuvent être facilement caractérisés. Sa portion inférieure est dite *macrolithique*, parce qu'elle consiste presque exclusivement en gros blocs, généralement fort arrondis et pouvant cependant être plus ou moins anguleux. Sa portion moyenne offre une structure extrêmement remarquable et qu'on a exprimée en disant qu'elle est *amygdaloïde*. On y observe l'entrecroisement d'amandes ou de lentilles sableuses aplaties, séparées les unes des autres par des surfaces de contact rendues plus nettes par la dissémination de pierrailles et dont la structure consiste en petits lits sableux généralement très obliques sur l'horizon. Ces lits obliques, parfaitement parallèles entre eux, affectent dans chaque lentille une direction indépendante de celle que possèdent les lentilles voisines. Enfin, la portion supérieure du Diluvium est formée de lits discontinus et plus ou moins horizontaux de matériaux très variés : limons, sables et graviers de dimensions très diverses.

L'origine et le mode de formation de ces divers niveaux sont très faciles à retrouver, car ils se reproduisent sous nos yeux et il suffit de choisir des localités favorables pour les observer. Bien que, dans les coupes complètes, la zone moyenne repose sur la plus inférieure et supporte la plus supérieure, la formation a commencé en réalité par cette dernière, qui a donné lieu, par remaniements postérieurs, à la zone moyenne, puis à la zone inférieure. La contradiction apparente de cette assertion s'évanouit au premier examen.

Si, en effet, l'on étudie la composition des dépôts que la rivière vient d'abandonner sur ses berges convexes, à la suite de fortes crues, on reconnaît qu'ils ont rigoureusement la structure de la zone supérieure précédemment décrite. Or, ils ont été formés par une série d'actions variées : tout d'abord l'eau a charrié des boues et des sables fins qui se sont déposés, à cause du ralentissement du courant en cet endroit spécial. Mais, en même temps, il est arrivé au même point, par la surface de la rivière sur laquelle ils flottaient, des objets remarquables.

Ce sont des plantes, qui ont emporté dans leurs racines des pierrailles diverses provenant des berges éboulées en amont et d'où les grandes crues les ont arrachées. Sur les grands fleuves d'Amérique, des arbres entiers sont ainsi charriés, transportant des quartiers de rochers et toutes sortes de matériaux pierreux. Ces végétaux flottants, arrivés sur la berge convexe, y sont fréquemment retenus par le lent tournoiement des eaux ; peu à peu, leurs racines se désagrègent ou cèdent à l'altération chimique et abandonnent leurs fardeaux qui viennent, sans ordre, s'accumuler au fond de l'eau.

En hiver, à l'époque des dégels, le point considéré reçoit aussi des glaçons qui tournent paresseusement, comme les plantes de tout à l'heure et qui, comme elles, sont souvent chargés de collections de pierres. Ces pierres leur proviennent de différentes sources : parfois elles représentent des éboulements de berges sur la rivière gelée, et le cas est extrêmement fréquent ; au dégel, la glace se désarticule en fragments et ce sont autant de charrois de pierres qui s'en vont au fil de l'eau. Parfois, et spécialement dans le haut des vallées et des vallons tributaires, là où les eaux sont peu volumineuses, la congélation peut en être complète et la *glace de fond*, comme on la nomme, vient cimenter ensemble et agripper des pierres submergées. A l'adoucissement du temps, les glaçons séparés se soulèvent avec leur proie et la transportent vers l'aval. C'est ainsi qu'à Paris sont parvenus, par des séries d'étapes successives, des débris granitiques souvent volumineux, empruntés au massif granitique où la Seine a ses sources.

Par le concours de ces différents procédés, on voit comment la zone supérieure du Diluvium acquiert nécessairement la structure mal définie et la constitution complexe qui la caractérisent.

Mais, par suite même des conditions mécaniques de son écoulement, le cours déplace peu à peu ses méandres et il arrive un moment où le point qui était tout à l'heure le long d'une berge convexe, c'est-à-dire de repos relatif, a changé complètement d'allure. Des filets rapides y passent maintenant qui, précédemment, circulaient sur la berge opposée. Alors, les matériaux primitifs, accumulés sans ordre, subissent un lavage qui les prive peu à peu des particules assez légères pour céder à l'entraînement de l'eau et les réduit à un résidu relativement grossier, faisant déjà penser à la zone macrolithique.

Quant aux éléments entraînés, ils s'en vont à des distances rigoureusement déterminées, pour chacun d'eux, par leur poids, par leur volume et par leur forme qui opposent une résistance spéciale aux efforts de l'eau. En parvenant aux régions dont l'état dynamique doit déterminer leur arrêt, ils sont traînés sur le fond fluviaire et disposés en petits lits superposés dont chacun, par la grosseur de ses grains, est un reflet de la vitesse de l'eau qui l'a édifié. Ces petits lits se déposent donc suivant la pente de l'éboulement dans les conditions du milieu, comme nous verrons, par exemple, se déposer les petits lits constitutifs des dunes par le mécanisme éolien. Leur accumulation continue aussi longtemps que la vitesse, dans le lieu considéré, ne subit pas d'altération sensible.

Mais si cette vitesse s'accroît, comme il est inévitable qu'elle le fasse à un moment ou à un autre, toujours par suite du déplacement des méandres, alors l'édification s'arrête et même la portion supérieure du paquet de petits lits est attaquée, pour contribuer à un nouveau dépôt dans une autre localité. Il peut arriver que tout le paquet soit ainsi supprimé ou réduit aux seuls matériaux grossiers qui, par fortune, se sont mêlés à sa substance. Mais il arrive aussi que la soustraction n'est que partielle et qu'un régime plus doux, dans ce milieu constamment changeant, vienne à s'établir. Alors de nouveaux lits se sédimentent sur les premiers. Seulement, en même temps que leur vitesse, la direction des filets d'eau s'est modifiée, et les lits nouveaux sont orientés tout autrement que les lits précédents.

On conçoit que la répétition suffisamment prolongée de ce mécanisme donne lieu à la structure en amandes, caractéristique du niveau moyen du Diluvium et on voit comment ce niveau, quoique recouvert souvent par le terrain complexe des berges convexes, est cependant le produit de son remaniement. Une fois formé il est en effet ramené fréquemment dans une localité convexe et recouvert alors de masses ayant la structure et l'origine de celles dont il dérive.

Enfin, pour la zone macrolithique, elle représente le résidu du remaniement des deux autres, quand il est porté à ses dernières limites et par conséquent quand elles ont été totalement réduites à leurs portions non transportables par le cours d'eau. Mais on voit aussi qu'il peut à la rigueur se faire des niveaux macrolithiques plus ou moins épais dans l'intérieur même du Diluvium, en pleine masse amygdaloïde, par suite de lavages partiels.

Il est intéressant d'ajouter, en passant, que la structure du Diluvium et, par conséquent, son origine n'ont pas été comprises par les premiers observateurs. L'opinion première fut que la zone macrolithique était plus ancienne que les autres et datait d'un temps où le fleuve aurait été beaucoup plus volumineux et plus rapide que le fleuve d'aujourd'hui : ce qui est, comme on vient de le voir, rigoureusement contraire à la réalité. Il est normal, ainsi que nous l'avons reconnu dès le début de nos études, que les premières solutions des problèmes de l'histoire naturelle soient complètement viciées par les apparences.

Faciès fluviaire. — D'après ce qu'on vient de voir, la circulation des rivières imprime au sol sur lequel elles coulent une physionomie particulière à laquelle on peut donner le nom de *faciès fluviaire*. Aussi doit-on se demander s'il existe des rivières fossiles, c'est-à-dire si les entrailles de la Terre ont pu conserver des traces de cours d'eau ayant circulé pendant les âges passés.

Évidemment, les exemples de ce genre doivent être fort rares, car les rivières et les vallées où elles coulent sont des objets très fragiles et, si l'on admet qu'elles soient recouvertes par des couches rocheuses proprement dites, on doit reconnaître qu'elles seront extrêmement malaisées à retrouver et à reconnaître.

Cependant on en a rencontré quelquefois et l'un des plus beaux exemples existait il y a peu d'années encore au Bas-Meudon, près Paris, au lieu dit les Moulineaux. Des carrières y ont recoupé pendant longtemps et jusqu'à destruction complète du gisement, c'est-à-dire jusque vers 1880, un lit de rivière se rapportant aux débuts de l'époque tertiaire. On y trouvait, sur une bande étroite et allongée, non seulement des galets, des sables et des argiles, mais des fossiles d'animaux et de végétaux fluviatiles et terrestres. Une découverte du même genre a été faite à Cernay, aux environs de Reims et une autre, plus importante encore par sa plus haute antiquité (car elle date de la limite commune des temps jurassiques et des temps crétacés) et par la masse de fossiles qu'elle a fournis, à Bernissart en Belgique, sur la frontière française.

Circulation souterraine. — Il est d'expérience commune que toute l'eau de la pluie ne ruisselle pas sur le sol : nous savons déjà qu'une partie notable concourt à alimenter les nappes profondes dont l'étude nous a occupés antérieurement.

Ajoutons qu'une portion de l'eau infiltrée circule dans les régions superficielles du globe, dont la température variable dérive de l'influence solaire et dont l'étude entre par conséquent dans le domaine du chapitre actuel.

La considération des nappes épipolhydriques a une très grande importance à des égards très variés et même au point de vue utilitaire : elles alimentent les puits ordinaires.

Dans toutes les vallées, à droite et à gauche des cours d'eau, on retrouve une nappe de ce genre, et depuis bien longtemps on a été frappé de la liaison intime qui la rattache à la rivière elle-même.

D'après les faits que nous a procurés le spectacle de l'évolution d'une vallée, depuis sa première origine jusqu'au moment où le ruisseau apparaît suivant le thalweg, nous savons déjà que le ruisseau n'est que l'apparition au jour des eaux de ruissellement et des eaux d'imprégnation du sol superficiel. Dans les vallées profondes, la masse de ces eaux d'imprégnation croît ordinairement avec la hauteur des reliefs qui bordent la vallée. Dans ce cas, les variations de volume de la rivière sont en rapport avec la surface des régions qui reçoivent la pluie sur ses rives et sur celles de ses affluents et qui constituent son bassin hydrographique.

On sait déjà qu'il faut parfois beaucoup de temps pour que l'eau de la pluie, bue par le sol, arrive à la rivière.

Il est facile de se représenter la distribution des eaux d'infiltration dans les régions superficielles du sol, et l'on reconnaît qu'elle dépend, avant tout, des qualités des roches en chaque point.

Celles-ci, au point de vue de l'eau, se répartissent en deux catégories principales suivant qu'elles sont perméables ou étanches. Ces dernières déterminent la production de niveaux d'eau tout à fait comparables à ceux que nous avons constatés plus bas, à propos des eaux de profondeur.

Une nappe donnée est d'ailleurs très loin d'être identique à elle-même en tous ses points : elle présente généralement un réseau de courants qui correspondent à des accidents du relief extérieur. Par exemple, en plein Paris, on connaît dans la nappe épipolhydrique ou phréatique (de φρέας, puits) des espèces de ruisseaux dont l'un des plus célèbres est celui qui a opposé des difficultés si grandes à l'établissement des fondations de l'Opéra et qui paraît descendre de Ménilmontant.

Si la surface du sol vient recouper le plan de jonction mutuelle d'une couche imperméable et des nappes poreuses superposées, il en résulte l'apparition d'une source que l'on qualifie généralement de *source ordinaire* pour la distinguer de celles qui nous ont occupés.

On n'aurait du régime de la nappe épipolhydrique qu'une idée très incomplète si on ne faisait entrer en ligne de compte l'action chimique possible de l'eau sur les roches qu'elle baigne.

Il est, en effet, comme nous l'avons reconnu, plusieurs matières minérales qui sont solubles dans l'eau : c'est le cas pour le sel gemme, pour le gypse et pour d'autres composés encore, et on conçoit que des terrains, privés, par la dissolution dans les eaux d'infiltration, d'une partie de leurs éléments, même si cette partie ne représente qu'une faible portion de leur poids total, soient mis dans des conditions toutes nouvelles et, en particulier, rendus plus facilement attaquables par les agents naturels.

Mais, si au lieu de considérer l'eau pure — qui n'existe pas dans la nature — nous avons en vue l'eau réelle, telle qu'elle tombe de l'atmosphère et ruisselle sur le sol, nous lui reconnaîtrons une activité chimique bien plus étendue. En particulier, elle devra au gaz carbonique dont elle s'est pourvue en traversant les couches de l'air, la faculté d'attaquer les calcaires ainsi que les roches contenant des particules de carbonate de chaux.

Il résulte de cette circonstance des effets extrêmement considérables dans l'économie des régions superficielles de la Terre.

Décalcification et rubéfaction. — En effet, les pays sont très nombreux dont le sol, exposé à la pluie, est constitué par des roches calcaires, dans la substance desquelles le carbonate de chaux est mélangé d'une certaine quantité de matériaux insolubles : particules argileuses ou grains de sable, nodules de silex ou de marcasite, etc.

La pluie donne lieu à une formation de bicarbonate de chaux qui se dissout dans l'eau et qui disparaît, et il reste à la surface de la roche attaquée une pellicule d'argile sableuse qui, dans plus d'un cas, doit être regardée comme l'origine du sol arable.

Avec une apparence bien modeste, c'est là un phénomène de portée incalculable et qui est capable de revêtir des formes extrêmement diverses. En se prolongeant un temps suffisant, il amène la constitution, sur le massif calcaire attaqué, d'un revêtement de terrain *décalcifié* qui peut devenir très épais et qui procure à la région des caractères tout nouveaux.

Par exemple, dans un pays de craie, c'est-à-dire de roche très perméable parce qu'elle est très fendillée et dont le sol est déplorablement stérile, la pluie pourra constituer un manteau argileux, imperméable, gras, dont les qualités agronomiques seront tout à fait opposées à celles du calcaire et qu'on appelle *argile à silex* ou *terrain superficiel de la craie*. Des localités nombreuses présentent ce spectacle et, entre autres, une vaste région de la France méridionale où des calcaires très blancs ont fourni un sol rouge et plastique qui contraste avec eux autant qu'il est possible.

Ordinairement, l'argile mise ainsi en liberté et qui se dégage de combinaisons chimiques plus ou moins complexes rougit au contact de l'air par la peroxydation du fer qui entre dans sa composition, et c'est pour cela que la catégorie d'érosion pluviaire dont il s'agit a été souvent qualifiée de *rubéfaction*.

La rubéfaction et la décalcification pluviaires ont souvent induit les géologues en erreur quant à l'interprétation de la structure du sol superficiel. Par exemple, on a cru longtemps que les graviers des environs de Paris contenaient des dépôts superposés provenant de deux origines distinctes. La partie inférieure est constituée par des matériaux de couleur grise, où des galets calcaires et du limon calcaire sont associés en grande quantité à des galets et à des sables siliceux dans lesquels se rencontrent des fossiles, tels que des coquilles de Mollusques, des dents et des ossements de Mammifères et même d'Hommes préhistoriques. Au contraire, la partie supérieure est constituée par des galets et des sables siliceux, sans trace de calcaire, empâtés dans une argile jaune-orangé ou rouge, et parfois d'un rouge de sang, n'offrant aucun vestige des fossiles mentionnés tout à l'heure.

Pour expliquer cette structure, on a fait intervenir tout d'abord la supposition de deux grandes inondations apportant, la première, les graviers gris et la seconde les graviers rouges. Mais bientôt, il a fallu reconnaître que ceux-ci ne sont qu'un résultat de transformation des premiers, décalcifiés et rubéfiés par les eaux d'infiltration. D'ailleurs, comme on le verra, il a été nécessaire en même temps de renoncer, dans l'interprétation du Diluvium, à la supposition d'aucune inondation ; son histoire entre tout entière dans le mécanisme fluviaire.

Un exemple analogue a été offert par l'observation de limons fins, appelés *lœss*, qui recouvrent, comme d'un manteau, une grande partie des continents. Dans la plupart des coupes, on voit deux niveaux superposés, le supérieur entièrement argileux et d'un gris-brunâtre et l'inférieur, blanchâtre et riche en calcaire. Dans ce cas aussi on a rattaché tout d'abord la formation dont il s'agit à deux extensions successives de limons différents l'un de l'autre. Mais cette fois encore, on a reconnu que la portion supérieure du lœss a été privée de son calcaire originel par les eaux d'infiltration qui, bien souvent, sont allées le déposer dans la couche le plus bas située.

Des observations du même genre pourraient se répéter à l'infini : par exemple pour les dépôts à coquilles marines peu anciennes et

qu'on appelle *crags* ; — par exemple aussi pour les matériaux de
remplissage des puits à diamants du Cap de Bonne-Espérance, où
la *yellow ground* (terre jaune, c'est-à-dire rubéfiée) recouvre la
blue ground (ou terre bleue), etc.

Il est des cas où la décalcification des couches peut s'étendre à
des profondeurs qu'on n'aurait pas soupçonnées. C'est, par exemple,
ce qui se présente à Prépotin aux environs de Mortagne, dans le
département de l'Orne. Sur vingt mètres d'épaisseur, on y voit des
résidus de la décalcification de couches crayeuses disparues et,
comme plusieurs de ces couches contenaient des fossiles préalablement silicifiés et par conséquent insolubles, elles ont laissé des lits
de sables ou des lits d'argiles dont il semble qu'on peut reconnaître
l'âge géologique. Toutefois, leur formation — à l'état de couches
minces insolubles tenant la place de couches très épaisses de calcaire — est tout à fait récente et étrangère au procédé ordinaire
de la sédimentation. On remarque même que, dans des cas comme
celui-ci, le moment d'isolement de chaque couche est postérieur à
l'époque où se sont isolées les couches superposées ; c'est le renversement complet de l'ordre des choses pour des couches déposées
successivement les unes sur les autres dans un bassin sédimentaire.

Il arrive que la décalcification pluviaire isole à la surface du sol des
matériaux d'application pratique et dont l'exploitation est rendue
possible par le fait même de leur concentration. Par exemple des
couches de craie à silex se résolvent en lits, parfois très épais, de rognons propres à la confection du macadam et qui sont extraits alors
sur une grande échelle pour la fabrication du ballast et pour l'entretien des routes. Ailleurs, la craie piquetée de tout petits rognons
de phosphate de chaux abandonne, par le même mécanisme, un
sable de haute valeur agronomique et qui a été exploité avidement.

Faciès continental. — L'étude des formations de ce genre a procuré des moyens de reconnaître le *faciès continental*, ce qui est
de haute importance pour reconstituer, autant que faire se peut,
la géographie des époques disparues. Il est clair, en effet, que la
pluie qui s'infiltre dans le sol, étant le seul agent qui puisse réaliser
la décalcification des assises calcaires, si on trouve dans un terrain
quelconque des lits de résidus disposés comme ceux qui nous ont

occupés, on pourra en conclure qu'à une époque comprise entre le dépôt de la couche qui a été altérée et le dépôt des roches de recouvrement, la région a été continentale. C'est comme une sorte de méthode chimique pour reconnaître la trace des bossellements généraux des temps anciens.

Le fait a spécialement lieu dans des pays où, comme en certains points des départements du Cher et de l'Indre, on rencontre des lits de *bone-beds*. On désigne sous ce nom anglais qui, littéralement, signifie lits à ossements, des couches minces, presque entièrement composées par l'accumulation de débris animaux : os, dents, écailles et rayons de poissons, etc. Ils représentent la décalcification de couches calcaires parfois épaisses où ces débris fossiles pouvaient être à un grand état de dissémination.

Poches et puits naturels. — Il est très intéressant de constater que l'attaque des couches par l'eau de pluie ne se fait pas plus uniformément que le creusement des vallons et des vallées. Même sous des épaisseurs considérables de revêtement insoluble, l'eau d'infiltration agit plus énergiquement en certains points qu'en d'autres sur la masse attaquable sous-jacente. Dans beaucoup de cas il se creuse même ainsi des cavités profondes auxquelles on donne souvent le nom de *poches*.

C'est, par exemple, ce que l'on voit très bien sous les sables et argiles de la surface, dans la masse de la craie dont la dissolution a mis en liberté le sable phosphaté. A Beauval, auprès de Doullens (Somme), on a observé pendant plusieurs années des poches qui avaient jusqu'à 8 mètres de profondeur et dont les formes étaient celles d'entonnoirs très peu évasés : elles ont été détruites par les progrès des exploitations.

Cette allure varie d'ailleurs, avant tout, en raison des qualités propres de la roche attaquée et des fissures qui peuvent la traverser. Ces dernières constituent des chemins que l'eau d'infiltration est sollicitée à suivre, de préférence à tous autres. En conséquence de ces circonstances il se produit, dans beaucoup de calcaires, des cavités sensiblement verticales et d'une forme cylindroïde très remarquable, que l'on connaît depuis longtemps sous le nom de *puits naturels*. On en voit, par exemple, au travers de la pierre à bâtir de Paris, dans les assises qui forment les berges du

Clain à Poitiers, dans la masse des roches qui composent la montagne de Saint-Pierre, à Maëstricht, en Hollande, dans l'épaisseur de la craie blanche de bien des pays et spécialement de la Picardie et de la Haute-Normandie, etc.

Gouffres et cavernes. — Les cavités du genre de celles que nous venons de mentionner atteignent parfois des dimensions considérables et les *gouffres, avens, béloires* de plusieurs parties de la France sont comme des exagérations des puits naturels. Le Jura, les Causses du Plateau Central, comme une grande partie de la Carniole ainsi que certaines régions des États-Unis, sont célèbres par l'échelle colossale des perforations du sol calcaire. Le gouffre de Padirac, par exemple (dans le département du Lot), mesure 35 mètres de diamètre et 103 mètres de profondeur.

Quand on pénètre dans ces cavités, qui sont entièrement l'œuvre des eaux d'infiltration, on constate leur communication directe avec des réseaux de couloirs et de chambres de la catégorie des *cavernes* et qui ont été, dans ces derniers temps, l'objet d'études très multipliées. La conclusion·générale de celles-ci c'est que les cavernes représentent le cours souterrain de rivières, dont le lit offrait en profondeur une issue à la déperdition des eaux. Les relations entre les cours d'eau de la surface et les cours souterrains sont extrêmement compliquées et d'autant plus intéressantes. Elles font apparaître, sous son vrai jour, l'énorme puissance de démolition exercée sur les roches par la nappe épipolhydrique. C'est un exemple remarquable de circulation de matériaux variés.

Depuis les localités où des rivières disparaissent dans le sol (comme font, par exemple, la Tardoire et le Bandiat, dans la Charente, comme font, de leur côté, la Dromme et l'Aure dans le Calvados) jusqu'aux points où de nouvelles rivières réapparaissent au jour (comme la Sorgue à Vaucluse ou l'Orbe à Valorbe), il se produit mille incidents souterrains qui résultent des progrès du travail d'érosion. Il se fait des conjonctions de courants où les affluents, au lieu d'être sensiblement dans un seul plan, comme cela a lieu à la surface du sol, se rencontrent dans les trois dimensions. Il en est de même des *captures* qui se font aussi bien dans le sens vertical que transversalement.

Il est remarquable qu'en conséquence même de ces confluences, le nombre d'apparitions brusques de cours d'eau tout formés est plus petit que le nombre, théoriquement infini, des points où des eaux pénètrent dans le sol. C'est ainsi que la célèbre source de la Sorgue, au fond de la vallée de Vaucluse, représente la réapparition de toutes les eaux engouffrées dans les séries d'*avens* de la surface dominante des Causses.

Sans insister sur les détails auxquels se prête si aisément ce genre d'étude, ajoutons seulement que la quantité de matière soustraite au sous-sol par la circulation des eaux est loin d'être négligeable. Dans beaucoup de cas elle est suffisante pour déterminer des tassements de la surface qui peuvent amener un changement notable dans la topographie de vastes régions.

Dès les débuts du phénomène, il peut y avoir, par la désagrégation sous l'action des filets d'eau, simple déchaussement de masses convenablement placées. Si l'ensemble est suffisamment incliné et situé en contre-haut des régions environnantes, il se déclare un glissement et parfois un effondrement dont les conséquences peuvent être notables.

Tout le monde a entendu parler de l'écroulement du Rossberg, en Suisse, sur le village de Goldau, situé à son pied : le fait se passa en 1806. Plus récemment, en 1875, à la Réunion et, en 1881, en Suisse des faits tout pareils se produisirent. Sous le nom pittoresque de la Montagne qui marche, on a suivi avec intérêt en 1897 le glissement des couches houillères des environs de Graissesac dans l'Hérault : tout le pays fut disloqué, les puits de mines déjetés, la route, le canal, le chemin de fer tordus et mis hors d'usage. Plus récemment encore, en octobre 1907, des glissements pareils se sont produits aux environs d'Aubenas dans l'Ardèche et dans d'autres points du midi de la France.

Dans tous ces cas le sol consiste en bancs de matériaux lourds (poudingues, laves, marbres ou grès), reposant sur des lits de matières argileuses que les eaux de pluie sont venues délayer. Selon la pente des couches, les portions supérieures ont obéi à la pesanteur.

Souvent les choses se passent autrement et l'ouverture de cavernes, poussée à un degré convenable, détermine l'affaissement vertical de la surface du sol. C'est ainsi que le lac des Tallières, dans le Jura, est dû à l'appel souterrain de cavités produites par la circulation des eaux, et c'est ainsi de même que beaucoup de gouffres, appelés *dolines* en Carniole, jalonnent dans maintes régions le cours caché de rivières ensevelies.

Polissage et striage souterrains des roches. — Il est tout à fait indispensable d'ajouter que dans les pays dont la surface est inclinée, comme on le voit si fréquemment dans les contreforts des grandes chaînes de montagnes, la décalcification peut amener dans le sol des particularités qui lui donnent des caractères auxquels on s'est souvent trompé. Sur les flancs des montagnes calcaires il s'est accumulé d'énormes masses d'éboulis où se produisent si aisément les Cheminées des Fées (voir p. 348). Ces éboulis sont de composition très complexe. D'une manière générale on y trouve des blocs de roches diverses — et spécialement de roches calcaires — inclus dans une boue argilo-sableuse, chargée elle-même de poussière de carbonate de chaux. Ces éboulis constituent sur des roches très inclinées des placages qui tendent à glisser plus ou moins vite vers les parties basses du pays. L'eau de pluie, en filtrant dans ces placages, y dissout du calcaire et on s'en aperçoit bien aisément aux propriétés incrustantes des sorties d'eau qui recouvrent le sol de *tuf,* selon l'expression adoptée, dans la Suisse romande, par exemple. Or la soustraction du calcaire par la circulation épipolhydrique détermine dans la roche complexe un vide qui tend à se combler à chaque instant par tassement. Il en résulte des déplacements relatifs des éléments du terrain et ces déplacements donnent lieu à des effets remarquables.

Les blocs calcaires frottés, grâce à ce mécanisme, par la boue qui les empâte, s'émoussent, perdent leurs aspérités, s'arrondissent et même se polissent avec une très grande perfection. En outre, les grains les plus gros du sable associé à l'argile tracent à leur surface des stries qui s'entrecroisent en diverses directions et donnent à ces galets une apparence tout à fait spéciale. Souvent le déplacement des placages a lieu à la surface des masses calcaires elles-mêmes et, dans ce cas, ces masses sont polies et striées comme les galets. On en a trouvé de nombreux exemples ces dernières années autour de Montreux (Suisse) pendant la construction de diverses routes, et on en a eu un magnifique spécimen à Lourdes quand on y a établi les fondations de la basilique. Chose très curieuse, un certain nombre de ces galets et de ces roches polies et striées ont été considérés comme résultant du travail des glaciers. On peut cependant ajouter que si des glaciers, aussi anciens que ceux qu'on avait supposés, étaient les auteurs des polis et des stries en question, il y a bien longtemps que les eaux d'infiltration, en corrodant les surfaces des calcaires, en auraient fait disparaître tous ces vestiges.

Stalactites et stalagmites. — Du reste, le tableau des travaux géologiques de la nappe épipolhydrique ne serait pas complet si nous ne constations qu'en certains cas elle opère, à l'inverse de son œuvre de tout à l'heure, le remplissage de cavités préexistantes. C'est souvent même dans des cavernes dont elle est l'auteur que l'eau réalise cette œuvre de réparation.

Il n'y a d'ailleurs pas contradiction dans ces deux allures si différentes, car chacune d'elles est déterminée par les conditions du milieu et la substitution de l'une à l'autre résulte de l'évolution des circonstances locales. A ce propos, il importe de jeter les yeux sur un point typique convenablement choisi et qui permette des comparaisons décisives. Nous citerons Arcy-sur-Cure, dans le département de

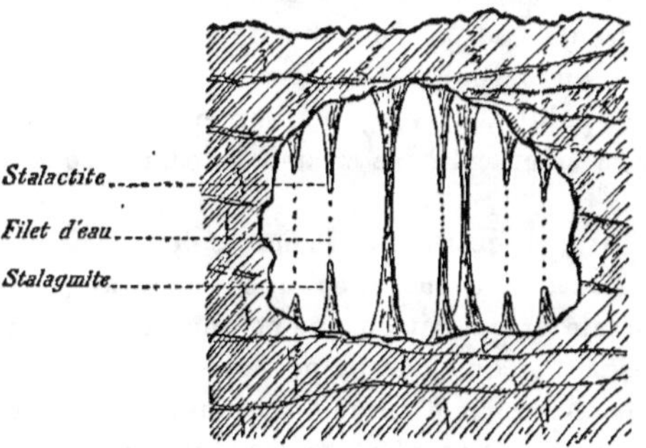

Fig. 42. — Coupe d'une caverne.

l'Yonne. On y visite une longue suite de chambres et de couloirs souterrains qui, déjà, avait fixé l'attention de Buffon. D'après la situation des lieux, il est hors de doute que cette caverne représente le trajet que suivit longtemps une saignée infligée à la rivière de Cure et qui se comportait alors en ce point-là, comme fait présentement la Loire, à Bouteille, au-dessus du Val d'Orléans ; — comme la Cure le fait elle-même à l'heure actuelle, à quelque cent mètres au-dessus de l'ouverture de la caverne.

Si la rivière laisse maintenant le chemin libre aux visiteurs en cessant d'y pénétrer elle-même, c'est que l'approfondissement de sa vallée, par le mécanisme ci-dessus précisé, l'a amenée au-dessous de la porte d'entrée. En suivant les couloirs, on constate que la rivière souterraine n'a pas disparu tout à coup, mais qu'elle a diminué progressivement d'importance. En effet, après l'époque où elle creusait le sol énergiquement et où elle devait remplir toute la cavité, comme le fait actuellement son émule plus jeune, elle s'est livrée à des divagations, à des déplacements de méandres qui montrent qu'elle était loin d'avoir le diamètre de la conduite où elle ruisselait. La preuve de cette assertion résulte de l'examen des dépôts qui se sont produits dans la grotte.

Depuis que le cours d'eau ne remplit plus tout le vide souterrain, la paroi supérieure de celui-ci est le siège d'une production minérale particulière. La dissolution de bicarbonate de chaux que réalise la pluie en arrivant sur le sol calcaire pénètre par infiltration jusqu'à la caverne et là, sous l'action de l'évaporation qu'elle subit, dépose du carbonate de chaux qui cristallise. Petit à petit, il se fait, au point d'arrivée du suintement, une pustule calcaire qui s'allonge en un cylindre cristallin désigné sous le nom de *stalactite* (fig. 42).

Très ordinairement, juste au-dessous de la pointe de la stalactite suspendue au plafond, s'accumule sur le sol une végétation pierreuse symétrique qui s'étale et grossit en une colonne érigée progressivement de bas en haut et qui marche au devant de la précédente : c'est la *stalagmite*. Au bout d'un temps suffisant, les deux productions se rejoignent, se soudent et ne font plus qu'un fût élancé qui rattache le sol à la voûte. Dans certaines salles, qui prennent ainsi l'apparence de basiliques gothiques, les colonnes dont il s'agit sont nombreuses et groupées de façons variées. On a pensé que ces productions naturelles, qui évoquent si inévitablement l'idée de l'architecture religieuse du moyen âge, en ont été les premières inspiratrices.

Mais pour que les stalagmites aient pu se produire, il a fallu qu'une partie au moins du sol de la caverne ait été asséchée, car, dans l'eau, le phénomène eût été impossible ; — et la conclusion c'est que déjà le cours d'eau était bien trop étroit pour remplir tout le couloir souterrain.

On peut aller plus loin encore et prendre sur le fait la divagation des méandres de cette rivière souterraine si différente à première vue des rivières ordinaires. Une stalactite d'Arcy — remarquable entre toutes parce qu'étant suspendue au plafond comme les autres elle ne se termine pas en pointe par en bas, mais au contraire en une région largement évasée — fournit à cet égard un document très précis. Si on passe sous cette stalactite, qui est assez haut placée pour permettre à un homme de se tenir debout au-dessous de son épanouissement, on constate que la substance qui la compose est remplie de galets solidement enchâssés et qui sont tout pareils à ceux qu'on voit çà et là sur le sol.

Cette circonstance ne peut s'expliquer que d'une seule manière : c'est que la base de ce « pilier de Saint-Jacques » comme on l'appelle, est en réalité une stalagmite qui s'est soudée à la stalactite correspondante sur un point de la caverne que le cours d'eau contournait sans le mouiller. La constitution de la colonne une fois achevée, la rivière, en se déplaçant, est venue battre le sol sous la stalagmite, l'a affouillée et l'a séparée de son support. Celle-ci est donc restée suspendue à la stalactite et l'affouillement continuant, elle a été peu à peu amenée à son altitude actuelle.

C'est là évidemment une histoire bien instructive et elle nous fait prévoir une époque où tout filet d'eau aura complètement fini de circuler dans la caverne. Pendant ce temps, les stalactites et les stalagmites ne cessent de grandir et préparent le moment où toute la cavité souterraine sera remplie par le dépôt de calcaire cristallin. La caverne aura alors disparu et le vide que les eaux souterraines avaient ouvert sera comblé par ces mêmes eaux.

Comme on le voit, ces observations expliquent de la manière la plus complète l'origine et le mode de formation de nombreux gîtes de calcaire spathique, ou marbre onyx, souvent recherchés par l'industrie et que nous devons considérer comme représentant de véritables cavernes fossiles se rapportant à des époques plus ou moins lointaines et dont il n'est pas toujours facile de déterminer l'antiquité. Parfois aussi des cavernes remontant à des époques géologiques plus ou moins anciennes ont été en partie comblées par des accumulations de phosphate de chaux. C'est ce qui paraît avoir eu lieu dans divers points du Quercy.

Résumé

Il nous paraît utile de signaler quelques-uns des liens qui rattachent l'histoire des eaux superficielles aux fonctions géologiques précédemment examinées.

Tout d'abord, on sent comment les effets de l'activité corticale doivent avoir sur la fonction épipolhydrique l'influence la plus décisive. D'un côté les inégalités du sol rattachables aux déformations de la croûte déterminent des ruissellements d'eau dont le type le plus simple est le torrent, si caractéristique des pays de montagnes. On a vu que les montagnes fournissent aux eaux de surface des matériaux qui cèdent aux entreprises des infiltrations et qui peuvent alimenter des éboulements parfois volumineux.

En second lieu, l'activité volcanique, par les masses de vapeur qu'elle projette dans l'atmosphère, vient fréquemment fournir des contributions notables à la pluie et, par ce moyen, déterminer des déplacements de roches de tous ordres. C'est à ce chapitre qu'il faudrait rattacher la question de savoir si, par une sorte de réciprocité, les pluies ne contribuent pas à déterminer le phénomène volcanique. Un certain nombre d'observateurs ont cru voir une association entre la pluie et les paroxysmes des volcans. D'après ce qui a été dit plus haut on peut se croire cependant en droit de déclarer qu'il doit y avoir ici des illusions : il n'y a aucune proportion entre la masse d'eau qui est rejetée par le cratère et la quantité de pluie que l'atmosphère déverse à sa surface.

Enfin, il nous a fallu déjà signaler la difficulté qu'on éprouve quand on veut nettement séparer l'histoire des eaux de profondeur de celle des eaux de surface ; c'est dire combien sont intimes les relations mutuelles de la fonction épipolhydrique et de la fonction bathydrique.

CHAPITRE II

L'ACTIVITÉ OCÉANIQUE

Il suffit d'assister une fois au déchaînement de la vague frappant le pied d'une falaise au cours de la tempête pour être bien édifié sur l'énergie de la mer comme outil de démolition du sol. Cependant cette seule observation conduit fatalement à une appréciation inexacte du rôle géologique de l'Océan et cela pour deux motifs contraires qui ne se contrebalancent pas.

.D'un côté il semble, à cause du fracas dont le travail s'accompagne, qu'il doive donner lieu à un résultat incomparablement plu considérable que maintes autres actions d'allure bien plus tranquille et, par exemple, que la pluie dont nous venons de nous occuper. Et d'un autre côté, on s'imagine volontiers que le rôle géologique de l'Océan est limité à ses régions marginales, le reste étant, pense-t-on, trop éloigné des masses rocheuses pour avoir affaire à elles.

Or ce sont deux opinions à modifier : tout d'abord l'observation directe nous apprend que la pluie, agissant sur la surface entière ou presque entière de toutes les terres exondées, réalise une érosion bien des fois supérieure, quant au cube des matériaux déplacés, à celle à laquelle procède la mer sur les seules lignes de quelques-unes de ses côtes. D'un autre côté, on reconnaît aussi qu'il n'y a pas un point de la masse des océans qui soit inactif et où ne s'accomplisse quelque travail géologique, dont le plus sensible concerne d'ailleurs, non point la démolition de roches préexistantes, mais bien au contraire l'édification de roches nouvelles.

Composition chimique de la mer. — A ce dernier égard il faut remarquer que la mer est le lieu de rendez-vous de toutes les eaux qui ruissellent sur les terres exondées et, par conséquent, le réceptacle de toutes les matières que ces eaux transportent avec elles, soit à l'état de suspension, soit à l'état de dissolution. On peut dire que la surface entière du globe est soumise à un lavage qui a pour résultat de priver sans cesse les régions subaériennes de matériaux dont profitent au contraire les parties inondées. Et c'est une occasion d'ajouter que ce phénomène trouve sa contre-partie dans les bossellements généraux qui, intervertissant peu à peu les situations relatives des deux genres de régions qui viennent d'être mentionnées, déterminent la continuité, par leur recommencement incessant, des circulations superficielles.

Un premier résultat de la disposition signalée, c'est de donner à l'eau marine une composition nettement différente de celle de l'eau lacustre et de l'eau fluviaire : la mer devient le lieu de concentration de certains principes solubles dont le plus abondant est le sel gemme, qui a toutes raisons de s'y rendre et presque aucune d'en sortir. A cet égard, rien n'est plus net que le régime des eaux qui imprègnent les dunes : on y voit comment le sel est repoussé constamment par la terre ferme, au profit de la mer.

On pourrait deviner, d'après cela, que les différentes régions de l'Océan seront inégalement salées, et c'est bien ce que confirme l'observation directe qui fait connaître en même temps que les différences sont très faibles, à cause des brassages dont la mer est le théâtre : en moyenne 1 kilogramme d'eau marine abandonne 34 grammes de matière saline par évaporation. Cependant on trouve des points où, par le mélange des eaux douces, et spécialement par le lavage de certains bassins en communication difficile avec la grande mer, comme la Baltique, la quantité des matières salines est beaucoup moindre : l'eau du golfe de Finlande (Kronstadt) ne donne que 2 grammes de sel. Au contraire diverses portions des mers, soumises à une évaporation rapide, sont plus riches, et c'est ainsi que l'eau de la mer Rouge accuse 42 grammes par litre.

D'ailleurs, la mer jouit de dispositions s'opposant à une accumulation de certains principes qui amèneraient progressivement une modification totale de sa composition et qui la rendraient impropre à la persistance de son régime. Dans le nombre figure en première ligne l'abondance des causes qui provoquent la

destruction ou la combustion des matières organiques de toutes
origines qui y sont mélangées. Nous verrons plus loin la part très
prépondérante que prennent à cet égard des organismes végétaux
et animaux, et spécialement des microbes purificateurs du milieu
marin. Il n'y a à mentionner ici que l'oxydation dont l'eau de mer
est le théâtre, en conséquence du brassage avec l'air, et qui est
singulièrement activée par la viscosité du liquide qui *mousse* et dont
l'écume est comme un piège où les gaz comburants sont retenus
pendant fort longtemps.

Il y a aussi, dans la même série, à noter les localités où des
principes particuliers sont appelés et viennent progressivement
s'accumuler. Le sel enrichit ainsi de vraies salines dans les portions
du littoral soumises au régime dit *lagunaire* et, avec lui, le gypse
qui cristallise souvent d'une manière intéressante par son analogie avec l'allure des *pierres à plâtre* de différents âges. L'étude
des lagunes est, comme nous allons le montrer dans un moment,
extrêmement riche en conclusions d'application directe à l'histoire
d'anciens sédiments.

De même, il se fait, dans le fond des océans, des réactions chimiques variées déterminant la constitution de masses minérales,
qui représentent une épuration du liquide marin, toujours menacé
de modifier sa composition par le lavage des roches. Les sels métalliques sont fréquemment décomposés par les matériaux calcaires,
et l'un des faits révélés par les dragages en mers très profondes est la constitution de nodules manganésiens, parfois très
volumineux, qui s'établissent volontiers sur des ossements et
spécialement sur les os tympaniques de Cétacés gisant au fond de
l'océan. Le *wad* des naturalistes anglais est le type de ces productions, auxquelles se rattachent des dépôts d'oxyde de fer hydraté
et de phosphate de chaux.

De même, les sels d'argent, dont Malagutti et Félix Leblanc ont
démontré la présence constante dans l'eau marine, sont décomposés, en présence de certains sulfures et spécialement là où affleurent,
sous le niveau de l'eau, des filons de galène. Le métal précieux est
happé au passage par le sulfure de plomb, qui s'enrichit en même
temps de soufre libre, en vertu de réactions qui ont été étudiées.

Dans une direction toute différente, les vases des grands fonds,
sous l'influence de l'eau, se transforment progressivement ; c'est

ainsi que M. Renard a montré que les matériaux volcaniques, base du dépôt des grandes profondeurs pacifiques, s'arrangent, sous l'action de la mer à 2 ou 3 degrés au-dessus de zéro, de façon à amener la cristallisation de la zéolithe appelée christianite.

Enfin, on a vu l'eau de mer, en présence de matière oxydable et spécialement de bois, donner naissance à la pyrite cristallisée[1], et on pourrait prolonger l'énumération de semblables exemples.

Matériaux solides charriés par la mer. — Les troubles amenés dans la mer se déposent normalement sur son fond après un temps de suspension plus ou moins long et ils se disposent d'ordinaire sous la forme d'une couche continue dont l'épaisseur va en croissant. Cette remarque a une très grande importance puisque la forme ainsi acquise sous nos yeux par les sédiments les plus variés, est précisément celle des couches du sol précédemment décrites. L'identité est telle, jusque dans les détails les plus menus où l'observation puisse s'exercer, qu'elle suffirait à elle toute seule pour faire admettre que les terrains stratifiés sont des terrains sédimentaires C'est là une notion tout à fait fondamentale en géologie; elle ne fait plus de doute pour personne.

Pour ce qui est des matériaux solides charriés des terres exondées dans l'Océan, on peut rappeler que Polybe, qui vivait 150 ans avant Jésus-Christ, en signalait déjà la prodigieuse quantité. Quoique dépourvu des éléments essentiels de discussion, il essayait d'évaluer le temps nécessaire au comblement, par les apports fluviaux, du Palus Mæotis (mer d'Azow) et du Pont-Euxin (mer Noire).

On peut d'ailleurs s'édifier pleinement quant à la réalité du phénomène par une excursion sur le sable ou sur la vase laissés à la marée basse par la mer, le long des côtes dont la pente est très faible et où, par conséquent, le recul de l'eau est très étendu: auprès du Mont-Saint-Michel, par exemple, ou à Saint-Lunaire, etc. Le fond marin, momentanément exondé, apparaît comme une plaine sensiblement horizontale et, si on creuse dans le sol quelque cavité à parois verticales très nettes, on voit sur les sections se dessiner des lignes parallèles à la surface et qui délimitent de nombreux petits

---

1. Par exemple dans les bois de l'*Osborne*, yacht royal anglais qui fut réparé en 1878 à l'arsenal de Pembroke.

lits superposés. La structure en est identique à celle de maintes assises dans les carrières ouvertes au sein des roches peu anciennes, comme il s'en trouve tout autour de Paris, par exemple.

Triages réalisés par les flots. — En examinant ainsi comment s'accomplit la sédimentation on arrive bientôt à une nouvelle constatation tout aussi importante que la précédente. C'est que, malgré l'hétérogénéité, poussée au maximum, des matériaux amenés dans l'Océan par les mécanismes les plus variés, les sédiments ont une composition minéralogique extrêmement simple et consistent même le plus souvent en une seule substance pour une localité donnée.

On voit par là que la mer est un admirable laboratoire de triage mécanique : il est utile d'y insister un moment. Une promenade au pied des falaises de Dieppe ou du Tréport, au moment où la mer est près de son niveau le plus haut, montre les flots baignant les blocs et les fragments de craie gisant sur le galet. En les délayant, les filets d'eau rappelés par le reflux emportent à la mer des quantités considérables de limon blanchâtre. Ce limon fin porté par le flot s'en va à grande distance de la côte, laissant déposer successivement ses éléments de moins en moins grossiers. Ses portions les plus ténues gagnent le large jusqu'à ce qu'enfin elles soient précipitées à leur tour.

Mais ce qui a lieu pour le limon se fait aussi pour les grains de sable : chaque vague les soulève et les déplace, rejetant les plus gros près du littoral et ramenant les moins gros avec elle quand elle retourne vers la mer. Pendant ce retour, elle abandonne successivement les grains de volume de moins en moins notable et elle fait, par conséquent, entre ces matériaux, un triage semblable au précédent.

Cette faculté de classification se retrouve partout et on s'aperçoit bientôt que la grosseur des particules n'intervient pas seule, et que la forme des grains, comme leur densité, sont également des circonstances déterminantes. Aussi voit-on le long d'un même rivage et en des points successifs, caractérisé chacun par l'état dynamique des filets d'eau qui y passent, des minéraux séparés les uns des autres et représentant le résultat d'une véritable analyse minéralogique des roches du pays.

Le long de la côte bretonne dont le sol est granitique, au cap
Saint-Mathieu par exemple, on trouve : ici, une plage de sable
quartzeux à peu près pur (auprès du Conquet il y a la plage dite
des Blancs-Sablons); là, un dépôt formé presque exclusivement
de mica, dont les paillettes brillent au soleil comme de l'argent;
ailleurs, des graviers ou même des galets granitiques, de grosseurs calibrées d'après les distances au niveau de la marée haute.
Au large, on trouverait un sédiment actuel de limon feldspathique sensiblement pur. A l'embouchure de la Vilaine, au lieu dit
Pénestin (cap de l'Étain) on voit une petite plage dont le sol est
presque totalement formé de cassitérite pulvérisée.

Ce triage, réalisé avec une pareille perfection, nous donne la clé
d'un autre caractère essentiel des terrains sédimentaires, c'est-à-
dire de la simplicité remarquable de leur composition minéralogique. Telle couche est calcaire, telle autre argileuse, ou sableuse,
ou gypseuse, etc. C'est, en même temps, la réciproque et comme le
complément au point de vue de la persistance de l'état d'équilibre des choses, des résultats de la circulation bathydrique qui
tend, par des concrétions variées, à compliquer de plus en plus la
composition des strates.

Ainsi, nous savons maintenant qu'au moment où elle s'est déposée dans la mer, la craie de la falaise de Dieppe consistait en un
limon calcaire à peu près pur, pareil à celui au dépôt duquel
procède en ce moment la Manche au large de la localité. Et nous
savons aussi que, bien après sa constitution, les rognons de silex, en
même temps que bien d'autres minéraux, se sont progressivement
concrétionnés dans son sein. Il y a là un cycle de transformations
qui mérite d'être rapproché de beaucoup d'autres.

Il ne faut cependant pas penser que, pendant tout le temps
qu'une région reste sous-marine, les dépôts qui y ont pris naissance restent immuablement tels qu'ils étaient au début.

En conséquence de l'activité chimique de la mer mentionnée
tout à l'heure, il leur arrive fréquemment de se modifier tout de
suite, comme pour préparer la série des transformations qui seront
plus tard l'œuvre des agents bathydriques. C'est ainsi que les calcaires accumulés sous la forme d'îlots madréporiques ne tardent pas
à se modifier, de façon à perdre tout à fait la structure zoogène, à
devenir spathiques, parfois oolithiques et souvent en s'enrichissant

d'une si notable proportion de magnésie que le produit passe plus ou moins à l'état de dolomie.

Les faciès marins. — Les diverses conditions présidant au dépôt des sédiments dans les localités différentes de la mer impriment à chacun d'eux des caractères spéciaux, dont l'examen conduit à des conclusions éminemment pratiques. On peut les résumer en disant que, d'après les traits de structure des sédiments, on reconnaît à quelle distance du rivage ils ont pris naissance et souvent même sous quelle profondeur d'eau. Ces traits ont été décrits sous le nom de *faciès marins ;* ils vont s'ajouter à la série des autres faciès, auxquels donnent naissance les diverses fonctions géologiques.

Une importante conséquence des faits qui précèdent, c'est que, toutes choses égales d'ailleurs, les dépôts de la mer se classent d'après leur distance de la côte, c'est-à-dire d'après la somme de travail qui a été nécessaire pour en transporter les éléments dans la région considérée. Il est évident qu'en face de l'embouchure d'un grand fleuve et à cause de la force vive du courant d'origine continentale, les troubles seront portés plus loin qu'ailleurs dans le bassin océanique ; et l'on conçoit une région médiane des grandes mers, où aucun filet d'eau ne peut arriver sans s'être auparavant débarrassé de tout ce qu'il charriait de solide.

Ces régions *abyssales* doivent donc différer des régions littorales par des traits faciles à reconnaître, et cela nous fait prévoir l'existence d'un premier faciès marin[1]. Leur constitution normale n'admet que des matériaux d'origine chimique ou des produits de l'activité biologique. Ces derniers nous occuperont un peu plus loin.

Il y a d'ailleurs lieu d'observer qu'au moins théoriquement il n'y a pas liaison nécessaire entre l'éloignement des côtes et la grande profondeur. Il pourrait exister au milieu des plus grands océans des plateaux assez bas pour ne pas subir l'action démolissante des vagues et qui seraient pourtant à une profondeur médiocre.

---

1. Les produits charriés ne manquent jamais tout à fait : les uns peuvent provenir dé flottage, comme les débris provenant de ponce volcanique ou des matériaux retenus dans les racines de plantes flottantes, d'autres de transport éolien (sables portés par les vents alizés), d'autres enfin de transport zoologique, comme les boues prises dans les pattes des oiseaux, ou même les galets placés dans leur estomac par certains poissons ; — mais ils sont très rares dans les grands fonds.

Si, de ces régions médianes des grands océans, nous nous rapprochons peu à peu des rivages, nous verrons se succéder des dépôts contrastant les uns avec les autres par un certain nombre de caractères, bien qu'il y ait nécessairement entre eux des transitions très ménagées.

On trouve d'abord des vases très fines dans lesquelles sont disséminés, suivant les cas, des débris de coquilles spéciales provenant d'organismes n'approchant jamais des rivages, mais pouvant vivre à la surface de l'eau, d'où leurs débris sont tombés après leur mort. Parmi les termes de cette série de dépôts qui présentent le faciès dit *pélagique,* il y a lieu de faire une place à part, à cause de leur extension, aux « vases à globigérines », très faciles à distinguer et sur lesquelles nous reviendrons à propos de la fonction biologique. A côté d'elles il faut mentionner des dépôts caractérisés soit par la finesse de leur grain, soit par la présence de certains minéraux caractéristiques comme la glauconie ou la manganite.

En se rapprochant des bords du bassin marin, on rencontre les dépôts à faciès *thalassique,* ou de mers moyennes. Ici abondent les matériaux terrigènes, c'est-à-dire d'origine continentale, mais seulement ceux dont les grains sont très fins. Ce sont des boues de diverses compositions et de diverses couleurs, pouvant d'ailleurs se trouver à des profondeurs très inégales, et exceptionnellement énormes, s'il existe des *fosses* sous-marines relativement voisines des côtes.

Enfin la mer est comme encadrée de dépôts à faciès *littoral,* sous la forme d'une bande plus ou moins large comprenant, quand elle est complète, des limons de moins en moins fins, des sables de plus en plus gros et, tout à fait au bord, des galets qui peuvent atteindre parfois un volume considérable.

Les dépôts littoraux sont de beaucoup les plus faciles à étudier quant aux circonstances de leur production; les autres toutefois sont également bien connus, car on en trouve les produits dans les formations de tous les âges et c'est encore un de ces chapitres où nous voyons l'observation des phénomènes actuels et celle des produits des phénomènes passés se donner un mutuel appui et se compléter réciproquement.

Dans une localité comparable à la côte normande ou à la côte picarde, bordées de falaises de craie, on voit se déposer en même temps trois bandes de matériaux, constituant un ensemble qu'on a pu désigner sous le nom de *trilogie littorale*. Au pied même de la muraille crayeuse, les galets siliceux, parfois très gros, s'accumulent en bourrelets dans chacun desquels le travail de triage est très accentué. Quand on a traversé cette zone à gros éléments, on parvient à une bande de sable fin sur laquelle la marche est aussi facile qu'elle était laborieuse sur les boules pierreuses. Enfin le limon commence et s'étend plus ou moins loin sous les eaux. Une observation même superficielle fait voir que ces trois bandes sont exactement contemporaines et que le lavage des débris de la falaise les enrichit également toutes trois. D'année en année, dans les pays où la trilogie se produit, on constate que la mer gagne sur la terre ferme conformément aux faits qui nous occupaient à propos des bossellements généraux. Il en résulte que de nouvelles portions de falaise sont constamment remises à la portée des vagues et les trois bandes de dépôts s'élargissent progressivement du côté de la terre ferme. Peu à peu la zone de sable recouvre la zone de galets et la zone de limon recouvre la zone de sable. Si on creuse le sable on atteint le galet au-dessous de lui. Si on creuse le limon on constate qu'il est supporté par du sable, sous lequel le galet continue de régner.

Ces remarques conduisent à des conséquences pratiques. Par exemple, on retrouve de tous côtés dans les terrains de tous les âges, des amas de galets; souvent même ils sont associés à des sables et à des limons et on est autorisé à y reconnaître des témoignages d'anciens points littoraux. Il est évidemment très intéressant de savoir reconnaître que les environs de Villedieu, dans la Manche, représentent un point du littoral de la mer cambrienne; que Fépin, dans les Ardennes, est un point du littoral de la mer dévonienne, etc. Ces notions constituent des éléments pour la *paléogéographie*, dont tout le monde sent facilement le haut intérêt. Cependant, il importe beaucoup de se tenir en garde contre les tentations, que ces découvertes font naître, de dessiner des cartes géographiques des anciennes mers. En effet, on n'est pas autorisé à joindre par une ligne deux points littoraux de la même époque géologique et de présenter cette ligne comme représentant la forme du rivage de l'ancien océan. D'après le mode de formation de la trilogie littorale, on voit que les galets ne constituent pas une ligne ou une bande étroite, mais une *nappe* qui, avec le temps peut se développer sur une très grande largeur. Si, plus tard — cette nappe ayant été recouverte par des formations plus récentes puis soulevée au-dessus du niveau des mers, — quelques-uns de ses points étaient par hasard amenés sous les yeux des géologues, il n'y aurait aucune chance pour que la ligne qui les relierait sur la carte eût un rapport quelconque avec le dessin du rivage réel.

Aux dépôts littoraux se rattachent les accumulations de débris ayant flotté sur la mer : ceux-ci finissent ordinairement par être jetés sur le rivage et ils sont alors associés aux objets caractéristiques du littoral.

Au premier rang doivent figurer les coquilles cloisonnées de Mollusques céphalopodes, comme celles des Nautiles, qui se transforment en flotteurs à cause des gaz provenant de la décomposition de l'animal mort et qui remplissent les loges.

Souvent des produits volcaniques, et spécialement des pierres ponces, surnagent sur la mer à la disposition des courants et peuvent ainsi naviguer très loin ; chemin faisant, ils perdent une portion de leur substance qui se précipite et va se stratifier sur le fond submergé ainsi que nous l'avons vu plus haut ; mais il arrive aussi qu'une partie aborde quelque part et entre, par conséquent, dans la composition d'une formation littorale. Un exemple remarquable se rattache à l'explosion du Krakatau, dans les Indes Néerlandaises, en 1883 : les ponces charriées vers l'ouest par les courants marins sont allées en grand nombre échouer sur le rivage oriental de Madagascar : on peut voir au Muséum de nombreux échantillons, parfois très volumineux, recueillis dans ces conditions.

C'est encore à cette même série de dépôts que se rattache le gisement si curieux de lignite du sud-ouest de l'Islande, où les habitants trouvent, en outre du combustible, des troncs entiers propres à la charpente. Ces bois ont été pour la grande majorité jetés dans le golfe du Mexique par le Mississipi et repris par le Gulf-Stream, qui leur a fait traverser en écharpe toute la surface de l'Atlantique.

Cordons littoraux. — Parmi les localités littorales, il y en a qui se signalent par des particularités typiques et qu'il faut mentionner à part.

D'abord, nous citerons sur certains rivages les accumulations de sables en forme de bancs s'élevant progressivement le long des côtes et modifiant le profil de la ligne continentale en la simplifiant. On donne à ces dépôts les noms de *cordons littoraux* et de *flèches littorales*; nous en avons de très complets exemples dans le département des Landes et sur notre rivage méditerranéen. Ces cordons sont dus à la perte de force vive éprouvée par certains courants charriant des sables et qui déposent ceux-ci en conséquence de leur ralentissement.

La constitution des cordons littoraux isole de la mer des espaces d'eau qui, dans le midi de la France, portent le nom général d'*étangs* et dont les plus connus sont ceux de Cazau dans les Landes, de Berre, de Thau, de Leucate, etc., dans les départements de l'Hérault et de l'Aude.

Lagunes. — Une autre forme de dépôts constitue les *lagunes*. Il s'agit de localités où, comme nous le disions il n'y a qu'un moment, la mer vient se déverser sur un haut fond et y subit une évaporation assez active pour laisser déposer une partie des sels qu'elle tient en dissolution. Parmi ces substances, la plus prompte à se concréter ainsi est le gypse qui s'amasse souvent en quantités considérables et qui, parfois, se mélange même de sel gemme.

L'une des régions où cette formation est le plus active à l'époque actuelle est le Kara-Boghaz, sur le rivage sud-est de la mer Caspienne. La sécheresse est si grande dans ce pays et la température y est si élevée que l'évaporation amène la formation de croûtes cristallines de sel. Un vrai courant ramène de l'eau au fur et à mesure des progrès de la dessiccation et la masse de sel s'accroît sans cesse. Comme la mer Caspienne est fermée et ne peut nulle part réparer ses pertes, on sent qu'elle marche rapidement vers une dessalure complète. Déjà la région septentrionale, vers l'embouchure de la Volga, est presque douce et la teneur en chlore va en augmentant régulièrement vers le sud.

Il est utile de noter que les localités lagunaires sont caractérisées par la présence de certains organismes spéciaux; certains Mollusques, en particulier, sont surtout florissants dans les eaux saumâtres des lagunes, et ils contribuent à donner à des dépôts de divers âges le faciès *lagunaire.*

Deltas. — Enfin, dans la même série, il faut appeler l'attention sur les phénomènes qui prennent naissance dans le bassin de la mer à l'embouchure de certains fleuves qu'on a appelés *travailleurs.* Ces cours d'eau édifient des dépôts particuliers qui, dès l'antiquité avaient déjà été qualifiés de *deltas,* à cause de leur forme générale triangulaire qui rappelle celle de la lettre grecque de ce nom Δ. Les types nous en sont fournis par l'embouchure du Nil, celles du Rhône, du Gange, du Mississipi, etc.

La production des deltas est déterminée par la perte de force vive, infligée à l'eau courante du fleuve par la résistance de la masse d'eau marine contre laquelle elle vient se heurter. Il résulte de là que chacune des particules charriées arrive à son tour au degré de ralentissement qui détermine sa précipitation d'après son poids, son volume ou sa forme et que, par conséquent, la structure des deltas est essentiellement régulière.

Pour le bien observer il faudrait y pratiquer des coupes selon l'axe même du fleuve générateur ou, ce qui revient au même, perpendiculairement au littoral. On y verrait alors une superposition de lits inclinés vers la mer et on constaterait que chacun de ces lits, pris à part, se compose de matériaux de plus en plus fins à mesure qu'on les observe plus vers le large, c'est-à-dire plus loin de l'embouchure.

Il est presque superflu de dire qu'on ne peut guère étudier directement la structure des deltas : on est pourtant parvenu à la connaître et ce résultat a été obtenu par deux voies tout à fait distinctes. D'une part on a rencontré de vrais deltas fossiles que les phénomènes géologiques avaient soulevés au-dessus du niveau de la mer et profondément recoupés de cassures, mettant sous les yeux des observateurs des coupes tout à fait éloquentes. D'autre part on a pu faire de petits deltas artificiels.

La découverte des deltas fossiles est d'autant plus remarquable qu'en conséquence d'idées théoriques qui se sont trouvées inexactes, on avait posé en fait que les deltas constituent un apanage exclusif de la période actuelle. Le type le plus remarquable se présente à Commentry, dans le département de l'Allier. On y voit, sur le flanc exposé au jour de la grande tranchée dite de Saint-Edmond, une épaisse masse de houille recouverte successivement de schistes imprégnés de matières organiques, de grès noirs et de poudingues qui se prolongent jusqu'à la surface du sol. A première vue, il semble qu'il y ait là, en superposition, quatre dépôts successifs. Mais en y regardant de plus près, on reconnaît que la structure réelle de la formation est tout à fait différente.

La houille est constituée par des feuillets très obliques à l'horizon et parfaitement parallèles les uns aux autres. Si l'on en choisit un pour le remonter depuis la base jusqu'au sommet, au travers de toute l'épaisseur de la masse charbonneuse, on remarque qu'il est formé d'un combustible d'autant plus pur qu'on le recueille plus bas ; à mesure qu'on s'élève, on le trouve de plus en plus chargé de matériaux incombustibles et qui, après la calcination, constituent les cendres.

Les feuillets obliques de la houille se poursuivent au travers des schistes où l'on voit de même une structure oblique qui se continue depuis le niveau du combustible jusqu'à celui des grès. En suivant un des feuillets, on reconnaît que sa composition varie d'une manière progressive : vers le bas se rencontre le maximum de matière combustible et, peu à peu, augmente l'élément sableux, de façon que c'est insensiblement qu'on arrive aux grès noirs.

Dans ceux-ci encore, la structure en feuillets obliques persiste avec évidence et le feuillet qu'on a suivi depuis la base de la houille jusqu'au haut des schistes peut être continué dans le grès. Il montre son grain allant progressivement en grossissant au fur et à mesure de l'ascension, si bien qu'à la fin, les éléments ressemblent beaucoup aux petits cailloux de la base des poudingues.

Ceux-ci ont une structure bien plus vague que les grès sous-jacents à cause du volume de leurs éléments ; cependant on peut deviner qu'ils sont la suite de ceux-ci, rien qu'à cette circonstance que le calibre de leurs galets augmente régulièrement à mesure que l'on s'élève.

Et la signification de cette anatomie, c'est que le quadruple ensemble constitué par la houille, le schiste, le grès et le poudingue ne consiste pas en quatre couches superposées, mais en une infinité de petits lits obliques, couchés les uns à côté des autres et dont chacun est composé de quatre segments : de houille, de schiste, de grès et de poudingue.

Or il est facile de voir que telle doit être en effet la constitution des dépôts accumulés par les fleuves dans les deltas qu'ils édifient : c'est aussi la constitution des dépôts artificiels qu'on réalise par l'expérience. Après avoir élargi considérablement une partie du lit d'un ruisseau dont le courant est suffisamment rapide, on jette à l'amont de cet élargissement un mélange aussi intime que possible de cailloux, de sable, d'argile et de débris de végétaux ayant assez séjourné dans l'eau pour ne pouvoir plus flotter. Au bout d'un temps suffisant, le bassin formé par l'élargissement du cours d'eau se trouve rempli de ces matériaux charriés. On détourne alors le ruisseau à l'amont, on laisse dessécher le produit, puis on y pratique à la bêche des sections verticales convenablement orientées : on y reconnaît alors la structure générale de la tranchée de Saint-Edmond, c'est-à-dire que le fond du bassin est recouvert de débris végétaux représentant la houille, que les argiles simulant les schistes se sont déposées par-dessus, que les sables — équivalents des grès — les ont recouvertes et que le tout est couronné par les galets correspondant aux poudingues.

En analysant le phénomène, on voit que la résistance opposée par l'eau du bassin à l'entrée du cours d'eau détermine le triage des éléments qu'il charrie : les galets tombent les premiers sur la berge inclinée du bassin et restent par conséquent vers la partie haute de cette berge ; les sables, soutenus davantage, vont un peu plus loin et, de même, les particules argileuses puis les débris végétaux. Mais ce premier dépôt a véritablement allongé de toute son épaisseur le lit du ruisseau ; le phénomène, en se continuant, part successivement d'une origine située de plus en plus en aval et, alors, les quatre niveaux superposés se développent parallèlement comme on l'a vu plus haut.

On pense bien que cette structure absolument régulière du delta expérimental n'est pour ainsi dire jamais réalisée dans la nature, à cause des incidents sans nombre qui s'ajoutent à la cause principale ; en raison aussi de la simplicité fréquente des matériaux charriés, parmi lesquels il ne peut y avoir qu'un simple classement par grosseur des grains amenés ensemble. Il reste le plus souvent des lits enchevêtrés et, sur des masses sableuses plus fines en bas que vers le haut, un couronnement de galets parfois volumineux.

Un bel exemple de cette structure a été signalé naguère par Colladon à la jonction du Rhône avec l'Arve à la porte de Genève. Il date d'un temps où le lac Léman se prolongeait au sud plus loin que l'embouchure actuelle de cette dernière rivière.

Parmi les autres localités où l'on a signalé l'existence de vrais deltas fossiles, nous citerons encore celle qui a été découverte par MM. P. Lory et Sayn, au cours de leurs études géologiques en Dauphiné. C'est un peu à l'est de Châtillon-en-Diois que les couches du terrain crétacé supérieur montrent la structure caractéristique en petits lits enchevêtrés, constitués de matériaux fortement roulés.

Ajoutons que dans quelques cas, le conflit entre la mer et les cours d'eau qui s'y jettent peut se traduire par des atterrissements qui sont comme une contrepartie des deltas : cette fois, c'est la mer qui est l'actif instrument de charriage et c'est le fleuve qui apporte un obstacle à la circulation des matériaux pierreux ; aussi se fait-il comme un *delta renversé,* dont la structure est très spéciale. Le type nous en sera fourni par la localité de Cayeux, à l'embouchure de la Somme. Dans ce point, la côte est léchée par un courant marin qui vient du sud et qui transporte petit à petit toutes sortes de matériaux à destination de la mer du Nord. C'est ainsi que le galet, surtout composé de silex de la craie, comprend des blocs de granit et d'autres roches cristallines provenant du Cotentin et de la Bretagne. Or la Somme se jette dans la Manche avec une inflexion vers le sud et constitue ainsi un vrai barrage liquide au travers du courant précédent. Aussi les galets se déposent-ils en cordons nombreux et pressés en avant de Cayeux et ont-ils fait reculer la mer d'une quantité considérable. Une large surface triangulaire, couverte de galets, a mis peu à peu la falaise à l'abri de l'action des vagues et le pays gagnerait sans cesse aux dépens de la mer si les affaissements généraux du sol ne venaient par moment neutraliser cette influence, en abaissant le rivage au-dessous des flots.

Rôle géologique des courants de la mer. — On sait que les courants de la mer peuvent, selon les cas, reconnaître des causes très diverses : la plupart proviennent d'une composition mécanique entre les vents réguliers et le mouvement de rotation de la Terre autour de son axe ; il en est qui sont déterminés par la différence de température de régions contiguës de l'Océan ; parfois l'impulsion de très grands fleuves, comme les Amazones ou le Mississipi, n'est pas étrangère au résultat; enfin, sans épuiser le sujet, les phénomènes volcaniques dont le sol sous-marin est le théâtre déterminent, par l'échauffement local, des écoulements d'eau en des directions déterminées. Le bassin de l'océan Pacifique est très riche en phénomènes de ce genre.

Les courants de la mer se comportent, à certains égards, comme les rivières et les fleuves, c'est-à-dire comme les courants d'eau subaériens. Maury les signalait éloquemment comme « des fleuves au sein de l'Océan » : comme eux, ils se livrent à des ondulations de formes variables d'un moment à l'autre et la divagation de leurs méandres les appelle à intéresser une surface beaucoup plus considérable que celle de leur propre lit.

Quand ils occupent toute l'épaisseur de la mer et, en général, lorsqu'ils se meuvent au contact même du fond submergé, ils en remanient les matériaux exactement comme les rivières remanient leurs limons, leurs sables et leurs graviers; ils réalisent parmi ces matériaux les triages et les séparations déjà décrits pour les alluvions fluviaires et leur donnent la structure amygdaloïde de ceux-ci.

Il faut avouer qu'à cet égard nos observations directes sur des dépôts actuels manquent d'une façon complète, à cause de l'impossibilité de ramener des échantillons de dragage, avec conservation de la structure sous un volume suffisant. Mais nous avons tant d'exemples de sédiments anciens ayant exactement la structure dont il s'agit que le doute à ce sujet ne peut être admis.

Il suffira de citer ici, comme localités spécialement éloquentes, des points dont l'étude est le plus facile.

Le Kronthal, dans les Vosges, où affleurent des grès rouges offre aux regards, sur de très larges surfaces de décollement, non seulement des ondulations toutes semblables à celles que les cours d'eau impriment souvent à leur fond (et qui sont connues sous le nom anglais de *ripple marks*), mais surtout une structure en petits feuillets, réunis par paquets à orientations diverses et dans chacun desquels le parallélisme est rigoureux.

Même disposition se retrouve dans les grès d'Anor, dans ceux de Saint-Étienne et jusque dans les sables du Ruel et du Quoniam auprès de Paris, où la disposition lenticulaire est d'une netteté spécialement accusée.

Parmi les particularités de la sédimentation marine rattachables au jeu des courants, il convient d'en mentionner une qui éclaire la conservation de certains vestiges fossiles. Admettons, dans une partie de la mer peu éloignée des côtes, l'existence d'une dépres-sion profonde, d'une de ces *fosses* comme on les désigne dans le langage océanographique : il peut se faire qu'un courant de surface rapide charrie des troubles au-dessus de ce fond voué au contraire à une tranquillité parfaite. Des êtres quelconques, laissant sur le fond la trace de leur passage, cette trace sera remplie, en certains cas et à certains moments, par la pluie de sable que pourra fournir la surface et qui contrastera avec la substance ordinaire de la sédimentation locale beaucoup plus fine et argileuse. C'est de la sorte que se sont conservés des moulages de simples traces sous-marines : par exemple celles qui abondent dans le Portlandien d'Equihen, et du Portel auprès de Boulogne, et que l'on comprend dans la longue série des *Bilobites*.

Enfin, parmi les travaux géologiques des courants marins, il faut faire une place spéciale à la production de bancs de galets, de sables ou de vases, même en pleine mer, dans les points où deux cou-rants viennent se contrarier. Le banc de Terre-Neuve est, en partie, le résultat d'un semblable conflit entre les deux branches ascen-dante et descendante du Gulf-Stream.

Les glaces flottantes prennent une telle part aux résultats, que nous ne pouvons qu'être frappés de cette nouvelle analogie entre les travaux des courants marins et les atterrissements des fleuves.

En effet, la branche descendante du Gulf-Stream revient des ré-gions boréales tout encombrée d'*icebergs* et ceux-ci sont non seule-ment chargés parfois de pierres, mais toujours imprégnés de maté-riaux rocheux dans toute leur masse, comme nous verrons bientôt qu'en sont imprégnées toutes les glaces de glaciers. Certaines de ces glaces flottantes viennent du Groënland ; d'autres se sont formées beaucoup moins loin, sur le littoral du Canada et du Labrador. Dans tous les cas, elles arrivent au sud de Terre-Neuve à la rencontre, faite obliquement, de la branche montante chaude du Gulf-Stream. Il se déclare alors une lutte entre les deux courants, non seulement quant aux directions mais aussi quant aux températures. Les glaces sont arrêtées et elles fondent sur place, abandonnant leur fardeau, et c'est ainsi que le banc va sans cesse en croissant, constituant un type de sédimentation due à la confluence de courants marins.

Pouvoir érosif de la mer. — En face de ces détails sur les sédimentations réalisées par la mer, il est indispensable d'insister sur le pouvoir érosif dont elle fait preuve en beaucoup de points de ses rivages.

Notons d'abord que le travail de démolition dont il s'agit résulte entièrement du choc des flots contre la côte, choc qui est déterminé avant tout par l'action du vent sur le liquide ; de telle façon que le résultat est un produit de collaboration de la fonction éolienne et de la fonction océanique. En cherchant bien, on trouvera même — et nous y reviendrons dans un instant — la collaboration ordinaire et parfois très active d'une autre fonction : la fonction corticale, qui se manifeste souvent de la manière la plus évidente.

Des expériences nombreuses ont permis de mesurer exactement la force des vagues : on constate qu'elle est gigantesque. Ordinairement, les vagues n'agissent pas seulement d'une façon directe sur les roches qu'elles attaquent. Elles opèrent par l'intermédiaire de pierres, et spécialement de galets, dont elles mitraillent la falaise. On sait comment sur nos côtes de la Manche, par exemple, et surtout dans la Seine-Inférieure et dans la Somme, où la roche constituante est la craie tendre, le travail de démolition se poursuit avec rapidité.

Le pied de la muraille naturelle est creusé de cavités plus ou moins profondes et comme miné ; au bout d'un certain temps la portion surplombante, manquant de point d'appui, s'abîme sur le sol où elle constitue un amoncellement parfois considérable. Le flot s'acharne alors à le désagréger, délayant les roches peu cohérentes qui deviennent du limon et broyant les nodules siliceux qui se transforment en galets et en sables.

Sur le rivage de la Manche, l'action se poursuit imperturbablement depuis de longs siècles et cette circonstance est bien de nature à surprendre. En effet il n'est pas difficile d'assigner la limite que l'action démolissante de la mer ne saurait dépasser puisqu'elle correspond au niveau des hautes eaux lors de la plus intense marée d'équinoxe avec le vent le plus favorable. A partir de ce moment l'usure du continent devrait s'arrêter.

Or, il n'en est rien ; chaque année on voit disparaître de nouvelles tranches de falaises, tellement que, dans certains actes de vente des terrains en bordure, aussi bien en Angleterre qu'en France, on fait entrer dans l'établissement du prix la suppression certaine d'un mètre environ de largeur en douze mois.

L'explication nous est donnée par nos études antérieures. Elle tient à ce que le sol est animé d'un mouvement d'affaissement qui remet constamment dans les mêmes rapports le relief du sol et le niveau de la mer.

Et il paraît que la condition dont il s'agit est réalisée depuis bien longtemps, car les études des géographes, d'accord avec celles des géologues, conduisent à reconnaître que la Manche n'a pas toujours existé ; que dans le passé, un isthme d'abord très large reliait l'Angleterre à la France, et que la séparation s'est faite peu à peu, par les progrès du phénomène même auquel nous assistons encore.

Naturellement aussi la démolition des falaises n'est pas localisée dans la Manche ; elle se retrouvera dans tous les points où l'affaissement se fait sentir et ce sera le cas en Hollande, en Danemark, en Norvège, partout, dans ces régions où le continent se dressera au-dessus du niveau des eaux.

Certaines circonstances de forme du fond marin pourront faire aussi que le phénomène se présente dans des pays dont le sol serait en voie d'exhaussement, mais alors la mer ne découvrirait pas à marée basse et la ligne de côtes serait bordée de grandes profondeurs océaniques.

La côte méditerranéenne, du côté de Menton et de Bordighera, dépourvue de marée, montre des falaises en train de se soulever et nous en avons parlé à propos de la fonction corticale qu'il suffit de rappeler sans y revenir de nouveau.

Malgré la violence de son allure, la démolition des falaises par la mer réalise parfois une dissection très délicate des roches : les différences de dureté ou de cohésion se traduisent d'un point à un autre par des inégalités dans la vitesse d'attaque et il en résulte des indentations parfois très marquées de la ligne littorale. C'est ce qu'on observe si bien sur le pourtour de la péninsule armoricaine, dont le profil contraste si visiblement avec la simplicité d'allure de la côte de Picardie.

Le granit et le micaschiste, qui sont les deux roches principales à l'extrémité occidentale de la Bretagne, sont traversées de dykes de compositions variées et beaucoup d'entre eux, de nature quartzeuse surtout, sont remarquablement résistants. Ils restent en saillie, au milieu d'une masse qui se désagrège autour d'eux et ils finissent par constituer des avancées et parfois des obélisques qui sont un grand péril pour la navigation. On en voit une série nombreuse sur le littoral sud de la Bretagne, et par exemple vers le Pouliguen et vers Pornic où ils caractérisent la « grande côte » ; les marins les qualifient souvent de « demoiselles ».

La plus grande partie des notions relatives au régime géologique de la mer s'applique sans variantes à l'examen des lacs ; il est clair que la présence ou l'absence du sel en dissolution n'a, dans l'espèce, qu'une importance tout à fait relative. Si on considère un lac suffisamment large, comme le Léman et bien plus encore comme le Sevang en Arménie, les lacs Erié et Supérieur en Amérique du Nord, les lacs Victoria, Albert, ou autres en Afrique, on ne voit guère en quoi leur économie diffère de celle de mers fermées ou peu ouvertes, comme la Caspienne, la mer Morte, la mer d'Azov ou la Baltique.

Aussi devons-nous être très bref à l'occasion des lacs.

Il est cependant indispensable de noter que les dépôts lacustres présentent des caractères particuliers et qu'à côté des faciès marins mentionnés plus haut, on peut définir des *faciès d'eau douce*, persistant malgré la durée des périodes géologiques et procurant des documents précieux à la paléogéographie.

Ce qui les fait reconnaître ce n'est d'ailleurs pas la nature des roches du sol, mais, avant tout, la qualité des fossiles qui y ont persisté. Tant pour la faune que pour la flore, on reconnaît des *formes d'eau douce* contrastant avec les *formes marines ;* et cela est si vrai qu'on sait les reconnaître même dans des formations marines, comme les dépôts de lagunes ou d'estuaires. Ce n'est donc pas ici le lieu d'y insister et cependant on ne pouvait passer la question sous silence

Résumé

Le principal intérêt des faits qui précèdent est de montrer à toutes les époques sédimentaires la coexistence des conditions océaniques et du régime continental, et de nécessiter ainsi, dans la classification des terrains, l'admission de deux séries de sédiments s'accumulant parallèlement des deux parts de la ligne littorale.

La continuité absolue du phénomène sédimentaire conduirait sans cela à proclamer qu'il ne s'est fait qu'un seul terrain depuis l'origine des choses. Nous voyons qu'en réalité il s'en est fait deux, mais sans que cette dualité rende, dans chacune des deux séries, les coupures plus naturelles ni plus faciles.

Ici la fonction corticale intervient encore et d'une façon prépondérante dans le développement du phénomène sédimentaire. En conséquence des bossellements généraux qui se succèdent, et qui, alternativement, s'exercent dans un sens et dans le sens opposé, un point littoral, choisi dès le début, non seulement s'élève au fur et à mesure de la superposition de nouveaux dépôts, mais oscille horizontalement tantôt vers la mer quand la terre ferme se soulève, tantôt vers le continent quand il y a affaissement. L'extension des dépôts marins se modifiant en conséquence des déplacements dont il s'agit, la trajectoire ascensionnelle du point littoral est une ligne brisée et les rapports des formations marines avec les formations lacustres se traduisent par une ligne de même forme.

Le tableau suivant précisera ces données pour un exemple fourni par la géologie des environs de Paris.

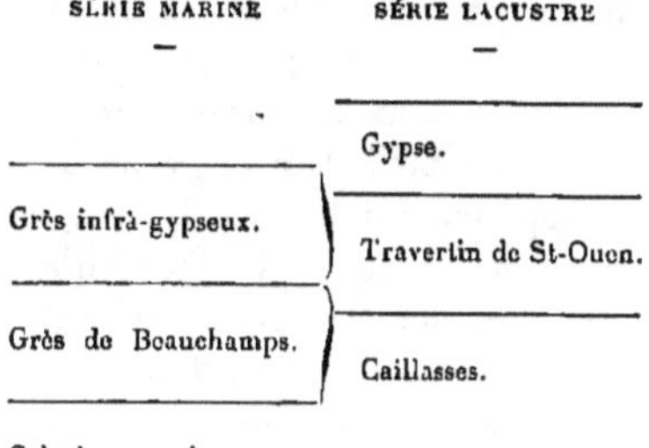

On pourrait à la suite en accumuler des milliers d'autres. Celui-ci suffit pour montrer qu'il est en général inutile de rechercher si un dépôt lacustre est plus ou moins ancien que les dépôts marins entre lesquels il peut être intercalé. Une partie de sa masse est contemporaine du plus ancien de ces dépôts et l'autre partie est synchronique du plus récent.

Nous aurons plus loin à faire de nombreuses applications de ces remarques.

CHAPITRE III

L'ACTIVITÉ GÉOLOGIQUE DES GLACIERS

Les glaciers sont de volumineux amas de glace situés dans des vallées dont le sol est suffisamment incliné pour que l'eau solide soit contrainte à descendre progressivement et lentement des parties hautes vers les plaines. Cette condition de la pente du sol est aussi indispensable à la production des glaciers que le froid lui-même. Dans les pays peu inclinés, comme la Sibérie, où gît cependant le point le plus froid de toute la Terre, la neige peut s'accumuler, le sol peut se congeler jusqu'à des mètres et des mètres de profondeur de façon que des animaux fossiles s'y soient conservés avec leur chair — mais il n'y a pas de glaciers.

C'est dans deux situations géographiques principales que se trouvent les glaciers : ou bien dans les vallées hautes des chaînes de montagnes, en rapport intime avec les neiges persistantes des sommets ; ou bien aux altitudes les plus faibles comme les plus fortes, dans les régions polaires, généralement en rapport direct avec la mer, où les courants de glace viennent se terminer.

La première de ces deux formes nous occupera d'abord; l'autre s'y rattache aisément.

Glaciers de montagnes. — Nous avons d'innombrables exemples de glaciers de montagnes dans les Pyrénées et dans les Alpes, et on en rencontre sous toutes les latitudes. On remarque qu'en général les glaciers atteignent un niveau terminal d'autant plus abaissé qu'ils gisent dans une région plus éloignée de l'équateur. Et cela résulte de cette circonstance que l'existence et la hauteur des montagnes interviennent dans chaque lieu sur la production même des glaciers. Il faut donc constater, pour commencer, la liaison manifeste entre la fonction corticale qui a produit les montagnes et la fonction glaciaire. Celle-ci, sans l'autre, serait cantonnée dans les régions polaires.

Les physiciens ont reconnu que la température de l'atmosphère va régulièrement en décroissant, à mesure que l'on s'élève, à raison de 1 degré par 185 mètres. Il en résulte qu'à une altitude convenable il n'y a plus de vapeur d'eau dans l'air mais des particules glacées, aiguilles cristallines dont on observe directement la présence lors de certains phénomènes optiques tels que les halos. Ces aiguilles se comportent comme les poussières atmosphériques et elles tendent naturellement à tomber quand l'air est calme ; seulement, dès qu'elles parviennent, par suite de leur chute, dans des zones inférieures plus échauffées, elles se transforment en vapeurs et n'arrivent au sol que par les temps d'hiver.

Au contraire, si les actions orogéniques ont poussé des sommets montagneux dans les parties hautes de l'atmosphère, ceux-ci constituent des réceptacles tout préparés pour l'eau cristallisée) ils se recouvrent de neige et ils deviennent, par contre-coup, des centres de rayonnement de froid (si une pareille expression est permise) autour desquels des phénomènes variés se déclarent. En résumé, la première cause des glaciers dans les pays tempérés et tropicaux, c'est le soulèvement de montagnes assez hautes pour avoir leur tête dans les zones atmosphériques à température suffisamment basse.

Les glaciers des Alpes, ceux des Pyrénées et tous les autres glaciers du même genre, doivent trouver dans ces faits la première étape de leur histoire.

Pour rendre plus simple la description des glaciers nous choisirons un exemple et nous nous transporterons en imagination dans le département de la Haute-Savoie, à la *Mer de Glace*, célèbre dans le monde entier par les travaux de tous genres auxquels elle a donné lieu et qui font qu'elle est tout spécialement bien connue.

Partis de Chamonix et remontant le cours de l'Arveyron, nous arrivons à la tête du glacier, auprès du petit village des Bois et nous sommes arrêtés à la source même du torrent par un obstacle difficile à franchir.

C'est une colline, haute de cent mètres et plus, qui barre la vallée par un bourrelet en croissant, tournant sa convexité vers nous. On la connaît sous les noms de *moraine frontale* et de *moraine terminale,* et il est facile de constater qu'elle est formée de blocs rocheux de toute nature, de toutes grosseurs et de toutes formes, jetés pêle-mêle dans une boue grisâtre et sableuse.

La promenade ne se fait guère sans qu'on ait l'occasion de voir quelque bloc rocheux, plus ou moins gros, glisser le long de la muraille terminale de glace, pour venir se mélanger aux éléments de la moraine.

Cette moraine est interrompue, vers le milieu de la largeur de la vallée, par une déchirure au travers de laquelle se précipite l'Arveyron. Les eaux boueuses de ce torrent sont un sujet d'étonnement pour les touristes non prévenus et qui s'attendent en général à y voir des ondes limpides et cristallines.

En s'insinuant, quand les circonstances le permettent, par la brèche de la moraine, on parvient au pied d'une muraille de glace haute de plus de 100 mètres et dont la base est, vers le milieu de sa largeur, éventrée en grotte profonde d'où sort le courant d'eau bouillonnante. Cette grotte de glace a eu son moment de célébrité, à cause de la beauté de son aspect; mais elle est variable en raison des incidents et des accidents saisonniers, et depuis un bon nombre d'années elle a singulièrement perdu de son pittoresque.

Quoi qu'il en soit, il y a des moments où l'on y peut avancer et l'on voit alors que la glace repose sur un lit presque continu de boue renfermant du sable et des pierres de diverses formes dont beaucoup sont émoussées, arrondies à la façon de certains galets. Çà et là, sous l'effet du lavage aqueux, la roche en place est visible; elle se signale par la forme arrondie de sa surface qui est *polie* et *striée,* c'est-à-dire pourvue de traits burinés comme avec un poinçon.

Pour continuer les observations, il est indispensable de revenir sur ses pas et de prendre le glacier par un autre côté. On peut faire l'ascension, d'ailleurs extrêmement facile du Montanvert, d'où l'on a un panorama des plus instructifs de la Mer de Glace. Elle se présente comme une traînée blanchâtre, longue de 56 kilomètres et étroite d'un kilomètre, resserrée entre les parois très abruptes d'une vallée profonde qui monte progressivement vers le Tacul. La surface de la Mer de Glace est fort rugueuse et on y remarque, avant tout, des bourrelets longitudinaux, plus voisins de sa rive droite que de sa rive gauche, et que l'on appelle couramment les *moraines médianes*. Vue d'en haut, la glace n'offre d'ailleurs aucunement l'apparence vitreuse qu'on pourrait croire ; son étendue, d'un gris sale, est toute recouverte de pierres et de boue. L'ensemble a un peu l'aspect d'une rivière[1] extrêmement tumultueuse qui se serait congelée instantanément, de façon à conserver les inégalités de sa surface : c'est à cause de ces vagues solides qu'on lui a donné le nom de mer, qui conviendrait aussi bien aux autres glaciers des montagnes.

Naturellement poussé par le désir de fouler aux pieds la substance du glacier, on se voit contraint, tout d'abord, à descendre jusqu'au pied du Montanvert. On reconnaît, chemin faisant, que les roches granitiques constitutives du sol présentent, toutes situées qu'elles soient au-dessus du glacier, l'apparence arrondie et polie déjà notée au-dessous, et tout de suite on en conclut que la glace a passé dessus. La Mer de Glace n'est pas identique aujourd'hui à ce qu'elle a nécessairement été dans le passé ; elle a quitté des régions précédemment recouvertes.

On peut suivre du regard, sur chacun des deux flancs de la vallée, une zone de roches arrondies et polies mesurant au moins mille mètres de hauteur au-dessus de la Mer de Glace et qui est continuée vers le haut par des roches anguleuses terminées en aiguilles faisant avec les premières un contraste complet.

Une fois en bas de l'escarpement, on se trouve en présence d'une moraine tout à fait analogue par l'aspect et pour l'origine à la moraine frontale du glacier des Bois, et dont on retrouve la pareille d'une manière constante le long de tous les autres glaciers : on la désigne souvent sous le nom de *moraine latérale*.

Une localité favorable permet la traversée de cette moraine et on se trouve enfin sur la glace dont on peut apprécier facilement les différents caractères. A la boue et aux pierres qu'on voyait de loin, s'ajoute en été de l'eau qui ruisselle de tous les côtés et gazouille en petits ruisseaux, en petites cascades précipitées dans des crevasses. La glace, en effet, est recoupée en tous sens de fissures ou crevasses, parfois très larges, toujours profondes, et qui la débitent en frag-

---

1. C'est l'expression de Tyndall : « Not a sea but a river of ice » (*The glaciers of the Alps*. Londres, 1860).

ments juxtaposés et très mal joints. Dans les filets d'eau on doit voir l'une des sources principales du torrent qui coule sous le glacier et qui sort à son extrémité inférieure. Ce torrent est d'ailleurs alimenté aussi par tous les ruissellements fournis par les flancs de la vallée et par ceux des vallons qui y aboutissent.

Les notions précédentes seront utilement complétées par une ascension sur le glacier jusqu'aux parties hautes de la montagne. On constate ainsi que l'aspect de la glace change progressivement à mesure que l'on s'élève. Dans le bas, la matière est tout à fait *compacte* et transparente ; dans les crevasses on voit même de très beaux effets de lumière bleue ; mais, plus haut, la transparence cesse et fait place à une opacité plus ou moins complète avec coloration grisâtre : la glace n'est plus homogène, elle est *bulleuse*, c'est-à-dire pleine de cavités sphéroïdales dans lesquelles on voit de l'eau liquide et de l'air. En poursuivant l'ascension, on reconnaît que la glace bulleuse, de moins en moins cohérente, passe peu à peu à l'état d'une espèce de gravier dont les éléments anguleux se séparent sous le pied qui les foule. On dit alors qu'on est dans la région des *névés*. Les névés sont séparés des flancs rocheux de la vallée par une grande crevasse dite *rimaye*.

A mesure qu'on s'élève les névés deviennent de plus en plus fins et de plus en plus mobiles et c'est insensiblement qu'on arrive sur les *champs de neige* des sommets.

Il est utile d'ajouter que, si l'on creuse dans la neige des sommets, comme on l'a fait par exemple lors de l'établissement des observatoires sur le Mont-Blanc, on reconnaît que, sous les flocons de la surface, la matière s'agglutine et prend les caractères du névé ; de même sous les névés, quand ils sont suffisamment épais, on trouverait de la glace bulleuse, et dans bien des points les portions inférieures de la glace bulleuse deviennent tout à fait compactes, de sorte que les liens entre les diverses variétés de la glace sont tout à fait intimes et qu'on est disposé à admettre qu'elles représentent des états mal délimités dans une série de transformations continues de la neige.

Si on rapproche de cette remarque le souvenir des effets que produit la compression de la neige entre les mains, opération à laquelle les enfants se livrent avec tant d'entrain pendant l'hiver, on conclura que les transformations que nous venons d'énumérer, d'ailleurs dans l'ordre inverse de leur apparition, résultent des compressions subies par la neige.

A première vue on peut se demander comment la *pression* a pu modifier la neige en névé, en glace bulleuse et en glace compacte, alors que ces trois formes de la glace sont également superficielles. Mais un moment de réflexion montre que chacune d'elles s'est réellement produite en profondeur et n'est venue au jour que par suite de la descente du glacier, en conséquence de la liquéfaction très active que le soleil inflige aux zones superficielles et qui les fait disparaître.

L'illustre physicien anglais John Tyndall[1] a fait à cet égard d'ingénieuses expériences qui sont restées célèbres et dont les produits permettent de comprendre les faits auxquels a conduit l'observation des glaciers et qu'il nous reste à énumérer.

Progression des glaciers. — Il s'agit du déplacement progressif, du véritable écoulement des glaciers selon la pente des vallées qui les renferment. Les montagnards l'avaient constaté de tout temps, mais les savants commencèrent par le considérer, on ne sait trop pourquoi, comme contraire aux probabilités et, par une trop grande hâte de conclure, ils le nièrent. Depuis ils l'ont soumis à des études très intéressantes.

On peut résumer les résultats de celles-ci en constatant que la masse des glaciers s'écoule selon des lois qui coïncident exactetement avec celles qui président à l'écoulement des rivières ; la principale différence est dans la valeur absolue des déplacements, très rapides pour l'eau liquide, et très lents dans l'autre cas.

Tout d'abord, il faut reconnaître que la constatation du mouvement en lui-même est assez facile : on plante dans le glacier un piquet dont on repère la situation par rapport à des points choisis sur les deux rives et, par conséquent, immobiles. Après un temps suffisant, on s'aperçoit que l'alignement initial s'est modifié et que le piquet est descendu. En disposant en travers d'un glacier une ligne droite de piquets, on observe que les régions médianes marchent plus vite que les régions marginales ; en plaçant horizontalement des piquets dans la paroi verticale d'une

---

1. V. le volume de Tyndall intitulé : *La Chaleur.*

fissure longitudinale, on reconnaît de même que les régions superficielles marchent plus vite que les régions profondes. En résumé, il ressort de ces observations, non seulement que le glacier s'écoule suivant la pente de la vallée, mais que les vitesses y sont réparties exactement comme dans la masse des cours d'eau.

Production des crevasses. — Le fait de la progression des glaciers a pour première conséquence d'expliquer la production des crevas- . ses mentionnées tout à l'heure. Il est clair que l'inégalité des vitesses aux divers points de la masse, doit nécessairement provoquer des tractions dépassant, à un moment donné, la limite de l'élasticité de la glace. On apprécie l'exactitude de cette explication par la disposition caractéristique des crevasses dans des régions bien définies. Par exemple aux tournants des glaciers, les portions les plus éloignées du centre de la courbe et formant la rive concave sont évidemment étirées pendant que les portions constituant la rive convexe le sont incomparablement moins : aussi se déclare-t-il comme un éventail de cassures rayonnant du centre de courbure. Si la roche formant le fond de la vallée présente un seuil transversal, on voit se faire, au-dessus, des crevasses traversant le glacier perpendiculairement à sa longueur; si le relief était situé dans le milieu de la vallée et disposé longitudinalement, des crevasses longitudinales s'ouvriraient, perpendiculaires aux précédentes.

Pour toutes ces causes la masse de glace est débitée en blocs plus ou moins prismatiques que les montagnards des Alpes désignent sous le nom de *séracs*, par comparaison avec la forme de certains fromages ainsi appelés.

Les glaciers comme agents de transport. — Une deuxième conséquence de la progression des glaciers, c'est que ceux-ci constituent de très énergiques agents de transport de matériaux. Toutes ces pierres en effet, toutes ces boues dont nous constations tout à l'heure la présence sur le glacier sont évidemment charriées par lui et il faut envisager les résultats géologiques d'un semblable déplacement.

Nous avons déjà vu que l'intempérisme attaque les roches, et spécialement celles des montagnes, avec une très grande activité; mais nous avons constaté aussi que les débris accumulés par ce genre de décomposition sur la surface des roches encore intactes procurent à celles-ci une véritable protection qui peut durer fort longtemps. Dans les pays de glaciers il n'en est plus ainsi; les débris détachés par la pluie, par le gel, par l'ensemble des actions subaériennes tombent sur le glacier et sont emportés sans cesse par lui dans son mouvement descendant. Les roches sont toujours remises en contact avec les agents de leur destruction et si on considère en outre que la seule présence du glacier a pour conséquence de donner une activité toute particulière aux agents de l'intempérisme, on en conclura que l'érosion, dans le voisinage des mers de glace, doit être exceptionnellement rapide.

Les matériaux entraînés par les glaciers sont, pour une très grande partie, portés sur leur dos et se comportent comme font les corps flottants dans les rivières. Quelques-uns pourtant jouissent d'une allure assez compliquée. Ce sont des dalles minces et assez larges pour protéger la glace qu'elles recouvrent de la fusion que le soleil inflige à toute la surface environnante. Cette glace qui subsiste, surgissant peu à peu, constitue bientôt comme le pied d'un *champignon de glacier* dont le chapeau est une dalle de pierre. Bientôt la fusion du pied devenu assez haut pour sortir de l'ombre du chapeau le fait tomber *vers le sud* et lui donne ainsi à suivre une trajectoire très spéciale. Dans tous les cas, en conséquence des distributions de vitesse mentionnées, les matériaux charriés tendent à se rapprocher des berges et à y échouer, comme font les bois et les bouchons tout le long des rivières, et c'est ainsi que s'édifient les moraines latérales. Beaucoup pourtant arrivent jusqu'à la moraine terminale. Il y a, dans le nombre, de très gros blocs rocheux qualifiés d'*erratiques* parce qu'après la disparition des glaciers, ils reposent sur des roches très différentes de celle dont ils sont formés et qui existent très loin souvent de leur lieu d'origine.

Cependant maintes particules pénètrent dans la glace et se comportent alors comme les objets submergés dans les rivières. Elles parviennent à cette condition de diverses manières. Par exemple, quand les séracs chevauchent les uns sur les autres, des quantités de boue et de pierres sont prises entre eux et incorporées dans la glace. D'autres fois, des pierrailles s'étant échauffées par la radiation solaire à la surface du glacier, s'y creusent par rayonnement de petites logettes où la congélation de la nuit les emprisonne. Ailleurs, les eaux ruisselantes de la surface entraînent les débris rocheux dans des dépressions ou dans des crevasses. En somme, on peut dire que toute l'épaisseur du glacier contient de la poussière et des pierrailles qui, finissant toujours par parvenir à la limite de la glace, constituent par leur accumulation les moraines frontales et les moraines marginales.

Enfin il faut ajouter que le glacier tout entier est en général supporté par un lit. continu de boue et de pierres qui le sépare de la roche en place formant le fond de la vallée : nous l'avons aperçu déjà par l'ouverture terminale de la grotte émissaire du torrent. Il faut ajouter qu'il existe partout.

La conséquence de ces remarques, c'est que le glacier est une association de glace et de substances minérales ; celles-ci sont aussi essentielles dans sa constitution que la glace elle-même : on pourrait dire que la glace joue dans cet ensemble le rôle de moteur de convois pierreux qui, grâce à elle, ont une allure particulière.

Fausse plasticité de la glace. — L'écoulement des glaciers, dans des vallées dont ils épousent tous les accidents de forme, a été expliqué d'abord par la supposition que l'eau solide jouit d'une plasticité propre, comparable à celle des corps visqueux. Il est très important de savoir que le véritable mécanisme du phénomène a été dévoilé et qu'on a reconnu qu'il est tout différent. En réalité, la glace est extrêmement fragile et l'histoire des crevasses nous l'a déjà montré. Sous l'influence de la pression résultant de son propre poids, le glacier, au contact du sol, se brise en fragments ; seulement, comme Tyndall l'a mis en évidence, cette même pression qui a déterminé la fracture, provoque aussi la fusion d'une certaine quantité de glace. L'eau liquide, provenant de la fusion, s'infiltre dans les fissures ouvertes, mais là, rapidement congelée, elle cimente d'une manière intime les parties qui viennent d'être disjointes. La nouvelle glace ressemble tout à fait à la première ; seulement elle a pris la forme des roches contre lesquelles elle a été refoulée. Le phénomène, désigné sous le nom de *regel*, procure donc à la glace une *fausse plasticité*.

Il est intéressant de rappeler ici en passant, pour faire ressortir une fois de plus l'unité des procédés naturels, que les roches de tous genres, déformées et tordues dans les opérations corticales,

se comportent sensiblement comme la glace, — à cela près que le
regel est remplacé par la concrétion bathydrique de minéraux
conjonctifs. Une assise de marbre, tordue comme on en voit dans les
Alpes, a été réellement réduite en fragments, mais la circulation
des eaux souterraines a ensuite soudé ceux-ci par des cristallisations de calcite : c'est ainsi que les veines blanches des marbres
se sont produites. Des faits pareils ont accompagné la torsion ou
l'étirement des schistes et des quartzites, avec concrétionnement
de quartz ou d'autres minéraux dans les interstices.

Usure des montagnes par les glaciers. — Comme complément des
observations précédentes, il importe d'ajouter que les glaciers exercent sur les roches qui les supportent une action érosive très notable
et qui offre les analogies générales les plus intimes avec l'érosion
réalisée par les torrents. Les glaciers et les torrents, en effet, sont
en somme des charrois de pierres mis en mouvement par de l'eau.

La nappe pierreuse sous-jacente aux glaciers exerce une action
d'autant plus rapide sur les roches constituant le fond des vallées
que le poids de la glace est plus considérable. Aussi a-t-on de toutes
parts les preuves les plus éloquentes de la pénétration verticale progressive des glaciers dans la masse rocheuse sur laquelle ils se meuvent.

Cette pénétration est démontrée par l'existence, à droite et à
gauche des glaciers, le long des parois des vallées qui les contiennent,
de la large zone de *roches moutonnées* dont nous avons parlé tout
à l'heure. Pour la Mer de Glace, la hauteur de cette zone dépasse 1 400 mètres, et il est bien manifeste que les portions supérieures en sont très dégradées par l'intempérisme et que, dès lors,
elle devait s'élever bien plus haut à une certaine époque, — où d'ailleurs elle ne s'étendait pas aussi bas que maintenant. La conclusion c'est, qu'au minimum, la véritable *lame de scie* ou mieux le *fil
émerisé* que constitue la Mer de Glace a pénétré verticalement de
plus de mille mètres dans l'épaisseur des roches cristallines dont
est fait le massif du Mont-Blanc.

En conséquence du double travail de transport de débris provenant des sommets et de l'érosion du sol des vallées, les glaciers
sont des agents décisifs de l'abaissement des montagnes.

On a vu il n'y a qu'un instant que les glaciers du type alpin
doivent leur origine au soulèvement des sommets montagneux jus-

que dans les zones atmosphériques de température suffisamment basse : on voit maintenant qu'ils travaillent à supprimer progressivement la cause même de leur formation.

Avant cette suppression, la montagne génératrice du glacier subit des diminutions de volume et surtout de hauteur qui, nécessairement, se traduisent par le rapetissement des glaciers. La neige reçue en haut étant moins abondante, la glace qu'elle produit par sa compression ne peut plus alimenter un courant aussi long que précédemment et le premier effet observable c'est que le glacier abandonne, devant son front, une moraine terminale qu'il ne peut plus atteindre.

Recul des glaciers. — Le *recul des glaciers* a été observé de tous les côtés et il n'y a même pas beaucoup de glaciers qui ne le présentent. Il ne faut d'ailleurs pas le confondre avec des vicissitudes qui résultent bien souvent de simples variations locales et provisoires de la météorologie. Il est clair, en effet, qu'après une série d'hivers peu neigeux, comme il s'en présente de temps en temps, l'alimentation glaciaire sera déficiente et que les glaciers se raccourciront ; ils s'allongeront dans le cas contraire ; mais cela se perd dans le développement général du phénomène et ce qui reste, c'est que le glacier se retire peu à peu vers l'amont de sa vallée.

Il ne faut pas croire non plus que ce recul soit nécessairement uniforme dans son allure : il peut s'accélérer par moments, se ralentir en d'autres, par exemple à cause de la résistance inégale des roches des sommets et, par conséquent, de l'abaissement inégalement rapide qui en résulte. Aussi la vallée peut-elle présenter des moraines successives, très inégalement espacées, et entre lesquelles le sol offre seulement une dissémination plus ou moins uniforme de débris rocheux de toutes grosseurs : c'est alors le *terrain glaciaire éparpillé*, contrastant avec le *terrain glaciaire amoncelé* ou *accumulé* dont le type est la moraine.

Il va sans dire qu'à mesure qu'un glacier recule, la surface qu'il abandonne est envahie par la végétation et par la faune : il s'y fait de la terre végétale et des animaux peuvent y prospérer, soit sur le sol, soit dans les eaux de quelque étang.

Évolution des glaciers. — A mesure que l'alimentation glaciaire diminue, par le fait de l'appauvrissement des champs de neige, le glacier considéré dans son ensemble change de forme générale : il tend à perdre la longue traînée qui le met en rapport avec les parties basses du pays et à se réduire à la portion élargie des régions élevées.

Or, cette condition nouvelle se trouve réalisée d'une manière tout à fait frappante dans les glaciers des Pyrénées, et cela mérite qu'on y fasse attention. Si on se reporte aux considérations développées à propos de la fonction corticale on verra que les Pyrénées, quoique faisant partie du même ridement orogénique que les Alpes, sont cependant un peu plus anciennes. Dès lors, elles ont subi plus longtemps le concert des agents d'érosion et on peut concevoir qu'elles nous mettent sous les yeux un état de choses qui ne sera réalisé que plus tard dans les Alpes.

Les glaciers pyrénéens, larges et courts, s'arrêtent au haut de vallées étroites, dont les flancs sont en maints endroits très parfaitement moutonnés et le long desquelles se montrent des moraines transversales échelonnées de distance en distance. Nul doute que des glaciers n'y aient séjourné, n'y aient subi des raccourcissements successifs et n'en aient finalement disparu.

Aussi le résultat ne serait-il pas douteux d'une remise en possession par la chaîne (si la chose était possible) de toute la matière arrachée par la dénudation glaciaire et par l'érosion intempérique qui en fut comme une annexe : les matériaux — ramenés de localités diverses, et souvent très distantes, où les ont éparpillés les coulées de glace, les eaux sauvages, les torrents, les rivières et même le vent — et replacés sur le massif pyrénéen, remonteraient les sommets de la chaîne dans les zones atmosphériques de condensation neigeuse abondante. Alors les cirques, mieux alimentés, reconstitueraient des glaciers semblables à ceux des Alpes. Et c'est ainsi que nous voyons le *type pyrénéen* venir constituer comme un stade évolutif des glaciers, à classer après le *stade alpestre*.

L'histoire des glaciers s'éclaircit encore par la suite toute naturelle qu'elle comporte et dont nous trouverons la réalisation dans le massif des Vosges. Si, par exemple, l'on part de la petite ville de La Bresse pour remonter la vallée du Chajoux, en se rapprochant du sommet du Hohneck, on se trouve d'abord en présence de particularités topographiques tout à fait comparables à celles que nous offre le bas des vallées des Pyrénées. De magnifiques moraines se

présentent aux regards, d'autant plus faciles à reconnaître qu'elles
ont été recoupées par la rivière et qu'on les a entaillées aussi pour
y faire passer la route. Par place on voit, sur le flanc des coteaux,
accidentellement dépouillés du sol cultivable, des surfaces de roches
nettement moutonnées.

Seulement, on a beau monter jusqu'au lac de Lispach qui s'est
établi derrière un barrage morainique, on a beau continuer l'ascension sur les flancs du Hohneck, on arrive au sommet sans rencontrer le moindre vestige de glace. Jusqu'à la fin d'août des plaques
de neige de l'hiver précédent peuvent bien persister dans les dépressions abritées du soleil ; mais, en septembre, tout a fondu et aucun
glacier dès lors n'est possible. Il résulte donc de là qu'il suffirait d'un bien petit exhaussement du massif pour que la neige devînt
persistante et pour qu'il se développât alors un régime tout pareil à celui auquel nous assistions tout à l'heure dans les Pyrénées. Cela revient à dire que si on pouvait remonter sur les Vosges
tous les matériaux que les divers agents de l'érosion en ont arrachés,
depuis le temps où les moraines se produisaient dans la vallée du
Chajoux et dans toutes les autres vallées qui rayonnent en tous
sens, son sommet serait amené dans les régions atmosphériques où la
neige persisterait toute l'année. Donc la manière d'être des Vosges
constitue encore une étape de l'évolution glaciaire : les Vosges
ont été comme les Pyrénées ; les Pyrénées seront comme les Vosges.

Le massif montagneux de la Corse reproduit beaucoup des conditions générales des Vosges.

On peut même aller plus loin dans cette voie et remarquer que
le sol de la région de Bretagne et du Cotentin, celui de l'Auvergne et d'autres régions, tout en étant privés non seulement de
glace, à l'exemple des Vosges, mais même de moraines et de roches
moutonnées, se présentent comme ayant supporté des glaciers. On
y rencontre, de divers côtés, à la surface de terrains variés, de gros
blocs rocheux, ayant tous les caractères de ceux qui ont été mentionnés plus haut sous l'appellation de *blocs erratiques*, et leur détermination paraît d'autant plus légitime que les monts d'Arrée, par
exemple, malgré leur altitude actuelle qui en fait de simples collines,
se révèlent par leur structure caractérisée, comme les résidus d'érosion d'une chaîne exactement bâtie, en somme, sur le modèle des

Alpes. L'intempérisme a dispersé les moraines ; il a attaqué les surfaces polies des roches moutonnées ; il a tout effacé, sauf, — et cela
provisoirement, — quelques gros fragments rocheux spécialement
résistants qui nous procurent un témoignage d'autant plus précieux
qu'ils sont voués sans aucun doute à une disparition complète.

En rapprochant les uns des autres les faits qui précèdent, on
arrive à cette découverte que l'appareil glaciaire s'est développé
successivement dans les différents massifs montagneux, chaque fois
que ceux-ci ont présenté une altitude suffisante pour y assurer la
persistance de la neige. Successivement les centres glaciaires ont
occupé des régions différentes, et l'on peut croire qu'au total les
diverses époques se sont beaucoup ressemblé à cet égard, par le
nombre et le volume des glaciers développés durant chacune d'elles.

Il y a eu, dans la suite des temps, une émigration des glaciers
comparable à l'émigration des continents, dont la fonction corticale nous a donné la clé. Seulement, autant la chronologie est
facile à établir dans ce dernier cas, autant elle est incertaine dans
l'autre, les productions continentales, au nombre desquelles figurent
les glaciers, ne comportant pas la conservation de fossiles qui per-
mettraient de les dater. On s'explique que, dans ces conditions,
on ait été porté à regarder diverses traces glaciaires comme ayant
été contemporaines, alors qu'en réalité elles ont été successives ; à
admettre, en conséquence, la conception d'une période de l'histoire
de la Terre qualifiée d'*époque glaciaire*, où il y aurait eu beaucoup
plus de glaciers que pendant aucune autre, ce qui paraît être essentiellement contraire à la marche si évidemment continue et uniforme
de l'évolution de la surface terrestre.

Capture des glaciers. — Ajoutons que le tableau des conditions
par lesquelles passe successivement un glacier considéré depuis sa
première manifestation jusqu'à sa disparition totale ; — ajoutons
que ce tableau ne serait pas complet si nous ne faisions remarquer
que, dans un massif montagneux, des glaciers voisins peuvent et
doivent réagir les uns sur les autres. On voit tout de suite que c'est
une analogie de plus entre les cours d'eau solidifiée et les rivières.

Celles-ci, en effet, nous ont mis en présence de phénomènes de
capture qui viennent compliquer singulièrement l'allure de l'évolution des bassins hydrographiques considérés séparément. La *cap-*

ture des glaciers en est l'exact pendant, non seulement par son allure générale, mais aussi par le nombre immense des localités où elle a pris naissance.

Pour le bien comprendre, il convient de s'imaginer une région où deux glaciers, A et B, remplissent deux vallées orientées à angle plus ou moins ouvert l'une sur l'autre, disposées de telle sorte que le bassin supérieur de A soit séparé de la partie moyenne de B par une cloison rocheuse peu épaisse et que la pente de A soit plus accentuée que celle de B.

Dans ces conditions, la régression de tout l'ensemble du glacier A, par le mécanisme déjà décrit, amène l'amincissement de la cloison séparatrice en B, et plusieurs voyageurs en ont décrit les progrès, comme sir Martin Conway pour le Spitzberg, et M. Willard Johnson pour les Etats-Unis. Lorsque la destruction de cette cloison s'est enfin réalisée et qu'alors le glacier A, en conséquence de sa pente plus forte, exerce une véritable succion sur la glace de B et la dérive à son profit, B est *décapité,* pour adopter l'expression employée à l'égard des cours d'eau et A a réalisé la *capture* de la portion supérieure de B.

On doit enfin introduire un incident important dans l'histoire du glacier A. Conformément à la loi générale, il avait subi une diminution consécutive à l'abaissement de son bassin d'alimentation sous l'influence de l'érosion ; il avait abandonné sa moraine frontale et en avait édifié de nouvelles en arrière de celle-là. Sur le terrain glaciaire éparpillé s'était établi alors un régime continental ordinaire, production d'un étang ou d'une tourbière, avec débris organiques enfouis, animaux et végétaux. Mais voici la capture qui a lieu : une nouvelle contribution de glace vient s'ajouter au volume du glacier : il se gonfle, passe par-dessus sa moraine frontale qu'il écrase et transforme en *moraine profonde,* s'avance sur la tourbière ou sur l'étang, en recouvre les formations de son dépôt éparpillé et récupère peut-être sa dimension primitive qu'il peut même dépasser.

Mais tout cela, bien entendu, n'a qu'un temps et la diminution inéluctable reprend ses droits ; le glacier recule de nouveau et finalement disparaît.

Si alors on est mis en présence d'une coupe du sol intéressant les diverses formations dont nous avons résumé la production successive, on y verra : une assise fossilifère, argileuse ou tourbeuse, contenant des coquilles lacustres, des animaux et des végétaux terrestres, — intercalée entre deux niveaux glaciaires : l'inférieur datant de l'évolution propre du glacier A, le supérieur se rapportant au retour de ce glacier, enrichi par la capture.

Ces conditions se retrouvent en effet dans un très grand nombre de vallées et par exemple à Dürntein, à Utznach et à Wetzikon auprès de Zurich. Ce que nous venons de voir nous met d'ailleurs en garde contre le danger évident qu'il y aurait à regarder les diminutions et les accroissements alternatifs de deux glaciers différents comme ayant été exactement concordants dans le temps, c'est-à-dire non pas seulement de la même époque géologique, mais du même instant précis. C'est cependant parce qu'on eut d'abord cette idée inacceptable qu'on a cru à l'existence de périodes alternatives de grandes extensions et de reculs des glaciers.

Ajoutons que si les résultats se bornent le plus souvent aux traits essentiels qui viennent d'être indiqués, il y a des cas où le nombre des nappes morainiques superposées peut être supérieur à 2, — par exemple de 3 ou de 4, ou même de 6, comme on le constate en certains points de l'Angleterre. Le fait tient au nombre de glaciers situés dans un même massif montagneux et qui ont pu entrer en communication.

Glaciers aboutissant à la mer. — Si maintenant nous passons à la seconde des formes de glaciers que nous avons distinguées, nous constaterons que les glaciers des régions polaires aboutissent généralement à la mer. Ils présentent, avec de bien plus grandes dimensions, les caractères généraux des glaciers de montagnes ; comme eux ils portent des pierres, et, comme la leur leur, glace est intimement associée à de la boue, à des graviers et à des blocs de toutes grosseurs.

La principale différence, c'est que les glaciers polaires n'ont guère le moyen de se constituer des moraines : ils n'ont pas de moraines latérales parce qu'ils couvrent presque toute la région exondée et ne laissent surplomber leur surface que par des pics plus ou moins isolés. Ceux-ci s'appellent *nunataks* au Groënland, où le grand glacier continental — ou *Inlandsis* — a été étudié d'une manière tout spécialement précise. Ils n'ont pas de moraines médianes, car les affluents n'y ont guère de personnalité distincte ; enfin ils n'ont pas de moraine frontale parce que la mer, qui d'ailleurs les interrompt avant le niveau où la glace fondrait d'elle-même, s'oppose à la constitution d'un bourrelet pierreux.

Pourtant, le long de la côte, on trouve, sous les eaux, une épaisse formation sédimentaire d'origine entièrement glaciaire : c'est une boue qui est arrivée dans certains cas à obstruer complètement des fjords très profonds, comme on le constate par exemple sur la côte de Norvège.

Mais si les glaciers aboutissant à la mer ne sauraient édifier la moraine frontale classique, ils n'en sont pas moins, à leur terminaison, le théâtre de phénomènes compliqués et intéressants.

A son entrée dans la mer et à cause de sa densité inférieure à celle de l'eau, la masse glacée subit une espèce de torsion vers le haut. En même temps, les grands séracs qui la constituent tendent à se séparer les uns des autres et à s'abandonner à la circulation océanique. Il se produit alors des remous formidables, conséquence du déplacement de ces montagnes de glace (*iceberg*) dont chacune doit prendre la position d'équilibre des corps flottants. Fréquemment il en résulte la culbute complète (qualifiée de *vêlage*) de blocs ayant parfois plus de 100 mètres de hauteur et on peut imaginer le péril de la navigation dans leur voisinage. Les Groënlandais savent, dans ces conjonctures, diriger leurs kayaks avec une habileté sans pareille.

Dans les mouvements auxquels ils sont soumis ainsi, les glaçons abandonnent bien des blocs rocheux déposés à leur surface ; mais ils conservent ceux qui sont encastrés dans leur substance et ils les entraînent avec eux dans la navigation selon les courants qui les emportent vers des latitudes moins élevées. Chemin faisant, ils parsèment le fond de la mer des limons, des sables, des graviers, des pierres de tous genres dont ils sont chargés et c'est ainsi, comme nous l'avons vu, que le banc de Terre-Neuve résulte, au moins en partie, de l'accumulation de matériaux rocheux charriés par des glaçons.

Le grand phénomène erratique du Nord. — Le mécanisme précédent dont le résultat, enseveli au fond de l'Océan, reste à peu près occulte, prend toute sa signification quand on s'aperçoit qu'il a déjà eu lieu à des époques antérieures et qu'il a imprimé un caractère très particulier au sol de vastes régions. Une partie de l'Europe, constituant comme une auréole autour de la Scandinavie et comprenant une large bande de l'Allemagne du Nord et de la Russie de l'Ouest, dont le sol est relativement très récent, est couverte de matériaux éparpillés offrant le caractère glaciaire. Ceux-ci consistent en débris et parfois en très gros blocs, de roches fort anciennes. Parmi ces roches il en est de si reconnaissables qu'il est facile de déterminer leur lieu d'origine. Dans le nombre sont des calcaires à Orthocères venant, sans aucun doute, de l'île de Gothland, dans la mer Baltique, et des syénites zirconiennes qui ont été arrachées aux rochers des environs de Christiania : les uns et les autres ont été transportés jusque dans les environs de Berlin.

La disposition des lieux est telle qu'on doit voir dans la dispersion de ces matériaux le résultat de la circulation d'icebergs ayant leur point de départ dans les Alpes Scandinaves et datant d'une époque où ces montagnes étaient couvertes de glaciers pendant que les pays sur lesquels s'est étalé *le grand phénomène erratique du Nord* étaient submergés sous les flots d'une mer recevant les têtes des glaciers suédois.

Il serait superflu d'insister sur l'intérêt de constater encore ici la persistance d'un semblable phénomène à travers des périodes géologiques successives, avec un simple déplacement de la localité où il se développe. Or, si l'Atlantique venait un jour à se dessécher par suite du soulèvement de son fond au-dessus du niveau des mers, la ressemblance des effets qui s'y développent aujourd'hui avec ceux qui ont pris naissance antérieurement en Allemagne et en Russie pourrait porter à faire admettre que les deux régions ont été soumises *en même temps* au phénomène glaciaire ; et l'erreur, cette fois si manifeste, accentuera nos remarques de tout à l'heure sur la non-contemporanéité des moraines ou des roches moutonnées des diverses régions continentales.

Il est d'autant plus nécessaire d'y insister qu'en Amérique du Nord on retrouve, comme en Europe, les traces d'un grand phénomène erratique. Celui-ci irradie des sommets montagneux du Canada qui se révèlent ainsi comme ayant, dans le passé, porté des glaciers aboutissant à un océan qui, dans ce temps-là, recouvrait les États-Unis.

Si on ne voyait pas l'Atlantique à l'œuvre et si on ne connaissait que les régions européennes et américaines couvertes de terrains erratiques on ne ferait nulle difficulté de supposer qu'elles ont acquis leurs caractères spéciaux dans un même moment. La notion de l'Atlantique montre comment l'opinion contraire est plus vraisemblable et même comment il n'y a aucune raison de croire que toute la région européenne, d'une part, et que toute la région américaine, de l'autre, aient subi le phénomène erratique chacune d'un seul coup. Tout porte à admettre que la cause de dispersion des icebergs a dû se déplacer avec le temps, en conséquence de la propagation progressive des bossellements généraux et de l'émigration de la mer.

Résumé

Dans tous les cas, le résultat de l'activité glaciaire est le rabotage véritable des massifs montagneux. On peut concevoir une région géographique élevée, à sol sensiblement horizontal, ayant plus ou moins le régime météorologique de la Sibérie et qui serait entourée, le long de pentes suffisamment inclinées, de glaciers divergeant en tous sens. Ceux-ci, par le mécanisme décrit, régressant avec l'allure qui nous occupait tout à l'heure, rétréciraient de plus en plus cette région, laissant autour d'elle une zone basse, couverte de moraines et de surfaces moutonnées.

Si, plus tard, on tentait d'évaluer la longueur des glaciers auteurs de ce rabotage, en mesurant la distance qui séparerait leur cirque alimentaire de leur moraine la plus excentrique, on se tromperait évidemment d'une manière gigantesque. Bien des indices portent à penser qu'on ferait la même erreur si on admettait un moment qu'il a jamais pu exister un glacier remplissant simultanément la vallée du Rhône depuis la Furca jusqu'à Lyon, par-dessus le lac Léman et le Jura.

Nous avons, dans la géographie actuelle, des localités qui montrent à l'œuvre les conditions que nous ayons en vue et il est d'un haut intérêt de le constater en terminant.

A cet égard nous nous bornerons à l'exemple qui est procuré par la curieuse terre de Grinnell, explorée par Greely, en 1883[1].

Cette île, située par 82 degrés de latitude nord, est entourée d'une ceinture de glaciers et, malgré cette circonstance, elle présente, dans son intérieur, des régions relativement fertiles, où paissent toute l'année de très nombreux troupeaux de bœufs musqués. Suivant l'expression du botaniste célèbre, Joseph Hooker, cette île

1. Greely, *Dans les glaces arctiques*, p. 270. In-8° ; Paris, 1889.

a « non pas un manteau mais une ceinture de glace ». Et Greely
écrivait : « La question des conditions physiques de l'intérieur de
la terre de Grinnell est résolue maintenant, comme l'ont fait, pour
l'intérieur de la Terre Verte, les découvertes de Nordenskjold. »

« Ces conditions consistent, d'après le voyageur, en ce que le
terrain, montagneux et abrupt, ne permet pas aux neiges abondantes de l'hiver de se maintenir longtemps. De nombreuses vallées, longues et étroites, sont hérissées d'une quantité énorme de
roches nues dont les angles aident à concentrer la chaleur du soleil
pendant l'été ; ces vallées servent d'émissaires aux neiges fondues
qui s'écoulent sur leurs falaises. Les rivières de la saison chaude
les drainent rapidement ; longtemps avant le retour des fortes
gelées toute la neige a disparu. »

En somme, la conclusion de nos études sur les glaciers, c'est
qu'il faut voir en ces appareils des outils très efficaces de réalisation de produits géologiques : il faudrait maintenant savoir à quelle
époque remonte leur première apparition sur la Terre.

A cet égard, on est très mal renseigné et il est facile d'en avoir
la raison : les moraines et les autres sédimentations glaciaires sont
fragiles, très facilement désagrégeables et il n'y a pas apparence
qu'elles aient laissé de traces de leur existence dans les terrains un
peu anciens.

On remarquera qu'à ce point de vue, les glaciers sont moins favorisés que les volcans qui, même en perdant leurs cratères et
leurs coulées superficielles, peuvent conserver leurs dykes de roches éruptives et leurs lits de cinérites stratifiés sous les eaux.

On avait cru un moment que la découverte de galets striés et de
surfaces rocheuses polies pourrait servir de signe de reconnaissance de glaciers maintenant disparus ; mais on s'est aperçu que
les galets striés dérivent généralement de compressions souterraines, le plus souvent consécutives aux phénomènes d'érosion
épipolhydrique, et que les surfaces polies résultant parfois du
même mécanisme sont bien souvent aussi en relation intime avec
les failles ou les phénomènes connexes.

D'ailleurs, la question est de savoir si la glace pouvait se faire
sur la Terre avant l'apparition des climats et dans le cas contraire,
les glaciers remonteraient à une antiquité géologique fort peu
reculée.

CHAPITRE IV

L'ACTIVITÉ GÉOLOGIQUE DU VENT

Les études récentes ont fait reconnaître que l'atmosphère, ou océan aérien, partage avec la mer liquide un grand nombre de propriétés géologiques. Il s'y réalise notamment des effets comparables à ceux que détermine la mer, au double point de vue de la sédimentation ou génération des roches et de l'érosion ou destruction des masses minérales antérieures[1].

Cette ressemblance, longtemps inaperçue, tient à la grande analogie des conditions mécaniques des deux fluides aqueux et aérien, mobiles tous deux, et tous deux aptes à maintenir des particules minérales en suspension.

Présence normale des poussières dans l'air. — Un fait de connaissance vulgaire c'est la présence dans l'air d'une énorme quantité de poussières solides : l'expérience du rayon de lumière traversant une chambre obscure et y montrant les myriades de corpuscules flottants est devenue banale.

Quand on recueille la poussière atmosphérique, on la trouve extrêmement complexe et on constate que, parmi ses éléments, figurent un grand nombre de minéraux. A première vue il peut paraître singulier que des corps de densité aussi forte que le quartz ou le calcaire puissent s'y maintenir aussi longtemps ; mais il est facile de reconnaître que, si leur dimension est assez petite, la résistance

---

1. L'atmosphère détermine des séries de réactions chimiques sur les roches qui éprouvent son contact ; son gaz carbonique argilifie les feldspaths ; son oxygène rubéfie les minéraux ferrugineux, etc. Mais tous ces phénomènes exigent expressément le concours de l'eau, qui dissout les gaz et qui favorise les contacts. Aussi les avons-nous décrits en traitant de la fonction épipolhydrique et n'y a-t-il plus à y revenir ici.

qu'ils éprouvent de la part de l'atmosphère représente une fraction très considérable de leur poids. Le moindre mouvement ascensionnel de l'air suffit pour les soutenir.

Là où le calme est suffisant, la poussière se dépose exactement comme font de leur côté les *troubles* en suspension dans l'eau : c'est-à-dire qu'elle s'étale en couche uniforme sur la surface des corps convenablement placés pour la recevoir. On sait qu'il faut bien peu de temps pour que, dans les appartements de Paris, par exemple, on puisse écrire avec le doigt sur le marbre d'une commode ou d'une cheminée, ou sur le bois verni d'une table ou d'un piano.

Cela suffit pour faire reconnaître la réalité d'une sédimentation éolienne ou atmosphérique. Il n'y aura plus ensuite qu'à constater que le phénomène arrive, dans certains cas, à se manifester sur des dimensions considérables.

La première chose à élucider, c'est le mécanisme qui mélange à l'atmosphère la poussière minérale qui n'y manque jamais : le vent soufflant sur des sols pulvérulents suffit à alimenter l'océan aérien d'une quantité considérable de particules pierreuses. Mais il est d'autres agents qui s'ajoutent à lui.

Trombes. — Tout d'abord les trombes méritent d'être citées avec quelque détail.

Hervé Faye a démontré que les trombes sont des tourbillons aériens, engendrés dans les plus hautes régions de l'atmosphère, comme d'autres tourbillons sont engendrés à la surface des rivières rapides, par la composition de forces parallèles entre elles. Les trombes peuvent passer au-dessus du sol sans le toucher et alors leur action est nulle ; au contraire, si le tourbillon d'air atteint la surface solide ou liquide des terres ou de la mer, il se met alors à *travailler,* c'est-à-dire à transporter les objets les plus pesants, à abattre les édifices, à déraciner les arbres, à briser les vaisseaux, etc. Mais l'air qui le compose et qui a été entraîné des couches supérieures de l'atmosphère par un irrésistible mouvement descendant, perdant sa force vive et se réchauffant en même temps, tend à remonter là d'où il est venu et forme une gaine ascendante autour de l'entonnoir primitif. Dans son mouvement ascensionnel, il entraîne avec lui les poussières et les sables répandus sur le sol, parfois des pierrailles dont le volume peut être notable, de l'eau liquide, toute la substance de mares et d'étangs y compris les poissons et les autres êtres qui y vivaient.

Tout cela est, dans le haut des airs, repris par des courants horizontaux, transporté plus ou moins loin — et quelquefois très loin, — puis précipité sur le sol. Et ces conditions expliquent les pluies de poussières et leur chute si fréquemment observée par le temps le plus calme, les vents supérieurs ne se faisant heureusement pas toujours sentir, et bien loin de là, à la surface du sol.

Les exemples confirmant cette théorie du phénomène seraient innombrables. Bornons-nous à mentionner la pluie de pierrailles observée en 1891, à Pel-et-Der, dans le département de l'Aube, et dont les matériaux conservés au Museum ont en moyenne 2 centimètres cubes. Ils consistent en calcaire dont on ne retrouve aucun gisement à moins de 150 kilomètres de distance.

Dans certains pays, les trombes sont de régime journalier, au moins une partie de l'année. Elles alimentent des courants de poussières qui, reprises par des vents réguliers, s'en vont pleuvoir dans des localités spéciales, où s'accumulent en conséquence d'épais sédiments éoliens. Dans le nombre, les grands déserts de sables occupent une place prépondérante et le Sahara peut être pris pour type. Une partie de sa surface, connue sous les noms d'Erg et de région des dunes, consiste en sables mouvants que les vents promènent en différents sens et qui sont une proie spécialement facile pour les trombes remontantes. Aussi le long de la trajectoire des vents alizés on voit pleuvoir du sable saharien d'une façon tout à fait normale. C'est ce qui a lieu, avec une abondance remarquable, dans l'Atlantique aux environs des îles du Cap Vert. Le pont des navires y est fréquemment saupoudré de plusieurs millimètres de sable et on en doit conclure que le fond de la mer y reçoit un apport éolien contribuant à y activer singulièrement les progrès de la sédimentation.

Par suite des variations des vents supérieurs, dues à des causes que nous ignorons, ces pluies arénacées se déplacent quelquefois et viennent arroser la Sicile, l'Italie, le sud de la France et toute une partie de l'Europe. A Palerme, elles sont connues sous le nom de *pluies de sang* et chaque fois qu'elles se reproduisent, en voilant la lumière du soleil et en rougissant le ciel, elles provoquent des terreurs paniques parmi la superstitieuse population du pays.

Il est des localités où l'arrivée de ces pluies est réglée par les variations saisonnières, et où leur substance, mêlée au sol, contribue à la composition de la terre cultivable et lui communique des qualités particulières. C'est ce qui a lieu en Egypte, où la vallée du Nil jouit depuis l'antiquité d'une réputation de fertilité légendaire. Dire que le Nil est le nourricier de l'Egypte, selon une locution proverbiale, c'est vrai; mais il convient d'ajouter qu'il n'en est pas le seul nourricier. Le limon argileux que le fleuve étale par un colmatage naturel à chacun de ses débordements donnerait une terre trop grasse et trop compacte : le sable que, dans l'intervalle des crues, le khamsin, ou vent du désert, vient répandre en pluie abondante sur le pays, procure au sol une légèreté et une porosité tout à fait favorables. C'est à lui qu'est due la structure remarquable du limon du Nil constitué par d'innombrables alternances d'argile et de sable.

Ceci d'ailleurs ne doit pas nous faire oublier les graves inconvénients hygiéniques des poussières atmosphériques qui, en Egypte comme en Chine, provoquent des ophthalmies douloureuses conduisant souvent à la cécité.

Il peut arriver que les apports arénacés ou limoneux, dus au vent, viennent s'accumuler en des points déterminés pour y constituer à la longue des dépôts d'une importance notable.

Un type de ces formations se rencontre sur le plateau mexicain connu sous le nom de Mesa de Anahuac, où les choses se passent avec une simplicité favorable à la compréhension du phénomène. Le sol est recouvert d'un limon très fin de couleur rouge et qui, lors de la saison sèche, se réduit en une poussière très mobile. De très nombreuses petites trombes soulèvent cette matière ténue qui encombre toute l'atmosphère et donne au soleil l'apparence d'une grosse orange. Des vents supérieurs entraînent horizontalement ces matériaux, mais la rencontre de hauts sommets, comme ceux des géants volcaniques du pays, et spécialement le Popocatepetl et l'Orizaba, brise les courants d'air et détermine la chute des troubles charriés. Aussi ces montagnes se recouvrent-elles d'une épaisse carapace de limon qui leur communique l'aspect le plus singulier et qui arrive à atteindre une grande épaisseur. Cette épaisseur ne croît d'ailleurs pas indéfiniment car des pluies torrentielles, qui caractérisent la portion de l'année dite à bon droit saison humide, en ravinent les couches, y creusent de profondes *barrancas* et précipitent des déluges de boues dans les plaines basses d'où leur substance était partie. Il y a là une série de phénomènes complémentaires qui constitue un exemple intéressant de circulation fermée.

Des variantes du régime mexicain se trouvent ailleurs, par exemple au Thibet et dans une portion de la Chine, où de savantes études ont été faites par le géologue allemand von Richthoffen : il se produit alors la roche limoneuse si célèbre sous le nom de *lœss*. Cette fois, le sédiment éolien peut avoir des centaines de mètres d'épaisseur et couvrir des surfaces gigantesques. Les vents, d'ailleurs, le remettent aisément en mouvement ; les pluies le ravinent d'une façon tout à fait étrange et y creusent des sillons sans fin, où le voyageur s'expose à se perdre sans retour. Les eaux de ruissellement en sont colorées, de façon que c'est le pays jaune par excellence : le pays de l'atmosphère jaune, du Fleuve Jaune, de la Mer Jaune.

Le lœss, dont le type a été décrit d'abord dans la plaine du Rhin, se retrouve partout ; on pense que, partout, il est dû en partie au mécanisme éolien associé plus ou moins au mécanisme épipolhydrique.

Transport des poussières volcaniques. — Mais il est une autre cause que la trombe, à laquelle il faut attribuer aussi la présence dans l'atmosphère de poussières capables de retomber plus ou moins loin sur le sol : c'est l'éruption des volcans. On a vu précédemment que la colonne de cendres qui surmonte le cratère au moment des paroxysmes peut avoir des kilomètres de hauteur. A cette altitude, toutes les parties grossières sont retombées sur le sol et il ne reste que des matériaux impalpables pouvant être transportés par les vents aux distances les plus considérables.

C'est ainsi qu'à l'époque de la dernière explosion du Krakatau (détroit de la Sonde), en 1883, on a suivi pas à pas le mélange des cendres fines avec la masse de l'atmosphère tout entière. Il est évident qu'il en est retombé des échantillons dans tous les points de la surface terrestre, d'ailleurs mélangés avec des poussières d'origine différente.

Pendant les mois d'avril et de mai 1906, une partie de l'Europe occidentale — et spécialement la France, la Suisse, la Belgique et les régions rhénanes — reçut des averses de poussières apportées par des nuages rougeâtres d'aspect tout à fait singulier. Comme ces phénomènes furent tout à fait contemporains de l'éruption du Vésuve, on peut penser que les cendres du volcan entrèrent pour une part dans la composition des matières charriées. Et, en effet, le microscope montra dans la substance de ces poussières du pyroxène, des matériaux feldspathiques, des micas et même de la leucite ; mais ces éléments volcaniques étaient mélangés à un excès de matériaux différents parmi lesquels dominaient le quartz, la glauconie, la calcite et même des tests de Foraminifères[1].

C'est l'occasion de répéter que les poussières volcaniques renferment plusieurs éléments favorables à la végétation et, par exemple, la potasse et l'acide phosphorique. On peut donc penser que leur pluie a sur la fertilité de la terre une influence favorable, et ou a émis l'avis que la richesse bien connue du sol de la Limagne peut lui être communiquée par les averses de poussières volcaniques dont l'alimentent les vents de l'ouest après leur passage sur le plateau d'Auvergne, recouvert des puys et de leurs produits pulvérulents.

Et puisque ce sujet nous amène à reconnaître les services possiblement attribuables aux pluies de poussières, ajoutons que la chute des sédiments éoliens dans la mer et dans les lacs a certainement pour résultat d'introduire de l'air dans ces masses d'eau, au grand profit des populations d'êtres organisés qui y habitent. Chaque grain minéral est enveloppé d'une gaine gazeuse qui y adhère avec une très grande force. Cette gaine est entraînée par le corps solide durant sa descente au travers de l'eau et ne l'abandonne que petit à petit, en se dissolvant dans le milieu ambiant. De là un appoint évident fourni à l'aération des eaux.

Dunes. — Nous avons encore une autre catégorie de sédiments éoliens à décrire, dont l'histoire est pleine d'un intérêt particulier. Il s'agit des *dunes,* consistant en bourrelets de sables accu-

---

1. Prinz, *Ciel et Terre,* t. XXVII, n° 17 ; 1er novembre 1906, p. 437.

mulés par les vents dominants et jouissant de la propriété très remarquable de se déplacer à la surface du sol et de parcourir, parfois en peu de temps, des trajets considérables.

Les dunes se trouvent dans deux conditions géographiques différentes : ou bien sur le littoral de certaines mers, ou bien dans les régions médianes de certains déserts de sables.

Le premier type est largement réprésenté en France, par exemple, sur le littoral du département des Landes (Arcachon), sur celui du département du Finistère (Saint-Pol-de-Léon), sur celui du département du Calvados (Le Home, Cabourg), sur celui du département du Nord (Zuydcoot, etc.); mais on le retrouve dans un très grand nombre d'autres pays.

Dans ce genre de localités, la mer apporte sur la plage basse et plate qui la borde, de grandes quantités de sable fin et pur, presque entièrement formé de quartz pulvérisé, et qui se dessèche rapidement, de façon à devenir très mobile. Sous l'action du vent venant du large, ce sable est refoulé vers la terre ferme et constitue un bourrelet parallèle au rivage et qui tend à s'augmenter progressivement.

Les dunes peuvent atteindre une grande hauteur. On en connaît à Arcachon qui ont jusqu'à une centaine de mètres, mais elles perdent en même temps, du fait du vent, certains de leurs éléments qui vont, en arrière d'elles, commencer un second bourrelet. Et c'est ainsi qu'il y a, sur la même côte, des dunes parallèles entre elles et parfois fort nombreuses.

La forme des bourrelets tient à l'allure des vents et, dans certains cas, il se produit des collines séparées, plus ou moins coniques, résultant de conflits de courants d'air. Le Pilat d'Arcachon en est un exemple.

La structure des dunes reflète très exactement leur mode de formation; elle nous rappellera en même temps la structure des dépôts fluviaires et celle des courants marins formés dans des conditions comparables. Une coupe perpendiculaire à la ligne du rivage y montre (fig. 43) la superposition d'un très grand nombre de lits sableux différents.

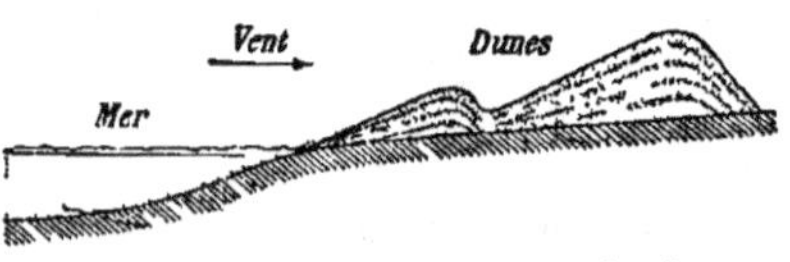

Fig. 43. — Disposition et structure des dunes.

La pente de l'ensemble est relativement douce du côté de la mer et, au contraire, inclinée comme les talus d'éboulement du côté de la terre ferme. Sur la pente marine, on voit dans le sable fin l'impression des filets d'air qui ont charrié le sable et qui tendent constamment à transporter les grains pierreux de la pente douce à l'autre.

D'après leur mode de production et de croissance, on doit pressentir que les dunes se déplaceront progressivement vers la terre ferme. C'est, en effet, un de leurs traits les plus caractéristiques et il en fait un objet géologique des plus funestes. L'envahissement des cultures par les dunes est une calamité dont maintes régions ont souffert de tout temps. Nous avons en France, aussi bien à Zuydcoot, dans les Flandres, qu'à Saint-Pol-de-Léon, en Bretagne, des villages qui ont été entièrement inhumés par ce procédé. Le village de Zuydcoot a disparu en une seule nuit.

Dès le xvi⁰ siècle le sultan de Beyrouth, connu sous le nom de Fakhr-ed-din, ce qui signifie prince des Dunes, s'est rendu célèbre par le succès qu'il obtint en fixant les dunes dévastatrices par des plantations de pins[1]. On sait que, dans les temps modernes, l'ingénieur Brémontier reprit des procédés analogues au profit de notre région des Landes et en assura ainsi la prospérité.

Dans les landes de Gascogne, les dunes ont envahi plusieurs villages ; on cite les bourgs de Lislau et de Lélas. A la place qu'occupaient au moyen âge, les villages du Vieux et du Nouveau-Soulac, au sud de la pointe de Grave, on ne voit plus que du sable. L'étang de Cazau-Biscarotte, sur le littoral de la Gascogne, est dû au barrage d'un ruisseau par un cordon de dunes.

En arrière des dunes on constate, sur une large surface de pays, une fine pluie de sable à peu près continue ; c'est par exemple ce qui caractérise l'économie atmosphérique des régions côtières du département du Nord, non loin de Dunkerque (dont le nom pour le dire en passant, signifie l'Église des Dunes): toute la terre végétale y est rendue extrêmement sableuse et légère par la persistance de ce régime.

La direction des dunes est strictement réglée par l'orientation de la côte et par le sens du vent dominant. Si ces conditions changent, le système des bourrelets sableux se modifie et il s'en fait de nouveaux tout autrement distribués que les premiers. C'est ce qu'on

1. Lortet, *La Syrie d'aujourd'hui*, p. 66 (1884). .

observe très nettement dans notre département des Landes où,
d'après M. Durègne, l'on voit de vieilles dunes, maintenant arrêtées depuis longtemps et couvertes de végétation, qui témoignent,
dans le passé, d'une géographie physique toute différente de l'état
actuel des choses.

Parmi les régions abondamment pourvues de dunes continentales,
il faut mentionner, comme nous l'annoncions tout à l'heure, certaines parties des déserts de sables où le vent persiste longtemps
dans une direction sensiblement fixe. L'*erg*, dans le Sahara, est
célèbre à cet égard, à cause du péril qu'il fait courir aux caravanes,
non seulement en les menaçant de submersion sous des torrents
de sables charriés, mais en supprimant, par comblement, des sources
ou des puits sur lesquels les voyageurs comptaient absolument
pour subsister.

Ces dunes, dont on retrouve les analogues dans le grand désert
de Gobi, en Asie centrale, et dans certaines parties du désert d'Ata-
cama, en Amérique du Sud, sont parfois extrêmement mobiles et
exécutent en peu de temps des déplacements considérables.

**Conservation éolienne des traces organiques et des traces phy-
siques.** — Au mécanisme des dunes se rattachent des phénomènes
de sédimentation éolienne qui ont ce grand intérêt d'assurer la conservation, par des témoignages résistants, de phénomènes extraordinairement délicats et fugaces et dont la connaissance est d'importance
décisive pour la comparaison réciproque des époques géologiques.

Supposons qu'à une époque géologique ancienne, un animal terrestre ait passé sur un sol argileux convenablement plastique : il y
a imprimé la trace de ses pas et cette trace montre, quant à la
constitution de cet animal, une foule de particularités qu'on ne
pourrait pas conclure de l'étude de ses os, c'est-à-dire des parties
que nous conservent d'ordinaire les procédés de la fossilisation.
Par exemple, on pourra voir la forme de ses doigts, la présence
d'une palmature, le grain de la peau : si celle-ci était pustuleuse,
unie comme celle des Batraciens, pourvue au contraire de poils, ou
de plumes, ou d'écailles comme chez les Mammifères, les Oiseaux
ou les Reptiles.

Supposons que, sur ce même terrain ancien d'argile, des gouttes de pluie aient creusé chacune une petite cupule, due à la force de la chute, il pourra être bien important de savoir qu'il pleuvait déjà durant cette vieille époque, de savoir même si les gouttes ressemblaient à celles d'aujourd'hui par leur volume ; si le vent pouvait les chasser, ce qui, rendant oblique le choc sur le sol, donnait lieu à des cupules elliptiques.

Supposons encore que, toujours dans les mêmes conditions d'âge, le vent ait ondulé le fond argileux de masses d'eau très peu profondes de façon à y produire ces systèmes de rides que nous voyons si souvent autour de nous : ne serait-il pas curieux que de semblables témoignages se conservassent pour nous renseigner sur la météorologie antique ?

Et enfin supposons que l'ardeur du soleil s'exerçant sur les mêmes argiles les ait desséchées au point de les craqueler, c'est-à-dire au point de traverser leur surface de sillons à parois verticales se croisant en un réseau que tout le monde a vu ; n'y aurait-il pas un grand prix à attribuer des témoignages analogues à des coups de soleil du passé ?

Sans poursuivre cette énumération, on voit que nous aurions ainsi des produits auxquels conviendraient les appellations quelque peu paradoxales à première vue de *pistes fossiles,* de *pluies fossiles,* de *vents fossiles,* et même de *soleil fossile.* Nous aurions de même des *ruissellements fossiles* d'eau rappelée à la mer par le reflux.

Or, nous possédons de pareils objets et leur étude nous confirme la notion que les diverses époques géologiques, même les plus anciennes, ont singulièrement ressemblé aux temps actuels : les mêmes phénomènes météorologiques s'y développaient ; ils étaient associés ensemble comme le sont ceux d'aujourd'hui ; et, ce qui est tout aussi important à noter, ils avaient la même intensité que ceux d'aujourd'hui. Ces remarques sont d'autant plus significatives qu'elles coïncident exactement avec celles auxquelles conduit l'étude de tous les autres chapitres de la Géologie générale.

Seulement il s'agit de savoir comment la conservation de spécimens d'une pareille fragilité a pu être réalisée et c'est ici que va intervenir d'une façon assez imprévue la fonction éolienne.

Avant de le démontrer, on peut ajouter que la conservation dont il s'agit paraît beaucoup plus facile qu'elle n'est en réalité. Un oiseau marche sur la grève à la marée basse : il y laisse l'empreinte

de son « pas étoilé » et on se dit que le flot, en remontant, remplira
la dépression d'une vase qui n'aura plus tard qu'à se consolider
pour conserver le moulage de la piste. Mais il faut remarquer
deux choses : d'abord que la vase rapportée par la mer dans l'empreinte est identique à celle dans laquelle l'impression a été produite et que, par conséquent, il n'y aurait aucune raison pour que
le moulage se séparât du moulé. Ensuite, l'observation montre
que le premier contact du flot, au lieu de remplir la dépression
de quoi que ce soit, l'efface d'une manière absolue, de même que
l'éponge passée sur le tableau noir efface les dessins à la craie.
Il ne reste absolument rien de la piste et cette remarque s'appli-
querait sans variante aux autres catégories de vestiges que nous
avons énumérées.

Admettons au contraire que ces impressions du sol argileux
aient eu lieu un peu plus haut sur la berge, lors d'une marée
exceptionnelle, ou même dans des régions que la mer n'atteint
plus jamais, et qui ont été humidifiées par la pluie, de façon à être
convenablement plastiques. Il suffira qu'un vent suffisamment violent
vienne recouvrir les traces d'une couche de sable pareil à celui qui
compose les dunes, pour que la cimentation ultérieure de ce sable
et sa conversion en grès dur assurent la conservation constatée.

Ces conditions ont été évidemment réalisées bien des fois ; nous les
observons directement dans nos pays de dunes où des flaques d'eau
à fond argileux, mares ou étangs, reçoivent à certains moments des
poussées de sables parfois fort abondants. Aussi retrouvons-nous les
effets du mécanisme qui nous occupe à toutes sortes de niveaux géologiques, par exemple dans les grès (toujours des grès) des environs
de Lodève, pour les pistes du *Cheirotherium* ; par exemple dans les
roches du Colorado, pour celles du *Brontotherium* et pour des infinités
d'autres ; pour les gouttes de pluie fossile du terrain houiller ; etc.

Ce rôle de la sédimentation éolienne est spécialement intéressant ici, en ce qu'il ne fait double emploi avec aucun autre mécanisme naturel.

Érosion éolienne. — La fonction éolienne ne se borne pas à déterminer la production de sédiments ; elle donne lieu dans bien des
cas, à une véritable érosion conservant d'ailleurs une allure particulière et distinctive.

Une première forme très simple, sous laquelle le phénomène est nettement visible, se réalise dans les pays de sables mouvants. On y constate que les particules pierreuses entraînées par les courants d'air peuvent attaquer mécaniquement la surface des obstacles qu'elles rencontrent. Qui n'a remarqué la rapide altération des vitres de verre des cabines de bain dans les pays de dunes? Par les jours de tempête, on ne peut s'exposer au vent à cause des grains de sable qui heurtent le visage : l'air est comme un fleuve charriant des myriades de petits burins. Par des expériences spéciales on est arrivé, à l'exemple de M. Thoulet, à préciser les conditions de l'usure des roches les plus variées par le choc des poussières dures poussées par le vent et il en résulte que le travail réalisé naturellement par ce procédé est considérable.

Si dans les pays de sables mouvants des roches s'élèvent au-dessus du niveau général du pays, on voit à l'état de leur surface des témoignages éloquents de l'érosion éolienne. Cette surface est en effet si parfaitement polie qu'elle prend un aspect d'émail tout à fait surprenant. On peut recueillir des grès de Fontainebleau qui soient dans ce cas, par exemple dans les friches de Poligny, auprès de Nemours (Seineet-Marne), ou bien des grès de Beauchamps aux environs de Fleurines (Oise), et dans beaucoup d'autres localités. Dans le Sahara, les pierres polies et émaillées sont extraordinairement abondantes et tous les voyageurs en ont rapporté : il s'en produit dans les régions les plus variées de la Terre.

On peut citer, comme se rapportant aux mêmes phénomènes, les *cailloux à facettes* de certains dépôts de galets et par exemple des alluvions du Rhône. Ce sont des galets dont la forme ellipsoïdale ordinaire est compliquée par un méplat (et quelquefois par plusieurs méplats) dont l'origine ne peut se concilier avec le régime de frottement ordinaire des galets. On découvre en les étudiant que ces matériaux ayant été abandonnés par le fleuve, le vent a charrié des sables à leur surface et a ainsi érodé peu à peu l'un de leurs côtés. Si, à un certain moment et par une cause quelconque, un galet a été quelque peu déplacé, la continuation du phénomène l'a pourvu d'une deuxième facette.

Remarquons encore qu'au point de vue des phénomènes érosifs le vent collabore souvent avec la pluie pour déterminer les accidents de la surface du sol. C'est ainsi que dans bien des pays et, par exemple, dans une partie de la Belgique, on trouve que le profil des collines est très loin d'être symétrique et beaucoup plus érodé du côté du vent dominant que de l'autre.

Résumé

Les courants dont l'atmosphère est le siège, et dont le point de départ réside aux plus hautes régions de la masse gazeuse, jouent donc un grand rôle dans la persistance de l'équilibre mobile de la Terre. Ils réalisent des brassages qui n'intéressent pas seulement les substances matérielles, mais s'étendent aussi aux diverses formes de l'énergie et, par exemple, à la chaleur. Ils déterminent l'évaporation des eaux superficielles, à commencer par celles des océans et, à ce titre-là, ils sont associés d'une manière intime à la fonction épipolhydrique en lui fournissant l'élément qu'elle met en œuvre. Ils provoquent l'agitation des flots et, par conséquent, l'aérage des mers et des lacs, y rendant possible la vie organique. Enfin ils contribuent à la régulation si remarquable de la quantité de gaz carbonique contenue normalement dans l'atmosphère.

CHAPITRE V

L'ACTIVITÉ GÉOLOGIQUE DES ÊTRES VIVANTS

C'est une notion sur laquelle il est profitable de fixer son attention que l'ensemble de la faune et de la flore, c'est-à-dire la réunion des manifestations de la vie, constitue en propre un agent
parfaitement défini de l'activité planétaire. Les êtres vivants, au
même titre que l'océan, le glacier, ou le volcan, se comportent,
dans leur action commune, à la façon d'un organe dans l'économie
générale de la Terre. C'est dire qu'ils réalisent, comme les autres
agents géologiques, la formation de roches auxquelles ils impriment
des caractères particuliers qui n'existeraient pas sans eux et,
complémentairement, qu'ils démolissent, désagrègent des roches
préexistantes, pour en remettre les éléments dans la circulation
générale.

Production des roches par les êtres vivants.

Les plantes et les animaux, par le fait seul de leur vie, modifient la composition du milieu général dans lequel ils sont plongés
et mettent ainsi en branle d'innombrables séries de réactions compliquées. Il y a longtemps déjà que J.-B. Dumas, dans un livre
resté magistral, malgré les progrès que la science a réalisés depuis
l'époque de sa publication, a fait ressortir la grandeur des harmonies qui rattachent l'un à l'autre les deux règnes organiques, grâce
au contraste de leur allure chimique dominante. D'après lui, et bien
que les uns et les autres respirent pour vivre, c'est-à-dire se brûlent,
selon l'expression géniale de Lavoisier, l'animal, considéré au point
de vue de la composition de l'atmosphère, est essentiellement un

agent d'oxydation tandis que la plante, au contraire, est un agent de réduction. L'atmosphère confinée où des animaux ont vécu s'enrichit en gaz carbonique et s'appauvrit en oxygène; celle où des plantes ont poussé au soleil s'enrichit au contraire en oxygène et s'appauvrit en gaz carbonique. De sorte que, par le jeu simultané des deux physiologies, le milieu gazeux tend à conserver sa teneur normale en gaz carbonique comme en oxygène[1].

A ce point de vue il est certain que le moment de l'apparition de la vie à la surface de la Terre a marqué une étape dans l'évolution chimique des masses fluides enveloppantes du globe, car les faits précédents s'étendent aux océans aussi bien qu'à l'atmosphère.

Rôle des plantes. — Dans les régions aquatiques où la lumière peut pénétrer, les Algues pourvues de chlorophylle entretiennent les eaux en oxygène libre qui contribue pour sa part à la respiration des êtres aquatiques. Les animaux et les végétaux ensemble, par l'accomplissement du phénomène respiratoire, y versent des torrents de gaz carbonique qui n'existerait pas sans eux, dans les mêmes conditions.

Du reste ces remarques concernent tous les corps résultant des actions physiologiques et il suffit d'un instant de réflexion pour reconnaître que la suppression des êtres organiques modifierait très profondément toute la chimie des régions superficielles du globe.

Non seulement ces êtres rejettent pendant leur vie des séries d'exhalaisons liquides et gazeuses, dont l'activité s'exerce sur les matériaux qu'elles rencontrent; mais, après leur mort, la substance de leur corps entre énergiquement en jeu pour réagir sur les éléments du sol.

D'un autre côté, les cas sont fréquents où les dépouilles organiques arrivent à s'accumuler dans des régions préservées de l'accès des corps comburants et on les voit alors se modifier progressivement, de manière à prendre successivement les caractères qui en font finalement de véritables roches. C'est là un point que déjà nous avons eu à examiner, à propos de la fonction bathydrique puisqu'il faut reconnaître l'eau chaude des profondeurs comme l'agent actif de la transformation; mais il n'en est pas moins indispensable ici de constater que la matière première sur laquelle

1. Dumas, *La statique chimique des êtres organisés.* 1 vol. in-8°. Paris, 1853.

s'exerce cette chimie spéciale est exclusivement de production biologique.

Dans le cas de la houillification par exemple, on voit bien que c'est la plante verte qui a su développer, entre le gaz carbonique et l'eau, mis en présence dans ses cellules, une réaction dont les deux produits sont l'oxygène dégagé et l'hydrate de carbone constitué :

$$CO^2 + H^2O = CH^2O + 2O.$$

Les chimistes ont établi l'équation du phénomène ; ils en ont développé la théorie et même ils en ont imité les produits ; le résultat de leurs travaux a été d'accentuer l'importance du rôle des forces biologiques dans l'économie de la Terre.

La houille, en effet, est une roche qu'on peut considérer, non seulement comme une agrégation de substances matérielles variées, mais encore et surtout comme le support d'une quantité colossale d'énergie emmagasinée. Pour prendre naissance elle a fait disparaître une somme considérable de chaleur et c'est à cette circonstance qu'elle doit de pouvoir mettre en liberté la même somme de chaleur toutes les fois qu'elle se détruit en s'oxydant.

Aussi est-il vrai, au pied de la lettre, qu'en brûlant la houille ou les composés qu'on en extrait, on se chauffe et on s'éclaire aux rayons du soleil qui a fait végéter les plantes dont elle est le produit de fossilisation et qui, par conséquent, brillait durant les temps primaires.

Et, de même, on peut dire que toutes les opérations chimiques qui se sont faites dans l'épaisseur des roches, sous l'influence de matériaux formés par les plantes enfouies et en voie de fossilisation, sont des effets plus ou moins directs de l'énergie du soleil qui rayonnait lors de la croissance de ces plantes. Or, ces opérations se sont réalisées de tous les côtés et dans toutes sortes de conditions aux niveaux les plus variés de la série stratigraphique.

Rôle des animaux. — On sait bien que ces observations ne concernent pas seulement les roches dérivées des plantes, mais, au même titre, celles qui proviennent des animaux. Toutefois la matière animale est bien plus rapidement décomposable et diffusible que la matière végétale et il en résulte que les roches formées exclusivement de débris animaux ne sauraient guère être citées. Il faut se contenter de roches, calcaires d'ordinaire et parfois schisteuses, et qui sont imprégnées dans toute leur masse des résidus de la distillation souterraine de Madrépores, de Mollusques ou de Poissons.

Les analyses de M. Spring ont montré que les marbres noirs de la Belgique et de la France du Nord contiennent des phosphamines, auxquelles ils doivent l'odeur organique qu'ils dégagent par le choc.

D'un autre côté, on doit regarder les schistes cuivreux du Mansfeld et peut-être aussi les schistes à Protritons des environs d'Autun, comme devant leur portion organique à la décomposition de matière animale dérivant de Poissons ou de Batraciens.

Il convient d'ajouter que le rôle des matériaux organiques dérivés des êtres vivants peut être constaté sous une autre forme encore. Ces matériaux entrent en effet comme un élément normal dans la composition de la mer et ils donnent à ses eaux des propriétés très spéciales, en particulier celle de *mousser* par son brassage avec l'air. L'*écume* de la mer paraît due à ce que le liquide marin est une solution (très étendue il est vrai) de corps albuminoïdes et cette écume a évidemment un rôle très actif dans la dissolution aqueuse des gaz atmosphériques, maintenus en contact avec le liquide, dans les vacuoles de la mousse. Une pareille circonstance est en même temps favorable à la combustion lente de la matière organique, dont la proportion ne peut pas, en conséquence, dépasser une certaine limite. Et, dès lors, la substance albumineuse d'origine organique contribue à l'assainissement de l'eau qu'elle-même était venue polluer.

D'ailleurs la putréfaction des matières organiques favorise le développement des légions de *microbes* qui travaillent efficacement à des transformations nombreuses.

Dans un domaine peu différent, on s'aperçoit que les résidus de digestion des animaux sont des éléments sur lesquels compte la nature pour mener à bien les cycles de transformations dont elle est le théâtre. Les hommes ont inventé de réunir des bestiaux sur une pièce de terre afin que celle-ci soit fumée. La surface entière du sol, quoique avec une intensité moindre, est soumise à la même pratique. Les Oiseaux qui fendent les airs, comme tous les autres êtres volants, y compris les Insectes, font pleuvoir sur la Terre une pluie excrémentitielle continue. Elle est composée de substances qui, fréquemment, sont d'une énergie chimique intense. Des faits d'observation directe le montrent de diverses façons.

Par exemple, M. Armand Gautier a étudié, dans des grottes ouvertes au sein des couches calcaires de Minerve, près de Montpellier, les réactions du guano de chauve-souris sur le carbonate de chaux et il a montré que, par l'intermédiaire d'une action microbienne, il se produit ainsi du phosphate calcique. D'un autre côté on a étudié dès 1896 les réactions développées à la Guyane (Ile du Grand-Connétable) entre des guanos d'oiseaux et des roches schisteuses, d'où procède du phosphate d'alumine. On peut croire que des faits de ce genre se produisent partout. Ils sont, en chaque point, de dimension presque microscopique, mais leur répétition incessante permet de les ranger parmi les plus grands phénomènes.

Les réactions des guanos sont spécialement visibles et faciles à interpréter ; mais elles ont leurs analogues dans d'innombrables directions différentes où les exhalaisons organiques s'attaquent à des matières minérales variées ; d'ordinaire les produits, pour être aussi nettement caractérisés, sont beaucoup moins abondants.

C'est dans une série peu éloignée de celle qui nous occupait tout à l'heure qu'il faut réunir les effets déterminés par la remarquable faculté des organismes d'arrêter dans leurs tissus certains éléments dissous dans les eaux où ils vivent et d'en faire l'étoffe de matériaux minéraux. Au fond, en effet, c'est un pendant très exact du pouvoir que possède la plante d'arrêter le carbone du gaz carbonique de l'air pour l'incorporer dans sa substance ; mais le phénomène prend à la fois des dimensions plus gigantesques et une allure plus nettement géologique.

Le type serait fourni par le Madrépore qui végète sur le fond des grands océans et qui sait, du liquide limpide qui le baigne, extraire le carbonate de chaux dont il constitue son polypier. Les détails pourraient être bien nombreux de cette merveilleuse transformation de l'eau claire en roche solide et cohérente, de croissance si rapide que la vie d'un homme est moins brève que la naissance et l'accroissement d'un récif, d'une île ou d'un archipel. Notons seulement que les sédiments de tous les âges témoignent de l'antiquité du phénomène et proclament la présence des animaux coralligènes à tous les moments de l'évolution de la mer.

D'autres animaux se comportent comme les Zoophytes, et c'est ainsi que les Huîtres et leurs analogues construisent à la lettre des assises du sol pouvant atteindre des dimensions colossales et dont la rencontre aussi se répétera à des périodes bien différentes les unes des autres.

Les chimistes n'ont pas élucidé encore tous les détails de la merveilleuse puissance qui permet à maints organismes marins d'arrêter dans les eaux les traces impondérables de silice en dissolution pour les immobiliser dans leurs tissus sous les formes variées et souvent si élégantes de spicules d'Éponges, de tests de Radiolaires et de carapaces de Diatomées. La substance ainsi précipitée, livrée à la pesanteur ou emportée par les courants de la mer, ira ici ou là former des couches entières du sol submergé et constituera en même temps comme des magasins d'hydrate siliceux à la disposition des circulations bathydriques, qui le mettront en œuvre ainsi qu'on l'a vu plus haut.

Un organisme inférieur, *Gallionella ferruginea* (Ehrenberg), jouit d'un pouvoir analogue vis-à-vis de l'oxyde de fer et édifie des assises de limonite.

Ces diverses réactions chimiques, à l'actif de l'être vivant, ne sont que des exemples dans une série sans fin et le cube des produits transformés peut s'imaginer quand on se représente le nombre des êtres qui y procèdent sans relâche.

Abondance de la vie dans la mer. — Les êtres vivants occupent en effet, dans la mer, une aire de dispersion beaucoup plus grande qu'on ne se l'était imaginé *a priori* et, dès lors, leur rôle géologique jouit d'une importance imprévue. Durant un voyage de découvertes qui fit époque, le naturaliste Edward Forbes crut pouvoir affirmer que les profondeurs marines étaient inhabitées. Suivant lui les plantes marines ne sauraient descendre au-dessous des zones accessibles à la lumière du soleil, c'est-à-dire aux environs de 200 à 300 mètres ; et les animaux resteraient sans exception sur des fonds de moins de 300 brasses (550 mètres). Bien que les raisons pour cette limitation aient été surabondantes et plus logiques les unes que les autres (obscurité, pression, absence de gaz, etc.), on a découvert que de nombreux animaux prospèrent jusque dans les abîmes les plus profonds et même que les régions les plus éloignées de la surface sont souvent prodigieusement peuplées.

Comme on l'a fait remarquer très justement, il y a cette différence entre l'océan aérien et la mer que le premier est un désert
que traversent seulement les êtres capables de voler pour se rendre d'un point à un autre, tandis que la mer est habitée dans toute
sa masse et quelle que soit son épaisseur, de populations sédentaires
qui y sont à demeure et ne la quittent jamais.

Tout le monde sait que le fond sous-marin est couvert d'une légion d'organismes qui aurait ses correspondants dans la faune
et la flore subaériennes si elle n'était en général plus dense et
beaucoup plus compliquée : on a donné le nom de *benthos* à l'ensemble de ces êtres forcés de ne pas quitter le sol submergé, à
peu près comme nous sommes contraints nous-mêmes de rester
en contact avec le sol émergé. Ce benthos comprend non seulement
les formes pourvues de crampons et d'autres moyens d'attache
analogues à cet égard aux racines des plantes terrestres : c'est le
benthos dit *sessile* ; mais il faut y rattacher encore la série des
êtres qui se promènent à la surface des roches, des sables et des
vases, ou qui se creusent des galeries dans ces dernières, ou qui
nichent sous les touffes de varech, comme font la plupart des animaux terrestres : c'est alors le *benthos vagile*.

Mais ce n'est là qu'une toute petite partie de la population marine et bien que les limites, ici comme ailleurs, soient assez vagues,
les spécialistes, à côté du benthos, ont distingué le *nekton* et le
plankton. Chacun de ces noms représente des masses de formes
vivantes plus nombreuses que celles du benthos.

Le *nekton* (de νήκτὸς, qui nage) est l'ensemble des animaux
qui nagent dans la mer et qui, à cet égard, se comportent dans une
certaine mesure comme les oiseaux dans l'air, à cela près que la
plupart d'entre eux ne se posent jamais sur le sol et qu'ils sont en
équilibre si parfait dans le milieu ambiant qu'ils s'y maintiennent
sans effort volontaire.

Le *plankton* (de πλανάω, j'erre) est l'ensemble non moins nombreux
des organismes parmi lesquels figurent, avec beaucoup d'animaux, des
Algues et spécialement les Diatomées qui flottent dans la mer et en
subissent passivement les déplacements sans être capables de suivre
une trajectoire indépendante. Cependant, en général, le plankton
n'est à la surface même de la mer que pendant la nuit et on le voit
s'enfoncer pendant le jour jusqu'à une profondeur de 200 mètres.

Ce mouvement d'ensemble paraît s'expliquer par des phénomènes purement physiques, rattachables à l'échauffement et à la variation de densité des eaux pendant les différents moments du nycthéméron. Ses éléments sont généralement de très faible dimension.

Cependant le plankton peut en admettre de plus gros et même de fort volume ; par exemple les Sargasses ou Algues flottantes des grandes mers, qui ne sont d'ailleurs que des objets arrachés au benthos de régions plus ou moins éloignées, puis charriés par les courants jusqu'aux localités où ils sont vraiment transformés en plankton. Ces Sargasses comprennent, comme accessoire obligé, le cortège innombrable d'animaux et de plantes qui y ont trouvé le milieu favorable à leur existence. D'une façon générale, le plankton, qu'on a subdivisé d'après sa distribution en plankton superficiel (ou pélagique) et en plankton de profondeur (ou bathydrique), lequel ne s'élève guère à plus de 100 mètres au-dessus du fond sous-marin, comprend comme formes animales les plus fréquentes : des Noctiluques, des Foraminifères (Globigérines, etc.), des Radiolaires, des Crustacés et spécialement des Copépodes, des Mollusques ptéropodes, des Tuniciers et avant tout des Salpes, même des Vertébrés, comme des œufs de Poissons ou certains petits Poissons adultes. Parmi les éléments végétaux on y voit des Diatomées et des spores d'Algues parfois extrêmement nombreuses.

Au point de vue géologique, l'importance de ces remarques, dont nous ne pouvions nous dispenser, est des plus considérables. Il est clair, en effet, que des débris de toutes les catégories d'êtres vivants contenus dans la mer sont exposés à venir se stratifier sur son fond et comme les mêmes conditions ont dû se réaliser aux diverses époques stratigraphiques, il y a lieu de rechercher ce que la fossilisation a pu nous en conserver et de quelle interprétation générale ces vestiges sont susceptibles. Ce sont des documents à ajouter à ceux qui concernent la détermination des différents faciès marins.

Pour le moment, bornons-nous à répéter que l'association intime et universelle de l'eau de mer avec les êtres vivants donne à ceux-ci une importance immense comme agents de transformations incessantes dans l'organisme planétaire.

Roches formées par l'accumulation de débris organiques. — Beaucoup de roches sont remplies de débris organiques animaux ou végétaux, connus sous le nom de fossiles, et nous avons déjà insisté sur leur importance ; il y a même des roches qui sont entièrement formées par ces résidus, charriés par les eaux et concentrés en certains points. Mais nous devons seulement les mentionner ici et sans nous y appesantir, car la réunion des éléments de ces roches n'a rien de biologique. Les agents de transport ordinaires se sont exercés sur eux, comme sur des débris quelconques, et la seule chose à retenir c'est que la matière elle-même des objets accumulés doit son origine à la vie.

Attaque des roches par les êtres vivants.

En face de l'activité dont nous avons maintenant une idée et grâce à laquelle, par des procédés très divers, les êtres vivants édifient des masses rocheuses dont l'examen est de nature à jeter du jour sur l'origine et sur le mode de formation de certains éléments de la croûte terrestre, il ne faut pas oublier l'énergie avec laquelle des animaux et des végétaux se livrent à la désagrégation ou à la décomposition des roches préexistantes.

Rôle des végétaux. — L'un des exemples les plus anciennement remarqués de ces phénomènes, qu'on peut réunir sous le titre d'*érosion biologique*, concerne l'activité avec laquelle certaines plantes s'attaquent aux roches, même les plus dures. Les Lichens sont légendaires à cet égard, pour venir à bout des granits eux-mêmes et l'on sait, qu'avec la collaboration des divers facteurs de l'intempérisme, ils procèdent ainsi dans diverses conditions à l'élaboration de la terre végétale. Sous les climats tropicaux et quand les roches ont une composition minéralogique favorable, la transformation est d'une rapidité qui tient du prodige. « A la Vega de Supia (dans l'Amérique méridionale), dit Boussingault[1], l'éboulement d'une montagne porphyrique (une partie de la montagne de Tacon, qui s'écroula en 1817) couvrit entièrement de ses débris, sur près d'une demi-lieue d'étendue, de riches plantations de canne à sucre. Dix ans après cet événement, j'ai vu ces fragments de porphyre ombragés par des mimosas arborescents, et dans un temps qui

1. *Économie rurale*, t. I, p. 570.

n'est peut-être pas éloigné, on pourra défricher cette nouvelle forêt et rendre à la culture le sol pierreux enrichi de ses dépouilles. »

Dans l'attaque des roches, les végétaux visibles à l'œil nu reçoivent une collaboration décisive de la part des organismes microscopiques désignés en bloc sous le nom de microbes ; le processus est en effet très complexe, mécanique et chimique tout ensemble dans le plus grand nombre des cas.

Physiquement les végétaux désagrègent les roches et les minéraux qui les constituent en insinuant des crampons ou des racines dans leurs fissures, dans leurs joints de clivage et en y permettant ainsi l'introduction de l'eau qui pourra s'y congeler et agir pour sa part.

Chimiquement les plantes exhalent des principes variés dont plusieurs semblent capables d'attaquer et de dissoudre complètement ou partiellement diverses substances minérales. Outre que certains feldspaths sont décomposables par des principes dérivant de la cellule végétale, on sait que le calcaire est éminemment solublé dans les exhalaisons des racines vivantes. C'est ce que démontre surabondamment la perforation des roches calcaires, ou à ciment calcaire comme beaucoup de grès, par des racines diverses qui s'y sont vraiment creusé des pertuis tout en poussant.

Dans les lacs suisses on connaît une petite Algue, dite *Euactis calcivora* parce qu'elle dissout le calcaire avec une véritable activité, qui creuse, dans les galets formés de cette roche, des réseaux de canalicules caractéristiques.

Dans les argiles ferrugineuses, on voit en outre les racines des plantes les plus variées amener la décoloration de portions cylindriques de la roche rouge par suite de la constitution de sels organiques solubles dans l'eau et qui sont emportés par les infiltrations. Il y a là, sous une apparence fort modeste, un fait de haute signification quant à l'impossibilité pour les éléments terrestres de parvenir à un état d'équilibre stable et définitif.

Dans ces dernières années, on a voulu expliquer l'origine de la latérite par une érosion végétale. On sait que la latérite (de *later*, brique) est une roche d'aspect argileux, mais qui consiste en hydrate d'alumine et qui dérive, par altération, de roches feldspathiques très diverses. A cette première singularité l'histoire de cette roche joint cette autre circonstance de ne se produire que dans les pays sub-tropicaux. Jusqu'ici on n'a pas encore de preuve certaine de la réalité du procédé indiqué et on ne sait ce que devient la silice qui était dans la roche intacte, combinée à l'alumine. La question doit donc être regardée comme réservée. Toutefois on a assisté à la décomposition des feldspaths et des argiles par les Diatomées marines, avec isolement de la silice qui compose leurs carapaces et, par une suite nécessaire, avec la mise en liberté d'une alumine qui doit singulièrement ressembler à la latérite.

C'est ici qu'on peut rappeler que des Algues (Chromates, Thiocystes, etc.) réduisent les solutions aqueuses de sulfates et déterminent ainsi la production des eaux sulfurées.

Rôle des animaux. — Il faut, à côté de l'érosion végétale, faire une place à la démolition des roches par les animaux. Tout d'abord, on sait que les limons superficiels sont sans cesse remaniés par des légions d'êtres les plus variés, depuis les Taupes et les Lapins jusqu'aux Courtilières, aux larves de beaucoup d'Insectes et aux Vers de terre. Ceux-ci sont même devenus célèbres à cet égard depuis les travaux de Darwin et ils doivent désormais compter parmi les agents les plus efficaces de fabrication et de réparation de la terre végétale. Ils sont donc passés, sans hésitation, à l'état d'animaux bienfaisants, ce qui est bien contraire à l'opinion que les cultivateurs, s'étaient faite naguère encore de leur intervention.

Ces Lombrics ont des analogues exacts, quant aux résultats mécaniques obtenus, dans des séries d'Annélides marins, comme les Aphrodites, que les pêcheurs traitent de taupes de mer, comme les Arénicoles et comme beaucoup d'autres, qui labourent sans relâche les vases à des profondeurs d'ailleurs très diverses. Plusieurs Mollusques font comme elles (Natices, Solens, Mactres) et d'autres animaux encore.

Bien des roches, même très tenaces et très cohérentes comme les marbres, les grès, les gneiss et les granits sont exposées aux entreprises de certains animaux que, déjà depuis longtemps, on a désignés sous le nom expressif de *lithophages*. Les plus célèbres sont aquatiques et surtout marins ; mais il en est aussi de terrestres.

Les Pholades forment le type classique des animaux lithophages: dans une foule de localités les roches que découvre la mer basse sont lardées de perforations cylindroïdes dans chacune desquelles est établi un Mollusque, comme dans une logette exactement à sa mesure et dont il est évidemment l'artisan.

Le mécanisme de la perforation a été l'objet de nombreuses recherches et les résultats sont assez indécis ; il est possible que tous les lithophages[1] n'agissent pas de la même manière. On a admis un procédé purement chimique pour les Saxicaves, les Pétricoles, les Gastrochœnes, les Clavagelles, les Lithodomes qui sont dans des cavités creusées toujours au sein du calcaire, ayant précisément leurs formes et leurs dimensions, de sorte qu'ils ne peuvent s'y déplacer. On a pensé que les Pholades peuvent opérer mécaniquement et Cailliaud a percé des trous dans les roches les plus diverses, rien qu'en les frottant avec les valves de la coquille. Hanckock a montré qu'il existe dans le pied et sur le bord du manteau des Pholades et des Tarets des grains pierreux de nature siliceuse capables de rayer les roches les plus dures et il a pensé que c'est par ces grains que la perforation est réalisée. On a émis l'opinion, d'abord développée par Adamson, que des courants d'eau, déterminés entre les coquilles et leur manteau, pourraient réaliser l'effet observé. Cependant ces suppositions soulèvent des objections : contre la première on a fait observer que, jamais, on n'a pu déceler la moindre trace d'un acide capable de corroder les calcaires ; pour la seconde et la troisième, c'est-à-dire celle de Cailliaud et celle d'Hanckock, on ne comprend pas comment la perforation peut être pour ainsi dire *moulée* sur la coquille : car, dans un cas, il faudrait que toute la surface des valves intervînt pour élargir le trou à mesure que l'animal grandit et ces valves devraient être lisses, sinon striées, tandis qu'elles sont accidentées de reliefs très délicats et, dans le second cas, les parties opposées au pied devraient être retenues par leur coincement dans une cavité trop étroite. Enfin, pour l'hypothèse d'Adamson, on a constaté qu'il n'y a aucun courant d'eau entre la coquille et les parois de son trou.

De sorte que rien n'est satisfaisant et que la question doit être étudiée de nouveau.

---

1. Parmi les genres lithophages, on peut citer : *Pholas, Lithodomus, Petricola, Gastrochœna, Saxicava, Clavagella* qui sont des Pelécypodes ; comme Gastropodes, *Patella* peut être mentionné ; comme Spongiaires, *Cliona* ; comme Oursins, *Strongylocentrotus lividus* (châtaigne de mer).

Dans tous les cas, les animaux perforants sont évidemment chargés, dans le grand concert de la nature, de restituer à l'eau de l'Océan une partie du carbonate de calcium fixé dans leur charpente squelettique par les Mollusques et les Polypiers[1]. Paul Fischer a analysé le phénomèno à l'égard des Éponges : « Les Cliones, dit-il[2], atteignent le but en attaquant le calcaire dans tous les sens, en le rendant friable ; et bientôt, grâce à l'action mécanique du flot, les coquilles les plus résistantes, les Polypiers les plus massifs se réduisent en bouillie calcaire qui descend au sein des mers et, comme un blanc manteau, recouvre tous les fonds à une profondeur considérable. »

Relativement aux Oursins perforants il y a lieu de remarquer la large surface de leur action ; les micaschistes et les grès submergés de la côte bretonne sont criblés de leurs perforations et les roches de la plage de Biarritz sont dans le même cas ; aux États-Unis les côtes de l'Atlantique, sur une grande longueur, ont fourni à M. Fewkes des observations qui montrent le phénomène sur une échelle encore plus grande.

Les surfaces continentales sont le théâtre de travaux comparables à ceux qui viennent d'être mentionnés et les massifs de roches calcaires dans les Pyrénées, en Sicile, en Italie, et bien ailleurs sont véritablement déchiquetés par des Escargots qui y pratiquent des logettes quelquefois si rapprochées les unes des autres que les rochers prennent l'apparence de grosses éponges et qu'ils sont dès lors tout spécialement exposés aux entreprises de l'intempérisme qui les fait aisément disparaître.

1. On a fait remarquer que pour se construire une coquille pesant 3o grammes, il faut que l'animal qui la sécrète dépouille 3 000 kilogrammes d'eau de mer du carbonate de calcium qui y était dissous.

2. *Nouvelles archives du Muséum d'Histoire naturelle ;* t. IV, p. 117.

LIVRE III

L'HISTOIRE DE LA TERRE

GÉNÉRALITÉS

LA CHRONOLOGIE GÉOLOGIQUE

Il nous reste, pour avoir de la Terre une idée complète, à ajouter à l'étude de son état présent d'activité l'examen des témoignages, conservés dans ses profondeurs, de son activité passée. En d'autres termes, il nous faut reconstituer l'histoire de notre planète et c'est ce que nous pouvons appeler édifier la chronologie géologique.

Un premier point est de savoir si la Terre a eu un commencement, car il n'a pas manqué de soi-disant philosophes pour proclamer son éternité dans le passé ; même, une école géologique, qualifiée d'*uniformitariste*, a développé des considérations dont la conclusion générale serait bien rapprochée de la doctrine dont il s'agit.

Quoiqu'on puisse être porté à croire que, sur un semblable sujet, chacun en sera toujours réduit aux sentiments qui lui plaisent le mieux, il faut remarquer cependant que l'étude du globe montre qu'en réalité il n'a pas toujours existé ; qu'il a commencé, qu'il s'est développé et même, comme nous le verrons plus loin, qu'il ne durera pas toujours. C'est une condition qui est en outre réalisée pour chacun des objets terrestres, considéré à part, et cela nous doit porter à penser qu'elle s'applique à leur ensemble lui-même.

Les observations présentées plus haut et la coupe théorique à laquelle nous sommes parvenus (p. 26) pour l'écorce terrestre considérée dans sa généralité ont fait voir, avec la plus grande netteté, que les roches varient systématiquement en profondeur, en conséquence de l'exercice des phénomènes métamorphiques, jusque dans leur composition et jusque dans le mode de production des minéraux qui les composent.

Nous avons constaté que tout l'édifice schisteux cristallin, qui supporte lui-même les masses stratifiées, est étendu sur un substratum dont les roches silicatées magnésiennes, chargées de fer natif, sont les éléments essentiels. Ces roches, résultant exclusivement de doubles décompositions réalisées entre des matériaux gazeux comme l'a démontré Gay-Lussac, on est amené à croire d'abord qu'elles ne peuvent provenir du métamorphisme de roches constituées autrement et, en même temps; qu'elles datent d'une époque où les conditions de la surface terrestre étaient radicalement différentes des conditions actuelles.

Nous serions bien désarmés pour déterminer ces conditions initiales si la Terre était isolée dans le monde, mais il se trouve que le Soleil, centre même du système sidéral dont la Terre fait partie, est actuellement dans un état qui présente évidemment les plus intimes analogies avec celui de la Terre à l'époque que nous avons en vue.

Il résulte des merveilleuses études des astronomes que le Soleil n'est pas autre chose qu'une immense bulle gazeuse de composition fort compliquée et qui se refroidit sans cesse de toute la radiation calorifique et lumineuse qu'elle émet sans compensation dans l'espace.

Nous ne saurons jamais quel fut le degré thermométrique atteint dans le passé par la masse solaire, mais l'observation nous montre, qu'aujourd'hui, il s'est assez abaissé dans une certaine région sphéroïdale, comprise entre la surface de l'astre et son centre, pour qu'à ce niveau la condition gazeuse des éléments initiaux ait fait place à leur état solide. Certains produits se sont concrétionnés comme une espèce de *givre*, si cette expression — relative à des matières très froides — pouvait convenir ici, et on sait que c'est à la présence de grains solides dans les gaz chauds que le Soleil doit son éclat. Aussi la zone en question a-t-elle reçu légitimement la qualification de *photosphère*.

Eh bien! cette photosphère soumise à l'analyse spectrale se trouve avoir, dans les grandes lignes, la composition même des roches très profondes mentionnées tout à l'heure et nous devons croire qu'il fut un temps où la Terre brilla dans le ciel comme un tout petit soleil à côté du grand, lequel d'ailleurs, selon les vues magistrales de Faye, ne rayonnait peut-être pas encore à ce moment-là.

Quoi qu'il en soit, voilà établi le fait d'un commencement pour notre globe, d'autant plus que les roches, ensuite formées les unes après les autres sur la coque primitive, témoignent, par leurs caractères comparés, d'une évolution continue. Et — sans entrer dans la discussion, bien intéressante mais qui nous entraînerait trop loin, des traits auxquels on pourrait reconnaître les caractères initiaux de ces roches pour les distinguer de leurs caractères acquis — il suffira de faire remarquer que c'est seulement à un certain niveau dans leur série que se montrent, pour ne plus disparaître, les vestiges d'êtres organisés ou fossiles.

Il importe d'y insister : cette apparition subite des fossiles, à un certain niveau déterminé, ne vient pas du tout de ce que des fossiles ensevelis précédemment et recouverts davantage se seraient effacés par le jeu des actions souterraines. Ce qui le prouve c'est que les fossiles des anciens temps, conformément à ce que nous avons vu, ont une allure générale d'infériorité par rapport aux fossiles des temps moins reculés; il y a des uns aux autres les signes évidents d'un perfectionnement tout à fait parallèle au perfectionnement progressif (c'est-à-dire à la complication) des productions minérales — et c'est là encore un caractère d'où l'on peut tirer sans hésitation la notion d'un commencement des choses.

Nous regarderons donc ce point comme acquis, quitte à y revenir en quelques mots dans les conclusions générales de cet ouvrage, pour en tirer alors des enseignements dont nous aurons, chemin faisant, réuni tous les éléments.

Au moment d'aborder l'examen des portions successives de l'édifice stratifié dont nous avons indiqué les grandes lignes, il est tout à fait nécessaire de remarquer les modifications qu'il faut apporter à la première et très vague conception que nous en avions avant les notions réunies dans notre 2ᵉ livre (L'Activité de la Terre).

En effet, l'étude des diverses fonctions qui composent par leur réunion la physiologie tellurique nous a laissé l'impression d'une continuité parfaite dans le développement des phénomènes. Et cette continuité est tout à fait contradictoire avec les coupures indiquées précédemment dans la série stratigraphique.

A cet égard, nous ne saurions trop insister sur l'universalité de circonstances analogues qu'on retrouve dans toutes les parties de l'histoire naturelle : partout nous sommes en présence de suites sans lacunes et partout nous sommes contraints, sous peine de ne rien comprendre aux objets étudiés, de pratiquer des coupures nettes. C'est ce que nous appelons établir des classifications : sans classification nous ne pouvons absolument rien faire; mais la classification est pour ainsi dire l'antipode du point de vue naturel.

Pour ce qui concerne la stratigraphie, il résulte des chapitres précédents que les moments successifs de l'histoire de la Terre sont aussi intimement liés ensemble que les moments successifs de l'histoire d'un homme. Il n'y a pas un instant précis où cet homme cesse d'être un bébé pour être un enfant, puis un adolescent, puis un jeune homme... puis un vieillard et cependant chacune de ces périodes est parfaitement caractérisée. Il en est de même dans l'histoire de la Terre.

Toutefois, une illusion s'est présentée ici qu'on ne retrouve pas dans l'histoire de l'individu. Elle est procurée par les contrastes brusques qu'offrent, selon la verticale, les assises empilées. L'idée première c'est que chacun de ces contacts si visibles, entre des masses superposées, tient au déchaînement d'actions générales qui ont modifié successivement, et à beaucoup de reprises, les conditions du dépôt. Si nous avions le temps de résumer l'historique de la science, nous verrions que c'est sur ces apparences qu'on a établi la célèbre doctrine dite des Révolutions du globe qui, pendant bien des années, a réuni le consentement unanime des géologues.

Mais il est inutile de nous y arrêter, puisque nous avons recueilli les preuves que ces contrastes tiennent toujours à des incidents purement locaux, déterminés par le déplacement progressif à la surface du globe de chacun des agents géologiques.

La seule conséquence, c'est qu'à propos de chaque division stratigraphique, il y aura lieu de faire le départ entre les localités où cette division a son caractère autonome, résultant des lacunes qui l'encadrent, et les pays où, au contraire, elle disparaît plus ou moins à cause de sa soudure intime avec son soubassement ou avec son couronnement.

Une autre remarque bien utile ici, c'est qu'il n'existe peut-être pas deux régions présentant exactement la même constitution géologique et que, dès qu'on entre dans le détail, on trouve des localités dans la description desquelles il semble très légitime de faire des coupures stratigraphiques nouvelles, toutes différentes de celles déjà adoptées.

Beaucoup d'auteurs ont poursuivi le rêve d'une nomenclature uniforme où des désinences semblables seraient affectées à des noms de valeur taxonomique correspondante. Mais, en y réfléchissant, on trouve que ces tentatives n'ont aucun intérêt réel, puisque les divisions dont il s'agit n'ont pas d'existence propre. Cela explique la tendance à s'en tenir à des noms consacrés par un long usage et inspirés le plus souvent par celui des localités exceptionnellement typiques, sauf à mentionner la série des noms plus ou moins synonymes qui concerne chacun d'eux.

A cette occasion, il y aurait aussi à faire quelques observations sur le choix des appellations imposées aux étages. L'expérience semble bien montrer que l'un des plus mauvais systèmes, et qui est pourtant celui qu'on applique le plus ordinairement, est précisément de choisir une désignation empruntée au nom d'une localité typique.

En effet, il n'y a pas, comme nous venons de le dire, deux pays où l'allure des couches soit tout à fait la même, et partout on trouve des différences de faciès ou de composition minéralogique qui modifient profondément les caractères distinctifs.

Il est résulté de ces circonstances une prodigieuse éclosion de noms entre lesquels les correspondances ne sont jamais absolues, et il s'ensuit que la terminologie stratigraphique présente au premier abord un aspect essentiellement rébarbatif. Pour le faire disparaître en partie, on a appliqué, bon gré mal gré, une même désignation locale à des régions parfois fort distantes, mais d'ordinaire cette prétendue simplification est illusoire.

Pratiquement, il faut faire ici comme pour raconter la vie d'un homme. On distingue ces périodes évidemment distinctes que nous énumérions tout à l'heure : enfance, adolescence, jeunesse, etc.; on précise leurs caractères différentiels et on met ensuite sur un second plan ce qu'on peut appeler les moments de transition. Ils ont cependant la même valeur que les autres, et c'est par suite de circonstances spéciales et surtout par le hasard des localités étudiées les premières qu'ils ne se sont pas autant signalés à première vue.

Quant à nous, nous reprendrons le tableau de notre page 28 et nous passerons en revue les diverses divisions qu'il comprend, en partant de la plus ancienne pour nous élever progressivement jusqu'au sommet de la série. A cause même de sa complication nous nous arrêterons un moment à la terminologie et nous mentionnerons quelques synonymes.

Pour chacune des divisions stratigraphiques, nous décrirons d'abord une localité choisie comme type, et nous y rattacherons ensuite les formations analogues des autres régions. Le but sera de faire ressortir les différents caractères des dépôts synchroniques et, par conséquent, la coexistence de conditions locales diverses, répondant á celles qui se présentent aujourd'hui. Une fois cette étude répétée pour les différentes époques nous disposerons d'un ensemble de données d'où résultera le tableau des transformations successives de la surface terrestre, c'est-à-dire les éléments de son évolution jusqu'à l'époque actuelle.

PREMIÈRE PARTIE
LE SYSTÈME PRIMITIF

CHAPITRE UNIQUE

LE GROUPE ARCHÉEN

Étymologie. — C'est au géologue américain Dana qu'est dû le nom d'Archéen [1] qui désignait dans la pensée de l'auteur tous les dépôts antérieurs au terrain cambrien. Ce nom est dérivé du mot grec ἀρχή, qui signifie simplement *ancien*.

Synonymie. — Jusqu'alors les formations archéennes étaient désignées sous le nom de *cristallophylliennes* (d'Omalius d'Halloy). Barrande les représente simplement par la lettre *A*, dans son grand ouvrage sur la Bohême, qui date de 1846; et la Carte géologique de la France les indique le plus souvent par la lettre non compromettante X. Ce groupe correspond aux *schistes cristallins* de beaucoup d'auteurs; c'est l'*Uriconien* de Lapworth pour le Shropshire et l'*Hercynien* de M. Mayer Eymar [2]; le *Dimétien* de M. Hicks (1878); l'*Hælleflinta* des géologues scandinaves. Rogers, en 1858, le qualifia de terrain *hypozoïque* à cause de l'absence des fossiles; la découverte problématique de l'*Eozoon* conduisit Hitchcock à le nommer *eobiotique* ou *eozoïque*.

Composition lithologique. — Le système archéen se compose avant tout de roches cristallisées où l'on distingue les types dési-

---

1. DANA, *Geology*, 2ᵉ édition, 1876.
2. *Classification méthodique*, 1874.

gnés sous les noms de gneiss (ou granit feuilleté) de micaschiste, de talcschiste et de phyllade. On y voit aussi, mais avec beaucoup moins d'abondance, des calcaires toujours éminemment cristallins et entrant dans les types cipolin et ophicalce, ainsi que des dolomies ; l'ensemble est lardé de roches éruptives telles que des diabases, des amphibolites, des serpentines et des porphyres pétro-siliceux.

L'épaisseur de l'ensemble peut être évaluée à une dizaine de kilomètres et, à première vue, on peut être étonné qu'une même formation ait persisté pendant le prodigieux laps de temps nécessaire à une semblable accumulation. Mais il faut bien songer qu'en conséquence des phénomènes bathydriques exercés depuis la plus haute antiquité sédimentaire sur les roches dont il s'agit, elles ont été extrêmement uniformisées. Grâce aux remaniements internes et aux substitutions de substance qu'elles ont subis, toutes les roches du début, qui devaient différer les unes des autres comme le font réciproquement les sédiments d'aujourd'hui, se sont acheminées vers un état commun et, pour ainsi dire, moyen, entre leurs diverses compositions initiales. Parmi les causes d'uniformisation des roches, il faut mentionner la transformation des argiles en minéraux feldspathiques et la soustraction progressive du calcaire, ramené au jour et repris dans les opérations géologiques ultérieures. Dès lors, les raisons qui nous auraient porté à faire dans l'ensemble des divisions analogues à celles qui paraîtront nécessaires pour les dépôts moins antiques ont disparu et c'est par impuissance d'en différencier les niveaux que nous conservons, d'une seule venue, le gigantesque massif archéen.

C'est précisément à cause des circonstances qui viennent d'être résumées qu'il est tout spécialement difficile de décrire d'une manière précise les éléments stratigraphiques successifs du terrain archéen. Pour lui, plus que pour toute autre division stratigraphique, il est évident *a priori* que les synchronismes à longue distance sont absolument téméraires et que la division en terrains distincts doit nécessairement être très vague.

On laissera d'abord, sans la délimiter, la base de cet énorme ensemble : on la fera partir d'une zone indéterminée de l'écorce, dont la roche dominante est le gneiss, sans chercher à préciser les conditions d'origine de celui-ci. Ensuite on constatera que les roches des niveaux successifs forment une série à peu près analogue dans tous les pays, en ce sens que, vers la base, on voit surtout des gneiss proprement dits et des micaschistes et que c'est plus haut que se présentent des roches à éléments cristallins de moins en moins volumineux, comme les talcschistes et les phyllades satinés.

En Angleterre, où les études ont été commencées le plus anciennement, on est d'accord pour établir dans l'Archéen trois niveaux dont l'inférieur a son type dans les gneiss massifs de l'Ecosse et des îles Hébrides qui lui font comme un cortège : aussi a-t-on qualifié l'étage d'*hébridéen*.

Au-dessus viendraient, comme constituant l'étage *arvonien,* des roches feldspathiques parfois très variées.

Enfin on a rangé au sommet de l'ensemble des schistes cristallins, bien visibles aux environs de Caernarvon, dans le Pays de Galles et dans l'île d'Anglesea et que distingue la présence des éléments magnésiens soit à l'état de dolomies, soit sous forme de serpentines : ce serait l'étage *pébidien.*

Mais il n'y a pas une seule de ces divisions qui soit admise par tout le monde.

En résumé la stratigraphie du système archéen est assez confuse, ce qui vient sans doute de ce que les différents pays n'en présentent. pas des parties correspondantes. Le petit tableau suivant peut rappeler les traits principaux indiqués ci-dessus.

SYSTÈME	TERRAINS	NIVEAUX		
		ANGLETERRE	FRANCE	AMÉRIQUE
Archéen.	*Pébidien* (Hicks).	Archéen supérieur du Pays de Galles. Gneiss précambrien d'Écosse (*Torridonien*).	Phyllades à séricite.	Groupe de Keweenaw (roches cupriferes du lac Supérieur).(*Keweenawien* de Brooks, 1876.)
	Arvonien (Hicks). Gneiss euritique.	Gneiss euritique (?) du Pays de Galles.	Gneiss glanduleux.	Gneiss à cipolins avec *Eozoon.*
	Labradorien (Logan) ou *Hébridéen* (Calloway).	Gneiss d'Écosse. *Lewisien* (Hicks).	Gneiss granitique.	Groupe d'Ottawa.

On a souvent réuni les deux terrains inférieurs, Labradorien et

Arvonien, sous le nom de *Laurentien* et le Pébidien constitue le *Huronien* des géologues américains.

Le Laurentien a été qualifié de *Pyrocristallin* par Emmons (1855). Quant au Pébidien, sa synonymie est assez compliquée : Emmons l'a appelé en 1892 *Protérozoïque*, Van Hise le nomme *Agnostozoïque*, Irving (1887) *Eparchéen*, et M. de Lapparent (1893) *Précambrien*. — Enfin c'est aussi l'*Algonkien* de Van Hise (1892) et de beaucoup d'auteurs américains.

Le groupe archéen en France. — En France, le terrain archéen se présente sur une grande dimension et spécialement dans le Plateau Central et en Bretagne.

Pour le Plateau Central, on doit à M. Termier une coupe du mont Pilat qui montre que les assises passent, progressivement de bas en haut, de l'état de gneiss granitoïde à celui de schistes à séricite. La formation mesure 7 000 mètres d'épaisseur et l'auteur y fait quatre niveaux : en bas, plus de 1 000 mètres de gneiss granitoïde, admettant des intrusions d'amphibolite schisteuse; puis 2 000 mètres de gneiss associé à des micaschistes à biotite ; plus haut, 1 000 mètres de micaschistes chloriteux, alternant avec des quartzites laminés en bancs de 2 centimètres à 1 mètre d'épaisseur ; enfin 3 000 mètres de schistes micacés et surtout sériciteux.

Cette structure doit être bien générale pour la région centrale de la France car on la retrouve au sud du Plateau Central, dans les Cévennes, qui ont montré à M. Fabre une succession tout à fait analogue. L'épaisseur totale du système y est sensiblement la même qu'au Pilat.

De même, entre Brive et Tulle, M. Mouret a constaté une superposition semblable, sur des gneiss proprement dits, de micaschistes, puis de schistes à séricite et enfin de phyllades.

Il faut aussi noter qu'à plusieurs reprises la série des roches silicatées qui viennent d'être énumérées se trouve interrompue par l'intercalation de masses de calcaires. Ceux-ci, très cristallins, et passant insensiblement au gneiss qui les encadre, constituent des lentilles, en général peu étendues, dont la roche est d'ordinaire rubannée par la présence de feuillets de mica uniformément orientés. Une des localités les mieux dotées à cet égard est Chalvignac, dans le département du Cantal. Mais on retrouve les mêmes faits

à Savenne (Puy-de-Dôme), à Gioux (Ariège), où l'on cuit le marbre
archéen pour fabriquer de la chaux dont on amende les terres.

Pour la péninsule armoricaine, on constate aussi, à la suite de
M. Barrois, que le gneiss s'y subdivise en niveaux superposés,
dont les inférieurs sont, comme tout à l'heure, plus granitoïdes, plus riches en biotite et associés à de vrais micaschistes
et dont les autres, alternant avec des quartzites, passent, par en
haut, à des talcschistes et à des phyllades à mica blanc (séricite).

Dans la région bretonne également, un élément intéressant vient
s'ajouter à la série des roches feldspathiques, micacées et quartzeuses : c'est le calcaire sous la forme de cipolin extrêmement riche
en minéraux métamorphiques. A cet égard, tous les géologues sont
allés visiter à la Paquelais, auprès de Montoir, sur la rive droite
de la Loire et tout près de son embouchure, un curieux massif de
cipolin que Lory a, le premier, signalé. On doit y voir le résultat du
métamorphisme normal d'assises calcaires prodigieusement anciennes.

Le groupe archéen en Europe. — Bien d'autres localités européennes possèdent des dépôts archéens, par exemple la Bohême,
la Saxe, la Bavière, la Scandinavie, et partout on retrouve des roches
plus ou moins analogues à celles que nous venons de mentionner.
Elles entrent aussi dans la composition des chaînes montagneuses
et atteignent une grande épaisseur dans les Alpes comme dans
les Pyrénées. Mais c'est assez difficilement qu'on peut retrouver
dans leur ensemble quelque chose qui rappelle la division pro-
posée en Angleterre et que nous décrivions tout à l'heure.

Le groupe archéen hors d'Europe. — Nous ne pouvons nous dispenser de noter le très grand développement du terrain archéen
dans l'Amérique du Nord. C'est même au Canada qu'ont été faites
les tentatives les plus importantes de division stratigraphique et
de synchronisme avec les autres régions. William Logan, qui s'est
consacré à la géologie du Canada, avait divisé l'Archéen de son
pays en deux terrains dont l'inférieur s'appelait le *Laurentien,* à cause du fleuve Saint-Laurent et l'autre, le *Huronien,* en
souvenir des peuplades de Peaux-Rouges qui vécurent naguère à
sa surface. Le premier se présente comme correspondant à l'Hébri-

déen de l'Angleterre et l'autre, en tout ou en partie, au Pébidien.

Nous verrons dans le chapitre suivant que bien des éléments de l'Archéen supérieur ont été ballottés de ce niveau au Cambrien inférieur. Il en résulte que les avis sont partagés sur la limite supérieure de l'Archéen au Canada.

Quoi qu'il en soit, on y trouve des roches d'un haut intérêt et, en première ligne, il faut mentionner les gneiss du groupe d'Ottawa, ainsi nommés d'une importante cité canadienne, qui admettent, à divers niveaux, des amas de serpentine, des nappes de pyroxénite et d'amphibolite, des lits de graphite et des lentilles de calcaire très cristallin, rempli de micas et d'autres minéraux parmi lesquels l'apatite, en accumulations énormes, constitue une incomparable richesse industrielle et agricole.

Les calcaires, types de cipolins, doivent, au même titre que les graphites, être considérés comme résultant du métamorphisme de couches stratifiées qui pouvaient à l'origine avoir exactement les caractères de nos vases marines ou de nos tourbières. C'est à ce titre que leur histoire s'est trouvée mêlée à la grande question de savoir où doit être placé, dans la série stratigraphique, le moment où la vie s'est manifestée pour la première fois sur notre globe.

En effet, au cours de cette discussion, on a annoncé la trouvaille dans la roche calcaire de vestiges comparables à ceux qui proviendraient de quelque Foraminifère : il s'agit du célèbre *Eozoon canadense*.

Il convient d'ajouter qu'à côté d'*Eozoon canadense* on a signalé *E. bohemicum* et *E. pyrenaïcum*, originaires, comme leur nom le rappelle, de localités européennes.

On a vu précédemment que le doute est encore permis à ce sujet et personne ne peut affirmer s'il s'agit vraiment d'un fossile ou d'un « jeu de cristallisation ». Il faut regarder la question comme encore pendante et attendre qu'elle reçoive de l'avenir sa solution définitive.

Faciès divers des dépôts archéens.

L'histoire des temps archéens présente bien d'autres lacunes que celles qui concernent les incertitudes stratigraphiques et nous sommes bien ignorants des conditions qui régnaient à la surface du globe au cours de leur durée. Il est cependant un trait de cette série qui a été obtenu et dont la constatation est fort importante, car elle doit en faire soupçonner d'autres. C'est qu'il y avait déjà des volcans à cette époque, et même des volcans dont le mécanisme était identique à celui des volcans d'aujourd'hui.

C'est ainsi que M. A. Geikie a reconnu que les gneiss des Highlands de l'Ecosse ont été lardés d'éruptions rocheuses antérieures à la période cambrienne et qui se sont succédé les unes aux autres avec des caractères différents. Ce furent d'abord des roches silicatées basiques de la catégorie des diabases et des dolérites ; puis des péridotites, au travers desquelles se firent jour des filons de roches composées d'un mélange de mica et de feldspath-microcline et enfin des roches acides de la catégorie des granits. Dans le nord du Pays de Galles des volcans émettaient, à la même époque, des coulées de porphyres pétrosiliceux dont on retrouve les analogues et les contemporains dans l'île de Jersey.

Et dans cette dernière localité, les dykes sont associés de la manière la plus heureuse à des tufs porphyriques où l'on reconnaît des produits de projections solides tout à fait comparables aux peperinos et aux cinérites des volcans actuels.

Ces tufs sont d'ailleurs confirmés par des conglomérats, tels que ceux de Mittweida, en Saxe, pour faire sentir l'existence de continents baignés par la mer qui en démolissait les falaises. Et cette conclusion, appuyée sur l'énorme développement des conglomérats sparagmitiques de la Scandinavie, dont la formation se continue dans le Cambrien inférieur, nous montre que déjà la considération des *faciès* peut intervenir dans l'histoire des premières périodes sédimentaires.

Substances utiles subordonnées aux formations archéennes.

La plupart des roches archéennes peuvent servir de matériaux de construction ; beaucoup, de pierres de décoration.

Comme substance industrielle on peut citer aussi le gisement groënlandais de kryolithe (fluorure double d'aluminium et de sodium), qui a été exploité comme minerai d'aluminium tant qu'Henri Sainte-Claire-Deville n'eut pas montré comment on peut employer la bauxite à la production d'un chlorure qui rend le même office. D'un autre côté le gisement de grès à cuivre natif du lac Supérieur, dont la structure est si curieuse et le traitement si profitable, doit être mentionné ici.

Terres végétales des pays dont le sol est archéen.

Il est intéressant de préciser autant que faire se peut les caractères agronomiques particuliers des régions dont le sol est constitué à sa surface par l'affleurement dé couches appartenant au système archéen.

On reconnaît que, le plus souvent, ces roches anciennes sont très peu perméables aux eaux de pluie : l'argile, qui tend à se produire par l'influence de l'intempérisme, en aveugle les fissures et les rend étanches.

Quant à l'eau qui pénètre cependant sous terre, elle n'arrive pas à se concentrer sous un volume important et elle donne lieu à de petites sources généralement pures, plus ou moins éloignées les unes des autres, et qui s'opposent aux grandes agglomérations de populations. Aussi les pays archéens ont-ils été très peu favorables au progrès : ce sont des régions dé sommeil intellectuel et de superstition, en même temps que de pauvreté matérielle.

Ces résultats se rattachent aussi en partie à la nature des terres végétales qui résultent de la décomposition des roches archéennes.

Les diverses variétés de gneiss s'altèrent sous l'influence des causes extérieures avec une rapidité très inégale. Cela tient avant tout à la nature du feldspath qui entre dans leur composition et qui peut être, suivant les cas, ou l'orthose ou l'albite, relativement résistants, ou bien l'oligoklase, le labrador ou l'anorthite qui, au contraire, se décomposent souvent très vite. Ces roches sont aussi très inégalement sensibles aux entreprises de la gelée et certaines d'entre elles tombent en « arène » beaucoup plus vite que d'autres.

On peut déjà apprécier ces différences à l'inspection de la flore spontanée à laquelle donnent naissance les contrées de gneiss et, à cet égard, un exemple classique est fourni par les landes de Bretagne. On y voit, sur 850 000 hectares au moins, prospérer au grand détriment de la culture, l'ajonc, la callune — vulgairement bruyère cendrée — le genêt à balais, des gentianes, des polygalas et des carex. Un autre type intéressant des mêmes conditions se trouve dans la partie du Var connue sous le nom de Maures : les pins maritimes, les châtaigniers, les cytises et les chênes-lièges y abritent les callunes, les arbousiers et les fougères.

En maintes régions, les surfaces gneissiques sont recouvertes de tourbières ; en Bretagne, par exemple, les vallons sont ordinairement tourbeux et l'on voit de la tourbe jusqu'à 3 000 mètres d'altitude dans les régions archéennes des Alpes, par exemple au lac Cornu.

La stérilité des terres végétales dérivant des roches archéennes est bien visible dans les Cévennes et dans la Corrèze, dans la Montagne-Noire spécialement. Le Plateau Central a mérité l'appellation énergique de *tête chauve de la France* : les terres archéennes n'y donnent ni blé ni légumineuses et on est réduit à n'y cultiver que le chou, la pomme de terre, le sarrazin, l'avoine et le seigle : le seigle qui a donné son nom aux arides *segalas* de la région.

D'une façon générale, l'*arène* donne une terre brûlante en été, très gorgée d'eau à la saison des pluies et, par conséquent, très froide en hiver. Cette terre du gneiss est caractérisée avant tout par une extrême pauvreté en chaux et en acide phosphorique. On y trouve ordinairement beaucoup de potasse. A ce dernier égard il faut rappeler un intéressant résultat de Gasparin : ayant analysé parallèlement un gneiss de la Haute-Loire et la terre végétale qui en dérive, il a trouvé dans la roche 0,693 de potasse pour 100 000 parties, tandis que la terre n'en contenait plus que 0,263, représentant une perte des deux tiers de l'alcali initial.

Il résulte de ces faits que le grand besoin des terres gneissiques, c'est la chaux et le malheur veut que, très souvent, les gisements de cette substance soient éloignés. Aussi comprend-on le prix inestimable qui s'attache à toute découverte de lentilles de cipolin, analogues à celles que nous avons mentionnées tout à l'heure.

A cette occasion, il n'est pas inutile de remarquer qu'en raison de la richesse en chaux de son feldspath ordinaire, l'oligoklase, le diorite donne une terre, dite *arène dioritique*, qui peut avantageusement être mélangée à la terre gneissique toutes les fois que les distances à parcourir ne sont pas trop considérables. Cette addition est même allée dans certains cas jusqu'à rendre la culture du blé possible dans des points où on n'y songerait pas sans cela. Dans l'Ille-et-Vilaine les agriculteurs donnent à l'arène dioritique la qualification de *marne,* nom tout à fait impropre au point de vue lithologique, mais que justifie l'efficacité de la substance.

Les effets de la pauvreté du sol en chaux ne se bornent pas à la qualité des cultures ; on a noté souvent la minceur de la coquille des œufs de poule et la minceur du test des escargots, d'ailleurs bien rares dans les pays à sol de gneiss. La rareté du phosphate de chaux a été considérée comme une des causes de la finesse d'ossature des bestiaux dans les régions archéennes et on a même étendu l'observation à la taille des conscrits !

Il faut cependant ajouter que certains gneiss à oligoklase donnent au contraire des terres arables qui sont pourvues d'une quantité de chaux suffisante pour que le chaulage n'y soit pas indispensable. Un exemple devenu classique a été emprunté par Leplay à la géologie de la Haute-Vienne. Il concerne des points où la terre végétale décalcifiée par la pluie recouvre un sous-sol gneissique reposant sur la roche à oligoklase et dans lequel il s'est fait une sorte de tuf calcaire par la circulation des eaux. Il suffit de labours profonds pour ramener dans l'épiderme cultivable l'élément calcaire qui en a été retiré par dissolution.

C'est par des remarques de ce genre qu'on parvient à s'expliquer la grande fertilité de certaines régions du Limousin où le gneiss a donné naissance à plus de 35 centimètres d'épaisseur de terre sur laquelle poussent des chênes et des châtaigniers parfois énormes et où prospèrent des prairies qui entretiennent des bœufs dont la race est exceptionnellement perfectionnée.

Parmi les terres fertiles du Beaujolais il ne faut pas oublier, comme dérivant des roches cristallophylliennes, celles qui, dans l'arrondissement de Villefranche (Rhône), produisent les vins les plus délicats. Ces vignobles sont établis par minage et défonçage du gneiss avec épierrement persévérant.

DEUXIÈME PARTIE

LE SYSTÈME PRIMAIRE OU PALÉOZOÏQUE

CHAPITRE PREMIER

LE GROUPE CAMBRIEN

Étymologie. — Le nom de Cambrien dérive de l'appellation de *Cambria*, appliquée jadis au Pays de Galles, et il a été imaginé en 1835 par le célèbre géologue anglais Sedgwick. Il l'appliquait non seulement au terrain que nous avons en vue en ce moment, mais en outre à la partie inférieure du terrain silurien, désignée plus tard sous le nom d'Ordovicien. C'est en 1871 que Lyell lui donna le sens exact que nous adoptons.

Synonymie. — C'est l'ensemble stratifié que Barrande, en 1852, appela le terrain *primordial*. On lui a donné quelquefois, en outre, un nom relatif à une région spéciale : ainsi, en 1847, Dumont l'appelait terrain *ardennais;* en 1803, d'Omalius d'Halloy distinguait le Cambrien des Ardennes sous le nom de terrain *ardoisier;* des auteurs ont dit de même les *schistes ardoisiers* pour le Cambrien du Pays de Galles. Marcou, en 1858, appelait *Mississipien* le Cambrien de l'Amérique du Nord et von Richthoffen, *Sinien* le même horizon, considéré en Chine.

Limite inférieure. — On rencontre beaucoup de difficultés pour tracer la limite inférieure du terrain cambrien. Remarquons d'ailleurs, d'une manière générale et comme conséquence de ce que nous avons constaté antérieurement, qu'il n'y a rien de plus malaisé que de tracer une limite, nous ne dirons pas naturelle, mais quelque peu acceptable entre les assises superposées. La difficulté est spécialement sensible dans le cas actuel, c'est-à-dire entre les masses archéennes et les assises nettement cambriennes.

Les transitions les plus ménagées existent entre le gneiss le plus granitoïde et les schistes où les fossiles se montrent avec évidence. Aussi serait-il intéressant de constater toutes les hésitations éprouvées par les auteurs pour marquer la ligne mitoyenne. Une bonne partie des formations désignées en Amérique sous les noms de Huronien ou d'Algonkien a été alternativement considérée comme formant le couronnement de l'Archéen ou comme constituant le soubassement du Cambrien.

Une partie de la Montagne-Noire, considérée d'abord comme formée de terrain archéen, consiste, d'après M. Bergeron, en couches cambriennes que le métamorphisme a transformées en gneiss. L'auteur se fonde sur l'existence, au-dessous des schistes ainsi modifiés, de calcaires qu'il faut attribuer au Cambrien inférieur.

Toutefois, dans l'épaisseur des couches fines ou calcaires qui couronnent dans bien des régions le massif archéen, il nous paraît légitime de faire une coupure au-dessous des premières assises où paraissent des vestiges fossiles. Que cette décision soit arbitraire cela va sans dire, mais il est commode de s'y conformer, provisoirement au moins.

On sait le peu d'importance de semblables questions et la ressource à laquelle on est toujours contraint d'arriver : tracer une démarcation artificielle ; aussi avons-nous pris, sans trop le discuter, le parti résumé dans le tableau de la page 461.

Localité cambrienne type. — Nous avons, dans le massif des Ardennes, une localité typique pour le terrain cambrien. Trois niveaux successifs, qualifiés d'Olénellien, de Paradoxidien et d'Olénidien et que les auteurs ont plus ou moins retrouvés dans des pays très divers, y sont représentés de façon à nous fournir d'excellents termes de comparaison.

Cette région nous procure tout d'abord des conditions éminemment favorables à l'étude du terme l'inférieur ou *Olénellien,*
appelé parfois *Précambrien,* et, à cet égard, les deux localités
de Fumay et de Deville doivent être mentionnées d'une manière
spéciale. On y voit des phyllades, alternant à maintes reprises avec
des quartzites, représenter un des types les plus complets de
masses ayant subi successivement toutes les catégories possibles
de métamorphisme.

L'étage de Deville peut être caractérisé pratiquement par la
profusion, dans les phyllades, de petits cristaux octaédriques de
magnétite, disposés en lignes droites parallèles à un fil de la roche
que les ouvriers désignent sous le nom de *long grain.* Cet étage,
qui est le plus épais de tous les niveaux cambriens des Ardennes,
forme une bande dirigée de l'E.-N.-E. à l'O.-S.-O., depuis Lin-
champs jusqu'à Rimogne, où elle disparaît sous les terrains secondaires.

C'est au sud de Revin, entre Château-Regnault et la forge de
Saint-Nicolas, qu'elle atteint sa plus grande largeur qui est de
10 kilomètres. A diverses reprises se présentent, au travers des
schistes, des éruptions de diorites et de roches porphyriques spéciales décrites sous le nom de *porphyroïdes.* Ces dernières affleurent auprès du moulin de Mairus, à quinze cents mètres au nord
de Deville. D'après MM. Renard et de la Vallée-Poussin, ces
roches, examinées en lames minces au microscope, se présentent
comme renfermant surtout de l'oligoklase auquel l'orthose se joint
en très faible quantité. Le quartz hyalin y est en grains volumineux souvent brisés et recollés par une intercalation de séricite
qui fait comme un ciment général. Le mica forme des nids de
lamelles assez régulièrement cristallisées. En somme la roche peut
être considérée comme un porphyre qui, après son éruption au
travers des schistes, a éprouvé comme ceux-ci les effets d'un
dynamo-métamorphisme des plus intenses. Elle a été alors laminée
en même temps que les phyllades encaissants.

Autour de Fumay, les ardoises sont tantôt vertes, tantôt violettes
et souvent panachées de ces deux couleurs. Cette variété se continue jusqu'à Monthermé où les feuillets sont souvent recouverts
de cristaux cubiques de pyrite pouvant avoir 2 centimètres d'arête
et davantage.

Les quartzites auxquels ces phyllades sont associés se signalent par leur teinte blanchâtre.

Les fossiles sont très rares dans le Devillien des Ardennes : c'est là que Dewalque, il y a déjà bien longtemps, a trouvé les premiers débris d'*Oldhamia radiata*. On en a recueilli depuis des empreintes très nettes dans les phyllades violets et verts de Haybes qui se trouvent dans la bande devillienne de Fumay. Des tubes ou perforations d'Annélides (*Arenicolites cambrensis*) ont été rencontrés dans le Devillien de Fumay et de Grand-Halleux.

De même, nous y trouvons un représentant remarquable du terrain cambrien moyen ou paradoxidien : il s'agit des *schistes de Revin*.

A Revin se montrent des phyllades associés à des quartzites noirs pyritifères. Ces roches se continuent aux environs de Stavelot et de Rocroy. Ils ont à Givonne une grande puissance. A Laifour, le long de la Meuse, se présentent dans ces roches des perforations ayant avec les traces d'*Arenicolites* du Devillien les analogies les plus étroites. Des observations pareilles ont été faites auprès de Revin même et dans d'autres localités. Parfois les feuillets du schiste sont chargés d'empreintes d'un Polypier des plus caractéristiques, *Dictyonema sociale*. Entre Deville et Laifour le Revinien montre des traces rattachées à *Eophyton lineatum* de Scandinavie.

Enfin, l'Olénidien est fort développé dans la région des Ardennes, où Dumont le désigne sous le nom de terrain *salmien*. Les phyllades y alternent avec des quartzites et affectent dans certains points des caractères très spéciaux. La variété connue sous le nom de *coticule* est célèbre comme pierre à repasser pour la coutellerie fine et est exportée jusque dans les Indes; elle fait partie du groupe de roches dites *novaculites* (de *novacula*, rasoir).

Dans les Ardennes, le massif salmien semble spécial aux environs de Serpont et de Stavelot. C'est à Viel-Salm et à Salm-Château qu'il acquiert le maximum de netteté. Dans le bas, des quartzites et des phyllades feuilletés ou zonaires sont associés à des schistes ardoisés gris-bleuâtre ou gris-verdâtre alternant avec des grès psammites et avec des quartzites micacés. Dans le haut, les phyllades contiennent beaucoup de lamelles d'oligiste et, en même temps, des paillettes d'un minéral spécial qualifié d'ottrélite. La plupart de ces roches tendent à une nuance violacée ou rougeâtre qui serait due à la présence du manganèse.

Deux groupes de fossiles se signalent ici par leur abondance relative : des Brachiopodes du genre *Lingulella* et des Polypiers du genre *Dictyonema*.

Aux environs de Spa (Belgique), qu'on ne peut séparer des portions françaises du massif Ardennais, des débris de *Paradoxides* parfaitement reconnaissables ont été recueillis par M. Malaise. Des empreintes d'Annélides viennent des environs de Lierneux où l'on a observé des Lingules. *Oldhamia*, déjà signalé dans le Devillien, se continue dans cette même localité de Lierneux.

Il faut maintenant énumérer quelques autres régions où se rencontrent des affleurements à classer sur les mêmes niveaux stratigraphiques que les sédiments des Ardennes. Nous allons les passer en revue en examinant successivement les trois étages définis tout à l'heure et énumérés dans le tableau ci-dessous.

Subdivisions du groupe. — Pour nous, le groupe Cambrien comprend trois terrains :

SYSTÈME	TERRAINS	NIVEAUX	
Cambrien.	3. *Olénidien*. . . . . (Salmien)	2. Potsdamien. 1. Lingulien (Dolgelly).	
	2. *Paradoxidien* . . . (Revinien)	2. Ménévien. 1. Solvien (?)	
	1. *Olénellien* . . . . (Devillien)	2. Géorgien 1. Oldhamien(?)	souvent qualifié de *Pré-cambrien.*

I. — Terrain olénellien.

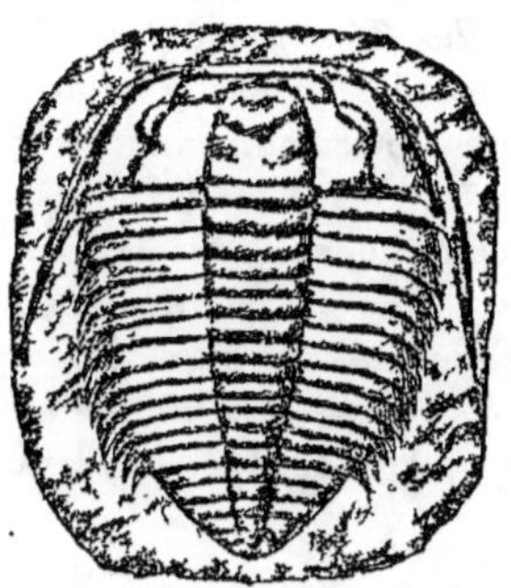

Fig. 44. — *Olenellus Thompsoni*, fossile typique du terrain olénellien.
(1/2 G. N.)

Étymologie. — De la présence de Trilobites du genre *Olenellus*

Synonymie. — Cet étage correspond à peu près au *Géorgien* de Hitchkoch (1861) et tout à fait à l'horizon *B* de Joachim Barrande. De Rouville, en 1893, l'appelle *Anteparadoxidien*. En 1847, Dumont l'appelait terrain *ardennais ;* il en faisait peu après le *Devillien ;* il est qualifié parfois de terrain des ardoises de Fumay. En Angleterre, on y verra le *Bangor-Group* ou les *Wicklow-flags ;* en Scandinavie le terrain *sparagmitique* ou le *grès à Eophyton ;* en Angleterre le *Longmyndien* de Mayer-Eymar (1874) et le *Monien* de Blake (1888). Une grande partie du terrain *taconique* des États-Unis y correspond.

Le terrain olénellien en Europe. — En Scandinavie le terrain olénellien est représenté soit par des grès renfermant par place des empreintes douteuses qualifiées d'*Eophyton*, soit par des roches clastiques à éléments beaucoup plus gros, décrites sous le nom de *sparagmites* : elles représentent parfois des épaisseurs très considérables.

Le terrain olénellien hors d'Europe. — C'est d'ailleurs en Amérique, dans l'Etat de Géorgie, dans les Montagnes-Rocheuses et à Terre-Neuve qu'on rencontrerait, avec tous leurs caractères, les assises basales de l'ensemble, sous la forme de calcaires très métamorphiques à *Olenellus Thompsoni* (fig. 44) et *O. Gilberti*. Dans des régions très variées, les roches y montrent *Oldhamia |radiata* et des empreintes plus ou moins vagues rattachées problématiquement à des Annélides (*Nereites, Arenicolites ?* etc.). Lapworth en a fait, en conséquence, le terrain *annélidien*.

Il convient de noter que la faune olénellienne est déjà fort complexe. Les Brachiopodes se signalent déjà et on peut citer spécialement des *Obolella* et des *Lingulella* avec des caractères généraux qui n'ont guère changé pendant toute la durée des temps géologiques.

II. — Terrain paradoxidien (Lapworth, 187.. ?).

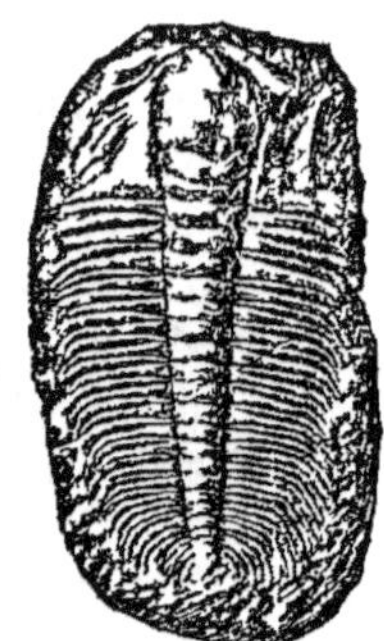

FIG. 45. — *Paradoxides Bohemicus*, fossile typique du terrain paradoxidien.
(1/2 G. N.)

Étymologie. — De la présence des Trilobites du genre *Paradoxides*.

Synonymie. — C'est l'*étage C* de Barrande et le *Revinien* de Dumont (1847). Dawson, en 1867, l'a appelé *Acadien* (du nom *Acadia* de la Nouvelle-Écosse). C'est l'ensemble des *Solva beds* et du *Ménévien* (Salter et Hicks, 1865) du Pays de Galles : on sait que ce dernier nom est dérivé de celui de Saint-Davids qui, en latin, s'appelait *Menevia*. M. Mayer-Eymar, en 1888, a proposé de dire *Davidien*. Les *Blacks shales* d'Angleterre correspondent au Ménévien.

La faune du terrain paradoxidien est extrêmement variée et il suffit, par exemple, d'un coup d'œil sur les magnifiques mémoires de Barrande relatifs à la Bohême pour être très édifié à cet égard. Les Brachiopodes (*Obolella sagittalis, Orthis Hicki,* etc.) continuent ceux déjà mentionnés. Les Mollusques sont variés et il y a lieu

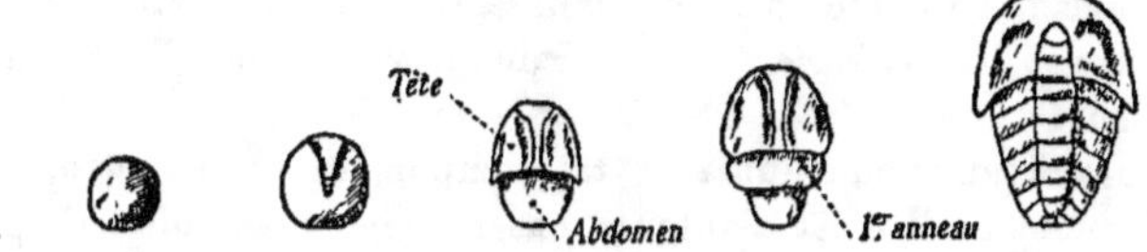

Fig. 46. — Divers échantillons de *Sao* montrant les métamorphoses successives.
(G. N.)

de noter l'apparition de la classe si remarquable des Ptéropodes, représentée ici par *Hyolithes gregaria,* dont le nom consacre des ressemblances avec les Hyales d'aujourd'hui. Mais c'est la série des Crustacés surtout qui mérite de fixer l'attention : on y trouve, outre les *Paradoxides* et les *Sao* (fig. 46), des *Agnostus,* des *Conocephalites* et beaucoup d'autres.

Le terrain paradoxidien en France. — Nous avons en France des types intéressants de terrain paradoxidien, outre celui que nous avons déjà mentionné dans les Ardennes. Ils se rencontrent dans la région normano-bretonne. Le terme principal en est connu sous le nom de *phyllades de Saint-Lô ;* on en fait parfois l'un des types d'un terrain spécial dit *précambrien,* mais qu'il ne paraît pas indispensable de distinguer entre le terrain archéen et le Cambrien.

On y classera aussi des formations bretonnes parmi lesquelles figurent les schistes de Rennes avec *Arenicolites* et peut-être même avec *Oldhamia* ; les phyllades verts de Douarnenez ; les schistes de Lamballe, recouverts par les conglomérats et les schistes verts de Gourin.

Dans la région normano-bretonne, le niveau paradoxidien est représenté par diverses formations dont l'une des principales est connue sous le nom de *schistes de Rennes.* Les calcaires de la vallée de la Laize et de quelques autres localités sont sensiblement du même âge et paraissent leur être subordonnés. On y trouve *Areni-colites* et *Tigillites* (Scolithes), ainsi qu'*Oldhamia* parfois assez abondant.

Dans l'Hérault, aux environs de Saint-Pons, les monts du Minervois présentent des grès surmontés de schistes fort épais et dans lesquels on a trouvé des fossiles de la zone à Paradoxides.

Le terrain paradoxidien en Europe. — Dans le Pays de Galles, on subdivise le Paradoxidien en *assise de Solva,* qui fait la base, et en *assise ménévienne,* ou de Saint-Davids, laquelle s'étend par-dessus.

Le Paradoxidien joue un rôle très important dans la géologie de la Bohême où il n'est d'ailleurs pas recouvert, semble-t-il, par l'Olénidien. Barrande y distingue deux niveaux : la *grauwacke de Przibram,* à *Arenicolites* et, par-dessus, l'*étage C,* remarquable par l'abondance des Trilobites. C'est de là que viennent les échantillons classiques de *Paradoxides Bohemicus* (fig. 45). On peut citer aussi le genre *Sao* dont l'étude a été poussée si loin qu'on a pu y reconnaître la succession de nombreuses métamorphoses (fig. 46).

En Scandinavie le même étage consiste en grès alunifères avec *Paradoxides Davidis* et *P. Kjerulfi.*

III. — Terrain olénidien (Lapworth, 187..?).

Fig. 47. — *Olenus truncatus,* fossile typique du terrain olénidien. (G. N.)

Étymologie. — De la présence de Trilobites du genre *Olenus.*

Synonymie. — Le terrain qui va nous occuper a été désigné sous le nom de *Potsdamien* par Emmons, en 1838 (de Potsdam, dans l'état de Mississipi). Il a été qualifié de *Salmien*, en 1847, par Dumont pour les Ardennes; d'*étage des grès pourprés* pour notre pays de Bretagne ; de *Barrandien,* en 1894, par de Rouville pour l'Hérault; de *Festiniog-beds* pour le Pays de Galles; de *Bretonien* par Mathew, en 1890, pour le Cap Breton au Canada ; de *Johannien,* en 1891, également par Mathew pour le Nouveau-Brunswick ; de *Trémadocien,* par Renevier, en 1874, etc.

Le terrain olénidien en France. — Dans la région normano-bretonne l'étage est très pauvre en débris organisés ; il est généralement formé de dépôts grossiers où l'on

Fig. 48. — *Lingula Davisi.*
des Lingula flags.
(G. N.)

remarque d'abord, à cause de leur éclatante couleur, par exemple autour de Villedieu et de Clécy, les grès et les *poudingues pourprés* qui font parfois toute l'épaisseur du Cambrien sans qu'on puisse y introduire de subdivisions. Ils sont recouverts par les calcaires de la Laize, puis par des arkoses feldspathiques qui témoignent ainsi des conditions spéciales des dépôts cambriens dans cette région.

Le terrain olénidien en Europe. — Par contre, dans le Pays de Galles, l'Olénidien atteint une grande épaisseur et se compose de schistes fins où la fossilisation a rencontré un milieu favorable. C'est vers la base, dans le niveau de Dolgelly, que se présentent les célèbres *Lingula flags* ou dalles à Lingules, couvertes des tests de ces vers à coquilles bivalves, pris d'abord pour des Mollusques et qui, figurant ainsi déjà dans les faunes les plus antiques, se sont perpétués sans grands changements à travers tous les âges géologiques jusqu'à l'époque actuelle. La figure 48 représente le *Lingula Davisi* qui vient précisément des schistes à Lingules. On conçoit qu'on ait proposé pour ce niveau le nom de terrain *lingulien* (Renevier, 1874).

Au-dessus du niveau de Dolgelly s'étale celui de Trémadoc, caractérisé avant tout par *Dictyonema sociale,* Polypier déjà mentionné tout à l'heure (p. 461).

Dans l'étage olénidien on rencontre en Scandinavie, entre les feuillets de schistes qui ressemblent intimement à ceux qui composent le Paradoxidien du même pays, une faune relativement riche où *Dictyonema* est associé à des Trilobites, parmi lesquels se signalent *Olenus truncatus* (fig. 47), *Agnostus pisciformis* et beaucoup d'autres.

La faune de l'Olénidien contient des espèces caractéristiques, réparties depuis les Spongiaires, comme *Protospongia,* jusqu'aux Trilobites, comme *Agnostus, Plutonia, Ellipsocephalus;* les Trilobites ne sont d'ailleurs pas les seuls Crustacés de l'époque et c'est avec intérêt qu'on voit avec eux des Branchiopodes, c'est-à-dire des animaux rappelant les Branchipes de l'époque actuelle et spécialement des *Hymenocaris.* Un Ostracode *(Leperditia)* a également été cité. Les Brachiopodes continuent à prospérer et il faut mentionner des Polypes hydraires tels que les *Bryograptus,* qui annoncent les Graptolites dont le Silurien va se montrer si abondamment pourvu.

Faciès divers des dépôts cambriens.

Jusqu'à présent on n'a pas su reconnaître de dépôts continentaux ni même lacustres de l'époque cambrienne. Toutefois on est bien sûr que déjà, et sans doute depuis longtemps, des terres émergeaient au-dessus du niveau des océans car les dépôts grossiers formés de galets et caractéristiques des lignes littorales se montrent de tous côtés.

On peut citer au hasard les poudingues pourprés de la Bretagne et du Cotentin, les grès de Trémadoc, les grauwackes du Shropshire et les roches arénacées, contenant parfois des Fucoïdes, de la Scandinavie. Le type de ces dernières formations, où l'on ne peut se refuser à voir un dépôt littoral, est fourni par la *sparagmite* (de σπάργμα, fragment). C'est un conglomérat, à éléments parfois énormes, où sont mélangées des roches très diverses, surtout quartzeuses et feldspathiques, souvent très roulées, mais parfois anguleuses, et d'après M. Kjerulff, fréquemment transformées en gneiss par métamorphisme.

Dans d'autres localités, on reconnaît, aux caractères des roches, qu'elles se sont déposées dans des mers de profondeur moyenne. C'est ce qui a lieu pour les schistes à Lingules, pour les couches à Fucoïdes du nord-ouest de l'Ecosse et pour les lits à Trilobites de la Bohême.

Enfin les sédiments abyssaux sont bien reconnaissables à l'ensemble de leurs caractères comme à la nature des fossiles qu'ils peuvent renfermer. Ainsi les coticules des Ardennes et le terrain revinien en général ont dû prendre naissance sous une grande profondeur d'eau et loin de toute côte. Il en est de même pour les ardoises à *Oldhamia* de Fumay et pour les roches à grain très fin qui contiennent les délicats vestiges des *Dictyonema*, aussi bien dans les Ardennes qu'en Angleterre ou en Scandinavie.

Les volcans, cela va sans dire, ne se sont pas arrêtés et, pour ne citer qu'un seul exemple, on peut noter dans le Pays de Galles de volumineuses éruptions au Cader Idris, vers l'époque où se déposaient les schistes à Lingules.

Nous allons voir ces divers *faciès* se multiplier et se préciser à mesure que nous nous élèverons dans la série stratigraphique : il est intéressant de constater que déjà dans le Cambrien quelques-uns s'affirment avec netteté.

Substances utiles subordonnées aux formations cambriennes.

On exploite activement les quartzites cambriens pour l'empierrement et la fabrication du macadam. Les schistes sont couramment employés comme matériaux de construction. Parmi eux se présentent des variétés remarquablement fines et régulières dont on fait d'excellentes ardoises. Notre région des Ardennes est, à cet égard, un centre industriel des plus actifs. Autour de Fumay, de Revin, de Deville, de Monthermé, les ardoisières sont nombreuses et souvent très profondes. Les blocs remontés au jour sont *fendus* par des ouvriers qui sont d'une habileté extraordinaire. On exporte assez loin les ardoises qui sont en général rosées ou verdâtres et d'un effet plus agréable que les variétés ordinaires d'ardoises siluriennes. Les schistes dits *coticule* donnent d'excellentes pierres à rasoirs.

Terres végétales des pays dont le sol est cambrien.

Au point de vue des terres végétales qui peuvent dériver des roches cambriennes, il importe de répéter pour celles-ci la remarque faite pour celles du terrain précédent, à savoir qu'elles manquent surtout de chaux et d'acide phosphorique.

En Bretagne, par exemple, les schistes cambriens donnent lieu à des sols qui ressemblent beaucoup, par leurs propriétés agronomiques, aux sols des terrains archéens. Parfois, dans cette région, les schistes dont il s'agit sont peu résistants et disposés en feuillets très redressés et presque verticaux : dans ce cas on peut les attaquer mécaniquement à l'aide des outils aratoires et spécialement au moyen de la charrue. Leurs débris viennent augmenter l'épaisseur du sol cultivable et divers points en ont été améliorés.

En Auvergne, certaines terres dérivées des schistes cambriens se signalent par la forme particulière qu'elles affectent sous l'influence de la congélation de leur eau d'imprégnation. Elles se soulèvent par le gonflement de la glace qui s'y cristallise en baguettes verticales striées, longues parfois de 30 centimètres, et grandissant comme par l'effet d'une végétation. Les paysans leur donnent le nom très expressif d'herbes de glace et ils qualifient le sol où elles prennent naissance de terre *arbue* (pour herbue) et de terre *chandeleuse*.

Dans la région cambrienne des Ardennes, on parvient à cultiver les *fagnes* (ou fanges), c'est-à-dire les landes marécageuses, par le curieux procédé jadis en honneur de l'*essartage* dont notre *écobuage* n'est qu'un véritable diminutif. On coupe le bois et on le couche de façon à permettre l'accès de l'air entre les branches. Après avoir recouvert le lit combustible de mottes de gazon et de terre convenablement agencées, on y met le feu et non seulement on détermine ainsi la combustion du bois, mais la calcination de la terre. Il en résulte, surtout à cause de la haute température obtenue, un produit qui fait un véritable amendement sur le sol où on l'étend. Il est, en particulier, remarquablement favorable à la culture du seigle qui y devient souvent très vigoureux.

Cet usage est bien ancien et on peut signaler la description très exacte qu'en donne Bernard Palissy. C'est surtout aux environs de

Fumay et de Monthermé qu'on le pratique, mais il perd son ampleur à mesure que les bois deviennent plus rares et il passe progressivement à l'écobuage proprement dit. Il est évident d'ailleurs qu'on ne peut encourager l'essartage et que les efforts doivent tendre au contraire au reboisement pratiqué le plus largement possible.

Du reste, puisque nous parlons du pays des Ardennes, il faut ajouter que les affleurements cambriens y sont parfois de très bon rapport agricole et, avant tout, dans les vallées où l'on fait avec profit du fourrage d'hiver pour les bestiaux habitant les parties élevées du pays qui sont privées de tout pendant l'hiver.

CHAPITRE II

LE GROUPE SILURIEN

Étymologie. — Le groupe silurien a reçu son nom, en 1839, de Murchison, qui l'a dérivé de celui des *Silures*, ancienne peuplade qui habitait au temps de Jules César la région qualifiée aujourd'hui de Pays de Galles.

Synonymie, lacunes. — Il a été appelé *Murchisonien*, en 1850, par d'Orbigny, qui semble avoir eu une bonne idée en dédiant cette zone stratigraphique au géologue illustre qui, le premier, l'a étudiée. Hæckel a proposé de l'appeler *archolithique* et Lapworth, *protozoïque*. Le Silurien constitue dans l'Inde le groupe de *Bihma*.

Limite inférieure, lacunes. — En maintes régions le groupe silurien se soude intimement avec le groupe cambrien et la limite ne saurait être tracée avec netteté. Par exemple, le niveau de Trémadoc a été ballotté du Cambrien supérieur au Silurien inférieur, et chaque détermination s'appuyait sur d'excellentes raisons démontrant, les unes comme les autres, le caractère artificiel de la section. Aussi Emmons, en 1842, proposa-t-il de faire un « niveau de passage » sous le nom de terrain *taconique*.

Il est des cas fréquents où le Silurien repose directement au contraire sur l'Archéen, le Cambrien étant représenté par une lacune.

Caractères généraux. — Le Silurien peut atteindre une épaisseur totale supérieure à 1 kilomètre. Il est constitué avant tout par des roches éminemment métamorphiques : phyllades, quartzites et marbres, dont l'aspect extérieur peut être extrêmement voisin de celui des roches analogues du Cambrien.

Les fossiles sont infiniment plus nombreux et plus faciles à déterminer que dans le groupe précédent et ils nous offrent des formes plus variées sans qu'aucun des groupes inférieurs soit pour cela abrogé. C'est dans les parties supérieures du Silurien qu'apparaissent les premiers Poissons, c'est-à-dire les premiers Vertébrés. Par conséquent, dès ce temps si prodigieusement reculé, le monde animal avait déjà la collection complète de ses types fondamentaux, depuis le Protozoaire jusqu'au Vertébré.

Les Brachiopodes ont atteint leur maximum de variété et de puissance à l'époque silurienne : comme nombre, ils représentaient alors le double des Pélécypodes dont ils ne sont plus que le quarantième aujourd'hui. On pourrait citer aux temps siluriens un grand nombre de genres qui n'existaient pas encore à la période cambrienne : il suffira ici de mentionner comme spécialement importants : *Leptæna, Chonetes, Rhynchonella, Spirifer, Athyris, Atrypa.*

Le Silurien, tout en étant, comme nous venons de le dire, limité en bas comme en haut par des frontières arbitraires, possède une autonomie qu'il importe de signaler. Dans certaines régions convenablement choisies il résulte d'un mode uniforme de production depuis sa base jusqu'à son sommet et on trouve, dans toute son épaisseur (de 1 000 mètres quelquefois) des caractères remarquablement homogènes. C'est ce qui a lieu spécialement dans le nord de l'Europe et de l'Amérique, en Shropshire et en Pembrockeshire (Angleterre) et dans plusieurs localités scandinaves.

En effet, dans ces localités et malgré le mélange de beaucoup d'autres formes organiques, on voit persister dans toute l'épaisseur du système

Fig. 49. — Graptolites (grossis).
A gauche, *Monograptus;*
A droite, *Rastrites.*

des fossiles appartenant à un même sous-ordre d'Hydroméduses, celui des Graptolites, sous-ordre apparu dans les dernières assises du Cambrien et qui disparaît sans retour au sommet du Silurien (fig. 49). Cette persistance est un fait paléontologique résultant certainement de la condition abyssale des localités considérées et auquel il serait difficile de trouver beaucoup d'analogie; aussi mérite-t-il que nous nous y arrétions un instant.

L'observation est complétée d'ailleurs par cette autre circonstance qu'au cours des temps siluriens, les formes de Graptolites ont progressivement changé, de sorte que les différents niveaux stratigraphiques peuvent être caractérisés par la prédominance de telle ou telle forme de ces animaux.

En simplifiant les résultats accumulés par les études de nombreux spécialistes, on peut ramener à six les niveaux principaux de Graptolites siluriens :

I. C'est au contact du Cambrien et du Silurien et dans les schistes à *Dictyonema* de Suède, par exemple, qu'on rencontre les formes les plus anciennes de ces Polypes. Elles se répartissent entre les genres *Phyllograptus, Trichograptus, Trigonograptus* et *Didymograptus ;*

II. Un dépôt très abondant de Graptolites se trouve plus haut, dans l'Arénigien moyen de l'Angleterre comme dans les schistes inférieurs du sud de la Suède ou dans les couches, dites taconiques, de Québec.On y voit, avec plusieurs des formes précédentes, des genres très variés, parmi lesquels il suffira pour le moment de citer : *Tetragraptus, Schizograptus, Diplograptus, Glossograptus,* etc. ;

III. Dans le Pays de Galles, les schistes des environs de Llandeilo, comme les schistes moyens de la Scanie, ceux de la rivière d'Hudson en Amérique, et les roches d'Australie, montrent, au-dessus des précédents, des zones où les principaux genres de Graptolites sont : *Dicellograptus, Dicranograptus, Climagraptus, Clathograptus ;*

IV. Les couches de Caradoc et de Bala dans le Pays de Galles, les schistes de Suède à Trilobites du genre *Trinucleus,* les couches américaines de Trenton et d'Utica contiennent un quatrième niveau de Graptolites parmi lesquels : *Pleurograptus, Amphigraptus, Lasiograptus, Retiolites ;*

V. Plus haut dans la série silurienne se montre un autre horizon qui tranche avec les précédents par la fréquence des Graptolites unilatéraux : *Monograptus*, *Rastrites* (tous deux représentés fig. 49), *Cystographus* sont parmi les plus répandus dans les couches de ce niveau auquel se rapportent les gisements de Moffat (dans le sud de l'Ecosse), de Corriston (dans le nord de l'Angleterre), de Llandovery (Pays de Galles) et de certaines localités scandinaves ;

VI. Enfin dans les couches siluriennes supérieures, comme celles de Wenlock et de Lludlow (Pays de Galles) et de bien des pays d'Europe centrale (Saxe, Bohême, Pologne, Silésie, Calvados, etc.), on voit une dernière manifestation graptolitique. Les genres sont ceux du niveau précédent, d'ailleurs moins nombreux, comme il convient au moment de la disparition définitive du groupe.

Localité silurienne type. — Comme base il paraîtrait indiqué de jeter un coup d'œil sur la constitution des assises siluriennes en Angleterre, théâtre des grandes découvertes de Murchison et que ses successeurs n'ont eu qu'à compléter[1]. Toutefois il sera préférable à tous égards de choisir comme localité silurienne typique notre région normano-bretonne, dont l'étude est spécialement intéressante.

Tout d'abord on y trouve divers niveaux anciens du groupe.

On ne peut en effet contester la ressemblance de ses zones inférieures avec les assises étudiées d'abord à Arénig en Angleterre, et le type pourrait être choisi, soit dans les grès de 300 mètres de puissance qui affleurent à Sion, à Châteaubriant et ailleurs, soit dans ceux qui s'étalent depuis Mortain jusqu'à Bagnoles-de-l'Orne, où ils sont si remarquablement redressés.

On a désigné depuis longtemps ces roches sous le nom de grès armoricain et on y recueille en quantité des *Bilobites* parmi lesquels les plus fréquents sont *Cruziana rugosa* (fig. 51) et *C. bagnolensis*, *Psammoceras Cloezi*. Avec eux se présentent *Tigillites*, *Dedalus*, *Vexillum*, *Staurophyton*, pris d'abord pour une plante et qui paraît être le moulage de la cavité d'une Méduse. Des vestiges de Brachiopodes sont représentés surtout par des Lingules et les Mollusques par des *Nuculana* et des *Modiolopsis*.

1. L'ouvrage de Murchison est intitulé *Siluria* (1 vol., 1839).

Dans la portion la plus élevée de l'ensemble se montrent quelques Trilobites comme *Asaphus armoricanus*.

Si le grès armoricain correspond évidemment au niveau arénigien, on peut trouver le correspondant du sol qui recouvre celui-ci en Angleterre dans l'énorme dépôt des schistes ardoisiers si activement exploités autour d'Angers. A leur, base est une couche d'hématite rouge (minerai de fer de Saint-Remy), qui représente un bel exemple de substitution intégrale, de minéraux relativement nouveaux à la substance initiale d'une assise et que nous sommes autorisés à considérer comme ayant été calcaire.

La faune des schistes d'Angers est très variée et très intéressante ; elle a son type dans *Calymene Tristani* (fig. 5o) qui est fort abondant. D'autres Trilobites lui sont associés et, dans le nombre, des espèces volumineuses comme *Illænus giganteus, Ogygia Guettardi, Dalmanites socialis ;* citons des Brachiopodes comme divers *Orthis* et des Mollusques comme *Ctenodonta, Redonia,* etc.

Un troisième niveau est également très bien représenté dans notre région occidentale et son type est sans hésitation dans les grès exploités activement à May, au sud de Caen, sur les bords de l'Orne, au point même où cette rivière reçoit la confluence de la Laize. Le grès constitue en cette localité des escarpements de l'effet le plus pittoresque et, en face du village de May, de larges coupures permettent d'en apprécier la structure jusque dans les détails intimes. A la base sont des schistes gris ou verdâtres, appartenant au niveau d'Angers comme le prouve la présence de *Calymene Tristani,* puis la masse tout entière de la roche se présente sous la forme de grès blanc, rouge, pourpré, violâtre, avec de nombreuses veines irrégulières. En certains points, elle prend l'aspect d'une sorte de conglomérat au-dessus duquel sont les bancs bien réglés du grès proprement dit. C'est à la partie supérieure que se trouvent surtout les fossiles ; ce sont principalement des Trilobites et spécialement *Homalonotus* (*H. Vicairyi, H. Brongniarti*); puis *Conularia pyramidata,* Ptéropode de très grande dimension (fig. 52), des *Cypricardia,* parmi les Pélécypodes ; *Orthis redux,* parmi les Brachiopodes, etc. Le niveau se continue sur une vaste surface ; on le retrouve entre Domfront et Mortain et jusque dans les environs de Kerarmor, non loin de la presqu'île de Crozon.

De même, c'est dans la région normano-bretonne que nous aurons le plus à observer à l'égard du Silurien supérieur.

Il y est représenté avant tout par des quartzites qui, en certaines localités, entre Vern et Mozé par exemple, sont remplis d'empreintes de Graptolites, localisées surtout dans des lits schisteux subordonnés aux masses quartzeuses (Albaretz, Loire-Inférieure). Parmi les formes les plus abondantes il faut citer : *Diplograptus Hughesi* et *Monograptus lobiferus.*

La roche schisteuse dont il s'agit, très chargée de matière charbonneuse, entre dans le type *ampélite,* dont on trouve des représentants plus haut dans la série silurienne normano-bretonne. C'est ainsi que certaines d'entre elles contiennent des Hydroméduses localisées de façon à caractériser des niveaux superposés. Parmi les formes les plus abondantes il faut citer *Monograptus colonus* et *M. priodon.*

On sait que les ampélites, dont le nom vient de l'usage qu'on en fait comme amendement favorable à la culture de la vigne, sont exploitées parfois pour la teinture et servent aussi, sous forme de prismes allongés, comme crayons noirs, surtout recherchés par les charpentiers.

Dans tous les cas, le Silurien est couronné dans la France occidentale par des calcaires développés, par exemple à Feuquerolles où on les exploite et dans lesquels on trouve des Mollusques divers depuis des Céphalopodes et spécialement des Orthocères (*O. originale* et *O. styloïdeum*), jusqu'à des Pélécypodes, comme *Cardiola interrupta* (fig. 56) qui est tout particulièrement caractéristique. Dans le Cotentin, les assises passent à des grès que leur solidité vis-à-vis de l'intempérisme a fait subsister par la tranche de leurs assises inclinées sur la ligne de crête et qui, en conséquence, ont reçu le nom local de *grès culminant* des environs de Pont-de-Caen.

Subdivisions du groupe silurien. — Les divisions proposées pour l'épaisseur du Silurien sont extrêmement nombreuses et l'embarras est grand de choisir parmi elles, la plupart concernant des localités très définies et ne pouvant pas s'appliquer rigoureusement dans des pays différents.

Disons seulement ici qu'on a généralement adopté pour le Silurien les divisions suivantes :

GROUPE	TERRAINS	NIVEAUX
Silurien.	2. *Gothlandien.*	3. Lludlowien. 2. Wenlockien. 1. Llandoveryen.
	1. *Ordovicien.*	3. Caradocien. 2. Llandeilien. 1. Arénigien.

Il convient de rechercher maintenant comment se présentent ces niveaux dans les principales contrées où on peut les observer.

I. — Terrain ordovicien (Lapworth, 1879).

Fɪɢ. 5o. — *Calymene Tristani,* fossile typique du terrain ordovicien.
(2/3 G. N.)

Étymologie. — Le terme d'Ordovicien est tiré d'*Ordovicia,* l'un des noms antiques du Pays de Galles.

Synonymie. — C'est le *terrain des schistes ardoisiers* de Bretagne. Woodward, en 1866, l'appelait *Snowdonien,* du nom du Snowdon. Barrande, en 1846, dans ses études sur la Bohême, le désignait par la lettre *D.*

Ce terrain est constitué par des roches variées très métamorphiques parmi lesquelles prédominent les schistes et les quartzites. Les calcaires y sont relativement peu abondants et il n'y a pas de doute qu'une grande partie en ait été extraite par les phénomènes bathydriques et remise en circulation au cours des époques ultérieures. Il comprend trois niveaux qui sont de bas en haut :

1° *L'Arénigien* (Sedgwick, 1847). Du nom d'Arenig, localité du Pays de Galles.

Le terrain arénigien, épais de 250 mètres en Angleterre, se fond dans les masses sous-jacentes du Cambrien. A Arenig même, où la formation mesure 1200 mètres, comme à Skiddaw, on y trouve des Graptolites en abondance, associés à diverses formes de Trilobites comme *Illænus Katzeri*. A Hope, dans le Shropshire, des coquilles de Ptéropodes du genre *Hyolithes* ont été recueillies, au voisinage de quartzites, dans lesquels abondent des traces problématiques, telles que Bilobites [*Cruziana* (fig. 51), etc.], et d'autres qu'on a attribuées au moins en partie à des Annélides. C'est notre grès armoricain.

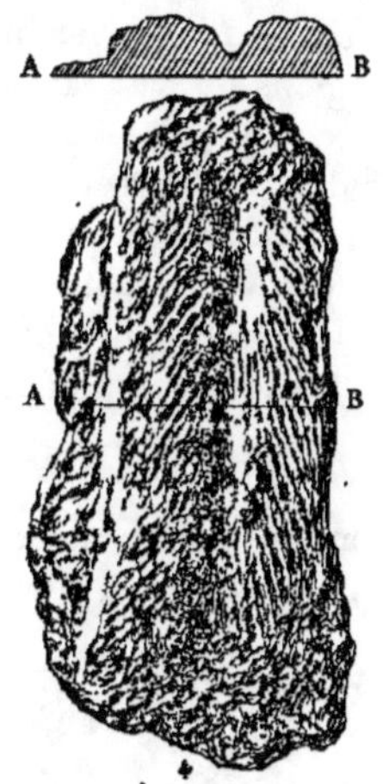

Fig. 51. — *Cruziana rugosa*, fossile typique de l'Arénigien.

(1 3 G. N.) — AB, coupe transversale faisant voir le caractère essentiel des *Bilobites*.

2° Le *Llandeilien* (Murchison, 1839). Du nom de Llandeilo, localité du Pays de Galles.

Le Llandeilien est remarquablement riche en Trilobites et l'on peut citer comme spécialement caractéristiques : *Calymene Tristani* (fig. 50), *Ogygia Buchi* et *O. Demaresti*, ainsi que *Asaphus tyrannus* et *Trinucleus Goldfussi*. Dans le bas de la formation, la roche dominante est un schiste noir et argileux. En haut, on trouve des calcaires associés à des lits gréseux ; ils renferment dans le pays de Cornwall, comme dans le sud de l'Ecosse, de nombreux Mollusques céphalopodes et des nodules siliceux, formant un véritable *tuffeau*, tout pétri de Radiolaires. C'est notre schiste ardoisier d'Angers.

3° Le *Caradocien* (Murchison, 1839). Du nom de Caradoc, localité du Pays de Galles.

Enfin le Caradocien se signale avant tout par des grès dont l'épaisseur dépasse 3500 mètres. On y trouve des *Trinucleus* [*T. ornatus* (fig. 53), *T. Caractaci*] et d'autres Trilobites parmi lesquels *Calymene Blumenbachi* mérite d'être mentionné. *Conularia pyramydata*, forme volumineuse de Mollusque ptéropode (fig. 52), est un des fossiles les plus caractéristiques de ce niveau. C'est notre grès de May.

Fɪɢ. 52. — *Conularia pyramidata*, fossile typique du Caradocien.

(1/2 G. N.)

Le terrain ordovicien en France. — L'Ordovicien se retrouve en beaucoup de régions de la France autres que celle que nous avons prise pour type, par exemple dans la chaîne des Pyrénées, et spécialement dans le massif du Canigou et de l'Albère qui a procuré des fossiles caractéristiques. Il est abondant dans l'Hérault, du côté de Cabrières et de Cassagnoles. On le retrouve dans le Tarn, etc.

Le terrain ordovicien en Europe. — A l'étranger, les régions ordoviciennes sont extrêmement nombreuses et nous ne pouvons en citer qu'un très petit nombre.

La Bohême doit être placée en première ligne, à cause des documents qu'elle a fournis à Barrande et dont tous les géologues plus récents ont largement profité. L'illustre naturaliste y avait distingué cinq niveaux superposés qui sont caractérisés par de nombreux fossiles.

Plus près de chez nous, il y a lieu de signaler, au nord du bassin de Dinant, en Belgique, un important affleurement silurien avec les fossiles caractéristiques.

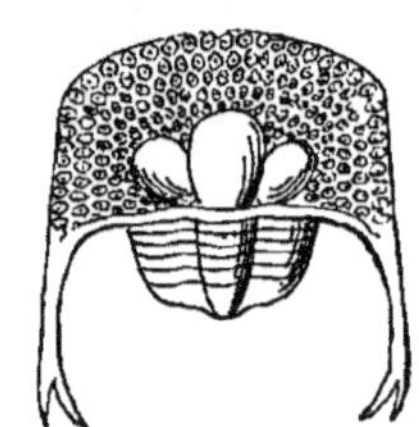

Fɪɢ. 53. — *Trinucleus ornatus*.

(1/2 G. N.)

Dans une partie de l'Allemagne et, par exemple, en Thuringe, on connaît des schistes de plus de 600 mètres de puissance que des restes de *Calymene Aragoi* et *Asaphus marginatus* ont permis de rattacher à l'époque ordovicienne.

Mais c'est en Pologne et dans une partie de la Russie centrale que la formation se développe davantage. En particulier le niveau de May ou de Caradoc, c'est-à-dire l'Ordovicien inférieur, y est représenté par des schistes foncés à Graptolites et par des calcaires à Orthocères. Ces calcaires sont en certains points composés presque exclusivement d'une accumulation de *Rhabdoporella*, sorte d'Algue calcaire.

En Scandinavie, la région du Kinnekule peut être choisie comme type d'un grand nombre de localités. Tout le Silurien y est représenté par des schistes à Graptolites et c'est un des points où l'importance de ces Hydroméduses a été le mieux constatée. Le terrain arénigien se reconnaît à la prédominance des *Phyllograptus* et le Caradocien à celle des *Diplograptus* et des *Didymograptus*, conformément aux notions générales résumées précédemment.

Le terrain ordovicien hors d'Europe. — Beaucoup de points des Amériques, de l'Alatska jusqu'à la Terre de Feu, sont ordoviciens et le Canada ainsi qu'une partie des États-Unis se signalent par la puissance des dépôts de ce terrain.

En Australie méridionale on a recueilli des Graptolites dont une partie se rattache au Silurien inférieur.

II. — Terrain gothlandien (Munier-Chalmas
et de Lapparent, 1893).

Fig. 54. — *Orthoceras annulatum*, fossile typique du terrain gothlandien.
(1/4 G. N.)

Étymologie. — Le groupe *gothlandien* tire son nom de celui de l'île de Gothland, en mer Baltique, dont le sol est essentiellement constitué par des assises siluriennes supérieures. Les calcaires y abondent et ils sont souvent très fossilifères. Parmi les fossiles les plus fréquents on peut citer *Orthoceras annulatum* (fig. 54) qui peut atteindre de très grandes dimensions.

Nous y distinguons trois niveaux :

1° Le *Llandoveryen* (Murchison, 1839). Du nom de Llandovery, localité du Pays de Galles.

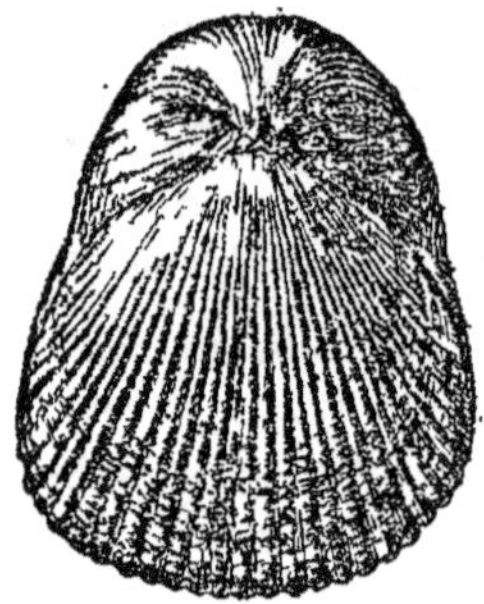

Fig. 55. — *Pentamerus Knightii*, fossile typique du terrain llandoveryen.
(2/3 G. N.)
A, le Brachiopode vu par-dessus ; B, le même vu de profil.

Le Llandoveryen est appelé quelquefois *Valentien*. C'est le *Pentamerus limestone* des géologues anglais.

Il peut atteindre à lui seul une épaisseur de 750 mètres et repose dans le Shropshire en concordance parfaite sur le Caradocien. Il consiste surtout en schistes interrompus dans le milieu de leur hauteur par un massif calcaire et gréseux caractérisé par *Pentamerus Knightii* (fig. 55), *P. oblongus* et *P. galeatus*. On y trouve beaucoup de Polypiers. Au-dessous sont des roches détritiques à gros grains, associées à des schistes dans lesquels se trouvent des débris de Brachiopodes, et par-dessus se développent les schistes à Graptolites de Tarranon et du sud de l'Ecosse (Birkhill). C'est à ce niveau qu'on a trouvé des débris du plus ancien végétal nettement déterminable dont on a fait le genre *Berwynia*.

2° Le *Wenlockien* (Murchison, 1839). Du nom de *Wenlock*, au nord de l'Angleterre. Le Wenlockien a été désigné par M. Lapworth sous le nom de *Salopien.*

Il est très épais et se divise assez nettement en une portion inférieure schisteuse et une portion supérieure calcaire; cependant ces deux types de roches sont nettement associés dans toute la série. Dès la base, on rencontre des gîtes fossilifères intéressants et spécialement localisés dans des lentilles de calcaire surbordonnées à des schistes. On y trouve divers Trilobites et aussi des Graptolites qui sont très variés. Dans les zones du haut, essentiellement calcaires, les fossiles sont encore plus nombreux et il faut citer *Calymene Blumenbachi* parmi les Trilobites, *Orthoceras annulatum* (fig. 54), *Evomphalus rugosus* parmi les Mollusques et *Orthis biloba* parmi les Brachiopodes. Des Polypiers forment des massifs plus ou moins importants, où l'on rencontre des Crinoïdes comme *Crotalocrinus* et *Cyathocrinus.*

3° Le *Lludlowien* (Murchison, 1839). Du nom de Lludworth, localité du Pays de Galles. C'est le *Downtonien* de Laplow.

Le *Lludlowien* dont *Cardiola interrupta* (fig. 56) peut être considéré comme le fossile type, présente un intérêt paléontologique multiple et considérable. On y trouve, en effet, dans des assises formées surtout de schistes et de calcaires avec des intercalations relativement minces de quartzites, des Crustacés constituant sur les Trilobites un perfectionnement considérable : ce sont les *Eurypterus* et spécialement *E. Fischeri.* Avec eux sont des Poissons, c'est-à-dire les premiers représentants

Fig. 56. — *Cardiola interrupta,* fossile typique du terrain lludlowien.
(3/4 G. N.)

européens du plus élevé de tous les embranchements zoologiques, celui des Vertébrés. Déjà dans les schistes de Lludlow, c'est-à-dire à la base de l'étage, se montre le *Pteraspis*; et dans le grès de Downton abondent les débris de toute une faune ichthyologique : *Thelodus, Plectodus, Onchus.* — Enfin, à tous ces titres à notre intérêt, le Lludlowien ajoute encore celui de nous offrir décidément des vestiges d'une végétation terrestre, déjà marquée, mais faiblement, à l'époque llandoveryenne. Ce sont des *Psylo-phyton*, de la famille des Lycopodiacées, des *Sphenophyllum* (Rhizocarpées) et des *Annularia* (Équisétacées).

Le terrain gothlandien en France. — Le Gothlandien se retrouve en bien d'autres points de la France que l'Armorique : dans l'Hérault il consiste en grès et en calcaires reconnaissables à leurs fossiles et spécialement aux Cardioles qui y abondent. Plusieurs localités pyrénéennes montrent des formations analogues.

Le terrain gothlandien en Europe. — En Bohême, l'*étage E* de Barrande répond à toute l'épaisseur du Gothlandien : les couches, de 100 à 300 mètres d'épaisseur, renferment une faune des plus remarquables par son extrême richesse. On n'y compte pas moins de 180 Trilobites et de 400 Céphalopodes; par ces nombres on peut juger du reste.

En Russie d'énormes couches de calcaires, remplies de *Pentamerus Knightii* (fig. 55) et de *Calymene Blumenbachi,* correspondent au Wenlockien, pendant que le Lludlowien se présente dans les îles Baltiques, et spécialement à Œsel et à Dago. Ce terrain est riche en fossiles variés et principalement en Poissons. Quant à la Scandinavie elle présente, superposées à l'Ordovicien et, par exemple au mont Kinnekule, des assises à *Monograptus* qui correspondent au niveau de Lludlow. Dans l'île de Gothland, des calcaires pétris de fossiles : Céphalopodes, Crinoïdes, etc., appartiennent surtout au terrain wenlockien.

Au sud de l'Europe, le Portugal a fourni aux études de M. Delgado d'importants dépôts fossilifères.

Le terrain gothlandien hors d'Europe. — Quant aux pays plus éloignés, il suffira de citer ici, comme étant llandoveryens, les schistes à *Monograptus,* dits *Clinton shales,* de New-York et du Canada, ainsi que les grès de Medina et les conglomérats d'Oneida, aux Etats-Unis. — Comme formation wenlockienne on mentionnera les calcaires du Niagara, et comme formation lludlowienne le terrain salifère d'Onondaga. Des couches siluriennes existent dans le bassin des Amazones.

Faciès divers des dépôts siluriens.

Malgré la haute antiquité des formations siluriennes, elles ont conservé jusqu'à nous des traits de structure ou de composition qui, par le *faciès* qu'ils leur impriment, permettent de retrouver une série de conditions géographiques comparables à celles qui règnent aujourd'hui.

En première ligne, on connaît d'innombrables témoignages de dépôts abyssaux et, dans le nombre, se signalent les roches à Graptolites. Leur énorme épaisseur montre même que le sol sousmarin sur lequel ces Polypes se sont accumulés a nécessairement subi, pendant un laps de temps gigantesque, un mouvement d'affaissement continu : c'est comme un bossellement général fossile que l'on constate ainsi. La Scandinavie nous en fournit un exemple remarquable.

C'est aussi à des dépôts profonds qu'il est légitime de rattacher des calcaires, maintenant cristallisés en marbre, et qui renferment des vestiges de Céphalopodes, comme les roches de Gothland, ou bien des empreintes d'*Eurypterus*, comme les couches de l'île d'Œsel.

Les récifs madréporiques abondent dans l'épaisseur du Silurien et l'on doit croire que les points où ils se présentent jouissaient à l'époque primaire des conditions géographiques actuellement réalisées dans l'océan Pacifique et dans les autres mers à atolls et à récifs coralliens. On peut citer parmi les plus considérables : les bancs de Polypiers du Caradocien de Cincinnati, aux États-Unis ; le calcaire wenlockien à Polypiers de Wenlock, en Angleterre, et les marbres à *Pentamerus Knightii* du Lludlowien d'Aymentry, en Angleterre.

Les schistes à Trilobites se signalent comme des dépôts de mers médiocrement profondes. Dans le nombre on peut spécialement signaler les schistes à *Asaphus* de Cabrières, dans l'Hérault, et qui sont du Llandeilien, comme les ardoises d'Angers, ou mieux de Trélazé où se rencontrent, avec des *Asaphus*, *Calymene Tris-*

tani, Ogygia Bucchi, Trinucleus Goldfussi, Illænus giganteus et des quantités d'autres.

En Bohême, des schistes à *Trinucleus* se trouvent au niveau des grès de May (Caradocien) et il y a des couches analogues dans le Lludlowien de Normandie et des Pyrénées, en association avec les calcaires à Cardioles.

Quant aux dépôts littoraux, ils abondent de divers côtés. Dès la base du terrain silurien, les grès armoricains ou de l'Arénigien nous montrent les traces dites *bilobites,* associées à des *ripple marks*. En Bohême, on y voit de gros galets. Les mêmes conclusions concernent les grès de May ou de Caradoc, et ceux dits *tilestone* du niveau de Lludlow, en Shropshire. On reconnaît parfois aussi les dépôts littoraux à la présence de coquilles flottées telles que les Nautiles, les Lituites et d'autres.

La géographie silurienne comprend des estuaires et dans le nombre nous devons ranger les lits caractérisés par le mélange de poissons marins avec des plantes terrestres, comme on en rencontre dans plusieurs points de l'Angleterre et spécialement en Shropshire, au niveau de Lludlow. Sans doute, il faut en rapprocher des localités à végétaux terrestres comme Lesquereux en a décrit aux Etats-Unis et Dawson au Canada.

Les lagunes siluriennes conservées sont peu nombreuses et d'autant plus intéressantes : on y peut rattacher les remarquables dépôts de Salina en Amérique du Nord, qui sont du niveau de Lludlow et où le sel gemme, en quantité énorme, est associé à des argiles et à du gypse. C'est merveille que, depuis l'antiquité prodigieuse de cette formation, la matière si soluble qui la caractérise ait pu, à la faveur d'un revêtement imperméable, échapper aux entreprises des infiltrations souterraines.

On a de tous côtés des témoignages de l'activité volcanique durant les temps siluriens. Des éruptions se sont succédées en grand nombre dans la région de Snowdon, au Pays de Galles, et y ont laissé comme traces de leur énergie des dykes et des nappes de porphyres et de porphyrites, associés aux lits décisifs, comme on sait, de tufs ou cendres stratifiées.

C'est même dans le Silurien d'Ecosse que M. A. Geikie a signalé un développement considérable des phénomènes volcaniques, dont la mention a révolutionné les idées reçues jusqu'alors et d'après lesquelles les volcans à cratère constituaient un apanage exclusif des temps géologiques récents. Le résultat a été de grande importance pour l'établissement des vues rationnelles sur l'allure progressive et uniforme de l'évolution terrestre.

En France, les diabases de la baie de Douarnenez, dont les filons peuvent se suivre parfois sur plus de 12 kilomètres, sont accompagnées de brèches et de tufs de projection. En Belgique, le diorite quartzifère de Quenast et de Lessines est contemporain des lits de tufs feldspathiques étudiés en 1896 par de Lavallée-Poussin et Renard, dans la vallée de la Mehaigne, au nord de Namur.

Du reste, l'activité souterraine est encore démontrée par la surrection, aux temps qui nous occupent, des grandes chaînes montagneuses désignées en Europe sous le nom de ridement calédonien et, en Amérique, sous celui de Montagnes-Vertes.

En résumé, on voit par cet aperçu rapide que la surface terrestre présentait aux temps siluriens toutes les catégories principales de particularités géographiques. De grands océans, tels que ceux dont les sédiments existent encore en Écosse et en Scandinavie, ont été, pendant toute la durée de la période, soumis à un affaissement progressif, compensateur des progrès de la sédimentation et leur conservant une profondeur à peu près constante. Dans la région maintenant occupée par les monts Appalaches, il devait y avoir une série d'îles à l'époque ordovicienne et de tous côtés on voit, pour des moments distincts, des lambeaux de régions littorales, sans qu'il soit possible, bien entendu, d'ébaucher même une carte géographique dont tous les éléments nous manquent.

D'ailleurs, les fossiles nous apprennent qu'il n'y avait pas encore de climats, c'est-à-dire que la température devait être sensiblement uniforme sur toute la surface du globe.

Substances utiles subordonnées aux formations siluriennes.

Beaucoup de substances exploitables : marbres, schistes (parfois à l'état d'ardoises), etc., se rencontrent dans les assises siluriennes ; on peut en mentionner quelques-unes tout en ne perdant pas de vue que plusieurs d'entre elles sont nécessairement d'un âge postérieur à celui des couches qui les contiennent et résultent des actions secondaires dont le sol est sans interruption le théâtre.

L'une des plus remarquables et des plus précieuses matières qu'on puisse citer ici est le phosphate de chaux ou apatite qui, à Logrosan, en Espagne (Estramadure), se présente en filons-couches qui se poursuivent sur une cinquantaine de kilomètres carrés et sont activement exploités.

On retrouve de l'apatite subordonnée au calcaire caradocien de Bala dans le Merionetshire (Pays de Galles). Il est remarquable que beaucoup de gisements de sel gemme, substance si soluble, se rencontrent dans les assises siluriennes : tels sont ceux de Salina, de Syracuse et de l'Ohio, aux États-Unis, et les énormes amas des Salt ranges de l'Inde, dans le Pendjab, près de la frontière de l'Afghanistan, au sud de Kashmire, sur la rive orientale de l'Indus.

Sans doute, les gaz naturels ont des liens d'origine avec les dépôts de sel, et c'est ce que nous constaterons à bien des niveaux géologiques différents. Notons, en tous cas, que le sol de l'Ohio que nous venons de mentionner laisse exsuder beaucoup de gaz combustibles de ses assises siluriennes. Il en est de même dans une série de localités au Canada où l'on exploite avec activité d'énormes accumulations de pétrole.

La liste serait bien longue des minerais métalliques renfermés dans le terrain silurien. En nous bornant à quelques exemples, nous constaterons d'abord l'existence de plusieurs minerais de fer connus en France. Des quartzites siluriens renferment à Segré (Maine-et-Loire) une association remarquable de magnétite et d'oligiste. A Diélette (Manche), des mines d'oxyde magnétique de fer poussent leurs galeries jusque sous les flots de la mer. Nous avons mentionné plus haut l'oligiste de Saint-Remy (Calvados) qui fait un niveau remarquable entre les grès armoricains et les phyllades à *Calymene Tristani*.

Des faits comparables se présentent dans beaucoup de localités européennes : en Espagne ce sont les mines de fer du Silurien de Villa Cañas en Andalousie ; en Sardaigne ce sont celles de Saint-Léon. On connaît de l'oligiste à Nucic en Bohême, à Krisvoï Rog (Russie) et bien ailleurs.

En Amérique on pourrait ajouter à cette liste les amas d'hématite brune subordonnés aux calcaires siluriens de la Grande Vallée (Alleghanys) et spécialement aux environs de Chatanvoga (Tennessée).

Mentionnons parmi les gîtes d'autres métaux : le Haut Mississipi qui possède de la galène imprégnant des calcaires siluriens et le célèbre gisement d'Almaden (Espagne) consistant en cinabre disséminé dans un quartzite de même âge.

Terres végétales des pays dont le sol est silurien.

En Bretagne, dans le Pays de Galles et dans bien d'autres régions bâties géologiquement comme la Bretagne, les schistes siluriens sont souvent délitables sous l'influence de l'intempérisme. Dans ces cas, où ils sont bien évidemment impropres à la préparation des ardoises, ils donnent un sol labourable froid et argileux que nos cultivateurs de l'ouest appellent *terre fondante*. Les habitants du Shropshire et du sud de l'Ecosse les désignent sous le nom expressif de *mudstones*, c'est-à-dire de pierres de boue, qui consacre très bien leur faculté de retourner à leur état initial d'argile.

La terre résultante est, comme on le conçoit, d'un travail pénible, durcissant beaucoup par la simple dessiccation. C'est toujours un problème de trouver le moment favorable au labour.

Les phyllades ou ardoises donnent souvent, et spécialement autour d'Angers, une terre arable bien différente de la terre fondante ; c'est la *terre ardoisée* des agronomes bretons.

Dans les deux cas, il est ordinaire que les schistes transformés en sol arable soient recouverts d'un lit continu d'argile dont l'imperméabilité détermine la production de marécages où des tourbières trouvent les conditions favorables à leur développement. Ces terres trop humides ont d'ailleurs été à diverses reprises complètement transformées par le drainage.

Au point de vue agronomique, il y a lieu de mentionner dans le Maine-et-Loire des terres argileuses compactes qui dérivent des schistes rouges et sur lesquelles, par exemple autour de Chalonne et de Savennières, poussent des vignobles dont les produits, à fort goût de terroir, sont assez estimés comme vins blancs.

D'ailleurs, dans la région de Bretagne et d'Anjou, on distinguerait diverses variétés de schistes d'après leur faculté plus ou moins grande à se transformer en terre et, chose curieuse, mais aisément explicable, les meilleures ne sont pas toujours celles qui s'argilifient le plus vite et le plus complètement. Le mélange de blocs rocheux plus ou moins volumineux, en permettant l'aération du sol et la circulation des eaux, augmente fréquemment le rendement. Aussi voit-on des agriculteurs, et spécialement des pépiniéristes, faire des sacrifices parfois fort grands pour rendre pierreux leurs terrains trop uniformément compactes. C'est au point qu'ils vont quelquefois chercher le roc à des distances relativement considérables pour le répandre dans la terre à la façon d'un étrange engrais. Dans le même but on défonce parfois le sous-sol à une grande profondeur pour ramener à la surface des blocs de pierre qui donnent à des cultures très productives l'apparence de carrières rebouchées.

D'un autre côté, il n'est pas possible de passer sous silence le singulier commerce auquel on s'est livré très longtemps dans des pays siluriens et qui consiste dans la production très activée de la terre végétale par l'altération intempérique de certaines variétés de schistes.

On appelait *terriers* des pièces de terre où l'on facilitait la transformation ; la terre produite était vendue à des cultivateurs qui l'emportaient parfois très loin pour la mélanger à leurs champs à la façon d'un véritable amendement. Les schistes rouges sont spécialement favorables à ces manipulations ; certaines pièces ont été refaites plusieurs fois après l'extraction de la terre obtenue.

Comme on l'a remarqué déjà plus haut, les schistes et les phyllades siluriens sont surtout pauvres en chaux, aussi le chaulage doit-il être pratiqué dans le sol aussi largement que possible. Grâce à ce procédé employé avec persévérance, diverses régions sont devenues fertiles et, autour d'Angers notamment, on cultive beaucoup de légumes, de graines et de fruits renommés. Il y a même dans le pays des pépinières célèbres pour la qualité de leurs produits.

Parmi les variétés de calcaire les plus recherchées, on peut citer les marbres noirs ampéliteux qui procurent d'excellents résultats. En Angleterre, les terres dérivant des schistes de Wenlock et qui sont froides et humides, ont été extrêmement améliorées par le mélange des calcaires subordonnés dans le voisinage aux niveaux de Wenlock et de Dudley. De même les schistes de Llandeilo qui, en Angleterre, sont souvent calcarifères et associés à des lits sableux donnent des terres de grande valeur.

Une autre substance que le calcaire, et qui est décisive pour le perfectionnement des sols dérivant des schistes, c'est le phosphate de chaux. Il se trouve parfois naturellement dans le sol, comme aux environs de Llandeilo en Angleterre et alors la fertilité de la région est singulièrement augmentée.

D'après le D^r Vœlcker, le phosphate imprègne dans l'étage de Llandeilo au Pays de Galles deux couches de calcaires et d'argiles, dont l'une, de 5 mètres d'épaisseur, donne de 10 à 35 %, de phosphate, tandis que l'autre, de 1^m,50 seulement, titre de 50 à 56 %.

Comme détail intéressant à mentionner en terminant, il convient d'ajouter que dans tout l'immense pays qui s'étend du lac de Ladoga jusqu'à Saint-Pétersbourg, le Silurien ayant échappé à toutes les causes de métamorphisme, les terres végétales auxquelles il donne naissance ne diffèrent par aucun caractère notable des terres végétales produites par des sédiments récents.

CHAPITRE III

LE GROUPE DÉVONIEN

Étymologie. — Le terrain dévonien tire son nom de son développement dans le comté de Devon, au sud-ouest de l'Angleterre, où il a été étudié de 1837 à 1839 par Murchison et Sedgwick qui en sont les parrains.

Synonymie. — C'est l'*Old red sandstone* (vieux grès rouge) des Anglais; l'*Erien* de Dawson (1871) et des Américains (à cause du lac Erié). On l'appelle parfois le *terrain à Goniatites.*

Limite inférieure; lacunes. — En Irlande, près de Killarney, par exemple, il est à peu près impossible de tracer la limite entre le Silurien et le Dévonien. Le premier terrain passe d'une façon très ménagée à la condition de grès rouges bien caractérisés par des schistes de plus en plus sableux, puis par des grès de moins en moins argileux. L'épaisseur de la formation, qualifiée souvent de *tilestone,* est d'au moins 3 000 mètres. C'est le type des localités pour lesquelles on a imaginé l'expression de *terrain de transition.* Dans une vaste région de l'Amérique on constate une liaison tout aussi intime et qui, d'ailleurs, admet des incidents variables suivant les lieux. On y a décrit sous le nom d'*Helderberg's beds* des couches dont la base est silurienne et le sommet dévonien.

Dans d'autres cas, la limite inférieure peut être plus nettement déterminée, par exemple dans l'Artois où l'on voit, aux environs de Franquembert, le Silurien supérieur couronné par des assises ressemblant au vieux grès rouge d'Angleterre et contenant,

comme lui, des débris de Poissons caractéristiques du Dévonien (*Ptéraspis, Cephalaspis,* etc.). De même dans le bassin de
Laval (Mayenne), le Dévonien repose sur le Silurien .d'une manière très évidente.

Ailleurs, on constate une lacune sous-jacente au Dévonien,
témoignant soit d'un arrêt local de la sédimentation, soit d'une
érosion du sol antérieurement aux assises dévoniennes. C'est un
fait spécialement net dans les Ardennes où le substratum du
terrain qui nous occupe est le Cambrien en feuillets très redressés.
Les deux localités de la Roche-à-Fépin et de la Roche-aux-Corpiats sont bien connues à cet égard. En d'autres points c'est
sur le terrain archéen que le Dévonien s'est étalé et bien des
cas sont résumés dans la coupe relative au Cotentin qui a été
publiée par M. Bigot. On y voit le Dévonien transgressif sur les
phyllades, sur le grès armoricain, sur le grès de May et sur le
Silurien supérieur.

Localité dévonienne type. — Comme région type dans l'histoire
du terrain dévonien nous choisirons le massif des Ardennes françaises et belges. Ce pays, tout spécialement caractérisé, a été étudié par Dumont qui a jeté les bases, que tout le monde a acceptées, de la classification des assises dévoniennes.

Dans les Ardennes, l'ensemble sédimentaire a une épaisseur
considérable, une allure homogène et une autonomie tout à fait
spéciale, soulignée par les discordances de stratification de
la base et du sommet. En outre l'aspect des roches se modifie
du commencement à la fin de la série d'une manière assez
nette pour que les divisions principales s'imposent pour ainsi
dire au regard.

Au début il s'agit surtout de roches grossières, de poudingues,
de grauwackes et de grès; puis se montrent des couches où dominent les calcaires et l'ensemble se couronne par des schistes
parfois très fins. Bien que ces caractéristiques ne puissent pas être
absolues et que les diverses catégories de dépôts se retrouvent à
des niveaux très différents, il y a cependant là une circonstance
tenant exclusivement à des particularités locales et qui est très
favorable à l'établissement des divisions taxonomiques.

La portion la plus ancienne des dépôts ardennais est presque entièrement formée par des roches littorales et, d'après la forme de leurs affleurements, on a pu risquer une supposition topographique selon laquelle un détroit aurait alors mis en communication, au travers de l'Ardenne, deux mers relativement larges situées, l'une sur l'emplacement de la Manche et l'autre sur l'emplacement de la Westphalie.

Nous n'avons pas à répéter ici les arguments qui nous font considérer comme très hasardées de semblables tentatives paléogéographiques : il suffira de rappeler que les soi-disant cordons littoraux ne sont bien souvent que des éléments linéaires de nappes de galets quelquefois fort larges et que leurs affleurements peuvent être dus à des mouvements corticaux, postérieurs de beaucoup à leur dépôt. Au moins jusqu'à nouvel ordre, il convient de n'accorder qu'une médiocre attention aux tracés de côtes pour des époques aussi anciennes.

Quoi qu'il en soit, il est certain que le Dévonien des Ardennes débute par une formation de rivage connue sous le nom de poudingue de Fépin. Celui-ci mesure 10 mètres environ d'épaisseur et consiste en galets souvent agglutinés fortement, parmi lesquels sont des blocs de quartzites et de schistes parfois très volumineux : de grandes carrières sont ouvertes dans la masse rocheuse qui est brisée pour l'entretien des routes. Les pierres sont reliées par une matière conjonctive peu abondante, avant tout argileuse, mais renfermant des grains cristallins et surtout des tourmalines dont la présence a paru indiquer une collaboration des granulites dans l'origine du terrain, — origine confirmée à Stavelot par la présence de débris granulitiques. Cette remarque conduit à faire une supposition spéciale quant au mécanisme de la production du poudingue : le sous-sol étant essentiellement cambrien et ne montrant rien de plus ancien, on en arrive, en présence de cette démolition sur place d'un massif granulitique, à se demander si celui-ci n'aurait pas constitué, à l'époque prédévonienne, une lame de charriage poussée sur le Cambrien comme élément d'une chaîne montagneuse maintenant arasée.

En tous cas, le poudingue de Fépin est recouvert par plus de 1 500 mètres de couches que Dumont qualifiait de gédinniennes et parmi lesquelles se montrent des roches très variées, depuis des arkoses jusqu'à des phyllades, des schistes, et même des calcaires

comme à Naux-sur-la-Semois, mais d'une manière tout à fait exceptionnelle.

Parmi les niveaux les plus remarquables de cette série, on peut
mentionner en allant de bas en haut : des schistes renfermant des
fossiles comme *Cyathophyllum profondum* et surtout *Spirifer Du-
monti*; les schistes noduleux verdâtres de Mondrepuis, à *Spirifer
Mercuri* (fig. 59), *Tentaculites irregularis* et *Homalonotus Rœmeri*;
enfin les schistes et les grès micacés de Fooz et de Charleville où
ils constituent la masse principale du mont Olympe.

Par-dessus le terrain précédent, se présentent des assises assez
mal définies, mais que nous retrouverons plus distinctes ailleurs
sous le nom de *Taunusien*. Elles sont recouvertes dans la région
des Ardennes par d'épaisses assises de grès qui sont activement
exploitées à Anor. On a fait souvent des confusions entre les deux
séries. Ce sont des roches tantôt fines et homogènes, tantôt plus
grossières et passant à l'arkose, variant du blanc pur au rose et
même au rouge. Dans la localité de Bastogne, le grès est piqueté
de petits grains cristallins consistant en amphibole ou en grenats
qui paraissent s'être développés dans la masse par le mécanisme
bathydrique. A certains niveaux, le grès contient des fossiles et
spécialement *Leptæna Murchisoni* qui est caractéristique. On y
trouve des Brachiopodes (*Spirifer paradoxus*), des Mollusques
(*Avicula lamellosa*) et des Polypiers comme *Pleurodyctium problematicum* (fig. 60).

On range au-dessus des grès d'Anor des assises de roches gré-
seusès aussi, mais plus grossières en général et riches en éléments
phylladiens, et désignées couramment sous le nom de *grauwackes*.
A Montigny, la formation, qui peut atteindre près de 800 mètres, est
relativement riche en fossiles dont quelques-uns se trouvaient déjà
dans les grès comme *Spirifer paradoxus*, mais dont plusieurs autres
sont spéciaux. Parmi les formes caractéristiques, nous citerons surtout des Brachiopodes tels que *Strophomena depressa* et *Athyris
undata*. Ce niveau a été qualifié par Dumont de terrain *ahrien* (1848).
Puis viennent des grès affleurant à Vireux sous la forme de couches
noires, se succédant sur 300 mètres, et supportant des schistes
rouges très remarquables.

La série se termine par les poudingues de Burnot qui font sur les berges de la Meuse, entre Dinant et Namur, des corniches saillantes. Ces poudingues sont formés parfois de galets très volumineux; en certaines régions pourtant, le diamètre de leurs éléments s'atténue assez pour constituer une sorte de psammite et pour que la conservation de fossiles y ait été possible. C'est ce que Dewalque a constaté à Burnot même, à Pepinster et à Pierresse. *Athyris undata,* déjà cité, s'y rencontre avec *Spirifer subcuspidata.*

Il y a lieu maintenant de distinguer un ensemble de formations que Dumont a appelé terrain *couvinien.* Il débute par des grès grossiers à éléments phylladiens du type grauwacke, faciles à étudier à Fourmies, à Rouillon, à Hierges et dans plusieurs autres localités. On y trouve plusieurs fossiles dont l'un est spécialement caractéristique à cause de sa détermination très facile et en raison aussi de sa vaste extension géographique. C'est *Calceola sandalina* (fig. 64). Avec ce Polypier se montrent *Caryophyllum lamellosum*; puis des Brachiopodes : *Pentamerus galeatus, Productus subaculeatus, Orthis striatulus, Spirifer speciosus,* et quelques Trilobites comme *Phacops latifrons* et *Bronteus flabellifer.*

Le niveau admet plusieurs horizons calcaires qui vont en se développant vers la Belgique du côté de Couvin.

Sous le nom de *Givetien* on sépare un niveau qui s'impose à l'attention en constituant un très haut rocher abrupt, le Mont-d'Or, couronné, à la porte de la ville de Givet, par la citadelle de Charlemont. Dans ce point, la roche consiste en un marbre noir extrêmement serré et cohérent, très résistant à l'intempérisme et prenant parfaitement un beau poli. Les fossiles n'y sont pas très communs; *Stringocephalus Burtini* (fig. 65) y est spécialement caractéristique. Il faut citer aussi *Spirifer mediotextus, Uncites gryphus, Pleurotomaria delphinoïdes, Murchisonia bilineata, Cyathophyllum quadrigeminum,* etc.

Un autre terme — dit *frasnien* — tire son nom de la localité de Frasne, dans l'Ardenne belge. Il consiste surtout en schistes associés à quelques niveaux calcaires et c'est par un calcaire qu'il débute (calcaire dit de Frasne), en strates fort irrégulières, se dilatant par place jusqu'à atteindre 5oo mètres et plus d'épaisseur. L'ensemble est en couches fortement redressées. Le marbre dit de Sainte-Anne, si largement employé, appartient au Frasnien moyen.

Les fossiles les plus caractéristiques sont d'abord *Rhynchonella cuboïdes* (fig. 66), puis *Spirifer Verneuili* (fig. 67), *Atyris reticularis, Receptaculites Neptuni, Acervularia pentagona, Cardium palmatum*. Ils caractérisent des niveaux locaux, dont le plus élevé est souvent désigné sous le nom de schistes de Matagne.

Enfin le Dévonien des Ardennes est couronné par le terrain *famennien*. Il est suffisamment bien caractérisé par une faune dont les formes principales sont des Céphalopodes comme *Clymenia undulata* et *C. striata,* ainsi que des *Goniatites* [*Tornoceras* (fig. 57)] *curvispira* et autres, et par des Brachiopodes, au premier rang desquels se montrent *Spirifer Verneuili* (fig. 67) (ou *disjunctus*), déjà présent dans le Frasnien, et *Rhynchonella Omaliusi.*

Fig. 57. — *Goniatites (Tornoceras) retrorsus.* (2/3 G. N.)

Dans la région des Ardennes le Famennien est fort intéressant par le contraste de ses allures suivant les localités. Tantôt il est schisteux comme à Marienbourg et à Sains; tantôt il est gréseux et formé surtout de psammites, comme à Esneux ou à Souverain-Pré; tantôt enfin il est calcaire, comme à Etrœungt. Bien probablement, beaucoup de ces points de constitution minéralogique diverse sont exactement synchroniques et ont pris naissance dans des conditions géographiques différentes.

Les psammites constituent spécialement le sol du Condroz, c'est-à-dire de la région qui a donné le nom de *Condrusien* à tout le Dévonien supérieur. M. Mourlon en a fait une étude très complète. Il y a distingué six niveaux qu'il a parfaitement caractérisés par leur composition lithologique et par leur faune. Un de leurs traits remarquables est de contenir les débris d'une flore terrestre comprenant surtout des Fougères comme *Sphenopteris flaccida* et *Archæopteris hibernica.*

Quant aux schistes de la Famenne, qui constituent un lambeau au sommet de Charlemont sur le calcaire de Givet, ils offrent diverses variétés de roches et une faune où se signalent les Céphalopodes et spécialement les *Goniatites (Tornoceras)* et les Brachiopodes comme *Rhynchonella* et *Spirifer*.

Le calcaire d'Etrœungt, remarquable par l'abondance de ses fossiles, contient une faune renfermant déjà bien des formes carbonifères comme *Spirifer distans*.

Subdivisions du groupe dévonien. — En résumé, Dumont a divisé le Dévonien des Ardennes en termes superposés auxquels, dans le tableau suivant, nous conserverons les noms qu'il leur a imposés dans son célèbre travail de 1848.

GROUPE	TERRAINS	NIVEAUX
Dévonien.	3. *Condrusien*. . . .	2. Famennien. 1. Frasnien.
	2. *Eifelien*.	2. Givetien. 1. Couvinien.
	1. *Rhénan*.	3. Coblencien. 2. Taunusien. 1. Gédinnien.

Jetons un coup d'œil sur chacun d'eux en rattachant aux types ardennais des exemples correspondants dans la géologie d'autres pays.

I. — Terrain rhénan (Dumont, 1848).

Fig. 58. — *Orthis Monnieri,* fossile typique du terrain rhénan. (G. N.)

Étymologie. — Du nom du *Rhin*.

Synonymie. — C'est l'*étage F* de Barrande.

On est généralement d'accord pour subdiviser le Rhénan en trois niveaux qualifiés d'après des considérations géographiques :

1° Le *Gédinnien* (Dumont, 1848). Du nom de Gédinne, localité belge.

Dans les Ardennes, le Gédinnien est si développé qu'en 1874, Mayer-Eymar a proposé de l'appeler terrain *ardennien*.

Fig. 59. — *Spirifer Mercuri,* fossile typique du Gédinnien.
(G. N).

2° Le *Taunusien* (Dumont, 1848). Du nom du Taunus (Nassau.)

Après avoir défini le niveau taunusien, Dumont a émis l'opinion qu'il doit représenter simplement un faciès arénacé du terrain coblencien. Et, de fait, on voit l'une des formations passer à l'autre : déjà nous avons dit que les grès d'Anor font entre les deux un passage ménagé. Cependant il n'y a aucun inconvénient à conserver le Taunusien et ce que nous avons dit du peu de réalité des coupures stratigraphiques nous permet d'être élastiques à cet égard.

Parfois l'ensemble prend de l'importance : par exemple en Allemagne et dans le bassin de la Basse-Loire, où il admet des subdivisions. Certaines d'entre elles ont reçu des appellations spéciales, comme le niveau *hünsrückien* par exemple, qui s'étend sur des surfaces très larges et qui possède une faune spéciale, intermédiaire entre la faune gédinnienne et la faune coblencienne. Les schistes du Hünsrück jouent un rôle important dans la géologie de l'Allemagne du Nord, avec la grauwacke de la Prusse rhénane où abonde *Spirifer primævus.* C'est à ce niveau et spécialement en Bretagne que se rencontre *Orthis Monnieri,* donné fig. 58 comme typique pour tout le terrain rhénan.

3° Le *Coblencien* (Dumont, 1848). Du nom de Coblenz, en Prusse rhénane.

Le terrain rhénan en France. — Le Rhénan se retrouve en plusieurs points de la France et tout d'abord dans les Vosges, quoique ce soit sous une forme tout à fait exceptionnelle et presque insi-

Fig. 60. — *Pleurodyctium problematicum*, fossile typique du Coblencien.

(G. N.)

gnifiante comme volume. Il s'agit, en effet, tout simplement de pierrailles provenant du niveau coblencien, reconnaissables à des empreintes de *Spirifer* et qui sont empâtées dans les lits de galets du grès des Vosges. Ces spécimens, d'ailleurs rares, indiquent que les couches dévoniennes du massif de Hünsrück se sont certainement étendues sur une partie de la région des Vosges.

En nous éloignant vers l'ouest, nous en rencontrons des vestiges plus complets dans le Boulonnais où des sondages ont retrouvé les roches rhénanes au-dessous de masses de recouvrement. Le dépôt se continue du reste suivant la ligne de crête des collines de l'Artois, où la craie superficielle laisse de place en place, transparaître des pointements de grès gédinnien identique à celui que nous mentionnions à Fooz.

La Bretagne nous montre la formation rhénane beaucoup plus développée. La série y paraît débuter par les schistes et les quartzites de Plougastel qui, entre les monts d'Arrée et Châteaulin, constituent un synclinal dont la dépression est remplie par des couches dévoniennes et carbonifères. Ces schistes, dont l'épaisseur est d'environ 1000 mètres, renferment des fossiles dont beaucoup manifestent des affinités avec la faune silurienne. Il paraît naturel de les ranger sur l'horizon des assises gédinniennes du massif ardennais.

Plus haut viennent des grès généralement fins et blancs que caractérise *Orthis Monnieri* (fig. 58), Brachiopode qui jouit d'une ère de dispersion très large : il se retrouve en abondance dans les grès coblenciens de la Loire-Inférieure[1] et du Cotentin où la roche est exploitée pour le pavage.

1. L. et Ed. Bureau, *Notice sur la géologie de la Loire-Inférieure.* In-8°, 1900, p. 220.

Sur ces grès enfin se développent divers niveaux de couches de calcaires d'autant plus précieux que la chaux est rare en ces régions. Ces couches affleurent par exemple à Néhou (Manche), à Vern (Maine-et-Loire) et à Erbray (Loire-Inférieure). On y recueille des Trilobites spéciaux comme *Homalonotus Gervillei,* et *Phacops Potieri*; des Brachiopodes : *Rhynchonella Wilsoni, Pentamerus inornatus*; des Polypiers comme *Tentaculites Neptuni.*

Des grauwackes se montrent au Faou, dans la rade de Brest, avec *Chonetes sarcinula* et *Pleurodyctium problematicum* (fig. 60).

Le terrain rhénan joue un certain rôle dans la constitution de la chaîne des Pyrénées. C'est ainsi que le Coblencien forme de larges bandes qu'on voit spécialement auprès de Sers (Basses-Pyrénées) sous la forme de schistes ardoisiers grisâtres. Des calcaires gris et roux, à Encrines, leur sont associés ainsi que des quartzites gris, en bancs fort épais, et des grauwackes fossilifères. Dans beaucoup de localités comme Gavarnie, les environs de Luz, le massif du Vignemale, les bords du lac d'Anglas et le col d'Aubisque, on récolte de nombreux fossiles. Les types les plus fréquents sont : *Pleurodyctium problematicum, Atrypa reticularis, Athyris Esquerra, Leptæna Murchisoni, Rhynchonella subwilsoni, Spirifer Pellicoi, Phacops Potieri.* Dans la Montagne-Noire, le Dévonien est surtout représenté par des marbres de diverses variétés exploitées. On distingue le Coblencien dolomitisé à sa base et chargé par place de Polypiers autour desquels se sont formées des concrétions siliceuses.

Le terrain rhénan en Europe. — En dehors de France, les localités caractérisées par le système dévonien inférieur sont trop nombreuses pour que nous songions à les énumérer toutes. Il est indispensable de mettre en tête l'Angleterre qui nous présente son *Old red sandstone* déjà cité, à la partie inférieure duquel Hughes, en 1875, a proposé d'appliquer la dénomination de *Sawddien.* Nous avons dit précédemment que le nom d'*Old red* s'applique à tout l'ensemble du Dévonien anglais; il convient d'ajouter maintenant que le système ne paraît pas être représenté en entier dans les îles Britanniques.

Fait intéressant à mentionner en effet, l'Angleterre est en réalité un des pays où le terrain dévonien est le moins bien caractérisé, et cela s'explique très aisément. Il résulte des travaux des géologues

que la faible surface des îles Britanniques n'a pas participé — bien
loin de là — pendant la durée des temps dévoniens aux différentes conditions géographiques dont chacune, comme on l'a vu,
détermine une catégorie de formations. Les influences corticales
ont, en somme, fort peu fait varier l'altitude de cette minuscule
surface et, en conséquence, ce sont, du haut en bas du terrain, des
assises analogues ou à peu près qui se répètent. Le tout paraît
s'être constitué ou bien dans des lacs, ou bien dans des régions
tout à fait littorales de la mer, de telle sorte que les formes organiques sont tantôt d'eau douce et tantôt d'eau marine.

Bien entendu, la mer ne se faisait pas faute, aux temps dévoniens,
de procéder à la série des réactions géologiques qu'elle a opérées
à toutes les époques; mais pour en rencontrer les produits il est nécessaire de porter son attention sur d'autres régions que l'Angleterre.

Nous nous bornons ici, bien entendu, à la partie inférieure de

Fig. 61. — *Coccosteus.* (1/8 G. N.)

l'ensemble plus ou moins assimilable au terrain rhénan. L'identi-
fication est établie surtout d'après
la présence de débris de Poissons
appartenant surtout aux genres
Cephalaspis, *Coccosteus* (fig. 61),
Pterichthys (fig. 62) et *Pteraspis*, et
il est impossible de nommer ces
êtres étranges sans rappeler la part
que prit à leur découverte et à
leur description le célèbre Hugh
Miller, humble ouvrier carrier qui,
séduit par les splendeurs des révéla-
tions paléontologiques et pris d'un
véritable enthousiasme scientifique,

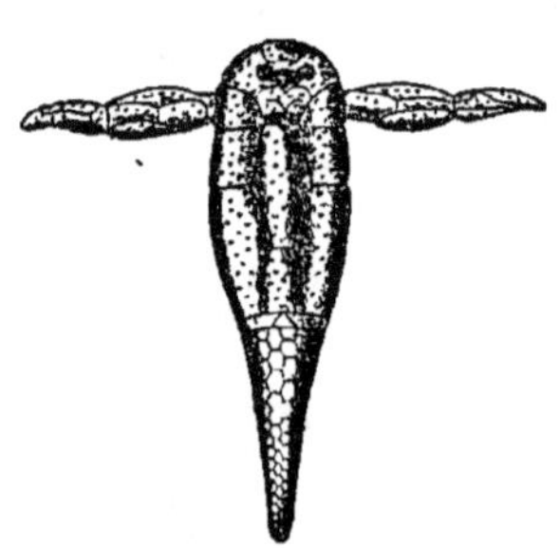

Fig. 62. — *Pterichthys.* (1/5 G. N.)

devint un des promoteurs du progrès[1]. Dans les mêmes assises

---

1. Il faut lire son ouvrage intitulé : *The old red sandstone or new walks in an old
field*, 1 volume publié à Londres et qui eut plus de 20 éditions successives.

se rencontrent les vestiges de Crustacés mérostomes, parfois gigantesques, que les carriers désignent sous le nom d'Anges et dont les paléontologistes ont fait le genre *Pterygotus* (fig. 63).

Comme nous l'avons déjà dit, l'*Old red sandstone* semble s'être constitué, sinon dans l'eau douce, au moins dans des points où la mer était fortement mélangée de contributions fluviales.

Le vieux grès rouge d'Angleterre consiste en bancs superposés de roches quartzeuses : les unes à grain assez fin, et ce sont les plus abondantes ; les autres à parties plus grossières, et parfois même à gros blocs. Il en résulte des brèches et des poudingues dont les éléments peuvent être très divers. Les plus fréquents de ceux-ci sont des quartz de différentes variétés ; avec eux sont des fragments de granit, de gneiss et de grauwacke. Le ciment est généralément riche en oxyde de fer qui le teint en différentes nuances de rouge ou de brun-rougeâtre très caractéristiques.

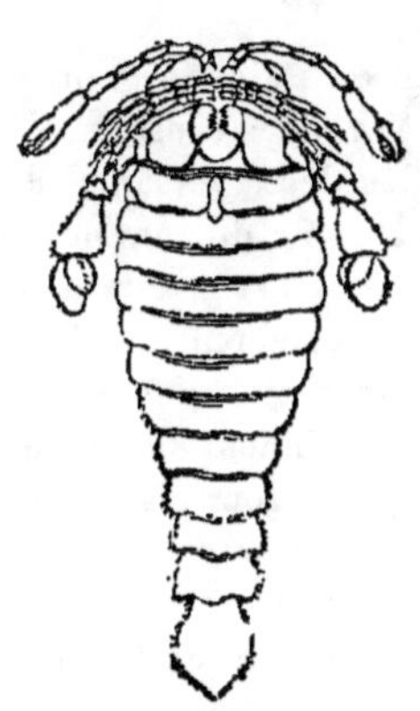

Fig. 63. — *Pterygotus.*
(1/10 G. N.)

Avec les grès, qui sont privés de fossiles, alternent des bancs plus ou moins discontinus de marnes rouges ou vertes au sein desquelles se sont formées des concrétions calcaires désignées sous le nom vulgaire de *cornstones* et qui, par leur réunion, peuvent arriver à faire de véritables assises. C'est dans leur masse que l'on recueille les fossiles et spécialement les débris de Poissons.

En Écosse, l'*Old red sandstone* atteint une épaisseur de 5 à 6000 mètres. Aussi les géologues ont-ils éprouvé le besoin de le subdiviser. C'est ainsi que M. Goodchild y admet deux horizons dont le plus ancien est qualifié de terrain *calédonien* et l'autre de terrain *orcadien*. On peut les définir par les fossiles et spécialement par les Poissons qu'ils renferment. Au Calédonien appartiennent surtout *Pteraspis* et *Cephalaspis* ; à l'Orcadien : *Coccosteus* et *Pterichthys*.

Nous retrouvons le terrain rhénan dans une grande partie de l'Allemagne et il se signale en Bohême par une faune que Barrande a décrite en détail. L'assise principale est un calcaire noir caractérisé par des Trilobites du genre *Bronteus*.

Dans la région de l'Eifel, on divise tout naturellement le Rhénan en deux niveaux répondant au Gédinnien et au Coblencien. Le premier se voit surtout vers Stollberg où il consiste en phyllades associés à des quartzites et l'autre se développe vers Stadtfel où il contient *Pleurodyctium problematicum,* avec d'autres fossiles tout aussi classiques.

Il existe des lambeaux de terrain rhénan en Pologne et on peut y recueillir la plupart des Poissons des grès rouges écossais.

A la limite orientale de l'Europe, sur les deux versants de la chaîne de l'Oural, le terrain est très développé : du côté de Perm, les couches sont surtout gréseuses et schisteuses, tandis qu'à Belajar et jusqu'à Petropawlowsk, les calcaires abondent. Ce sont des arkoses, des conglomérats et des quartzites qui constituent l'arête de la montagne. Ces formations se continuent en partie sur le territoire sibérien et principalement vers Yeniseisk et Krasnojarsk.

Le terrain rhénan en dehors de l'Europe. — Aux Etats-Unis, le terrain rhénan est représenté aux environs de New-York, comme du côté d'Helderberg, mais le parallélisme avec les dépôts européens prête à beaucoup d'incertitudes. C'est à cette circonstance que nous faisions allusion plus haut en citant le Nord-Amérique parmi les localités où la limite entre le Silurien et le Dévonien est incertaine. Les grès de Gaspé sont attribués au Coblencien.

A Campbeltown, dans le Nouveau-Brunswick, des vestiges de *Cephalaspis* et de *Pterygotus* ont été recueillis, de sorte qu'on est autorisé à synchroniser le sol de ce pays avec l'*Old red* inférieur.

On est d'avis aussi de considérer comme rhénanes des couches à végétaux terrestres et à insectes du Canada, de la Nouvelle-Ecosse, de la République Argentine et de l'Afrique australe.

II. — Terrain eifelien (Dumont, 1884).

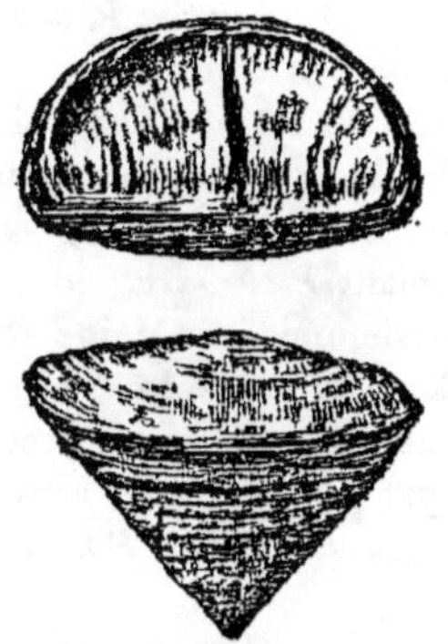

Fig. 64. — *Calceola sandalina*, fossile typique du terrain eifelien. (G. N.)
(En haut, la valve supérieure vue en dedans.)

Étymologie. — Le terrain eifelien ou Dévonien moyen tire son nom du district volcanique si remarquable des environs de Gerolstein et de Kelberg. Ce district présente les divers niveaux dévoniens, mais la partie moyenne y est spécialement caractérisée.

Synonymie. — Mayer-Eymar, en 1874, a donné le nom de *Plymouthien* à la même formation. En Amérique on la qualifie parfois d'*Hamilton's beds*.

Nous diviserons l'Eifelien en deux étages :

1° Le *Couvinien* (Dupont, 1885). Du nom de Couvin, localité belge.

Le Couvinien correspond à l'*étage G* de Barrande (1886). Il a été souvent désigné sous le nom de *schistes à Calcéoles*.

2° Le *Givetien* (Gosselet, 1880). Du nom de la ville de Givet.

Le terrain givetien est l'*étage H* de Barrande (1846). En 1874, Mayer-Eymar l'a désigné sous le nom de terrain *hostinien*.

Le terrain eifelien en France. — Nous trouvons des dépôts d'Eifelien dans quelques parties de la France et, par exemple, dans la rade de Brest, aux environs du Fret où la grauwacke renferme *Spirifer cultrijugatus, S. paradoxus* et *Phacops Potieri*. Dans le bassin de Laval, on recueille des calcaires gris avec Encrines et *Calceola sandalina* (fig. 64). De même ce Polypier se retrouve dans des calcaires des environs d'Angers en association avec beaucoup de Trilobites : *Homalonotus* et autres.

Des schistes renfermant *Pleurodyctium problematicum,* des calcaires exploités à Chaudefonds, en Maine-et-Loire, contiennent la faune couvinienne. Ceux qu'on exploite aux Fourneaux et à Saint-Malo forment une bande de sept kilomètres de longueur. Ils sont bien stratifiés, noirs par en haut, gris vers la base. Les Encrines y abondent avec *Calceola sandalina, Poteriocrinus Verneuili* et de nombreux Spirifers.

Nous rencontrons aussi le Givetien en Bretagne. Ainsi à Chalonne, à Montjean dans le bassin d'Ancenis, MM. Bureau ont signalé des calcaires à *Uncites* avec *Pentamerus* et *Cyathophyllum*. L'Auvergne présenterait des traces de quelques formations analogues.

Dans l'Hérault, des couches calcaires à Poissons sont du même âge.

Le Dévonien moyen joue un rôle dans la structure des Pyrénées de la vallée d'Ossau : on y observe *Spirifer cultrijugatus*.

Il peut même mesurer dans certaines parties de la chaîne un millier de mètres d'épaisseur. La roche dominante en est le calcaire ; vers les Aldules (Basses-Pyrénées) il admet des bancs peu épais de quartzites et des lits de brèches contenant des fragments mélangés des deux catégories de roches. Les fossiles sont localisés dans certaines assises séparées par de volumineux massifs azoïques. Les Brachiopodes se signalent parmi les formes les plus fréquentes : *Spirifer cultrijugatus, S. Arduennensis, Athyris concentrica, Orthis orbicularis, Strophomena Sedgwicki*. La présence de *Pleurodyctium problematicum* mérite mention, ainsi que celle d'Orthocères, d'Encrines et de Polypiers tels que *Fenestella*.

Du côté de Luz les mêmes calcaires plus ou moins dolomitiques laissent distinguer dans la vallée de Brousset, par exemple, les deux niveaux superposés ; l'Eifelien est très riche en Polypiers,

Favosites Goldfussi, Alveolites subæqualis et *Calceola sandalina ;* on y trouve des Brachiopodes comme *Atrypa reticularis* et des Trilobites comme *Phacops occitanicus.* Le Givetien, plus mince, est surtout constitué par des calcaires blancs et cristallins à *Murchisonia* et *Megalodon.*

Le Givetien reparaît dans le Pas-de-Calais, où il repose directement sur le Silurien avec une lacune énorme, puisqu'elle représente non seulement l'étage couvinien, mais toute l'épaisseur du terrain rhénan.

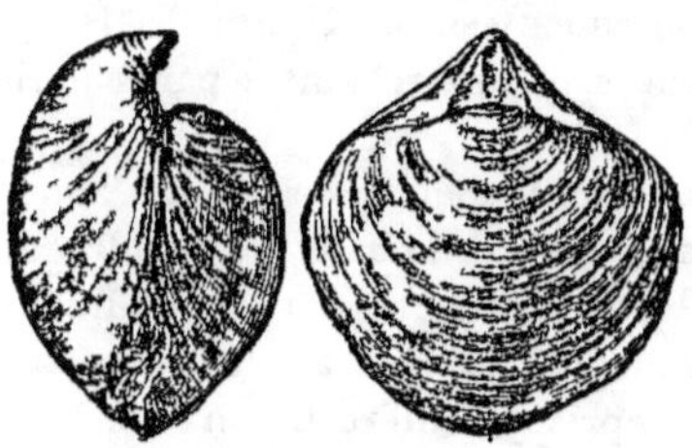

Fig. 65. — *Stringocephalus Burtini,* fossile typique du terrain givetien. (1/2 G. N.)

L'ensemble débute par les poudingues de Caffiers, associés à des schistes rouges et qui supportent des schistes verdâtres extrêmement intéressants par la flore fossile dont ils contiennent les vestiges. On y reconnaît des Lépidodendrées et des Fougères qui annoncent les végétaux houillers de la manière la plus nette. Enfin des couches calcaires, exploitées à Blacourt, couronnent le tout avec une faune de Brachiopodes et de Polypiers qui rappelle intimement le calcaire du Mont-d'Or à Givet.

Stringocephalus Burtini (fig. 65) se trouve dans un calcaire à Schirmeck, dans les Vosges.

Le terrain eifelien en Europe. — En dehors de la France, le Couvinien se rencontre en divers points de l'Europe avec un développement très inégal, et il convient de noter, en passant, que l'Angleterre semble en être à peu près dépourvue comme de tout l'Eifelien. Cependant les grès de la zone moyenne de l'*Old red sandstone* connue dans le pays sous le nom de *Caithness flags,* ont été rapportés par divers auteurs à l'Eifelien à cause des débris de Poissons, d'*Etheria* et de plantes terrestres qui y ont été recueillis.

En Allemagne, le Couvinien se présente avec des apparences variables. Dans le Harz il comprend des couches schisteuses qui contiennent les fossiles les plus caractéristiques : *Spirifer cultriju-*

gatus et *Calceola sandalina*, et qui se modifient progressivement en passant d'un côté vers le Kellewald et de l'autre vers
le Nassau. Dans ce dernier pays l'ensemble s'épaissit et fournit une faune abondante. Il faut y rapporter spécialement des
calcaires à *Goniatites* bien développés à Ballersbach et à Günte-
rod, ainsi que les schistes de Wissembach à *Orthoceras* et à
Goniatites. Les schistes à *Tentaculites,* au moins dans leur partie
inférieure, sont couviniens et s'étendent sur le Nassau, la Hesse
et la Thuringe avec de nombreuses et intéressantes particularités locales.

En Belgique, le Givetien est représenté dans le bassin de Namur
par des assises relativement très minces. A la base, un poudingue
plus ou moins pourpré — analogue d'aspect avec le poudingue
de Burnot du Coblencien, mais qui correspond au poudingue de
Caffiers et qui admet, à diverses reprises, l'intercalation de minces
lits de grès contenant des empreintes de végétaux terrestres (*Lepidodendron Gaspianum*) — supporte des roches calcaires parfois
dolomitiques qui procurent à Huy, *Uncites gryphus* ; à Alvaux,
Stringocephalus Burtini et dont l'âge est par conséquent bien
certain.

Comme nous l'avons dit, Barrande a désigné par la lettre G la
zone paléontologique qui correspond en Bohême au terrain couvinien; il l'a même subdivisée en trois parties: G_1, qui désigne une
assise inférieure de calcaire noduleux renfermant des Céphalopodes et spécialement *Orthoceras Midas* (on y trouve de très nombreuses formes de Trilobites); G_2, qui concerne les schistes à
Tentaculites ornatus ; G_3 enfin, un calcaire rognoneux, surtout
visible à Hlubocep, et qui est riche en *Goniatites* ou plutôt en
Arcestes.

De même, en Bohême, du Givetien parfaitement caractérisé,
désigné par Barrande au moyen de la lettre H, se signale par les
fossiles les plus caractéristiques et occupe une large place dans la
géologie du pays.

L'Eifel montre du Givetien consistant surtout en calcaire rempli de Polypiers et de Brachiopodes parmi lesquels se signale
encore le Stringocéphale. L'ensemble mesure 4oo mètres. C'est à
Paffrath qu'on est le mieux placé pour l'étudier.

En Russie, le Givetien est fréquemment calcaire ou dolomitique et c'est du côté de la Courlande et de la Livonie qu'on le trouve le mieux caractérisé, sans oublier quelques points de l'Oural. *Stringocephalus Burtini* s'y mélange avec des formes locales telles que *Spirifer Anosoffi* et *Rhynchonella Meyendorffi*. Des *Coccosteus* y ont laissé des débris déterminables.

Le terrain eifelien hors d'Europe. — En· dehors de l'Europe, on peut mentionner le Couvinien qui paraît exister en Amérique du Nord, où précisément les *Goniatites* précédemment citées se présentent dans ses couches. On lui donne généralement le nom de *corniferous limestone*, à cause des rognons de silex corné qui sont disséminés dans le calcaire. Dans l'Etat de New-York, l'épaisseur en est considérable; toutefois la démarcation en est bien difficile avec le Givetien.

De même, en Amérique, le terrain givetien est largement représenté par des centaines de mètres en certains lieux. Sans entrer dans des détails stratigraphiques qui dépasseraient les limites que nous devons observer, il suffira de constater que les niveaux du Dévonien moyen y possèdent une flore intéressante par son abondance et sa variété. Déjà dans les couches du *corniferous limestone* de l'Etat de New-York, cité précédemment, se montre une Fougère arborescente du genre *Caulopteris ;* mais, dans le Givetien qui les surmonte, on voit les traces de véritables forêts annonçant et préparant l'explosion botanique des temps carbonifères. Les formes les plus remarquables sont des Fougères (*Nevropteris* et *Cyclopteris*), des Sigillaires, des Cordaïtes, des Calamites, des Lepidodendrons, des Astérophyllites, etc.

En allant vers le nord-ouest, on retombe sur des couches plus ou moins ressemblantes aux formations de l'ancien monde et *Stringocephalus Burtini* continue de servir de fil conducteur et de guide dans les comparaisons stratigraphiques.

Au Brésil, des affleurements givetiens ont été signalés, et des témoignages de formations du même âge se retrouvent en Afrique australe et jusqu'en Australie.

Comme pour le terrain sous-jacent, la continuité des formations est établie encore sur les deux versants de l'Oural et on retrouve du Givetien en Sibérie et jusqu'en Chine.

III. — Terrain condrusien (Dumont, 1848).

Fig. 66. — *Rhynchonella cuboïdes*, fossile typique du terrain condrusien. (4/5 G. N.)

Étymologie. — Le Condrusien a été désigné ainsi d'après le nom de la province belge du Condroz.

Il peut se diviser commodément en deux étages :

1° Le *Frasnien* (Gosselet, 1880). Du nom de Frasne, localité belge. En 1874, Mayer-Eymar l'a qualifié de terrain *petherwinien*, du nom d'une localité du Devonshire.

2° Le *Famennien* (Gosselet, 1880). Du nom de la province de Famenne, en Belgique.

Le terrain condrusien en France. — Nous trouvons les assises frasniennes dans le Pas-de-Calais. Elles commencent par un dépôt très intéressant de dolomie qui affleure aux Noces et qui est associé à des calcaires et à des schistes. Par-dessus se présentent les calcaires de Ferques, évidemment correspondants aux calcaires de Frasne, et contenant comme eux *Spirifer Verneuili*

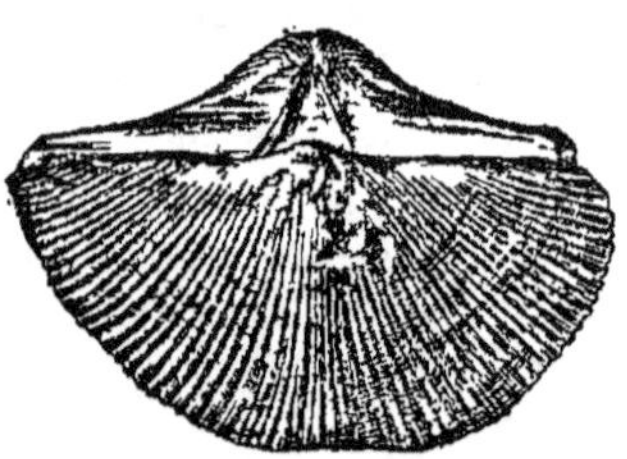

Fig. 67. — *Spirifer Verneuili*, fossile typique du terrain famennien. (G. N.)

(fig. 67), *Cyathophyllum hexagonum*, des *Rhynchonella*, des *Atrypa*, des *Leptæna*, etc., etc. Ces calcaires sont entaillés par d'énormes carrières.

Dans les Flandres on rencontre des marbres rouges présentant des caractères analogues. Aux environs d'Eppe Sauvage (Nord), les schistes famenniens sont remarquablement épais et on y distingue à divers caractères pétrographiques et paléontologiques plusieurs niveaux qui renferment tous d'ailleurs *Spirifer Verneuili*. Ils reposent sur des roches arénacées, riches en *Rhynchonella* et où l'on doit voir les correspondants des psammites du Condroz.

Le Famennien surmonte le Frasnien du Pas-de-Calais et se présente, comme en Belgique, sous la double forme de schistes et de psammites. Ces derniers, bien développés autour de Fiennes et de Sainte-Godelaine, renferment beaucoup de Mollusques marins comme *Bellerophon*, *Cucullea* (*C. Hardinghi*) et *Cypricardia*.

Avant de quitter le sol français, il faut citer pour la région pyrénéenne les magnifiques marbres à Goniatites connus sous les noms de griotte et de campan. Les calcaires à *Clymenia* de Cabrières (Hérault) sont également famenniens et semblent correspondre sensiblement au calcaire d'Etrœungt.

La formation dévonienne de l'ouest de la France comprend un peu de terrain frasnien, qui se signale par exemple, et d'une manière extrêmement nette, à Copchoux, dans le bassin d'Ancenis (Loire-Inférieure). MM. L. et Ed. Bureau y ont signalé une série de Brachiopodes, d'ailleurs rares, où l'on remarque : *Rhynchonella cuboïdes* (fig. 66), *Atrypa reticularis*, *Productus subaculeatus*, *Pentamerus globus*, etc. Ce calcaire repose directement sur le grès armoricain renversé, dont il a empâté des galets au moment de sa formation.

On retrouve des schistes frasniens avec les Rhynchonelles caractéristiques, dans la rade de Brest, aux environs de Traouliors.

Dans le Plateau Central il faut mentionner, d'après M. Julien, le gisement de Diou où le Frasnien repose sur le Dévonien moyen : *Spirifer Verneuili* s'y mêle aux Rhynchonelles.

Le terrain condrusien en Europe. — Si nous sortons de France, notre première attention doit se porter sur le Dévonien supérieur de l'Angleterre. Pour ce qui est de la partie supérieure de l'*Old red sandstone*, elle continue les caractères déjà indiqués pour ses régions inférieures et, comme elle est d'eau douce, il est impossible d'y reconnaître à coup sûr des portions relatives respectivement au Frasnien et au Famennien. Cependant on rencontre près de Saltern-Cove, par exemple, et dans quelques autres localités, des couches marines peu épaisses, où *Rhynchonella cuboïdes* nous procure un guide précieux. On y trouve des Goniatites des types *Gephyroceras* et *Tornoceras*.

Bien des affleurements frasniens existent en Allemagne. C'est ainsi qu'au Harz les calcaires de l'Iberg à *Rhynchonella cuboïdes* supportent les calcaires noirs d'Altenau à *Cardium palmatum* (*Cardiola*). En Westphalie, on retrouve des calcaires à Goniatites, reposant sur des schistes noduleux avec *Rhynchonella* qu'on, rattache au même niveau.

En Russie, le Dévonien supérieur couvre une très vaste surface de pays et on observe d'intéressantes variations locales. Tandis qu'aux environs de Saint-Pétersbourg les couches rappellent l'*Old red* d'Angleterre, à la fois par leurs roches constituantes et par leurs fossiles où dominent les Poissons, on voit le système, à mesure qu'on pénètre dans le centre de l'empire et dès qu'on arrive à Orel, consister surtout en calcaires avec *Spirifer Verneuili* et *Rhynchonella cuboïdes*.

En Angleterre et en Ecosse, les parties supérieures de l'*Old red sandstone* doivent être attribuées au Condrusien et surtout au Famennien. Dans le Devonshire, par exemple, on y retrouve *Cucullea Hardinghi* que nous venons de mentionner en Artois et avec lui *Spirifer Verneuili*, qui est distribué dans toute l'épaisseur du Dévonien supérieur. Ce fossile est associé aux Clyménies dans le calcaire de Petherwyn et M. Dewalque retrouvait le couronnement du Famennien, correspondant au marbre d'Etrœungt, dans la formation de Pilton.

On peut suivre le Famennien dans d'autres parties de l'Europe. Tout d'abord en Allemagne nous le retrouvons sous la forme du calcaire à *Clymenia* ou *Kramenzel-Kalk* de Brilon, en Westphalie, dont les analogues se montrent à Dillenburg (Nassau), dans le Fichtelgebirge, à Ebersdorf (en Saxe), à Gratz (en Styrie). L'Eifel possède des schistes à *Cypridina* qui ont leurs analogues en Westphalie et au Harz. A Aix-la-Chapelle, les grès à *Spirifer* sont du même âge que les psammites du Condroz.

En Russie la formation prend, dans le bassin de la Petchora, une importance spéciale à cause de la présence de substances bitumineuses exploitables. Le terme principal est un pyroschiste connu sous le nom local de *domanik*. La Russie centrale possède des marnes à *Arca oreliana* qui sont regardées également comme famenniennes.

L'Europe méridionale contient aussi des gisements à mentionner, et outre que les griottes se continuent sur le versant ibérique des Pyrénées, il faut noter la présence de l'étage en Catalogne et dans la Sierra Morena.

Le terrain condrusien hors d'Europe. — Le terrain frasnien se retrouve sur le versant oriental de l'Oural, où il accompagne les niveaux dévoniens sous-jacents. On peut le suivre sur une large partie de la Sibérie et spécialement aux environs de Tomsk. Le Spirifer typique jalonne des affleurements jusqu'en Perse d'un côté, jusqu'au Japon de l'autre, attestant l'énorme étendue des mers frasniennes dans cette partie du globe.

Dans l'Amérique du Nord, le Dévonien supérieur est très épais et très compliqué ; mais ce n'est que d'une manière incertaine qu'on peut en répartir les couches entre le Frasnien et le Famennien. Pourtant, dans l'Etat de New-York, on recueille le *Rhynchonella cuboïdes* dans des schistes bitumineux affleurant spécialement à Genesee et que nous devons, en conséquence, reconnaître pour frasniens.

Parmi les régions non européennes où le Famennien a été déterminé, il suffira de citer les Etats-Unis, où la formation dite de Chemung constitue, non loin de New-York, des strates fort épaisses. On y distingue un niveau inférieur, à *Aviculopecten,* qui supporte des schistes à *Spirifer,* où se trouvent les débris d'une flore très ressemblante à celle que nous signalions tout à l'heure dans le Condroz.

Faciès divers des dépôts dévoniens.

Le fait le plus saillant des temps dévoniens c'est l'importance que prennent en Europe les formations lacustres et continentales. On a été quelquefois tenté d'en conclure une diminution de la surface marine, qui tiendrait en partie au moins à l'absorption progressive des eaux océaniques au fur et à mesure de l'épaississement des formations stratifiées et des progrès du refroidissement interne : phénomènes qui, tous les deux, nécessitent une dépense de l'eau superficielle. Mais il est bien plus légitime de l'attribuer à l'accentuation des phénomènes orogéniques qui, malgré la dimension des érosions, restreignent les surfaces marines. Il ne faut pas oublier aussi que les comparaisons entre les différents terrains péuvent être faussées par des circonstances fortuites et, par exemple, par l'affleurement ou, au contraire, par l'enfouissement de certaines formations dans des régions où l'étude a dès maintenant été faite.

Il se trouve qu'en Angleterre, pays où le Dévonien a été d'abord étudié, il est représenté avant tout par des grès dont les fossiles indiquent une origine lacustre ou au moins saumâtre.

Un autre trait dominant du Dévonien, c'est la multiplication des végétaux terrestres, à peine signalés dans le terrain précédent : des Fougères ont laissé des vestiges parfaitement déterminables et on a, en particulier, établi les genres *Palæopteris*, *Archæopteris* et *Cyclopteris*, pour chacun desquels il y a d'ailleurs des synonymes compliqués. Avec elles sont des Lépidodendrées, des Calamites, des Cordaïtes, en somme toute une flore perfectionnée déjà et qui fait prévoir l'exubérance botanique des temps carbonifères.

Aussi doit-on s'attendre à reconnaître des faciès très caractérisés et répondant aux principales conditions de la géographie physique de chaque point.

Les schistes fins, et spécialement les phyllades, révèlent la profondeur de la mer dans laquelle ils se sont constitués. Les schistes gédinniens de Plougastel, les schistes couviniens du Harz, les schistes de la Famenne ont dû se déposer sous des épaisseurs notables d'eau et les récifs madréporiques indiquent, de leur côté, des conditions analogues à celles qui règnent actuellement dans l'océan Pacifique. Or M. Dupont a montré que le terrain dévonien renferme, aux environs de Philippeville, en Belgique, les vestiges de tout un archipel d'atolls et de récifs coralligènes, dont la structure et l'économie, malgré de nécessaires différences, rappellent les traits essentiels des formations actuelles.

On retrouve d'ailleurs des dépôts coralligènes dans toute l'épaisseur du Dévonien et il suffira de mentionner ici : les calcaires à Stromatopores du niveau d'Helderberg (Gédinnien) aux Etats-Unis ; les calcaires coralliens d'Erbray (Loire-Inférieure) ou de Konjepnis, en Bohème, qui sont coblenciens ; les calcaires à Polypiers de Cabrières (Hérault), qui sont couviniens; les marbres de Ferques (Pas-de-Calais) et de Frasne, qui sont frasniens — pour qu'on puisse conclure que la reproduction de ces conditions n'a jamais été interrompue.

Dans les contrées connues jusqu'ici, le régime littoral est extrêmement fréquent. Il se trahit par le volume des éléments constituants des roches et par la présence de certains vestiges caractéristiques.

Toute la série des poudingues et des grès mentionnés plus haut pourrait être rappelée ici : dans le Gédinnien, le poudingue de Fépin; dans le Coblencien, les grès d'Anor et ceux de Vireux; dans le Couvinien, les grès rouges de Russie; dans le Givetien, les poudingues de Caffiers; dans le Famennien, les poudingues du Condroz et de Fiennes.

L'existence des lignes littorales est quelquefois démontrée aussi d'une autre manière et c'est ainsi qu'il arrive à Copchoux (Loire-Inférieure) que le calcaire dévonien, reposant sur les lits redressés du grès armoricain, en a empâté des fragments roulés, sous forme de galets, comme les vases actuelles du Finistère, par exemple, empâtent au pied de la falaise des galets de micaschiste.

Les dispositions caractéristiques des estuaires se sont trouvées souvent réalisées, et pour presque toute l'épaisseur du Dévonien, dans les pays où, comme en Ecosse et dans une partie de l'Angleterre, se sont déposées les assises du vieux grès rouge. C'est là que les Poissons cuirassés : *Cephalaspis, Pteraspis, Coccosteus, Pterichthys,* sont associés à des plantes terrestres évidemment charriées dans la mer par des cours d'eau débouchant d'îles ou de continents. Et de là résulte la notion certaine de régions exondées, c'est-à-dire continentales ou insulaires, pendant les temps dévoniens.

On a vu qu'au nord-ouest de la Russie les mêmes conditions se sont reproduites. A Pepinster, en Belgique, on a signalé de même des *Coccosteus* et des *Pterolepis,* associés à des empreintes de végétaux terrestres dans l'épaisseur de psammites coblenciens.

Une vraie lagune, avec sel gemme et gypse, existe dans le gouvernement d'Arkhangelsk, en Russie.

D'ailleurs on peut considérer comme lacustres des dépôts où les plantes dont il s'agit ne sont mélangées à aucun vestige océanique. M. Dawson en a signalé au Nouveau-Brunswick et à la Nouvelle-Ecosse; il y en a dans divers niveaux du Canada et des Etats-Unis, en Ecosse, en Russie, en Belgique et jusque dans le Boulonnais.

Cette notion, rapprochée de la longueur considérable des dépôts côtiers, doit nous faire conclure que les surfaces de terre ferme étaient alors notables.

Des éruptions volcaniques dévoniennes sont manifestées par la découverte de lits stratifiés de tufs résultant de projections solides analogues aux cendres actuelles. On en a décrit de très complètes dans le Harz et dans le Nassau. C'est probablement à l'époque dévonienne que s'est faite l'éruption de granit qui, en traversant les schistes de Pontĭvy, a déterminé les beaux phénomènes de métamorphisme de contact dont on a eu la description pour les Salons-de-Rohan.

Substances utiles subordonnées aux formations dévoniennes.

On trouve un grand nombre de substances utilisables dans les assises dévoniennes, et bien que plusieurs d'entre elles résultent de phénomènes postérieurs au dépôt de ces assises, c'est ici cependant qu'il convient de les signaler.

Des marbres, parfois très beaux, se rencontrent en divers pays : le Sainte-Anne, le Glageon-Fleuri sont deux variétés françaises ; les Campans des Pyrénées sont encore plus estimés. Un marbre gris est exploité à Diou, dans le département de l'Allier. Les calcaires dévoniens sont très recherchés à Néhou (Manche) et dans la Basse-Loire, par exemple, pour la fabrication de la chaux réclamée par l'agriculture.

Il faut signaler aussi des combustibles fossiles de la catégorie des houilles sèches et des anthracites, comme on en exploit Chalonne et dans d'autres points de l'ouest de la France. Dé-

A la suite des combustibles, il faut citer l'existence, dans le vonien supérieur, de gîtes incomparables de pétrole. C'célèbres Condrusien qu'existent les trois zones pétrolifère Venango de la région de Pittsburg, en Pensylvanie. Le pétette partie de est subordonné au grès rouge de Castkill qui, ' la chaîne des Appalaches, correspond sensiblement aux psammites de Fiennes et dépend, par conséquent, du terrain famennien.

En Russie, le Dévonien renferme, près des rivages de la mer Blanche et dans le gouvernement d'Arkhangelsk, des sources de naphte associé à d'importants gisements de sel gemme et de gypse. Peut-être est-ce dans le Dévonien que se trouve le célèbre gisement des environs de Colombo, au sud de l'île de Ceylan.

Une mention à part doit être réservée aux gisements dévoniens de phosphate de chaux, qui sont nombreux et variés et parmi lesquels il suffira ici de citer ceux du Nassau.

Dans le bassin de la Lahn, les couches dévoniennes à *Stringocephalus Burtini*, et par conséquent givetiennes, sont traversées par des éruptions d'une variété de diabase qu'on désigne dans le pays sous le nom de *Schalstein* parce qu'elle se désagrège en écailles : c'est à celle-ci que sont subordonnés les gîtes phosphatés. Le calcaire présente des poches de corrosion à forme très caractérisée et qui sont remplies de phosphate concrétionné, mélangé de nodules manganésifères. Fuchs, qui a étudié le gisement, pense que l'attaque du calcaire a eu lieu dès l'époque dévonienne : c'est ce qu'il paraît bien difficile de démontrer et il est certain que si la réaction bathydrique avait pris naissance aux temps carbonifères ou même permiens, peut-être plus récemment encore, les résultats seraient exactement les mêmes.

Des dispositions tout à fait analogues concernent des gisements de zinc qu'on rencontre dans plusieurs pays, sous la forme de poches creusées dans des calcaires dévoniens. Le type est procuré par le célèbre amas de calamine de la Vieille-Montagne (Altenberg), d'ailleurs associé à des filons de blende qui ont subsisté en profondeur et qui ont pu, à un certain moment, fournir aux liquides les éléments corrosifs qui ont dissous le calcaire. D'ailleurs, beaucoup d'autres gîtes métallifères pourraient être cités ici. Bornons-nous mentionner un filon de galène avec fer carbonaté, jadis exploité Nerreville et à Surtainville (Manche), dans le calcaire dit de veil; les amas de manganèse carbonaté de Rimont (Ariège); les sieurs silicate de manganèse de la Serre d'Azet et de plumines tes points des Pyrénées. Le fer est fréquent; il y a des Styrie (à tives au Nassau, dans le Harz (à Elbingerode), en rz), etc.

Terres végétales des pays dont le sol est dévonien.

Les pays dont le sol est constitué par des assises dévoniennes jouissent en général d'un sol arable qui diffère avant tout des terres précédemment décrites par une quantité plus appréciable de calcaire. Cette remarque s'applique d'autant plus à notre région de la Basse-Loire que la proximité des gîtes d'anthracite y rend plus facile la fabrication de la chaux. A cet égard, on peut rappeler, d'après Dufrénoy, que la valeur de la terre a plus que triplé à partir de 1816, date de la découverte du combustible minéral dans ces régions.

Dans le sud du Pays de Galles, on désigne sous le nom de *rab* les terres très argileuses qui dérivent de la décomposition des schistes dévoniens. Le drainage convenablement installé en fait de bonnes prairies dont les fourrages sont de qualité remarquable.

De même, dans le pays de Siegen, sur les bords du Rhin, en Allemagne, les schistes dévoniens qualifiés de *Lenneschiefer* produisent des herbages très estimés. D'ailleurs pour que les terres dont il s'agit acquièrent cette fertilité, il faut qu'elles soient non seulement drainées, mais additionnées de chaux et surtout énergiquement aérées, pour y brûler les composés ferrugineux au minimum d'oxydation qui y abondent.

Ajoutons qu'en Russie les terres arables dévoniennes recouvrent l'énorme surface de 7 000 milles géographiques carrés. Les roches qui les donnent n'ayant pas subi les altérations métamorphiques, ces terres coïncident par leurs propriétés avec celles qui dérivent des formations géologiques récentes.

CHAPITRE IV

LE GROUPE CARBONIFÈRE

Étymologie. — Ce nom, tiré de la présence du charbon de terre, a été proposé en 1850 par Alcide d'Orbigny qui l'écrivait *carboniférien.*

Synonymie. — On a souvent appliqué au groupe la dénomination de *Houiller* (d'Omalius d'Halloy, 1868) qui convient mieux à sa portion supérieure. C'est le *Carboniferous system* des Anglais.

Limite inférieure ; lacunes. — Les points où le Carbonifère se soude insensiblement avec le Dévonien sont très nombreux. On peut citer la localité de Comblain-au-Pont, dans la vallée de l'Ourthe, en Belgique, comme formée de couches qui méritent à cet égard la qualification de *zone de passage.* On y trouve, en effet, à la fois *Phacops granulatus, Rhynchonella Gosseleti, Michelinia favosa.* Cette liaison a paru si intime dès le début des études géologiques dans la région que, déjà en 1828, d'Omalius d'Halloy réunissait le Carbonifère et le Dévonien sous le nom univoque de terrain *anthracifère.* A Bristol, en Angleterre, la liaison des deux formations est également fort intime. Lapworth, en 1888, réunissait le Carbonifère et le Dévonien en un seul étage qu'il appelait *Deutozoïque.*

Fréquemment, au contraire, on trouve sous le Carbonifère des lacunes stratigraphiques plus ou moins importantes. Par exemple, il repose sur le calcaire du Dévonien sans interposition des psammites du Condroz dans les environs de Visé, en Belgique ; sur le Cambrien à Carmaux, dans le Tarn, et à Montmartin-sur-Mer, dans le département de la Manche. Même il recouvre immédiatement les roches archéennes dans beaucoup de points du Plateau Central.

Localité carbonifère type. — Il est très difficile de trouver une région limitée où tous les niveaux du groupe carbonifère soient réunis. C'est sur le territoire de la Belgique que nous approchons le plus de ce desideratum : la plus grande partie des assises s'y présentent avec un magnifique développement. Seules, les régions les plus élevées du massif stratigraphique sont rudimentaires ou même manquent tout à fait. Il n'en reste pas moins certain qu'un coup d'œil rapide sur ce pays nous fournira les plus précieux termes de comparaison.

On est frappé avant tout du contraste des portions inférieures, surtout composées de marbres, avec les portions supérieures où se trouve la houille associée principalement à des schistes et à des grès (psammites) et tout le monde est d'accord pour baser sur cette circonstance une division stratigraphique. Toutefois cette circonstance ne se présente pas partout, à beaucoup près, et c'est ce que nous disions il n'y a qu'un instant. Elle suffit pourtant pour que le massif carbonifère ancien soit couramment désigné sous le nom de *terrain du calcaire carbonifère*. De leur côté les Anglais, depuis bien longtemps, l'ont qualifié de *mountain limestone* ou calcaire de montagne.

C'est aux environs de Dinant, sur la Meuse, qu'il faut se rendre pour avoir une idée du volume des marbres carbonifères : d'énormes carrières y sont en activité depuis une grande antiquité.

Cependant en bien des points, par exemple entre Huy et Namur, les touristes admirent de très pittoresques rochers qui sont formés de dolomie. Parfois les actions bathydriques ont silicifié les assises calcaires et c'est ainsi que fréquemment la roche est transformée en jaspe noir ou phtanite. Enfin les bancs de marbres peuvent admettre des lits de sables et d'argile comme on le voit dans le Condroz et dans l'Entre-Sambre-et-Meuse. Tandis que les calcaires sont noirs ou gris très foncé, les sables sont blancs, roses, rouges, jaunes ou violets et les argiles, souvent plastiques, sont de leur côté blanches, rouges, violettes, jaunes ou capricieusement bariolées de différentes couleurs.

Un trait spécialement intéressant des calcaires carbonifères est de présenter des fossiles et souvent même à profusion. On est d'ailleurs sûr que les échantillons déterminables ne représentent qu'une très petite partie de la masse des êtres enfouis. Les calcaires sont colorés en noir par du charbon dérivant de leur décomposition, et l'analyse chimique décèle des composés organiques d'origine certainement animale. Ces matières se trahissent par l'odeur que les roches dégagent sous l'influence de la chaleur ou même par un simple choc.

Les géologues belges distinguent parmi les calcaires carbonifères plusieurs horizons dont le plus ancien est celui du marbre des Ecaussines : on y trouve *Spirifer octoplicatus, S. glaber, Cyathophyllum plicatum, Chonetes variolaria, Syringopora,* etc. Plus haut sont les marbres noirs très compactes et très recherchés de Dinant où les fossiles sont très rares; mais on trouve ensuite les calcaires parfois dolomitisés d'Anseremme où abondent les Spirifers et, avec eux, un Polypier caractéristique dont on a fait le genre *Fenestella*. Une autre assise de marbres intimement associés à des dolomies affleure du côté de Waulsort avec *Spirifer striatus* et *S. cuspidatus*. Vers Namur, des calcaires à *Evomphalus æqualis* et *Productus Cora* passent sur les précédents et enfin le massif calcaire se termine par des couches, développées autour de Visé, où elles sont caractérisées avant tout par *Productus giganteus*.

La puissance totale de ce massif calcaire peut être évaluée à 800 mètres. Les fossiles — dont nous n'avons cité que quelques-uns — sont extrêmement nombreux et tous témoignent de l'origine marine des assises. On y distingue une cinquantaine d'espèces de Poissons (*Ctenacanthus, Lophodus, Psammodus, Cladodus,* etc.) et autant d'espèces de Nautiles dont la diversité est tout à fait surprenante. D'autres Céphalopodes sont avec eux, extraordinairement variés, comme *Cistoceras, Gomphoceras, Gyroceras, Orthoceras, Goniatites,* etc. On ne saurait énumérer tous les Gastropodes accumulés dans ces formations, où ne manquent pas davantage les Pélécypodes. Quant aux Brachiopodes leur variété est extrême : les *Spirifer,* les *Productus* sont associés à des *Terebratula,* à des *Athyris,* à des *Rhynchonella,* à des *Orthis,* à des *Chonetes* innombrables. Enfin les listes sont très longues de Bryozoaires, de Crustacés (*Trilobites, Estheria, Cypridina,* etc.), d'Annélides, d'Echinodermes, de Cœlentérés (*Amplexus, Zaphrentis, Syringo-*

pora, Michelinia, Cyathophyllum, Lithostrotion, etc.), qui ont
contribué par l'accumulation de leurs dépouilles à la formation
de ces couches calcaires.

Dans tous les cas, c'est par-dessus l'énorme système de ces roches que se développe l'ensemble des assises auxquelles sont
subordonnées les couches de houille. La partie inférieure est
constituée par des schistes remarquables par l'énorme proportion
de matières charbonneuses qui leur sont associées. On les appelle
des ampélites et déjà nous avons rencontré des roches analogues
dans l'épaisseur du Silurien.

La marcasite qui imprègne ces schistes les désigne à la fabrication de l'alun et du sulfate de fer, et c'est dans ce but qu'on les
exploite du côté de Huy et de Liège, tout spécialement à Chokier.
Des fossiles montrent que leur origine est marine. Ce sont surtout
des Céphalopodes appartenant au genre *Goniatites* ; on y trouve
Productus carbonarius et *Mytilus ampeliticola.*

Vers Namur, Charleroi et Mons, il est fréquent de voir l'ampélite
fortement transformée par la silicification en phtanite. Les fossiles
n'ont pas toujours été effacés par le phénomène ; on y trouve des
Trilobites du genre *Phillipsia,* des *Productus,* etc. Mais il ne faut
pas oublier qu'on y recueille aussi des végétaux dont beaucoup
rappellent la flore dévonienne et, par exemple, *Bornia transitionis.*

Des grès couronnent le niveau ; ils sont micacés de façon à entrer dans la variété dite psammite, et on reconnaît leur ressemblance intime avec les grès houillers de beaucoup d'autres pays
et spécialement avec le *millstone-grit* de l'Angleterre.

Tout cela fait comme un piédestal ou un soubassement aux niveaux qui sont exploités en Belgique, d'une manière si profitable,
pour l'extraction de la houille. Le terme principal de cette nouvelle série, c'est le schiste houiller, roche feuilletée, souvent pail-
letée, chargée parfois de substance végétale et présentant une teinte
grisâtre ou bleuâtre plus ou moins foncée, pouvant passer au
noir.

D'ordinaire chaque couche de houille est intercalée entre deux
bancs de schistes : celui qui supporte le combustible dans sa position normale ou en *plateure* est dit *mur,* celui qui le recouvre est
appelé *toit.* Quand les couches sont redressées, on les dit en *droi-
teure.*

Ces schistes sont très inégalement transformés suivant les points et fréquemment ils sont à l'état d'argile qui peut être très plastique. Peut-être la cause est-elle dans un retour à l'état primitif de schistes qui ne sont plus dans les conditions de milieu et spécialement de profondeur où ils avaient subi le métamorphisme général.

En Belgique, la houille est en couches dont l'épaisseur varie de quelques centimètres à plus de 2 mètres. Nous verrons des pays où la puissance est bien plus considérable. D'ailleurs chacune des couches est composée souvent de plusieurs lits de combustible contigus ou séparés par des filets de schiste plus ou moins charbonneux ou même par des niveaux de psammite.

En somme, la houille ne représente pas plus du trentième en volume de la masse totale du terrain. Dans le Borinage, le nombre des couches de houille superposées sur la même verticale est supérieur à 150, dont les deux tiers sont exploitables, pendant que les autres sont trop minces ou trop impures.

Dans ces couches, les fossiles animaux sont peu abondants et surtout peu variés : les formes les plus reconnaissables sont généralement marines, mais parfois d'eau douce, ou même terrestre. Parmi les coquilles de Mollusques pélécypodes, on doit signaler les *Anthracosia* qui constituent quelquefois de véritables lumachelles et qui rappellent pour l'aspect les Anodontes et les Unios. Van Beneden a découvert dans le bassin de Mons un Gastropode pulmoné terrestre et en même temps des débris qui proviennent d'insectes comparables à nos Névroptères.

Les fossiles les plus abondants dans ces formations sont des végétaux. Ils nous révèlent l'existence à l'époque houillère d'une flore remarquable par son abondance en même temps que par la prodigieuse variété des plantes qui la composaient. Ces fossiles se présentent sous la forme de troncs, de racines, de feuilles, d'inflorescences, non pas dans la houille mais dans les schistes et dans les grès qui lui sont associés. Pendant longtemps on a même cru la houille dépourvue de toute organisation ; mais à la suite des magnifiques découvertes de Bernard Renault on s'est aperçu qu'elle consiste au contraire en une agglomération de débris fort petits, de membranes, de vaisseaux, de spores et d'autres organes végétaux.

Pour le plus grand nombre, les plantes facilmeent déterminables se rangent parmi les Fougères, les Calamites, les *Spheno-phyllum*, les *Annularia* et les *Lepidodendron*. On y trouve aussi des Sigillaires, des Cycadées et des Conifères comme *Cordaïtes*.

Dans son ensemble, le terrain houiller de Belgique se présente comme formé de couches superposées qui, après avoir rempli un bassin de sédimentation d'une surface relativement considérable, ont été très énergiquement refoulées du sud vers le nord, de façon à n'occuper qu'une partie de leur large zone primitive. Elles ont été, en même temps, plissées, contournées et traversées par des géoclases le long desquelles leurs segments ont été rejetés les uns par rapport aux autres. La structure des *bassins* est donc singulièrement compliquée.

Bien qu'ils soient réduits au minimum, les détails qui concernent le groupe carbonifère en Belgique vont nous permettre de comprendre la classification de ce massif sédimentaire et sa subdivision en niveaux ou étages superposés.

Subdivisions du groupe carbonifère. — C'est en Angleterre qu'on a fait les premières études stratigraphiques sur le terrain houiller et pendant très longtemps on a adopté universellement la division du terrain en trois étages sous les noms de :

3. *Coal measures;*
2. *Millstone-grit;*
1. *Mountain limestone.*

Le *Mountain limestone* (littéralement : calcaire de montagne) est formé surtout de bancs calcaires, ayant avec les marbres du Dévonien supérieur la plus étroite analogie. Le *Millstone-grit* (littéralement : grès pierre à moulin) est constitué par des bancs de psammite micacé, alternant avec des schistes peu abondants. Enfin le *Coal measures* (littéralement : mesures du charbon) présente les lits de houille, mais alternant avec des assises, bien plus nombreuses et représentant une épaisseur bien plus grande, de schistes et de *trapp*, roche éruptive pyroxénique.

On a cru pendant un temps que cette classification pourrait s'appliquer, non seulement à toutes les parties de l'Angleterre, mais même à toutes les contrées houillères et il a fallu la précision procurée par les études de paléontologie végétale pour démontrer qu'il est loin d'en être ainsi. En Angleterre, tout d'abord, il a été indispensable d'intercaler un second *coal measures* entre le calcaire inférieur et le grès. En outre, on a constaté que la série anglaise est très éloignée d'être complète.

D'ailleurs, on ne connaît pas de pays où le terrain carbonifère se trouve représenté à la fois par tous ses niveaux. Notre localité typique est privée, comme on l'a vu, du sommet de l'ensemble. Il est donc indispensable de rapprocher des documents divers pour parvenir à une notion générale. En opérant ainsi, on arrive tout d'abord à diviser l'ensemble de la formation de la manière suivante :

GROUPE	TERRAINS	NIVEAUX
Carbonifère. . .	2. *Houiller*. . . .	2. Stéphanien. 1. Moscovien (Westphalien).
	1. *Culm*.	2. Viséen. 1. Tournaisien.

I. — Terrain du Culm.

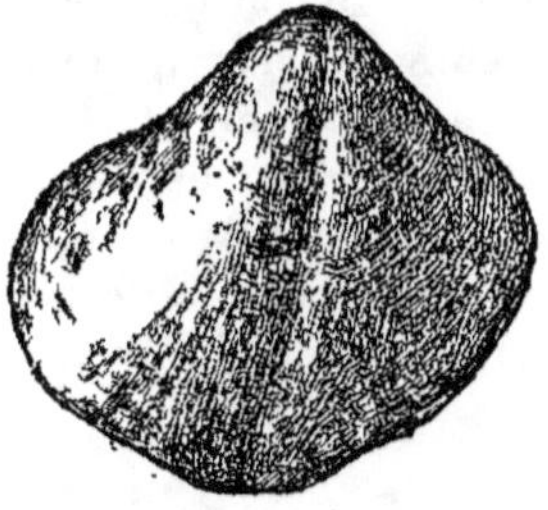

Fig. 68. — *Spirifer (Martinia) glaber*, fossile typique du Culm.
(1/2 G. N.)

Étymologie. — Le nom de *Culm* a d'abord été celui d'une variété d'anthracite exploitée en Angleterre, dans le Pembrokeshire, et qui a fait qualifier de *culmifères* les assises qui l'encaissent. Progressivement l'ensemble a pris une importance stratigraphique et l'expression est devenue cosmopolite.

Synonymie. — En 1856, Woodward proposa le nom de terrain *bernicien* comme synonyme de Culm. C'est le *Dinantien* de M. de Lapparent.

On a vu tout à l'heure que le *Culm* peut être très avantageusement étudié en Belgique et que c'est dans ce pays qu'on a choisi les localités typiques de ses niveaux principaux. Ceux-ci, au nombre de deux, sont :

1° Le *Tournaisien* (De Koninck, 1883). Du nom de la ville de Tournai, en Belgique.

D'après M. Gosselet, on y distingue trois niveaux principaux qui consistent, de bas en haut : en un calcaire noir à *Productus Heberti*, en un calcaire cristallin à *Spirifer glaber* (fig. 68), à *S. tornacensis* et à *Productus semireticulatus* et en un calcaire géodique auquel sont souvent subordonnés, par endroit, des amas de jaspe noir ou phtanite.

Cé dernier calcaire est employé à Tournai pour la fabrication de la chaux hydraulique. C'est à cette formation qu'est subordonnée la roche bien connue sous le nom de calcaire des Ecaussines dans la ville même de Dinant où il constitue, sur la rive droite de la Meuse, le célèbre rocher pyramidal qualifié de *roche de Bayard*. Dans la région de Waulsort et aux environs d'Anseremme, les couches sont imprégnées de magnésie et passent à la dolomie. Des dolomies analogues se rencontrent dans le département du Nord et parfois sous la forme de sable cristallin, remplissant des poches ou constituant des couches plus ou moins continues.

2° Le *Viséen* (Dupont, 1883). Du nom de la ville de Visé, en Belgique.

M. Purves l'appelle *Namurien*.

Il se présente dans le pays franco-belge sous la forme de calcaires noirs ou gris, ou même blancs et parfois veinés, dans lesquels se trouvent des *Productus* (*P. Cora* (fig. 69), *P. giganteus*),

avec des Polypiers parmi lesquels dominent *Lithostrotion basalti-
forme* et *Amplexus coralloïdes*. Il débute par des couches transi-
toires que Dupont a réunies en 1883 dans son terrain *waulsortien*. M. Mayer-Eymar a décrit en 1881 le Viséen de la Prusse rhénane sous le nom d'*Elberfeldien*.

Fig. 69. — *Productus Cora*, fossile typique du terrain viséen.
(1/2 G N.)

Le Culm en France. — Le sol de notre département du Nord renferme tout naturellement la suite des formations belges décrites tout à l'heure. La complication du Culm a permis d'y caractériser neuf niveaux superposés dont il est utile de donner la liste sans qu'il nous soit loisible d'y insister davantage. À partir de la base de la formation on rencontre successivement : 1° le calcaire d'Avesnelles à *Productus Flemingii* ; 2° les schistes d'Avesnelles ; 3° le calcaire de Marbaix qualifié pratiquement de *petit granit* et contenant *Spirifer tornacensis*; 4° le calcaire de la Marlière à *Spirifer cuspidatus* ; 5° le calcaire de Bachant à *Evomphalus helicoïdes* ; 6° la dolomie terreuse de Bachant à *Chonetes comoïdes*; 7° le calcaire du Haut-Banc à *Productus Cora* ; 8° le calcaire de Limont à *Productus undatus*; 9° le calcaire de Saint-Rémy-la-Chaussée à *Productus giganteus*.

Dans le Boulonnais, les assises du Culm ont une allure particulière, qui provient tout d'abord de l'absence du Tournaisien. Le Viséen, reposant directement sur le Dévonien, est haché de failles et fortement déplacé : il fournit de magnifiques variétés de marbres, exploités très activement avec les marbres dévoniens, et dont un des types les plus recherchés est connu sous le nom de calcaire Napoléon. On y trouve *Productus undatus* et il est recouvert de couches à *P. giganteus* mentionnées plus haut (marbres Henriette et Caroline, marbre Joinville, veiné de rouge). La base de l'ensemble consiste en bancs à *P. Cora* auxquels sont associées des dolomies pulvérulentes rappelant celles de Bachant (Nord).

Plusieurs autres régions de la France montrent les couches du Culm. Par exemple, le massif des Vosges offre dans la région

de Schirmeck des schistes et des grès servant de support au grès
des Vosges et qui, à Raon-l'Etape, se signalent d'une manière tout
à fait intéressante par les énergiques actions mécaniques et chimiques dont ils ont conservé les témoignages. Fortement redressés
suivant la direction N.-E., ils ont été métamorphisés par des injections de porphyrites, de microgranulites et de granulites. Les grès
se sont transformés de diverses façons ; en certaines régions où
ils se sont chargés de grains de corindon, ils fournissent la pierre
à aiguiser de Moyen-Montrez. Quant aux schistes, la silice les a
imprégnés pendant que l'oxyde de fer les bariolait de rouge et de
vert pour en faire le *trapp bigarré*, si réputé comme matériaux
d'empierrement et qu'on exploite à Raon à l'aide d'un outillage
remarquablement perfectionné. Ces roches renferment une nombreuse collection de minéraux dont les mieux cristallisés proviennent des calcaires magnésiens qui composent le découvert des
carrières. On citera surtout des grenats parfois fort volumineux,
des amphiboles, des épidotes de variétés diverses[1].

Certains points du Plateau Central contiennent des lambeaux
de Culm conservés dans la dépression de plis synclinaux dont
plusieurs se signalent par des alignements plus ou moins pro-
longés. L'un des plus nets passe par Cussy-en-Morvan (Saône-et-
Loire), où affleure un massif remarquable de calcaire noir pétri de
Fusulines et d'autres fossiles[2].

Dans le Bourbonnais, des grès anthracifères affleurent avec des
Productus et dans l'Autunois, spécialement à Polroy et à Esnost,
des couches renferment des silicifications végétales dont Bernard
Renault a fait une étude très précise. On y reconnaît des plantes
ayant avec les végétaux dévoniens d'intimes analogies et annonçant
véritablement la flore houillère. Les formes les plus caractéristiques sont *Bornia radiata*, *Lepidodendron Weltheimianum* et des
Fougères telles que *Sphenopteris elegans*.

Dans l'ouest de la France, et par exemple dans le département
de la Manche, le calcaire carbonifère recouvre les plateaux de
Montmartin jusqu'au bord de la mer, au nord de Regnéville. Ce
calcaire, reconnu en 1854 par Eudes Deslongchamps, est exploité

1. M. Dollot et M. le marquis de Mauroy en ont donné d'intéressants spécimens au
Muséum.

2. *Comptes rendus de l'Acad. des sc.*, t. C., p. 921 ; 1885.

comme pierre de taille et comme pierre à chaux ; c'est une roche plus ou moins spathique dont la nuance varie du gris au noirâtre et qui est par place pourvue de fossiles. *Productus giganteus, P. punctatus* et *P. semireticulatus* y abondent. On y recueille aussi *Posidonomya vetusta, Chonetes papilionacea, Cyathophyllum plicatum* et *C. mitratum.*

Le Culm joue aussi un rôle intéressant dans le bassin de la Basse-Loire, où nous nous sommes arrêtés déjà à propos du terrain dévonien. Comme M. Louis Bureau[1] l'a fait voir, ce terrain, considéré de Niort à Ingrandes, est divisé par une grande faille en deux plis synclinaux dont l'un passe par Ancenis et l'autre par Mouzeil.

On y distingue des schistes à Pélécypodes et à végétaux comme *Bornia transitionis* et *Sphenophyllum involutum,* bien visibles à Ancenis. Ils sont recouverts par une grauwacke contenant des empreintes végétales comme *Lepidodendron Weltheimianum, Stigmaria ficoïdes.* C'est comme couronnement de cet ensemble que se présente la houille anthraciteuse exploitée à Mouzeil où elle est associée à des roches détritiques, grès et poudingues, et surtout psammites, ainsi qu'au tuf porphyrique (euritine) connu sous le nom expressif de *pierre carrée.*

La houille de Mouzeil est exploitée dans une douzaine de concessions, tant dans le département de Maine-et-Loire que dans celui de la Loire-Inférieure. Elle est d'ordinaire assez maigre, mais d'autant plus qu'on l'exploite plus au sud. M. Edouard Bureau a étudié la flore des psammites de Mouzeil[2]. Il y signale *Archæopteris antiqua, Nevropteris antecedens* ; plusieurs espèces de *Calymmatotheca, Diplotnema obtusilobum* ; divers *Lepidodendron, Ulodendron majus, Lepidophyllum majus, Calamites Suckowii* (fig. 70), *Cordaïtes.* C'est en somme une flore relative à la partie la plus élevée de la grauwacke du Culm ; elle a précédé immédiatement la flore houillère.

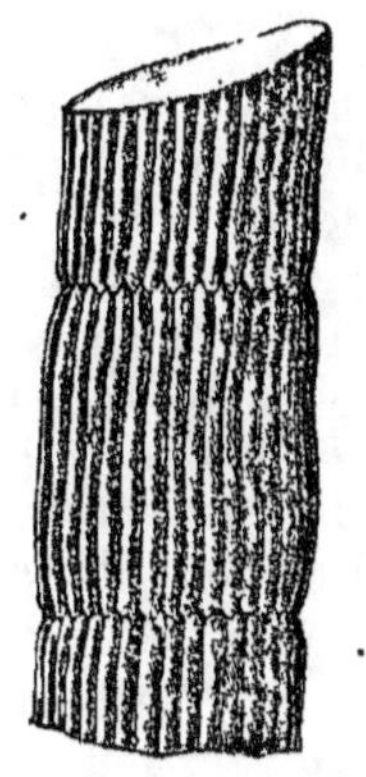

Fig. 70. — *Calamites Suckowii.* (1/4 G. N.)

1. *Notice sur la Géologie de la Loire-Inférieure,* p. 256. Nantes, 1900.
2. *Bull. soc. Géol. de France,* 3e série. T. XII, p. 165, 1883.

Le Culm débute dans la Mayenne par des bancs d'une roche altérée très spéciale que Blavier et Jannettaz avait prise pour une stéatite\et à laquelle Munier-Chalmas a imposé en 1862 le nom de *blaviérite*. Par-dessus ce substratum se développent des assises de poudingues et de schistes avec intercalation de lits d'anthracite comme à Lhuisserie et au Genest.

Dans le bassin de Laval (Mayenne), on exploite à Maupertuis, à Solesme et ailleurs, des anthracites associées à des plantes analogues aux précédentes.

A Châteaulin, les schistes ardoisiers du Culm sont exploités dans divers points de la vallée de l'Aulne. Ils alternent avec des psammites contenant des débris indistincts d'Encrines et avec de rares lentilles de marbre qui ont fourni, par exemple à Saint-Ségal, *Productus semireticulatus* associé à *Phillipsia Derbyensis*. Les schistes contiennent quelques empreintes de plantes et, par exemple, des pétioles de Fougères, des graines comme *Trigonocarpus*, et des végétaux plus ou moins entiers : *Bornia, Stigmaria* et *Palæochondrites Meunieri*[1].

Enfin, comme dernier exemple français, mentionnons la présence du Culm dans la chaîne des Pyrénées, où il comprend une succession d'assises mesurant plusieurs centaines de mètres de puissance. Il débute par des calcaires contenant des jaspes noirs et des nodules de phosphate de chaux, qui, malgré leur faible épaisseur ne dépassant pas vingt mètres, conservent d'un bout à l'autre de la chaîne une constance de caractère qui en fait un repère des plus précieux. Des schistes et des marbres les surmontent, contenant en quelques localités, comme Vieille-Aure et Cambarque, des empreintes plus ou moins problématiques décrites sous les noms de *Nereites* et d'*Oldhamia*, ainsi que divers Mollusques (*Glyphioceras crenistria, Hyolithes simplex*). Des quartzites gris-verdâtre, associés à des schistes durs et à des calcaires, viennent plus haut et sont bien visibles à Cauterets, à Saint-Sauveur, à Barèges. Enfin le tout est couronné par des marbres tantôt violacés, tantôt bleutés d'où l'on a extrait une faune nettement viséenne avec *Productus giganteus, Orthoceras giganteum, Pronorites cyclolobus, Aganides ornatissi-*

---

1. G. DE SAPORTA, *Bull. soc. Géol. de France.* 3ᵉ série. T. XIV, p. 408 ; pl. XVIII, fig. 1 et 1ᵃ, 5 avril 1886.

mus, etc. Au Bourg-d'Oueil, dans la Haute-Garonne, les schistes à *Productus* sont superposés au marbre de Campan, affectant lui-même l'état de griottes et devenu propre aux mêmes applications que les marbres dévoniens. Il importe de signaler dans ces masses un lit continu de nodules noirs très riches en phosphate de chaux et dont l'agriculture peut tirer parti.

Le Culm en Europe. — En dehors de France, et abstraction faite de la région belge prise précédemment pour type, le Culm joue un grand rôle dans la géologie de l'Europe. Tout d'abord et comme nous l'avons déjà dit, il se présente en Angleterre et spécialement en Devonshire, où il a été désigné dès le début des études géologiques sous le nom de *mountain limestone* (calcaire de montagne). Malgré ce nom, il contient fréquemment des grès sombres, en bancs plus ou moins épais, et qui renferment des débris de plantes terrestres associés à des vestiges d'animaux marins tels que des Céphalopodes (*Goniatites* et *Orthoceras*) et aussi des Pélécypodes, comme *Posidonomya*, qui sont spécialement caractéristiques. Les roches principales ressemblent beaucoup à celles du Culm de Belgique et du nord de la France ; on y trouve les mêmes fossiles : *Productus Cora* et *Productus giganteus* et les mêmes minéraux subordonnés, tels que la dolomie. A plusieurs reprises on y voit des phtanites ou jaspes noirs, tantôt en rognons disséminés, tantôt en lits continus. Les uns et les autres sont fort intéressants à étudier au microscope et montrent parfois des vestiges organiques : spicules d'Eponges, tests de Radiolaires et de Diatomées. Le *mountain limestone* comprend plusieurs niveaux fossilifères contenant les éléments d'une faune fort riche en Céphalopodes, Gastropodes et Pélécypodes, sans compter des Polypiers, des Oursins, des Brachiopodes et des Foraminifères, au premier rang desquels il faut citer les Fusulines, qui sont parfois assez abondantes pour donner à la roche une fausse apparence oolithique.

Ces formations se retrouvent plus ou moins modifiées dans le nord de l'Angleterre et spécialement dans les basses terres d'Ecosse, dans le Yorkshire et le Northumberland. Dans plusieurs points, de faibles couches de houille sèche sont l'objet d'exploitations peu rémunératrices. On y voit des lits subordonnés de sidérose compacte, riche en matière charbonneuse et pétrie d'*Anthracosia* et que l'on connaît sous le nom familier de *black band* : on exploite cette matière pour l'extraction d'un fer que la proximité du combustible rend tout particulièrement facile à fabriquer. Des fossiles sont disséminés dans les couches voisines ; les plus remarquables sont, outre des Lépidodendrons, des *Stigmaria* et des Fougères, des restes de Poissons, des Crustacés mérostomes comme *Eurypterus*, des Ostracodes comme *Leperditia* et des quantités de Mollusques de formes déjà mentionnées.

De l'autre côté de la mer d'Irlande et spécialement dans le Donegal, auprès de Cork et auprès de Limerick, des formations comparables aux précédentes affleurent sur une large bande dans la région moyenne de l'Irlande.

En Allemagne, le Culm se présente avec des dimensions considérables. Sans entrer dans la description de ses caractères, description qui conduirait à répéter des faits déjà mentionnés, bornonsnous à dire qu'il constitue une zone qu'on peut suivre presque sans interruption depuis la frontière de la Belgique jusqu'à l'Oural, au travers de toute la Russie.

En commençant par les régions rhénanes, on voit, en Westphalie, le Culm débuter par des calcaires à grains spathiques dont la puissance va rapidement en augmentant de l'ouest vers l'est, de 100 mètres à plus d'un kilomètre, en même temps qu'il se complique par l'intercalation de lits schisteux qui prennent de plus en plus d'importance. Dans le Nassau, où le Culm est parfois désigné sous le nom de terrain *posidonomyen,* la formation admet des grès où se trouve la flore caractéristique du niveau avec les Lépidodendrons et les *Knoria*.

Des dépôts plus ou moins discontinus jalonnent la Thuringe et la Saxe où, contrairement à ce qu'on observe ailleurs, on rencontre des assises de houille : du côté d'Hainichen et à Ebersdorf sont installées des exploitations régulières.

Durant tout ce trajet le Culm augmente toujours d'épaisseur et en Moravie il ne mesure pas moins de 14 000 mètres de puissance d'après les estimations de M. Stur. Dans un mémoire qui date de 1875, le savant géologue subdivise le massif en 6 000 à 7 000 mètres de schistes avec conglomérats à *Lepidodendron Weltheimianum,* qui en font la base, 3 500 à 4 000 mètres de grès à Goniatites, à Orthocères et à Posidonomyes, admettant des intercalations de couches à faciès littoral, remplies de végétaux terrestres comme des Lépidodendrées, des Fougères et des Stigmaires, et enfin 4 5oo mètres de schistes à grain fin.

Après une disparition peu prolongée, le Culm réapparaît en Russie et, dans le bassin de Donetz, il se rattache d'une manière intime au Dévonien sur lequel il repose. Son intérêt résulte de la présence de la houille qui se continue d'ailleurs, en augmentant de puissance comme on le verra tout à l'heure, dans le terrain moscovien superposé.

Ce fait, si intéressant au point de vue pratique, s'affirme bien davantage encore dans le bassin de Moscou où l'exploitation s'attaque à tout un système de couches de combustible associé à des sables parfois cimentés en grès, mais souvent aussi conservés à l'état meuble, — les actions bathydriques s'étant à peine fait sentir dans ces régions. *Lepidodendron Weltheimianum* suffirait pour assurer le synchronisme de sédiments si imprévus dans leur aspect, s'il n'y avait pas en outre d'énormes accumulations de Fusulines (*Fusulinella Struvi*) dans des calcaires voisins, ainsi que des *Spirifer*, etc. Des fossiles très spéciaux pourraient être cités ici et par exemple, d'après M. Karpinsky, des débris de poissons d'un genre nouveau, *Helicoprion,* comparable à *Edestus.*

L'ensemble de ces dépôts se continue vers le nord jusque dans les environs d'Arkhangelsk. Au Spitzberg l'île des Ours a donné, dans des grès, des empreintes de *Bornia radiata* parfaitement reconnaissables. Heer, en 1872, désigna ce niveau sous le nom de terrain *ursien.*

Le Culm en dehors de l'Europe. — Le Culm est largement représenté en dehors de l'Europe et il est naturel de commencer l'énumération rapide de quelques régions remarquables par la Sibérie, où les couches du bassin de Moscou se continuent par l'intermédiaire des formations de l'Oural. Les roches à Posidonomyes, à Lepidodendron de Weiltheim et à autres formes caractéristiques se retrouvent à travers l'Altaï, jusqu'à Tomsk et même sur les bords de l'Iénisseï.

On sait que les régions centrales de l'Asie possèdent des dépôts dépendant également du Culm et les voyageurs ont rapporté de Chine et de Mongolie des spécimens de *Productus giganteus* identiques à ceux de nos régions.

De même dans le sud du continent asiatique, aussi bien dans la chaîne de l'Himalaya qu'en Perse, dans les îles de la Sonde et en Australie, on retrouve des témoins incontestables des mêmes formations. Un grand nombre de fossiles coïncident avec les formes auxquelles nous sommes habitués.

En Amérique, le terrain de Culm est extrêmement développé ; on le rencontre dans un très grand nombre de points et il a été l'objet d'études très détaillées. En commençant par le nord, on est d'abord frappé de sa puissance en Nouvelle-Écosse, au Nouveau-Brunswick, où M. Dawson les a décrits [1], ainsi que de leur présence à Terre-Neuve, dans l'île d'Anticosti, et, d'une manière symétrique, dans la péninsule occidentale d'Alatska.

Dans le grand Canyon du Colorado le massif carbonifère mesure plus de 65o mètres de puissance verticale.

Plus au sud, la région de Pensylvanie et les pays voisins montrent le Culm à l'état de grès de plus de 1 500 mètres d'épaisseur. Dans le bas sont des Fougères du type *Cyclopteris,* se rattachant par transition à la flore dévonienne ; plus haut on trouve des pistes de *Cheirotherium* et tout un ensemble de caractères littoraux.

En arrivant dans le bassin du Mississipi, les calcaires deviennent tout à fait prépondérants et c'est une raison de penser qu'on pénètre ainsi dans le milieu du bassin sédimentaire. Dans ce massif de plus de 4oo mètres de puissance, on est frappé de l'extrême abondance des Poissons appartenant à près de cent espèces, dont plus de la moitié sont de la famille des Squalides. Dans l'Illinois, les calcaires coralligènes à Crinoïdes et à Polypiers constituent des massifs comparables à ceux de la France du nord et qu'on classe dans le Viséen.

L'Amérique du Sud présente, en plus d'un point, des affleurements se rapportant au Culm aussi bien sur la côte orientale, dans la République Argentine, que sur la côte pacifique, aux environs de La Ligua, au Chili. D'après M. G. Courty [2], le Culm est représenté dans les environs du lac de Titicaca (Bolivie) par des calcaires noirâtres où l'on peut recueillir *Productus Cora.*

---

1. *The Geology of Nova Scotia, New Brunswick and Prince Edward Island or Acadian Geology.* Londres, 1891 (4ᵉ édition).
2. *Exploration géologique de la Mission Créqui-Montfort,* p. 128. Paris, 1907.

Enfin il importe de constater que le sol de l'Afrique a révélé l'existence de dépôts datant du Culm et qui sont dispersés aussi bien dans le nord du continent, en plein Sahara, qu'à la montagne de la Table, au Cap de Bonne-Espérance, où l'on a recueilli des Lépidodendrées. Les points intermédiaires, annoncés par exemple au Congo, sont encore fort douteux.

II. — Terrain houiller.

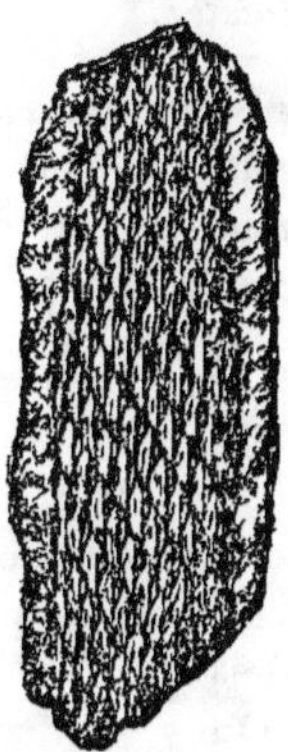

Fig. 71. — *Lepidodendron obovatum*, fossile typique du terrain houiller. (1/4 G. N.)

Étymologie. — L'extraordinaire importance de la houille justifie l'application de son nom à la désignation du terrain qui en renferme la plus grande partie.

Synonymie. — C'est le *Démétien* de Woodward (1856).

Le terrain houiller représente une épaisseur totale considérable et une très grande complication de structure.

Nous avons déjà vu qu'au début des études géologiques il fut considéré en Angleterre comme formé de deux horizons superposés, dont le plus ancien, surtout constitué par des roches arénacées, fut qualifié de *millstone-grit*, tandis que l'autre, où sont cantonnées les couches de charbon en association avec des schistes, fut appelé *coal measures*.

Les roches du *millstone-grit* sont assez uniformes dans leur allure comme dans leur composition : ce sont des grès admettant, à titre tout à fait subordonné, des lits d'argiles plus ou moins schisteuses. Quant au *coal measures,* il se présente avec une complexité qui nécessita bientôt sa réduction en niveaux superposés et on y distingua à la base le *coal measures inférieur,* bien visible dans le Pays de Galles, par exemple, et qui comprend de puissantes couches de houille couronnées par une assise remarquablement dure et gorgée de silice, contenant des Goniatites et qu'on désigne sous le nom local de *gannister.*

Par-dessus, le *coal measures moyen,* avec veines de charbon très épaisses associées à des argiles et à des grès souvent ocracés, se rencontre dans la partie centrale de presque tous les bassins houillers d'Angleterre. Ses couches lacustres, caractérisées par *Anthracosia,* admettent parfois des lits marins à *Aviculopecten,* comme à Ashton-sous-la-Lyne.

Enfin le *coal measures supérieur,* bien visible par exemple auprès de Manchester, est moins riche en combustible ; il renferme un remarquable calcaire à Spirorbes et se distingue par l'abondance de grès rouges qui font penser au terrain permien de beaucoup de pays. On y voit aussi des grès gris et des argiles.

Il s'est trouvé que la comparaison de ces formations anglaises avec les dépôts houillers de l'Europe et de l'Amérique a conduit à y voir la rencontre de deux terrains capables de prendre, chacun pour son compte, dans des localités convenablement choisies, une personnalité géologique. Par exemple les grands bassins houillers de la France du Nord (Valenciennes, Anzin, Pas-de-Calais) se sont montrés les correspondants du *millstone-grit,* augmenté des *coal measures inférieur* et *moyen,* tandis que les bassins non moins importants de la Loire et du Plateau Central ont révélé leur ressemblance avec le *coal measures supérieur.* Cette distinction se continuant en de nombreuses régions et les deux parties ainsi délimitées jouissant d'une grande indépendance réciproque, on est généralement d'accord pour diviser le terrain houiller en deux niveaux qui sont :

1° Le *Moscovien* (Nikitin, 1890). Du nom de la ville de Moscou, en Russie.

C'est le *Westphalien* de M. de Lapparent.

2° Le *Stéphanien* (Mayer-Eymar, 1881). Du nom de la ville de Saint-Étienne, en France.

C'est l'*Ouralien* de MM. Munier-Chalmas et de Lapparent.

Le terrain houiller en France. — Comme type français de terrain moscovien, nous devons choisir le bassin houiller du Nord, riche en couches extrêmement tourmentées et faillées et recouvert de 100 à 150 mètres d'assises horizontales, appartenant à différents niveaux des terrains crétacés et jurassiques, et que les mineurs réunissent sous le nom pittoresque de *morts-terrains*. L'ensemble forme une bande très étroite suivant la direction O.-E. avec inflexion vers le nord dans le Pas-de-Calais et qui résulte de la compression, réalisée du nord au sud, d'un dépôt primitivement beaucoup plus large. De Valenciennes à Douai, la zone houillère présente trois étages successifs : le charbon maigre anthraciteux, exploité à Vieux-Condé, Her-

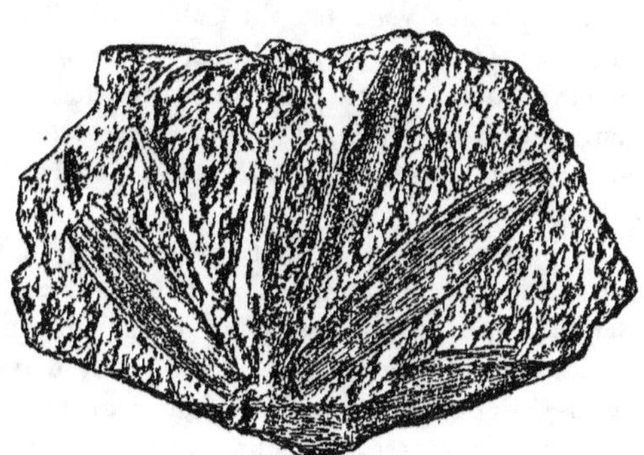

Fig. 72. — *Cordaïtes borasifolius*, fossile typique du terrain stéphanien.
(1/4 G. N.)

gnies, Fresnes, Vicoigne ; les charbons demi-gras exploités à Anzin ; les charbons gras exploités à Douai, Lourches et au sud d'Aniche. On observe au sud du bassin un accident tectonique considérable, parallèle à l'axe longitudinal du bassin, depuis Saint-Saulve et Anzin jusqu'à Denain et Abscon, et que l'on désigne sous les noms de *faille au pli* et de *cran de retour*. Cette faille sépare nettement la zone houillère en deux parties : celle du nord comprend les charbons maigres et les demi-gras ; les charbons gras sont tous cantonnés au sud.

En 1842, grâce à l'opiniâtreté de Désandrouin, il fut reconnu que les couches houillères de Valenciennes et d'Anzin se continuent dans le Pas-de-Calais avec les mêmes allures générales. A Dourges et à Courrières il y a des renversements complets des couches[1].

C'est à propos des dépôts moscoviens du nord de la France que M. l'abbé Boulay[2], puis M. R. Zeiller[3], ont fait ressortir la localisation précise des types végétaux aux différents niveaux superposés. Les conclusions, applicables aux autres bassins du même âge, constituent un bel exemple des services que les études purement scientifiques peuvent rendre à l'industrie.

Les niveaux botaniques distingués comprennent une zone inférieure donnant les charbons maigres et renfermant, avec des végétaux du Culm : *Sigillaria elegans, Alethopteris lonchitica, Sphenopteris Hœninghausi* ; — et une zone supérieure à charbons gras, donnant *Sigillaria scutellata, Alethopteris Davreuxi, Sphenopteris trifoliata* (fig. 73), etc.

Fig. 73. — *Sphenopteris trifoliata.* (G. N.)

Le bassin du nord de la France n'est que la suite des énormes formations houillères de la Belgique qui, elles-mêmes, se rattachent aux terrains de la Westphalie. Burat était d'avis que les dépôts belges, formés dans un bassin de forme allongée, se seraient resserrés de plus en plus au cours des temps, de telle sorte que dans les parties centrales et les plus profondes, les limites des couches supérieures forment des lignes concentriques et de plus en plus étroites. Cette disposition, qui tient avant tout, comme nous l'avons vu déjà, aux effets des déformations et des fractures du sol, puis à l'exercice de l'érosion superficielle, n'en est pas moins réelle et elle se traduit par la loca-

1. Ludovic Breton, *Études géologiques du terrain houiller de Dourges.* Lille, 1873.

2. Boulay, *Le terrain houiller du nord de la France et ses végétaux.* 1876.

3. Zeiller, *Flore du Bassin houiller de Valenciennes.* B. S. G. F. (3), XV, 552, et XXII, 483.

lisation des diverses qualités de houille, les plus chargées de gaz, dites flénu, étant concentrées dans la région médiane du bassin et, avant tout, au couchant de Mons. On peut se représenter chaque niveau inférieur comme stratifié d'abord dans toute l'étendue du bassin, de sorte que les affleurements forment des zones parallèles vers les lisières du nord et du midi : les compressions latérales déjà indiquées en France et le glissement le long des failles ont ensuite relevé les couches et rendu leurs limites encore plus visibles. Dès lors, les couches qui affleurent vers la lisière méridionale plongent vers le nord et celles qui affleurent au nord plongent vers le sud. Le raccordement des deux pendages inverses (*naye* ou *ennoyage*) se fait par un pli en fond de bateau dans l'axe duquel passe la faille E.-O. ou cran de retour, avec charriage de toute la partie sud sur la partie nord. Au sud de cette dernière sont successivement : d'abord la grande faille qui a amené le Dévonien et parfois le Silurien par-dessus le terrain houiller, puis, avec une dimension moindre, la faille limite qui a accentué les déplacements[1].

C'est en 1905 qu'un sondage exécuté à Abancourt, près Nomény (Meurthe-et-Moselle), a rencontré à 896 mètres le toit d'une couche de houille de 2 mètres d'épaisseur et d'excellente qualité. Les caractères physiques de même que les fossiles étudiés par M. Zeiller[2] ont démontré qu'il s'agit du prolongement des dépôts de Saarbrück.

Nous retrouvons le terrain moscovien sous la forme de petits bassins, exploités en Vendée, comme à Teillé ainsi qu'à Vouvant, à Faymoreau et à Chantonnay.

En Bretagne, les environs de Quimper se signalent par un petit bassin où les schistes charbonneux alternent avec des poudingues et des grès appartenant aux deux types psammite et arkose. Dans le schiste, le combustible forme des filets et de petits nids d'une exploitation très aléatoire. Les fougères typiques sont *Pecopteris cyathea* et *P. arborescens*. Un peu au nord, Kergogne possède également un modeste gisement aux strates très disloquées et dont les schistes contiennent les empreintes d'*Alethopteris dentifolia, A. Grandini, Pecopteris aspidioïdes, P. Bioti, Dictyopteris Schutzei*.

---

1. V. Gosselet, B. S. G. F. (3), VIII, 505. [V. la coupe relative à cette disposition p. 23 du présent ouvrage (fig. 3)].

2. *Comptes rendus de l'Acad. des Sciences*, t. CXLI, p. 68.

Des assises analogues se retrouvent d'une manière intéressante dans la Manche, au Plessis et à Littry. Dans la première de ces localités la formation houillère, essentiellement stéphanienne, a 100 mètres environ de puissance ; elle atteint près du double dans la seconde. Au Plessis, il y a deux couches de charbon de 1^m,20 séparées l'une de l'autre par une vingtaine de mètres de couches stériles ; à Littry, il n'y a qu'une couche de 1 à 2 mètres et des petites veines situées au-dessous. Dans les deux points on a recueilli *Dictyopteris*, *Pecopteris* et *Sphenophyllum*. Le terrain a été retrouvé à 300 mètres de profondeur sous le marais de Gorges.

Il faut aussi mentionner, dans les régions occidentales, la présence de deux petits bassins houillers dans le département de la Mayenne, aux environs de Saint-Pierre-Lacour : celui de la Barolais et celui des Effretais, évidemment séparés l'un de l'autre aux dépens d'une même formation initiale par les effets de l'érosion. L'âge stéphanien moyen de ces dépôts est démontré par une flore qui comprend : *Pecopteris arguta*, *Caulopteris patria*, *C. Baylei*, *Odontopteris minor*, *Sigillaria Brardi*, *S. spinulosa*, *Annularia stellata*, *Calamites Suckowii*, *Asterophyllites equisetiformis*, *Sphenophyllum oblongifolium*, *S. angustifolium*, etc.

Avant d'abandonner le nord de la France, notons l'existence dans la Haute-Saône du bassin houiller de Ronchamps, exploité au prix de difficultés spéciales.

Gruner a jeté les bases de la stratigraphie du bassin de Saint-Etienne[1], qui occupe une dépression à peu près triangulaire limitée au S.-S.-E. par la chaîne du Pilat; au N.-N.-O. par la chaîne de Riverie ; à l'O. par les derniers contreforts de la chaîne du Forez. Il s'étend depuis le Rhône, à Givors, jusqu'à la Loire, au delà de Firminy, c'est-à-dire sur une longueur atteignant presque 50 kilomètres.

Sur une épaisseur de 800 mètres environ, on y rencontre une douzaine de couches de houille alternant avec des schistes et reposant sur un poudingue à très gros éléments, qui semble être une lame de charriage fort ancienne. De temps en temps, le terrain admet des lits de cendres volcaniques, connues dans le pays

---

1. *Étude des gîtes minéraux de la France : bassin houiller de la Loire*, 1882.

sous les noms de *liens,* de *gores* et, pour une variété, de *talourine* (c'est-à-dire de salamandre, à cause de la couleur jaunâtre et noirâtre qui rappelle l'aspect de ce batracien). En Angleterre, une roche tout à fait comparable à tous égards est dite *toad-stone,* c'est-à-dire pierre de crapaud, pour la même raison.

M. Grand'Eury, dans ses savantes études de paléontologie végétale, a distingué dans le terrain de Saint-Etienne trois niveaux principaux, caractérisés chacun par des plantes fossiles particulières : en bas, c'est le niveau des Cordaïtes ; puis vient l'étage des Fougères et, enfin, celui des Calamodendrées. Au-dessus de cet ensemble il convient d'admettre des couches que l'on exploite à Rive-de-Gier et, plus haut encore, des roches sans combustible qui se relient d'une façon insensible au terrain permien.

Ajoutons que les couches ainsi superposées sont recoupées de plusieurs failles dirigées comme le bassin, c'est-à-dire du S.-O. au N.-E. et dont le pendage est à peu près de 45° au sud. La houille est souvent très grisouteuse, mais de qualité très diverse suivant les niveaux.

Parmi les autres régions françaises où se présente le terrain stéphanien, il faut faire une place aux bassins dépendant du Plateau Central, les uns distribués sur son pourtour, les autres égrenés à sa surface. Autour d'Autun on exploite la houille à Epinac et au Grand-Moloy ; la première de ces localités est riche de plusieurs couches de houille subordonnées, sur une épaisseur de 50 à 100 mètres, à des grès et à des schistes et reposant sur un lit de tuf porphyrique. À Blanzy, à Montceau et au Creusot, à Montchanin, on est dans un second bassin, séparé du premier par une arête de roches cristallines et qui comprend des couches épaisses de charbon. Dans le Gard, la houille est abondante dans toute une série de points et on peut retrouver, dans l'ensemble des couches constitutives, les niveaux principaux du bassin de la Loire. C'est ainsi qu'à Bessèges, on est en présence de dépôts analogues à ceux de Rive-de-Gier, tandis qu'à la Grand'Combes, les fossiles rappellent ceux des niveaux inférieurs de Saint-Etienne ; au Grand-Châtelet, des assises stériles passant au terrain permien coïncident avec les masses de recouvrement du grand bassin de la Loire. Mayer-Eymar, en 1881, a proposé de faire du Stéphanien inférieur du Plateau Central un terrain *cévennien.* Dans l'Aveyron, et spécialement autour de Decazeville, la houille forme une couche principale épaisse de 6o mètres, ce qui est tout à fait exceptionnel en France. Dans le Tarn, la houille est activement exploitée. Elle occupe trois synclinaux, dont l'un, qui passe à Carmaux, est orienté du N.-O. au S.-E. Les autres, situés à Réquista et à Réalmont, vont de l'Est à l'Ouest.

A la surface du Plateau Central on remarque comme un chapelet de petits bassins dirigés du N.-E. au S.-O. et dont les plus connus sont ceux de Bert, de Champagnac, de Langeac, de Brassac, de Saint-Eloy, de Doyet, de Bézenet, de Commentry, etc. Ce dernier est de beaucoup le plus important et il est devenu tout à fait célèbre par les études très étendues dont il a été l'objet et qui ont conduit M. Fayol à la théorie des deltas houillers, théorie qui a été exposée précédemment (p. 383).

La grande couche de Commentry est remarquable par sa régularité sur une très grande étendue. Le champ d'exploitation embrasse 1500 mètres en direction et 1000 mètres suivant l'inclinaison. L'allure sur cette étendue est celle d'un bassin demi-circulaire dont le diamètre en aval-pendage est précipité en profondeur par une série de failles. Autrefois la grande couche était en partie à ciel ouvert et elle est encore bien visible, sur 4o à 5o mètres de puissance, au front de la grande tranchée dite de Saint-Edmond que nous avons décrite. La base de la formation est un conglomérat de galets granitiques ; on y trouve des galets de houille qui ont d'ailleurs parfaitement pu être roulés à l'état de lignite et se *houillifier* ensuite, en conséquence des actions bathydriques, mais qui, cependant, proviennent peut-être de quelque assise plus ancienne, moscovienne ou même dévonienne, battue alors par les flots : il est bien probable, en effet, qu'à l'époque stéphanienne des houilles parfaites existaient déjà dans les couches dévoniennes et siluriennes.

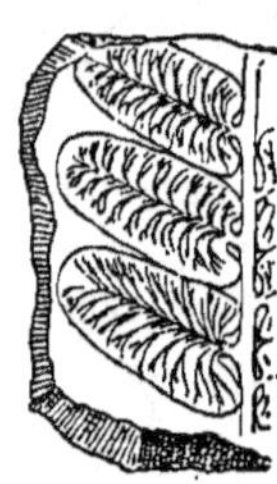

Fig. 74. — *N euro-pteris.* (2/3 G. N.)

Dans la masse des dépôts de Commentry se montre une assise singulière constituée par une roche granitique plus ou moins fragmentaire et qu'on a décrite sous le nom de roche de Sainte-Aline. Il se pourrait qu'on fut en présence d'une nappe de charriage poussée lors des mouvements orogéniques du pays. La flore de Commentry a été très bien étudiée par Bernard Renault et par M. R. Zeiller[1]. Avec ses *Nevropteris* (fig. 74) et ses *Pecopteris* (fig. 75) elle correspond aux niveaux les plus élevés de Saint-Etienne.

Il y aurait beaucoup à dire encore pour décrire les affleurements houillers dans la France méridionale. Bornons-nous à constater le rôle de ce terrain dans la constitution du Dauphiné. Du côté de la Mure, on observe 3oo mètres d'épaisseur de grès dont les *Anthracosia* précisent la date stéphanienne. Ils contiennent une couche de 8 à 10 mètres de houille exploitée au Peychagnard, à Putteville et à la Motte

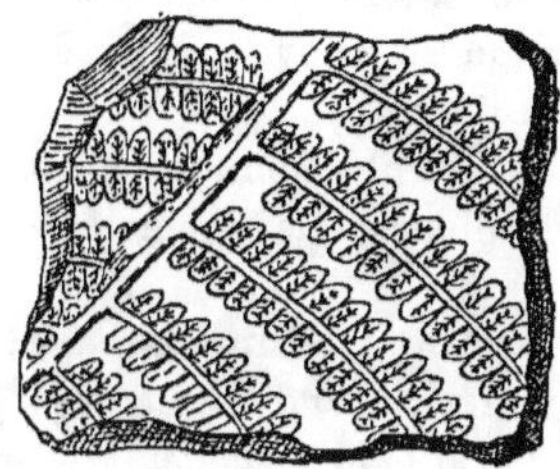

Fig. 75. — *Pecopteris* (1/4 G. N.)

d'Aveillany. Plus au sud, la puissance de la formation augmente et dans le Briançonnais elle atteint 8oo mètres. Ce sont des schistes et des grès associés à des conglomérats à galets de quartz et de cornéenne avec intercalation d'anthracite en bancs plus ou moins épais et fort irréguliers. Des tufs sont subordonnés aux schistes dans lesquels on rencontre, aux Gardeolles comme à Molières-en-Oisans des empreintes végétales bien évidemment stéphaniennes.

Ajoutons enfin que dans le Var, une mine de houille est établie aux Vaux sur une couche qui mesure 2 mètres de puissance moyenne.

Le terrain houiller en Europe. — En dehors de notre pays, l'Europe présente un certain nombre de localités où le Moscovien se signale par des traits particuliers ; les Asturies en Espagne, plusieurs points de la Roumanie sont dans ce cas, mais presque partout, ces niveaux n'ont qu'une importance très faible, comparativement au développement des assises stéphaniennes.

Nous devons mentionner la présence du Stéphanien en Angleterre et spécialement dans le Staffordshire où se présente l'*upper coal measures*, mentionné tout à l'heure. Ces dépôts, exploitables d'ailleurs, se soudent d'une manière tout à fait insensible au terrain permien superposé et qui renferme aussi du combustible. Mais,

1. *Flore fossile de Commentry.* Saint-Etienne, 1890.

en somme, le terrain stéphanien n'est qu'un détail presque négligeable dans le houiller britannique.

Si nous passons à l'Europe centrale, la Bohême nous offre à Miröschau un exemple de houille franchement stéphanienne. Non loin de là, et spécialement à Radnitz, on se trouve en présence de roches aussi bien permiennes que houillères.

Il y aurait à citer des manifestations stéphaniennes en Serbie, en Hongrie, en Italie, en Espagne et ailleurs, mais sans particularités notables.

En Silésie le niveau se montre en bassins très disséminés et peu étendus; mais en Russie le Stéphanien prend beaucoup plus d'importance. M. Nikitin, en 1890, l'a appelé *Gshélien*. Il représente les hauts niveaux du bassin du Donetz qui, comme on le sait, est exceptionnel par son épaisseur, par la variété de ses assises qui témoignent de l'énorme persistance du régime d'où il provient. Il faut ajouter que la limite inférieure du dépôt est assez indistincte et se fait artificiellement par rapport au Moscovien sous-jacent. Symétriquement, le passage supérieur a lieu de la façon la plus ménagée avec les formations permiennes. La masse de ce terrain stéphanien est représentée par des calcaires marins à Fusulines et à *Productus*. Des schistes argileux, avec concrétions sphéroïdales de carbonate de fer, renferment les empreintes végétales caractéristiques du niveau.

M. Nikitin a étudié les énormes assises, développées avec au moins 500 mètres de puissance autour de Moscou, d'un calcaire blanc souvent peu cohérent et même friable, d'aspect tout à fait récent et qui, cependant, contient des milliards de tests de *Fusulina cylindrica* et des coquilles non moins caractéristiques du terrain houiller. Dans le nombre figurent encore *Productus Cora* qui établit des relations avec le Culm et *Spirifer Mosquensis*, des Polypiers, des Crinoïdes qui ont le faciès houiller le plus accentué. C'est le type du Moscovien.

Cette formation couvre une grande partie de la Russie; elle s'étend le long de l'Oural et se développe dans le grand bassin du Donetz, entre les assises du Culm que nous avons déjà mentionnées et des assises qui sont évidemment stéphaniennes. On y trouve de très épaisses veines de houille, exploitées avec la plus grande activité, et qui sont associées à des couches de schistes, de grès et de calcaires dont l'épaisseur totale dépasse 1 000 mètres d'après l'estimation de M. Tchernyschew[1].

Le terrain houiller hors d'Europe. — Le terrain moscovien est très développé en Amérique, spécialement en Pensylvanie où les bassins houillers ont cependant leurs portions les plus riches dans le Stéphanien.

Dans les monts Appalaches, les couches de houille des régions inférieures abondent en *Lepidodendron* et en *Sigillaria* caractéristiques. Une même couche, dite de Pittsburg, et qui affleure le long de la rivière de Monongahela, couvre une surface qui ne mesure pas moins de 365 kilomètres sur 160. Il est intéressant de noter que cette formation est recoupée de failles et compliquée de renversements qui rappellent tout à fait l'allure du Moscovien dans le bassin d'Anzin et en Belgique.

Dans les Etats d'Illinois, de Missouri et d'Iowa, le Moscovien est très développé ; il est en même temps très compliqué par l'interstratification de grès et de marbres dans lesquels abondent des coquilles marines (*Productus*, *Spirifer* et *Athyris*). Il en est à peu près de même dans l'Arkansas.

Le Stéphanien se rencontre dans l'Amérique septentrionale et s'y signale par la dimension de ses dépôts. Dans le bassin du Mississipi, par exemple, on trouve des couches de houille très importantes qui, à l'inverse de ce nous voyons chez nous, sont associées, à de nombreuses reprises, avec des roches essentiellement marines comme le montre en Europe le pays de Donetz. On retrouve ici, comme en Russie, les Fusulines et les Brachiopodes.

Mentionnons la présence du terrain mosçovien en Asie et spécialement dans les Indes, en Indo-Chine, et jusqu'en Chine où cet étage renferme, dit-on, une réserve notable de couches de combustible qui seront fructueusement exploitées dans l'avenir.

De son côté le Stéphanien est sous forme de calcaires à Fusulines dans l'extrême-orient sibérien. La houille est activement exploitée au Japon. Peut-être le même niveau existe-t-il dans les Indes.

L'Afrique, si mal partagée en houille, présente des vestiges de

---

1. *Livret-Guide du Congrès géologique international en Russie en 1897.*

l'étage moscovien dans la région du Cap de Bonne-Espérance.

En outre, M. Zeiller a signalé, d'après des échantillons rapportés par M. Lapierre, la présence du Stéphanien à Tété, dans le bassin du Zambèze : les fossiles consistent en plantes fréquentes dans les gisements européens, comme *Cordaïtes borasifolius* (fig. 72) et *Annularia stellata* qu'on ne s'attendait pas à retrouver sous de semblables latitudes.

On connaît en Australie, dans la Nouvelle-Galles du Sud, des couches de houille qui ont été classées dans le niveau stéphanien. Beaucoup d'empreintes végétales se montrent dans les schistes qui leur sont associés et, avant tout, *Glossopteris* et *Gangamopteris* avec d'autres Fougères et *Annularia*.

Enfin il est très intéressant de constater que le Stéphanien paraît accompagner le Moscovien dans les formations du Spitzberg et que la presqu'île d'Alatska a fourni des indices des mêmes niveaux, spécialement caractérisés par la trouvaille, faite par Fischer, du *Spirifer condor*[1].

Faciès divers des dépôts carbonifères.

Il est facile de s'assurer que durant les temps carbonifères toutes les conditions géographiques actuelles ont été réalisées à la surface de la Terre dans une localité ou dans une autre. C'est ce qui va être démontré par un petit nombre d'exemples.

Le faciès abyssal s'est conservé dans un grand nombre de dépôts calcaires caractérisés par l'abondance des Crinoïdes. Le marbre dit *petit granit* du Tournaisien et du Viséen est de ce nombre ; on en rencontre non seulement en Belgique, mais dans le nord de la France et spécialement auprès d'Avesnes : il abonde dans les couches de *mountain limestone* de l'Angleterre et de l'Irlande. Le calcaire à *Fusulinella* de Serpoulow en Russie est également un dépôt de grand fond.

Nous pouvons classer parmi les témoignages de notables profondeurs, à cause de leur faciès pélagique, les ampélites à Goniatites

1. V. le Mémoire de M. Dall dans le 17e *Rapport annuel du Geological Survey des Etats-Unis*; p. 899. Washington, 1895.

de Chokier, en Belgique, et des calcaires coralligènes surtout abondants parmi les assises du Culm. Dans le nombre figurent le calcaire dolomitique à Stromatopores de Waulsort, qui est tournaisien,
et le marbre à Polypiers de l'Illinois, qui est viséen.

Les dépôts littoraux se rencontrent dans maintes régions et avec
des allures très variées : notre région de l'ouest contient par
exemple, pour le début des temps carbonifères des alternances de
dépôts marins et de formations lacustres. Dans les bassins houillers
du centre de la France, dans la Loire comme dans le Morvan et
l'Autunois, on voit que les couches de schistes et de houille sont
ordinairement supportées par de puissantes assises de matériaux
détritiques ; les galets, bien caractérisés, sont souvent d'un volume
considérable. De même, dans le Harz, la grauwacke de Clausthal
contient fréquemment des galets de diverses roches cristallines.

Dans le Gard un épais poudingue constitue également le fond
du bassin houiller et il a fixé l'attention, à Gagnières, par exemple,
par la présence dans sa substance de l'or en fines paillettes. On
s'est assuré que c'est à sa trituration par les eaux superficielles
que sont dues les particules d'or charriées par le Gardon d'Alais,
par la Cèze et par la rivière de Gagnières. L'imprégnation métallique est d'ailleurs très postérieure sans aucun doute à l'époque
houillère, mais jusqu'ici on n'a pas pu en préciser la date. On est
frappé, en présence de certains échantillons de ce poudingue, de
leur ressemblance avec le célèbre *Bancket* à ciment aurifère des
mines du Transvaal en Afrique australe.

En plusieurs pays le caractère littoral des sédiments houillers
se manifeste par une structure rappelant celle que nous avons constatée dans les dépôts de formation actuelle le long de certaines de
nos côtes ; c'est-à-dire qu'on y voit une nappe de galets recouverte de lits de sables passés à l'état de grès, puis des couches
argileuses ou schisteuses, à grains plus ou moins fins. C'est, par
exemple, ce qui a lieu dans le bassin de Blanzy et du Creusot (en
Saône-et-Loire) auquel évidemment la théorie deltoïde n'est pas
applicable.

Le Culm de Moravie et de Silésie, si bien étudié par M. Stur ainsi
que nous l'avons vu, présente une constitution analogue mais avec des

dimensions colossales ; c'est sur des milliers de mètres que les galets, les sables et les schistes se sont superposés dans l'ordre indiqué.

On peut mentionner, comme conforme à ce même modèle, la formation carbonifère des Appalaches où l'on trouve en outre un grand luxe de traces de flots (*ripple marks*), de gouttes de pluie et de pistes d'animaux, principalement des Reptiles labyrinthodontes.

Les dépôts lagunaires datant des temps carbonifères ne sont pas rares : on les reconnaît principalement à la présence du gypse. C'est ce qui se présente dans la formation stéphanienne, sur le versant oriental de la chaîne de l'Oural, en certains points des environs de Bell Sound, au Spitzberg, où le gypse est associé à des roches dolomitiques, et surtout au Canada, sur la côte du Comté de Sydney, qui est bordée par une falaise de gypse pur de plus de 60 mètres de hauteur[1].

Nous savons déjà que des deltas ont été reconnus parmi les formations stéphaniennes ; c'est à Commentry (Allier) que l'observation en a été faite pour la première fois, mais elle s'est répétée dans plusieurs autres localités.

L'existence de continents dérive de la découverte des plantes terrestres et aussi de celle d'Insectes, *Titanophasma* (fig. 76) et autres, dont l'étude a, comme on l'a vu, procuré des résultats du plus haut intérêt.

Fig. 76. — *Titanophasma.*
(1/3 G. N.)

Enfin le faciès volcanique ne manque pas — et bien loin de là — à l'époque qui nous occupe.

Beaucoup d'éruptions granulitiques pourraient être énumérées : il suffira de noter que le rocher du Mont-Saint-Michel est un filon d'âge carbonifère, de même que le granit de Flamanville auprès de Cherbourg, de même aussi que des porphyres du Morvan et d'autres points du Plateau Central, de même encore que des kersantites et d'autres roches de Bretagne.

1. V. Dawson, *Geology of Nova Scotia etc.*, p. 347.

Dans le terrain houiller d'Angleterre et de bien d'autres régions, on constate à maintes reprises l'intercalation, souvent concordante à la stratification, de nappes de *trapp*.

Et le complément de toutes ces observations se trouve dans la rencontre des lits de projections volcaniques solides, comme les *gores* de Saint-Étienne, les euritines à végétaux de Thann et la *pierre carrée* du bassin de la Basse-Loire; comme les tufs porphyriques du Morvan, etc.

M. Geikie a décrit avec un soin spécial la structure exactement volcanique du Largo Law, dans la chaîne des monts Grampians en Ecosse. On y voit des dykes et des coulées, disposés rigoureusement comme les andésites, les basaltes et les trachytes tertiaires, mais qui sont formés de porphyres, de diabases et d'orthophyres.

Substances utiles subordonnées au terrain carbonifère.

Le nom même de *carbonifère* évoque tout naturellement l'idée de la plus utile de toutes les substances minérales : le *charbon de terre*, plus généralement désigné sous le nom de houille. La houille joue un rôle si prépondérant dans nos civilisations qu'on a peine à comprendre comment l'humanité a pu s'en passer si longtemps. Cependant il faut constater que la routine s'est un moment opposée à son admission ; les premiers bateaux venus de Londres à Paris furent brisés et leur contenu jeté dans la Seine. On accusa la fumée de houille de propager des maladies mortelles et de détruire tous les objets qu'elle rencontrait. Aujourd'hui on envisage avec terreur la possibilité de la disparition de la houille par l'épuisement des gîtes qui la fournissent.

Tout le monde sait d'ailleurs que la houille ne nous procure pas seulement de la chaleur, du travail mécanique et de la lumière ; si par impossible, ces applications disparaissaient à la suite de l'emploi des chutes d'eau, des vents, des marées et des autres moteurs naturels, la houille resterait encore le minerai d'une innombrable quantité de produits indispensables au développement de nos industries. Les résidus de fabrication du gaz d'éclairage donnent tant de choses qu'on en retrouve les dérivés dans toutes les directions : matières colorantes comme l'aniline et la fuchsine; matières médicamenteuses comme le coaltar ; parfums comme la fausse amande amère, nitrobenzine ou *essence de mirbane* ; et même, puisqu'il faut tout dire, des produits propres à l'imitation du bouquet des vins (mélanges d'éther œnanthique, d'éther valéro-amylique et d'éther butyrique) ou à la production de confitures artificielles par l'introduction dans la gélose colorée à la fuchsine, d'acétate d'oxyde d'amyle si on veut avoir la saveur de la poire, de valérate du même oxyde si c'est la pomme qu'on a en vue, d'éther butyrique si c'est l'ananas, etc. La fabrication de l'ammoniaque tirée de la houille est une grande industrie, comme celles du goudron et de la naphtaline, comme celles de la benzine et des huiles lourdes ou légères.

Mais la houille est bien loin d'être la seule richesse du terrain carbonifère ; à côté d'elle il faut citer le pétrole qui imprègne des couches épaisses dans l'État de Virginie et les gaz naturels qui constituent une réserve immense dans le calcaire de la Pensylvanie.

Des minerais de fer se rencontrent aussi à ces niveaux avec d'autant plus de valeur commerciale que la proximité du combustible rend leur exploitation plus profitable. C'est avant tout ce qui a lieu pour les célèbres gisements anglais d'hématite de Furnes (Lancashire) et de Parkside près de Trizington, dans le Cumberland.

Des niveaux de sphérosidérite ou carbonate de fer concrétionné en nodules sont connus à Saint-Etienne (mine du Treuil) en lits subordonnés aux grès houillers, à Palmesalade (Gard) ainsi que dans diverses localités de la Silésie et du bassin de la Ruhr, en Westphalie. Les niveaux sont, dans ces derniers cas, en partie compris dans la région inférieure du terrain permien.

Bien d'autres métaux que le fer se trouvent, en gîtes aussi divers par leur allure que par leur composition, au travers du terrain carbonifère, dont le dépôt est naturellement plus ancien que le leur. Nous citerons les gîtes de plomb du Derbyshire et du Cumberland. En Carniole, à Littaï, une grauwacke carbonifère est imprégnée de galène et de cinabre, mais on a pensé que la roche n'a reçu cette contribution métallique que pendant les temps triasiques.

La Westphalie possède, dans les schistes du Culm d'Arnberg, quatre ou cinq couches minces, riches en stibine ou minerai d'antimoine.

On exploite en plusieurs régions des phosphates carbonifères, et on peut noter à Fleurus, en Belgique, un filon de barytine dont les produits servent surtout dans la fabrication des papiers de tenture, des cartons glacés et des couleurs à la détrempe.

Terres végétales des pays dont le sol est carbonifère.

Les pays dont la surface est constituée par des affleurements de niveaux carbonifères possèdent un sol qui varie beaucoup suivant la prédominance du calcaire, du quartz ou de l'argile.

Les calcaires du *mountain limestone* de l'Angleterre se signalent quelquefois par leur aptitude à donner des pâturages ; c'est ce qui a lieu dans le comté de Derby, où. de nombreux troupeaux sont élevés dans de semblables conditions. Il ne faut pas oublier que c'est sur la même formation géologique que prospère la fameuse race de bestiaux dite *shorthorn*, ou à cornes courtes, de Durham.

La terre qui, sur la frontière d'Ecosse, résulte de la décomposition des calcaires carbonifères associés à des grès et à des schistes, peut devenir très fertile par une judicieuse application du drainage.

Comme on pourrait le prévoir, les terres carbonifères sont minces, sèches, pierreuses et plutôt arides, sur les affleurements de poudingues et de grès. Si l'altitude est un peu considérable, on renonce en général dans nos climats à y faire des travaux de culture et on les abandonne à la végétation spontanée qui a bientôt fait de les convertir en landes et en friches. C'est ce qui se montre sur une grande échelle dans une partie du département de la Loire, où les terres de ce genre sont qualifiées de *varennes de montagne* et c'est ce qu'on voit avec plus d'intensité encore, à cause de la situation géographique, en Irlande comme dans le Devon et le comté d'York, en Angleterre, où la bruyère envahit des surfaces considérables sur les régions de *millstone-grit*. Pourtant, si l'exposition est favorable, le terrain peut présenter des qualités convenables à la culture de la vigne. On en a quelques exemples aux environs de Montbrison et de Saint-Etienne.

De même, les psammites houillers donnent parfois par leur

décomposition des terres légères où le seigle vient à souhait et qu'on peut transformer en excellentes terres à blé au prix d'un chaulage.

Enfin les régions schisteuses sont caractérisées par des sols arables ayant avec ceux du terrain dévonien des analogies faciles à deviner. Une fois amendés par la chaux ils peuvent donner des prairies; on les connaît dans le centre de la France sous le nom particulier de *béluzes*.

Ajoutons que les porphyres du terrain carbonifère sont fréquemment assez abondants pour donner un caractère particulier à la terre arable qui résulte de leur décomposition. Cette terre est mince et pleine de pierres; on l'a parfois utilisée en la boisant en pins, selon le conseil de Grüner, qui avait eu l'occasion de la rencontrer souvent dans le département de la Loire.

En résumé, il faut reconnaître que les assises carbonifères donnent des terres peu favorables à la culture. Non seulement leur composition les rend médiocrement fertiles, mais fréquemment elles tendent à glisser, à cause de la situation généralement inclinée des couches alternées de grès et d'argile sur la tranche desquelles elles se sont constituées.

CHAPITRE V

LE GROUPE PERMIEN

———

Étymologie. — Le nom de Permien a été proposé en 1841 par Roderick Impey Murchison, qui l'a dérivé de celui du gouvernement de Perm, en Russie.

Synonymie. — C'est le terrain *pénéen* de d'Omalius d'Halloy (1822), qui a voulu exprimer la pauvreté du niveau en fossiles (πένης, pauvre); c'est le *Dyas* de Marcou (1859), tenté de faire un contraste avec le Trias, d'après des considérations de division naturelle en deux niveaux qui, du reste, n'ont pas de base sérieuse. Huot, frappé de l'abondance des grès rouges, l'appelait *Psammérithrique*. Le niveau correspond à l'ensemble des *Rothliegende* des Allemands, des *Ecca shales* et des *Dwyka glomerates* de l'Afrique australe, etc.

C'est à très bon droit que le nom de Permien a été préféré car il faut aller en Russie pour trouver ce niveau géologique pourvu de la somme de ses caractères et, avant tout, avec son allure franchement marine; dans l'Europe occidentale on est en présence de localités où les mers permiennes étaient peu profondes et où les phénomènes littoraux se sont donné une grande latitude par l'intercalation, bien des fois renouvelée, de productions lacustres ou lagunaires.

Limite inférieure ; lacunes. — La liaison du Permien avec les portions les plus élevées du terrain houiller est souvent tout à fait intime, au point qu'on est dans l'impossibilité radicale de tracer une limite précise. Ce passage insensible, qui peut être toujours trouvé quelque part entre deux terrains successifs, se présente même en France, par exemple aux environs d'Autun, et dans bien d'autres régions de l'Europe, comme à Lebach dans le bassin de la Sarre. Aussi pendant un temps a-t-on proposé de reconnaître un terrain « de passage » que les géologues russes voulaient appeler *Permo-carbon*, nom que M. de Lapparent a traduit en 1885 par l'expression de *Permo-carbonifère*. On a dû d'ailleurs y renoncer bien vite car, pour être logique, il aurait fallu des noms mixtes pour tous les autres contacts : sinon même un seul nom composé pour désigner d'un seul coup la série sédimentaire dans son entier.

Souvent, au contraire, on constate entre le Permien et son substratum des lacunes plus ou moins considérables. C'est ainsi que dans le S.-O. de l'Angleterre, la surface supérieure du Carbonifère qui supporte les couches permiennes est fortement ravinée ; que, dans les Vosges, dans la Forêt-Noire et dans la Haute-Saône, les couches permiennes sont étendues sur des masses archéennes ; qu'elles se présentent sur le gneiss, aussi bien dans la plaine de Fréjus, où manque d'ailleurs le Permien inférieur, qu'aux environs de Rheinfelden.

Localité permienne type. — C'est le sol du gouvernement de Perm qui, conformément aux vues de Murchison et grâce aux travaux des géologues russes[1], nous servira de terme de comparaison pour l'étude générale du terrain permien.

La formation, très largement étendue, est en même temps fort épaisse. On est d'accord pour y faire trois divisions qui vont nous servir de base pour l'étude de toutes les régions. En Russie on est accoutumé à les qualifier, à partir d'en bas, de : 1° étage d'*Artinsk*, 2° étage de *Kostroma*, et 3° étage de *Perm*. Le premier de ces noms ou *Artinskien*, introduit dans la science en 1874 par M. Karpinsky, peut être conservé ; les autres sont trop locaux et en conséquence de faits qui seront exposés tout à l'heure, nous les remplacerons par

---

1. Parmi ces géologues, il convient de citer surtout MM. Karpinsky, Amalitzky, chernyschew, Sibirtzeff, Krotow, Krasnopolsky, etc.

deux autres qui ont été proposés la même année par M. Renevier.
et qui sont : le *Lodévien* pour la partie moyenne et le *Thuringien*
pour la partie supérieure.

Dans le gouvernement de Perm, l'*Artinskien* se compose tout spécialement de grès, où des coquilles marines sont associées à des
plantes terrestres évidemment charriées dans la mer par des cours
d'eau dont l'embouchure devait être peu éloignée. Les coquilles les
plus remarquables sont, avant tout, celles de Céphalopodes dont les
cloisons, très compliquées dans leurs contours, contrastent avec
celles des genres précédemment mentionnés et spécialement des
Goniatites qui, d'ailleurs, persistent sous plusieurs formes spécifiques distinctes. Elles annoncent véritablement les Ammonites
proprement dites. Les formes les plus nettes de ces Mollusques
si intéressants appartiennent aux genres *Medlicottia, Gastrioce-
ras, Thalassiceras, Proronites,* etc. On rencontre en outre beaucoup de Brachiopodes tels que des *Productus* (*P. Cora, P. Artién-
sis,* etc.), des *Fusulina,* qui rappellent celles du calcaire carbonifère. Quant aux plantes elles ont aussi des liens avec celles du
terrain précédent et on y signale avant tout *Callipteris conferta*
et *Calamites gigas*.

Le *Lodévien* du pays de Perm se montre avec des caractères
très nets le long du cours inférieur de la Kama, et tout autour de
Nijni-Novgorod. On y voit beaucoup de calcaires plus ou
moins magnésiens, compactes ou oolithiques suivant les points,
et renfermant des Brachiopodes comme *Productus cancrini* et des
Polypiers comme *Fenestella retiformis*. A ces calcaires sont intimement associées des marnes souvent rouges ou bariolées, et qui
donnent aux environs de Nijni un aspect tout spécial. Elles sont
imprégnées de sel et contiennent des *Anthracosia* (*Carbonicola*)
rappelant celles du black band du terrain houiller ainsi que des
restes d'*Archegosaurus,* de *Palæoniscus* et de *Palæomutela*. A vrai
dire ces deux catégories de roches ne sont pas à proprement part-
ler superposées l'une à l'autre, mais plutôt accolées et constituan-
deux faciès d'un seul et même horizon.

Enfin le *Thuringien* peut être fructueusement étudié à la porte

même de la ville de Perm où il se montre comme un assemblage
d'argiles, passant suivant les points à des marnes et même à des
calcaires, renfermant fréquemment des lentilles de sel gemme
associé au gypse. Une semblable structure, qui fait penser au
régime lagunaire, est accentuée par des intercalations nombreuses
de strates nettement marines avec *Productus horridus*, *P. cancrini*, et des intermèdes de grès pleins de débris de plantes terrestres comme *Pecopteris*, *Odontopteris* et *Nevropteris*.

La constitution du Thuringien du pays de Perm est compliquée, surtout dans les régions moyennes et supérieures, par des
imprégnations métallifères dont la plus remarquable est celle qui a
donné naissance à de célèbres amas de minerais de cuivre. Le métal
y est à l'état de malachite et d'azurite et, sous ces formes, il teint
en vert et en bleu des grès de diverses grosseurs de grain et des
débris végétaux, spécialement des troncs d'arbres, dont le volume
est parfois considérable. On va voir que ce même terrain est souvent
métallifère en des contrées diverses. Il convient de rappeler que
la métallisation est toujours postérieure à l'époque du dépôt et
qu'elle peut même l'être de beaucoup.

En résumé, nous allons examiner, en prenant comme base les
données précédentes, comment se présentent, en divers pays, les
trois divisions que nous admettons dans le terrain permien et qui
sont résumées dans le tableau suivant :

GROUPE	TERRAINS	NIVEAUX
Permien. .	3. *Thuringien*. . .	2. Zechstein. 1. Rothliegende supérieur.
	2. *Lodévien*. . . .	2. Lower new red sandstone (Saxonien). 1. Penjabien.
	1. *Artinskien*. . . .	2. Rothliegende inférieur. 1. Autunien.

I. — Terrain artinskien (Karpinsky, 1874).

Étymologie. — Du nom de la ville d'Artinsk, dans le gouvernement de Perm (Russie).

Fig. 77. — *Protriton petrolei* (larve d'*Actinodon*), fossile typique du terrain
artinskien lacustre.

(2 fois la grandeur naturelle.)

L'Artinskien en France. — L'Artinskien se présente en France
sous une forme spécialement intéressante autour de la ville d'Autun

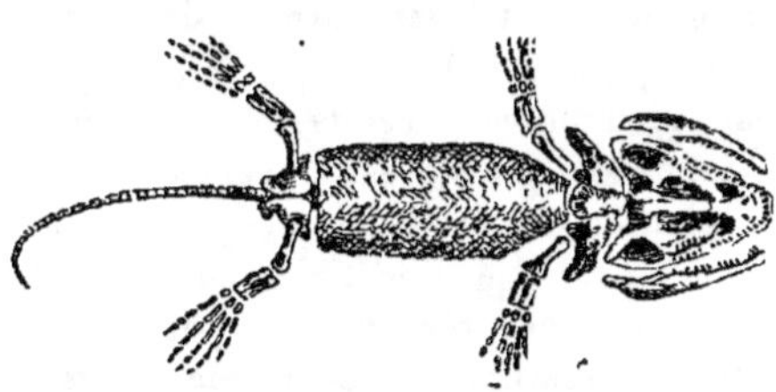

Fig. 78. — *Actinodon Frossardi.*
(1/4 G. N.)

(Saône-et-Loire) où
de nombreuses exploi-
tations sont très favo-
rablement distri-
buées[1]. Dans cette
région, la base de
l'ensemble ne peut
vraiment pas être
séparée du terrain
stéphanien qui lui
sert de substratum ;

seulement on y voit les plantes houillères associées à des plantes
permiennes et, en particulier, à cette belle Fougère que nous avons

1. On a proposé de le qualifier d'*Autunien.*

citée déjà en Russie, *Callipteris conferta,* et à des Gymnospermes caractéristiques, comme *Walchia piniformis.* On voit ces couches avec tous leurs détails à Igornay et à Millery et c'est là qu'en *ouvrant* les schistes charbonneux on peut recueillir avec le

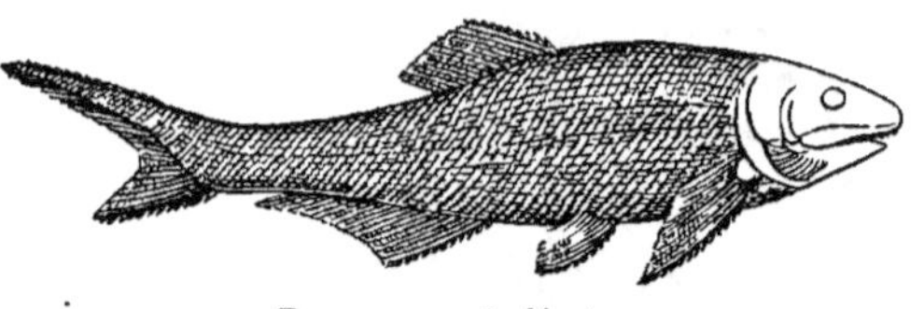

FIG. 79. — *Amblypterus.*
(1/3 G. N.)

plus d'abondance les petits squelettes de *Protriton petrolei* (fig. 77) et de *Pleuronoura Pellati,* qui sont sans doute des larves de Batraciens tels qu'*Actinodon* (fig. 78). Avec eux sont des Poissons parmi lesquels dominent *Palæoniscus* et *Amblypterus* (fig. 79).

Un deuxième horizon, visible à La Comaille, à Muse, à Dracy-Saint-Loup, est formé de schistes remarquables par la quantité de carbure d'hydrogène liquide que la distillation peut en retirer. Les fossiles y abondent et spécialement des restes de Poissons et de Batraciens. Ces derniers, étudiés surtout par M. Albert Gaudry[1], se signalent par des traits de constitution tout à fait remarquables. C'est là que gisent entre autres *Stereorachis dominans, Euchirosaurus Rochei, Actinodon Frossardi* (fig. 78). Parmi les Poissons il faut mentionner, outre les formes déjà citées, *Pleuracanthus* et *Acanthodes.*

Enfin tout en haut, par exemple aux Télots et à Surmoulin, on trouve un dernier niveau où le schiste est associé à une substance d'un haut intérêt scientifique, en même temps que d'une grande valeur industrielle. C'est le combustible connu sous le nom écossais de *boghead* et qui est remarquable par l'énorme quantité de gaz qu'en extrait la distillation, en même temps que par la qualité des *huiles de schiste* à la fabrication desquelles il est si éminemment propre. Ce fut, un temps, une industrie des plus prospères que celle des schistes à Autun et on voit encore autour de la ville les traces d'anciennes usines beaucoup plus nombreuses que celles qui fonctionnent aujourd'hui. Si on cessa un jour une opé-

1. *Les enchaînements du monde animal, fossiles primaires.* 1 vol. in-8°, 1886

ration jusque-là si lucrative, c'est que l'Europe fut tout à coup inondée par les torrents de pétroles américains obtenus à si bon compte que, même sur les lieux de gisement comme Autun, la concurrence devint impossible. Les belles études de Bernard Renault ont démontré que le boghead est entièrement constitué par l'accumulation de thalles microscopiques d'une Algue qu'il a qualifiée de *Pila bibractensis*. D'après son estimation, chaque thalle de *Pila* mesure $0^{mm},14$, ce qui fait que chaque centimètre cube du combustible renferme 600 000 de ces fossiles. La formation ayant au moins 7 kilomètres de longueur sur 450 mètres de large et 25 à 27 centimètres d'épaisseur, on peut s'imaginer le nombre total des organismes qui ont collaboré à sa production. Le boghead est couronné d'assises gréseuses.

Dans le Bourbonnais, le terrain artinskien change notablement de caractères, étant surtout formé de grès très variés, souvent imprégnés de minéraux d'origine bathydrique. Cependant on y trouve encore, aux environs de Buxières-la-Grue, des schistes distillables avec débris de Poissons et recouvrant un lit de houille dont la flore, malgré de grandes affinités stéphaniennes, peut être considérée comme permienne.

Dans la ville même de Saint-Étienne (Loire), par exemple au Jardin des Plantes, on observe au-dessus des assises les plus élevées de la formation stéphanienne des couches d'un rouge vineux, composées de grès et de poudingues dont l'épaisseur dépasse 500 mètres. Bien que la houille constitue dans l'ensemble des petits lits, d'ailleurs non exploitables, il est facile de s'assurer qu'il s'agit du terrain permien. M. Grand'Eury y a déterminé une série d'empreintes végétales qui ne laissent aucun doute à cet égard. C'est ainsi que les *Cordaïtes*, dont les feuilles sont déterminables, diffèrent de toutes leur congénères du terrain houiller. Réciproquement, des plantes houillères caractéristiques font complètement défaut comme les *Odontopteris*, les *Alethopteris*, les *Annularia*, les *Sphenophyllum*. Au contraire les *Pecopteris* sont spécialement abondants.

Un intéressant lambeau de Permien se montre dans le Limousin. Il consiste surtout en grès de couleurs variées et de différentes grosseurs de grain parmi lesquels on distingue quatre niveaux superposés. A la base, ce sont des roches rouges ou bariolées, parfois à grain fin, alternant avec des poudingues et des argiles et se débitant comme à Objat, en plaques ou tables qui sont exploitées. Au-dessus se montrent, avec des argiles et des grès rouges comme à Segonzac, des calcaires compactes comme à La Rodde et à Saint-Antoine. Les grès reprennent dans un troisième niveau que caractérisent des argiles schisteuses et même des schistes plus ou moins bitumineux dans lesquels des empreintes de plantes et surtout de *Walchia* datent bien nettement la formation.

On rencontre, dans l'Hérault comme dans l'Aveyron, des assises à rapprocher sans aucun doute du niveau d'Artinsk et où les *Palæoniscus* se mélangent aux *Walchia* et aux *Callipteris*.

On pense également que des éléments permiens recouvrent les dépôts stéphaniens de Bretagne et de Normandie, par exemple à Teillé (près d'Ancenis) et à Littry (Calvados).

Il ne faut pas oublier que le Permien inférieur entre dans la constitution des Vosges françaises; par exemple au Val d'Ajol où les argilolithes de Faymont renferment des empreintes très déterminables de *Cordaïtes* et des troncs entiers de grandes Fougères en arbres, de la catégorie des *Psaronius*.

Le Permien intervient dans la structure des Alpes où certains gneiss paraissent provenir du métamorphisme de ses assises[1].

C'est en particulier ce qui résulte des études poursuivies dans le Dauphiné, dans le massif de la Vanoise et dans celui du Grand-Paradis. Le motif de la détermination stratigraphique dans cette dernière région, c'est la concordance constante des gneiss en question avec le Trias qui les recouvre et c'est aussi la manière progressive dont le métamorphisme des assises s'accentue à mesure qu'on approche du centre du massif. Les géologues italiens ont depuis longtemps qualifié cette formation de *gneiss central*. En beaucoup de points les roches sont remarquables par les minéraux qui y ont cristallisé et, par exemple, les feldspaths (orthose et albite), le sphène, le glaucophane, la tourmaline, etc.

1. *Congrès de Zurich,* p. 164, 1894.

Pour ce qui est des Pyrénées, M. Stuart Mentcath a étudié des poudingues qui interviennent sous un énorme volume dans la constitution de la chaîne. A Mendibelza les galets agglutinés sont tantôt formés de quartzite et tantôt de schistes : ils peuvent atteindre un fort calibre.

L'Artinskien en Europe. — Si nous sortons de France, nous reconnaîtrons d'abord qu'en Europe le terrain artinskien se signale dans diverses parties de l'Allemagne où il constitue les *Rothliegende*. En Bohême, par exemple, et surtout vers Braunau, on recueille, dans les couches de grès et de conglomérats, les principaux termes de la flore caractéristique des dépôts anciens du pays de Perm : *Calamites principalis* est associé à des Fougères du terrain houiller supérieur. On remarque dans ce pays une couche de combustible, dite *Gazkohl.* ·

La ressemblance avec l'état de choses en Saône-et-Loire s'accentue considérablement en Saxe par la présence autour de Weissig de lits de pyroschistes ou *Braunschiefer*, pour employer l'expression locale. Dans le pays de la Sarre, et spécialement à Lebach, on voit l'Artinskien se souder si intimement au Stéphanien que la limite entre les deux est absolument indiscernable. C'est une des régions où se trouvent en plus grande abondance les restes d'*Archegosaurus Dechenei*. Ces fossiles ont agi fréquemment comme centre de concrétion; des ellipsoïdes de sphérosidérite se sont faits aussi autour des squelettes de Poissons, autour d'épis et de rameaux de *Walchia* et constituent un intéressant minerai de fer.

Au cours de ses belles études dans le bassin de la Dvina et de la Soukhona, dans le nord de la Russie, M. Amalitzky a découvert des gisements de Vertébrés et de plantes terrestres où sont reproduites des particularités typiques de certains niveaux de Gondwana des Indes que nous mentionnerons plus loin.

Au midi de l'Europe on doit mentionner l'Italie, du côté de la Toscane, et le Portugal, vers Bussaco, comme offrant des lambeaux d'Artinskien plus ou moins riches en fossiles.

L'Artinskien hors d'Europe. — Quant aux pays extra-européens, il convient de mentionner en première ligne l'Amérique du Nord. Les études n'y sont pas encore complètes et, par exemple, M. Hugh Fletcher a réuni sous le nom de Permien une série de grès, de schistes et de conglomérats, développés dans les comtés de Picton et de Cumberland, en Nouvelle-Écosse, sans qu'aucun fossile caractéristique ait démontré la complète légitimité de cette assimilation.

Selon les points, le faciès aux États-Unis est lagunaire ou franchement marin et, dans beaucoup de localités, on est frappé de la liaison intime du niveau avec les couches stéphaniennes. C'est ainsi que dans la chaîne des Appalaches, la flore se continue presque sans changement, sauf l'addition des formes permiennes (*Callipteris*, etc.), tandis qu'à un certain niveau la faune malacologique se modifie tout à coup. Dans les Montagnes-Rocheuses, et spécialement dans le Colorado où les célèbres *canyons* procurent des coupes gigantesques, on voit des séries de dépôts permiens dont les plus profonds manifestent des caractères artinskiens.

Au Missouri et surtout dans le Kansas, les géologues américains distinguent des niveaux successifs dans une très épaisse formation marine qui se relie de la façon la plus ménagée avec les assises marines du terrain stéphanien sous-jacent.

L'Amérique du Sud elle-même est pourvue de formations artinskiennes et l'on ne peut qu'être très intéressé par la rencontre qu'on y fait d'une flore qui, tout en comprenant des formes européennes, montre la persistance de plantes signalées précédemment dans le Stéphanien de l'Australie et d'autres régions des antipodes. Parmi ces plantes, les plus caractéristiques sont les grandes Fougères que nous avons désignées déjà sous les noms de *Glossopteris* et de *Gangamopteris*. Elles ne se bornent d'ailleurs pas à faire une liaison dans le temps entre des dépôts superposés, mais aussi dans l'espace entre des provinces botaniques contemporaines et à ce titre, le Brésil, avec ses gisements de Rio Grande do Sul, si bien étudiés par M. René Zeiller[1], fait vraiment le passage entre les dépôts permiens d'Europe et ceux qui se présentent au Cap de Bonne-Espérance, dans la Nouvelle-Galles du Sud et

1. *Bulletin de la Société géologique de France* (3), XXVIII, 601.

dans les Indes, où la formation permienne très épaisse et très compliquée, dite *Gondwana,* fait partie d'une énorme succession de couches à faciès continental tout à fait homogène et dont le dépôt s'est révélé comme ayant duré tout le temps qui sépare le sommet du Houiller de la base du Jurassique.

II. — Terrain lodévien (Renevier, 1874).

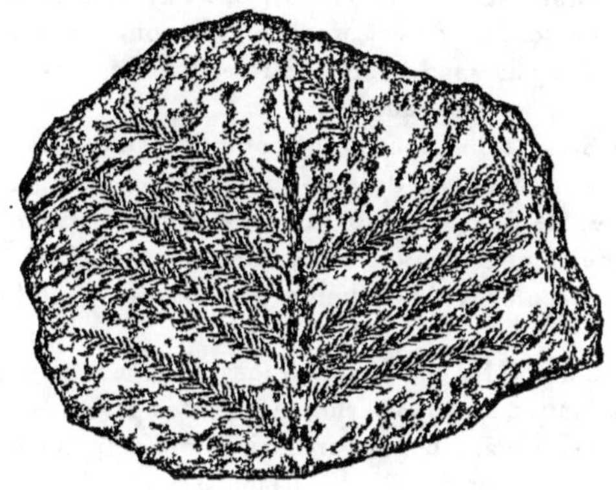

Fig. 80. — *Walchia filiciformis,* fossile typique du terrain lodévien.
(1/4 G. N.)

Étymologie. — De Lodève (Hérault).

Synonymie. — MM. Munier-Chalmas et de Lapparent l'appellent *Saxonien* et *Penjâbien.*

Le terrain lodévien en France. — Le terrain lodévien a en effet son type à Lodève, dans le département de l'Hérault. Il s'y présente sous la forme de schistes et de grès superposés à des assises dont les caractères artinskiens ont été indiqués tout à l'heure. Les schistes, et surtout les grès, sont activement exploités et on peut recueillir, dans les uns comme dans les autres, des documents paléontologiques intéressants. Ce sont, d'une part, des vestiges de végétaux parmi lesquels *Callipteris conferta, Walchia* *piniformis* et *Walchia filiciformis* (fig. 80) se signalent par la netteté de l'information stratigraphique qu'elles procurent. Ce sont, d'autre part, des débris d'animaux vertébrés et spécialement ceux de l'*Aphelosaurus*.

Ces roches se retrouvent plus ou moins exactement dans divers pays ; notamment autour du Plateau Central comme à Brive, où les grès psammites, associés à des poudingues ou à des sables micacés (par exemple du côté de Villac), ont une épaisseur de plus de 70 mètres. Le sommet de cet ensemble est constitué vers Louignac par des bancs épais rendus bien visibles par des lits schisteux qui les séparent les uns des autres.

Dans les bassins du Creusot se montrent, au-dessus des couches artinskiennes, 350 mètres de grès gris, surmontés d'une épaisseur au moins égale à 40 mètres de grès rouges, parfois bariolés, peut-être thuringiens par en haut, admettant des lits de galets et présentant par places des silicifications et des cristallisations de quartz.

Cette manière d'être se rencontre aussi dans la région des Vosges, où des grès rouges, à grains parfois augmentés par une cristallisation secondaire de quartz, occupent un horizon qui empiète certainement bien souvent sans modification de faciès sur la limite du Thuringien.

Le terrain lodévien en Europe. — En dehors de France, nous devons constater en premier lieu la continuité, dans la Forêt-Noire, des assises vosgiennes. A Bade, *Walchia piniformis* se présente dans des argilolithes subordonnées à des arkoses.

On peut suivre au travers de l'Allemagne des affleurements qui se rapportent au niveau lodévien, quoique le plus souvent ils soient dépourvus de fossiles : il faut y comprendre en Bavière, en Thuringe, en Saxe, une formation de grès passant tantôt aux conglomérats et tantôt aux schistes et qui atteint par place une épaisseur de 2 000 mètres. En Saxe ce massif est célèbre dans l'histoire de l'art des mines, sous le nom local de *Rothe todte Liegende* qui rappelle, dans une certaine mesure, celui des *Under clay*, donné par les houilleurs anglais à des schistes situés au mur des couches exploitables. Il signifie littéralement le *lit rouge mort*, et celui-ci est précieux comme guide dans les recherches des assises métallifères superposées.

En Angleterre, les couches qui correspondent au Lodévien atteignent une grande épaisseur. Elles sont remarquables dans le Shropshire par la présence d'une brèche calcaire très puissante qui s'associe à la roche arénacée dominante. Parfois on trouve, dans des lits relativement fins, des fossiles reconnaissables, comme les Labyrinthodontes de Kenilworth ou les végétaux caractéristiques de plusieurs localités.

Dans le midi de l'Europe on a constaté quelques indices permiens en Sicile.

Le terrain lodévien hors d'Europe. — Il y a lieu de penser que les affleurements permiens de la Sicile se rattachent aux dépôts qui jalonnent plusieurs régions orientales jusque dans les Indes, où la formation de Gondwana mentionnée tout à l'heure montre des terrains lodéviens très épais. Il s'agit du groupe de couches dit de Damuda, d'une puissance de 3 000 mètres à lui seul, et qui renferme des espèces variées de ces grandes Fougères si caractéristiques appelées *Gangamopteris* et *Glossopteris*. On y trouve aussi un Reptile spécial comparable à l'Archégosaure, peut-être batracien comme lui et qu'on désigne sous le nom de *Gondwanasaurus*.

La liaison mentionnée pour l'Artinskien entre l'Inde et l'Afrique australe se continue pour le Lodévien : la série dite de Karroo, au Cap de Bonne-Espérance, comprend des termes qui lui correspondent et qui se signalent par la présence de lits de combustible.

L'Amérique du Nord possède des assises lodéviennes et M. Dawson en a décrit en Nouvelle-Écosse sous la forme de grès rouges dont l'âge est nettement affirmé par la présence des *Walchia*. Plus au sud, les roches deviennent plus fines, attestant un régime originel non plus littoral, mais franchement thalassique, et le Texas montre, par-dessus les dépôts artinskiens, des couches riches en *Medlicottia* et autres Céphalopodes du groupe des Ammonitidés, mélangés d'ailleurs à *Walchia* et à *Callipteris conferta*.

N'oublions pas de mentionner la présence au Spitzberg, de calcaire marin avec *Productus* et qu'il faut regarder comme dépendant du Permien moyen.

III. — Terrain thuringien (Renevier, 1874).

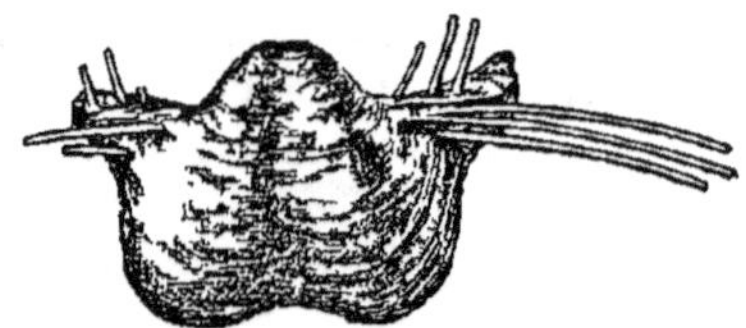

FIG. 81. — *Productus horridus*, fossile typique du terrain thuringien.
(1/2 G. N.)

Étymologie. — Du nom de la Thuringe.

Synonymie. — Le terrain thuringien a son type incontestable
en Saxe où il est désigné depuis bien longtemps sous le nom
expressif de *Zechstein*, c'est-à-dire *pierre de mine*, à cause de la
fréquence, dans sa masse, de minerais variés.

Le terrain thuringien en France. — En France le terrain thuringien est fort peu représenté : il faut rattacher à cet horizon une
épaisse suite de couches gréseuses, puis calcaires, qui, autour de
Lodève, recouvrent le niveau lodévien.

Dans l'Aveyron, on désigne sous le nom expressif de *rougier* des
grès micacés et argileux, rouges, couronnés par des calcaires et
présentant des vestiges de *Walchia*.

Dans les Vosges, s'étalent sur le Lodévien des couches parfois
puissantes de eonglomérats thuringiens qui contribuent puissamment au caractère pittoresque des grands bois de ce beau pays.

Le terrain thuringien en Europe. — C'est dans la région de la
Haute-Saxe, appelée le Mansfeld que l'ensemble des couches superposées est le plus complexe. Il débute par un conglomérat de
galets mesurant de 1 à 2 mètres et passant par place soit à du
grès plus ou moins fin, soit à du schiste très argileux. Par-dessus
règne avec une constance remarquable une mince assise de
60 centimètres d'un schiste noir dont la composition est tout à
fait singulière : il renferme toute une série de métaux tels que
le cuivre, l'argent, le plomb, le fer, le mercure, combinés au

soufre, à l'arsenic, à l'antimoine, et masqués au regard à peu près complètement par une grande proportion de matière charbonneuse qui teint le tout en noir profond. Cependant, par places, la pyrite de cuivre ou d'autres composés métalliques apparaissent en enduits brillants et spécialement sur les écailles de Poissons parmi lesquels le *Palæoniscus Freislebeni* est un des plus abondants.

Ce *Kupferschiefer* (schiste cuivreux) est surmonté de l'assise, épaisse de 5 à 10 mètres, du *Zechstein* proprement dit, calcaire argileux à grains très fins et dans lequel s'est admirablement conservée toute une faune entièrement marine. On y voit spécialement des Pélécypodes, comme Peignes, Avicules et Gervillies, et divers Brachiopodes tels que *Productus* (fig. 81), *Terebratula*, *Spirifer*, etc. D'énormes massifs de *Fenestella* s'y montrent par endroits.

Plus haut, sur une vingtaine de mètres, on distingue une dolomie caverneuse d'un gris de cendre, puis des lits de sel gemme et de gypse passant à l'anhydrite. Des dolomies et des argiles bariolées couronnent le tout.

Au voisinage, c'est-à-dire dans le sous-sol du pays de Stassfurth et d'Anhalt, on a rencontré, par des forages, un immense dépôt salifère où le sel gemme est associé à des composés potassiques comme la polyhalite et la carnallite.

Dans l'épaisseur de cette formation on constate la superposition de quatre niveaux caractérisés chacun par la présence de minéraux particuliers. Le niveau inférieur consiste en bancs de sel gemme séparés par des lits minces d'anhydrite et représentant une épaisseur de plus de 100 mètres ; par-dessus et pendant une trentaine de mètres, le sel gemme continue avec la même allure, mais, entre ses couches, se présentent des filets peu puissants de polyhalite ou sulfate hydraté de chaux, magnésie et potasse ; le troisième niveau, d'épaisseur à peu près égale, montre le sel gemme associé à la kiesérite, c'est-à-dire à un sulfate hydraté de magnésium, et à la carnallite ou chlorure double de potassium et de magnésium. Ce dernier minéral se concentre dans le quatrième niveau où le sel gemme et la kiesérite ensemble ne représentent plus que 40 % du massif. On y trouve aussi d'autres composés potassiques comme la kaïnite (chlorure double hydraté de magnésium et de potassium) et la sylvine ou chlorure pur de potassium. Avec eux se trouve enfin la tachydrite ou chlorure double de magnésium et de calcium. Le trait le plus intéressant de ces dépôts réside précisément dans l'abondance de la potasse considérée si longtemps comme *l'alcali végétal,* ainsi nommé par opposition à la soude qui semblait être *l'alcali minéral* par excellence.

En Angleterre, on considère comme appartenant au Thuringien les marnes qui affleurent dans plusieurs localités du nord et qui contiennent des empreintes de *Palæoniscus.* Des dolomies se montrent en couches épaisses dans le Yorkshire avec *Fenestella retiformis.* C'est une roche qui est parfois très singulièrement concrétionnée et M. Abbott a récemment appelé l'attention sur la structure des roches composant la colline de Fulwell, dans le comté de Durham où il a recueilli des spécimens dont on peut voir une longue série au Muséum d'histoire naturelle [1].

Le terrain thuringien hors d'Europe. — En Nouvelle-Ecosse, le Thuringien a pu être reconnu à la présence du *Schizodus Schlotheimi* dans des dolomies rappelant celles du Zechstein proprement dit. En Afrique et en Asie, les régions où nous avons vu le Lodévien les montrent en général recouvertes d'assises plus récentes. Les portions les plus élevées du Gondwana de l'Inde anglaise, ainsi que le sommet du Karroo du Sud africain semblent bien correspondre au Permien supérieur. A Maman (en Perse) se rencontre un gisement potassique qui paraît avoir avec celui de Stassfurth les plus intimes analogies.

Faciès divers des dépôts permiens.

Si nous cherchons à retrouver les principales catégories de faciès parmi les formations permiennes, nous serons frappés du nombre et de l'importance des dépôts littoraux dans des pays fort différents les uns des autres.

Cependant comme productions de haute mer on peut citer les schistes cuivreux à Poissons du Mansfeld, dont nous avons signalé les transformations successives. Dans le Palatinat, on trouve dans la région de la Hardt des schistes rouges avec *Schizodon truncatus,* coquilles voisines des Trigonies, qui sont dans le même cas;

1. Un travail de M. Abbott avec figures a paru dans le *Naturaliste* (de Londres), du 1er août 1905.

le même fossile apparaît aussi de l'autre côté de l'Atlantique dans les schistes du Nebraska.

Parmi les récifs plus ou moins comparables à nos îles madréporiques actuelles se signalent les calcaires du Zechstein de la Thuringe, avec *Fenestella retiformis.* Les organismes de mer profonde ont pris une grande part à l'édification des calcaires à Fusulines de Russie qui reproduisent l'allure générale des roches houillères précédemment mentionnées. Des couches épaisses du Penjab, dans les Indes, sont de la même catégorie.

Quant aux dépôts littoraux, ils sont très fréquents et parfois très épais. A Lodève, dans l'Hérault, des galets cimentés en poudingues supportent les grès au-dessus desquels s'étendent les schistes à *Walchia* et il n'est pas possible de ne pas reconnaître dans cet ensemble cette trilogie littorale au développement de laquelle nous avons assisté le long de certains rivages actuels. De même, dans le Riesengebirge on voit des conglomérats à gros galets servir de substratum à des schistes à *Psaronius,* recouverts eux-mêmes de schistes rouges remarquables par l'abondance des vestiges de Poissons. D'ailleurs, les poudingues constituent un des éléments les plus visibles du Rothliegende de la Saxe, mesurant 5oo mètres d'épaisseur moyenne et pouvant atteindre jusqu'à 2 ooo mètres de puissance.

De même faut-il considérer comme d'origine littorale les poudingues à minerai de cuivre du gouvernement de Perm et spécialement des environs d'Artinsk. Les *salt ranges* de l'Inde présentent aussi d'épaisses nappes de poudingues permiens.

Il faut regarder également comme littorales des roches calcaires caractérisées par leur structure détritique aussi bien que par la présence de fossiles de rivages. Dans le nombre se rangent les calcaires magnésiens du Yorkshire, avec *Productus horridus* (fig. 81), et des lits de Zechstein de Thuringe où abonde le même Brachiopode. Plusieurs amas calcaires de l'Inde avec *Productus* et *Athyris* sont dans le même cas.

Bien des roches permiennes ont conservé des traits de constitution qui permettent d'y reconnaître des formations lagunaires : on y voit abonder le gypse et quelquefois même le sel gemme, accompagné des autres composés solubles renfermés dans l'eau de la mer. On considère souvent comme étant le type le plus complet à cet égard, l'énorme dépôt de Stassfurth (Thuringe), prolongé jusqu'à Anhalt (Prusse), et qui aurait pris naissance comme se constitue actuellement le gîte de sel de Kara-Boghaz (Caspienne) (v. p. 382). Il y a cependant bien des difficultés à cette assimilation. Des couches gypso-salifères se présentent également en Russie, aussi bien dans le gouvernement de Perm que dans le Donetz. En Saxe, on peut citer les gypses du Mansfeld et l'Amérique possède, au Texas, des couches rouges enclavant des dépôts de pierre à plâtre.

On pourrait faire une longue liste des estuaires permiens. Bornons-nous seulement à mentionner certaines parties des grès d'Artinsk où des plantes terrestres comme *Calamites gigas* et des Fougères (*Callipteris conferta*, etc.) sont intimement associées à des coquilles marines. Dans le bassin de la Volga, on rencontre des couches saumâtres à *Palæomutela*, dont les analogues surgissent dans une partie de la formation de Karroo, en Afrique australe.

Du reste, pour l'époque permienne, nous disposons de documents particulièrement nombreux en ce qui concerne les dépôts continentaux, c'est-à-dire lacustres. A cet égard, les célèbres schistes à *Walchia* et à *Archegosaurus* de Saône-et-Loire et de la Sarre, qui se soudent si intimement avec le terrain stéphanien, méritent une mention particulière. La partie des grès rouges de Lodève qui fournissent les belles empreintes de *Walchia* est dans le même cas. On y trouve des pistes de *Cheirotherium* qui sont bien éloquentes (fig. 82). Dans l'Inde, en

Fig. 82. — Empreintes de *Cheirotherium*.
(1/7 G. N.)

Afrique australe, dans l'Amérique du Sud, des couches de combustible fréquemment confondu avec la houille proprement dite, sont associées à des empreintes de *Glossopteris* et de *Gangamopte-ris* qui suffiraient à montrer la grande surface des terres exon-dées et l'énergie de la végétation qui s'y développait.

On peut voir une véritable alluvion permienne dans une couche consistant presque exclusivement en débris de phyllades, en pla-quettes non roulées et à peine cimentées, sur laquelle repose un banc de calcaire artinskien dans quelques localités du Var, et spécialement à Pierrefeu et à Sigalons.

Il paraît indiqué de considérer comme un témoignage de la con-dition continentale à l'époque permienne, ou peu de temps après elle, l'abondance des cailloux striés dans le conglomérat de Dwyka, en Afrique australe, car on a vu comment les stries parais-sent devoir résulter le plus souvent de tassements consécutifs à la chute de la pluie.

Les roches permiennes ont conservé bien fréquemment les traces de la circulation des eaux profondes génératrices de phénomènes éruptifs de tous les ordres, et quoiqu'il soit certain que ces for-mations ont pu prendre parfois naissance très postérieurement au dépôt des strates, postérieurement même à leur recouvrement par des massifs sédimentaires plus récents, il est cependant légi-time de mentionner ici les éruptions volcaniques dont les projec-tions solides se sont interstratifiées avec elles.

On voit dans l'Esterel des colonnades de porphyre pétrosiliceux qui correspondent aux nappes basaltiques pour les temps tertiaires. Des roches du même genre sont associées, en Saxe, avec des ma-tériaux vitreux, tels que le pechstein. Des cinérites permiennes ont donné naissance aux argilotithes du Val d'Ajol (Vosges).

Substances utiles subordonnées aux formations permiennes.

De grands filons de quartz se rencontrent dans le Permien des Vosges : ils sont parfois parsemés de particules métalliques.

Des grès et des schistes permiens ont été fréquemment cimentés par des substances métalliques et parfois dans des conditions fa-vorables à une exploitation industrielle. C'est ainsi que les grès et les poudingues du gouvernement de Perm sont imprégnés de mala-

chite et d'azurite, même dans l'épaisseur du tissu des vestiges
végétaux qui y sont si abondants : on retrouve des accidents analogues dans le nord de la Bohême.

Vers Santagoal, près de Belebei, dans le pays de Perm, des grès
quartzeux sont cimentés par de la galène sur une surface de
900 000 kilomètres carrés. Ce gîte, si remarquable par le mécanisme de sa formation, se continue du côté d'Ekaterinenbourg par
les grès qui renferment en même temps du minerai de cuivre. Le phénomène s'est d'ailleurs poursuivi dans le grès bigarré triasique
superposé à la roche permienne, par exemple vers Kargalinsk.

Il importe de mentionner ici les très importants gisements de
cuivre de Coro-Coro et de Cobrizos en Bolivie, où le métal se trouve
à l'état natif en compagnie de l'argent métallique comme ciment
de grès ayant avec la roche du gouvernement de Perm d'intimes
analogies de structure. On y trouve aussi de grandes quantités de
cuivre oxydé et de cuivre arseniaté chargé de vanadium. L'exploitation est certainement destinée à s'accroître dans un avenir plus
ou moins rapproché.

Les schistes du Mansfeld et des roches analogues de la Westphalie et de la Hesse sont riches en minerais métalliques très
variés.

Dans le Thuringerwald, la dolomie permienne contient, aux
mines de Stahlberg et dans quelques autres points, des amas importants d'hématite brune. A Osnabrück, on exploite la sidérose
associée à l'hématite brune et formant un amas de 12 mètres de
puissance. Près de Carthagène, en Espagne, des gisements de fer
sont en relation avec des dépôts de zinc et de plomb. Dans plusieurs points de l'Angleterre, la dolomie permienne est métallifère.

Une des richesses industrielles les plus importantes du terrain
permien consiste dans l'énorme accumulation des sels de potasse
de Stassfurth et d'Anhalt. Leur découverte a déterminé une diminution considérable dans le prix de la potasse si indispensable
aux opérations agricoles et dont les applications pratiques sont
si variées dans d'autres directions.

Bien que leur exploitation soit maintenant à peu près aban-
donnée, il faut rappeler les pyroschistes d'Autun et d'autres localités comme étant un véritable minerai d'huile minérale et de gaz.

Les charbons qui leur sont associés et, par exemple le boghead, font d'excellent combustible et donnent par la distillation une grande quantité de gaz d'éclairage.

En divers pays comme en Saône-et-Loire, dans la Loire (Saint-Étienne) et en Prusse rhénane (Saarbrück), de la véritable houille est extraite du Permien inférieur et on trouve avec elle d'abondants rognons de sphérosidérite qui constituent un excellent minerai de fer.

Terres végétales des pays dont le sol est permien.

Dans l'Europe occidentale et ailleurs, les roches permiennes donnent des terres végétales variables d'un cas à l'autre, mais qui présentent cependant ce trait commun de renfermer une notable proportion d'acide phosphorique et de chaux. En général, elles constituent des terres favorables aux céréales ; les plus sableuses sont excellentes au seigle. La fumure en fait de bonnes terres à blé. Les pommes de terre y prospèrent en bien des contrées.

En Russie, des régions sableuses donnent des herbages et nous avons dans les Vosges, par exemple du côté de Saint-Dié, des prairies fertiles sur les grès rouges permiens. Il en est de même en quelques points de l'Angleterre où le sol rougeâtre peut aussi fournir des turneps et de l'orge. Pourtant dans le département de l'Aveyron, on voit les grès permiens aussi impropres à la culture que les grès houillers et restés incultes comme eux.

Les calcaires permiens donnent une terre qui n'a rien de bien caractérisé, mais qui ressemblerait moins à celle des calcaires houillers qu'à celle des roches liasiques. Enfin, les marnes sont ordinairement très compactes et d'un labour difficile : on a cependant su en tirer parti dans quelques cas.

TROISIÈME PARTIE
LE SYSTÈME SECONDAIRE

CHAPITRE PREMIER
LE GROUPE TRIASIQUE

Étymologie. — Le *Trias* a été ainsi dénommé, en 1831, par
Alberti, qui a voulu exprimer sa division évidente en trois niveaux superposés, dans la région où les premières études en ont
été faites, c'est-à-dire en Lorraine et dans les Vosges. Depuis lors
on s'est aperçu que ces niveaux superposés sont essentiellement
locaux et ne se rencontrent pas partout. Toutefois on a eu le bon
esprit de ne pas changer le nom pour cela, car on s'est rendu
compte de deux choses également vraies : la première, c'est que
la synonymie abondante est un des pires fléaux qui puisse s'attaquer aux études scientifiques et que, tout compte fait, il vaut mieux
conserver les mauvais noms que vouloir les remplacer par d'autres
qui n'arrivent jamais à les abroger et qui s'y ajoutent tout simplement. La seconde considération, c'est qu'aucun autre nom ne saurait
être meilleur, car il est impossible d'exprimer par un nom les traits
caractéristiques d'un terrain, puisque chaque terrain présente tous
les caractères imaginables suivant les points et qu'il est impossible
ainsi de retrouver exactement les mêmes caractères dans les terrains de deux localités du même âge, mais tant soit peu distantes

Synonymie. — C'est le *New red sandstone* ou nouveau grès rouge de
Murchison ; le terrain *vosgien* de Rozet ; le terrain *keuprique* de Huot.

Limite inférieure ; lacunes. — Le Trias est souvent uni d'une manière tout à fait intime avec le terrain permien qui le supporte et il y a d'autant plus lieu de signaler cette liaison qu'il s'agit là d'une des divisions primordiales de la classification stratigraphique : la séparation entre le système primaire et le système secondaire.

C'est ainsi que, dans le gouvernement de Perm, M. Nikitin a proposé un terrain *Tartarien* pour des assises de passage, à *Palæomutela* et à *Naïadites,* qui sont également permiennes ou triasiques. Dans le massif des Vosges, des grès font une transition insensible d'un niveau à l'autre. Au Cap de Bonne-Espérance la formation si homogène du Karroo appartient, suivant les niveaux, à chacun de ces deux horizons ; il en est de même dans l'Inde pour les assises de Gondwana.

Il va sans dire que des lacunes se rencontrent au contraire dans une série innombrable de localités. Autour du Plateau Central, et spécialement dans l'Indre, dans le Cher, dans l'Allier, dans la Nièvre, dans l'Hérault (Lodève), le Trias repose sur le gneiss ; il est sur le Carbonifère en Saône-et-Loire et près de Decize ; en Angleterre, dans le Sommersetshire et dans le Devonshire, il recouvre tantôt le Carbonifère et tantôt le Dévonien, etc.

Région triasique type. — Nous prendrons pour région triasique type le sol des départements de la Meurthe-et-Moselle et des Vosges, compris entre Nancy et Remiremont et une partie de l'ancien département du Bas-Rhin. On y voit des couches régulièrement inclinées de l'est vers l'ouest et dont les plus anciennes sont, par conséquent, les plus orientales. En allant de la chaîne des Vosges vers Nancy, on traverse successivement les trois zones caractéristiques du Trias ; d'abord, suivant les expressions adoptées dans le pays, le grès bigarré, puis le calcaire conchylien et enfin les marnes irisées. Tout contraste dans ces trois niveaux d'un même ensemble et on conçoit qu'à l'époque où l'on s'imaginait que chaque formation, même dans son détail, devait s'étendre à la surface totale du globe, on ait été conduit à dénommer le Trias comme on l'a fait.

Le *grès bigarré,* dans la région type où il est désigné souvent sous son nom allemand de *Bunter Sandstein,* est une roche arénacée, à grain souvent fin, d'une puissance variant de 200 à 500 mètres et admettant à divers niveaux des lits peu importants de poudingues dont les galets peuvent être plus ou moins gros. Ces assises, dont les couleurs sont très variables d'un point à l'autre, et qui contiennent souvent des mouches de minerais métalliques, reposent parfois d'une façon directe sur des grès rouges du terrain permien, de façon que la limite entre les deux est alors incertaine, comme sur les flancs de la vallée de la Vologne, dans les Vosges. Il y aurait pourtant dans ces localités, d'après quelques auteurs, des lacunes stratigraphiques plus ou moins importantes, et on devrait en conclure que les conditions littorales qui ont présidé au dépôt des galets permiens se sont reproduites plus tard, dans les mêmes endroits, pour procéder au dépôt des galets triasiques.

Dans les portions fines, le grès bigarré contient parfois des fossiles et c'est par exemple ce que montrent les grandes carrières de pierre à pavés des environs de Cirey. On y voit surtout des végétaux terrestres parmi lesquels *Anomopteris Mougeoti, Nevropteris grandifolia* et *Voltzia heterophylla* (fig. 83). Citons en outre comme spécialement caractéristiques: *Albertia latifolia, Strobilites laricoïdes* (représenté par des cônes), *Zamites vogesiacus, Nilsonia Hogardi, Yuccites vogesiacus, Schizoneura paradoxa, Equisetum Brongniarti, Caulopteris tessellata, Pecopteris Sulziana* ; à la base sont des débris de tiges d'*Equisetum arenaceum*. On y trouve les débris d'un petit Crustacé d'eau douce, *Estheria minuta*, et quelques restes de coquilles marines en fort mauvais état. A Soultz-les-Bains, les dépôts sont plus riches encore en fossiles et il en est de même dans la carrière du Velours, située à la sortie de Plombières, et à Fontenoy. Comme exemples de cette faune particulièrement intéressante, nous citerons : *Natica Gaillardoti, Turritella extincta, Pecten lævigatus, Lima (Plagiostoma) striata, Myophoria laticosta, Mya ventricosa, Terebratula vulgaris, Apus antiquus, Limulus Bronni.* En ces divers points, des Poissons, des Batraciens et des Reptiles — et spécialement *Acrodus Bronni, Mastodonsaurus Wasselonensis, Odontosaurus Voltzii, Nothosaurus Schimperi,* etc. — ont mélangé leurs ossements aux débris de plantes.

Le *calcaire conchylien* de la région peut avec avantage être étudié dans les vastes exploitations de Mont-sur-Meurthe, auprès de

Lunéville. Le calcaire argilifère, à grains fins et d'un gris plus ou moins perlé, est séparé en couches très nombreuses et d'épaisseur inégale par des filets marneux plus ou moins ondulés. M. Bleicher a divisé le *Muschelkalk* lorrain dans les trois niveaux, caractérisés successivement de bas en haut par *Myophoria rotunda,* par *Ceratites nodosus* et par *Myophoria Goldfussi.*

Le plus inférieur est le plus mince, les fossiles y sont rares et mal conservés et deviennent surtout apparents sur les surfaces qui ont subi quelque temps le contact de l'air. On y voit alors de grands exemplaires de *Pecten discites, Mytilus vetustus,* des dents très luisantes d'*Acrodus,* des radioles de *Cidaris grandævus,* des articles d'Encrines, etc.

Au-dessus viennent les couches bien plus développées du calcaire à *Ceratites nodosus* et *C. semipartitus* où se montrent fréquemment les empreintes problématiques, provisoirement désignées sous le nom de *Taonurus.* Il est très intéressant de remarquer ici que si les Cératites constituent la forme des Céphalopodes les plus caractéristiques du Trias, on trouve avec ces Mollusques des Céphalopodes voisins qualifiés de *Pinacoceras* et dont les cloisons présentent des lobes si finement découpés et si compliqués qu'on peut à peine en retrouver de semblables chez les Ammonoïdées des assises plus récentes. Cette observation acquiert toute sa valeur quand on remarque qu'à l'inverse, le terrain crétacé moyen et même supérieur a procuré des Ammonites appelées *Buchiceras* et dont les sutures ressemblent singulièrement dans leur simplicité à celles des Cératites triasiques. La notion du perfectionnement organique doit expliquer des particularités de ce genre. Beaucoup de bivalves se présentent, parmi lesquels *Myophoria pes anseris,* qui n'est pas rare, se signale par la singularité de sa forme digitée. On recueille çà et là de beaux spécimens d'*Encrinus liliiformis* (fig. 84).

Enfin l'ensemble précédent est couronné par des dolomies sableuses, des calcaires et des grès magnésifères, des marnes parfois gypseuses dont l'ensemble se complique et se complète du côté de Blainville. *Myophoria Goldfussi* s'y mélange avec toute une faune où l'on peut signaler : *Natica gregaria, Myascites musculoïdes, Gervillia costata, Corbula gregaria, Mytilus vetustus, Lima striata, Lingula tenuissima,* etc.

Dans certains points le système de couches du Muschelkalk passe au grès et, par exemple à Badonviller, on y trouve toute la faune que nous venons de citer à l'état de moulages dans un véritable grès coquillier (*Muschelsandstein,* comme on dit dans le pays).

Enfin les *marnes irisées* constituent un ensemble argileux de plus de 200 mètres de puissance, appelé *Keuper* dans le langage local et présentant vers la base de nombreuses et parfois volumineuses lentilles de sel gemme associé à du gypse et interrompu à divers niveaux par des bancs de grès et des lits de dolomie noduleuse.

Les fossiles y sont extrêmement rares : les grès présentent des empreintes d'*Equisetum arenaceum* dont la présence explique sans doute quelques filets ligniteux comme il s'en rencontre vers Noroy, par exemple ; dans certaines argiles sont des Posidonies ; dans les dolomies se voient quelques coquilles marines comme *Myophoria Goldfussi,* déjà cité dans le Muschelkalk, *Perna keuperiana* et même un très curieux Crustacé du groupe des Mérostomes, que M. Bleicher a décrit sous le nom de *Limulus Vicensis.* Le Keuper lorrain a une très grande valeur industrielle par le sel gemme qu'il contient et dont l'exploitation remonte à une haute antiquité.

Subdivisions du groupe triasique. — La description très rapide de la région lorraine nous ayant procuré une base pour l'étude du Trias, nous allons jeter un coup d'œil sur la manière d'être de ce terrain dans un certain nombre de localités convenablement choisies. Toutefois nous croyons très utile de remarquer, conformément au début du présent chapitre, que les subdivisions qui viennent d'être énumérées ne se retrouvent pas exactement ailleurs. Il paraît commode de classer les terrains triasiques conformément au tableau suivant :

GROUPE	TERRAINS	NIVEAUX
Trias.	2. *Saliférien.. . . .*	2. Juvavien (Norien). 1. Raiblien (Karnien).
	1. *Conchylien. . . .*	3. Ladinien (Larien). 2. Virglorien (Dinarien). 1. Werfenien (Skytien).

I. — Terrain conchylien (Alexandre Brongniart, 1819).

FIG. 83. — *Voltzia heterophylla,* fossile typique du Conchylien inférieur ou grès bigarré.

(1/2 G. N.)

FIG. 84. — *Encrinus liliiformis,* fossile typique du Conchylien supérieur ou calcaire conchylien.

(1/2 G. N.)

Étymologie. — Le nom de ce terrain a été choisi en raison de la prodigieuse abondance des coquilles fossiles contenues dans plusieurs de ses niveaux.

Synonymie. — Le terrain conchylien comprend les masses mentionnées tout à l'heure sous les noms de *grès bigarré* et de *Muschelkalk*, entre lesquelles le *Muschelsandstein* fait à tous les points de vue une transition des plus ménagées. Comme il est très épais en certains pays et que, suivant les localités, ses divers niveaux présentent un développement très inégal, on l'a lui-même subdivisé. Sans entrer dans l'interminable synonymie qu'on pourrait citer à cette occasion, notons que beaucoup d'auteurs ne se contentent pas d'y voir les deux niveaux du *Buntersandstein* et du *Muschelkalk,* mais que, désignant le premier sous le nom de *Wer-*

fenien, introduit dans la science en 1874, par Renevier, à cause de son développement à Werfen, dans le pays de Salzbourg, au Tyrol, ils coupent le second en deux paquets de couches dont l'inférieur serait le *Virglorien* (Renevier, 1874), de Virglora, dans les Alpes Rhétiques et l'autre le *Ladinien* (Bittner, 1892), des Ladini, ancienne peuplade du Tyrol méridional. Nous ne contestons aucunement, bien au contraire, l'intérêt de consacrer par des noms spéciaux la manière d'être des terrains dans les localités où ils sont bien développés. Seulement il faut reconnaître qu'à côté de ces trois noms il en faudrait des dizaines, peut-être des centaines d'autres, pour exprimer tous les types stratigraphiques intéressants à signaler. Et naturellement il y faut renoncer pour se résigner au système le plus pratique, et c'est pour cela que nous décrirons ensemble les niveaux du terrain conchylien, quitte à appeler l'attention sur quelques-unes de ses manières d'être les plus remarquables.

Le Conchylien inférieur a encore été appelé *Vôsgien* par Elie de Beaumont et *Vogesien* par Mayer-Eymar en 1874 ; *Pœcilien* par Conybeare ; *calcaire à Encrines* par plusieurs auteurs ; *Franconien* par M. de Lapparent (1883) ; *Iakontique,* en 1895, par Waagen et Diener pour les dépôts de l'Inde. Le Trias inférieur des Alpes est parfois appelé terrain *briançonnais.* Mojsisovics, en 1895, distingue un terrain *fassanique* pour le Conchylien du Tyrol, qualifié aussi quelquefois de *couches à Gyroporelles.* Sa forme coralligène a été qualifiée par Mojsisovics, en 1869, de terrain *larien* (de Lario, nom du Lac Majeur).

Fig. 85. — *Ceratites nodosus.* (1/4 G. N.)

Le terrain conchylien en France. — Pour ce qui est des gisements français les plus indispensables à mentionner, il faut noter le rôle du terrain conchylien dans le pays de Provence. La base consiste en grès associé à des conglomérats dont l'analogie extérieure est très nette avec les éléments contemporains décrits dans la région vosgienne, mais où l'on assure avoir trouvé déjà des vestiges de *Ceratites* (fig. 85). A certains niveaux on y voit des moucheture métalliques rappelant également un trait du *Bunter* typique et, à ce sujet, il faut noter l'abondance relative de l'azurite et de la malachite dans les roches du cap Garonne, dans le Var.

Par-dessus cet horizon gréseux, la région provençale nous offre plus de 80 mètres de calcaires de nuance foncée où l'on trouve la faune caractéristique du Conchylien avec *Encrinus liliiformis* (fig. 84) et *Terebratula vulgaris*. Ces calcaires sont d'ailleurs liés par leur base aux grès qui les supportent d'une façon si intime et si ménagée que la limite ne peut pas être tracée entre eux d'une manière nette.

Dans les Alpes-Maritimes, la description serait à peu près la même, y compris la présence de sels de cuivre dans le grès. On y est frappé de l'énorme importance des dolomies et des calcaires associés très ordinairement avec des amas gypseux, spécialement aux environs de La Bollene et de Roquebillière, dans la vallée moyenne de la Vésubie, ou encore du côté de Dalnis et de Saint-Étienne-de-Tinée.

Dans le Var, c'est d'une manière progressive et insensible qu'on passe du grès permien au grès bigarré et c'est ce qui se présente à Saint-Mandrier auprès de Toulon. Le *Bunter* règne d'ailleurs de Saint-Nazaire jusqu'au delà de Cannes et on peut le suivre de Vidauban jusqu'à Ollioules. Au Beausset, Coquand a recueilli *Voltzia brevifolia* dans ce grès. Vers Carqueiranne il est surmonté d'un Muschelkalk consistant en calcaires magnésiens rougeâtres et à structure cloisonnée (Carnieule).

Entre Grasse et Draguignan le calcaire plus compacte, marneux et souvent pyriteux, a fourni les fossiles les plus caractéristiques comme *Avicula socialis*, *Pecten ostrea*, *Terebratula vulgaris*, *Encrinus liliiformis*, etc. Le calcaire prend une importance de plus en plus considérable dans les régions un peu plus septentrionales de la chaîne et dès les environs de Digne, on voit, sur les grès, une centaine de mètres de couches calcaires qui, par en haut, se dolomitisent progressivement. L'enrichissement en dolomie, accompagné de l'apparition du sel gemme et de toute une série de minéraux métamorphiques, s'accentue toujours et nous prépare à la rencontre des grandes dolomies du Tyrol.

A cette occasion il est tout à fait indispensable de constater que si le Trias joue un rôle dans la constitution des Alpes Françaises, il y a acquis, en conséquence des actions métamorphiques, des caractères tellement particuliers que la synchronisation en est extrêmement difficile avec le Trias normal des régions précédemment mentionnées. Pour tout résumer en un mot, on en arrive à accepter en principe que de gigantesques épaisseurs de roches feuilletées comme des ardoises et affectant à première vue une apparence essentiellement paléozoïque, sont en réalité du Trias métamorphique : c'est là ce terrain briançonnais que nous mentionnions il n'y a qu'un instant.

Ainsi, en Dauphiné et en Savoie, vers la frontière italienne, on constate que le caractère ancien des schistes lustrés va latéralement en s'accentuant au fur et à mesure qu'on approche des massifs où les actions mécaniques ont manifestement été le plus intenses. D'ailleurs il va sans dire que les distinctions à faire entre les différentes subdivisions du Trias ont été complètement effacées et non seulement on est réduit à décrire en bloc tout le massif de ces schistes triasiques, mais il est certain qu'on y confond des assises plus récentes, pouvant intéresser diverses zones du Lias.

Cependant on peut quelquefois distinguer encore des niveaux successifs et c'est le cas, par exemple, en Savoie où se montrent avec une netteté relative : 1° à la base, des grès siliceux blancs ou verdâtres, ayant subi la cristallisation du ciment autour des grains de quartz et constituant un type remarquable de quartzite des mieux caractérisés. Ces roches n'existent pas partout et, par exemple, elles manquent sur le pourtour du Grand-Paradis. Ailleurs elles peuvent acquérir une épaisseur notable. Dans le Chablais, elles sont en couches verticales, par exemple à Saint-Jean d'Aulph ;

2° par-dessus, des marbres souvent très blancs constituant le soubassement d'un massif de calcschistes siliceux, de schistes lustrés, de nuance variée et souvent sombre, de dolomies (Carnieule) et de gypse ;

3° enfin, et couronnant l'ensemble, des calcaires en bancs séparés par des lits de dolomie et dans lesquels abondent par place des cristaux d'albite. Les fossiles n'y manquent pas absolument. Sous la pointe de Lansléria on a recueilli des traces de Polypiers. Les *Gyroporella* existent vers le sud.

Ces fossiles sont en effet remarquables par la large surface de leur distribution dans la région alpestre : autour de Briançon ils caractérisent une série de 300 mètres de puissance d'assises de calcaires gris, finement cristallins, où s'aperçoivent parfois des débris de Crinoïdes. Avec ces roches et au-dessous d'elles sont des cornieules et des gypses qui complètent un ensemble lithologique tout à fait typique. De même les Gyroporelles se présentent sur le rivage du lac Léman, en quelques points de la région du Chablais et jusque dans le Bas-Valais : dans le massif du Val d'Illiez, par exemple.

Avant de quitter ces parages on peut remarquer que le type normal du Trias alpin doit être recherché à l'ouest de la zone des schistes lustrés décrits tout à l'heure. Il consiste avant tout en calcaires phylliteux ou compactes, chargés d'une proportion de magnésie qui les fait passer plus ou moins à la véritable dolomie et dans lesquels des gypses et des cornieules sont en bancs subordonnés. Quand le système est complet, on voit, par-dessus ces formations, le gypse passer progressivement à l'anhydrite et, en plus d'un point, on rencontre dans le massif de la chaux sulfatée, des blocs de calcaire empâtés dont la situation révèle l'origine épigénique.

Dans les Pyrénées, on trouve le Trias inférieur parfaitement reconnaissable et consistant même, dans le sous-sol de Salies-de-Béarn par exemple, en couches horizontales de calcaires magnésiens reposant sur des roches gréseuses, tout comme en Lorraine. On verra tout à l'heure que le Keuper salifère complète même cet ensemble en le recouvrant. Le Conchylien comprend avant tout des psammites rouges ou rougeâtres, accompagnés de conglomérats poudingiformes. Ce terrain n'est d'ailleurs pas également réparti dans toute la longueur de la chaîne : très développé vers l'extrémité occidentale, il s'atténue progressivement du côté de l'est, puis reprend en traversant la vallée d'Aure une certaine puissance qu'il perd de nouveau dans les Pyrénées-Orientales. Au sud de Bayonne, la roche dominante ressemble beaucoup aux poudingues à galets impressionnés de la région vosgienne. Dans l'Ariège, les caractères généraux sont analogues et les grès enclavent souvent dans leurs régions supérieures des bancs minces et irréguliers d'un calcaire gris-bleuâtre qu'on a comparé au Muschelkalk.

Tout autour du Plateau Central, on voit le Trias inférieur se

présenter surtout à l'état d'arkoses qui sont fort exploitées sur
le plateau d'Antully, en Saône-et-Loire. Ces grès granitiques dont
l'épaisseur peut être de 20 à 40 mètres sont associés à des marnes
bariolées où l'on a signalé des pistes de Labyrinthodonte; par en
haut, elles passent à un calcaire magnésien représentant peut-être le
Muschelkalk et qui, à Saint-Verand, a fourni des dents de Poissons.

Le terrain conchylien en Europe. — En dehors de France, le
terrain conchylien joue un rôle intéressant dans plusieurs contrées de l'Europe.

Tout d'abord le Tyrol présente, dans le massif du Schlern, un niveau dolomitique qui, d'après les études de M. de Richthoffen, est
surtout constitué par l'accumulation d'innombrables thalles d'Algues
incrustantes appartenant aux genres *Gyroporella* et *Sphærocodium*,
devenus d'ailleurs à peu près complètement méconnaissables.

C'est une forme particulière de récif corallien et l'on peut se
demander si la nature magnésienne des roches est un effet exclusif de la circulation des eaux profondes ou si elle ne dérive pas,
au moins pour une part, des conditions originelles du dépôt, car
on sait que dans nos récifs actuels il s'accomplit déjà des passages
du calcaire à la dolomie. D'ailleurs ces roches phytogènes sont
couronnées, dans la région tyrolienne, par des tufs très riches en
fossiles marins, consistant en Céphalopodes, Gastropodes, Brachiopodes et Échinodermes extrêmement nombreux. On les connaît
sous le nom de couches de Saint-Cassian.

A Ischl et à Hallstadt, dans le Salzkammergut, sont de vastes
gisements de gypse et de sel.

Le Conchylien joue un rôle notable dans la géologie d'une partie
de l'Allemagne du Nord, de la Pologne et de la Russie. Le grés
bigarré y est reconnaissable, recouvert de dolomie, puis de calcaire
à *Myophoria*. La surface occupée par ces formations est immense
et s'étend jusqu'à l'Oural et jusqu'à la Mer Glaciale.

En Allemagne, le niveau du Muschelkalk est souvent représenté
en partie par des couches gréseuses et argileuses avec lignite, et
désignées sous le nom local de *Lettenkohle* ou charbon-glaise. Ces
couches sont très développées en Thuringe où M. Bornemann a
reconnu au microscope dans la constitution du calcaire l'intervention très active des Algues calcaires.

En Angleterre, des dolomies jalonnent le niveau conchylien et renferment, dans la région de Bristol, des ossements de grands Reptiles tels que les *Palæosaurus* et les *Thecodontosaurus*. Des dents de *Ceratodus* rappellent celles des environs de Lunéville et, dans le Pays de Galles, des empreintes de *Brontozoum* ressemblent aux *Onithichnites* du Colorado. Plus au nord, nous pouvons mentionner des vestiges de plusieurs niveaux conchyliens jusque dans l'île d'Helgoland.

Quant au sud de l'Europe, il nous fournira des faits remarquables aussi bien en Sardaigne qu'en Espagne. Pour la Sardaigne on note, en plusieurs points, du grès bigarré classique avec *Equisetum* et *Voltzia* (fig. 83), tout comme à Plombières, par-dessus lequel s'étend un véritable Muschelkalk avec *Encrinus liliiformis* (fig. 84), et *Myophoria Goldfussi,* reproduisant les conditions de Mont-sur-Meurthe.

Pour l'Espagne, l'Aragon nous offre des grès qui contiennent *Equisetum arenaceum* et *Albertia elliptica,* pendant que les environs de Segura laissent voir un calcaire à *Gervillia socialis* et à *Myophoria Goldfussi.* Ce sont là des correspondances infiniment intéressantes.

Le terrain conchylien en dehors de l'Europe. — Pour les régions extra-européennes, il nous suffira de choisir quelques exemples. En Amérique du Nord, des roches certainement triasiques se montrent en plusieurs Etats; en Californie, elles contiennent des *Ceratites* (fig. 85) bien caractéristiques. En outre, dans la Virginie comme dans la Caroline du Nord, on voit *Equisetum arenaceum* et *Voltzia heterophylla* s'associer à toute une flore conchylienne.

En Australasie et en Australie, la formation de Gondwana a continué à s'épaissir pendant toute la période conchylienne, alors que s'accroissait de son côté, en Afrique, le massif de Karroo, l'un et l'autre ensevelissant des restes de Dicynodontes et la première englobant toujours des *Glossopteris,* plus ou moins analogues à ceux des niveaux précédents.

Dans la chaine de l'Himalaya, on a découvert des *Myophoria* au sein de couches surmontées d'assises à *Daonella* et par conséquent salifériennes; ce sont des termes bien reconnaissables du

Conchylien. Dans la chaîne du Salt Range, les Céphalopodes et
spécialement les Cératites sont en quantité extraordinaire.

II. — Terrain saliférien (A. d'Orbigny, 1852).

Fig. 86. — *Monotis* (*Daonella*) *salinaria*, fossile typique du terrain saliférien.
(G. N.)

Étymologie. — De la présence du sel gemme.

Synonymie. — C'est le *Keupérien* de Thurmann (1832), le *Juvavien* (de *Juvavo*, Salzbourg) de M. Mojsisovicz (1892) et l'*Halorien*
(d'Halores, peuples du Salzkammergut) du même auteur (1869)
qui, en 1895, en a distingué la partie moyenne sous la qualification
d'*Alaunien* (du nom des Alaunes, ancien peuple du Tyrol) et la partie
inférieure sous le nom de *Lacisquien* (de *Laciacio*, Salzkammergut).

C'est le *Tyrolien* de M. de Lapparent (1885). En 1860, M. Stop-
pani a qualifié le Saliférien inférieur de *Raiblien* (du nom de la
Carinthie) ; c'est le niveau désigné en Allemagne sous le nom de
Lettenkohle (Charbon argileux).

Le terrain saliférien en France. — Le terrain saliférien mérite
bien son nom par les amas de sel qu'il renferme en certaines
régions et spécialement dans notre Lorraine, comme on l'a vu
plus haut. Nous en pouvons citer en France quelques dépôts intéressants, par exemple dans la région du Jura.

A partir de Lons-le-Saulnier, le terrain saliférien forme une
bande qui s'étend jusqu'à Salins ; on y distingue des couches
alternantes de marnes, de dolomies et de grès, avec gîtes subor-

donnés de sel gemme, de gypse — comme à Villette-les-Cornod et les environs de Cousance — et de lignite atteignant 8o mètres à Grozon. A Grozon, à Salins, à Montmorot, le sel est l'objet d'une exploitation importante. Il est extrait par dissolution au moyen de trous de sonde poussés jusqu'aux bancs de sel, où parviennent en même temps soit des sources intérieures, soit des eaux qui y sont dirigées de l'extérieur. Les eaux salées extraites à l'aide de pompes marquent en moyenne 22 degrés Baumé et sont à peu près saturées. Après une extraction continue d'une certaine durée, les eaux s'appauvrissent et on laisse alors reposer les trous de sonde pour que les eaux aient le temps de se recharger de sel en proportion suffisante.

La formation se continue au travers des départements de la Haute-Saône et de Saône-et-Loire, où elle consiste en 20 à 4o mètres de marnes bariolées et de calcaires oolithiques admettant par place des dolomies (cornieule) et du gypse. Une exploitation de sel se rencontre dans la vallée de la Dheune. Des *Monotis* (fig. 86), des Daonelles, des Myophories, des Avicules et d'autres coquilles caractéristiques fixent bien l'âge de ce niveau, qui admet en outre des lits dolomitiques.

Dans le Var, les marnes irisées sont bien caractérisées aux environs d'Hyères ; elles ressemblent à leurs contemporaines de Lorraine et du Jura par leurs bariolures rouges et violettes et même par l'absence de fossiles.

Plus au nord et vers l'ouest, auprès de Peyregrosse dans l'Aveyron, la formation triasique est constituée surtout par des marnes rouges. Leurs analogies avec le Keuper de Meurthe-et-Moselle sont très nombreuses et la présence du gypse est à mentionner à cet égard. On retrouve à Saint-Affrique jusqu'à un certain calcaire jaune tuberculeux que Voltz a décrit sous le nom de *pierre à crapaud* comme se trouvant à Vic. Dans l'Aveyron comme en Lorraine, les marnes renferment des silex en fragments irréguliers et le sel gemme lui-même ne fait pas défaut : non pas le sel en roche toutefois, mais en dissolution dans l'eau d'une source. Quant au gypse, il forme auprès de Sylvanès, à Grisac, une assise importante.

En Provence, le Saliférien est bien développé ; mais il se distingue des formations qui viennent d'être décrites par une diminution de l'élément argileux, progressivement remplacé par

des couches de plus en plus puissantes de calcaire magnésifère.
A ce titre, il constitue une transition ménagée vers le Trias alpin
qui, franchement marin, est en partie notable formé de dolomie.

Celle-ci se présente d'habitude sous l'apparence de ces roches
caverneuses très reconnaissables que nous avons déjà citées maintes
fois et qu'on désigne depuis longtemps sous les noms de carnicule,
cornieule ou cargneule. En outre, sous l'influence des réactions
orogéniques qu'ils ont subies, et conformément à ce que nous avons
déjà vu pour le Trias inférieur des Alpes, les éléments argileux du
Saliférien qui avaient persisté se sont transformés en schistes qui,
en certains points, comme à Saint-Jean-de-Maurienne, sont à l'état
de véritables phyllades ardoisiers.

Dans les Pyrénées, le terrain qui nous occupe est généralement
gypseux et l'on y trouve depuis l'Ariège jusqu'au Béarn des amas
de sel gemme parfois volumineux. Salies en tire son nom et déjà
nous avons eu à constater l'association des gîtes pyrénéens avec
des pointements de roches volcaniques (ophite).

Le long de la chaîne des Pyrénées, les marnes irisées s'étendent
en plateaux légèrement ondulés au pied des coteaux de grès bigarré ;
elles sont fortement argileuses et bariolées de nuances diverses.
On n'y trouve généralement aucun fossile.

Le terrain saliférien en Europe. — A la suite des Alpes Françaises, nous voyons dans toute la longueur de cette chaîne de
montagnes le Saliférien reparaître sous des aspects variés ; tantôt
sous la forme de schistes à Ammonites (*Trachrceras*), comme en
Basse-Autriche et dans le nord du Tyrol ; tantôt avec l'aspect
grandiose de la *Haupt Dolomit,* dans le Juvavien du versant nord
des Alpes Orientales. Dans ces régions, le Trias est très homogène
depuis la base jusqu'au sommet. Çà et là se rencontrent des gîtes
de sel comme à Bex (Valais), comme en Argovie, comme à Hall
en Tyrol. En Wurtemberg, on exploite sous le nom de *Lettenkohle*
des couches ligniteuses avec ossements de *Mastodonsaurus*.

Les Pyrénées espagnoles offrent des faits comparables : de vraies
carnicules y sont souvent associées à du gypse, au sein de marnes
bariolées et parsemées de cristaux souvent rougeâtres de quartz
bipyramidé (hyacinthe de Compostelle).

En plusieurs autres points de l'Espagne, et spécialement dans la

province de Malaga, le Saliférien présente les caractères classiques
et renferme des *Myophoria*. C'est en grand nombre que les affleurements triasiques se montrent sur le sol de l'Italie et jusqu'en Sardaigne. Le marbre dit *Bardiglio* en Toscane mérite ici une mention.

En Angleterre, le Saliférien est appelé *variegated marls*, ce
qui signifie littéralement marnes irisées, et il comprend deux niveaux principaux bien développés dans le Shropshire. A la base
sont des grès cités souvent à cause de la présence des pistes du
Cheirotherium (fig. 82) et qui mesurent parfois jusqu'à 5o mètres
et plus d'épaisseur. Au-dessus sont des marnes avec niveaux de
sel gemme et présentant d'étroites ressemblances avec les gisements typiques de Lorraine. Hildburghausen, en Allemagne, est
célèbre par des pistes de *Cheirotherium*.

Le terrain saliférien hors d'Europe. — L'Asie est richement pourvue de terrain saliférien et dans la chaîne de l'Himalaya le Saliférien
est très normalement superposé au Conchylien. Dans l'Hindoustan, des couches dépendant du Gondwana supérieur renferment des
fossiles parfaitement caractéristiques, et cette remarque conduit à
ajouter qu'ici encore le sud de l'Afrique, avec sa formation de Karroo, continue à manifester la liaison la plus évidente avec la
péninsule indienne. D'ailleurs, dans d'autres parties de l'Afrique
et jusque dans le Soudan, dans le Sahara, en Tripolitaine, en
Tunisie et en Algérie, des lambeaux de terrain saliférien sont
exploités d'une manière continue. L'allure de ces gisements rappelle souvent ceux des Pyrénées.

Les îles de la Sonde et le Japon méritent aussi d'être cités comme
possédant des termes stratigraphiques dépendant du Trias supérieur.

Au Spitzberg, la localité de Sauria Hook a procuré à Georges
Pouchet, lors du voyage de la « Manche » en 1894, de belles plaques de schistes couvertes de *Daonella* très bien conservées, où se
montre aussi *Ceratites Obergi*.

Faciès divers des dépôts triasiques.

Le faciès marin profond se manifeste dans de nombreuses formations triasiques à grain fin et à fossiles caractéristiques. Citons
comme exemples les schistes de Werfen, du Salzbourg, dans

le Tyrol, avec *Tirolites Cassianus* qui est un Céphalopode très
voisin des Cératites.

On retrouve des correspondants de ces dépôts dans toute l'épaisseur du Trias : les roches sont analogues et les *Tirolites* sont successivement remplacés par des *Ceratites,* puis par des *Trachyceras*
qui préparent et annoncent dans nos régions la venue des vraies
Ammonites, déjà apparues comme on l'a vu dès le Permien de Russie.

Les mers de profondeur moindre, quoique notable, sont signalées dans une foule de localités par des récifs coralliens appartenant
à divers niveaux du Trias.

Bien des calcaires construits du Briançonnais et d'une partie des
Alpes Françaises sont à rapporter au Muschelkalk. Dans le Bas-
Valais comme en Lombardie, les calcaires pétris de vestiges d'Algues des genres *Diplopora* et *Gyroporella* sont à citer aussi : ces
roches consistent presque exclusivement dans la superposition
d'innombrables thalles de ces Chlorophycées.

Déjà l'on a vu que c'est à la série des calcaires construits qu'il faut
rattacher le célèbre massif des dolomies du Tyrol et du versant nord
des Alpes Orientales. Ces roches, si intéressantes par les problèmes que propose leur origine et par les transformations qu'elles
ont subies, se sont déchirées sur plus de 1 000 mètres d'épaisseur
pour constituer des escarpements d'une nuance rosée, absolument
dépourvus de végétation et si pittoresques qu'ils sont devenus
un but d'excursion pour les touristes les plus étrangers aux questions scientifiques. D'habitude la roche est uniformément cristalline avec des géodes tapissées des pointements caractéristiques
de la dolomie.

Pourtant d'après les études de M. Mojsisovicz, elles résulteraient
du métamorphisme d'un récif où l'on retrouve encore par places les
traces organiques (spécialement des Polypiers) de très volumineuses Natices et des Algues diplosporées. On se rappelle que
les massifs coralligènes de l'époque actuelle montrent dans
leur région profonde la tendance la plus manifeste à la dolomiti-
sation. Cependant il est vraisemblable que des agents de transformation se sont exercés sur ces roches bien après leur dépôt, et l'illustre Léopold de Buch était d'avis d'en rattacher l'activité aux éruptions de mélaphyre dont le sol du Tyrol est si abondamment traversé.

Comme dépôts marins triasiques de profondeur certainement médiocre, il convient de mentionner le Muschelkalk proprement dit et typique, comme on en exploite si activement à Mont-sur-Meurthe, près de Lunéville. Il faut mettre sur le même rang les couches à Cératites et à autres Ammonoïdées de tous les niveaux, comme celles de Recoaro en Tyrol, des Alpes du Salzbourg, de certains points de la Hongrie et spécialement des entours du lac Balaton [terrain *balatonien* (Mayer-Eymar, 1888)], de quelques régions de la chaîne de l'Himalaya et beaucoup d'autres.

Pour ce qui est des dépôts littoraux, le Trias est en Europe tout particulièrement riche. Bien des grès des Vosges, comme on en voit auprès de Plombières, à Ruault et dans plusieurs points de la Lorraine septentrionale, sont remarquables par l'abondance des Huîtres (*Ostrea decemcostata*), des Natices (*Natica Gaillardoti*) et de beaucoup d'autres coquilles de régions littorales. On désigne ces roches sous le nom caractéristique de *Muschelsandstein*.

Parfois les éléments de la roche sont plus gros et passent même à l'état de gros galets. Tout le monde connaît les escarpements si pittoresques des Vosges où ces formations sont intimement superposées aux poudingues permiens : Sainte-Odile est une des localités les plus réputées à cet égard.

C'est peut-être au même niveau qu'il faut ranger les gigantesques conglomérats de Dwyka, dans l'Afrique australe, où les galets ont été parfois striés postérieurement par les phénomènes de l'érosion souterraine.

Dans la partie moyenne du massif triasique, on citera, à cause de leur faciès littoral, les grès rouges de Virglora dans les Alpes Rhétiques ; et c'est vraisemblablement des mêmes temps que datent les grès bigarrés et souvent rouges de la Montagne de la Rhune, non loin de Bayonne (Basses-Pyrénées), où ils reposent sur des poudingues à galets que les tassements ont plus tard impressionnés.

Des estuaires triasiques sont bien connus : le terrain qualifié de *Lettenkohle* et qui constitue le Trias d'une grande partie du Tyrol et de la Carinthie consiste en lits argileux, renfermant des filets charbonneux, et alternant avec quelques grès et des gypses tout à fait caractéristiques. On y recueille un mélange d'animaux marins et d'animaux lacustres, compliqué de débris de plantes terrestres. C'est un gisement intéressant de Reptiles dinosauriens et autres, parmi lesquels figurent des Mastodonsaures et des Poissons.

C'est à l'existence des lagunes triasiques que nous devons les salines si nombreuses et d'exploitation si profitable d'une foule de localités européennes et françaises.

Le nom de Salzbourg consacre l'abondance du sel dans le Tyrol où il est subordonné aux schistes de Werfen, en association avec le gypse, au niveau même de la grande dolomie mentionnée plus haut. De toutes parts dans les Alpes, des formations analogues se manifestent, ayant souvent d'ailleurs perdu leur sel par des actions secondaires. Le plus ordinairement il ne reste que du gypse qui, fréquemment, engendre des sources sulfurées et des dolomies caverneuses très caractéristiques (cornieule). En Argovie, en Valais (Bex), à Rheinfelden, à Heilbronn en Wurtemberg, on exploite le sel à ce niveau.

Relativement à la France, on sait que le sel triasique y est fort commun et spécialement abondant dans les trois régions principales de Meurthe-et-Moselle (Vic, Dieuze, Varangeville), du Jura (Salins) et des Pyrénées (Salies).

Des formations lacustres ont persisté à divers niveaux triasiques. Il suffira de citer ici les dépôts de Soultz en Alsace, dépendant du grès bigarré et fournissant une abondante flore terrestre.

Les célèbres couches à *Dicynodon* et autres Reptiles theriodontes du Cap de Bonne-Espérance paraissent également d'origine lacustre.

Substances utiles subordonnées aux formations triasiques.

Le Trias renferme un grand nombre de substances utiles. Répétons que toutes ne sont pas nécessairement d'âge triasique et qu'elles ont pu s'introduire ou se constituer postérieurement dans le terrain qui nous occupe. C'est sans doute le cas pour les diamants du Cap de Bonne-Espérance qui, à une époque indéterminée, ont traversé les couches du Karroo en s'élevant avec des alluvions verticales dans les *pans* ou cheminées verticales de profondeur inconnue.

Parmi les substances de luxe dépendant du Trias, peut être
mentionné l'incomparable marbre de Carrare, en Italie, dont l'âge
n'est cependant pas absolument certain et qui repose directement
sur les schistes paléozoïques. C'est un produit de métamorphisme
intense et l'un des témoignages les plus éclatants qu'on en constate
consiste dans la présence, en pleine roche calcaire, de cristaux de
quartz hyalin d'une limpidité absolue, d'une pureté de forme admirable et parfois d'un volume notable. Il va sans dire que les minéralogistes sont plus satisfaits que les statuaires de la rencontre de
ces cristaux dans la pierre. Les carrières de marbre de Carrare sont
de très grandes dimensions, ce qui tient à ce qu'elles sont exploitées
depuis longtemps. Michel-Ange y venait lui-même choisir les blocs
destinés à ses chefs-d'œuvre; une grande partie de la roche a été con-
sommée par la sculpture de ces monuments d'un art douteux qui
remplissent le Campo Santo de Gênes et ceux de bien d'autres villes
italiennes.

Des arkoses abondent dans le Trias où elles représentent le commencement d'une formation destinée à se développer dans quelques
assises plus récentes. On les exploite très activement dans l'Yonne
et en Saône-et-Loire, par exemple, pour la fabrication des pavés et
du macadam.

Mais parmi les substances les plus recherchées figurent le gypse
et le sel gemme qui, d'ailleurs, s'accompagnent fort souvent. Le
gypse est abondant en Lorraine (Weinberg, près Heilbronn), dans
le Jura, le Doubs, la Côte-d'Or, l'Allier (à Lurcy-Lévy), la Nièvre
(à Decize), l'Aveyron (Saint-Affrique) et dans beaucoup de points
de la chaîne des Alpes et de celle des Pyrénées, par exemple à
Arnaud, à Avignac et à Bedeillac (Ariège). Les marnes irisées du
Gard tirent un grand intérêt du gypse qu'on y exploite à Alais et
au Vigan, gypse renfermant fréquemment, comme dans la chaîne
des Pyrénées, de petits prismes de quartz qui, lorsque le fer les
rend rubigineux ou roses, entrent dans la catégorie des *hyacinthes
de Compostelle*. Un autre minéral remarquable du même terrain est
le minerai de fer, qui alimente par exemple les fonderies de Bessèges.

A la Mas Dieu, près Laval (Gard), le Muschelkalk contient de la
galène qui a été activement exploitée comme en témoigne le volume des déblais accumulés à son voisinage. Des carrières existent
aussi en Angleterre, par exemple à Chellaston (Derbyshire).

Pour le sel il constitue des lentilles, spécialement dans le Saliférien, mais dont on a des exemples même dans le Conchylien inférieur. On l'exploite tantôt par puits et galeries comme à Saint-Nicolas, près de Nancy, tantôt par dissolution comme dans le Jura (Miserey, Salins, Châtillon, Pouilly-les-Vignes). A ce titre on doit mentionner ici les sources salées, comme celles de Gouhenans, dans le massif du Jura, et de Salies-de-Béarn, qui d'ailleurs constituent par elles-mêmes un type de substances utiles qu'il convient de ne pas oublier. Il existe aussi du sel dans le Cheshire (Angleterre), entre Alger et Laghouat, et surtout dans le Tyrol et au Salzkammergut où Hallein, Ischl, Halle, Hallstadt, Berchtesgaden possèdent les principales mines.

Des lits de combustibles — intermédiaires entre la houille proprement dite dont ils n'ont pas toutes les qualités et les lignites — se trouvent dans le Trias et spécialement dans les marnes irisées. Nous en avons en France qui sont exploités dans le Jura, comme à Grémonval, à Marnoz, à Grozon et à Pyrmont. Les Allemands les qualifient de *Kohlenkeuper*. Ces charbons sont peu riches en matières gazeuses et généralement très pyriteux.

Dans la Caroline du Nord, des couches du même âge renferment d'énormes réserves de pétrole.

Ajoutons que les dépôts métallifères abondent dans les formations triasiques. C'est ainsi que le grès bigarré est parfois exploitable, comme au Bleiberg, près Commern, dans l'Eifel, où un grès quartzeux est à ciment de galène ; un gîte analogue se retrouve en Lorraine entre Sarrelouis et Saint-Avold. C'est à titre de curiosité que nous mentionnerons la découverte imprévue de l'argent et de l'or dans la substance du Muschelkalk, traversé à 582 mètres de profondeur dans le sous-sol de Raucourt (Meurthe-et-Moselle) par des sondages poussés à la recherche de la houille. D'après M. F. Laur, la tonne de roche renfermerait 245 grammes d'argent et 39 grammes d'or ; c'est beaucoup plus que ce que procurent les célèbres minerais du Transvaal, qui d'ailleurs paraissent devoir être mentionnés ici, bien que l'absence de tout fossile rende incertaine leur synchronisation, dans le Witwatersrand, avec les niveaux de la série du Karroo qui s'étend du Permien au sommet du Trias. Des grès bigarrés sont imprégnés de cuivre et de plomb aux environs de Düren. Des mines, où le zinc est associé au plomb, pro-

curent une production énorme en Silésie. La dolomie de Raibl,
comme le calcaire de Wiesloch, dans le Grand-Duché de Bade,
recèlent des gîtes calaminaires parfaitement caractérisés. Idria,
en Carniole, présente des couches triasiques imprégnées de mercure ; dans l'Ardèche, à Charmes, nous connaissons des dolomies
fortement chargées de stibine ou minerai d'antimoine. Mais c'est
le fer qui sans doute mérite le premier rang pour la dimension de
ses amas. L'hématite brune minéralise le Muschelkalk de la Silésie,
spécialement à Tarnowitz, à Bernthen, à Kattowitz ; la sidérose est
exploitée en filons épais à Allevard (Isère) et dans l'Ardèche, à Mer-
zelet, à Montgros et ailleurs. La phillipsite est au contact des diorites dans les grès triasiques du New-Jersey.

Mentionnons enfin, comme une belle substance subordonnée aux
dépôts triasiques, les amas de jaspe rouge qui ont été exploités à
Saint-Gervais (Haute-Savoie) et qui ont fourni de magnifiques
colonnes monolithes à l'Opéra de Paris.

Terres végétales des pays dont le sol est triasique.

Les terres végétales qui recouvrent les affleurements triasiques
varient dans une large mesure selon les localités et la qualité du
sous-sol. Les régions keupériennes, ou de marnes irisées, méritent
surtout d'être mentionnées. Leur relief est, en général, très doucement ondulé et seulement accidenté par l'émergence de rares
niveaux de calcaire magnésien qui y font de petits escarpements.
Fréquemment le sol, très argileux, se recouvre, lors des séche-
resses, d'efflorescences salines qui suffiraient à indiquer la nécessité de drainages abondants pour débarrasser la terre de son excès
de matière saline. Dans les points laissés à eux-mêmes, on voit
surgir toute une végétation de plantes comparables à celles des prés
salés et même des marais salants : *Salicornia herbacea* est parmi les
plus caractéristiques.

Le fond des vallées est généralement couvert de prés marécageux
au milieu desquels serpentent lentement des ruisseaux et des rivières.

Ces vallées possèdent, il est vrai, un sol arable compacte et froid ;
mais un drainage suffisamment énergique, associé à l'amendement par
le phosphate de chaux et spécialement par la poudre d'os, l'améliore

extrêmement. La production du fromage, d'ailleurs perfectionné dans sa qualité, a pu être doublée par ces pratiques.

En Allemagne, on peut citer les environs de Stuttgart, en Wurtemberg, comme possédant des terres triasiques cultivées avec bénéfice. Les marnes irisées, entremêlées de lits de gypse et de bancs de grès, donnent des terres où la quantité d'acide phosphorique et de potasse permet la culture de la vigne. Les bancs de grès qui se trouvent dans le haut de la formation et qui, dans le pays, sont qualifiés de *Keupersandstein* sont presque stériles : on y fait de maigres cultures de pins aux environs de Nurnberg.

Les marnes irisées donnent fréquemment des terres acceptables dont le principal défaut est une pénurie en acide phosphorique. Elles sont boueuses, lourdes, parfois difficiles à travailler, se craquelant au soleil. En Lorraine on y installe volontiers des étangs favorables à la pisciculture, dont les produits alternent avec ceux que procure la culture de leurs fonds, mis à sec après quelques années de submersion fécondante.

Certaines prairies normandes sont établies sur des affleurements triasiques : c'est ce qui a lieu en quelques points des environs de Carentan et d'Isigny : les terres dont il s'agit n'ont d'ailleurs pas la haute valeur de celles qui, dans le même pays, dérivent des marnes du Lias ou des alluvions récentes.

Il faut à cette occasion ajouter que les terres triasiques sont recherchées pour l'élevage des bestiaux et la production du lait. L'exemple du comté de Chester, en Angleterre, est décisif pour montrer les qualités spéciales des marnes irisées.

D'un autre côté, dans le sud de l'Espagne, à 25 kilomètres au sud du Guadalquivir, le sol est constitué par les marnes du Trias et la région se signale par une stérilité désertique. Vivement coloré de nuances diverses et déchiré par de profondes barrancas, le terrain, desséché, étincelant par place de fragments de gypse cristallisé, se recouvre d'efflorescences neigeuses. Un curieux dessin d'Henri Regnault, exposé dans la galerie de Géologie du Muséum d'Histoire naturelle à Paris, reproduit d'une manière saisissante la physionomie de ce singulier pays.

CHAPITRE II

LE GROUPE LIASIQUE

Étymologie. — Ce nom a été proposé en 1815 par Smith. Le mot *Lias* est une expression qui a cours depuis très longtemps parmi les carriers du Dorsetshire en Angleterre, pour désigner un certain calcaire argileux, extrêmement reconnaissable, et que nous aurons à décrire tout à l'heure comme partie essentielle du terrain *sinémurien*.

Synonymie. — La synonymie relative au groupe liasique considéré dans son ensemble est sensiblement nulle; aucune autre expression n'a exactement le même sens; c'est pour les niveaux superposés du Lias qu'il y aura lieu de trouver des équivalents. Cependant on peut en rapprocher le terme d'*Eojurassique* proposé en 1896 par Buckmann.

On ne peut aborder l'examen du Lias sans signaler la forme remarquable de ses affleurements en France ou plutôt dans la région franco-londonienne. Ces affleurements y dessinent comme un 8 dont la boucle septentrionale enveloppe le bassin anglo-parisien et dont l'autre boucle fait une ceinture au Plateau Central. On peut dire que toute la géologie de notre pays est ordonnée d'après cette disposition qui en dessine pour ainsi dire les lignes directrices.

Limite inférieure; lacunes. — Dans beaucoup de cas le Lias est en conformité exacte avec son soubassement naturel, c'est-à-dire le Trias. C'est pour cela que nombre de géologues sont portés à souder sa partie inférieure, c'est-à-dire la zone à *Avicula contorta* ou terrain rhétien, aux derniers éléments de l'étage saliférien.

Par contre, il y a beaucoup de cas où des lacunes stratigraphiques plus ou moins larges se présentent entre le Lias et son substratum. C'est ainsi, comme exemples choisis parmi beaucoup d'autres, que l'étage hettangien repose à Sutton (Angleterre) directement sur le Culm et que le Sinémurien est dans le duché de Luxembourg sur le Conchylien. A Chevillé (Sarthe), il repose sur le Carbonifère ; à Maltot, à Fontaine-Etoupefour (Calvados), sur le grès silurien ; à Mézières, à Sedan, en Sicile, au Chili, sur les terrains paléozoïques ; à Thouars, sur le terrain archéen ; dans le Plateau Central, à Niort, sur le granit. Le Charmouthien est à Durban sur le Carbonifère ; à Asnières (Sarthe), sur le Carbonifère et sur le Dévonien suivant les points ; à May (Calvados), sur le Silurien ; à Bressuire (Deux-Sèvres), sur la granulite ; à Saint-Maixent, sur le granit dont il a comblé les inégalités.

Localité liasique type. — C'est en Bourgogne, aux environs d'Avallon, de Semur et de Vézelay, que nous choisirons la région type pour le Lias. Il y a grand intérêt à y trouver réunis tous les niveaux que les études géologiques ont si successivement reconnus dans ce groupe stratigraphique.

La base de l'ensemble y est représentée par des grès, des calcaires marneux passant à la lumachelle et par des marnes plus ou moins argileuses. On y reconnaît *Avicula contorta, Cardium cloacinum* et bien d'autres coquilles.

A cet égard, il y a bien longtemps déjà que M. Pellat a rendu classique la coupe de Couches-les-Mines que tous les géologues sont allés visiter et qui constitue en même temps le type des formations désignées sous le nom de *bone beds* dont nous avons précédemment donné les caractères (p. 364). On y remarque, en effet, trois niveaux superposés, affleurant sur le front de taille de 15 mètres environ de hauteur, de ces accumulations d'ossements, de dents et d'écailles de Poissons, dans les intervalles très inégaux desquels s'étalent des calcaires et des grès renfermant tous *Avicula contorta* si caractéristique du Rhétien. Beaucoup d'autres fossiles accompagnent cette coquille typique (*Anatina præcursor, Mytilus minutus, Mrophoria inflata, Gervillia præcursor*) et dans le grès qui forme la base de l'ensemble, on voit les débris de toute une flore variée de

Fougères et de Prêles, dont le terme le plus fréquent est peut-être *Clathropteris platyphylla.*

Le grès dont il s'agit est souvent désigné sous le nom de *grès infrà-liasique;* il est exploité en bien des endroits sur les bords de l'Armançon. La roche est très variable d'un point à l'autre pour la grosseur de son grain et pour sa cohésion qui la prédisposent à des applications diverses, depuis le macadam jusqu'à la construction des murs et des maisons. Souvent on y trouve beaucoup de fossiles, spécialement à Marcigny-sous-Thil où l'on recueille, par exemple, *Mytilus minutus, Myophoria inflata,* des *Cypricardia* et une Huître désignée sous le nom d'*Ostrea Marcignyana.* Dans les environs de Semur, les grès rhétiens couronnent des argiles tantôt violacées et tantôt verdâtres, souvent panachées, qui contiennent, par exemple à Thostes, des lits d'arkose bleuie par place ou verdie par des mouches d'azurite et de malachite. L'arkose sépare le grès du massif fondamental de granulite.

Du côté de Dijon, des grès très siliceux alternent avec des marnes noires qui enclavent un calcaire hydraulique. Cet ensemble renferme des fossiles analogues à ceux qu'on trouve dans les assises précédentes et parmi lesquels abondent.des débris de Reptiles et de Poissons : *Ceratodus, Placodus, Hybodus, Acrodus, Sargodon, Saurichthys, Amblypterus,* etc. *Avicula contorta* y est associé à *Myophoria inflata, Gervillia præcursor* et autres coquilles tout aussi caractéristiques.

On voit qu'il s'agit d'un niveau admirablement caractérisé.

Au-dessus se présentent, aux environs d'Avallon, des couches alternantes de calcaires et de marnes dont l'épaisseur moyenne est de 6 mètres environ et qui, à certains niveaux, sont très fossilifères. Il y a même dans l'ensemble une véritable *lumachelle* qui peut servir très utilement de point de repère pour les synchronisations. Les carriers du pays qualifient de *pierre bise* cette roche qui est exploitée avec une certaine activité. Parmi les vestiges organiques de ce niveau on remarque tout de suite l'abondance des Cardinies (*Cardinia Listeri, C. hybrida, C. concina*) et une Huître très fréquente (*Ostrea Hisingeri*). C'est le·niveau d'une Ammonite bien reconnaissable : *Psiloceras planorbis.*

Dans cette zone s'étendent les minerais de fer des environs

de Thostes et de Beauregard dont les *Cardinia* caractéristiques ont été parfois transformées en oligiste cristallisée.

Au-dessus de la lumachelle se présente, dans les mêmes régions, un autre niveau si remarquable par ses caractères extérieurs qu'il a été de tout temps distingué par les carriers qui lui ont donné le nom pittoresque de *foie de veau*. C'est un calcaire marneux d'une nuance jaunâtre et dont les bancs peu épais, subordonnés à des marnes argileuses, sont très noduleux. A sa base se signale un niveau renfermant *Ammonites liasicus*, mais dans toute son épaisseur on recueille *Schlotheimia angulata*.

Les deux niveaux à *Psiloceras planorbis* et à *Schlotheimia angulata* sont d'ailleurs intimement unis comme deux termes d'un même ensemble : nous les retrouverions dans notre région type jusqu'aux environs de Malain et de Savigny, non loin de Dijon. Il sera légitime de les réunir dans un même terrain.

C'est avec une allure tout à fait distincte que se présente par-dessus ces formations un ensemble de couches spécialement développées autour de Semur et par exemple à Torcy, à Epoisses, à Savigny, à Cussy près d'Avallon, comme aussi à Thibaud, à Pouilly et à Arnay-le-Duc. On y remarque surtout, sous le nom vulgaire de *pierre noire*, employé par les ouvriers, des lits calcaires souvent pétris de *Gryphæa arcuata*.

Le calcaire à Gryphées, presque aussi noduleux que le foie de veau, mais d'un bleu foncé, atteint souvent de 8 à 10 mètres d'épaisseur. On en fait des matériaux de construction et l'on en extrait aussi une chaux d'excellente qualité. Des Ammonites (*Arietites*) permettent d'y caractériser plusieurs niveaux superposés dont l'inférieur, souvent en contact avec les couches à *Schlotheimia angulata*, est caractérisé par *Arietites rotiformis*. Plus haut se présente *Arietites Bucklandi* dans des lits où l'on trouve un certain nombre de nodules phosphatés. Enfin le tout est couronné par une zone à *Arietites stellaris*, avec *A. obtusus* et *Waldheimia cor*, où l'on exploite le phosphate de chaux avec activité. Celui-ci est tantôt en nodules amorphes, tantôt à l'état de fossiles variés dont il a remplacé la substance originelle. On le recueille surtout dans les limons ocracés que l'intempérisme a accumulés à la surface . des calcaires par voie de décalcification.

Du côté de Vitteau (Côte-d'Or) on retrouverait les mêmes circonstances et parfois sur une plus grande échelle. Les résidus d'attaque du calcaire consistent, avec une grande épaisseur, en une argile brunâtre, ferrugineuse et manganésifère. Dans cette région les fossiles, et spécialement les Gryphées, sont nombreux, et parmi les Ammonites on peut mentionner : *Oxynoticeras oxynotum, Arietites bisulcatus, A. obtusus, Ophioceras raricostatum, Microderoceras Birchi,* etc.

Le calcaire à Gryphées vient 's'étaler des deux parts de la vallée du Cousin à la surface des roches granitiques. Les Gryphées arquées 'y sont extrêmement abondantes et, avec elles, *Arietites bisulcatus, Lima gigantea, Spiriferina Walcoti.*

Au-dessus du calcaire à Gryphées se montre une autre formation qui, à son tour, mesure dans la région une épaisseur considérable et consiste en marnes et en calcaires alternant plusieurs fois.

Dans une partie de la Bourgogne, ce massif stratigraphique se sépare avec évidence en trois niveaux, à cause de la présence dans sa région moyenne de 60 à 70 mètres de marnes finement micacées, avec quelques lentilles calcaires, et où les fossiles sont très rares, sauf des Foraminifères variées. Au-dessus comme au-dessous, sont des calcaires remplis, au contraire, de coquilles parfaitement conservées.

Les calcaires inférieurs donnent le célèbre ciment de Pouilly. Les Bélemnites y sont en grand nombre et parmi elles il faut mentionner : *Belemnites paxillosus, B. niger, B. clavatus.* Des Ammonitidés s'y rencontrent aussi (*Amaltheus margaritatus, Lytoceras fimbriatum,* etc.) avec beaucoup d'autres fossiles comme *Gryphæa cymbium, Avicula inæquivalvis, Lima Hermanni, Terebratula numismalis, Rhynchonella variabilis.*

Le calcaire supérieur est noduleux, quelque peu marneux, brun à la surface, mais passant en profondeur au vert, puis au bleu. Sa résistance vis-à-vis de l'intempérisme l'amène à faire corniche sur les flancs des collines liasiques des environs de Dijon. Parmi les fossiles on remarque tout d'abord *Gryphæa cymbium* à cause de son abondance et à cause aussi de sa dimension qui en fait une variété (dite *gigantea*) de l'espèce ordinaire. *Gryphæa sportella* l'accompagne, ainsi que *Lima inæquistriata, Mytilus scalprum, Pec-*

ten æquivalvis, Plicatula (Harpax) Parkinsoni, Pholadomya ambigua.
Comme Ammonite, il faut signaler *Amaltheus spinatus.* Des Bélemnites se rencontrent et dans le nombre : *B. niger* déjà mentionnée
à la base, mais ici de forme plus épaisse, *B. clavatus, B. brevis,* etc.

Ce terrain, si remarquable comme on voit, forme auprès de
Semur la portion inférieure des collines ; on l'exploite pour ciment à Vénazey, le long du canal de Bourgogne.

Enfin le sommet du Lias, dans notre région type, consiste surtout en marnes et en argiles gréseuses et micacées, souvent feuilletées, noirâtres, brunes ou gris-bleuâtre, souvent bitumineuses,
renfermant quelques lits de rognons siliceux et quelques couches
de calcaire argileux.

Les portions argileuses sont souvent exploitées comme matière
plastique propre à la fabrication des tuiles, des briques et des
poteries, par exemple à Rolampont, à Meulsaut, à Lugny. Les
parties calcaires donnent de la chaux et même d'excellent ciment
comme à Vassy, localité renommée à cet égard. On peut citer Villenotte et Mussy-la-Fosse, près de Semur ; Chevilly, Pouilly, Gevery,
au sud-ouest de Dijon, où le niveau supporte les plus anciennes
couches de l'Oolithe.

Subdivisions du groupe liasique. — En résumant les notions qui
précèdent, on voit que notre région type nous invite à subdiviser
le groupe du Lias en 5 terrains dont les noms sont indiqués dans
le tableau suivant :

GROUPE	TERRAINS	NIVEAUX
Lias.	5. *Toarcien.* . . .	Posidonien. ⎫
	4. *Charmouthien.* .	Pliensbachien. ⎬ *Lias propre.*
	3. *Sinémurien.* . .	Gryphitien. ⎭
	2. *Hettangien.* . .	Grès du Luxembourg. ⎫ *Infrà-*
	1. *Rhétien.* . . .	Grès infrà-liasique. ⎬ *lias.*

Ajoutons que c'est d'une manière très successive que le terrain
liasique a été enrichi de subdivisions de plus en plus nombreuses.
La plus importante consiste dans la constitution, aux dépens des
couches qu'on regardait comme représentant sa base, d'un étage
tout entier qui a reçu le nom d'*Infrà-lias.*

En outre, de même que le *Lias proprement dit* avait été subdivisé par d'Orbigny en trois terrains superposés, l'*Infrà-lias* a été lui-même coupé en deux.

I. — Terrain rhétien (Gümbel, 1861).

FIG. 87. — *Avicula contorta*, fossile typique du terrain rhétien.
(G. N.)

Étymologie. — Le terrain rhétien tire son nom de ͞son énorme développement dans les Alpes Rhétiques (*Rhäticon* des Allemands) et, avant tout, dans la chaine de la Haute-Engadine qui est le territoire des anciens Rhètes.

Synonymie. — C'est la zone à *Avicula contorta*. En plusieurs régions on le qualifie de *Bone bed ;* c'est le *grès infrà-liasique* de Vic-en-Lorraine ; une partie du *Dachstein* de Bavière.

La roche dominante est une marne surmontée de calcaires noirâtres. Dans cette marne s'est conservé, et parfois en abondance, un Pélécypode qui, sous le nom d'*Avicula contorta* (fig. 87), est devenu caractéristique du niveau parce qu'il s'est retrouvé sur une surface géographique considérable et sert ainsi de fil conducteur des plus précieux. Avec lui sont de très nombreux Brachiopodes et spécialement des Térébratules.

Le terrain rhétien en France. — Nous possédons en France plusieurs régions où se poursuit la zone à *Avicula contorta* et il est tout naturel de mentionner d'abord l'existence du niveau dans notre chaîne des Alpes où, dans bien des points, la coquille caractéristique s'est conservée. Dans les Basses-Alpes, les assises à Avicules ont jusqu'à 25 mètres de puissance ; en Provence, le massif de la Sainte-Baume est réputé pour la netteté des échantillons d'*Avicula contorta* qu'il procure ; Dieulafait a été le premier à l'y signaler [1].

D'ailleurs, il importe de constater tout de suite que, dans les Alpes, les conditions précédemment indiquées pour le Trias se continuent exactement les mêmes pour le Lias, pour durer — dans le Briançonnais, par exemple — jusque dans les formations éocènes. On est là dans cette série interminable et si peu variée de schistes lustrés ou roches vertes que nous avons décrits. Cependant, suivant les points, ils passent à des micaschistes véritables comme du côté de l'Eychauda et de Provel, à des cornéennes ou eurites comme vers le mont Genève, à du calcschiste comme à Cesanne où des bancs silicifiés sont remplis de Radiolaires. Près de Champ (Isère), on voit des calcaires noirs, feuilletés, à *Avicula contorta*, constituer le toit des gypses triasiques.

.Plus au nord, le même horizon se présente dans la Corrèze, dans le Lot, puis dans le Cher, aux environs de Saint-Amand. A La Châtre, dans l'Indre, se trouve toute la faune du niveau à Avicules, et spécialement des *Mytilus*, *Gervillia præcursor* et *Myophoria inflata*. Les environs de Lyon donnent lieu à des remarques analogues et se rattachent à l'Auxois dont les particularités nous ont tout à l'heure occupés.

Des arkoses se continuent en plein Morvan, par exemple vers Couches-les-Mines ; elles y sont associées, comme on l'a vu plus haut, à des grès et à des calcaires où toute la faune du niveau est réunie. Outre les coquilles de Mollusques déjà cités, on y trouve des débris de Poissons, parfois concentrés en véritables *bone beds*. A Andilly (Saône-et-Loire) M. Sauvage a décrit une faune de Reptiles avec Ichthyosaures et Plésiosaures. Des faits analogues se rencontrent également vers Lons-le-Saulnier et plus au nord encore. L'abondance de ces bone beds doit démontrer que les pays où on les trouve ont subi (longtemps sans doute après l'époque rhétienne) le régime continental, conformément aux con-

---

1. *Bull. soc. géol. de France*, 2ᵉ série, t. XX, p. 6io.

clusions auxquelles nous a fait parvenir l'étude de la fonction épi-polhydrique.

La zone rhétienne constitue au Plateau Central une ceinture à peu près continue, mais elle est surtout caractérisée dans la région du Nord. Dans la Côte-d'Or, on peut citer des grès de la catégorie des *bone beds* bien visibles du côté de Beaune, mais beaucoup plus développés encore aux environs de Dijon. Le sol consiste en une alternance de grès siliceux et de marnes noires contenant un banc de chaux hydraulique. On y recueille des Mollusques tels que *Avicula contorta, Gervillia præcursor, Ostrea Haidingeriana, Myophoria inflata*, et surtout des Reptiles et des Poissons : *Ceratodus, Acrodus, Hybodus, Placodus, Sargodon, Amblypterus, Saurichthys*. L'épaisseur du Rhétien atteint 60 et 80 mètres dans la Nièvre. Du côté de Saint-Pierre et aux environs de Corbigny, les fossiles sont abondants.

Le terrain rhétien en Europe. — En dehors de France, le terrain rhétien recouvre de larges surfaces. En Allemagne, son examen a procuré, dès 1817, la notion du plus ancien Mammifère fossile d'Europe, *Microlestes antiquus*, dont une mâchoire, jusqu'ici unique, fut découverte par Plieninger aux environs de Stuttgard.

En Angleterre, le niveau a fourni les premiers spécimens des lits formés surtout d'ossements, de dents et d'autres débris de Vertébrés, qui conservent le nom anglais de *bone beds* que nous avons employé précédemment. Les Poissons y dominent (*Acrodus, Saurichthys, Gyrolepis* et autres).

En Italie, en Grèce, ailleurs encore, le Rhétien a été étudié.

Le terrain rhétien hors d'Europe. — Parmi les localités extra-européennes à mentionner ici, nous nous bornerons à constater que le Karroo, en Afrique australe, et que le Gondwana, dans les Indes, présentent des couches qui sont contemporaines des dépôts à *Avicula contorta*. A vrai dire, ce fossile ne s'y rencontre pas, mais on y trouve des plantes qui l'accompagnent chez nous et spécialement des Cycadées. C'est dans les couches de Stormberg, au sommet du Karroo, que se sont offerts les débris de toute une faune de Reptiles des plus remarquables : *Lycosaurus, Dicynodon, Tritylodon*, etc.

Dans beaucoup de régions, le Rhétien se signale par la présence de couches de combustibles, d'abord considérés comme constituant une variété de houille, mais dont le pouvoir calorifique est bien inférieur et qui sont de véritables lignites. C'est ce qui a lieu par exemple au Tonkin (dans l'île de Ke-bao) et au Chili (à la Ternera). La présence dans ces gisements de végétaux tels que *Podozamites distans* et même celle d'*Avicula* n'ont laissé aucun doute sur leur âge véritable.

Les gisements de lignites rhétiens du Tonkin sont remarquables par l'abondance des empreintes végétales qu'on y recueille. Les formes les plus caractéristiques sont *Podozamites distans, Nilssonia polymorpha, Asplenites Rœsserti.* Un fait des plus intéressants au point de vue général de l'histoire des espèces organiques, c'est que la flore rhétienne dont il s'agit contient à profusion une Fougère, *Glossopteris Browniana* qui abonde dans les couches triasiques de l'Australie, mais qui, dans cette région, n'a pas continué plus haut dans la série sédimentaire. Ces mêmes plantes *infrà-liasiques* se continuent d'ailleurs en Chine où elles ont contribué à donner naissance à des combustibles qui jouissent de propriétés rappelant celles des houilles grasses dans les assises primaires.

A l'inverse, dans les couches rhétiennes de Stormberg — qui couronnent dans l'Afrique australe l'énorme massif stratigraphique du Karroo — on ne voit pas trace des *Glossopteris,* abondantes plus bas dans le même pays : des *Podozamites* y sont associées à *Thinnfeldia odontopteroïdes* et à des Fougères (*Sphenopteris elongata,* etc.) tout à fait différentes.

Un grand intérêt s'attache à ce Karroo supérieur, à cause de l'abondance des débris de *Dicynodon* et de la présence du *Tritylodon* que ses affinités ont fait regarder successivement comme un Mammifère et comme un Reptile.

Le sol de la République Argentine a procuré la découverte, dans une localité du gouvernement de Neuquen, dite la Pietra Pintada, d'un riche gisement de plantes rhétiennes où l'on retrouve avec intérêt des formes qui, malgré la distance, rappellent beaucoup celles de l'Infrà-lias de nos régions. Citons : *Brachyphyllum, Thinhfeldia, Dictyophyllum, Asplenites macrocarppus, Otozamites Ameghinoi, O. Bunburyanus, O. Barthianus, O. Rothianus.*

II. — Terrain hettangien (Renevier, 1864).

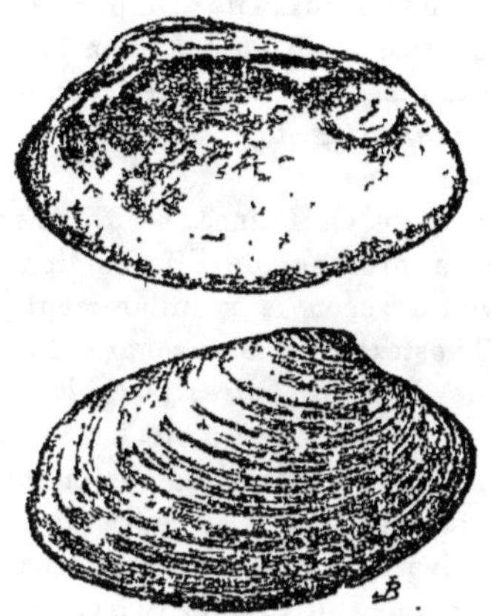

Fɪɢ. 88. — *Cardinia concinna*, fossile typique du terrain hettangien.
(G. N.)

Étymologie. — Du nom d'Hettange, près de Metz en Lorraine.

Synonymie. — On l'appelle aussi *terrain des grès du Luxembourg ;* c'est le niveau du *choin batard* du Lyonnais et du *foie de veau* de la Bourgogne.

Le terrain hettangien peut, au point de vue paléontologique, être caractérisé par un Pélécypode qui sera le pendant d'*Avicula contorta :* c'est *Cardinia concinna* (fig. 88), auquel du reste peuvent être adjointes d'autres Cardinies complétant une petite légion très cohérente.

On y voit des séries de couches gréseuses interrompues à plusieurs reprises par des lits marneux ou calcaires, chargés de matière organique qui les rend odorants par le choc et par la chaleur et qui les colore plus ou moins fortement. Des horizons fossilifères, parfois très riches, ont permis d'y faire des coupures successives. A la base une zone est caractérisée avant tout par la présence de Cardinies et de *Psiloceras planorbis*, Ammonitidé qui se retrouve dans un très grand nombre de localités et constitue un excellent repère. Puis viennent des assises de 60 mètres, plus spécialement qualifiées de *grès d'Hettange* et dont *Schlotheimia angulata* est le fossile essentiel : les autres vestiges organiques sont extrêmement nombreux ; ils comprennent des Mollusques, des Polypiers (*Montlivaultia*) et des plantes : Cycadées, comme *Otozamites* et *Cycadites,* ou Fougères comme *Thaumatopteris,* *Dictyophyllum, Thinnfeldia,* etc.

Le terrain hettangien en France. — En France nous devons d'abord rappeler la présence de l'Hettangien en Bourgogne où, comme on l'a vu, il recouvre régulièrement le terrain rhétien, par exemple à Thostes et à Beauregard. Les Cardinies y sont abondantes avec des Huîtres (*Ostrea irregularis,* etc.) et des Ammonites (*Psiloceras, Oxynoticeras,* etc.). Ces fossiles sont parfois entièrement transformés en fer oligiste cristallisé. En effet les mêmes circonstances générales se reproduisent avec une grande exactitude dans divers autres points du pourtour du Plateau Central et, par exemple, du côté de Brive.

Dans la plupart de ces localités on voit une zone (dite *foie de veau*), caractérisée par *Schlotheimia angulata,* superposée à un niveau dit *lumachelle* où se signale *Psiloceras planorbis.*

Aux environs de Saint-Amand, dans le département du Cher, le terrain hettangien est représenté par un massif de calcaire de 40 mètres de puissance qui se continue dans le département de la Nièvre. A Saint-Rénévien on rencontre un grès blanc alternant avec des lits d'argile rouge renfermant *Otozamites latior* et *Clathropteris platyphylla.*

Un calcaire ferrugineux, tout rempli de Cardinies, représente le niveau dans les Deux-Sèvres et spécialement auprès de Niort. Près de Valognes, dans la Manche, le calcaire à Cardinies passe à l'état de grès et repose sur des marnes à *Mytilus minutus.* L'Infrà-lias est bien caractérisé en plusieurs points de la Vendée.

Dans la France orientale, en Ardennes, un grès renferme toute la série des fossiles caractéristiques associés à des marnes à *Schlotheimia.* Des couches analogues affleurent en Franche-Comté, aux environs de Chalindrey, avec les mêmes fossiles.

Sous le nom de *choin batard,* on exploite dans le Mont-d'Or Lyonnais un calcaire un peu grenu, à Plicatules, et qui correspond à l'Hettangien. Il est connu à Mazenay en Saône-et-Loire. A Beaune on le qualifie de *pierre serpentine*.

Ce terrain joue un grand rôle dans nos Alpes Françaises ; dans le massif du Mont-Blanc, il consiste en grès à galets avec *Pecten*.

C'est peut-être dans l'Hettangien qu'il faut ranger le *calcaire capucin* si développé entre Aubenas et Largentière. C'est un calcaire gréseux, brun, sans fossile, avec géodes de quartz, de barytine et de calcite. Dans le canton de Blaymard cette formation repose sur des calcaires gris pétris de fossiles et appartenant à la zone à *Psilonotus planorbis*.

Le terrain hettangien en Europe. — Les assises décrites dans notre région type se continuent, mais fort réduites, dans le Luxembourg belge et dans diverses parties de l'Allemagne. En Bavière se présentent des calcaires à *Lithodendron*. En Souabe, des grès, exploités comme pierre de construction, contiennent des Cardinies et *Schlotheimia angulata* caractérise des calcaires désignés dans le pays sous le nom de *Malmstein*. Cette constitution spéciale se retrouve à peu près aux environs de Vienne, en Autriche, et jusqu'en Hongrie où se montrent des lits d'un combustible bien voisin de la houille proprement dite et qu'on exploite à Fünfkirchen. Cette pseudo-houille apparaît encore dans le Banat où l'on retrouve toute la flore du Luxembourg.

Le Tyrol offre l'Hettangien sous la forme de calcaires rouges très remarquables, avec beaucoup de Céphalopodes tels que *Psiloceras planorbis, Arietites proaries, A. rotiformis, Schlotheimia angulata*. Pour la Suisse, on trouve l'Hettangien dans les Préalpes vaudoises sous la forme d'un calcaire d'un gris-ardoisé avec *Pecten valoniensis* et *Psiloceras* ; en Argovie, on lui rapporte des marnes, avec débris d'Insectes bien visibles, à la Schambelen, et des bancs à *Cardinia*.

Dans plusieurs parties de l'Angleterre, le terrain hettangien constitue des couches variées et souvent très fossilifères. Il admet parfois, comme dans le Gloucestershire et le Dorsetshire, des lits d'eau douce où des Cycadées et des Fougères sont mélangées à des Ostracodes, comme *Crpris*, et à des Pélécypodes lacustres tels que *Crclas*. Ailleurs, et par exemple dans le Sommersetshire et dans le Yorkshire, il se montre complètement marin et il fournit dans des couches tantôt calcaires et tantôt arénacées, de nombreux Foraminifères, des Cardinies variées et des Ammonitidés, parmi lesquels figurent les deux types *Psiloceras planorbis* et *Schlotheimia angulata*.

Il est intéressant d'ajouter, pour en finir avec les régions du Nord, que cette manière d'être est très voisine de celle de l'Hettangien dans le sud de la Péninsule Scandinave, où l'on trouve des couches à *Cyclas Nathorsti* et à *Nilssonia brevis*, surmontées de niveaux à *Arietites* et à *Oxynoticeras*.

Dans le sud, l'Espagne nous fournit des couches hettangiennes à Logrono et à Burgos. Le Portugal, aux environs de Coïmbre, montre la zone à *Oxynoticeras oxynotum*, remarquablement dolomitisée et contenant une série nombreuse et variée de fossiles. En Italie, l'Hettangien affleure à la Spezzia et jusqu'à Taormina en Sicile.

Le terrain hettangien en dehors de l'Europe. — En dehors de l'Europe, la distribution de l'Hettangien est encore incertaine.

III. — Terrain sinémurien (A. d'Orbigny, 1849).

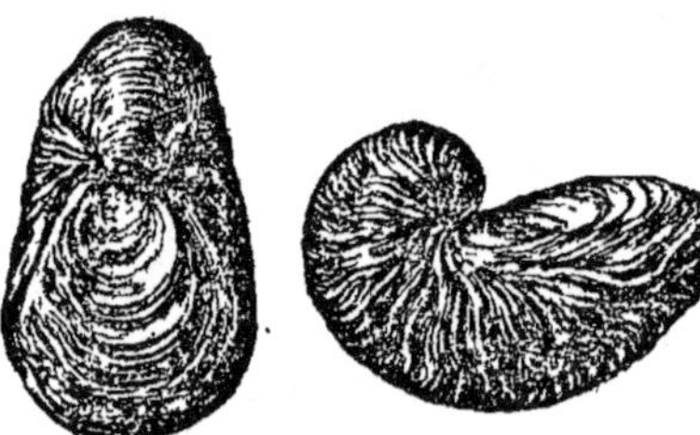

Fig. 89. — *Gryphæa arcuata*, fossile typique du terrain sinémurien.
(2/3 G. N.)

Étymologie. — Le terrain sinémurien tire son nom de celui de *Sinemurum*, Semur (Côte-d'Or).

Synonymie. — C'est le *calcaire à Gryphées arquées* d'Elie de Beaumont et Dufrénoy. C'est le *Gryphitien* de Renevier (1874) et l'*Arlonien* de Rutot et Van den Broeck (1895), pour les Ardennes.

Stan. Meunier. — Géol. 39

Sa réunion avec l'Infrà-lias constitue le Lias α de Quenstedt. Sa portion supérieure est l'*Oxynotien* de Renevier (1874) (de la présence d'*Oxynoticeras oxynotum*), le β-*Kalk* de la Souabe, le *Schwarzer Jura* β de Quenstedt, etc. Nous y rattachons le *calcaire de Coïmbre* (Choffat, 1886) pour le Portugal ; le *Brocatello* ou Brèche calcaire rouge d'Arzo pour le Tessin méridional, etc.

Le terrain sinémurien en France. — Le Sinémurien est naturellement présent dans le sol des régions voisines de notre localité typique placée en Bourgogne, comme on l'a vu. C'est ainsi que, dans la Nièvre, on le trouve avec tous les caractères que nous avons mentionnés. Dans le Cher, dans l'Indre, il se signale par le développement d'un calcaire où *Arietites bisulcatus* a laissé sa coquille en abondance. En diverses localités le niveau contient une zone phosphatée quelquefois exploitée. On y voit des concrétions tufacées, noyées dans des couches plus ou moins ocreuses passant même au minerai de fer. D'ordinaire les carrières consistent en tranchées très peu profondes et elles se déplacent fréquemment. On retrouve le Sinémurien sur le pourtour du Plateau Central, par exemple dans la région des Causses où *Arietites bisulcatus* continue à se montrer ; à Mende, où la roche calcaire est pétrie d'articles de Crinoïdes, et dans bien d'autres lieux.

Dans le midi on citera d'abord la Provence, comme possédant, vers sa région orientale, du Sinémurien très épais. Aux environs de Narbonne affleure un calcaire oolithique intéressant.

Dans les Alpes-Maritimes, auprès de Saint-Martin-Vésubie, des calcaires constitués avant tout par des débris de Crinoïdes (*Pentacrinus tuberculatus*) représentent le Sinémurien. On y trouve à profusion *Gryphæa arcuata* en mélange avec *Pecten, Lima* et des Ammonoïdés du genre *Arietites*.

Plus au nord, dans le Briançonnais, au Lautaret comme au col de l'Eychauda, un conglomérat remarquable renferme *Pentacrinus tuberculatus* et, du côté de Névache, on recueille *Agoceras circumdatum*.

Dans l'est de la France, la Lorraine nous présente le Sinémurien parfaitement constitué. Il comprend quatre zones successives caractérisées chacune par des fossiles spéciaux. A la base, des calcaires marneux renferment *Gryphæa arcuata* et *Arietites bisul-*

catus (souvent pyritisé), associés à *Ostrea irregularis, Lima gigantea, L. Hermanni, Pinna Hartmanni,* etc. Par-dessus, une mince formation renferme *Belemnites brevis.* Puis des marnes fournissent des Oursins comme *Pseudodiadema minutum,* des Céphalopodes comme *Ammonites Dudressieri* et des Pélécypodes comme le curieux *Hippopodium ponderosum* qui est d'ailleurs peu fréquent. Enfin l'ensemble est couronné par un calcaire ferrugineux recherché pour la fabrication du macadam et qui contient des Ammonites variées : ce sont *Oxynoticeras oxynotum, O. lotharicum, O. Guibalianum, O. Buvignieri, Caloceras raricostatum, Arietites Nodoti.*

Quant au nord de la France, il nous offre dans les Ardennes, à Charleville, un important lambeau de calcaire à *Gryphæa arcuata* (fig. 89) qui, au mont Olympe, repose directement sur les schistes dévoniens. A Auxon (Haute-Saône), on tire des nodules phosphatés, d'un blanc jaunâtre et d'une certaine dureté, de couches riches en fossiles transformés, eux aussi, en phosphate et parmi lesquels on reconnaît surtout des Brachiopodes comme *Spiriferina Walcoti, Zeilleria numismalis* et *Terebratula perforata.* Les carrières — peu profondes — n'ont qu'une durée fort éphémère, l'exploitation est d'ailleurs de moins en moins active dans cette région.

Près de Saint-Sulpice d'Excideuil et de Saint-Martin de Fressinges (Dordogne), des argiles avec jaspe souvent fossilifère marquent le niveau sinémurien.

Dans le Cotentin, le Sinémurien a près de 30 mètres d'épaisseur en certains points. Il est calcaire et argileux et parfois très fossilifère, par exemple au sud de Bayeux, où la Gryphée arquée et *Gryphæa Mac-Cullochi,* qui n'en est peut-être qu'une variété, sont associées à *Arietites bisulcatus, Belemnites acutus, Lima gigantea, Waldheimia cor,* etc.

Le terrain sinémurien en Europe. — Si nous jetons un coup d'œil sur les autres contrées de l'Europe, nous voyons le Sinémurien se signaler en Angleterre, où il contient la roche calcaire bleuâtre qui, la première, a reçu le nom de *lias,* et plus exactement de *blue lias.* Cette roche peut atteindre une puissance de 250 à 300 mètres et on en fait d'excellente chaux hydraulique. Sa faune comprend des Crinoïdes comme *Extracrinus Briareus* ; des Pélécypodes : *Gryphæa* *arcuata, G. Mac-Cullochi, Hippopodium ponderosum* ; des Céphalopodes : *Arietites Bucklandi, A. obtusus* ; des Poissons : *Acrodus nobil's, Hybodus reticulatus* ; des Reptiles : *Ichthyosaurus communis, Plesiosaurus dolichodeirus, Pterodactylus brevirostris.* On recueille en outre des coprolithes provenant surtout de l'Ichthyosaure. Des gisements plus ou moins analogues se retrouvent en Irlande.

Sur le continent, le Luxembourg montre des assises sinémuriennes couronnant le terrain hettangien. En Lorraine les couches à Gryphées arquées sont bien visibles.

Dans le Tyrol on ne ᵣrencontre qu'un Sinémurien peu épais, tandis qu'en Souabe il se prête à la subdivision en deux niveaux dont le plus inférieur contient *Gryphæa arcuata* et *Arietites Bucklandi,* tandis que le plus élevé est caractérisé par *Gryphæa obliqua* et *Arietites obtusus.*

IV. — Terrain charmouthien (Mayer-Eymar, 1884).

Fig. 90. — *Gryphæa cymbium* (*G. regularis*), fossile typique du terrain charmouthien. (1/2 G. N.)

Étymologie. — Le nom de Charmouthien a été proposé en conséquence du développement de ce niveau à Charmouth, dans le Dorsetshire (Angleterre).

Synonymie. — C'est l'étage qu'Alcide d'Orbigny proposait en 1849 d'appeler *liasien,* dénomination incommode à cause du nom de Lias donné à l'ensemble des terrains dont cet étage n'est qu'une partie. C'est le *calcaire à Bélemnites* de Terquem ; une partie des *marnes suprà-liasiques* de Dufrénoy et Elie de Beaumont.

En 1858, Oppel le désignait sous le nom de *Pliensbachien* (de

Pliensbach en Wurtemberg) et Mourlon, en 1880, de *Virtonien*
(d'une localité belge). C'est le *Lias* γ et le *Lias* δ de Quenstedt.
Dans la région de Salins (Jura) on l'a nommé *niveau des marnes
à Plicatules (P. spinosa)*. Sa portion supérieure en Souabe constitue l'*Amalthéen* des géologues allemands.

Le terrain charmouthien en France. — Nos généralités sur le
Lias nous ont montré l'importance du Charmouthien dans l'Avallon-
nais. Il faut ajouter que les formations signalées se poursuivent
dans les contrées environnantes. C'est ainsi que dans le Cher, le
Charmouthien est spécialement riche en Bélemnites ordinairement pyritisées et, à ce titre, recherchées comme ornement pour
les collections. Dans l'Indre, la portion inférieure de l'étage est
très ferrugineuse. On y a signalé les excellentes conditions dans
lesquelles se trouvent plusieurs fossiles admirablement silicifiés :
c'est ainsi que des *Spiriferina* ont conservé la charpente spirale
sur laquelle étaient établis leurs bras.

Dans le département de la Haute-Vienne, le Charmouthien à
Hildoceras bifrons est surtout à l'état de dolomies, souvent rosées,
reposant directement sur le granit ou sur le terrain archéen.

L'ouest de la France montre le Charmouthien dans une partie de
la Normandie. Au sud de Caen il est caractérisé, par exemple à May,
par *Amaltheus margaritatus;* on remarque en plusieurs localités
l'abondance des Bélemnites dans des lits calcaires. Dans certains
points du département de la Manche, et par exemple à Moutiers-
en-Cinglais, le Charmouthien se signale par sa constitution où
l'on distingue trois niveaux nettement caractérisés. A la base —
formée souvent aussi de poudingues à galets volumineux renfermant des Bélemnites, — on voit des marnes et des calcaires à *Terebratula (Waldheimia) numismalis*. Au-dessus, d'autres marnes renferment *Lytoceras fimbriatum*. Enfin des calcaires gris terminent
par en haut la série avec *Amaltheus margaritatus, Terebratula
quadrifida, Rhynchonella tetrahedra, R. acuta*. Plus au sud, l'étage
se poursuit au travers du département de la Sarthe et parfois avec
des caractères lithologiques très spéciaux. En Vendée, le gisement de Saint-Vincent-Sterlange est célèbre pour ses beaux fossiles.

La région des Ardennes possède des assises charmouthiennes

assez variées pour qu'on ait pu y distinguer trois niveaux superposés. A la base on voit — par exemple dans les grandes carrières de Romery, si remarquables par l'alternance, bien des fois répétée, de couches dures et de lits sableux — des calcaires où abondent *Gryphæa cymbium* (fig 90), *Plicatula spinosa*, *Waldheimia numismalis*, *Ægoceras planicosta*, etc Puis viennent des marnes argileuses où la même faune se continue en grande partie et où on recueille en outre *Pecten æquivalvis* et *Belemnites paxillosus*; enfin le tout, dont l'épaisseur dépasse cent mètres, est couronné par un calcaire ocracé avec *Amaltheus spinatus*.

Dans toutes ces régions et dans bien d'autres, le Charmouthien est riche en vestiges d'Ichthyosaures (fig. 91) et de Plésiosaures (fig. 92).

Fig. 91. — *Ichthyosaurus communis.*
(1/20 G. N.)

Le sud de la France est également pourvu d'affleurements charmouthiens. Dans la Corrèze, dans le Lot, dans l'Aveyron, l'étage peut être suivi pas à pas. Vers Mende, il montre les calcaires à *Gryphæa cymbium* recouverts par les horizons classiques à *Lytoceras*

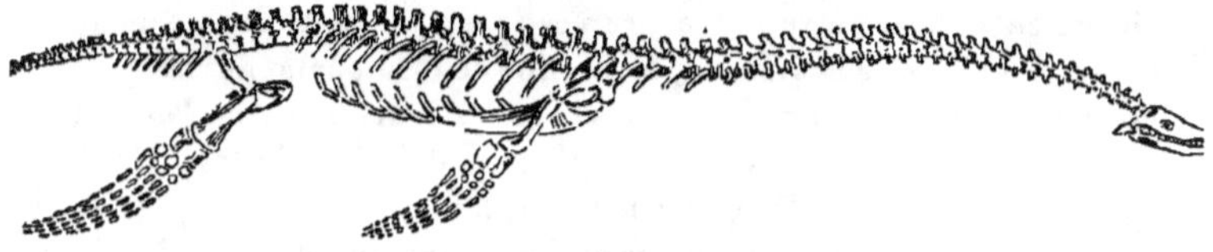

Fig. 92. — *Plesiosaurus dolichodeirus.*
(1/15 G. N.)

fimbriatum, puis à *Amaltheus margaritatus* et enfin à *Lioceras serpentinum*. Dans les Basses-Alpes, le Charmouthien n'a pas moins de 250 mètres aux environs de Digne, où se retrouve toute la faune. D'énormes assises du Briançonnais, de la Maurienne appartiennent au même étage.

. Dans l'est, nous trouvons auprès de Lyon le Charmouthien, entrant dans la constitution du Mont-d'Or par une série de couches calcaires et marneuses parmi lesquelles on peut distinguer un niveau inférieur à *Belemnites clavatus* et un niveau supérieur, caractérisé avant tout par *Pecten æquivalvis*.

Vers Salins, dans le département du Doubs, le Charmouthien est entièrement marneux.

Le terrain charmouthien en Europe. — On peut commencer par la Suisse la revue rapide des contrées de l'Europe où l'étage qui nous occupe présente des particularités intéressantes. On rencontre, en effet, dans la haute chaîne des Alpes, et spécialement dans les Grisons, des schistes lustrés où se présentent *Gryphæa cymbium* et *Belemnites paxillosus* avec d'autres fossiles charmouthiens. Le métamorphisme dynamique a fait disparaître les traits ordinaires des roches liasiques, mais la situation stratigraphique concourt avec les observations paléontologiques pour faire admettre le Lias moyen parmi les éléments constitutifs des chaînes de l'Engadine.

Dans les Alpes autrichiennes, on retrouve des assises parfois très épaisses, et qui sont aussi de l'époque charmouthienne comme en témoignent les Ammonitidés qu'on y recueille. En Prusse on a eu directement la preuve de la présence souterraine des couches à *Amaltheus margaritatus*. Plus à l'est, en Serbie par exemple, et jusqu'en Grèce, on retrouve des vestiges de dépôts du même âge.

Dans le nord de l'Europe, la portion méridionale de la péninsule scandinave se signale par des couches marines à *Amaltheus*. En Souabe, on distingue plusieurs niveaux d'Ammonitidés. En Angleterre le Charmouthien est fort épais.

Si maintenant nous revenons au sud, nous avons d'abord à faire une mention pour l'Espagne qui montre, autour de Burgos, de nombreuses couches riches en fossiles et surtout en Ammonitidés. Il en est de même en Andalousie où, cependant, on voit apparaître une prédominance de Brachiopodes. Cette manière d'être se continue dans le sud du Portugal, tandis que vers Coïmbre, les fossiles ressemblent davantage à ceux que fournissent les gisements allemands.

Pour l'Italie, on y rencontre des formations qui rappellent celles de l'Andalousie, et qui, comme elles, contiennent des Térébratules spécialement de la catégorie des *Pygope*.

Le terrain charmouthien en dehors de l'Europe. — En Asie le Charmouthien est représenté, par exemple par les calcaires à *Phylloceras* et à Crinoïdes de l'Anatolie. Il doit figurer aussi dans les massifs de l'Inde et des îles de la Sonde où l'on voit le faciès liasique, mais ces massifs n'ont pas encore été subdivisés en étages d'une manière précise.

L'Algérie a offert des affleurements très nets de Charmouthien où des calcaires à rognons siliceux contiennent des Térébratules, des Bélemnites et des Ammonites.

V. — Terrain toarcien (Alcide d'Orbigny, 1849).

FIG. 93. — *Posidonomya Bronni*, fossile typique du terrain toarcien.
(G. N.)

Étymologie. — L'étage toarcien a été dénommé en l'honneur du gisement de Verrine, à la porte de Thouars (Deux-Sèvres), ville qui s'appelait en latin *Toarcium*.

Synonymie. — C'est le *schiste à Posidonies*[1] (fig. 93) ou terrain *posidonien* de Rœmer, le *Jura noir* des géologues allemands, le *Lias ε* et le *Lias ζ* de Quenstedt, les *marnes supérieures du Lias* ou *Suprà-lias* d'Elie de Beaumont et Dufrénoy ; le *Mussonien* de Rutot et Van den

---

1. On dit indifféremment *Posidonia* (Bronn, 1828) ou *Posidonomya* (Bronn, 1837), expressions qui viennent toutes les deux de Ποσειδῶν, Neptune.

Broeck pour l'Ardenne, les *schistes de Boll* pour le Wurtemberg, l'*Ammonitico rosso* pour le nord de l'Italie. Le Toarcien correspond à la partie inférieure du *Dogger* des géologues allemands ; à une partie de l'*Aalenien* de Mayer-Eymar (1864), que Renevier (1874) appelle *Opalinien*. Dans la Meuse, la zone à *Harpoceras opalinum* s'appelle *minette* ou *oolithe ferrugineuse*.

Le terrain toarcien en France. — Dans le Cher se continuent les assises décrites dans notre région typique. On y voit surtout des argiles à Bélemnites, reposant sur des calcaires remplis de débris de *Lepidostés* et supportant des lits à structure oolithique dans lesquels se signale *Rhynchonella cynocephala*.

C'est dans le Poitou que se trouve Verrine, choisi par d'Orbigny comme localité type du Lias supérieur : on y observe une couche épaisse de calcaire jaune qui, plus haut, prend à la fois la structure feuilletée et le grain saccharoïde, puis devient gréseuse et sous cette forme, est exploitée comme pierre de taille. On en extrait *Hildoceras bifrons, Cœloceras commune, Lioceras serpentinum* et d'autres Céphalopodes. Au-dessus se montre un calcaire grenu avec *Harpoceras toarcense*, passant à des bancs alternatifs de calcaire et d'argile bleue qui fournissent *Harpoceras opalinum, Belemnites tripartitus, Belemnites irregularis, Ostrea Beaumonti, Rhynchonella cynocephala*, etc. Enfin le tout est couronné par du calcaire très blanc, argileux, à rognons de silex et contenant encore *Belemnites tripartitus*.

En Vendée le Toarcien contient, du côté de Fontenay-le-Comte, *Harpoceras opalinum* et *H. bifrons*. En Normandie, dans la région située au sud de Caen, et spécialement à Fresnay-le-Puceux, on voit le Toarcien comprendre des calcaires à *Harpoceras bifrons* couronnés par un niveau où abonde *Harpoceras opalinum* en échantillons remarquablement bien conservés.

La Franche-Comté nous fait voir le Toarcien, du côté de Besançon, à l'état de marnes plus ou moins feuilletées et remplies par places d'empreintes de Posidonies. Des minerais de fer y sont exploités avec profit, par exemple à Ougney.

Le minerai de fer occupe une place tout à fait importante dans le Toarcien de Meurthe-et-Moselle, par exemple à Ludres près de Nancy, et des recherches toutes récentes ont montré que le précieux dépôt se continue avec une épaisseur de 20 à 40 mètres sous les terrains plus récents de cette région et spécialement autour de Briey où on ne le soupçonnait pas.

Il fait suite à des assises de minerai de fer très recherchées dans le Grand-Duché de Luxembourg, mais il plonge rapidement, de façon qu'à Tucquegnieux et à Conflans il est à 250 mètres sous terre, ce qui le place sensiblement au niveau de la mer, tandis qu'à Luxembourg il est à 400 mètres au-dessus. Ce bassin, encore incomplètement exploré, contient des réserves métalliques de la plus haute valeur. On retrouve un gisement ferrugineux tout pareil dans d'autres régions de la France et jusque dans l'Aveyron.

Le Toarcien est fort développé dans les Ardennes. Les marnes (dites de Flize) à Posidonies et à *Lioceras serpentinum* y sont recouvertes successivement par des marnes à *Hildoceras bifrons* et *Harpoceras radians* et par de la limonite, exploitée à Longwy, où se montrent *Trigonia navis* et *Harpoceras opalinum*.

C'est comme de lui-même que le Toarcien se divise en cinq niveaux bien caractérisés dans divers points du département de la Lozère. A la base, des schistes contiennent *Lioceras serpentinum*, *L. falciferum* et *Posidonomya Bronni*. Une zone, superposée à la précédente, montre *Hildoceras bifrons* et *Cœloceras crassum*. Vient ensuite un ensemble de couches caractérisé par *Harpoceras radians* avec *Grammoceras fallaciosum* et *Paroniceras sternale*. Puis un horizon à *Lytoceras jurense* et enfin un couronnement où *Ludwigia mactra* est associée à *L. costula* et à *L. fluitans*.

Dans la chaîne des Alpes, le Toarcien accompagne en bien des cas le Charmouthien sous-jacent. C'est ainsi que, non loin de Moutiers, on lui rapporte une roche de calcaire clastique, et en Maurienne des couches à structure madréporique. Aux environs de Digne (Basses-Alpes), le Toarcien, d'une épaisseur de près de 300 mètres à lui seul, constitue de nombreuses assises comprises entre deux horizons dont l'inférieur contient *Belemnites tripartitus* et le supérieur *Harpoceras opalinum*.

Les Pyrénées admettent également le Toarcien parmi leurs éléments stratigraphiques. Le terme le plus certain de cette série est un ensemble de marnes et de calcaires, visible par exemple auprès de Cambo, où *Hildoceras bifrons* est bien reconnaissable.

Au point de vue du Toarcien, diverses localités des Corbières,

comme Les Palats, le Pastouret, Fontloubi près Portel, Ferrodon, etc., présentent un vif intérêt. On y recueille, en effet, toute
une faune où abondent des Céphalopodes comme *Belemnites tripartitus*, *B. irregularis*, *Hildoceras bifrons*, *H. Levisoni*, *Lioceras
subplanatum*, *Lytoceras Trautscholdi*, *Cœloceras crassum ;* des Gastropodes comme *Turbo subduplicatus ;* des Pélécypodes comme
Pecten disciformis, *Modiola plicata*, *Leva rostralis*, *Nucula Ham-
meri ;* des Brachiopodes comme *Rhynchonella meridionalis*.

Le terrain toarcien en Europe. — Hors de France, nous pouvons
commencer la revue des localités toareiennes par un mot sur l'Alsace-
Lorraine, où se montrent des marnes très feuilletées, chargées de
matières inflammables et contenant des empreintes du *Posidonomya
Bronni*. A ces formations se rattachent des dépôts allemands qui
prennent une notable épaisseur en Wurtemberg et dans les pays
voisins. Boll est une localité devenue extrêmement célèbre à cause
de l'affleurement de couches toarciennes constituées par des marnes inflammables à Posidonies dans lesquelles se rencontrent, avec
Harpoceras serpentinum, toute une flore d'Algues (*Chondrites
bollensis*), de Cycadées (*Zamites Mandelslohi*), de Conifères (*Arau-
caria peregrina*) ainsi que les restes de grands Reptiles comme
Ichthyosaurus et *Teleosaurus*. Cet important niveau est recouvert
par de multiples assises dont les supérieures sont nettement caractérisées par *Harpoceras opalinum* et *Trigonia navis*.

Le duché de Luxembourg possède d'épaisses couches toarciennes
auxquelles, comme on l'a dit, sont subordonnés des minerais de fer.

En Poméranie les couches à *Opalinum* sont bien connues près
de Grimmen.

Le Toarcien anglais est digne de mention. Ordinairement il affecte
le faciès lagunaire et contient à la fois des fossiles marins et des
vestiges d'organismes continentaux. Par exemple, à Whitby, des
argiles feuilletées renferment des débris de Conifères et même leur
résine fossilisée à l'état de succin, parfois des débris d'Insectes, en
même temps que des coquilles marines. Celles-ci d'ailleurs sont
tout à fait comparables à celles que nous avons citées précédemment : *Lytoceras fimbriatum*, *Lioceras serpentinum*, *Harpoceras
opalinum*, *Rhynchonella cynocephala*, etc.

Pour ce qui est des régions méridionales de l'Europe, remarquons que des formations toarciennes se continuent des environs du lac de Côme jusqu'à la Spezzia et à une partie de la chaîne des Apennins. La Sicile a fourni une faune toarcienne abondante et variée dont on peut spécialement recueillir les éléments à Taormina, à Trabia et ailleurs. En Espagne, c'est dans les îles Baléares et surtout à Majorque qu'il faut chercher des vestiges du Toarcien; ils consistent en marnes à *Harpoceras opalinum*. On voit des formations analogues aux environs de Coïmbre, en Portugal.

Le terrain toarcien hors d'Europe. — Enfin il suffira d'un mot en ce qui concerne les autres parties du monde, sur lesquelles les renseignements sont encore bien loin d'être complets. En Asie, le Toarcien se rencontre dans certaines régions de la Perse et du Kourdistan.

En Amérique, les environs de Copiapo se signalent par la présence de couches toarciennes. Enfin, en Afrique, le même étage se montre en plusieurs localités d'Algérie.

Faciès divers des dépôts liasiques.

Les notions que nous avons acquises sur la marche régulière et uniforme de l'évolution terrestre nous conduisent à admettre sans aucune hésitation que, pendant l'époque liasique, les diverses fonctions géologiques se sont exercées dans des localités variées. Il est cependant nécessaire de citer rapidement quelques points où chacune d'elles a laissé des témoignages spécialement nets de son intervention.

Pour ce qui est de la fonction corticale, on retrouve de tous côtés des traces de failles remontant à l'époque qui nous occupe. C'est alors que se sont réalisés de très importants mouvements du sol qui ont préparé l'établissement de la chaîne des Alpes, dans le Briançonnais, par exemple.

Les phénomènes volcaniques, longtemps méconnus à l'époque secondaire, ont été très nombreux dans nos régions pendant les périodes liasiques : il suffira de constater ici que c'est le moment où se sont faites dans les Pyrénées les premières éruptions de lherzolithe ; à Montsliana en Espagne, des sorties importantes d'ophites ; au mont Viso, des poussées de roches vertes.

Parmi les faciès marins liasiques il y a à mentionner la manière d'être de beaucoup de dépôts qui témoignent de la grande profondeur d'eau sous laquelle ils ont pris naissance. Dans le nombre sont des variétés très diverses de schistes tels qu'on en rencontre dans les Alpes et, avant tout, les ardoises à Gervillies de la Bavière, qui sont d'âge rhétien, les schistes sinémuriens à *Arietites* du Valais, les schistes à *Harpoceras* du Toarcien. Dans la même série on peut ranger les marnes à *Plicatula spinosa* du Jura, les couches à *Belemnites* du comté de Dorset, les marnes à *Amaltheus margaritatus* de Charmouth, les marnes à *Harpoceras* de Thouars et bien d'autres.

Des dépôts coralligènes sont répartis dans toute la hauteur de la formation, depuis le *Dachsteinkalk* (calcaire tégulaire) des Alpes Orientales qui est rhétien, jusqu'aux calcaires à Polypiers de la Savoie (Dorgentil) qui sont charmouthiens.

Au contraire, des dépôts littoraux se présentent, admirablement caractérisés, dans les arkoses à *Avicula contorta* de l'Yonne et de la Côte-d'Or, dans les grès du duché de Luxembourg ou d'Hettange, dans ceux de Virton (Charmouthien). La plupart des calcaires et des argiles plus ou moins marneuses qui contiennent *Avicula contorta* sont d'origine littorale, de même que les calcaires sableux du Cotentin où l'on recueille *Pecten valoniensis*, le Foie de veau de Bourgogne, les bancs à débris d'Ichthyosaures et autres Reptiles de Lyme Regis dans le comté de Dorset, les couches à *Pecten æquivalvis* du bassin du Rhône, etc.

Divers dépôts gypseux et parfois même salifères manifestent au premier chef le faciès lagunaire. On en voit de semblables dans le Rhétien de Provence et du comté de Sommerset, ainsi que dans les dépôts superposés.

Le mélange à des plantes terrestres de vestiges d'animaux saumâtres ou marins conduit à reconnaître des estuaires liasiques : citons, à cause des études détaillées dont ils ont été l'objet, les grès des environs de Mondego, en Portugal, et les lits riches à la fois en Insectes et en Poissons du Gloucestershire et de quelques points du Mecklembourg (Dobbertin, etc.).

D'ailleurs les formations purement lacustres ne manquent pas et l'on doit mentionner tout spécialement les dépôts de lignites de l'Inde et du Tonkin. Souvent on y recueille des débris de plantes aussi bien conservés que dans les couches de l'époque houillère : c'est dans le nombre que figurent avec un intérêt exceptionnel les gîtes d'Angleterre, de Souabe et des États-Unis d'où l'on a extrait les restes des Mammifères inférieurs du terrain rhétien. A Mende (Lozère), la partie supérieure de l'Hettangien est d'origine d'eau douce et renferme des végétaux bien conservés. On y reconnaît *Brachyphyllum Papareli* et *Thinnfeldia*.

Substances utiles subordonnées aux formations liasiques.

Des exploitations très diverses et très nombreuses sont établies sur les formations liasiques, et l'on ne saurait par exemple énumérer toutes les carrières qui fournissent des matériaux de construction comme argiles à faire les briques, les tuiles et les poteries, calcaires à moellon, pierres à chaux et à ciment. C'est le Rhétien de Pouilly, en Bourgogne, et c'est le Charmouthien de Vassy qui fournissent des ciments spécialement renommés. Dans l'Isère, au Pont-du-Prêtre, près Valbonnais et ailleurs, on fabrique également du ciment hydraulique. Dans cette même région les marbres de Sainte-Luce sont retirés du niveau à *Hildoceras bifrons* (Toarcien). Dans la région des Alpes des couches calcaires liasiques connues sous le nom de *lauzes* fournissent des ardoises d'excellente qualité. Du gypse est exploité comme pierre à plâtre dans le Lias de Moutiers, et de Bourg-Saint-Maurice, où il est associé à de l'anhydrite parfois propre à servir à la décoration des édifices sous le nom assez inexact de marbre bleu (*Bardiglio* en Italie).

Et comme autre substance à base de calcium, il faut mentionner d'une manière spéciale les gîtes phosphatés des divers niveaux liasiques. L'Infrà-lias fournit des nodules dans l'Auxois, entre Semur et Beaune et spécialement à Montigny-sur-Armançon. Le Sinémurien est riche au même point de vue, aussi bien à Chalindrey dans la Haute-Marne qu'à Auxon dans la Haute-Saône. C'est dans le Charmouthien que sont ouvertes les extractions d'Argenton, dans l'Indre, et de La Guerche, dans le Cher; dans le Toarcien que l'on recueille le phosphate de Neuvy-Saint-Sépulchre, dans l'Indre. Relativement à ce dernier niveau, il convient d'ajouter que les scories provenant du traitement des limonites toarciennes sont assez phosphorées pour être très recherchées par l'agriculture.

A Caumont dans l'Ariège, on exploite un filon de barytine subordonné aux assises liasiques, mais dont l'origine date peut-être d'une époque moins ancienne.

Différents métaux sont exploités dans le terrain qui nous occupe et, à cet égard, il faut citer tout spécialement le fer. Dès le niveau hettangien l'oligiste se présente dans la substance des arkoses et on l'y a exploitée longtemps à Thostes et à Beauregard, dans l'Yonne, aussi bien qu'à Mazenay et à Changes, en Saône-et-Loire. Le Sinémurien fournit de l'hématite à Harzbourg, sur le versant nord du massif du Harz. Mais le Toarcien est beaucoup plus riche et c'est là que se trouve le minerai de fer oolithique. En Lorraine spécialement, cette formation affleure sur une énorme surface que l'on peut suivre depuis la Belgique et le Grand-Duché de Luxembourg jusqu'à Longwy, à Metz et à Nancy. Sa plus grande épaisseur est entre Hussigny, Villerupt, Ottange et Esch. A la Côte-Rouge elle atteint 27 mètres et on y compte 5 couches exploitées, représentant 16 mètres de minerai. Près de Gorcy, à l'autre extrémité du bassin de Longwy, elle n'a plus que $4^m,65$ avec une seule couche.

Il faut mentionner un amas filonien d'hématite dans les calcaires du Lias de Rancié, près Vicdessos, dans les Pyrénées.

Le manganèse caractérise un filon de psilomélane découvert en 1750 à Romanèche, en Saône-et-Loire, et qui constitue encore aujourd'hui la source la plus riche de manganèse français.

Dans le Gard, des dolomies liasiques sont imprégnées de calamine et constituent, aux Avinières, un important gisement de zinc.

N'oublions pas de mentionner, dans l'épaisseur du Lias, des gisements de combustibles ayant fréquemment avec la houille des traits de ressemblance très remarquables. Les lignites du Tonkin, de l'Inde, du Chili sont à rappeler à cet égard. La zone à

Avicula contorta (Rhétien) donne du charbon dans plusieurs localités de la chaîne des Alpes et dans plusieurs points de la Provence et de la Ligurie.

Comme curiosité, on peut ajouter à la liste des substances liasiques utilisées les articulations de *Pentacrinus tuberculatus* qui, sous le nom de *pierre de Saint-Vincent,* servent à faire des bijoux, et spécialement des boucles d'oreilles et des épingles de cravate.

Terres végétales des régions dont le sol est liasique.

Infrà-lias. — En conséquence de leur grande variété, les roches du Lias donnent des terres végétales de toutes sortes de catégories. Il suffira de mentionner les principales.

Pour ce qui est des grès infrà-liasiques, on peut citer la vallée de la Moselle comme procurant un bon exemple des sols arables auxquels ils donnent naissance. On y fait des vignes et quelquefois des bois. Dans le Gard, les affleurements de la dolomie infrà-liasique, dont les couches ont de 80 à 100 mètres d'épaisseur, déterminent sur les flancs de coteaux convenablement disposés, des terres favorables à la culture des vignobles.

Lias. — On a dit que le Lias est, par excellence, la terre des riches herbages; des quantités d'exemples le prouveraient. C'est sur le Lias que poussent les prairies d'Isigny et des environs de Bayeux et qu'en Saône-et-Loire s'est développée et perfectionnée la célèbre vache dite Charolaise; c'est sur le Lias aussi qu'en Angleterre prospèrent les prairies les plus grasses, par exemple dans la vallée de Leicester, où des troupeaux de vaches laitières donnent une abondance de lait, de beurre et de fromage, et aussi autour de Gloucester, dont la spécialité est l'engrais des bœufs.

Cette fertilité est due en partie à l'abondance des eaux, mais elle tient avant tout à la composition chimique du sous-sol. Les roches, à l'exception des grès d'ailleurs peu abondants, renferment une proportion de chaux, d'acide phosphorique et de potasse qui explique aisément leurs qualités agronomiques.

Du reste, à propos de cette composition chimique, il ne faut pas oublier que le Lias est très riche en gisements phosphatés. C'est dans le Sinémurien de la Côte-d'Or et de l'Yonne que se présente une zone de calcaire à Gryphées, remplie de nodules phosphatés dont l'active exploitation est justifiée par leur titre qui atteint 6o et 65 °/₀. On retrouve des nodules du même âge et de composition comparable dans la Nièvre et dans la Haute-Marne où il est d'ailleurs nécessaire de les enrichir par la superphosphatisation.

Aussi, même de loin, dans certaines régions comme la Lozère et l'Aveyron, les affleurements du Lias se trahissent par la vigueur de la végétation au milieu des régions à plantes relativement malingres qui poussent sur les sols dérivés des roches cristallines ou de marnes calcaires de l'Oolithe.

Les calcaires marneux du terrain sinémurien répondent aux descriptions précédentes; c'est sur eux que poussent les belles prairies du département de la Manche et les herbages si réputés du Wurtemberg. Ailleurs les calcaires à Gryphées arquées se signalent comme favorables à la culture de la vigne et c'est le cas dans le département du Gard. Les calcaires charmouthiens à *Gryphæa cymbium* y sont souvent consacrés à la culture du chêne. Dans l'Yonne les argiles toarciennes — qui sont désignées pour les prairies de luzernes — produisent quelques vins assez estimés, comme ceux de Rouvres, d'Annay et des Côtes-du-Vault.

Les *schistes-cartons* (à *Ammonites complanatus*) se transforment en Provence et dans le Languedoc en terres fortes et humides qui portent des prairies très estimées.

CHAPITRE III

LE GROUPE OOLITHIQUE

Etymologie : de ᾠόν, œuf, à cause de l'abondance dans les roches de cet étage de petits globules ayant la forme et la dimension de beaucoup d'œufs des poissons supérieurs. On a vu que cette ressemblance est purement extérieure et que la structure de ces oolithes est cristalline, à la fois rayonnée et concentrique[1]. Elle semble, dans la série des transformations des roches sous l'influence bathydrique, représentative du stade intermédiaire entre l'état crayeux et l'état grenu ou saccharoïde. L'état oolithique, en effet, doit être considéré comme une étape dans la transformation métamorphique du calcaire. Il passe de l'état terreux des débuts (craie, etc.) à l'état oolithique et plus tard les oolithes perdent leur forme et passent à la structure spathique. On peut le conclure de la comparaison d'âge des trois formes du calcaire qui viennent d'être mentionnées. Le nom de *système oolithique* a été proposé en 1820 par Dufrénoy et Élie de Beaumont.

Synonymie. — C'est le Jurassique proprement dit ou *sensu stricto* de beaucoup d'auteurs. Oppel, en 1858, a nommé *Malm* sa portion supérieure, nom symétrique de *Dogger* qu'il donne à l'Oolithe inférieure. Le Malm des Alpes est le *schiste à Aptychus;*

---

[1]. Il importe d'insister sur la précision dont est susceptible la définition de l'Oolithe. Il arrive souvent, en effet, qu'on qualifie d'oolithiques des roches formées d'éléments plus ou moins globulaires, mais qui n'ont pas la structure concentrique et rayonnante dont il s'agit. Ces éléments peuvent être de petites druses ou sphérules hérissées de cristaux, des globules roulés, des concrétions, souvent même des organismes et spécialement des Algues calcaires (exemple : calcaire dit inexactement oolithique des marnes suprà-gypseuses de Villejuif).

celui du Portugal a été appelé *Lusitanien* par M. Choffat en 1885. De Rouville, en 1895, a qualifié de *Lozérien* l'Oolithique de l'Hérault.

Limite inférieure; lacunes. — Dans certaines régions, comme le Wurtemberg, le passage est si graduellement ménagé entre le sommet du Toarcien et la base du Bajocien que, dans l'impossibilité d'y tracer une limite, M. Mayer-Eymar proposa, en 1864, d'instituer un terrain de passage où se trouvent mélangés *Harpoceras opalinum* et *Harpoceras Murchisonæ*, sous le nom d'*Aalénien* (du nom de la ville d'Aalen, en Wurtemberg).

Les lacunes, au contraire, sont très fréquentes et se rencontrent dans des contrées très nombreuses. Par exemple aux Vans, près de Berrias, le Bajocien repose directement sur l'Infrà-lias; en Souabe le Séquanien est supporté par le Trias; à Marquise (Pas-de-Calais) l'Oolithe s'étale tantôt sur le Culm, tantôt sur le Dévonien; dans la Péninsule Balkanique, comme dans le sous-sol de Londres, le contact a lieu directement avec les roches paléozoïques.

Région oolithique type. — Nous possédons en France une région exceptionnellement typique au point de vue de la succession des niveaux dans toute l'épaisseur du terrain oolithique. C'est la zone littorale du département du Calvados prise de l'ouest à l'est, c'est-à-dire depuis la localité de Port-en-Bessin, au nord de Bayeux, jusqu'à l'embouchure de la Seine.

Une revue rapide des principaux affleurements selon cet itinéraire nous mettra successivement en présence des niveaux distingués par les géologues, sauf le plus récent, qualifié de Portlandien, et qu'il faudra aller chercher plus au nord, du côté de Boulogne-sur-Mer.

Autour de la ville de Bayeux, on trouve des affleurements qu'on a qualifiés de *bajociens* et on constate qu'ils se composent de couches en général peu épaisses, souvent séparées par des surfaces corrodées, percées de lithophages, recouvertes de galets, ayant en un mot un faciès littoral des plus accentués. On doit en conclure que pendant la période bajocienne, le sol, dans le pays de Bayeux, a dû être situé tout près de la ligne de côte et soumis à des alternatives souvent répétées d'affaissement et de soulèvement.

A la base se présente la *málière,* suivant la terminologie locale, calcaire assez grossier, pourvu de nodules 'siliceux et renfermant quelques fossiles dont les plus caractéristiques sont *Harpoceras Murchisonæ* et *Lima hetero-morpha.* Par-dessus s'étale une couche d'un mètre d'épaisseur et qui, depuis bien long-temps, sous le nom d'*oolithe ferrugineuse,* a tiré une grande réputation du nombre et de la bonne conservation de ses fossiles. Plu-sieurs localités, outre Bayeux, sont très con-nues des collectionneurs et, par exemple, Saint-Vigor et Sully. L'un des fossiles les plus constants est *Ammonites Humphriesia-nus* [désignée aussi sous le nom de *Cœloceras*

Fig. 94. — *Ammonites Humphriesianus (Cœ-loceras Humphriesia-num).*

(1/3 G. N.)

(ou *Stephanoceras*) *Humphriesianum* ou *subcoronatum* (fig. 94)]. A sa suite on remarquera le nombre des Céphalopodes et, par exemple, *Parkinsonia Parkinsoni, Ammonites interruptus, Cosmo-ceras subfurcatum, Perisphinctes Martiusi, Belemnites giganteus.* On y trouve des Gastropodes comme *Turbo gibbosus, Pleurotomaria ornata;* des Pélécypodes : *Ostrea subcrenata, Trigonia striata;* des Brachiopodes : *Terebratula spheroïdalis,* etc. Le Bajocien de Bayeux est couronné par 15 à 20 mètres d'un calcaire finement globulifère et communément désigné sous l'appellation d'*oolithe blanche.* Quel-ques fossiles de la couche précédente y persistent comme *Terebratula spheroïdalis* et *Parkinsonia Parkinsoni*; mais on y trouve des formes spéciales et, par exemple, des Bélemnites (*B. unicanaliculatus, B. Bessinus*), des Oursins (*Stomechinus bigranularis*), des Eponges (*Cupulospongia compressa*), etc.

Sur le terrain bajocien se présente dans le Calvados, avec une ampleur très remarquable, un système de couches tout à fait diffé-rentes, et que l'on qualifie de terrain *bathonien.* Son principal ni-veau est qualifié de pierre de Caen dans le langage technique des entrepreneurs et la roche principale en est réputée pour ses bonnes qualités. C'est un calcaire blanc, à grains égaux, facile à couper et fournissant de magnifiques pierres d'appareil grâce à l'épaisseur de ses couches qui forment un massif de plus de 50 mètres de puissance. On y a ouvert depuis bien longtemps de très vastes carrières, la plupart souterraines, et dont les plus belles se trouvent à la porte de Caen, dans le faubourg dit d'Allemagne. Leurs produits sont envoyés fort loin et l'Angleterre, en particulier, en a fait une grande consommation pour la construction de ses plus beaux monuments. Les fossiles de la pierre de Caen sont très peu nombreux, mais elle est célèbre en paléontologie par la découverte, renouvelée à plusieurs reprises, de squelettes de Poissons et de restes de Reptiles comme *Pœkilopleuron Bucklandi* et *Teleosaurus cadomensis*. Par-dessus la pierre de Caen se montre l'*oolithe miliaire*, qui

Fig. 95. — *Waldheimia digona.*
(G. N.)

peut avoir plus de 20 mètres de puissance et qui consiste en un calcaire grisâtre à silex. Elle supporte des couches remarquables, par exemple à Ranville, par l'abondance des Vers constituant la classe des Bryozoaires et spécialement de ceux qu'on a rangés dans les genres *Eschara, Aspendesia, Terebellaria, Entallophora, Diastopora, Bidiastopora*. Au voisinage, se montrent *Waldheimia digona* (fig. 95), *W. lagenalis*, et un Crinoïde intéressant : *Apiocrinus Parkinsoni*. Dans des argiles associées et qu'on exploite un peu à l'est vers Cabourg, on trouve en abondance *Ostrea acuminata*.

Dès qu'on arrive à Lion-sur-Mer, on se trouve en présence d'une petite falaise calcaire qui peut être considérée comme formant la base d'un système qui s'étend dans plusieurs régions du département de l'Orne : on en fait le terrain *callovien*. Il s'y présente en effet une faune bien distincte où dominent des Ammonitidés tels que *Macrocephalites macrocephalus* et *Stephanoceras bullatum*. La partie supérieure de cet ensemble est ferrugineuse ; on y trouve *Stephanoceras coronatum, Rhynchonella spathica, Dictyothyris Trigeri* et la formation entre, sous cette forme, comme un des éléments du sous-sol de Dives, où se manifeste à son tour un terrain nouveau.

Entre Trouville et Dives se montrent de larges affleurements du terrain callovien dont l'élément principal émerge aux Vaches-Noires sous la forme d'argiles très foncées qui s'étendent jusqu'à Villers. Les fossiles y sont extrêmement nombreux. On citera : *Gryphæa dilatata* (fig. 96), *Ostrea gregaria*, *Ostrea Marshii*, *Mytilus imbricatus*, *Perna mytiloides*, *Plicatula peregrina*, *Trigonia elongata*, *Phasianella striata*, *Belemnites hastatus*, *Peltoceras athletum*, *Cosmoceras Duncani*, *Quensiedtia Mariæ*, *Rhynchonella spathica*, etc. A la base de la formation se montrent surtout *Waldheimia subovata* et *Rhynchonella spathica;* c'est plus haut que se dessine une zone où *Peltoceras athletum* est associé à *Quenstedtia Lamberti.* Cette Ammonite se continue d'ailleurs jusqu'au sommet du massif des marnes de Dives, épais de 70 mètres, accompagnée d'abord de *Pachyceras Lalandei*, puis d'*Oppelia Villersencis* et enfin de *Quenstedtia Mariæ.*

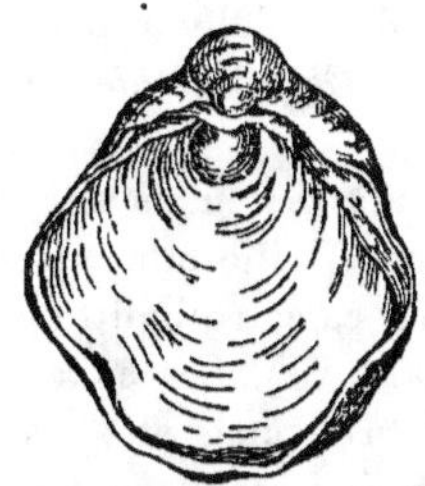

Fig. 96. — *Gryphæa dilatata.* (1/3 G. N.)

Le terrain callovien se lie de la manière la plus intime avec les couches qui affleurent à Trouville et où nous devons voir un type du terrain *oxfordien.* Pratiquement on a proposé de prendre pour ligne de démarcation le niveau à partir duquel on ne rencontre plus ni *Cosmoceras* ni *Hecticoceras.* A Trouville, d'anciennes carrières montrent des assises du calcaire oolithique contenant *Chemnitzia heddingtonensis*, *Panopea peregrina*, *Pholadomya lineata*, *Perisphinctes plicatilis*, etc. La coupe complète de cette intéressante localité montre à la base un calcaire oolithique plus ou moins ocreux avec plusieurs *Cardioceras* (*C. Suessi*, *Goliathus*, *vertebrale*), des *Peltoceras* (*P. Eugenii*, *Constantii*), et une argile brune à *Gryphæa dilatata*. Au-dessus on distingue des lits de calcaires noduleux reliés par une assise argileuse et contenant une sorte de lumachelle de Trigonies, des Ostracées (*Gryphæa dilatata*, *Lopha flabelloides*[1]), des Plicatules, des Pernes, etc. Un calcaire oolithique se montre ensuite avec *Cardioceras cordatum*, *Aspidoceras faustum*, *Echinobrissus scutatus.* Enfin se présentent 15 à 18 mètres de calcaire oolithique (dit *calcaire de Trouville*) avec ce même *Echinobrissus*, des Trigonies, des Avicules et *Perisphinctes Martelli.*

1. C'est *Ostrea (Alectryonia) Marshii* des anciens auteurs.

Le *Séquanien* se présente dans le haut de Trouville sous la forme de bancs cristallins remplis de Polypiers et de nodules calcaires dans lesquels abondent des Echinides tels que *Glypticus hierogly- phicus* et *Hemicidaris crenularis.*

La puissance de cette formation atteint 25 mètres; mais elle va rapidement en diminuant vers l'est et à Hennequeville elle est réduite des quatre cinquièmes. C'est alors un calcaire oolithique riche en Huîtres (*Exogyra nana, Ostrea solitaria*). Les couches plongent au-dessous de Honfleur et du Havre, mais des sondages les ont retrouvées dans ces deux localités et ils ont fait voir qu'elles sont alors passées à l'état argileux. Au sud, au contraire, la roche devient sableuse et, à Pont-l'Evêque, les sables mesurent de 30 à 40 mètres d'épaisseur. Leur intérêt devient très vif en certaines localités et surtout à Glos dans la vallée de la Touques, non loin de Lisieux, où les coquilles sont remarquablement bien conservées. Parmi les espèces les plus caractérisées on peut mentionner: *Trigonia Bronni, Turritella supracorallina, Thracia Bronni, Lucina Glosensis, Astarte supracorallina,* etc.

Dès qu'on parvient à Villerville, on marche sur les assises *kimeridgiennes* bien visibles sur le front de taille de la petite falaise et dans les rochers qui découvrent à marée basse. Ici les fossiles dominants sont *Trigonia clavellata* (fig. 97), extraordinairement abondant, puis *Ostrea deltoïdea, Ostrea virgula, Exogyra Bruntrutana.* Les couches calcaires, recouvertes par les argiles de Honfleur, se continuent sur la rive droite de la Seine au pied du cap de la Hève.

Le *Portlandien* ne figure pas dans cette série; pour le trouver il faudrait remonter au nord jusqu'au département du Pas-de-Calais. C'est une faible lacune; nous la comblerons un peu plus loin.

Fig. 97.—*Trigonia clavellata.*
(2/3 G. N.)

Subdivisions du groupe oolithique. — En possession maintenant d'un terme de comparaison bien précis, nous allons rechercher très rapide-

ment comment se présentent dans des localités convenablement choisies les termes successifs du terrain oolithique. Résu-
mons auparavant les subdivisions qu'il comporte.

GROUPE	TERRAINS	NIVEAUX
Oolithique. . .	7. *Portlandien*. . . .	2. Purbeckien. 1. Bononien.
	6. *Kimeridgien*. . .	2. Virgulien. 1. Ptérocérien.
	5. *Séquanien*. . .	2. Dicération. 1. Glypticien.
	4. *Oxfordien*. . . .	2. Oolithe de Trouville. 1. Marnes de Villers.
	3. *Callovien*. . .	Marnes de Dives.
	2. *Bathonien*. . .	3. Calcaire à Polypiers. 2. Oolithe miliaire (*grande oolithe*) 1. Calcaire de Caen.
	1. *Bajocien*.	3. Oolithe blanche. 2. Oolithe ferrugineuse. 1. Mâlière.

I. — Terrain bajocien (D'Orbigny, 1847).

Fig. 98. — *Harpoceras Murchisonæ*, fossile typique du terrain bajocien.
(1/3 G. N.)

Étymologie. — Le terrain *bajocien* tire son nom de celui de
Bayeux, qui s'appelait en latin *Bajoce*.

Synonymie. — C'est le *calcaire à Entroques* de beaucoup d'auteurs ; Dufrénoy et Elie de Beaumont en faisaient leur Oolithe ferrugineuse et leur Oolithe blanche. Pour Hébert c'était l'Oolithe inférieure. C'est le *Braun Jura* γ de Quenstedt, le terrain *ostréen* de la Souabe ; le *Lœdonien* de Marcou (1848) (de *Lœdon*, nom antique de Lons-le-Saulnier), le *Torgonien* de Rutot et Van den Broeck pour la région des Ardennes ; le *Dogger inférieur* des Allemands ; le *Dogger à Zoophycos* des Alpes Romandes, etc.

Le terrain bajocien en France. — En France, les points où affleurent les couches bajociennes sont extrêmement nombreux. Au voisinage de la Normandie, nous sommes d'abord arrêtés par la rencontre dans le département de la Sarthe, d'assises calcaires, les unes oolithiques, les autres compactes et silexifères et qui reproduisent aussi par leurs fossiles [*Harpoceras Murchisonæ* (fig. 98) et *Parkinsonia Parkinsoni*] les caractères du Bajocien de Bayeux.

Ces conditions persistent sur une très grande partie de la ceinture jurassique du bassin de Paris. Quand on arrive en Bourgogne, on constate que l'élément le plus épais du terrain bajocien est une magnifique variété de calcaire toute remplie d'articles de Crinoïdes, et qui est activement exploitée sous le nom de *calcaire à Entroques*. C'est de Pouillenay (Yonne) que vient la belle variété dont on a fait récemment au Muséum le socle de la statue de Bernardin de Saint-Pierre, par Holweck. *Parkinsonia* continue à y servir de repère et on y recueille avec lui des Oursins et d'autres fossiles.

Dans le Jura, le Bajocien présente toujours la grande épaisseur que nous venons de lui rencontrer (50 à 60 mètres). C'est encore le calcaire à Entroques et, dans bien des localités, il affecte un faciès coralligène accentué. Vers Lons-le-Saulnier, le niveau débute par une zone à *Harpoceras Murchisonæ*. Au-dessus se présentent des calcaires en grandes dalles avec *Cœloceras Humphriesianum* comprenant, dans leurs masses, des îlots de Polypiers et le tout est couronné de calcaires roux à structure cristalline. C'est le Bajocien qui constitue le Plateau de Langres ; il se continue jusqu'à Toul au-dessus du Lias.

Autour du Plateau Central, la même formation apparaît

surtout au sud et spécialement dans le Gard, dans la Lozère, dans l'Aveyron. Elle entre pour une part dans l'architecture des couches si profondément entaillées par les *canyons* de la région des Causses.

Enfin nous pouvons la retrouver dans les Basses-Alpes, avec une puissance de 250 mètres au moins, comme élément important de la chaîne et avec une richesse remarquable en Ammonitidés.

Le terrain bajocien en Europe. — En dehors de notre pays nous retrouvons le terrain bajocien en Angleterre où il constitue, par exemple auprès de Cheltenham (Gloucestershire), un massif important. On y distingue des grès et des calcaires avec plusieurs niveaux de fossiles : en bas *Harpoceras Murchisonæ* (fig. 98) se trouve dans des couches fréquemment oolithiques; plus haut se montrent *Clypeus Plotti* et d'autres Oursins parfois très abondants comme *Echinobrissus clunicularis*, qui caractérise un calcaire spécial qualifié de *ragstone*. Cette formation a dû se constituer au voisinage des côtes et c'est ce dont témoigneraient des strobiles, ou cônes de Conifères voisines des Araucarias actuels. Il faut ajouter que dans la partie septentrionale de l'Angleterre et en Ecosse, la constitution du sol bajocien se modifie sensiblement : on y voit un grès ocracé, appelé *dogger*, recouvert de plus de 100 mètres de lits schisteux avec charbon et toute une flore dans laquelle se signalent *Zamia gigas, Equisetum columnare* et des Fougères.

L'Allemagne nous montre, spécialement en Souabe, des argiles et des calcaires de nuance relativement foncée, dans lesquels on revoit les formes si caractéristiques de *Harpoceras Murchisonæ, Cœloceras Humphriesianum, Belemnites giganteus* et *Cosmoceras subfurcatum.* La même allure générale concerne le Bajocien de la Lorraine allemande, à cela près qu'une portion de l'étage est nettement coralligène. Un calcaire à Polypiers renfermant *Cœloceras Humphriesianum* offre aussi comme principaux types de Cœlentérés des *Thamnastræa*, des *Isastræa*, des *Thecosmilia* et bien d'autres hexactinaires. Les récifs zoogènes dont il s'agit peuvent avoir jusqu'à 20 mètres de puissance et s'étendent sur une surface très large. Le régime récifal ne se poursuit d'ailleurs pas en Alsace.

Dans la chaîne des Alpes, le Bajocien joue un rôle notable et par exemple à la traversée de la Suisse, où les Alpes calcaires du canton de Vaud sont en partie formées de marbres à *Cœloceras Humphriesianum* avec d'autres Ammonites telles que *Phylloceras heterophyllum* et *Lytoceras tripartitum*.

La partie orientale de la chaîne alpine montre çà et là des dépôts du même âge. Selon les points, la roche principale est un calcaire à Entroques, tantôt blanc, tantôt plus ou moins rougi par du fer, ou bien c'est une espèce de conglomérat coquillier où dominent les restes de *Terebratula perovalis*. Ces conditions se continuent par les Karpathes jusqu'au littoral de la mer Noire.

Ajoutons qu'on retrouve du Bajocien dans le midi de l'Europe et, par exemple, en Espagne, en Portugal et en Italie.

Le terrain bajocien en dehors de l'Europe. — En dehors de l'Europe on peut noter d'abord que les formations espagnoles — et spécialement celles qui se montrent en Andalousie — ont comme une sorte de symétrique dans le sol du Maroc et de l'Algérie. On y recueille dans des calcaires qui sont parfois oolithiques le même *Cœloceras Humphriesianum* qui a jalonné le niveau dans toute l'Europe. D'ailleurs, d'autres parties de l'Afrique sont bajociennes, comme le Choa et surtout comme une partie de Madagascar d'où les voyageurs nous ont rapporté beaucoup de fossiles et spécialement le *Parkinsonia Parkinsoni* qui vient de Tulléar.

L'Inde paraît admettre, dans l'interminable série de sa formation dite de Gondwana, des niveaux se rapportant au Bajocien : c'est du moins l'opinion que M. Oldham se croit autorisé à conclure de la présence de toute une flore de Fougères et de Cycadées dans des roches de la vallée de Godaveri. D'ailleurs, des dépôts bajociens ont déjà été notés dans les parties les plus diverses du continent asiatique, par exemple en Perse et dans le Turkestan, où se continue un état de choses reconnu sur les deux versants du Caucase. Il en est de même aussi au Japon, où des couches, contenant des Ammonites tout à fait analogues à *Harpoceras Murchisonæ*, occupent de larges surfaces.

En Océanie et même en Nouvelle-Zélande, la présence du Bajocien a été reconnue à diverses reprises. Enfin mentionnons la présence, dans des schistes noirs provenant de la Terre Louis-Philippe, c'est-à-dire presque sous le cercle polaire antarctique, d'une flore bajocienne de Fougères et de Cycadées que M. Nathorst a soumise à une étude attentive. D'après ce savant paléobotaniste, les plantes fossiles dont il s'agit se rattachent, d'un côté, à la flore jurassique de l'Europe et, de l'autre, à la flore du Gondwana supérieur de l'Inde. « Au point de vue climatologique, dit-il, la collection de la Terre Louis-Philippe pourrait tout aussi bien avoir été recueillie sur la côte du Yorkshire[1]. »

II. — Terrain bathonien (D'Omalius d'Halloy, 1843).

Fig. 99. — *Ostrea acuminata,* fossile typique du terrain bathonien.
(G. N.)

Étymologie. — Du nom de la ville de Bath, en Angleterre.

Synonymie. — C'est la *Grande oolithe* ou *oolithe miliaire* d'Eudes Deslongchamps, le *Vésulien* de Marcou (1848) (du nom latin de la ville de Vesoul) et le *Mandubien* du même géologue (1860) (des *Mandubii,* anciens habitants du Jura); le *Cornbrash* des Anglais; le *Dogger supérieur* des Allemands; le *Braun Jura* ε de Quenstedt. En 1864, Mayer-Eymar réunissait le Bajocien et le Bathonien dans son terrain *bathien.* Pour le même auteur, en 1885, le Bathonien moyen fut le *Falaisien* (de Falaise, Calvados). C'est le *Posidonomyen* des Alpes (à cause de la présence de *Posidonomya alpina*); la partie inférieure est le *Fuller's earth* ou terre à foulon des Anglais; sa partie supérieure est le *Bradfordien* de Desor (1859).

Le terrain bathonien en France. — Le terrain bathonien, dont nous avons vu les caractères en Normandie (p. 628), se retrouve dans la Sarthe, où des calcaires oolithiques renferment toute la faune de l'étage. *Acanthothyris spinosa* y est associée à *Waldheimia digona,*

---

1. *Comptes rendus de l'Acad. des sciences,* t. CXXXVIII, p. 1449, juin 1904.

à *Collyrites ovalis* et à maintes formes tout aussi caractéristiques. On trouve à Mamers une flore des plus remarquables comprenant *Otozamites graphicus, O. Bechei, Cycadites Delessei, Zamites mamertina,* etc.

Comme autres points de l'ouest de la France, on peut citer les Deux-Sèvres qui présentent un massif important aux environs de Niort, par exemple. Ce sont des calcaires de différentes structures et de nuances variées, où l'on recueille beaucoup de fossiles dont les principaux sont : *Perisphinctes Zigzag, Parkinsonia Parkinsoni, Morphoceras polymorphum, Perisphinctes arbustigerus, Sphæroceras bullatum,* etc. A Thouars, le Bathonien est surtout représenté par des calcaires à rognons siliceux qui se continuent jusqu'à Poitiers où ils renferment *Terebratula perovalis* et atteignent une épaisseur de 150 mètres.

Dans le département du Cher, le Bathonien est représenté par des calcaires à structure oolithique. Dans l'Indre, à Saint-Gaultier, il renferme un niveau d'origine d'eau douce, caractérisé par l'abondance des *Paludina* et des *Valvata* et qui nous prépare à la rencontre d'épais massifs lacustres dans le Bathonien de nos régions méridionales. Aux environs de Nevers, des marnes exploitées pour la fabrication des ciments renferment les mêmes *Waldheimia digona* que nous avons rencontrées auprès de Caen et qui suffiraient à préciser l'âge du terrain. Avec elles d'ailleurs sont *Perisphinctes arbustigerus, Morphoceras polymorphum* et d'autres espèces tout aussi décisives.

On trouve dans l'Yonne des assises nombreuses qui donnent au Bathonien une structure très complexe. A Voutenay, par exemple, des calcaires d'un gris-jaunâtre sont remarquables par l'abondance des Pélécypodes et spécialement des Pholadomyes parmi lesquelles se signalent *Pholadomya Vezelayi,* et *Homomya gibbosa.* Au-dessous sont des roches caractérisées par la profusion de l'*Ostrea acuminata* (fig. 99) et, au-dessus, des niveaux à Céphalopodes comme *Perisphinctes arbustigerus*; à Polypiers, comme *Isastræa limitata* et à Crinoïdes comme *Pentacrinus Buvignieri.* On trouve une coupe très intéressante à Pouillenay où, par-dessus le calcaire à Entroques (Bajocien) dont nous avons déjà parlé, se présentent des assises constituant une transition très ménagée vers le Bathonien tout à fait classique. Ce sont d'abord des calcaires où l'abondance des articles de Crinoïdes va en diminuant peu à peu, qui renferment, en échange, des Polypiers et admettent des intercalations de marnes, avec *Pecten virguliferus*. Un massif de 7 mètres d'épaisseur d'un calcaire un peu oolithique est couronné par un véritable banc de larges Huîtres, supportant à son tour des lits très fossilifères. D'abord ce sont des coquilles d'*Homomya gibbosa*, puis des Ammonites (*Parkinsonia Parkinsoni*) associées à de petites Huîtres très abondantes (*Ostrea acuminata*, fig. 99), à des Térébratules (*Terebratula intermedia* et *T. Ferryi*), etc.

Dans toute la Côte-d'Or se continuent des productions analogues, et on y peut signaler le développement de certains bancs de pierres à bâtir, exploités très activement à Comblanchien et autour de Ravières. Les assises se continuent jusqu'à Lyon.

Dans le Jura, et par exemple à Besançon où il mesure près de 180 mètres, le Bathonien est très bien caractérisé. On y a distingué parfois, sous le nom de terrain *vésulien*, une zone inférieure pétrie d'*Ostrea acuminata* et de *Pholadomya* et une zone supérieure, dite *Grande oolithe*, et à laquelle les géologues francs-comtois ont appliqué la désignation anglaise de *Forest marble*. Le tout est couronné par une formation calcaire à grosses oolithes, comprenant la *Dalle nacrée* de Thurmann, qui passe au Callovien et le *Cornbrash*, dont le nom anglais fait allusion à la fertilité en blé des terres végétales qui en dérivent. Dans ces dernières assises se montre *Waldheimia digona* en association avec *Echinobrissus clunicularis*.

Pour en finir avec les régions de la France du Nord, il faut mentionner la présence du Bathonien dans le département du Pas-de-Calais. Il constitue même autour de Marquise un système de couches reposant directement sur les terrains paléozoïques. La roche principale est un beau calcaire blanc ou jaunâtre, très régulièrement oolithique, reposant sur une épaisse couche de sable argileux avec lignite et marcasite; on recueille dans l'Oolithe de Marquise *Rhynchonella concinna* et *Rhynchonella Hopkinsi*. Une couche est caractérisée par un très bel Oursin, le *Clypeus Plotti*, et, plus haut, des strates plus ferrugineuses renferment une multitude de Brachiopodes: Térébratules, Rhynchonelles et Zeilleries.

Dans le sud de la France, la Provence, dans sa région préalpine, présente des assises bathoniennes comme couronnement du Bajocien dont nous avons parlé. On y trouve les fossiles ordinaires et entre autres *Perisphinctes arbustigerus*, *Morphoceras polymorphum*, *Oppelia aspidoïdes*, etc. Enfin il ne faut pas oublier que le Bathonien entre dans la constitution du sol des Causses. Dans cette région il consiste en plusieurs centaines de mètres de calcaires admettant vers leur base des couches marneuses et ligniteuses, d'origine fluvio-marine et dans les escarpements desquelles l'intempérisme a découpé les pittoresques rochers qui font l'un des principaux attraits de cette remarquable partie de la France (Montpellier-Le-Vieux, canyons du Tarn, etc.). Sur le Causse Méjean, le niveau est représenté par une masse de 100 mètres d'épaisseur d'une dolomie grise et compacte, à stratification peu nette et qui forme une ceinture de grandioses escarpements.

Le terrain bathonien en Europe. — L'Angleterre nous procure dans sa région méridionale des documents qui viennent compléter nos notions sur le Bathonien de la Normandie et du Boulonnais. Il débute par la terre à foulon (*Fuller's earth*). Aux environs de Bath, qui a donné son nom au terrain qui nous occupe, la grande oolithe consiste en une pierre à bâtir très épaisse, où les fossiles sont fort nombreux; non loin de là, à Michinhampton, on en a recueilli plus de 140 espèces. Les formes les plus répandues sont *Purpuroïdea nodulata, Acteon acutus, Patella rugosa, Nerita costulata, Emarginula clathrata*, mais on trouve aussi les *Apiocrinus*, les *Echinobrissus*, les *Terebratula* que nous avons déjà cités en France. Par-dessus se présente d'abord le *Bradford clay*, qui comprend la lumachelle de Paludines, connue sous le nom vulgaire de *Forest marble* qui lui vient de ce que son exploitation se fit d'abord dans la Forêt de Wichwood. Plus haut encore et finissant l'ensemble, le *Cornbrash* montre ses minces plaquettes calcaires si facilement désagrégeables par les agents épipolhydriques et où abonde *Waldheimia digona*.

On ne peut se dispenser de rappeler que c'est dans le Bathonien d'Angleterre qu'ont été trouvés à Stonesfield, non loin d'Oxford, dans des assises de calcaire fissile — en association avec des Bélemnites, des Trigonies, des Ptérodactyles, des Téléosaures, des Insectes et des plantes — de précieux vestiges de Mammifères.

Ceux-ci, Marsupiaux vrais pour la plupart, comprennent comme formes principales, *Phascolotherium Bucklandi, Amphitherium Broderipi, Stereognathus oolithicus.* Dans le haut du Bathonien, on retrouve des assises lacustres qui alternent à plusieurs reprises avec des lits marins et qui, fréquemment, contiennent des lignites comme à Brora, dans le Sutherland, par exemple.

En Allemagne, le Bathonien peut atteindre 100 mètres; il comprend des assises caractérisées par *Parkinsonia Parkinsoni*, qui s'étendent sur une large surface de pays ; elles sont associées à des couches où l'on retrouve *Ostrea Knorri* et *Waldheimia lagenalis.* Ces formations se continuent sur une grande partie de l'Europe centrale et c'est ainsi qu'on retrouve, jusque dans les Karpathes de Roumanie et en Serbie, comme dans une partie de la Russie, des gisements de *Parkinsonia*, de *Perisphinctes arbustigerus*, d'*Ostrea acuminata* et d'autres fossiles tout aussi caractéristiques du Bathonien normal.

Dans le sud de l'Europe, notre niveau se signale en Italie et spécialement dans les Alpes Lombardes. Dans le Véronais, des calcaires à Posidonies renferment des *Lytoceras* et des *Oppelia*, et il n'y a pas jusqu'à l'île de Sardaigne qui ne nous offre *Pholadomya Vezelayi* et *Ostrea costata*, comme le font nos régions.

Le terrain bathonien hors d'Europe. — En dehors de l'Europe, il est intéressant, tout d'abord, de signaler le Bathonien sur la côte de l'Algérie et en Tunisie. En Abyssinie, du côté d'Antalo, dans le Choa, dans le pays des Somalis, on trouve des couches à Rhynchonelles qui ressemblent d'une manière remarquable à des dépôts bathoniens de l'Inde. Plus au sud, Madagascar a révélé au Dr O. Fischer du Bathonien tout à fait classique. Enfin la colonie du Cap n'est pas moins bien pourvue.

Nous venons de faire allusion au Bathonien de l'Inde : c'est dans le Rajpoutana et dans le Cutch qu'il a été le mieux étudié. Il fait partie aussi du gigantesque ensemble sédimentaire désigné sous le nom de Gondwana et on y recueille les éléments d'une très riche flore de Cycadées et d'autres végétaux terrestres.

Les voyageurs nous ont rapporté de l'empire Chinois des schistes à empreintes de Gymnospermes qu'on peut rapprocher, comme âge, des niveaux ligniteux du bassin de l'Amour, lesquels, cependant, ne sont pas datés encore d'une façon définitive.

Pour l'Océanie, il paraît probable que le Bathonien est représenté en Australie. On en a des indices aussi en Nouvelle-Guinée et surtout dans quelques régions des îles de la Sonde.

A la Plata il existe, au-dessus d'assises bajociennes, des couches où se présentent quelques fossiles d'allure bathonienne. Enfin n'oublions pas de mentionner que divers fossiles, Bélemnites et autres, portent à admettre la présence du même terrain sur le littoral oriental du Groënland.

III. — Terrain callovien (Alcide d'Orbigny, 1841).

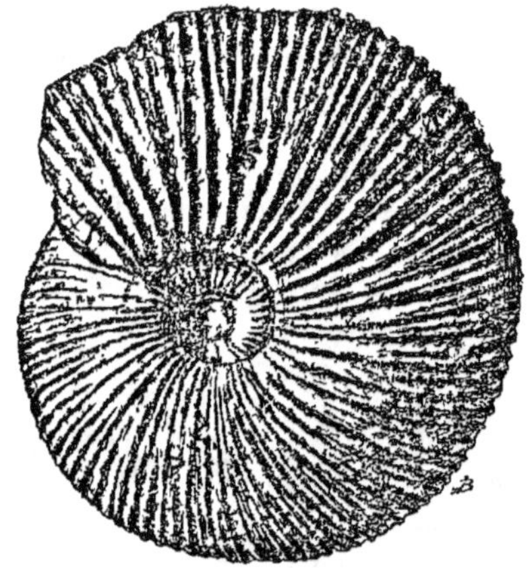

Fig. 100. — *Macrocephalites macrocephalus,* fossile typique du terrain callovien. (1/2 G. N.)

Étymologie. — De *Kelloway,* nom d'une localité anglaise où le niveau a d'abord été défini.

Synonymie. — C'est le *Kelloway-rock* de Phillips. On l'a qualifié quelquefois d'*Oolithe inférieure,* mais ce nom a eu aussi des significations différentes. En Allemagne on l'a appelé *Anceps zone.* La *dalle nacrée* de l'Ain et du Jura représente sa portion inférieure. En Normandie, on l'appelle *argile de Dives,* nom qui ne s'applique pas à sa totalité.

Le terrain callovien en France. — Au nord de notre région typique, nous trouvons des affleurements calloviens dans le Pas-de-Calais. Ils consistent, spécialement auprès du Wast, en argiles et en calcaires avec *Macrocephalites macrocephalus* (fig. 100), *Reineckeia anceps, Cosmoceras Jason, Quenstedtceras Lamberti, Peltoceras athletum* qui sont tous des Ammonitidés caractéristiques. Il est remarquable que dans la Sarthe, les environs de Mamers fournissent des résultats tout à fait comparables.

En Maine-et-Loire, la localité de Montreuil-Bellay a acquis une véritable célébrité par l'abondance et la belle conservation de ses fossiles calloviens : la coupe montre dans le bas 75 centimètres de calcaire plus ou moins ocracé et dans lequel on recueille *Reineckeia anceps, Stephanoceras coronatum* et *Cosmoceras Jason*. Plus haut, un autre calcaire, moins riche en fer mais de structure oolithique, contient *Peltoceras athletum* et supporte encore des calcaires, mais de nuance foncée, associés à des marnes où le même fossile est mélangé à *Quenstedticeras Lamberti* et *Belemnites hastatus*. A plusieurs niveaux se présentent en outre des Brachiopodes et spécialement des Rhynchonelles d'espèces intéressantes, surtout par leurs affinités avec des faunes méridionales et par leur contraste avec les espèces du bassin parisien.

La formation callovienne se continue dans la Vienne et avant tout dans les environs mêmes de Poitiers. A Chauvigny on qualifie de « caillasses » des roches à *Macrocephalites macrocephalus* sur lesquelles s'étendent des calcaires blancs, tendres et traçants, qui renferment en plusieurs localités, et par exemple à Jardres, les coquilles qui accompagnent normalement *Reineckeia anceps*. Puis viennent des calcaires, oolithiques par place, avec des Pholadomyes et des Homomyes et dont la partie supérieure, qui est silexifère, contient des Brachiopodes (*Waldheimia Parandieri*).

Le Callovien de la Nièvre, qui a parfois 30 mètres de puissance, débute par une oolithe ferrugineuse au-dessus de laquelle on voit un calcaire à nodules siliceux (*chailles*) contenant des espèces spécialement caractéristiques comme *Cosmoceras Jason* et *Stephanoceras coronatum*. Des Oursins (*Collyrites ellipticus* et autres) associés à ces Ammonites se sont fréquemment silicifiés, et ils peuvent alors subsister dans les argiles de décalcification qui, en plusieurs localités, recouvrent d'une couche épaisse le calcaire sous-jacent.

Dans la Côte-d'Or, et par exemple vers Dijon, le niveau est réduit à quelques mètres de calcaire avec les Ammonitidés typiques. A Châtillon-sur-Seine, la formation admet un lit de minerai de fer oolithique qui se signale d'une façon tout particulièrement éloquente comme produit de substitution bathydrique. Il forme, en effet, un horizon tout à fait uniforme et auquel on attribuerait une origine unique si la paléontologie n'y révélait la superposition de deux zones distinctes d'Ammonites : en bas règne *Reineckeia anceps*, tandis qu'en haut se présente *Cardioceras cordatum* (fig. 101), fossile essentiellement oxfordien. Des couches calcaires superposées, ayant des caractères plus ou moins différenciés, ont donc été uniformément transformées en limonite par le mécanisme décrit précédemment à propos de la fonction bathydrique.

Un minerai de fer callovien se montre dans toute la Haute-Marne avec une épaisseur qui peut atteindre 6 mètres. Des couches des Ardennes sont à l'état de gaize.

En Lorraine, une série de couches calcaires, alternant sur 3 à 4 mètres d'épaisseur avec des marnes sableuses, constitue le Callovien des environs de Toul et de Collombey. Vers le sud il admet une assise ferrugineuse oolithique qui se poursuit jusqu'en Bourgogne où elle est exploitée comme minerai. Elle repose généralement sur la « dalle nacrée » et contient *Cosmoceras Jason*, *Stephanoceras coronatum* et d'autres espèces tout aussi caractéristiques.

Il est remarquable que le Callovien soit ferrugineux aussi dans certains points du midi de la France. Le fait est sans doute porté à son maximum à La Voulte, dans l'Ardèche, où le minerai est rempli de *Reineckeia anceps*, de *Turbo capitanea*, et d'autres fossiles qui sont intégralement transformés en hématite terreuse (sanguine) tout comme la couche entière. Cette couche si intéressante mesure à peu près 50 centimètres d'épaisseur.

En Provence, les assises calloviennes relient les Basses-Alpes à la région des Corbières et présentent nombre de points fossilifères. La formation joue un rôle dans la constitution du massif des Causses, où *Reineckeia anceps* se signale en échantillons très disséminés dans un calcaire à grain fin qui constitue un piédestal aux couches oxfordiennes.

Le terrain callovien en Europe.—Parmi les régions d'Europe où le terrain callovien a été observé, il est indiqué de commencer par l'Angleterre. C'est en effet dans le Wiltshire, à Kelloway, que le type en a été distingué à la base de l'argile d'Oxford. On est très intéressé, dans cette région privilégiée, par l'abondance des fossiles dans un grès que, déjà, on avait été appelé à distinguer à cause des ossements de grands Reptiles que les carriers y avaient rencontrés. Les coquilles les plus remarquables sont *Cosmoceras Jason* et *Macrocephalites macrocephalus*; quant aux Vertébrés, ils comprennent *Megalosaurus Bucklandi,* associé à des Ichthyosaures et à des Plésiosaures analogues à ceux des niveaux précédents. En Écosse, dans l'île de Skye comme aux Hébrides, le Callovien se révèle par plusieurs fossiles classiques ; en certains points il affecte un faciès d'estuaire et renferme parfois de nombreuses Cyrènes.

Sur le continent, la Suisse présente, dans la région des Préalpes, des roches calloviennes qui consistent surtout en calcschistes fort analogues à ceux du Bathonien de la même région : des Ammonites reconnaissables et *Belemnites semihastatus* y ont été recueillies.

Par la Souabe et le Hanovre, les affleurements calloviens nous mènent en Pologne où se présente avec tous ses caractères le niveau ferrugineux à *Cosmoceras Jason.* Seulement il diffère d'une manière remarquable de la formation citée dans l'Ardèche par le mélange, aux fossiles que nous connaissons déjà, de formes qui se développent dans des localités orientales. En Russie, et surtout vers le rivage baltique, la même zone contient le *Cosmoceras* caractéristique. Des observations ont été répétées de la mer Blanche — où Malo-Arkhangelsk présente des sables et des argiles parfois chargés de fer carbonaté — jusqu'aux environs de Simbirsk, sur les bords de la Volga.

Le terrain callovien hors d'Europe. — Le Callovien affleure dans la chaîne du Caucase avec des caractères analogues à ceux qu'il présente en France et il se lie avec les couches asiatiques du même âge.

Celles-ci sont disséminées sur une immense surface et on peut citer le Baloutchistan comme ayant fourni des *Macrocephalites* tout à fait reconnaissables. Dans l'Inde les mêmes niveaux se continuent et, dans la vallée de l'Indus, le géologue Stoliczka a pu distinguer trois niveaux superposés dont l'inférieur contient *Macrocephalites macrocephalus* avec *Sphæroceras bullatum,* le moyen *Reineckeia anceps,* et le supérieur *Peltoceras athletum,* c'est-à-dire tous des fossiles européens.

Non seulement le Callovien se poursuit jusqu'au fleuve Amour et a fourni des fossiles dans le Tien-Chan, mais on en a des vestiges dans les Iles Océaniennes, aussi bien dans les Moluques que dans la Nouvelle-Guinée.

En Amérique, on a cité des affleurements calloviens depuis la Californie jusque dans le sud du Chili. Partout des fossiles classiques se retrouvent et, bien souvent, ils se répartissent en deux zones superposées dont l'inférieure contient *Macrocephalites,* et l'autre *Reineckeia.*

Il en est exactement de même en Algérie et jusqu'aux environs du Kilimandjaro. Dans cette dernière région, des affinités se manifestent avec la géologie indienne et c'est ce qu'on aurait pu prévoir. Quant à Madagascar, on voit au Cap Saint-André et jusqu'à la région méridionale de l'île, aux environs de Tulléar, des dépôts calloviens épais et continus.

Il est remarquable que le niveau qui nous occupe soit largement représenté dans les contrées hyperboréennes, depuis le Groënland jusqu'à l'Alatska, en passant par la Terre de François-Joseph et le Spitzberg.

IV. — Terrain oxfordien (Brongniart, 1829).

Fig. 101. — *Cardioceras cordatum,* fossile typique du terrain oxfordien.
(2/3 G. N.)

Étymologie. — Du nom de la ville d'Oxford, en Angleterre. Sa partie inférieure est le *Jura Brun* des Allemands qui l'ont souvent associé à leur *Dogger*. Sa partie moyenne répond au *Divésien* de Renevier (1874), horizon dont le sommet est le *Villersien* de M. de Lapparent (1893); l'*Alésien* de Marcou (1860) est sensiblement le Divésien de la région du Jura. C'est à l'Oxfordien supérieur que se rapportent le *Rauracien* (de *Rauracia*, Jura, pays des Rauraci, dont la capitale était *Augusta Rauracorum*, aujourd'hui Augst) de Gressly (1867), compris parfois aussi dans le Séquanien; on peut le retrouver dans l'*Argovien* des géologues suisses qui englobe lui-même l'*argile à chailles* du Jura, le *Jurassique α* de Quenstedt, le *Zoantharien* et le *Pholadomyen* d'Etallon (1861), etc.

Le terrain oxfordien en France. — Ce terrain se rencontre dans un grand nombre de localités françaises, et tout d'abord il est intéressant de constater qu'au nord de notre localité typique il affleure dans le pays de Boulogne; au Wast, on trouve une argile épaisse de 6 mètres avec *Quenstedtia Mariæ* qui supporte des argiles et des calcaires renfermant toute la faune que nous avons citée à Trouville, p. 630. On y recueille avec *Gryphæa dilatata, Cardioceras cordatum* et, un peu plus haut, en abondance, *Ostrea gregaria*.

Dans les Ardennes, l'Oxfordien influence d'une manière très remarquable le profil de la surface du sol en définissant l'une de ces circonvallations naturelles sur lesquelles Élie de Beaumont et Dufrénoy ont insisté d'une manière si éloquente dans leur explication de la Carte géologique de France. A Signy-l'Abbaye, de grandes carrières sont ouvertes dans sa masse et on y recueille, comme dans toute une série de localités plus ou moins voisines, une faune nombreuse parmi laquelle il faut citer : *Quenstedtia Mariæ, Peltoceras Eugenii, Modiola bipartita, Pholadomya exaltata*, etc. Certaines couches ont conservé la composition spéciale de la gaize callovienne mais contiennent les fossiles oxfordiens. Ailleurs, on voit le niveau, tout en conservant sa faune, passer au minerai de fer oolithique, et renfermer des échantillons remarquables de coquilles constituées par de la limonite tout en ayant gardé leurs caractères zoologiques qui permettent de reconnaître : *Cardioceras cordatum* (fig. 101), *Perisphinctes plicatilis, Chemnitzia heddingtonensis, Plicatula tubifera, Acrosalenia decorata*. C'est ce qu'on peut faire à Neuvizy et mieux encore à Viel-Saint-Remy, qui est une localité d'une richesse paléontologique exceptionnelle.

Du reste, à ces horizons sont associés des massifs de Polypíers développés dans la Meuse : ces massifs se continuent sans interruption jusque dans l'épaisseur du terrain séquanien ; il est impossible de faire des coupures naturelles dans leur masse bien que les formes séquaniennes aient, dans le haut, remplacé les formes oxfordiennes de la base. Aussi c'est une affaire de sentiment de les classer dans l'un ou dans l'autre terrain ; pour notre part nous nous bornons à les mentionner ici ; nous y reviendrons à propos du Séquanien.

Le niveau oxfordien est fort développé dans toute la région de Bourgogne et de Champagne. On y distingue une zone où des argiles contiennent des *chailles* tout à fait pareilles à celles qui se montrent dans les argiles calloviennes de la Franche-Comté. Ces chailles ne représentent aucune condition originelle et aucune raison n'empêche qu'elles ne soient constituées par la circulation souteria'ne des eaux dans des assises d'âges fort différents. Le *calcaire de Lézinnes* est jaunâtre, assez tendre, chargé d'un peu de sable. Ses fossiles (*Ostrea dilatata, Myoconcha Rathieri, Pholadomya ampla*) et sa texture permettent de le suivre avec certitude, bien que son épaisseur de 20 mètres sur l'Armançon diminue rapidement au N.-E. Il repose sur les *marnes à Spongiaires,* à *Ammonites canaliculatus* au-dessous desquelles se trouve le minerai de fer oolithique empâté dans un calcaire bleuâtre ; niveau très fossilifère à *Cardioceras cordatum, Aspidoceras perarmatum, Belemnites hastatus, Myoconcha Rathieri.* Le minerai a été exploité en place dans les calcaires marneux (mine grise) ou dans un terrain de remaniement argileux (mine rouge).

La Franche-Comté est remarquable par le développement du niveau oxfordien. Du côté de Besançon, on rencontre, à la base de l'ensemble, des marnes à *Cardioceras cordatum* auquel s'associent bientôt *Pholadomya exaltata,* des Brachiopodes comme *Terebratula Galliennei* et *Rhynchonella Thurmanni,* et des Échinides tels que *Collyrites bicordatus.* C'est au S.-E. de Dôle que se dessine un faciès spécial qui a été qualifié d'*Argovien* par Marcou et que distingue une extraordinaire abondance de Spongiaires (*Scyphia, Tragos, Cnemidium*). Ce faciès se continue dans une partie du Jura et même en Suisse où il prend plus de développement.

Dans les Alpes de l'Isère, par exemple à la Porte-de-France, près de Grenoble, le terrain oxfordien est formé d'une série de bancs calcaires noirâtres, représentant plus de 3o mètres de puissance et renfermant *Perisphinctes Martelli, Phylloceras tortisulcatum,* etc. Dans les Basses-Alpes, c'est à 100 mètres qu'il faut élever l'épaisseur de l'Oxfordien qui repose sur le Callovien en concordance parfaite. On le retrouve jusque dans les Alpes-Maritimes.

Plus à l'ouest, l'étage se retrouve dans les Cévennes, où *Cardioceras córdatum* caractérise des couches généralement calcaires qui se continuent dans le Tarn et dans le Lot. Puis il affecte, dans les Charentes et les Deux-Sèvres, un faciès marneux et sa partie supérieure, faite d'argiles avec Spongiaires, nous rappelle l'état des choses en Franche-Comté. En arrivant au détroit du Poitou on trouve l'étage incomplet par la base et présentant le niveau à Spongiaires en contact immédiat avec le Callovien.

Au contraire, à Mamers, dans la Sarthe, on observe des calcaires à *Quenstedtia Mariæ* et, par-dessus, des argiles à *Perna mytiloides,* puis des calcaires à *Cardioceras cordatum* et des calcaires oolithiques à *Echinobrissus scutatus.*

Ces constatations nous ramènent à la région de la Nièvre et du Berry où nous voyons reparaître la constitution décrite tout à l'heure en Champagne et en Bourgogne.

Le terrain oxfordien en Europe. — C'est encore par l'Angleterre qu'il nous faut commencer la revue rapide des localités européennes : Oxford est le pays classique pour le niveau auquel nous sommes parvenus et, cependant, c'est l'un de ceux où les débuts du terrain considéré sont le moins nettement délimités. En effet, l'élément le plus abondant du sol d'Oxford est l'argile, une argile tantôt bien homogène, tantôt admettant des lits plus ou moins importants de sable ou de calcaire. Mais les fossiles conduisent à reconnaître que la base de l'ensemble appartient réellement au Callovien, de telle sorte que l'*Oxford Clay* des anciens géologues doit être divisé en deux paquets superposés.

C'est à Weymouth que la portion vraiment oxfordienne a tous ses caractères. On y voit d'abord une dizaine de mètres de sables souvent agglutinés en grès et contenant *Cardioceras cordatum, Aspidoceras perarmatum, Perna quadrata, Ostrea gregaria, Millericrinus echinatus.* Par-dessus se montrent, sur une épaisseur au moins égale, des argiles où les espèces sont sensiblement les mêmes et enfin 7 mètres de grès qui ne paraît pas correspondre aux derniers niveaux de l'Oxfordien. La série se complète dans le comté d'York, et cette fois on constate la liaison insensible avec le terrain séquanien, reproduisant ici les conditions mentionnées précédemment pour la Meuse, mais indépendamment cette fois du faciès coralligène.

Sur le continent, nous avons d'abord à mentionner le terrain oxfordien en Suisse : le Jura de Neuchâtel comme le Jura de Berne en possèdent de nombreuses assises. Dans plusieurs régions, les marnes à Spongiaires avec le faciès argovien sont tout à fait prépondérantes ; ailleurs, aux Brenets, on trouve les calcaires à *Cardioceras* et à *Peltoceras* bien caractérisés ; enfin, vers Berne, l'ensemble consiste surtout en marnes avec chailles disséminées. Les couches à *Cardioceras cordatum* se retrouvent dans bien d'autres parties de la Suisse et, par exemple, à Meyringen.

Dans l'Europe centrale, la Bohême est environnée de pays où l'Oxfordien ne fait pas défaut : tels sont le Hanovre, la Saxe et la Silésie. En Pologne et en Russie, des couches variées représentent le même niveau et les environs de Moscou sont à mentionner pour des gisements fournissant *Quenstedtia Lamberti*, *Cardioceras cordatum*, *Perisphinctes Martelli* et toute une série d'espèces tout aussi classiques.

Dans le sud de l'Europe, nous nous bornerons à signaler la présence du terrain oxfordien en Espagne et même en Portugal. Les caractères généraux en sont tout à fait comparables à ceux des gisements de l'Europe occidentale ; mais, en général, les fossiles sont peu abondants.

Le terrain oxfordien en dehors de l'Europe. — L'Oxfordien a été reconnu en Algérie et, par exemple, auprès de Batna où des calcaires ferrugineux et fort épais, pourvus de rognons siliceux, contiennent *Belemnites hastatus*, *Phylloceras tortisulcatum* et *Ochetoceras canaliculatum*. L'analogie est remarquable avec des couches rouges à *Peltoceras transversarium* visibles au Zaghouan, sur le territoire tunisien.

Plus à l'est encore, le pays des Somalis a procuré la découverte de *Rhynchonella moravica* ; des indices en ont été recueillis aussi au

Zanzibar. Quant à Madagascar, elle renferme des gisements oxfordiens et spécialement, selon M. Boule, dans ses régions méridionales où le calcaire oolithique et limonitifère de Tulléar fournit, comme nos roches françaises de même âge, *Lima proboscidea* et *Perisphinctes Martelli*.

En Asie, nous nous bornerons à citer l'Oxfordien parfaitement caractérisé, avec *Cardioceras*, dans la région du Caucase. On le retrouve dans l'Asie Mineure, et jusque dans l'Inde, où *Peltoceras athletum* est associé à *Aspidoceras perarmatum*.

Un grand nombre de gisements oxfordiens sont disséminés sur la surface des Etats-Unis d'Amérique. Dans les régions volcaniques du Parc National, les assises sont séparées par des lits de tufs de projection et, plus à l'ouest, dans les Montagnes-Rocheuses, on voit d'épais dépôts exclusivement marins. Parfois des vestiges d'énormes Reptiles sont mélangés aux débris de Mollusques, et il faut citer dans le nombre les bêtes étranges qu'on a appelées *Cimoliosaurus, Diplosaurus, Pantosaurus,* etc.

V. — Terrain séquanien (Thurmann et Marcou, 1848).

FIG. 102. — *Diceras arietinum,* fossile typique du terrain séquanien.
(1/2 G. N.)

Étymologie. — De *Sequana,* ancien nom de la Franche-Comté.

Synonymie. — Le terrain *séquanien* est un de ceux qui ont été le plus remaniés par les stratigraphes poursuivant la chimère d'une classification exprimant l'état naturel des choses sur la surface entière de la Terre. Aussi est-ce un de ceux pour lesquels la terminologie et la synonymie pourraient être le plus compliquées.

D'abord, c'était un ensemble de couches présentant en Angleterre une prédominance remarquable de Polypiers, et le nom de *Coral rag* lui avait été imposé autant par ·l'usage vulgaire que par la langue des spécialistes. Seulement on s'est aperçu que tous les terrains auraient le même droit de s'appeler coralliens, si on les examinait dans une localité convenablement choisie puisque, à chaque moment de l'évolution de la Terre, il y a eu des fonds de mers où les Polypiers constructeurs ont prospéré. Le nom de corallien est donc plutôt une détermination de faciès qu'une définition chronologique. L'expression de terrain *séquanien* rappelle simplement que le niveau est fort développé en Franche-Comté ·(l'ancienne *Séquana*). On le divise alors fréquemment en deux étages superposés : le plus ancien, intéressant plus ou moins de terrain oxfordien suivant les auteurs, est le *Rauracien* de Gressly (1867) ou *Dicératien* d'Etallon (1857), et le plus élevé l'*Astartien*, ou *calcaire à Astartes* [ou *Glypticien* d'Etallon (1861)]; c'est le *Jura blanc, Weiss Jura* β et γ de Quenstedt.

Le terrain séquanien en France. — Il est très intéressant tout d'abord de remarquer que sur le sol même de la France, il est impossible de délimiter le Séquanien par en bas ; il se soude parfois avec l'Oxfordien d'une façon si intime que c'est arbitrairement qu'on divise leur ensemble en deux portions successives. C'est ce que l'on constate aisément dans la région des Ardennes : des massifs coralligènes de grandes dimensions s'y développent souvent avec une puissance très supérieure à 100 mètres ; la base est formée de cal

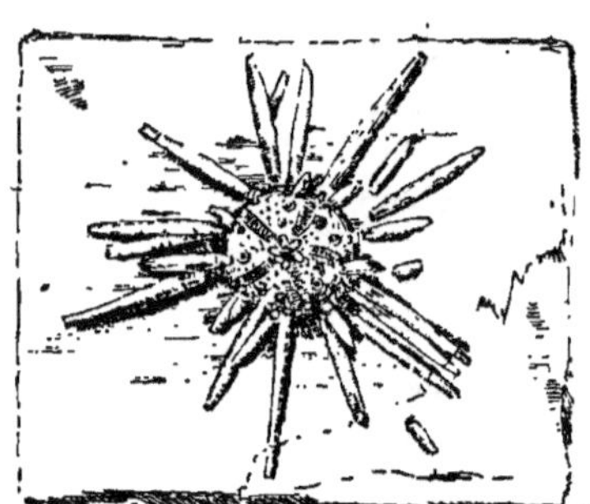

FIG. 103. — *Hemicidaris crenularis.*

caires tuberculeux, dont on fait surtout du macadam, et qui contiennent beaucoup de Polypiers comme *Calamophyllia Moreani* et *Stylina Deluci*, mélangés d'Echinides tels que *Hemicidaris crenularis* (fig. 103) et *Glypticus hieroglyphicus.*

Ce dernier fossile est si caractéristique que des géologues ont fait du niveau le terrain *glroticien,* parfois compris dans l'Oxfordien, qui se complète par-dessus par le terrain *dicératien* que nous mentionnions, il n'y a qu'un instant, comme l'un des synonymes à peu près exacts du Rauracien. Dans celui-ci, la roche locale est compacte, parfois oolithique et très remarquable par la profusion des Nérinées (*N. Castor, N. Defrancei,* etc.) qui se mélangent, surtout en haut, à *Diceras arietinum.* Enfin, par-dessus, s'étendent les assises à *Astarte minima,* représentant souvent 120 mètres d'épaisseur à elles seules. Avec ces Astartes se montrent des Huîtres de grande taille et de forme triangulaire (*O. deltoidea*) et des Huîtres bien plus petites, souvent en quantité considérable (*O. bruntrutana*).

Dans la Meuse, le Séquanien débute par de magnifiques récifs madréporiques bien visibles à Saint-Mihiel, où l'intempérisme les a découpés sous la forme de rochers extrêmement pittoresques. Les célèbres carrières de Lérouville et d'Euville sont ouvertes dans des portions de cette formation où abondent des articles de Crinoïdes

Fig. 104. — Radiole de *Cidaris florigemma,* (Grossie.)

qualifiés d'Entroques. Leur substance initiale s'est transformée en calcaire spathique où les clivages brillent de toutes parts sur les surfaces de fracture de la roche. On y trouve *Cidaris florigemma* très abondante (fig. 104). Un échantillon provenant dé Verdun a fourni une curieuse empreinte d'œuf de Poisson callorhynque, décrite sous le nom de *Vaillantoonia Virei*[1].

Plus haut, comme dans les Ardennes, se montrent des couches oolithiques à *Diceras arietinum* qui atteignent 40 mètres auprès de Saint-Mihiel. Dans les mêmes couches se présentent en outre des empreintes de Fougères (*Stachypteris*), de Cycadées (*Zamites*) et de Conifères (*Brachyphyllum*).

Cette formation de la Meuse a sa continuation dans le département de la Haute-Marne où les Nérinées et les Dicérates caractérisent l'oolithe de Doulaincourt.

En Lorraine, les Polypiers sont remarquablement abondants et

---

1. *Comptes rendus de l'Académie des Sciences,* t. CXII, p. 1154 ; 1891.

volumineux. La puissance de la formation est de 5o mètres ; la base consiste en calcaire argileux plus ou moins ocracé, avec des parties oolithiques, et où l'on observe *Ostrea deltoidea*. Des calcaires lithographiques en lits très minces, situés au-dessus, supportent des marnes à *Waldheimia humeralis*. Ces marnes sont couronnées par des calcaires marneux remarquables par l'extrême abondance d'*Astarte minima,* accompagnée de *Terebratula subsella, Coniolina geometrica, Pterocera oceani,* etc.

Plus à l'est, en Franche-Comté, c'est avec la plus grande netteté que les deux niveaux à Dicérates et à Glypticus se montrent l'un au-dessus de l'autre, avec un recouvrement de calcaire massif.

Dans la chaîne des Alpes, le Séquanien affecte plusieurs manières d'être. Par exemple, à son extrémité méditerranéenne, c'est un calcaire en plaquettes minces très riches en Ammonites et spécialement en *Peltoceras bimammatum.* Dans les Basses-Alpes, de semblables calcaires sont recouverts d'une épaisse série de couches également calcaires, mais renfermant des silex et contenant des *Perisphinctes* et des *Aptrchus.* Plus au nord, en Dauphiné, *Peltoceras bimammatum* caractérise des calcaires sur lesquels se placent les couches de Crussol, célèbres par une faune des plus intéressantes comprenant *Oppelia tenuilobata, Perisphinctes polyplocus, P. Achilles, Neumayria tricristata,* etc.

Oppelia tenuilobata est cantonnée dans les portions inférieures du calcaire séquanien des Causses du Tarn. Plus haut, on retrouve le calcaire tuberculeux, avec Polypiers, et des couches à Nérinées.

A Saint-Jean-d'Angély et jusqu'à Niort, dans les Deux-Sèvres, *Peltoceras bimammatum* date des couches au-dessus desquelles se succèdent des assises à *Perisphinctes Achilles.*

Auprès de Mamers, dans la Sarthe, nous retrouvons les Dicérates avec des Nérinées et des Polypiers dans des calcaires recouverts de marnes à *Ostrea bruntrutana* et *Astarte minima.* Des formations comparables dans les grandes lignes se poursuivent vers l'est dans toute la bande jurassique qui limite au sud le bassin de Paris. La *pierre blanche* de Bourges est, au propre, un massif coralligène avec *Cidaris* et *Glypticus.* Un récif tout à fait comparable se voit dans la vallée de l'Yonne ; les Nérinées y abondent et sont d'espèces très variées; les Dicérates les accompagnent et *Cidaris florigemma* suffirait à déterminer l'ensemble. A Tonnerre, des couches épaisses fournissent des calcaires remarquables par la régularité des petites oolithes qui les constituent et qui contiennent, non seulement des Mollusques et des Cœlentérés, mais des plantes comme des Fougères du genre *Ctenopteris*.

Pour terminer ce coup d'œil sur la distribution du Séquanien en France, il convient de mentionner sa présence dans le Boulonnais où il est parfaitement caractérisé. Il repose sur l'Oxfordien auquel le lie d'une manière très ménagée l'assise de calcaire d'Houllefort, qui contient en quantité des fossiles variés parmi lesquels *Perisphinctes Martelli* et *Cidaris florigemma*. Le calcaire du Mont-des-Boucard, qui se présente ensuite sur 5o mètres de puissance, est activement exploité. On y distingue de grands massifs de coraux avec des Oursins et, entre ces massifs, la roche contient des Pholadomyes et des Huîtres (*Ostrea solitaria*). L'ensemble se couronne de calcaire construit avec *Hemicidaris crenularis* qu'accompagne encore *Cidaris florigemma* déjà nommée.

Le terrain séquanien en Europe. — En Suisse, Baden-en-Argovie possède des couches qui représentent la partie supérieure du Séquanien et dans lesquelles se montrent *Oppelia tenuilobata*, avec d'autres Ammonites, et *Waldheimia humeralis*. Au-dessous, on trouve successivement une zone à *Diceras arietinum* et *Perisphinctes Achilles*, puis une zone à *Glypticus hieroglyphicus* avec *Peltoceras bimammatum* ; le tout reposant sur des couches à Phasianelles et à Huîtres (*Ostrea caprina*) qui passent à l'Oxfordien.

Du reste, le Séquanien a été reconnu parmi les éléments stratigraphiques de la grande chaîne des Alpes, aussi bien dans le massif du Mont-Rose que dans celui du Mont-Blanc, et sur les flancs du Saint-Gothard. En Suisse, le Séquanien fait partie du terrain oolithique que les géologues suisses ont qualifié de *Malm*.

En Allemagne, on arrive assez facilement à retrouver dans l'épaisseur du Séquanien ses deux niveaux principaux caractérisés, l'un, l'inférieur, par *Cidaris florigemma* et l'autre, qui le recouvre souvent, par des Nérinées et par *Zeilleria* (*Waldheimia*) *humeralis*. Ces formations s'étendent par la Pologne jusqu'en Russie avec des caractères spéciaux.

En Angleterre, pays d'origine du *Coral rag*, le niveau débute par des couches oolithiques, exploitées auprès de Weymouth par exemple. Plus haut s'étalent des calcaires à *Cidaris florigemma* et *C. crenularis* avec *Trigonia clavellata* parfois très abondante. *Ostrea deltoidea* se montre dans des calcaires associés à des argiles bleuâtres, et dans des grès qui leur sont superposés en beaucoup de points du Yorkshire. Une assise de minerai de fer, avec *Rhynchonella inconstans* et Ptérocères, couronne l'ensemble.

Dans le sud de l'Europe, la chaîne des Apennins laisse voir, dans des lits à *Aptychus*, des représentants du Séquanien; on en retrouve d'analogues dans l'Europe centrale. M. Choffat a étudié sous le nom de *Lusitanien* (de *Lusitania*, Portugal) une très épaisse formation correspondant sensiblement au Malm et qui présente cet intérêt de passer latéralement du faciès marin au faciès lacustre par des intermédiaires très ménagés. On y trouve alors une flore dont *Rhizocaulon*, grande Monocotylédone arborescente, constitue le terme le plus remarquable.

On a retrouvé, en Andalousie et même dans les Baléares, le niveau à *Oppelia tenuilobata*.

Le terrain séquanien hors de l'Europe. — Il est très intéressant de constater que le terrain séquanien a été signalé dans plusieurs localités africaines. Il existe dans la province d'Oran, comme aussi à Batna, et on recueille des *Diceras* en Abyssinie. Il paraît qu'à Madagascar la longue bande du Jurassique supérieur qui traverse le Bemahara du nord-est au sud-ouest comprend des éléments séquaniens.

L'étage a été signalé en Amérique et principalement dans la Cordillère du Chili, ainsi qu'en certaines localités mexicaines.

VI. — Terrain kimeridgien (Thurmann, 1832).

FIG. 105. — *Ostrea virgula*, fossile typique du terrain kimeridgien.
(G. N.)

Étymologie. — Du nom de Kimeridge, en Angleterre.

Synonymie. — C'est le *Havrien* de Brongniart (1829). — Thurmann le subdivisait de bas en haut en *Ptérocérien, Strombien* et *Virgulien.* — Quenstedt y distinguait le *Weiss Jura* δ, le *Weiss Jura* ε, le *Weiss Jura* ζ. — Pour les Allemands, c'est le *Malm moyen.*

Le terrain kimeridgien en France. — Le terrain kimeridgien est représenté dans diverses régions de la France, et avant tout dans le Jura où il a un développement et des particularités remarquables. Il commence par des marnes noduleuses plus ou moins calcaires, avec Nérinées et Térébratules, et comprenant souvent des bancs pétris d'*Ostrea virgula* (fig. 105) qui est tout à fait caractéristique du niveau. Cette allure est surtout accentuée dans le nord du Jura et on la voit se modifier à mesure que l'on passe au sud, si bien que dans l'Ain, du côté de Saint-Claude par exemple, on se trouve en présence de massifs aussi madréporiques que ceux qui avaient fait donner son nom au terrain corallien. Même il est des localités, telles que Valfin, où on peut reconstituer de véritables *atolls.* Les principaux Polypiers qui les composent appartiennent aux genres *Dendrogyra, Thamnastræa, Thecosmilia, Stylina, Pachygyra, Heliocœnia,* etc. ; les fossiles associés ont une allure comparable à celle des *Thecosmilia* corallicoles d'aujourd'hui. Ce sont des Oursins comme *Hemicidaris;* ce sont des Gastropodes à tests épais comme *Nerinea, Turbo,* ou enfin des Pélécypodes de la catégorie des Dicérates : *Diceras, Heterodiceras, Plesiodiceras,* etc.

Dans ces mêmes régions, il faut citer la constitution fréquente du Kimeridgien en plaquettes minces de calcaire à grain très fin et, en conséquence, très favorable à la conservation des empreintes fossiles les plus délicates. Cerin (Ain) est célèbre à cet égard par les Poissons (*Lepidotus, Pycnodus, Caturus, Thrysops, Leptolepis,* etc.), les Reptiles (*Chelonomys, Pterodactylus,* etc.), par les plantes, et surtout les Cycadées qu'il a fournis en abondance. Sur les bords du lac de Bartheran, comme au lac d'Armaille, le schiste kimeridgien est imprégné de substances hydrocarbonées au point qu'on peut en extraire des huiles minérales par distillation. Les Ammonites, peu déterminables, y sont très nombreuses et on recueille avec elles une série d'*Aptychus* variés. Au lac d'Armaille, la flore, étudiée par Gaston de Saporta, est d'une richesse extraordinaire : elle témoigne par *Cycadopteris, Ctenopteris, Lomatopteris, Scleropteris, Zamites, Otozamites, Sphenozamites,* d'un climat tropical.

En Dauphiné, à la Porte-de-France, près de Grenoble, le calcaire kimeridgien affecte une manière d'être intéressante : il est en bancs très épais à structure compacte et très régulière. Il y a été exploité longtemps avec une grande activité. On peut suivre le niveau jusqu'en Provence et on constate qu'il se charge de magnésie dans la chaîne de la Nerthe.

Dans l'Ardèche, auprès des Vans, le calcaire kimeridgien se signale par les formes singulières que l'intempérisme lui a infligées et qui font du bois de Païolive une des localités les plus appréciées des touristes. C'est un massif, de 40 à 50 mètres d'épaisseur, d'un calcaire gris et compacte dont la surface, ravinée par la pluie, est sillonnée d'un réseau compliqué de rigoles : c'est un *lapiaz* (comme on dirait en Suisse) ou une *rascle* (suivant l'expression locale), c'est-à-dire un labyrinthe constituant une véritable curiosité naturelle.

La même allure dolomitique se poursuit vers l'ouest, le long de la bordure méridionale du Plateau Central, et l'énorme massif des Causses admet des couches magnésiennes de plusieurs centaines de mètres de puissance (300 mètres au Causse Méjean) et qui sont kimeridgiennes du haut en bas. Il faut ajouter que les fossiles manquent dans les parties dolomitisées.

Le Séquanien des Charentes supporte souvent des assises kimeridgiennes ; leur étude est d'une facilité toute particulière le long des falaises de la Rochelle et, par exemple, à la pointe de Chatelaillon qui a fourni une faune des plus riches où abondent les Ptérocères.

La bande sud-ouest-nord-est du Jurassique, qui traverse la France au nord du Plateau Central, nous offre à son passage dans le département du Cher un développement notable. A Bourges, on exploite, sur des couches à Astartes, des calcaires parfois oolithiques, où se présentent *Ostrea bruntrutana, Waldheimia (Zeilleria) humeralis, Nerinea Desvoydi, Pterocera Ponti* et beaucoup d'autres fossiles.

Après s'être manifesté dans l'Aube, le niveau vient s'étaler dans la Meuse sur le calcaire à Astartes du Séquanien supérieur, et consiste en marnes à *Ostrea virgula* extraordinairement abondantes. Ces marnes peuvent atteindre 80 mètres de puissance ; elles vont disparaître progressivement dans le département des Ardennes.

Dans le Boulonnais, le Kimeridgien est très visible sur la falaise, au nord du port de Boulogne. Il se divise en deux niveaux caractérisés, l'un par *Aspidoceras orthocera* et l'autre, qui est plus récent, par *Aspidoceras caletanum*. A Equihèn, près du Portel, les couches sont remplies de Bilobites telles que *Crossochorda Bureauana, C. Boursaulti, Equihenia rugosa, Bononia lata, Eophyton Danguyanum, Radiophyton Sixii, Taonurus bononiensis, Portelia Meunieri*.

Le terrain kimeridgien en Europe. — L'Europe méridionale nous procure du terrain kimeridgien en Portugal, avec des caractères fort remarquables, puisque, d'après M. Choffat, ils semblent annoncer un état de choses qui s'est réalisé un peu plus tard en France pendant le dépôt des couches purbeckiennes dans le Jura. En Espagne, le faciès lacustre se retrouve très souvent, par exemple du côté de Barcelone où des calcaires à grain très fin donnent un Batracien (*Palæobatrachus*) associé à des Cycadées comme *Plagiophyllum* et *Zamites*.

Des affleurements kimeridgiens ont été signalés en divers points de l'Italie et de la Grèce, et ils jouent un rôle notable dans la géologie de l'Europe orientale. Beaucoup d'Ammonites caractérisent ces formations en Poméranie, en Pologne, en Russie et les falaises de la Volga, auprès de Simbirsk, ont fourni à M. A. Pavlow des formes, telles que *Reineckeia pseudomutabilis*, tout à fait identiques à celles du Kimeridgien du Boulonnais.

Sans nous arrêter à la Suisse, où nous trouverions des faits comparables à ceux que nous avons constatés dans le Jura, mentionnons la richesse paléontologique du terrain qui nous occupe dans la localité de Kimeridge, en Angleterre, qui lui a donné son nom. Ce qui frappe tout d'abord, c'est l'abondance des débris de Reptiles devenus populaires à cause des essais de restauration qui en ont été mis sous les yeux du public. Ce sont des Ichthyosaures (*I. communis, I. trigonus, I. dilatatus*), des Plésiosaures (*P. plicatus*), *Pliosaurus biplex, Steneosaurus, Iguanodon Prestwichi*, et beaucoup d'autres. On connaît aussi généralement l'abondance, dans le sol de l'Oxfordshire, des *coprolithes* ou déjections intestinales fossilisées des Ichthyosaures et de leurs contemporains : le principal intérêt de leur étude, qui d'ailleurs a révélé le régime alimentaire de ces animaux, a été de démontrer qu'ils possédaient, comme les poissons cartilagineux d'aujourd'hui, un intestin pourvu de la valvule spirale. C'est une notion anatomique qu'il eût été imprudent de prévoir relativement à des animaux fossiles. Des quantités de Mollusques accompagnent ces Vertébrés ; il faut citer comme Céphalopodes : *Perisphinctes biplex, Belemnites nitidus* ; comme Pélécypodes : *Ostrea virgula, O. nana, Astarte supracorallina, Thracia depressa* ; comme Brachiopode : *Lingula ovalis*, etc.

Le terrain kimeridgien en dehors de l'Europe. — M. P. Lemoine a rapporté de Safi (Maroc) des spécimens de *Cidaris florigemma*. En Oranie, le Kimeridgien est dolomitique. Il est gréseux dans le département d'Alger, avec intercalation de couches calcaires renfermant des Échinides très bien conservés. Dans l'extrême-sud Tunisien, le Jurassique supérieur affleure à Tatahouine. Plus à l'est, l'Abyssinie, et spécialement le Harrar, se montre largement pourvue en schistes ferrugineux à Ammonitidés kimeridgiens. On a recueilli des fossiles analogues dans le nord-ouest de Madagascar.

On voit à Tiflis, dans les collections du Muséum de Caucase, de nombreux échantillons de Nérinées et de Polypiers qui témoignent de l'existence du Kimeridgien dans la vallée de l'Araxe. L'Inde a révélé le même niveau dans certaines régions de l'Himalaya.

De grands Reptiles comme *Atlantosaurus* ont été extraits des couches kimeridgiennes des *Black Hills*, aux Etats-Unis ; et il résulte des explorations récentes que le même terrain affleure dans les Andes du Chili.

VI. — **Terrain portlandien** (Brongniart, 1829).

FIG. 106. — *Trigonia gibbosa*, fossile typique du terrain portlandien.
(2/3 G. N.)

Étymologie. — Du nom de la ville de Portland, en Angleterre.

Synonymie. — C'est le *Malm supérieur* des Allemands, le *Pur-beckien* de Brongniart (1829), le *Tithonique* d'Oppel (1865) ; il comprend le *Bononien* de Blake (1888), l'*Aquilonien* de Pavlow (1892), le *Diphya-Kalk*, le *Volgien* de Nikitin (1881), l'*Ammonitico rosso* des Italiens, etc.; il y faut rattacher, comme synonymes, le *calcaire du Barrois* et le *calcaire de l'Echaillon* dans l'Isère.

Le terrain portlandien en France. — Le terrain portlandien constitue le dernier terme de la série oolithique et, comme on l'a vu, il ne s'est pas trouvé représenté dans la localité que nous avons choisie comme typique. Le point le plus voisin où l'on peut le rencontrer en France est le pays de Boulogne. Il s'y présente d'une façon spécialement favorable à l'étude, étant large-ment entaillé par l'escarpement vertical de la falaise. Les couches sont, en général, plongeantes vers le nord, mais elles sont acci-dentées, tordues en un anticlinal compliqué d'une faille. Grâce à ces circonstances, la longueur de la falaise met successivement à la hauteur de l'œil tous les niveaux principaux du terrain. La base se voit à peu près à mi-chemin entre le Portel et la Tour de Croï, reposant sur les assises kimeridgiennes des deux niveaux successifs, caractérisés respectivement comme nous l'avons vu, par *Aspidoce-ras orthocera* et *A. caletanum* (v. p. 658) ; elle consiste en grès et en calcaires arénifères renfermant un certain nombre de fossiles. Il est rare qu'on ne voie pas sur la paroi verticale de la muraille naturelle quelques échantillons du *Stephanoceras portlandicum,* autrefois qualifié à bon droit d'*Ammonites gigas.* Des *Ostrea virgula,* un peu différentes de celles du Kimeridgien et dont on a fait la variété *portlandica* y sont très communes. On peut y recueillir des Oursins (*Hemicidaris purbeckensis*). Plus haut, les sables, fréquemment con-glomérés en grès et en poudingues, donnent, à la pointe de la Crèche, de nombreuses Trigonies (*T. Pellati*), des Natices et des Pernes, *Pte-rocera oceani* très abondant, ainsi que *Cyprina Brongniarti.* Ensuite des argiles plus ou moins foncées sont riches en *Ostrea expansa* ; on y trouve aussi des *Cardium* et de très nombreuses Astartes avec un bel Oursin (*Acrosalenia Kœnigi*). Alors apparaît près de Wime-reux le niveau à *Trigonia gibbosa* (fig. 106) et *Natica Ceres* (grès d'Alpreck), avec des échantillons difficiles à détacher et à trans-porter, du *Perisphinctes giganteus* et des spécimens du *P. bono-*

niensis. Tout à fait à la fin de la série, des couches d'eau douce se présentent avec *Cypris* si nombreux que leurs tests accumulés donnent à certains lits minces l'aspect de calcaires oolithiques ; des Cyrènes de plusieurs espèces les accompagnent avec *Astarte socialis*. C'est le niveau désigné, d'après Brongniart, sous le nom spécial de *purbeckien* et qui présente, dans la région comme en d'autres pays, la particularité de se souder intimement au niveau *wealdien*, de façon à effacer la limite entre l'Oolithe et le Crétacé.

Ce terrain du pays de Boulogne a des caractères qui lui sont propres et que nous ne retrouverons pas dans tous les gisements portlandiens. Il est même indispensable, avant d'énumérer les principales localités qui nous en offriront des spécimens, et en faisant une infraction au principe de distribution géographique que nous observons, de préciser à cet égard des observations importantes. Dans la coupe de Boulogne, nous rencontrons des faciès très divers, puisque certains niveaux sont d'eau douce pendant que les autres sont marins ; mais quand nous nous transporterons dans l'Europe méridionale nous verrons plus encore. Il faudra reconnaître que, tout en restant marine, la grande masse de la formation se présente d'une manière tout à fait différente. Des massifs coralligènes sont alors associés à des dépôts renfermant une faune qui n'a que bien peu de termes communs avec la précédente. On a, dans ce cas, affaire à un ensemble que le géologue Oppel a proposé, en 1865, de désigner sous le nom spécial de terrain *tithonique*[1]. En outre, dans le nord de l'Europe et spécialement en Russie, le Portlandien supérieur ou Purbeckien prend une allure boréale que M. Pavlow a voulu exprimer par le nom d'*Aquilonien*. C'est un exemple, bien incomplet d'ailleurs, des complications dont sont susceptibles certaines parties de la terminologie stratigraphique.

En France, on peut dire, d'une manière générale, que la région nord du pays présente du Portlandien proprement dit[2], et la partie sud du Tithonique.

---

1. Ce nom de *Tithonique* a une origine mythologique sur laquelle il n'y a pas lieu d'insister et il paraît avoir été inspiré par la présence des formations désignées dans la région méditerranéenne, pays des Cigales. Tithon, comme on sait, devenu immortel, mais menacé de vieillir sans arrêt, fut charitablement transformé en cigale par l'Aurore qui était son épouse.

2. Encore faudrait-il ajouter que le Portlandien ayant été défini d'après le pays de

Nous pouvons traverser toute la partie de la France comprise
entre la Haute-Marne et le Jura sans quitter des affleurements portlandiens. A notre point de départ, nous trouvons à la partie inférieure une formation connue sous la qualification de calcaire du Barrois, du nom d'une région qui comprend une partie de la Meuse
et de la Haute-Marne. *Stephanoceras portlandicum*, qui se trouve
à la base, nous fournit un précieux repère par rapport à la coupe
de Boulogne. Au-dessus de 150 mètres de calcaires très finement
compactes où l'on peut trouver cette Ammonite, avec *Perisphinctes
rotundus,* se présentent des marnes à *Hemicidaris purbeckensis,* que
nous reconnaissons aussi, et qui supportent des marnes à *Ostrea virgula.* Sur ces dernières, on revoit la zone à *Cyprina Brongniarti,*
puis celle à *Pterocera* : cette conformité est bien intéressante.

A l'extrémité orientale de la bande d'affleurement choisie, le
Portlandien consiste surtout, par exemple auprès de Pontarlier, en
calcaires compactes très régulièrement stratifiés. Les Nérinées y
abondent et spécialement *Nerinea trinodosa* dont certains bancs
sont littéralement pétris. Des débris de Vertébrés se rencontrent
çà et là et, par exemple, des Reptiles (Téléosaures et Tortues) et des
Poissons (*Picnodus* et *Lepidotus*). L'ensemble est recouvert de
dolomies saccharoïdes avec *Corbula inflexa.*

On retrouverait des niveaux correspondants, avec des variantes
locales, dans l'Yonne (Puysaye) et même dans le Cher, et les couches
qu'on y observe sont en continuité avec le sol du Jura. Ce sont encore
les mêmes roches et les mêmes fossiles et cependant des différences
notables doivent être mentionnées. Près de Gray, le terrain,
presque entièrement calcaire, mesure 50 mètres de puissance : on
y retrouve *Hemicidaris purbeckensis* avec de grosses Ammonites.
Dans le haut, *Astarte socialis* se signale en association avec les
Nérinées et les Natices ; et le tout passe d'un seul coup au faciès saumâtre ou lacustre du Purbeckien.

Dans le Jura, le Purbeckien est bien plus complet que dans le
Pas-de-Calais ; on y trouve des niveaux très riches en Planorbes,
Physes, Valvées et contenant des plantes palustres, comme des

Portland, en Angleterre, les coupes de Boulogne sont assez différentes pour que bien
des géologues, à la suite de Blake (1888), distinguent le *Bononien* comme une forme
particulière du Portlandien.

Charagnes. Chose curieuse, ces sédiments alternent à plusieurs reprises avec des lits marins qui ne sont plus du Portlandien ordinaire, mais qui correspondent aux parties supérieures du *Tithonique* que nous aurons à décrire dans un moment.

Auparavant, et pour en finir avec la première manière d'être du Portlandien, constatons qu'elle se retrouve dans la région des Causses et dans les Charentes. Dans les Causses, le Portlandien continue souvent l'état dolomitique du Kimeridgien sous-jacent. On y retrouve *Stephanoceras portlandicum* avec son compagnon ordinaire, *Perisphinctes rotundus*. *Ostrea virgula* n'y manque pas davantage, mais les parties supérieures du dépôt sont généralement privées de fossiles.

En Charente, les choses sont plus complètes, car, au-dessus du Portlandien marin à *Stephanoceras portlandicum,* on retrouve du Purbeckien tout à fait caractérisé : il consiste en calcaires ordinairement en plaquettes minces et parfois oolithiques, avec dépôts subordonnés de gypse et de sel gemme qui affirment bien une origine lagunaire.

Pour ce qui est de la manière d'être qualifiée plus haut de *tithonique,* nous en trouvons de nombreux exemples dans nos régions méridionales. Déjà le Jura nous a donné des indices du passage à cette forme du Portlandien ordinaire; en Savoie il est tout à fait accusé. Au mont Salève, près du lac Léman, comme au mont du Chat, près du lac du Bourget, les Polypiers se montrent en grand nombre. Au Salève on recueille *Heterodiceras Escheri, Nerinea depressa, N. Defrancei, Lima comatula;* au mont du Chat, dans le Balme d'Yenne et jusqu'à Virieu-le-Grand, on trouve *Terebratula moravica* qui va nous servir de jalon pour la suite de notre description.

Près de Chambéry, à Lémenc, l'ensemble commence par un calcaire à *Aptychus latus* et *Terebratula* (*Pygope*) *janitor,* recouvert par diverses couches où abondent des *Aptychus* et dont les plus élevées sont remplies de *Pygope diphya, Terebratula moravica,* avec des Oursins comme *Cidaris glandifera* et des Céphalopodes comme *Perisphinctes transitorius.* Dans l'Isère, à l'entrée même de la ville de Grenoble, dans le faubourg dit de la Porte-de-France, se trouve une grande carrière ouverte dans des calcaires très estimés, où l'on recueille en quantité *Terebratula janitor*[1]. Tout au voisinage, les roches prennent de plus en plus le caractère récifal et au Béc-de-l'Echaillon, on exploite très activement, pour l'exporter jusqu'à Paris, un calcaire qui est tout rempli d'Entroques. On y voit des Nérinées, des Ammonites (*Holcostephanus*), *Terebratula moravica* et d'autres Brachiopodes comme *Rhynchonella inconstans*, des Oursins comme *Cidaris glandifera*, etc.

Dans l'Ardèche, Crussol' possède un massif coralligène isolé avec *Pygope janitor* et *Oppelia lithographica*. Un peu plus loin, à Berrias, au-dessous des assises que nous décrirons plus loin comme constituant la base du terrain crétacé, on voit 40 mètres de calcaire à grain fin avec *Perisphinctes transitorius* et de nombreux *Hoplites*. Des faits analogues se continuent dans les départements de l'Hérault, des Bouches-du-Rhône et des Alpes-Maritimes; nous les décririons ici sans profit. Disons seulement que, dans le Gard, le Tithonique se présente, suivant les points, avec deux allures nettement différentes. Du côté de la montagne de Coutach, de Saint-Hippolyte-du-Fort, de Sainte-Croix-de-Quintillargues, on voit des calcaires ruiniformes avec rognons de silex et des Céphalopodes comme *Perisphinctes colubrinus*, *Hoplites Calisto*, *Haploceras tithonium*. Au contraire, dans la région de la Serrana et dans le Bois-de-Moinier on se trouve en présence d'un véritable récif madréporique formé d'un beau calcaire blanc à *Itiera Picteti*, *Actæonina*, *Trochalia consobrina*, renfermant aussi *Diceras Beyrichi*, *Tylotoma ponderosum*, *Nerinea Jeanjani*, *Belemnites tithonicus*, *Perisphinctes transitorius*, *Hoplites micracanthus* et *Terebratula moravica*.

Le terrain portlandien en Europe. — En Suisse, le Portlandien se retrouve à de grandes altitudes sous l'aspect d'un marbre à Nérinées qui est désigné quelquefois sous le nom de *calcaire de Tros* (localité située dans les Alpes de Glaris). A la Simmenfluhe, des formations également coralligènes renferment *Terebratula moravica* associée à *Pygope diphya*; à Wimmis, des marbres sont riches en Polypiers et en Nérinées. Plus à l'est, des faits analogues se voient jusqu'à Ischl.

<hr>

1. Ce nom, qui signifie *portier*, a été inspiré par la qualification de *Porte-de-France* donnée à la localité.

La Bavière possède un beau gisement de Portlandien dans les épaisses couches de calcaire à grain fin exploitées comme pierres lithographiques à Solenhofen. Les empreintes animales s'y sont conservées avec une perfection exceptionnelle. On y a trouvé le singulier *Archæopteryx*, véritable Reptile habillé de plumes d'oiseau, le *Rhamphorhynchus* et un *Pterodactylus* (fig. 107) qui ne sont guère moins étranges. Des Poissons, des Céphalopodes et, dans le nombre, des animaux comparables à la Seiche actuelle ont pu être étudiés dans tous les détails importants de leur anatomie. Le gisement contient aussi des Ammonites, des Bélemnites, des Crustacés, des Insectes, des Arachnides, des Astéries et jusqu'à des Acalèphes (*Rhizostomites*).

Dans l'Europe centrale, le Portlandien se montre de divers côtés : la Basse-Autriche, la Silésie en fournissent des exemples innombrables. En Hongrie, des roches célèbres par leur pittoresque, en même temps que par le contraste de leur composition avec tout ce qui les entoure, et qui, sous le nom de *Klippen* (francisé en *Klippes*), constituent au premier chef des types de roches exotiques, appartiennent en partie au terrain tithonique. On y trouve en particulier *Pygope diphya*.

Le Hanovre et le Danemark possèdent des gisements portlandiens et, en Russie, le niveau qui nous occupe, et que M. Nikitin a désigné sous le nom de terrain *volgien*, continue la ressemblance déjà commencée par le Kimeridgien avec des dépôts français. Auprès de Sizran, sur la Volga, l'*Aquilonien* est remarquablement complet et ses parties supérieures montrent à Riazan un équivalent marin de notre Purbeck riche en *Aucella*. M. A. Pavlow[1] nous a montré sur place comment la Volga a entaillé près de Goroditchtché, des assises portlandiennes avec phosphate de chaux en rognons, d'exploitation très fructueuse. La coupe de la falaise présente ce niveau, riche en *Virgatites virgatus, Belemnites absolutus, Aucella Pallasi* et *A. Fischeri*, intercalé entre des lits kimeridgiens à *Ostrea virgula* qui le supportent et des assises aquiloniennes à *Aucella Mosquensis* qui le surmontent.

En Belgique il faut faire la mention du Portlandien souterrain, qui continue des assises existant dans le sous-sol de notre

----

1. *Congrès en Russie*, 1907, excursion n° XX.

département du Nord. Ce qui le rend intéressant, c'est qu'à Bernissart il a procuré une incomparable récolte de fossiles terrestres et d'eau douce, en tête desquels il faut citer d'énormes squelettes d'*Iguanodon* dont le Musée de Bruxelles est fier à si bon droit. Les stratigraphes ont beaucoup discuté pour savoir s'il s'agit de Portlandien supérieur (Purbeckien) ou de Crétacé inférieur (Wealdien) et leur différend, qui n'est peut-être pas encore terminé, doit être classé parmi les meilleures preuves que nos divisions stratigraphiques sont essentiellement artificielles. Le Portlandien est étalé à Bernissart entre le terrain crétacé qui mesure une centaine de mètres d'épaisseur et le terrain houiller sous-jacent; il fait partie de la série des *morts-terrains,* suivant l'énergique expression des mineurs.

En Angleterre, la partie supérieure des couches visibles à Kimeridge constitue le Portlandien typique. L'ensemble a, au moins, 200 mètres d'épaisseur et consiste en marnes feuilletées, parfois bitumineuses, alternant avec des bancs de calcaires argilifères recherchés comme pierre à ciment. On y trouve des Reptiles (Ptérodactyles, fig. 107, etc.), des Mollusques et des Brachiopodes. Le *Curf* est une formation calcaire riche en *Ostrea solitaria.*

Dans l'île de Portland, les roches ne sont plus argileuses, mais arénacées et gréseuses, surmontées de bancs calcaires souvent oolithiques. Dans la partie arénacée nous citerons *Ostrea bruntrutana* et *Pecten solidus*; dans la partie calcaire : *Stephanoceras portlandicum, Perisphinctes bononiensis, Trigonia gibbosa, Ostrea expansa.*

Fig. 107. — *Pterodactylus.* (1/2 G. N.)

La série de ces formations est couronnée, à Purbeck, par des lits lacustres ou saumâtres avec quelques intercalations marines. Dans le bas se trouve le célèbre *dirt bed* (lit de boue) qui est une terre végétale fossilisée sur place, avec les souches de Cycadées qui y végétaient (*Mantellia megalophylla*). Les fossiles y sont innombrables; citons des *Cypris* qui font parfois des lits continus, des Paludines, des Physes, des Lymnées; des Mammifères comme *Plagiaulax, Galestes, Triconodon, Spalacotherium;* des Crocodiles, des Tortues, des Poissons. Les lits marins contiennent des Modioles, des Peignes, des Huîtres, des Oursins.

Dans le midi de l'Europe il y a lieu de mentionner l'Italie, où le Tithonique affecte, suivant les points, des caractères variables. Dans la chaîne des Apennins il constitue des marbres souvent rouges, dans lesquels gisent des *Aptychus,* et qui sont associés à des schistes. C'est l'*Ammonitico rosso superiore* des géologues italiens. A Capri, c'est une roche coralligène avec Nérinées, où abondent les Polypiers stromatopores. En Calabre, c'est un calcaire compacte renfermant des masses de jaspe. Enfin, en Sicile, il contient le *Pygope janitor* et toute la faune de l'Isère.

En Portugal comme en Espagne, on revoit du Tithonique proprement dit qui affleure aussi dans les Baléares, en Grèce, dans les Balkans, et même en Crimée et au Caucase.

Le terrain portlandien en dehors de l'Europe. — En dehors d'Europe, l'Algérie nous montre la continuation du faciès méditerranéen, si bien que les ressemblances sont intimes avec les dépôts du Dauphiné. La Tunisie possède du Tithonique tout à fait supérieur et l'on a parlé de roches du même âge sur le territoire des Somalis. Des Ammonites voisines de celles de Boulogne ont été recueillies dans le nord de Madagascar et, vers Tulléar, le Portlandien s'est trahi par des Trigonies.

En Asie, nous trouvons d'abord la suite des formations précédemment citées au Caucase. Plus à l'est, dans l'Inde, on trouve, au pays de Cutch, des couches avec *Perisphinctes,* recouvertes d'assises à Cycadées qui ont avec le Purbeck la plus intime analogie. Sur l'Himalaya, des *Hoplites* et des *Holcostephanus* ont manifesté, ainsi que des *Aucella,* des affinités imprévues avec le Portlandien de Russie. La Sibérie elle-même a des matériaux portlandiens, par exemple du côté de Iakoutsk. Enfin le Japon possède *Cidaris glandifera* dans des calcaires oolithiques qui, en plusieurs localités, sont recouverts de lits à végétaux d'apparence purbeckienne.

Pour ce qui est de l'Amérique, on a cité des gisements au Chili, sur la frontière de la République Argentine, où les fossiles ont un caractère alpin; au Mexique où les *Aucella* sont de nouveau associées à des Ammonites.

Aux Etats-Unis, il y a une place à faire aux dépôts du Wyoming et du Colorado, qui s'étendent sur 5oo kilomètres de long, et qui ont été pour M. Marsh un champ de découvertes paléontologiques incomparables. C'est de là que viennent ces gigantesques Dinosauriens dont l'un des plus célèbres est *Brontosaurus* (fig. 1o8), mais qui comprennent aussi *Camptosaurus* et *Atlantosaurus*, mélangés à des Reptiles européens comme *Mosasaurus*. Des Mammifères les accompagnent: *Stylacodon, Triconodon, Ctenacodon, Dryolestes*. Malgré leur épaisseur de 1oo mètres, les couches qui contiennent ces richesses correspondent à notre Purbeck et peut-être à notre Weald en même temps, de sorte que certains stratigra-

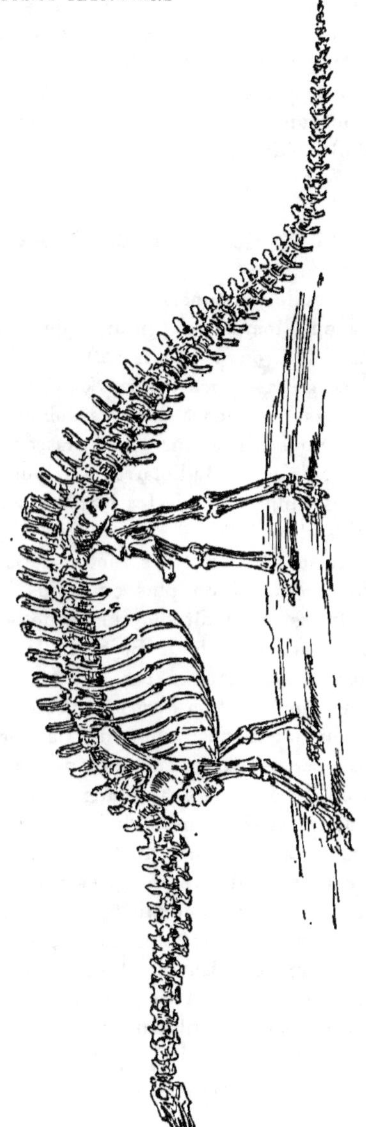

Fig. 108. — *Brontosaurus* du Portlandien américain.
(Dimension vraie : 17 mètres de long.)

phes les mettent dans le Crétacé, sans que le déplacement puisse d'ailleurs avoir le moindre intérêt sérieux. Enfin, pour terminer avec l'Amérique, il est utile de noter que du Portlandien a été signalé à la presqu'île d'Alatska.

En Océanie, le niveau se rencontre çà et là, par exemple en Nouvelle-Calédonie.

Faciès divers des dépôts oolithiques.

Il est facile de constater que tous les types de faciès ont été réalisés aux temps oolithiques; quelques exemples rapidement énumérés suffiront à établir cette conclusion.

Les sédiments marins, variés et épais, comprennent des formations abyssales encore bien aisément reconnaissables. Dans le nombre, nous n'hésitons pas à classer des bancs gréseux à grain très fin remplis de Radiolaires qui jouent un rôle important dans les assises alpines depuis les niveaux séquaniens jusqu'au sommet du Portlandien.

La liste serait longue des roches déposées par de grands fonds, avec une composition plus ou moins marneuse et souvent argileuse. On les reconnait à la finesse de leur grain et à la catégorie de leurs fossiles. Dans le Bajocien les lits à *Stephanoceras Humphriesianum* sont dans ce cas, par exemple aux environs de Niort, de même que les lits à *Perisphinctes arbustigerus* qui les surmontent et qui datent du Bathonien. Le calcaire des Alpes à *Macrocephalites macrocephalus,* de même que les calcaires gris à *Reineckeia anceps* de l'Ain, sont des dépôts profonds des mers calloviennes. Les éponges si abondantes de l'Oxfordien du Jura suisse, où elles ont conduit à distinguer un terrain *spongilien* (Etallon), caractérisent également des régions très profondes, ayant évidemment de grandes analogies de conditions générales avec les abîmes d'où les explorateurs ont retiré des mers profondes actuelles ces belles Éponges appelées Euplectelles. Dans le Bugey, des formations comparables datent du Séquanien; il y en a de semblables dans le Kimeridgien et la plupart des niveaux entrant dans la composition du Tithonique, défini plus haut, mériteraient d'entrer dans la catégorie qui nous occupe.

On a vu aussi combien le faciès coralligène est répandu dans toute l'épaisseur de l'Oolithe. Il se conserve si complètement le même aux différentes époques qu'on a d'abord mélangé des dépôts d'âges divers dans le Corallien de d'Orbigny. Citons comme spécialement caractérisés, et en nous en tenant à la France, les récifs madréporiques du Jura méridional qui sont bajociens ; les calcaires à Polypiers de Ranville (Calvados) qui sont bathoniens ; les couches du Poitou avec Oursins, tels qu'*Anabacia orbulites* qui sont calloviennes ; les vrais atolls oxfordiens de la Meuse et spécialement de Saint-Mihiel ; le Coral-Rag de Tonnerre, dans l'Yonne, que nous rangeons dans le Séquanien ; les récifs si célèbres de Valfin, dans le Jura, qui sont kimeridgiens ; enfin les dépôts portlandiens de l'Échaillon à *Terebratula moravica*.

Il serait impossible d'énumérer tous les types des dépôts ayant conservé les faciès relatifs aux profondeurs marines médiocres. Mentionnons entre autres les marnes et les calcaires à *Ostrea acuminata* (Bathonien), si abondants en Normandie comme en Franche-Comté ; les marnes à *Cardioceras cordatum* comme nous en avons cité dans l'Oxfordien des Vaches-Noires ; les argiles séquaniennes à *Ostrea deltoidea* de la Seine-Inférieure, de Lorraine et d'ailleurs ; les assises kimeridgiennes à *Ostrea virgula* du pays de Boulogne, etc.

Les dépôts littoraux, dont l'intérêt est spécialement facile à apprécier à cause des lumières qu'ils jettent sur les rapports de la terre ferme avec l'océan, sont innombrables et indéfiniment variés. Les plus caractérisés se signalent par la nature arénacée de leurs matériaux, qui admettent souvent de véritables galets. Citons presque au hasard les grès à grandes Bélemnites bajociennes des environs de Mamers, dans la Sarthe, et de divers points du département de l'Orne ; la gaize oxfordienne à *Cardioceras* des Ardennes ; les sables à *Trigonia Bronni* du Séquanien de Glos (Calvados) ; les grès à *Pygurus* de Moulin-Hubert, dans le Pas-de-Calais, qui sont kimeridgiens, etc. A Lion-sur-Mer (Calvados), on est sur un point du littoral de la mer bathonienne : dans le calcaire callovien de cette localité, on trouve en effet des fossiles bathoniens remaniés, exactement comme on peut trouver des fossiles pliocènes ou quaternaires remaniés dans des falaises récemment soulevées de Sicile ou d'ailleurs.

La notion des continents oolithiques est confirmée par la constatation de véritables estuaires comme en présentent des niveaux ligniteux du Bathonien de bien des points de la France méridionale (Dordogne, Aveyron, Lot), où des débris d'*Equisetum,* végétal terrestre, sont abondamment recueillis. Le Portlandien de la Champagne, comme celui du Jura, contient des Corbules qui conduisent à la même conclusion.

Mais on va plus loin grâce aux dépôts d'eau douce, dans lesquels se présentent parfois des débris flottés d'organismes terrestres. C'est ainsi que se sont constitués les célèbres dépôts de Stonesfield, en Angleterre, d'où des ossements de Mammifères marsupiaux bathoniens ont été retirés. Dans l'Inde, des épaisseurs énormes de dépôts réunis sous le nom local de *Gondwana formation* témoignent de la persistance du régime lacustre durant tous les temps oolithiques dans la région du globe qui est maintenant l'Australasie. Dans le Boulonnais, comme sur la frontière actuelle de la France et de la Belgique, des lacs ont existé pendant le Purbeckien et le Wealdien, c'est-à-dire dans les moments dits transitoires entre l'Oolithe et le Crétacé.

Il faut ajouter que l'activité interne du globe n'a subi aucun arrêt pendant la période qui nous occupe. D'innombrables failles datent de cette époque et des dykes de matériaux ignés y ont eu l'allure qu'ils ont présentée avant et après. Des éruptions de lherzolithe, observées dans les Pyrénées, datent de l'Oolithe inférieure.

On voit donc que la surface de la Terre ne s'est alors signalée par aucun trait différant essentiellement de ceux que nous avons eu précédemment à enregistrer.

Substances utiles subordonnées aux formations oolithiques.

Une quantité de substances utiles sont subordonnées aux formations oolithiques, et sans rechercher si elles se sont formées à cette période géologique ou si, au contraire, elles résultent de réactions ultérieures, nous en énumérerons quelques-unes très rapidement.

En première ligne se signalent les roches calcaires qui, non seulement constituent d'excellents matériaux de construction, mais présentent fréquemment la finesse de grain qui caractérise les marbres. Par exemple, dans le Jura, à Saint-Ylie, les roches prennent admirablement le poli et sont d'un effet des plus agréables à cause de leurs veines et des accidents de leur coloration et de leur structure. Le Pont et la Fontaine Saint-Michel, à Paris, en ont été construits.

A la suite des marbres il faut mentionner la pierre lithographique qui atteint son maximum de perfection dans le terrain oolithique ; les exploitations de Solenhofen, en Bavière, sont célèbres à cet égard et nous avons eu l'occasion de les mentionner plus haut. L'exploitation se fait dans d'immenses carrières, ouvertes sur un kilomètre le long du ravin de Solenhofen, avec 40 mètres de front de taille. On s'attaque par gradins aux lits qui ont naturellement l'épaisseur favorable, c'est-à-dire de 16 à 18 centimètres. L'extraction n'a lieu que du 1er mai au 15 octobre. En hiver, les ouvriers s'emploient à polir les blocs après les avoir réduits à l'épaisseur de 10 centimètres requise pour leur emploi. Ce travail donne d'ailleurs lieu à d'énormes accumulations de résidus, car on calcule, d'après un spécialiste, qu'il faut rejeter « soixante pierres pour trente qui sont réussies ».

On fait beaucoup de pierres de taille et de moellons avec des calcaires de tous les niveaux oolithiques : en Bourgogne on appelle *lève* ou *lave* des calcaires en plaquettes.

Comme tous les calcaires, ceux de l'Oolithe sont propres à la fabrication de la chaux ; mais ils ont très fréquemment, en outre, le mérite de se prêter à la préparation de ciments remarquables par leur extrême solidité. Le niveau de Portland, en particulier, comprend des couches où la proportion relative du calcaire et de l'argile est tout à fait heureuse et donne des produits incomparables. Vassy et Pouilly sont connus à cet égard.

Les couches argileuses ont, en beaucoup de gisements, les qualités requises non seulement pour faire d'excellente céramique, tuyaux, tuiles, briques et même vases grossiers, mais encore des terres cuites d'art. A cet égard, deux régions peuvent être mentionnées : d'un côté, le département de la Côte-d'Or et, d'autre part, les environs de Cabourg (Le Fresne-d'Argence, etc.) en Normandie.

Il s'agit ici des argiles à *Ostrea acuminata* du terrain bathonien.

A divers niveaux et spécialement dans la région du Jura (Oolithe
supérieure), on exploite des dépôts gypseux se présentant fréquemment en veines fibreuses dans les géoclases des couches argileuses. Ces veines donnent du plâtre qui est souvent de bonne
qualité.

Pour en finir avec les matériaux de construction, mentionnons
des sables à mortier à des niveaux très divers. Dans le nombre
il en est d'assez purs pour convenir à la fabrication du verre.

Des combustibles sont subordonnés à maintes couches jurassiques. On doit les comprendre dans la catégorie des lignites, bien
que certains d'entre eux soient fort compacts et d'aspect analogue
à celui des houilles. De semblables matières sont exploitées dans
le Séquanien de plusieurs localités du Portugal comme Batalha,
le Valle-Verde, le cap Mondego et une partie de la Sierra San
Luiz. Le Bathonien français donne du lignite dans l'Aveyron et
dans la Dordogne.

Les gîtes de phosphate sont bien moins riches que dans le Lias,
mais on en trouve encore en maintes localités.

Par exemple, on a signalé à Saint-Vigor-le-Grand (Calvados)
un lit phosphaté à la base du Bajocien, vers la partie supérieure
de la mâlière. Cette zone phosphatée forme deux lits dont l'un
a une épaisseur de 15 centimètres environ. Elle se compose de
nodules de grosseurs variées, depuis celle d'une noisette jusqu'à
celle du poing. On a retrouvé le même gisement dans diverses localités. D'un autre côté, l'Oolithe tout à fait supérieure — et spécialement le terrain portlandien de la Russie — présente du phosphate de
chaux sur une ligne d'affleurement d'environ 600 kilomètres de longueur sur 100 à 150 kilomètres de largeur. Depuis les bords de la
Desna jusqu'à ceux du Don, à travers les gouvernements de Smolensk,
d'Orel, de Koursk et de Voronège, le phosphate se poursuit à
raison de 15 000 à 20 000 tonnes à l'hectare suivant les évaluations
de M. Yermoloff. Depuis longtemps la roche était exploitée comme
moellon pour les constructions sous le nom de *Samorod*, quand
on a découvert sa vraie nature et son haut prix. Elle contient une
réserve d'engrais suffisante pour alimenter toute l'Europe pendant
bien des années.

Rappelons aussi la gaize oxfordienne des Ardennes, si recherchée comme substance propre à la fabrication des matériaux réfractaires.

Parmi les gîtes métallifères, il suffira de citer les niveaux à minerai de fer et spécialement les limonites bajociennes d'Ougney (Jura), de Vandenesse (Nièvre), de Mondalazac (Aveyron), les hématites calloviennes de La Voulte (Ardèche) et les couches oxfordiennes à *Cardioceras cordatum* qui affleurent, par exemple, à Vieil-Saint-Rémy et à Neuvizy (Ardennes), ainsi qu'à Châtillon (Côte-d'Or). Un gîte de zinc est exploité dans l'Oxfordien de Merglon (Drôme).

Terres végétales des pays dont le sol est oolithique.

Les affleurements des niveaux oolithiques couvrent en France une surface qui n'est pas éloignée du cinquième de sa superficie totale. Les sols arables auxquels ils donnent naissance ont donc une grande importance dans la production agricole de notre pays; ces sols sont d'ailleurs très variables d'un point à l'autre et on pourrait, en comparant des localités convenablement choisies, en conclure toute une histoire de la terre végétale.

On en voit pour ainsi dire le début le long des escarpements abrupts qui recoupent les formations jurassiques dans le Jura, comme dans les Causses et bien ailleurs. A leur pied, les éboulis arrachés par l'intempérisme forment un talus de près de 450 mètres de hauteur sur lequel la végétation spontanée s'établit avec vigueur. Déjà, à cet état, le sol est utilisable pour le boisement et, quand il est bien orienté, on y fait volontiers des vignes : c'est ce qu'on voit, par exemple, dans bien des points du Bugey.

La terre dérivée des roches dont il s'agit est un type de sol léger quand le calcaire générateur manque d'argile; mais il s'enrichit rapidement de matière humique. Nous savons déjà que, provenant avant tout de la décalcification météorique, il est fréquemment pauvre en chaux; comme il est mince, de 30 centimètres souvent, il suffit d'un labour un peu profond pour y ramener le sous-sol et rétablir la composition normale.

Pourtant on a vu aussi que le résidu argileux et rouge de l'attaque pluviaire de bien des calcaires blancs de l'Oolithe peut atteindre une plus grande épaisseur et on ne se lasse pas de constater le contraste absolu du sol produit avec la roche productrice.

D'après M. E. Fournier[1], dans toute la région du Jura Franc-Comtois il existe une relation étroite entre la composition du sol et celle du sous-sol. A chaque division géologique correspond une terre arable dans laquelle l'élément le plus caractéristique, le calcaire, ne présente que des écarts relativement peu étendus pour une même zone ; seuls les étages supérieurs du Jurassique (Astartien supérieur, Kimeridgien et Portlandien) présentent, grâce à des alternances calcaréo-marneuses complexes, des variations qui ne permettent pas de tirer à leur sujet des conclusions générales applicables à toutes les régions.

Les phénomènes de décalcification jouent ici au point de vue agricole un rôle absolument prépondérant ; ils produisent de véritables îlots *à flore calcifuge* au milieu d'une région calcaire[2]. Le phénomène a une grande intensité dans les calcaires à silex du Bajocien, dans les couches à chailles de l'Oxfordien supérieur et du Rauracien et sur les plateaux de l'Astartien supérieur.

On observe fréquemment la très grande fertilité du sol décalcifié et, à cet égard, on peut citer, dans la Sarthe, la bande si florissante constituée par l'affleurement jurassique entre les deux zones relativement stériles des roches granitiques vers l'est et du Cénomanien à l'ouest. Le fait est si évident que le langage populaire l'a consacré, en désignant sous le nom de *Champagne de la Sarthe* la localité privilégiée dont il s'agit. De même le Bononien du Pays de Bray forme une vraie oasis au milieu des surfaces crétacées qui l'entourent et l'on en trouve comme un second exemplaire dans le *Bélinois*, sorte de boutonnière de 20 kilomètres de longueur sur 10 de largeur, située entre le Mans et Tours et dont le sol est formé de couches jurassiques émergeant au travers du sable cénomanien. Par contre, dans la Champagne

---

1. *Bulletin de la carte géol. de France*, 1904, t. XV, p. 307.
2. Dr MAGNIN, *Mém. Soc. Hist. nat. du Doubs*, n° 7, nov.-déc. 1903, p. 26 et suiv.

berrichonne, les calcaires jurassiques donnent des terres arides, partout où ils ne sont pas recouverts de limons tertiaires.

Dans plusieurs parties de l'Angleterre, la terre dérivée des calcaires de l'Oolithe se signale par son aptitude à produire de l'orge, du trèfle et d'autres cultures ; en Wurtemberg on admire la fertilité du pays qualifié d'*Alb* parce que son sol est constitué par les calcaires blancs du terrain jurassique : d'innombrables troupeaux de moutons s'y engraissent sur de magnifiques pâturages. Disons enfin que des calcaires tout à fait analogues affleurent en Croatie et y engendrent la *terra rossa* sans laquelle l'agriculture locale serait singulièrement appauvrie.

Nous pouvons d'ailleurs préciser ces notions par quelques remarques relatives aux principaux niveaux oolithiques.

Pour le Bajocien, nous le voyons se signaler par une force spéciale de la végétation en Lorraine, dans le Jura et dans le Berry. Il porte des herbages souvent réputés. Il y a pourtant des exceptions et tout le monde a remarqué la stérilité relative de cette zone dans la région des Charentes.

Quant au Bathonien, sa réputation est mieux assise encore. Par exemple, il se signale en Bourgogne par le nombre considérable de grands crus qu'il nourrit. On a même remarqué que ceux-ci sont échelonnés sur deux affleurements bathoniens qui dessinent, sur la surface générale du pays, la *Côte Beaunoise* et la *Côte de Nuits*. La première comprend les vignobles rouges de Beaune, de Volnay et de Pommard et les vignobles blancs de Meursault et de Montrachet. La Côte de Nuits égrène au soleil les localités de Musigny, de Richebourg, de Chambertin, du Clos-Vougeot et de la Romanée-Conti. Les points de ce pays d'élection qui ne sont pas convenablement orientés pour satisfaire aux exigences de la vigne donnent de riches luzernières et, à défaut, des récoltes de sainfoin.

C'est encore sur des affleurements du Bathonien que Daubenton, en 1766, établit aux environs de Montbart, le premier troupeau de moutons mérinos qui fut importé dans notre pays.

On trouverait dans beaucoup d'autres parties de la France des motifs d'apprécier les mérites agronomiques du Bathonien. Dans une large partie du Calvados, où sa roche principale est connue sous le nom de pierre de Caen, de larges plaines sont célèbres par leurs belles cultures de froment, auxquelles se joignent, sur un plan secondaire, le sainfoin et le colza. C'est dans les mêmes conditions géologiques, et grâce à des dispositions souterraines qui déterminent le régime des eaux, que le Merlerault possède ses incomparables herbages, si décisifs pour le perfectionnement de la race chevaline.

En dehors de France on trouverait des exemples analogues et il suffira de dire que l'un des maîtres de l'agriculture anglaise, Arthur Young, n'hésitait pas à qualifier de *gloire du canton*, la terre rouge dérivée de l'Oolithe inférieure, à laquelle le pays d'Oxford doit sa supériorité culturale.

En Lorraine, les plaines de la Woëvre sont très fertiles ; on y récolte beaucoup de fourrages de très bonne qualité et la culture du blé y est très rémunératrice. Leur sol arable, qui est assez argileux, dérive des assises calloviennes. Ce sont aussi des couches calloviennes qui produisent la terre végétale de cette partie de la Bourgogne qui comprend les plateaux de la rive gauche de la Seine.

La terre rouge et profonde qui ne s'y étend que sur un petit nombre de kilomètres de largeur donne des récoltes remarquables par l'abondance comme par la qualité du blé et des autres céréales, de la luzerne et du trèfle, ainsi que du colza. Ajoutons qu'en Franche-Comté certaines argiles pyriteuses, bitumineuses et gypsifères se transforment, par l'exposition à l'air, en une matière très utilisée comme amendement.

L'Oxfordien se signale par des terres végétales dont les produits sont particulièrement connus. D'une part celles qui donnent les pâturages incomparables de la vallée d'Auge et de l'embouchure de la Dives, et, d'autre part, celles sur lesquelles poussent les meilleurs vignobles de la Basse-Bourgogne et, au premier rang, celui de Chablis. En outre on peut rappeler que, dans les temps prospères où le phylloxéra nous était encore inconnu, les cognacs les meilleurs de la Charente se produisaient sur des affleurements oxfordiens. En Champagne, et spécialement dans la Haute-Marne, les terres ferrugineuses de l'Oxfordien s'étalent sur une bande de 4 à 5 kilomètres de largeur qui tranche sur le reste du pays par la beauté de ses productions agricoles. Dans le midi, et par exemple dans l'Hérault, l'Oxfordien est également fort intéressant : la terre est favorable à la vigne, à l'olivier et au mûrier, pourvu que l'altitude et l'orientation soient convenables ; quand il n'en est pas ainsi le chêne à kermès, le chêne-vert, le pin d'Alep fournissent des produits rémunérateurs.

Dans certaines régions des Alpes-Maritimes, l'Oxfordien joue par contre-coup un rôle agronomique utile en provoquant des cirques d'effondrement dans les nappes calcaires qui le recouvrent, *dolines* plus ou moins vastes, qui, servant de réceptacle à toutes les terres de lavage et de ruissellement, forment au milieu des plus arides plateaux, d'excellents abris pour la culture, sorte d' « îles inverses » au milieu des océans de rocs. Tels sont les hauts parages des quartiers de l'Agast et de l'Hubac, des Oudides entre Cabris et Saint-Vallier ; du versant nord de la crête de Bliange (commune de Mons), et maints autres, partout où l'Oxfordien presque horizontal forme immédiatement substratum aux calcaires superficiels [1]. Des particularités analogues concernent parfois le Virgulien vis-à-vis du Portlandien qui le recouvre, par exemple du côté de Claussols.

D'une manière générale, les terres séquaniennes contrastent nettement avec les précédentes. En Lorraine c'est à la végétation des forêts qu'elles sont le plus propres, présentant peu d'épaisseur sauf dans les points où elles comprennent un dépôt alluvionnaire terreux, qualifié de *grouine*. -

Les mêmes remarques s'appliquent à la Bourgogne et à la Haute-Marne où sont des forêts étendues. Sur les plateaux séquaniens, qualifiés de *plains* en Bourgogne, on fait beaucoup de moutons et spécialement des mérinos ; le sol aride de la *Champagne du Berry*, autour de Châteauroux et au delà d'Issoudun, est également renommé pour le succès qu'il procure à l'élevage des moutons. C'est sur cette région spéciale qu'a pris naissance la race dite Berrichonne si recherchée par la boucherie. Peut-être pourrait-on utiliser de la même manière une partie des *varennes* séquaniennes de la Charente, d'où l'on n'a tiré jusqu'ici qu'un produit assez médiocre.

Le terrain kimeridgien donne des sols arables sans caractère bien tranché. Dans la Haute-Marne, le calcaire à Astartes doit être engraissé pour fournir une récolte suffisante. Dans le Berry les

---

1. Kilian et Guebhardt, *Bulletin de la Société géologique de France*, 4ᵉ série, t. II, p. 777, 1902.

terres kimeridgiennes sont difficiles à travailler, mais elles donnent de bonnes récoltes de blé. Si leur exposition s'y prête, on peut, dans la même région, y faire prospérer la vigne. C'est la même culture qu'on y pratique, quand on le peut, dans les Charentes, entre Saint-Jean-d'Angély et Angoulême.

Enfin l'horizon portlandien ressemble beaucoup au précédent par ses caractères agronomiques. Dans les Charentes, la vigne y donne parfois de bons produits. Dans le pays de Bray comme dans le Bas-Boulonnais, les terres portlandiennes nourrissent d'excellents herbages.

CHAPITRE IV

LE GROUPE CRÉTACÉ

Étymologie. — Le nom de *Crétacé*, tiré du mot *creta*, qui signifie la *craie* en latin, veut consacrer l'abondance de la craie et même il a prétendu affirmer le monopole du niveau à l'égard de cette roche. A ce propos il y a deux observations nécessaires à présenter.

La première, c'est que toutes les roches du terrain crétacé ne sont pas crayeuses et qu'il s'en faut même de beaucoup : dans toute la moitié inférieure du terrain la craie manque totalement et, à toutes les hauteurs, jusqu'au sommet, on rencontre en diverses localités des roches de toutes autres constitutions, argileuses, calcaires ou gréseuses.

La deuxième remarque, c'est qu'on peut trouver de la craie dans des terrains tout à fait différents du Crétacé : par exemple les roches phosphatées de Tebessa, de Gafsa et d'ailleurs, quoique tertiaires, sont de véritables craies ; certaines assises des environs de Moscou, quoique carbonifères, sont à peu près crayeuses.

Synonymie. — Certains auteurs écrivent *Crétacique* au lieu de Crétacé. Pour la région des Alpes, c'est une partie du *Flysch* ; en Italie, c'est l'*Alberese inferiore* et une portion des *Argille scaliose*. Le *Dakota-Group* des Montagnes-Rocheuses s'y insère. C'est le *Desert Sandstone* du Queensland, en Australie ; l'*Amuri limestone* de la Nouvelle-Zélande, etc.

Liaison par en bas ; lacunes. — La liaison du Crétacé avec l'Oolithique se manifeste dans beaucoup de pays comme absolument intime. Dans la région du Boulonnais et dans le pays de Douvres, sur le rivage opposé de la Manche, on voit l'Oolithique finir par des couches lacustres décrites sous le nom d'étage purbeckièn, tandis que le Crétacé commence par les assises également lacustres du Wealdien et c'est d'une façon bien flottante qu'on trace dans l'ensemble de ces dépôts si uniformes la limite mutuelle des deux terrains superposés. La même circonstance se présente dans le bassin houiller franco-belge où, parmi les *morts-terrains* étalés sur les couches paléozoïques, les lits d'eau douce du Purbeck et du Weald sont dans la même union intime.

Ailleurs, comme sur le territoire de la Champagne et sur celui de la Bourgogne, de Saint-Dizier (Marne) à Saint-Sauveur (Yonne), on voit les plus anciennes couches marines crétacées, sur plus de 180 kilomètres de distance, se fondre insensiblement dans les plus récentes couches portlandiennes. Dans une grande partie de la chaîne du Jura, la transition entre le Néocomien et les termes les plus élevés du système oolithique est complète. De même, à Géryville et à Laghouat, en Algérie, le Néocomien repose en concordance sur le Jurassique supérieur. M. Nikitin a institué le terrain *petschorien* pour des couches qui sont aussi oolithiques que crétacées.

Au contraire des lacunes se rencontrent sous le Crétacé et, par exemple, il y a des points du bassin franco-belge où les couches du Néocomien reposent directement sur le Houiller ou même sur le Dévonien. On peut trouver toutes les variétés de contact remarquable dans des localités convenablement choisies.

Région crétacée typique. — Comme Alcide d'Orbigny l'a fait remarquer le premier[1], nous possédons en France une région admirablement typique pour toute l'épaisseur du terrain crétacé : c'est la zone champenoise qui s'étend depuis Wassy, dans la Haute-Marne, jusqu'à Vertus, dans la Marne.

La base du massif sédimentaire aux environs de Wassy secompose d'une série très épaisse de marnes, de calcaires et de sables, admettant à leur base un niveau remarquable de limonite concrétionnée. Cette limonite est exploitée comme minerai de fer ; elle est

---

1. *Cours élémentaire de Paléontologie stratigraphique,* 1849, p. 570.

probablement de formation très postérieure au dépôt des couches auxquelles elle est associée.

L'ensemble de ces couches, dites *néocomiennes*, peut atteindre 40 mètres de puissance ; elles débutent par des niveaux d'eau douce du type wealdien, dans lequel on trouve des fossiles terrestres et lacustres et spécialement des ossements de Tortues. Au-dessus de sables ferrugineux qui viennent ensuite, et que nous sommes autorisés à considérer comme des produits de décalcification, se présentent des calcaires argileux de nuance gris-bleuâtre où abonde *Ostrea Couloni*. Les couches supérieures, moins marneuses, contiennent *Toxaster complanatus* (fig. 113) (anciennement regardé comme le type des *Spatangues*), *Pterocera pelagi*, *Hoplites radiatus*. L'étage se termine par des marnes qui, sur 25 mètres d'épaisseur, sont remplies d'*Ostrea Leymeriei*, et d'une grande Huître considérée comme faisant le passage entre *Ostrea Couloni*, qui vient d'être citée, et *Ostrea aquila*, qui va caractériser un niveau plus récent. C'est dans la région champenoise que ces marnes ont été fréquemment qualifiées de *marnes ostréennes ;* on les a prises pour type d'un étage spécial qu'on appelle *Barrémien* à cause de la localité de Barrême (dans les Basses-Alpes) où il est relativement épais.

Le terrain qui vient ensuite a été depuis longtemps désigné dans la Haute-Marne sous le nom de *groupe des argiles à Plicatules* que Cornuel a adopté dès 1849. Ce groupe consiste, dans la région, en argiles renfermant une grande Ostracée dite *Ostrea aquila (Exogyra sinuata)*, déjà mentionnée, et qui est essentiellement caractéristique du niveau. Au-dessus s'étendent, aussi bien dans l'Aube que dans la Haute-Marne, des argiles grises très pures, renfermant parfois des plaquettes ou des rognons de calcaire plus ou moins dur avec toute une faune particulière dont les espèces principales sont : *Plicatula placunea, Nucula obtusa, Ostrea aquila, Hoplites Deshayesi, Desmoceras Nisus, Terebratula sella, T. asteriana, Ceriopora Ricordeana*, etc. Cet ensemble, retrouvé avec plus de développement dans le Vaucluse, constituera l'étage *aptien*.

Au-dessous se montrent des sables plus ou moins ferrugineux que surmontent de véritables minerais de fer appartenant d'ailleurs à deux variétés. La première est en oolithes réunies par un ciment argilo-siliceux et contient un certain nombre de coquilles d'eau douce (*Unio Cornueli, U. elongata, Paludina, Paludestrina, Cyclas*), avec des débris de Fougères, de Sequoïas ou de Pins et d'autres plantes terrestres. L'autre variété, superposée à la précédente, est connue sous le nom de *couche rouge de Wassy*. On y recueille au contraire des fossiles marins tels que *Cerithium Cornueli, Corbis corrugata, Gervillia linguloides, Scrobicularia (Lavignon* des anciens auteurs) *minuta, Heteraster oblongus,* etc. Cette partie inférieure du terrain aptien nous arrêtera plus loin sous le nom de terrain *urgonien.*

Un autre terrain qualifié d'*albien* se présente dans la Haute-Marne sous la forme d'*argiles tégulines* renfermant des Ammonites (*Hoplites splendens, H. auritus,* etc.). Il repose sur des sables verdis par le mélange de beaucoup de glauconie, et on y recueille *Trochocyatus conulus, Pholadomya acutisulcata, Thetis minor, Nucula pectinata, Inoceramus sulcatus, Natica gaultina, Ostrea arduennensis, Nautilus Clementinus, Hoplites interruptus, H. lautus, Acanthoceras mamillare, Schlœnbachia inflata,* etc. On sait que ces sables (sables du Gault), qui plongent vers l'ouest de façon à se trouver sous Paris à 580 mètres de profondeur, constituent le réservoir d'eau des puits artésiens de Grenelle, de Passy et autres.

Le terrain précédent est, dans notre région typique, recouvert sur une épaisseur qui varie, suivant les points, de 20 à 60 mètres par les assises d'une roche franchement crayeuse, blanchâtre et à peu près dépourvue des grains verts de glauconie que nous y trouverions au contraire dans les Ardennes et bien ailleurs. Souvent cette craie qu'on décrira plus loin sous le nom de *cénomanienne* est imprégnée de silice passant alors au vrai tuffeau et contenant des lits de rognons siliceux et de nombreux nodules de marcasite. C'est ce qui se présente spécialement du côté de Seignelay

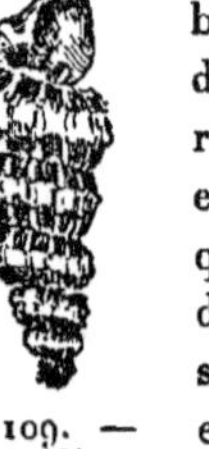

Fig. 109. — *Turrilites costatus.* (1/4 G. N.)

Fig. 110. — *Scaphites æqualis.* (1/3 G. N.)

et de Saint-Florentin (Yonne). Les fossiles les plus caractéristiques sont *Pecten asper, Acanthoceras Mantelli, Holaster sub-*

globosus. On peut y citer aussi *Acanthoceras rothomagense, Schlœn-bachia varians, Turrilites costatus* (fig. 109), *Scaphites æqualis* (fig. 110), *Cidaris vesiculosa, Holaster nodulosus, Discoidea sub-acuta, Scyphia subreticulata.*

Le terrain de la Champagne comprend ensuite les assises épaisses et nombreuses d'une craie marneuse alternant à diverses reprises avec des lits relativement minces de marnes argileuses ou de marnes de

FIG. 111. — *Ino-ceramus labiatus.* (1/2 G. N.)

diverses nuances. On en fera le terrain *turonien*. D'après la situation des principaux fossiles, on peut y distinguer quatre zones principales. La plus ancienne est caractérisée par *Inoceramus labiatus* (fig. 111) et *Cidaris hirudo* ; la seçonde, par *Terebratulina gracilis* ; elle renferme aussi *Micraster breviporus* et *Discoidea infera*. Au-dessus est un troisième horizon où se montre *Holaster icaunensis* et où continue *Micraster bre-viporus*, associé à *Spondylus spinosus, Actinocamax* (*Belemnites*) *plenus, Pachydiscus Prosperianus* (ou *peramplus*). Enfin une dernière zone contient *Holaster planus* avec *Micraster breviporus* qui persiste toujours, *Scaphites Geinitzi*, et *Pachydiscus Prosperianus*[1].

Ce terrain est recouvert par des assises qui s'imposent à l'atten-tion par leur énorme développement autour de la ville de Sens (Yonne) qui est comprise dans la région que nous avons choisie. Leur ensemble, formant le terrain dit *sénonien,* est constitué par de la craie blanche très uniforme renfermant des lits de rognons siliceux plus ou moins abondants selon les niveaux. Les fossiles permettent d'y distinguer quatre zones superposées dont la ca-ractéristique est due surtout à Hébert[2], mais qui sont bien moins distinctes les unes des autres que ce géologue ne le supposait. A la base se montre la zone du *Micraster cor testudinarium* qui peut atteindre 80 mètres de puissance et dans laquelle sont plu-sieurs Oursins (*Epiaster brevis, Holaster placenta*), des Pélécypodes,

1. J. LAMBERT, *Bul. soc. géol. Fr.* (3e). T. VII, p. 204.
2. *Bulletin des sciences naturelles de l'Yonne* (4e) ; t. X.

comme *Inoceramus involutus.* A la suite de cette première zone et au-dessus d'elle se présente la zone du *Micraster cor angui-*

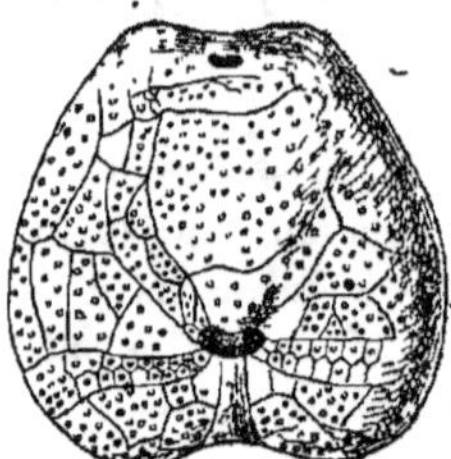
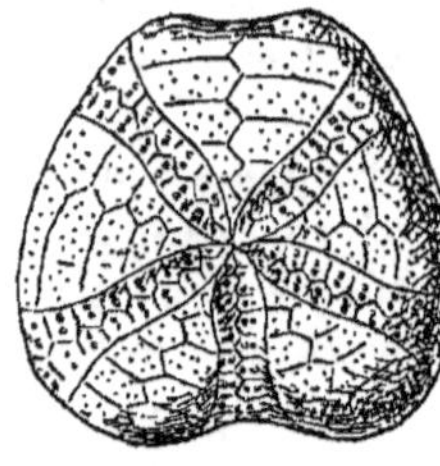

FIG. 112. — *Micraster cor anguinum.*
(2/3 G. N.)

num (fig. 112), épaisse de 70 mètres, avec *Epiaster gibbus, Echinoconus conicus,* des Pélécypodes comme *Lima Hoperi* et *Inoceramus digitatus,* et des Crinoïdes comme *Marsupites ornatus.* Plus haut vient une troisième zone, à *Belemnitella quadrata (Actinocamax quadratus),* qui peut avoir 35 mètres ; elle contient *Offaster pilula* et *O. corculum.* Enfin l'ensemble se termine par la zone à *Belemnitella mucronata* avec *Micraster Brongniarti, Ostrea vesicularis, Magas pumilus, Rhynchonella vespertilio.* Dans la craie sénonienne se montrent de très nombreux lits de rognons siliceux qui empâtent souvent des fossiles restés calcaires.

Enfin le dernier terme du terrain représenté dans notre région type est le *calcaire pisolithique* de Vertus, un peu au nord du mont Aimé dans la Marne. Depuis un temps immémorial, de vastes carrières sont ouvertes dans cette roche, connue dans la pratique sous le nom de *pierre de Falaise* et qui représente ici le *Danien* qui sera décrit plus loin. Le front de taille est durci par l'intempérisme et on y voit des indices de stratification ; mais l'intérieur de la roche, visible sur les cassures fraîches, la montre fort tendre, friable même, compacte et d'un blanc de lait. La faune, étudiée d'abord par Alcide d'Orbigny[1], comprend entre autres formes : *Cerithium uniplicatum,* coquille presque aussi grande que le Cérithe géant (elle a 27 centimètres de longueur) et prise d'abord par erreur pour cette dernière espèce qui est du calcaire

1. *Bull. soc. Géol. Fr.* (2), 126; 1850.

grossier (système tertiaire) ; *Cardita Hebertiana, Corbis multilamella, C. sublamellosa, Ellipsomilia suprà cretacea,* etc.

Subdivisions du groupe crétacé. — On constate d'extrêmes divergences entre les auteurs en ce qui concerne la division du terrain crétacé en étages, et cela vient de la variété des caractères des assises successives suivant les pays.

En se bornant d'abord à la manière d'être du terrain en Europe, on a constaté qu'il se coupe très facilement en deux portions, caractérisées à la fois par des considérations pétrographiques et par des considérations paléontologiques.

En effet, comme on vient de le voir, les variétés de calcaire qui méritent d'être qualifiées de crayeuses ne se trouvent que dans la portion supérieure du Crétacé, et c'est pour cela qu'on peut le qualifier de terrain *crayeux* ; l'autre portion s'appellera terrain *infrà-crayeux* ; on a employé quelquefois, par inadvertance sans doute, les deux termes *suprà-crétacé* et *infrà-crétacé* ; mais ces expressions signifient littéralement : *au-dessus du crétacé* et *au-dessous du crétacé* ; partant, elles ne laissent rien pour ce prétendu Crétacé qu'elles ont l'air d'encadrer et qu'en réalité elles suppriment.

GROUPE	TERRAINS	NIVEAUX
	7. *Danien.*	2. Garumnien.
		1. Maëstrichtien.
	6. *Sénonien.*	2. Campanien.
		1. Santonien.
	5. *Turonien.*	2. Angoumien.
		1. Ligérien.
Crétacé.	4. *Cénomanien.*	2. Rothomagien.
		1. Vraconien.
	3. *Albien.*	Gault.
	2. *Aptien.*	2. Rhodanien.
		1. Urgonien.
	1. *Néocomien.*	3. Barrémien.
		2. Hauterivien.
		1. Valangien.

D'un autre côté, en Europe, mais non pas en Amérique où le phénomène est plus ancien, c'est avec le commencement des roches crayeuses que se manifeste le début de la flore actuelle, c'est-à-dire l'apparition des végétaux angiospermes.

Toutefois, il peut paraître à bon droit que ces circonstances, si intéressantes à tant d'égards, doivent être mises de côté pour la détermination des étages.

En résumé, et avec d'Orbigny, nous allons décrire successivement dans l'épaisseur du Crétacé sept terrains énumérés dans le tableau précédent et dont il y aura ensuite intérêt à rechercher la répartition géographique.

I. — Terrain néocomien (Thurmann, 1835)[1].

Fig. 113. — *Toxaster complanatus*, fossile typique du terrain néocomien.
(2/3 G. N.)

Étymologie. — De *Neocomium*, Neuchâtel (Suisse).

Synonymie. — C'est l'ancien étage des *grès verts inférieurs* (*Lower green sand* des Anglais). C'est le *calcaire à Spatangues* et l'*argile ostréenne* de Cornuel ; le terrain *jura-crétacé* de Thirria ; c'est encore le *Biancone* des Italiens, etc. On le divise généralement en trois niveaux qui sont : 1° le *Valangien* (Desor, 1854), dont la base est qualifiée de *Berriasien* (Coquand, 1876) ou *Valangien blanc* ; c'est la *marne à Ptéropodes*, le *Petschorien* de Nikitin ; 2° l'*Hauterivien* (Renevier, 1874) ; 3° le *Barrémien* (Coquand, 1861) ; c'est la *marne à Bryozoaires*. La partie supérieure du Barrémien a été qualifiée d'*Urgonien* (d'Orgon, Alcide d'Orbigny, 1850), nom que nous appliquons à une partie de l'Aptien ; c'est le *Vectien* (de l'île de Wight) (Brown, 1885) ; le *Rhodanien* (en partie) (Renevier, 1848), le *Bédoulien* et le *Barutelien* (Toucas, 1888), les *argiles*

<hr>

1. *Bull. soc. Géol. Fr.*, VII, 209.

ostréennes de Leymerie, etc. Ces diverses portions sont inégalement représentées dans les différentes localités.

Le terrain néocomien en France. — En France, le Néocomien se montre en un certain nombre de régions et, tout naturellement, on le rencontre au voisinage de la zone que nous avons choisie comme typique. C'est ainsi qu'il a une épaisseur relativement grande en Bourgogne et dans le Berry. On peut remarquer que la lisière du bassin parisien ne le présente vers l'ouest que jusqu'à Vailly (Cher). En Normandie, le même terrain affleure dans le pays de Bray avec une allure analogue à celle que nous avons notée pour le terrain oolithique supérieur qui le supporte. Il débute par des argiles, visibles par exemple à l'Italienne, auprès de Beauvais, et qui contiennent des empreintes de Fougères, *Lonchopteris Mantelli*. Ce dépôt appartient à la zone lacustre désignée en Angleterre sous le nom de *Weald*, dont les conditions se reproduisent ailleurs et avec plus d'accentuation. Aux environs de Wimereux (Pas-de-Calais), on rencontre des argiles panachées de rouge et de gris et dont on ne sait dire si elles sont wealdiennes ou purbeckiennes.

Dans le midi de la France, le Néocomien prend beaucoup plus de développement. En Provence, et spécialement dans la partie sud, le Néocomien, d'une puissance de 200 mètres, consiste presque exclusivement en calcaires argileux, très blancs, renfermant *Toxaster complanatus* (fig. 113) et *Ostrea Couloni*.

Plus au sud, aux environs de Marseille, Hébert a naguère distingué, dans l'épaisseur énorme du Néocomien, plusieurs niveaux superposés. L'un d'eux est remarquable par l'abondance, sur 200 mètres d'épaisseur, de Pélécypodes de genres caractéristiques, comme *Requienia*, *Monopleura*, *Toucasia*, qui sont parfois de volume considérable et toujours de formes singulières. Ils font partie de la catégorie de Mollusques qu'on qualifie de *Rudistes*.

Dans le département de Vaucluse, l'abondance des fossiles a depuis longtemps signalé la localité d'Orgon, où affleure le Néocomien supérieur. Les couches qu'on y observe, souvent réunies sous le nom de terrain *urgonien*, semblent pouvoir être réparties, mais sans grande précision, entre le *Barrémien* qui représente, comme nous l'avons dit, le couronnement du Néocomien et le *Rhodanien*, dont nous ferons tout à l'heure la base de l'Aptien. Cette circonstance tient à des conditions comparables à celles qui concernent le Weald et qui ont déterminé la persistance d'un même mode de sédimentation à travers la ligne de séparation des deux étages superposés. Un peu à l'est se développe la montagne de Lure (Basses-Alpes) où des calcaires se signalent par leur richesse en Oursins et en Céphalopodes. On y recueille *Toxaster Ricordeanus* et *T. Collegnoi, Macroscaphites Yvani, Desmoceras difficile, Crioceras Emerici,* etc. Les mêmes assises ont été retrouvées au mont Ventoux[1] où, sur une énorme épaisseur, le Néocomien montre des faciès très variés et des fossiles très nombreux : *Desmoceras difficile, Ostrea Couloni,* Foraminifères (*Orbitolina,* etc.). Le mont Luberon (ou Léberon), plus au sud, est presque entièrement formé de Néocomien calcaire à *Toxaster* et à rognons siliceux, en couches refoulées sur elles-mêmes de façon à prendre une structure arquée des plus remarquables. On l'aperçoit très distinctement à son extrémité occidentale lorsqu'on examine l'escarpement coupé à pic qui termine brusquement la chaîne au-dessus du village de Taillades.

C'est au voisinage et dans le même massif montagneux que se trouve Orgon, localité où se développe d'une façon tout à fait frappante une faune à Rudistes avec *Chama* et *Caprotina.*

Le long de la chaîne des Alpes, nous avons à mentionner quelques localités remarquables. Dans le Dauphiné, le sud du massif est seul en possession des assises supérieures ou barrémiennes, tandis que la partie septentrionale jouit de tous les niveaux du terrain.

Dans le Vercors, les Rudistes (*Monopleura* et *Toucasia* surtout) annoncent la réapparition des couches mixtes à faciès à la fois néocomien et aptien. Vers Grenoble et à la Grande-Chartreuse, les assises précédentes sont supportées par un système de couches qui se continue presque sans changement jusque dans le Jura. On y distingue tout de suite l'Hauterivien typique reposant sur le Valangien.

Le Valangien débute par des calcaires à ciment, faisant partie du niveau que Coquand, en 1876, a appelé *Berriasien*[2], parce qu'il l'a étudié à Berrias, dans l'Ardèche ; les différents auteurs le regardent, les uns comme formant la base initiale du Néocomien, c'est-à-dire du Crétacé, et les autres comme constituant

1. Leenhardt, *Étude géologique de la région du mont Ventoux.* 1883, in-4°, Montpellier.

2. *Bull. soc. Géol. Fr.* T. III, p. 685.

le sommet du terrain jurassique. On y trouve le curieux fossile appelé *Terebratula diphyoides*. Au-dessus viennent des marnes à *Belemnites latus* sur lesquelles s'étendent les épaisses assises des calcaires dits de Fontanil : on y recueille *Ostrea macroptera, Ptero-cera oceani, Natica Leviathan, Dysaster ovulum*. Ces divers niveaux correspondent au terrain valangien. Plus haut se voit un horizon que des grains de glauconie signalent, avant tout autre caractère, comme étant hauterivien et qui contient de nombreuses espèces de Bélemnites aplaties, comme *Belemnites dilatatus* et *B. binervius*. Ensuite des calcaires marneux donnent *Crioceras Duvalii* et, à diverses hauteurs, *Rhynchonella peregrina*. Enfin, le tout est couronné de marnes à *Toxaster complanatus,* fossile qui, dans tout le Dauphiné, est très strictement confiné à ce niveau précis.

En Savoie, le Salève montre un ensemble d'assises néoco-miennes bien caractérisées depuis le niveau valangien à *Natica Leviathan* jusqu'au calcaire barrémien, à *Requienia ammonia*. Et dans le département de l'Ain, à la Perte-du-Rhône, le même niveau se signale par sa grande épaisseur avec les mêmes fossiles.

Le terrain néocomien en Europe. — En dehors de nos frontières, nous avons à mentionner la présence du terrain néocomien dans un grand nombre de régions européennes et il est naturel d'en commencer la revue par le canton de Neuchâtel où le type a été placé. C'est là qu'ont été distingués pour la première fois le niveau *valangien*[1] par Desor, en 1854 (du nom de Valangin[2]), et celui de l'*Hauterivien* par Renevier, en 1874 (du nom d'Hauterive[3]).

Le Valangien comprend comme termes principaux : à la base et au contact du Purbeckien bien caractérisé, des marnes oolithiques et des calcaires grumeleux, avec Spatangues (*Toxaster Campichei*); puis des calcaires à faciès coralligène, avec des parties à oolithes volumineuses renfermant *Natica Leviathan, Nerinea gigantea*, et des Chamacées. Le tout, dont l'épaisseur totale peut dépasser 100 mètres, est couronné par des calcaires ocracés où sont plusieurs Oursins et des Bélemnites variées.

Quant à l'étage hauterivien, il se signale au premier coup d'œil

---

1. Et non *Valanginien*, comme on dit parfois par erreur.
2. *Bull. Soc. des sc. nat. de Neuchâtel,* t. III, p. 178.
3. *Tableau des terrains sédimentaires,* 1re édition.

par les grandes valves d'*Ostrea Couloni* qui remplissent des argiles
à la base desquelles sont des marnes littéralement pétries de
Bryozoaires. Celles-ci supportent d'autres marnes très fossilifères,
d'une douzaine de mètres de puissance, fourmillant de *Toxaster
complanatus*, fossile auquel s'ajoutent : des Vers, comme *Serpula
quinquecostata* ; des Pélécypodes, comme *Ostrea Couloni* et *O. macroptera, Janira atava, Perna Mulleti;* des Gastropodes, comme *Pleurotomaria neocomiensis;* enfin des Céphalopodes, comme *Hoplites
radiatus, Holcostephanus asterianus, Belemnites dilatatus,* etc.

Dans d'autres parties de la Suisse, le Néocomien se poursuit
avec des allures variées. C'est ainsi que, sur les bords du lac de
Thoune, on rencontre en plusieurs points des affleurements valangiens. *Toxaster complanatus* figure dans la faune des couches
hauteriviennes des bords du lac de Lucerne, reposant d'ailleurs
sur du Néocomien inférieur. Dans les Alpes Vaudoises, on exploite à Arzier, comme pierre de taille, un calcaire valangien
contenant *Natica Leviathan,* accompagnée de toute une faune comprenant quelques formes hauteriviennes.

Des dépôts synchroniques se poursuivent le long des Alpes, en
Bavière, où se montre le *Schrattenkalk* (ou *calcaire sillonné*), et en
Tyrol, où se distinguent avec plus ou moins de précision les niveaux
valangien et hauterivien. Le Barrémien lui-même se signale dans
la région méridionale du Tyrol où l'on retrouve un faciès analogue
à celui des dépôts provençaux. Il en est autrement dans le Vorarlberg, où les dépôts du Néocomien supérieur affectent une ressemblance avec ceux du Jura.

Sur le territoire de l'Allemagne du Nord, des couches néocomiennes sont facilement rattachables à des dépôts belges, développés
surtout dans le Hainaut et représentant le Weald ; elles s'étendent
sur une vaste surface. En Hanovre, la liaison avec le Purbeckien est
aussi intime qu'aux environs de Bernissart, où fut faite, dans ces
couches remarquables, l'incomparable découverte de tout un troupeau
de gigantesques *Iguanodon Mantelli* (fig. 114), découverte qui fut un
événement paléontologique. Cependant les niveaux marins s'étendent
par-dessus cette énorme formation lacustre et, tandis qu'en Belgique
on y reconnaît sans intermédiaire la faune barrémienne, en Hanovre on voit du Valangien à Bélemnites supporté par quelques
lits saumâtres et d'origine estuarienne.

Dans les Carpathes, *Belemnites pistilliformis* caractérise, auprès

Fig. 114. — *Iguanodon Mantelli.*
(Longueur totale de l'animal : 8 à 10 mètres.)

de Teschen, des couches atteignant 100 mètres de puissance à la suite desquelles il faut citer les marnes qui forment, sur une si grande surface, le soubassement du Crétacé des Balkans.

Plus à l'est, en Crimée, le Valangien montre à Biassala la continuation des couches à *Belemnites dilatatus* par-dessus lesquelles M. Karakasch a décrit une faune barrémienne à *Desmoceras difficile.* Un niveau s'y signale par la présence de *Toxaster complanatus* qui suffirait à en fixer l'âge. Il est accompagné de *Holectypus macropygus, Collyrites ovulum, Cyphosoma Raulini,* ainsi que d'*Exogyra Couloni* et de Térébratules variées.

Ajoutons que la coupe complète du gisement, qualifié de *Resanaïa,* c'est-à-dire Montagne coupée, permet d'y reconnaître des niveaux comparables successivement au Valangien, à l'Hauterivien, au Barrémien, à l'Aptien et à l'Albien. C'est un résultat d'un très grand intérêt.

D'ailleurs le Néocomien recouvre une vaste surface dans l'intérieur de la Russie et c'est avec le plus vif intérêt qu'on en reconnaît les différents termes le long des falaises de la Volga, spécialement dans le district de Syzran. Près de Kachpour, M. Pavlow a signalé des sables marneux, parfois cimentés en grès avec *Aucella Volgensis,* et qui sont valangiens. Au-dessous de ces roches se dégagent, du côté de Riasan, des assises qui se rattachent sans hésitation au niveau de Berrias. Plus haut est un remarquable horizon avec Ammonitidés, savamment étudié par M. A. Yermoloff.

Pour en finir avec l'Europe du Nord, il importe d'ajouter que c'est dans le sud de l'Angleterre que le type wealdien a été tout d'abord défini et baptisé d'après le nom du Weald, région qui embrasse une partie du Sussexshire et du Kent, et qui recouvre spécialement la surface des îles de Wight et de Purbeck. Le terme inférieur de cette série est connu sous le nom de *sables et grès de Hastings*. Ces sables, épais de 200 à 300 mètres, ont été coupés par la Manche en falaise très ébouleuse ; on y distingue plusieurs niveaux argileux et les fossiles y sont très nombreux. Des plantes, et spécialement des Conifères, des Cycadées et des Fougères, comme *Alethopteris* et *Sphenopteris*, y sont mélangées à des Mollusques d'eau douce, comme *Unio, Cyclas, Cyrena* ; à des Poissons, comme *Lepidotus*, et à des Reptiles dinosauriens dont les plus remarquables sont *Iguanodon, Hylœosaurus*, et *Megalosaurus*. Des pistes provenant sans doute de ces animaux se sont conservées à différents niveaux. A mesure qu'on s'élève dans cette série, on la voit devenir de plus en plus argileuse et le sommet consiste, en certains points, en 300 mètres d'une argile qui renferme, dans le Sussex, une intéressante variété de lumachelle, comprenant un agrégat d'innombrables tests de Paludines qu'on a exploité comme marbre pendant un certain temps. C'est le *Marbre de Sussex*, qui rappelle jusqu'à un certain degré le *Forest Marble* du Bathonien (v. p. 639). L'âge de tout l'ensemble est nettement établi par son recouvrement, dans l'île de Wight par exemple, au moyen d'assises gréseuses marines, dites grès vert inférieur, et dont les fossiles, qui sont marins, appartiennent à la faune barrémienne : *Perna Mulleti, Cardium subhillanum, Rostellaria Parkinsoni, Ostrea Leymeriei, O. Boussingaulti,* etc.

L'Europe méridionale nous fournit aussi quelques observations. En Italie, les Alpes Vénitiennes et les Alpes Lombardes offrent des affleurements valangiens et hauteriviens. La liaison avec le terrain jurassique sous-jacent y est souvent des plus intimes. On reconnaît dans la formation calcaire et uniforme un horizon à *Aptychus Didayi* qui est franchement valangien, un horizon à *Holcostephanus asterianus* qui est hauterivien et même un horizon à *Macrosca-*

phites Yvani, qui est barrémien : la série est donc complète. Nous verrons d'ailleurs le *Biancone* se continuer avec le même caractère lithologique jusqu'au niveau du terrain albien.

Le Néocomien se poursuit dans le sud de la péninsule et il se présente dans la partie moyenne de la chaîne des Apennins sous l'aspect de calcaires massifs à *Aptychus.* Les calcaires à Poissons de Castellamare, auprès de Naples, sont aussi du même horizon et il n'y a pas jusqu'à la Sicile qui n'offre des couches néocomiennes dont la suite se retrouve plus ou moins en Algérie et en Tunisie.

De son côté, la péninsule ibérique possède des assises néocomiennes. Dans le nord de l'Espagne, on voit des dépôts rappelant le Weald. M. Calderon a décrit autour de Santander, comme auprès de Burgos et de Logrono, et sur plus de 1 000 mètres de puissance, des argiles avec grès subordonnés où les Paludines, les Unios et les Cypris sont mélangés à des débris de plantes terrestres lignitisées. Le Berriasien est très complet autour de Murcie; le Valangien est très évidemment représenté à Alcoy par des couches à *Natica Leviathan ;* l'Hauterivien, à Malaga et à Grenade, par des marnes à *Holcostephanus asterianus ;* le Barrémien, enfin, en Andalousie, par des assises à *Desmoceras difficile.*

Le Portugal a sa part des mêmes productions et le Néocomien y débute également par des sédiments d'estuaires plus ou moins comparables au Weald. M. Choffat a reconnu plus haut, à Cintra, le Valangien à *Natica Leviathan* et l'Hauterivien à *Toxaster* et *Ostrea Couloni.* Le Barrémien lui-même ne manque pas et, à Cintra, on voit, sur les couches précédentes, des assises à Nérinées colossales et à *Requienia.*

Le Néocomien en dehors de l'Europe. — Hors d'Europe, nous sommes tout naturellement arrêtés par le littoral septentrional de l'Afrique. En Algérie, le Néocomien se montre dans le Tell aussi bien que dans l'extrême-sud saharien. On reconnaît le Valangien au nord de Sétif; l'Hauterivien, du côté de la Haute-Seybouse ; le Barrémien, autour de Constantine et dans plusieurs autres points. La Tunisie possède, sur l'Oued Bikbaka, des marnes à Bélemnites plates.

Le Cameroun, dans la région occidentale de l'Afrique tropicale,

a fourni à M. von Kœnen des fossiles barrémiens, et l'on sait que
le Néocomien entre dans la constitution du sol de l'Afrique australe. Dans la colonie du Cap, l'ensemble débute par des couches à
apparence quelque peu wealdienne, puisque des Cycadées et des
Fougères s'y mêlent à des coquilles marines.

Sur la côte orientale il y aurait à faire une place au Néocomien
à *Belemnites binervius* auprès d'Ambohimarina, à Madagascar.
Plus au nord, le pays des Somalis montre du Barrémien à *Hoplites*
qui nous jalonne la route vers l'Asie Mineure.

A Héraclée, M. Douvillé a décrit des couches à Requiénies qui
représentent le Barrémien superposé au terrain houiller. En Syrie,
on retrouve *Ostrea Couloni* pour certifier l'âge néocomien des
couches faisant partie du massif du Liban ; en Perse, les bords
du lac Ourmia ont fourni des Ammonitidés caractéristiques, dont
on retrouve les analogues en plusieurs régions du Caucase. Dans
l'Inde, auprès de Madras, le Jurassique supporte des assises comprenant des grès à végétaux analogues à ceux du Weald ; dans
l'Himalaya, on a signalé des couches à allure néocomienne et
Holcostephanus asterianus fixe l'âge des lits à Bélemnites étudiés
au col de Chichâli, dans le massif du Salt Range.

Peut-être le Néocomien contribue-t-il à la structure de la région
du Queensland, en Australie, où des lignites sont associés à des
roches diverses qui semblent présenter à la fois des caractères
crétacés et des caractères jurassiques. Dans d'autres régions de
l'Océanie on a cru reconnaître du Néocomien, par exemple en Nouvelle-Zélande et aux environs de Nouméa.

En Amérique, depuis les États-Unis jusqu'au sud de la Patagonie, le Crétacé inférieur se présente de distance en distance
avec des caractères variés. Dans la Virginie et le Maryland, les
géologues américains ont distingué un énorme massif stratigraphique sous le nom de *couches du Potomac* : il part du Jurassique
supérieur, mais comprend certainement dans sa masse des formations crétacées. A un certain niveau, l'allure néocomienne est spécialement accusée par la présence de végétaux parmi lesquels dominent les Conifères et surtout les Cycadées. En Californie, on a fait
d'intéressantes observations sur la ressemblance du Néocomien
qui affleure sur la côte Pacifique avec des formations précédemment étudiées en Russie. Au contraire, dans les Montagnes-

Rocheuses, c'est l'allure wealdienne qui reparaît. Enfin *Crioceras Duvalii* s'est présenté à Alcide d'Orbigny dans des grès des environs de Santa-Fé-de-Bogota, de même qu'en certains points du Chili.

On retrouve enfin des termes de la série néocomienne par dessus le Jurassique des régions hyperboréales, spécialement au Spitzberg et au Groënland. Dans cette dernière région, des plantes aériennes, comprenant des Peupliers associés aux Cycadées normales du dépôt, indiquent l'apparition des végétaux supérieurs, qui, dans l'Europe centrale, ne se sont guère manifestés qu'à l'époque cénomanienne.

II. — Terrain aptien (Alcide d'Orbigny, 1843)[1].

Fig. 115. — *Plicatula placunea*, fossile typique du terrain aptien.
(G. N.)

Étymologie. — D'*Apt*, ville du département de Vaucluse.

Synonymie. — C'est l'*argile à Plicatules* de Cornuel. C'est le *grès vert inférieur* de beaucoup d'auteurs. On a proposé d'y faire des subdivisions, mais il nous paraît légitime de le considérer ici tout d'une pièce, en remarquant toutefois que sa base entre dans la constitution du terrain *urgonien* de d'Orbigny avec le *Rhodanien* de Renevier. Bien des auteurs emploient le terme de terrain *urgo-aptien*. En 1887, M. Kilian lui a donné le nom de *Gargasien*.

1. *Paléontologie française*, II, pl. 236 *bis*.

Le terrain aptien en France. — Les caractères que nous lui avons reconnus dans notre région typique nous dispensent d'une nouvelle description générale. Constatons d'abord qu'il se présente dans diverses parties de la France et commençons par un coup d'œil sur les points les plus voisins de ceux qui nous ont déjà occupés. Quoiqu'il ait une individualité bien marquée dans nos pays, l'Aptien ne joue qu'un rôle un peu effacé comme extension géographique et comme épaisseur.

Dans le pays de Bray, il est singulièrement atrophié et ne consiste qu'en argiles où figurent de loin en loin des *Ostrea aquila*, bien suffisantes d'ailleurs pour le dater sans hésitation. Dans le Berry, on voit le terrain aptien sous la forme de sables parfois cimentés en grès par des infiltrations ferrugineuses et qui contiennent *Acanthoceras Milletianum*. Dans l'Yonne, les argiles à Plicatules avec *Ostrea aquila* et *Desmoceras Nisus* contiennent parfois des rognons de limonite et quelques minces couches de calcaire avec *Terebratella asteriana*. Enfin, dans les Ardennes, les couches de minerai de fer exploitées à Grand-Pré ont pour toit des argiles à *Ostrea aquila*.

A l'ouest, nous retrouvons le terrain aptien dans la falaise du cap de La Hève où il repose directement sur le terrain kimeridgien ; il consiste en un conglomérat à ciment de limonite, où l'on recueille *Ostrea aquila* et *Acanthoceras Milletianum*. A Wissant (Pas-de-Calais), on retrouve *Ostrea aquila*, mais, cette fois, dans une assise, épaisse de 4 mètres, d'un grès glauconifère et effervescent dont nous observerons la continuation de l'autre côté du détroit. Ajoutons que les assises aptiennes figurent sous le nom spécial de *tourtia* dans la série des *morts-terrains* superposés aux couches houillères dans le bassin de l'Artois[1].

Dans la France centrale, le terrain aptien se signale en Ardèche sous la forme de calcaires plus ou moins marneux et de sables bien visibles à Bourg-Saint-Andéol. On y trouve tous les fossiles caractéristiques, à commencer par *Plicatula placunea* (fig. 115) et à continuer par *Ostrea aquila*, *Ancyloceras Matheroni* (fig. 116),

---

1. Dans l'Artois, ce nom de *tourtia* est étendu aux couches albiennes et, dans les Flandres, à des lits à *Pecten asper* (Cénomanien), dépendant aussi des *morts-terrains*.

Belemnites semicanaliculatus, etc. — Un peu plus à l'est, dans le département de l'Ain, le niveau prend un intérêt exceptionnel à cause de l'abondance et de la bonne conservation des fossiles dans les couches visibles à la Perte-du-Rhône, auprès de Bellegarde. Les argiles à Plicatules se continuent dans une partie du Jura. Au sud, vers le Dauphiné, *Belemnites semicanaliculatus* remplit des

Fig. 116. — *Ancyloceras Matheroni.* (1/2 G. N.)

marnes qui sont associées à des calcaires à Ammonites, et sur de larges surfaces s'étendent des couches à Orbitolines qui font comme une marge continue autour d'un volumineux massif de calcaires à *Toxaster* et à *Requienia.* Le département de l'Isère expose aux regards, par exemple aux Arairs, au Villard-de-Lans, des calcaires compactes associés à des dolomies, et dont les couches, avec une épaisseur de 3oo à 5oo mètres, jouent un rôle important dans la constitution de la chaîne subalpine. Dans l'ensemble se signalent des niveaux à Réquiénies ainsi que des lits pétris d'Orbitolines et renfermant des Oursins : ici, *Holaster oblongus* ; là, *Salenia prestensis.*

Nous sommes ainsi amenés dans le midi de la France, où le terrain aptien se dilate beaucoup en même temps qu'il se complique.

Le pays d'Apt, qui a donné son nom à l'étage, fournit à Gargas une coupe classique où l'on voit, sur 100 à 15o mètres de puissance, des calcaires blancs à *Requienia* supportant des marnes argilifères bleuâtres (*marnes de Gargas*), où abondent *Plicatula placunea, Hoplites Dufrenoyi, Desmoceras Nisus, Belemnites semicanaliculatus, Ostrea aquila,* etc. L'ensemble est couronné par un calcaire argileux, plus ou moins jaunâtre, où continue *Ostrea aquila* et où se montrent avec elle *Ancyloceras Renauxianum* et d'autres fossiles.

Non loin de Marseille, à la Bédoule, qui a été naguère étudiée soigneusement par Hébert, on voit l'Aptien atteindre une épaisseur de 200 mètres et présenter une faune très nombreuse dans laquelle des Céphalopodes à coquille non enroulée, comme les *Crioceras* (*Ancyloceras*), se signalent par leurs gigantesques dimensions. Au contraire, ces fossiles, qu'on considère comme caractérisant un faciès de profondeur, cessent de se montrer du côté du Beausset où l'on retombe sur les calcaires à *Requienia* déjà signalés tout à l'heure : les fossiles les plus caractéristiques, comme *Toxaster complanatus* et *Ostrea Couloni,* s'y montrent en grand nombre.

Comme autre manière d'être intéressante du terrain aptien, il faut citer son allure autour d'Orgon, où d'ailleurs disparaissent fréquemment les limites entre le niveau qui nous occupe et le terrain barrémien sous-jacent. Il s'agit précisément du niveau *urgonien,* nom dont la signification a varié beaucoup d'un auteur à l'autre. Ce niveau, surtout calcaire, montre une collection remarquable de Chamacées souvent très volumineuses : les *Caprina* et les *Caprinella* y apparaissent ; les *Monopleura* y abondent ; *Requienia ammonia* y devient colossale, en association avec *Toucasia.*

Des calcaires d'un blanc-jaunâtre se développent avec une puissance de 700 à 800 mètres sur la rive droite du Rhône, à sa traversée du département de Vaucluse, à Clausaye et à Pierrelatte. On y recueille *Orbitolina conoidea, Ostrea macroptera, Requienia ammonia, Pygaulus cylindricus, Pyrina cylindrica, Heteraster Couloni,* etc.

C'est dans les couches aptiennes de Provence, et spécialement aux environs des Baux, que se présentent les poches plus ou moins volumineuses où s'est concentré l'hydrate d'alumine, si analogue à la limonite par son histoire générale, et qu'on désigne sous le nom de *bauxite.* La détermination précise de son âge est encore douteuse.

On retrouve le calcaire à *Requienia* dans le massif du mont Ventoux où il est en relation intime avec les dépôts barrémiens. Il affecte en cette région une allure crayeuse et admet des Orbitolines en association avec plusieurs espèces de grands *Crioceras.* De même, il se développe dans la montagne de Lure, où il est supporté par les assises à *Desmoceras* et atteint par endroits une épaisseur de 200 mètres. Les Céphalopodes y abondent.

Dans le massif pyrénéen, le terrain aptien affleure en maintes localités ; dans l'Aude, à La Clape, près de Narbonne, les calcaires à Plicatules et les lits à Orbitolines sont associés à des calcaires à *Requienia Lonsdalii* : c'est à propos de cette localité que le terme d'*Urgo-aptien* a été établi pour exprimer un état graduel entre le Barrémien et les argiles à Plicatules, état qui est réalisé dans un très grand nombre de régions, par exemple en Tunisie dont nous parlerons un peu plus loin. Dans l'Ariège et jusqu'auprès de Foix, on retrouve des bauxites, en lentilles subordonnées à des calcaires ou à des dolomies aptiennes. Enfin, dans les Basses-Pyrénées et jusqu'aux environs d'Orthez, *Belemnites semicanaliculatus*, *Plicatula placunea*, *Ostrea aquila* nous ramènent aux types les plus classiques.

Le terrain aptien en Europe. — Diverses régions d'Europe sont favorables à l'étude du terrain aptien, et nous pouvons en commencer la revue rapide par le sud de l'Angleterre. Les falaises de la Manche en montrent d'intéressantes coupes à Sandgate, à Folkestone et dans l'île de Wight. Dans cette dernière localité, des grès à *Ostrea aquila* sont recouverts successivement par des argiles où se présentent des vestiges de Crustacés du genre *Meyeria* et que les Anglais qualifient de *Lobster-Clay*, c'est-à-dire argile à Homards. Dans le Lincolnshire, c'est un calcaire oolithique à *Belemnites* qui représente l'Aptien.

En Allemagne, nous rencontrons en Hanovre, et par exemple à Salzgitter, le prolongement des couches anglaises et nous pouvons les poursuivre jusque dans l'île d'Helgoland, où l'on recueille des Bélemnites aptiennes dans des argiles qui contiennent aussi des *Crioceras* caractéristiques.

Plus au sud, les Alpes de Lucerne, puis celles du canton de Vaud fournissent des couches à Plicatules et à *Ostrea aquila*.

Il y a dans la chaîne des Carpathes des roches surtout arénacées ou gréseuses, plus ou moins argileuses, qu'on est unanime à regarder comme des sédiments aptiens. On y trouve parfois des *Acanthoceras*. En Serbie et dans les Balkans, *Plicatula placunea* date sans hésitation des formations où, par surcroît, abondent des Orbitolines analogues à celles qui viennent d'être mentionnées.

L'Espagne possède de très nombreux gisements aptiens dont quelques-uns se rattachent à notre type pyrénéen. C'est ainsi qu'on y revoit, par exemple à Utrillas, des lignites associés à des lits à *Ostrea aquila* qui ont paru mériter comme ceux-ci d'être qualifiés d'urgo-aptiens. Ce sont des calcaires plus ou moins sableux, avec *Trigonia* et *Cerithium*, qui représentent l'Aptien dans la région aragonaise. En Andalousie on recueille *Toxa-*

ster Collegnoi. En Biscaye, les mines fameuses qui fournissent tant de fer, aux environs de Bilbao, sont associées à des couches à *Ostrea aquila.*

En Italie, des Ichthyosaures ont porté à donner l'âge aptien aux argiles écailleuses, dont le nom italien d'*Argille scaliose* est devenu cosmopolite ; en outre, une partie des calcaires de Lombardie, qualifiés, comme on l'a vu, de *Biancone* et qui sont si complexes, se signalent comme appartenant au même horizon, grâce à *Ancyloceras Matheroni* qu'on y a recueilli.

Le terrain aptien hors d'Europe. — Une transition, pour passer en Asie, nous sera procurée par la présence de quelques affleurements aptiens dans la chaîne du Caucase et dans la région de la mer Caspienne. Vers Koutaïs, la formation rappelle dans ses grands traits les dépôts de notre zone provençale et possède comme elle *Ancyloceras Matheroni* et *Belemnites semicanaliculatus.* Du reste, pour l'Asie elle-même, nous sommes encore incomplètement renseignés : il suffira de mentionner, à la suite de M. Oldham, la présence de quelques fossiles aptiens dans le pays de Cutch, dans les Indes anglaises.

Relativement à l'Afrique, nous avons déjà annoncé que la Tunisie ressemble à nos Pyrénées-Orientales quant à ceux de ses dépôts qui appartiennent au terrain qui nous occupe. La remarque peut s'étendre avec plus ou moins d'exactitude à divers points, d'ailleurs très voisins, de la province de Constantine, en Algérie : sur une partie de sa longueur, la frontière commune des deux pays passe sur des masses urgo-aptiennes.

Des fossiles provenant de l'embouchure du Mongo, sur la côte du Cameroun, en Afrique occidentale, ont démontré à M. von Kœnen la présence du Crétacé inférieur dans cette région.

En Amérique, plusieurs régions des Etats-Unis, dans le Texas, en Virginie et ailleurs, comptent les couches aptiennes au nombre des éléments de leur sol ; mais le Mexique semble spécialement riche à cet égard. Du reste l'Amérique du Sud mérite aussi d'être citée : on peut rapporter de Colombie des *Ostrea aquila* toutes pareilles à celles que nous trouvons chez nous et le détroit de Magellan lui-même a fourni des *Ancyloceras Matheroni* qui pourraient être provençaux.

III. — Terrain albien (Alcide d'Orbigny, 1842).

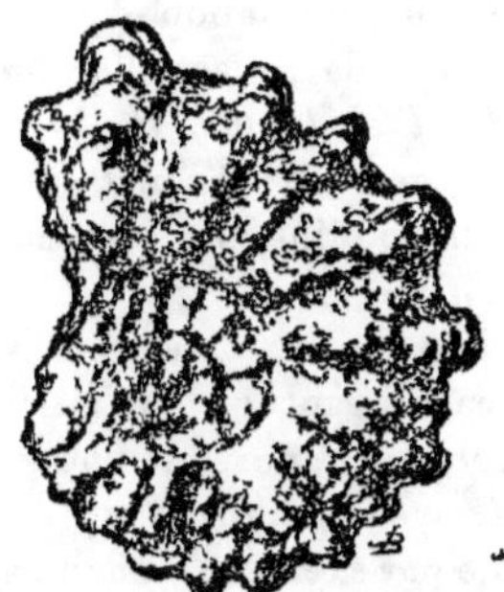

Fig. 117. — *Acanthoceras mamillare*, fossile typique du terrain albien.
(1/2 G. N.)

Étymologie. — Du nom latin, *Alba,* de la rivière Aube qui traverse cet étage à Dieuville.

Synonymie. — C'est le *Gault* des Anglais, le *grès vert supérieur* de plusieurs auteurs. Le terme anglais *greensand* s'applique pour une part aux grès de la Perte-du-Rhône, qui comprennent à la fois l'Albien et l'Aptien.

Le terrain albien en France. — L'Ardenne et l'Argonne ensemble constituent la première région à mentionner, à côté du pays typique que nous avons décrit. On y voit le terrain albien développé et facilement divisible en trois zones superposées. A la base se présentent, par exemple à Saulce-Monclin et à Grand-Pré, des sables verts un peu argileux, mais absolument exempts de calcaire, renfermant de très nombreux nodules de chaux phosphatée, connus dans le pays sous le nom de *coquins* et des fossiles qui, tous, sont convertis également en apatite. On y trouve des Mollusques comme *Acanthoceras mamillare* (fig. 117), *Hoplites Deluci, Natica gaultina, Solarium dentatum, Pleurotomaria Gibsii, Nucula pectinata,* et des végétaux représentés soit par des fragments de bois très souvent percés par des tarets ou des animaux analogues, soit par des *pommes* de Conifères, dont M. Fliche a fait une intéressante étude[1] et dont l'une des plus fréquentes provient d'*Abietites oblonga*

---

1. *Étude sur la flore fossile de l'Argonne.* In-8°, Nancy, 1896.

(*Cedrus oblonga*). Cette zone en cette région est un type de terrain de décalcification.

Par-dessus s'étend une formation d'argile propre à la fabrication des poteries et dans laquelle on recueille plusieurs Ammonites comme *Hoplites lautus, H. tuberculatus* et *H. splendens*. Cette roche contient, vers Talmats, des nodules phosphatés faciles à distinguer des coquins, par leur couleur comme par leur teneur en phosphore.

Enfin une troisième zone, caractérisée avant tout par *Schlœnbachia inflata*, renferme beaucoup de fossiles considérés comme cénomaniens et qui rendent impossible une séparation absolue entre l'Infrà-crayeux et le Crayeux. La roche la plus remarquable à citer à ce niveau, bien visible par exemple à Launois, est la *gaize*. Sous ce nom populaire on désigne des couches d'opale farineuse, souvent cimentée en une sorte de grès, mais fréquemment meuble et propre alors à la confection de matériaux réfractaires, ou bien à la préparation d'un support pour la nitro-glycérine, qui passe ainsi à l'état de dynamite.

Le Boulonnais présente un développement d'Albien qui, dans les environs de Wissant et spécialement à Saint-Pol, comprend des coquins tout à fait pareils à ceux de la région précédente. Dans les argiles voisines, on trouve *Schlœnbachia inflata, Hoplites Deluci, Inoceramus sulcatus*, etc.

On reconnaît facilement le Gault dans le pays de Bray, où il comprend de la gaize toute pareille à celle de Launois, et on y recueille *Hoplites Deluci* et ses compagnons ordinaires. Divers points de la Normandie seraient également à citer et entre autres, la falaise du Cap de la Hève où la découverte des coquins, due à Berthier, a été faite en 1842; entre autres aussi, une bande dans le département de l'Orne, vers Mortagne et vers Bellême, où l'on recueille des nodules phosphatés et des *Schlœnbachia*.

De l'autre côté de la France, dans le Jura, et par exemple vers Saint-Claude, on voit quelques mètres d'argiles sableuses, admettant des lits calcaires et contenant plusieurs fossiles facilement reconnaissables, comme *Acanthoceras mamillare, Turrilites catenatus, Inoceramus concentricus* et *Nucula pectinata*.

Plus au sud, dans l'Ain, à la Perte-du-Rhône, l'Aptien est recouvert d'assises albiennes qui sont devenues célèbres à cause de la présence de nodules phosphatés. Ceux-ci qui, comme les coquins, sont ordinairement des fossiles phosphatisés, sont insérés dans une couche de grès associé à divers lits de sables, et il est très remarquable que l'ensemble soit à peu près décalcifié, c'est-à-dire réduit à des matériaux insolubles dans les eaux d'infiltration. Les espèces les plus reconnaissables sont *Schlœnbachia inflata* et *Acanthoceras mamillare*, d'ailleurs contenus dans des lits distincts.

Le Dauphiné n'a que des lambeaux discontinus de terrain albien, mais les Alpes de Provence sont beaucoup mieux partagées. C'est ainsi que la montagne de Lure, qui nous a arrêtés pour les terrains plus anciens, admet dans sa constitution une zone très intéressante par le passage insensible qu'elle ménage du niveau aptien au Cénômanien, de manière à effacer complètement la limite entre l'Infrà-crayeux et le Crayeux. Au mont Ventoux l'Albien, qui n'a pas loin de 80 mètres d'épaisseur, comprend des grès reposant sur des sables. On trouve dans ces derniers des bois silicifiés. Les grès fournissent les Céphalopodes ordinaires : *Schlœnbachia, Desmoceras, Acanthoceras*.

Dans les Alpes-Maritimes, les calcaires deviennent plus fréquents. A Eza, comme à Saint-Laurent, à Sospel et ailleurs, c'est dans une couche calcaire qu'on trouve *Desmoceras Beudanti, Acanthoceras Lyelli, Discoidea decorata, Hoplites interruptus* et d'autres fossiles. Parmi ceux-ci, *Belemnites semicanaliculatus* paraît provenir de la démolition d'une falaise barrémienne par la mer albienne. Des nodules phosphatés se trouvent au-dessus de cette zone dont le faciès littoral est si évident.

On exploite aussi des nodules phosphatés dans le Gault du Vaucluse et, par exemple, à Clausayes et à Salazac. Parmi les fossiles les plus fréquents on citera *Discoidea conica, Terebratula Dutempleana, Acanthoceras Milletianum, A. mamillare, Belemnites minimus*.

Mentionnons enfin le Gault dans les Pyrénées, où sa manière d'être varie beaucoup de l'est à l'ouest. Vers l'Ariège, c'est un terrain surtout marneux, de couleur sombre, avec des Oursins comme *Hemiaster minimus*, des Brachiopodes comme *Terebratula Dutempleana*, des Pélécypodes comme *Plicatula radiola* et des Céphalopodes comme *Acanthoceras Milletianum*. Mais du côté des Basses-Pyrénées et spécialement à Baigt, on a affaire à un massif de calcaire coralligène où abondent les Chamacées et les Rudistes, parmi lesquels la présence des Radiolites est tout à fait remarquable. Enfin, aux environs d'Orthez, ce sont des marnes qui se présentent, avec un faciès bien différent et, à la place des fossiles précédents, une collection de *Desmoceras* avec *Inoceramus concentricus* et des Térébratelles.

Le terrain albien en Europe. — En dehors de France, l'Espagne nous procure tout d'abord la continuation des faits précédents, par exemple à Santander, où la faune à Rudistes se rencontre avec la plus grande netteté. Dans la province de Teruel on exploite, à Utrillas, des lignites et des jayets subordonnés à des argiles lacustres qui alternent avec des lits marins remplis d'Huîtres caractérisant un régime saumâtre. Les mêmes complications persistent à ce niveau jusqu'en Andalousie et se retrouvent en Portugal où M. Choffat a signalé, par exemple à Bellas, une flore de Dicotylédones comprenant des Saules, des Lauriers, des Magnolias qui ont été déterminés par M. de Saporta[1]. En Italie, l'énorme massif du *Biancone*, déjà mentionné, admet un niveau à *Schlœnbachia inflata*, qui est par conséquent albien.

Plus au nord, la Suisse peut nous arrêter un moment. Dans les Alpes Valaisannes, les niveaux albiens sont parfois très fossilifères et c'est ce qui a lieu pour la célèbre localité de Cheville, dans le massif des Diablerets, où les *Schlœnbachia* sont mélangées à d'autres Céphalopodes, comme des *Acanthoceras* et des *Desmoceras*. Dans le Jura neuchâtellois, des assises visibles au Val de Travers montrent des amas de nodules phosphatés dans des poches qui témoignent bien de l'intervention de l'érosion souterraine dans leur concentration. Vers Lucerne, le Gault est décelé par la présence de Turrilites et d'Inocérames dans des grès qui se poursuivent jusque dans le nord de la Suisse, et même aux environs de Vienne, en Autriche.

La Poméranie possède un grès du même genre et qu'il faut également considérer comme albien, à cause de son *Belemnites minimus*, de ses bois de Conifères et de ses nodules phosphatés ressemblant plus ou moins à nos coquins.

<hr>

1. *Comptes rendus de l'Académie des sciences*, t. CVI ; p. 1500.

Le terrain albien est fort développé en Russie et on en observe des affleurements le long de la vallée de la Volga. Ainsi, à Saratow, il consiste surtout en grès à *Hoplites interruptus*; à Simbirsk, c'est un horizon de nodules phosphatés. Le niveau à *Schlœnbachia inflata* est fort bien représenté dans l'île d'Helgoland, où M. von Kœnen a récemment étudié les nombreux Ammonitidés qui le caractérisent.

Enfin il convient de rappeler que c'est dans le Royaume-Uni que l'Albien a été reconnu d'abord et qu'il a reçu son nom populaire de *Gault,* adopté en premier lieu par le géologue W. Smith et passé bientôt dans toutes les langues. Le type pourrait en être pris à Folkestone, où il consiste en une argile grasse, verdâtre ou bleuâtre au point d'en paraître presque noire, et qui se développe jusqu'à avoir 100 mètres et plus d'épaisseur. On y trouve, spécialement dans le sud, une faune extrêmement nombreuse dont nous avons déjà cité beaucoup de membres. Souvent l'argile est surmontée d'un niveau gréseux, auquel les Anglais attribuent la dénomination de *Upper green sandstone* (grès vert supérieur) pour le distinguer des grès verts de l'Aptien et du Néocomien. Dans le nord de l'Angleterre, on trouve plutôt une sorte de craie dure et ferrugineuse, de façon à être plus ou moins rougeâtre, qui s'étend dans le Norfolkshire, le Lincolnshire et l'Yorkshire et qui, dans ce dernier comté, est supportée par une assise arénacée. C'est aussi à l'état de sable que le Gault se présente dans le nord-est de l'Irlande.

Le terrain albien en dehors de l'Europe. — En dehors de l'Europe, nous pouvons constater d'abord la présence du terrain albien le long du littoral nord du continent africain. L'Algérie le présente dans un grand nombre de points. Dans l'Oranie, il ressemble au Gault de Portugal, étant surtout à l'état de marnes remplies d'Huîtres. Dans le Djurjura, où il atteint 600 mètres de puissance, on y retrouve *Schlœnbachia inflata, Acanthoceras mamillare, Hamites rotundus, Turrilites Puzosi, Belemnites minimus, Enallaster Tissoti.* Ce dernier Oursin se retrouve au Djebel-Oum-Abi, dans la Tunisie, associé aux Huîtres et aux autres fossiles du niveau saumâtre de la péninsule Ibérique. Jusqu'à l'extrémité orientale de la Méditerranée, le niveau persiste dans une partie des grès de Nubie.

Sur la côte·occidentale du continent africain, le terrain albien se signale dans la province d'Angola. En particulier, les îles Elobi ont procuré une faune où se distingue *Schlœnbachia inflata* et qui renferme plusieurs espèces nouvelles (*Desmoceras Cuvervillei, Hamites tropicalis, Natica gabonensis,* etc.)[1]. M. Kosmatt a retrouvé les mêmes niveaux au Gabon.

Madagascar possède des couches albiennes, les unes dans le nord, aux environs de Diégo Suarez, où on a recueilli[2] *Belemnites minimus, Natica gaultina, Aporrhais Robinaldina*; les autres dans le _sud, vers Tulléar, d'où proviennent *Natica albensis* et des Ammonitidés des genres *Holcodiscus* et *Acanthoceras*[3].

Plus au nord, en Nubie et en Arabie, un grès azoïque, sur·lequel se présentent les assises inférieures du terrain crayeux, doit être regardé comme vraisemblablement albien et nous conduit aux localités de l'Asie Mineure où ce niveau n'est pas douteux. A cet égard il y a surtout lieu de rappeler les environs d'Héraclée, où nous constatons précédemment le terrain aptien, et qui montrent des passages très ménagés de celui-ci vers le Gault. Outre des *Toucasia* on y a recueilli des *Schlœnbachia* et même un *Lytoceras* déjà connu dans l'Albien de notre région pyrénéenne. Sans doute, ces dépôts se rattachent à ceux que présentent les environs de la Caspienne et les deux versants de la chaîne du Caucase, spécialement dans le Daghestan. Il est remarquable de trouver à Koutaïs, comme à Vladiçavcase, des fossiles tout à fait classiques en Europe occidentale comme *Belemnites minimus, Schlœnbachia inflata* et *Hoplites Deluci*. Il faut ajouter que des jalons albiens se trouvent à travers toute l'Asie, spécialement sous la forme de grès verts à Turrilites, depuis la Perse, par l'Afganistan et l'Inde, jusqu'au Japon,

Les Amériques nous offrent le Gault avec des aspects variés et beaucoup de fossiles dont l'ensemble évoque le tableau des faunes albiennes de l'Europe. Au Texas, le niveau est spécialement épais et complexe et il a été bien étudié. Plus au sud, les grès de Cheyenne, bien connus au Nouveau-Mexique et ailleurs et dont la richesse est remarquable en vestiges de plantes dicotylédones, alter-

---

1. C. R. CV. 623, 1887 et B. S. G. F. (3e) XVI, 61, 1887.
2. BOULE, *Bull. du Muséum d'Hist. nat.*, 1899, n° 3, p. 130.
3. BOULE, C. R., CXXVIII, 624.

nent avec des schistes à *Schlœnbachia*. La Colombie, le Pérou, le Brésil et une partie de l'Amérique du Sud ont offert aux géologues beaucoup de sujets de discussion dont la conclusion a été l'attribution de bien des dépôts à l'horizon dont nous nous occupons.

IV. — Terrain cénomanien (Alcide d'Orbigny, 1852).

Fig. 118. — *Acanthoceras rothomagense*, fossile typique du terrain cénomanien. (1/2 G. N.)

Étymologie. — Du nom latin, *Cenomanum*, de la ville du Mans.

Synonymie. — C'est la *craie chloritée*, ou la *craie verte* de Beudant et de beaucoup d'auteurs; la portion la plus élevée des *grès verts* et spécialement les grès verts du Maine; la *craie* (ou la *marne*) à *Ostracées*. En Portugal, le Cénomanien a été qualifié de terrain *bellasien* (de Bellas). C'est le *Gardonien* de Coquand (1857) (du Gard) comprenant le *Tavien* (de la Tave, Gard) et le *Pauletien* (de Saint-Paulet, Gard) d'Emilien Dumas (1852). D'Orbigny qualifie le Cénomanien de *deuxième zone de Rudistes*, la première étant l'*Argovien* (Mayer-Eymar, 1888, non Marcou), c'est-à-dire la zone de la région de passage du Néocomien à l'Aptien. — Le Cénomanien supérieur a été qualifié de *Vraconnien* (de la Vraconne, en Suisse) par Renevier (1867); on peut y rattacher la *gaize* de l'Argonne et du Hâvre à *Schlœnbachia varians*; la *gaize* du Pays de Bray à *Hoplites falcatus* et le *Malm-rock* de l'île de Wight. C'est le *Rothomagien* de Coquand (1857) (de *Rothomago*, ancien nom de Rouen); il répond aux *argiles tégulines* de l'ouest de la France; aux *sables* à *Pecten asper* de Westphalie, etc.; au *calcaire* à *Caprotines* de la

Sarthe; au *Carentonien* de Coquand (1857); à l'*Unter-Quader-sandstein* et à l'*Unter-Plœner* des géologues allemands.

Le terrain cénomanien en France. — Il est naturellement indiqué de commencer notre description par l'examen du Cénomanien dans le département de la Sarthe. D'Orbigny insiste sur son développement et cite un grand nombre de points où il affleure : outre les alentours du Mans, on peut mentionner comme favorables à l'étude, la Flèche, Ecommoy, Sainte-Croix, Saint-Calais, Lamnay, Vibraye, la Ferté-Bernard.

A la base se présentent des sables de 80 mètres de puissance, parfois agglutinés en grès et renfermant avant tout *Pecten asper*, qui est l'un des fossiles les plus essentiellement caractéristiques du niveau et *Ostrea vesiculosa*. Avec eux se montrent: *Acanthoceras rothomagense* (fig. 118), *A. Mantelli, Scaphites æqualis, Baculites baculoides, Trigonia dædalea, T. crenulata, Terebratula biplicata, Perna lanceolata*, et beaucoup d'Oursins comme *Archiacina sandalina, Goniopygus Menardi, Catopygus columbarius, Pygurus lampas, Pygaster truncatus, Cidaris vesiculosa*. Plus haut s'étendent les sables du Perche avec *Ostrea columba* que nous aurons souvent à citer, et le tout est couronné par des argiles calcarifères désignées par les anciens

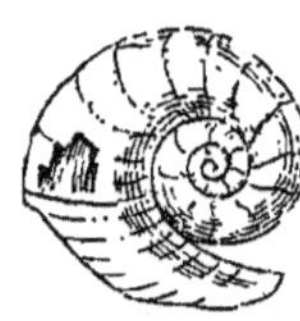

Fig. 119. — *Caprotina adversa.* — La petite valve, représentée en bas est la valve droite du Mollusque ; elle était fixée sur le fond sous-marin. (1/3 G. N.)

auteurs sous le nom de *marnes à Ostracées*, parce qu'on y rencontre en abondance *Ostrea biauriculata*, mais qui renferment aussi de très intéressants Rudistes : Radiolites et Caprotines (fig. 119).

Dans le Maine-et-Loire, et spécialement auprès d'Angers, le Cénomanien s'amincit mais l'on y trouve encore des Caprotines et des Oursins dont La Dionière, située près de la gare de Briollay, possède un célèbre gisement. Les marnes à Ostracées avec *Ostrea biauriculata, O. columba, O. flabellata, O. carinata* forment dans la région une assise régulière épaisse de 10 mètres environ. Le département de l'Orne montre des coupes où l'on voit de la craie glauconienne et de la craie argileuse, avec nodules de silex, associées à des sables et à des argiles : *Acanthoceras Mantelli*, et *A. rothomagense, Pecten asper, Ostrea columba* s'y rencontrent parfois en grand nombre.

Aux environs de Mortagne (Orne), la craie de Rouen se compose de sables glauconifères, de marnes crayeuses passant au tuffeau et d'argiles grises. On y trouve : *Scaphites æqualis, Baculites baculoides, Acanthoceras rothomagense, Turrilites costatus, Pecten asper, Cardium hillanum.* Les parties supérieures du massif sont exclusivement sableuses ou argileuses et l'on a vu que la cause en est sans aucun doute, au moins en beaucoup de cas, dans l'exercice des phénomènes d'érosion épipolhydrique.

A mesure qu'on va vers le nord, l'élément crayeux augmente d'importance au travers des départements de l'Eure et de la Seine-Inférieure. A Rouen, à la côte Sainte-Catherine, le Cénomanien, d'ailleurs recouvert par des horizons plus récents, constitue un gisement devenu classique. On y rencontre une foule de fossiles qui répètent en partie ceux des environs du Mans. Nous citerons parmi les plus caractéristiques : *Acanthoceras rothomagense, A. Mantelli, Turrilites varians, T. tuberculatus, T. costatus, Scaphites æqualis, Ostrea conica, Spondylus striatus, Pecten asper, Inoceramus striatus, Janira quinquecostata.* Le long des falaises du Hâvre au cap de La Hève, on voit aussi une belle section du niveau à *Pecten asper* : la roche est une craie grise, à très gros rognons siliceux, régulièrement alignés. Le pays de Bray possède une roche analogue, spécialement visible auprès de Forges, et qui est associée à des lits de véritable gaize, rappelant celle que nous procurait l'Albien du massif ardennais, et dont nous retrouvons d'ailleurs la suite dans cette même région. On y trouve, dans le Bray, de grosses Bélemnites (*Actinocamax plenus*) et des Ammonites comme *Hoplites falcatus.*

Dans le Boulonnais, la craie cénomanienne de la falaise du cap Blanc-Nez est recouverte par le Turonien. Elle se prolonge en Angleterre sous la Manche et c'est même dans sa masse qu'on a proposé d'ouvrir, à cause de son imperméabilité, le tunnel sous-marin dont la réalisation est encore douteuse. Au Blanc-Nez, l'étage comprend : à la base, des marnes à *Acanthoceras laticlavium* par-dessus lesquelles se développe, avec 30 mètres d'épaisseur, une roche très exploitée comme pierre à ciment; on y recueille les *Turrilites* et les *Acanthoceras* cités tout à l'heure à Rouen. L'ensemble se termine par des couches crayeuses à *Acanthoceras rothomagense* qui mesurent une épaisseur de 20 mètres.

La région des Ardennes et de l'Argonne montre la craie cénomanienne rattachée par des intermédiaires très ménagés au niveau albien sous-jacent. Les roches sont alors des vraies gaizes et *Schlœnbachia inflata* du Gault s'y mélange aux formes cénomaniennes *Schlœnbachia varians* et *Hoplites falcatus*. En général, le terrain consiste en alternances plus ou moins glauconifères de marnes et de sables.

Il est indispensable d'insister un moment sur le développement du Cénomanien dans le sud de la France. Les Pyrénées en présentent dans toute la longueur de la chaîne et, dès les Basses-Pyrénées, l'étage a plusieurs centaines de mètres d'épaisseur autour d'Orthez : riche en Orbitolines, il se signale par des Rudistes variés, au premier rang desquels il faut citer le remarquable *Radiolites foliaceus*. Le calcaire de Bidache, malgré son allure très uniforme, paraît comprendre des niveaux turoniens superposés à des horizons nettement cénomaniens. Il s'agit d'ailleurs — malgré la qualification de calcaire — de roches surtout argileuses associées à des conglomérats, avec galets parfois énormes et admettant seulement quelques lits de marbre. En certains points — et spécialement vers Château-Pignon — on y trouve des fossiles comme *Orbitolites concava, Ostrea carinata, Caprina adversa, Toucasia lævigata, Radiolites foliaceus*. Vers l'ouest, la puissance des couches va progressivement en diminuant et, au Puech de Foix, il n'y a plus qu'une cinquantaine de mètres de calcaires à Oursins renfermant *Orbitolina concava*. Dans la région des Corbières, les Rudistes demeurent de plus en plus abondants et les Caprotines, Caprinelles et Caprines s'associent à des Nérinées et à des Huîtres.

Ces conditions nous amènent insensiblement dans la région provençale et tout d'abord aux environs de Marseille, où les niveaux à Rudistes sont nettement superposés à des couches contenant toute la faune classique de la côte Sainte-Catherine. Cette faune se présente de nouveau dans les Basses-Alpes et dans les Alpes du Dauphiné. A la montagne de Lure, l'étage, épais de 200 mètres, est composé de calcaires, puis de grès dans lesquels *Orbitolina concava* caractérise un niveau compris entre deux zones à *Acanthoceras rothomagense*.

Le Cénomanien du Var débute par un banc saumâtre à débris végétaux et à coquilles fluviatiles que Coquand comprenait dans son ter-

rain gardonien. Au-dessus viennent des·argiles gréseuses à *Ostrea
flabella* et *O. biauriculata ;* puis, au-dessus de calcaires renfermant
d'abord des Alvéolines et *Ceratites Vibrayi,* des bancs de calcaires compactes à *Caprina adversa.* Mentionnons enfin dans les
Alpes-Maritimes des alternances de grès et de calcaires avec des
lits à Orbitolines fournissant *Acanthoceras rothomagense, Schlœnbachia varians, Ostrea columba, Holaster subglobosus.*

Le terrain cénomanien en Europe. — En Angleterre, on trouve
sur le littoral méridional, à Douvres et dans l'île de Wight, des
assises qui correspondent à celles de notre pays de Boulogne et
même à celles de la région du Mans. De la gaize s'y rencontre
comme dans le pays de Bray et, dans le bassin. de Londres, on y
recueille en divers endroits *Turrilites costatus* avec *Acanthoceras
rothomagense. Ostrea columba* caractérise des assises des comtés
de Londonderry et d'Antrim dans le nord-est de l'Irlande.

De même, en Belgique, nous retrouvons la suite de notre Cénomanien des Ardennes : les *tourtias* de Mons et de Montignies-sur-
Roc fournissent la collection des fossiles de nos grès verts.

La Westphalie possède le niveau à *Acanthoceras rothomagense* ; il
est superposé à des marnes glauconieuses et à des grès verts
où se trouvent *Scaphites æqualis* et *Pecten asper.* L'énorme massif
des grès de Vienne, en Autriche, comprend un niveau que la présence d'*Acanthoceras Mantelli* a révélé comme étant cénomanien.
Le même fossile figure dans la faune des grès carpathiques et le
Cénomanien se continue à travers toute l'Europe jusqu'au littoral
de la mer Noire.

Pour ce qui est de l'Europe méridionale, les péninsules ibérique
et italique méritent également d'être citées. En Portugal, c'est
du côté de Lisbonne que M. Choffat a signalé des couches dont
les plus anciennes renferment *Schlœnbachia inflata,* caractéristique
du Gault, mais où l'on recueille aussi des *Acanthoceras* et d'autres
fossiles à aspect cénomanien. En Castille, des marnes à *Ostrea
columba* s'observent en plusieurs localités. Enfin, dans l'Espagne
du nord, des marnes à *Orbitolina concava,* épaisses de 200 mètres,
sont recouvertes de couches à *Hemiaster bufo.* En Italie on trouve
le Cénomanien comme élément de la chaîne apennine et dans l'ossature de la Sicile, du côté de Siacca par exemple. En certains

points les Rudistes sont abondants et, du côté de Reggio, c'est sans
hésitation qu'on reconnaît *Acanthoceras rothomagense* qui suffirait
à l'établissement du synchronisme.

Le terrain cénomanien hors d'Europe. — Dans le nord de l'Afrique,
les couches cénomaniennes jouent un rôle important dans la constitution du sol. On les voit sur les deux versants de l'Atlas algé-
rien, mais avec des faciès différents : tandis qu'au nord le terrain
ressemble à ce qu'il est en Europe, au sud, au contraire, il se
remplit d'Oursins et d'Huîtres et prend ce caractère *africano-syrien*
(selon l'expression de von Zittel), qu'il conserve jusqu'au littoral
de la mer Rouge. Aux environs de Constantine, le Cénomanien
affecte les mêmes traits généraux qu'il présente en Sicile ; on
trouve dans sa masse, dans les régions méridionales, comme au
Tadermayt, des bancs de gypse subordonnés. On a des traces de
Cénomanien dans la colonie du Natal et peut-être aussi dans le
pays d'Angola. Pour ce qui est de Madagascar, *Acanthoceras
Mantelli,* près de Diego-Suarez, et *Acanthoceras rothomagense,*
à Isakoudry, se chargent de déceler la présence de la formation au
nord et au sud de l'île.

Pour l'Asie, nous pouvons d'abord constater que des calcaires
renferment, en Arabie, des fossiles essentiellement cénomaniens.
En Judée, *Acanthoceras rothomagense* caractérise un calcaire gris
à Jérusalem même. On retrouve la faune de la côte Sainte-Catherine dans le Liban, en Perse et jusque sur les rives de l'Indus.

Dans plusieurs parties de l'Inde se montrent des couches à
Orbitolina concava et d'autres qui contiennent les *Acanthoceras*
et les *Turrilites* les plus caractéristiques.

Des circonstances analogues se reproduisent jusque sur
l'extrême limite de l'Asie orientale et c'est ainsi que le Japon,
aussi bien que l'île de Sakhaline, livrent à l'observation des gisements franchement cénomaniens.

L'Amérique du Nord contient, dans le massif des Montagnes-
Rocheuses, de très intéressants dépôts désignés souvent sous le nom
de *Dakotah Group* et dans lesquels des couches marines à *Ostrea
columba* sont associées à des lits tout remplis des débris d'une
collection très variée de Dicotylédones qui ont contribué à la production de niveaux ligniteux.

Atane, au Groënland, est célèbre au point de vue géologique depuis que Nordenskjöld y a signalé une flore, retrouvée à Disco, et qui ressemble précisément à celle du Dakotah. On y distingue des Peupliers, des Figuiers, des Magnolias, des Pins, des *Salisburya,* des *Sequoia* et beaucoup d'autres plantes parmi lesquelles une des plus étranges est l'arbre à pain (*Artocarpus*) actuellement tout à fait tropical.

Enfin n'oublions pas que le Cénomanien existe en Océanie. Bornéo, le Queensland, la Nouvelle-Zélande, la Nouvelle-Calédonie en ont fourni des spécimens non douteux.

V. — Terrain turonien (d'Orbigny, 1844).

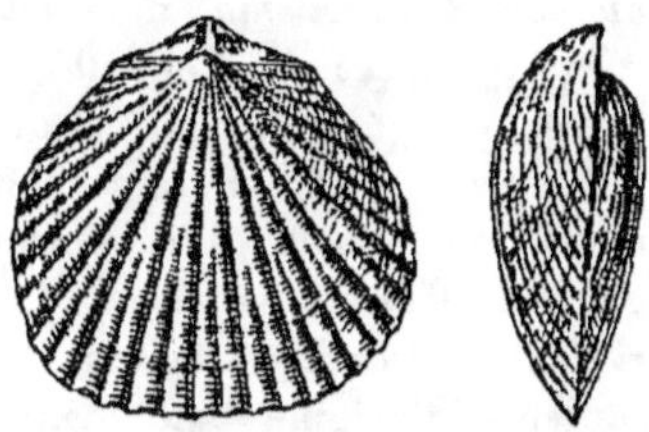

Fig. 120. — *Terebratulina gracilis,* fossile typique du terrain turonien (grossie au double).
A gauche, vue par-dessus ; à droite, vue de profil.

Étymologie. — De *Turonia,* nom latin de la Touraine.

Synonymie. — C'est la *craie marneuse,* la *craie tuffeau*; c'est la *troisième zone de Rudistes* de d'Orbigny. Il comprend le *Provencien* et l'*Angoumien* (Coquand, 1857). Le même géologue a désigné en même temps sa partie inférieure sous le nom de *Ligérien.* On y rattache les *dièves* de la Belgique. Le Turonien supérieur comprend le *Nervien* (Dumont, 1849) (de Nerviens, anciens habitants de la Belgique); le *calcaire* à *Biradiolites* du midi de la France. On rattache au même étage l'*Ucétien* (d'Uzès) d'E. Dumas (1852) et le *Marnasien* de Coquand (1862).

Le terrain turonien en France. — En partant de notre région type pour passer en revue les principaux affleurements français du terrain turonien, nous pouvons commencer par un coup d'œil sur le Loiret. Les environs de Gien nous y montrent une craie, dépourvue de silex, non traçante, et contenant *Inoceramus labiatus* et *Rhynchonella Cuvieri*.

En Touraine, on se trouve en présence des roches typiques de l'étage, c'est-à-dire de la craie marneuse alternant avec la craie micacée et surmontée de diverses craies sableuses. Cette diversité lithologique reproduit des conditions que nous retrouverons dans les Charentes, où des zones paléontologiques, qui les accentuent encore, ont conduit des auteurs à subdiviser le Turonien de Touraine et d'autres régions en deux niveaux dont le plus ancien a été qualifié de *ligérien* (de *Liger*, nom latin de la Loire) et le plus récent d'*Angoumien* (d'*Angolisma*, nom latin d'Angoulême); ces deux noms ont été proposés par Coquand, en 1857.

C'est la craie micacée ou ligérienne qui est ordinairement appelée *tuffeau*; elle est réputée par son imperméabilité qui a conduit depuis un temps immémorial à y creuser des habitations encore en usage sur les flancs des vallées. Le tuffeau, épais de 40 mètres, est pétri de débris de Bryozoaires; il est souvent induré par de la silice noduleuse d'origine bathydrique. Ses principaux fossiles sont *Pachydiscus peramplus, Prionotropis Woolgari, Nautilus Dekayi* (par exemple à Jarzé, sur les rives de la Loire, du Loiret et du Cher), *Rhynchonella Cuvieri, Inoceramus labiatus, Janira substriatocostata, Chalmasia (Vulsella) turonensis, Spondylus truncatus, Lima Dujardini, Ostrea Matheroni, O. vesiculosa, O. santonensis, O. proboscidea, Pyrina ovulum, Micraster turonensis, Cardiaster Bourgeoisi, Cidaris pseudopistillum, C. subvesiculosa, Salenia scutigera, Bourgueticrinus ellipticus*. C'est comme on voit un mélange de formes turoniennes avec des formes cénomaniennes. La *craie noduleuse* a souvent été qualifiée de *niveau de passage* entre le Cénomanien et le Turonien.

L'Angoumien est, avant tout, constitué par une roche à la fois marneuse et arénacée, que d'Archiac a décrite sous le nom de *craie jaune de Touraine*; elle contraste avec les précédentes par l'abondance des rognons de silex. Ses fossiles les plus caractéristiques sont *Ostrea columba* (variété *gigas*), *Ostrea eburnea, Acanthoceras Deverioides, Hemiaster Leymeriei*.

Du côté de La Flèche, l'Angoumien est remarquable par l'abondance des Rudistes : on y trouve, en particulier, *Biradiolites cornupastoris*, et *Sphærulites Ponsianus*. Dans le Perche et dans le Maine, c'est le Ligérien qui domine et on y exploite la craie à Inocérames pour le marnage des terres.

Dans la Seine-Inférieure, de nombreuses localités montrent le Turonien bien développé. A Rouen, la craie marneuse se divise tout naturellement en trois niveaux successifs de 20 mètres environ d'épaisseur chacun. L'inférieur, composé de calcaire rognonneux, très cohérent et non traçant, renferme *Rhynchonella Cuvieri*, *Inoceramus labiatus*, des Céphalopodes (*Prionotropis Woolgari*, *Mammites nodosoides*), des dents de Poissons cartilagineux. Le second niveau, formé de calcaire avec cordons de silex, contient encore *Rhynchonella Cuvieri*, mais en outre *Terebratula semiglobosa* et un Oursin caractéristique (*Echinoconus subrotundus*). Enfin le niveau supérieur est formé d'une craie qui rappelle intimement certaines variétés de Touraine et qui est caractérisé avant tout par *Terebratulina gracilis* (fig. 120), *Holaster planus* et *Micraster breviporus*.

Plus au nord, dans le département du Pas-de-Calais, le Turonien débute par une assise noduleuse qui ressemble beaucoup à celle de Rouen ; elle repose également, par exemple au cap de Blanc-Nez, sur le niveau à *Actinocamax plenus*. Elle contient un Rudiste (*Sauvagesia*), qu'on trouve aussi au cap de la Hève. Plus haut se montrent successivement un horizon à *Terebratulina gracilis* et un horizon à *Micraster breviporus*, fossiles qui ne sont plus mélangés dans la même couche comme dans la Seine-Inférieure.

Dans le bassin houiller du Nord, les couches turoniennes interviennent dans la constitution des *morts-terrains* qui sont souvent qualifiés par les mineurs du nom spécial de *dièves* (et parfois de *potasses* parce qu'on en fait des poteries). Dans le bas on y trouve, au sein d'une argile plus ou moins grasse, des débris d'*Inoceramus Cuvieri*, et un petit Brachiopode, parfois très abondant, le *Magas Geinitzi* ; dans le haut, un calcaire contient une profusion de *Terebratulina gracilis*.

Des couches turoniennes affleurent dans le Jura ; elles sont encore plus développées dans le massif alpin, où se rencontrent, dans la région dauphinoise, les principaux fossiles caractéristiques.

En Provence il convient de signaler certaines localités, telles qu'Uchaux, où les Rudistes sont en grande abondance. Hébert et M. Toucas ont donné de ce beau gisement une coupe qui est restée classique[1]. On y voit que la base de la formation est caractérisée par *Inoceramus labiatus*, qu'au-dessus viennent des grès à *Ostrea columba* et *Pachydiscus peramplus*, puis des couches variées qui contiennent, avec de nombreux Polypiers (*Trochosmilia*, etc.), des *Biradiolites*, des *Hippurites*, des *Sphærulites* et d'autres Rudistes.

Bien d'autres parties de la Provence procureraient des fossiles analogues; les Rudistes sont spécialement nombreux aux Martigues et au Beausset.

D'ailleurs, dans l'ouest de la France, les Charentes constituent, comme nous y avons déjà fait allusion, un autre centre de dépôts également bien pourvus en fossiles de la même catégorie. La ressemblance des faunes de cette contrée et de la Provence est expliquée par l'existence de roches à *Hippurites* et à *Biradiolites* dans la chaîne des Pyrénées qui, géographiquement, constitue un lien entre les deux régions. C'est un état de choses qui va s'accentuer pendant les premiers temps sénoniens.

Le terrain turonien en Europe. — De l'autre côté de nos frontières, on rencontre en Espagne, sur le versant sud des Pyrénées, la continuation des assises que nous venons de mentionner. En Catalogne, les *Hippurites* caractérisent des couches qu'il faut rapporter à l'Angoumien, et M. Choffat a étudié, à Leivia par exemple, le Turonien portugais[2]. On y voit des calcaires à *Sauvagesia* surmontés de couches à *Biradiolites*, puis de couches à *Sphærulites*.

La Sardaigne et la Sicile abondent également en gisements d'*Hippurites* turoniennes, dont les analogues ne manquent pas en Calabre et dans la partie méridionale de la chaîne des Apennins. Plus au nord, les dépôts prennent de plus en plus le faciès que nous avons rencontré dans les Alpes du Dauphiné. Les Rudistes se continuent en Grèce et jusqua dans la Dalmatie et la Carniole;

1. *Bull. S. G. F.* (3ª), II, 475, VII, 84.
2. B. S. G. F. (3ᵉ), XXV, 470.

mais en Autriche, ces fossiles perdent leur importance relative et, dans la célèbre localité de Gosau, on voit un niveau à *Hippurites cornuvaccinum* recouvert par des masses beaucoup plus épaisses de roches qui renferment des Nérinées et qui admettent des lits subordonnés de lignites avec fossiles d'eau douce : on est bien loin, comme on voit, des conditions coralligènes des assises méridionales.

Les formations de Gosau se continuent dans le Banat, mais, pour la région des Carpathes, on ne mentionne plus de Rudistes que sur un plan très effacé. Il en est de même en Bohême et en Saxe où le terrain turonien a une manière d'être tout à fait différente. La région principale est désignée sous le nom de *Mittel-Plœner*[1] ; elle repose souvent sur une couche de grès dite *Mittel-Quadersandstein* parce qu'elle est traversée par des joints verticaux qui la divisent en prismes à base carrée. En Westphalie, un ensemble turonien, mal défini par en haut et passant insensiblement au Sénonien, présente dans sa portion principale des zones respectivement caractérisées d'abord par *Actinocamax plenus* qui la soude au Cenomanien, puis par *Inoceramus labiatus*, et enfin par *Prionotropis Woolgari* et *Micraster breviporus*. Il y a là un état de choses qui rappelle d'une manière tout à fait remarquable la structure du Turonien de Rouen.

Il en est d'ailleurs de même pour le Turonien anglais qui, dans le bassin de Londres par exemple, a été réparti dans les deux niveaux ligérien et angoumien ; le premier comprenant des craies marneuses à *Actinocamax plenus* et à *Inoceramus labiatus*, et l'autre, des craies ordinaires à *Terebratulina gracilis* et *Holaster planus*. On peut voir cette série de formations sur le littoral de la Manche dans la célèbre falaise où Shakespeare a placé une scène de son *roi Lear* : la *Shakespeare's Cliff* peut être prise comme type de craie conglomérée ligérienne à Inocérames.

Dans le nord de l'Europe, les environs de Saratow présentent des couches turoniennes à Inocérames, intéressantes par la présence de nodules phosphatés. Le long de la chaîne du Caucase on trouve des niveaux avec *Ostrea columba* et l'Anti-Caucase ren-

---

1. L'*Unter-Plœner* désigne le Cénomanien de l'Allemagne centrale et l'*Ober-Plœner*, le Sénonien de la même région.

ferme des couches où les Rudistes continuent le faciès que nous
avons résumé plus haut.

Le terrain turonien en dehors de l'Europe. — Ce même faciès se
retrouve en Algérie, où la ressemblance avec les dépôts du Portugal a été signalée: vers Laghouat se présentent les Hippurites
et les Biradiolites de la région pyrénéenne et provençale. En même
temps, la faune manifeste, par certaines Ammonites comme *Holcostephanus superstes*, des affinités avec celle que le Turonien a présentée dans l'Inde. Dans l'île de Madagascar, au sud de Majunga,
on a rattaché au Turonien des argiles sableuses spécialement
dignes d'attention, à cause des restes de Tortues, de *Megalosaurus*,
de *Titanosaurus* et d'autres Dinosauriens que M. Depéret a étudiés[1].

Enfin, mentionnons le Turonien en Amérique, aussi bien dans de
nombreuses localités mexicaines que dans le Colorado et le
Missouri.

VI. — Terrain sénonien (Alcide d'Orbigny, 1843).

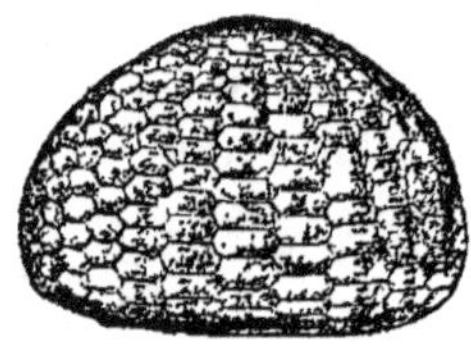

Fig. 121. — *Ananchytes ovata*, fossile typique du terrain sénonien.
(1/2 G. N.)
A gauche, l'Oursin est vu de profil, à droite, il est vu en dessus.

Étymologie. — De *Senones*, nom latin de la ville de Sens
(Yonne.)

1. C. R., CXXII, 483.

Synonymie. — C'est le terrain de *craie blanche* d'Elie de Beaumont et Dufrénoy; les Anglais l'appellent *Chalk*; les Allemands, *Kreide*, c'est l'*Ober-Quadersandstein* et l'*Ober-Plœner* de la Saxe. C'est la *quatrième zone de Rudistes* de d'Orbigny. Il correspond au *Dover chalk* (craie de Douvres) des Anglais et au *schiste à Foraminifères* des Alpes. L'ensemble sénonien est trop considérable pour qu'il ne soit pas nécessaire d'y faire des subdivisions. Il y a tout avantage à y reconnaître deux niveaux successifs qui ont été baptisés dès 1857 par Coquand; le plus ancien, de *Santonien* (dont le nom est dérivé de celui de Saintes, dans la Charente-Inférieure), et l'autre de *Campanien* (de *Campania*, nom latin de la Champagne, mais attribué ici à la *Grande Champagne*, c'est-à-dire à la Champagne charentaise).

MM. Munier-Chalmas et de Lapparent ont adopté d'autres noms pour ces deux horizons dont le premier est pour eux l'*Emschérien* (d'*Emscher*, en Westphalie) : c'est la *craie de Reims*; pendant que l'autre constitue l'*Aturien* (d'*Atur*, nom latin de l'Adour) : c'est la *craie de Meudon*. Le Santonien correspond au terrain *coniacien* [de Cognac (Coquand, 1857)]; quant au Campanien ou *craie à Bélemnites*, il faut y rattacher le terrain *aachenien* [d'Aix-la-Chapelle (Dumont, 1849)], et l'*Hervien* du même auteur; c'est le *Fuvélien* [de Fuveau (Matheron, 1876)], dont une partie est le *Valdonnien* (de Valdonne, Bouches-du-Rhône) du même géologue (1878).

Le terrain sénonien en France. — Si, pour faire la revue des gisements sénoniens en France, nous partons de notre localité typique, nous constaterons d'abord que la craie blanche s'étale en tous sens autour d'elle à une très grande distance. Tout le nord de la France en est fait et c'est seulement par place qu'elle est recouverte de dépôts plus récents. A Paris même, le Sénonien affleure à Auteuil et à Meudon. D'ailleurs, sur la plus grande partie de la Bourgogne et de la Champagne, la formation a exactement les caractères que nous avons décrits; il n'y a donc lieu de la mentionner que pour constater sa grande épaisseur qui a permis, par exemple, d'y creuser les célèbres caves à vins de champagne de Reims et d'Epernay. Rappelons que Sens a été distingué par d'Orbigny comme le point remarquable entre tous pour le terrain qui nous occupe. La coupe totale peut, d'après M. J. Lambert, être résumée comme il suit :

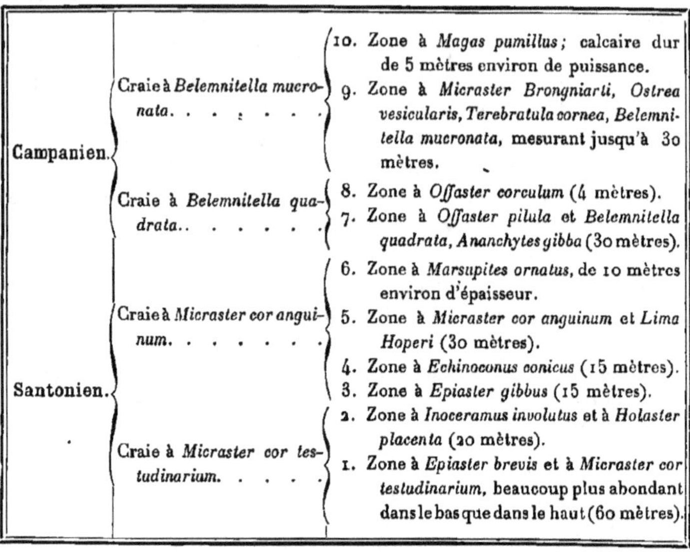

Campanien.	Craie à *Belemnitella mucronata*.	10. Zone à *Magas pumillus;* calcaire dur de 5 mètres environ de puissance.
		9. Zone à *Micraster Brongniarti, Ostrea vesicularis, Terebratula cornea, Belemnitella mucronata,* mesurant jusqu'à 3o mètres.
	Craie à *Belemnitella quadrata*..	8. Zone à *Offaster corculum* (4 mètres).
		7. Zone à *Offaster pilula* et *Belemnitella quadrata, Ananchytes gibba* (3o mètres).
Santonien.	Craie à *Micraster cor anguinum*.	6. Zone à *Marsupites ornatus,* de 10 mètres environ d'épaisseur.
		5. Zone à *Micraster cor anguinum* et *Lima Hoperi* (3o mètres).
		4. Zone à *Echinoconus conicus* (15 mètres).
		3. Zone à *Epiaster gibbus* (15 mètres).
	Craie à *Micraster cor testudinarium*.	2. Zone à *Inoceramus involutus* et à *Holaster placenta* (2o mètres).
		1. Zone à *Epiaster brevis* et à *Micraster cor testudinarium,* beaucoup plus abondant dans le bas que dans le haut (6o mètres).

En Picardie, la craie santonienne à *Micraster cor testudinarium* qui est exploitée pour le marnage des terres est intéressante par divers accidents minéralogiques. En certaines localités, comme à Bimont, dans l'Oise, elle passe à l'état de dolomie sableuse par l'introduction de la magnésie dans sa substance. Elle renferme alors des concrétions tuberculeuses si remarquablement dures que les carriers les désignent ordinairement sous le nom de *rubis.*

D'autre part, la craie campanienne se charge, du côté de Doullens, de nodules submicroscopiques [1] de phosphate de chaux, dont la structure a été étudiée et sur l'origine desquels nous avons insisté précédemment. On y a recueilli, à Beauval, de beaux exemplaires de *Cœlostychium boletoides.*

Du reste, les falaises qui bordent la Manche en Picardie sont

1. Voir : de MERCEY, C. R., CV, 1135 ; LASNE, B. S. G. F, 3e, XVII, 2441 STANISLAS MEUNIER, C. R., CII, 657, 1886 ; CVI, 214, 1888 ; CXXIV, 54, 1897 ; OLRY, *Le phosphate de chaux.* In-8° ; Paris, 1899.

constituées, comme celles de la Haute-Normandie, d'assises sénoniennes ; depuis l'embouchure de la Somme jusqu'à Sainte-Adresse,
on a pu reconnaître, à la suite d'Hébert, tous les niveaux principaux
de ce terrain. Dans la partie supérieure, les nodules de silex sont
spécialement abondants. On a vu que c'est à eux qu'il faut rattacher l'origine de la zone littorale de galets et de sable qui s'étend
sur toute la région. Les variations dans les roches crayeuses
sur la surface de la Normandie et du Vexin seraient innombrables.

Ajoutons que, dans une grande partie du nord de la France, et
spécialement en Normandie et en Picardie, la surface des terrains
de craie est recouverte de silex mêlés d'argile provenant de la
décalcification de couches crayeuses disparues. On en conclut que
l'extension du Sénonien a été beaucoup plus importante dans le passé
qu'elle ne l'est aujourd'hui. Dans le bassin de Paris le terrain sénonien joue un rôle très important. Le niveau santonien à *Micraster
cor anguinum* peut être étudié par exemple à Beynes, sur les bords
de la Mauldre, en Seine-et-Oise. Il s'y présente sous la forme
d'une roche grisâtre, friable et, par places, meuble, renfermant des
rognons de silex branchus, rarement disposés en lits. On y trouve
comme fossiles : *Galerites albogalerus, Janira quinquecostata,
Ostrea vesicularis*, des *Berenicea*, des *Cellepora*, des Spongiaires
silicifiés et globuleux (*Siphonia ficus, Amorphospongia*, etc.) Par
places cette craie est très magnésienne ; elle contient ordinairement
de 2 à 7 °/₀ de carbonate de magnésie et cette proportion peut,
paraît-il, s'élever quelquefois à 20 %.

La craie campanienne à *Belemnitella mucronata* est représentée
avec tous ses caractères à Meudon, à Bougival, à Port-Marly, etc. A
Meudon, où on n'en voit plus que des vestiges, elle offre 20 mètres
d'épaisseur de roche très blanche. On y observe des lits parallèles
constitués par des rognons irrégulièrement stratifiés de silex pyromaque : vers le bas ces silex deviennent de plus en plus rares et
finissent par disparaître. Vers le haut, la craie de Meudon change
d'aspect ; elle devient jaune, dure, non traçante et présente des
tubulures diversement ramifiées. Les fossiles de la craie blanche
sont très nombreux. Nous nous bornerons ici à mentionner comme
spécialement caractéristiques : *Ananchytes ovata, Micraster Brongniarti, Cidaris serrata, C. pseudohirudo, Holaster pilula, Inocera-*

mus Cuvieri, Spondylus æqualis, Ostrea vesicularis, Terebratula Heberti, T. Defrancei, Rhynchonella octoplicata, R. limbata, R. vespertilio, Magas pumillus. Des Vertébrés s'y montrent aussi : *Carcharodon appendiculata, Lamna acuminata, Otodus latus, Ptychodus recurrens, Mosasaurus Camperi, Leiodon anceps,* etc.

Dans l'Oise, la craie blanche a un développement considérable ; à Margny, auprès de Compiègne, elle se signale par l'abondance des nodules de marcasite ou sulfure de fer. On y trouve aussi des roses de quartz cristallisé, d'un aspect parfois fort élégant, et qui proviennent de la transformation de Spongiaires. Elles ont été décrites sous le nom d'*halirhoites isaræ.*

En Champagne, le développement de la craie est considérable et on sait que son épaisseur a permis d'y creuser les immenses caves si connues, en particulier à Reims et à Épernay. Dans cette dernière localité on a rencontré des boules de marcasite qui, à l'inverse des *pierres de tonnerre* ordinaires, ne sont pas enveloppées d'une écorce de limonite, mais présentent, au contraire, une surface métallique extrêmement brillante. Du côté de Rethel ainsi que dans une partie du département des Ardennes, la craie blanche présente la même manière d'être.

Le faciès du terrain sénonien se transforme considérablement dans nos régions occidentales. En Maine-et-Loire c'est une formation puissante de sables et de grès, absolument dépourvue de calcaires et formant parfois des bancs fort épais, par exemple autour de Vieï-Baugé. Les sables deviennent plus fins vers le haut du système et on y trouve un très grand nombre de Spongiaires (*Jerea,* etc.), des Huîtres (*Ostrea plicifera, O. auricularis*), *Rhynchonella verpertilio,* etc. Dans la masse des sables, sont disséminés des gâteaux gréseux, des rognons dits têtes de chat et des silex spongieux au point de pouvoir flotter sur l'eau et qualifiés pour cela de *nectiques,* avec Bryozoaires silicifiés. Il en est spécialement ainsi dans le département du Nord, où la craie du Santonien inférieur est remarquable par l'abondance de concrétions phosphatées et présente un aspect si particulier qu'on lui impose le nom de *tun,* employé surtout par les mineurs et qui, d'ailleurs, s'applique à plusieurs niveaux superposés.

La région de Touraine est très riche en assises sénoniennes ; parmi les plus remarquables figure le calcaire jaune, parfois pasthique, dit *craie de Villedieu*, qui s'étend jusqu'à Loches et Saumur. On y trouve une faune très riche avec des Oursins, comme *Micraster turonensis*; des Brachiopodes, comme *Rhynchonella vespertilio*; des Pélécypodes, comme *Ostrea proboscidea, O. auricularis, Spondylus truncatus, Lima ovata*, et surtout des Céphalopodes, parmi lesquels dominent des *Mortoniceras*, mais où figurent aussi des *Placenticeras* et des *Tissotia*. Quelques Rudistes sont également à mentionner et, par exemple, *Sphærulites Coquandi*.

La craie de Villedieu et ses analogues appartiennent au Santonien; elle est recouverte dans une large partie de la Touraine d'assises blanches et crayeuses d'âge campanien et dans lesquelles on peut recueillir *Micraster Brongniarti* et *Spondylus spinosus* qui sont des espèces de Meudon.

La craie santonienne affleure dans plusieurs points de la région du Jura : à Lains on y recueille des *Micraster* et *Echinoconus conicus*; à Leschères on y a trouvé *Inoceramus Lamarckii*. A Cinquétral et à Pouthoux, le Campanien a fourni *Janira substriatocostata*.

Dans la région de Savoie, le Sénonien supérieur consiste en calcaire parfois crayeux et qui contient, par exemple dans la montagne des Bauges, toute la faune de Meudon : *Ostrea vesicularis, Belemnitella mucronata, Ananchytes ovata, Micraster Brongniarti*.

Par un contraste remarquable, le Sénonien acquiert dans le Dauphiné le faciès coralligène et les Hippurites y continuent l'état de choses turonien : c'est le terrain *hippuritique* de bien des auteurs. Le Santonien y renferme : *Hippurites Moulinsi, H. resectus, H. Requieni*. Au-dessus de lui s'étendent (par exemple autour de Sassenage, non loin de Grenoble) des calcaires assez grossiers et arénifères, qualifiés du nom local de *lauzes* et dont l'âge campanien est révélé par la présence de *Belemnitella mucronata*. Autour de la Grande-Chartreuse, c'est dans une sorte de craie que se présentent les mêmes vestiges fossiles.

Près d'Orange, dans le Vaucluse, le Santonien rappelle intimement celui du Dauphiné et contient les mêmes formes de Rudistes. Il convient d'y citer de véritables bancs d'Hippurites, fort développés à différents niveaux. Sur la rive gauche du Rhône ces fossiles se rencontrent uniquement à la partie tout à fait supérieure de l'assise, tandis que sur les plateaux au nord de Saint-Nazaire on en recueille en abondance à peu de distance de la base. Les plus remarquables sont : *Hippurites organisans, H. cornuvaccinum, Sphærulites cylindraceus, S. radiosus, S. mamillaris, S. Sauvagesi, Caprina Coquandiana,* etc. Auprès de Nyons cet étage est représenté par des calcaires blancs, crayeux, parfois glauconieux avec *Ananchytes gibba* et *Micraster cor testudinarium.*

Dans les Alpes-Maritimes, il existe auprès de Nice, à la Palarea, un célèbre gisement d'Oursins santoniens ; en plusieurs points, des calcaires argileux ont été assimilés à l'horizon campanien.

C'est ici qu'il faut mentionner l'existence, près de Montmeyan et de Fox-Amploux, dans le Var, de grès sénonien renfermant de nombreux ossements provenant de Reptiles. On y a spécialement reconnu, avec des Crocodiles, *Hypselosaurus priscus* et *Rhabdodon priscum.*

Dans les Basses-Alpes, le Sénonien est représenté par des couches de calcaire à Bélemnitelles, constituant entre autres le mamelon connu sous le nom de Tête-Ronde, auprès du lac d'Allos. C'est à ces dépôts qu'il faut probablement rattacher certaines couches rouges entrant dans l'architecture des Alpes du Chablais et dont on retrouve la continuation en Suisse.

Le terrain sénonien est fort développé en Provence et on y revoit depuis la base jusqu'au sommet, sauf bien entendu dans les cas d'intercalations lacustres, une faune importante de Rudistes continuant le faciès déjà constaté à l'époque turonienne. Les géologues locaux ont même distingué pour le terrain santonien un horizon particulier sous le nom de *calcaire à Hippurites.* Celui-ci est loin d'être régulièrement stratifié ; il se présente en amas plus ou moins lenticulaires qui tiennent leur forme de leur origine biologique et qui, comme les récifs de l'époque actuelle, sont parfois soudés ensemble en certaines directions, et parfois séparés les uns des autres par des intervalles comblés de sédiments tout différents. Dans l'horizon campanien, les Rudistes sont bien moins nombreux et tout à fait localisés vers la base de l'ensemble; ils ont souvent des dimensions considérables. La présence des Nérinées rappelle certaines formations du Séquanien et des Huîtres (*Ostrea galloprovincialis*) constituent de véritables bancs.

Dans le haut, le faciès lacustre devient tout à fait prépondérant, si bien qu'après quelques incidents localisés, on voit des calcaires à Cyrènes acquérir, au Beausset comme à la Bégude, une épaisseur considérable.

A Fuveau, sur 400 mètres de puissance, se signale un amas de lignites remplis de coquilles parmi lesquelles on détermine : *Cyrena galloprovincialis, C. gardanensis, Melania lyra, M. scalaris, Melanopsis galloprovincialis, Physa galloprovincialis, Neritina Brongniarti,* etc. Avec ces débris animaux se trouvent des empreintes de feuilles et d'autres parties de végétaux parmi lesquels M. de Saporta a distingué des Nymphéacées (*Nelumbium*) et des Palmiers (*Flabellaria elongata*). Dans des marnes associées aux lignites et qui sont activement exploitées comme pierre à ciment, on a trouvé des *Unios* et de très intéressants ossements du *Crocodilus Blavieri*.

Ce régime, essentiellement local, ne se continue pas jusqu'à la région des Corbières où le Santonien à Oursins (*Micraster*) et à Ammonites (*Mortoniceras* et *Placenticeras*) supporte des assises campaniennes qui varient beaucoup d'une localité à l'autre. La *montagne des Cornes*, auprès de Rennes-les-Bains (Aude), tire son nom de l'abondance des Hippurites de grande taille [*Hippurites galloprovincialis* (fig. 122) et autres], qui y constituent des bancs où ils sont rangés verticalement les uns contre les autres et qui se

Fig. 122. — *Hippurites galloprovincialis.* (1/8 G. N.)

présentent sur des falaises abruptes. Ces magnifiques fossiles sont englobés dans un calcaire très argileux et noduleux, par-dessus lequel se montre un grès à Ammonites (*Placenticeras syrtale*) où se trouvent, outre des empreintes végétales, des coquilles littorales comme *Cardium, Venus* et *Pecten*. C'est également dans l'Aude que se trouve la localité de Quarante, où une épaisse série de grès, de poudingues, et d'argilolithes couleur lie-de-vin contient des ossements de Dinosauriens orthopodes du groupe des Stégosauridés (*Cratœomus*) et des Sauropodes (*Titanosaurus*), ainsi que des Tortues (*Emys, Polysternon provinciale*), des Crocodiles et des *Unios*.

Du reste, le Sénonien se poursuit tout le long de la chaîne des Pyrénées. Le Santonien comprend des horizons à *Micraster* et à *Inoceramus* et d'autres à Huîtres (*Ostrea santonensis, O. gallo-*

provincialis). Au-dessus se succèdent des assises représentant une très grande épaisseur et qui correspondent au Campanien. Ce sont des calcaires, des argiles et des grès. Parmi les fossiles les plus caractéristiques on peut mentionner des Oursins comme *Offaster pilula, Echinoconus gigas, Hemipneustes pyrenaicus;* des Huîtres comme *Ostrea larva;* des Céphalopodes comme *Pachydiscus Brandti. Hippurites radiosus* y fait des bancs spéciaux.

Dans la région du cirque de Gavarnie, le Campanien consiste en calcaires blancs compacts qui s'étendent du port de Boucharo au port Bieil. On y voit des Rudistes très abondants et spécialement *Hippurites sulcatissimus.* On revoit le même terrain près des Eaux-Bonnes.

Au nord de la chaîne, le long de l'Océan, depuis les Landes jusqu'aux Charentes, le Sénonien est plus ou moins développé. A Saint-Sever, *Micraster cor anguinum* caractérise le Santonien; à Tercis, le Campanien est tout à fait remarquable par la profusion des restes de Mollusques céphalopodes. Dans ces deux localités, le sommet de la formation renferme des *Orbitoides.* Pour les Charentes les choses sont plus compliquées : le terrain santonien commence par des couches à *Micraster turonensis* et à *Mortoniceras,* puis vient un niveau à *Hippurites sarthacensis* et *Spondylus truncatus;* ensuite se montrent des marnes à *Ostrea vesicularis* et *O. proboscidea* et le tout est couronné par une variété de craie tuffeau à *Placenticeras syrtale* avec *Hippurites* divers. Quant au Campanien, on y distingue trois zones dont la plus ancienne contient des *Scaphites* ; la seconde, *Belemnitella quadrata* de la craie de Reims et la dernière, *Micraster Brongniarti* de la craie de Meudon.

Le terrain sénonien en Europe. — Une certaine partie de l'Europe présente le Sénonien avec le faciès coralligène à Rudistes que nous venons de décrire et, sans faire de cette considération une base de classification parmi les localités, nous pouvons constater, pour commencer, qu'en Espagne les Hippurites sont fort nombreux dans le Campanien. Par exemple aux environs de Barcelone, *Hippurites radiosus* caractérise des niveaux où l'on recueille aussi des *Hemipneustes,* de façon à reproduire des conditions provençales qui se retrouvent presque sans modification jusqu'au S.-E. de la Péninsule, dans la région d'Alicante.

En Italie, des éléments campaniens entrent dans l'architecture de la chaîne des Apennins. *Hippurites cornucopiæ* a été recueilli en Sicile. Santa Croce, dans le pays de Venise, possède des *Biradiolites* et *Ostrea vesicularis* se montre sur les bords du lac de Côme.

Dans le Frioul, on est frappé de l'abondance des Biradiolites dans les lits les plus élevés du Campanien. D'autres parties de la chaîne des Alpes correspondent au contraire à l'horizon santonien ; c'est ce qui a lieu dans bien des points des Préalpes du canton de Vaud et du Valais où se rencontrent des Inocérames, comme dans notre Chablais. En maints endroits, le Campanien se signale dans le massif du Sentis, où la roche dominante est un calcaire qui, passant par endroits au calcschiste, contient, comme la craie de Meudon *Inoceramus Cuvieri* associé à *Ananchytes ovata*. Cependant des espèces plus anciennes, comme *Micraster breviporus*, s'y trouvent aussi et constituent des transitions insensibles entre des niveaux crétacés autre part si distincts.

On reconnaît le Santonien dans les Alpes bavaroises à la présence de *Micraster cor testudinarium* et, dans la région de Gosau, les assises turoniennes, mentionnées plus haut, supportent des marnes où des Ammonites santoniennes succèdent aux Hippurites de la craie marneuse. Il est vrai que les Hippurites réapparaissent un peu plus haut, avec une légion de formes campaniennes associées à des *Orbitoides*. Dans les Alpes Orientales le terrain crétacé — dont nous ne pouvons donner ici qu'un simple aperçu — est donc compliqué.

Le *Quader-Sandstein* que nous avons déjà signalé en Saxe appartient, par sa partie supérieure, à l'horizon santonien. C'est même dans ces niveaux-là que sont découpées les roches pittoresques si appréciées des touristes. On retrouve le correspondant des mêmes niveaux en Bohême, où le Santonien montre nettement deux horizons : l'inférieur à *M. cor anguinum* et l'autre à *Inoceramus*.

En Russie, c'est dans le sud de l'Empire et, avant tout, en Crimée qu'on retrouve le Sénonien ; il contient *Ananchytes ovata* parfois fort abondant et, dans un niveau plus élevé, *Belemnitella mucronata*, d'ailleurs associée à *Magas pumillus* tout comme à Meudon.

Ces couches, parfois riches en fossiles phosphatés signalés par M. Yermoloff comme spécialement propres aux emplois agricoles, se retrouvent avec 80 mètres de puissance, aussi bien à Simbirsk qu'à Woronège et à Smolensk et jusqu'en Prusse. Il n'y a pas jusqu'au Caucase qui ne présente des affleurements sénoniens, qui d'ailleurs se continuent jusqu'en Perse ; des fossiles permettent d'y reconnaître divers niveaux aussi bien dans le Campanien que dans le Santonien.

Les régions baltiques offrent des gisements sénoniens et c'est ainsi que, dans le sud de la péninsule scandinave, une craie véritable avec des cordons de silex ayant parfaitement l'aspect du Sénonien de France, contient à Kurremöllea *Actinocamax verus* et un *Marsupites*. Plus haut, dans les mêmes régions, c'est *Belemnitella mucronata* et *Ananchytes ovata* qu'on rencontre. Un très curieux exemple des mêmes formations est fourni par les hautes falaises d'Helgoland en voie très rapide de destruction et d'une apparence si singulière.

En repassant sur le continent, la Belgique nous présente la continuation de la Flandre française, vers la région d'Aix-la-Chapelle qu'on ne peut passer sous silence à cause de l'énorme développement des sables du niveau santonien. Leur masse est si considérable et leur rôle géologique si notable que les géologues en ont fait un horizon spécial sous le nom d'*Aachenien* (Aix s'appelant *Aachen* en allemand). Le régime sableux n'intéresse d'ailleurs pas seulement la base du Sénonien ; il se poursuit jusqu'au niveau de *Belemnitella mucronata,* d'*Ostrea vesicularis* et de *Terebratula carnea.* Le faciès spécial dont il s'agit ne concerne qu'une région très limitée ; en Westphalie, le même niveau reprend son aspect crayeux tout à fait ordinaire.

Pour en finir avec les localités les plus indispensables à mentionner en Europe, nous n'avons plus à nous occuper que de la Grande-Bretagne. Il suffira de constater que le Sénonien affecte en Angleterre, et spécialement dans le Sussex, des caractères tout à fait conformes à ceux que nous avons constatés en Haute-Normandie et en Picardie. Dans le Campanien de Taplow, M. Strahan a signalé du phosphate de chaux avec la même allure qu'aux environs de Doullens (Somme)[1]. Nous avons plusieurs fois parlé de la craie blanche des comtés d'Antrim et de Londonderry dans le N.-E. de l'Irlande. On y recueille beaucoup de fossiles de Meudon ou de Reims suivant les niveaux.

---

1. *Geol. soc. London* ; 25 mars 1891

Le terrain sénonien en dehors de l'Europe. — La revue des gise-ments sénoniens en dehors de l'Europe pourrait nous arrêter longtemps ; nous nous bornerons à quelques exemples pour ne pas outrepasser nos limites.

Il est remarquable qu'en Amérique, le niveau santonien ne soit pas crayeux. Au Canada ce terrain est presque entièrement dépourvu d'éléments marins ; les couches saumâtres et plus souvent lacustres ont procuré aux paléontologistes des ossements de Dinosauriens. Dans le Colorado, les calcaires sont souvent schisteux ; le Texas y montre des *Biradiolites*. Au Vénézuéla, c'est dans dés assises santoniennes qu'on exploite le bitume.

Fig. 123. — *Hesperornis.*
(1 mètre de hauteur.)

Quant au Campanien, ses repré-sentants américains sont plus variés et plus abondants. Au Ca-nada ce sont des marnes à *Bacu-lites,* mais dans le Kansas c'est une craie tout à fait semblable à la craie de Meudon ; elle forme sur la Little River, des falaises de 50 mètres de hauteur. Dans l'Arkansas, *Belemnitella mucro-nata* suffit à déterminer le niveau d'où provient le curieux oiseau appelé *Hesperornis* (fig. 123). On peut faire des observations du même genre au Mexique, aux Antilles et jusqu'en Patagonie où des *Ananchytes* et des *Inocera-mus* à faciès campanien ont été signalés.

Au Groënland une flore terrestre sénonienne a été décrite à Patoot et à Atane ; elle est associée à des restes d'animaux marins.

Si nous passons en Asie nous voyons que le Santonien y est très souvent crayeux ; c'est le cas avant tout dans le Liban où l'on retrouve même des lits de silex. On trouve, au-dessus, des assises à *Ostrea larva* et à *Orbitoides* qui sont campaniennes. Cette région est célèbre par l'abondance des restes de Poissons. Les trois localités de Sahel-Alma, Huckel et Hajula sont spécialement riches à cet égard et M. O. P. Hay les a récemment soumises à une étude spéciale[1].

Dans la chaîne de l'Himalaya, une large place doit être faite au Sénonien qui se développe sur une surface notable dans la péninsule indienne. Le centre de l'Asie, spécialement en Afghanistan, en Baloutschistan et en Perse, contient des assises dont l'âge n'est point douteux. On a noté des couches du Crétacé supérieur au Japon et le même niveau se signale au N.-O. de Bornéo, qui contient même des gisements fossilifères relativement riches. Il est intéressant de mentionner le Sénonien en Nouvelle-Zélande.

Pour ce qui est de l'Afrique, le Crétacé supérieur s'est manifesté dans le nord du continent avec beaucoup plus d'ampleur qu'on ne l'avait prévu. L'Algérie, la Tunisie et la Tripolitaine renferment divers gisements maintenant bien étudiés; le Sahara, le Soudan, d'après la trouvaille de M. le Colonel Monteil, ont conservé des lambeaux épars ou des fossiles séparés (*Nœttlingia Monteili*). Sur la côte orientale, le Sofale et le Natal doivent être mentionnés.

Enfin l'île de Madagascar est riche en dépôts sénoniens à l'égard desquels nous avons dès maintenant des études très détaillées, spécialement de la part de M. Marcellin Boule et de M. Paul Lemoine.

VII. — Terrain danien (Desor, 1850).

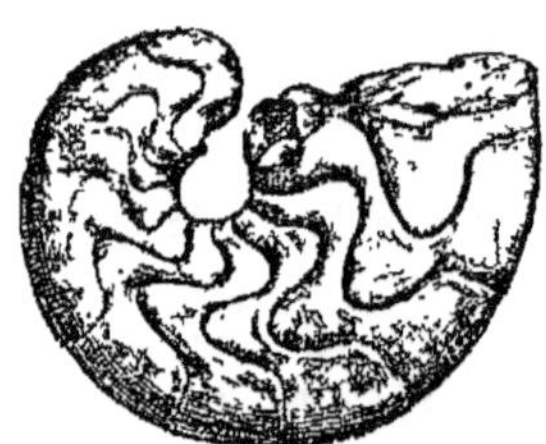

Fɪɢ. 124. — *Nautilus danicus*, fossile typique du terrain danien.
(1/2 G. N.)

Étymologie. — De Danemark. L'histoire de la définition de ce

1. *Bull. of the American Mus. of nat. Hist.* New-York, 1903.

terrain fournirait un des meilleurs exemples du caractère artificiel
des délimitations géologiques. Il fut d'abord considéré comme
tertiaire et cela par des paléontologistes de première valeur comme
Deshayes ; plus tard, avec Alcide d'Orbigny, on le mit dans le
Crétacé ; mais il a subi ultérieurement des démembrements sur
lesquels tout le monde n'est pas d'accord même aujourd'hui et
certains de ses éléments, comme le calcaire pisolithique de Vigny,
par exemple, n'ont pas encore de situation définitive. Les premiers termes découverts aux environs de Paris ne présentent
qu'un volume peu considérable ; Desor, y trouvant des Oursins
déjà représentés dans la craie supérieure de Faxoë, proposa le
nom de Danien qui a été accepté par tout le monde.

Synonymie. — C'est le *calcaire pisolithique* de Charles d'Orbigny ; sa partie inférieure est le *Maëstrichtien* de Dumont (1849),
le *Dordonien* de Coquand (1857) ; le *calcaire à Baculites* du Cotentin. Sa portion lacustre est le *Rognacien* de Cazot (1890). Sa
partie supérieure concerne le *Garumnien* de Leymerie (1862) ;
les *argiles rutilantes* des Pyrénées ; le *Protocène* de Stache (1889);
le *Montien* de Dewalque (1868), le *Laramien* de King et Hayden
(1871) et la *craie de Faxöe*.

Le terrain danien en France. — En France, c'est surtout dans
les départements du Sud que se montrent les affleurements da-
niens. Ils jouent, en particulier, un rôle important dans la structure
du sol de la vallée de la Garonne et Leymerie, pour cette raison,
en faisait un terrain *garumnien* (1862). Le terme le plus remarquable consiste en calcaire à Millioles avec *Micraster*, et présentant, par conséquent, une manière d'être ambiguë entre celle des
dépôts tertiaires et celle des dépôts secondaires dans la plupart des
régions. C'est, avec une forme spéciale, la répétition des faits
offerts par le calcaire pisolithique de .Meudon et de Montainville
(Seine-et-Oise), de Vigny et de Laversine (Oise), et d'autres
points du bassin de Paris. Dans les Bouches-du-Rhône, le même
niveau est représenté par une série de couches lacustres qu'on
a décrites, les unes, sous le nom de terrain *bégudien* et qui sont
spécialement visibles aux Baux, près d'Arles ; les autres, un peu
plus récentes et superposées aux précédentes, sous le nom de

Rognacien. On y trouve spécialement des *Lychnus Matheroni* de forte taille (Mollusque voisin des *Pupa*) et d'autres coquilles fluviatiles ou même terrestres.

Cette faune se continue en Languedoc; dans l'Ariège, on constate l'association des formations lacustres avec des dépôts marins qui ont une assez large extension.

Le Danien inférieur ou *Maëstrichtien* affleure en Périgord aux environs de Ribérac et de Bertric-Burée. Il comprend, à la base, des calcaires grenus pétris de fossiles, comme *Baculites anceps, Sphærulites alatus, Radiolites royanus, Cidaris*. Ces couches sont recouvertes par des calcaires gris avec *Cyclolites elliptica, Hemiaster prunella, Ostrea frons*. Plusieurs niveaux d'*Ostrea vesicularis* sont intercalés dans cette formation.

Dans les Landes, le Garumnien couronne la craie sénonienne et présente, sur des calcaires plus ou moins dolomitiques et sans fossiles, des marnes à nodules géodiques de quartz avec *Orbitolina*, des Nautiles, des Thécidées, *Ostrea pyrenaica, O. vulgaris, Hemipneustes pyrenaicus*.

Dans la région normande, on doit signaler le curieux affleurement danien du Cotentin. Il consiste en un calcaire jaune compacte, parfois assez dur, ayant de 15 à 20 mètres de puissance et n'offrant aucun caractère crayeux. A Orglandes, à Néhou, à Fresville et dans d'autres points encore, il se signale par la présence de Céphalopodes et avant tout par celle de *Baculites anceps* (fig. 125). Parmi les autres fossiles on peut mentionner, outre de nombreux Bryozoaires, des Oursins variés, comme *Hemiaster prunella* et *Temnocidaris Baylei*; des Brachiopodes et surtout des *Crania*; des Pélécypodes, parmi lesquels *Janira quadricostata, Ostrea vesicularis*, des Ammonitidés comme *Pachydiscus fresvillensis* et même des Vertébrés, comme le célèbre *Mosasaurus Camperi*, découvert d'abord à Maëstricht.

Fig. 125. — *Baculites anceps.* (1/3 G. N).

Le terrain danien en Europe. — Pour les autres contrées de l'Europe, il est naturel d'en commencer la revue par le Danemark, dont le nom s'est étendu à toute la formation qui nous occupe. C'est en effet à Faxoë que se présente une roche dont la ressem-

blanco avec le calcaire pisolithique de Meudon est des plus frappantes : elle est jaune, peu cohérente, et pétrie de Foraminifères
On y trouve surtout des Oursins dont l'un même a d'abord été pris
pour *Cidaris Forchhammeri* des environs de Paris ; toutefois c'est une
forme différente décrite sous le nom de *Temnocidaris danica*; on y
recueille *Nautilus danicus* (fig. 124), fréquent à Meudon et à Montainville. Ce niveau est recouvert en Danemark par un autre calcaire
tout différent d'aspect, très compacte et rempli de volumineux
rognons siliceux. Il affleure spécialement à Saltholm et contient
*Belemnitella mucronata, Baculites Faujasi, Nautilus danicus, Ostrea
vesicularis*, des Térébratules, des Ananchytes, des Polypiers, etc.

La Belgique est aussi bien partagée en dépôts du même
âge. On a décrit autour de Ciply un tuffeau qui couronne la craie
campanienne et qui se signale par sa richesse en Bryozoaires ainsi
que par une faune marine très différente de celle du terrain sénonien, manquant par exemple d'Ammonites et de Rudistes et coïncidant, par beaucoup de termes, avec la série paléontologique du
calcaire de Mons qui le recouvre.

Celui-ci, dont l'épaisseur mesure en un point 93 mètres, et que
divers auteurs placent à la base du système tertiaire, est une
formation des plus remarquables qui s'étend dans le sous-sol
d'une partie du Hainaut et spécialement à Cuesme et à Thulin
Supporté par le tuffeau de Ciply et recouvert par les sables du
terrain tertiaire le plus inférieur (Landénien), il contient des fossiles très nombreux dont les uns le rapprochent du calcaire pisolithique de Meudon (Danien) et dont les autres font partie de la faune
du calcaire grossier parisien (Lutétien). Il y a donc ici un passage
extrêmement ménagé entre les deux systèmes secondaire et tertiaire
(qui, pendant longtemps, ont paru si absolument irréductibles), avec
cette circonstance tout à fait remarquable que la liaison se fait
surtout, et sauf un très petit nombre d'espèces, entre deux formations qui, dans la série théorique des assises du sol, sont séparées
par de très nombreux dépôts constituant tout l'Orthrocène, c'està-dire le *Thanetien* et le *Suessonien* lesquels, comme on le verra plus
loin, sont fort compliqués. Il y aurait là matière à des considérations extrêmement intéressantes, sur l'allure différente des phénomènes géologiques simultanés dans des localités différentes; force
nous est de nous en abstenir et de renvoyer à ce que nous avons

dit précédemment sur l'allure générale des phénomènes sédimentaires.

En présence de ces résultats, on conçoit l'importance du grand mémoire que Cornet et Briart ont consacré à la description du calcaire de Mons[1] et nous emprunterons à leurs listes quelques noms de fossiles spécialement caractéristiques : *Buccinum buccinoides, Oliva mitreola, Pyramidella eburnea, Turbonilla acicula, T. hordeola, Cerithium inopinatum, C. unisulcatum, Melanopsis buccinoidea, Turritella multisulcata, Ancillaria buccinoidea, Corbula Lamarckii, Voluta spinosa.* On doit croire d'ailleurs que ce calcaire a dû se déposer au voisinage de l'embouchure de quelque grand fleuve qui a mêlé, aux débris marins, des coquilles dont les analogues vivent aujourd'hui dans les eaux douces ou dans les eaux saumâtres : citons des Cyrènes, des Mélanies, des Mélanopsis, des Bithinies et des Physes.

Des formations daniennes se signalent dans le centre de l'Europe et, par exemple, en Hongrie où les lignites exploités à Ajka sont subordonnés à des assises qui présentent la plus remarquable analogie avec les dépôts que nous mentionnerons tout à l'heure dans l'Amérique du Nord, aux alentours du Fort Laramie.

Sur les bords de la Volga, et spécialement entre Syzran et Saratow, le Danien est reconnaissable à *Nautilus danicus,* mais consiste en un grès micacé alternant avec une couche de diatomépélite (farine fossile).

Dans le sud de l'Europe, les régions adriatiques ont permis d'étudier des couches marines ou saumâtres que leurs caractères rapprochent des couches daniennes mentionnées plus haut. La péninsule ibérique procure des faits dont les conclusions sont comparables et qui rappellent l'état de choses dans notre région sous-pyrénéenne : du vrai Garumnien à *Lychnus* a été reconnu en Catalogne.

Le terrain danien en dehors de l'Europe. — Il est intéressant, d'après ce qu'on vient de dire, de rapprocher des résultats européens les faits procurés par l'examen des dernières assises crétacées aux États-Unis. Elles composent un massif très épais

1. *Mémoires couronnés de l'Académie royale de Belgique.* T. XXXVI (1870) ; t. XXXVI (1873), et t. XLIII (1880).

et très complexe, où sont exploitées d'épaisses couches de lignites,
et que les géologues américains ont décrit sous le nom de *groupe
de Laramie.* Il s'étend dans le Wyoming et dans les contrées
voisines. En l'étudiant on y a rencontré, dans un ensemble de
couches généralement lacustres ou saumâtres et parfois marines,
témoignant de la longue persistance d'un régime d'estuaire, des
fossiles dont les uns sont franchement crétacés, pendant que les
autres sont certainement tertiaires. En somme, c'est la répétition,
trait pour trait, à l'égard de ces deux divisions stratigraphiques,
des circonstances qui se sont présentées à nous au contact mutuel
du terrain jurassique et du terrain crétacé dans le Boulonnais, sur
notre frontière de Belgique, et bien ailleurs. C'est la confirmation
de cette notion fondamentale à laquelle on a opposé plus de résistance qu'il n'était philosophique d'en faire, que le passage entre
les niveaux est tout à fait graduel et que toutes les divisions
taxonomiques sont arbitraires.

Un détail à ne pas omettre est l'abondance dans ce terrain,
où l'on a recueilli *Triceratops* (fig. 126), de plantes terrestres ayant
avec certaines flores d'Europe plus anciennes des affinités très

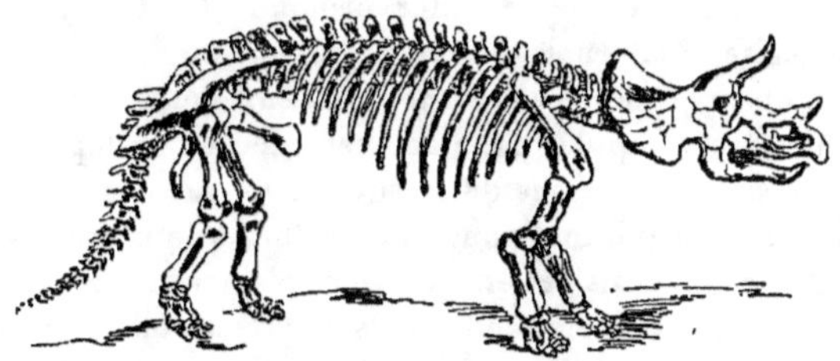

Fig. 126. — *Triceratops.*
(Reptile de 8 mètres de longueur.)

imprévues. Elles nous apprennent qu'un fait aussi important que
l'apparition sur la Terre des types successifs végétaux n'a pas
été simultané et tant s'en faut sur toute la surface du globe.

Dans une partie de l'Inde, et spécialement dans le Dekkan, on
trouve des formations qui ont avec le groupe de Laramie une très
grande ressemblance. Au contraire, dans la portion occidentale de
l'Asie on a affaire à des dépôts marins où *Nautilus danicus* a été
constaté.

Ajoutons qu'en Afrique, et par exemple en Algérie et en Tunisie, des couches daniennes terminent la série crétacée. En Tripolitaine *Nautilus danicus* est associé à *Ostrea Overwegi*.

Faciès divers des dépôts crétacés.

Les faciès sous lesquels se présentent les divers membres stratigraphiques du terrain crétacé sont extrêmement variés et témoignent, pour le temps où ils ont pris naissance, de conditions géographiques aussi variées que celles qui coexistent aujourd'hui.

Les dépôts de mer profonde sont innombrables et nous nous bornerons à mentionner les principales variétés de craie. Il faut rappeler que dans les parties anciennes du Crétacé, la craie ne se présente presque pas et qu'on trouve à sa place des calcaires plus ou moins compactes et de temps en temps oolithiques. C'est l'occasion de noter que ces diverses formes des roches calcaires semblent en rapport avec l'énergie et l'intensité des réactions bathydriques que les roches ont supportées. La craie est de formation pélagique actuelle et les sondages en mer profonde l'ont démontré ; mais dans les assises quaternaires et tertiaires nous n'avons guère d'occasion d'en observer parce que les mouvements corticaux n'ont pas été d'ordinaire assez rapides pour amener encore ces dépôts, relativement si récents, au-dessus de la surface de la mer. La durée, au contraire, a été suffisante pour que les formations crétacées soient sorties des eaux. Mais cet état crayeux n'est que provisoire ; partout nous voyons la craie tendre vers l'état cristallin et celui-ci se manifeste surtout par l'apparition des oolithes, décrites à propos du terrain jurassique où elles ont pu arriver à leur maximum de netteté et d'abondance. Il va sans dire qu'en faveur de circonstances locales, les étapes de ces transformations sont parfois fortement abrégées et c'est pour cela qu'on peut trouver des oolithes dans le terrain tertiaire ou dans le terrain quaternaire, ou même dans certains gisements actuels.

Pour nous borner à quelques exemples, nous rangerons parmi les formations pélagiques des temps crétacés, et en les citant à peu près dans l'ordre de leur âge de moins en moins ancien, les gaizes de certaines régions, les calcaires de la Porte-de-France, auprès de Grenoble, et des formations analogues des Basses-Alpes, du Gard et de l'Hérault. Certaines assises à *Crioceras* du mont Ventoux sont dans le même cas. Pour les craies il faudrait les énumérer toutes, depuis la craie glauconienne à *Pecten asper* jusqu'aux tuffeaux de Maëstricht et de Ciply à *Hemipneustes* ou à *Baculites*, en passant par la craie marneuse, micacée ou non, de la Touraine, et les craies blanches de Champagne, de Meudon ou de Faxoë et leurs innombrables analogues.

C'est comme détail des conditions de mer assez profonde qu'il faut rappeler la constitution des massifs d'origine biologique, dont le type est le récif madréporique, mais qui peut prendre bien des formes différentes. Nous trouvons ici des dépôts qui continuent les assises jurassiques à cela près de la substitution des faunes. Dans le Jura, les exemples en sont fréquents et, en bien des points, la soudure est si intime qu'on en doit conclure la persistance du régime, sans modification sensible, en une même localité pendant plusieurs périodes géologiques successives. Citons à cet égard les lentilles calcaires de Fourvoirie (Isère), de Monestier (Haute-Savoie), du Corbelet (Savoie), où les roches ont fréquemment la structure oolithique.

L'énorme massif de *Schrattenkalk* (ou calcaire sillonné) du Vorarlberg, qui s'étend du Barrémien à l'Aptien, est entièrement d'origine coralligène. Nous rangerons dans la même catégorie tous les dépôts à Orbitolines et surtout les bancs d'Hippurites et d'autres Rudistes analogues : les détails donnés plus haut à leur égard nous dispensent de nous y arrêter ici de nouveau.

On peut signaler, à la suite des faits précédents, des localités qui témoignent qu'aux temps crétacés elles étaient recouvertes par une mer de médiocre profondeur. Parmi les plus anciens sédiments de ce genre dans la série crétacée, on nommera les marnes à Ptéropodes et à *Millericrinus* des Préalpes de la Bavière ; les célèbres argiles de Speeton, dans l'Yorkshire, les niveaux à Huîtres comme en présente le Barrémien de l'Yonne, de l'Aude, de la Haute-Marne ; les argiles à Plicatules de l'Aptien ; les argiles tégulines du Gault ; les horizons à *Belemnites* tels que les *dièves* à *Actinocamax* ; les argiles de Herve, en Belgique, et bien d'autres.

Pour les formations littorales, les enseignements ne sont pas moins précis; les plus frappants sont les dépôts de sables et de galets fréquemment cimentés en grès ou en poudingues. Dès la base du Crétacé se présentent les sables ferrugineux avec minerai de fer de formation postérieure, si connus dans la Haute-Marne. En Algérie, le Barrémien est représenté par les poudingues de Tiaret. A la Perte-du-Rhône sont des grès urgo-aptiens dont les correspondants plus ou moins exacts se trouvent dans l'Aube et dans les Ardennes. Au Hâvre, des poudingues aptiens contiennent *Ostrea aquila*. On a vu l'abondance des couches gréseuses dans le Gault; un poudingue de même âge peut être mentionné à Saint-Florentin, dans l'Yonne. Le *Quader-Sandstein* de la Saxe et de la Bohême, qui s'étend du Cénomanien jusque dans le Santonien inférieur, montre la longue persistance du régime littoral dans une même région. Le poudingue de Cuesme (Campanien) et celui de la Malogne (Danien), l'un et l'autre en Belgique, admettent parfois des éléments volumineux.

Sur la région marginale des bassins marins, on reconnaît des lagunes à l'ensemble de leur allure stratigraphique et aussi à la présence de minéraux particuliers : le gypse, la dolomie, à défaut du sel gemme que sa solubilité a rendu plus rare. Un exemple bien net est procuré par les argiles gypsifères des Martigues, dans les Bouches-du-Rhône. On peut leur comparer des pierres à plâtre subordonnées aux argiles urgo-aptiennes du désert libyque, sans compter d'autres exemples moins évidents.

Des estuaires sont révélés souvent par le mélange de débris continentaux et de sédiments marins ; une grande partie des dépôts wealdiens, intimement cimentés d'ailleurs aux dépôts sous-jacents du Purbeckien supérieur, sont dans ce cas. On en cite dans le Boulonnais et dans la Haute-Marne, dans le sud de l'Angleterre, en Portugal et en Espagne. Dans les mêmes régions il arrive fréquemment de reconnaître des dépôts fluviaires ou lacustres, fort analogues aux précédents, mais où manque l'élément marin. Le célèbre gisement à Iguanodontes de Bernissart, en Belgique (peut-être purbeckien), est à rappeler à cette occasion. Les lignites de Fuveau se sont certainement déposés dans un grand lac.

Le faciès volcanique s'est montré aussi fréquent durant les temps crétacés qu'à toutes les autres époques géologiques. Par exemple, les géologues ont reconnu qu'à l'époque cénomanienne la Syrie était une contrée volcanique. Même, M. Diener a constaté que dans le Liban des éruptions de roches basaltiques se sont continuées jusqu'à l'époque sénonienne.

Substances utiles subordonnées aux formations crétacées.

Les substances utiles abondent dans les couches crétacées et elles y affectent des caractères généraux fort analogues à ceux qu'elles présentaient dans l'épaisseur du terrain oolithique. Tout d'abord les matériaux de construction sont nombreux et variés. En tête se présentent les calcaires qui, dans les couches les plus anciennes, sont à l'état de marbre. Dans le Jura on appelle couramment *marbre bâtard* une roche exploitée dans les zones inférieures du terrain valangien ; mais à tous les niveaux on rencontre des assises prenant parfaitement le poli et jouissant de colorations agréables. Une élégante variété grise, à veines roses, affleure dans l'Ain, par exemple à Musin. Les mêmes conditions se présentent pour beaucoup de calcaires coralligènes et il va sans dire que l'exercice du métamorphisme leur a maintes fois communiqué toutes les qualités des marbres proprement dits. L'un des plus beaux exemples est procuré par le marbre noir rempli de grandes Hippurites blanches que l'on exploite auprès de Bagnères-de-Bigorre dans la chaîne des Pyrénées. Peut-être le type le plus récent dans cette série est-il représenté par une craie bréchoïde qui, pendant un temps, a été sciée et polie dans le département de la Marne et dont on voit des échantillons au Muséum.

Beaucoup de calcaires crétacés, sans être des marbres, ont une compacité et une homogénéité qui les désigne pour des applications spéciales : c'est le cas pour la pierre lithographique exploitée en Ligurie à Diano Marina et qui ressemble à celle de Solenhofen, mentionnée dans le Jurassique (p. 672). La fabrication des pierres de construction et des moellons est alimentée par nombre de roches du Crétacé. C'est naturellement dans les zones les plus anciennes qu'on peut chercher les meilleures qualités, mais on en trouve dans toute la série et parfois en blocs de fortes dimensions.

On sait que la craie blanche est souvent assez résistante pour convenir à cet usage et des villes entières sont construites en craie. Le Chœur de Beauvais est un beau spécimen des qualités architecturales de la craie sénonienne.

On sait que des populations, pour ainsi dire troglodytiques, se creusent des habitations dans certaines craies.

Ces mêmes calcaires sont cuits pour donner de la chaux, propre à la préparation des mortiers et des bétons, et qui sert aussi à l'amendement des terres : on marne souvent avec la craie blanche simplement épandue dans les champs. On a fait des ciments hydrauliques en cuisant des mélanges convenables de craie blanche et d'argile plastique, par exemple à Meudon.

Enfin quelques variétés de craies blanches sénoniennes et daniennes sont recherchées, sur une grande échelle, comme matière colorante dont la variété la plus connue porte les noms de blanc d'Espagne, de blanc de Meudon, de blanc minéral, etc. Ce produit dont on fait des crayons pour le tableau noir et qui entre dans la préparation des pastels, est employé également pour polir et nettoyer des substances variées : l'argenterie, les glaces et les vitres par exemple. La craie fait partie du mastic des vitriers.

Les silex, si abondants au sein de beaucoup de couches crétacées, sont de bons matériaux de construction. On en fait du macadam et des villes entières sont pavées avec les galets que la mer a fabriqués avec ce silex. En diverses localités on pulvérise les rognons siliceux pour faire entrer leur poussière dans la composition de certaines pâtes céramiques. On en fait encore des pierres à briquet ou à fusil et c'est l'occasion de rappeler qu'aux époques antéhistoriques le silex a été par excellence la matière propre à la fabrication d'armes et d'outils. Encore aujourd'hui un pareil usage est en faveur chez maintes populations sauvages,

Comme autre substance siliceuse, il faut rappeler la gaize du terrain cénomanien de l'Argonne qui a les mêmes usages que sa congénère de l'Oxfordien. Des sables se trouvent à maints niveaux et reçoivent les applications auxquelles les sables sont propres en général. Par exemple, des sables réfractaires sont exploités dans le Cénomanien de Saint-Vallier (Loire).

Les argiles subordonnées aux formations crétacées sont fréquemment utilisées à la fabrication des briques, des tuiles et des poteries : plusieurs d'entre elles sont, à cause de cette circonstance, qualifiées de tégulines.

Parmi les substances les plus précieuses du terrain crétacé, il y a lieu de mentionner le phosphate de chaux, d'autant plus qu'il y affecte une manière d'être spéciale. On a vu que la craie brune n'est pas autre chose qu'une craie criblée de myriades de tout petits nodules de phosphate, mesurant une fraction de millimètre, et qui se rencontre soit dans le Sénonien de la Picardie et du sud de l'Angleterre, soit dans le Danien des environs de Mons, en Belgique, et spécialement à Ciply. Dans cette dernière région le poudingue de la Malogne est formé de nodules tout pareils aux précédents, mais beaucoup plus gros et pouvant même dépasser le volume du poing. Il importe de citer comme fournissant des phosphates sous des états et avec des teneurs très variés, les affleurements du Gault dans les Ardennes, l'Argonne, le Boulonnais, la Drôme (Saint-Paul-Trois-Châteaux), l'Ain (Bellegarde), une grande partie de la Russie, etc.

Des combustibles sont compris dans l'épaisseur du terrain crétacé et, tout naturellement, vu leur âge, ce sont des lignites. Il y en a de ce genre dans l'Urgonien des États-Unis d'Amérique, dans le Cénomanien de Saint-Paulet (Gard); dans le Sénonien supérieur des Bouches-du-Rhône et spécialement de Fuveau, où sont établies depuis longtemps de très importantes exploitations.

Des gîtes de pétroles du Colorado, de la Galicie, du Hanovre, sont crétacés.

Il faut noter aussi l'existence de divers niveaux de minerai de fer crétacé; ainsi à Metabief, dans le Doubs, de la limonite est subordonnée aux couches valangiennes; on exploite du fer dans l'Albien du Hanovre, dans l'Urgonien de Wassy (Haute-Marne), dans le Turonien de Bilbao (en Espagne), etc. Dans l'Yonne et ailleurs, la craie cénomanienne fournit de l'ocre, dont les usages sont nombreux et l'exploitation profitable.

Il existe des gîtes calaminaires (minerai de zinc) très estimés dans le terrain urgo-aptien de l'Algérie et de la Tunisie; des amas de stibine (minerai d'antimoine) dans le Néocomien du Djebel Hamimat (Constantine); du cinabre, de la galène, de la blende dans des filons de nombreuses localités; un gîte de plomb argentifère à Leadville (Colorado) dont il a déterminé la fondation et le nom.

La bauxite est un minerai d'aluminium dont le type est dans le Crétacé des Baux, en Provence.

Du gypse est recherché dans le Cénomanien d'Algérie ; les argiles turoniennes de Martigues, dans les Bouches-du-Rhône, contiennent aussi de la pierre à plâtre.

Terres végétales des pays dont le sol est crétacé.

Le massif infrà-crayeux (Néocomien, Aptien et Albien) donne lieu dans les régions où il affleure à des terres végétales assez variées. Les portions calcaires, pourvu que l'exposition s'y prête, sont très appropriées à la culture de la vigne. C'est ce qu'on voit bien, par exemple, dans le canton de Neuchâtel où les vignobles sont portés par des calcaires jaunes appartenant au Néocomien typique. Il en est de même dans beaucoup de points de la France et, avant tout, dans les Cévennes où, cependant, les conditions naturelles sont singulièrement défavorables. Il a fallu une persévérance qui tient de l'héroïsme pour arriver à débarrasser les terres, maintenant productives en vigne, en mûriers ou en oliviers, de toutes les pierres qui en faisaient de véritables chaos. De ces pierres les paysans ont fait des clôtures et la terre s'est trouvée dégagée. Combien d'autres localités nous offrent le même spectacle ! Une série de montagnes de l'Ain sont dans ce cas, entre autres la montagne de Parve, près de Belley.

Un autre exemple, et fort intéressant, de l'aptitude des terres néocomiennes à faire prospérer la vigne, se rencontre dans le département du Gard où les marnes infrà-crayeuses, au prix d'une fumure et de l'addition d'engrais chimiques, conduisent à bien différentes variétés de raisins. On a cité spécialement le Jaquez, le Riparia tomentueux, le Solonis et l'Othello, greffés en Aramon, en Grenache, en Alicante, en Clairette, etc. Il faut d'ailleurs choisir les points convenables pour ces sortes de travaux, car dans le Gard comme dans l'Ardèche, bien des localités s'y refuseraient. Celles-ci sont tantôt désignées pour le développement de belles forêts de chênes-verts qui peuvent être fort profitables, et c'est ce qui a lieu aux alentours d'Uzès ; tantôt, restées irrémédiablement arides et incultes, elles constituent les *garrigues sèches* dans le langage local.

Cette dernière condition se retrouve en Dauphiné, où la plupart
des chaines subalpines sont constituées par des calcaires néoco-
miens supérieurs, qualifiés d'urgoniens, qu'on ne peut cultiver ou
boiser que si l'argile n'y est pas trop rare. Il en est de même des
argiles du Weald de l'Angleterre qui, autour de Hastings par
exemple, ne donnent quelques produits, d'ailleurs fort chers, qu'à
force de labours profonds, de chaulages et de drainages. Quant aux
sables associés à ces argiles ils peuvent procurer quelques herbages
au prix d'additions abondantes de chaux et d'engrais.

Le Crétacé inférieur est représenté dans une partie du sud de
l'Espagne par des lambeaux respectés par la dénudation générale
et qui subsistent encore à la surface des formations triasiques.
On reconnaît, même de très loin, les points dont il s'agit à la
richesse de leur végétation qui contraste de la manière la plus
complète avec la stérilité presque absolue du substratum. C'est
une des régions les plus favorables à la culture de l'olivier.

Les sables verts du terrain albien ou Gault donnent, comme
tous les sables, des sols légers et fort perméables. Dans les Ardennes comme dans la Meuse, ils renferment une certaine proportion d'argile et alors, ils donnent des terres propres à diverses
cultures pourvu qu'on les chaule suffisamment. Les habitants les
qualifient de *terres franches herbues*. Les arbres à pépin y viennent fort bien, et une bonne partie est consacrée à la culture des
céréales, des betteraves et de la luzerne.

Les argiles vertes ont des propriétés opposées. Entre Bar-le-
Duc et Grand-Pré, elles se signalent par leur imperméabilité qui
détermine la production de nombreux étangs dont beaucoup ont
été desséchés et sont devenus de magnifiques prairies. Celles-ci
toutefois ne conviennent pas aux moutons et doivent être réservées
aux bêtes à cornes.

Le niveau de la gaize albienne, appelé quelquefois le terrain
vraconnien à cause de son développement à la Vraconne, près de
Sainte-Croix, dans le canton de Vaud, donne dans les Ardennes de
très bonnes terres à seigle et à pommes de terre, où le froment ne
se plaît guère.

Dans le Boulonnais comme dans le pays de Bray, les régions
albiennes se font remarquer par la richesse de leur sol arable.
Grâce à une application judicieuse du drainage, ce pays essentiel-

lement boueux (*bray* signifie boue) a pu s'enrichir de superbes pâturages d'où sortent de colossales quantités de lait.

Sur la frontière commune des départements de la Nièvre et de l'Yonne on a désigné, sous le nom de *Champagne humide,* une large zone très fertile pourvu qu'on la chaule et qu'on la draine.

En Angleterre, pays d'origine du Gault, les terres albiennes recouvrent une surface considérable. Dans bien des points on y a remarqué un phénomène singulier : livrées à elles-mêmes, les terres de l'Albien inférieur restent absolument incultes à moins qu'on n'y fasse de grandes installations de drainage ; mais il en est autrement là où l'on a retiré du sol les nodules phosphatés qui s'y trouvent en abondance. Alors la fertilité apparaît d'elle-même et se manifeste notamment par un magnifique développement des chênes. Sans doute l'effet résulte surtout du travail mécanique qui a rendu facilement accessible à l'air et aux eaux le sol primitivement si compacte. On y cultive alors des prairies et, après un dessèchement convenable, des fèves, du trèfle, du houblon et même du blé.

Dans le sud de l'Angleterre, sans en excepter l'île de Wight, le niveau de la gaize albienne donne une terre éminemment propre à la production du blé. Par place, la silice terreuse est remplacée par une marne particulière qu'on appelle communément *firestone-rock* parce qu'elle est employée dans la construction des foyers de cheminées ; grâce à sa puissance, qui permet aux racines le développement de 7 à 8 mètres dont elles ont besoin, elle est spécialement propre à l'installation des houblonnières qui y réussissent admirablement.

La partie inférieure du terrain crétacé supérieur, qualifiée de terrain cénomanien ou de Craie chloritée, donne en plusieurs régions de la France des sols volontiers plantés en vignes. C'est ce qui a lieu dans l'Yonne, pour les coteaux fertiles qui s'étendent de Saint-Florentin à Seignelay et à Brienon ; et c'est ce qui a lieu aussi auprès d'Uzès, dans le Gard, où les sables à *Pecten asper* se sont spécialement prêtés au traitement par le sulfure de carbone efficace contre le Phylloxéra.

En Angleterre, les régions cénomaniennes qui s'étendent dans le sud du Sussex et du Kent sont réputées pour la beauté et l'abondance de leurs récoltes.

Le Turonien donne partout des terres assez pauvres. On y fait quelquefois de maigres pâturages dont les moutons sont seuls à savoir se contenter. Bien souvent ces terres restent parfaitement incultes, abandonnées à la végétation spontanée.

Enfin le Sénonien possède des qualités agronomiques dont on ne saurait douter quand on se rappelle que, dans les Charentes, il constitue à lui seul le sol de la *Grande* ou *Fine Champagne*.

On sait pourtant qu'il donne, en Champagne dite pouilleuse, à côté de vignobles si renommés, une région très peu fertile, déshéritée en eau, et où le sol arable est extrêmement mince. Les moutons errent sur les *savarts* à peu près dénudés et c'est merveille qu'ils y trouvent la matière, d'ailleurs si succulente, de leur chair.

En Dordogne on pourrait faire deux parts des terres sénoniennes : les unes s'étant prêtées à la reconstitution des vignobles, et les autres convenant, après une irrigation nécessaire, au développement des prairies artificielles.

La région des *downs*, dans le sud de l'Angleterre, est couverte de pâturages et convient aussi à la culture des turneps, de l'orge et quelquefois même du blé. Il en est de même dans les dépressions du plateau crayeux du Hampshire où s'établissent de vraies oasis ou nids de verdure, cultivés de la même manière. On sait que c'est sur les collines du Sussex qu'a pris naissance la célèbre race ovine qualifiée de *southdown*.

Dans le bassin de Jaen, en Belgique, sur des terres dérivant de la craie danienne, on cultive des pailles très fines qui sont employées à Paris sous le nom de *tresse belge* pour la fabrication de chapeaux de paille, et dont la finesse n'est dépassée que par celle des pailles dites d'*Italie*.

QUATRIÈME PARTIE

LE SYSTÈME TERTIAIRE

CHAPITRE PREMIER

LE GROUPE ÉOCÈNE

Étymologie. — De εως, aurore, et καινος, récent. — Le nom d'Éocène a été choisi en 1833 par l'illustre géologue anglais Charles Lyell, pour exprimer que, dans les couches dont il s'agit, on assiste à l'apparition des *formes récentes* ou actuelles de Mollusques. Cette appellation a été très vivement et très justement critiquée : en réalité il n'existe pas d'espèces actuelles dans le Tertiaire inférieur. Il s'agit seulement d'une manière d'être de fossiles qui ressemblent en effet aux Mollusques d'aujourd'hui, au point que les personnes non préparées et qui se trouvent en présence d'un gisement du genre de celui de Grignon, ont toutes les peines du monde à croire qu'il ne s'agit pas des tests qu'elles ont foulés aux pieds sur les plages de Dieppe ou de Trouville. Les critiques peuvent être encore accentuées par tout ce qu'on dira légitimement des dénominations données aux deux groupes suivants. Mais il convient de rappeler ici ce que nous avons déjà dit du peu d'importance de ces noms stratigraphiques, dont les meilleurs seraient ceux qui auraient le moins de signification précise.

Synonymie. — C'est l'ensemble stratigraphique désigné en 1820 par Alex. Brongniart sous le nom de terrain *parisien*. En 1844, Leymerie le qualifiait de terrain *épicrétacé*. Peut-être faut-il voir son synchronique sud-américain dans le *Guaranien* de d'Orbigny (1842) et dans le *Paranien* d'Ameghino. — Les auteurs sont très éloignés d'être d'accord sur les divisions à introduire dans l'Éocène et leurs divergences s'expliquent surabondamment par la diversité de composition et d'allure de la formation dans les localités étudiées.

Dans les environs de Paris, une division s'impose qui frappe à la première vue dans les carrières qui y sont ouvertes. Elle comprend trois niveaux qui sont d'autant plus reconnaissables que chacun d'eux renferme, comme élément prépondérant, une matière directement utilisable dans les constructions et qui a joué à ce titre un rôle de première importance dans l'histoire de Paris.

La plus ancienne est l'*argile plastique;* la seconde, le *calcaire grossier* (avec ses grès coquilliers marins, comme disent déjà en 1830 Cuvier et Brongniart dans leur *Description géologique des environs de Paris*); la troisième consiste avant tout en *gypse* (ou pierre à plâtre) associé à des marnes de diverses variétés. Paul Gervais a proposé de consacrer cette trilogie par trois expressions qui sont inspirées par le nom même d'Éocène.

Le niveau de l'argile plastique s'appelait pour lui *Orthrocène* (du mot ορθρως, qui veut dire aube); le calcaire grossier restait l'*Éocène proprement dit* et le gypse devenait le *Proïcène* (du mot πρωϊς, qui signifie matin). Il va sans dire que cette division, si légitime dans le bassin de Paris, ne saurait s'appliquer ailleurs d'une manière aussi précise.

Limite inférieure; lacunes. — L'Éocène se soude parfois d'une manière tout à fait intime avec son substratum. C'est ce qui a lieu, par exemple, en Belgique dans le sous-sol de Mons. Dans l'ouest des États-Unis, on constate le même passage graduel dans la région du Fort Laramie. Mais le terrain tertiaire est bien loin de reposer partout sur le Danien. Ce terrain est relativement peu répandu et dans un grand nombre de localités, c'est sur le Sénonien que s'est établie la série tertiaire. Le Suessonien repose sur le Néocomien à Orgon ; à Saint-Vallier, près de Grasse, il est en contact avec l'Oxfordien; au Vit, près de Castellane, avec le Sinémurien; dans la Montagne-Noire (Aude), avec le terrain paléozoïque.

Le calcaire grossier (Éocène moyen) se rencontre à Lespéron, dans les Landes, immédiatement sur le terrain Sénonien; aux environs de Tours, il est sur le Turonien.

Autour de Palerme, en Sicile, le Tertiaire repose directement sur le Permien. Près de Nantes, à Arthon et à Chemeré, il est sur le granit.

Ces exemples suffisent pour montrer ce que nous ont déjà affirmé les niveaux précédemment étudiés, à savoir qu'à toutes les époques géologiques la surface du sol a été extrêmement diversifiée d'un point à l'autre, exactement comme elle l'est aujourd'hui.

Localité éocène typique. — C'est sans hésitation que nous choisissons comme localité typique pour l'Éocène, les environs immédiats de Paris.

Le niveau inférieur y consiste en sables marins particulièrement développés dans l'Oise et qu'on désigne couramment sous le nom de *sables de Bracheux*. D'Archiac en faisait le type de sa *glauconie inférieure*; des auteurs modernes le comprennent dans le niveau que Renevier a proposé en 1873 de qualifier de *Thanétien* (de Thanet, en Angleterre). Dans ces sables se trouve, spécialement à Bracheux, à Noailles, à Abbécourt, une riche faune de Mollusques dont les formes les plus caractéristiques sont : *Ostrea bellovacensis, Cucullea crassatina, Cardita pectuncularis, Pectunculus terebratularis, Cyprina planata, Voluta depressa*. Ces coquilles sont généralement très fragiles.

Dans la Marne, il y a lieu de mentionner les sables blancs de Rilly avec leur couronnement de marnes à *Physa gigantea*; les calcaires de Cernay, où Victor Lemoine a découvert toute une faune de Vertébrés qui se signalent à l'intérêt de tout le monde en resserrant les liens entre les êtres crétacés et les êtres tertiaires. On citera parmi les Mammifères les genres *Plesiadapis, Protoadapis, Adapisorex, Pleuraspidotherium, Neoplagiaulax,* etc. Vers le même niveau, la localité de Sézanne fournit un travertin calcaire où toute une flore s'est conservée en montrant des affinités très intimes avec la végétation crétacée par les genres *Myrica, Dryophyllum, Sassafras, Cissus, Magnolia, Juglans*. La vigne y est représentée.

Dans les départements de l'Aisne et de l'Oise, les sables de Bracheux, auxquels se rattachent les sables de Chalon-sur-Vesles aussi bien que les dépôts lacustres de Rilly, supportent un ensemble de couches argileuses et pyriteuses (*cendres noires*) très chargées de lignites et dans lesquelles sont intercalés des niveaux fossilifères parfois très riches, mais ne renfermant que des espèces saumâtres ou lacustres. Au mont Bernon, près d'Épernay (terrain sparnacien), on y trouve, avec *Ostrea bellovacencis* qui persiste : *Cyrena cuneiformis, C. antiqua, Potamides funatus, P. variabilis, Melania inquinata*. Parfois, comme à Cuys (Marne), s'y montre *Teredina personata, Unio truncata*, etc. Vers le centre du bassin, le massif de couches se simplifie et, à Paris (Auteuil, Vanves, Ivry, Arcueil), il se réduit à une épaisse nappe d'argile plastique présentant dans le bas un niveau à coquilles lacustres et se terminant par en haut sous la forme de *fausses glaises* à cristaux de gypse trapézien. Plusieurs observateurs, comme MM. Cayeux, Paul Combes fils et Fritel, ont retrouvé dans ces argiles des lambeaux fossilifères analogues à ceux du mont Bernon.

Dans l'Oise et dans l'Aisne, le niveau des lignites est recouvert de sables marins, auxquels d'Archiac appliquait le nom de *glauconie moyenne* et qu'on appelle souvent les *sables de Cuise* (du nom de Cuise-la-Motte, dans la forêt de Compiègne). C'est l'Yprésien des Belges (de la localité d'Ypres, en Belgique). Il en existe un gisement célèbre au trou de Han, près de Pierrefonds, et on le retrouve dans un grand nombre de localités parisiennes. La faune en est extraordinairement variée et les coquilles y sont admirablement conservées, généralemènt d'une teinte brunâtre spéciale qui en fait reconnaître le gisement à première vue. Il faut citer parmi les plus fréquentes : *Nummulites planulata, Cyrena Gravesi, Nucula fragilis, Arca modioliformis, Lucina scalaris, Cardium discors, Cytherea Kickxii, Siliquaria spinosa, Dentalium abbreviatum, Cerithium pyramidatum, C. papale, C. hexagonum, C. biseriale, Pleurotoma terebralis, P. clavicularis, Fusus ficulneus, Voluta angusta, Rostellaria macroptera, Ancillaria canalifera, Oliva mitreola, Delphinula elegans, Velates (Neritina) Schmideli, Ampullaria acuminata, Natica hybrida, Scalaria tenuilamella, Melania Cuvieri, Bulla semistriata, Nautilus umbilicaris, Sepia longirostris*, etc. Le même gisement contient des dents de Poissons cartilagineux et spécialement *Carcharodon sulcidens, Otodus macrodus, Lamna acutissima, Oxyrhina hastalis, Miliobates toliapicus*. Des restes de Crocodiles et de Tortues et même de Serpents ont été mentionnés.

C'est sensiblement au même niveau que se sont présentées, auprès de Soissons, les assises des grès de Belleu, longtemps exploités pour le pavage de la ville dans des carrières maintenant abandonnées et qui sont célèbres par l'abondance des empreintes végétales qu'elles ont procurées. Parmi les plantes les plus reconnaissables il faut mentionner les genres *Ficus, Populus, Cinnamomum, Salix*. Les déterminations spécifiques, faites par Watelet, ont généralement été modifiées par des botanistes plus récents.

Fig. 127. — *Nummulites lævigatus.*
(3/4 G. N.)

Par en haut, les sables de Cuise passent très fréquemment à la *glauconie supérieure*, souvent sableuse et parfois, comme au Vivray (Oise), consolidée à certains niveaux en couches gréseuses plus ou moins dures. L'abondance du quartz granitique dans ces roches a de quoi surprendre ; il paraît difficile de l'expliquer tout entière par des charriages superficiels et elle paraît se rattacher au phénomène de l'alluvionnement vertical. Ce niveau, qu'on revoit à Hermes dans la vallée du Thérain et bien ailleurs, renferme des fossiles remarquables comme *Nummulites lævigatus* (fig. 127), *Turbinolia clavus, Cardita planicosta* (fig. 128), *Crassatella tumida*, etc. Vers Paris ce niveau s'amincit et, à Arcueil, il se réduit à un simple lit de sable à *Nummulites lævigatus* et dents de *Lamna elegans* : c'est le vrai piédestal du calcaire grossier.

Fig. 128. — *Cardita planicosta.*
(1/3 G. N.)

Celui-ci, qui a fourni et fournit encore tant de matériaux de construction : moellons, pierres de taille et pierres d'appareil, constitue le type du terrain *parisien* d'Alcide d'Orbigny ; on en a fait depuis le terrain *lutétien*.

Le calcaire grossier a été souvent séparé en trois horizons super-

posés, dits : calcaire à Nummulites, calcaire à Millioles, calcaire à
Cérithes. En beaucoup de localités, la roche, au lieu d'être cohérente, devient arénacée et alors elle livre sa faune dans un merveilleux état de conservation. Grignon[1] jouit d'une célébrité universelle à cause de la beauté et du nombre des fossiles qu'il fournit.

Parmi les espèces les plus fréquentes du calcaire grossier il faut
citer :

Dans le niveau à Nummulites, comprenant les *bancs à Nummulites*, le *Saint-Leu*, le *banc à verins* : *Nautilus Lamarckii, Cerithium
(Campanile) giganteum, Turritella imbricataria, T. sulcifera, Cardium hippopæum, C. porulosum, Chama calcharata, C. lamellosa,
Corbis lamellosa, C. pectunculus, Lucina gigantea, L. contorta,
Voluta spinosa, Ancillaria buccinoidea, Anomia tenuistriata, Buccinum stromboides, Corbula gallica, Cytherea nitidula, Fusus lon-
gævus, F. bulbiformis, Mactra semisulcata, Melania costellata,
Natica cigaretina, Terebellum convolutum*, etc.

Dans le niveau à Millioles, comprenant les *lambourdes* et le *banc
royal* : *Biloculina, Triloculina, Quinqueloculina, Orbitolites complanata, Fusus Noe, Hemicardium aviculare, Cardium porulosum,
Mesalia abbreviata, Dentalium eburneum, Calyptræa trochiformis.*
On recueille des Oursins dont les plus intéressants sont *Lenita patellaris, Pygorhynchus grignonensis, Macropneustes minor, Hemiaster
subglobosus*, etc. Des Poissons y ont été rencontrés dont le plus remarquable est *Hemirhynchus Deshayesi* : il en existe au Muséum un
magnifique spécimen qui provient d'une carrière de Puteaux. Des
plantes se présentent et spécialement des Palmiers et des Naïadées.

Enfin dans le niveau à Cérithes, comprenant le *banc vert*, le
banc de roche, la *rochette*, et les *caillasses du calcaire grossier*,
on recueille : *Cerithium denticulatum, C. calcitrapoides, C. echid-
noides, C. cristatum, C. (Potamides) lapidum, C. serratum, C. angu-
losum, Natica parisiensis, Corbula anatina, Lucina saxorum*, etc.
Dans des couches lacustres subordonnées se montrent des lignites
avec *Cyclostoma mumia* et nombreuses empreintes végétales :
*Nerium parisiense, Nipadites Burtini, Oppelia parisiensis, Cymo-
doceites parisiensis.* Des Mammifères ont laissé des vestiges, dont
le plus remarquable est *Lophiodon*.

<hr>

1. Stanislas Meunier, *Plan géologique en relief du parc de Grignon*, Paris, 1900

Enfin, par-dessus le calcaire grossier, s'étendent des sables avec grès appelés tantôt *grès moyens*, tantôt *grès de Beauchamps* et que l'on comprend dans l'étage *bartonien*. Ces sables sont parfois d'une pureté extrême, comme à Fleurines, dans l'Oise ; ordinairement ils sont plus ou moins ocracés et plus ou moins chargés de matières ligniteuses. Ils se relient intimement aux sables et grès infrà-gypseux (au Quoniam, par exemple, et à Us-Marines) et admettent fréquemment des intercalations lacustres, désignées sous le nom de *travertin* et de *marnes de Saint-Ouen*, à *Limnæa longiscata*.

Les sables renferment une faune marine très nombreuse dont les divers niveaux sont à Auvers, à Beauchamps et à Ermenonville. On peut y citer entre autres : *Nummulites variolaria, Astræa panicea, Madrepora Solanderi, Pholas elegans, Mactra contradicta, Diplodonta elliptica, Corbula ficus, Psammobia rudis, Lucina gibbosula, Cyrena deperdita, Crtherea elegans, Venus obliqua, Cardium obliquum, Arca rudis, Trigonocœlia cancellata, Ostrea lamellaris, Melania hordacea, Natica epiglottina, Cerithium crenatulatum, C. tricarinatum, C. Bouei, C. mutabile, Fusus minax, Avicula Defrancei*, etc.

Les grès infrà-gypseux que nous venons de mentionner sont surmontés dans les environs de Paris par la formation gypseuse. Celleci consiste presque exclusivement dans l'alternance, sur 50 mètres d'épaisseur, de bancs de gypse et de bancs de marne, et l'ensemble se divise, comme de lui-même, en quatre masses de pierre à plàtre séparées par des assises marneuses. Ces quatre masses ont été numérotées par les carriers à partir du haut et les géologues ont eu le bon esprit d'accepter cette numérotation, bien qu'elle fut contraire à la leur, afin de ne pas introduire de confusion dans le sujet.

La quatrième masse, c'est-à-dire la plus profonde, est de toutes la moins importante par son volume et la moins constante. Elle repose sur le grès marin infrà-gypseux. On y distingue deux bancs de gypse. Elle est couronnée par une marne renfermant des fossiles tels que *Pholadomya ludensis, Psammobia neglecta, Cardium granulosum, Tellina rostralis, Voluta depauperata, Macropneustes Prevosti*.

Sur les marnes à Pholadomyes s'étale la troisième masse de gypse, formée de vingt à trente lits alternants de marne et de gypse, et qui, vers le centre du bassin, atteint une épaisseur moyenne de 10 mètres. Elle admet une couche mince avec des coquilles marines signalées déjà à Montmartre par Constant Prevost et Desmarest. Dans les marnes

subordonnées on rencontre fréquemment des contre-moulages de tré-
mies de sel, sous la forme de pyramides à base carrée quelquefois très
nettes. À Thorigny, ce niveau est à l'état d'albâtre rempli de quartz.

Un épais banc de marne sépare la troisième masse de la seconde
qui mesure 8 à 9 mètres d'épaisseur. On y trouve un lit de fossiles
saumâtres, Cérithes, Nucules, Lucines. Des ossements de Mammifères et spécialement de *Palæotherium* s'y rencontrent quelquefois
(Neuilly-Plaisance, en Seine-et-Oise) mais bien plus rarement que
dans la haute masse. Cette masse se signale par l'abondance des
grignards ou *pieds d'alouette*. Ce sont des lits de quelques centimètres (parfois 1 à 2 décimètres) formés entièrement de cristaux
de gypse rangés verticalement les uns à côté des autres et qui
exposent au regard des clivages scintillants.

Parmi les marnes associées à la pierre à plâtre de la seconde
masse qui est ordinairement saccharoïde, on peut nommer la *smectite*, appelée vulgairement *pierre à détacher* ou *savon de soldat* et
qui est une variété de terre à foulon. D'autres renferment, à Sannois
par exemple, de très nombreux rognons d'opale de la variété dite
ménilite et, en quelques points, de très petites sphérules formées
de cristaux de gypse curieusement disposés. On rencontre aussi
des noyaux épars de marnolite associée à de la calcite et à de la célestine et qui a été recherchée jadis par les artificiers qui y trouvaient la matière de leurs feux rouges.

Au-dessus de la seconde masse gypseuse, existent des marnes dont
l'épaisseur, de 4 à 5 mètres, est tout à fait remarquable. Ces marnes
sont débitées en prismes par des systèmes de joints verticaux dans
lesquels se sont constituées de nombreuses et larges dendrites de
manganite. Vers le milieu de leur hauteur, ces marnes contiennent
le niveau des *fers de lance* de Noisy-le-Sec qui atteignent parfois, et
spécialement à Neuilly-Plaisance, des dimensions considérables.

Quant à la haute masse, elle consiste en gypse à structure saccharoïde et peut avoir plus de 15 mètres d'épaisseur. De magnifiques
galeries y ont été ouvertes à Romainville et dans quelques autres
localités. C'est à cause de sa réduction fréquente en colonnade verticale, par l'effet du retrait, qu'elle a reçu des ouvriers le nom de
hauts piliers. On y trouve des rognons de silex, appelés *fusils*, et qui
sont très intéressants, en se révélant au microscope comme le produit
de la silicification sur place du gypse saccharoïde qui a imprimé tous

les détails de sa structure à la substance épigénisante. C'est ce
niveau qui a fourni naguère, à Montmartre, la série des Vertébrés qui
ont donné à Cuvier les matériaux de ses grands travaux sur la paléontologie. Les formes les plus fréquentes et les mieux caractérisées
sont : *Vespertilio parisiensis, Hyænodon parisiensis, Pterodon dasyu-
roides* (Thylacine des plâtrières), *Cyotherium parisiense* (Genette des
plâtrières), *Sciurius fossilis* (Écureuil des plâtrières), *Palæotherium
magnum, P. crassum, P. medium, P. curtum, Xiphodon gracile, Anoplotherium commune, Adapis parisiensis, Dichobune leporinum,
Didelphis Cuvieri, Numenius gypsorum, Gypsornis Cuvieri, Emys
parisiensis, Trionyx parisiensis, Crocodilus parisiensis, Sargus
Cuvieri, Smerdis verticalis, Sphænolepis Cuvieri.* — Des empreintes
nombreuses de pas d'animaux ont été signalées à Montmorency par
Desnoyers et retrouvées au Pin (Seine-et-Marne)[1] et ailleurs.

Le gypse est couronné dans notre région typique par un quadruple système de marnes très remarquables. D'abord ce sont des
marnes bleues qui, d'après les analyses d'Ebelmen, sont colorées par
une fine poussière de protosulfure de fer qui se transforme facilement à l'air en limonite. Au-dessus s'étalent des marnes blanches
d'eau douce propres à la fabrication du ciment et renfermant *Limnæa strigosa, Planorbis lens, Nystia truncata, Bithinia Dubuissoni* ;
on y trouve aussi, par exemple à Antony, *Xiphodon gracile, Therydo-
mys Cuvieri,* et des végétaux : *Chara medicaginula, Typha,* etc. Puis
viennent des marnes généralement ocracées et d'origine saumâtre
comme en témoignent leurs fossiles : *Cyrena convexa, Psammobia
plana, Palæoniscus, Spirula,* etc., débris très nombreux de Poissons,
d'Oiseaux et de Mammifères, Rongeurs et autres, spécialement abondants à Romainville. Enfin se présentent des glaises d'un vert vif
tout à fait caractéristique avec concrétions strontianifères. A Villejuif se montrent des petits lits calcaires souvent globulifères par le
mélange de *Nullipora*, chargés en certains cas de marcasite en enduit sur les globules. On y rencontre de petites plaquettes argileuses
inexactement prises pour des fragments des coquille et la roche contient alors des ossements de Poissons[2]. Enfin le calcaire subordonné
est parfois spathique et dolomitique comme à Chènevières (Seine)[3].

1. *Le Naturaliste*, 1906, p. 16.
2. *Le Naturaliste*, 1893, p. 271.
3. *Comptes rendus de l'Académie des sciences*, 6 nov. 1873.

Il est intéressant d'ajouter que, dans une partie de la région, la masse gypseuse — délimitée en bas par les sables infrà-gypseux et en haut par les marnes vertes — est remplacée par un très curieux dépôt de calcaire à peu près sans fossiles, parfois concrétionné et tout rempli d'incrustations siliceuses d'aspect variable et souvent très élégant. Il est particulièrement développé à Champigny (Seine) et exploité dans cette localité pour la fabrication de la chaux.

Subdivisions du groupe éocène. — En conséquence des observations qui viennent de nous être procurées par notre localité typique, comparées à celles que fournit l'étude des autres régions éocènes, nous admettrons les 5 terrains suivants :

GROUPE	TERRAINS	NIVEAUX
Éocène.	5. *Tongrien*. . . .	2. Marnes suprà-gypseuses.
		1. Gypse.
	4. *Bartonien*. . . .	2. Travertin de Saint-Ouen.
		1. Sables moyens (Beauchamps).
	3. *Lutétien*.	2. Grignonien.
		1. Glauconie supérieure.
	2. *Suessonien*. . . .	2. Yprésien (glauconie moyenne).
		1. Sparnacien.
	1. *Thanétien* (glauconie inférieure) . .	2. Cernaisien.
		1. Landénien.

I. — Terrain thanétien (Renevier, 1873).

Fɪɢ. 129. — *Ostrea bellovacensis*, fossile typique du terra'n thanétien.
(1/2 G. N.)

Étymologie. — Du nom de la ville de Thanet, en Angleterre.

Synonymie. — C'est une partie du *Paléocène* de Schimper (1874);
la *glauconie inférieure* de d'Archiac. Il correspond au *Heersien* de
Dumont (1851) dont la base est le *Landénien* du même auteur
(1849); son sommet comprend le *Cernaisien* de Victor Lemoine
(1860) pour la Champagne. Il faut y rattacher avec plus ou moins de
rigueur : le *Montserrien* (Catalogne) d'après Vézian (1858); le
Vitrollien de Matheron (1878), pour la Provence; le *Flandrien* de
Mayer-Eymar (1881), pour la Belgique ; les *marnes de Gelinden*;
le *Liburnien* de Stache (1889); le *Libyen* de Zittel (1883); le
terrain *éolignitique* de l'Alabama ; les *Bridger beds*, ou couches à
Dinoceras, des Montagnes-Rocheuses, etc.

Le terrain thanétien en France. — Le terrain *thanétien* se présente avec des caractères variés dans une série de localités françaises.

La Flandre mérite de nous arrêter la première. Près de Lille,
la série commence par l'*argile de Louvil* sur laquelle repose un
grès à ciment siliceux qui peut être regardé comme un type de
tuffeau. Celui-ci est rempli de Diatomées et de spicules d'Éponges.
Cyprina planulata, qui y abonde, lui assigne l'âge thanétien. Les
sables d'Ostricourt qui s'étendent par-dessus sont, du côté de
Béthune, cimentés en grès qu'on exploite pour le pavage: on y
trouve toute une flore intéressante à *Flabellaria* avec *Laurusdryan-
droides, Stachycarpus eocenica*[1], etc. C'est à peu près à ce niveau
que se rapporte la glauconie de La Fère où a été découvert *Arctocyon
primævus*. Nous n'avons pas à insister sur les relations de ces formations avec celles de notre région typique ; ce qui précède suffira
pour qu'on ait une idée de la distribution du Thanétien dans tout le
nord de la France.

La région de l'Anjou présente, dans des grès reposant tantôt sur
le Cénomanien comme au Thoureil (Maine-et-Loire), tantôt sur
les sables sénoniens, une flore que M. E. Bureau regarde comme
thanétienne, tandis que d'autres auteurs la considèrent comme bartonienne (M. Crié) et même comme sénonienne (M. Welsch).
Les empreintes recueillies, par exemple à Saint-Saturnin et à
Baugé, comprennent : *Sabalites andegavensis, S. major, Crypto-
meria Sternbergeri, Mirica Messueri, Ficus Giebeli, Acacia Bron-*

1. *Le Naturaliste,* 15 janvier 1898.

gniarti. Dans les Charentes le travertin de Baignes a fourni à M. le Dr Langeron des espèces de la flore de Sézanne mentionnée p. 749.

Dans le sud, les mêmes niveaux sont représentés plus largement et, tout d'abord, on peut les signaler dans les massifs des Alpes et des Pyrénées. Pour les Alpes, le Dauphiné montre du Thanétien à l'état d'argiles plus ou moins mélangées de sables qui affleurent dans un grand nombre de points. En Provence, le bassin d'Aix comprend des dépôts éocènes très variés et, en particulier, un calcaire à Physes passant par places à l'argile; c'est un correspondant du Thanétien qui ne paraît pas douteux. Près de Conques et de Montolieu, les parties crayeuses d'un calcaire éocène contiennent : *Physa prisca, Planorbis primævus, Limnæa atacica, Bulimus Montolivensis*, etc.

Pour les Pyrénées, des brèches regardées comme thanétiennes jusqu'à preuve du contraire et qui se montrent en divers points, contiennent beaucoup de Foraminifères : les Nummulites y sont associées à *Amphistegina, Alveolina* et *Operculina*. Des Algues calcaires du genre *Lithothamnium* sont, par place, très abondantes dans des calcaires construits qui prennent par endroits une apparence nettement coralligène. Ils passent, vers la limite du département de l'Ariège, à des lits lacustres où *Physa prisca* affirme un âge équivalent à celui du calcaire de Rilly. Cette même coquille se poursuit dans les Corbières et, près de Montpellier (à Saint-Gély), des plantes conservées dans des lits de calcaire marneux reproduisent la flore si caractéristique de Sézanne.

Le terrain thanétien en Europe. — Le versant espagnol des Pyrénées n'a pas encore fourni d'indication du Thanétien; mais la Péninsule ibérique a procuré, par exemple vers Barcelone, des calcaires lacustres avec Bulimes analogues à ceux de notre midi et qui sont peut-être de ce niveau.

Plus à l'est, dans les régions adriatiques, on assiste à un passage tellement graduel du Danien au Tertiaire caractérisé, qu'on ne peut douter que certains des lits dont le sol se compose ne soient d'âge thanétien. La ressemblance est intime entre cette allure des sédiments superposés et celle que nous constaterons dans des régions américaines.

Dans le nord de l'Europe, la base de l'Éocène a été indiquée à Lichterfeld, aux environs de Berlin, par un forage, à 340 mètres au-dessous de la surface du sol.

En Russie, sur les bords de la Volga moyenne, un grès argileux a fourni à M. Pavlow des fossiles bien certainement thanétiens. Enfin dans le N.-E. de l'Irlande, de même que dans l'île de Mull en Écosse, les basaltes qui ont traversé la craie se sont épanchés sur des couches dans lesquelles on a retrouvé la flore de Sézanne.

Le terrain thanétien en dehors de l'Europe. — Parmi les régions qui, en dehors de l'Europe, peuvent être considérées comme possédant du terrain thanétien, il convient de citer d'abord les États-Unis de l'Amérique du Nord. Le groupe de Laramie, dont nous avons parlé à propos du terrain danien, est constitué par un système de couches, dites *couches de Fort-l'Union*, qui renferment, sur une épaisseur de 1 200 mètres, une flore nettement éocène : la limite entre le Crétacé et le Tertiaire a été établie de différentes façons par les divers auteurs et l'on peut en conclure qu'elle est loin d'être précise.

Dans bien des cas, la géologie américaine n'est pas assez avancée pour qu'on puisse définir les différents niveaux éocènes. Pourtant on peut noter qu'au Nouveau-Mexique, auprès de Puerco, des ossements de Mammifères ont rappelé la faune étudiée à Cernay (Marne) par le Dr V. Lemoine : en particulier *Plagiaulax* s'y rencontre comme en Champagne.

Le Chili méridional paraît posséder de l'Éocène très ancien et, tout au voisinage, des grès reposant à Roca (République Argentine) sur le Sénonien et sur le Danien ont donné une série de Reptiles dinosauriens tels que *Notosuchus* et *Cynodontosuchus*. La Patagonie a offert des lits à Ostracées renfermant des Mammifères de types très différents de toutes les faunes européennes et qu'on doit croire éocènes.

En Nouvelle-Zélande, en Australie, des couches à Turritelles sont regardées comme paléocènes et nous conduisent aux formations nummulitiques de la Birmanie et de l'Inde. Dans cette dernière région on pourrait peut-être distinguer des assises thanétiennes au-dessous d'assises suessoniennes.

Enfin, en Afrique, on a signalé à El Kantara (Algérie) des lits de Nummulites qu'il convient de synchroniser avec les assises dont

Zittel a fait son étage *lybien* et dont la zone inférieure a fourni *Cyprina scutellaria* qui est nettement thanétienne.

II. — Terrain suessonien (d'Orbigny, 1852).

FIG. 130. — *Cyrena cuneiformis*, fossile typique du terrain suessonien.
(G. N.)

Étymologie. — Le *Suessonien* tire son nom de celui du Soissonnais.

Synonymie. — C'est à peu près le *Paniselien* de Dumont (1851), cependant plus riche d'un peu de Lutétien ; on l'a quelquefois appelé *Paléocène supérieur* (Schimper, 1874). Sa forme lacustre est le *Nymphéen* de Dumont (1849). Le *Sparnacien* de M. Dollfus (1880) est sa partie inférieure. L'*Ageien* (d'Ay) de V. Lemoine correspond à sa partie moyenne ; l'*Yprésien* (d'Ypres en Belgique) de Dumont (1849) est sa portion supérieure de même que la *Glauconie moyenne* de d'Archiac et le *Londinien* ou *Londonien* de Mayer-Eymar (1857) (*London clay*). — On peut lui rattacher le *calcaire à Alvéolines* des Pyrénées et l'*Alaricien* de Tallavignes (1847).

Le terrain suessonien en France. — Auprès de Douai, l'*argile d'Orchies* vient recouvrir les *sables d'Ostricourt* qui supportent l'*argile de Roubaix*, dont l'âge yprésien est établi par *Nummulites planulata* qui y abonde. A Mons-en-Pévèle, des sables tiennent la même place sur une épaisseur de 70 mètres.
La comparaison entre ces dépôts des Flandres et ceux que nous avons énumérés dans notre région type a donné lieu à des séries d'observations intéressantes. On peut noter que l'argile d'Orchies paraît s'être déposée pendant un temps qui comprend justement la limite entre le Sparnacien et l'Yprésien, de sorte qu'à elle seule et suivant les localités, elle appartient à ces deux niveaux.

Dans la Somme, près de Montdidier, les couches, tout en se rattachant intimement à celles de notre région typique, présentent dans le gisement de Sinceny, une localité également intéressante par les passages qu'elle ménage entre des horizons qui semblent ailleurs très séparés ; la base des sables très fossilifères qu'on y rencontre est nettement sparnacienne et le sommet est contemporain des sables de Cuise-la-Motte (Yprésien ou *Glauconie moyenne* de d'Archiac).

Dans la France méridionale, les Pyrénées et les Alpes nous fournissent du terrain suessonien. C'est ainsi qu'il est à supposer que certaines couches de la Montagne-Noire appartiennent au Sparnacien, qui est plus net encore dans une partie des Corbières : on y trouve des Physes et des Planorbes qui se poursuivent jusqu'en Provence et qui ont avec les fossiles de Champagne les analogies les plus intimes. De l'Yprésien bien reconnaissable se présente par-dessus. En Ariège, le Crétacé le plus récent, décrit précédemment sous le nom de Garumnien, supporte sans intermédiaire des assises à *Velates* et à *Ostrea uncifera* d'apparence tout à fait yprésienne. Dans le Dauphiné on a découvert un Lophiodonte dans des argiles vraisemblablement sparnaciennes qui sont recouvertes de couches marneuses dont on fait le correspondant de la Glauconie moyenne.

Le terrain suessonien en Europe. — Au point de vue du Suessonien, la Belgique se rattache au nord de la France. Déjà nous avons dit que Dumont a désigné sous le nom de *Landénien* l'ensemble du Thanétien et du Suessonien. Le massif, fort épais, est formé surtout de sables souvent très fins et plus ou moins argileux avec bois silicifiés et empreintes végétales ; les coupures y sont difficiles ; cependant la portion supérieure se rapporte nettement à l'*Yprésien*. On y voit, pour la première fois en Belgique, les Nummulites. Un niveau spécial développé au mont Panisel, auprès de Mons et dont les Belges font le *Panisélien,* contient des lits de grès fistuleux et des fossiles assez nombreux parmi lesquels *Pinna margaritacea, Rostellaria fissurella* (qui continuent en France jusque dans le Lutétien), *Lucina squamula,* etc.

En Angleterre, le type du Suessonien inférieur est constitué à Londres même et jusqu'au littoral voisin, par une argile avec lits subordonnés de lignite. Cette *argile de Londres (London clay)*

qui est un peu plus récente que l'argile plastique de Paris, repose
sur des *sables* dits *de Woolwich* et *de Reading,* où s'associent des
fossiles marins et des fossiles d'eau douce et qui sont recouverts
par les *sables d'Oldhaven* d'origine marine. De sorte, qu'en considérant ces sables comme étant sparnaciens, l'argile deviendrait
yprésienne. Elle est ouverte en des points très nombreux, même
dans la banlieue de Londres et exploitée comme terre à brique ;
on y trouve de très nombreux rognons de marnolite, souvent à
retrait géodique (*Clay-stone*) et, à la base, se montre un lit de galets
qui est fort constant. La faune en est très complexe car des fossiles
marins nombreux et comprenant une centaine de Poissons, beaucoup de Mollusques et des Oursins, admettent avec eux des Chéloniens dont quelques-uns sont fluviatiles (*Trionyx*), des Oiseaux
(*Lithornis, Vultur urus, Halcyornis toliapicus, Argillornis longipen-
nis*) et des Mammifères terrestres (*Didelphys Colchesteri, Hyracotherium cuniculus, Coryphodon eocænus*). Des débris de Conifères,
de Lauriers, de Figuiers, de *Nipadites* témoignent du caractère
tropical de la flore de cette époque.

Dans l'Europe centrale, la Russie, la Hongrie, la Roumanie peuvent compter parmi les pays où on a signalé de l'Yprésien. En
Italie, le terrain nummulitique atteint un grand développement ;
aux environs de Florence, les couches dites *galestri* renferment
des roches très variées et les Nummulites y sont associées à des
Alvéolines. Les mêmes fossiles caractérisent en Espagne des roches
qui affleurent dans les Pyrénées avec des caractères qui rappellent
ceux qui ont été décrits dans la Montagne-Noire.

Le terrain suessonien hors de l'Europe. — Le nord de l'Afrique
présente le Suessonien en plusieurs régions. Déjà nous avons mentionné le terrain libyen de Zittel ; il faut noter qu'une partie de
ce terrain, épaisse de 500 mètres, semble correspondre au Sparnacien. On y trouve *Nummulites biarritzensis, N. Ramondi* et d'autres
fossiles français associés à des formes indiennes dont la présence
peut donner quelques indices sur la distribution des mers éocènes.
La partie supérieure de ce même terrain libyen, avec *Alveolina
oblonga,* serait au contraire yprésienne.

En Algérie et dans les environs d'Alger, le Sparnacien admettrait,
dans un massif de calcaires plus ou moins marneux et contenant

des Huîtres et des Nummulites, les célèbres couches de craie à silex et à phosphate de chaux qu'on exploite à Tebessa et qui se continuent dans la partie limitrophe de la Tunisie, et spécialement à Gafsa. Des assises phosphatées étudiées au Sénégal sont plus ou moins de ce même niveau[1].

En Asie il faut mentionner la présence en Palestine et en Syrie de calcaires à *Nummulites biarritzensis* dont on retrouve les correspondants dans l'Inde.

Enfin, on a désigné aux États-Unis, sous le nom de *groupe de Wahsatch*, un massif sédimentaire dans lequel existent *Coryphodon* et *Hyracotherium* qui sont des formes sparnaciennes. Des schistes et des argiles, visibles dans le Colorado, paraissent être yprésiens.

III. — Terrain lutétien (M. de Lapparent, 1883).

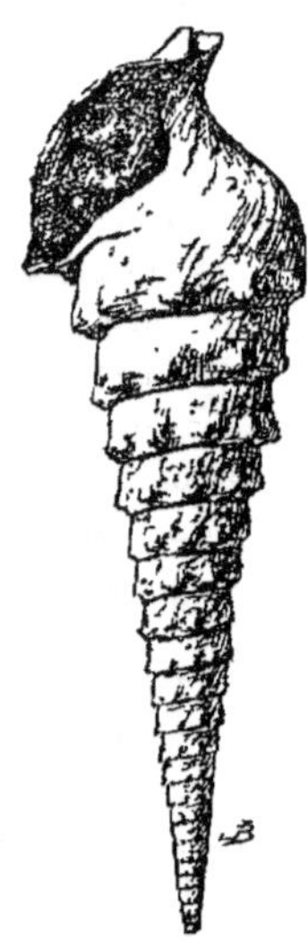

FIG. 131. — *Cerithium (Campanile) giganteum,* fossile typique du terrain lutétien (1/10 G. N.)

Étymologie. — De *Lutetia,* ancien nom de Paris.

1. C. R., t. CXXVI, p. 666; 1898.

Synonymie. — C'est le terrain du *Calcaire grossier* des environs de Paris ; le *Bagshot sand* des environs de Londres ; le *Bruxellien* et le *Laekenien* de Dumont (1839 et 1851) pour la Belgique. — Il correspond au *suprà-nummulitique* d'Algérie (Ficheur, 1893), au *Claybornien* de l'Alabama (Heilprin, 1890). — Il convient d'y rattacher le *Grignonien* (Mayer-Eymar, 1881), la *Glauconie supérieure* de d'Archiac, le *Calcaire de Blaye* en Gironde, le *Nicéen* (Pareto, 1865), etc.

Le terrain lutétien en France. — Le *Lutétien*, comme on l'a vu, a son type principal en France dans le calcaire grossier de Paris et de Grignon. Dans les Flandres, on en a un beau correspondant au mont des Récollets, près de Cassel, où la formation peut se subdiviser en deux niveaux qui ont été décrits sous les noms belges de *Bruxellien* et de *Laekenien*. Le premier consiste en un sable fin très épais qui n'est fossilifère que vers sa partie supérieure. On y voit, au-dessous d'un banc de grès à *Nummulites lævigata*, un niveau coquillier qui fournit, outre des débris de Poissons, plusieurs espèces parisiennes de Mollusques telles que *Rostellaria ampla, Cardita planicosta, Cardium porulosum, Pectunculus pulvinatus, Ostrea cymbula, O. flabellata. Lenita patellaris*, petit Oursin de Grignon, y est fréquent. Le niveau laekenien, chargé de Nummulites diverses, contient *Cerithium giganteum* (fig. 131), *Turritella imbricataria, Aturia zig-zag*, etc.

En Normandie, le Lutétien est remarquablement riche en fossiles aux environs de Valognes, dans la Manche. A la base, un calcaire tuberculeux, visible à Orglandes et à Fresville, contient *Terebellum convolutum* et *Corbis lamellosa* et correspond au niveau à *Cerithium giganteum* de Paris. Plus haut un niveau à Millioles équivaut au Banc royal et à ses annexes. Au sommet les Cérithes abondent comme dans le calcaire grossier supérieur. Dans leur nombre se signale par son gros volume *Cerithium cornucopiæ*, qui a été quelquefois confondu avec le Cérithe géant. Dans la Loire-Inférieure et dans les régions voisines, on rencontre des lambeaux de Lutétien ; les plus remarquables sont à Arthon et à Chemeré, où ils font comme des îlots très circonscrits à la surface du terrain ancien. Le calcaire d'Arthon, reposant sur les terrains cristallisés, montre à sa base des grès calcarifères à Nummulites et

Ostrea flabellata. Par-dessus vient un calcaire grossier à Échinides et à grands Cérithes. Le tout est couronné par des calcaires à Millioles et à *Orbitolites complanata*, très visibles par exemple à Saint-Gildas. Le Bois-Gouët est bien connu par la beauté et par la variété des coquilles qu'on y recueille.

Plus au sud, dans la Gironde, le Lutétien débute, à Blaye, par un calcaire compacte à *Echinolampas stelliferus* et *Scutella Caillaudi* sur lequel s'étend une assise à *Orbitolites complanata, Corbis lamellosa* et autres fossiles très caractéristiques. A Saint-Estèphe, un épais massif calcaire débute par des couches argileuses où *Orbitolites complanata* est associée à *Sismondia occitana, Echinolampas ovalis, Echinanthus elegans,* etc.

Dans l'est de la France, nous rencontrons dans le département de l'Ain, du Lutétien lacustre à *Planorbis pseudo-ammonius.* Des dépôts analogues sont disséminés aux environs de Lyon, dans l'Indre et bien ailleurs ; ils contiennent parfois des ossements de Mammifères parmi lesquels *Lophiodon* se signale comme établissant un lien avec les zones d'eau douce du calcaire grossier parisien.

Dans la région centrale, des arkoses en lambeaux isolés à Blavizy, Brive, Auteyrac, renferment une flore que Saporta rapporte à celle qui caractérise la partie supérieure du calcaire grossier parisien.

Quand on arrive aux Alpes, on trouve le Tertiaire surtout marin et parfois rempli de Nummulites sur une très grande épaisseur. Dans les environs de Nice, à la Palarea comme à la Mortola, est la grosse *Nummulites perforata* dans un calcaire que supportent des assises, calcaires, gréseuses ou schisteuses suivant les points qui contiennent des Cérithes et des Cythérées. A la base, ce sont des calcaires marneux, très fossilifères, à Nummulites. On y reconnaît *Turritella imbricataria, Ostrea gigantica, Echinolampas ;* de nombreux Polypiers tels que *Trochocyathus* et *Flabellum.*

Les environs d'Aix-en-Provence nous procurent une réapparition du faciès lacustre du Lutétien : ce sont des couches très nombreuses à Lymnées, à Planorbes, à Bulimes. Vers l'ouest on trouve, aussi bien dans la Montagne-Noire que dans les Corbières, des calcaires à Nummulites, à Alvéolines et à Assilines qui admettent d'ailleurs des intercalations d'eau douce où des Planorbes sont associés à des Bulimes. Ajoutons que des Lophiodontes ont été recueillis dans les grès de Carcassonne et dans ceux d'Issel. La mollasse de cette dernière localité a fourni, indépendamment de *Lophiodon isselense* et *L. tapirotherium*, les Vertébrés suivants : *Propalæotherium isselanum, Pachynolophus parvulus, P. isselanus, Isselosaurus (Crocodilus) Doduni, Trionyx Doduni, Testudo Doduni.*

La chaîne des Pyrénées montre, par exemple dans l'Ariège et dans la Haute-Garonne, des couches à *Orbulina* et à *Assilina* qui sont certainement lutétiennes. En association avec elles, se présente une curieuse assise de conglomérat, célèbre dans la science sous le nom de *poudingue de Palassou* et dont l'âge a été l'objet de discussions. Dans les Basses-Pyrénées, c'est la partie inférieure du Lutétien que l'on rencontre ; elle contient beaucoup de Nummulites qui se continuent dans la Chalosse, au travers d'un système compliqué d'assises successives. Le Lutétien se montre sur une certaine étendue au nord de Saint-Barthélemy et de Sainte-Marie.

Le terrain lutétien en Europe. — Nous pouvons commencer par la Belgique notre revue du Lutétien en Europe. Comme nous l'avons déjà dit, Dumont l'avait divisé aux environs de Bruxelles en *Bruxellien* et *Laekenien*. Le premier niveau consiste, dans la ville même, en sable contenant de curieux nodules de grès fistuleux, de formes parfois bizarres et qui sont comme le rudiment des larges portions exploitées comme matériaux de construction. Le Laekenien est formé de sables parfois cimentés en grès et renfermant, avec des Nummulites roulées (*N. lævigata, N. scabra*), un certain nombre de coquilles et, en particulier, *Ditrupa strangulata*.

En Angleterre, le niveau lutétien est fort peu important ; en général il présente le faciès lacustre et, à cet égard, Alum-Bay sur le littoral occidental de l'île de Wight, doit être citée comme la localité typique.

Sur le continent, nous le retrouvons dans la chaîne des Alpes et dans celle des Carpathes. En Bavière, on voit des calcaires à grandes Nummulites et à *Lithothamnium (Melobesia)* qui passent aux grès en arrivant en Autriche, pour reprendre en Hongrie leur aspect primitif. Le calcaire lutétien à *Nummulites Ramondi* et *Assilina exponens* est fort épais.

Dans l'île de Candie on retrouve du calcaire à *Nummulites perforata* et le niveau se poursuit en Grèce, en Bulgarie et jusque dans les régions adriatiques. Pour l'Italic, la Calabre présente au

moins 600 mètres d'épaisseur de calcaire à *Nummulites complanata ;* en Toscane et tout le long des Apennins on en voit des
affleurements et le Vicentin en est également bien pourvu.

Pour l'Espagne, on notera que le mont Perdu est formé de calcaire
nummulitique depuis sa base jusqu'à son sommet. Il se présente
sous la forme de calcaires noirâtres ou jaunâtres renfermant *Nummulites Ramondi* et *N. Lucasanus, Assilina Leymeriei, Orthophrag-
mina Fortisii.* Il repose directement sur le Maëstrichtien. A Barcelone et dans la Catalogne, la formation lutétienne est très épaisse.

Le terrain lutétien en dehors de l'Europe. — En dehors d'Europe,
les États-Unis d'Amérique se signalent par l'intérêt qu'y présente
le niveau lutétien. On a distingué sous le nom d'*éolignitique* une
formation qui peut mesurer 800 mètres d'épaisseur et qui s'étend
depuis la Floride jusqu'au Texas. Dans l'état d'Alabama, on y
trouve des fossiles qui suffisent pour en déterminer l'âge lutétien :
ce sont *Cardita planicosta* et *Aturia zig-zag* si fréquent à la base
du calcaire grossier de Paris. Au-dessous, se présentent, sous le nom
de *formation de Clayborne*, des sables tout à fait remarquables
par la quantité de coquilles **vraiment** parisiennes qu'on y trouve,
modifiées pourtant de façon à **constituer** comme des variétés locales.
Dès 1832, T. A. Conrad a **publié**, sous le titre de *Fossil Shells of
the tertiary formations of North America*, un travail avec nombreuses
planches qui a été l'un des premiers exemples de la ressemblance
que peuvent offrir des fossiles du même âge malgré la grande distance de leurs gisements. Dans le Wyoming on a recueilli des débris de Lophiodontes.

En Nouvelle-Guinée comme en Nouvelle-Zélande, on a décrit des
couches lutétiennes à Orbitolites ; des dépôts nummulitiques existent à Sumatra, à Bornéo et à Java, où le calcaire est associé à des
conglomérats volcaniques et à des lignites.

Dans l'Inde se montrent des calcaires nummulitiques très métamorphisés jusqu'à 6 000 mètres d'altitude. La Perse, l'Anatolie
en sont également pourvues.

Enfin, il ne faut pas oublier que le Lutétien joue un grand rôle
dans la constitution de l'Afrique. Tout d'abord l'Algérie possède, sur 1500 mètres d'épaisseur, des couches de ce niveau parfaitement déterminées par leurs fossiles et pouvant se subdiviser en

horizons distincts. Des lambeaux de calcaire grossier existent en Tripolitaine à la surface du terrain crétacé[1]. En Égypte, les roches nummulitiques jouent un rôle considérable dans la structure de la chaîne libyque et le sol du désert est recouvert, sur de larges surfaces, de Nummulites détachées de leur gangue ; certaines d'entre elles, qui sont les géantes des Foraminifères, ont le diamètre d'une pièce de 5 francs. A l'ouest, on a reconnu le Lutétien au Maroc et ce terrain couvre une large surface au Sénégal où il repose peut-être sur l'Yprésien. Des Nummulites ont été recueillies non loin de Kaolak et des fossiles très variés (*Ostrea Frirvi*, etc.) dans beaucoup de localités telles que Dielor, Katendé et Fandène. M. J. Lambert y a déterminé deux Oursins nouveaux : *Plagiopygus daradensis* et *Oligopygus Meunieri*[2].

Le sol de Madagascar admet dans la région S.-O. des assises à *Nummulites Ramondi*, *N. Biarritzensis* et *Alveolina oblonga*.

IV. — Terrain bartonien (Mayer-Eymar, 1857).

Fig. 132. — *Cerithium mutabile*, fossile typique du terrain bartonien.
(G. N.)

Étymologie. — De la localité de Barton, en Angleterre.

Synonymie. — C'est le *Gassinien* de Sacco (1888) (de Gassino, près Turin) pour le Piémont; le *Manrésien* (de *Manresia*, Catalogne) de Vézian (1858); le *Jacksonien* d'Heilprin (1888), pour l'Alabama, etc. On peut lui rattacher la *mollasse du Castrais*. — Sa partie inférieure est le *Lédien* de Mourlon (1880), pour la Belgique (de Lède) ; sa partie supérieure, appelée *Priabonien* par

1. *Bull. Soc. Géol. Fr.* (4e) 60, 1905.
2. *Bull. S. G. F.* (4e) t. V, p. 111 et p. 163 (1905).

MM. Munier-Chalmas et de Lapparent (1893) (de Priabona, dans
le Vicentin), est le *Numidien* de Ficheur (1890), pour l'Algérie et le
nord de l'Afrique. Sa portion littorale est le *Wemmelien* de Rutot
et Vincent (1878), pour la Belgique.

Le terrain bartonien en France. — Le Bartonien, représenté surtout autour de Paris, comme on l'a vu, par les sables moyens, peut
être suivi dans diverses parties de la France et principalement dans
ses régions méridionales. En Provence, on voit dans le bassin
d'Aix, au-dessus des assises lutétiennes, des poudingues recouverts
d'argiles bariolées correspondant peut-être aux poudingues et
aux marnes du bassin d'Alais où ont été recueillies des Cyrènes
et des Potamides de caractère bartonien. Dans les Alpes, le niveau
est plus franchement marin et, par exemple, auprès de Nice, on y
range des assises à *Turritella imbricataria, Nummulites striata* et
Spirula spirulœa.

A Robiac et à Saint-Mamert, dans le Gard, des marnes grises
contiennent beaucoup d'ossements phosphatisés qui ont permis de
reconnaître toute une faune de Mammifères : *Adapis, Hyænodon,
Plesiarctomys, Chæropotamus lautricense, Lophiodon lautricense,
Paloplotherium castrense, Plagiolophus, Lophiotherium, Archilophus Desmaresti, Catodus (Hyopotamus) robiacensis.*

Dans la région sous-pyrénéenne, on pense qu'une partie au moins
du poudingue de Palassou, dont nous parlions tout à l'heure, doit
être classée dans le terrain bartonien. Près de Pau, le Bartonien
serait représenté par les couches à *Assilina exponens* de Bos
d'Arros. Un peu plus au nord, les falaises de Biarritz comprennent,
au-dessus du Lutétien, des assises qu'il paraît indiqué de considérer
comme bartoniennes. Elles présentent à la base une zone à *Nummulites contorta*; puis une zone à *Nummulites aturica, N. Brongniarti, N. complanata, Assilinia exponens*; en troisième lieu une
zone à *Nummulites crassa*, et enfin une zone à *Nummulites irregularis.* L'étude des falaises de Biarritz, entre les dunes d'Ilbaritz et
le Port des Basques, a conduit M. Douvillé à faire sur ce sujet une
lumière complète. On arrive à attribuer de même l'âge bartonien à
des argiles verdâtres à *Ostrea cucularis* et à *Nummulites variolaria*
(c'est-à-dire à fossiles de Beauchamps) qui recouvrent le calcaire
de Blaye, dans la Gironde.

Rappelons l'importance relative que M. Crié attribue au Bartonien en Anjou et dans le Maine, en lui rapportant des grès riches en végétaux et décrits plus haut comme thanétiens. On y trouve dans un grand nombre de localités — et jusque dans l'île de Noirmoutiers — *Sabalites andegavensis* avec d'autres Palmiers, comme *Flabellaria Saportana*, des *Podocarpus*, etc. Des coquilles d'eau douce sont associées parfois à ces plantes et on y reconnaîtrait spécialement *Potamides lapidum* que nous trouvons à Paris à l'extrême limite supérieure du calcaire grossier. La question d'âge est encore à l'étude.

Le terrain bartonien en Europe. — C'est en Angleterre que Mayer-Eymar a été chercher, pour baptiser le niveau qui nous occupe, une localité-type. Cependant il faut bien reconnaître que l'aspect des couches y est très spécial, la roche dominante étant une argile qui, dans le Hampshire, se montre à découvert sur près de 100 mètres le long de falaises à pic. A cette argile sont d'ailleurs associés des lits sableux qui sont relativement très-minces. La faune, très bien conservée, comprend des Nummulites localisées à la base du dépôt et des Mollusques dont les plus fréquents sont: parmi les Gastropodes, *Fusus minax*, *Voluta athleta*, *Oliva Branderi*, et parmi les Pélécypodes, *Chama squamosa* et *Arca duplicata*. On y trouve en outre des empreintes végétales comprenant des Palmiers, des Lauriers-roses (*Nerium*), des Figuiers.

Il y a des dépôts bartoniens en Belgique, spécialement à Lede, à Wemmel, à Assche, localités dont chacune, suivant une habitude qui tend à se généraliser, a été prise comme typique et a servi à baptiser le *Ledien*, le *Wemmelien*, l'*Asschien* au grand détriment d'ailleurs de la netteté des démonstrations géologiques.

Citons la présence, dans les Hautes-Alpes du canton de Vaud et du Valais, d'assises à *Chara* et à Mollusques d'eau douce avec lits de combustible qu'on a voulu rapprocher du calcaire de Saint-Ouen de la région parisienne.

En Russie, la formation semble avoir une importance exceptionnelle puisque, outre l'épaisseur de·80 mètres qu'elle présente dans le gouvernement de·Kiew, elle fournit à l'agriculture une très grande quantité de nodules phosphatés.

En Hongrie le niveau a été mentionné. Il joue en Italie un certain rôle dans la constitution de l'Apennin et c'est à lui qu'il faut attribuer certaines couches de macigno à *Assilina*. En Espagne il présente le même fossile, aussi bien en Andalousie que dans certaines régions pyrénéennes.

Le terrain bartonien en dehors de l'Europe. — Il suffira de deux mots pour le Bartonien dans les régions extra-européennes.

Probablement le pays le plus remarquable à ce sujet est le Wyoming aux États-Unis, où le niveau dit de *Bridger*, synchronisé avec le Bartonien d'Europe, a fourni de curieux vestiges de Mammifères. Des Édentés y sont associés à *Dinoceras mirabile*. C'est un animal aussi gros que les Éléphants et dont on a pu dire qu'elle fut la bête la plus cornue de la création. Son crâne, en effet, ne porte pas moins de trois paires d'apophyses ossifiées ; l'une sur les os nasaux, la seconde au-dessus des orbites et la dernière au-dessus des fosses temporales. Une autre forme très voisine, *Dinoceras (Loxolophodon) cornutum*, encore plus volumineux, est recueillie dans la même formation.

Moins loin de nous, le Bartonien se signale sur la côte septentrionale de l'Afrique, soit en Égypte, soit en Tunisie, et jusqu'à Madagascar où il est riche en Nummulites. Récemment on a annoncé sa présence dans le sud de Bornéo et dans d'autres points de l'Océanie.

V. — Terrain tongrien (Dumont, 1839).

Fig. 133. — *Pholadomya ludensis*, fossile typique du terrain tongrien. (2/3 G. N.)

Étymologie. — Du nom de Tongres, en Belgique.

Synonymie. — C'est sensiblement l'ensemble stratigraphique

que MM. Munier-Chalmas et de Lapparent ont proposé d'appeler
terrain *ludien* et terrain *sannoisien*. C'est le niveau du *gypse* ou
pierre à plâtre de Paris. Il correspond au terrain *paléothérien* de plusieurs auteurs, au *Latdorfien* de Mayer-Eymar (1893) ; au *Flysch
éocène* des géologues alpins ; au terrain *sextien* de de Rouville
(1853) ; au *Fucoïdien* de Vézian (1858). C'est le *Ligurien* de
Mayer-Eymar (1857), pour les Alpes ; le terrain *Étrurien* (Macigno) de Pareto (1865), pour la Toscane ; le *Rubien* de Vézian,
(1858), pour la Catalogne, etc.

Le terrain tongrien en France. — On se rappelle que le terrain
tongrien, tel que nous l'avons défini plus haut, comprend dans
notre localité-type toutes les assises interposées entre le calcaire
lacustre de Saint-Ouen et les marnes vertes suprà-gypseuses inclu-
sivement.

En Provence, les assises tongriennes se rencontrent dans le bassin d'Aix où elles sont caractérisées par des fossiles lacustres. En
Vaucluse, auprès d'Apt, les lignites de La Débruge sont célèbres par
la riche faune de Mammifères dont ils ont procuré les débris. On
y voit *Palæotherium magnum, P. crassum, P. medium, P. curtum,
Xiphodon gracile, Anoplotherium commune, Chœropotamus parisiensis, Cebochœrus anceps,* c'est-à-dire toute la série de Montmartre. Au-dessus sont les marnes à Cyrènes de Sainte-Rade-
gonde. Des argiles noires, chargées de matières combustibles,
se trouvent à un niveau un peu plus élevé à Gémenos, aux environs
de Marseille ; elles renferment *Nystia Duchasteli* qui est un fossile
parisien. Peut-être faut-il mettre sur le même niveau les couches
de la pierre à plâtre exploitée à Saint-Jean-de-Garguier. On y a
décrit des Palmiers comme *Sabal major.*

On observe dans le département du Gard des calcaires, quelquefois bitumineux, associés à du gypse, à du silex, et qui contiennent des ossements de *Palæotherium* et de ses compagnons
habituels, avec une série de Lymnées, de Cyrènes et d'autres
coquilles d'eau douce .Aux baraques d'Euzet, dans un calcaire marneux à *Limnæa longiscata, Planorbis mamertensis,* etc., on trouve
une intéressante série de Vertébrés: *Adapis magnus, Necrolemur
antiquus, Cebochœrus minor, Hyænodon Requieni, Chœropotamus affinis, Lophiotherium cervulum, Palæotherium crassum, P. medium, Pla-

giolophus annectens sont parmi les plus caractéristiques. Au Mas-Saintes-Puelles et à Villeneuve-la-Comptal on voit des gypses couronnés de calcaires qui sont tongriens. Ceux-ci, exploités comme pierre à chaux, sont remarquablement riches en fossiles. Les Mollusques lacustres ou terrestres y sont très nombreux : *Helix Vialai, H. lapicidites, H. serpentinites, H. nemoralites, H. janthinoides, Glandina costellata, Planorbis crassus, Pl. cornu, Limnæa ore-longo, L. pyramidalis, Cyclostoma tilites, C. egregium, Ischorustoma formosum, Dactylius lævolongus, Valvata pygmæa.* On y trouve aussi des Mammifères : *Pterodon dasyuroïdes, Chœropotamus parisiensis, Dichobune leporinum, Anoplotherium commune, Palæotherium magnum, P. medium, Paloplotherium minus, Xyphodon gracile.* La chaîne des Pyrénées ne contient presque pas de Tongrien et partout où il se montre, il est lacustre et peu épais.

Les falaises de Biarritz renferment des éléments dépendant du niveau qui nous occupe ; ce sont surtout des calcaires plus ou moins sableux et en lits très minces, dans lesquels se montrent beaucoup d'Oursins, de Mollusques et des Operculines qui sont surtout abondantes au sommet des falaises de la Chambre d'Amour.

Il existe à Saint-Estèphe, dans le Bordelais, un calcaire riche en Oursins du genre *Echinolampas* et qui est synchronique du gypse de Paris. Il nous faut d'ailleurs comprendre dans l'horizon tongrien des marnes des environs de Blaye dans lesquelles abondent des valves d'*Anomia girondica* et qui supportent une assise dite *mollasse du Fronsadais,* caractérisée par une Huître voisine de l'*Ostrea longirostris* de la base de l'Oligocène. Au même niveau sont des gypses, exploités par exemple à Sainte-Sabine dans la Dordogne et où se présente *Palæotherium minus,* de Montmartre. Dans le Lot-et-Garonne, et toujours au même niveau, il faut citer le calcaire lacustre des Ondes, où le même Mammifère est associé à *Xiphodon.*

C'est dans le Tongrien supérieur que nous rangeons les poches à phosphorite des Causses du Quercy dont l'étude paléontologique a fourni à Henri Filhol une si riche moisson de découvertes. Le phosphate de chaux est ordinairement associé dans les gîtes à une argile jaune ou rougeâtre dans les parties supérieures et d'un rouge foncé dans la profondeur. Généralement aussi le dépôt renferme en abondance des pisolithes de fer et des grains de quartz. Cette formation constitue le remplissage de cavités de configurations variées, poches irrégulières, fentes ou boyaux que présentent les calcaires jurassiques. Les crevasses à phosphorites sont principalement orientées E.-O. et N.-25° E., et elles atteignent parfois plusieurs centaines de mètres de longueur ; leurs parois, plus ou moins corrodées et fréquemment verticales, sont souvent entourées de phosphate de chaux stalagmiforme ; cette matière se rencontre en outre dans le dépôt à l'état de nodules concrétionnés, à surface mamelonnée et à structure concentrique. Les concrétions formées de la matière la plus pure et la plus fine imitent dans leur cassure les agates zonaires et rappellent par leur éclat et leurs nuances certains silex résinites. Les phosphorites grossières ont l'aspect d'une pierre blanchâtre. Ces gisements renferment à profusion des restes de Vertébrés associés parfois à des Mollusques terrestres, à des Insectes, à des Myriapodes, à des graines moulées en phosphate de chaux. Filhol a distingué 112 espèces de Mammifères. On y voit des Chauves-Souris, des Rongeurs, des Carnassiers, des Lémuriens, des Pachydermes, des Ruminants, des Marsupiaux. Un nombre considérable d'espèces coïncident avec celles du gypse de Montmartre ; cependant il en est dont les affinités sont plutôt oligocènes et ici encore nous constatons des passages entre les divisions stratigraphiques. Des Reptiles, des Batraciens et des Mollusques complèteraient la liste des formes animales extraites de ces gîtes exceptionnels.

On verra plus loin que la mollasse du Fronsadais supporte des couches à *Nystia Duchasteli,* qui correspondent vraisemblablement à la base de l'Oligocène, horizon du travertin de Brie.

Plus au nord, dans le Cotentin, le calcaire lacustre de Gourbesville renferme des Potamides et c'est peut-être lui qui a fourni des dents de *Palæotherium* au conglomérat pliocène qui affleure dans le voisinage.

Dans le centre de la France, la Limagne d'Auvergne constitue une région intéressante par l'affleurement des couches à *Cyrena convexa,* correspondant au niveau des marnes suprà-gypseuses de Paris. A leur base sont des couches à Mélanies et à *Nystia,* et par-dessus, des lits d'une sorte de travertin avec des végétaux terrestres.

Pour en finir avec la France, ajoutons que le Tongrien se manifeste dans les Alpes-Maritimes par les grès de Menton dans lesquels des *Chondrites* ont laissé des empreintes encore remplies
de matière charbonneuse. Ces grès sont associés à des marnes
plus ou moins argileuses et recouvrent les couches à Nummulites
qui nous ont occupés précédemment.

Le terrain tongrien en Europe. — Des dépôts analogues se continuent le long de la chaîne des Alpes et, en les suivant, nous
pouvons avec eux sortir de France. Nous les voyons, dans les Hautes-
Alpes vaudoises, devenir épais et compliqués et comprendre comme
éléments caractéristiques des calcaires construits en partie par
Lithothamnium. Ils reposent sur des couches à *Cerithium diaboli*
[ainsi nommé de sa présence dans le massif des Diablerets
(Valais)] et ils sont recouverts par des couches à Nummulites au
contact desquelles se présente *Velates Schmidelliana* qui, aux
environs de Paris, était strictement localisé dans le niveau de
Cuise-la-Motte (Yprésien ou Glauconie moyenne) et qui, dans les
Alpes, persiste jusqu'au sommet de l'Oligocène. On pourrait faire
des observations analogues jusque dans les Alpes Orientales et
même dans les Carpathes, la Hongrie et la Transylvanie.

En Allemagne, le niveau tongrien se montre fréquemment; c'est
à lui qu'est subordonné le célèbre gisement d'ambre du littoral baltique aux environs de Kœnigsberg (Samland). La Russie elle-même
montre les suites du même horizon du côté de Simbirsk à l'est et de
Riga au nord.

La Belgique possède des couches sur lesquelles les géologues
ne sont pas tous d'accord et qu'on pourrait à la rigueur considérer comme oligocènes. Elles se présentent auprès de Vliermael avec
une faune intéressante où sont mélangés des Mollusques franchement éocènes, *Strombus canalis* et *Cassidaria nodosa*, avec des
formes du Stampien telles que *Triton flandricum* et *Crtherea incrassata*, comme pour nous montrer la vanité de nos classifications stratigraphiques.

L'Alsace présente dans la région du Sundgau une énorme épaisseur de marnes bleuâtres passant au calcaire avec *Melania Lauræ*
et *Cyclostoma mumia* et contenant des ossements de *Palæotherium*.
La suite de ces dépôts intéresse le Jura suisse et les poches sidéroli-

thiques de Delémont sont fameuses par les débris de *Palæotherium* qu'on y rencontre.

C'est dans l'île de Wight qu'on trouve, en Angleterre, les meilleurs représentants du niveau que nous étudions ; les Pachydermes de Montmartre sont abondants au sein des assises de Headon. Dans le Devon, il faut ranger au même niveau des sables et des argiles ligniteuses avec empreintes de Fougères, de Conifères et de beaucoup d'autres végétaux.

Le sud de l'Europe nous procure des dépôts tongriens, en Espagne et à Majorque, en Italie et dans la région adriatique.

Le terrain tongrien hors de l'Europe. — Quant aux autres parties du monde, il suffira de noter ici que les traces de terrains synchroniques de notre gypse parisien y sont encore douteuses.

Faciès divers des dépôts éocènes.

Nous connaissons un grand nombre de localités où se rencontrent des dépôts éocènes de grand fond. En première ligne doivent figurer les calcaires à *Nummulites planulata* et à *Nummulites biarritzensis* du Béarn et de la Chalosse dont on trouve les analogues jusque sur les hauts plateaux de l'Égypte et de l'Algérie. Beaucoup de calcaires à Millioles doivent en être rapprochés et spécialement ceux qu'on exploite dans les départements de l'Aude et de l'Ariège. Il en est de même pour des calcaires à *Orbitoides* et à *Operculina* dont les types affleurent à la Mortola, près de Nice.

Parmi des dépôts argileux reconnaissables pour s'être constitués à de grandes profondeurs sous-marines, il faut aussi mentionner les argiles tertiaires les plus inférieures du bassin de Londres, une grande partie du *Flysch* des Alpes et les argiles dites héersiennes et landéniennes du sol de la Belgique.

On connaît des calcaires à Polypiers éocènes et par exemple à Crosara dans le Vicentin.

Les dépôts littoraux sont beaucoup plus nombreux dans nos pays. Mentionnons, comme l'un des plus anciens, les nappes de galets subordonnés aux sables de Bracheux et aussi les galets qui font un lit sous le calcaire grossier de Mantes et de Vaugirard. Les poudingues de Nemours se développent sur une épaisseur qui dépasse celle de tout l'Éocène, et débordent dans l'Oligocène jusqu'à la base des sables de Fontainebleau. A Thiverval, le long du mur du Parc de Grignon, on voit des galets éocènes reposant sur la craie, en association avec les fossiles caractéristiques de la Glauconie supérieure. Dans la forêt de Chantilly se rencontrent les énormes assises du poudingue de Coye.

Les mêmes formations se retrouvent en Angleterre où *Ostrea bellovacensis* s'est conservée dans des sables glauconifères pleins de galets, et en Belgique où les galets en question sont verdis à leur surface comme nous le constations dans le département de l'Oise. Le Righi, qui forme dans le canton de Berne une sorte de contrefort de la chaîne des Alpes, est constitué du haut en bas, comme le Rossberg et plusieurs de ses voisins, de galets cimentés en poudingues parfois très cohérents.

Le caractère littoral se retrouve aussi dans beaucoup de formations sableuses ou marneuses du terrain éocène. Le calcaire grossier de Paris s'est certainement fait sous une profondeur médiocre d'eau et sa masse est à diverses reprises interrompue par des lits à la constitution desquels l'eau douce a pris une part évidente. Les tuffeaux du Nord et ceux de la Belgique sont dans le même cas. Les sables de Cuise-la-Motte, dans la forêt de Compiègne, les sables de Beauchamps, de Mortefontaine et surtout d'Auvers sont des produits essentiellement littoraux. Ils ont des correspondants exacts en Angleterre et bien ailleurs.

Toute une partie de la France méridionale conserve les traces d'un véritable cordon littoral datant des temps éocènes et comprenant certainement des portions relatives à l'époque miocène. Il consiste en argiles associées à des graviers et dessinant, au travers du Castrais et de l'Albigeois, les contours d'un véritable golfe qu'on peut suivre depuis le massif de la Grésigne jusqu'au promontoire de la Montagne-Noire. On reconnaît que ce cordon ne s'est pas fait d'un seul coup, mais successivement, en ses différents points. C'est ainsi qu'entre la vallée du Thoré et celle de la Durenque, les sables et les argiles à graviers de la bordure du bassin sont plus anciens que les calcaires à *Planorbis pseudo-ammonius*. Entre la

Durenque et l'Agout, le faciès littoral envahit l'assise du calcaire
de Castres, tandis qu'au nord de l'Agout et le long du massif ancien,
les sables et les argiles à graviers se montrent jusqu'au niveau des
mollasses bartoniennes. A l'extrémité de la région, le même faciès
détritique se manifeste enfin dans les dépôts de l'Éocène supérieur.

Sur la bordure orientale du bassin, la formation littorale de
l'Albigeois s'étale sur les terrains anciens en une nappe que les
érosions ont morcelée et dont la largeur moyenne atteint une
dizaine de kilomètres. Le dépôt est formé d'argiles rouges ou jaunâtres, au milieu desquelles s'intercalent des lits de cailloux roulés.
Au sud du Tarn et jusque dans les environs de Fréjairolles, ce
terrain est recouvert par les mollasses bartoniennes, mais en avançant vers le nord, on voit la formation détritique envahir les étages
de plus en plus récents. Le cordon littoral acquiert ensuite une
puissance considérable sur le pourtour du massif de la Grésigne,
entre Vindrac et Bruniquel où il paraît représenter spécialement
l'étage sannoisien. Dans cette région, le dépôt se montre composé
de brèches ou de conglomérats et l'on constate que certaines
assises des calcaires de Cordes passent latéralement à ces brèches
au voisinage du massif[1].

Dans la région parisienne on rencontre à plusieurs niveaux des
dépôts éocènes qui témoignent du régime d'estuaires sous lequel ils
se sont formés. Les lignites du Soissonnais où abondent les Mélanies, les couches des caillasses à Potamides, les marnes supra-gyp-
seuses à Cyrènes ne laissent aucun doute à cet égard.

Au Val Saint-Léger, non loin de Gisors, Hébert a étudié des
couches à *Lepidotus Maximiliani* dans lesquelles abondent *Cyrena*
et *Melanopsis* ; à Provins se présentent des couches de calcaire
grossier avec des Potamides.

En Belgique, on pourrait mentionner les lignites d'Erquelinnes
et en Angleterre les couches de Woolwich et de Reading ; en
Suisse, les marnes à *Cerithium plicatum*, etc.

Le régime lagunaire a régné dans le bassin de Paris pendant le
dépôt du terrain gypseux ; la grande masse en est lacustre, mais,
à diverses reprises, on y voit des lits pleins de Cérithes ou d'autres

---

1. *Carte géologique détaillée de la France*, explication de la feuille d'Albi (n° 219).

coquilles qui témoignent de la proximité de la mer. Les mêmes conditions se sont d'ailleurs continuées pendant toute la durée des sables de Beauchamps et du travertin de Saint-Ouen, et même pendant le dépôt des caillasses du calcaire grossier qui sont pleines d'épigénies gypseuses.

Des témoins de grands lacs nous sont conservés par les dépôts des marnes à Physes de Rilly, des grès de Belleu, de l'argile plastique de Vaugirard, des travertins de Provins et de Saint-Ouen dont les analogues se trouveraient à Hainin (près Mons en Belgique), à Montolieu dans l'Aude, à Vitrolles en Provence, à Bouxwiller en Alsace et jusque dans le Dekkan aux Indes. Nous pouvons même citer des lits de rivières fossiles représentées par le célèbre conglomérat ossifère de Meudon à *Gastornis*, à Crocodiles, à Tortues et à plantes terrestres, et les dépôts de Cernay, près Reims, si riches en Mammifères. Une source incrustante jaillissant sur le sol d'une forêt luxuriante est représentée, à ne pas s'y méprendre, par le travertin de Sézanne.

Comme témoignages importants de l'existence des conditions continentales pendant les temps éocènes, il importe beaucoup de constater que l'étude des poches à phosphorites du Quercy y a fait voir de véritables cavernes, hébergeant une faune très comparable à celle des cavernes actuelles et qui se sont remplies par le jeu des actions mêmes qui procèdent devant nous au comblement de ces dernières. Les Chauves-Souris, dont on trouve les vestiges avec les phosphates, accentuent le trait d'union entre les temps éocènes et le moment actuel.

Enfin il y aurait une large place à faire au résumé des manifestations volcaniques durant l'époque éocène.

Dans le nord de l'Europe, les basaltes, épais parfois de 1000 mètres, du N.-E. de l'Irlande et ceux de quelques points au nord de l'Angleterre sont accompagnés, suivant M. S. Gardner, de tufs contenant toute une flore éocène. Sur le continent les roches éruptives du Kaisersthul, dans le Brisgau, ont de même fourni à Bleicher des tufs pourvus de coquilles du Tertiaire inférieur. C'est avant le dépôt du Flysch oligocène que, d'après M. Steinmann, ont fait ruption les volcans des Grisons (Suisse) dont les coulées ophiolithiques ont fourni plus tard, par leurs débris, l'un de leurs éléments constituants aux grès de Taveyannaz. Nous pourrions citer aussi des manifestations éruptives en Illyrie et en Serbie, mais il faut nous arrêter un peu plus aux faits qui concernent l'Italie. C'est en effet d'une manière très active que les roches éruptives éocènes paraissent avoir contribué à la construction de la chaîne des Apennins. Suivant M. Traverso, des lherzolithes, puis des euphotides et des diabases, et enfin de vrais granits et des microgranulites se seraient associés à des sédiments de l'Éocène moyen et de l'Éocène supérieur, au fur et à mesure de leur dépôt. C'est l'ensemble, devenu très serpentineux, qui est souvent désigné par les géologues italiens sous le nom de *Gabbro rosso*. Déjà Coquand avait affirmé que les éruptions d'euphotide de la vallée de Reuss sont de l'âge que nous étudions et M. Stephani a acquiescé à cette manière de voir. D'ailleurs, c'est au milieu de sédiments nettement éocènes que se montrent, à l'île d'Elbe, des injections de serpentines, d'euphotides, de diabases et de péridotites d'autant mieux connues que plusieurs variétés de ces roches sont employées comme pierres de décoration. La péninsule ibérique a été en même temps que l'Italie le théâtre des éruptions éocènes et M. Choffat a étudié à Falqueras, près de Lisbonne, un intéressant massif de teschénite. De son côté, le littoral méridional de la Méditerranée est jalonné de pointements granitiques datant de l'Éocène : les mieux connus sont à Bougie, en Algérie, et dans l'île de la Galite, non loin de Tunis. N'oublions pas que c'est à l'époque éocène que 300 000 kilomètres carrés ont été submergés, dans le Dekkan (Indes anglaises) sous des nappes de basalte atteignant parfois 500 mètres d'épaisseur et que des calcaires nummulitiques sont venus dater en les recouvrant. Des formations synchroniques existent dans l'Himalaya. Enfin une bonne partie des innombrables manifestations éruptives de la région du Parc National des États-Unis datent de l'Éocène, de même que l'éruption de la propylite si bien étudiée par de Richthoffen dans les Montagnes-Rocheuses.

Substances utiles subordonnées aux formations éocènes.

Les assises éocènes renferment un très grand nombre de substances utilisables dans l'industrie. Déjà nous avons dit que les grandes lignes de subdivision stratigraphique à Paris pourraient être conclues de la distribution de la terre à briques, de la pierre à bâtir et de la pierre à plâtre. Il convient d'ajouter que ces trois matières si indispensables aux constructions s'y présentent sous des formes variées et avec des applications nombreuses.

Ainsi, l'argile plastique est tantôt grisâtre ou rougeâtre par l'interposition des matières étrangères et convient à la préparation des poteries grossières, des briques et des tuiles. Mais parfois elle est blanche et pure, de façon que la cuisson ne la teint pas. On l'appelle alors *terre de pipe* et elle atteint une assez haute valeur relative. On a quelquefois essayé de la faire passer pour du kaolin. Avant de l'employer, on soumet la matière première à un véritable épluchage qui doit singulièrement augmenter le prix de revient du produit. Des ouvriers prennent la roche réduite en petits lopins lors de son extraction du sol et, pourvus d'un couteau pointu, en retirent tous les grains étrangers et spécialement toutes les particules de matières ferrugineuses qu'ils peuvent y apercevoir. C'est seulement ensuite que l'argile est délayée dans l'eau, corroyée entre des rouleaux malaxeurs, puis moulée et cuite. Les localités où l'on exploite des argiles éocènes sont innombrables. Citons seulement Louvil et Orchies dans le département du Nord, Montereau en Seine-et-Marne, Vaugirard et Vanves à la porte de Paris.

Le calcaire est exploité dans des carrières souvent très vastes, les unes souterraines, les autres à ciel ouvert. On sait que l'ancien Paris est tout entier sorti de son propre sous-sol où existent encore les catacombes dont le réseau compliqué est l'objet d'une surveillance incessante à cause des dangers d'affaissement qu'il fait courir à la surface. Toute la plaine de Montrouge est de même minée en tous sens et pendant bien longtemps on y voyait d'innombrables roues à chevilles par le moyen desquelles les pierres étaient montées au jour. En plusieurs régions, les carrières à ciel ouvert se signalent par leurs vastes dimensions, par exemple dans l'Oise, comme à Saint-Maximin et surtout dans la vallée du Thérain, à Saint-Vaast, auprès de Cramoisy. Les procédés d'extraction sont très perfectionnés et ne donnent lieu qu'à une faible quantité de résidus. A divers niveaux, on trouve des couches très épaisses qui fournissent de magnifiques pierres d'appareil; ailleurs, on extrait du moellon. Certains lits se prêtent spécialement, à cause de leur épaisseur, à la confection de dalles ou de marches d'escaliers, etc. On a distingué, sous le nom de *tripoli de Nanterre*, un niveau friable, très propre au nettoyage et au polissage des corps peu durs. Il y a aussi des couches remarquables par leur porosité : sous le nom de *liais*, on en a fait des pierres à filtrer fort en usage à l'époque où la distribution des eaux alimentaires était encore tout à fait rudimentaire dans les villes. Il est utile d'ajouter que maintes variétés de calcaire éocène servent à la fabrication de la chaux ; le dépôt de Champigny a donné lieu, l'un des premiers, à l'emploi des fours à feu continu. Dans les régions métamorphiques, les calcaires éocènes sont à l'état de marbre et c'est ce qui a lieu avant tout dans les Alpes et dans les Pyrénées. La brèche de Tholonet, près Aix-en-Provence, est très recherchée à cause de son aspect agréable. Au mont Attila, dans l'Aude, on exploite un marbre nummulitique.

Les marnes de l'Éocène sont très variées quant à leur emploi, en raison des différences de leur composition. Beaucoup d'entre elles conviennent au marnage des champs. Celles qui sont assez argileuses peuvent servir à la fabrication des tuiles et des briques ; à cet égard on recherche assez les marnes vertes supérieures au gypse, à cause de la couleur rouge vif des produits de leur cuisson dont on fait volontiers la toiture et les murailles des petites habitations de plaisance. Cependant ces poteries sont de qualité très médiocre à cause de la chaux qui s'y trouve mélangée par le fait de la cuisson du calcaire et qui constitue un germe de destruction. On trouve à plusieurs niveaux d'excellentes marnes à ciments, et spécialement dans le haut de la formation gypseuse : on a réalisé souvent des mélanges entre divers bancs de ces marnes et les résultats ont été satisfaisants. C'est le moment de rappeler que du ciment hydraulique a été obtenu par la cuisson du mélange d'argile plastique et de craie.

Le gypse est l'une des richesses minérales les plus précieuses du terrain éocène et tout le monde connaît la haute valeur commerciale du *plâtre de Paris*. L'exploitation se fait avec une activité inégale suivant les différents lits et concerne aussi bien des couches bartoniennes que des couches tongriennes : elle porte spécialement sur les variétés saccharoïdes, mais elle concerne aussi les grignards et, dans certains cas, des roches compactes à cassures cireuses de la variété des albâtres, et même des portions largement lamellaires, associées aux précédentes. Normalement, le gypse est mélangé de marnes, mais cette circonstance paraît très favorable à la bonne qualité du produit fabriqué. En effet, la cuisson ne se borne pas à déshydrater la chaux sulfatée ; elle cuit les portions calcaires et en fait de la chaux ; elle détermine surtout entre la silice, l'alumine et la chaux des combinaisons plus ou moins analogues aux matières pouzzolaniques et dont l'hydratation doit contribuer à la solidité de la prise. Quant à la cuisson, elle se fait tantôt à l'aide de fours construits avec les blocs de gypse destinés à subir les effets de la chaleur (la température est alors médiocre et toute l'eau n'est pas éliminée) — tantôt dans des fours permanents qu'on porte à plus de 1 000° (et la méthode s'applique surtout au traitement des albâtres comme on en connaît auprès de Lagny).

Le plâtre, une fois cuit, est broyé dans des moulins et parfois tamisé à des degrés divers de finesse. Il sert avant tout comme matière conjonctive des matériaux de construction. On en consomme d'énormes quantités en agriculture dans la pratique du *plâtrage*, préconisée par Franklin, et qui est très favorable aux légumineuses. Le plâtre sert à la fabrication d'objets moulés qui peuvent avoir une valeur artistique à cause de la propriété de la pâte versée dans les moules de se dilater en se solidifiant. La poudre dite de riz, destinée à la toilette, consiste en plâtre cuit à très haute température, puis passé dans des tamis extrêmement fins et mélangé d'une très petite quantité de substance parfumée. Quelquefois on taille dans l'albâtre gypseux de petits objets tels que pendules, boîtes, ornements qui ne sauraient à cause de leur manque de dureté avoir le moindre caractère artistique. Il y a dans l'Ariège, à Betchat, une extraction de gypse nummulitique.

On exploite dans l'Éocène de grandes quantités de sables et de grès. Parmi les premiers il faut citer ceux que leur extrême pureté désigne pour entrer dans la composition des cristaux et des glaces. Tels sont ceux de Rilly, auprès d'Épernay et ceux de Fleurines non loin de Pont-Sainte-Maxence, le premier du Thanétien et l'autre du Bartonien. Beaucoup d'autres sables moins purs servent à faire des bouteilles, ils entrent aussi dans la confection des mortiers. Quant aux grès, ils se trouvent dans tous les niveaux sableux ; on exploite surtout ceux qui sont subordonnés à l'argile plastique et ceux qui abondent dans là zone bartonienne dite des sables moyens ou de Beauchamps. On en fait surtout des pavés, mais ils sont employés parfois comme matériaux pour la construction des murs.

Il faut mentionner l'abondance des couches ligniteuses dans l'Éocène ; on en tire du combustible dans un grand nombre de localités et, par exemple, auprès de Soissons, à La Débruge (Vaucluse), à Bouxwiller (Alsace), etc. Bien souvent aussi on a surtout en vue d'y exploiter la marcasite associée au lignite et qui, par oxydation à l'air, donne du sulfate de fer. Les *cendres noires*, comme on appelle ces lignites « pyriteux », sont aussi répandues comme amendement dans certains sols, soit à l'état de nature, soit après avoir été grillées à l'air. Des lignites éocènes se voient dans l'Yonne, à Enfourchure de Grammont, près de Joigny. Dans le massif des Diablerets, en Suisse, les couches éocènes ont été métamorphisées au point que lè lignite se trouve y avoir la composition d'une anthracite. En Bulgarie, on exploite dans le bassin de Pernik, à 18 kilomètres de Sofia, un lignite qu'on emploie pour les chemins de fer, les fabriques d'alcool, les moulins, les sucreries, les tuileries et les usages domestiques.

Le pétrole du Caucase est associé à des couches tertiaires.

Des lits ferrugineux parfois exploitables sont subordonnés à l'Éocène. Dans le Tongrien ils se présentent souvent en poches et leur abondance a fait donner au niveau, en certains pays, le nom de *terrain sidérolithique ;* le Berry, le Jura, une partie de la France centrale, les Alpes Vaudoises, le Val de Delémont ont fourni longtemps du fer pisolithique, qualifié parfois de fer d'alluvions, et dont le mode de formation et l'origine nous ont précédemment occupés. Comme autres métaux, il faut citer le gîte calaminaire du Djebel-Nador, dans la province de Constantine, au sein de poches ouvertes dans le calcaire nummulitique. C'est dans une situation géologique tout à fait comparable que se présente le phosphate de chaux, en poches corrodées dans la masse des calcaires de divers âges, et dont les types principaux ont été décrits dans le Quercy (Lot, Tarn-et-Garonne, etc.). L'exploitation de ces gîtes remarquables a d'ailleurs été très éphémère et maintenant la région peut être regardée comme épuisée. La condition

est absolument différente pour le gisement si riche du phosphate
de Gafsa en Tunisie, qui forme des couches dans le Suessonien.

Il ne faut pas oublier les gisements de sel subordonnés à l'Éocène.
Il y en a un des plus remarquables à Cardona, en Espagne. On y voit
un rocher de sel gemme et l'on a pu dire que la ville est bâtie
sur le sel. Ce minéral est souvent teint en rouge foncé et on voit
dans les crevasses du sol, de magnifiques stalactites et des grappes
cristallines de la même couleur. Dans le Penjab (Indes Anglaises),
il y a auprès de Bahadur-Khel une falaise de sel ·de 60 mètres
de hauteur. Au sud de Peshavar, on connaît du sel éocène sur le
bord de l'Indus, juste en face d'un gisement silurien que nous
avons précédemment cité.

Terres végétales éocènes.

Les terres végétales auxquelles donnent lieu les niveaux éocènes
sont extrêmement variées.

L'argile plastique, qui se signale comme on l'a vu par son imperméabilité, est un niveau très fréquent de sources : par exemple, la
source de la grande pièce d'eau du parc de Grignon est soutenue
par l'argile plastique. Aussi la terre que produit l'argile est-elle pour
l'ordinaire très marécageuse : dans l'Aisne et dans l'Oise le terrain des lignites est couvert d'étangs entourés de bois souvent très
prospères. Dans l'arrondissement de Cambrai et autour d'Avesnes,
on aménage de semblables sols en prairies et en pâtures quand
ils ne sont pas trop mouillés. Dans le canton de Douai il a fallu
appliquer systématiquement le drainage pour rendre cultivables
des terres jusque-là improductives et qui, depuis 1851, produisent
des quantités considérables d'excellentes betteraves à sucre.

Il va sans dire que les régions sableuses de l'Éocène donnent des
sols bien différents et, par exemple, les sables de Cuise et ceux de
la Glauconie supérieure sont très propres, aux environs de Soissons
notamment, à la culture des arbres fruitiers et à celle de la vigne.
Dans la Charente, on rencontre sur la surface du terrain crétacé des
îlots de sables tertiaires, associés parfois à des grès, à des cailloux

roulés et même à de l'argile : ils ont été plantés en vignes qui donnent des cognacs de qualité relativement médiocre et que l'on désigne dans le commerce sous le nom d'*eaux-de-vie de bois.*

Dans les pays où l'Éocène argileux a subi les effets du métamorphisme, la terre qu'il peut engendrer se rapproche par ses propriétés de celles des terrains schisteux anciens. Ainsi, dans le département de la Haute-Savoie, entre Evian et Meillerie sur les bords du lac Léman, la décomposition du flysch a donné un sol d'une fécondité exceptionnelle. C'est là qu'on admire ces grandes vignes qui grimpent jusqu'en haut d'arbres morts amenés de plus ou moins loin, pour jouer le rôle de gigantesques échalas branchus. Les essences fruitières les plus diverses viennent admirablement dans la même région et on y rencontre des châtaigniers parfois si énormes que leur circonférence peut approcher de 15 mètres.

Pour ce qui est du calcaire grossier, on a dit avec raison que les larges surfaces où il s'est recouvert de terre végétale étaient prédestinées à la grande culture. On en a un exemple tout autour de Grignon où le calcaire grossier n'est généralement séparé de la craie que par des lits fort minces d'argile plastique et vient même souvent buter contre la roche secondaire comme le long d'une falaise. Des conditions analogues se retrouvent dans tout le Vexin français, dans le Soissonnais et bien ailleurs. En général les terres végétales de ces régions sont pauvres en potasse et en azote et surtout en acide phosphorique. Beaucoup d'arbres y viennent à souhait et, en première ligne, le tilleul et le buis ; puis le hêtre, le chêne, le charme et le bouleau. De grandes forêts autour de Paris croissent sur divers horizons du calcaire grossier ; il suffira de citer celles de Compiègne, de l'Isle-Adam et de Chantilly.

Quoique de composition bien différente, les sables moyens, ou de Beauchamps, qui couronnent le calcaire grossier portent également de belles forêts : celles de Saint-Germain, de Villers-Cotterets, d'Ermenonville, de Hallate en sont des exemples.

La décalcification intempérique recouvre le travertin de Saint-Ouen d'un limon fin que les cultivateurs de la région parisienne appellent la *terre douce* et qui, du côté d'Ermenonville, devient très fertile par la culture.

Enfin les terres qui résultent de la transformation des couches gypseuses ne sont pas sans valeur : depuis un certain nombre d'années on utilise avec grand profit, par exemple du côté d'Herblay, les déblais de certaines exploitations de plâtre pour la production du lilas. Les marnes suprà-gypseuses sont assez difficiles à travailler à cause de leur compacité; elles se prêtent souvent à l'établissement de pâturages.

Dans l'Hérault, les couches synchroniques du gypse parisien donnent de bons résultats après un drainage suffisant.

CHAPITRE II

LE GROUPE OLIGOCÈNE

———

Étymologie. — De ολίγος, rare. — C'est en 1854 que Beyrich a proposé ce nom pour une division qu'il lui paraissait opportun d'admettre entre l'Éocène et le Miocène[1]. Le mot est dérivé de la même considération qui avait inspiré Lyell et il n'y a pas à s'y attacher.

Synonymie. — On peut considérer comme étant sensiblement synonymes d'Oligocène les expressions de terrain *anthracothérien;* de terrain *dellysien* [Ficheur, 1890 (de Dellys)] pour l'Algérie ; d'*Argille scaliose* (en partie) pour les Apennins ; de *Vicksburgien* (Heilprin), pour l'Amérique du Nord. Sa forme lacustre correspond au *calcaire de l'Albigeois* du Tarn, à l'*Andennien* (Van den Broeck, 1893) pour la Belgique, etc.

Limite inférieure ; lacunes. — Dans bien des régions l'Oligocène repose sur l'Éocène et souvent même il se soude insensiblement avec lui. Ailleurs, il est assis sur des formations plus anciennes qu'il n'y aurait pas intérêt à énumérer car toutes les combinaisons sont réalisées dans un point ou dans un autre.

Localité oligocène type. — C'est encore dans les environs de Paris que nous aurons tout avantage à choisir une localité typique pour le groupe oligocène. Les différents auteurs sont peu d'accord quant à la base à lui donner et c'est sans doute pour cela qu'on a été conduit à imaginer un terrain *sannoisien* (MM. de Lapparent et Munier-Chalmas, 1893) qui commencerait à la limite supérieure de la haute masse du gypse et se continuerait jusqu'aux marnes à Huîtres exclusivement. Nous ne saurions admettre cette division stratigraphique qui, autour de Paris, se désarticule pour ainsi dire

1. *Monatsbericht der K. Akademie der Wissenschaften zu Berlin*, 1854, p. 664.

d'elle-même entre l'Éocène et l'Oligocène : comme on l'a vu dans le chapitre précédent, les marnes supérieures au gypse sont liées à la pierre à plâtre d'une manière véritablement indissoluble. Ajoutons que le *calcaire marin de Sannois*, par ses analogies si intimes avec la formation de Jeurre, se présente comme une base acceptable pour l'Oligocène. Il est inutile d'ailleurs de répéter encore une fois que ces limites des terrains superposés sont essentiellement arbitraires.

Ajoutons qu'à Sannois cette base de l'Oligocène est un calcaire blanchâtre, rempli de moules de coquilles parmi lesquelles dominent *Cytherea incrassata, C. splendida, Pectunculus obovatus, Cerithium plicatum*, etc. Par-dessus, se présentent des dépôts d'eau douce qualifiés de *travertins de la Brie*, avec *Limnæa fabulum* et *Bithynia pusilla*, et qui sont couronnés par les marnes à Huîtres (*Ostrea cyathula*), auxquelles succède le calcaire à Millioles de Fresnes-les-Rungis. Ces derniers niveaux se montrent bien comme la continuation du calcaire de Sannois, dans l'épaisseur duquel le dépôt de la Brie est venu constituer un simple incident.

Mais c'est là un fait local et il y a tout avantage à prendre pour localité type les environs d'Étampes.

Autour de cette dernière ville, le falun de Jeurre, type du terrain *stampien*, constitue une sorte de piédestal au massif de 60 mètres de puissance des sables supérieurs, dits aussi *sables et grès de Fontainebleau*. En certaines localités, comme Jeurre et Morigny, près d'Étampes, on y trouve une faune nombreuse et très intéressante. Des ossements de Pinnipèdes (*Halitherium Guettardi*) s'y trouvent fréquemment ; des Poissons (*Carcharodon* (fig. 134), *Lamna, Galeocerdo*, etc.) n'y sont pas rares [1]. Les Mollusques y sont innombrables : *Typhis cuniculosus, Pleurotoma Belgica, Voluta Rathieri, Chenopus speciosus, Cerithium conjunctum, C. trochleare, C. plicatum, Bayania semidecussata, Bithynia Dubuissoni, Natica crassatina* (fig. 135), *Deshayesia parisiensis, Cytherea incrassata, C. splendida, Lucina Heberti, Pectunculus obovatus, Ostrea longirostris, O. cyathula*, etc.

Fig. 134. — Dent de *Carcharodon*. (1/2 G. N.)

Dans la plupart des localités, les sables de Fontainebleau

---

1. Priem, *Bull. Soc. Géol. Fr.* (4), VI, 1906, p. 195.

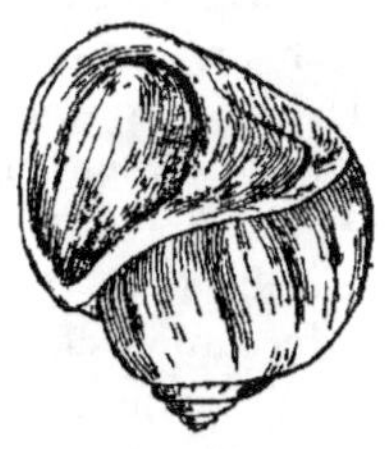

Fig. 135. — *Natica crassatina.*

(1/2 G. N.)

sont azoïques, mais on peut croire que, bien souvent, ils ont simplement perdu par dissolution les fossiles qu'ils contenaient. Ce qui permet de le supposer, c'est la découverte faite en divers points — et, par exemple, à Romainville pour la base, à Nemours pour le sommet — de grès remplis d'empreintes des Mollusques précédemment cités. Il est évident que si la dissolution de ceux-ci, qui est complète, avait eu lieu avant la cimentation du sable en grès, il ne resterait plus aucun indice de leur existence passée.

Plusieurs niveaux cependant sont très riches en coquilles et c'est ce qui donne à notre région type un si puissant intérêt; on doit mentionner surtout l'horizon de Morigny, l'horizon de Pierrefitte[1] et l'horizon d'Ormoy-la-Rivière, localités situées toutes trois aux environs d'Etampes. Pierrefitte s'est signalé par la présence d'une faune faisant transition entre celle de Morigny et celle d'Ormoy et établissant la continuité paléontologique dans toute la hauteur des sables supérieurs. Citons comme espèces remarquables : *Jouanettia Fremyi, Cytherea dubia, Corbulomya Morleti, Venus Lœwyi, Cardium-stampinense, Cardita Bazini, Planorbis inopinatus, Cerithium nodulosum, Hemifusus Berti, Murex Meunieri, Buccinum Archambaulti,* etc. Ormesson (près Nemours), La Ferté-Alais doivent être nommés aussi.

Les sables de Fontainebleau sont couronnés à Étampes, comme en beaucoup d'autres points, par la formation lacustre des *traver- tins de la Beauce,* qui leur fait un symétrique parfait par rapport aux travertins de la Brie. Ces formations lacustres ont manifesté souvent leur caractère d'incidents dans la série marine et c'est par exemple ce qu'on peut voir à Ormoy-la-Rivière où une couche d'un mètre d'épaisseur de sables marins à *Cytherea incrassata* et à *Cerithium plicatum* est prise entre deux lits de travertins lacustres renfermant l'un et l'autre *Potamides Lamarckii* et *Bithynia Dubuissoni*[2]

1. STANISLAS MEUNIER, *Comptes rendus de l'Académie des Sciences,* t. LXXXIX, séance du 6 octobre 1879. — STANISLAS MEUNIER et LAMBERT, *Nouvelles archives du Muséum.* — COSMANN et LAMBERT, *Mém. S. G. F.* (3), III.

2. MUNIER-CHALMAS, *Bull. S. G. F.* (2), 1870, XXVII, p. 693.

A Thorigny M. Morin a récemment découvert des dents d'*Entelodon*.

Le travertin de la Beauce est essentiellement calcaire et dans une foule de localités il est exploité comme pierre à chaux. Souvent il a subi, ainsi que bien d'autres formations calcaires et spécialement le calcaire de Brie, une silicification qui l'a transformé en *meulière*. Les fossiles eux-mêmes ont été épigénisés et leurs cavités contiennent fréquemment des géodes tapissées de cristaux de quartz.

Auprès de Paris, on voit fréquemment toute la formation de la Beauce passée ainsi à l'état siliceux ; mais, à partir d'Étampes, on constate, vers le sud, que cette modification n'intéresse que la portion inférieure du terrain ; tout le haut est resté à l'état calcaire. Par-dessus se présentent successivement la *mollasse du Gâtinais* et le *calcaire à hélices de l'Orléanais*.

La mollasse du Gâtinais est composée d'argile verdâtre, associée à des sables parfois agglomérés en grès par un ciment calcaire. A mesure qu'on s'élève dans son épaisseur, qui peut atteindre 15 mètres, on voit la cimentation laisser de moins en moins de portions incohérentes et, à la fin, il s'agit d'un banc résistant qui fait comme le piédestal du calcaire à hélices de l'Orléanais. Ce dernier, qui est comme une reprise du calcaire de la Beauce, consiste en couches grisâtres ou même noirâtres et bitumineuses, très souvent bréchiformes et contenant des coquilles terrestres et des coquilles lacustres. Les principales, visibles par exemple à Montabuzard (Loiret), sont : *Helix Aureliana, H. Ramondi, H. Moroguesi, H. Defrancei, H. Tristani, Limnæa urceolata, L. Larteti, L. Noueli, Melania aquitanica.*

Subdivisions du groupe oligocène. — Cet ensemble de formations se résoudra en deux terrains superposés dont la réunion constitue l'Oligocène :

GROUPE	TERRAINS	NIVEAUX	
Oligocène..	2. *Aquitanien.*	3. Calcaire de l'Orléanais. 2. Mollasse du Gâtinais. 1. Calcaire de Beauce.	Vasatien.
	1. *Stampien..*	2. Sable de Fontainebleau. 1. Calcaire marin de Sannois.	Rupélien.

I. — Terrain stampien (de Rouville, 1853).

Fig. 136. — *Ostrea longirostris*, fossile typique du terrain stampien.
(1/2 G. N.)

Étymologie. — De *Stampæ*, nom ancien de la ville d'Étampes.

Synonymie. — C'est le *Tritonien* de Thurmann (1836); le *Rupélien* de Dumont (1849). En Aquitaine, il consiste en *calcaire à Astéries* et sa portion littorale est qualifiée de *mollasse de l'Agenais*. Le Stampien de Belgique a été appelé *Kerckomien* (de Kerckom), par M. Van den Broeck en 1882; *l'argile de Boom* est sa portion supérieure. En Italie l'*Alberese* et le *calcaire de Castel Gomberto* coïncident plus ou moins avec lui. Le terrain *sidérolithique* (*Bohnerz* des Allemands) fait partie du Stampien.

Le terrain stampien en France. — Le Stampien se présente en diverses régions de la France et surtout vers le sud. Dans le nord-ouest, nous n'avons guère qu'un mot à dire de la Bretagne et de la Normandie. A Rennes, il est représenté par des assises de calcaire marin, si analogue à première vue avec la pierre à bâtir de Paris que d'abord on l'a confondu avec elle. Mais on y trouve : *Natica crassatina, Cerithium trochleare* et *C. plicatum, Turbo Parkinsoni,* et *Cytherea incrassata,* c'est-à-dire toute la faune de Jeurre. Un calcaire différent lui est associé que nous retrouverons tout à l'heure dans le Bordelais. Pour la Normandie, il s'agit d'argiles peu épaisses qui, à Néhou et dans quelques autres localités, recouvrent le Lutétien du département de la Manche. On y trouve *Cerithium plicatum* mélangé à de nombreuses petites Corbules.

Nous avons aussi une mention à faire du Stampien dans la région du Plateau Central et, par exemple, dans le Velay où se présentent des arkoses qui se relient par des transitions insensibles à des marnes à Bithynies sannoisiennes sous-jacentes parfaitement normales. Elles contiennent de nombreux débris végétaux et au-dessus d'elles se présentent des lits marneux que leurs Lymnées et leur *Cyrena convexa* font bien franchement stampiens. A Ronzon, sensiblement sur l'horizon du travertin de la Brie, on y trouve un riche gisement de fossiles. Les Mollusques d'eau douce, *Limnæa longiscata*, *Nystia Duchasteli*, sont mélangés à des Insectes, à des Poissons et à des Mammifères. Parmi ces derniers on citera : *Acerotherium*, *Hyopotamus*, *Paratherium*, *Hyænodon*, *Cynodon* et *Entelodon*. Dans plusieurs autres points de l'Auvergne on retrouve sensiblement les mêmes faits, par exemple à Gannat, et dans beaucoup de localités de la Limagne. C'est sur le revers sud du Plateau Central que se présentent, dans le Lot-et-Garonne, les affleurements du calcaire de Cordes au travers duquel les berges du Tarn, à Gaillac, sont entaillées. On le voit à Villeneuve, à Senouillac, à Cahuzac. Ce niveau renferme les formes les plus classiques de la faune stampienne. Citons de nombreuses Hélices (*Helix Raulini*, *H. cadurcensis*, *H. Nicolavi*, *H. Boyeri*, *H. adornata*, *H. Potiezi*, *H. lombersensis*), *Vertigo corduensis*, *Cyclostoma cadurcense*, *Pomatias creuracensis*, *Limnæa albigensis*, *L. corducensis*. *L. ore-longo*, *L. Fabrei*, *Planorbis spretus*, *P. cornu*, *P. crassus*, *Ancylus Royeri*.

En Savoie et dans la vallée du Rhône, les dépôts de Stampien se présentent en diverses localités. Ce terrain est fréquemment à l'état de grès, avec tests volumineux de *Natica crassatina*, couronné de calcaire avec *Nystia Duchasteli*, *Hydrobia Dubuissoni*, *Potamides Lamarckii* qui font la transition vers l'état lacustre de l'Aquitanien de la même région. Auprès de Chambéry, c'est dans un calcaire que se trouve, aux Déserts, la Natice caractéristique.

D'ailleurs, au sud d'Annecy et sur toute la bordure de la chaîne jusque dans les Basses-Alpes, il existe des couches tertiaires bariolées qui paraissent devoir être classées ici. C'est ainsi que dans la vallée synclinale de Leschaux, à l'est du Semnoz, on connaît au-dessus de couches nummulitiques, des assises de mollasses qui ont fourni *Sabal Lamanonis*. On y trouve aussi des feuilles de *Daphnogene* et des coquilles terrestres comme *Helix regulosa, H. eurhabdota, E. lepidotricha*, etc. Les dépôts bariolés de Novalaise sont également aquitaniens.

Il existe dans les Basses-Alpes, à Céreste, un célèbre gisement où des plantes en très grand nombre (*Sabal Major, Callitris Brongniarti, Libocedrus salicornioides, Sequoia, Myrica hæringiana*, etc.) sont associées à une faune intéressante qui comprend des Mollusques d'eau douce, des Insectes (fig. 137), des Poissons où M. Sauvage a déterminé des *Smerdis*, des *Protolebias*, etc., des Oiseaux représentés surtout par des empreintes de plumes délicatement conservées. Dans le même dépôt des grès, dits « grès d'Annot », présentent un grand développement. Au sud-ouest d'Allos, les montagnes des Tours, à 2 600ᵐ d'altitude, en sont constituées. Une partie du *Flysch gréseux* de l'Embrunais correspond à ces grès. Dans le bassin d'Apt, le Stampien est bien reconnaissable, et c'est dans une couche stampienne qu'est ouverte la grotte par laquelle jaillit la Fontaine de Vaucluse.

Fɪɢ. 137. — *Vanesse d'Aix.*
(2/3 G N.)

On trouve dans les Bouches-du-Rhône, et par exemple à L'Estaque, des argiles qui ont fourni des débris d'*Anthracotherium Cuvieri*. Il y a des lits stampiens dans le bassin d'Aix, au-dessus de la formation gypseuse que nous avons décrite.

A l'ouest de la France, on rencontre, dans la Chalosse et spécialement à Gaas, des faluns bleus où abondent *Natica crassatina* et toute une faune dont l'âge ne fait aucun doute et qui, à Biarritz, comprend des Nummulites manquant d'ailleurs dans le bassin de Paris. Par-dessus viennent des sables et des calcaires à *Operculina*. Le régime marin se continue dans les Landes et Saint-Sever présente les Nummulites mélangées à *Natica crassatina* et *Turbo Parkinsoni*. Enfin dans les environs de Bordeaux, le terrain se complique et le niveau le plus remarquable est constitué par le *calcaire à Astéries*, dit aussi *calcaire de Bourg*, reposant sur des marnes à Huîtres et renfermant une faune très abondante. Son nom lui vient de la présence de très nombreux osselets d'Étoiles de mer qui lui donnent parfois une apparence voisine de celle des calcaires à Entroques de l'Oolithe ; ils proviennent de *Crenaster lævis* qui devait pulluler dans la mer oligocène. D'autres Echinodermes (Échinides) se trouvent avec lui, tels que *Echinolampas Blainvillei, Periaster Arnaudi, Echinocyamus piriformis*, et un très grand nombre de Gastropodes parmi lesquels *Natica crassatina, Cerithium trochleare, C. plicatum, Trochus Bucklandi* sont les plus caractéristiques.

Le terrain stampien en Europe. — Hors de France, nous avons à mentionner la présence du Stampien en Italie et, avant tout, dans la célèbre localité de Castel Gomberto, dont les fossiles rappellent tout à fait ceux des sables supérieurs d'Étampes, auprès de Paris. Toutefois ils sont empâtés dans des calcaires où, à la différence de l'état des choses en Seine-et-Oise, abondent les Polypiers qui y ont construit de vrais récifs. Dans le Vicentin, des lits de lignites, où s'est montré parfois *Anthracotherium*, sont associés à ces formations marines. Les *argille scaliose* de la Sicile font un passage insensible du Stampien à l'Aquitanien.

Du Stampien a été signalé à l'île de Malte, sous la forme d'un massif de calcaire compacte, de 160 mètres d'épaisseur, où l'on trouve des Oursins.

Près de Bâle, en Suisse, on désigne sous le nom de *Blättersandstein*, ou grès à feuilles, des argiles sableuses plus ou moins bleuâtres avec nodules de marnolite à retraits géodiques et qui se continuent en Alsace. On y recueille des plantes, beaucoup de Poissons et des débris d'*Anthracotherium*. Dans le bassin de Mayence, les dépôts prennent plus de développement et, au-dessus de leur base, qu'il faut évidemment classer dans le Tongrien, on reconnaît du Stampien lignitifère.

En Belgique, on avait décrit sous le nom de *Rupélien* un niveau qui doit être considéré comme correspondant au terrain stampien.

Il se présente dans le Limbourg sous l'aspect d'une formation argilo-sableuse qui se montre plus sableuse à Bergh et plus argileuse vers Boom. Ces roches reposent à Henis sur des assises où se retrouve *Cytherea incrassata* caractéristique.

Quant à l'Angleterre, c'est encore ce même *Cytherea incrassata* qui caractérise la base du Stampien, bien visible par exemple à Bembridge dans l'île de Wight. Plus haut, des marnes associent à ces coquilles des Lymnées et des Bulimes et l'on retrouve, au-dessus, *Nystia Duchasteli.*

Le terrain stampien en dehors de l'Europe. — Nous n'avons presque rien à dire du Stampien en dehors de l'Europe. Il a été signalé en Algérie, spécialement à Constantine et à Dellys et l'on est frappé de rencontrer aux portes d'Erivan, en Arménie russe, un calcaire grisâtre où *Natica crassatina* se montre mélangé à des Nummulites.

II. — Terrain aquitanien (Mayer-Eymar, 1875).

FIG. 138. — *Limnæa pachygaster,* fossile typique du terrain aquitanien.
(G. N.)

Étymologie. — Le terrain *aquitanien* a été ainsi nommé à cause de son développement en Aquitaine, dans le S.-O. de la France.

Synonymie. — C'est le terrain *vasatien* de Fallot (1893) (de Bazas, Gironde): il comprend les faluns de Bazas, de Saint-Avit, de Mérignac, de Lassalle, etc.; sa partie lacustre est le *calcaire*

du Bazadais et le *calcaire de l'Agenais*. — Dans le Gard l'Aquitanien est appelé *Alaisien* par Em. Dumas. En Suisse on doit y rattacher le *Delemontien* (Greppin, 1867).

Le terrain aquitanien en France. — Aux environs de Bordeaux,
par exemple du côté de la Réole, l'Aquitanien commence par
une marne bien visible à Labrède et qui contient *Cerithium plicatum* avec d'autres Cérithes, des Turritelles, des Lucines et différents fossiles. Plus haut une variété de mollasse plus ou moins
riche en ciment marneux ou argileux est caractérisée par des
Huîtres. Enfin, sur des calcaires dits de l'Agenais et de Saucats,
se développent plusieurs horizons de *faluns* visibles soit à Lariey,
soit à Martillac, soit à Saint-Avit, soit à Mérignac et encore ailleurs. Ils sont célèbres par l'abondance de leurs coquilles marines. Autour de Bazas, la base de cet ensemble est constituée
par du calcaire remarquable à cause de son faciès d'eau douce et
de sa richesse en *Helix Ramondi* qui est un des fossiles les plus
constants de l'Aquitanien. Le calcaire de Bazas contient de très
intéressants débris de Mammifères, parmi lesquels il faut citer
Amphitragulus et *Anchitherium*. L'ensemble des faluns de Bazas
paraît pouvoir se décomposer en trois horizons superposés dont
l'inférieur, également représenté sur les deux rives de la Garonne,
consiste en argiles plus ou moins calcaires et plus ou moins sableuses suivant les points et dans lesquelles on ne trouve que des
fossiles d'eau douce, *Potamides* et *Congeria (Dreissensia)*. Plus
haut, une dizaine de mètres de calcaire offrent au contraire une
allure marine avec *Pyrula Lainei, Cerithium margaritaceum, Turritella Sandbergeri, Cytherea undata, Arca cordiformis*. La portion
supérieure, visible dans le vallon de Saucats, montre la faune
lacustre à Congéries et à Cyrènes qui s'accentue et se complique
dans un calcaire brun ou gris de fumée, zoné, qui contient les fossiles du *calcaire gris de l'Agenais*. Des faluns proprement dits,
recouverts de marnes à Potamides et à Congéries, terminent la
série avec une abondance de restes organiques dont la liste suivante, tout incomplète qu'elle soit, peut donner une idée. Il faut
citer parmi les Mollusques les plus répandus : *Melanopsis aquitanica, Neritina subjecta, Cerithium margaritaceum, C. plicatum,
Fusus (Pyrula) Lainei, Rostellaria dentata, Strombus Bonelli, Cy-*

præa subleporina, Nautilus Aturi. Les Polypiers, très nombreux, se répartissent entre les genres *Dendrophyllia, Septastræa, Astræa, Prionastræa, Caryophyllia, Madrepora, Pocillopora.* Les Foraminifères comprennent *Marginulina, Nonionina, Operculina, Globulina, Polymorphina, Spiroloculina, Triloculina.*

Plus au sud, l'Aquitanien se signale dans le Languedoc par *Helix Ramondi* fréquent et parfois par *Anthracotherium.* A Salindres (Gard), des calcaires avec lignites contenant des *Cyclostoma* ont fourni *Acerotherium incisivus.* Dans l'Aude, on ne peut négliger de citer Armissan, non loin de Narbonne, où des plaquettes de calcaire marneux ont conservé les empreintes admirablement nettes de toute une flore remarquable. De grands rameaux d'*Andromeda,* par exemple, en ont été extraits avec d'innombrables Conifères et surtout des Pins et beaucoup d'autres arbres (*Acacia Bousqueti, Copaifera armissanensis, Aralia Hercules, Ostrya atlantidis,* etc.), dont M. de Saporta a fait une étude complète.

On doit rapprocher d'Armissan la non moins célèbre localité de Manosque, où des dépôts lacustres se continuent sur 60 kilomètres de longueur. Les empreintes végétales n'y sont pas moins nombreuses et témoignent comme les précédentes du climat subtropical de la région aux temps éocènes. D'innombrables Palmiers y sont mélangés aux Kakis (*Diospyros*), aux Sequoïas, aux grandes Fougères et, en même temps, à des arbres ressemblant à ceux qui croissent aujourd'hui dans la région : Peupliers, Charmes, Bouleaux, Aulnes et bien d'autres. A la Fontaine de Vaucluse, le calcaire stampien supporte des dépôts saumâtres qui sont une transformation des couches de Manosque.

Cette forme saumâtre de l'Aquitanien se rencontre dans une foule de points ; généralement elle est recouverte de calcaire à *Potamides* et à *Helix Ramondi.* C'est ce qu'on voit dans l'Ardèche, dans le Dauphiné et dans le Plateau Central. A Issoire on rencontre un calcaire à Cérithes d'eau douce (*Potamides*). Près d'Aurillac, à Murat et dans d'autres points du Cantal, Rames a signalé des calcaires stampiens caractérisés par *Limnæa pachygaster* (fig. 138), *Planorbis cornu* et *Helix Ramondi.* On y trouve aussi des carapaces d'Ostracodes (*Cypris faba*), parfois abondantes au point de donner à la roche un aspect oolithique, et des *Chara.* Une forme particulière de ces dépôts est celle du *calcaire à Indusies,* ainsi nommé parce qu'il est constitué par l'agglomération des fourreaux de larves de Névroptères du genre Phrygane (*Indusia*). Ce calcaire est associé à des bancs de cendres volcaniques stratifiées qualifiées de pépérites et de cinérites. Vers Menat, on exploite un lignite feuilleté, rappelant les dysodyles de Sicile et qui a fourni des fossiles délicats. A ce niveau des calcaires lacustres à Phryganes et à *Helix Ramondi*, se rattachent plusieurs localités fossilifères bien connues, par exemple Saint-Gérand-le-Puy (Allier), où le travertin contient des plumes, des œufs et des ossements d'Oiseaux, des restes de très nombreux Mammifères comme *Rhinoceros (Acerotherium) incisivus, Palæocherus major, Mastodon tapiroïdes, Tapirus Poirrieri, Anthracotherium magnum, A. leptorhynchum, Palæomeryx traguloides, Amphitragulus gracilis, Amphictis antiqua, Amphycion crassidens, Mus gerandianum, Archæomys arvernensis, Sorex antiquus*, etc. Près Pont-du-Château, dans la masse du Puy-du-Mur, on rencontre une argile blanche pétrie de débris de Diatomées marines et constituant une véritable randanite. Elle représente la zone lagunaire du niveau à *Potamides Lamarckii* de la Limagne, vers la fin de l'Aquitanien.

Il faut d'ailleurs renoncer à citer toutes les localités aquitaniennes : il en est en Bourgogne, en Bresse, dans le Jura et dans le Doubs ; beaucoup ont fourni des fossiles intéressants.

Le terrain aquitanien en Europe. — En Italie, l'Aquitanien est exceptionnellement développé et, d'ailleurs, soudé intimement d'une part au Stampien et, d'autre part, au Burdigalien qui le surmonte. En Vicentin, on connaît des calcaires construits par les Algues calcaires du genre *Lithothamnium* et où abondent *Lepidocyclina*. A Malte, des calcaires aquitaniens sont également remarquables par leurs Foraminifères.

En Bavière, en Moravie, des mollasses, saumâtres ou marines, représentent le niveau, et on connaît des localités riches en plantes fossiles dans la vallée de la Zsily en Transylvanie et surtout à Radoboj en Croatie, où la flore a la plus grande analogie avec celle d'Armissan. En Allemagne, le bassin aquitanien de Mayence mérite d'être mentionné : des grès y renferment des quantités d'empreintes de feuilles provenant de végétaux très nombreux. En plusieurs localités l'abondance des *Helix Ramondi* et de quelques-uns de ses congénères est telle dans ces roches qu'on les appelle vulgairement *Landscheneckenkalk,* c'est-à-dire calcaire à colimaçons. On y recueille aussi beaucoup d'ossements de Rhinocéridés. Par places le faciès devient saumâtre et contient une profusion de Cérithes. En plusieurs points de l'Alsace, des couches ligniteuses ont procuré de beaux spécimens d'*Anthracotherium.*

La mollasse rouge de Vevey, en Suisse, qui s'étend dans le canton de Vaud et dans le sud du canton de Fribourg, représente le niveau de la mollasse d'Annecy et des Préalpes françaises. A Rapaz, près Vaubrun, non loin de Châtel-Saint-Denis, on y a découvert *Sabal major* tout à fait caractéristique avec *Podocarpus eocenica* dans un grès dur chargé de pyrites et de filets de lignite jayet. Les débris animaux associés à ce niveau comprennent des Mollusques comme *Cyrena convexa, Melanopsis acuminata, Cardium Heeri* et des Vertébrés : Poissons, Tortues, Crocodiles, et *Halitherium.* A Vevey la flore, peu abondante, a fourni, d'après M. Douxami, *Acer angustifolium, Sabal Lamanonis, S. major, Flabellaria latiloba, Cyperites Blancheti, Cinnamomum spectabilis.* Des coquilles : *Clausilia Escheri, Helix Ramondi, Glandina inflata,* reproduisent l'association constatée en beaucoup de localités.

Le terrain aquitanien hors de l'Europe. — Il paraît y avoir quelques lambeaux aquitaniens en Algérie. En Amérique des calcaires à *Lepidocyclina* ont été décrits en Floride. Il paraît que dans la largeur de l'isthme de Panama le même niveau passe du faciès marin, qu'il a à Colon sur la côte atlantique, au faciès plus ou moins saumâtre ou lacustre avec lignite du côté de Panama. Des couches à *Acerotherium* ont été étudiées dans le Dakotah par Ch. Osborn et des plantes oligocènes ont été recueillies en diverses localités des plus méridionales de l'Amérique du Sud, jusqu'à la Terre-de-Feu.

Faciès divers des dépôts oligocènes.

Pendant les temps oligocènes, des mers médiocrement profondes ont déposé les argiles à *Ostrea longirostris* de Paris et de la Gironde et, à de plus grandes profondeurs, se sont constitués les récifs madréporiques de Castel Gomberto, dans le Vicentin, et de quelques points des Antilles. On peut mentionner aussi les calcaires à Oursins (*Scutella*) des Calabres et de l'île de Malte, les schistes à *Meletta* (Poissons très voisins des *Clupea* ou Harengs) de l'Alsace et de Belfort, les schistes ardoisiers de Glaris en Suisse, etc., comme se rapportant à des fonds de plus en plus grands.

Comme productions littorales, nous citerons tout d'abord les couches de galets des environs d'Étampes si visibles à Saclas, à la Côte-Saint-Martin, à Étréchy et dont l'identité est si parfaite avec les galets actuels des plages de Dieppe et du Hâvre. On les connaît à Romainville dans la même situation. Les grès de Barrême dans les Basses-Alpes, les sables rupéliens du Limbourg belge, les sables de Weinheim dans le bassin de Mayence sont tout à fait du même âge. Le cordon littoral mentionné précédemment dans l'Albigeois, à propos de l'Éocène s'est continué à l'époque oligocène entre Vindrac et Bruniquel, où il atteint une grande épaisseur. Il est constitué par des argiles généralement rouges, au milieu desquelles s'intercalent, à de nombreux niveaux, des lits de cailloux plus ou moins roulés dont les éléments proviennent des terrains de la Grévigne. *Ischurostoma (Cyclostoma) formosum* est le seul fossile qu'on y ait recueilli.

Les dunes, qui sont un détail essentiel de l'appareil littoral, sont bien représentées par une partie des sables de la forêt de Fontainebleau, où l'on voit la structure en petits lits obliques, la disposition en longues bandes parallèles entre elles et même l'allure caractéristique des grains de sable des dépôts éoliens.

Les lagunes, déjà citées pendant l'Éocène, se sont continuées pendant l'Oligocène et c'est ce dont témoignent les argiles à gypse de Constantine et la pierre à plâtre des environs de Marseille.

Les vestiges d'embouchures de fleuves se révèlent dans les marnes blanches superposées au gypse de Paris et dans les marnes vertes qui les surmontent : Romainville a fourni de nombreux échantillons tout à fait décisifs pour démontrer leur caractère de dépôts d'estuaires ; les marnes à Cyrènes du bassin de Mayence doivent en être rapprochées.

Comme dépôts fluviatiles ou lacustres, les couches à végétaux terrestres et à Poissons d'eau douce, à Bonnieux en Vaucluse, sont tout à fait remarquables. L'Angleterre en a le correspondant dans les lits d'eau douce de Hampstead, dans le Hampshire. Auprès de Paris, les travertins de la Brie et ceux de la Beauce témoignent de grands lacs dont la durée a dû être très longue. La formation des lignites des environs de Kœnigsberg est analogue, ainsi que le gîte d'Insectes de Kleinkembs en Alsace. Les célèbres localités d'Armissan, de Saint-Jean-de-Garguier, de Saint-Zacharie, de Manosque sont dans le même cas.

Enfin la période oligocène a laissé des formations essentiellement continentales, et à ce point de vue, les gisements phosphatés du Quercy sont incomparablement intéressants en ce qu'ils représentent de véritables cavernes fossiles. On voit à Ronzon, en Auvergne, quelque chose de similaire.

En Provence, on a, comme ailleurs, des traces indiscutables d'éruptions volcaniques oligocènes ; la dolérite et le basalte de Beaulieu, accompagnés de tufs de scories se sont fait jour longtemps après le dépôt des gypses d'Aix, et cependant avant la terminaison du massif oligocène. Des tufs basaltiques parfaitement stratifiés s'intercalent parallèlement aux lits calcaires. Ceux-ci, qui recouvrent et qui ont empâté les scories, ont fourni une mâchoire de *Dremotherium*. Ils sont à peu près de l'âge de la mollasse d'Étréchy. Selon M. Lovisato, c'est pendant la période aquitanienne qu'ont eu lieu les éruptions de rhyolithe de la côte occidentale de la Sardaigne. De son côté, M. Choffat a suivi sur plus d'un kilomètre, les sorties de teschénite de Falqueras, près de Lisbonne : après avoir constaté qu'elles ont commencé aux temps éocènes (v. p. 780), il a conclu qu'une partie date de l'époque oligocène. Plus au nord, il faut admettre, avec M. Bleicher, que la dolérite du Kaiserstuhle, si spéciale qu'on la distingue sous le nom de *Limbourgite,* et qui est associée à des tufs à *Strophostoma* rappelant ceux de Bouxwiller en Alsace, date de l'Oligocène supérieur. C'est aussi vers ce temps-là qu'il faut placer la poussée des basaltes de la Bohême. En Amérique, une partie des manifestations volcaniques du Parc National se rattache à la période qui nous occupe et M. de Richthoffen a trouvé dans l'architecture des Montagnes-Rocheuses des andésites amphiboliques qui sont du

même âge. M. Verbeek arrive à une conclusion pareille pour des
roches éruptives de l'archipel des Indes néerlandaises.

Substances utiles subordonnées aux formations oligocènes.

Le terrain oligocène se signale par la présence de plusieurs
gisements minéraux tout à fait dignes de mention. Le plus caractéristique est sans doute celui des phosphorites qui ont été découvertes dans plusieurs localités de l'ancien Quercy, par exemple à
Caylux, en Tarn-et-Garonne. La précieuse substance, maintenant
totalement disparue à la suite d'une exploitation des plus actives, se
présentait en masses concrétionnées ayant souvent la compacité et la
structure rubannée de l'agate. Ces masses remplissaient des cavités
ouvertes dans des calcaires jurassiques et, comme elles contenaient
des ossements de très nombreux animaux analogues à ceux qui, de nos
jours, fréquentent les cavités du sol, on a émis l'opinion que ces
gisements oligocènes représentent de véritables cavernes fossiles.

C'est dans une situation géologique comparable à certains
égards, que se sont présentées, dans un grand nombre de localités,
des poches ouvertes dans des calcaires secondaires et qui sont
remplies d'argile ferrugineuse, renfermant des concrétions et très
fréquemment des pisolithes de limonite. Ces matières ferrugineuses
sont connues sous le nom de *mine de fer en grains* et le terrain
qui les fournit est décrit souvent sous le nom de *Sidérolithique* : les
Allemands le qualifient de *Bohnerz*. Le Cher, le Jura, Saint-Pancré
et Chavigny en Meurthe-et-Moselle et quelques points du midi de
la France ont alimenté des exploitations de ce minerai, auquel on
attache moins d'importance depuis un certain nombre d'années.

On trouve dans le terrain oligocène des matériaux de construction
dont les plus caractéristiques sont les meulières de Brie et celles de
Beauce. Ces pierres siliceuses, très dures et pratiquement inaltérables
à l'intempérisme, sont recherchées pour la construction des édifices
demandant une grande solidité. Les réservoirs, les aqueducs en sont
souvent bâtis et on sait que la meulière a servi à élever les fortifications de Paris. Dans de nombreuses localités, et spécialement autour
de Paris, on n'a guère d'autre matière pour les constructions et beaucoup de maisons de campagne sont en meulière. Les petits fragments

font un excellent macadam surtout si on les associe à du calcaire.

Les niveaux de Brie et de Beauce fournissent d'ailleurs en abondance des travertins très propres aux constructions et qu'on utilise fréquemment aussi pour la fabrication de la chaux.

En Auvergne, on construit avec des calcaires lacustres et, par exemple, avec le calcaire à Phryganes. A Issoire, un calcaire à Cérithes d'eau douce, ou *Potamides*, est assez compacte pour prendre le poli : il sert de pierre de décoration sous le nom de *marbre de Nonette*.

Des sables et des graviers, spécialement du niveau de Fontainebleau (Stampien), entrent utilement dans la préparation des mortiers. Certains sables sont assez purs pour fournir la substance première de la fabrication du verre et même des glaces.

Les grès donnent des pavés recherchés depuis bien longtemps : les carrières de Fontainebleau, d'Orsay, de Marcoussis sont séculaires. Il reste encore autour de Paris des traces de très anciens pavages faits avec ces matériaux.

Des combustibles sont subordonnés à l'Oligocène ; ce sont des lignites exploités par exemple dans le sud de la Bavière sous le nom de *Pechkohle* à cause de leur éclat qui rappelle celui de la poix. En diverses localités, l'Oligocène fournit du pétrole ; c'est le cas à Bakou et à Taman (Russie méridionale) et à Peckelbronn en Alsace. Les célèbres gisements d'ambre du Samland (près Kœnigsberg) sont oligocènes.

Terres végétales des pays dont le sol est oligocène.

La partie inférieure du terrain oligocène est très fertile dans les environs de Paris. Il suffit d'un coup d'œil dans la région de Brie pour reconnaître, à l'abondance si différente de leur végétation, les points composés par les travertins tertiaires et ceux qui sont constitués par la craie : les premiers sont d'une fertilité accentuée encore par l'aridité des seconds. On sait la valeur des fermes en Brie ; on y fait des moutons dans des conditions incomparables. Ces résultats sont dus aux heureuses qualités de la terre qui, sans être trop imperméable, est cependant franchement argileuse. Pourtant il y a des degrés et, dans les environs de Château-Thierry, il faut se résigner à boiser les régions de travertin.

Le sable de Fontainebleau, ou sable supérieur de Paris, est un type de terre de bruyère. Il porte de grandes et belles forêts à commencer par celles de Fontainebleau, de Rambouillet et de Marly et à continuer par celles de Montmorency, de Meudon, de Bellevue, de Clamart et de Verrières.

Les châtaigniers y viennent remarquablement bien et, avec eux, les chênes et les charmes. De 1831 à 1848, on s'est aperçu que les conifères prospèrent dans le sol sableux et c'est alors que les épicéas, les mélèzes, les pins de diverses espèces et surtout les pins sylvestre et maritime furent plantés sur plus de 5 4oo hectares dans la forêt de Fontainebleau, dont ils font maintenant un des plus beaux ornements.

La terre qui recouvre les plateaux des meulières supérieures tout autour de Paris et qui s'étend sur la province de la Beauce, est forte, argilo-sableuse, et très favorable aux arbres à fruits, aux fraisiers, aux asperges et à des cultures maraîchères. Les parties calcaires donnent un sol appelé surtout à se couvrir de moissons et il y a longtemps que la Beauce a été qualifiée de grenier de la France. Près de Pithiviers, ce sol calcaire est spécialement consacré à la production du safran et on dit que c'est à la qualité des sainfoins qui poussent sur ces mêmes terres, que le miel du Gâtinais doit sa supériorité reconnue.

A l'Oligocène également appartient la terre de la Limagne, si célèbre par une fertilité en quelque sorte inépuisable. Sans qu'on y fasse jamais de jachère, on y cultive les plantes les plus variées. Diverses sortes de froment y permettent la fabrication d'énormes quantités de pâtes alimentaires et de semoule. On y fait des pommes de terre, des plantes légumineuses et des raves fort estimées, du chanvre de première qualité; on y cultive aussi la vigne ; les arbres fruitiers y poussent à l'envi, procurant sa matière première à la célèbre industrie de la pâte de Clermont. Une notable étendue est en pépinières, une autre en potagers; le long des canaux d'irrigation s'élèvent des peupliers et des saules. Déjà nous avons eu l'occasion de dire que l'aspersion continue du sol par les poussières volcaniques, arrachées au Plateau des Puys et charriées par les vents, a été considérée comme l'un des facteurs les plus décisifs de la richesse de ce pays favorisé.

D'ailleurs, bien des traits du sol de la Limagne se retrouvent en partie dans le Bourbonnais, dans le Forez et dans le Velay.

ced__CHAPITRE III

LE GROUPE MIOCÈNE

Étymologie. — Le Miocène a reçu son nom de Charles Lyell, en considération de cette circonstance qu'il renferme *moins* de formes *récentes* que le terrain qui lui fait suite.

Synonymie. — C'est le terrain des *faluns* par excellence : Alcide d'Orbigny en faisait le *Falunien*, dans lequel il comprenait d'ailleurs la plupart des assises dont on a fait le groupe oligocène précédemment décrit.

Région miocène type. — Nous trouvons une région typique pour les assises miocènes dans le bassin pyrénéen du S.-O. de la France. La roche dominante, dite *falun*, est une sorte de sable et de gravier mélangés d'une proportion, prépondérante parfois, de coquilles marines et de débris, os et dents, de Vertébrés aquatiques.

L'ensemble de ces formations repose sur des couches qui sont bien évidemment oligocènes, car on y retrouve toute la faune de ce niveau, à commencer par *Ostrea longirostris* et à finir par *Halitherium Guettardi*.

La base constitue le terrain *burdigalien*, bien développé aux environs de Bordeaux; on y a distingué trois niveaux superposés qui méritent d'être énumérés. C'est d'abord une espèce de mollasse, ou grès à ciment marneux, contenant des ossements de *Squalodon* et de *Delphinus* (Dauphin). Au-dessus viennent les faluns de Léognan, jaunes à la base et bleus au sommet. Ils sont célèbres par l'abondance et la belle conservation de leurs fossiles, parmi lesquels nous pouvons mentionner d'abord des Poissons comme *Carcharodon megalodon,* remarquable par l'énorme volume de ses dents, *Hemipristis serra, Notidamus Grateloupi*; puis des Oursins tels que *Clypeaster marginatus, Scutella subrotunda, Echinolampas Laurillardi*; des Mollusques : *Trochus patulus, Pyrula cornuta, Pleurotoma ramosa, P. semimarginata, Calyptrea deformis, Turritella terebralis, Cancellaria acutangula, Cardium burdigalinum, · Pecten præscabriusculus* (fig. 139), *P. burdigalensis, P. Beudanti, Pectunculus cor, Ostrea neglecta*; enfin des Foraminifères : *Operculina complanata*, etc.

Au-dessus des faluns de Léognan se présentent les faluns de Saucats et de Mérignac, où abondent *Ostrea undata, Fusus Lainei, Cerithium plicatum, C. bidentatum*, etc., c'est-à-dire une faune intimement rattachée à celle des faluns de Bazas (Oligocène). On voit sur ces faluns, à Saucats, des calcaires généralement tendres et fragiles qui deviennent plus épais du côté de Mont-de-Marsan et qui renferment *Cerithium bidentatum, C. Serresi, Cyrena Brongniarti, Dreissensia Basteroti*, etc.

Si ces divers dépôts représentent le Burdigalien dans la région, les faluns de Salles correspondent à une division stratigraphique différente, qu'à l'exemple de M. Mayer-Eymar, on désigne sous le nom de terrain *helvétien*. On y trouve une faune bien caractérisée, dans laquelle il faut signaler *Voluta Lamberti, Cardita Jouanneti* (fig. 140), *Venus fasciculata, Pectunculus pilosus, Panopæa Menardi, Pecten scabrellus, P. sallomacensis, P. Besseri, Ostrea crassissima*, espèces qui sont toutes remarquables par leur volume considérable, *Mactra triangularis, Pecten polyodontus, Cupularia Cuvieri* et beaucoup d'autres.

A ce niveau on recueille, par exemple à Gabarret et à Baudignan, ainsi qu'à Sos, des ossements roulés de *Mastodon* et de *Dinotherium* associés à *Melania aquitanica*.

Dans le Gers, des dépôts lacustres se présentent comme synchroniques des faluns de Salles et on y rencontre, à Sansan et à Simorre, des gisements de Mammifères qui ont été étudiés à plusieurs reprises au grand bénéfice de la science. Toute la région désignée sous le nom d'Armagnac est établie sur un sol d'origine lacustre, en couches qui se superposent sur 300 mètres d'épaisseur avec une remarquable uniformité. Ce sol consiste en alternances de marnes versicolores et de mollasses renfermant une certaine proportion de calcaire, concentré parfois en lentilles plus ou moins étendues.

Il y a à cet égard trois niveaux calcaires principaux à mentionner : vers la base de l'étage, la masse dite de Valence parce qu'une petite ville de ce nom est établie à sa surface, à 105 mètres d'altitude ; ensuite le *calcaire bréchiforme* dont l'épaisseur est de deux mètres ; enfin la grande masse couronnant le coteau, à 180 mètres au-dessus du niveau de la mer, aux environs de Condom, de Lectoure et d'Auch et dont l'épaisseur est de 10 à 15 mètres.

Des ossements fossiles distribués dans cet ensemble ont permis d'y faire deux niveaux dont le plus ancien peut être qualifié d'étage de Sansan, et l'autre d'étage de Simorre.

La localité de Sansan est si exceptionnelle que, depuis longtemps, elle est devenue la propriété du Muséum national d'Histoire naturelle, qui la met à la disposition des naturalistes désireux d'y faire des fouilles. Outre les os détachés, il arrive d'y rencontrer des squelettes entiers dont les pièces sont encore en relations anatomiques. Parmi les espèces les plus notables, il faut citer *Hylobates antiquus*, qui est un singe des plus intéressants par ses caractères ; *Vespertilio noctuloides, Erinaceus sansaniensis, Toxodon sansaniense, Hemicyon sansaniensis, Felis hyænoides, Machairodus palmidens, Macrotherium sansaniense, Mastodon angustidens, M. tapiroides, Rhinoceros tetradactylus, Anchiterium aurelianense, Chalichotherium magnum, Palæocherus major, Sus simorrensis, Dinotherium, Cervus elegans, Antilope clavata*, etc. Avec les Mammifères sont des Oiseaux comme *Aquila minuta, Stryx ignota, Corvus Larteti, Palæoperdix prisca, Anas velox* ; des Reptiles : *Testudo Larteti, Lacerta sansaniensis, Coluber sansaniensis* ; un Batracien : *Rana gigantea* ; des Poissons : *Lebias Larteti*, etc. ; enfin des Mollusques terrestres ou lacustres tels que *Helix Larteti, H baniensis, H. Leymerieana, Planorbis sansaniensis, Limnæa Larteti, Melania aquitanica, Unio flabelliferus*.

Quant à Simorre, ses dépôts sableux renferment, outre les ossements de Rhinocéros, de Mastodontes et d'autres grands Mammifères, des débris de Castor, de Trionyx et quelquefois aussi des empreintes plus particulièrement fluviatiles de Mélanies et de Mulettes. Les deux niveaux de Sansan et de Simorre sont séparés par un poudingue dont les éléments ont été fournis par le calcaire inférieur, ce qui suppose une interruption locale dans le phénomène sédimentaire.

Enfin le terrain *tortonien* a son correspondant, au sein de notre région typique, dans la mollasse marine de l'Armagnac et dans les faluns de Saubrigues. La mollasse dont il s'agit renferme en très grand nombre *Ostrea crassissima* et *Pecten solarium*. Quant aux faluns de Saubrigues, ils se composent de marnes et d'argiles plus ou moins sableuses, accompagnées de grès généralement argileux. La faune très riche comprend, avec beaucoup d'autres espèces : *Ancillaria glandiformis* (fig. 142), *Mitra scrobiculata, Nassa semistriata, N. prismatica, N. polygona, Murex spinicosta, Ranella marginata, Columbella nassoides, Pleurotoma Borsoni, P. catafracta, P. dimitiata, P. interrupta, Turritella Archimedis, Trochus infundibulum, Dentalium elephantinum, Arca antiqua, Pinna nobilis, Nucula rostrata, N. margaritacea, Triton clathratum*.

Subdivisions du groupe miocène. — En résumé, nous allons avoir à décrire dans le terrain miocène trois niveaux qui sont :

GROUPE	TERRAINS	NIVEAUX
Miocène.	3. *Tortonien*	2. Faluns de Saubrigues. 1. Mollasse de l'Armagnac.
	2. *Helvétien*	2. Calcaire de Sansan. 1. Faluns de Salles.
	1. *Burdigalien*	3. Sables de l'Orléanais. 2. Faluns de Léognan. 1. Mollasse de Lausanne.

I. — Terrain burdigalien (Depéret, 1892).

Fig. 139.— *Pecten præscabriusculus*, fossile typique du terrain burdigalien. (1/2 G. N.)

Étymologie. — Le nom de *Burdigalien* a été dérivé de celui de *Burdigala*, qui désignait anciennement Bordeaux.

Synonymie. — Le terrain *aurelanien* (de Rouville, 1853), ainsi nommé de la ville d'Orléans (*Aurelanum*), correspond à une grande partie du Burdigalien augmenté de l'Aquitanien intimement soudé avec lui. Le terrain *landien* (Fallot, 1893) (des Landes) répond au Burdigalien inférieur des Landes. En Algérie, le niveau a été appelé par M. Pomel, en 1858, terrain *cartenien* (de *Cartenna*, ancien nom de Tenez); c'est surtout le grès à *Clypeaster*. Le *Gompholite* ou *Nagelfluhe calcaire* représente un terme bien caractérisé du Burdigalien suisse. En 1892, M. Rollier a appelé *Lausannien* la partie inférieure du Burdigalien. La *mollasse d'eau douce d'Aarwangen*, près de Berne, est une forme lacustre du même horizon. En Italie, le Burdigalien est désigné sous le nom de *Langhien* (Pareto, 1865). Dans les États-Unis de l'Ouest, c'est le *Marylandien* (Heilprin, 1882). Alcide d'Orbigny, en 1842, avait appelé terrain *patagonien* les calcaires à *Ostrea* de la Patagonie; en 1884, M. Dœring a proposé le nom de terrain *araucanien*.

Le terrain burdigalien en France. — Le terrain burdigalien affleure en France de divers côtés. Nous trouvons en Provence un terme intéressant à comparer à notre localité typique. La roche la plus caractéristique y est sans doute la mollasse de Saint-Paul-Trois-Châteaux, où se signalent de grandes Scutelles (*Scutella paulensis*), ainsi que des Peignes (*Pecten Davidi, P. rotundatus*). Elle est recouverte de couches, gréseuses aussi, mais contenant une notable proportion de calcaire, exploitées en maintes localités où elles contiennent une faune nettement différente. Les Oursins y sont représentés par des Clypéastres et surtout par *Echinolampas hemisphæricus* qui est tout à fait caractéristique; les Peignes comprennent : *Pecten subbenedictus, P. præscabriusculus* (fig. 139), *P. restitutensis*. On y voit aussi des Huîtres, des Bryozoaires et des Nullipores.

Ces mêmes conditions paléontologiques se retrouvent dans le Vaucluse, dans les Basses-Alpes, dans le Gard où on a recueilli des dents de *Mastodon angustidens* (fig. 141). Sur les côtes des Bouches-du-Rhône, le Burdigalien marin est très bien caractérisé et l'on peut remarquer que la même allure se retrouve, de l'autre côté de la mer, en Corse auprès de Bonifacio : là encore les Peignes sont abondamment associés aux Clypéastres.

A Saint-Jean-de-Bournay (Isère) affleurent des sables dans lesquels se sont conservés des ossements d'animaux burdigaliens: *Mastodon longirostris, Dinotherium giganteum, Hipparion gracile, Sus major, Dicrocerus elegans, Protragoceras Chantrei.* Plus haut, à Saint-Avit, à Onay, vers Moras, les sables renferment avec des dents d'*Hipparion*, un certain nombre de coquilles lacustres ou terrestres: *Hydrobia avisanensis, H. Guarinoi, H. valentinensis, Planorbis heriacensis.*

Dans l'Hérault, des mollasses contiennent beaucoup de Peignes, et le Dauphiné, avec des traits communs, apporte un caractère nouveau, par l'introduction de nappes de galets représentant le *Nagelfluhe* si abondant dans la chaîne des Alpes. Dans l'Ain, et par exemple à Musin près Belley, affleure une mollasse à *Echinolampas* et à *Pecten.* A Saint-Martin-de-Bavel, dans le val Romey, se présente un intéressant gisement de mollasse fossilifère.

Le centre de la France possède, dans la colline de Gergovie auprès de Clermont, des calcaires marneux intercalés entre deux nappes de basalte qu'il faut considérer, les uns et les autres, comme burdigaliens. Les fossiles y ont une allure fluviatile et comprennent surtout des *Unio,* des *Cyrena,* des *Melanopsis* et des *Melania.* Des plantes s'y sont bien conservées ; on a déterminé: *Laurus primigenia, Diospyros varians, Cinnamomum lanceolatum, Myrica lignitum* et il n'y a pas à insister sur le caractère méridional de cette flore : Saporta a signalé sa ressemblance générale avec la végétation actuelle de la Nouvelle-Hollande.

Nous avons dans le nord de la France plusieurs dépôts burdigaliens et, tout d'abord, des sables et des argiles qui couvrent le sol de la Sologne et qui ont contribué à donner à cette région ses caractères si tranchés au point de vue de l'hygiène comme à celui de l'agronomie.

Ces dépôts atteignent parfois une grande épaisseur et sont dépourvus de fossiles. Ils reposent sur des marnes qui, au contraire, sont nettement stratifiées et qui s'étendent sur une large surface du département du Loiret. Ce sont les *marnes de l'Orléanais,* où l'on rencontre des Mélanies déjà trouvées bien des fois dans le Burdigalien du midi de la France. Près d'Orléans, on observe sur ces marnes, des couches de calcaire remarquables par la quantité de Mammifères qui y ont laissé des ossements ; ce sont: *Anchitherium aurelianense, Procervulus aurelianensis, Hyæmoschus Larteti,* etc.

Les marnes de l'Orléanais constituent le recouvrement ordinaire d'une assise, dite des *sables de l'Orléanais* et qui contient également des ossements de Mammifères. *Amphycion giganteus, Anthracotherium onoideum, Hyæmoschus crassus, Rhinoceros aurelianensis* y sont mélangés d'une manière tout à fait intéressante à de très volumineux débris de Proboscidiens des genres *Dinotherium* et *Mastodon.*

Le terrain burdigalien en Europe. — L'Europe méridionale est riche en dépôts burdigaliens. En Espagne, la Catalogne possède des calcaires bien faciles à dater grâce à leurs *Clypeaster,* qu'accompagnent beaucoup d'autres Oursins. La formation se continue aux Baléares, en Sardaigne et de là en Italie, où les couches de Schio, dans le Vicentin, renferment toute une collection d'Échinides : *Clypeaster scutum, C. Michelini, Scutella subrotonda, Spatangus euglyphus* et bien d'autres, caractérisant divers niveaux qui sont séparés par des assises à *Pecten.* Toutefois la synchronisation de ces couches n'est pas encore précise et demande de nouvelles études.

En Suisse, la mollasse burdigalienne grise et verdâtre occupe une aire très vaste de distribution. On en voit le type autour de Lausanne, où sont de vastes carrières activement exploitées. A certains niveaux elle contient des empreintes végétales qui ont été étudiées par Oswald Heer. On y voit des Acacias, des Érables et des Figuiers mélangés à des Palmiers très variés, *Flabellaria, Sabal* et *Phænicites.* Un Nénuphar (*Nymphæa Charpentieri*) y a laissé beaucoup de vestiges.

En Allemagne, le pays de Mayence renferme une épaisse accumulation de roches schisteuses, avec intercalation de lits charbonneux, qu'on a classées dans le terrain burdigalien. A la base, les couches sont remplies de coquilles fluviatiles : *Dreissensia* (Congéries), *Limnæa, Hydrobia,* avec Mammifères dont les plus remarquables sont *Acerotherium* (*Rhinoceros*) *incisivum, Rhinoceros Schleiermacheri, Tapirus priscus.* Au-dessus, et dans les parties ligniteuses, se montre une flore très riche de Palmiers et de Conifères.

Un bassin burdigalien existe aussi auprès de Vienne, en Autriche. Il a pour base une assise sableuse où l'on retrouve des coquilles très analogues à celles de nos faluns de Léognan, décrits

comme détail dans notre localité typique. Plus haut, on retrouve
des ressemblances intimes avec le Burdigalien de Provence.
Enfin le *Schlier* se présente par-dessus. C'est un niveau de mollasse argileuse qui s'étend sur une vaste région de l'Europe centrale et qui admet, comme accidents, de gigantesques gisements de
sel gemme qui sont exploités en Pologne, à Wielicska et en
Transylvanie, à Paradj. Les lentilles de sel sont associées à des
matières bitumineuses, dont l'introduction dans les couches est
sans aucun doute très postérieure à leur dépôt.

Le terrain burdigalien en dehors de l'Europe. — En Algérie, le
Burdigalien est très épais et très compliqué : il se montre dans
des affleurements échelonnés depuis l'Oranie jusqu'à la Tunisie.
Pecten præscabriusculus le caractérise comme en France et maintes
parties sont riches en *Lithothamnium,* ou Algues calcaires édifica-
trices de récifs.

Plusieurs régions de l'Asie sont burdigaliennes et, par exemple,
les dépôts de pierre à plâtre et de sel gemme si connus en Perse
sur les bords de l'Euphrate.

Enfin, aux États-Unis, on a décrit des terrains dont toutes les
affinités paraissent être avec ceux qui nous occupent.

II. — Terrain helvétien (Mayer-Eymar, 1857).

Fig. 140. — *Cardita Jouanneti,* fossile typique du terrain helvétien.
(1/2 G. N.)

Étymologie. — D'*Helvetia,* ancien nom de la Suisse.

Synonymie. — C'est sensiblement le *Ligérien* (de *Liger,* Loire),
de Rouville (1853) ou niveau des *faluns de Touraine*; c'est le

Sallomacien de Fallot (1893) pour les faluns de Salles. Le terrain *gontasien* de Pomel (1889), relatif au Miocène moyen d'Algérie, correspond à peu près à l'Helvétien ; il en est de même du *Virginien* (Heilprin, 1882) pour le Miocène moyen des États-Unis de l'Est. Une partie de la *mollasse marine* d'Argovie, une partie du *Schlier* des Alpes sont à rattacher au même niveau.

Le terrain helvétien en France. — Le terrain helvétien se montre en Provence avec des caractères intéressants. En effet, par-dessus des ensembles puissants de sables et de grès avec *Ostrea crassissima,* il comprend des mollasses et des grès très riches en débris organiques tels que *Cardita Jouanneti* (fig. 140) et une série d'espèces non représentées dans le Burdigalien. Les échantillons de ces fossiles ont parfois des dimensions colossales. *Mastodon angustidens* (fig. 141) continue à prospérer.

Fig. 141. — Molaire de *Mastodon angustidens.*

(1/3 G. N.)

Dans l'Hérault, près de Montpellier, les marnes à *Ostrea crassissima* sont très développées. Dans les Basses-Alpes, ces mêmes coquilles sont parfois comprises d'une manière très imprévue entre deux horizons lacustres, riches en coquilles terrestres (*Helix sylvana*).

La mollasse à grosses Huîtres se présente en Dauphiné avec tous ses caractères. Dans l'Allier, Saint-Gérand-le-Puy, que nous avons déjà mentionné, laisse voir, au-dessus de ses calcaires, un niveau de roches plus ou moins marneuses où se retrouvent des Mastodontes, des *Anchitherium* et plusieurs des animaux reconnus à Sansan, dans le Gers.

Mais c'est dans le Maine-et-Loire que l'Helvétien prend la forme de véritables faluns. On y trouve une riche faune, spécialement autour de Genneteil et de Noyant : *Ostrea crassissima, Pecten scabrellus, P. solarium, Voluta miocenica* en sont quelques exemples.

Et si l'on passe en Touraine, on voit le niveau se dilater beaucoup et prendre, vers Pontlevoy comme à Manthelan, une puissance remarquable. Les coquilles les plus fréquentes sont : *Pecten striatus, Lima squamosa, Arca turonica, Conus Mercati, Cyprœa affinis, Murex turonensis, Pleurotoma tuberculosa, Tro-*

chus incrassatus, Turritella bicarinata, Cerithium intradentatum, Arbacia monilis. On est frappé de trouver, avec ces fossiles admirablement conservés, de nombreux ossements de Mammifères qui sont tous frottés et émoussés. On reconnaît bien vite qu'ils proviennent des sables dits de l'Orléanais et qu'ils ont été roulés par la mer helvétienne, alors qu'ils étaient déjà fossilisés.

Le terrain helvétien en Europe. — C'est à la Suisse que le terrain helvétien a été dédié. La mollasse est en effet l'étoffe principale du sol dans les parties basses du pays. Elle est même si abondante qu'une partie déborde dans le terrain tortonien. Le type de la mollasse helvétienne à *Cardita Jouanneti* (fig. 140) peut se voir à Saint-Gall dans l'Appenzel, au Belpberg (auprès de Berne), aux Verrières et à Auberson, dans le Jura suisse. Elle admet parfois des lits de galets, désignés sous le nom populaire de *Nagelfluhe* ou *roche à têtes de clous.*

Dans une grande partie de l'Allemagne, on rencontre des dépôts de même âge ; le type le plus connu est désigné sous le nom de *grès du Holstein* et affleure en Jutland, dans le Mecklembourg et dans le Hanovre. De même, autour de Vienne, à Vöslau par exemple, il s'est déposé des marnes, appelées communément *Tegel* et renfermant de grandes *Cardita Jouanneti,* qui se continuent du côté de la Serbie.

Les assises helvétiennes accompagnent assez volontiers le terrain burdigalien en Italie et en Espagne. Près de Turin, la colline de la Superga, qui constitue un observatoire si favorable à la vue panoramique du pays, est couronnée par un conglomérat polygénique qui est riche en fossiles ; on y retrouve la faune des faluns de Touraine, représentée surtout par *Cardita Jouanneti.* Le même niveau existe auprès de Bénévent.

En Catalogne, des massifs importants de calcaire à *Lithothamnium* (ou Mélobésies) renferment des ossements d'*Halitherium* et de nombreuses coquilles marines. Bien d'autres points de l'Espagne seraient à citer et, par exemple, l'Andalousie où le terrain helvétien a été parfaitement reconnu.

Le terrain helvétien en dehors de l'Europe. — En Algérie, l'Helvétien admet des marnes à *Ostrea crassissima* associées à des niveaux caractérisés les uns par des Échinides, les autres par des Algues incrustantes. En Égypte, on a vu de l'Helvétien à l'oasis de Sionah.

L'Asie n'en est pas dépourvue, et il paraît qu'il faut en admettre la présence parmi les termes stratigraphiques de l'Inde. En particulier l'Helvétien entre dans la constitution du sol du Sind, où l'on a trouvé un Rhinocéros qui ressemble à un fossile des monts Siwalik.

Dans les Montagnes-Rocheuses, des couches où l'on a trouvé le représentant le plus ancien du genre *Mastodon* paraissent devoir être classées comme helvétiennes. Des dépôts de Panama et de la Martinique avec Clypéastres et Turritelles semblent avoir le même âge.

III. — Terrain tortonien (Mayer-Eymar, 1857).

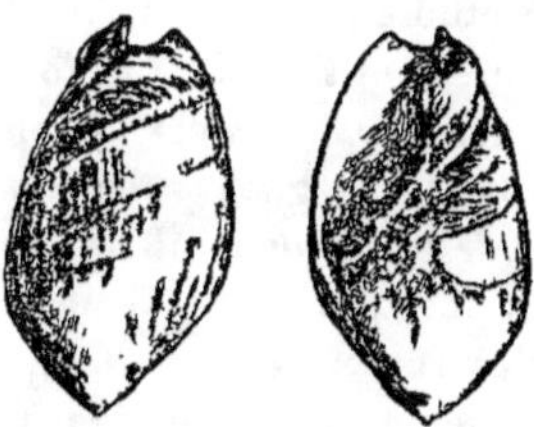

Fɪɢ. 142. — *Ancillaria glandiformis,* fossile typique du terrain tortonien.
(2/3 G. N.)

Étymologie. — De *Tortona,* en Italie.

Synonymie. — C'est le terrain des *faluns de Saubrignes* et des *faluns de l'Anjou.* En Suisse, sa forme lacustre a été appelée terrain *œningien,* par M. Oswald Heer, en 1865, et *Thurgovien,* par M. Rollier, en 1892. Sa partie supérieure est le *Sarmatien* du S.-E. de l'Europe (Barbot de Marny). M. Suess l'a soudé au terrain helvétien pour en faire son *Deuteromiocène.* C'est à peu près le groupement que M. Deperet, en 1895, a qualifié de terrain *vindobonien* (de *Vindobona,* nom latin de Vienne, en Autriche).

Le terrain tortonien en France. — Le terrain tortonien accompagne le terrain helvétien dans plusieurs points du midi de la France. Par exemple, dans l'Isère, M. Deperet a donné une célébrité à la localité de La Grive-Saint-Alban, en y signalant des fentes ouvertes dans le Jurassique inférieur où sont accumulés des ossements de Mammifères miocènes : Singes, Chéiroptères, Carnivores, Pachydermes, Rongeurs, etc. D'après une trouvaille récente, le plus ancien des Ursidés (*Ursus primævus*) aurait laissé des vestiges à La Grive-Saint-Alban. Dans l'Hérault, à Saint Chinian, le terrain tortonien consiste en mollasse avec calcaire subordonné. Le Tortonien figure au-dessus de l'Helvétien dans la composition du sol du bassin d'Aix-en-Provence. Dans les Landes, les faluns de Saubrigues, décrits plus haut, ont le même âge.

Pour le centre de la France, il faut noter, avec M. Marcellin Boule, que le Cantal présente des alluvions datant de l'époque tortonienne : elles sont parfois étalées sur des nappes de basalte, tandis qu'ailleurs des coulées de la roche volcanique les recouvrent. Le Puy de Courny a été étudié par Rames. Des gisements semblables ont été observés à Joursac et à Mons. Les fossiles s'y trouvent dans un sable feldspathique. *Hipparion* est le genre le plus caractéristique. On trouve dans des argiles subordonnées des empreintes analogues à celles que vont nous offrir les couches d'Œningen, en Suisse. Il y a des points dans le Vivarais où des dépôts, complètement comparables, renferment une faune très riche en Mammifères ; c'est ce qui a lieu à Aubignas, dans l'Ardèche, où l'on a recueilli des os de *Machairodus cultridens*, de *Rhinoceros Schleiermacheri*, de *Tragocerus amaltheus*, d'*Hipparion gracile*, de *Dremotherium Pentelici*, etc.

Près de Privas, ce sont des végétaux que renferment les diatomépélites de Rochessauve et de Charay. Citons : *Liquidambar europæum*, *Acer decipiens*, mélangés à des Vignes, à des Châtaignièrs, à des Chênes, etc.

En Anjou, par exemple à Pouancé, des faluns très épais donnent des ossements de *Mastodon angustidens* et d'*Halitherium* et des coquilles nombreuses auxquelles sont mélangés des Oursins (*Amphiope, Scutella, Echinolampas*) et des dents de Poissons cartilagineux (*Carcharodon, Oxyrhina*, etc.). Parfois on trouve, dans la masse, des débris de Bryozoaires et des Algues du groupe des *Lithothamnium* ou Mélobésies.

Les faluns de l'Anjou se prolongent dans le Cotentin (Saint-Juvat) : on y trouve les mêmes fossiles.

Du reste, en Touraine, les faluns helvétiens décrits précédemment sont recouverts de couches tortoniennes que caractérisent suffisamment *Amphiope bioculata* et *Helix turonensis*.

Le terrain tortonien en Europe. — Parmi les contrées étrangères, citons d'abord ici les environs de Vienne, en Autriche, où le *Leithakalk* vient recouvrir le *Tegel* helvétien. C'est un calcaire riche en *Globigerina, Triloculina, Amphistegina, Textilaria* et autres Foraminifères, et dans lequel abondent les Mélobésies. En particulier, *Lithothamnium ramosissimum* en a construit des couches entières appelées pour cela calcaire à Nullipores.

En Suisse, des mollasses d'eau douce représentent l'horizon tortonien : elles sont très riches en fossiles, et Œningen, sur le lac de Constance, est devenu célèbre par les innombrables découvertes qui y ont été faites. C'est là qu'a été trouvé le volumineux squelette d'un Batracien, comparable à la grande Salamandre du Japon et dans lequel Scheuchzer avait d'abord vu un vestige humain. Il le décrivit même sous le nom d'*Homo diluvii testis* (Homme témoin du Déluge) auquel on a substitué celui d'*Andryas Scheuchzeri*. Des Mammifères y ont été recueillis (*Mastodon, Anchitherium, Listriodus*), des Poissons (*Lenciscus*), des Mollusques terrestres ou lacustres (*Helix, Planorbis, Limnæa, Unio*), des Insectes et surtout des plantes qui, toutes, ont le faciès subtropical. Des couches analogues, mais bien moins riches, ont été signalées à Tramelan, dans le Jura de Berne.

En Danemark, des argiles qui se prolongent jusqu'en Belgique, à travers une partie de l'Allemagne, renferment beaucoup de fossiles tortoniens. Il est intéressant de citer parmi les plus fréquents : *Isocardia cor, Arca diluvii, Murex aquitanicus, Nassa tenuistriata*.

Le sud de l'Europe est riche en Tortonien, et il faut, avant tout, résumer en deux mots comment le terrain se présente à Tortona qui lui a donné son nom. La roche principale y est une marne bleuâtre, séparée des conglomérats de la Superga par 200 mètres d'une mollasse à *Cidaris*. Cette marne est véritablement pétrie de coquilles appartenant presque toutes à des Gastropodes. Les plus fréquentes sont : *Pleurotoma cuneata*, *P. coronata*, *P. contigua*, *Conus antiquus*, *C. ventricosus*, *Trochus patulus*, *Voluta rarispina*, *Ancillaria glandiformis*, *Ranella marginata*. On y recueille aussi des Polypiers comme *Turbinolia*.

On pourrait noter des affleurements du Miocène jusqu'en Calabre, où se trouvent des sables renfermant à la fois des Clypéastres, des Peignes et des *Heterostegina*. A Montjuich, en Catalogne, on voit le Tortonien composé de près de 100 mètres de marnes, où *Ostrea crassissima* abonde avec *Ancillaria glandiformis* et *Turritella turris*. La formation devient saumâtre du côté de Villanova et, aux environs de Madrid, dans les *couches de Concud*, on recueille des *Mastodon* et des *Hipparion*.

Le terrain tortonien en dehors de l'Europe. — En dehors de l'Europe, il suffira de constater la présence du Tortonien en Algérie, où *Ostrea crassissima* le jalonne ; et en Australie, où des sables ont offert des fossiles caractéristiques dans quelques points de la province de Victoria.

Faciès divers des dépôts miocènes.

Comme dépôt miocène de grande profondeur marine, le calcaire crayeux à Échinides des environs d'Oran est un type caractérisé. Il faut en rapprocher des formations coralligènes telles que le calcaire à clivage spathique, avec Polypiers, qui affleure à Autignac, dans l'Hérault ; telles encore que le calcaire à Bryozoaires de Sausset, en Provence. Il existe dans l'île de Malte un calcaire corallien de même âge.

Des bassins moins profonds de sédimentation sont révélés par les argiles à *Ostrea aginensis* du Bordelais. En Algérie, Ténès présente des marnes à Foraminifères qui correspondent aux boues à Globigérines de l'époque actuelle. On appelle *Schlier* en Allemagne des marnes de profondeur et nous en connaissons d'analogues, non loin d'Angers, qui contiennent *Pecten ventilabrum*.

Quant aux formations littorales, le Miocène en est largement pourvu et, par exemple, dans plusieurs localités du Vaucluse, du Var et des Basses-Alpes (par exemple, autour de Riez) : la mollasse y est caractérisée par des assises de véritables galets. On en retrouve, avec plus d'abondance encore, à la Superga, près de Turin, et la variété des roches qui y sont mélangées prouve que la mer était sur ce bord le siège de courants tout pareils à ceux qui, dans la Manche, amènent jusqu'à l'embouchure de la Somme des galets provenant du Cotentin. Tous les faluns du Bordelais sont aussi des dépôts de rivages.

On a reconnu des estuaires miocènes ; nous citerons comme spécialement caractéristique la mollasse de Mont-sur-Lausanne (en Suisse) où les Huîtres sont mélangées à beaucoup de plantes terrestres. Les schistes à *Dreissensia* et à *Corbicula* du bassin de Mayence, les sables à Potamides des environs de Vienne, en Autriche, sont dans le même cas.

Parmi les lagunes se rapportant à la même époque, le gîte de sel marin de Wielicska, en Pologne, présente des dimensions exceptionnelles ; on en connaît de comparables, quoique plus réduits, dans bien d'autres régions de l'Europe et spécialement en Galicie, en Hongrie, en Transylvanie, dans le Bolonais, en Calabre et en Sicile.

En outre, des séries de dépôts lacustres ou fluviaires pourraient être énumérées comme les calcaires à *Helix* de Cucuron en Vaucluse, les calcaires de la Limagne et ceux du lac de Constance (Œningen) où abondent les Insectes et les débris de végétaux terrestres. Les gîtes ossifères de l'Orléanais, ceux de Saint-Géraud-le-Puy, du Léberon et de Pikermi ne sauraient non plus être oubliés.

Nous avons le témoignage de cavernes miocènes. L'onyx de Sidi Hamsa près Lamoricière, dans le département d'Oran, a empâté des blocs d'une brèche à ciment d'oxyde rouge de fer identique à celle qui caractérise les cavernes quaternaires.

C'est à l'époque tortonienne qu'on attribue l'éruption de la roche volcanique la plus ancienne du Cantal. C'est un basalte très pyroxénique, à grains fins, constituant une coulée de plus de 12 kilomètres dans le haut de la vallée de l'Allaguon et auprès d'Aurignac. Il est associé, au Puits de Courny, à des graviers à *Hipparion* et à *Dinotherium*.

D'après M. Glangeaud, le bord occidental de la Limagne d'Au-

vergne aurait été le siège, durant l'époque miocène, d'une chaîne
de volcans maintenant enfouis sous le volcan du Mont-Dore[1]. En
tous cas, des basaltes miocènes avec tufs intercalés se voient dans
le miocène de Queyrières, du Cros, de Bonnefond, de Fay-le-Froid
(Haute-Loire) et dans celui des Coirons (Ardèche). Dans les Alpes,
le *grès de Taveyanaz* (grès moucheté de Champsaur) est un véritable peperino miocène. En Ligurie, la labradorite de Vence est
miocène, d'après M. Guebhardt.

Substances utiles subordonnées aux formations miocènes.

D'excellents matériaux de construction sont fournis par la mollasse de la Basse-Suisse. On voit auprès de Berne et de Lausanne
d'immenses carrières d'où cette roche est extraite en très grande
quantité. C'est à elle que les villes de cette région doivent la teinte
verte de leurs maisons.

L'onyx de Felfellah en Oranie est miocène. On trouve aussi dans
le Miocène des calcaires propres à divers usages et spécialement
à la fabrication de la chaux, des argiles et des sables sur lesquels
il n'y a rien de particulier à dire.

La substance la plus digne de mention est le sel gemme, qui est
exploité avec profit dans les localités mentionnées tout à l'heure.
La plus célèbre, la mine de Wielicska, est ouverte depuis le
XIIIe siècle dans le plus riche dépôt salifère que l'on connaisse, car
il mesure 400 kilomètres de longueur sur 160 de largeur. Les travaux d'exploitation s'étendent sur environ 3 000 mètres en longueur, 1 600 mètres en largeur et 300 mètres en profondeur. Ces
imposantes excavations ont une véritable architecture : des salles
taillées carrément dans le sel gemme et soutenues par des piliers
incolores et transparents comme de la glace ; un escalier de plus
de mille degrés ; une chapelle assez vaste et plusieurs galeries
admirables par leurs dimensions et par leur régularité. La mine
comprend des lacs, d'eau salée cela va sans dire, et assez vastes
pour qu'on y puisse faire des excursions en bateau.

D'autres localités doivent être citées sur un plan plus modeste.

1. C. R., 5 mars 1906.

C'est ainsi que, sur le pourtour des Karpathes en Roumanie, en Transylvanie, en Galicie, le sel se présente dans les mêmes conditions générales qu'en Pologne. En Sicile, le sel est associé au gypse et au soufre de façon à constituer des gîtes profitables à un triple point de vue ; l'industrie du soufre, en particulier, est très prospère.

Près du petit vallon de Karakhank, à l'est de Maden en Perse, le sel forme dans le Miocène une couche de 130 mètres d'épaisseur.

Des mines très variées pourraient être citées en grand nombre. En Sicile les exploitations de soufre ou de gypse s'étendent à des régions où le sel est peu abondant. Enfin des minerais métalliques ne manquent pas et la fréquence du manganèse est remarquable, par exemple à Ciudad-Réal (Espagne) et à Poti dans le Caucase.

Terres végétales des pays dont le sol est miocène.

Les faluns, comme il en affleure en Touraine, dans l'Ille-et-Vilaine, dans le Maine-et-Loire et dans le Bordelais, ne sont pas favorables à l'agriculture. Les terres qui en dérivent réclament d'énergiques drainages pour les débarrasser des eaux qui séjournent sur leur surface horizontale.

Dans l'Hérault, les marnes à *Ostrea crassissima* communiquent aux vignes une grande énergie qui se traduit par l'abondance de la récolte, mais la qualité du produit est bien loin de répondre à sa quantité.

Les mollasses procurent des sols très différents d'après une série de conditions variées. C'est ainsi que, dans les Alpines, on les voit donner de bonnes vignes et de bons fourrages, tandis que dans la Drôme, aux environs de Montmeyran, elles conviennent à la grande culture. Cependant on ne peut méconnaître la facilité de la végétation de la vigne dans la mollasse ; c'est ce qu'on constate par exemple dans le Bas-Dauphiné, ainsi que du côté de Châtillon-Saint-Jean, dans la Drôme. Il en est de même dans une partie du Bugey autour de Belley. C'est encore ce qui a déterminé l'installation de vastes vignobles dans le canton de Vaud, donnant d'ailleurs un vin blanc sans aucune espèce de valeur et qui ne saurait supporter l'exportation. Il est à croire que les habitants du pays, voués maintenant à la plus ingrate des cultures, auraient mieux fait de conserver les pâturages et les arbres fruitiers dont J.-J. Rousseau fit une description si charmante, malgré l'artificielle renommée qu'ils ont essayé de faire à quelques-uns de leurs mauvais crus comme ceux de Lavaux (entre Lausanne et Revens) ou La Côte, auprès de Rolle.

Parmi les localités à terre végétale miocène, la Sologne doit nécessairement être citée à cause des immenses améliorations qui y ont été réalisées après un siècle de travail continu. Suivant les points, le pays est argileux ou sableux. Les argiles sont essentiellement imperméables et elles retenaient de nombreux étangs dont beaucoup ont été desséchés. Les sables sont dépourvus d'eau et doivent être irrigués. Partout il faut amender sans relâche car le sol manque de chaux et de phosphore. Le boisement a réalisé la transformation d'une partie notable de cette région qui paraît surtout apte à porter des forêts ; on sait que la forêt d'Orléans couvre à elle seule 34 000 hectares.

La *Brenne* est une partie du département de l'Indre qui présente avec la Sologne les analogies les plus intimes, bien que la proximité des gisements de chaux en rende l'amélioration incomparablement plus facile.

Les marnes miocènes jouissent, dans le sol de l'Espagne, de la même fertilité que les marnes crétacées et se prêtent avec une égale aptitude à la culture de l'olivier.

CHAPITRE IV

LE GROUPE PLIOCÈNE

Étymologie. — Déjà nous avons dit que le nom de *Pliocène*, imaginé par Lyell en 1823, ne peut être compris que par comparaison avec celui de Miocène dont il complète la signification.

Synnymie. — C'est sensiblement le terrain *subapennin* d'Alcide d'Orbigny. C'est le *Tertiaire supérieur* d'Élie de Beaumont et Dufrénoy, comprenant les sables marins supérieurs de Montpellier, les alluvions anciennes de la Bresse et les sables des Landes. En Belgique, M. Vincent a appelé *Pœderlien* (1889) le Pliocène à *Corbula gibba*. Sous le nom de *Panchina* on désigne le calcaire pliocène coquillier de la Toscane. Le terrain *syracusain* se classe ici en partie. D'Orbigny a désigné sous le nom de terrain *pampéen* le Pliocène de l'Amérique du Sud. Cependant une partie de ces diverses formations devra être reportée au système quaternaire. C'est à peu près le *Bonairien* d'Ameghino (1880). Les *Deep Leads* d'Australie sont aussi du Pliocène.

Limite inférieure; lacunes. — Dans un très grand nombre de localités, le Pliocène fait la suite si naturelle du Miocène qu'on n'arrive pas à tracer une limite entre les deux formations et que tout le monde n'est pas d'accord sur leur frontière commune. Plusieurs auteurs considèrent comme étant le couronnement du Miocène un niveau que nous décrirons tout à l'heure sous le nom de terrain *pontien*; nous préférons avec M. Blanfort[1] et d'autres géologues en faire le piédestal du Pliocène et notre principale raison

---

1. *British Association for the advancement of Science;* 1880, p. 578.

est tirée des caractères généraux de sa faune mammalogique. C'est, en effet, le moment d'apparition des gros Proboscidiens qui ont donné pendant un temps une physionomie si spéciale à la nature animée. On verra, par exemple, comment, dès le début du Pliocène, les Éléphants ont été abondants aux Indes. Répétons d'ailleurs que le point essentiel est de respecter l'ordre successif de formation des assises et que les divisions taxonomiques n'ont aucune importance réelle.

Au contraire, dans beaucoup de cas, on observe au-dessous du Pliocène des lacunes plus ou moins importantes. Ainsi, en Égypte, il repose sur le Lutétien supérieur; dans la Marne, on le voit sur le Sénonien; dans la Charente, ainsi que dans la partie voisine de la Vienne, il est tantôt sur le Bajocien, tantôt sur le Bathonien; dans l'Yonne on l'observe sur le Lias; en Saône-et-Loire, sur le granit.

Région pliocène type. — Nous sommes dès maintenant en présence de formations trop récentes pour pouvoir y espérer des représentants de tous les faciès, dont beaucoup sont encore immergés sous les mers où ils ont pris naissance. Aussi le choix d'une localité type est-il très difficile et faut-il se résigner par avance à n'avoir, de la série à étudier, que des termes distants les uns des autres. Toutefois nous avons en France, dans le bassin du Rhône et dans la Bresse, depuis l'Ain jusqu'à la mer, un territoire où, malgré sa vaste étendue, beaucoup de productions pliocènes sont réunies d'une manière intéressante.

Dans le sud de la vallée du Rhône, c'est-à-dire en Provence et dans le Dauphiné, affleurent des assises lacustres qu'on peut, avec une égale légitimité, considérer comme appartenant au Pliocène inférieur ou au Miocène supérieur. Dans le Gard, ces couches contiennent parfois, comme à Meynes et à Théziers, des coquilles admirablement conservées : *Congeria subcarinata, C. simplex, Cardium bollenense, Neritina micans, Melanopsis Matheroni.*

On est frappé d'y rencontrer une faune mammalogique exceptionnellement riche et les limons rouges du Léberon à Cucuron, étudiés par M. Gaudry, sont devenus à cet égard tout à fait célèbres. Dans les véritables ossuaires dont il s'agit, on rencontre en association intime, des espèces dont les genres de vie sont notablement différents et on a émis l'opinion que ces ani

maux se sont réunis, pour mourir, dans une localité à laquelle ils
étaient venus demander un refuge contre la calamité à laquelle ils

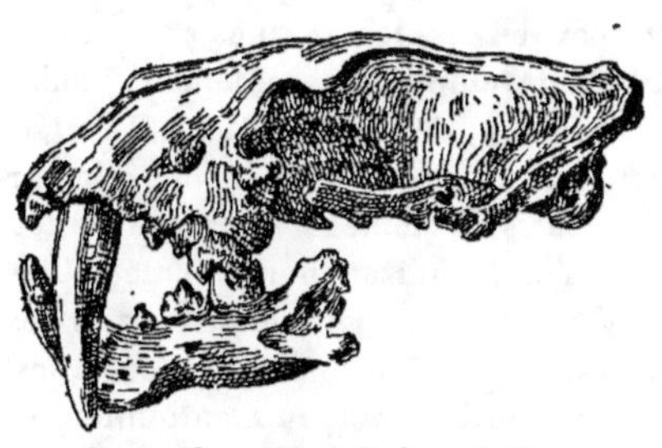

FIG. 143. — *Machairodus cultridens.*
(1/3 G. N.)

ont succombé. Citons spécialement : *Machairodus cultridens* (fig. 143), *Dinotherium giganteum* (fig. 144), *Rhinoceros Schleiermacheri, Hipparion gracile, Sus major, Helladotherium Dufrenoyi,* etc. A ces débris étaient mélangés des coquilles lacustres ou terrestres et quelques restes végétaux. Ce sera pour nous le type d'un terrain qualifié de *Pontien.*

C'est sans doute à sa base que doivent être classés les sables à *Nassa Michaudi* et les lignites à *Unio* et à *Helix* de Montvendre et de Tersanne, en Dauphiné. Et, au contraire, c'est à son sommet qu'il convient de ranger les assises visibles à Bollène, et qui sont caractérisées par des Congéries (*Dreissensia*).

Un terrain nettement différent, dit *plaisancien,* se présente au-dessus et Fontanes l'a naguère étudié d'une manière magistrale sous le nom de

FIG. 144. — *Dinotherium giganteum.*
(1/6 G. N.)

groupe de Saint-Ariès. On y voit deux dépôts nettement différenciés dont le plus ancien, épais de 150 à 200 mètres et caractérisé par *Ostrea barriensis* et *Nassa semistriata,* se compose d'un véritable falun recouvert de plusieurs lits marneux tandis que l'autre, de 50 mètres à peine, consiste en marnes à *Potamides Basteroti* et à *Congeria,* passant, par en haut, à un sable tantôt jaune, tantôt blanchâtre et sans fossiles.

Dans cette belle région, le Plaisancien pourrait être considéré comme comprenant deux niveaux superposés : à la base, les sables et argiles de Saint-Geniès et, par-dessus, les marnes et faluns de Saint-Ariès. Le premier est bien développé non seulement à Saint-Geniès, mais encore autour d'Aramon, de Rochefort, de Tavel, de Saint-Laurent-des-Arbres, etc. On ne le rencontre jamais à la surface des plateaux secondaires, mais seulement dans les vallées dont l'érosion remonte à une époque suffisamment reculée. C'est dans la partie supérieure de la formation, au sein de marnes grises, auxquelles des lits de lignites sont subordonnés, qu'on trouve une longue série de fossiles parmi lesquels nous mentionnerons : *Potamides Basteroti, Bithynia allobrogica, Valvata piscinaloides, Limnæa Bouilleti, Planorbis Thiollieri, Nassa Bollenensis, Melanopsis Neumayri, Hydrobia Escoffieri, Melampus (Conovulus) Brocchii, Corbula gibba, Cardium rastellense*. Quant aux marnes et faluns de Saint-Ariès, ils renferment à Théziers, par-dessus les lits pontiens, des fossiles bien conservés : *Ostrea cochlear, O. barriensis, O. cucullata, Lima inflata, Pecten pes felis, Barbatia barbata, B. acanthis, Anomalocardia diluvii, Arca tetragona, A. Noæ, Circa minima, Venus islandicoides, Corbula gibba, Nassa semistriata, Turritella subangulata, Vermetus arenarius, Dentalium delphinense*.

D'ailleurs on peut suivre des dépôts analogues beaucoup plus au nord et jusqu'à la banlieue de Lyon : les couches sont alors remarquables par une faune à Tellines, à *Nassa*, à Auricules, qui prend un caractère spécial grâce à la présence des Syndosmies.

Du côté de Vienne (dans l'Isère) et de Valence (dans la Drôme) la succession des niveaux est un peu différente : on y observe des marnes, dites d'Hauterive, renfermant des lits de combustibles charbonneux, et dans lesquelles abondent des Mollusques terrestres et lacustres : *Helix Colonjoni, H. Terveri, H. Chaixi, Planorbis Thiollieri, Clausilia Terveri*.

Tout à fait au nord de notre région, dans la Bresse et spécialement autour de Mollon, le terrain plaisancien est représenté par une série de lits marneux dans l'épaisseur desquels les fossiles ont conduit MM. Delafond et Depéret[1] à faire des subdivisions. Sans

1. *Mémoires sur les terrains tertiaires de la Bresse*, B. S. G. F. (3), XXII, 712.

les énumérer toutes, notons que du haut, en bas on rencontre des *Vivipara* (*Paludina*) et que les différences spécifiques des unes aux autres suffisent pour définir les niveaux : *Vivipara ventricosa* gisant dans le bas et *V. bressana* (ou *Sadleri*) dans le haut. Vers le milieu de l'ensemble, une variété de marnes est exploitée à Sermenas et à Condal, à cause du minerai de fer qu'elle contient et surtout en raison de ses qualités réfractaires. Ces marnes correspondent très sensiblement à celles d'Hauterive que nous venons de citer.

Il est remarquable que, dans le bassin du Rhône, les parties supérieures du terrain plaisancien passent souvent de la façon la plus insensible à la partie inférieure du terrain superposé et qu'on appelle *Astien*. Des couches à végétaux ménagent la transition et, dans le nombre, il faut mentionner celles que Marion et de Saporta ont étudiées avec tant de succès près de Vacquières, dans le Gard. Ces savants y ont déterminé des Aulnes (*Alnus orientalis* et *A. maritima*), des Viornes, rappelant le Laurier-Tin, des Sassafras, des Érables, des *Smilax,* un *Glyptostrobus* très analogue à un grand arbre actuel de la Chine, un Roseau de grande taille rappelant *Arundo mauritanica* actuel de l'Égypte, une très élégante Fougère voisine de notre *Osmunda* d'aujourd'hui, ou Fougère royale.

Toute cette végétation, à aspect très méridional, comprise dans les assises astiennes, conduit tout doucement à celle de Meximieux (Ain), renfermée de son côté dans des tufs calcaires de la même époque. Ici, nous rencontrons une collection de plantes qui ressemblent à celles qui font encore l'admiration des voyageurs dans l'archipel des Canaries, et qui étaient associées à des végétaux dont les analogues sont maintenant cantonnés dans le Caucase, dans l'Orient asiatique ou dans certains points de l'Amérique du Nord. Un Chêne-vert (*Quercus præcursor*) y est avec des Lauriers très variés, des Grenadiers très abondants dont on retrouve jusqu'aux fleurs (*Punica Planchoni*), des Tulipiers (*Liriodendron Procaccini*), des Lauriers-roses (*Nerium pliocenicum*), des Bambous (*Bambusa lugdunensis*), de magnifiques Fougères.

Les tufs de Meximieux sont subordonnés aux sables astiens de Trévoux dans le département de l'Ain : ils sont plaqués sur les flancs d'une vallée où, lors de leur dépôt, coulait une rivière remplacée aujourd'hui par la Saône. On y trouve toute une faune terrestre et lacustre à *Melanopsis lanceola* et *Vivipara Falsani*, où se rencontrent côte à côte de nombreux Mammifères comme *Mastodon arvernensis, Rhinoceros leptorhinus* et *Palæoryx Cuvieri.*

Enfin un dernier terrain, dit *Sicilien*, est représenté dans la région rhodanienne par les cailloutis des plateaux et par le *conglomérat bressan*, souvent qualifié d'alluvion ancienne à *Elephas meridionalis*. A Chagny, on y recueille *Mastodon arvernensis, M. Borsoni,* et *Equus Stenonis*. A Chalon-sur-Saône il renferme *Trogontherium* et *Cervus megaceros*, passant ainsi progressivement au Quaternaire. Dans les entours de cette localité, le sol est si argileux qu'on en fait des matériaux réfractaires, par exemple à Montchanin. Des poches de minerai de fer s'y présentent de distance en distance dans des conditions qui rappellent d'une façon très instructive le régime des gisements sidérolithiques.

Mentionnons enfin, comme l'un des termes les plus élevés du Sicilien, les dépôts de Chamboran, en Dauphiné, qui comprennent des conglomérats à galets impressionnés et qui contiennent quelques dépôts ferrugineux.

Subdivisions du groupe pliocène. — Ces diverses observations peuvent se résumer dans le tableau suivant qui va nous permettre de classer toutes les formations pliocènes.

GROUPE	TERRAINS	NIVEAUX
Pliocène.	4. *Sicilien.*	2. Conglomérat bressan (limon des plateaux).
		1. Forest-bed (Cromérien).
	3. *Astien (crag rouge).*	2. Pœderlien.
		1. Scaldisien.
	2. *Plaisancien.*	2. Crag corallin.
		1. Diestien.
	1. *Pontien.*	2. Anversien.
		1. Zancléen.

I. — Terrain pontien (Barbot de Marny, 1869).

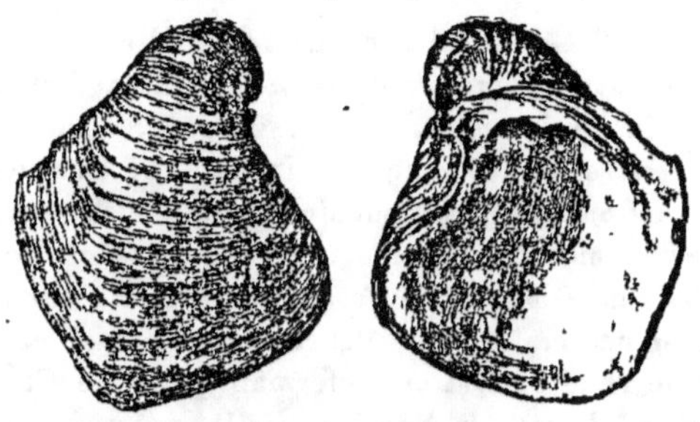

Fig. 145. — *Congeria subglobosa,* fossile typique du terrain pontien.
(1/2 G. N.)

Étymologie. — Du nom de *Pont-Euxin,* donné anciennement à la mer Noire.

Synonymie. — C'est le *Prépliocène* de Renevier (1896), le *Messinien* de Mayer-Éymar (1867). C'est le *Sahelien* de Pomel (1858) pour l'Algérie, où il constitue une transition du Miocène au Pliocène. M. Welch a appelé le même niveau en 1895 terrain *oranien.* Le Pontien est quelquefois appelé *Aralo-Caspien* au moins pour sa partie saumâtre. Dans la République Argentine, Ameghino, en 1889, a distingué un terrain *belgranien* qui est peut-être du niveau qui nous occupe.

Le terrain pontien en France. — Le terrain pontien, en dehors de notre région typique, possède quelques représentants intéressants sur le sol de la France.

Dans le Midi, nous devons d'abord arrêter notre attention dans le département de l'Aude, au monticule de Montredon situé non loin de Bize, et dont les marnes, recouvertes de calcaires à Hélices, à Bithynies et à Cyclostomes, renferment de nombreux débris de Mammifères, sans compter quelques Reptiles (Tortues et Crocodiles). On y reconnaît par exemple : *Dinotherium giganteum, Hipparion gracile, Rhinoceros Schleiermacheri, Machairodus leoninus, Simo-*

cyon diaphorus, *Ictitherium robustum, Hyænarctos arctoideus, Tragocerus amaltheus, Gazella deperdita, Cervus Matheroni, Microme-
ryx, Sus major.* C'est, en somme, la faune de Cucuron au mont
Léberon.

D'après M. le Dʳ Guebhardt, on retrouve un affleurement de couches
du même âge avec *Planorbis præcorneus* à Saint-Vallier-de-Thiey
(Alpes-Maritimes). En remontant vers le nord, le long de la chaîne
des Alpes, on rencontre d'abord l'immense formation de 4oo à
5oo mètres de puissance des poudingues à galets impressionnés de
Riez et de Valemole, puis les marnes lacustres et les conglomérats du bassin de Digne. A la base de ce système sont des roches
argileuses et des mollasses à débris de végétaux, alternant avec
des bancs de conglomérat et renfermant, près de Champtercier :
Unio flabellata, Planorbis Mantelli, Helix sylvana ; au-dessus les
poudingues à cailloux impressionnés continuent, avec la rubéfaction et les autres caractères que leur a infligés la très longue action
de l'intempérisme.

En négligeant beaucoup d'intermédiaires trop longs à mentionner,
nous retrouvons le terrain pontien bien reconnaissable dans la
région S.-E. du Plateau Central, à Onay, à Agnin, à Montmirail
et ailleurs. On y voit, avec des dents d'*Hipparion gracile,* des coquilles terrestres comme *Helix delphinensis* et des Mollusques d'eau
douce, *Nassa Michaudi* et autres.

Ajoutons que les localités sont bien nombreuses en Bretagne où
affleurent des lambeaux de même âge avec des allures variées.
C'est ce qui a lieu à Oleron, à Beaulieu, à Carentan. Auprès
de Valogne, Gourbesville est devenu célèbre parmi les géologues
à cause de sables renfermant en abondance des ossements de Vertébrés passés à l'état de phosphate de chaux. Chose curieuse, ces
vestiges sont manifestement d'âges divers et on voit le mélange des
Palæotherium, des *Halitherium* et des *Dinotherium ;* mais les
conditions du dépôt conduisent à croire qu'il s'est produit au moins
partiellement à l'époque pontienne, par le remaniement de formations antérieures.

Le terrain pontien en Europe. —En Belgique, un type extrêmement
remarquable de terrain pontien consiste dans le *crag noir d'Anvers*
qui est extraordinairement riche en fossiles. Les Mammifères marins

sont les animaux qu'on y remarque tout d'abord à cause du volume et du nombre de leurs débris ; ils se répartissent en Phoques (Pinnipèdes), Dauphins (Cétodontes) et Baleines (Cétacés). Des Poissons sont représentés surtout par des dents. Quant aux coquilles, elles sont innombrables et dans un état de conservation incomparable. Les géologues belges ont distingué dans l'épaisseur du crag, qu'ils nomment *Anversien*, plusieurs niveaux dont le principal est qualifié de *Boldérien*.

En Autriche, le Pontien inférieur, ou *Sarmatien*, comprend des sables renfermant plusieurs espèces de Cérithes. Son épaisseur peut atteindre 150 mètres. C'est un terrain perméable où Vienne va s'approvisionner en eau comme dans un réservoir. Par-dessus vient un sable qui ressemble beaucoup au crag d'Anvers par ses os de Mammifères marins. Des assises analogues se poursuivent jusque dans l'extrême-est de l'Europe et passent même en Asie, par la Russie et la Crimée. On y trouve des incidents lacustres qui ont fourni des Mammifères très analogues à ceux du niveau tortonien et aussi des végétaux dont la collection contraste avant tout avec la flore d'Œningen par la disparition des Palmiers.

L'Espagne ne paraît posséder que du Pontien lacustre ou terrestre : on trouve en Catalogne des lits avec des Hélix et des Hipparions.

En Italie, les affleurements pontiens sont très nombreux ; on les a répartis en niveaux qui ont reçu des noms spéciaux. C'est ainsi qu'en Piémont il s'agit du *Zancléen* (Sequenza, 1868) (de *Zancla*, ancien nom de Messine), correspondant au *Messinien* et que l'on considère parfois comme du Plaisancien inférieur il consiste ; en marnes très épaisses avec grès. On y trouve *Cerithium pictum, Venus multilamella, Pecten cristatus*. Des lits d'eau douce contiennent des plantes, parmi lesquelles figurent des Palmiers, ce qui contraste avec l'état de la flore de même âge dans le centre de l'Europe. Dans plusieurs localités italiennes, on rehcontre des diatomépélites qui ont été très favorables à la conservation des fossiles délicats ; c'est, par exemple, ce qui a eu lieu aux environs de Livourne. On y recueille, non seulement des squelettes de Poissons et des feuilles, mais des objets beaucoup plus frêles comme des Insectes avec les nervures des ailes parfaitement conservées. En plusieurs points de l'Italie et spécialement en Toscane, on a rencontré des ossements d'*Hipparion* et des autres Mammifères caractéristiques du niveau. Dans la même région, on classe dans le terrain pontien une importante formation où le gypse, parfois très bien cristallisé, est associé au soufre natif. On y trouve des Congéries (Dreyssensies) de plusieurs espèces : *Congeria subglobosa* (fig. 145), *C. simplex*, *C. rostriformis*.

Pikermi, en Grèce, est devenu célèbre par l'énorme quantité d'ossements de Mammifères qui s'y sont accumulés et qui reproduisent la série des formes que nous avons énumérées au mont Léberon. C'est à M. Albert Gaudry qu'on doit l'étude complète de ce magnifique gisement. C'est avec

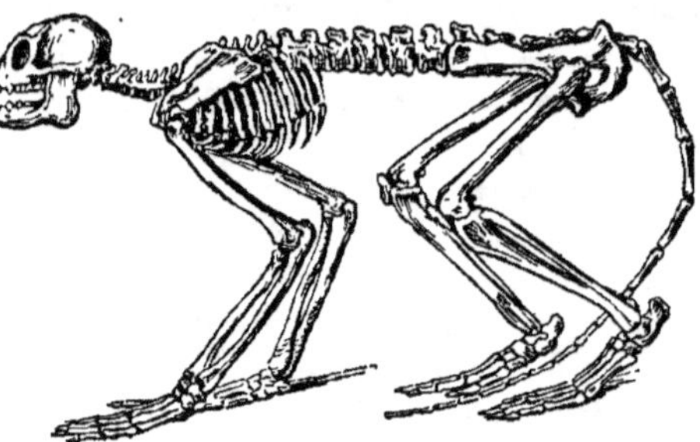

FIG. 146. — *Mesopithecus.*
(1/5 G. N.)

60 mètres d'épaisseur que le terrain pontien se présente entre la mer Noire et la mer d'Azov, à Kamysch-Bouroun (presqu'île de Kertsch). Il comprend des marnes à *Valenciennesia annulata* (Mollusque pulmoné à test patelliforme), des grès à *Cardium Abichi* et des faluns à *Congeria (Dreissensia) subcarinata.*

Le terrain pontien en dehors de l'Europe. — Le terrain pontien a été reconnu dans l'Inde à l'abondance des Mammifères qui s'y sont fossilisés dans les collines Siwalik : on y trouve 95 genres de ces Vertébrés (dont 11 Éléphants). Plusieurs formes coïncident avec celles de Pikermi et du mont Léberon comme *Mesopithecus* (fig. 146), *Semnopithecus*, *Machairodus*, *Mastodon*, *Elephas ;* mais d'autres sont spéciales: *Sivatherium*, *Chalichotherium*, *Hexaprotodon*, *Stegodon.* Les assises, qui renferment aussi des Mollusques d'eau douce, ont fourni les vestiges d'une gigantesque Tortue, *Colossochelys Atlas,* dont la découverte, faite inopinément dans l'antiquité, a peut-être inspiré aux Hindous le mythe qui donne une tortue comme soutien à l'Univers.

Il semble y avoir des vestiges de formations pontiennes en Amérique, et des marnes fossilifères du Sahel, en Algérie, paraissent correspondre assez exactement au terrain qui nous occupe. A Constantine on a trouvé des os d'*Hipparion* dans un terrain à faciès saumâtre avec Mélanopsides.

Un célèbre gisement d'Oursins fossiles pliocènes (*Clypeaster ægyptiacus* et *C. pliocenicus*) est bien connu aux environs des pyramides de Ghizeh. Il est exploité très activement par les Bédouins qui, depuis longtemps, vendent des fossiles aux touristes. Même, ils ont tellement bouleversé la surface du sol par l'exercice de cette industrie qu'ils en ont rendu l'étude géologique très confuse et que les observateurs les plus expérimentés avaient mal compris la structure du terrain. M. Fourtau, ayant fait faire des coupes fraîches, a constaté que les Clypéastres gisent dans une couche de sables gris agglutinés, à environ $0^m,75$ de profondeur, sous une couche de sables jaunes évidemment sahariens. Le sable à Clypéastres repose sur un banc de calcaire miocène à *Pecten benedictus,* recouvrant les couches du Lutétien supérieur du plateau où sont bâties les pyramides.

II. — Terrain plaisancien (Mayer-Eymar, 1857).

Fig. 147. — *Nassa semistriata,* fossile typique du Plaisancien.
(G. N.)

Étymologie. — Du nom (*Plaisancia*) de la ville de Plaisance, en Italie, où affleurent les marnes bleues subapennines.

Synonymie. — C'est, pour une part, le *Subapennin* de d'Orbigny (1862) qui admet aussi l'Astien. Il comprend le *Diestien* de Dumont (1839) dont la partie inférieure est le *Bolderien* ou *Waldonien* de Harmer. C'est le *Monspessullanien* de Rouville (1895) (de *Mons Pessulanum*, nom ancien de Montpellier). Il correspond à peu près au *Floridien* (Heilprin, 1887) et fait partie de la série des *Crags* de l'Angleterre. C'est, ensemble, le *Lenhornien*, le *Gedgravien* et le *Casterlien* de Harmer.

Le terrain plaisancien en France. — Le terrain plaisancien constitue un massif intéressant dans la région occidentale de la France. Par exemple, auprès du Loroux-Bottereau, au lieu dit Dixmerie on voit, sur le Falunien, des assises sableuses où se présentent des fossiles nettement pliocènes comme *Potamides Basteroti* et *Voluta Lamberti*. Sur une surface notable de la Loire-Inférieure et de l'Ille-et-Vilaine, sont dispersés des lambeaux argileux dans lesquels on recueille des *Nassa* [*N. semistriata* (fig. 147), *N. prismatica*, *N. mutabilis*]. Enfin, dans le département de la Manche, on observe des gisements analogues comme au Bosc d'Aubigny. A Gourbesville, que nous avons déjà cité pour ses fossiles pontiens, les fossiles plaisanciens sont nombreux ; *Nassa* et *Terebratula grandis* s'y recueillent en abondance. Une partie du dépôt, on l'a vu, est un conglomérat formé aux dépens de sédiments miocènes comme le prouve la rencontre, avec des dents de Requins, d'ossements de Mammifères marins (*Halitherium* et *Dinotherium*).

En Provence, les argiles de Biot sont du même horizon. Elles renferment un grand nombre de fossiles: *Ostrea cochlear, Arca diluvii, Nassa semistriata, Pleurotoma cataphracta, Turritella subangulata, Dentalium sexangulare, Terebratula ampulla.* On les retrouve, avec la même faune marine, dans diverses localités telles que Saint-Martin-du-Var et Vence.

C'est encore au même niveau qu'il convient de ranger des sables exploités, par exemple, à la Pompiliane, sur les bords du Lez, et qui sont connus sous le nom de *sables de Montpellier* parce qu'ils forment le sous-sol de cette ville. Ils contiennent des Huîtres (*Ostrea cucullata*). Au-dessous sont des lits très riches en ossements d'animaux constituant la *faune de Montpellier* suivant une appellation courante : *Hyænarctos insignis, Mastodon arvernensis, Sus provincialis, Hipparion crassum, Palæoryx Cordieri, Cervus australis, Metaxytherium Serresi, Tryonyx pliopedemontana.*

Le terrain plaisancien en Europe. — Dans diverses parties de l'Europe, le niveau est représenté et les gisements du pays de Plai-

sance, en Italie, se signalent parmi d'autres comme leur ayant
servi de type. On y voit des marnes bleues, avec de très nombreux
fossiles, tels que débris de Cétacés et coquilles de Mollusques :
*Turritella tornata, Murex trunculus, Xenophora crispa, Dentalium
sexangulare* de fortes tailles. Au-dessus, 6o mètres de sables
jaunes, également fossilifères, supportent des couches ocracées,
caillouteuses et fournissant des débris d'Hippopotames et d'Éléphants (*Elephas meridionalis*).

Les marnes bleues du Vatican, à Rome, correspondent à celles de
Plaisance. Les fossiles y sont nombreux, concentrés en deux niveaux
distincts. On y recueille *Pecten ramulosus* et *P. cristatus, Nassa
semistriata, Dentalium elephanticum ;* des Polypiers comme *Flabellum
vaticanum.* Un Ptéropode, *Cleodora,* mérite d'être mentionné : on le
retrouve en beaucoup de régions et, par exemple, du côté de Subiaco.

En Sicile, les dépôts plaisanciens sont nombreux et variés. A la
base viennent des marnes à *Ostrea cochlear,* riches en Foraminifères
et admettant, du côté de Messine, des conglomérats dont on a fait
un temps ce terrain zancléen, que nous avons mentionné à propos du
Pontien, parce qu'en réalité il passe sur la limite mutuelle des deux
niveaux inférieurs du Pliocène. Par-dessus, sont des sables à Brachiopodes et à *Pecten orbicularis,* constituant le terrain *syracusain.*

L'Europe orientale est riche en terrain plaisancien qui se signale
par la présence des Paludines, parfois en grandes quantités et, par
conséquent, a une allure lacustre. D'une manière générale ces
sédiments d'eau douce sont concordants avec le Pontien à *Dreissensia* (Congéries) qui leur sert de substratum. Les débris de
Mammifères y sont fréquents et spécialement les Mastodontes :
M. arvernensis, M. Borsoni. Ces animaux précèdent généralement
les restes d'*Elephas meridionalis.* Des dépôts de ce genre se voient
en Grèce, à Chypre, en Dalmatie, en Roumanie, etc.

Dans le nord de l'Europe au contraire, le Plaisancien est marin.
En-Belgique, il est fort épais vers Louvain et Dumont l'avait dédié
à une ville voisine sous le nom de *Diestien.* C'est un sable plus ou
moins ocracé et se cimentant fréquemment en grès, dans lequel on
recueille une faune dont les termes les plus caractéristiques sont
Isocardia cor et *Terebratula grandis* que nous mentionnions tout
à l'heure.

Dans le sud de l'Angleterre, le Plaisancien constitue l'un des termes les plus épais de la série des *Crags*. C'est un mot populaire désignant des marnes calcaires remplies de nodules calcaires où l'on reconnaît des accumulations de Bryozoaires. On avait cru d'abord y voir des Algues incrustantes de la famille des Corallines et c'est pour cela que le terrain plaisancien est appelé en Angleterre le *Coralline Crag*. Il mesure une épaisseur qui peut atteindre 15 mètres et paraît correspondre aux sables diestiens à *Isocardia cor*. Parmi ses très nombreux fossiles on peut citer *Terebratula grandis, T. caput-serpentis, Astarte Omaliusi, Cyprina islandica, Voluta Lamberti,* etc.

Le terrain plaisancien hors de l'Europe. — Aux environs de Tétouan, au Maroc, MM. Buchet et Gentil ont rencontré dans un gisement pliocène déjà signalé par Lenz, une faune importante essentiellement marine et comprenant des Pélécypodes et des Gastropodes auxquels se joignent des dents de Squales, des Crustacés, des Polypiers, des Bryozoaires et des Foraminifères. La présence de *Turbo tuberculatus, Ranella marginata, Turritella vermicularis, Chenopus uttingerianus, Pecten bollensis* caractérise les couches plaisanciennes.

III. — Terrain astien (de Rouville, 1853).

Fig. 148. — *Trophon antiquum* (*Fusus contrarius*), fossile typique du terrain astien. (G. N.)

Étymologie. — Du nom de la ville d'*Asti*, en Italie.

Synonymie. — C'est le *Scaldisien* de Dumont (de *Scaldius*, Escaut, 1849) et le *Pœderlien* de Vincent (de Pœderlé, en Belgique) qui lui est si intimement associé. En Italie, le *Fossanien* de Sacco (de Fossano, en Piémont, 1886) est une forme saumâtre de l'Astien supérieur, c'est le *Crag rouge* (*Red Crag* des Anglais) (*Amstelien* de Hamar).

Le terrain astien en France. — Le terrain astien se rencontre en plusieurs points du Plateau Central de la France. A Perrier, dans le Puy-de-Dôme, se montre une coupe renommée depuis longtemps. Elle présente à sa base un poudingue de débris arrondis de roches granitiques mélangées à des roches volcaniques. On y recueille des débris de *Mastodon arvernensis* et d'autres Mammifères. Dans sa partie supérieure, le terrain admet des lits de matériaux plus fins, passant aux cinérites et renfermant les empreintes de toute une flore arborescente où abondent les Hêtres (*Fagus pliocenica*), les Érables (*Acer polymorphum*) et des Graminées (*Bambusa lugdunensis*). Plus haut, un conglomérat de blocs trachytiques parfois colossaux (de 2500 mètres cubes en bien des points), sur lequel on a beaucoup discuté, contient des lits subordonnés de matériaux fins dans lesquels se sont conservés des fossiles plaisanciens comme *Equus Stenonis* et *Elephas meridionalis*.

Dans le Cantal, les dépôts astiens sont généralement plus fins et ils fournissent en plusieurs localités de délicates empreintes botaniques. Le Pas de la Maugudo, dans la pittoresque région de Vic-sur-Cère, a procuré à Saporta les matériaux d'une étude intéressante. Parmi les végétaux déterminés on citera : *Fagus sylvatica pliocenica, Quercus robur pliocenica, Acer polymorphum, A. integrifolium, Tillia expansa, Sassafras ferretianum*, des Fougères, etc.

Des dépôts analogues se montrent auprès de Murols, à Niac, à la Bourboule et bien ailleurs. A Jourzac, à Roffiac, à La Boric, on a recueilli : *Planera Ungeri, Phœbe bambusa, Alnus denticulatus, Carpinus pyramidalis*.

Dans la Haute-Loire, des dépôts astiens ont été bien des fois signalés ; par exemple auprès du Puy, au pied du volcan de la Denise, des lits de matériaux volcaniques contiennent *Elephas meridionalis* associé au grand Hippopotame (*Hippopotamus major*) et au *Rhinoceros etruscus*. A Ronzon, M. Boule a recueilli dans des sables aunes *Mastodon arvernensis*, *M. Borsoni* et *Tapirus arvernensis*.

À Ceyssac, comme à La Roche-Lambert, l s sables à *Mastodon* consistent en cailloux roulés de toutes les roches volcaniques du Mézenc, en sables grossiers, en sables fins souvent ferrugineux et en argiles très fines avec Diatomées, empreintes de plantes contemporaines de la flore des cinérites et lignites. On y recueille surtout : *Mastodon arvernensis*, *M. Borsoni*, *Tapirus arvernensis*, *Rhinoceros etruscus*, *Palæoceras torticornis*, *Cervus pardinensis*.

Dans le Bourbonnais, des argiles et des sables développés sur les plateaux entre l'Allier et la Loire sont considérés comme étant d'âge astien. On y recueille beaucoup de bois silicifiés, par exemple à La Grillère, au sud de Châtel-de-Neuvre, mais on n'y voit aucun fossile déterminable. Les sables de Chagny, en Saône-et-Loire, ont donné des restes de *Mastodon arvernensis*.

Le terrain astien en Europe. — En Italie, Asti, qui est située à moitié chemin entre Turin et Alexandrie, a fourni le type du dépôt qui nous occupe. Dans le Val d'Arno, on voit plus de 160 mètres de sables, comprenant un poudingue désigné sous le nom de *Sansino* et fournissant des débris nombreux de toute une faune de Mammifères comprenant *Elephas meridionalis*, *Hippopotamus major*, *Rhinoceros leptorhinus*, *Equus Stenonis*, etc. Des sables jaunes fournissent, au mont Janicule, à Rome, *Hippopotamus major*, et contiennent, au mont Masso, une faune malacologique extrêmement riche à *Pecten Jacobæus*, *P. varius*, *P. latissimus*, *Cardium hians*, *Mactra triangula*, *Anomia ephippium*, etc.

Le terrain astien est représenté en Belgique par le *Scaldisien*. Il consiste en sables où les ossements de Cétacés sont en quantité prodigieuse. Ils appartiennent surtout aux genres *Balæna*, *Balænula*, *Balænoptera*, *Megaptera* ; on y trouve aussi des ossements de Phocidés, des dents de Poissons et, dans les parties supérieures (dites *Pœderliennes*), des Mollusques très nombreux dont les plus caractéristiques sont *Trophon antiquum* [*Fusus contrarius* (fig. 148)], *T. gracile*, *Nassa labrosa*, *Purpura lapillus*, *P. tetragona*, *Astarte incerta*, *Pecten maximus* (variété *complanatus*), *P. Gerardi*, souvent bivalve, *Ostrea edulis*, *Voluta Lamberti*.

Le crag corallin décrit tout à l'heure est recouvert en Angleterre par des couches fluvio-marines, bien visibles à Norwich et qui se signalent comme astiennes par les débris qui y ont été rencontrés de *Mastodon arvernensis, Elephas meridionalis* et *Trogontherium Cuvieri*. Leur faune malacologique comprend des formes septentrionales associées à des espèces encore existantes dans les mers voisines et, en outre, quelques formes éteintes. Citons parmi les plus nombreuses : *Scalaria groenlandica, Fusus striatus, Turritella communis, Panopœa norvegica, Astarte borealis, Nucula Cobboldiæ, Tellina antiqua*.

IV. — Terrain sicilien (Doderlein, 1872).

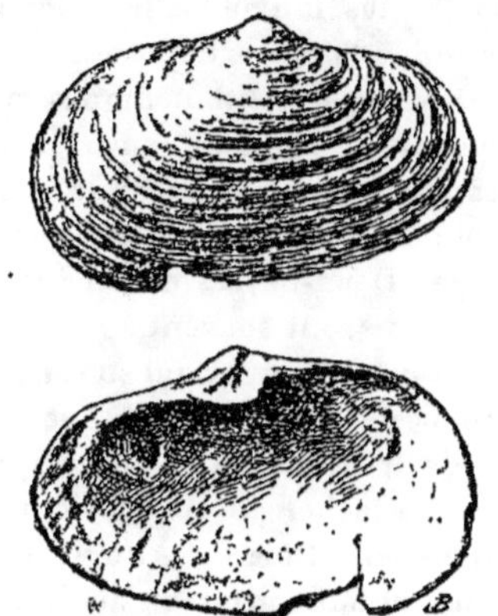

Fig. 149. — *Mya truncata*, fossile typique du terrain sicilien.
(G. N.)

Étymologie. — Du nom de la Sicile.

Synonymie. — Le Sicilien correspond, au moins pour une part, au *limon des Plateaux* et, avant tout, au *limon de la Bresse* et au *conglomérat bressan*. C'est le *Forest-bed* (*Cromérien* de M. Harmer) et le *Crag rouge* des Anglais, l'*Icénien* (Harmer) ; le *Norfolkien* de M. James Geikie (1895). Les Allemands en font le *Deckenschotter*. En 1865, M. Pareto a nommé *Villafranchien* le Sicilien de Villafranca en Italie et, en 1889, M. Ameghino a appelé *Lujanien* celui de la République Argentine.

Le terrain sicilien en France. — En France, on connaît près de Paris, à Saint-Prest (Eure-et-Loir), des lambeaux de véritable Diluvium qu'on n'aurait aucune raison de distinguer du Diluvium ordinaire s'il ne renfermait toute une faune de Mammifères pliocènes. On y a recueilli entre autres : *Elephas meridionalis, Rhinoceros Merckii, Hippopotamus major, Trogontherium Cuvieri, Megaceros Carnutorum*, etc.

Il est évident qu'une très grande partie des limons qui recouvrent toutes les roches superficielles pourrait être attribuée à la période sicilienne ; mais, le plus souvent, aucun caractère décisif ne permet de les distinguer des formations plus récentes avec lesquelles ils se soudent de la façon la plus intime. Il faut donc nous borner à la mention de quelques points où les dépôts se signalent, soit par des fossiles, soit par des caractères lithologiques évidents.

La France occidentale présente sur les plateaux des alluvions remarquables par leur liaison avec le sable des Landes que nous signalerons tout à l'heure et par la présence de roches spéciales. Ainsi, dans les Deux-Sèvres et dans la Vienne, les sables limoneux des plateaux se sont souvent agglomérés en poudingues grossiers, dits *grisons* ou *bétains*, et qui sont très analogues à l'*alios* du midi. Comme celui-ci, le poudingue est souvent manganésifère, en quelques points de la vallée de la Gartempe, par exemple.

En Vendée, il faut rattacher au niveau sicilien les buttes coquillières de Saint-Michel-en-l'Herm. Il s'agit d'un véritable banc d'Huîtres porté à une notable hauteur au-dessus du niveau de la mer, faisant une saillie de 6 à 7 mètres sur le marais environnant et s'étendant sur 5oo à 6oo mètres de longueur. Des estimations conduisent à lui donner 15 mètres de puissance et 5oo ooo mètres cubes de volume. Il est entièrement formé d'*Ostrea edulis*, qui est l'Huître actuelle de cette côte dont les tests sont posés à plat en lits horizontaux et les deux valves réunies, comme dans les bancs aujourd'hui vivants. On peut facilement constater que durant les temps quaternaires cette formation fut attaquée par la mer qui la tailla en falaise comme les autres îlots du marais poitevin.

Dans toute la France du centre, les limons siciliens se poursuivent sur les plateaux presque sans interruption et contribuent à la constitution de certains terrains, dans la vallée de la Loire par exemple.

Les marnes bleues de la Bresse, avec *Pyrgula Nodoti* et *Paludina Burgundiæ*, sont considérées comme étant siciliennes : elles semblent contenir des éléments dont les uns sont pliocènes et les autres quaternaires. A Cuisery, *Paludina Burgundiæ* forme une vraie lumachelle dans une couche ferrugineuse subordonnée aux marnes bleues de la Bresse.

Le Plateau Central est pourvu de dépôts siciliens et nous ne pouvons en mentionner que quelques exemples que nous choisirons dans le Velay. Ainsi, non loin de Polignac, des alluvions formées aux dépens de brèches basaltiques du volcan de Sainte-Anne renferment une abondante série de Mammifères. On y reconnaît : *Elephas meridionalis, Rhinoceros etruscus, Hippopotamus major, Equus Stenonis, Machairodus,* etc. Ces mêmes fossiles se retrouvent dans un très grand nombre de localités et on doit en conclure que la mer n'est pas revenue en ces contrées depuis le Tertiaire supérieur.

Dans le midi, il faudra nécessairement rattacher au Sicilien une foule des formations littorales entrant dans la série des plages soulevées ; nous n'avons pas à y revenir après ce qui a été dit dans une autre partie de cet ouvrage.

Enfin le sud-ouest se signale par l'importance du *sable des Landes* dont une portion superficielle peut bien être et doit même être quaternaire, mais dont la plus grande partie s'est accumulée pendant les temps siciliens. La preuve, c'est qu'on rencontre souvent à leur surface des vestiges de stations humaines préhistoriques constituant des gisements d'armes et d'outils en silex de l'époque néolithique et quelquefois accompagnés de restes de foyers comme à Jau, à Talais, à Saint-Vivien, à Grayan. On en a recueilli de pareils dans la même situation, sous le sable des Dunes, entre Amélie-les-Bains et la Pinasse, mais jamais dans l'épaisseur même du sable des Landes. C'est dans cette dernière région qu'affleure, près d'Amélie, sous une couche tourbeuse que recouvre le sable des Landes, une argile à *Elephas meridionalis.* Le même Proboscidien a été découvert à Gurs.

Le terrain sicilien en Europe. — Le terrain sicilien débute aux environs de Messine et de Caltanisetta par des marnes bleues à *Nassa semistriata,* des tufs et des brèches coquillières à *Pecten Jacobæus,* formant le sol des larges zones littorales décrites souvent sous le nom de *plages soulevées* et qui sont fréquemment portées à 1 000 mètres au-dessus de la mer. On y distingue de nombreuses couches superposées, où des fossiles sont classés en niveaux successifs. Une brèche est subordonnée à l'ensemble ; on la qualifie dans le pays de *Panchina* et le nom a passé dans toutes les langues.

En Calabre, des couches siciliennes reposent, en conformité de stratification, sur les assises astiennes. Elles contiennent *Lucina borealis, Cyprina islandica,* etc.

Plus au nord, la côte de Ligurie montre des lambeaux siciliens à l'embouchure de certaines rivières. Ils sont formés de cailloux plus ou moins cimentés ensemble et disposés en lits inclinés de 15 à 20 degrés sur l'horizon, ce qui trahit leur mode de formation qu'il faut rattacher à la production de deltas par les cours d'eau pliocènes.

C'est aussi sous forme de gravier que le terrain sicilien se présente en Suisse. Sous le nom de *Deckenschotter (nappe de cailloux)* il forme un revêtement de graviers sur bien des plateaux de la Suisse orientale et il a fourni des débris d'*Elephas primigenius* qui attestent son âge.

Enfin, il faut faire une place au Sicilien de l'Angleterre où il est connu sous le nom de *Crag rouge.* Il consiste en sables quartzeux, généralement rubéfiés, où abondent des débris organiques dont beaucoup peuvent avoir été empruntés au Crag blanc, mais dont les autres sont caractéristiques. On citera *Trophon antiquum, Mya truncata* (fig. 149) — qui se trouvait déjà dans les Crags antérieurs et qui a persisté jusqu'à aujourd'hui tout comme *Ostrea edulis* —, *Voluta Lamberti, Cyprina islandica, Buccinum groenlardicum, Pecten Jacobæus, Mastodon arvernensis, Elephas meridionalis, Rhinoceros Schleiermacheri, Sus antiquus,* etc. Les argiles de Chillesford sont aussi d'âge sicilien. Enfin on range dans le même niveau le dépôt des environs de Cromer qui est connu sous le nom de *Forest-bed.* C'est une argile noire renfermant des débris de végétaux et des ossements de Mammifères terrestres. Les végétaux, qui indiquent un climat doux, ont en général disparu maintenant du pays ; citons *Abies pectinata, Picea excelsa, Pinus sylvestris, Taxus baccata, Nymphea alba.* Quant aux animaux, ils comprennent : *Elephas meridionalis, E. antiquus, Rhinoceros etruscus, Hippopotamus major, Trogontherium Cuvieri, Machairodus,* etc.

Le terrain sicilien hors de l'Europe. — On ne peut négliger de mentionner ici la découverte faite par M. Eugène Dubois, à Trinil, dans l'île de Java, d'une calotte crânienne, de deux molaires et d'une tête de fémur qu'il a décrits sous le nom de *Pithecanthropus erectus* et que plusieurs naturalistes regardent comme provenant d'un homme de race très inférieure[1]. D'autres auteurs voient en eux les restes d'un gigantesque Gibbon ; on a émis l'idée, d'ailleurs non démontrable, qu'il constitue un chaînon intermédiaire entre l'homme et les anthropomorphes.

Faciès divers des dépôts pliocènes.

Les dépôts abyssaux pliocènes n'ont guère eu le temps encore d'émerger : il faut nous borner à citer ceux qui constituent les calcaires à Madrépores de Reggio en Calabre et de Messine en Sicile. On peut y rattacher des argiles bleues très fines à *Nassa semistriata* du midi de la France, les marnes bleues subapennines de plusieurs points de l'Italie et les marnes du Vatican, à Rome.

Comme formations littorales citons : les poudingues des Alpes-Maritimes où les eaux sauvages ont creusé, par exemple, le si étrange Vallon Obscur des environs de Nice ; les conglomérats à cailloux impressionnés de Chambaran dans le bassin du Rhône ; les *Crags* de diverses localités d'Angleterre et les sables pœderliens de Belgique, mis à découvert d'une manière si profitable pour la science, lors des derniers travaux du port d'Anvers.

Quelquefois ces matériaux pliocènes se présentent avec des caractères spécialement intéressants et c'est ce qu'on observe à l'ouest de Locmaria, à Belle-Isle-en-Mer. Ce sont des lits de galets quartzeux, d'un diamètre variant de 5 millimètres à 1 centimètre, très roulés, agglutinés par un sable ferrugineux et constituant des bancs horizontaux de plusieurs mètres de puissance. Leur étude a conduit à reconnaître en eux le résultat d'un arasement marin de l'époque pliocène. Bien qu'ils gisent maintenant à plus de 60 mètres d'altitude, ils ont évidemment été étalés par des courants venant du continent, alors que les vallées submergées qui isolent l'île n'étaient pas encore creusées.

1. E. Dubois, *Pithecanthropus am Java*. Batavia, 1894.

On connaît des dépôts d'estuaires dans un grand nombre de localités du bassin du Rhône où les couches renferment des *Congeria* et *Potamides Basteroti* : en les étudiant, Fontanes a reconnu que la mer pliocène devait avoir poussé la ligne de ses rivages jusqu'au lieu où, depuis, s'établit la ville de Lyon.

Comme lagunes, il suffira de citer les argiles des Noires-Mottes, au cap Blanc-Nez (Pas-de-Calais).

En diverses régions des côtes de Ligurie, l'embouchure des rivières montré des couches épaisses de poudingues inclinées de 12 à 20 degrés et qui renferment des coquilles pliocènes. Ce sont, à n'en pas douter, des *deltas torrentiels* de l'époque tertiaire supérieure.

L'existence d'un régime fluviaire et continental à la fin du Miocène supérieur (étage pontien) est indiquée dans la vallée de la Durance par la vaste nappe des *cailloux impressionnés* du grand plateau de Valensole. De nombreux lambeaux de cette formation se montrent, fortement relevés par les derniers plissements alpins, sur la rive droite de la Durance, au pic d'Orion, à Villeneuve, entre Volx et Manosque, à Corbières, à Mirabeau, à Pertuis.

Ces cailloutis, où dominent les éléments calcaires, mélangés à un petit nombre de roches alpines, descendent le cours d'une Durance miocène peu différente de la rivière actuelle.

En dehors de l'ancien thalweg miocène, au pied du massif du Léberon, les cailloutis sont argileux et d'origine locale et correspondent à des apports torrentiels latéraux.

On a été conduit à penser qu'un grand fleuve ayant sa source en Angleterre aurait déversé ses eaux par Folkestone dans la mer pliocène entre Gand et Louvain.

Il faut noter qu'on a retrouvé bien d'autres fleuves pliocènes et parfois on constate leur liaison avec les cours d'eau plus récents. L'une des localités les plus intéressantes à cet égard est le gisement de Saint-Prest, près de Chartres, dans lequel *Elephas meridionalis* est en mélange avec *Rhinoceros Merckii, Hippopotamus major,* etc.

En Bresse, on a la preuve que les vallées actuelles avaient commencé à se creuser, sous l'influence de la pluie, dès l'époque tertiaire. La même conclusion peut s'étendre aux vallées de l'Auvergne et à celles de bien d'autres régions.

Il est très intéressant de constater que l'on a trouvé dans des dépôts pliocènes des environs de Fino, sur le lac de Côme, des traits de constitution identiques à ceux auxquels on prétend reconnaître le terrain glaciaire de l'époque quaternaire. Toutefois, avant d'admettre la notion de glaciers pliocènes, — contre laquelle il n'y a d'ailleurs aucune objection préjudicielle à opposer, — il faudrait être sûr qu'il ne s'agit pas de placages boueux soumis aux effets de l'érosion souterraine. La température moyenne de Fino à l'époque pliocène n'était pas supérieure à celle des régions tropicales actuelles, de la Nouvelle-Zélande par exemple, où des glaciers viennent pousser leurs moraines sous les ombrages de fougères arborescentes.

En Angleterre, M. Boyd-Dawkins a décrit une caverne avec contenu paléontologique de l'époque pliocène.

Enfin l'un des faciès les plus intéressants, bien reconnus à l'époque pliocène, c'est le faciès volcanique si abondamment répandu dans la France centrale. Il résulte, en effet, des savantes études de M. Marcellin Boule, que les éruptions exclusivement basaltiques ont commencé dans la région des Puys et dans le Mont-Dore à l'époque pliocène supérieure, pour se continuer durant les temps quaternaires, où nous aurons à les mentionner de nouveau. Les éruptions dont il s'agit ont conservé le témoignage de l'existence de lacs dans lesquels se sont stratifiées des cinérites, où des empreintes de plantes terrestres, hêtres et autres arbres, ont été parfaitement conservées à Vic-sur-Cère (Pas de la Maugudo), à Niac et dans d'autres points du Cantal.

C'est d'ailleurs à l'époque pliocène qu'on paraît devoir rattacher la plupart des éruptions tertiaires, M. Glaugeaud ayant cependant, comme on l'a vu (p. 818), annoncé la découverte de volcans plus anciens. Les basaltes pliocènes se rencontrent dans notre Plateau Central en plusieurs points du Velay. Ce sont des roches de composition minéralogique quelque peu variable, intercalées dans les sables à Mastodontes de la Denise, de Ceyssac, etc. Il faut leur rattacher les brèches ou peperinos du roc Corneille, de l'aiguille Saint-Michel, de Polignac, dont nous avons parlé naguère à propos de la dénudation pluviaire dont elles révèlent la valeur. Les géologues sont en général d'avis qu'il faut attribuer à la même époque la sortie des basaltes supérieurs de la région du Mézenc. Mais en étudiant le gisement, on reconnaît qu'avant eux, des phonolithes très volumineuses étaient sorties du sol, et qu'à leur suite les laves de la chaîne de Devès ont surgi. En somme, ces éruptions pliocènes ont fourni, suivant les points, des phonolithes, des trachytes, des andésites et des labradorites. Ces éruptions constituent une traînée de 60 kilomètres de longueur et proviennent de plus de 150 cratères ou cônes de scories.

C'est vers le même temps qu'à dû faire explosion le volcan qui a vomi les labradorites du cap d'Aggio, près de Monaco.

Substances utiles subordonnées aux formations pliocènes.

Les assises pliocènes contiennent diverses substances susceptibles d'applications pratiques et qui, le plus souvent, se présentent comme la continuation des dépôts miocènes. Tels sont quelques travertins calcaires utilisables comme matériaux de construction et, surtout, des argiles commes celles de Biot, des sables et des graviers.

Des grès sont à mentionner et spécialement de vraies arkoses subordonnées au Pliocène de La Mainborgère et de Billy, dans les Deux-Sèvres.

Divers minerais de fer exploitables ont été considérés comme pliocènes. Ainsi, en Anjou, vers Erbray et Ruffigné, et dans d'autres points de la rive gauche de la Mayenne, se présentent des amas de limonite subordonnés à des sables rouges, parfois agglutinés en grès et qui ravinent des sables éocènes sous-jacents. De même, sur les confins de la Haute-Marne et de la Côte-d'Or, on rattache au Pliocène un minerai de fer pisiforme de gros calibre, qui a donné lieu naguère à des extractions maintenant abandonnées. Vers Donzy et Menou, dans la Nièvre, les argiles pliocènes renferment des produits analogues qui, dans le Jura, deviennent des sphérolites creuses qualifiées de *greluches*, dont on a fait usage du côté de Saint-Claude, comme à Commenailles et à Mouthier-en-Bresse. Le long de la Saône, vers Tillenay, le minerai s'agglomère en véritables bancs. Il en est ainsi encore, mais à un bien plus haut degré, dans le terrain pontien de la Crimée, à Kamysch-

Bouroun, auprès de Kertsch. Une couche de limonite fait une bande brune sur la falaise haute de 40 mètres et longue de 2 kilomètres qui se remarque du large quand on arrive à ·Kertsch. C'est, par places, une vraie lumachelle de *Cardium acerdo* de grande taille et généralement bien conservés. Les coquilles contiennent souvent de belles géodes de vivianite ou phosphate de fer ; aussi le minerai (qui tient du manganèse) donne-t-il de 0,80 à 2 % de phosphore.

Le célèbre gisement de mercure de New-Almaden et de New-Idria, en Californie, est pliocène ; il semble encore en voie actuelle d'accroissement.

Dans le même pays, on exploite du pétrole dans les couches pliocènes.

Terres végétales des pays dont le sol est pliocène.

La grande région agricole pliocène de France, c'est la Bresse : on y voit des terres végétales mélangées le plus souvent à des matériaux quaternaires tels que des limons (*terre à pisé*) et où, cependant, la quantité d'argile est d'ordinaire insuffisante. On y fait beaucoup de prairies qui occupent l'emplacement d'anciens étangs desséchés.

La Dombe, dont le sol se rapproche beaucoup par sa constitution de celui de la Bresse, est bien loin d'être encore perfectionnée comme cette dernière. Tout le monde même n'est pas d'accord sur l'opportunité de dessécher complètement les innombrables étangs qui parsèment son sol.

Il est intéressant de noter que le travail persévérant a permis d'obtenir des vignes et diverses cultures du sol de la Crau d'Arles ou grande Crau, dont Mistral a chanté l'aridité naturelle et sans égale. Il y a de même en Dauphiné un pays dont le nom de Chambaran vient, paraît-il, de *chaume* et veut dire stérile, et où la reconstitution des forêts a ramené une prospérité relative. Comme contrepartie, il est bon d'ajouter que, dans l'Hérault, les meilleurs vignobles sont établis sur des coteaux pliocènes à sol caillouteux.

Dans les Deux-Sèvres, le Pliocène des plateaux constitue la ré-

gion des anciennes *brandes* si complètement transformée aujour-
d'hui. La terre rouge à châtaigniers de la Vienne, ou argile rouge
à silex de Civray, représente un type de sol pliocène.

C'est enfin au Pliocène que se rapportent, au moins en partie, les
sables des Landes ; on sait leur ancienne stérilité et on peut rappeler comment la culture des pins maritimes, recommandée par Brémontier comme obstacle à l'envahissement des dunes, et mise en
pratique dès le xvi siècle en Asie-Mineure par Fakr-el-Din, y a
introduit une prospérité inconnue jusque-là.

La présence, dans la masse de ces sables, de lits de grès ferrugineux qualifiés d'*alios* apporte d'ailleurs des obstacles à la circulation ordinaire de l'eau et y introduit des particularités agronomiques spéciales.

CINQUIEME PARTIE

LE SYSTÈME QUATERNAIRE

Étymologie. — Le nom de *Quaternaire* a été proposé en 1829 par Jules Desnoyers pour désigner des formations antérieures à la période actuelle — puisqu'on y trouve des vestiges d'animaux disparus (Mammouth, etc.) — et cependant superposées aux assises tertiaires dont elles ne renferment pas les fossiles.

Synonymie. — C'est le *Diluvium* d'un très grand nombre d'auteurs et sa partie d'origine éolienne a été parfois désignée, par symétrie, sous le nom d'*Eluvium*. Lyell, en 1839, l'appelait *Plistocène* ou *Pléistocène,* faisant ainsi la suite naturelle du Pliocène. En conséquence du même point de vue paléontologique, Paul Gervais le qualifiait vers 1860 d'*Holocène* et Dollo, en 1894, d'*Apozoïque*. Pour Le Conte (1887), ce serait le *Psychozoïque* (à cause de la présence de l'Homme, *Homo sapiens*) et on remarquera que ces diverses appellations consacrent la liaison indissoluble du Quaternaire avec les formations actuelles. C'est le *Boulder clay* ou argile à blocs des Anglais, le *Campinien* de Dumont (1839), le *Flandrien* de Rutot (1892) et, d'une manière générale, l'*Ergeron* des Belges. Doderlein, en 1872, avait proposé pour ce terrain le nom de *Sicilien,* qu'à l'exemple de beaucoup d'auteurs nous avons appliqué au Pliocène récent. Mayer Eymar, en 1865, en faisait le *Saharien,* et Greppin, en 1867, l'*Indien.* Rapporté à l'histoire particulière de l'Homme, le Quaternaire a été subdivisé en niveaux successifs. Lubbock, en 1865, y distingue le *Paléolithique* (ou *Archéolithique*) et le *Néolithique.* Gabriel de Mortillet, en 1878, y sépare le *Chelléen* (ou *Acheulléen*), le *Moustérien,* le *Solutréen* et

le *Magdalénien*. Le Chelléen est appelé aussi *Eolithique*. En 1895,
James Geikie, placé au point de vue des phénomènes glaciaires,
y énumère du bas vers le haut ; le *Scanien* (*Gunzien* de Penck et
Brüchner), le *Saxoniën*, le *Polandien*, le *Neudeckien*, le *Turbarien*
(des tourbières) et l'*Helvétien* (nom que nous avons adopté dans
un autre sens). Issel, en 1897, a proposé un *Miolithique*. C'est sensiblement le *Palafittien* des Suisses auquel a succédé le *Robenhausien*. Mayer-Eymar, en 1881, appelle *Durnténien* une portion
moyenne du Quaternaire qui est désignée aussi sous le nom d'*Interglaciaire*. Desor, vers 1850, applique le nom de *Lawrancien* au
Quaternaire lacustre des États-Unis. Ameghino, en 1889, divise le
Quaternaire de la République Argentine (Pampéen), en *Guéran-
dien* et *Platien*. Le limon noir, en partie quaternaire, de l'Ukraine,
constitue le *Tchernozem* (la Terre noire).

Le système quaternaire est le plus mal défini de tous les ensembles stratigraphiques, et l'on peut croire qu'il est essentiellement
provisoire, bien qu'il tire une importance tout à fait exceptionnelle de sa contemporanéité avec l'apparition de l'espèce humaine.
Il importe tout d'abord de remarquer qu'il est spécialement difficile
à étudier et à comparer aux autres groupes de terrains et que, par
conséquent, les hypothèses qu'on a faites prématurément pour en
expliquer les caractères manquent de base.

En effet sa partie principale, qui est celle dont le dépôt s'est fait
sous les mers, est inaccessible à notre examen, car elle est trop récente pour que les bossellements généraux l'aient en général soulevée au-dessus du bassin où elle a pris naissance.

D'un autre côté, la partie étudiable du Quaternaire, et qui est sa
partie subaérienne, c'est-à-dire étalée à la surface du sol exondé par
les agents dont nous avons étudié le fonctionnement dans notre
deuxième Livre, correspond à une portion des anciens groupes
stratigraphiques qui a, pour l'ordinaire, complètement disparu.

Cette double circonstance explique très bien comment *a priori*
on a été conduit à attribuer au terrain quaternaire une origine
extraordinaire, en rapport avec les caractères extraordinaires qu'on
pensait lui reconnaître. C'est ainsi que son histoire est restée longtemps le dernier refuge des hypothèses cataclysmiennes dont on a
enfin fait justice dans les autres chapitres de la géologie.

Bien que certains détails des formations quaternaires se présen-

tent à nous dans des conditions qui en rendent l'examen possible,
il est cependant indispensable de constater que nous ne pourrons
pas appliquer à leur histoire la méthode que nous avons suivie pour
la description des terrains précédents. Au lieu de rencontrer une
localité type où l'essentiel de la géologie quaternaire serait réuni,
il faudra nous résigner à ne trouver en chaque lieu qu'une petite
portion des manifestations de l'époque étudiée. C'est ce qui arriverait si nous voulions donner une idée du « terrain actuel » et le
rapprochement est bien instructif au point de vue de la continuité
des phénomènes géologiques.

Limite inférieure. — Tout d'abord il importerait de rechercher
comment on pourra délimiter le Quaternaire relativement aux
assises pliocènes les plus récentes ; mais les documents nous manquent à peu près à cet égard et ce que nous trouverions plutôt,
ce seraient des indices de soudure insensible. Pour bien poser
la question, répétons que le terrain quaternaire, à l'inverse des
autres terrains, doit avant tout nous apparaître comme un terrain
double, sa portion marine ne pouvant aucunement être confondue avec sa portion continentale.

Pour ce qui est de la première portion, nous trouvons des lambeaux quaternaires le long de certains rivages actuels et, par
exemple, sur le bord de la Méditerranée. Or, il est bien fréquent
que ces formations soulevées reposent sur des sédiments pliocènes
dont la production a immédiatement précédé la leur ; dans ce cas,
dont on a des exemples en Algérie, en Tunisie, en Sicile et bien
ailleurs, on constate que le passage du Pliocène au Pléistocène
est absolument insensible et c'est une particularité sur laquelle il
faudra bien que nous revenions encore.

Avec des formes toutes différentes, le même fait se reproduira
exactement pour les terrains continentaux ; par exemple pour les
lambeaux de graviers, de sables et de limons dont tant de vallées
sont tapissées et que nous allons décrire sous le nom de *Diluvium*.

Pour le gravier, on citera la localité de Saint-Prest, auprès de
Chartres, qui a été décrite précédemment et où les matériaux
pliocènes, caractérisés par les fossiles les plus reconnaissables, se
fondent par en haut dans des matériaux absolument identiques et
qui contiennent des fossiles quaternaires. De même, dans la bal-

lastière de Tilloux située près du Nérolle, entre Gemac et Mainxe (Charente), on a trouvé, avec des silex taillés des formes de Chelles et de Saint-Acheul, des os provenant d'*Elephas meridionalis, E. antiquus, E. primigenius,* formant une liaison intime du Pliocène au Quaternaire.

Pour les sables plus ou moins fins, les transitions ne sont pas moins ménagées et on en dira autant des limons qui, par exemple dans la vallée du Rhin, passent des niveaux pliocènes au *lœss* le mieux défini.

Nous ne pourrons nous dispenser de constater des liaisons du même genre pour les autres types de Quaternaire qui seront énumérés plus loin.

Il résulte de là qu'aucun phénomène général ne s'est déclaré à la limite du Pliocène et nous en aurons mille preuves tout à l'heure.

Une des démonstrations les plus nettes de la liaison indissoluble du Quaternaire avec les formations plus anciennes résulte de la non-contemporanéité des vestiges de Mastodontes des deux côtés de l'Atlantique. Tandis qu'en Europe ces Proboscidiens sont essentiellement tertiaires et qu'ils ont laissé la place au Mammouth dès le début des temps pléistocènes, en Amérique au contraire, ils n'ont disparu qu'à l'aurore de l'époque actuelle et ils figurent même dans les traditions des autochtones, avec l'allure d'animaux vus vivants par les ancêtres.

Lacunes. — Mais ces observations ne nous empêchent pas de constater qu'à chaque pas on trouvera du Quaternaire étendu sur les formations géologiques les plus diverses et que, par conséquent, au-dessous de lui, des lacunes stratigraphiques de toutes les dimensions peuvent se présenter.

En Bretagne comme en Auvergne, comme en Scandinavie, on trouvera des lambeaux diluviens étalés directement sur les roches granitiques. Le long de la Meuse, dans les Ardennes, le Quaternaire est sur le Cambrien, à Angers sur le Silurien, en Portugal sur le Jurassique, et en un mot, sur tous les niveaux possibles dans des localités convenablement choisies.

Le Quaternaire continental ou *Diluvium* constitue un manteau étalé d'une manière presque universelle sur le sol, quand la forme de la surface s'est prêtée à son accumulation.

Limite supérieure. — D'ailleurs il faut ici introduire une division qui n'aurait évidemment pas eu de sens pour les divisions stratigraphiques antérieures et qui va fermer le cercle de nos études. Elle concerne la limite supérieure du terrain que nous étudions, c'est-à-dire la démarcation à établir entre lui et les formations actuelles.

Ici nous serons frappés, avant tout, de la soudure intime, de la transition insensible qui se présenteront de tous côtés.

Cette remarque a une grande importance parce qu'elle explique comment, dans les descriptions qui vont suivre, il nous sera véritablement impossible de nous arrêter à un niveau supérieur déterminé quand des formations actuelles recouvriront les formations quaternaires. Nous en tirerons comme bénéfice une nouvelle confirmation de la continuité parfaite des phénomènes géologiques.

Quaternaire sédimentaire normal. — D'après tout ce que nous avons vu, on ne peut espérer trouver du Quaternaire marin que sur le littoral des mers actuelles, dans les régions de déplacement négatif; une portion des plages soulevées qui contiennent tant d'éléments pliocènes pouvant et devant être quaternaire.

Il paraît que les assises pléistocènes visibles en ces conditions sont même parfois remarquablement épaisses, et un exemple célèbre est fourni par les énormes dépôts de roches arénacées rougeâtres que Humboldt a le premier signalés sur la côte du Brésil comme appartenant à l'*Old red Sandstone,* que Martius a plus tard ramenés à l'époque triasique et où Agassiz a enfin reconnu des sédiments quaternaires.

D'après Ribeiro[1], le Quaternaire marin du Portugal se présenterait sous la forme de couches mesurant une grande puissance, au travers desquelles se seraient fait jour des systèmes de géoclases et qui se continueraient jusque dans le sud de l'Espagne. Adhérant au calcaire jurassique de l'escarpement maintenant maritime, entre le village de Cezimbra et le cap d'Espichel, on voit des sables agglutinés par le calcaire, à 70 mèt.es au-dessus du niveau de l'Océan et qui renferment des fragments de coquilles vivant

---

1. V. CHOFFAT, *Aperçu de la Géologie du Portugal,* p. 35, 1900.

dans la mer actuelle, comme *Cardium, Pecten* et autres. Au cap
d'Espichel se montre, à 60 mètres, un cordon qui renferme: *Mactra
subtruncata, M. solida, Donax vittatus, Cardium echinatum, Pecten
maximus, Mytilus edulis* : c'est une faune analogue à celle qui vit
dans la Manche.

A Gibraltar, les terrains quaternaires comprennent un grès
rouge renfermant des coquilles et mesurant jusqu'à 100 mètres
d'épaisseur. Il est dur et composé de grains de quartz cimentés
par du calcaire spathique. Il se présente de semblables dépôts
avec coquilles jusqu'à 180 mètres au-dessus de la mer ; ils sont en
couches horizontales et l'on n'aperçoit pas de dislocations en rapport avec ce changement de niveau.

De même en Scandinavie, une terrasse marine qui borde la Baltique contient, avec toute une faune récente, un Polypier appelé
Oculina prolifera et qui ne prospère qu'à 100 brasses au moins de
profondeur (soient 185 mètres).

La Sicile fournit, sur une portion notable de son littoral, des
sédiments quaternaires, fréquemment soulevés jusqu'à 70 ou
80 mètres au-dessus du niveau de la Méditerranée : ce sont des
assises très régulières, légèrement inclinées vers la mer. On
peut les voir notamment à Porto-Palo, à Selinunte, à Mazzara
del Vallo et à Trapani, c'est-à-dire sur toute la côte occidentale,
ainsi qu'à Castellamare del Golfo, à Palerme, à Bagheria et aux
environs de Trabia, sur la côte septentrionale. Il s'agit d'un banc
puissant d'une brèche coquillière pleine de débris fossiles, *Pecten
Jacobæus, Ostrea lamellosa,* Dentales, avec Nullipores et Bryozoaires, et sur certains points beaucoup d'*Amphistegina.* Cette formation repose en plusieurs endroits et spécialement vers Girgenti, sur des tufs pliocènes.

Du côté de Siculiana et de Sciacca, sur le littoral sud, le Quaternaire constitue des collines formées de deux groupes de couches superposées. Les couches inférieures, grisâtres, sont très sensiblement inclinées, tandis que les couches supérieures, un peu
ocreuses, sont à peu près horizontales. Les collines du Phare de
Messine présentent surtout les couches inférieures, pendant que
les couches les plus hautes et horizontales sont prédominantes sur
le versant nord des monts Péloritains. Sur les côtes septentrionales de l'Afrique, des dépôts analogues sont bien développés. En

Tunisie, M. Paul Bédé en a donné une coupe intéressante. La base
consiste dans des dépôts appartenant au terrain subatlantique de
Pomel et plus haut sont des assises à *Strombus mediterraneus*. Au-
dessus de ce Quaternaire ancien se développe, après un incident
continental, des dépôts à *Murex trunculus* recouvrant des argiles
bleues, visibles à Sfax avec *Loripes lacteus*[1].

Le long de beaucoup de côtes, en Angleterre, aux États-Unis et
ailleurs, des dépôts marins connus sous le nom de *Boulder clay* et
de *Till* se développent avec une puissance considérable.

Mouvements du sol. — L'étude des bossellements généraux
durant les temps quaternaires, si intimement liés à l'existence des
lambeaux soulevés que nous venons de mentionner, a pu être
faite en certaines régions et le résultat est encore une liaison
intime de ce moment géologique avec le Pliocène supérieur,
d'une part, et avec la période actuelle, de l'autre. Ainsi,
d'après les observations de M. Marcellin Boule, notre littoral
méditerranéen est animé depuis les temps tertiaires supérieurs
d'un mouvement vertical alternatif, mais tout à fait continu.
Les courbes qu'il a données[2] décèlent une phase positive, ou
d'affaissement du sol, pendant le Pliocène, une phase négative à
la fin du Pliocéne, une phase positive lors du Quaternaire ancien,
une phase négative à la fin du Pléistocène inférieur; enfin une
phase positive pendant le Pléistocène moyen. L'ensemble est
parfaitement homogène et ne comporte rien pour le Quaternaire
qui le différencie des deux formations par lesquelles il est
encadré.

Des exemples à citer ici se présentent sur notre côte atlantique.
Par exemple en Vendée, depuis la ville d'Angles jusqu'aux environs
de Villedoux, en passant par Saint-Michel-en-l'Herm, Champagne
et l'île d'Elbe, on observe à 16 kilomètres du rivage actuel un cordon littoral bien remarquable, Il est, auprès d'Angles, à 2 ou
3 mètres au-dessus des plus hautes mers d'aujourd'hui et il présente d'ailleurs la même constitution que la nappe de galets encore
en voie de formation à Saint-Michel-en-l'Herm, où les Huîtres ordi-

1. *Bulletin du Muséum*, 1903, 408 ; p. 422.
2. *L'Anthropologie*, t. XVII ; p. 286, 1906.

naires (*Ostrea edulis*)[1] sont en prodigieuse abondance, et l'altitude est de 18 mètres. Les courants de marée, selon la remarque de Boissellier, devaient y être assez puissants pour rouler des galets de 40 centimètres de diamètre, de la pointe de Payré sur les rochers de La Tranche où ils se sont accumulés. D'ailleurs un phénomène d'affaissement a succédé à cette surrection du sol comme l'attestent bien les monuments mégalithiques du littoral, qui sont presque submergés à présent.

A chaque pas, des faits de ce genre se reproduisent en Bretagne; nous n'en citerons que quelques-uns. Des levées de cailloux sont visibles sur les grèves de Penhars et de Plovan non loin de Quimper, ainsi qu'en des points de la baie de Douarhenez. Elles atteignent 5 à 6 mètres de hauteur et présentent un mélange remarquable de roches. Dans la presqu'île de Quiberon (à Plouharnel, dans les îles de Rouelan et de Tivrec), on observe les restes d'une ancienne plage qui s'abaisse graduellement sous les dunes de Penthièvre et dont la plus grande élévation au-dessus des hautes eaux est d'environ 10 mètres. Cet amas présente toutes les apparences d'une ancienne plage à galets déposés obliquement, formée à une époque où Quiberon était une île. Les galets montrent un mélange de roches régionales et de roches étrangères venues du nord.

Des plages soulevées se rencontrent dans l'île d'Ouessant où elles atteignent l'altitude de 2 mètres au-dessus des hautes mers. Au sud de la pointe de Pern, la levée des galets est moins haute qu'au nord et les galets sont plus petits et d'origines diverses.

À Belle-Isle-en-Mer, des sables ferrugineux agglomérés forment quelques petites plages soulevées.

En Normandie, à Saint-Aubin-sur-Mer, on voit à 2 mètres d'altitude un cordon littoral avec *Trophon antiquum* rattachable par conséquent au terrain astien.

On trouve des faits analogues dans d'innombrables régions.

Diluvium. — Passant maintenant au Quaternaire continental, il

---

1. Avec elle, on voit *Cardium edule, Nassa reticulata, Littorina rudis, Hydrobia ventricosa*. « La découverte par M. Baron, dans ce dernier gisement, de *Cerithium vulgaris* autorise à classer cette formation dans le Quaternaire. »

nous faut constater qu'une de ses formes remarquablement caractérisée est celle qui porte le nom de *Diluvium* et qui consiste dans
des lambeaux de graviers, de sables souvent décalcifiés et rubéfiés,
en tout ou partie, et de limons (*lœss*) plaqués sur les flancs des
vallées et parfois à un niveau très supérieur à celui des plus hautes
crues de la rivière voisine.

Ici encore nous avons à noter la liaison insensible avec les matériaux remaniés par les cours d'eau à l'époque actuelle , et cette
liaison ne saurait nous surprendre car elle a son symétrique dans
le passage insensible de ce même Diluvium aux graviers pliocènes
que nous avons cités tout à l'heure.

Il s'agit donc ici, en réalité, d'une union indissoluble entre les
parties successives de l'histoire d'une même vallée, depuis le Tertiaire supérieur jusqu'à nos jours, à travers tous les temps quaternaires. Rien ne peut être plus éloquent en faveur de l'unité d'allure des phénomènes géologiques.

En réalité la seule manière de distinguer, dans une vallée, l'âge
approximatif des lambeaux diluviens, c'est d'en apprécier l'altitude
relative, qui est confirmée par la diversité des faunes quand celles-ci
ont persisté.

A cet égard, le Diluvium quaternaire a été prodigieusement
riche en enseignements. On en retire chaque jour, à Paris comme
ailleurs, des ossements et surtout des dents de Mammifères tels
que le Mammouth (*Elephas primigenius*)
(fig. 140), *Rhinoceros tichorhinus*, *Bos priscus*, *Cervus Tarandus* (Renne), *Equus antiquus*, etc. On y a aussi découvert des silex
taillés par les Hommes préhistoriques et
même des débris de leur squelette. On sait
que celui-ci présente parfois des particularités ostéologiques du genre de celles qui,
pour les animaux, justifieraient des cou-

Fig. 150. — Molaire
(coupe) d'*Elephas
primigenius*.
(1/8 G. N.)

pures spécifiques ; par exemple dans les proportions du crâne et
dans la forme du tibia, qui peut présenter une crête antérieure
très saillante, être en *lame de sabre* ou *platycnémique*.

La vallée de la Loire et celles de ses affluents pourraient suffire
à montrer toutes les variétés principales du Diluvium. Dans les parties hautes du bassin hydrographique, où les cours d'eau ont une

allure plus ou moins torrentielle, on a affaire à des sables et à des graviers et les alluvions modernes ont d'habitude remanié les dépôts pléistocènes et se sont mélangées avec eux ; c'est ce que montre la vallée du Cher autour de Montluçon, comme du côté de Marmagne, où l'Yèvre présente un Diluvium du même genre. Dans la région de Moulins, on rencontre sur les flancs de la vallée de l'Allier des terrasses régulières où, le plus souvent, l'élément dominant est le sable ; presque tout le plateau qui sépare l'Allier de la Loire a été remanié à l'époque quaternaire et constituait évidemment alors un fond de vallée. Du reste une grande partie du dépôt pléistocène est restée intacte et contient des fossiles caractéristiques. C'est ainsi qu'à Saint-Germain-des-Fossés on a trouvé des dents de Renne, des cornes de *Bos Urus* ; à Créchy et à Rouyaux, des molaires et des défenses de Mammouth, etc. Vers Yzeure, un lit de sable fin, chargé de paillettes de mica, renferme les restes d'une flore où l'on reconnaît un Aulne et un Saule d'espèces encore vivantes dans la région. Aux environs de Langeac, les alluvions anciennes de l'Allier forment, près de Malézieux, un petit bassin qui peut-être a été un lac, subitement vidé à l'époque quaternaire par les ruptures de son barrage d'aval. Ces alluvions sont surtout abondantes dans les vallées de l'Allagnon et de la Santoire, de même qu'entre Murat et Pont-du-Vernet. L'épaisseur maxima des cailloux se montre près de Moissac.

Autour de Saint-Pierre, les alluvions anciennes sont très développées dans les vallées de l'Allier et de l'Aubois, comme dans celle de la Loire. Elles ont été remaniées au voisinage de Blois et ne se retrouvent avec tous leurs caractères que dans les vallées secondaires : à Cheverny on a recueilli le Mammouth. C'est pour la même raison que les alluvions de la Loire n'atteignent qu'une faible altitude auprès de Loches, tandis qu'elles se développent davantage dans les vallées de la Creuse et de la Vienne et y constituent, jusqu'à 30 mètres au-dessus des eaux actuelles, des terrasses parfaitement caractérisées. D'ailleurs, à chaque instant, on constate la localisation stricte du Diluvium de composition lithologique spéciale dans des vallées distinctes ; c'est ainsi qu'auprès de Gien, les alluvions de la Loire renferment toutes les roches que peut fournir le Plateau Central, la vallée de la Grande Sauldre n'admet que le silex dans la composition de ses graviers.

Dans la Basse-Loire enfin, les manifestations diluviennes s'adoucissent. En même temps que le relief du sol s'estompe et que la vallée principale s'élargit, entre Bourgueil, Brain et Allonnes, les alluvions quaternaires constituent un plateau remarquable, d'une altitude de 40 à 50 mètres au-dessus du niveau de la mer et où, cependant, les graviers et les cailloux sont parfaitement roulés et ne sauraient être distingués par aucun caractère des matériaux qui constituent les ·dépôts actuels de la Loire. D'un autre côté, on retrouve entre les formations pléistocènes dont il s'agit et le terrain de transport des plateaux, qui est pliocène, les passages les plus insensibles. Enfin, vers l'embouchure de la Loire, des sables grossiers, à stratification entre-croisée, avec minces lits graveleux et veines d'argile à débris de végétaux, présentent un notable développement suivant le pied du *Sillon de Bretagne*. En somme cette revue trop rapide de tout le cours de la Loire prise comme exemple, renferme des particularités relatives à tous les points de l'histoire des eaux courantes et des confirmations de toutes les circonstances que nous avons admises dans l'évolution des vallées (v. p. 346 et suivantes).

Ajoutons qu'on retrouverait les mêmes particularités dans toutes les vallées dont le fond n'est pas trop incliné pour que les dépôts pléistocènes aient pu y persister. Dans l'impossiblité de nous livrer à une énumération complète, nous résumerons quelques faits relatifs à deux autres vallées françaises : celle du Rhône et celle de la Garonne.

Le long de la vallée du Rhône on observe trois niveaux de terrasses occupant des altitudes strictement réglées par leur antiquité relative. La Haute-Terrasse, qualifiée à Valence de terrasse du Séminaire, règne à 70 ou 80 mètres au-dessus du fleuve. Elle constitue dans la Drôme toute la plaine de Chalreuil : en la suivant on constate qu'elle est située en contre-bas du système raviné fluviaire de Rives et on doit en conclure qu'elle est postérieure à celui-ci. A 20 ou 30 mètres au-dessous de cette terrasse s'en présente une· autre, dite de Romans, et qui se signale par l'état peu roulé des blocs qui la composent. Enfin, à un niveau supérieur de 15 à 20 mètres à celui du thalweg actuel, se développe la terrasse de la ville de Valence.

Dans la vallée de la Garonne, les choses sont plus compliquées car

c'est quatre étages de terrasses que l'on constate, toutes également
constituées par une succession de couches de cailloux roulés et de lits
de sables et de limons. Sur la rive gauche de la rivière, on voit la terrasse la plus élevée reposer souvent sur les calcaires gris de l'Agenais. Une seconde terrasse moins élevée a pour support les calcaires blancs, et c'est peu au-dessous que se montre, entre Lierade
et Lagarrigue, le troisième niveau supporté par la mollasse de
l'Agenais, qui dépend du terrain stampien. Dans les graviers de cet
horizon on a recueilli maintes fois des ossements de Mammouth qui
persistent d'ailleurs dans le niveau le plus bas, soit seuls, comme à
Doulmayrac, à Pounchoun, à Layrac et à Grandfonds, soit en association avec *Rhinoceros tichorhinus*, comme à Moissac. A Pounchoun
on a recueilli une tête d'Auroch, conservée au musée d'Agen.
Jusqu'à présent les niveaux supérieurs n'ont pas fourni de fossiles.
Mais ces quatre terrasses ne se poursuivent pas dans toute la longueur de la vallée; vers Toulouse on ne voit plus que trois niveaux au-dessus de la basse plaine, aussi bien le long de l'Ariège
que le long de la Garonne et seulement à l'ouest de ces deux
cours d'eau. Entre Seysses et Fonsorbes, la terrasse inférieure n'a
pas moins de 7 kilomètres de largeur. La plus élevée atteint, suivant les points, des altitudes comprises entre 330 mètres et
300 mètres. La seconde terrasse est à 190 mètres à Toulouse et à
140 mètres en face de Castel-Sarrasin. Enfin la terrasse inférieure,
à 80 mètres dans cette région de Castel-Sarrasin, est à 150 mètres
à Toulouse. En étudiant les anciennes alluvions du Tarn on est arrivé
à cette conséquence que, dans le passé, cette rivière ne devait pas
se jeter dans la Garonne. Ajoutons que dans la plaine sous-pyrénéenne c'est un limon argilo-sableux, jaune ou rougeâtre, renfermant des concrétions ferrugineuses et manganésifères et qui est
l'élément constitutif essentiel de ces dépôts. Des galets de roches
quartzeuses sont répartis à divers niveaux dans ce limon; ils sont
d'autant plus volumineux qu'ils appartiennent à des régions plus
rapprochées de la chaîne des Pyrénées, d'où ils proviennent.

A la surface du Plateau Central, des alluvions quaternaires se
rencontrent dans toutes les vallées jusqu'à un niveau moyen de
50 à 60 mètres. Les galets et les sables offrent toutes les variétés
des roches des pays situés en amont. L'exemple principal est
fourni par l'alluvion des environs d'Aurillac. Près d'Argental, au

confluent de la Maronne et de la Dordogne, un banc de cailloux roulés, très épais, est remarquable par la régularité de son dépôt. C'est au niveau du Forest-bed anglais qu'on place l'énorme placage d'alluvion visible à Solilhac (Haute-Loire) contre les flancs du mont Courant et de la côte de l'Oulette. On y a trouvé un Éléphant voisin d'*Elephas meridionalis*, *Rhinoceros Merckii*, *Hippopotamus amphibius*, des Cervidés nombreux, etc.

Des exemples pourraient être fournis par les pays les plus divers. Déjà nous avons dit que, dans la plupart des cas, le Diluvium montre dans sa portion supérieure les effets d'une énergique rubéfaction et nous avons insisté sur le mécanisme du phénomène. J. Fournet a, dès 1868, publié des *Etudes sur les influences colorantes des pluies et de l'état de l'atmosphère*, qui contient une série d'observations reprises et étendues en 1881 par M. Van den Broeck. On peut en conclure que, pendant les temps quaternaires, les dépôts superficiels ont été fortement modifiés sur place. Il en est résulté de grandes simplifications pour la théorie même de l'époque pléistocène qui apparaît de plus en plus comme ayant été de tous points comparable à la période actuelle. Le mémoire de Fournet a, entre autres, fait justice d'opinions analogues à celle de Delanoue par exemple, qui voyait, dans le lœss décalcifié étendu sur le lœss normal, la preuve de deux grandes inondations successives qui auraient submergé toute la France[1].

Lœss. — Le nom de *lœss* a été donné depuis longtemps, dans la vallée du Rhin, à un dépôt marneux fin et d'un gris-jaunâtre qui se retrouve entre Bâle et Mayence, où on le qualifie aussi de *leimen*[2] (en anglais *loam*), et qui prend en Chine un développement colossal. On a dit précédemment qu'il résulte au moins en grande partie du mécanisme éolien ; mais il admet dans sa masse des matériaux d'origine variée et c'est ainsi qu'on y recueille des fossiles nettement quaternaires.

Le plus ordinairement, le lœss est constitué par un mélange en proportion variable de sable très fin, d'argile et de calcaire (à raison de 15 à 30 °/₀). Sa teinte jaunâtre est due à quelques centièmes de limonite qui s'y concentrent parfois çà et là de façon à

---

1. *B. S. G. F.* (2) XXIV, 160, 1867.

2. On écrit aussi *lehm* ; c'est le lœss pauvre en calcaire.

produire des bigarrures. Le calcaire aussi s'y réunit en certains points et l'infiltration des eaux de pluie a pour effet ordinaire de le transporter vers le bas du dépôt où il se réunit souvent en concrétions marnolitiques, désignées souvent sous les appellations populaires de *Lœssmännchen* ou de *Lœsskindchen* (poupées ou enfants du lœss). Parfois ces rognons sont géodiques, c'est-à-dire creux et tapissés intérieurement de cristaux de calcite : ce sont alors les *Kupsteine* des pays d'Alsace.

Pour les fossiles, ils consistent pour la plupart en débris de Mollusques terrestres parmi lesquels on peut citer : *Succinea oblonga, Helix hispida, H. arbustorum, Pupa muscorum, P. dolium, P. secale, Clausilia parvula, C. gracilis, C. dubia, Bulimus lubricus.* Parfois ces coquilles sont si abondantes que le lœss a reçu alors le nom de *Schneckenhäuseboden* (sol à escargots). Dans un seul décimètre cube de lœss pris à Schiltigheim, Daubrée en a compté plus de 100 individus[1]. Ch. d'Orbigny a cité, sous le nom de *Diluvium lacustre*, des points des environs de Paris qui sont très fossilifères (Gentilly, etc.).

On trouve aussi dans le lœss des ossements de Mammifères qui appartiennent aux mêmes espèces que ceux du Diluvium caillouteux des vallées. L'Éléphant, le Rhinocéros, le Bœuf, le Cheval, le Cerf sont du nombre. Avec eux on a bien des fois rencontré des débris humains et on ne peut se dispenser de citer à cet égard le fait, devenu historique, de la découverte, en 1828, d'un squelette enfoui dans les couches profondes et non remaniées du lœss de Lahr (grand-duché de Bade). Les ossements furent envoyés à Cuvier qui, aveuglé par des idées préconçues et d'ailleurs inexactes, ne voulut pas considérer ces échantillons comme dignes d'examen.

Le lœss se rencontre dans la plupart des vallées avec des caractères modifiés souvent par des circonstances locales. Pour la vallée de la Loire que nous citions tout à l'heure, nous pourrons noter sa présence aux environs de Château-Renault, d'Amboise, de Larçay, de Notre-Dame-d'Oé et bien ailleurs, à des altitudes qui peuvent atteindre 179 mètres. On le retrouve sur la Terre

---

1. *Description géologique et minéralogique du département du Bas-Rhin*, p. 219. Strasbourg, 1852.

entière et nous n'avons pas à répéter les résultats auxquels son étude a conduit au Mexique ou en Chine, ni à revenir sur ce qui concerne son origine.

Notons seulement son association très fréquente au Diluvium sableux et graveleux dont il constitue fréquemment le couronnement, datant d'une époque où le régime fluviaire proprement dit avait fait place dans la région au régime simplement subaérien. C'est pour cette dernière raison qu'il est souvent superposé aux résidus de décalcification des assises sous-jacentes et c'est en particulier ce qui a lieu sur une vaste région de la France du Nord où il passe aux *biefs* de la manière la plus insensible.

Tourbières quaternaires. — Un lien spécialement remarquable entre les temps quaternaires et l'époque actuelle ressort de l'étude des tourbières. Pendant que leur portion supérieure est en voie actuelle d'accroissement, parce que les végétaux y sont en pleine prospérité, on trouve souvent que leurs parties profondes datent du Pléistocène car elles renferment, en place, des fossiles d'animaux disparus.

Il y a là, au point de vue de la continuité géologique, des observations de première valeur.

Nous avons sur le sol même de la France des localités qui procurent à cet égard des notions tout à fait décisives ; c'est le cas pour la vallée de la Somme, pour diverses régions du département de l'Oise et pour les environs de Montoir, à l'embouchure de la Loire.

Mais le phénomène accuse un développement bien autrement considérable dans les parties septentrionales de l'Europe : par exemple, en Irlande, où d'énormes tourbières ont fourni des squelettes entiers de grands Cerfs disparus (*Megaceros hibernicus*). En Écosse, au Danemark, des ossements de Renne ; en Allemagne et en Russie, des restes de Mammouth ont été procurés par des gisements analogues. A Madagascar, et spécialement dans le Sud, vers Antsirabé, de vastes tourbières de marais et de lacs ont fourni des vestiges d'animaux complètement éteints tels que des Tortues, des Crocodiles, 12 espèces de ces grands Oiseaux qu'on appelle des *Æpyornis*, d'autres Oiseaux géants, mais plus grêles, qu'on appelle des *Mullerornis*, des Hippopotames de petite taille,

un carnassier voisin du Chacal, des Lémuriens, parfois de dimension
gigantesque, *Megaladapis* et *Peloriadapis*.

Il existe aux États-Unis des tourbières qui atteignent des dimensions considérables et qui résultent fréquemment de l'altération
de végétaux tout à fait différents des Sphaignes et autres Cryptogames qui, chez nous, sont les artisans ordinaires de semblables formations. On y a recueilli des Mastodontes, parfois à
l'état de squelettes tout à fait complets, debout, comme s'il s'agissait de restes d'animaux enlisés dans les tourbières où ils se
seraient enfoncés par leur poids sans avoir su s'en retirer. On
ajoute même qu'on a trouvé parfois dans de semblables squelettes, à la place que devait occuper l'estomac, une boule de matière
végétale tourbifiée et qui représentait peut-être le dernier repas
consommé par l'animal. Là présence en Amérique du genre *Mastodon*, exclusivement tertiaire en Europe comme on sait, est confirmée
par les traditions des indigènes qui, sous le nom de *Père des
Bœufs*, ont maintes fois fait entrer le grand Proboscidien dans leurs
légendes.

Dunes quaternaires. — Nous sommes certains que les dunes
actuelles sont souvent établies dans des pays qui subissent
depuis très longtemps le régime nécessaire à leur production. On
peut croire que, par leurs débuts, une partie des appareils modernes
date du Quaternaire. Le fait est surtout acceptable quand la situation des accidents du sol prouve que certaines dunes datent d'un
temps où la géographie locale était tout autre qu'elle n'est à présent.

M. Durègne a étudié dans les Landes une chaîne très remarquable de collines, qualifiées maintenant de montagnes, et qui se
sont révélées, d'après tous leurs caractères, comme étant des dunes
fossiles. Ce sont, par exemple, la montagne de Lacanau, la petite
montagne d'Arcachon, la grande montagne de La Teste-de-Buch,
la montagne de Biscarrosse, la montagne de Saint-Girons et bien
d'autres. Ces dunes sont en discordance complète de direction avec
les dunes actuelles. En particulier, on peut remarquer au nord de
Messanges (Landes) une dune rectiligne dirigée sensiblement à
90° des dunes d'aujourd'hui et se poursuivant sur plus de 6 kilomètres de longueur avec une altitude atteignant 60 mètres. Au sud

de l'étang de Soustons, dix-sept vagues de sable parallèles appartiennent à cette même formation.

_ Il suit de là que les temps quaternaires ont été, au point de vue des dunes, soumis au même régime que les temps actuels et que toute division entre les deux niveaux ne peut qu'être essentiellement artificielle.

Ajoutons d'ailleurs que sur la côte de l'Océan, au sud de l'embouchure de la Gironde, on a trouvé à divers niveaux, dans les dunes, des silex taillés, des débris de poteries antiques et des objets de métal qui font remonter l'origine de ces collines de sable à une époque postérieure aux débuts de l'ère quaternaire dite. *néolithique.*

Glaciers quaternaires. — Les détails que nous avons donnés sur la fonction glaciaire (v. p. 393) nous commandent d'être très bref ici pour constater l'existence des glaciers quaternaires. Les points sur lesquels il convient, sans y insister, d'appeler l'attention du lecteur sont d'abord la conformité des caractères offerts par les glaciers disparus avec ceux des glaciers actuels. La condition évidente de beaucoup de ces derniers est simplement la suite de celle de glaciers quaternaires. La situation géographique de certains glaciers quaternaires révèle nettement l'existence, à l'époque pléistocène, d'une autre distribution des reliefs du sol et d'une autre altitude de certains reliefs existant encore.

Par exemple, la chaîne des Alpes montre en bien des points l'ancienne présence de glaciers maintenant fondus, tantôt par la conservation de moraines ou de roches moutonnées dans des vallées actuellement débarrassées des neiges persistantes, tantôt par les vestiges, en des gisements divers et spécialement dans des brèches osseuses, d'une faune à caractère septentrional qui a récemment émigré ou disparu quand la météorologie est devenue plus clémente. C'est ainsi que dans certains points de la Lombardie on trouve des ossements du Campagnol des neiges, et dans les grottes de Baoussé Roussé, auprès de Menton, des restes de Glouton[1].

---

1. C'est de la même façon que s'explique la présence, dans le Quaternaire du Portugal, de restes du Lemming de Norvège, et dans celui de la Corse d'ossements qui ont été attribués au Harfang ou Chouette des neiges.

Comme on voit, il s'agit d'un changement de la météorologie essentiellement locale et, à aucun titre, d'une modification des conditions climatériques de la terre entière. Nous aurons à revenir encore une fois en un mot sur ce sujet qui nous a occupés précédemment.

Dans un très grand nombre de cas, les matériaux du terrain glaciaire représentent des formations que l'intempérisme a supprimées dans la région et dont il ne reste que les détritus les plus résistants. C'est ainsi que des blocs de grès et de schistes houillers disséminés sur le sol du grand cirque de Culloz et de Belley (Ain) témoignent de l'ancienne existence de nappes de charriage poussées au-dessus des masses normales du sol et que la dénudation a privées de leur substratum, puis réduites en fragments tous les jours diminués.   .

La même remarque peut se faire dans un très grand nombre de localités. La disparition progressive de massifs montagneux laisse sur le sol des vestiges plus ou moins persistants de l'ancienne existence des glaciers. Nous n'avons à cet égard qu'à renvoyer au chapitre où nous avons résumé les faits qui concernent l'évolution des glaciers. On y trouvera la mention des nappes de boue et des blocs erratiques, comme dans l'Europe septentrionale ou les États-Unis, celle de moraines barrant des vallées sans glaces comme dans les Vosges, dans les parties basses des chaînes pyrénéenne et alpestre. Il se présenterait des particularités analogues dans le monde entier.

Pour ce qui est de la France, on peut mentionner quelques exemples auxquels les autres faits pourront être comparés sans peine. Notre région du Jura est spécialement instructive à cet égard. On y trouve, en bien des endroits, deux types de dépôts superficiels auxquels on attribue une origine glaciaire. L'un est composé exclusivement de débris calcaires provenant du Jurassique supérieur et du Néocomien : on le rencontre surtout à l'est de l'Ain, et il est à croire qu'en bien des cas il ne consiste qu'en éboulis ayant subi les entreprises de l'érosion souterraine qui peut, comme on l'a vu, polir et strier les blocs, infiniment mieux que ne l'a jamais fait aucun glacier.

L'autre est formé de blocs de roches cristallines et, par exemple, de gneiss, de granit, de protogine, de quartzite, etc., de toutes les gros-

seurs et de formes variées. On le trouve par exemple dans toute la
plaine du pays de Gex jusqu'au pied du Jura ; il provient vraisemblablement de masses maintenant disparues et qui formaient des
sommets d'où irradiaient nécessairement des glaciers locaux.

Dans bien des points, on trouve le mélange des matériaux de ces
deux catégories : ils ont été remaniés par les eaux sauvages et par
les cours fluviatiles, de façon à prendre des allures plus ou moins
voisines de celles du Diluvium. C'est ainsi que s'est produit le remplissage de la Grande Plaine de Drugeon, à l'ouest de Pontarlier.
Ces dépôts ne forment d'ailleurs que bien rarement de véritables
moraines.

Au contraire, dans l'Aubrac et spécialement le long de la vallée
du Bez, entre La Chaldette et Laroche-Cadillac (Lozère), on voit
de tous côtés la trace du séjour de glaciers maintenant disparus.
D'énormes moraines frontales barrent les vallées et le granit est,
en maints endroits, moutonné de la façon la plus caractéristique.
Des traînées de gros blocs erratiques sont associées à une boue
dont les innombrables cailloux striés ont été pris à tort pour des
témoignages de l'action glaciaire.

Travertins fontigéniques quaternaires. — Les accumulations de
tufs calcaires évidemment formés par des sources incrustantes représentent un volume notable parmi les formations quaternaires. Elles
ont un grand intérêt en ce qu'elles ont conservé très souvent des
empreintes végétales et que l'étude de celles-ci, en permettant la
reconstitution de la flore pléistocène, conduit à des notions sur
la distribution des climats antérieurs à ceux que nous subis-
sons.

Un exemple bien étudié se trouve en Seine-et-Marne, à La Celle-
sous-Moret, où les Figuiers, les Lauriers des Canaries et les Arbres
de Judée (*Cercis siliquastrum*) ont été signalés avec des Érables
(*Acer pseudoplatanus*) et d'autres végétaux analogues à ceux qui
habitent encore le pays : *Salix incana* et *Scolopendrium officinarum*. Les niveaux à végétaux reposent sur des lits à *Zonites
acieformis*, *Helix bidens*, *H. limbata*, *H. fruticum*, et *Clausilia*.
A Bernouville (Eure) et à Scraincourt (Seine-et-Oise) on a observé
des faits du même genre. Dans la dernière de ces localités on
trouve : *Hyalinia fulva*, *Bulimus lubricus*, *Vertigo pygmea*, *Limnæa*

palustris, L. ovata, L. limosa, L. intermedia, L. tentaculata, Bithynia tentaculata, Succinea humilis, S. elegans, S. Pfeifferi.

Dans le Lot, à la Chapelle-Livron et à Salet, des tufs quaternaires à empreintes végétales, à ossements et à Mollusques se montrent avec un développement remarquable.

La Provence est riche en semblables productions et les localités des Aygalades, de la vallée de l'Huveaune, de Saint-Zacharie (Var), de Meyrargues (Bouches-du-Rhône), des Arcs (près de Draguignan), de Belgentier près de Solliès-Pont (Var) ont fourni des empreintes que M. de Saporta a décrites. Dans le nombre on peut citer : des Cryptogames, comme *Scolopendium officinarum, Adiantum capillus Veneris,* des Cypéracées, comme *Typha latifolia,* des Conifères, comme des Pins de diverses espèces, des Noisetiers, des Chênes, des Ormes, des *Celtis,* des Figuiers, des Peupliers, des Saules, des Lauriers, des Frênes, des Viornes, des Lierres, des Vignes, des Clématites, des Tilleuls, des Érables, des Fusains, des Noyers, des Pruniers, des Poiriers, des Aubépines, des Ronces, des Gainiers (*Gleditschia*), etc.

En étudiant cette flore, M. de Saporta a trouvé que la majeure partie des plantes qui la composent vivent encore dans la région de l'Huveaune et qu'un petit nombre ne se rencontrent plus que sous des latitudes plus basses : le Laurier commun s'est partiellement retiré et le Laurier des Canaries s'est retiré tout à fait, ainsi que le Frêne à la manne et l'Arbre de Judée.

Dans l'Ain, le Quaternaire de Musin, près de Belley, contient des tufs à empreintes souvent peu déterminables, mais parfois perforés de petites cavernes où se sont faites d'élégantes stalactites.

Au Lautaret, un calcaire renferme *Ficus uncinata, Salix, Vaccinium, Helix alpina.* Dans le Haut-Queyras, les eaux issues des schistes lustrés du Trias et du Lias déposent en de nombreux points des tufs calcaires qui se voient de très loin à cause de leur couleur blanche et dont l'épaisseur est ordinairement de 2 à 5 mètres.

Dans les Alpes-Maritimes, il existe çà et là des tufs calcaires. Un affleurement important est situé au village de Saint-Etienne-de-Tinée. Sa formation est aujourd'hui arrêtée, mais elle est certainement très récente ainsi que le démontre la découverte d'une meule romaine empâtée au milieu de ces tufs à empreintes végétales.

Les tufs calcaires sont remarquablement fréquents et volumineux dans la région des Préalpes. On peut en citer dans le canton

de Vaud où ils sont innombrables, par exemple autour des Avants
où ils sont parfois exploités comme moellon ; auprès du Sex que
Ppliau (la *pierre qui pleut*), non loin de Montreux et bien ailleurs.
En beaucoup de régions les griffons qui leur ont donné naissance
n'ont aucunement cessé de sourdre et les masses quaternaires sont
recouvertes, en conformité, d'un revêtement actuel. Une autre
localité célèbre pour les tufs calcaires à végétaux quaternaires,
c'est Cannstadt, en Wurtemberg. On y trouve *Zonites acieformis*
tout comme à Moret et, avec lui, *Elephas primigenius*.

En Algérie le tuf de Tlemcen présente un développement remarquable. On voit en Tunisie un tuf à *Leucochroa candidissima*.

Cavernes quaternaires. — Les cavernes dont l'histoire nous a
occupés à des points de vue divers, doivent maintenant nous apparaître comme ayant constitué aux temps quaternaires (comme elles
le font encore aujourd'hui) des refuges pour des animaux et même
pour les hommes.

Ici encore la continuité entre les phénomènes anciens et le régime actuel éclate de toutes parts. Mais les conditions inhérentes
aux cavernes procurent à la chronologie des différents dépôts des
réponses qui manquent ailleurs et, par exemple, dans l'épaisseur
du Diluvium. Une vraie stratification s'établit et elle est souvent
consolidée par le développement des formations stalagmitiques.

C'est peut-être en Belgique que l'étude paléontologique des cavernes a été inaugurée et on ne peut oublier les recherches de Schmer-
ling[1] qui remontent à 1830 ; depuis lors, elles ont été singulièrement
multipliées et on a retiré des antres si nombreux des environs de
Dinant, par exemple, d'innombrables échantillons. On peut signaler
en particulier le *Trou de la Naulette*, sur la Lesse et le *Trou du Frontal*,
dans la vallée de la Meuse. Leur sol, composé de produits stalagmitiques associés à des lits argileux ou sableux, a fourni beaucoup de
vestiges organiques qu'on peut répartir en trois catégories dont la
réunion suffit à montrer la longue persistance de certaines cavernes.

Vers la surface ce sont des restes d'animaux semblables à ceux
qui vivent encore dans nos régions septentrionales tempérées, tels
que l'Ours brun (*Ursus arctos*), le Loup (*Canis lupus*), le Renard

---

1. 2 vol. in-8 avec un atlas in-folio de 74 planches. Liège, 1833-34-36.

(*Canis vulpes*), le Cerf (*Cervus elaphus*), le Chevreuil (*Cervus ca-preolus*), le Bœuf (*Bos taurus*), le Castor (*Castor fiber*).

Au-dessous se présentent des animaux qui ont complètement disparu de nos pays, mais qu'on retrouve dans des localités plus ou moins éloignées. Dans le nombre figurent le Renne (*Cervus tarandus*), maintenant cantonné dans la zone glaciale, le Glouton (*Gulo luscus*) qui est dans le même cas, le Chamois (*Antilope rupicapra*) et la Marmotte (*Arctomys marmotta*) retirés dans les Alpes et dans les Pyrénées, l'Ours grizzly (*Ursus ferox*) qu'on trouve dans les Montagnes-Rocheuses de l'Amérique du Nord, le Lion (*Felis spelæa*) qui habite maintenant l'Afrique.

Enfin viennent des animaux absolument disparus de la faune vivante et passés à l'état fossile, comme le Mammouth (*Elephas primigenius*), le Rhinocéros à narines cloisonnées (*Rhinoceros ticho-rhinus*), le grand Hippopotame (*Hippopotamus major*), l'Hyène des cavernes (*Hyæna spelæa*), l'Ours des cavernes (*Ursus spelæus*), le Cerf à bois gigantesques (*Megaceros hibernicus*).

Parmi ces fossiles il faut mentionner l'Homme et c'est ainsi que le *Trou du Frontal* tire son nom de la trouvaille qui fit tant de bruit des *crânes de Furfooz*.

La vallée de la Vézère, en Périgord, est restée célèbre à cause des merveilleuses découvertes que ses nombreuses cavernes ont procurées à Lartet et Christy : les Eyzies, Laugerie, la Madelaine et beaucoup d'autres localités ont livré aux chercheurs des armes, des outils et même des œuvres-d'art, telles que des gravures comme le portrait du Mammouth, sur une lame d'ivoire, qu'on peut voir dans la galerie de géologie du Muséum.

Comme œuvres d'art préhistoriques il faut mentionner aussi des peintures parfois de grandes dimensions qui recouvrent les parois de certaines cavernes comme celle de la Mouthe et dont l'antiquité est démontrée déjà par la croûte de stalagmites qui s'est concré-tionnée sur elles. Au Portel (Ariège), on voit le portrait en rouge d'hommes en pied et vus de profil, datant des temps paléolithiques. Th. Piette a étudié des galets ensevelis dans certaines cavernes et qui portent des signes faits à la couleur rouge où il est peut-être permis de voir une écriture rudimentaire.

Des cavernes, fertiles en objets intéressants, existent en très grand nombre dans une foule de régions.

En 1829, de Bonnard découvrit une portion de crâne d'Hippopotame dans la grotte d'Arcy-sur-Cure. En 1845, la Société géologique y trouva un os d'Éléphant. En 1853, Robineau-Desvoidy en retira *Ursus spelæus*, *Hyæna spelæa*, *Rhinoceros tichorhinus*, *Elephas primigenius* mêlés à des débris de Daim, de Cerf, de Bœuf, de Renne et de Cheval.

Dans une caverne voisine, toute différente de forme et qu'on appelle dans le pays la Grotte des Fées, de Vibraye, en 1859, trouva les mêmes animaux et, en outre, des vestiges variés de l'ancien séjour de populations humaines : foyers creusés en forme d'entonnoir, silex taillés, os et bois de cerf travaillés en pointes de lances ou de flèches, et enfin une mâchoire humaine ayant encore deux de ses dents en place.

Sans prétendre donner même une idée du nombre et de l'étendue des cavernes quaternaires on peut citer la Carniole, les États-Unis, l'Angleterre, une grande partie de la France comme des régions spécialement favorisées à cet égard. L'Algérie est à mentionner également et l'on remarque que toutes ces localités sont établies sur des massifs calcaires. On a vu antérieurement ce qui concerne le mécanisme de la production et de l'évolution des cavernes.

On appelle *Abris sous roches* des lieux où un escarpement en surplomb a protégé un espace pouvant être habité : ce sont comme des diminutifs des cavernes.

Brèches osseuses quaternaires. — Il est assez naturel de distinguer des cavernes les fentes du sol où se sont souvent conservés des vestiges de la faune pléistocène, sous la forme de brèches formées de pierrailles et d'ossements cimentés ensemble par des concrétions calcaires. Dans le nombre il en est de remarquables par la richesse des moissons qu'elles ont fournies. Elles se rencontrent généralement dans les mêmes pays que les cavernes dont elles sont à quelques égards des diminutifs. Un type pourrait être choisi dans les flancs du rocher qui porte le Château de la ville de Nice. On y voit des crevasses remplies d'un limon de décalcification, mélangé de matériaux descendus de la surface, et dans lequel sont empâtés des débris fossiles très variés et parfois très bien conservés.

Dans les Alpes et les Pyrénées, dans le Jura, et jusqu'aux

environs de Paris on rencontre des accidents du même genre.

Autour de Gibraltar, les formations quaternaires comprennent des vases cimentées par du calcaire et renferment des ossements et des coquilles terrestres sous la forme de brèches dont les plus anciennes contiennent des vestiges d'espèces perdues. La falaise de Rosia Bay a laissé étudier une crevasse ossifère et la montagne paraît avoir contenu une caverne que l'érosion aura fait disparaître et dont cette crevasse est le seul reste visible.

On a décrit des brèches osseuses dans toutes les parties du monde. Peut-être est-ce aux États-Unis qu'elles atteignent la plus grande dimension : on a annoncé près de 100 000 kilomètres pour les *grottes Mammouth* aux États-Unis. L'Algérie en contient dont l'exploration a été profitable. On en voit à tous les degrés de remplissage par les produits stalagmitiques, et leur étude conduit à voir des cavernes fossiles dans certains gisements d'onyx où ce marbre est associé, comme à Hamed Haffilat, à une véritable brèche osseuse comparable à celles dont nous venons de parler.

Volcans quaternaires. — Déjà nous avons arrêté longuement notre attention sur les volcans éteints de l'Auvergne et d'autres pays. Pendant que les uns, fort dégradés maintenant, datent de l'époque tertiaire, d'autres, beaucoup mieux conservés et parfois presque intacts, comme le Puy-de-Pariou, ne remontent qu'aux temps pléistocènes. M. Boule s'est attaché, à l'aide des fossiles associés à leurs déjections, à déterminer leur âge aussi précisément que possible et il a reconnu que leur activité n'a cessé qu'au début de l'époque actuelle. Pour la région de la Haute-Loire qui est spécialement intéressante, on reconnaît que des basaltes se sont étendus sur les assises du Pliocène supérieur, de façon à former des terrasses sur le flanc des vallées à diverses hauteurs au-dessus du thalweg. C'est ce qu'on voit à Dénise, à Chadrac, à Collandre. C'est à l'époque de la sortie de ces basaltes que se rapporte la période d'activité de quelques volcans de la région du Mézenc comme Gondet, Borée et Saint-Martial. Leurs éruptions, sans être très récentes, sont nettement postérieures au moment où les vallées ont acquis les détails de leur modelé d'aujourd'hui.

Certaines de ces coulées, se sont étendues sur le fond des vallées et, par conséquent, alors qu'elles avaient acquis leur profondeur actuelle : c'est ce qui a lieu pour les basaltes de Saint-Vidal, de Clauzelle, de La Terrasse. On voit ici des faits à ajouter à ceux que nous avons mentionnés (p. 340) à propos de la succession des éruptions sur le Plateau Central.

Ces conclusions s'appliquent à certaines parties de l'Eifel et à d'autres régions encore et il faut en conclure que l'époque quaternaire a vu se continuer, du Miocène jusqu'à présent, des phénomènes dont l'allure est restée la même tout ce temps et n'a manifesté durant le Quaternaire aucune perturbation particulière.

Faune et flore quaternaires. — Déjà nous avons constaté que les êtres qui vivaient aux temps pléistocènes présentent avec ceux d'aujourd'hui les rapports les plus étroits. Certains d'entre eux continuent encore d'exister et, parmi ceux-là, il en est qui ont seulement disparu de certaines localités qu'ils habitaient pour persister dans d'autres où se trouvaient réalisées les conditions favorables à leur existence. Mais il est aussi un certain nombre de formes spéciales qui caractérisent le niveau. Pour nos régions, les animaux qui sont dans ce cas comprennent l'Éléphant à fourrure, *Elephas primigenius* (Mammouth), l'Éléphant antique (*Elephas antiquus*), le Rhinocéros à narines cloisonnées (*Rhinoceros tichorhinus*), le Rhinocéros à nez atténué (*R. leptorhinus*), le Rhinocéros de Merk (*R. Merkii*), l'Hippopotame amphibie (*Hippopotamus amphibius*), le Sanglier (*Sus scropha*), l'Ours des cavernes (*Ursus spelœus*), l'Hyène des cavernes (*Hyæna spelæa*), le Lion des cavernes (*Felis spelæa*), le Blaireau (*Meles*), la Marmotte (*Arctomys primigenia*), le Campagnol (*Arvicola*), le Castor (*Trogontherium*), le Cheval à dents plissées (*Equus plicidens*), l'Ane (*Equus asinus*), le Bison d'Europe (*Bos primigenius*), le Taureau (*Bos taurus*), le Zébu, l'Aurochs, le Cerf (*Cervus elaphus*), le Renne (*Cervus tarandus*), le Cerf à bois gigantesques (*Megaceros hibernicus*), le Cerf du Canada (*Cervus Canadensis*), des Antilopes, des Baleines, un Phoque (*Odobenotherium Lartetianum*), des Oiseaux, des Reptiles (Lacertiens et Ophidiens), des Batraciens (Grenouilles) et des Mollusques. Nous citerons, parmi les plus caractéristiques : *Corbicula fluminalis*, *Cyclas* (*Sphærium*) *cornea*, *C. lacustris*, *C. palustris*, *Pisidium amnicum*, *P. fontinale*, *P. nitidum*, *P. pusillum*, *Ancylus fluminalis*, *A. fluviatilis*, *Bithynia tentaculata*,

B. similis, Hydrobia marginata, Limnæa auricularia, L. glabra, L. palustris, L. peregra, L. stagnalis, L. trunculata, L. ovata, L. minuta, Planorbis albus, P. carinatus, P. complanatus. P. corneus, P. nautileus, P. nitidus, P. vortex, P. spirorbis, P. marginatus, P. Prestwichiana, Valvata cristata, V. piscinalis, V. tentaculata, V. planorbis, V. gaudryana, Achatina acicula, Carychium minimum, Clausilia plicata, C. Rolphi, C. rugosa, C. nigricans, Cyclostoma elegans, Helix apicina, H. arbustorum, H. cellaria, H. cantiana, H. caperata, H. carthusiana, H. carthusianella, H. concinna, H. fruticum, H. hispida, H. nemoralis, H. pulchella, H. prgmæa, H. rotundata, H. plebeium, H. crystallina, H. striata, H. alpicola (variété d'*H. arbustorum*), *H. costata, H. bouchardiana, Pomatias obscurus, Pupa marginata, P. muscorum, Succinea elegans, S. oblonga, S. putris, S. amphibia, Vitrina diaphana, Zonites crystallinus, Z. nitidulus, Z. purus, Z. radiatulus, Zua lubrica, Arion ater, Limax agrestis.* Cette liste contient un bon nombre de formes qui continuent à vivre aujourd'hui quoique ayant été contemporaines de formes définitivement éteintes. En Afrique, et par exemple à Oran, on trouve, à l'état fossile, des animaux qui vivent maintenant dans le sud du continent. Dans le Quaternaire américain, on constate une grande prédominance d'herbivores de forte taille comme *Elephas primigenius, E. americanus, E. Colombi, Equus, Mastodon ohioticus* (ou *Americanus*), c'est-à-dire un Mastodonte en retard, pour ainsi dire, sur ses congénères du Vieux-Monde que le Pliocène a vu disparaître jusqu'au dernier. Dans l'Amérique du Sud, la faune quaternaire comprend des formes spéciales parmi lesquelles dominent des Édentés comme *Glyptodon* (fig. 141), *Mylodon, Megatherium.*

Fig. 151. — *Glyptodon clavipes.*
(1/20 G. N.)

Scelidotherium. A cet égard la vallée de Tarifa en Bolivie est devenue célèbre ; Weddell y a recueilli de nombreux ossements ou Paul
Gervais a reconnu : *Mastodon andium, Megatherium americanum,
Scelidotherium tarifensis, Glyptodon clavipes* (fig. 141), *Lestodon
armallium, Macrau-
chenia patagonica*. En
Nouvelle-Zélande, la
faune quaternaire com-
prend les *Dinornis* (fig.
142), dont la dispari-
tion s'est faite aux
époques historiques.

Les remarques rela-
tives à la flore ressem-
blent à celles qui con-
cernent la faune. Les
plantes ont surtout
laissé des empreintes
dans les tufs calcaires
mentionnés tout à
l'heure et dans des ar-
giles lacustres de diffé-
rentes variétés. Parmi
les formes botaniques
on reconnaît, en France

FIG. 152. — *Dinornis.*
(1/15 G. N.)

par exemple, des types dont les uns se sont conservés dans le
pays, tandis que les autres ont leurs analogues actuels, soit
dans les pays froids, comme le littoral nord de la Baltique, soit
au contraire dans des pays normalement plus chauds que notre
région, comme l'Asie-Mineure et les Canaries. Il y a là une contradiction apparente et qui disparaît quand on se rappelle que
les conditions climatériques variaient comme aujourd'hui d'un
point à l'autre d'après des particularités géographiques ; quand
on se rappelle, par exemple, qu'en Nouvelle-Zélande des glaciers
poussent leurs moraines sous les ombrages de forêts tropicales et
que, par conséquent, si les conditions s'y prêtent, il pourra se conserver côte à côte des vestiges de plantes alpestres et des empreintes de Fougères arborescentes. Aussi importe-t-il avant tout

de ne pas trop s'empresser de généraliser les observations et surtout de ne pas supposer qu'il s'est tout à coup déclaré un état de
choses incompatible avec la marche continue de l'évolution de la
surface terrestre. Pour nous borner à un tout petit nombre d'exemples, nous pouvons noter que tandis que La Celle-sous-Moret procure, comme on l'a vu, des végétaux de pays chauds (Laurier des
Canaries et Gainier de Judée), Jarville (près Nancy) et Bois-l'Abbé
(près Épinal) possèdent des fossiles provenant d'arbres subalpins
comme le Mélèze. Évidemment, dans ces dernières localités, il
s'était établi des glaciers analogues à ceux qui se montrent maintenant à Chamonix et qui en ont disparu, comme on l'a vu, à la
suite de l'érosion du sol ou de l'affaissement cortical de la région.

En dehors de France, les gisements de plantes pléistocènes peuvent être cités en grand nombre. L'Allemagne du Nord en possède
à Honerdingen et bien ailleurs, et on y trouve des plantes de climats
très tempérés comme des Nymphéacées. Au contraire, à Deulen,
près de Thaland, on retire du sol argileux, avec des Insectes tels
que *Carabus groenlandicus*, une série de végétaux à affinité boréale et, dans le nombre, *Salix herbacea*.

Ces contrastes sont, comme on voit, comparables à ceux que
nous observons aujourd'hui entre des points même peu distants
d'un même pays : ils nous confirment dans l'opinion développée plus
haut que chaque massif de glacier a son histoire indépendante ;
que tous les glaciers, maintenant plus ou moins diminués ou disparus, n'ont pas existé au même moment et qu'en somme la grande
différence à ce point de vue, entre les temps actuels et l'époque quaternaire, consiste dans une autre distribution géographique des
glaciers.

Homme quaternaire. — Ce qui fait pour nous de l'époque quaternaire un moment incomparablement intéressant de l'évolution
terrestre, c'est qu'elle est celle de l'apparition de l'Homme.

Troublés par des idées extra-scientifiques, les savants ont longtemps opposé la plus vive résistance à l'admission de l'*Homme fossile,* c'est-à-dire de l'Homme contemporain d'animaux maintenant
éteints, composant une faune disparue. L'historique de ces grands
débats serait puissamment instructive, en fournissant une règle

de conduite en présence des progrès nouveaux que l'histoire naturelle nous réserve pour l'avenir. Disons seulement que la solution en est due, avant tout, à Boucher de Perthes qui, malgré tous les obstacles, est arrivé à démontrer définitivement la haute antiquité de notre espèce. Il s'est basé sur la découverte, en plein Diluvium non remanié, de vestiges incontestablement humains et consistant surtout en silex ayant reçu de l'homme une forme qui en fait des outils ou des armes d'ailleurs fort comparables à ceux dont se servent encore certaines peuplades sauvages. On connaissait de telles pierres taillées depuis bien longtemps, mais on se plaisait à en reporter l'origine à une époque relativement récente. Chez nous on les regardait comme des objets celtiques et on pensait que les monuments mégalithiques (menhirs, dolmens, cromlechs, etc.) avaient été construits par les druides.

Tout le monde aujourd'hui est d'accord pour reconnaître qu'une *préhistoire* de l'Homme précède toutes les traditions et le nombre des savants qui se consacrent à en découvrir les détails est chaque jour plus considérable.

Les paléontologistes ont naturellement cherché à intro'..ire le point de vue chronologique dans les études préhistoriques, ce qui supposait avant tout la distinction de diverses époques dans l'épaisseur du Diluvium ; mais nous n'avons plus à insister sur les difficultés auxquelles ils se sont heurtés dans cette tentative. Le Diluvium étant d'ordinaire l'ensemble des produits du remaniement, bien des fois recommencé, des matériaux déposés par les rivières, il s'est opéré dans sa masse des triages déterminés par les qualités physiques de chacun de ses éléments et qui ont déterminé le rapprochement des objets les plus disparates en même temps que l'éparpillement de vestiges ayant la même origine. Heureusement on trouve, comme nous l'avons dit, des éléments beaucoup plus certains dans l'examen des cavernes où une véritable sédimentation, quoique peu régulière, s'est ordinairement accomplie ; aussi la préhistoire en a-t-elle retiré ses bases les plus solides. On en a conclu plusieurs âges successifs dans l'évolution de l'Humanité et leur comparaison a procuré le spectacle d'un progrès continu.

Il semble que la date de l'apparition de notre espèce coïncide à très peu de chose près avec le moment où l'on a placé le contact mutuel, d'ailleurs si peu précis, des dépôts pliocènes les plus récents et des formations quaternaires les plus anciennes. C'est alors que vivaient én abondance dans nos pays l'Éléphant à fourrure ou Mammouth, le Rhinocéros à narines cloisonnées, le grand Ours des cavernes, etc. L'Homme a laissé, de ces temps, des débris fossiles, tels que les crânes de la caverne de Spy, près de Namur en Belgique, le crâne du Neanderthal en Prusse Rhénane, celui qui gisait sous les cendres du volcan éteint de la Denise, près du Puy (Haute-Loire). Ces diverses boîtes crâniennes montrent les signes d'une infériorité bien manifeste vis-à-vis des races humaines supérieures ; on y voit le prognathisme très accusé, un angle facial réduit, le menton fuyant.

Sous les noms d'*Homme fossile* ou d'*Homme quaternaire,* on englobe d'ailleurs des types évidemment fort différents les uns des autres et dont le développement a dû prendre un temps prodigieux. Les populations les plus anciennes ont fait un grand usage d'armes et d'outils en pierre taillée et spécialement en silex ; on qualifie ces populations de *paléolithiques,* et on a pu surprendre le détail de beaucoup de leurs pratiques et de leurs usages[1]. Par comparaison avec ce que font encore des tribus sauvages, on sait comment les premiers hommes taillaient la pierre et comment ils s'en servaient ; on sait même qu'ils ont varié de procédés au cours des temps, ce qui vient peut-être de ce que des populations distinctes se sont successivement remplacées, comme à la suite d'invasions qui, parties sans doute d'Asie, se seraient répandues en Europe.

---

1. Dans certains gisements, on recueille des silex très grossiers dans leurs formes anguleuses et analogues, de plus ou moins loin, à des silex taillés. Un certain nombre de préhistoriens, comme M. Thieullen, M. Rutot et plusieurs autres, sont d'avis que ces objets représentent les premiers outils dont les hommes se soient servis. Le premier a réuni d'innombrables séries de silex qu'il a classés en plusieurs types nettement caractérisés et qu'on ne peut voir sans un vif intérêt et sans un certain trouble : il faut rendre hommage au dévouement sans limite dont M. Thieullen a fait preuve dans la recherche de la vérité, sans se lasser, depuis de longues années. M. Rutot qualifie les pierres en question d'*éolithes* et pose en fait qu'aucune action naturelle ne peut donner naissance spontanément à des éclats semblables. Nous avons pourtant le spectacle de productions sensiblement identiques soit par le choc des vagues sur les galets (plages du Hâvre, de Cayeux, etc.), soit par l'action de la gelée sur les nodules de silex (gisement de Prépotin, près Mortagne, Orne). M. Boule a signalé la production de sortes d'éolithes dans les moulins de broyage des silex de la craie.

Vers la fin des temps quaternaires, il existait dans le midi de la
France, par exemple, des Hommes qui ajoutaient la culture de leur
esprit à la satisfaction de leurs appétits les plus matériels; qui
faisaient du dessin, de la gravure, de la sculpture et même de la
peinture; qui taillaient les os d'animaux pour s'en faire des pointes
de flèches délicatement travaillées, des objets dans lesquels, toujours par comparaison, on croit voir des insignes de commandement, des scies, des poinçons et des aiguilles à coudre parfois
très délicates. On sait même quelque chose de leurs idées philo-
sophiques et on a la preuve qu'ils croyaient à une autre vie, par
les soins qu'ils apportaient à l'ensevelissement de leurs morts et
par la conformité de certains de leurs rites avec ceux que bien
des sauvages reproduisent encore sous nos yeux. Ainsi le corps
du défunt était entouré de quartiers de viande (dont subsistent
encore les ossements) qui étaient destinés sans doute à alimenter
le mort pendant le « grand voyage ». On trouve près de lui des
armes qui devaient lui servir sur les « grands territoires de chasse »
de l'autre monde. Remarques qui montrent, en passant, que le procédé d'étude par les *causes actuelles* s'étend ici au domaine psycho-
logique.

Il ne semble d'ailleurs y avoir eu aucun *hiatus* entre l'histoire de
l'Homme quaternaire ou paléolithique et celle de l'Homme qui a
laissé des traces de son existence dans toutes les formations de
l'époque actuelle : notons qu'après *l'âge de la pierre taillée*, auquel nous venons de nous arrêter un moment, les anthropologistes
distinguent une *époque néolithique* ou *âge de la pierre polie*, à
laquelle remontent les monuments mégalithiques appelés en Bretagne dolmens, menhirs, cromlechs, allées couvertes, etc. Viennent ensuite les *âges des métaux*, où l'on distingue d'abord *l'âge
du cuivre*, d'où date le sceptre du roi Égyptien Pepi (4000 ans
avant notre ère), conservé au British Museum de Londres et que
Berthelot a naguère analysé ; *l'âge du bronze*, qui constitue un immense progrès et qui s'est continué au moins jusqu'aux temps ra-
contés par Homère : dans les ruines de la plus ancienne Troie
on n'a trouvé qu'un seul objet de fer et il avait été fabriqué avec
du métal météoritique ou tombé du ciel. Cette époque du bronze
nous amène, comme on voit, à l'aurore de l'histoire: c'est à sa suite
que se développent les *âges du fer*, puis les temps dont les tradi-

tions se sont conservées avec une précision de plus en plus grande.

Parmi les travaux laissés par les hommes préhistoriques, on peut citer d'abord les *Kjokkenmöddings,* dont le nom signifie en danois : *débris de cuisine.* Ce sont des collines formées de détritus, où dominent des coquilles de Mollusques (Huîtres, etc.), des ossements de Poissons ou d'autres animaux et dans lesquelles on a recueilli en abondance des pierres et autres objets travaillés par l'Homme. Les localités où ces vestiges sont le mieux conservés sont le Danemark, l'Angleterre, le Japon, et beaucoup de points des deux Amériques, depuis Terre-Neuve, la Nouvelle-Écosse et la Louisiane, jusqu'au Brésil, la Patagonie et la Terre-de-Feu. Dans ce dernier pays, du reste, les habitants actuels, qui se nourrissent surtout de Mollusques, continuent à agrandir ces amas et en forment d'autres. ˙

Les *menhirs,* les *dolmens,* les *cromlechs,* les *allées couvertes,* souvent ensevelis dans des *tumuli,* sont des monuments préhistoriques dont nous avons de magnifiques spécimens en notre Bretagne (Karnak, etc.), et dont on retrouve les analogues dans des régions très diverses. Ils pouvaient représenter surtout des sépultures et on en a retiré fréquemment des vestiges très complets de squelettes et de toutes sortes de produits artificiels.

A leur suite, on peut mentionner les *habitations lacustres* ou *palafittes,* dont on trouve des ruines dans nos lacs alpins et pyrénéens et qui révèlent l'existence de peuplades dont les habitudes devaient ressembler beaucoup à celles des Polynésiens d'aujourd'hui. On peut en rapprocher les *Cranoges* des îles Britanniques et quantités d'autres monuments dont quelques-uns, comme les *forts vitrifiés* [Saint-Brieuc, Guëret, Craig Phœduck (en Écosse), etc.], sont probablement contemporains de certains événements historiques.

Les débris provenant des âges de pierre sont singulièrement rares en Afrique et l'art d'y travailler le fer paraît y être fort ancien. On a émis l'opinion que la sidérurgie a dû être importée d'Afrique en Europe, mais la preuve manque à cet égard.

En Océanie, où quelques naturalistes admettent que le plus ancien témoignage de l'Homme (*Pithecanthropus*) a été trouvé (v. p. 844), on constate que les âges de pierre se sont continués jusqu'à la fin du xviiie siècle, ce qui peut d'ailleurs tenir à l'absence de tout gisement métallique en Polynésie.

En Amérique, l'Homme a laissé des traces fort anciennes de son existence, mais, cependant, elles ne remontent pas au delà du Quaternaire. Les phases du développement anthropologique semblent y marcher parallèlement à celles qu'on a déterminées en Europe. Des outils paléolithiques du type de Chelles ont été trouvés au Mexique et de magnifiques objets néolithiques ont été recueillis dans le nord du Brésil. Cependant, il y a des formes caractéristiques du Nouveau-Monde, par exemple les haches à rainures.

Sous le nom de *Mounds,* on a décrit des collines de construction humaine ayant souvent la forme extérieure d'un animal gigantesque et dans lesquelles on a recueilli des vestiges de civilisations antéhistoriques. Il en existe dans l'Inde, mais les plus connues sont réparties sur le sol des États-Unis, depuis les grands lacs jusqu'au golfe du Mexique, depuis les Montagnes-Rocheuses jusqu'à l'Océan Atlantique. Elles sont surtout nombreuses dans la vallée du Mississipi, le long de ses affluents de gauche, l'Arkansas, le Kansas, etc. ; ainsi que dans le bassin de l'Ohio. Ces monuments, dont l'âge n'est pas déterminé, ne semblent cependant pas très anciens, bien que l'usage soit perdu depuis un temps immémorial d'en construire de semblables.

A l'ouest des Montagnes-Rocheuses, les mounds cessent de se montrer, mais ils sont remplacés par les excavations creusées dans les escarpements de roches, parfois à d'énormes hauteurs au-dessus du fond des vallées. Les habitudes des *Cliff-dwellers* (creuseurs de falaises) sont d'ailleurs continuées encore à l'époque actuelle par certaines peuplades de l'Arizona et du Nouveau-Mexique.

Faciès divers des dépôts quaternaires.

Il serait oiseux, après tout ce que nous avons vu, d'insister longuement sur l'existence, à l'époque quaternaire, de toutes les conditions géographiques représentées aujourd'hui.

Malgré l'activité des bossellements généraux, nous sommes bien sûrs que nos régions océaniques, au moins dans leurs parties centrales, n'ont pas changé de régime depuis une époque bien plus reculée que le début des temps pléistocènes. C'est dire que si on pouvait en étudier les sédiments, on y trouverait tous les produits abyssaux qui se forment encore à l'heure présente.

Pour les mers moins profondes nous sommes mieux renseignés dans les localités de mouvement négatif de la mer, et les plages soulevées nous ont montré, dans le détail de leur structure et de leur composition, la conformité la plus complète avec les formations d'aujourd'hui. De sorte qu'il est absolument démontré, non seulement que l'Océan travaillait aux temps quaternaires comme il a fait aux temps tertiaires et comme il fait aux temps actuels, mais encore qu'il n'y a jamais eu d'interruption dans ses opérations.

C'est là une notion qui peut sembler superflue mais qu'il y a grande importance à affirmer de la manière la plus formelle, parce que, pendant bien longtemps, on a été porté à placer à l'époque quaternaire de prétendus cataclysmes qui auraient renouvelé la surface terrestre, à la suite de la destruction brutale de tout ce qui la recouvrait auparavant.

Une preuve, entre bien d'autres, de cette continuité absolue se trouve, par exemple, dans la manière d'être des récifs madréporiques frangeants et, notamment, dans ceux de la Floride qui ont déjà fixé notre attention tout au début de nos études. Leur témoignage est d'autant plus précieux qu'il concerne la persistance, au travers de tous les temps quaternaires, de certaines conditions extrêmement précisées du milieu général et, par exemple, l'état d'agitation, le niveau, le degré de salure et la température de la mer. A ce dernier point de vue ils suffiraient à montrer que s'il s'était déclaré, comme on l'a dit, une ou plusieurs périodes glaciaires pendant la durée du Pléistocène, cette ou ces périodes n'auraient apporté aucune modification thermométrique dans les mers de la Floride et tout le monde sentira la contradiction de ces hypothèses.

La force de ces remarques résulte de ceci, qu'il serait facile de les répéter pour tous les accidents géographiques sans exception. Ainsi, à propos des appareils littoraux, il est bien évident que la plupart de ceux qui sont en voie de développement actuel contiennent quelque partie fondamentale qui date au moins du Quaternaire. Après ce que nous savons des plages soulevées de la Méditerranée, nous sommes bien assurés que les flèches littorales de la Provence, que les deltas du Rhône et du Nil, que les lagunes de Venise ou de Damiette sont bien plus anciennes que la période actuelle. On peut en dire autant pour les estuaires et pour les dépôts caractéristiques qui s'y accumulent.

Et il n'est pas inutile d'ajouter qu'on trouve de nombreux spécimens de ces diverses conditions géographiques. Comme exemple de delta, nous pourrions choisir celui que M. Colladon a décrit à la Bâtie, point où le Rhône sort du lac Léman dans la ville même de Genève. On pourrait rappeler aussi d'après M. Collot que sous le cimetière de Saint-Gilles, sur la rive droite du Rhône, en face d'Arles, on voit des graviers en lits inclinés à 3o° environ et qui sont surmontés brusquement par une assise horizontale de galets, épaisse d'environ 4 mètres. C'est, comme on l'a vu par l'exemple de Commentry (p. 383), la structure classique des deltas.

Relativement aux lagunes, bornons-nous à noter qu'on en trouve une d'âge quaternaire dans la basse vallée de l'Aude. Elle est tout à fait analogue à l'étang de Thau, bien qu'elle soit à 20 kilomètres du rivage actuel de la mer. C'est une petite terrasse de 5 à 6 mètres, visible à Montels sur le bord occidental de l'étang de Capestang. Le sol y est composé de sables purs contenant *Cardium edule*, *C. Lamarckii*, *Gastrana (Fragilia) fragilis*, *Ostrea edulis*, *Tapes Dianæ* (espèce subfossile de l'étang de Diane, en Corse), *Cerithium vulgatum*, *Nassa nitida*, etc.

On reconnaît dans la baie de Tregorvec, au haut des falaises de Pénestin, l'existence d'un ancien estuaire de la Vilaine, marqué par des sables et par des galets en lits alternants, inclinés et à disposition torrentielle, jusqu'à l'altitude de 25 mètres. C'est dans ces sables que se trouve l'étain d'alluvion (cassitérite).

En d'innombrables localités, les lacs se sont modifiés assez pour se prêter à un examen complet. Malgré la distance, nous aurions avantage à jeter un coup d'œil à ce sujet sur un certain lac Bonneville, maintenant complètement desséché, qui se trouve dans l'Utah, aux États-Unis, et qui a été soumis à des études très complètes. On y a constaté toutes les particularités de la sédimentation et on a relevé sur ses bords des deltas spécialement favorables à un examen détaillé. Le lac Lahontan (Nevada) a fourni des observations analogues qu'il suffit de signaler.

Enfin, pour ce qui est des faciès continentaux, les localités quaternaires nous en fournissent toute la gamme avec une conformité absolue par rapport aux produits actuels. Il suffit de les rappeler puisqu'il a été indispensable de les passer tout à l'heure en revue. Les dunes font la transition avec les dépôts marins ; on sait qu'il faut faire attention et surtout constater que des changements géographiques sont postérieurs à leur érection, pour les distinguer des dunes actuelles.

Quant aux dépôts fluviaires, on doit répéter encore une fois qu'ils témoignent d'une énergie exactement pareille, chez les anciennes rivières, à celle dont jouissent les cours d'eau qui coulent sous nos yeux. Souvent la seule ressource pour les distinguer est de constater la différence de leurs altitudes.

Pour ce qui est des glaciers, on a vu qu'il importe à leur égard de se mettre en garde contre une illusion à laquelle on a succombé aussi pour les plages soulevées et pour quelques autres phénomènes : c'est de croire exactement synchroniques des effets qui, tout en étant compris dans une même période géologique, peuvent avoir été séparés les uns des autres par des dizaines et peut-être par des centaines de milliers d'années. D'ailleurs, par la puissance qu'ils ont développée et dont on a l'idée par le volume des blocs qu'ils ont déplacés, les glaciers quaternaires ne se signalent pas comme ayant été différents des glaciers d'aujourd'hui.

A cet égard, un bel exemple de la continuité des conditions météorologiques dans certaines parties de la Terre, et qui fait l'exact pendant de l'histoire des madrépores de la Floride, a été rencontré en Sibérie. Il résulte de la découverte des cadavres de certains gros Mammifères quaternaires, Mammouth et Rhinocéros, encore pourvus de leurs viscères, de leurs muscles, de leur peau et de leurs poils, parce qu'ils ont été conservés dans le sol glacé de la région. Il est évident que si la température s'était détendue même pendant un laps de temps peu considérable, la putréfaction se serait emparée de ces restes organiques. Leur persistance doit nous porter à penser que les vicissitudes thermométriques n'ont pas été plus grandes pendant tout ce temps qu'elles ne le sont à présent.

Les caractères morphologiques des reliefs du sol permettent dans certains cas de reconstituer les conditions météorologiques auxquelles celui-ci a pu être soumis, et c'est ainsi que le faciès glaciaire est bien loin d'être aussi général dans les régions boréales qu'on serait porté à se l'imaginer. Dans le captivant récit du voyage de *La Vega*, l'illustre Nordenskjold, décrivant l'île de Stolbowoj située sur le littoral sibérien, s'exprime ainsi[1] : « L'aspect des montagnes indique qu'il n'y a jamais eu de glaciers dans cette île et il en est certainement de même pour le continent. La partie la plus septentrionale de l'Asie n'a donc jamais été couverte d'une carapace de glace, comme l'admettent les partisans d'une période glaciaire commune à tous les points du globe. »

Enfin les phénomènes éruptifs ont imprimé leurs faciès à de nombreuses formations quaternaires parmi lesquelles les volcans se signalent par la perfection de leur conservation à cause de leur peu d'antiquité relative. On n'a pas pu saisir de différence dans leur allure, comparée à celle des volcans en activité, et leur caractère propre est de trahir les délinéaments d'une géographie différente dans certains détails de la géographie d'aujourd'hui.

En somme, la période quaternaire, malgré les difficultés de son étude en conséquence des circonstances qui ont été indiquées, vient se placer comme un intermédiaire ménagé entre les temps pliocènes et le moment présent.

Substances utiles subordonnées aux dépôts quaternaires.

On exploite dans les formations quaternaires un grand nombre de substances utiles ; il suffira d'en citer quelques-unes. La première à laquelle on pense, c'est le gravier diluvien lui-même, exploité dans des ballastières ou grévières qui ont souvent une très grande dimension. Il en existe autour de Paris qui sont ouvertes depuis très longtemps et les agrandissements de la ville en ont fait combler beaucoup plus qu'il n'en reste. Les matériaux extraits sont soumis à des triages au moyen de claies et utilisés, d'après leur grosseur, soit pour la voie des chemins de fer et l'empierrement des routes, soit pour la composition des mortiers, soit pour l'entretien des allées de jardin, etc. Sous le nom de *calcin* on fait des moellons avec des poudingues subordonnés au Diluvium.

Le *læss* est recherché comme terre à briques et, à ce titre, exploité dans une foule de carrières dans les pays les plus divers,

1. *Voyage de La Vega, autour de l'Asie et de l'Europe*, I, 373. Paris, 1883.

par exemple dans la vallée du Rhin. Dans cette région devenue classique, ce limon atteint fréquemment 5o, 6o et même
8o mètres d'épaisseur. Autour de Paris on en voit aussi des placages
remarquables, comme à Mantes (Seine-et-Oise) et à Villejuif (Seine)
où l'épaisseur dépasse 25 mètres. On en fait certaines poteries
et spécialement des tuyaux pour les eaux et des pots à fleurs.

D'excellentes argiles employées à la fabrication des briques
sont exploitées sur le littoral N.-O. de la Sicile et, par exemple,
aux environs de Palerme. Elles proviennent de la décomposition
sur place d'assises entrant dans la composition des plages quaternaires soulevées.

Beaucoup de tufs sont recherchés comme matériaux de construction : celui de Moret est retiré de carrières larges et profondes
et beaucoup d'autres sont dans le même cas. Dans l'Ain, le tuf de
La Burbanche est solide et léger et fort estimé. Il y en a d'analogues dans le Doubs et bien ailleurs. Le calcaire des plages soulevées est utilisé en Sicile, à la Coté-Ferme, aux Antilles (*Maçonne
bon Dieu* des nègres) et sur la côte nord de l'Afrique.

Les peperinos des volcans quaternaires de l'Auvergne donnent des ciments très solides et ressemblent à cet égard à la
pouzzolane des champs phlégréens. Les *trass* des bords du Rhin
ont leurs analogues dans bien des conglomérats volcaniques de
notre Plateau Central. Les laves de Volvic servent à construire (la
cathédrale de Clermont-Ferrand en est faite), à faire des trottoirs,
à former les plaques émaillées que l'on met au coin des rues pour
en marquer le nom. Des phonolithes se fendent en plaques propres
à la couverture des maisons (roche Tuilière, roche Sanadoire).

La tourbe donne lieu dans certains pays à une extraction très
active. Souvent on s'attaque, dans les régions inférieures des
marais, à des niveaux qui datent de l'époque quaternaire comme
l'attestent les fossiles qu'on en extrait. En Irlande, par exemple,
les tourbières fournissent *Megaceros hibernicus,* parfois des cadavres humains préhistoriques avec leurs chairs, en même temps
que le combustible. Dans ces tourbières, on trouve aussi du
bois bruni, lignite encore imparfait avec lequel on fait des séries
d'objets. Il est certain qu'une partie du Surturbrand de l'Islande
est pléistocène ; les habitants en retirent des produits fort utiles.

Certains minerais de fer doivent être mentionnés à côté de la tourbe : ils sont exploités parfois lans des lacs comme en Basse-Lusace, en Silésie, dans le Jutland, en Finlande et dans une partie de la Russie. Il s'agit d'une formation qui se continue encore de nos jours, mais qui s'est bien évidemment commencée à l'époque pléistocène. En dehors de l'Europe, le même minerai des lacs, des marais, des tourbières, des prairies, des gazons — suivant ses différents noms locaux — se rencontre dans les savanes de l'Amérique, au Connecticut, et en Afrique dans les sables du Kordofan. Il est traité pour fer : en Norvège, son exploitation a précédé de plusieurs siècles celle des riches amas de magnétite, restés longtemps inaperçus.

Il y a enfin lieu de mentionner, dans des sables quaternaires, la présence de métaux ou de pierres précieuses, exploités parfois avec une véritable fièvre. Le manganèse constitue en Nassau, depuis Baldwinstein jusqu'à Wetzlau, des masses concentrées dans des poches de décalcification.

Les graviers aurifères des *placers* doivent être mentionnés d'une façon spéciale. En Europe, nous en avons un bel exemple sur le flanc de l'Oural, où le cube des matériaux retournés et lavés représenterait celui d'une montagne. Les célèbres gîtes de la Californie et de l'Australie ; ceux, plus récemment découverts, du Klondyke, ont les mêmes caractères généraux ; ils ont leur diminutif dans un très grand nombre de vallées dont les rivières sont aurifères comme le Rhin, le Rhône et l'Ariège qui en tire son nom. Même, des rivières beaucoup plus humbles sont aurifères ; nous avons cité celle de Gagnières, nommons encore l'Oust en Bretagne qui, aux environs de Sérent, fournit de l'or et même du mercure.

Nous avons aussi à Madagascar des alluvions aurifères qui recouvrent le fond de presque toutes les vallées du Betsileo. Elles sont formées par le mélange du quartz blanc laiteux avec le quartz noir enfumé, des quartzites roses, des granits variés, de la pegmatite graphique, du diorite. L'or y est toujours très fin. Ce sable aurifère, recouvert par un dépôt tourbeux qualifié de *mort terrain,* ne semble pas avoir subi de grands charriages, car son *bed rock* granitique et dioritique est recouvert d'un lit de kaolin évidemment non remanié. On pense que l'or dérive de l'attaque sur place de la roche cristalline qui, d'ailleurs, s'est montrée parfois avec des paillettes d'or associées intimement à ses autres minéraux essentiels.

Ajoutons qu'en Espagne les alluvions aurifères, à l'extrème base du Quaternaire, constituent des collines sur les rives du Daro et du Genil jusqu'aux portes de Grenade. Ces alluvions sont formées de couches diversement colorées, avec quartz, serpentines, amphibolites et autres roches souvent aurifères. La teneur augmente en profondeur de quelques centimes à 1 fr. 50 le mètre cube. L'or est en petites paillettes aplaties d'une belle couleur, au titre de 990 à 993 millièmes. Ce terrain fut exploité par les Romains, puis par les Arabes ; il est maintenant à peu près abandonné.

Le platine se trouve, comme l'or, en paillettes et en pépites dans plusieurs régions et spécialement dans l'Oural, au Brésil et dans quelques autres lieux de l'Amérique du Sud, en Californie et ailleurs. L'étain affecte un gisement tout pareil dans la presqu'île de Malacca, où il est exploité très activement. On le retrouve au Queensland (Australie), dans le pays de Cornwall en Angleterre, et en France, sous forme de traces, en Bretagne comme dans le Plateau Central.

Du reste il y a lieu de considérer comme formation quaternaire, au moins pour une grande part, le *chapeau* de certains filons métallifères où les agents de l'intempérisme ont réalisé un groupement spécial des substances mélangées. Les *pacos* du Mexique et d'autres régions américaines sont du nombre et l'on sait comment la concentration dont ils dérivent les rendent précieux aux yeux des exploitants.

Le diamant affecte en beaucoup de pays un gisement tout pareil à celui de l'or des placers et au Brésil il est associé à ce métal. Il a conduit à qualifier les sables qui le contiennent du nom de *terrain plusiaque* (de *Plutus*, dieu de la richesse). Le Brésil a des analogues dans l'Inde, où sont les localités diamantifères les plus anciennement connues, en Australie, en Chine et ailleurs. Beaucoup de pierres fines peuvent accompagner le diamant.

Il convient de citer à côté des pacos mentionnés tout à l'heure de véritables *chapeaux* de mines de diamants, de type d'ailleurs tout à fait exceptionnel. Il s'agit des gisements du Cap de Bonne-Espérance : le diamant a été poussé des profondeurs par des eaux ascendantes avec une boue serpentineuse (alluvion verticale) qui remplit des cheminées verticales dont la partie supérieure était depuis longtemps qualifiée de *pan*. Or, durant la période quaternaire, les intempéries ont dénudé les affleurements et y ont accumulé les résidus inattaquables. Il en était résulté un sable extrêmement remarquable et où le diamant était accompagné d'une légion de substances variées[1]. Il va sans dire que les exploitations fiévreuses qui se sont ouvertes autour de Kimberley, à Dutoit's Pan, à Oliphant Fountein, à Jager Fountein et ailleurs ont depuis longtemps supprimé ces remarquables produits, dont on ne peut plus voir de spécimens que dans les collections géologiques et spécialement au Muséum d'Histoire Naturelle.

Nous laisserions une lacune dans ce sujet si nous ne mentionnions des gisements quaternaires de phosphates. Ils sont très variés. En Floride comme dans la Caroline, on en exploite qui ressemblent à ceux des environs de Doullens et ont résulté des remaniements intempériques de la craie, A l'île du Grand-Connétable, en Guyane, on trouve du phosphate d'alumine qui résulte de la réaction du guano sur les roches feldspathiques[2], comme la minervite résulte d'une réaction de la même substance organique sur des calcaires.

Terres végétales des pays dont le sol est quaternaire.

Une fraction considérable de la surface des continents est recouverte de matériaux meubles qui résultent des phénomènes subaériens pendant toute la durée qui s'est écoulée depuis le moment où cette surface a été soulevée au-dessus des eaux. Il en résulterait que toutes les terres végétales sont, au moins en partie, des productions de l'époque quaternaire et qu'elles renferment, pour l'ordinaire, des vestiges de strates qui n'existent plus et dont l'intempérisme n'a laissé subsister que les résidus les plus résistants. Cependant nous avons dû les énumérer à propos du terrain dont dépendaient les roches d'où elles dérivent.

Toutefois il nous reste à mentionner ici quelques produits qui sont plus évidemment quaternaires : c'est ainsi que le tuf calcaire constituant les plages soulevées quaternaires du littoral septentrional et occidental de la Sicile, depuis Porto Palo jusqu'à Trabia, en passant par Castellamare del Golfo et Palerme, est recouvert

---

1. *Comptes rendus de l'Académie des sciences*, séance du 5 février 1877.
2. *Le Naturaliste*. T. X, p. 185, 1896.

d'un lit de 5o à 70 centimètres de terre végétale provenant de sa décomposition. C'est sur cette terre, sableuse et de couleur rosée, que prospèrent les merveilleux vignobles de Vittorio e Scogletti, de Castelvetrano, de Mazzara et de Marsala.

Au point de vue agricole, des assises argileuses subordonnées à ce tuf ont une grande importance et constituent des niveaux imperméables à l'eau d'infiltration. On en retire, à l'aide de puits munis de norias ou de pompes, la matière d'abondants arrosages.

Les alluvions pléistocènes recouvrent des zones où la terre végétale provient de leur propre attaque par l'intempérisme. Quand elles sont fines, comme l'*ergeron* des Flandres, elles donnent un sol arable qui peut être d'une très grande fertilité et qui, d'ailleurs, ne se sépare que très arbitrairement des produits de transformation des assises tertiaires qui ont donné, par exemple, les *biefs* de Picardie.

Dans la Somme, ce limon a 3 ou 4 mètres d'épaisseur et il porte le nom populaire de *terre franche*. Au point de vue agricole, cette sorte de terre, où les instruments aratoires « ne fatiguent pas », atteint des prix relativement élevés. On peut y rattacher une grande partie des *limons des plateaux*, mais ici encore on retourne à des sols de toutes sortes d'origines géologiques et qu'il y aurait lieu de reporter entre les divers terrains d'où il est légitime de les faire dériver.

La partie supérieure de l'*ergeron* ou des *lœss* ayant subi la décalcification pluviaire est bien plus argileuse que la région profonde. On l'appelle vulgairement *terre à briques* et souvent on l'enlève pour la fabrication des matériaux de construction. Pourtant, on la cultive encore fréquemment sous les noms de *terre forte* et de *rougeon;* elle contribue à la richesse agricole des Flandres.

Les traînées de Diluvium qui accompagnent les rivières sont fréquemment recouvertes d'un sol arable qui porte, par exemple, une partie du Bois de Boulogne, à Paris, où il a été étudié en détail par Grandeau. Il résulte du Mémoire publié par cet agronome que la terre végétale du Diluvium est pauvre, mais que la faible proportion des matières alimentaires qu'elle contient est compensée, dans une certaine mesure, par la facilité avec laquelle les racines des plantes cultivées peuvent y descendre à de grandes profondeurs; alors la quantité de terre dont ces plantes disposent en compense la médiocre qualité. Mais ce n'est pas toujours le cas et, sur certains points, les graviers du sous-sol se sont cimentés en *calcin*, c'est-à-dire agglutinés par un ciment calcaire. Sur ces poudingues, les arbres forestiers eux-mêmes restent chétifs et rabougris. Partout ailleurs, le sous-sol des terrasses caillouteuses est très perméable, au point que les récoltes y souffrent souvent de la sécheresse. Malgré tout, à force de fumier ou d'engrais de toutes natures comme le voisinage des grandes villes permet d'en avoir à profusion, on arrive à faire rendre à ces régions des récoltes abondantes. C'est dans ce but, en même temps que pour assainir les cités, qu'on a choisi des régions diluviennes pour y établir les bassins d'épandage des eaux d'égouts (par exemple dans la Boucle de Gennevilliers). Mais après une période où l'on a cru pouvoir se féliciter d'une semblable pratique, on s'est trouvé en présence de difficultés qui montrent que le problème est bien loin d'être résolu[1].

D'après M. de Richthoffen, le lœss constitue en Chine par luimême un sol très fertile qui ne réclame que de très rares fumures et s'en passe même aisément. La province de Shan-Si, à laquelle cette remarque s'applique spécialement, est peut-être la partie de la Chine où la culture est continuée depuis le plus longtemps : il y a 4 000 ans que l'agriculture florissait déjà dans l'Empire du Milieu. Nos cultivateurs vosgiens n'ont pas du lœss une idée aussi favorable et ils vont jusqu'à le traiter de *Mitsfresser*, c'est-à-dire de dévorateur de fumier.

Sans insister davantage, il convient de répéter que dans tout sol arable, même de formation actuelle, il est ordinairement légitime d'admettre qu'une partie des éléments date de l'époque pléistocène. Cela est spécialement évident pour les terres d'épaisseur considérable et, à cet égard, il faut mentionner le *Tchernozem*, ou Terre-Noire de la Russie, qui est exceptionnel par ses dimensions (100 millions d'hectares) et par son incomparable fertilité.

1. Il faut pourtant constater que certains agronomes continuent à être de chauds partisans de l'épandage. M. Paul Vincey est d'avis que « plus un sol épure longtemps l'eau d'égout, plus il est apte à en épurer encore ».

CONCLUSION GÉNÉRALE

Nous voici parvenus au terme de nos études et il nous reste, comme un devoir, à en résumer le résultat général et à en conclure une notion sur l'économie de la Terre.

Le résultat général, c'est que la Terre, étudiée dans son ensemble aussi bien que dans son détail le plus intime, se présente comme un véritable organisme où des fonctions, complémentaires les unes des autres, sont réalisées par des appareils harmonieusement associés, de façon à maintenir dans l'ensemble un état permanent d'équilibre mobile. C'est dire que toutes les portions du globe sont en voie de modifications incessantes et que le milieu géologique, malgré l'apparence première, est en réalité le théâtre d'une activité toujours entretenue.

La notion qui se dégage de la masse des faits d'observation, quant à l'économie de la Terre, c'est que celle-ci passe par les étapes successives d'une évolution au cours de laquelle se produisent et s'accentuent des changements progressifs. Déjà, au début de nos travaux, nous avons rappelé la conception admise quant à l'origine et au mode de formation de notre planète et nous avons montré qu'à partir du moment où elle a été individualisée, elle a subi surtout les conséquences de son refroidissement spontané, c'est-à-dire les effets de la perte lente et continue de la somme d'énergie dont elle avait été pourvue au début.

Ce sont là comme des phases embryonnaires qui ont demandé des laps de temps prodigieux et à la suite desquelles la structure concentrique de la masse tellurique s'est dessinée, par la constitution de l'écorce séparative entre les matériaux atmosphériques et le résidu nucléaire.

L'épaississement de l'écorce, en arrêtant les émissions calorifiques alimentées par les régions internes, a amené peu à peu l'adoucissement de la zone superficielle. L'atmosphère, d'abord gigantesque, s'est débarrassée des éléments les plus facilement condensables et, finalement, elle a pris les caractères et la constitution que nous lui voyons, au-dessus d'une nappe océanique de plus en plus épurée.

On a tenté d'apprécier les durées employées au refroidissement planétaire et on a même eu recours dans ce but à la méthode expérimentale. Bischof, par exemple, en étudiant la vitesse de refroidissement de boules de basalte fondues, a conclu que le globe terrestre devait employer neuf millions d'années pour passer d'une température moyenne de 27° à celle de 2°. Poisson, Fourier se sont livrés à des considérations du même genre. Mais sans manquer au respect si légitimement dû à ces grands savants, on peut hardiment proclamer que leurs travaux n'ont pas de signification réelle. La cause en est dans la méconnaissance absolue des caractères les plus essentiels de la planète. Loin d'être une masse inerte qui perd passivement son calorique original, c'est, comme tout cet Ouvrage a eu pour but principal de le démontrer, un ensemble inextricable d'appareils, dans lesquels se poursuivent des modifications sans fin : ici, en conséquence de cet *activisme* dont nous avons énuméré quelques traits, des circulations de fluides divers amènent, vers la surface, des quantités de chaleur empruntée aux parties profondes ; là, des réactions chimiques indéfiniment variées et des changements moléculaires de tous genres dégagent ou absorbent, suivant les cas, d'innombrables calories. Tenter d'apprécier la valeur mathématique du résultat, c'est certainement poursuivre l'impossible et ce n'est pas trop que de déclarer la question actuellement inaccessible.

Les efforts corticaux ayant déterminé l'émergence des îles et des continents au-dessus des eaux, la planète a alors acquis tous les organes que nous lui connaissons et dont nous avons décrit le fonctionnement — et, dans le nombre, le plus troublant de tous : celui que constitue l'ensemble de la faune et de la flore.

Tout le monde sait la passion avec laquelle on a cherché à résoudre le problème de l'origine de la vie sur la Terre et personne n'ignore que, pour être plus ou moins séduisante, aucune des solutions proposées n'entraîne avec elle l'évidence indispensable à la conviction. Il est possible que la solution soit au-dessus de nos efforts, ce qui la mettrait sur le même rang que bien d'autres solutions également désirées. Cependant, quand on se demande pourquoi et comment, à un certain stade du développement du globe, les phénomènes de la vie sont tout à coup venus compliquer les manifestations dynamiques de la nature, l'hypothèse la plus simple semble être que la force biologique — antérieure comme les autres forces — se réservait pour le moment où les conditions du milieu seraient favorables à la manifestation, à la conservation et à la multiplication de ses produits.

A cet égard, et quelles que puissent être les différences essentielles entre les forces biologiques et les forces purement physico-chimiques, il y a une analogie complète entre les unes et les autres. C'est d'après les conditions du milieu qu'à un certain moment se sont constitués les premiers minéraux cristallisés, succédant à des combinaisons où les forces cristallogéniques n'avaient pas eu à intervenir, à cause de la fluidité générale des substances. Or, pour les forces cristallogéniques, on constate que leurs produits, c'est-à-dire les minéraux, se succèdent dans le temps, pendant que se présentent, les unes après les autres, les étapes de l'évolution terrestre. Les conditions de la surface allant constamment en s'adoucissant, les minéraux de voie purement sèche font place, à un certain moment, aux minéraux de la voie mixte ou hydrothermale, puis aux cristallisations de la voie humide, caractéristiques des terrains récents. De même, les manifestations des forces biologiques, c'est-à-dire les faunes et les flores, se distribuent dans le temps de façon à dater de leur côté les stades du développement géologique. Tout d'abord, la mer, universelle et uniforme, impose des conditions partout les mêmes, qui ne subsisteront plus quand les continents auront surgi. Puis, l'épaisseur — constamment diminuée — d'une atmosphère qui s'épure et devient transparente aux rayons solaires, en amenant la constitution des climats, détermine des conditions de milieu variables avec les points. La force biologique, comme tout à l'heure la force cristallogénique — et avec un bien autre luxe de nuances, à cause de la délicatesse incomparablement plus grande de ses produits — se manifestera de façons diverses qui seront, pour une grande part, le reflet des conditions extérieures.

Ces conditions variant d'une façon continue, on verra aussi les manifestations s'accentuer d'une façon suivie dans une direction déterminée. On suivra pas à pas les progrès successifs de telle ou telle fonction, de tel ou tel sens, par celui des organes qui leur est relatif. Et l'on peut prévoir qu'il en sera ainsi jusqu'à l'acquisition, par le milieu terrestre, du maximum de conditions favorables à l'éclosion de chaque catégorie de produits biologiques. Les périodes suivantes, de moins en moins propices, devront être marquées par des formes de moins en moins perfectionnées. De sorte que, dans la série des temps, on verra d'abord un moment d'apogée pour chaque type et ensuite un moment d'apogée pour l'être vivant considéré d'une manière absolue.

Mais, si les observations précédentes semblent être la traduction des faits d'observation, est-il aussi logique de supposer que les formes organiques se transforment les unes dans les autres ? A-t-on l'idée de cette filiation pour les espèces minérales mentionnées tout à l'heure et cette filiation serait-elle de la moindre utilité pour leur compréhension ? Si ce n'était pas l'être vivant qui évolue, mais la Terre ? — c'est-à-dire l'ensemble des conditions dans lesquelles, à chaque instant, se manifeste la force biologique[1] ?

D'ailleurs l'histoire de l'évolution terrestre ne saurait être considérée comme terminée parce qu'on l'aurait amenée au moment

---

1. *La Nouvelle Revue*, t. 101, p 650 (1ᵉʳ août 1896). Paris.

présent. Tout l'avenir reste à considérer et notre programme ne serait pas rempli si nous ne constations en quelques mots qu'on possède à son égard des notions beaucoup plus précises qu'on n'eût été porté *a priori* à le supposer.

D'après l'origine même du système solaire à laquelle nous nous sommes arrêtés un moment (voir p. 7), nous savons que la Terre n'est pas seule de son espèce dans le système solaire. Même, nous avons constaté que ses compagnes les plus voisines, les planètes Vénus et Mars, lui ressemblent d'une manière si intime que leur histoire est commune : c'est un point sur lequel il nous importe extrêmement de revenir un moment. Laplace nous a montré que ces trois planètes, Mars, la Terre et Vénus, sont successivement sorties de la masse nébuleuse dont le résidu, après avoir abandonné Mercure à son tour, s'est constitué sous la forme du Soleil. La composition de ces trois astres est sensiblement la même, et comme leurs volumes ne sont pas très différents, les progrès du refroidissement ont dû déterminer sur chacun d'eux des effets qui sont en rapport avec leurs âges.

Il résulte de là que Vénus, plus jeune que la Terre puisqu'elle circule plus près du Soleil, doit représenter un état par lequel la Terre a passé, tandis que Mars, plus éloigné et conséquemment plus âgé, peut nous procurer le spectacle de ce que notre globe deviendra. Or, les observations de Vénus y montrent une atmosphère, des océans et des continents, mais on constate que l'atmosphère y est plus épaisse que chez nous et que la mer, au lieu de ne couvrir que les trois quarts du globe, s'y étale sur une fraction bien plus grande de la surface totale. D'un autre côté, Mars, dont l'orbite est plus large que la nôtre et qui, en conséquence, est plus âgé que la Terre, nous montre une atmosphère remarquablement mince et des océans qui ne couvrent pas plus de la moitié de la surface planétaire. La conclusion, c'est que le fait de l'évolution planétaire se traduit par l'absorption progressive de l'eau et de l'air par le noyau solide. Et le fait est on ne peut plus conforme à ce que nous a montré l'examen détaillé de la Terre puisque nous y avons reconnu, dans l'épaisseur de l'écorce rocheuse, deux niveaux superposés dont l'extérieur, pourvu par infiltration de l'eau dite de carrière, s'épaissit constamment par en bas, au fur et à mesure des progrès du refroidissement spontané.

Voici donc déjà un premier aperçu sur l'avenir du globe : l'épaississement de la croûte amènera une diminution correspondante du volume de l'océan et de l'atmosphère. Cette conséquence est d'autant moins douteuse qu'elle se trouve vérifiée par l'observation directe d'un astre qui doit être nécessairement plus avancé que Mars dans l'évolution planétaire. Cet astre, c'est la Lune, que son faible volume a conduite, d'après les lois élémentaires du refroidissement, à perdre plus rapidement sa chaleur d'origine.

On sait que le disque lunaire est couvert de manifestations volcaniques qui ont les analogies les plus intimes avec les produits éruptifs de notre globe : c'est la preuve que l'eau et sans doute d'autres substances élastiques ont abondé sur notre satellite. Mais l'absence de toute réfraction dans les rayons lumineux qui nous sont envoyés tangentiellement à la Lune par les étoiles qu'elle occulte démontre définitivement que le sphéroïde solide n'est pourvu d'aucune enveloppe gazeuse : il faut donc que l'eau ait disparu et, par conséquent, qu'elle ait été absorbée par le sol. La Lune est un astre desséché qui nous montre ce que Mars sera un jour et ce que la Terre, après lui, deviendra. Bien avant cette dessiccation inévitable, la Terre aura été le théâtre de toute une série de phénomènes que l'on peut prévoir et dont le plus directement intéressant pour nous concerne la diminution progressive, puis la disparition des diverses circonstances nécessaires à la vie organique. Vraisemblablement l'humanité, si elle persiste jusque-là, parcourra des étapes de déchéance avant de disparaître faute de moyen de subsister.

Mais ce ne sera pas là, à proprement parler, la fin de la Terre et la Lune nous permet de concevoir la suite de cette histoire planétaire. En effet, sa surface laisse voir d'autres signes que l'absence de l'eau, de la dessiccation qui s'est emparée d'elle. Ne trouvant plus rien à absorber, la croûte rocheuse, contrainte de se contracter, en est réduite à se crevasser. Il y a bien longtemps qu'on a constaté par

l'observation télescopique les crevasses, ou, comme disent les astronomes, les *rainures* de la Lune : elles traversent en ligne directe les
accidents géographiques les plus divers et les cratères les plus
élevés ne les détournent pas. Il suffira qu'elles se prolongent de
façon à se recouper, pour réduire notre satellite en blocs, simplement juxtaposés.

On sait que ces blocs, de formes et de volumes variés, emportés
sur la même orbite, tendront nécessairement à se séparer les uns
des autres : c'est en effet ce que font d'une manière évidente les
corpuscules constitutifs des queues de comètes qui se distribuent
en anneaux circumsolaires ; et c'est même la rencontre périodique
de ces anneaux qui détermine dans notre atmosphère les pluies
d'étoiles filantes, ainsi que M. Schiapparelli l'a naguère démontré
d'une manière si complète.

Et, comme pour empêcher qu'il n'y ait à cet égard la moindre
hésitation, le Ciel nous procure la contemplation d'un anneau de débris planétaires formé par l'éparpillement d'un astre qui est parvenu dès maintenant aux phases ultimes de son évolution. Il s'agit
d'un globe qui circulait entre l'orbite de Mars et l'orbite de Jupi-
ter et qui ne devait pas être d'un volume sensiblement supérieur à
celui de la Terre. Ses débris sont désignés sous les noms d'*astéroïdes* et de *planètes* télescopiques : le premier d'entre eux a été
découvert le 1ᵉʳ janvier 1801, comme pour inaugurer le xixᵉ siècle,
mais à l'heure actuelle on en connaît plus de 600. Ils sont de dimensions très variées ; certains d'entre eux ont une surface totale comparable à celle d'un département français ; on y a constaté des variations d'éclat qui semblent indiquer l'irrégularité de leur forme par
l'inégalité des faces qui, suivant les moments, nous renvoient la
lumière du Soleil ; s'ils paraissent sensiblement ronds dans les
lunettes, c'est peut-être par une illusion fréquente pour les objets
suffisamment petits.

Dès lors la rupture spontanée des astres, par la force pure et
simple des phénomènes évolutifs, se présente comme une disposition normale de la Nature, et on va en sentir tout de suite une
conséquence de haute portée philosophique.

Il se trouve, en effet, que d'autres globes que celui d'où dérivent les planètes télescopiques ont déjà terminé toute leur carrière et, par un morcellement poussé plus loin encore, se sont réduits à l'état d'une véritable poussière cosmique, dont certains grains auraient pu cependant mesurer jusqu'à 170 mètres de diamètre[1]. Quand les éléments de ce gravier céleste viennent à passer dans le voisinage assez proche d'une planète, ils cèdent à son attraction et se précipitent à sa surface.

Voilà l'explication de ce phénomène grandiose auquel on donne le nom de chute des météorites et qui, après avoir été nié longtemps, est maintenant parfaitement démontré. On peut voir une magnifique série des masses qu'il nous apporte dans la Galerie de Géologie du Muséum national d'Histoire naturelle et leur étude a complété de la manière la plus heureuse la série des faits qui viennent d'être résumés.

Les météorites sont des échantillons de roches qu'on a pu comparer aux roches terrestres : elles sont formées des mêmes éléments chimiques et renferment des minéraux qui, pour la plupart, appartiennent aussi à notre globe. Les divers spécimens sont d'ailleurs très loin d'être identiques et ils se répartissent, au contraire, en plus de 60 types lithologiques. En leur appliquant les procédés d'étude que nous ont procurés les notions stratigraphiques dès maintenant acquises, on reconnaît que les roches cosmiques trahissent d'anciennes relations mutuelles dans un gisement commun. De proche en proche on arrive à reconstituer, par leur moyen, un globe maintenant désagrégé et qui comprenait les diverses catégories de roches que nous avons reconnues sur notre planète.

La conséquence de toutes ces remarques est que les corps célestes qui composent le système solaire ont acquis, chacun à son tour, une autonomie astronomique.

Chacun d'eux, en subissant les progrès du refroidissement spon-

---

1. C'est la supposition peut-être risquée qui vient d'être émise à l'égard du fer de Canyon-Diablo (Arizona). MERRILL, *Smithsonian Miscellaneous Collections*, n° 1783, Janvier 1908, Washington.

tané, a parcouru toutes les étapes de développement que nous avons
décrites, puis celles qui ont suivi, soulignant la décrépitude et la disparition des attributs de l'état parfait. Enfin il a été en proie à la
désagrégation qui rappelle la décomposition *post mortem* des organismes et, finalement, ses débris se sont précipités sur le centre
autour duquel il gravitait, en lui apportant une contribution de
matière en même temps qu'un appoint dynamique, par la destruction de la force vive qui l'animait. Ainsi les satellites sont repris
par leur planète et les planètes par leur soleil, rappelant des cycles
bien connus dans l'économie de la Terre.

C'est là le dernier chapitre de l'histoire de notre globe et c'est
pour cela qu'il nous eût été impossible, sous peine de laisser notre
sujet incomplètement traité, de ne pas le mentionner en terminant.
Il constitue certainement le plus majestueux exemple des harmonies de l'Univers physique : il est bon d'y laisser reposer sa pensée.

INDEX ALPHABÉTIQUE

Cet *Index* constitue une sorte de dictionnaire des sciences géologiques. Les chiffres sans explication renvoient à la définition du mot qui les précède; les autres indiquent à quelle page il faut recourir pour trouver le mot considéré traité à tel ou tel point de vue, à tel ou tel niveau stratigraphique, dans telle ou telle région, dans ses rapports avec telle ou telle autre chose.

dévonienne, 515. Diluvium, 861.

Basse-Lusace. Minerai de fer des lacs, 889.

Basses-Alpes (dépt). Zone à *Avicula contorta*, 603. Charmouthien, 614. Bajocien, 634. Oxfordien, 648. Séquanien, 653. Barrémien, 682. Néocomien, 689. Cénomanien, 711. Sénonien, 725. Burdigalien, 810. Helvétien, 814.

Basses-Pyrénées. Schistes dévoniens, 500. Aptien, 700. Albien, 704. Cénomanien, 711. Lutétien, 766.

Bassin houiller du Nord. Sa structure, 281.

Bassins houillers, 523.

Bassins hydrographiques. Leur production, leur développement, 353.

Bastite, 112.

Bastogne. Grès dévoniens, 494.

Batalha. Lignite séquanien, 673.

Bath. Pierre à bâtir, 639.

Bathien (terrain) (Bathonien), 636.

Bathmoceras, 224.

Bathonien (terrain) (Oolithique), 628, 636. Qualités agronomiques, 676.

Batna. Oxfordien, 649. Séquanien, 655.

Batraciens, 225 ; — du Kimeridgien, 658 ; — du Tortonien, 818.

Baudignan. Helvétien, 807.

Baugé. Grès à *Sabalites,* 757.

Bauges (montagne des). Sénonien, 724.

Baume de momies, 126.

Bauxite. Caractères, 93 ; — associée au minerai de fer oolithique, 326 ; — dans l'Aptien, 699 ; — dans le Crétacé, 743.

Baveno. Granit à albite, 141.

Bavière. Calcaire, 94. Sphène titanique, 122. Pierre lithographique, 162, 672. Acalèphes, 192. *Eryon,* 207. *Acanthoteuthis,* 228. Reptiles fossiles, 244. Archéen, 451. Lodévien, 563. Dachstein, 602. Hettangien, 608. Ardoises liasiques, 621. Portlandien, 665. Néocomien, 691.

Sénonien, 728. Lutétien, 766. Aquitanien, 799. Pechkohle, 804.

Bayeux. Sinémurien, 611. Prairies sur le Lias, 624. Oolithique, 627. Bajocien, 632.

Bayonne. Poudingue triasique, 582. Grès triasique, 590.

Bayreuth. Reptiles fossiles, 238.

Bazas. Aquitanien, 796.

Béarn. Saliférien, 587. Dépôts éocènes de grand fond, 776.

Beauce. *Chara,* 170. Fertilité, 805.

Beauchamps. Laurier-rose, 185 Grès bartonien, 753. Sables moyens, 786.

Beaujolais. Fertilité du sol de l'Archéen, 456.

Beaulieu. Dolérite, 148. Traces de soulèvement récent du sol, 279. Basalte et dolérite oligocènes, 802.

Beaune. Bone-beds, 604. Pierre serpentine de l'Hettangien, 608. Vignobles sur le Bathonien, 676.

Beauregard. Hématite, 164.

Beauvais. Sa cathédrale en craie, 162. Néocomien, 688.

Beauval. Poches creusées dans la craie par décalcification, 364. Phosphate de la craie, 721.

Bécasse, 248.

Bec-de-l'Echaillon. Portlandien, 664.

Bec de l'étain, 89.

Bedeillac. Gypse triasique, 592.

Bédoulien (terrain) (Néocomien), 687.

Bed rock des mines d'or, 889.

Bégudien (terrain) (Danien), 732.

Belajar. Calcaires dévoniens, 503.

Belebei. Grès plombifère, 571.

Belemnitella, 227 ; — du Sénonien, 685, 722.

Belemnites, 227 ; — étirées dans les ardoises des Alpes, 342 ; — du Lias moyen, 600 ; — du Sinémurien, 611 ; — du Charmouthien, 613 ; — du Toarcien, 617 ; — du Bajocien, 628 ; — du Callovien, 630 ,

— du Bathonien, 639 ; — de l'Oxfordien, 647 ; — du Kimeridgien, 659 ; — du Portlandien, 664 ; — du Turonien, 684 ; — du Néocomien, 690 ; — de l'Aptien, 698.

Belemnoteuthis, 228.

Belfort. Schiste à *Meletta,* 801.

Belgentier. Travertin quaternaire, 870.

Belgique. Vallée fossile, 35g. Pluie de poussières volcaniques, 418. Profil des collines sous l'action de la pluie et du vent, 425. Cambrien, 461. Ordovicien, 479. Diorites du Silurien, 486. Couvinien, 495. Récifs madréporiques dévoniens, 513. Dépôts lacustres dévoniens, 515. Passage du Dévonien au Carbonifère, 518. Région carbonifère type, 519. Phosphates carbonifères, 550. Portlandien, 665. Néocomien, 691. Cénomanien, 712. Sénonien, 729. Danien, 734. Terres du Danien, 746. Suessonien, 761. Bartonien, 770. Tongrien, 775. Tortonien, 818. Plaisancien, 836. Astien, 83g. Cavernes quaternaires, 871.

Belgranien (terrain) (Pontien), 830.

Bélinois. Sa fertilité, 675.

Belinurus, 206.

Bellas. Albien, 705.

Bellasien (terrain) (Cénomanien), 708.

Bellegarde. Aptien, 698.

Belle-Isle-en-Mer. Cordon littoral pliocène, 844. Plages quaternaires, 858.

Bellême. Albien, 703.

Bellerophon, 222 ; — du Dévonien, 510.

Belleu. Orme, 181. Grès de l'Yprésien, 751.

Bellevue. Forêt sur l'Oligocène, 805.

Belley. Blocs résiduels des nappes de charriage disparues, 287. Burdigalien, 811. Vignobles sur la mollasse, 822. Blocs erratiques, 868. Travertins quaternaires, 870.

Bell Sound. Lagune bouillère, 547.

Belodon, 243.

Faluns de Jeurre, 789 ; — aquitaniens, 797 ; — de Léognan, 806, 807 ; — de Touraine, 814 ; — de l'Anjou, 816 ; — de Saubrigues, 816 ; — défavorables à la culture, 822.

Famenne (la). Dévonien, 496.

Famennien (terrain) (Dévonien), 496, 509.

Fandène. Lutétien, 768.

Faou (de). Grauwacke dévonienne, 500.

Farine fossile, 92, 158 ; — du Danien, 735.

Fassanique (terrain)(Conchylien), 579.

Fausse plasticité de la glace, 401 ; — des roches dans les montagnes, 324.

Fausses glaises, 750.

Favero. Serpentine, 153.

Favosites, 193 ; — du Dévonien, 506.

Faxoë. Danien, 733.

Fayalite, 108.

Fay-le-Froid. Tufs volcaniques miocènes, 821.

Faymont. Argilolithes, 559.

Faymoreau. Houiller, 538.

Feldspath. Orthose, sa dureté, 59. Apyre, 105. Caractères généraux, 117. Albite, 118. Oligoklase, 119. Labrador, 119. Anorthite, 120. Décomposé par les exhalaisons végétales, 435.

Feldspathiques (éléments blancs) des roches, 136.

Felfellah. Onyx miocène, 821.

Felis, 263 ; — du Miocène, 808 ; — du Quaternaire, 872.

Fémiques (minéraux), distingués dans les roches, 137.

Fendage des ardoises, 468.

Fenestella, 201 ; — du Dévonien, 505 ; — du Carbonifère, 520 ; — du Lodévien, 554 ; — du Thuringien, 566.

Fenêtres ouvertes par l'érosion dans les lames de charriage, 286.

Fépin. Galets fossiles, 380.

Fer natif, 79 ; — sulfuré, 82 ; — arsénical, 83 ; — oxydé rouge, 91. 164 ; — oxydé hydraté, 93 ; — carbonaté, 96, — lithoïde, 96, — chromaté, 101 ; — chromé, 101 ; — extrait de l'hématite, 164 ; — extrait de la limonite, 164 ; — hydroxydé, 164 ; — oligiste, en enduits sur les scories volcaniques, 298 ; — chromé, son origine volcanique, 302 ; — magnétique, son origine volcanique, 302 ; — son rôle dans la rubéfaction, 361. Minerais siluriens, 487. Minerais du terrain carbonifère, 549. Fer pisolithique, 784. (Age du), 881. Fer météoritique utilisé par l'homme préhistorique, 881 ; — météoritique de Canyon Diablo ; son volume possible, 902.

Fer de lance (gypse), 754.

Feroë. Stilbite, 124. Chabasie, 125. Apophyllite, 126.

Ferques. Calcaire condrusien, 509.

Ferrochromite, 101.

Ferrodon. Toarcien, 619.

Ferroferrite, 101.

Ferromagnésiens (éléments foncés) des roches, 137.

Ferrugineuses (sources), 318.

Ferruginification des débris organiques, 329.

Ferté-Alais (la). Stampien, 790.

Fertilité des contrées à sol volcanique, 309 ; — du limon du Nil, ses causes, 416 ; — des sols décalcifiés, 675.

Fertilisation du sol par les pluies de poussières volcaniques, 418 ; — par les animaux, 429.

Festiniog beds (terrain) (Olénidien), 466.

Feuilles fossiles. Secours qu'elles procurent à la paléontologie, 180.

Feuilleté des roches. Ses causes, 337.

Feuilletée (structure), 130.

Feuquerolles. Calcaire silurien, 476.

Fibrolithe, 106.

Fichtelgebirge. Poissons fossiles, 234.

Ficus, 182 ; — du Cénomanien, 714 ; — de l'Yprésien, 751 ; — du Thanétien, 757 ; — du Suessonien, 762 ; — du Barto nien, 770 ; — du Burdigalien, 812 ; — du Quaternaire, 869.

Fiennes. Famennien, 510.

Filiation des especes organiques discutée, 898.

Filons métallifères, 25. Leur origine, 330. Comparaison avec les gites stannifères, 331 ; — comparés aux dykes de roches éruptives, 332 ; — dans le Crétacé, 742. — Filons de roches, 25 ; — de roches volcaniques anciennes, 301 ; — de zinc dans le Dévonien, 516 ; — de quartz du Permien, 570.

Fine Champagne. Terre du Sénonien, 746.

Finistère (dept) Dunes de sable, 419.

Finlande. Rappakiwi, 119. Scapolite, 121. Faible salure des eaux du golfe, 373. Minerai de fer des lacs, 889.

Fino. Glacier pliocène, 846.

Firestone-rock, 745.

Firmament. Rôle qu'on lui a supposé, 4.

Firminy. Houiller, 539.

Firmy. Chromite, 101.

Fissurella, 222.

Fistulana, 218.

Fixation des dunes par les pins, 420 ; — des substances minérales dans les tissus vivants, 430.

Fjords obstrués par des dépôts glaciaires, 409.

Flabellaria, 179 ; — du Sénonien, 726 ; — du Thanétien, 757 ; — de l'Oligocène, 800 ; — du Burdigalien, 812.

Flabellina, 194.

Flabellum du Lutétien, 765 ; — du Plaisancien, 836.

Flacon à toucher, 72.

Flacon de Klaproth, 5 (fig.), 60.

Flamanville. Granit carbonifère, 547.

Flamme oxydante, 74 ; — réductrice, 74 ; — volcanique, 295.

Flandres. Marbres condrusiens, 509 Sénonien, 729 Thanétien, 757. Suessonien, 760 Lutétien, 764 (Ergeron) rougeon. 892

Flandrien (terrain) (Quaternaire), 757, 851

plaisancien, 748, 753, 786, 787; — burdigalien, 813; — Miocène, 822; — pontien, 833.

Gypsornis du gypse, 755.

Gyroceras, 224; — du Carbonifère, 520.

Gyrodus, 233.

Gyrolepis, 232; — du Rhétien, 604.

Gyroporella, 169; — du Trias, 581, 583.

H

H. Signe représentatif du terrain givétien, 504.

Habitations creusées dans la craie tuffeau, 715; — lacustres, 882.

Haches de pierre à rainure du Brésil, 883,

Hafner. Tortue, 240.

Hainaut. Néocomien, 691. Danien, 734.

Hainichen. Culm, 531.

Hainin. Lac éocène, 779.

Hainosaurus, 243.

Hajula. Sénonien, 731.

Hakodaté. Sources chaudes, 315.

Halcyornis du Suessonien, 762.

Halirhoites du Sénonien, 723.

Halitherium, 251; — de l'Oligocène, 789, 800; — du Miocène, 806; — de l'Helvétien, 815; — du Tortonien, 817.

Hall. Sel gemme, 587.

Hälleflinta. Archéen, 447.

Hallein. Sel gemme, 160, 593.

Hallstadt. Gisement salifère, 583, 593.

Halorien (terrain) (Saliférien), 585.

Hamed Haffilat. Brèche osseuse quaternaire, 874.

Hamilton's beds. Eifelien, 504.

Hamites, 225; — du Gault, 706.

Hammam-Meskoutine. Dépôts calcaires de sources, 323.

Hampshire. Fertilité des terres du Sénonien, 746. Bartonien, 770.

Hampstead. Dépôts d'eau douce oligocènes, 802.

Han (trou du). Glauconie moyenne, 750.

Hanovre. Sel gemme, 160. Callovien, 644. Oxfordien, 649. Portlandien, 665. Néocomien, 691. Aptien, 700. Pétrole du Crétacé, 742. Helvétien, 815.

Haploceras du Portlandien, 664.

Haploneura, 212.

Hardt (région de la). Schistes permiens, 567.

Hareng, 234.

Harfang du Quaternaire, 867.

Harmonies qui rattachent l'un à l'autre les règnes organiques, 426; — de l'univers physique, 902.

Harpa, 219.

Harpactor, 210.

Harpalus, 211.

Harpax du Lias moyen, 601.

Harpoceras, 226; — du Toarcien, 617; — du Bajocien, 628, 632 (fig.).

Harrar. Kimeridgien, 659.

Harz. Galène, 83. Chalkopyrite, 85. Panabase, 85. Pyrolusite, 90. Diabase, 148. Couvinien, 506. Volcans dévoniens, 515. Gîtes de fer, 516. Grauwacke houillère, 546. Hématite du Lias, 623.

Harzbourg. Hématite, 623.

Hastings. *Plagiaulax*, 249. Wealdien, 693.

Haupt-Dolomit, 587.

Haut-Banc (le). Calcaire carbonifère, 526.

Haute-Engadine. Rhétien, 602.

Haute-Garonne. Culm, 530. Lutétien, 766.

Haute-Loire. Dunite, 152. Terre végétale granitique, 455. Tufs volcaniques miocènes, 821. Astien, 838. Alluvions quaternaires, 863. Volcans quaternaires, 874. Squelette humain quaternaire, 880.

Haute-Marne. Limonite, 164. Phosphates du Lias, 623. Minerai de fer callovien, 643. Séquanien, 652. Fertilité des terres de l'Oxfordien, 677. Terre végétale du calcaire à *Astarte*, 678. Pâturages propres aux mérinos, 678.

Aptien, 682. Minerai de fer du Pliocène, 847.

Hauterive. Néocomien, 690. Marnes à lits de combustible charbonneux, 827.

Hauterivien (terrain) (Néocomien), 687.

Hautes-Alpes. Bartonien, 770.

Haute-Saône. Sel gemme, 159. Limonite, 164. Bassin houiller, 539. Salifèrien, 586. Sinémurien, 611. Phosphates du Lias, 623.

Haute-Savoie. Jaspe dans le Trias, 594. Récif crétacé, 738. Terre végétale éocène, 786.

Haute-Seybouse. Hauterivien, 694.

Haute-Vienne. Granulite kaolinisée, 142. Terre végétale décalcifiée, 456. Charmouthien, 613.

Haut-Queyras. Travertin quaternaire, 870.

Hauts-fourneaux. Ruinés par l'explosion d'une brique mouillée, 283.

Hauts Piliers, 754.

Hâvre (Le). Cénomanien, 710.

Hâvrien (terrain) (Kimeridgien), 656.

Haybes. *Oldhamia*, 460.

Headon. Tongrien, 776.

Hébridéen (terrain) (Archéen), 449.

Hébrides (îles). Archéen, 449. Callovien, 644.

Hedenbergite, 114.

Heersien (terrain) (Thanétien), 757.

Heilbronn. Gypse triasique, 592.

Helderberg's beds (Dévonien), 491.

Helgoland (île). Conchylien, 584. Aptien, 700. Albien, 706. Sénonien, 729.

Helicoprion du Culm, 532.

Heliocœnia du Kimeridgien, 656.

Helispora, 192.

Helix, 218; — *H. nemoralis*, rejeté par un puits artésien, 311; — du Tongrien, 773; — de l'Oligocène, 791, 793, 798, 799; — du Miocène, 808; — de l'Helvétien, 814; — du Tortonien, 818; — du Pliocène, 826; — du Plai-

mien, 695. Aptien, 701. Albien, 707. Cénomanien, 713. Turonien, 719. Danien, 736. Thanétien, 759. Suessonien, 763. Lutétien, 767. Lac éocène, 779. Basalte éocène, 780. Sel gemme éocène, 785. Helvétien, 816. Pontien, 833. Mounds préhistoriques, 883. Diamant dans le Quaternaire, 890.

Indes Néerlandaises. Roches éruptives oligocènes, 803.

Indice de réfraction, 61.

Indien (terrain) (Quaternaire), 851.

Indo-Chine. Houiller, 544.

Indre (dep^t). Contact du Trias et du·gneiss, 574. Rhétien, 603. Charmouthien, 613. Phosphates du Lias, 623. Bathonien, 637. Lutétien, 765. Agronomie dans la Brenne, 823.

Indus (rives de l'). Sel gemme silurien, 487. Cénomanien, 713. Sel gemme éocène, 785.

Indusia, 210, 798.

Infrà-crayeux (terrain), 686. Sa liaison avec le Crayeux, 703.

Infrà-crétacé (terrain), 686.

Infrà-lias (terrain), 601.

Ingrandes. Faille dans le terrain carbonifère, 528.

Inlandsis du Groënland, 408.

Inoceramus, 214 ; — de l'Albien, 683, 703 ; — 684 (fig.) ; — du Turonien, 684, 715 ; — du Sénonien, 685, 721, 726.

Insectes, 209. Leur action fertilisante sur le sol, 429 ; — fouisseurs, agents d'érosion superficielle, 436 ; — du Dévonien, 503 ; — du Houiller, 522, 547 ; — de l'Hettangien, 608 ; — du Toarcien, 619 ; — du Lias, 622 ; — du Bathonien, 639 ; — du Tortonien, 818 ; — du Pontien, 832 ; — du Quaternaire, 878.

Insectivores, 260.

Insignes de commandement des époques préhistoriques, 881.

Inspruck. *Rhododendron,* 155.

Intempérisme, 349 ; — son action sur les roches activée par les glaciers, 399.

Interglaciaire (terrain) (Quaternaire), 852.

Interglaciaires (sédiments), 408.

Iowa. Houiller, 544.

Iridium, 60.

Iris, 179.

Irlande. Basalte, 150. *Eozoon,* 189. *Cervus megaceros,* 257. Métamorphisme de la craie par le basalte, 338. Liaison du Dévonien avec le Silurien, 491. Culm, 531. Sinémurien, 612. Albien, 706. Cénomanien, 712. Thanétien, 759. Volcans éocènes, 779. Tourbières quaternaires, 865. Lignite quaternaire, 888.

Isakoudry. Cénomanien, 713.

Isastræa du Bajocien, 634.

Ischia. Pierre ponce, 146. Source chlorurée, 318.

Ischl. Gisement salifère du Trias, 583. Sel gemme, 593. Portlandien, 664.

Ischorustoma du Tongrien, 773.

Ischyodus, 231.

Isère (dép^t). Limonite, 164. Filons de sidérose, 594. Calcaire noir du Lias, 603. Ciment hydraulique, 622. Oxfordien, 647. Portlandien, 663. Aptien, 698. Atolls crétacés, 738. Burdigalien, 811. Tortonien, 817.

Isigny. Pâturages sur le Trias, 595. Prairies sur le Lias, 824.

Islande. Stilbite, 124. Trachyte, 144. Obsidienne, 145. Pierre ponce, 146. *Fagus,* 180. Érables, 183. Volcans et sources chaudes, 316. Geysers, 319.

Isocardia, 217 ; — du Tortonien, 818 ; — du Plaisancien, 836.

Issel. Lutétien, 765.

Isselosaurus du Lutétien, 766.

Issoire. *Dremotherium,* 256. Calcaire à Cérithes d'eau douce aquitanien, 798. Marbre de Nonette, 804.

Issoudun. Aridité du sol sequanien propice aux troupeaux, 678.

Isthme qui reliait l'Angleterre à la France, 390.

Istrie. *Alveolina,* 187.

Italie. Sel gemme, 160. Marbres, 162, *Cercis,* 184. Pluies de poussières, 415. Calcaires perforés par les escargots, 438. Houiller, 543. Artinskien, 560. Saliférien, 588. Rhétien, 604. Hettangien, 609. Charmouthien, 616. Bathonien, 640. Kimeridgien, 658. Portlandien, 667. Néocomien, 693. Aptien, 701. Albien, 705. Cénomanien, 712. Sénonien, 728. Lutétien, 766. Bartonien, 770. Tongrien, 776. Volcans éocènes, 780. Burdigalien, 812. Helvétien, 815. Astien, 839. Marnes pliocènes des grands fonds, 844.

Itiera du Portlandien, 664.

Iulus, 208.

Ivry (Seine). Sparnacien, 750.

J

Jacksonien (terrain) (Bartonien), 768.

Jade, 115.

Jaen. Terres du Danien, 746.

Jager Fountein. Diamants dans le Quaternaire, 891.

Jaillissement des eaux artésiennes, 341.

Jambonneau, 215.

Janicule (mont). Astien, 839.

Janira du Néocomien, 691 ; — du Cénomanien, 710 ; — du Turonien, 715 ; — du Sénonien, 722.

Japon. *Gincko,* 177. *Fagus,* 181. Clématite, 182. Tremblement de terre orogénique, 308. Sources chaudes, 315. Condrusien, 512. Houiller, 544. Saliférien, 588. Bajocien, 635. Portlandien, 667. Albien, 707. Cénomanien, 713. Sénonien, 731. Kjokkenmöddings, 882.

Jardres. Caillasses du Callovien, 642.

Jarville. Plantes quaternaires, 878.

Jarzé. Turonien, 715.

tien, 749 ; — du Suesso-
nien, 762 ; — du Lutétien,
752 ; — du Bartonien,
769 ; — du Tongrien,
752, 773 ; — de l'Oligo-
cène, 789 ; — du Miocène,
808 ; — du Pliocène, 826 ;
— du Quaternaire, 859.

Mammites du Turonien,
716.

Mammouth, 259 ; — mé-
langé à l'Eléphant méri-
dional, 354 ; — cadavres
conservés dans la glace,
886.

Manche (la). Ses côtes
s'affaissent lentement, 278.
Conditions dans lesquelles
elle reçoit la Somme, 386.
Origine de ses falaises,
389. Son peu d'ancienneté
géologique, 390. Falaises
de Hastings, 693. Son
sous-sol comprend du Cé-
nomanien, 710 ; — du
Turonien, 718.

Manche (dépt de la). Magnétite silurienne, 487.
Rhénan, 500. Calcaire
dévonien, 515. Filon de
galène, 516. Lacune sous
le Carbonifère, 519. Cal-
caire carbonifère, 527. Bassin houiller, 539. Hettangien, 607. Charmouthien,
613. Prairies sur le Lias,
625. Aptien, 700. Luté-
tien, 764. Plaisancien,
835.

Manchester. Coal measures, 535.

Mandubien (terrain) (Bathonien), 636.

Manganèse oxydé, 89. Sa
concentration au fond des
mers, 374 ; — dans le Dé-
vonien, 516 ; — de Roma-
nèche, 623 ; — du Mio-
cène, 822 ; — du Quater-
naire, 889.

Mangeurs de terre, 156.

Manosque. Flore tertiaire,
798. Insectes oligocènes,
802. Fleuve pliocène, 845.

Manrésien (terrain) (Bartonien), 768.

Mansfeld. Sel gemme, 169.
Gypse, 163. Thuringien,
565.

Manteau insoluble à la surface des roches calcaires
exposées à la pluie, 361.

Mantellia du Portlandien,
667.

Mantes. Lœss, 155. Galets

éocènes, 777. **Exploitation**
du lœss, 888.

Manthelan. Helvétien,
814.

Maquereau, 235.

Marbaix. Calcaire dit *petit
granit*, 526.

Marbre (calcite), 94. (Pierre
à chaux), 160 ; — noir,
matière animale qu'il contient, 429 ; — attaqué par
des animaux, 436 ; — si-
lurien, 486 ; — dévonien,
509 ; — du Boulonnais,
526 ; — du Trias, 581 ;
— de Carrare, 592 ; — du
Lias, 622 ; — à Nérinées
du Portlandien, 664 ; —
des terrains oolithiques,
672 ; — de Sussex, 693 ;
— bâtard, 740 ; — crétacé,
740 ; — éocène, 782 ; —
de Nonette, 804.

Marbrures des calcaires.
Leur origine, 324.

Marcasite, 82 ; — substituée à la substance des débris organiques. 330 ; —
du Carbonifère, 521 ; —
du Cénomanien, 683 ; —
du Sénonien, 723 ; —
des marnes vertes, 755.

Marchantia, 172.

Marcigny-sous-Thil.
Grès infrà-liasique, 598.

Marcoussis. Grès à pavés,
804.

Marginella, 219.

Margny. Craie blanche,
723.

Marienbourg. Famennien,
496.

Marines. Bartonien, 753.

Marlière (la). Carbonifère,
526.

Marly. Forêt sur l'Oligocène, 805.

Marmagne. Diluvium de
l'Yèvre, 860.

Marmites en pierre ollaire,
153.

Marmotte du Quaternaire,
872.

Marnage, 157.

Marne (dépt de la). *Marchantia*, 172. Bétulées, 180.
Passage du Jurassique au
Crétacé, 681. Marbre sénonien, 740. Sables de Rilly,
749. Contact du Pliocène
et du Sénonien, 825.

Marne (roche). Nom donné
à l'arène dioritique, 456.

Marne calcaire. Com-
position, 157. Marne,

irisée, 577 ; — salifé-
rienne, 585 ; — bitumi-
neuse du Lias, 601 ; — su-
prà-liasique, 612 ; — à
Plicatules, 613 ; — supé-
rieure au Lias, 616 ; —
du Toarcien, 617 ; — de
Dives, 632 ; — de Villers,
632 ; — à Spongiaires,
647 ; — du Portlandien,
666 ; — ostréenne, 682 ;
— du Danien, 685 ; — à
Bryozoaires, 687 ; — à
Ptéropodes, 687 ; — de
Gargas, 698 ; — à Ostra-
cées, 708, 709 ; — à Phy-
ses, 749 ; — de Saint-
Ouen, 753 ; — bleues,
755 ; — à ciment, 755 ; —
supérieure au gypse, 755 ;
— de Gelinden, 757 ; —
éocène, 782 ; — à Pota-
mides de l'Oligocène, 797 ;
— verte du gypse, 782 ;
— blanche du gypse, 801 ;
— à Cyrènes, 801 ; — de
l'Orléanais, 811 ; — à
O. crassissima, 814 ; —
d'Hauterive, 827 ; — bleue
de la Bresse, 842 ; — de
Saint-Ariès, 827.

Marnolite du lœss, 864.

Marnoz. Lignite triasique,
593.

Maroc. Bajocien, 635. Kimeridgien, 659. Lutétien,
768.

Maronne (vallée de la). Diluvium, 863.

Marquise. Lacune sous
l'Oolithe, 627. Bathonien,
638.

Mars (planète). Comparée
à la Terre, 8, 899.

Marsala. Vignoble sur le
Quaternaire, 892.

Marseille. *Marchantia*, 172.
Néocomien, 688. Aptien,
698. Cénomanien, 711.
Tongrien, 772. Gypse oli-
gocène, 801.

Marsupiaux, 249 ; — du
Bathonien, 640.

Marsupites du Sénonien,
685.

Marte, 262.

Martillac. Aquitanien,
797.

Martinique. Eruption volcanique, 295. Helvétien,
816.

Maryland. Néocomien,
695. Burdigalien, 810.

Marylandien (terrain)
(Burdigalien), 810.

Northumberland. Batraciens fossiles, 236. Culm, 530.

Norvège. Argyrose, 84. Kérargyre, 87. Épidote, 108. Sphène titanique, 122. Dolérite, 148. Micaschiste, 154. Attaque de ses côtes par la mer, 390. Fjords obstrués par les dépôts glaciaires, 409. Minerai de fer des lacs, 889.

Norwich. Sel gemme, 159. Astien, 839.

Nothoceras, 224.

Nothosaurus, 238 ; — du Conchylien, 575.

Notidamus du Miocène, 807.

Notosuchus du Thanétien, 759.

Notre-Dame d'Oé. Lœss, 864.

Nouméa. Néocomien, 695.

Nouveau - Brunswick. Cambrien, 466. Fossiles dévoniens, 503. Dépôts lacustres dévoniens, 515. Culm, 533.

Nouveau grès rouge (terrain) (Trias), 573.

Nouveau Mexique. Turquoise, 104. Réveil de volcan, 308. Albien, 707. Thanétien, 759. Cliff-dwellers, 883.

Nouveau-Monde. Traits généraux de ses formes, 287.

Nouvelle-Calédonie. — Glaucophane, 115. Portlandien, 669. Cénomanien, 714.

Nouvelle-Ecosse. Scorpions fossiles, 208. Cambrien, 463. Fossiles dévoniens, 503. Dépôts lacustres dévoniens, 515. Culm, 533. Grès permiens, 561. Grès lodéviens, 564. Thuringien, 567. Kjokkenmöddings, 882.

Nouvelle-Galles du Sud. Stéphanien, 545.

Nouvelle-Grenade. Emeraudes, 117.

Nouvelle-Guinée, 641. Callovien, 645. Lutétien, 767.

Nouvelle-Zélande. Dunite, 152. *Sphenodon*, 241. *Dinornis*, 247. Geysers, 319. Bajocien, 635. *Amuri limestone*, 680. Néocomien, 695. Cénomanien, 714. Sénonien, 731. Thanétien,

759. Lutétien, 767. Quaternaire, 877.

Novaculite des Ardennes, 460.

Noyant. Helvétien, 814.

Noyau du globe. Sa contraction détermine les bossellements généraux, 280.

Noyaux volcaniques, 294.

Noyer, 181 ; — du Quaternaire, 870.

Nuage volcanique, 294.

Nubie. Albien, 706-707.

Nucic. Oligiste silurien, 487.

Nucula, 215 ; — du Toarcien, 619 ; — de l'Aptien, 682 ; — de l'Albien, 683, 702 ; — de l'Yprésien, 750 ; — de l'Astien, 840.

Nuculana du Silurien, 474.

Nuée ardente des volcans, 295.

Nullipores, 169 ; — des marnes vertes, 755 ; — du Tortonien, 818 ; — du Quaternaire, 856.

Numenius du gypse, 755.

Numidien (terrain) (Bartonien), 769.

Nummulites, 188 ; — de l'Yprésien, 750 ; — du Lutétien, 751 (fig.) ; — de la Glauconie supérieure, 751 ; — du Bartonien, 753, 769 ; — de l'Oligocène, 795.

Nunataks du Groënland, 408.

Nuphar, 182.

Nurnberg. Terre végétale du Trias, 595.

Nuspligen. *Squalina*, 230. *Pterodactylus*, 246.

Nymphæa du Burdigalien, 812 ; — du Sicilien, 843.

Nymphéacées, 182 ; — du Sénonien, 726.

Nymphéen (terrain) (Suessonien), 760.

Nyons. Age de certaines vallées, 355. Sénonien, 725.

Nystia du Tongrien, 755, 774 ; — de l'Oligocène, 793, 796.

O

Obélisques en pseudosyénite, 141.

Ober-Plœner (Sénonien), 720.

Ober-Quadersandstein (Sénonien), 720.

Oberstein. Chabasie, 125. Mélaphyre, 149.

Objat. Grès permien, 559.

Obock. Anorthite, 120.

Obolella dans le Cambrien, 463.

Obsidienne, 145.

Occlusion souterraine de la vapeur d'eau dans des roches fondues transformées en lave, 306.

Océan. Constitue une tunique au globe terrestre, 12. Son déplacement progressif, 277. Son rôle géologique, 372. Son rôle comme appareil de triage, 376. Les faciès auxquels il donne naissance, 378.

Océan glacial. Récemment séparé de la Baltique, 277.

Océanie. Fréquence des sources chaudes, 316. Bajocien, 635. Bathonien, 641. Callovien, 645. Portlandien, 669. Néocomien, 695. Cénomanien, 714. Bartonien, 771. *Pithecanthropus*, 882.

Océans des planètes, 899.

Ochetoceras de l'Oxfordien, 649.

Ocre rouge, 91 ; — argileux, 156 ; — du Crétacé, 742.

Octactinaires, 192.

Octaèdre, 42 ; — pyramidé, 44.

Octopodes, 228.

Octo-trièdre, 44.

Oculina du Quaternaire, 856.

Odobenotherium du Quaternaire, 875.

Odontaspis, 230.

Odontocètes, 251.

Odontopteris, 172 ; — du Houiller, 539 ; — de l'Artinskien, 558.

Odontopteryx, 248.

Odontosaurus du Conchylien, 575.

Œningen. Renoncule, 182. *Colutea,* 184. Araignées fossiles, 209. Salamandre fossile, 237. Tortonien, 818. Lac miocène, 820.

Œningien (terrain) (Tortonien), 816.

Œsel. Gothlandien, 483.

Œtite, 93.

Œufs d'*Æpyornis,* 247 ; — de Poissons du plankton 433. Minceur de leur co

Pleurodyctium, 193, — du Dévonien, 494, 499 (fig.).

Pleurodiriens. 240.

Pleurograptus du Silurien, 473.

Pleuronoura, 236, 557.

Pleurosaurus, 241.

Pleurosigma, 169.

Pleurotoma de l'Yprésien, 750; — de l'Oligocène, 789; — du Miocène, 807; — de l'Helvétien, 814; — du Tortonien, 819; — du Plaisancien, 835.

Pleurotomaria, 222; — du Dévonien, 495; — du Néocomien, 691; — de l'Albien, 702.

Plicatula, 213; — du Lias moyen, 601; — de l'Hettangien, 607; — du Charmouthien, 614; — du Callovien, 630; — de l'Oxfordien, 646; — de l'Aptien, 682, 696 (fig.), 697.

Pliensbachien (terrain) (Charmouthien), 601, 612.

Pliocène (groupe) (Tertiaire), 824.

Pliopithecus, 264.

Pliosaurus, 238.

Plis des couches du sol, 22; — leur origine, 280.

Plœner (Unter) (Cénomanien), 709; — (Ober) (Sénonien), 720.

Plomb métallique, extrait de la galène par le chalumeau, 75; — sulfuré, 83. Minerai du Carbonifère, 549.

Plombagine, 78.

Plomb du Cantal. Phonolithe, 146.

Plombières. Chabasie, 125. Grès bigarré, 575.

Plongement des couches du sol, 22.

Plougastel. Schistes gédinniens, 513.

Plouharnel. Levée de galets quaternaires, 858.

Plovan. Levée de galets quaternaires, 858.

Pluie. Son action mécanique sur le sol, 346. Attaque des roches calcaires, 361. Ses rapports avec les paroxysmes des volcans, 371. Son rôle géologique comparé à celui de la mer, 372. Ravinement du Kimeridgien, 657.

Pluies de sable et de pierres, 415.

Pluies de sang, 415.

Pluies fossiles. Leur origine éolienne, 422.

Plusiaque (terrain) (Quaternaire), 890.

Pluton (vallon). Sources thermales, 315.

Plutonia. Cambrien, 467.

Plymouthien (terrain) (Eifelien), 504.

Poacites, 179.

Poches creusées dans les roches par décalcification, 364; — à phosphates dans le Dévonien, 516.

Podocarpus du Bartonien, 770; — de l'Oligocène, 800.

Podogonium, 184.

Podozamites, 175; — du Rhétien, 605.

Pœcilien (terrain) (Conchylien), 579.

Pœderlien, 824, 839.

Pœkilopleuron du Bathonien, 629.

Poinçons préhistoriques, 881.

Pointe Arena. Dénivellation seismique, 308.

Pointes de flèches en obsidienne, 146; — quaternaires, 873.

Pointes de lances quaternaires, 873.

Poirier, 184; — du Quaternaire, 870.

Poissons, 229; — du Plankton, 433; — apparaissent dans le Silurien, 472; — du Dévonien, 501; — du Carbonifère, 520; — du Culm, 533; — du Rhétien, 604; — du Lias, 622; — du Kimeridgien, 656; — du Portlandien, 662, 665, 667; — du Weald, 693; — du Néocomien, 694; — du Sénonien, 730; — des marnes vertes, 755; — de l'Oligocène, 800.

Poitiers, Puits naturels, 365. Bathonien, 637. Callovien, 642.

Poitou. Toarcien, 617. Oxfordien, 648 Récifs coralligènes, 670.

Poix minérale, 126.

Polaire(Etoile). Sa distance à la Terre, 5.

Pôle orogénique du globe, 288.

Polianite, 89.

Polignac. Volcan pliocène 846.

Poligny. Reptile fossile, 245. Roches polies par le vent, 424.

Polissage souterrain des roches. 367.

Pollicipes, 203.

Pologne. Sel gemme, 160. Graptolites, 474. Ordovicien, 480. Rhénan, 503. Conchylien, 583. Callovien, 644. Oxfordien, 649. Séquanien, 654. Kimeridgien, 658. Burdigalien, 813 Lagune miocène, 820.

Polroy. Calcaire carbonifère. 527.

Polycarpées, 182.

Polychroïsme des minéraux, 67.

Polyèdres, 41; — produits dans les roches par la pression, 338.

Polyhalite à Stassfurth, 566.

Polymorphina, 187.

Polynésie. Absence de gisements métalliques, 882.

Polypiers, 192; — de l'Eifelien, 505; — du Trias, 581, 589; — de l'Hettangien, 607; — du Lias, 621; — du Séquanien, 631, 651; — du Bajocien, 634; — de l'Oxfordien, 647; — du Kimeridgien, 656; — de l'Oligocène, 798; — du Quaternaire, 856.

Polyplacophores, 222.

Polysternon du Sénonien, 726.

Polytripa, 169.

Pomatias du Quaternaire, 876.

Poméranie. Toarcien, 619. Kimeridgien, 658. Albien, 705.

Pommard. Vignoble sur le Bathonien, 676.

Pommes de Conifères de l'Albien, 702.

Pompiline (la). Plaisancien, 835.

Ponce, 145; — flottant sur la mer et rejetée sur la ligne littorale 381.

Ponce (îles). Obsidienne, 145. Pierre ponce, 146.

Pontarlier. Portlandien, 662. Dépôts glaciaires, 869.

Pont-de-Cren. Grès culminant, 476.

Pont-du-Château. Hyalite, 93. Argile à Diatomées, 799.

247 ; — du Portlandien, 665.
Rhäticon (Rhétien), 602.
Rheinfelden. Lagune triasique, 591.
Rhénan (terrain) (Dévonien), 497.
Rhétien (terrain) (Lias), 601, 602.
Rhin (région du). Ponce, 146. Lœss, 155. Origine du Lœss, 417. Alluvions quaternaires, 863. Trass, 888. Sables aurifères, 889.
Rhinoceros, 253 ; — de Saint Prest, 354 ; — de l'Oligocène, 799 ; — du Miocène, 808 ; — du Burdigalien, 812 ; — du Tortonien, 817 ; — du Pliocène, 826 ; — de l'Astien, 829, 838 ; — du Pontien, 830 ; — du Sicilien, 841 : — du Diluvium, 859. Cadavres conservés dans la glace, 886.
Rhinolophus, 261.
Rhizocaulon du Séquanien, 655.
Rhizomes de nénuphar, 182.
Rhizomopteris, 173.
Rhizopodes, 186.
Rhizostomites du Portlandien, 665.
Rhodanien (terrain) (Néocomien), 687, 696.
Rhododendron, 185.
Rhomboèdre, 52.
Rhomboïde (structure), 130.
Rhomboïdes pseudo-réguliers produits dans les roches par la pression, 338.
Rhône. Delta, 383. Delta lacustre à Genève, 386. Cailloux à facettes, 424. Pliocène, 825. Astien, 828. Sicilien, 829. Diluvium, 861. Partie quaternaire de son delta, 885.
Rhune (Montagne de la). Grès bigarré, 590.
Rhynchodontidés, 233.
Rhyncholites, 224.
Rhyncholoplus, 208.
Rhynchonella, 200 ; — du Silurien, 472 ; — du Dévonien, 496, 509 (fig.); — du Carbonifère, 520 ; — du Charmouthien, 613 ; — du Toarcien, 617 ; — du Callovien, 629 ; — de l'Oxfordien, 647 ; — du Portlandien

664 ; — du Néocomien, 690 ; — du Turonien, 715 ; — du Sénonien, 723.
Rhynchosuchidés, 244.
Rhyncocephalus, 241.
Rhyolithe, 144 ; — de l'Oligocène, 802.
Riazan. Portlandien, 665. Néocomien, 693.
Ribérac. Damien, 733.
Richebourg. Vignoble sur le Bathonien, 676.
Ridements orogéniques des blocs continentaux, 288 ; — liés au phénomène volcanique, 304.
Riesengebirge. Permien, 568.
Riez. Littoral miocène, 820. Pontien, 831.
Riga. Tongrien, 775.
Righi. Galets éocènes, 777.
Rilly. Sable, 335. Thanétien, 750.
Rimaye des glaciers, 397.
Rimont. Manganèse, 515.
Ringicula, 219.
Rio Grande do Sul. Permien, 561.
Rio la Marina. Gîte d'oligiste, 302.
Rio Salto. Chabasie, 125.
Ripple Marks dans les grès, 387 ; — dans le Silurien, 485 ; — dans le Houiller, 547.
Rites funéraires chez les hommes quaternaires, 881.
Ritton. Cheminées des fées, 349.
Rive-de-Gier. Houiller, 540.
Riverie (chaîne de). Houiller, 539.
Rives. Diluvium, 861.
Rivières. Leur variation, 353. Captures, 353. Terrain qu'elles remanient, 355. Rivières fossiles, 358 ; — souterraines, 359. Leur source, 353. 366. Leur disparition, 365. Rivières éocènes, 779 ; — aurifères, 889.
Robenhausien (terrain) (Quaternaire), 852.
Robiac. Bartonien, 769.
Robinia, 184.
Roc Corneille. Volcan pliocène, 846.
Roca. Thanétien, 759.
Roche à têtes de clous, 815 ; — de Bayard, 525 ; — des Corpiats, 492; — de Fépin,

492 ; — de sainte Aline, 542.
Rochefort. Plaisancien, 827.
Rochemaure. Mésotype, 123.
Roches. Ordre qui préside à leur agencement mutuel, 30. Ce qu'on doit entendre par ce nom, 31. Roches clastiques, 36 ; — normales, 36. Leur étude, 128. Minéraux qui les constituent, 129. Roches initiales du globe, 300; — à fer natif, 300 ; — volcaniques anciennes, 301 ; — éruptives, 308 ; — encaissantes des filons, 332; — métamorphiques, 334 ; — solubles dans l'eau, 360 ; — perméables, 360 ; — polies et striées par les tassements du sol, 367 ; — polies et striées par les glaciers, 395 ; — moutonnées, 402 ; — transportées par les icebergs, 409 ; — polies par le vent, 424 ; — biogènes, 426 ; — pittoresques du Séquanien, 652 ; — exotiques (*klippen*), 665.
Rochessauve. Tortonien, 817.
Rochette (variété de calcaire), 752.
Rochette. Tortue fossile, 240.
Roche Tuilière. Phonolithe, 888.
Rocroy. Cambrien, 460.
Rognacien (terrain) (Damien), 732.
Rognons de silex de la craie, 269 ; — leur origine, 322 ; — de silex dans le Portlandien, 664 ; — de silex du Cénomanien, 683 ; — de limonite dans l'Aptien, 697 ; — de ménilite, 754 ; — marnolithiques du lœss, 864.
Rohan. Métamorphisme de contact, 340.
Rolampont. Toarcien, 601.
Rolle. Vignoble sur la mollasse, 823.
Romainville. Gypse, 754. Stampien, 790. Galets, 801. Estuaire oligocène, 801.
Romanèche. Pyrolusite 90. Psilomélane, 623

Romanée Conti. Vignoble sur le Bathonien, 676.

Romans. Terrasse diluvienne, 861.

Rome. Plaisancien, 836. Astien, 839. Marnes pliocènes de grands fonds, 844.

Romery. Charmouthien, 614.

Romey (val). Burdigalien, 811.

Ronce du Quaternaire, 870.

Ronchamps. Houiller, 539.

Rongeurs, 259.

Ronzon. Mammifères, 249. Stampien, 793. Astien, 838.

Roquebillière. Dolomie du Conchylien, 580.

Rosacées, 184.

Rosia-Bay. Brèche quaternaire, 874.

Rosiflorées, 184.

Rossberg. Glissement de montagne, 366. Galets éocènes, 777.

Rostellaria du Barrémien, 693 ; — de l'Yprésien, 700.

Rostre des Bélemnites, 227.

Rotalia, 188.

Rotation de la Terre, 268. Son influence sur les courants de la mer, 386.

Rothliegende, 552, 563.

Rothomagien (terrain) (Cénomanien), 708.

Rott. Insectes fossiles, 211.

Roubaix. Suessonien, 760.

Rouelan (île de). Levée de galets quaternaires, 858.

Rouen. Cenomanien, 710. Turonien, 716.

Rouge d'Angleterre, 91.

Rougeon. Sol arable, 892.

Rouillon. Couvinien, 495.

Roumanie. Houiller, 542. Bathonien, 640. Suessonien, 762 Salines, 822. Plaisancien, 836.

Rouvres. Vignobles sur le Lias, 625.

Rouyaux. Diluvium, 860.

Rovigo. Albite, 119.

Royat. Source de gaz carbonique, 301.

Ruault. Trias, 590.

Rubéfaction du Diluvium, 361, 863.

Rubellite, 107.

Rubien (terrain) (Tongrien), 772.

Rubis, 59, 62 ; — balais, 100 ; — oriental, 90. Concrétions dolomitiques de la craie, 721.

Rudistes du Néocomien, 688. Zones successives, 708. Rudistes du Turonien, 716.

Ruel (Le). Sable à structure entrelacée, 387.

Ruffigné. Minerai de fer du Pliocène, 847.

Ruhr (bassin de la). Minerai de fer, 549.

Ruisseau barré par les dunes, 420 ; — déplacé par une coulée de lave, 350.

Ruissellement de l'eau sauvage, 350 ; — aqueux sur les glaciers, 396 ; — fossile, 422.

Ruminants. 255.

Rupélien (terrain) (Stampien), 792, 795.

Rupture spontanée des astres, 900.

Russie. Rappakiwi, 141. Sel gemme, 159. Gincko, 177. *Chœtetes,* 201. Absence de sources chaudes dans ses régions septentrionales, 316. Blocs erratiques, 410. Ordovicien, 480. Gothlandien, 483. Oligiste silurien, 487. Givetien, 507. Condrusien, 511. Lagune dévonienne, 514. Dépôts lacustres du Dévonien, 515. Culm, 532. Permien, 553, 569. Sol arable du Permien, 572. Conchylien, 583. Bathonien, 640. Callovien, 644. Oxfordien, 649. Séquanien, 654. Kimeridgien, 658. Portlandien, 665. Phosphates du Portlandien, 673. Néocomien, 692. Albien, 706. Turonien, 718. Sénonien, 728. Thanétien, 759. Suessonien, 762. Bartonien, 770. Tongrien, 775. Tourbières quaternaires, 865. Minerai de fer des lacs, 889. Tchernozem, 893.

Rutile, 89.

S

Saarbruck. Houiller, 538. Permien, 572.

Sabal du Tongrien, 772 ; — du Stampien, 794 ; — de l'Aquitanien, 800.

Sabalites du Thanétien, 757.

Sable. C'est une roche, 128 ; — quartzeux, 157 ; — produit par décalcification de la craie, 363 ; — déposé par la mer, 376 ; — mouvant, 424 ; — carbonifère, 519 ; — à verrerie du terrain oolithique, 673 ; — du Néocomien, 682 ; — du Gault, 683 ; — de l'Aptien de Hastings, 693 ; — vert du Gault, 702 ; — à *Pecten asper,* 708 ; — de Bracheux, 749 ; — de Rilly, 749, — de Cuise, 750 ; — d'Ostricourt, 757 ; — de Sinceny, 761 ; — d'Oldhaven, 762 ; — de Reading, 762 ; — de Woolwich, 762 ; — à verrerie de l'Éocène, 783 ; — moyen, 786 ; — de Fontainebleau, 789 ; — de Weinheim, 801 ; — rupélien, 801 ; — de d'Orléanais, 812 ; — du Tortonien, 817 ; — des Landes, 824, 842 ; — de Montpellier, 824, 835 ; — à *Nassa,* 826 ; — de Saint-Geniès, 827 ; — employé à l'épuration des eaux, 893.

Saccamina, 186.

Saccharoïde (structure), 130.

Saclas. Galets oligocènes, 801.

Safi. Kimeridgien, 659.

Sahara. Une partie est superposée à une nappe d'eau, 26. Puits artésiens, 311. Fréquence des trombes, 415. Roches polies par le vent, 424. Culm, 534. Saliférien, 588. Néocomien, 694. Sénonien, 731.

Saharien (terrain) (Quaternaire), 851.

Sahel. Pontien, 834.

Sahel-Alma. Sénonien, 731.

Sahélien (terrain) (Pontien), 830.

Saignées des rivières passant par des conduits souterrains, 368.

Sains. Famennien, 496.

Saint-Affrique. Saliférien, 586. Trias, 592.

Tourbières sur l'Archéon, 455 ; — quaternaires, 865 ; — cadavres humains préhistoriques avec leur chair, 888.

Tourmaline, 60. Son emploi pour la détermination des minéraux, 63. Ses caractères, 107. Tourmaline gangue des gîtes d'étain, 302.

Tourmalinite, 157.

Tournai. Pierre à chaux, 525.

Tournaisien (terrain) (Culm), 525.

Tours. Puits artésiens rejetant des coquilles et des semences, 311. Fertilité du Bélinois, 675. Lutétien au contact du Turonien, 749.

Tourtia, 697 ; — du Cénomanien, 712.

Toxaster, 198; — du Néocomien, 687 (fig.), 688, 690.

Toxodon, 259 ; — du Miocène, 808.

Trabia. Toarcien, 620 Quaternaire marin, 856. Terre végétale quaternaire, 891.

Traces de pas conservées par le mécanisme éolien, 421.

Traces glaciaires quaternaires, 867.

Trachyte, 144 ; — du Pliocène, 847.

Trachyteuthis, 228.

Tragoceras, 257 ; — du Tortonien, 817 ; — du Pontien, 831.

Tragos de l'Oxfordien, 647.

Tragulus, 256.

Traîneau écraseur constitué par les nappes de charriage, 286.

Tramelan. Tortonien, 818.

Tranchées. Informations géologiques qu'elles procurent, 20.

Transformation de la craie en marbre, 339.

Transformisme des espèces organiques discuté, 898.

Transport des roches par les glaciers, 399 ; — par les icebergs, 409.

Transvaal. Bancket aurifère, 540. Minerai d'or, 593.

Transylvanie. Réalgar, 81. Tongrien, 775. Burdigalien, 813. Lagune miocène, 820 Mines de sel, 822.

Traouliors. Calcaire frasnien, 510.

Trapani. Quaternaire marin, 856.

Trapp, 148 ; — du Houiller, 523 ; — bigarré de Raon-l'Etape, 527 ; — du Carbonifère, 548.

Trass, 144 ; — employé dans la construction, 888.

Travail réalisé par la chute de la pluie, 347.

Travers (val). Bitume, 127. Albien, 705.

Travertin, 94 ; — calcaire, 161 ; — de Sézanne, 749 ; — de St-Ouen, 753 ; — de la Brie, 789 ; — de la Beauce, 790, 791, 804 ; — pliocène, 847 ; — calcaire du Quaternaire, 869.

Trégorvec. Estuaire quaternaire, 885.

Trélazé. Schistes siluriens, 484.

Trémadoc. Cambrien, 466.

Trémadocien (terrain) (Cambrien et Silurien), 466.

Tremblements de terre, 282 ; — précurseurs des éruptions volcaniques, 292.

Tremola. Trémolite, 115

Trémolite, 115.

Trenton. Graptolites, 473.

Tréport (le). Triage subi par les dépôts marins, 376.

Trévoux. Astien, 828.

Triage mécanique des éléments des roches, 131 ; — réalisé par les flots de la mer, 376 ; — de matériaux, réalisé par les courants de la mer, 387.

Trias, 573.

Triceratops, 246 ; — du Danien, 736.

Trichetus, 252.

Trichites dans les roches vitreuses, 133.

Trichiurides, 235.

Trichograptus du Silurien, 473.

Trichoneura, 212.

Triconodon du Portlandien, 667-668.

Tridacnia, 217.

Trigonia, 215 ; — du Toarcien, 618 ; — du Bajocien, 6 ; — du Callovien, 630 ; — du Séquanien, 631 (fig.); — du Kimeridgien, 631 ; — du Bathonien, 639 ; — du Séquanien, 655 ; — du Portlandien, 659 (ig.), 660 ; — du Cénomanien; 709.

Trigonocarpus du Carbonifère, 529.

Trigonocœlia du Bartonien, 753.

Trigonograptus du Silurien, 473.

Trilobites, 204 ; — étirés dans les roches, 338 ; — carbonifères, 520.

Triloculina du Lutétien, 752.

Trilogie littorale, 380.

Trinil. *Pithecanthropus*, 264. Sicilien, 844.

Trinucleus, 204 ; — du Silurien, 473, 478, 479 (fig.).

Trionyx, 239 ; — du gypse, 755 ; — du Lutétien, 766 ; — du Miocène, 808 ; — du Plaisancien, 835.

Tripoli, 92, 158 ; — de Nanterre, 782.

Tripolitaine. Saliférien, 588. Sénonien, 731. Danien, 737. Lutétien, 768.

Triton, 220 ; — du Tongrien, 775.

Tritonien (terrain) (Stampien), 792.

Tritylodon, 248 ; — du Rhétien, 604.

Trizington. Minerai de fer, 549.

Trochalia du Portlandien, 664.

Trochamina, 186.

Trochoceras, 224.

Trochocyathus, 194 ; — de l'Aptien, 683 ; — du Lutétien, 765.

Trochosmilia du Turonien, 717.

Trochus, 222 ; — de l'Oligocène, 795 ; — du Miocène, 807 ; — de l'Helvétien, 814 ; — du Tortonien, 819.

Trogontherium du Sicilien, 829, 841 ; — de l'Astien, 840 ; — du Quaternaire, 875.

Troie. Le fer n'y était pas connu au temps de la guerre, 881.

Troisième zone de Rudistes, 714.
Trombes. Leur action géologique, 414.
Trombidium, 208.
Trophon de l'Astien, 837 (fig.), 839; — du Si i-lich, 843; — des plages soulevées, 858.
Tros. Marbre du Portlandien, 664.
Trou de la Naulette. Caverne, 871.
Trou du Frontal. Caverne, 167.
Troubles de la mer, 375.
Trouville. Oxfordien, 630. Séquanien, 631.
Tubicoles, 202.
Tucquegnieux. Minerai de fer toarcien, 618.
Tuf calcaire, 94, 161; — deposé par les eaux, sortant des placages boueux à galets striés, 367; — volcanique silurien, 485; — feldspathique silurien, 486; — porphyrique du Carbonifère, 528; — porphyrique du Houiller, 548; — triasique, 583; — — de projection oxfordien, 650; — à *Strophostoma*, 802; — basaltique oligocène, 802-803; — de scories oligocènes, 802; — volcanique miocène, 821; — calcaire du Quaternaire, 869.
Tuffeau, 715; — cénomanien, 683; — de Ciply, 734; — silurien, 478; — thanétien, 757.
Tuiles en argile, 156; — en marnes, 167.
Tulipier, 182.
Tulle. Archéen, 450.
Tulléar, Bajocien, 635. Callovien, 645. Oxfordien, 650. Portlandien, 667.
Tumuli quaternaires, 882.
Tun. Sénonien, 723.
Tuniciers du plankton, 433.
Tunisie. Apatite, 103. Calamine, 105. Traces de soulèvements récents, 279. Saliférien, 588. Bathonien, 640. Oxfordien, 649 Kimeridgien, 659 Portlandien, 667. Néocomien, 694 Urgo-aptien, 700 Aptien, 701. Albien, 706 Sénonien 731 Danien.

737. Gîtes de zinc, 742. Suessonien, 763. Bartonien, 771. Granit éocène, 780. Burdigalien, 813. Liaison du Quaternaire avec le Tertiaire, 853. Quaternaire marin, 857. Travertin quaternaire, 871.
Tunnel sous la Manche projeté dans le Cénomanien, 710.
Tunnels. Informations géologiques qu'ils procurent, 20.
Turbarien (terrain) (Quaternaire), 852.
Turbinolia, 194; — de la Glauconie supérieure, 751; — du Tortonien, 819.
Turbo, 222; — du Toarcien, 619; — du Bajocien, 628; — du Kimeridgien, 656; — de l Oligocène, 792; — du Plaisancien 837.
Turbonilla du Montien, 735.
Turin. Helvétien, 815. Astien, 839.
Turkestan. Bajocien, 635.
Turonien (terrain) (Crétacé), 684, 714; — passant au Sénonien, 718.
Turquoise, 103. Gangue des gîtes d'étain, 302.
Turrilites, 226; — du Cénomanien, 683 (fig.), 684, 710.
Turritella, 221; — du Conchylien, 575; — du Séquanien, 631; — de l'Albien, 703; — du Montien, 735; — du Lutétien, 752; — du Bartonien, 769; — de l'Oligocène, 797; — du Miocène, 807-809; — de l'Helvétien, 815; — du Plaisancien, 827, 835, 836, 837; — de l'Astien, 840.
Tylotoma du Portlandien, 664.
Types de roches. Leur definition, 129.
Types de glaciers, 404.
Typhis de l Oligocène, 789
Tyrol. Disthène, 106. Epidote, 106. Talc, 113. Diopside, 114. Porphyres, 144. Diabase, 148. Talcschiste, 153. Sel gemme 160 Dolomie, 163 Gy-

roporella, 169. *Daonella*, 214. Dolomies du Conchylien, 580. Dolomie du Trias, 583. Saliférien, 587. Schistes triasiques, 588. Hettangien, 608. Sinémurien, 612. Néocomien, 691.
Tyrolien (terrain) (Saliférien), 585.

U

Ucétien (terrain) (Turonien), 714.
Uchaux. Turonien, 717.
Ulm. Mammifères fossiles, 260.
Ulmacées, 181.
Ulodendron du Carbonifère, 528.
Uncites du Dévonien, 495, 505.
Uniformitarisme (école géologique), 441.
Unio, 215; — de l'Aptien, 683; — du Weald, 693; — du Sénonien, 726; — du Sparnacien, 750; — du Miocène, 808; — du Burdigalien, 811; — du Tortonien, 818; — du Pliocène, 826; — du Pontien, 831.
Univalves, 218.
Univers. Sa constitution, 6; — ses harmonies, 903.
Unter-Ploener (Cénomanien), 709.
Unter-quadersandstein (Cénomanien), 709.
Upper-green sandstone (Albien), 706.
Urgo-aptien (terrain) (Aptien), 696, 699.
Urgonien (terrain) (Aptien), 683, 687, 696, 699.
Uriage. Source chlorurée, 318.
Uriconien (terrain) (Archéen), 447.
Urodèles, 237.
Ursien (terrain)(Culm), 532.
Ursus, 262; — du Tortonien, 817; — du Quaternaire, 871.
Urticées, 181.
Uruguay. Chabasie, 125. Melaphyre, 149 *Toxodon*, 259.
Us-Marines. Bartonien, -53.
Usure des montagnes par

les glaciers, 402 ; — des roches par le sable charrié par le vent, 424.

Utah. *Coryphodon*, 257. Lac quaternaire, 885.

Uteria, 169.

Utica. Graptolites, 473.

Utrillas. Aptien, 700. Lignites albiens, 705.

Uznach. Dépôts morainiques superposés, 408.

Uzès. Forêts sur le Crétacé, 743. Vignes sur le Cénomanien, 745.

V

Vaccinium du Quaternaire, 870.

Vache charolaise. Race développée sur le Lias, 624.

Vaches-Noires (les). Reptiles fossiles, 244. Callovien, 629.

Vacquières. Bétulées, 180. Astien, 828.

Vagues de la mer : leur action sur les falaises, 372. Mesure de leur force, 389.

Vaillantoonia du Séquanien, 652.

Vailly. Néocomien, 688.

Valangien (terrain) (Néocomien), 687, 689.

Valangin. Néocomien, 690.

Valbonnais. Ciment hydraulique, 622.

Val d'Ajol. Argilolithes, 559. Cinérites permiennes, 570.

Val d'Arno. Astien, 839.

Val de Travers. Albien, 705.

Val d'Illiez. Trias, 582.

Valdonnien (terrain) (Sénonien), 720.

Val d'Orléans. Gouffre en Loire, 368.

Valemole. Pontien, 831.

Valence. Miocène, 808. Plaisancien, 827. Terrasses diluviennes, 861.

Valenciennes. Bassin houiller, 536.

Valenciennesia du Pontien, 833.

Valensole. Fleuve pliocène, 845.

Valentien (terrain) (Gothlandien), 481.

Valette. Tortue fossile, 240.

Valfin. Atoll kimeridgien, 656.

Vallecas. Magnésite, 112.

Vallée du Rhône. Importance du Pliocène, 825.

Vallées. Elles déterminent la formation des cours d'eau, 353 ; — fossiles. leur rareté, 358 ; — glaciaires, 403 ; — pliocènes, 845.

Valle-Verde. Lignite séquanien, 673.

Valognes. Hettangien, 607.

Valais. Sel gemme, 159, 587. Calcaire triasique, 582. Calcaire triasique à Gyroporelles, 589. Schistes ardoisiers du Lias, 621. Albien, 705. Sénonien, 728. Bartonien, 770. Tongrien, 775.

Vallon Obscur (près Nice). Galets pliocènes, 844.

Val Romey. Burdigalien, 811.

Val St-Léger. Couches à *Lepidotus*, 778.

Vals. Natron, 98.

Valteline. Pierre ollaire, 153.

Valvata du Bathonien, 637 ; — du Portlandien, 662 ; — du Tongrien, 773 ; — du Plaisancien, 827.

Vanadium dans les roches permiennes, 571.

Vandenesse. Minerai de fer, 674.

Vanesse, 794 (fig.).

Vanoise (massif de la). Gneiss permien, 559.

Vanves. *Pachyæna*, 261. Sparnacien, 750.

Vapeur d'eau. Moteur des éruptions volcaniques, 292 ; — dans l'atmosphère, sa distribution, 394.

Var. Trachyte, 145. Porphyrite, 147. Limonite, 164. Végétation spontanée de l'Archéen, 455. Houiller, 542. Alluvion permienne, 570. Grès bigarré, 580. Marnes irisées, 586. Cénomanien, 711. Sénonien, 725. Littoral miocène, 820. Travertin quaternaire, 870.

Varangeville. Sel gemme, 591.

Varennes de montagnes. Sol carbonifère, 550.

Varennes séquaniennes de la Charente, 678.

Variations des cours d'eau, 353.

Variegated marls, 588.

Variolite, 148.

Vasatien (terrain) (Aquitanien), 796.

Vases communicants. Leur comparaison avec les puits artésiens, 312.

Vases sous-marines. Leurs transformations, 374.

Vassy. Ciment, 601. Pierre à ciment, 672.

Vaucluse (dep^t). Néocomien, 688. Aptien, 699. Nodules phosphatés de l'Albien, 704. Sénonien, 724. Tongrien, 772. Burdigalien, 810. Lac miocène, 820. Littoral miocène, 820.

Vaucluse (Fontaine de). Apparition de la Sorgue, 353, 365. Stampien, 794. Aquitanien, 798.

Vaud (canton de). Bajocien, 635. Aptien, 700 Sénonien, 728. Terre végétale du Crétacé, 744 Bartonien, 770. Tongrien, 775. Mollasse rouge, 800. Vignobles sur la mollasse, 822. Travertins quaternaires, 871.

Vaugirard. Succin, 126. Poissons fossiles, 235. Galets éocènes, 777.

Vectien (terrain) (Néocomien), 687.

Vega de Supia. Rapidité de la production de la terre végétale, 434.

Végétaux. Leur activité géologique, 426.

Veines quartzeuses des roches, 320 ; — calcaires des marbres, leur origine, 324.

Vélage (des icebergs), 409.

Velates de l'Yprésien, 750 ; — du Tongrien, 775.

Velay. Stampien, 793. Sicilien, 842. Volcans pliocènes, 846.

Velours (carrière du). Grès bigarré, 575.

Venango. Pétrole dévonien, 515.

Venazey. Ciment, 601.

Vence. Volcan miocène, 821. Plaisancien, 835.

Vendée. Houiller, 538

Hettangien, 607. Fossiles charmouthiens, 613. Toarcien, 617. Sicilien, 841. Quaternaire soulevé, 857.

Venerupis, 217.

Vénétie. Tortue fossile, 239. Sénonien, 728.

Vénézuéla. Sénonien, 730.

Venise. Sa lagune date du Quaternaire, 885.

Vent. Son activité géologique, 413; — fossile, 422;—dominant influe sur le profil des collines, 425.

Vents réguliers. Leur action sur les courants de la mer, 386; — alizés, pluie de sable qu'ils provoquent, 415.

Ventoux (mont). Néocomien, 689. Aptien, 699. Albien, 704.

Vénus. Planète comparée à la Terre, 8, 899.

Venus, 217; — du Sénonien, 726; — de l'Oligocène, 790; — du Miocène, 807; — du Plaisancien, 827; — du Pontien, 832.

Vercors. Néocomien, 689.

Verdun. *Vaillantoonia*, 652.

Verins (banc à), 752.

Vermetus, 221; — du Plaisancien, 827.

Vermillon naturel, 84.

Vern. Quartzites siluriens, 476. Calcaire rhénan, 500.

Verneuil. Dolomie, 163.

Véronais. Bathonien, 640.

Verre de Moscovie. 111.

Verre des volcans, 145.

Verrières. Forêts sur l'Oligocène, 805.

Verrine. Toarcien, 617.

Vers, 198.

Vers luisants, 211.

Vers de terre. Agents d'érosion superficielle, 436.

Vertaison. Aragonite, 97.

Vert de montagne, 97.

Vertébrés, 228;—ils apparaissent dans le Silurien, 472.

Vertigo du Quaternaire, 869.

Vertus. Danien, 685.

Vespertilio du gypse, 755; — du Miocène, 808.

Vésulien (terrain) (Bathonien), 636, 638.

Vésuve. Réalgar sur ses scories, 81. Salmiac, 85. Natron, 98. Pléonaste, 101. Idocrase, 108. Leucite, 116. Anorthite, 120. Méïonite, 121. Analcime, 123. Pierre ponce, 146. Leucitite, 151. Traits généraux de sa structure, 293. Colonne de lumière, 296. Ses régions souterraines sont métamorphisées, 339.

Vésuvienne, 108.

Vevey. Mollasse rouge, 800.

Vexillum du Silurien, 474.

Vexin. Sénonien, 722. Terre végétale éocène, 786.

Vézelay. Lias, 597.

Vézère (vallée de la). Cavernes quaternaires, 872.

Vibrations du sol constituant les tremblements de terre, 282.

Vibraye. Génomanien, 709.

Vic. Sel gemme, 159. Calcaire saliférien, 586.

Vicdessos. Albite, 119. Hématite du Lias, 623.

Vicentin. Obsidienne, 145. Lutétien, 767. Stampien, 795. Calcaires aquitaniens, 799.

Vichy. Natron, 98. Sources carbonatées sodiques, 318.

Vicksburgien (terrain) (Oligocène), 788.

Vicoigne. Mine de houille, 536.

Vic-sur-Cère. *Fagus*, 181. Cinérite à végétaux, 300. Volcans pliocènes, 846.

Victoria (lac). Régime analogue à celui des mers fermées, 391.

Victoria (Australie). Tortonien, 819.

Vidauban. Conchylien, 580.

Vie spéciale du milieu géologique, 270; — dans la mer, son abondance, 431; — organique, son apparition sur la Terre, 443, 897.

Vieil-Baugé. Sénonien, 723.

Vieil-St-Rémy. Limonite de l'Oxfordien, 646. Minerai de fer, 674.

Viel-Salm. Olénidien, 460.

Vieille-Aure. Marbre carbonifère, 529.

Vieille-Montagne. Calamine, 105. Mine de zinc, 516.

Vienne (Autriche). Hettangien, 608. Albien, 705. Cénomanien, 712. Burdigalien, 812. Helvétien, 815. Tortonien, 818. Estuaire miocène, 820. Pontien, 832.

Vienne (dépt). Callovien, 642. Contact du Pliocène et du Bajocien, 825. Sicilien, 841.

Vienne (Isère). Plaisancien, 827.

Vienne (vallée de la). Diluvium, 860.

Vieux-Condé. Mine de houille, 536.

Vieux grès rouge, 502.

Vieux Monde. Traits généraux de sa forme, 287.

Vigne, 183. L'ampélite employée à sa culture, 476. Elle prospère sur les éboulis, 674.

Vigne vierge, 183.

Vignemale (le). Fossiles dévoniens, 500.

Vignobles sur l'Archéen, 456; — sur le Bathonien, 676; — sur les sables éocènes, 785; — sur le Miocène, 822; — du Quaternaire, 870; — sur le Quaternaire, 892.

Vigny. Calcaire pisolithique, 732.

Vilaine (La). Dépôt de cassitérite à son embouchure, 377.

Villac. Lodévien, 563.

Villa Cañas. Minerai de fer silurien, 487.

Villages ensablés par les dunes, 420.

Villanova. Tortonien, 819.

Villedieu. Galets fossiles, 380. Grès pourprés, 466.

Villecf ix. Quaternaire soulevé, 857.

Villefranche (près Nice). Traces de soulèvement du sol, 279.

Villefranche (Rhône). Vignobles sur l'Archéen, 456.

Villefranque. Sel gemme, 160.

Villejuif. Lœss, 155. Structure de son calcaire, 626. Calcaire des marnes vertes, 755. Exploitation du lœss, 888.

ERRATA

Page 54, ligne 4 en rem., au lieu de : diagonale aiguë, lire : diagonale horizontale.
— 55, fig. 28, l'arête OE à gauche de la figure doit être notée G au lieu de
    H et l'arête pointillée AI, qui lui est parallèle, H au lieu de G.
— 120, ligne 8, au lieu de : Ca²O, lire : 2CaO.
— 205, — 6, — *Paradoxydes,* — *Paradoxides.*
— 255, — 9, —' *Chaeropotamus,* — *Chœropotamus.*
— — — 19, — *Macranchenia,* — *Macrauchenia.*
— 258, — 13, — Pantagonie, — Patagonie.
— 375, — 8, — charriés par — charriés dans.
— 471, — 5, supprimer le mot lacunes.
— 477, dans le tableau, en face de 2, lire : *Gothlandien.*
— 554, ligne 15, au lieu de *Proronites,* lire *Pronorites.*
— 569, — 12 en rem., — sdenout, — soudent.
— 603, — 15, — Genève, — Genèvre.
— 630, — 6, — *Quenstedtta,* — *Quenstedtia.*
— 714, légende de la figure 120, au lieu de : grossie au double, lire : grossie au décuple.
— 757, ligne 22, lire *Laurus dryandroides.*
— 791, la première ligne « A Thorigny,... » doit être transportée immédiatement à la suite du 2ᵉ alinéa de la page 789.
— 798, lire 5, en rem. au lieu de stampiens, lire aquitaniens.
— 818, — 11, — *Textilaria,* — *Textularia.*
— 820, — 4, en rem., — Allaguon, — Allagnon
— 832, — 12, en rem., lire inférieur; il consiste en...
— 882, — 11, en rem., — Craig Phœduck. — Craig Phaderick.

Bar-le-Duc. — Imp. Comte-Jacquet.

Librairie VUIBERT
78 francs